21세기 출제 경향에 맞춘 항공서적의 중심

항공정비사를 위한
항공법규

편집부 엮음

부록 항공법규 출제예상문제와 과년도기출문제 수록

도서출판 세화

머리말 PREFACE

　1903년 12월 17일 미국의 라이트형제가 인류 최초로 동력비행을 실시한 이후 비행기의 성능은 급속도로 발전하였다. 특히 최초의 제트여객기인 B707 항공기가 1954년 2월 승객 100명을 태우고 비행에 성공하여 대형기의 실용화 시대의 막을 열어 주었다. 이어 점보 제트기의 보급률 증가와 고속화로 대량수송이 가능하게 되었으며, 비행기의 설계, 제작기술 및 생산력의 증가 등 항공기술의 모든 분야에 걸쳐 급격한 발전을 이룩하였다.

　우리나라는 1969년 3월 대한항공공사를 민영화하여 오늘날의 대한항공을 설립하였다. 1978년 미국의 항공산업 규제 완화 이후 국제경쟁이 치열하여지고 전 세계적으로 복수 항공사 체제로 가는 추세가 나타나면서, 정부는 제2민항의 필요성을 인식하여 1988년 2월에 아시아나 항공을 설립하였다. 이후 본격적인 민항공시대로 돌입하여 국제경쟁력을 갖춘 항공운송산업이 발전하는 계기가 되었으며, 우리나라의 경제발전과 더불어 세계적인 항공사로 성장하였다.

　이에 따른 항공기의 안전운항과 항공교통의 질서를 확보하며 항공행정의 방향을 제시하기 위하여 1961년 3월 7일 전문 10장 143조로 구성된 항공법이 법률 제591호로 공포된 후 1961년 6월 7일부터 발효되었다. 이후 부분적으로 개정·시행되어온 항공법은, 변화하는 항공여건에 능동적으로 대처하고 항공운송사업 등에 관한 규제를 완화하기 위하여 1991년 12월 14일 전면적으로 개정되었다. 아울러 1992년 8월 17일 항공법 시행령을, 1993년 2월 13일에는 항공법 시행규칙을 전면 개정하여 공포함으로써 법령의 정비를 완료하였다.

　ICAO(국제민간항공기구) 2010년 연간보고서에 따르면 우리나라는 국가별 전체 운송실적에서 세계 6위이며 여객부문은 13위, 화물부문은 3위를 기록하였다. 최근에는 우리나라 항공회사 들이 차세대 전투기의 조립 및 면허 생산, 최신 전투기 및 여객기의 동체 및 날개 부품 생산, 자체개발에 의한 사업용 경비행기 및 훈련기 생산 등의 항공기 제조산업의 적극적인 참여로 항공기 제작기술 발전이 빠르게 이루어지고 있다.

　또한, 인천국제공항의 개항으로 동북아 기축공항으로서의 역할을 수행하게 됨으로써 국내 항공관련 산업 전반에 걸쳐 폭 넓은 발전과 항공종사자의 역할과 수요도 커지리라고 본다.

PREFACE

현재 항공업계에 종사하고 있거나, 차후 항공업계 진출의 꿈을 꾸고 있는 젊은이들이 항공법규를 공부하는데 있어서 본서가 미약하나마 도움이 되기를 바라며 본서의 특징을 들면 다음과 같습니다.

1. 가장 최근에 개정된 항공안전법(2023. 4. 18), 항공사업법(2023. 8. 16), 공항시설법(2024. 1. 9) 및 동법 시행령·시행규칙을 수록하였습니다.
2. 항공종사자 자격증명시험 기출문제를 수록하여, 과년도 출제경향을 파악할 수 있도록 하였습니다.
3. 최근의 출제경향과 유사한 예상문제를 수록하여 문제풀이의 핵심을 파악하고, 본인의 실력 정도를 테스트 해 볼 수 있도록 하였습니다.
4. 항공법규 시험과 관련된 항공·철도사고조사에 관한 법률 및 국제항공법 관련 내용을 수록하였습니다.
5. 관련법규를 좌우면에 수록하여 서로 관련 조항을 비교하여 볼 수 있도록 함으로써 이해도를 높일 수 있도록 하였습니다.

끝으로 본서를 발간할 수 있도록 출제예상문제 및 과년도 기출문제의 발췌, 편집에 이르기까지 모든 부분에 걸쳐 도움을 주신 항공관련업계 및 항공교육 분야에 재직 중인 모든 분들의 협조에 깊은 감사를 드립니다.

편집부 일동

항공종사자 자격증명 학과시험 안내

1. 학과시험 접수기간
- 접수담당 : 02-3151-1501
- 접수시작시간 : 접수 시작일 20:00
- 접수마감시간 : 접수 마감일 23:59
- 접수변경 : 시험일자/장소를 변경하고자 하는 경우 취소(환불) 후 재접수

2. 학과시험 접수방법
- 인터넷 : TS 국가자격 홈페이지
- 결제수단 : 인터넷(신용카드, 계좌이체)
- 접수제한 : 정원제 접수에 따른 접수인원 제한
- 응시제한 : 이미 접수한 시험의 결과가 발표된 이후 다음 시험 접수 가능
  ※ 목적 : 응시자 누구에게나 공정한 응시기회 제공

3. 학과시험 환불기준
- 환불기준 : 수수료를 과오납한 경우, 공단의 귀책사유 등으로 시험을 시행하지 못한 경우, 학과시험 시행일자 기준 2일 전날 23:59까지 또는 접수가능 기간까지 취소하는 경우
  [예시] 시험일 - 1월 10일 / 환불마감일 - 1월 8일 23:59까지
- 환불금액 : 100% 전액
- 환불시기 : 신청즉시 (실제 환불확인은 카드사나 은행에 따라 5~6일 소요)

4. 학과시험 환불방법
- 환불담당 : 02-3151-1500
- 환불장소 : TS 국가자격시험 홈페이지
- 환불종료 : 환불마감일의 23:59까지
- 환불방법 : [신청·조회]-[예약/접수]-[접수확인] 메뉴에서 접수취소(환불신청)
- 환불절차 : (응시자) 환불 신청(인터넷) → (공단) 시스템에서 즉시 환불 → (공단) 결제시스템회사에 해당 결제내역 취소 → (은행) 결제내역 취소 확인 → (응시자) 결제내역 실제 환불 확인

5. 2024년 학과시험 일정 (항공정비사)

- 시험일정이 변경될 수 있으니, 공단 홈페이지를 반드시 확인하시기 바랍니다.
- 시험접수일은 시험일 기준 3개월 전부터 시스템에서 자동(순차적) 오픈

구분	항공 전용 학과시험장 (서울, 부산, 광주, 대전)		화물시험장 (춘천, 대구, 제주)
	주 중 (매주 월, 수, 목)	주 말	주 중
1월	8일, 10일, 11일, 15일, 17일, 18일, 22일, 24일, 25일, 29일, 31일	27일(토)	17일(수)
2월	1일, 5일, 7일, 8일, 14일, 15일, 19일, 21일, 22일, 26일, 28일, 29일	24일(토)	7일(수)
3월	4일, 6일, 7일, 11일, 13일, 14일, 18일, 20일, 21일, 25일, 27일, 28일	23일(토)	13일(수)
4월	1일, 3일, 4일, 8일, 9일, 11일, 15일, 17일, 18일, 22일, 24일, 25일	27일(토)	9일(화)
5월	8일, 9일, 13일, 16일, 20일, 22일, 23일, 27일, 29일, 30일	25일(토)	22일(수)
6월	3일, 5일, 10일, 12일, 13일, 17일, 19일, 20일, 24일, 26일, 27일	22일(토)	12일(수)
7월	3일, 4일, 8일, 10일, 11일, 15일, 17일, 18일, 22일, 24일, 25일	27일(토)	10일(수)
8월	5일, 7일, 8일, 12일, 14일, 19일, 21일, 22일, 26일, 28일, 29일	24일(토)	14일(수)
9월	2일, 4일, 5일, 9일, 11일, 12일, 23일, 25일, 26일	21일(토)	11일(수)
10월	7일, 10일, 14일, 16일, 17일, 21일, 23일, 24일, 28일, 30일, 31일	26일(토)	16일(수)
11월	4일, 6일, 7일, 11일, 13일, 14일, 18일, 20일, 21일, 25일, 27일, 28일	23일(토)	13일(수)
12월	2일, 4일, 5일, 9일, 11일, 12일, 16일, 18일, 19일	21일(토)	11일(수)

6. 학과시험 장소

- 서울시험장(50석) - 상설 : 항공자격시험장 (서울 마포구 구룡길 15)
- 부산시험장(10석) - 상설 : 부산본부 (부산 사상구 학장로 256)
- 광주시험장(10석) - 상설 : 광주전남본부 (광주 남구 송암로 96)
- 대전시험장(10석) - 상설 : 대전세종충남본부 (대전 대덕구 대덕대로 1417번길 31)
- 춘천화물시험장(10석) - 부설: 강원본부(강원 춘천시 동내로 10)
- 대구화물시험장(20석) - 부설 : 대구경북본부(대구 수성구 노변로 33)
- 제주운전정밀시험장(12석) - 부설 : 제주본부(제주 제주시 삼봉로 79)

7. 학과시험 시행방법
- 시행담당 : 02)3151-1501
- 시행방법 : 컴퓨터에 의한 시험 시행, 과목당 25문제 30분
- 시작시간 : 평일(10:00, 14:00, 17:00/2과목), 주말(10:00)
- 응시제한 및 부정행위 처리
  - 시험 시작시간 이후에 시험장에 도착한 사람은 응시 불가
  - 시험 도중 무단으로 퇴장한 사람은 재입장 할 수 없으며 해당 시험 종료처리
  - 부정행위 또는 주의사항이나 시험감독의 지시에 따르지 않는 사람은 즉각 퇴장 조치 및 무효처리하며, 향후 2년간 공단에서 시행하는 자격시험의 응시자격 정지

8. 학과시험 합격발표
- 합격발표 : 시험종료 즉시 결과확인 (공식적인 결과발표는 홈페이지에 18:00 발표)
- 합격판정 : 70% 이상 합격 (과목당 합격 유효)
- 합격취소 : 응시자격 미달 또는 부정한 방법으로 시험에 합격한 경우 합격 취소
- 유효기간 : 해당 과목 합격일로부터 2년간 유효기간 유효
  - 학과합격 유효기간 : 최종과목 합격일로부터 2년간 합격 유효
  - 실기접수 유효기간 : 최종과목 합격일로부터 2년간 접수 가능

항공종사자 자격증명 실기시험 안내

1. 실기시험 접수기간
- 접수담당 : 02) 3151-1506
- 접수시작시간 : 접수 시작일 20:00
- 접수마감시간 : 접수 마감일 23:59
- 접수변경 : 시험일자를 변경하고자 하는 경우 환불 후 재접수

2. 실기시험 접수방법
- 인터넷 : TS 국가자격시험 홈페이지
- 결제수단 : 인터넷(신용카드, 계좌이체)

- 접수제한 : 정원제 접수에 따른 접수인원 제한
- 응시제한 : 이미 접수한 시험의 결과가 발표된 이후 다음 시험 접수 가능
  ※ 목적 : 응시자 누구에게나 공정한 응시기회 제공

3. 실기시험 환불기준
- 환불기준 : 수수료를 과오납한 경우, 공단의 귀책사유 등으로 시험을 시행하지 못한 경우, 실기시험 시행일자 기준 6일 전날 23:59까지 또는 접수가능 기간까지 취소하는 경우 [예시] 시험일 – 1월 10일 / 환불마감일 – 1월 4일 23:59까지
- 환불금액 : 100% 전액
- 환불시기 : 신청즉시(실제 환불확인은 카드사나 은행에 따라 5~6일 소요)

4. 실기시험 환불방법
- 환불담당 : 02-3151-1500
- 환불장소 : TS 국가자격시험 홈페이지
- 환불종료 : 환불마감일의 23:59까지
- 환불방법 : [신청·조회]-[접수확인] 메뉴에서 접수취소(환불신청)
- 환불절차 : (응시자) 환불 신청(인터넷) → (공단) 시스템에서 즉시 환불 → (공단) 결제시스템회사에 해당 결제내역 취소 → (은행) 결제내역 취소 확인 → (응시자) 결제내역 실제 환불 확인

5. 실기시험 장소
- 구술 시험장 : 항공자격시험장 (서울 마포구 구룡길 15) 3층
- 실작업 시험장 : 항공자격시험장 (서울 마포구 구룡길 15) 지하 2층

6. 실기시험 시행방법
- 시행담당 : 02) 3151-1506
- 시행방법 : 구술형 시험 또는 실작업형 시험
- 시작시간 : 공단에서 확정 통보된 시작시간(시험접수 후 별도 SMS 통보)
- 응시제한 및 부정행위 처리
  - 사전 허락없이 시험 시작시간 이후에 시험장에 도착한 사람은 응시 불가
  - 시험위원 허락없이 시험 도중 무단으로 퇴장한 사람은 해당 시험 종료처리
  - 부정행위 또는 주의사항이나 시험감독의 지시에 따르지 않는 사람은 즉각 퇴장 조치 및 무효처리하며, 향후 2년간 공단에서 시행하는 자격시험의 응시자격 정지

7. 2024년 실기시험 일정 (항공정비사)

▪ 구술면접형(실작업이 면제되는 경우)

시행월	시험일자		
	비행기	헬리콥터	전자전기계기
1월	17일, 24일, 30일	18일	25일
2월	7일, 14일, 21일, 27일	15일	22일
3월	6일, 12일, 20일, 26일	7일	21일
4월	16일, 24일	11일	25일
5월	8일, 14일, 21일, 29일	16일	30일
6월	4일, 12일, 18일, 26일	13일	27일
7월	10일, 16일, 24일	11일	25일
8월	7일, 13일, 21일, 27일	8일	22일
9월	3일, 11일, 25일	12일	26일
10월	8일, 16일, 22일, 30일	17일	31일
11월	6일, 12일, 20일, 26일	7일	21일
12월	4일, 10일, 18일	5일	19일

▪ 실비행형/실관제형/실작업형(실비행/실관제/실작업＋구술면접형)

시행월	시험일자		
	비행기	헬리콥터	전자전기계기
1월	18일, 25일, 31일	18일	25일
2월	8일, 15일, 22일, 28일	15일	22일
3월	7일, 13일, 21일, 27일	7일	21일
4월	11일, 17일, 25일	11일	25일
5월	9일, 16일, 22일, 30일	16일	30일
6월	5일, 13일, 19일, 27일	13일	27일
7월	11일, 17일, 25일	11일	25일
8월	8일, 14일, 22일, 28일	8일	22일
9월	4일, 12일, 26일	12일	26일
10월	10일, 17일, 23일, 31일	17일	31일
11월	7일, 13일, 21일, 27일	7일	21일
12월	5일, 11일, 19일	5일	19일

※ 시험일정이 변경될 수 있으니, 공단 홈페이지를 반드시 확인하시기 바랍니다.

8. 실기시험 합격발표
- 발표방법 : 시험종료 후 인터넷 홈페이지에서 확인
- 발표시간 : 시험당일 18:00
- 합격기준 : 채점항목의 모든 항목에서 "S"등급 이상 합격
- 합격취소 : 응시자격 미달 또는 부정한 방법으로 시험에 합격한 경우 합격 취소

항공종사자 자격증명 자격증 신청방법

1. **발급담당** 02-3151-1500
2. **수 수 료** 11,000원 (부가세 포함)
3. **신청기간** 최종합격발표 이후 (인터넷 : 24시간, 방문 : 근무시간)
4. **발급제한** 외국자격 전환 시 외국정부의 유효성 확인 때까지 발급 제한
5. **신청장소**
   - 인터넷 : TS 국가자격시험 홈페이지
   - 방 문 : 항공자격처 사무실 (평일 09:00~18:00)
     ※ 주소 - 서울 마포구 구룡길 15(상암동 1733번지) 상암자동차검사소 3층
6. **결제수단** 인터넷(신용카드, 계좌이체), 방문(신용카드, 현금)
7. **처리기간** 인터넷(5~7일 소요), 방문(20~30분)
8. **신청취소** 인터넷 취소 불가 (전화취소 02-3151-1503 자격발급 담당자)
9. **책임여부** 발급책임(공단), 발급신청/우편배송/대리수령/수령확인(신청자)
10. **발급절차** (신청자) 발급신청(자격사항, 인적사항, 배송지 등) →
    (신청자) 제출서류 스캔파일 등록 (사진) →
    (공단) 신청명단 확인 후 자격증 발급 → (공단) 등기우편발송 →
    (우체국) 등기우편배송 → (신청자) 수령 및 이상유무 확인

차례 CONTENTS

제1편 항공법규 — Chapter 01

Ⅰ. 항공안전법·시행령·시행규칙　2
- 제1장　총 칙　2
- 제2장　항공기 등록　14
- 제3장　항공기기술기준 및 형식증명 등　18
- 제4장　항공종사자 등　36
- 제5장　항공기의 운항　84
- 제6장　항공교통관리 등　160
- 제7장　항공운송사업자 등에 대한 안전관리　176
- 제8장　외국항공기　198
- 제9장　경량항공기　203
- 제10장　초경량비행장치　216
- 제11장　보 칙　228
- 제12장　벌 칙　236

Ⅱ. 항공사업법·시행령·시행규칙　266
- 제1장　총 칙　266
- 제2장　항공운송사업　276
- 제3장　항공기사용사업 등　298
- 제4장　외국인 국제항공운송사업　318
- 제5장　항공교통이용자 보호　326
- 제6장　항공사업의 진흥　336
- 제7장　보 칙　340
- 제8장　벌 칙　345

Ⅲ. 공항시설법·시행령·시행규칙　352
- 제1장　총 칙　352
- 제2장　공항 및 비행장의 개발　356
- 제3장　공항 및 비행장의 관리·운영　388
- 제4장　항행안전시설　414
- 제5장　보 칙　432
- 제6장　벌 칙　440
- 제7장　범칙행위에 관한 처리의 특례　442

제2편 항공관련법규 — Chapter 02

Ⅰ. 항공·철도 사고조사에 관한 법률·시행령·시행규칙　　450
　제1장　총 칙　　450
　제2장　항공·철도사고조사위원회　　450
　제3장　사고조사　　454
　제4장　보 칙　　458
　제5장　벌 칙　　458

Ⅱ. 국제 항공법　　462

제3편 부록 — Chapter 03

　출제 예상문제　　470
　과년도 기출문제　　554

Chapter 01 | 항공법규

1. 항공안전법·시행령·시행규칙
2. 항공사업법·시행령·시행규칙
3. 공항시설법·시행령·시행규칙

Chapter 01 | 항공법규

항공안전법

Ⅰ. 항공안전법
[시행 2023. 10. 19.] [법률 제19394호, 2023. 4. 18., 일부개정]

─ 제1장 총칙 ─

제1조(목적) 이 법은 「국제민간항공협약」 및 같은 협약의 부속서에서 채택된 표준과 권고되는 방식에 따라 항공기, 경량항공기 또는 초경량비행장치의 안전하고 효율적인 항행을 위한 방법과 국가, 항공사업자 및 항공종사자 등의 의무 등에 관한 사항을 규정함을 목적으로 한다.

제2조(정의) 이 법에서 사용하는 용어의 뜻은 다음과 같다.
1. "항공기"란 공기의 반작용(지표면 또는 수면에 대한 공기의 반작용은 제외한다. 이하 같다)으로 뜰 수 있는 기기로서 최대이륙중량, 좌석 수 등 국토교통부령으로 정하는 기준에 해당하는 다음 각 목의 기기와 그 밖에 대통령령으로 정하는 기기를 말한다.
   가. 비행기
   나. 헬리콥터
   다. 비행선
   라. 활공기(滑空機)
2. "경량항공기"란 항공기 외에 공기의 반작용으로 뜰 수 있는 기기로서 최대이륙중량, 좌석 수 등 국토교통부령으로 정하는 기준에 해당하는 비행기, 헬리콥터, 자이로플레인(gyroplane) 및 동력패러슈트(powered parachute) 등을 말한다.
3. "초경량비행장치"란 항공기와 경량항공기 외에 공기의 반작용으로 뜰 수 있는 장치로서 자체중량, 좌석 수 등 국토교통부령으로 정하는 기준에 해당하는 동력비행장치, 행글라이더, 패러글라이더, 기구류 및 무인비행장치 등을 말한다.
4. "국가기관등항공기"란 국가, 지방자치단체, 그 밖에 「공공기관의 운영에 관한 법률」에 따른 공공기관으로서 대통령령으로 정하는 공공기관(이하 "국가기관등"이라 한다)이 소유하거나 임차(賃借)한 항공기로서 다음 각 목의 어느 하나에 해당하는 업무를 수행하기 위하여 사용되는 항공기를 말한다. 다만, 군용·경찰용·세관용 항공기는 제외한다.
   가. 재난·재해 등으로 인한 수색(搜索)·구조
   나. 산불의 진화 및 예방
   다. 응급환자의 후송 등 구조·구급활동
   라. 그 밖에 공공의 안녕과 질서유지를 위하여 필요한 업무

항공안전법 시행령

Ⅰ. 항공안전법 시행령
[시행 2023. 10. 19.] [대통령령 제33793호, 2023. 10. 10., 일부개정]

제1조(목적) 이 영은 「항공안전법」에서 위임된 사항과 그 시행에 필요한 사항을 규정함을 목적으로 한다.

제2조(항공기의 범위) 「항공안전법」(이하 "법"이라 한다) 제2조제1호 각 목 외의 부분에서 "대통령령으로 정하는 기기"란 다음 각 호의 어느 하나에 해당하는 기기를 말한다.
1. 최대이륙중량, 좌석 수, 속도 또는 자체중량 등이 국토교통부령으로 정하는 기준을 초과하는 기기
2. 지구 대기권 내외를 비행할 수 있는 항공우주선

제3조(국가기관등항공기 관련 공공기관의 범위) 법 제2조제4호 각 목 외의 부분 본문에서 "대통령령으로 정하는 공공기관"이란 「국립공원공단법」에 따른 국립공원공단을 말한다.

항공안전법 시행규칙

Ⅰ. 항공안전법 시행규칙
[시행 2026. 1. 1.] [국토교통부령 제1262호, 2023. 10. 19., 일부개정]

제1장 총칙

제1조(목적) 이 규칙은 「항공안전법」 및 같은 법 시행령에서 위임된 사항과 그 시행에 필요한 사항을 규정함을 목적으로 한다.

제2조(항공기의 기준) 「항공안전법」(이하 "법"이라 한다) 제2조제1호 각 목 외의 부분에서 "최대이륙중량, 좌석 수 등 국토교통부령으로 정하는 기준"이란 다음 각 호의 기준을 말한다.
  1. 비행기 또는 헬리콥터
     가. 사람이 탑승하는 경우 : 다음의 기준을 모두 충족할 것
        1) 최대이륙중량이 600킬로그램(수상비행에 사용하는 경우에는 650킬로그램)을 초과할 것
        2) 조종사 좌석을 포함한 탑승좌석 수가 1개 이상일 것
        3) 동력을 일으키는 기계장치(이하 "발동기"라 한다)가 1개 이상일 것
     나. 사람이 탑승하지 아니하고 원격조종 등의 방법으로 비행하는 경우 : 다음의 기준을 모두 충족할 것
        1) 연료의 중량을 제외한 자체중량이 150킬로그램을 초과할 것
        2) 발동기가 1개 이상일 것
  2. 비행선
     가. 사람이 탑승하는 경우 다음의 기준을 모두 충족할 것
        1) 발동기가 1개 이상일 것
        2) 조종사 좌석을 포함한 탑승좌석 수가 1개 이상일 것
     나. 사람이 탑승하지 아니하고 원격조종 등의 방법으로 비행하는 경우 다음의 기준을 모두 충족할 것
        1) 발동기가 1개 이상일 것
        2) 연료의 중량을 제외한 자체중량이 180킬로그램을 초과하거나 비행선의 길이가 20미터를 초과할 것
  3. 활공기 : 자체중량이 70킬로그램을 초과할 것

제3조(항공기인 기기의 범위) 영 제2조제1호에서 "최대이륙중량, 좌석 수, 속도 또는 자체중량 등이 국토교통부령으로 정하는 기준을 초과하는 기기"란 다음 각 호의 어느 하나에 해당하는 것을 말한다.
  1. 제4조제1호부터 제3호까지의 기준 중 어느 하나 이상의 기준을 초과하거나 같은 조 제4호부터 제7호까지의 제한요건 중 어느 하나 이상의 제한요건을 벗어나는 비행기, 헬리콥터, 자이로플레인 및 동력패러슈트
  2. 제5조제5호 각 목의 기준을 초과하는 무인비행장치

제4조(경량항공기의 기준) 법 제2조제2호에서 "최대이륙중량, 좌석 수 등 국토교통부령으로 정하는 기준에 해당하는 비행기, 헬리콥터, 자이로플레인(gyroplane) 및 동력패러슈트(powered parachute) 등"이란 법 제2조 제3호에 따른 초경량비행장치에 해당하지 않는 것으로서 다음 각 호의 기준을 모두 충족하는 비행기, 헬리콥터, 자이로플레인 및 동력패러슈트를 말한다.
  1. 최대이륙중량이 600킬로그램(수상비행에 사용하는 경우에는 650킬로그램) 이하일 것
  2. 최대 실속속도[실속(失速 : 비행기를 띄우는 양력이 급격히 떨어지는 현상을 말한다. 이하 같다)이 발생할 수 있는 속도를 말한다] 또는 최소 정상비행속도가 45노트 이하일 것
  3. 조종사 좌석을 포함한 탑승 좌석이 2개 이하일 것
  4. 단발(單發) 왕복발동기 또는 전기모터(전기 공급원으로부터 충전받은 전기에너지 또는 수소를 사용하여 발생시킨 전기에너지를 동력원으로 사용하는 것을 말한다)를 장착할 것
  5. 조종석은 여압(기내 공기 압력을 지상과 가깝게 조절·유지하는 것을 말한다)이 되지 아니할 것
  6. 비행 중에 프로펠러의 각도를 조정할 수 없을 것

Chapter 01 | 항공법규

항공안전법	항공안전법 시행령

항공안전법

5. "항공업무"란 다음 각 목의 어느 하나에 해당하는 업무를 말한다.
   가. 항공기의 운항(무선설비의 조작을 포함한다) 업무 (제46조에 따른 항공기 조종연습은 제외한다)
   나. 항공교통관제(무선설비의 조작을 포함한다) 업무 (제47조에 따른 항공교통관제연습은 제외한다)
   다. 항공기의 운항관리 업무
   라. 정비·수리·개조(이하 "정비등"이라 한다)된 항공기·발동기·프로펠러(이하 "항공기등"이라 한다), 장비품 또는 부품에 대하여 안전하게 운용할 수 있는 성능(이하 "감항성"이라 한다)이 있는지를 확인하는 업무 및 경량항공기 또는 그 장비품·부품의 정비사항을 확인하는 업무
6. "항공기사고"란 사람이 비행을 목적으로 항공기에 탑승하였을 때부터 탑승한 모든 사람이 항공기에서 내릴 때까지[사람이 탑승하지 아니하고 원격조종 등의 방법으로 비행하는 항공기(이하 "무인항공기"라 한다)의 경우에는 비행을 목적으로 움직이는 순간부터 비행이 종료되어 발동기가 정지되는 순간까지를 말한다] 항공기의 운항과 관련하여 발생한 다음 각 목의 어느 하나에 해당하는 것으로서 국토교통부령으로 정하는 것을 말한다.
   가. 사람의 사망, 중상 또는 행방불명
   나. 항공기의 파손 또는 구조적 손상
   다. 항공기의 위치를 확인할 수 없거나 항공기에 접근이 불가능한 경우
7. "경량항공기사고"란 비행을 목적으로 경량항공기의 발동기가 시동되는 순간부터 비행이 종료되어 발동기가 정지되는 순간까지 발생한 다음 각 목의 어느 하나에 해당하는 것으로서 국토교통부령으로 정하는 것을 말한다.
   가. 경량항공기에 의한 사람의 사망, 중상 또는 행방불명
   나. 경량항공기의 추락, 충돌 또는 화재 발생
   다. 경량항공기의 위치를 확인할 수 없거나 경량항공기에 접근이 불가능한 경우
8. "초경량비행장치사고"란 초경량비행장치를 사용하여 비행을 목적으로 이륙[이수(離水)를 포함한다. 이하 같다]하는 순간부터 착륙[착수(着水)를 포함한다. 이하 같다]하는 순간까지 발생한 다음 각 목의 어느 하나에 해당하는 것으로서 국토교통부령으로 정하는 것을 말한다.
   가. 초경량비행장치에 의한 사람의 사망, 중상 또는 행방불명
   나. 초경량비행장치의 추락, 충돌 또는 화재 발생
   다. 초경량비행장치의 위치를 확인할 수 없거나 초경량비행장치에 접근이 불가능한 경우

항공안전법 시행규칙

7. 고정된 착륙장치가 있을 것. 다만, 수상비행에 사용하는 경우에는 고정된 착륙장치 외에 접을 수 있는 착륙장치를 장착할 수 있다.

제5조(초경량비행장치의 기준) 법 제2조제3호에서 "자체중량, 좌석 수 등 국토교통부령으로 정하는 기준에 해당하는 동력비행장치, 행글라이더, 패러글라이더, 기구류 및 무인비행장치 등"이란 다음 각 호의 기준을 충족하는 동력비행장치, 행글라이더, 패러글라이더, 기구류, 무인비행장치, 회전익비행장치, 동력패러글라이더 및 낙하산류 등을 말한다.
1. 동력비행장치 : 동력을 이용하는 것으로서 다음 각 목의 기준을 모두 충족하는 고정익비행장치
   가. 탑승자, 연료 및 비상용 장비의 중량을 제외한 자체중량이 115킬로그램 이하일 것
   나. 연료의 탑재량이 19리터 이하일 것
   다. 좌석이 1개일 것
2. 행글라이더 : 탑승자 및 비상용 장비의 중량을 제외한 자체중량이 70킬로그램 이하로서 체중이동, 타면조종 등의 방법으로 조종하는 비행장치
3. 패러글라이더 : 탑승자 및 비상용 장비의 중량을 제외한 자체중량이 70킬로그램 이하로서 날개에 부착된 줄을 이용하여 조종하는 비행장치
4. 기구류 : 기체의 성질·온도차 등을 이용하는 다음 각 목의 비행장치
   가. 유인자유기구
   나. 무인자유기구(기구 외부에 2킬로그램 이상의 물건을 매달고 비행하는 것만 해당한다. 이하 같다)
   다. 계류식(繫留式)기구
5. 무인비행장치 : 사람이 탑승하지 않는 것으로서 다음 각 목의 비행장치
   가. 무인동력비행장치 : 연료의 중량을 제외한 자체중량이 150킬로그램 이하인 무인비행기, 무인헬리콥터 또는 무인멀티콥터
   나. 무인비행선 : 연료의 중량을 제외한 자체중량이 180킬로그램 이하이고 길이가 20미터 이하인 무인비행선
6. 회전익비행장치 : 제1호 각 목의 동력비행장치의 요건을 갖춘 헬리콥터 또는 자이로플레인
7. 동력패러글라이더 : 패러글라이더에 추진력을 얻는 장치를 부착한 다음 각 목의 어느 하나에 해당하는 비행장치
   가. 착륙장치가 없는 비행장치
   나. 착륙장치가 있는 것으로서 제1호 각 목의 동력비행장치의 요건을 갖춘 비행장치
8. 낙하산류 : 항력(抗力)을 발생시켜 대기(大氣) 중을 낙하하는 사람 또는 물체의 속도를 느리게 하는 비행장치
9. 그 밖에 국토교통부장관이 종류, 크기, 중량, 용도 등을 고려하여 정하여 고시하는 비행장치

제6조(사망·중상 등의 적용기준) ① 법 제2조제6호가목에 따른 사람의 사망 또는 중상에 대한 적용기준은 다음 각 호와 같다.
1. 항공기에 탑승한 사람이 사망하거나 중상을 입은 경우. 다만, 자연적인 원인 또는 자기 자신이나 타인에 의하여 발생된 경우와 승객 및 승무원이 정상적으로 접근할 수 없는 장소에 숨어있는 밀항자 등에게 발생한 경우는 제외한다.
2. 항공기로부터 이탈된 부품이나 그 항공기와의 직접적인 접촉 등으로 인하여 사망하거나 중상을 입은 경우
3. 항공기 발동기의 흡입 또는 후류(後流: 뒤쪽 바람)로 인하여 사망하거나 중상을 입은 경우

② 법 제2조제6호가목, 같은 조 제7호가목 및 같은 조 제8호가목에 따른 행방불명은 항공기, 경량항공기 또는 초경량비행장치 안에 있던 사람이 항공기사고, 경량항공기사고 또는 초경량비행장치사고로 1년간 생사가 분명하지 아니한 경우에 적용한다.

③ 법 제2조제7호가목 및 같은 조 제8호가목에 따른 사람의 사망 또는 중상에 대한 적용기준은 다음 각 호와 같다.
1. 경량항공기 및 초경량비행장치에 탑승한 사람이 사망하거나 중상을 입은 경우. 다만, 자연적인 원인 또는 자기 자신이나 타인에 의하여 발생된 경우는 제외한다.
2. 비행 중이거나 비행을 준비 중인 경량항공기 또는 초경량비행장치로부터 이탈된 부품이나 그 경량항공기 또는 초경량비행장치와의 직접적인 접촉 등으로 인하여 사망하거나 중상을 입은 경우

제7조(사망·중상의 범위) ① 법 제2조제6호가목, 같은 조 제7호가목 및 같은 조 제8호가목에 따른 사람의 사망은 항공기사고, 경량항공기사고 또는 초경량비행장치사고가 발생한 날부터 30일 이내에 그 사고로 사망한 경우를 포함한다.

② 법 제2조제6호가목, 같은 조 제7호가목 및 같은 조 제8호가목에 따른 중상의 범위는 다음 각 호와 같다.

Chapter 01 | 항공법규

항공안전법	항공안전법 시행령

항공안전법

9. "항공기준사고"(航空機準事故)란 항공안전에 중대한 위해를 끼쳐 항공기사고로 이어질 수 있었던 것으로서 국토교통부령으로 정하는 것을 말한다.
10. "항공안전장애"란 항공기사고 및 항공기준사고 외에 항공기의 운항 등과 관련하여 항공안전에 영향을 미치거나 미칠 우려가 있는 것을 말한다.
10의 2. "항공안전위해요인"이란 항공기사고, 항공기준사고 또는 항공안전장애를 발생시킬 수 있거나 발생 가능성의 확대에 기여할 수 있는 상황, 상태 또는 물적·인적요인 등을 말한다.
10의 3. "위험도"(Safety risk)란 항공안전위해요인이 항공안전을 저해하는 사례로 발전할 가능성과 그 심각도를 말한다.
10의 4. "항공안전데이터"란 항공안전의 유지 또는 증진 등을 위하여 사용되는 다음 각 목의 자료를 말한다.
  가. 제33조에 따른 항공기 등에 발생한 고장, 결함 또는 기능장애에 관한 보고
  나. 제58조제4항에 따른 비행자료 및 분석결과
  다. 제58조제5항에 따른 레이더 자료 및 분석결과
  라. 제59조 및 제61조에 따라 보고된 자료
  마. 제60조 및 「항공·철도 사고조사에 관한 법률」 제19조에 따른 조사결과
  바. 제132조에 따른 항공안전 활동 과정에서 수집된 자료 및 결과보고
  사. 「기상법」 제12조에 따른 기상업무에 관한 정보
  아. 「항공사업법」 제2조제34호에 따른 공항운영자(이하 "공항운영자"라 한다)가 항공안전관리를 위해 수집·관리하는 자료 등
  자. 「항공사업법」 제6조제1항 각 호에 따라 구축된 시스템에서 관리되는 정보
  차. 「항공사업법」 제68조제4항에 따른 업무수행 중 수집한 정보·통계 등
  카. 항공안전을 위해 국제기구 또는 외국정부 등이 우리나라와 공유한 자료
  타. 그 밖에 국토교통부령으로 정하는 자료
10의 5. "항공안전정보"란 항공안전데이터를 안전관리 목적으로 사용하기 위하여 가공(加工)·정리·분석한 것을 말한다.
11. "비행정보구역"이란 항공기, 경량항공기 또는 초경량비행장치의 안전하고 효율적인 비행과 수색 또는 구조에 필요한 정보를 제공하기 위한 공역(空域)으로서 「국제민간항공협약」 및 같은 협약 부속서에 따라 국토교통부장관이 그 명칭, 수직 및 수평 범위를 지정·공고한 공역을 말한다.
12. "영공"(領空)이란 대한민국의 영토와 「영해 및 접속수역법」에 따른 내수 및 영해의 상공을 말한다.

> ### 항공안전법 시행규칙
>
> 1. 항공기사고, 경량항공기사고 또는 초경량비행장치사고로 부상을 입은 날부터 7일 이내에 48시간을 초과하는 입원치료가 필요한 부상
> 2. 골절(코뼈, 손가락, 발가락 등의 간단한 골절은 제외한다)
> 3. 열상(찢어진 상처)으로 인한 심한 출혈, 신경·근육 또는 힘줄의 손상
> 4. 2도나 3도의 화상 또는 신체표면의 5퍼센트를 초과하는 화상(화상을 입은 날부터 7일 이내에 48시간을 초과하는 입원치료가 필요한 경우만 해당한다)
> 5. 내장의 손상
> 6. 전염물질이나 유해방사선에 노출된 사실이 확인된 경우

제8조(항공기의 파손 또는 구조적 손상의 범위) 법 제2조제6호나목에서 "항공기의 파손 또는 구조적 손상"이란 별표 1의 항공기의 손상·파손 또는 구조상의 결함으로 항공기 구조물의 강도, 항공기의 성능 또는 비행특성에 악영향을 미쳐 대수리 또는 해당 구성품(component)의 교체가 요구되는 것을 말한다.

[별표 1] 항공기의 손상·파손 또는 구조상의 결함(제8조 관련)
1. 다음 각 목의 어느 하나에 해당되는 경우에는 항공기의 중대한 손상·파손 및 구조상의 결함으로 본다.
   가. 항공기에서 발동기가 떨어져 나간 경우
   나. 발동기의 덮개 또는 역추진장치 구성품이 떨어져 나가면서 항공기를 손상시킨 경우
   다. 압축기, 터빈 블레이드(날개) 및 그 밖에 다른 발동기 구성품이 발동기 덮개를 관통한 경우. 다만, 발동기의 배기구를 통해 유출된 경우는 제외한다.
   라. 레이더 안테나 덮개가 파손되거나 떨어져 나가면서 항공기의 동체 구조 또는 시스템에 중대한 손상을 준 경우
   마. 플랩(flap), 슬랫(slat : 양력 증대를 위해 비행기 주날개 앞부분에 설치되는 작은 날개)등 고양력장치(高揚力裝置) 및 윙렛(winglet : 비행기 주날개 끝에 수직 또는 거의 수직으로 부착하는 작은 날개)이 손실된 경우. 다만, 외형변경목록(Configuration Deviation List)을 적용하여 항공기를 비행에 투입할 수 있는 경우는 제외한다.
   바. 바퀴다리(landing gear leg)가 완전히 펴지지 않았거나 바퀴(wheel)가 나오지 않은 상태에서 착륙하여 항공기의 표피가 손상된 경우. 다만, 간단한 수리를 하여 항공기가 비행할 수 있는 경우는 제외한다.
   사. 항공기 내부의 감압 또는 여압을 조절하지 못하게 되는 구조적 손상이 발생한 경우
   아. 항공기준사고 또는 항공안전장애 등의 발생에 따라 항공기를 점검한 결과 심각한 손상이 발견된 경우
   자. 비상탈출로 중상자가 발생했거나 항공기가 심각한 손상을 입은 경우
   차. 그 밖에 가목부터 자목까지의 경우와 유사한 항공기의 손상·파손 또는 구조상의 결함이 발생한 경우
2. 제1호에 해당하는 경우에도 다음 각 목의 어느 하나에 해당하는 경우에는 항공기의 중대한 손상·파손 및 구조상의 결함으로 보지 아니한다.
   가. 덮개와 부품(accessory)을 포함하여 한 개의 발동기의 고장 또는 손상
   나. 프로펠러, 날개 끝(wing tip), 안테나, 프로브(probe), 베인(vane : 공기의 흐름을 위한 작은 날개), 타이어, 브레이크, 바퀴, 페어링(fairing : 노출부의 보호 및 공기 저항력 감소를 위한 유선형 덮개), 패널(panel), 착륙장치 덮개, 방풍창 및 항공기 표피의 손상
   다. 주회전익, 꼬리회전익 및 착륙장치의 경미한 손상
   라. 우박 또는 조류와 충돌 등에 따른 경미한 손상(레이더 안테나 덮개의 구멍을 포함한다)

제9조(항공기준사고의 범위) 법 제2조제9호에서 "국토교통부령으로 정하는 것"이란 별표 2와 같다.

[별표 2] 항공기준사고의 범위(제9조 관련)
1. 항공기의 위치, 속도 및 거리가 다른 항공기와 충돌위험이 있었던 것으로 판단되는 근접비행이 발생한 경우(다른 항공기와의 거리가 500피트 미만으로 근접하였던 경우를 말한다) 또는 경미한 충돌이 있었으나 안전하게 착륙한 경우
2. 항공기가 초기 상승단계 이후 또는 최종 접근단계 이전의 정상적인 비행 중 지표, 수면 또는 그 밖의 장애물과의 충돌(Control Flight into Terrain)을 가까스로 회피한 경우
3. 항공기, 차량, 사람 등이 허가 없이 또는 잘못된 허가로 항공기 이륙·착륙을 위해 지정된 보호구역에 진입하여 다른 항공기와의 충돌을 가까스로 회피한 경우

Chapter 01 | 항공법규

항공안전법	항공안전법 시행령

13. "항공로"(航空路)란 국토교통부장관이 항공기, 경량항공기 또는 초경량비행장치의 항행에 적합하다고 지정한 지구의 표면상에 표시한 공간의 길을 말한다.
14. "항공종사자"란 제34조제1항에 따른 항공종사자 자격증명을 받은 사람을 말한다.
15. "모의비행훈련장치"란 항공기의 조종실을 동일 또는 유사하게 모방한 장치로서 국토교통부령으로 정하는 장치를 말한다.
16. "운항승무원"이란 제35조제1호부터 제6호까지의 어느 하나에 해당하는 자격증명을 받은 사람으로서 항공기에 탑승하여 항공업무에 종사하는 사람을 말한다.
17. "객실승무원"이란 항공기에 탑승하여 비상시 승객을 탈출시키는 등 승객의 안전을 위한 업무를 수행하는 사람을 말한다.
18. "계기비행"(計器飛行)이란 항공기의 자세·고도·위치 및 비행방향의 측정을 항공기에 장착된 계기에만 의존하여 비행하는 것을 말한다.
19. "계기비행방식"이란 계기비행을 하는 사람이 제84조제1항에 따라 국토교통부장관 또는 제85조제1항에 따른 항공교통업무증명(이하 "항공교통업무증명"이라 한다)을 받은 자가 지시하는 이동·이륙·착륙의 순서 및 시기와 비행의 방법에 따라 비행하는 방식을 말한다.
20. "피로위험관리시스템"이란 운항승무원과 객실승무원이 충분한 주의력이 있는 상태에서 해당 업무를 할 수 있도록 피로와 관련한 위험요소를 경험과 과학적 원리 및 지식에 기초하여 지속적으로 감독하고 관리하는 시스템을 말한다.
21. "비행장"이란 「공항시설법」 제2조제2호에 따른 비행장을 말한다.
22. "공항"이란 「공항시설법」 제2조제3호에 따른 공항을 말한다.
23. "공항시설"이란 「공항시설법」 제2조제7호에 따른 공항시설을 말한다.
24. "항행안전시설"이란 「공항시설법」 제2조제15호에 따른 항행안전시설을 말한다.
24의2. "항공교통관리"란 항공교통 및 공역을 안전하고 효율적인 방법으로 통합 관리하는 업무로서 다음 각 목의 업무를 말한다.
    가. 제78조에 따른 공역 등의 지정에 관한 업무
    나. 제83조에 따른 항공교통업무
    다. 제83조의2에 따른 항공교통흐름 관리업무
24의3. "항공교통데이터"란 항공교통관리에 필요한 다음 각 목의 자료를 말한다.
    가. 외국정부 또는 국제기구와 항공교통관리를 위하여 항공기 비행정보 등 상호 공유·교환하는 자료

항공안전법 시행규칙

4. 항공기가 다음 각 목의 장소에서 이륙하거나 이륙을 포기한 경우 또는 착륙하거나 착륙을 시도한 경우
   가. 폐쇄된 활주로 또는 다른 항공기가 사용 중인 활주로
   나. 허가 받지 않은 활주로
   다. 유도로(헬리콥터가 허가를 받고 이륙하거나 이륙을 포기한 경우 또는 착륙하거나 착륙을 시도한 경우는 제외한다)
   라. 도로 등 착륙을 의도하지 않은 장소
5. 항공기가 이륙·착륙 중 활주로 시단(始端)에 못 미치거나(Undershooting) 또는 종단(終端)을 초과한 경우(Overrunning) 또는 활주로 옆으로 이탈한 경우(다만, 항공안전장애에 해당하는 사항은 제외한다)
6. 항공기가 이륙 또는 초기 상승 중 규정된 성능에 도달하지 못한 경우
7. 비행 중 운항승무원이 신체, 심리, 정신 등의 영향으로 조종업무를 정상적으로 수행할 수 없는 경우(Pilot Incapacitation)
8. 조종사가 연료량 또는 연료배분 이상으로 비상선언을 한 경우(연료의 불충분, 소진, 누유 등으로 인한 결핍 또는 사용가능한 연료를 사용할 수 없는 경우를 말한다)
9. 항공기 시스템의 고장, 항공기 동력 또는 추진력의 손실, 기상 이상, 항공기 운용한계의 초과 등으로 조종상의 어려움(Loss of Control)이 발생했거나 발생할 수 있었던 경우
10. 다음 각 목에 따라 항공기에 중대한 손상이 발견된 경우(항공기사고로 분류된 경우는 제외한다)
    가. 항공기가 지상에서 운항 중 다른 항공기나 장애물, 차량, 장비 또는 동물과 접촉·충돌
    나. 비행 중 조류(鳥類), 우박, 그 밖의 물체와 충돌 또는 기상 이상 등
    다. 항공기 이륙·착륙 중 날개, 발동기 또는 동체와 지면의 접촉·충돌 또는 끌림(dragging). 다만, 꼬리 스키드(tail skid: 항공기 꼬리 아래 장착되는, 지면 접촉 시 기체 손상 방지장치)의 경미한 접촉 등 항공기 이륙·착륙에 지장이 없는 경우는 제외한다.
    라. 착륙바퀴가 완전히 펴지지 않거나 올려진 상태로 착륙한 경우
11. 비행 중 운항승무원이 비상용 산소 또는 산소마스크를 사용해야 하는 상황이 발생한 경우
12. 운항 중 항공기 구조상의 결함(Aircraft Structural Failure)이 발생한 경우 또는 터빈발동기의 내부 부품이 외부로 떨어져 나간 경우를 포함하여 터빈발동기의 내부 부품이 분해된 경우(항공기사고로 분류된 경우는 제외한다)
13. 운항 중 발동기에서 화재가 발생하거나 조종실, 객실이나 화물칸에서 화재·연기가 발생한 경우(소화기를 사용하여 진화한 경우를 포함한다)
14. 비행 중 비행 유도(Flight Guidance) 및 항행(Navigation)에 필요한 다중(多衆)시스템(Redundancy System Mandatory) 중 2개 이상의 고장으로 항행에 지장을 준 경우
15. 비행 중 2개 이상의 항공기 시스템 고장이 동시에 발생하여 비행에 심각한 영향을 미치는 경우
16. 운항 중 비의도적으로 항공기 외부의 인양물이나 탑재물이 항공기로부터 분리된 경우 또는 비상조치를 위해 의도적으로 항공기 외부의 인양물이나 탑재물이 항공기로부터 분리한 경우

비고 : 항공기준사고 조사결과에 따라 항공기사고 또는 항공안전장애로 재분류 할 수 있다.

제10조(항공안전데이터의 종류) 법 제2조제10호의4타목에서 "국토교통부령으로 정하는 자료"란 다음 각 호의 자료를 말한다.
1. 제209조제1항에 따른 위험물의 포장·적재(積載)·저장·운송 또는 처리 과정에서 발생한 사건으로서 항공상 위험을 야기할 우려가 있는 사건에 관한 자료
2. 항공기와 조류의 충돌에 관련된 자료
3. 그 밖에 국토교통부장관이 항공안전의 관리에 필요하다고 인정하여 고시하는 자료

제10조의2(모의비행훈련장치의 종류) 법 제2조제15호에서 "국토교통부령으로 정하는 장치"란 다음 각 호의 장치를 말한다.
1. 모의비행훈련장치(Full Flight Simulator) : 특정 형식의 항공기의 조종석을 기계·전기·전자 장치 등에 대한 통제 기능과 비행의 성능 및 특성 등이 실제 항공기와 같게 재현될 수 있도록 고안한 장치
2. 비행훈련장치(Flight Training Device) : 특정 등급의 항공기의 조종석을 기계·전기·전자 장치 등에 대한 조작 기능과 비행의 성능 및 특성 등이 실제 항공기와 유사하게 재현될 수 있도록 고안한 장치
3. 기본비행훈련장치(Aviation Training Device) : 모의비행훈련장치와 비행훈련장치를 제외한 훈련 장치로서 조종사가 훈련하는 실제 항공기와 유사한 환경이 재현될 수 있도록 고안한 장치

Chapter 01 | 항공법규

항공안전법	항공안전법 시행령

항공안전법

　나. 공역관리를 위하여 항공교통관제업무 기관 등이 생성·관리하는 자료
　다. 제58조제5항에 따른 레이더 자료 및 분석결과
　라. 제67조제2항제4호에 따라 항공기를 운항하려는 사람이 작성·제출하여야 하는 비행계획 및 이와 관련된 자료
　마. 제83조의2에 따른 항공교통흐름 관리를 위하여 필요한 자료
　바. 제89조에 따른 항공정보 및 항공지도를 제공하기 위하여 필요한 자료
　사. 공항시설 중 항공기의 이륙·착륙과 관련된 시설로서 활주로 등 국토교통부령으로 정하는 시설에서 생성·사용되는 자료
　아. 「공항시설법」 제2조제17호에 따른 항행안전무선시설에서 생성·사용되는 항공기 위치 등에 관한 자료
　자. 항공기의 공항 내 이동시간 자료 및 항공교통통계 등 공항운영자가 항공기 운항관리를 위하여 생산하는 자료
　차. 「항공사업법」 제18조에 따른 운항시각에 관한 자료
　카. 「기상법」 제14조에 따른 항공기의 안전운항에 필요한 예보 및 특보 등의 항공기상자료

25. "관제권"(管制圈)이란 비행장 또는 공항과 그 주변의 공역으로서 항공교통의 안전을 위하여 국토교통부장관이 지정·공고한 공역을 말한다.
26. "관제구"(管制區)란 지표면 또는 수면으로부터 200미터 이상 높이의 공역으로서 항공교통의 안전을 위하여 국토교통부장관이 지정·공고한 공역을 말한다.
27. "항공운송사업"이란 「항공사업법」 제2조제7호에 따른 항공운송사업을 말한다.
28. "항공운송사업자"란 「항공사업법」 제2조제8호에 따른 항공운송사업자를 말한다.
29. "항공기사용사업"이란 「항공사업법」 제2조제15호에 따른 항공기사용사업을 말한다.
30. "항공기사용사업자"란 「항공사업법」 제2조제16호에 따른 항공기사용사업자를 말한다.
31. "항공기정비업자"란 「항공사업법」 제2조제18호에 따른 항공기정비업자를 말한다.
32. "초경량비행장치사용사업"이란 「항공사업법」 제2조제23호에 따른 초경량비행장치사용사업을 말한다.
33. "초경량비행장치사용사업자"란 「항공사업법」 제2조제24호에 따른 초경량비행장치사용사업자를 말한다.
34. "이착륙장"이란 「공항시설법」 제2조제19호에 따른 이착륙장을 말한다.

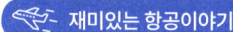 재미있는 항공이야기

국내 공항의 역사

국내에 처음으로 비행기가 선을 보인 것은 언제일까?

예상외로 세계적 흐름에 가깝게 다가서 있음을 볼 수 있다. 우리나라에 비행기가 처음 등장한 것은 라이트 형제가 비행을 한 후 10년 뒤인 1913년이다. 일본 해군중위 나리하라가 용산 연병장에서 떴다 내리는 정도지만 첫 비행을 했다. 이듬해 1914년 8월 18일에는 다카사라는 일본 민간인이 미국의 커티스(Curtiss)라는 복엽기로 용산에서 남대문까지 비행을 해 서울시민을 놀라게 했다. 용산의 일본군 연병장이 우리나라 최초의 비행장이었던 셈이다. 1916년 가을 당시 경기도 시흥군 여의도에 육군 간이 비행착륙장이 개설되어 정식 비행장의 구실을 하게 되고 여기서 우리나라 최초의 비행사인 안창남이 1922년 12월 모국 방문 기념 비행을 해 한국인의 기개를 떨치게 된다. 이 여의도 간이 비행장은 1924년 정식 비행장으로 승격돼 민간 항공기와 군 항공기가 공동으로 이용하게 됐고 해방 후 1948년부터는 민간 비행장으로 운영되기 시작했다.

이에 따라 국내 최초의 민간 항공사인 대한국민항공사(KNA)도 여의도 비행장에서 첫 취항을 개시했다. 그러나 1958년 1월, 국제공항의 기능을 김포로 이전하면서 여의도 공항은 군 전용 비행장으로 사용되다 1971년에 개장 54년 만에 폐쇄되었고 그 이후 국군의 날 행사나 대규모 집회 장소로 여의도 광장이라는 이름으로 사용되다가 지금은 공원으로 조성되어 있다.

한편 김포공항은 1939년 당시 경기도 김포군 양서면 방화리에 일본군이 1,317m×16m 짜리 활주로 3개를 건설하면서 시작됐다. 일본군은 태평양 전쟁이 발발하기 직전, 이곳에 비행장을 만들고 가미가제 특공대 훈련장으로 활용했던 것이다. 해방 후 김포공항의 관할권은 미군에 넘어갔고 미공군은 활주로를 포장하고 전쟁 중이던 1951년에 2,268m×45m 짜리 활주로를 새로 건설하면서 김포공항을 미 제 5공군 전용 활주로로 사용했다. 1952년부터는 민간항공기 운항이 허용됐고 1954년부터는 우리나라도 활주로 일부를 사용할 수 있게 됐다. 정부는 1958년 1월 미군측과 김포공항의 관리권을 3단계에 걸쳐 단계적으로 대한민국 정부에 이양한다는 협정을 체결한 뒤 그해 3월 대통령령으로 김포공항을 국제공항으로 지정했던 것이다. ✈

〈자료출처 : 대한항공 홍보실〉

Chapter 01 | 항공법규

항공안전법	항공안전법 시행령

제3조(군용항공기등의 적용 특례) ① 군용항공기와 이에 관련된 항공업무에 종사하는 사람에 대해서는 이 법을 적용하지 아니한다.
② 세관업무 또는 경찰업무에 사용하는 항공기와 이에 관련된 항공업무에 종사하는 사람에 대하여는 이 법을 적용하지 아니한다. 다만, 공중 충돌 등 항공기사고의 예방을 위하여 제51조, 제67조, 제68조제5호, 제79조 및 제84조제1항을 적용한다.
③ 「대한민국과 아메리카합중국 간의 상호방위조약」 제4조에 따라 아메리카합중국이 사용하는 항공기와 이에 관련된 항공업무에 종사하는 사람에 대하여는 제2항을 준용한다.

제4조(국가기관등항공기의 적용 특례) ① 국가기관등항공기와 이에 관련된 항공업무에 종사하는 사람에 대해서는 이 법(제66조, 제69조부터 제73조까지 및 제132조는 제외한다)을 적용한다.
② 제1항에도 불구하고 국가기관등항공기를 재해·재난 등으로 인한 수색·구조, 화재의 진화, 응급환자 후송, 그 밖에 국토교통부령으로 정하는 공공목적으로 긴급히 운항(훈련을 포함한다)하는 경우에는 제53조, 제67조, 제68조제1호부터 제3호까지, 제77조제1항제7호, 제79조 및 제84조제1항을 적용하지 아니한다.
③ 제59조, 제61조, 제62조제5항 및 제6항을 국가기관등항공기에 적용할 때에는 "국토교통부장관"은 "소관 행정기관의 장"으로 본다. 이 경우 소관 행정기관의 장은 제59조, 제61조, 제62조제5항 및 제6항에 따라 보고받은 사실을 국토교통부장관에게 알려야 한다.

제5조(임대차 항공기의 운영에 대한 권한 및 의무 이양의 적용 특례) 외국에 등록된 항공기를 임차하여 운영하거나 대한민국에 등록된 항공기를 외국에 임대하여 운영하게 하는 경우 그 임대차(賃貸借) 항공기의 운영에 관련된 권한 및 의무의 이양(移讓)에 관한 사항은 「국제민간항공협약」에 따라 국토교통부장관이 정하여 고시한다.

제6조(항공안전정책기본계획의 수립 등) ① 국토교통부장관은 국가항공안전정책에 관한 기본계획(이하 "항공안전정책기본계획"이라 한다)을 5년마다 수립하여야 한다.
② 항공안전정책기본계획에는 다음 각 호의 사항이 포함되어야 한다.
　1. 항공안전정책의 목표 및 전략
　2. 항공기사고·경량항공기사고·초경량비행장치사고 예방 및 운항 안전에 관한 사항
　3. 항공기·경량항공기·초경량비행장치의 제작·정비 및 안전성 인증체계에 관한 사항

항공안전법 시행규칙

제10조의3(항공교통데이터의 종류) 법 제2조제24호의3사목에서 "활주로 등 국토교통부령으로 정하는 시설"이란 다음 각 호의 시설을 말한다.
  1. 항행안전시설
  2. 「공항시설법 시행령」 제3조제1호가목에 따른 항공기의 이착륙시설, 같은 호 라목에 따른 통신시설 및 같은 호 마목에 따른 기상관측시설
  3. 그 밖에 항공기의 이륙·착륙과 관련된 시설로서 국토교통부장관이 해당 시설에서 생성·사용되는 자료가 항공교통관리에 필요하다고 인정하여 고시하는 시설

제11조(긴급운항의 범위) 법 제4조제2항에서 "국토교통부령으로 정하는 공공목적으로 긴급히 운항(훈련을 포함한다)하는 경우"란 소방·산림 또는 자연공원 업무 등에 사용되는 항공기를 이용하여 재해·재난의 예방, 응급환자를 위한 장기(臟器) 이송, 산림 방제(防除)·순찰, 산림보호사업을 위한 화물 수송, 그 밖에 이와 유사한 목적으로 긴급히 운항(훈련을 포함한다)하는 경우를 말한다.

제11조의2(항공기 등록에 필요한 정비인력 기준) ① 법 제7조제2항에 따른 항공기 등록에 필요한 정비 인력은 다음 각 호의 업무 수행에 필요한 인력(휴직·병가·휴가 등을 하는 정비 인력의 업무를 대행하는 인력을 포함한다. 이하 이 조에서 같다)으로 한다. 다만, 국내항공운송사업자의 경우에는 제1호에 따른 업무 수행에 필요한 인력으로 한다.
  1. 항공기·발동기·프로펠러(이하 "항공기등"이라 한다)의 점검 및 정비
  2. 위탁받은 항공기등의 정비(다른 항공운송사업자로부터 항공기등의 정비를 위탁받은 항공운송사업자만 해당한다)
  3. 법 제93조제1항 및 제2항에 따라 인가받은 정비 훈련프로그램의 운용
  4. 제1호부터 제3호까지의 규정에 따른 업무에 준하는 업무
② 제1항 각 호에 따른 업무별 가중치 및 그 산출의 세부기준은 국토교통부장관이 정하여 고시한다.

Chapter 01 | 항공법규

항공안전법	항공안전법 시행령
4. 비행정보구역·항공로 관리 및 항공교통체계 개선에 관한 사항 5. 항공종사자의 양성 및 자격관리에 관한 사항 6. 그 밖에 항공안전의 향상을 위하여 필요한 사항 ③ 국토교통부장관은 항공안전정책기본계획을 수립 또는 변경하려는 경우 관계 행정기관의 장에게 필요한 협조를 요청할 수 있다. ④ 국토교통부장관은 항공안전정책기본계획을 수립하거나 변경하였을 때에는 그 내용을 관보에 고시하고, 제3항에 따라 협조를 요청한 관계 행정기관의 장에게 알려야 한다. ⑤ 국토교통부장관은 항공안전정책기본계획을 시행하기 위하여 연도별 시행계획을 수립할 수 있다.	

제2장 항공기 등록

항공안전법	항공안전법 시행령

제7조(항공기 등록) ① 항공기를 소유하거나 임차하여 항공기를 사용할 수 있는 권리가 있는 자(이하 "소유자등"이라 한다)는 항공기를 대통령령으로 정하는 바에 따라 국토교통부장관에게 등록을 하여야 한다. 다만, 대통령령으로 정하는 항공기는 그러하지 아니하다.
② 제90조제1항에 따른 운항증명을 받은 국내항공운송사업자 또는 국제항공운송사업자가 제1항에 따라 항공기를 등록하려는 경우에는 해당 항공기의 안전한 운항을 위하여 국토교통부령으로 정하는 바에 따라 필요한 정비 인력을 갖추어야 한다.
제8조(항공기 국적의 취득) 제7조에 따라 등록된 항공기는 대한민국의 국적을 취득하고, 이에 따른 권리와 의무를 갖는다.
제9조(항공기 소유권 등) ① 항공기에 대한 소유권의 취득·상실·변경은 등록하여야 그 효력이 생긴다.
② 항공기에 대한 임차권(賃借權)은 등록하여야 제3자에 대하여 그 효력이 생긴다.
제10조(항공기 등록의 제한) ① 다음 각 호의 어느 하나에 해당하는 자가 소유하거나 임차한 항공기는 등록할 수 없다. 다만, 대한민국의 국민 또는 법인이 임차하여 사용할 수 있는 권리가 있는 항공기는 그러하지 아니하다.
  1. 대한민국 국민이 아닌 사람
  2. 외국정부 또는 외국의 공공단체
  3. 외국의 법인 또는 단체
  4. 제1호부터 제3호까지의 어느 하나에 해당하는 자가 주식이나 지분의 2분의 1 이상을 소유하거나 그 사업을 사실상 지배하는 법인(「항공사업법」 제2조제1호에 따른 항공사업의 목적으로 항공기를 등록하려는 경우로 한정한다)
	제4조(등록을 필요로 하지 않는 항공기의 범위) 법 제7조 단서에서 "대통령령으로 정하는 항공기"란 다음 각 호의 항공기를 말한다.
	1. 군 또는 세관에서 사용하거나 경찰업무에 사용하는 항공기
	2. 외국에 임대할 목적으로 도입한 항공기로서 외국 국적을 취득할 항공기
	3. 국내에서 제작한 항공기로서 제작자 외의 소유자가 결정되지 아니한 항공기
	4. 외국에 등록된 항공기를 임차하여 법 제5조에 따라 운영하는 경우 그 항공기
	5. 항공기 제작자나 항공기 관련 연구기관이 연구·개발 중인 항공기

항공안전법 시행규칙

제2장 항공기 등록

제12조(등록기호표의 부착) ① 항공기를 소유하거나 임차하여 사용할 수 있는 권리가 있는 자(이하 "소유자등"이라 한다)가 항공기를 등록한 경우에는 법 제17조제1항에 따라 강철 등 내화금속(耐火金屬)으로 된 등록기호표(가로 7센티미터 세로 5센티미터의 직사각형)를 다음 각 호의 구분에 따라 보기 쉬운 곳에 붙여야 한다.
    1. 항공기에 출입구가 있는 경우 : 항공기 주(主)출입구 윗부분의 안쪽
    2. 항공기에 출입구가 없는 경우 : 항공기 동체의 외부 표면
② 제1항의 등록기호표에는 국적기호 및 등록기호(이하 "등록부호"라 한다)와 소유자등의 명칭을 적어야 한다.

제13조(국적 등의 표시) ① 법 제18조제1항 단서에서 "신규로 제작한 항공기등 국토교통부령으로 정하는 항공기"란 다음 각 호의 어느 하나에 해당하는 항공기를 말한다.
    1. 제36조제2호 또는 제3호에 해당하는 항공기
    2. 제37조제1호가목에 해당하는 항공기
② 법 제18조제2항에 따른 국적 등의 표시는 국적기호, 등록기호 순으로 표시하고, 장식체를 사용해서는 아니 되며, 국적기호는 로마자의 대문자 "HL"로 표시하여야 한다.
③ 등록기호의 첫 글자가 문자인 경우 국적기호와 등록기호 사이에 붙임표(-)를 삽입하여야 한다.
④ 항공기에 표시하는 등록부호는 지워지지 아니하고 배경과 선명하게 대조되는 색으로 표시하여야 한다.
⑤ 등록기호의 구성 등에 필요한 세부사항은 국토교통부장관이 정하여 고시한다.

제14조(등록부호의 표시위치 등) 등록부호의 표시위치 및 방법은 다음 각 호의 구분에 따른다.
    1. 비행기와 활공기의 경우에는 주 날개와 꼬리 날개 또는 주 날개와 동체에 다음 각 목의 구분에 따라 표시하여야 한다.
        가. 주 날개에 표시하는 경우 : 오른쪽 날개 윗면과 왼쪽 날개 아랫면에 주 날개의 앞 끝과 뒤 끝에서 같은 거리에 위치하도록 하고, 등록부호의 윗부분이 주 날개의 앞 끝을 향하게 표시할 것. 다만, 각 기호는 보조 날개와 플랩에 걸쳐서는 아니 된다.
        나. 꼬리 날개에 표시하는 경우 : 수직 꼬리 날개의 양쪽 면에, 꼬리 날개의 앞 끝과 뒤 끝에서 5센티미터 이상 떨어지도록 수평 또는 수직으로 표시할 것
        다. 동체에 표시하는 경우 : 주 날개와 꼬리 날개 사이에 있는 동체의 양쪽 면의 수평안정판 바로 앞에 수평 또는 수직으로 표시할 것
    2. 헬리콥터의 경우에는 동체 아랫면과 동체 옆면에 다음 각 목의 구분에 따라 표시하여야 한다.
        가. 동체 아랫면에 표시하는 경우 : 동체의 최대 횡단면 부근에 등록부호의 윗부분이 동체좌측을 향하게 표시할 것
        나. 동체 옆면에 표시하는 경우 : 주 회전익 축과 보조 회전익 축 사이의 동체 또는 동력장치가 있는 부근의 양 측면에 수평 또는 수직으로 표시할 것

Chapter 01 | 항공법규

항공안전법	항공안전법 시행령

항공안전법

　　5. 외국인이 법인 등기사항증명서상의 대표자이거나 외국인이 법인 등기사항증명서상의 임원 수의 2분의 1 이상을 차지하는 법인
② 제1항 단서에도 불구하고 외국 국적을 가진 항공기는 등록할 수 없다.

제11조(항공기 등록사항) ① 국토교통부장관은 제7조에 따라 항공기를 등록한 경우에는 항공기 등록원부(登錄原簿)에 다음 각 호의 사항을 기록하여야 한다.
　　1. 항공기의 형식
　　2. 항공기의 제작자
　　3. 항공기의 제작번호
　　4. 항공기의 정치장(定置場)
　　5. 소유자 또는 임차인·임대인의 성명 또는 명칭과 주소 및 국적
　　6. 등록 연월일
　　7. 등록기호
② 제1항에서 규정한 사항 외에 항공기의 등록에 필요한 사항은 대통령령으로 정한다.

제12조(항공기 등록증명서의 발급) 국토교통부장관은 제7조에 따라 항공기를 등록하였을 때에는 등록한 자에게 대통령령으로 정하는 바에 따라 항공기 등록증명서를 발급하여야 한다.

제13조(항공기 변경등록) 소유자등은 제11조제1항제4호 또는 제5호의 등록사항이 변경되었을 때에는 그 변경된 날부터 15일 이내에 대통령령으로 정하는 바에 따라 국토교통부장관에게 변경등록을 신청하여야 한다.

제14조(항공기 이전등록) 등록된 항공기의 소유권 또는 임차권을 양도·양수하려는 자는 그 사유가 있는 날부터 15일 이내에 대통령령으로 정하는 바에 따라 국토교통부장관에게 이전등록을 신청하여야 한다.

제15조(항공기 말소등록) ① 소유자등은 등록된 항공기가 다음 각 호의 어느 하나에 해당하는 경우에는 그 사유가 있는 날부터 15일 이내에 대통령령으로 정하는 바에 따라 국토교통부장관에게 말소등록을 신청하여야 한다.
　　1. 항공기가 멸실(滅失)되었거나 항공기를 해체(정비등, 수송 또는 보관하기 위한 해체는 제외한다)한 경우
　　2. 항공기의 존재 여부를 1개월(항공기사고인 경우에는 2개월) 이상 확인할 수 없는 경우
　　3. 제10조제1항 각 호의 어느 하나에 해당하는 자에게 항공기를 양도하거나 임대(외국 국적을 취득하는 경우만 해당한다)한 경우

항공안전법 시행규칙

3. 비행선의 경우에는 선체 또는 수평안정판과 수직안정판에 다음 각 목의 구분에 따라 표시해야 한다.
    가. 선체에 표시하는 경우 : 대칭축과 직각으로 교차하는 최대 횡단면 부근의 윗면과 양 옆면에 표시할 것
    나. 수평안정판에 표시하는 경우 : 오른쪽 윗면과 왼쪽 아랫면에 등록부호의 윗부분이 수평안정판의 앞 끝을 향하게 표시할 것
    다. 수직안정판에 표시하는 경우 : 수직안정판의 양 쪽면 아랫부분에 수평으로 표시할 것

제15조(등록부호의 높이) 등록부호에 사용하는 각 문자와 숫자의 높이는 같아야 하고, 항공기의 종류와 위치에 따른 높이는 다음 각 호의 구분에 따른다.
   1. 비행기와 활공기에 표시하는 경우
      가. 주 날개에 표시하는 경우에는 50센티미터 이상
      나. 수직 꼬리 날개 또는 동체에 표시하는 경우에는 30센티미터 이상
   2. 헬리콥터에 표시하는 경우
      가. 동체 아랫면에 표시하는 경우에는 50센티미터 이상
      나. 동체 옆면에 표시하는 경우에는 30센티미터 이상
   3. 비행선에 표시하는 경우
      가. 선체에 표시하는 경우에는 50센티미터 이상
      나. 수평안정판과 수직안정판에 표시하는 경우에는 15센티미터 이상

제16조(등록부호의 폭·선 등) 등록부호에 사용하는 각 문자와 숫자의 폭, 선의 굵기 및 간격은 다음 각 호와 같다.
   1. 폭과 붙임표(-)의 길이 : 문자 및 숫자의 높이의 3분의 2. 다만 영문자 I와 아라비아 숫자 1은 제외한다.
   2. 선의 굵기 : 문자 및 숫자의 높이의 6분의 1
   3. 간격 : 문자 및 숫자의 폭의 4분의 1 이상 2분의 1 이하

제17조(등록부호 표시의 예외) ① 국토교통부장관은 제14조부터 제16조까지의 규정에도 불구하고 부득이한 사유가 있다고 인정하는 경우에는 등록부호의 표시위치, 높이, 폭 등을 따로 정할 수 있다.
② 법 제2조제4호에 따른 국가기관등항공기에 대해서는 제14조부터 제16조까지의 규정에도 불구하고 관계 중앙행정기관의 장이 국토교통부장관과 협의하여 등록부호의 표시위치, 높이, 폭 등을 따로 정할 수 있다.

Chapter 01 | 항공법규

항공안전법	항공안전법 시행령

항공안전법

　　4. 임차기간의 만료 등으로 항공기를 사용할 수 있는 권리가 상실된 경우
② 제1항에 따라 소유자등이 말소등록을 신청하지 아니하면 국토교통부장관은 7일 이상의 기간을 정하여 말소등록을 신청할 것을 최고(催告)하여야 한다.
③ 제2항에 따른 최고를 한 후에도 소유자등이 말소등록을 신청하지 아니하면 국토교통부장관은 직권으로 등록을 말소하고, 그 사실을 소유자등 및 그 밖의 이해관계인에게 알려야 한다.

제16조(항공기 등록원부의 발급·열람) ① 누구든지 국토교통부장관에게 항공기 등록원부의 등본 또는 초본의 발급이나 열람을 청구할 수 있다.
② 제1항에 따라 청구를 받은 국토교통부장관은 특별한 사유가 없으면 해당 자료를 발급하거나 열람하도록 하여야 한다.

제17조(항공기 등록기호표의 부착) ① 소유자등은 항공기를 등록한 경우에는 그 항공기 등록기호표를 국토교통부령으로 정하는 형식·위치 및 방법 등에 따라 항공기에 붙여야 한다.
② 누구든지 제1항에 따라 항공기에 붙인 등록기호표를 훼손해서는 아니 된다.

제18조(항공기 국적 등의 표시) ① 누구든지 국적, 등록기호 및 소유자등의 성명 또는 명칭을 표시하지 아니한 항공기를 운항해서는 아니 된다. 다만, 신규로 제작한 항공기등 국토교통부령으로 정하는 항공기의 경우에는 그러하지 아니하다.
② 제1항에 따른 국적 등의 표시에 관한 사항과 등록기호의 구성 등에 필요한 사항은 국토교통부령으로 정한다.

―――― 제3장 항공기기술기준 및 형식증명 등 ――――

제19조(항공기기술기준) 국토교통부장관은 항공기등, 장비품 또는 부품의 안전을 확보하기 위하여 다음 각 호의 사항을 포함한 기술상의 기준(이하 "항공기기술기준"이라 한다)을 정하여 고시하여야 한다.
　1. 항공기등의 감항기준
　2. 항공기등의 환경기준(배출가스 배출기준 및 소음기준을 포함한다)
　3. 항공기등이 감항성을 유지하기 위한 기준
　4. 항공기등, 장비품 또는 부품의 식별 표시 방법
　5. 항공기등, 장비품 또는 부품의 인증절차

항공안전법 시행규칙

제3장 항공기기술기준 및 형식증명 등

제18조(형식증명 등의 신청) ① 법 제20조제1항 전단에 따라 형식증명(이하 "형식증명"이라 한다) 또는 제한형식증명(이하 "제한형식증명"이라 한다)을 받으려는 자는 별지 제1호서식의 형식(제한형식)증명 신청서를 국토교통부장관에게 제출하여야 한다.
② 제1항에 따른 신청서에는 다음 각 호의 서류를 첨부하여야 한다.
  1. 인증계획서(Certification Plan)
  2. 항공기 3면도
  3. 발동기의 설계·운용 특성 및 운용한계에 관한 자료(발동기에 대하여 형식증명을 신청하는 경우에만 해당한다)
  4. 그 밖에 국토교통부장관이 정하여 고시하는 서류

제19조(형식증명 등을 받은 항공기등의 형식설계의 변경) 법 제20조제1항 전단에 따라 항공기등에 대한 형식증명 또는 제한형식증명을 받은 자가 같은 항 후단에 따라 형식설계를 변경하려면 별지 제2호서식의 형식설계 변경신청서에 다음 각 호의 서류를 첨부하여 국토교통부장관에게 제출하여야 한다.
  1. 별지 제3호 서식에 따른 형식(제한형식) 증명서   2. 제18조제2항 각 호의 서류

제20조(형식증명 등을 위한 검사범위 등) ① 국토교통부장관은 법 제20조제2항에 따라 형식증명 또는 제한형식증명을 위한 검사를 하는 경우에는 다음 각 호에 해당하는 사항을 검사하여야 한다. 다만, 형식설계를 변경하는 경우에는 변경하는 사항에 대한 검사만 해당한다
  1. 해당 형식의 설계에 대한 검사
  2. 해당 형식의 설계에 따라 제작되는 항공기등의 제작과정에 대한 검사
  3. 항공기등의 완성 후의 상태 및 비행성능 등에 대한 검사
② 법 제20조제2항제2호 가목 및 나목에서 "산불진화, 수색구조 등 국토교통부령으로 정하는 특정한 업무"란 각각 다음 각 호의 업무를 말한다.
  1. 산불 진화 및 예방 업무
  2. 재난 · 재해 등으로 인한 수색 · 구조 업무
  3. 응급환자의 수송 등 구조 · 구급 업무
  4. 씨앗 파종, 농약 살포 또는 어군(魚群)의 탐지 등 농 · 수산업 업무
  5. 기상관측, 기상조절 실험 등 기상 업무
  6. 건설자재 등을 외부에 매달고 운반하는 업무(헬리콥터만 해당한다)
  7. 해양오염 관측 및 해양 방제 업무
  8. 산림, 관로(管路), 전선(電線) 등의 순찰 또는 관측 업무

제21조(형식증명서 등의 발급 등) ① 국토교통부장관은 법 제20조제2항에 따른 형식증명 또는 제한형식증명을 위한 검사 결과 해당 항공기등이 같은 항 각 호의 기준에 적합한 경우 별지 제3호서식의 형식(제한형식)증명서를 발급하여야 한다.
② 국토교통부장관은 제1항에 따라 형식증명서 또는 제한형식증명서를 발급할 때에는 항공기등의 성능과 주요 장비품 목록 등을 기술한 형식증명자료집 또는 제한형식증명자료집을 함께 발급하여야 한다.

제22조(형식증명서 등의 양도·양수) ① 법 제20조제4항에 따라 형식증명서 또는 제한형식증명서를 양도·양수하려는 자는 형식증명서 또는 제한형식증명서 번호, 양수하려는 자의 성명 또는 명칭, 주소와 양수·양도일자를 적은 별지 제4호서식의 형식(제한형식)증명서 재발급 신청서에 다음 각 호의 서류를 첨부하여 국토교통부장관에게 제출하여야 한다.
  1. 양도 및 양수에 관한 계획서
  2. 항공기등의 설계자료 및 감항성유지 사항의 양도·양수에 관한 서류
  3. 그 밖에 국토교통부장관이 정하여 고시하는 서류
② 국토교통부장관은 제1항에 따른 신청서 기재사항과 첨부 서류를 확인하고 별지 제3호서식의 형식(제한형식)증명서를 발급하여야 한다.

Chapter 01 | 항공법규

항공안전법	항공안전법 시행령

제20조(형식증명 등) ① 항공기등의 설계에 관하여 국토교통부장관의 증명을 받으려는 자는 국토교통부령으로 정하는 바에 따라 국토교통부장관에게 제2항 각 호의 어느 하나에 따른 증명을 신청하여야 한다. 증명받은 사항을 변경할 때에도 또한 같다.

② 국토교통부장관은 제1항에 따른 신청을 받은 경우 해당 항공기등이 항공기기술기준 등에 적합한지를 검사한 후 다음 각 호의 구분에 따른 증명을 하여야 한다.

  1. 해당 항공기등의 설계가 항공기기술기준에 적합한 경우 : 형식증명
  2. 신청인이 다음 각 목의 어느 하나에 해당하는 항공기의 설계가 해당 항공기의 업무와 관련된 항공기기술기준에 적합하고 신청인이 제시한 운용범위에서 안전하게 운항할 수 있음을 입증한 경우 : 제한형식증명
    가. 산불진화, 수색구조 등 국토교통부령으로 정하는 특정한 업무에 사용되는 항공기(나목의 항공기를 제외한다)
    나. 「군용항공기 비행안전성 인증에 관한 법률」 제4조제5항제1호에 따른 형식인증을 받아 제작된 항공기로서 산불진화, 수색구조 등 국토교통부령으로 정하는 특정한 업무를 수행하도록 개조된 항공기

③ 국토교통부장관은 제2항제1호의 형식증명(이하 "형식증명"이라 한다) 또는 같은 항 제2호의 제한형식증명(이하 "제한형식증명"이라 한다)을 하는 경우 국토교통부령으로 정하는 바에 따라 형식증명서 또는 제한형식증명서를 발급하여야 한다.

④ 형식증명서 또는 제한형식증명서를 양도·양수하려는 자는 국토교통부령으로 정하는 바에 따라 국토교통부장관에게 양도사실을 보고하고 해당 증명서의 재발급을 신청하여야 한다.

⑤ 형식증명, 제한형식증명 또는 제21조에 따른 형식증명승인을 받은 항공기등의 설계를 변경하기 위하여 부가적인 증명(이하 "부가형식증명"이라 한다)을 받으려는 자는 국토교통부령으로 정하는 바에 따라 국토교통부장관에게 부가형식증명을 신청하여야 한다.

⑥ 국토교통부장관은 부가형식증명을 하는 경우 국토교통부령으로 정하는 바에 따라 부가형식증명서를 발급하여야 한다.

⑦ 국토교통부장관은 다음 각 호의 어느 하나에 해당하는 경우 해당 항공기등에 대한 형식증명, 제한형식증명 또는 부가형식증명을 취소하거나 6개월 이내의 기간을 정하여 그 효력의 정지를 명할 수 있다. 다만, 제1호에 해당하는 경우에는 형식증명, 제한형식증명 또는 부가형식증명을 취소하여야 한다.

항공안전법 시행규칙

제23조(부가형식증명의 신청) ① 법 제20조제5항에 따라 부가형식증명을 받으려는 자는 별지 제5호서식의 부가형식증명 신청서를 국토교통부장관에게 제출하여야 한다.
② 제1항에 따른 신청서에는 다음 각 호의 서류를 첨부하여야 한다.
   1. 법 제19조에 따른 항공기기술기준(이하 "항공기기술기준"이라 한다)에 대한 적합성 입증계획서
   2. 설계도면 및 설계도면 목록
   3. 부품표 및 사양서
   4. 그 밖에 참고사항을 적은 서류

제24조(부가형식증명의 검사범위) 국토교통부장관은 법 제20조제5항에 따라 부가형식증명을 위한 검사를 하는 경우에는 다음 각 호에 해당하는 사항을 검사하여야 한다.
   1. 변경되는 설계에 대한 검사
   2. 변경되는 설계에 따라 제작되는 항공기등의 제작과정에 대한 검사
   3. 완성 후의 상태 및 비행성능에 관한 검사

제25조(부가형식증명서의 발급) 국토교통부장관은 제24조에 따른 검사 결과 변경되는 설계가 항공기기술기준에 적합하다고 인정하는 경우에는 별지 제6호서식의 부가형식증명서를 발급하여야 한다.

제26조(형식증명승인의 신청) ① 법 제21조제1항에 따라 형식증명승인을 받으려는 자는 별지 제7호서식의 형식증명승인 신청서를 국토교통부장관에게 제출하여야 한다.
② 제1항에 따른 신청서에는 다음 각 호의 서류를 첨부하여야 한다.
   1. 외국정부의 형식증명서
   2. 형식증명자료집
   3. 설계 개요서
   4. 항공기기술기준에 적합함을 입증하는 자료
   5. 비행교범 또는 운용방식을 적은 서류
   6. 정비방식을 적은 서류
   7. 그 밖에 참고사항을 적은 서류

제27조(형식증명승인을 위한 검사 범위) ① 국토교통부장관은 법 제21조제3항 본문에 따라 형식증명승인을 위한 검사를 하는 경우에는 다음 각 호에 해당하는 사항을 검사하여야 한다.
   1. 해당 형식의 설계에 대한 검사
   2. 해당 형식의 설계에 따라 제작되는 항공기등의 제작과정에 대한 검사
② 제1항에도 불구하고 국토교통부장관은 법 제21조제3항 단서에 따라 형식증명승인을 위한 검사의 일부를 생략하는 경우에는 다음 각 호의 서류를 확인하는 것으로 제1항에 따른 검사를 대체할 수 있다. 다만, 해당 국가로부터 형식증명을 받을 당시에 특수기술기준(Special Condition)이 적용된 경우로서 형식증명을 받은 기간이 5년이 지나지 아니한 경우에는 그러하지 아니하다.
   1. 외국정부의 형식증명서
   2. 형식증명자료집

제28조(형식증명승인서의 발급) 국토교통부장관은 법 제21조제3항에 따른 검사 결과 해당 항공기등이 항공기기술기준에 적합하다고 인정하는 경우(같은 조 제2항에 따라 형식증명승인을 받은 것으로 보는 경우를 포함한다)에는 별지 제8호서식의 형식증명승인서에 형식증명자료집을 첨부하여 발급하여야 한다.

제29조(부가형식증명승인의 신청 등) ① 법 제21조제5항에 따라 부가형식증명승인을 받으려는 자는 별지 제9호서식의 부가형식증명승인 신청서에 다음 각 호의 서류를 첨부하여 국토교통부장관에게 제출하여야 한다.
   1. 외국정부의 부가형식증명서
   2. 변경되는 설계 개요서
   3. 변경되는 설계가 항공기기술기준에 적합함을 입증하는 자료
   4. 변경되는 설계에 따라 개정된 비행교범(운용방식을 포함한다)
   5. 변경되는 설계에 따라 개정된 정비교범(정비방식을 포함한다)

Chapter 01 | 항공법규

항공안전법 | 항공안전법 시행령

1. 거짓이나 그 밖의 부정한 방법으로 형식증명, 제한형식증명 또는 부가형식증명을 받은 경우
2. 항공기등이 형식증명, 제한형식증명 또는 부가형식증명 당시의 항공기기술기준 등에 적합하지 아니하게 된 경우

제21조(형식증명승인) ① 항공기등의 설계에 관하여 외국정부로부터 형식증명을 받은 자가 해당 항공기등에 대하여 항공기기술기준에 적합함을 승인(이하 "형식증명승인"이라 한다)받으려는 경우 국토교통부령으로 정하는 바에 따라 항공기등의 형식별로 국토교통부장관에게 형식증명승인을 신청하여야 한다. 다만, 다음 각 호의 어느 하나에 해당하는 항공기의 경우에는 장착된 발동기와 프로펠러를 포함하여 신청할 수 있다.
  1. 최대이륙중량 5천700킬로그램 이하의 비행기
  2. 최대이륙중량 3천175킬로그램 이하의 헬리콥터

② 제1항에도 불구하고 대한민국과 항공기등의 감항성에 관한 항공안전협정을 체결한 국가로부터 형식증명을 받은 제1항 각 호의 항공기 및 그 항공기에 장착된 발동기와 프로펠러의 경우에는 제1항에 따른 형식증명승인을 받은 것으로 본다.

③ 국토교통부장관은 형식증명승인을 할 때에는 해당 항공기등(제2항에 따라 형식증명승인을 받은 것으로 보는 항공기 및 그 항공기에 장착된 발동기와 프로펠러는 제외한다)이 항공기기술기준에 적합한지를 검사하여야 한다. 다만, 대한민국과 항공기등의 감항성에 관한 항공안전협정을 체결한 국가로부터 형식증명을 받은 항공기등에 대해서는 해당 협정에서 정하는 바에 따라 검사의 일부를 생략할 수 있다.

④ 국토교통부장관은 제3항에 따른 검사 결과 해당 항공기등이 항공기기술기준에 적합하다고 인정하는 경우에는 국토교통부령으로 정하는 바에 따라 형식증명승인서를 발급하여야 한다.

⑤ 국토교통부장관은 형식증명 또는 형식증명승인을 받은 항공기등으로서 외국정부로부터 그 설계에 관한 부가형식증명을 받은 사항이 있는 경우에는 국토교통부령으로 정하는 바에 따라 부가적인 형식증명승인(이하 "부가형식증명승인"이라 한다)을 할 수 있다.

⑥ 국토교통부장관은 부가형식증명승인을 할 때에는 해당 항공기등이 항공기기술기준에 적합한지를 검사한 후 적합하다고 인정하는 경우에는 국토교통부령으로 정하는 바에 따라 부가형식증명승인서를 발급하여야 한다. 다만, 대한민국과 항공기등의 감항성에 관한 항공안전협정을 체결한 국가로부터 부가형식증명을 받은 사항에 대해서는 해당 협정에서 정하는 바에 따라 검사의 일부를 생략할 수 있다.

항공안전법 시행규칙

    6. 그 밖에 참고사항을 적은 서류
② 제1항에도 불구하고 법 제21조제6항 단서에 따라 부가형식증명승인 검사의 일부를 생략 받으려는 경우에는 제1항에 따른 신청서에 다음 각 호의 서류를 첨부하여야 한다.
    1. 외국정부의 부가형식증명서
    2. 변경되는 설계에 따라 개정된 비행교범(운용방식을 포함한다)
    3. 변경되는 설계에 따라 개정된 정비교범(정비방식을 포함한다)
    4. 부가형식증명을 발급한 해당 외국정부의 신청서 서신

제30조(부가형식증명승인을 위한 검사 범위) 국토교통부장관은 법 제21조제6항 본문에 따라 부가형식증명승인을 위한 검사를 하는 경우에는 다음 각 호에 해당하는 사항을 검사하여야 한다.
    1. 변경되는 설계에 대한 검사
    2. 변경되는 설계에 따라 제작되는 항공기등의 제작과정에 대한 검사

제31조(부가형식증명승인서의 발급) 국토교통부장관은 법 제21조제5항에 따른 부가형식증명승인을 위한 검사 결과 해당 항공기등이 항공기기술기준에 적합하다고 인정하는 경우에는 별지 제10호서식의 부가형식증명승인서를 발급하여야 한다.

제32조(제작증명의 신청) ① 법 제22조제1항에 따라 제작증명을 받으려는 자는 별지 제11호서식의 제작증명 신청서를 국토교통부장관에게 제출하여야 한다.
② 제1항에 따른 신청서에는 다음 각 호의 서류를 첨부하여야 한다.
    1. 품질관리규정
    2. 제작하려는 항공기등의 제작 방법 및 기술 등을 설명하는 자료
    3. 제작 설비 및 인력 현황
    4. 품질관리 및 품질검사의 체계(이하 "품질관리체계"라 한다)를 설명하는 자료
    5. 제작하려는 항공기등의 감항성 유지 및 관리체계(이하 "제작관리체계"라 한다)를 설명하는 자료
③ 제2항제1호에 따른 품질관리규정에 담아야 할 세부내용, 같은 항 제4호 및 제5호에 따른 품질관리체계 및 제작관리체계에 대한 세부적인 기준은 국토교통부장관이 정하여 고시한다.

제33조(제작증명을 위한 검사 범위) 국토교통부장관은 법 제22조제2항에 따라 제작증명을 위한 검사를 하는 경우에는 해당 항공기등에 대한 제작기술, 설비, 인력, 품질관리체계, 제작관리체계 및 제작과정을 검사하여야 한다.

제34조(제작증명서의 발급 등) ① 국토교통부장관은 제33조에 따라 제작증명을 위한 검사 결과 제작증명을 받으려는 자가 항공기기술기준에 적합하게 항공기등을 제작할 수 있는 기술, 설비, 인력 및 품질관리체계 등을 갖추고 있다고 인정하는 경우에는 별지 제12호서식의 제작증명서를 발급하여야 한다.
② 국토교통부장관은 제1항에 따른 제작증명서를 발급할 때에는 제작할 수 있는 항공기등의 형식증명 목록을 적은 생산승인 지정서를 함께 발급하여야 한다.

제34조의2(제작증명을 받은 자의 설비 이전 등의 보고) 법 제22조제4항에서 "설비의 이전이나 증설 또는 품질관리체계의 변경 등 국토교통부령으로 정하는 사유가 발생하는 경우"란 다음 각 호의 어느 하나에 해당하는 경우를 말한다.
    1. 제작증명을 받은 설비의 일부를 이전하거나 기존 설비를 증설하는 경우
    2. 품질관리체계를 설명하는 자료 또는 관련 공정·절차를 변경하는 경우
    3. 그 밖에 항공기등, 장비품 또는 부품의 감항성에 영향을 미칠 수 있는 경우로서 국토교통부장관이 정하여 고시하는 경우

제35조(감항증명의 신청) ① 법 제23조제1항에 따라 감항증명을 받으려는 자는 별지 제13호서식의 항공기 표준감항증명 신청서 또는 별지 제14호서식의 항공기 특별감항증명 신청서에 다음 각 호의 서류를 첨부하여 국토교통부장관 또는 지방항공청장에게 제출하여야 한다.
    1. 비행교범(연구·개발을 위한 특별감항증명의 경우에는 제외한다)

Chapter 01 | 항공법규

항공안전법	항공안전법 시행령
⑦ 국토교통부장관은 다음 각 호의 어느 하나에 해당하는 경우에는 해당 항공기등에 대한 형식증명승인 또는 부가형식증명승인을 취소하거나 6개월 이내의 기간을 정하여 그 효력의 정지를 명할 수 있다. 다만, 제1호에 해당하는 경우에는 형식증명승인 또는 부가형식증명승인을 취소하여야 한다. 　1. 거짓이나 그 밖의 부정한 방법으로 형식증명승인 또는 부가형식증명승인을 받은 경우 　2. 항공기등이 형식증명승인 또는 부가형식증명승인 당시의 항공기기술기준에 적합하지 아니하게 된 경우 **제22조(제작증명)** ① 형식증명 또는 제한형식증명에 따라 인가된 설계에 일치하게 항공기등을 제작할 수 있는 기술, 설비, 인력 및 품질관리체계 등을 갖추고 있음을 증명(이하 "제작증명"이라 한다)받으려는 자는 국토교통부령으로 정하는 바에 따라 국토교통부장관에게 제작증명을 신청하여야 한다. ② 국토교통부장관은 제1항에 따른 신청을 받은 경우 항공기등을 제작하려는 자가 형식증명 또는 제한형식증명에 따라 인가된 설계에 일치하게 항공기등을 제작할 수 있는 기술, 설비, 인력 및 품질관리체계 등을 갖추고 있는지를 검사하여야 한다. ③ 국토교통부장관은 제1항에 따라 제작증명을 하는 경우 국토교통부령으로 정하는 바에 따라 제작증명서를 발급하여야 한다. 이 경우 제작증명서는 타인에게 양도·양수할 수 없다. ④ 제작증명을 받은 자는 항공기등, 장비품 또는 부품의 감항성에 영향을 미칠 수 있는 설비의 이전이나 증설 또는 품질관리체계의 변경 등 국토교통부령으로 정하는 사유가 발생하는 경우 이를 국토교통부장관에게 보고하여야 한다. ⑤ 국토교통부장관은 다음 각 호의 어느 하나에 해당하는 경우에는 제작증명을 취소하거나 6개월 이내의 기간을 정하여 그 효력의 정지를 명할 수 있다. 다만, 제1호에 해당하는 경우에는 제작증명을 취소하여야 한다. 　1. 거짓이나 그 밖의 부정한 방법으로 제작증명을 받은 경우 　2. 항공기등이 제작증명 당시의 항공기기술기준에 적합하지 아니하게 된 경우 **제23조(감항증명 및 감항성 유지)** ① 항공기가 감항성이 있다는 증명(이하 "감항증명"이라 한다)을 받으려는 자는 국토교통부령으로 정하는 바에 따라 국토교통부장관에게 감항증명을 신청하여야 한다.	

항공안전법 시행규칙

   2. 정비교범(연구·개발을 위한 특별감항증명의 경우에는 제외한다)
   3. 그 밖에 감항증명과 관련하여 국토교통부장관이 필요하다고 인정하여 고시하는 서류
② 제1항제1호에 따른 비행교범에는 다음 각 호의 사항이 포함되어야 한다.
   1. 항공기의 종류·등급·형식 및 제원(諸元)에 관한 사항
   2. 항공기 성능 및 운용한계에 관한 사항
   3. 항공기 조작방법 등 그 밖에 국토교통부장관이 정하여 고시하는 사항
③ 제1항제2호에 따른 정비교범에는 다음 각 호의 사항이 포함되어야 한다. 다만, 장비품·부품등의 사용한계 등에 관한 사항은 정비교범 외에 별도로 발행할 수 있다.
   1. 감항성 한계범위, 주기적 검사 방법 또는 요건, 장비품·부품등의 사용한계 등에 관한 사항
   2. 항공기 계통별 설명, 분해, 세척, 검사, 수리 및 조립절차, 성능점검 등에 관한 사항
   3. 지상에서의 항공기 취급, 연료·오일 등의 보충, 세척 및 윤활 등에 관한 사항

제36조(예외적으로 감항증명을 받을 수 있는 항공기) 법 제23조제2항 단서에서 "국토교통부령으로 정하는 항공기"란 다음 각 호의 어느 하나에 해당하는 항공기를 말한다.
   1. 법 제5조에 따른 임대차 항공기의 운영에 대한 권한 및 의무이양의 적용 특례를 적용받는 항공기
   2. 국내에서 수리·개조 또는 제작한 후 수출할 항공기
   3. 국내에서 제작되거나 외국으로부터 수입하는 항공기로서 대한민국의 국적을 취득하기 전에 감항증명을 신청한 항공기

제37조(특별감항증명의 대상) 법 제23조제3항제2호에서 "항공기의 연구, 개발 등 국토교통부령으로 정하는 경우"란 다음 각 호의 어느 하나에 해당하는 경우를 말한다.
   1. 항공기 및 관련 기기의 개발과 관련된 다음 각 목의 어느 하나에 해당하는 경우
      가. 항공기 제작자 및 항공기 관련 연구기관 등이 연구·개발 중인 경우
      나. 판매·홍보·전시·시장조사 등에 활용하는 경우
      다. 조종사 양성을 위하여 조종연습에 사용하는 경우
   2. 항공기의 제작·정비·수리·개조 및 수입·수출 등과 관련한 다음 각 목의 어느 하나에 해당하는 경우
      가. 제작·정비·수리 또는 개조 후 시험비행을 하는 경우
      나. 정비·수리 또는 개조(이하 "정비등"이라 한다)를 위한 장소까지 승객·화물을 싣지 아니하고 비행하는 경우
      다. 수입하거나 수출하기 위하여 승객·화물을 싣지 아니하고 비행하는 경우
      라. 설계에 관한 형식증명을 변경하기 위하여 운용한계를 초과하는 시험비행을 하는 경우
   3. 무인항공기를 운항하는 경우
   4. 제20조제2항 각 호의 업무를 수행하기 위하여 사용되는 경우
      가. ~ 아. 〈삭제〉
   5. 제1호부터 제4호까지 외에 공공의 안녕과 질서유지를 위한 업무를 수행하는 경우로서 국토교통부장관이 인정하는 경우

제38조(감항증명을 위한 검사범위) 국토교통부장관 또는 지방항공청장이 법 제23조제4항 각 호 외의 부분 본문에 따라 감항증명을 위한 검사를 하는 경우에는 해당 항공기의 설계·제작과정 및 완성 후의 상태와 비행성능이 항공기기술기준에 적합하고 안전하게 운항할 수 있는지 여부를 검사하여야 한다.

제39조(항공기의 운용한계 지정) ① 국토교통부장관 또는 지방항공청장은 법 제23조제4항 각 호 외의 부분 본문에 따라 감항증명을 하는 경우에는 항공기기술기준에서 정한 항공기의 감항분류에 따라 다음 각 호의 사항에 대하여 항공기의 운용한계를 지정하여야 한다.
   1. 속도에 관한 사항
   2. 발동기 운용성능에 관한 사항
   3. 중량 및 무게중심에 관한 사항
   4. 고도에 관한 사항
   5. 그 밖에 성능한계에 관한 사항

Chapter 01 | 항공법규

항공안전법	항공안전법 시행령

② 감항증명은 대한민국 국적을 가진 항공기가 아니면 받을 수 없다. 다만, 국토교통부령으로 정하는 항공기의 경우에는 그러하지 아니하다.
③ 누구든지 다음 각 호의 어느 하나에 해당하는 감항증명을 받지 아니한 항공기를 운항하여서는 아니 된다.
  1. 표준감항증명 : 해당 항공기가 형식증명 또는 형식증명승인에 따라 인가된 설계에 일치하게 제작되고 안전하게 운항할 수 있다고 판단되는 경우에 발급하는 증명
  2. 특별감항증명 : 해당 항공기가 제한형식증명을 받았거나 항공기의 연구, 개발 등 국토교통부령으로 정하는 경우로서 항공기 제작자 또는 소유자등이 제시한 운용범위를 검토하여 안전하게 운항할 수 있다고 판단되는 경우에 발급하는 증명
④ 국토교통부장관은 제3항 각 호의 어느 하나에 해당하는 감항증명을 하는 경우 국토교통부령으로 정하는 바에 따라 해당 항공기의 설계, 제작과정, 완성 후의 상태와 비행성능에 대하여 검사하고 해당 항공기의 운용한계(運用限界)를 지정하여야 한다. 다만, 다음 각 호의 어느 하나에 해당하는 항공기의 경우에는 국토교통부령으로 정하는 바에 따라 검사의 일부를 생략할 수 있다.
  1. 형식증명, 제한형식증명 또는 형식증명승인을 받은 항공기
  2. 제작증명을 받은 자가 제작한 항공기
  3. 항공기를 수출하는 외국정부로부터 감항성이 있다는 승인을 받아 수입하는 항공기
⑤ 감항증명의 유효기간은 1년으로 한다. 다만, 항공기의 형식 및 소유자등(제32조제2항에 따른 위탁을 받은 자를 포함한다)의 감항성 유지능력 등을 고려하여 국토교통부령으로 정하는 바에 따라 유효기간을 연장할 수 있다.
⑥ 국토교통부장관은 제4항에 따른 검사 결과 항공기가 감항성이 있다고 판단되는 경우 국토교통부령으로 정하는 바에 따라 감항증명서를 발급하여야 한다.
⑦ 국토교통부장관은 다음 각 호의 어느 하나에 해당하는 경우에는 해당 항공기에 대한 감항증명을 취소하거나 6개월 이내의 기간을 정하여 그 효력의 정지를 명할 수 있다. 다만, 제1호에 해당하는 경우에는 감항증명을 취소하여야 한다.
  1. 거짓이나 그 밖의 부정한 방법으로 감항증명을 받은 경우
  2. 항공기가 감항증명 당시의 항공기기술기준에 적합하지 아니하게 된 경우
⑧ 항공기를 운항하려는 소유자등은 국토교통부령으로 정하는 바에 따라 그 항공기의 감항성을 유지하여야 한다.	

항공안전법 시행규칙

② 국토교통부장관 또는 지방항공청장은 제1항에 따라 운용한계를 지정하였을 때에는 별지 제18호서식의 운용한계 지정서를 항공기의 소유자등에게 발급하여야 한다.

제40조(감항증명을 위한 검사의 일부 생략) 법 제23조제4항 후단에 따라 감항증명을 할 때 생략할 수 있는 검사는 다음 각 호의 구분에 따른다.
1. 법 제20조제2항에 따른 형식증명 또는 제한형식증명을 받은 항공기 : 설계에 대한 검사
2. 법 제21조제1항에 따른 형식증명승인을 받은 항공기 : 설계에 대한 검사와 제작과정에 대한 검사
3. 법 제22조제1항에 따른 제작증명을 받은 자가 제작한 항공기 : 제작과정에 대한 검사
4. 법 제23조제4항제3호에 따른 수입 항공기(신규로 생산되어 수입하는 완제기(完製機)만 해당한다) : 비행성능에 대한 검사

제41조(감항증명의 유효기간을 연장할 수 있는 항공기) 법 제23조제5항 단서에 따라 감항증명의 유효기간을 연장할 수 있는 항공기는 항공기의 감항성을 지속적으로 유지하기 위하여 국토교통부장관이 정하여 고시하는 정비방법에 따라 정비등이 이루어지는 항공기를 말한다.

제42조(감항증명서의 발급 등) ① 국토교통부장관 또는 지방항공청장은 법 제23조제4항 각 호 외의 부분 본문에 따른 검사 결과 해당 항공기가 항공기기술기준에 적합한 경우에는 별지 제15호서식의 표준감항증명서 또는 별지 제16호서식의 특별감항증명서를 신청인에게 발급하여야 한다.
② 항공기의 소유자등은 제1항에 따른 감항증명서를 잃어버렸거나 감항증명서가 못 쓰게 되어 재발급받으려는 경우에는 별지 제17호서식의 표준·특별감항증명서 재발급 신청서를 국토교통부장관 또는 지방항공청장에게 제출하여야 한다.
③ 국토교통부장관 또는 지방항공청장은 제2항에 따른 재발급 신청서를 접수한 경우 해당 항공기에 대한 감항증명서의 발급기록을 확인한 후 재발급하여야 한다.

제43조(감항증명서의 반납) 국토교통부장관 또는 지방항공청장은 법 제23조제7항에 따라 항공기에 대한 감항증명을 취소하거나 그 효력을 정지시킨 경우에는 지체 없이 항공기의 소유자등에게 해당 항공기의 감항증명서의 반납을 명하여야 한다.

제44조(항공기의 감항성 유지) 법 제23조제8항에 따라 항공기를 운항하려는 소유자등은 다음 각 호의 방법에 따라 해당 항공기의 감항성을 유지하여야 한다.
1. 해당 항공기의 운용한계 범위에서 운항할 것
2. 제작사에서 제공하는 정비교범, 기술문서 또는 국토교통부장관이 정하여 고시하는 정비방법에 따라 정비등을 수행할 것
3. 법 제23조제9항에 따른 감항성개선 또는 그 밖의 검사·정비등의 명령에 따른 정비등을 수행할 것

제45조(항공기등·장비품 또는 부품에 대한 감항성개선 명령 등) ① 국토교통부장관은 법 제23조제9항에 따라 소유자등에게 항공기등, 장비품 또는 부품에 대한 정비등에 관한 감항성개선을 명할 때에는 다음 각 호의 사항을 통보하여야 한다.
1. 항공기등, 장비품 또는 부품의 형식 등 개선 대상
2. 검사, 교환, 수리·개조 등을 하여야 할 시기 및 방법
3. 그 밖에 검사, 교환, 수리·개조 등을 수행하는 데 필요한 기술자료
4. 제3항에 따른 보고 대상 여부
② 국토교통부장관은 법 제23조제9항에 따라 소유자등에게 검사·정비등을 명할 때에는 다음 각 호의 사항을 통보하여야 한다.
1. 항공기등, 장비품 또는 부품의 형식 등 검사 대상
2. 검사·정비등을 하여야 할 시기 및 방법
3. 제3항에 따른 보고 대상 여부
③ 제1항에 따른 감항성개선 또는 제2항에 따른 검사·정비등의 명령을 받은 소유자등은 감항성개선 또는 검사·정비등을 완료한 후 그 이행 결과가 보고 대상인 경우에는 국토교통부장관에게 보고하여야 한다.

Chapter 01 | 항공법규

항공안전법	항공안전법 시행령

⑨ 국토교통부장관은 제8항에 따라 소유자등이 해당 항공기의 감항성을 유지하는지를 수시로 검사하여야 하며, 항공기의 감항성 유지를 위하여 소유자등에게 항공기등, 장비품 또는 부품에 대한 정비등에 관한 감항성개선 또는 그 밖의 검사·정비등을 명할 수 있다.

제24조(감항승인) ① 우리나라에서 제작, 운항 또는 정비등을 한 항공기등, 장비품 또는 부품을 타인에게 제공하려는 자는 국토교통부령으로 정하는 바에 따라 국토교통부장관의 감항승인을 받을 수 있다.
② 국토교통부장관은 제1항에 따른 감항승인을 할 때에는 해당 항공기등, 장비품 또는 부품이 항공기기술기준 또는 제27조제1항에 따른 기술표준품의 형식승인기준에 적합하고, 안전하게 운용할 수 있다고 판단하는 경우에는 감항승인을 하여야 한다.
③ 국토교통부장관은 다음 각 호의 어느 하나에 해당하는 경우에는 제2항에 따른 감항승인을 취소하거나 6개월 이내의 기간을 정하여 그 효력의 정지를 명할 수 있다. 다만, 제1호에 해당하는 경우에는 그 감항승인을 취소하여야 한다.
   1. 거짓이나 그 밖의 부정한 방법으로 감항승인을 받은 경우
   2. 항공기등, 장비품 또는 부품이 감항승인 당시의 항공기기술기준 또는 제27조제1항에 따른 기술표준품의 형식승인기준에 적합하지 아니하게 된 경우

제25조(소음기준적합증명) ① 국토교통부령으로 정하는 항공기의 소유자등은 감항증명을 받는 경우와 수리·개조 등으로 항공기의 소음치(騷音値)가 변동된 경우에는 국토교통부령으로 정하는 바에 따라 그 항공기가 제19조제2호의 소음기준에 적합한지에 대하여 국토교통부장관의 증명(이하 "소음기준적합증명"이라 한다)을 받아야 한다.
② 소음기준적합증명을 받지 아니하거나 항공기기술기준에 적합하지 아니한 항공기를 운항해서는 아니 된다. 다만, 국토교통부령으로 정하는 바에 따라 국토교통부장관의 운항허가를 받은 경우에는 그러하지 아니하다.
③ 국토교통부장관은 다음 각 호의 어느 하나에 해당하는 경우에는 소음기준적합증명을 취소하거나 6개월 이내의 기간을 정하여 그 효력의 정지를 명할 수 있다. 다만, 제1호에 해당하는 경우에는 소음기준적합증명을 취소하여야 한다.
   1. 거짓이나 그 밖의 부정한 방법으로 소음기준적합증명을 받은 경우
   2. 항공기가 소음기준적합증명 당시의 항공기기술기준에 적합하지 아니하게 된 경우

항공안전법 시행규칙

제46조(감항승인의 신청) ① 법 제24조제1항에 따라 감항승인을 받으려는 자는 다음 각 호의 구분에 따른 신청서를 국토교통부장관 또는 지방항공청장에게 제출하여야 한다.
　1. 항공기를 외국으로 수출하려는 경우 : 별지 제19호서식의 항공기 감항승인 신청서
　2. 발동기·프로펠러, 장비품 또는 부품을 타인에게 제공하려는 경우 : 별지 제20호서식의 부품등의 감항승인 신청서
② 제1항에 따른 신청서에는 다음 각 호의 서류를 첨부하여야 한다.
　1. 항공기기술기준 또는 법 제27조제1항에 따른 기술표준품형식승인기준(이하 "기술표준품형식승인기준"이라 한다)에 적합함을 입증하는 자료
　2. 정비교범(제작사가 발행한 것만 해당한다)
　3. 그 밖에 법 제23조제8항에 따른 감항성개선 명령의 이행 결과 등 국토교통부장관이 정하여 고시하는 서류

제47조(감항승인을 위한 검사범위) 법 제24조제2항에 따라 국토교통부장관 또는 지방항공청장이 감항승인을 할 때에는 해당 항공기등·장비품 또는 부품의 상태 및 성능이 항공기기술기준 또는 기술표준품형식승인기준에 적합한지를 검사하여야 한다.

제48조(감항승인서의 발급) 국토교통부장관 또는 지방항공청장은 법 제24조제2항에 따른 감항승인을 위한 검사 결과 해당 항공기가 항공기기술기준에 적합하다고 인정하는 경우에는 별지 제21호서식의 항공기 감항승인서를, 해당 발동기·프로펠러, 장비품 또는 부품이 항공기기술기준 또는 기술표준품형식승인기준에 적합하다고 인정하는 경우에는 별지 제22호서식의 부품등 감항승인서를 신청인에게 발급하여야 한다.

제49조(소음기준적합증명 대상 항공기) 법 제25조제1항에서 "국토교통부령으로 정하는 항공기"란 다음 각 호의 어느 하나에 해당하는 항공기로서 국토교통부장관이 정하여 고시하는 항공기를 말한다.
　1. 터빈(높은 압력의 액체·기체를 날개바퀴의 날개에 부딪히게 함으로써 회전하는 힘을 얻는 기계를 말한다)발동기를 장착한 항공기
　2. 국제선을 운항하는 항공기

제50조(소음기준적합증명 신청) ① 법 제25조제1항에 따라 소음기준적합증명을 받으려는 자는 별지 제23호서식의 소음기준적합증명 신청서를 국토교통부장관 또는 지방항공청장에게 제출하여야 한다.
② 제1항에 따른 신청서에는 다음 각 호의 서류를 첨부하여야 한다.
　1. 해당 항공기가 법 제19조제2호에 따른 소음기준(이하 "소음기준"이라 한다)에 적합함을 입증하는 비행교범
　2. 해당 항공기가 소음기준에 적합하다는 사실을 입증할 수 있는 서류(해당 항공기를 제작 또는 등록하였던 국가나 항공기 제작기술을 제공한 국가가 소음기준에 적합하다고 증명한 항공기만 해당한다)
　3. 수리·개조 등에 관한 기술사항을 적은 서류(수리·개조 등으로 항공기의 소음치(騷音値)가 변경된 경우에만 해당한다)

제51조(소음기준적합증명의 검사기준 등) ① 법 제25조제1항에 따른 소음기준적합증명의 검사기준과 소음의 측정방법 등에 관한 세부적인 사항은 국토교통부장관이 정하여 고시한다.
② 국토교통부장관 또는 지방항공청장은 제50조제2항제2호에 따른 서류를 제출받은 경우 해당 국가의 소음측정방법 및 소음측정값이 제1항에 따른 검사기준과 측정방법에 적합한 것으로 확인되면 서류검사만으로 소음기준적합증명을 할 수 있다.

제52조(소음기준적합증명서의 발급 및 재발급) ① 국토교통부장관 또는 지방항공청장은 해당 항공기가 소음기준에 적합한 경우에는 별지 제24호서식의 소음기준적합증명서를 항공기의 소유자등에게 발급하여야 한다.
② 항공기의 소유자등은 제1항에 따라 발급받은 소음기준적합증명서를 잃어버렸거나 소음적합증명서를 못쓰게 되어 재발급받으려면 별지 제23호의2서식의 소음기준적합증명 재발급 신청서를 국토교통부장관 또는 지방항공청장에게 제출해야 한다.
③ 국토교통부장관 또는 지방항공청장은 제2항에 따른 재발급 신청서를 접수한 경우 그 신청사유가 적합하다고 인정되면 소음기준적합증명서를 재발급해야 한다.

Chapter 01 | 항공법규

항공안전법	항공안전법 시행령

제26조(항공기기술기준 변경에 따른 요구) 국토교통부장관은 항공기기술기준이 변경되어 형식증명을 받은 항공기가 변경된 항공기기술기준에 적합하지 아니하게 된 경우에는 형식증명을 받거나 양수한 자 또는 소유자등에게 변경된 항공기기술기준을 따르도록 요구할 수 있다. 이 경우 형식증명을 받거나 양수한 자 또는 소유자등은 이에 따라야 한다.

제27조(기술표준품 형식승인) ① 항공기등의 감항성을 확보하기 위하여 국토교통부장관이 정하여 고시하는 장비품(시험 또는 연구·개발 목적으로 설계·제작하는 경우는 제외한다. 이하 "기술표준품"이라 한다)을 설계·제작하려는 자는 국토교통부장관이 정하여 고시하는 기술표준품의 형식승인기준(이하 "기술표준품형식승인기준"이라 한다)에 따라 해당 기술표준품의 설계·제작에 대하여 국토교통부장관의 승인(이하 "기술표준품형식승인"이라 한다)을 받아야 한다. 다만, 대한민국과 기술표준품의 형식승인에 관한 항공안전협정을 체결한 국가로부터 형식승인을 받은 기술표준품으로서 국토교통부령으로 정하는 기술표준품은 기술표준품형식승인을 받은 것으로 본다.
② 국토교통부장관은 기술표준품형식승인을 할 때에는 기술표준품의 설계·제작에 대하여 기술표준품형식승인기준에 적합한지를 검사한 후 적합하다고 인정하는 경우에는 국토교통부령으로 정하는 바에 따라 기술표준품형식승인서를 발급하여야 한다.
③ 누구든지 기술표준품형식승인을 받지 아니한 기술표준품을 제작·판매하거나 항공기등에 사용해서는 아니 된다.
④ 국토교통부장관은 다음 각 호의 어느 하나에 해당하는 경우에는 해당 기술표준품형식승인을 취소하거나 6개월 이내의 기간을 정하여 그 효력의 정지를 명할 수 있다. 다만, 제1호에 해당하는 경우에는 기술표준품형식승인을 취소하여야 한다.
   1. 거짓이나 그 밖의 부정한 방법으로 기술표준품형식승인을 받은 경우
   2. 기술표준품이 기술표준품형식승인 당시의 기술표준품형식승인기준에 적합하지 아니하게 된 경우

제28조(부품등제작자증명) ① 항공기등에 사용할 장비품 또는 부품을 제작하려는 자는 국토교통부령으로 정하는 바에 따라 항공기기술기준에 적합하게 장비품 또는 부품을 제작할 수 있는 인력, 설비, 기술 및 검사체계 등을 갖추고 있는지에 대하여 국토교통부장관의 증명(이하 "부품등제작자증명"이라 한다)을 받아야 한다. 다만, 다음 각 호의 어느 하나에 해당하는 장비품 또는 부품을 제작하려는 경우에는 그러하지 아니하다.

항공안전법 시행규칙

제53조(소음기준적합증명의 기준에 적합하지 아니한 항공기의 운항허가) ① 법 제25조제2항 단서에 따라 운항허가를 받을 수 있는 경우는 다음 각 호와 같다. 이 경우 국토교통부장관은 제한사항을 정하여 항공기의 운항을 허가할 수 있다.
  1. 항공기의 생산업체, 연구기관 또는 제작자 등이 항공기 또는 그 장비품 등의 시험·조사·연구·개발을 위하여 시험비행을 하는 경우
  2. 항공기의 제작 또는 정비등을 한 후 시험비행을 하는 경우
  3. 항공기의 정비등을 위한 장소까지 승객·화물을 싣지 아니하고 비행하는 경우
  4. 항공기의 설계에 관한 형식증명을 변경하기 위하여 운용한계를 초과하는 시험비행을 하는 경우
② 법 제25조제2항 단서에 따른 운항허가를 받으려는 자는 별지 제25호서식의 시험비행 등의 허가신청서를 국토교통부장관에게 제출하여야 한다.

제54조(소음기준적합증명서의 반납) 법 제25조제3항에 따라 항공기의 소음기준적합증명을 취소하거나 그 효력을 정지시킨 경우에는 지체 없이 항공기의 소유자등에게 해당 항공기의 소음기준적합증명서의 반납을 명하여야 한다.

제55조(기술표준품형식승인의 신청) ① 법 제27조제1항에 따라 기술표준품형식승인을 받으려는 자는 별지 제26호서식의 기술표준품형식승인 신청서를 국토교통부장관에게 제출하여야 한다.
② 제1항에 따른 신청서에는 다음 각 호의 서류를 첨부하여야 한다.
  1. 법 제27조제1항에 따른 기술표준품형식승인기준(이하 "기술표준품형식승인기준"이라 한다)에 대한 적합성 입증 계획서 또는 확인서
  2. 기술표준품의 설계도면, 설계도면 목록 및 부품 목록
  3. 기술표준품의 제조규격서 및 제품사양서
  4. 기술표준품의 품질관리규정
  5. 해당 기술표준품의 감항성 유지 및 관리체계(이하 "기술표준품관리체계"라 한다)를 설명하는 자료
  6. 그 밖에 참고사항을 적은 서류

제56조(형식승인이 면제되는 기술표준품) 법 제27조제1항 단서에서 "국토교통부령으로 정하는 기술표준품"이란 다음 각 호의 기술표준품을 말한다.
  1. 법 제20조에 따라 형식증명 또는 제한형식증명을 받은 항공기에 포함되어 있는 기술표준품
  2. 법 제21조에 따라 형식증명승인을 받은 항공기에 포함되어 있는 기술표준품
  3. 법 제23조제1항에 따라 감항증명을 받은 항공기에 포함되어 있는 기술표준품

제57조(기술표준품형식승인의 검사범위 등) ① 국토교통부장관은 법 제27조제2항에 따라 기술표준품형식승인을 위한 검사를 하는 경우에는 다음 각 호의 사항을 검사하여야 한다.
  1. 기술표준품이 기술표준품형식승인기준에 적합하게 설계되었는지 여부
  2. 기술표준품의 설계·제작과정에 적용되는 품질관리체계
  3. 기술표준품관리체계
② 국토교통부장관은 제1항제1호에 따른 사항을 검사하는 경우에는 기술표준품의 최소성능표준에 대한 적합성과 도면, 규격서, 제작공정 등에 관한 내용을 포함하여 검사하여야 한다.
③ 국토교통부장관은 제1항제2호에 따른 사항을 검사하는 경우에는 해당 기술표준품을 제작할 수 있는 기술·설비 및 인력 등에 관한 내용을 포함하여 검사하여야 한다.
④ 국토교통부장관은 제1항제3호에 따른 사항을 검사하는 경우에는 기술표준품의 식별방법 및 기록유지 등에 관한 내용을 포함하여 검사하여야 한다.

제58조(기술표준품형식승인서의 발급 등) ① 국토교통부장관은 법 제27조제2항에 따른 검사 결과 해당 기술표준품의 설계·제작이 기술표준품형식승인기준에 적합하다고 인정하는 경우에는 별지 제27호서식의 기술표준품형식승인서를 발급하여야 한다.
② 법 제27조에 따른 기술표준품형식승인을 받은 자는 해당 기술표준품에 기술표준품형식승인을 받았음을 나타내는 표시를 할 수 있다.

Chapter 01 | 항공법규

항공안전법	항공안전법 시행령

1. 형식증명 또는 부가형식증명 당시 또는 형식증명승인 또는 부가형식증명승인 당시 장착되었던 장비품 또는 부품의 제작자가 제작하는 같은 종류의 장비품 또는 부품
2. 기술표준품형식승인을 받아 제작하는 기술표준품
3. 그 밖에 국토교통부령으로 정하는 장비품 또는 부품
② 국토교통부장관은 부품등제작자증명을 할 때에는 항공기기술기준에 적합하게 장비품 또는 부품을 제작할 수 있는지를 검사한 후 적합하다고 인정하는 경우에는 국토교통부령으로 정하는 바에 따라 부품등제작자증명서를 발급하여야 한다.
③ 누구든지 부품등제작자증명을 받지 아니한 장비품 또는 부품을 제작·판매하거나 항공기등 또는 장비품에 사용해서는 아니 된다.
④ 대한민국과 항공안전협정을 체결한 국가로부터 부품등제작자증명을 받은 경우에는 부품등제작자증명을 받은 것으로 본다.
⑤ 국토교통부장관은 다음 각 호의 어느 하나에 해당하는 경우에는 부품등제작자증명을 취소하거나 6개월 이내의 기간을 정하여 그 효력의 정지를 명할 수 있다. 다만, 제1호에 해당하는 경우에는 부품등제작자증명을 취소하여야 한다.
  1. 거짓이나 그 밖의 부정한 방법으로 부품등제작자증명을 받은 경우
  2. 장비품 또는 부품이 부품등제작자증명 당시의 항공기기술기준에 적합하지 아니하게 된 경우
제29조(과징금의 부과) ① 국토교통부장관은 제20조제7항, 제22조제5항, 제27조제4항 또는 제28조제5항에 따라 형식증명, 제한형식증명, 부가형식증명, 제작증명, 기술표준품형식승인 또는 부품등제작자증명의 효력정지를 명하는 경우로서 그 증명이나 승인의 효력정지가 항공기 이용자 등에게 심한 불편을 주거나 공익을 해칠 우려가 있는 경우에는 그 증명이나 승인의 효력정지처분을 갈음하여 1억원 이하의 과징금을 부과할 수 있다.
② 제1항에 따른 과징금 부과의 구체적인 기준, 절차 및 그 밖에 필요한 사항은 대통령령으로 정한다.
③ 국토교통부장관은 제1항에 따라 과징금을 내야 할 자가 납부기한까지 과징금을 내지 아니하면 국세 체납처분의 예에 따라 징수한다.
제30조(수리·개조승인) ① 감항증명을 받은 항공기의 소유자 등은 해당 항공기등, 장비품 또는 부품을 국토교통부령으로 정하는 범위에서 수리하거나 개조하려면 국토교통부령으로 정하는 바에 따라 그 수리·개조가 항공기기술기준에 적합한지에 대하여 국토교통부장관의 승인(이하 "수리·개조승인"이라 한다)을 받아야 한다.
	제5조(항공기등을 제작하려는 자 등에 대한 위반행위의 종류별 과징금의 금액) 법 제29조제1항에 따라 과징금을 부과하는 위반행위의 종류와 위반 정도 등에 따른 과징금의 금액은 별표 1과 같다.
	
	제6조(과징금의 부과 및 납부) ① 국토교통부장관은 법 제29조제1항에 따라 과징금을 부과하려는 경우에는 그 위반행위의 종류와 해당 과징금의 금액을 명시하여 이를 납부할 것을 서면으로 통지하여야 한다.
	② 제1항에 따라 통지를 받은 자는 통지를 받은 날부터 20일 이내에 국토교통부장관이 정하는 수납기관에 과징금을 내야 한다. 다만, 천재지변이나 그 밖의 부득이한 사유로 그 기간에 과징금을 낼 수 없는 경우에는 그 사유가 없어진 날부터 7일 이내에 내야 한다.
	③ 국토교통부장관은 법 제29조제1항에 따라 과징금을 부과받은 자가 납부해야 하는 과징금이 5억원 이상 또는 전년도 매출액에 100분의 20을 곱한 금액을 초과한 경우로서 다음 각 호의 어느 하나에 해당하는 사유로 과징금의 전액을 한꺼번에 내기 어렵다고 인정하는 경우에는 그 납부기한을 연기하거나 분할납부하게 할 수 있다.

항공안전법 시행규칙

제59조(항공기기술기준 등의 제·개정 신청 등) ① 항공기기술기준 또는 기술표준품형식승인기준의 제정 또는 개정을 신청하려는 자는 별지 제28호서식의 항공기기술기준 또는 기술표준품형식승인기준 제·개정 신청서에 항공기기술기준 또는 기술표준품형식승인기준 신·구조문대비표를 첨부하여 국토교통부장관에게 제출하여야 한다.
② 국토교통부장관은 제1항에 따른 신청이 있는 경우 30일 이내에 이를 검토하여 항공기기술기준 또는 기술표준품형식승인기준으로의 반영 여부를 제60조에 따른 항공기기술기준위원회의 심의를 거쳐 신청인에게 통보하여야 한다.

제60조(항공기기술기준위원회의 구성 및 운영) ① 항공기기술기준 및 기술표준품형식승인기준의 적합성에 관하여 국토교통부장관의 자문에 조언하게 하기 위하여 국토교통부장관 소속으로 항공기기술기준위원회를 둔다.
② 항공기기술기준위원회는 다음 각 호의 사항을 심의·의결한다.
   1. 항공기기술기준의 제·개정안
   2. 기술표준품형식승인기준의 제·개정안
③ 항공기기술기준위원회의 구성, 위원의 선임기준 및 임기 등 항공기기술기준위원회의 운영에 필요한 세부사항은 국토교통부장관이 정하여 고시한다.

제61조(부품등제작자증명의 신청) ① 법 제28조제1항에 따른 부품등제작자증명을 받으려는 자는 별지 제29호서식의 부품등제작자증명 신청서를 국토교통부장관에게 제출하여야 한다.
② 제1항에 따른 신청서에는 다음 각 호의 서류를 첨부하여야 한다.
   1. 장비품 또는 부품(이하 "부품등"이라 한다)의 식별서
   2. 항공기기술기준에 대한 적합성 입증 계획서 또는 확인서
   3. 부품등의 설계도면·설계도면 목록 및 부품등의 목록
   4. 부품등의 제조규격서 및 제품사양서
   5. 부품등의 품질관리규정
   6. 해당 부품등의 감항성 유지 및 관리체계(이하 "부품등 관리체계"라 한다)를 설명하는 자료
   7. 그 밖에 참고사항을 적은 서류

제62조(부품등제작자증명의 검사범위 등) ① 국토교통부장관은 법 제28조제2항에 따라 부품등제작자증명을 위한 검사를 하는 경우에는 해당 부품등이 항공기기술기준에 적합하게 설계되었는지의 여부, 품질관리체계, 제작과정 및 부품등 관리체계에 대한 검사를 하여야 한다.
② 제1항에 따른 검사의 세부적인 검사기준·방법 및 절차 등은 국토교통부장관이 정하여 고시한다.

제63조(부품등제작자증명을 받지 아니하여도 되는 부품등) 법 제28조제1항제3호에서 "국토교통부령으로 정하는 장비품 또는 부품"이란 다음 각 호의 어느 하나에 해당하는 것을 말한다.
   1. 「산업표준화법」제15조제1항에 따라 인증받은 항공 분야 부품등
   2. 전시·연구 또는 교육목적으로 제작되는 부품등
   3. 국제적으로 공인된 규격에 합치하는 부품등 중 국토교통부장관이 정하여 고시하는 부품등

제64조(부품등제작자증명서의 발급) ① 국토교통부장관은 법 제28조제2항에 따른 검사 결과 부품등제작자증명을 받으려는 자가 항공기기술기준에 적합하게 부품등을 제작할 수 있다고 인정하는 경우에는 별지 제30호서식의 부품등제작자증명서를 발급하여야 한다.
② 국토교통부장관은 제1항에 따른 부품등제작자증명서를 발급할 때에는 해당 부품등이 장착될 항공기등의 형식을 지정하여야 한다.
③ 법 제28조에 따른 부품등제작자증명을 받은 자는 해당 부품등에 대하여 부품등제작자증명을 받았음을 나타내는 표시를 할 수 있다.

제65조(항공기등 또는 부품등의 수리·개조승인의 범위) 법 제30조제1항에 따라 승인을 받아야 하는 항공기등 또는 부품등의 수리·개조의 범위는 항공기의 소유자등이 법 제97조에 따라 정비조직인증을 받아 항공기등 또는 부품등을 수리·개조하거나 정비조직인증을 받은 자에게 위탁하는 경우로서 그 정비조직인증을 받은 업무 범위를 초과하여 항공기등 또는 부품등을 수리·개조하는 경우를 말한다.

Chapter 01 | 항공법규

항공안전법

② 소유자등은 수리·개조승인을 받지 아니한 항공기등, 장비품 또는 부품을 운항 또는 항공기등에 사용해서는 아니 된다.
③ 제1항에도 불구하고 다음 각 호의 어느 하나에 해당하는 경우로서 항공기기술기준에 적합한 경우에는 수리·개조승인을 받은 것으로 본다.
  1. 기술표준품형식승인을 받은 자가 제작한 기술표준품을 그가 수리·개조하는 경우
  2. 부품등제작자증명을 받은 자가 제작한 장비품 또는 부품을 그가 수리·개조하는 경우
  3. 제97조제1항에 따른 정비조직인증을 받은 자가 항공기등, 장비품 또는 부품을 수리·개조하는 경우

제31조(항공기등의 검사등) ① 국토교통부장관은 제20조부터 제25조까지, 제27조, 제28조, 제30조 및 제97조에 따른 증명·승인 또는 정비조직인증을 할 때에는 국토교통부장관이 정하는 바에 따라 미리 해당 항공기등 및 장비품을 검사하거나 이를 제작 또는 정비하려는 조직, 시설 및 인력 등을 검사하여야 한다.
② 국토교통부장관은 제1항에 따른 검사를 하기 위하여 다음 각 호의 어느 하나에 해당하는 사람 중에서 항공기등 및 장비품을 검사할 사람(이하 "검사관"이라 한다)을 임명 또는 위촉한다.
  1. 제35조제8호의 항공정비사 자격증명을 받은 사람
  2. 「국가기술자격법」에 따른 항공분야의 기사 이상의 자격을 취득한 사람
  3. 항공기술 관련 분야에서 학사 이상의 학위를 취득한 후 3년 이상 항공기의 설계, 제작, 정비 또는 품질보증 업무에 종사한 경력이 있는 사람
  4. 국가기관등항공기의 설계, 제작, 정비 또는 품질보증 업무에 5년 이상 종사한 경력이 있는 사람
③ 국토교통부장관은 국토교통부 소속 공무원이 아닌 검사관이 제1항에 따른 검사를 한 경우에는 예산의 범위에서 수당을 지급할 수 있다.

제32조(항공기등의 정비등의 확인) ① 소유자등은 항공기등, 장비품 또는 부품에 대하여 정비등(국토교통부령으로 정하는 경미한 정비 및 제30조제1항에 따른 수리·개조는 제외한다. 이하 이 조에서 같다)을 한 경우에는 제35조제8호의 항공정비사 자격증명을 받은 사람으로서 국토교통부령으로 정하는 자격요건을 갖춘 사람으로부터 그 항공기등, 장비품 또는 부품에 대하여 국토교통부령으로 정하는 방법에 따라 감항성을 확인받지 아니하면 이를 운항 또는 항공기등에 사용해서는 아니 된다. 다만, 감항성을 확인받기 곤란한 대한민국 외의 지역에서 항공기등, 장비품

항공안전법 시행령

  1. 재해 또는 재난 등으로 재산에 현저한 손실을 입은 경우
  2. 사업 여건의 악화로 사업이 중대한 위기에 처해 있는 경우
  3. 그 밖에 제1호 또는 제2호에 준하는 사유가 있는 경우로서 과징금을 한꺼번에 내기 어려운 사유가 있다고 인정되는 경우
④ 제3항에 따라 과징금 납부기한의 연기 또는 분할납부를 신청하려는 자는 그 납부기한의 10일 전까지 납부기한의 연기 또는 분할납부의 사유를 증명하는 서류를 첨부하여 국토교통부장관에게 신청해야 한다.
⑤ 제3항에 따른 납부기한의 연기는 그 납부기한의 다음 날부터 1년 이내로 하고, 분할하여 납부하는 경우 분할된 납부기한 간의 간격은 4개월 이내로 하며, 분할 횟수는 3회 이내로 한다.
⑥ 국토교통부장관은 다음 각 호의 어느 하나에 해당하는 경우에는 납부기한의 연기 또는 분할납부 결정을 취소하고 과징금을 한꺼번에 징수할 수 있다.
  1. 분할납부하기로 결정된 과징금을 납부기한까지 내지 않은 경우
  2. 강제집행, 경매의 개시, 파산선고, 법인의 해산, 국세 또는 지방세의 체납처분을 받은 경우 등 과징금의 전부 또는 잔여분을 징수할 수 없다고 인정되는 경우
  3. 제3항 각 호에 따른 사유가 해소되어 납부의무자가 과징금을 한꺼번에 납부할 수 있다고 인정되는 경우
⑦ 제2항에 따라 과징금을 받은 수납기관은 그 납부자에게 영수증을 발급하여야 한다.
⑧ 과징금의 수납기관은 제2항에 따른 과징금을 받으면 지체 없이 그 사실을 국토교통부장관에게 통보하여야 한다.

제7조(과징금의 독촉 및 징수) ① 국토교통부장관은 제6조제1항에 따라 과징금의 납부통지를 받은 자가 납부기한까지 과징금을 내지 아니하면 납부기한이 지난 날부터 7일 이내에 독촉장을 발급하여야 한다. 이 경우 납부기한은 독촉장의 발급일부터 10일 이내로 하여야 한다.
② 국토교통부장관은 제1항에 따라 독촉을 받은 자가 납부기한까지 과징금을 내지 아니한 경우에는 소속 공무원으로 하여금 국세 체납처분의 예에 따라 과징금을 강제징수하게 할 수 있다.

항공안전법 시행규칙

제66조(수리·개조승인의 신청) 법 제30조제1항에 따라 항공기등 또는 부품등의 수리·개조승인을 받으려는 자는 별지 제31호서식의 수리·개조승인 신청서에 다음 각 호의 내용을 포함한 수리계획서 또는 개조계획서를 첨부하여 작업을 시작하기 10일 전까지 지방항공청장에게 제출하여야 한다. 다만, 항공기사고 등으로 인하여 긴급한 수리·개조를 하여야하는 경우에는 작업을 시작하기 전까지 신청서를 제출할 수 있다.
  1. 수리·개조 신청사유 및 작업 일정
  2. 작업을 수행하려는 인증된 정비조직의 업무범위
  3. 수리·개조에 필요한 인력, 장비, 시설 및 자재 목록
  4. 해당 항공기등 또는 부품등의 도면과 도면 목록
  5. 수리·개조 작업지시서

제67조(항공기등 또는 부품등의 수리·개조승인) ① 지방항공청장은 제66조에 따른 수리·개조승인의 신청을 받은 경우에는 수리계획서 또는 개조계획서를 통하여 수리·개조가 항공기기술기준에 적합한지 여부를 확인한 후 승인하여야 한다. 다만, 신청인이 제출한 수리계획서 또는 개조계획서만으로 확인이 곤란한 경우에는 수리·개조가 시행되는 현장에서 확인한 후 승인할 수 있다.
② 지방항공청장은 제1항에 따라 수리·개조승인을 하는 때에는 별지 제32호서식의 수리·개조 결과서에 작업지시서 수행본 1부를 첨부하여 제출하는 것을 조건으로 신청자에게 승인하여야 한다.

제68조(경미한 정비의 범위) 법 제32조제1항 본문에서 "국토교통부령으로 정하는 경미한 정비"란 다음 각 호의 어느 하나에 해당하는 작업을 말한다.
  1. 간단한 보수를 하는 예방작업으로서 리깅(Rigging : 항공기 정비를 위한 조절작업을 말한다) 또는 간극의 조정작업 등 복잡한 결합작용을 필요로 하지 않는 규격장비품 또는 부품의 교환작업
  2. 감항성에 미치는 영향이 경미한 범위의 수리작업으로서 그 작업의 완료 상태를 확인하는 데에 동력장치의 작동 점검과 같은 복잡한 점검을 필요로 하지 않는 작업
  3. 그 밖에 윤활유 보충 등 비행전후에 실시하는 단순하고 간단한 점검 작업

제69조(항공기등의 정비등을 확인하는 사람) 법 제32조제1항 본문에서 "국토교통부령으로 정하는 자격요건을 갖춘 사람"이란 다음 각 호의 어느 하나에 해당하는 사람을 말한다.
  1. 항공운송사업자 또는 항공기사용사업자에 소속된 사람 : 국토교통부장관 또는 지방항공청장이 법 제93조(법 제96조제2항에서 준용하는 경우를 포함한다)에 따라 인가한 정비규정에서 정한 자격을 갖춘 사람으로서 제81조제2항에 따른 동일한 항공기 종류 또는 제81조제6항에 따른 동일한 정비분야에 대해 최근 24개월 이내에 6개월 이상의 정비경험이 있는 사람
  2. 법 제97조제1항에 따라 정비조직인증을 받은 항공기정비업자에 소속된 사람 : 제271조제1항에 따른 정비조직절차교범에서 정한 자격을 갖춘 사람으로서 제81조제2항에 따른 동일한 항공기 종류 또는 제81조제6항에 따른 동일한 정비분야에 대해 최근 24개월 이내에 6개월 이상의 정비경험이 있는 사람
  3. 자가용항공기를 정비하는 사람 : 해당 항공기 형식에 대하여 제작사가 정한 교육기준 및 방법에 따라 교육을 이수하고 제81조제2항에 따른 동일한 항공기 종류 또는 제81조제6항에 따른 동일한 정비분야에 대해 최근 24개월 이내에 6개월 이상의 정비경험이 있는 사람
  4. 제작사가 정한 교육기준 및 방법에 따라 교육을 이수한 사람 또는 이와 동등한 교육을 이수하여 국토교통부장관 또는 지방항공청장으로부터 승인을 받은 사람

제70조(항공기등의 정비등을 확인하는 방법) 법 제32조제1항 본문에서 "국토교통부령으로 정하는 방법"이란 다음 각 호의 어느 하나에 해당하는 방법을 말한다.
  1. 법 제93조제1항(법 제96조제2항에서 준용하는 경우를 포함한다)에 따라 인가받은 정비규정에 포함된 정비프로그램 또는 검사프로그램에 따른 방법
  2. 국토교통부장관의 인가를 받은 기술자료 또는 절차에 따른 방법
  3. 항공기등 또는 부품등의 제작사에서 제공한 정비매뉴얼 또는 기술자료에 따른 방법
  4. 항공기등 또는 부품등의 제작국가 정부가 승인한 기술자료에 따른 방법
  5. 그 밖에 국토교통부장관 또는 지방항공청장이 인정하는 기술자료에 따른 방법

Chapter 01 | 항공법규

항공안전법	항공안전법 시행령

또는 부품에 대하여 정비등을 하는 경우로서 국토교통부령으로 정하는 자격요건을 갖춘 자로부터 그 항공기등, 장비품 또는 부품에 대하여 감항성을 확인받은 경우에는 이를 운항 또는 항공기등에 사용할 수 있다.

② 소유자등은 항공기등, 장비품 또는 부품에 대한 정비등을 위탁하려는 경우에는 제97조제1항에 따른 정비조직인증을 받은 자 또는 그 항공기등, 장비품 또는 부품을 제작한 자에게 위탁하여야 한다.

제33조(항공기등에 발생한 고장, 결함 또는 기능장애 보고 의무)
① 형식증명, 부가형식증명, 제작증명, 기술표준품형식승인 또는 부품등제작자증명을 받은 자는 그가 제작하거나 인증을 받은 항공기등, 장비품 또는 부품이 설계 또는 제작의 결함으로 인하여 국토교통부령으로 정하는 고장, 결함 또는 기능장애가 발생한 것을 알게 된 경우에는 국토교통부령으로 정하는 바에 따라 국토교통부장관에게 그 사실을 보고하여야 한다.
② 항공운송사업자, 항공기사용사업자 등 대통령령으로 정하는 소유자등 또는 제97조제1항에 따른 정비조직인증을 받은 자는 항공기를 운영하거나 정비하는 중에 국토교통부령으로 정하는 고장, 결함 또는 기능장애가 발생한 것을 알게 된 경우에는 국토교통부령으로 정하는 바에 따라 국토교통부장관에게 그 사실을 보고하여야 한다.

제8조(항공기에 발생한 고장, 결함 또는 기능장애 보고 의무자)
법 제33조제2항에서 "항공운송사업자, 항공기사용사업자 등 대통령령으로 정하는 소유자등"이란 다음 각 호의 어느 하나에 해당하는 자를 말한다.
1. 「항공사업법」 제2조제10호에 따른 국내항공운송사업자
2. 「항공사업법」 제2조제12호에 따른 국제항공운송사업자(이하 "국제항공운송사업자"라 한다)
3. 「항공사업법」 제2조제14호에 따른 소형항공운송사업자
4. 항공기사용사업자
5. 최대이륙중량이 5,700킬로그램을 초과하는 비행기를 소유하거나 임차하여 해당 비행기를 사용할 수 있는 권리가 있는 자
6. 최대이륙중량이 3,175킬로그램을 초과하는 헬리콥터를 소유하거나 임차하여 해당 헬리콥터를 사용할 수 있는 권리가 있는 자

제4장 항공종사자 등

제34조(항공종사자 자격증명등) ① 항공업무에 종사하려는 사람은 국토교통부령으로 정하는 바에 따라 국토교통부장관으로부터 항공종사자 자격증명(이하 "자격증명"이라 한다)을 받아야 한다. 다만, 항공업무 중 무인항공기의 운항 업무인 경우에는 그러하지 아니하다.
② 다음 각 호의 어느 하나에 해당하는 사람은 자격증명을 받을 수 없다.
  1. 다음 각 목의 구분에 따른 나이 미만인 사람
     가. 자가용 조종사 자격 : 17세(제37조에 따라 자가용 조종사의 자격증명을 활공기에 한정하는 경우에는 16세)
     나. 사업용 조종사, 부조종사, 항공사, 항공기관사, 항공교통관제사 및 항공정비사 자격 : 18세
     다. 운송용 조종사 및 운항관리사 자격 : 21세
  2. 제43조제1항에 따른 자격증명 취소처분을 받고 그 취소일부터 2년이 지나지 아니한 사람(취소된 자격증명을 다시 받는 경우에 한정한다)

항공안전법 시행규칙

제71조(국외 정비확인자의 자격인정) 법 제32조제1항 단서에서 "국토교통부령으로 정하는 자격요건을 갖춘 자"란 다음 각 호의 어느 하나에 해당하는 사람으로서 국토교통부장관의 인정을 받은 사람(이하 "국외 정비확인자"라 한다)을 말한다.
  1. 외국정부가 발급한 항공정비사 자격증명을 받은 사람
  2. 외국정부가 인정한 항공기정비사업자에 소속된 사람으로서 항공정비사 자격증명을 받은 사람과 동등하거나 그 이상의 능력이 있는 사람

제72조(국외 정비확인자의 인정신청) 제71조에 따른 인정을 받으려는 사람은 다음 각 호의 사항을 적은 신청서에 외국정부가 발급한 항공정비사 자격증명 또는 외국정부가 인정한 항공기정비사업자임을 증명하는 서류 및 그 사업자에 소속된 사람임을 증명하는 서류와 사진 2장을 첨부하여 국토교통부장관에게 제출하여야 한다.
  1. 성명, 국적, 연령 및 주소
  2. 경력
  3. 정비확인을 하려는 장소
  4. 자격인정을 받으려는 사유

제73조(국외 정비확인자 인정서의 발급) ① 국토교통부장관은 제71조에 따른 인정을 하는 경우에는 별지 제33호서식의 국외 정비확인자 인정서를 발급하여야 한다.
② 국토교통부장관은 제1항에 따라 국외 정비확인자 인정서를 발급하는 경우에는 국외 정비확인자가 감항성을 확인할 수 있는 항공기등 또는 부품등의 종류·등급 또는 형식을 정하여야 한다.
③ 제1항에 따른 인정의 유효기간은 1년으로 한다.

제74조(항공기등에 발생한 고장, 결함 또는 기능장애 보고) ① 법 제33조제1항 및 제2항에서 "국토교통부령으로 정하는 고장, 결함 또는 기능장애"란 별표 20의2 제5호에 따른 의무보고 대상 항공안전장애(이하 "고장등"이라 한다)를 말한다.
② 법 제33조제1항 및 제2항에 따라 고장등이 발생한 사실을 보고할 때에는 별지 제34호서식의 고장·결함·기능장애 보고서 또는 국토교통부장관이 정하는 전자적인 보고방법에 따라야 한다.
③ 제2항에 따른 보고는 고장등이 발생한 것을 알게 된 때(별표 20의2 제5호마목 및 바목의 의무보고 대상 항공안전장애인 경우에는 보고 대상으로 확인된 때를 말한다)부터 96시간 이내(해당 기간에 포함된 토요일 및 법정공휴일에 해당하는 시간은 제외한다)에 해야 한다.

제4장 항공종사자 등

제75조(응시자격) 법 제34조제1항에 따른 항공종사자 자격증명(이하 "자격증명"이라 한다) 또는 법 제37조제1항에 따른 자격증명의 한정을 받으려는 사람은 법 제34조제2항 각 호의 어느 하나에 해당되지 않는 사람으로서 별표 4에 따른 경력을 가진 사람이어야 한다.

[별표 4] 항공종사자·경량항공기조종사 자격증명 응시경력(제75조, 제91조 및 제286조 관련)
1. 항공종사자
  가. 자격증명시험

자격증명의 종류	비행경력 또는 그 밖의 경력
운송용 조종사	1) 비행기에 대하여 자격증명을 신청하는 경우 다음의 경력을 모두 충족하는 비행기 조종사 중 1,500시간 이상의 비행경력이 있는 사람으로서 계기비행증명을 받은 사업용 조종사 또는 부조종사 자격증명(외국정부가 발급한 운송용 조종사 자격증명 또는 계기비행증명이 포함된 사업용 조종사 또는 부조종사 자격증명을 포함한다)을 받은 사람. 이 경우 비행시간을 산정할 때 지방항공청장이 지정한 모의비행훈련장치를 이용한 비행훈련시간은 100시간의 범위에서 인정하되, 모의비행훈련장치는 100시간, 비행훈련장치는 25시간, 기본비행훈련장치는 5시간의 범위에서 인정(비행훈련장치와 기본비행훈련장치를 합산한 비행훈련시간은 25시간을 초과할 수 없다)하고, 다른 종류의 항공기 비행경력은 해당 비행시간의 3분의 1 또는 200시간 중 적은 시간의 범위 내에서 인정한다.

항공안전법

③ 제1항 및 제2항에도 불구하고 「군사기지 및 군사시설 보호법」을 적용받는 항공작전기지에서 항공기를 관제하는 군인은 국방부장관으로부터 자격인정을 받아 항공교통관제 업무를 수행할 수 있다.

제35조(자격증명의 종류) 자격증명의 종류는 다음과 같이 구분한다.
1. 운송용 조종사
2. 사업용 조종사
3. 자가용 조종사
4. 부조종사
5. 항공사
6. 항공기관사
7. 항공교통관제사
8. 항공정비사
9. 운항관리사

제36조(업무범위) ① 자격증명의 종류에 따른 업무범위는 별표와 같다.
② 자격증명을 받은 사람은 그가 받은 자격증명의 종류에 따른 업무범위 외의 업무에 종사해서는 아니 된다.
③ 다음 각 호의 어느 하나에 해당하는 경우에는 제1항 및 제2항을 적용하지 아니한다.
  1. 국토교통부령으로 정하는 항공기에 탑승하여 조종(항공기에 탑승하여 그 기체 및 발동기를 다루는 것을 포함한다. 이하 같다)하는 경우
  2. 새로운 종류, 등급 또는 형식의 항공기에 탑승하여 시험비행 등을 하는 경우로서 국토교통부령으로 정하는 바에 따라 국토교통부장관의 허가를 받은 경우

항공안전법 시행령

항공안전법 시행규칙

자격증명의 종류	비행경력 또는 그 밖의 경력
운송용 조종사 (계속)	가) 기장 외의 조종사로서 기장의 감독 하에 기장의 임무를 500시간 이상 수행한 경력이나 기장으로서 250시간 이상을 비행한 경력 또는 기장으로서 최소 70시간 이상 비행하였을 경우 해당 비행시간의 2배와 500시간과의 차이만큼 기장 외의 조종사로서 기장의 감독 하에 기장의 임무를 수행한 비행경력 나) 200시간 이상의 야외 비행경력. 이 경우 200시간의 야외 비행경력 중 기장으로서 100시간 이상의 비행경력 또는 기장 외의 조종사로서 기장의 감독 하에 기장의 임무를 수행한 100시간 이상의 비행경력을 포함해야 한다. 다) 75시간 이상의 기장 또는 기장 외의 조종사로서의 계기비행경력(30시간의 범위 내에서 지방항공청장이 지정한 모의비행훈련장치를 이용한 계기비행경력을 인정한다) 라) 100시간 이상의 기장 또는 기장 외의 조종사로서의 야간 비행경력 2) 헬리콥터에 대하여 자격증명을 신청하는 경우 다음의 경력을 모두 충족하는 헬리콥터 조종사로서 1,000시간 이상의 비행경력이 있는 사업용 조종사 자격증명(외국정부가 발급한 운송용 조종사 또는 사업용 조종사 자격증명을 포함한다)을 받은 사람. 이 경우 비행시간을 산정할 때에는 지방항공청장이 지정한 모의비행훈련장치를 이용한 비행훈련시간은 최대 100시간의 범위에서 인정하되, 모의비행훈련장치는 100시간, 비행훈련장치는 25시간, 기본비행훈련장치는 5시간의 범위에서 인정(비행훈련장치와 기본비행훈련장치를 합산한 비행훈련시간은 25시간을 초과할 수 없다)하고, 다른 종류의 항공기 비행경력은 해당 비행시간의 3분의 1 또는 200시간 중 적은 시간의 범위 내에서 인정한다. 가) 기장으로서 250시간 이상의 비행경력 또는 기장으로서 70시간 이상의 비행시간과 기장 외의 조종사로서 기장의 감독 하에 기장의 임무를 수행한 비행시간의 합계가 250시간 이상의 비행경력 나) 200시간 이상의 야외 비행경력. 이 경우 200시간의 야외 비행경력 중 기장으로서 100시간 이상의 비행경력 또는 기장 외의 조종사로서 기장의 감독 하에 기장의 임무를 수행한 100시간 이상의 비행경력을 포함해야 한다. 다) 30시간 이상의 기장 또는 기장 외의 조종사로서의 계기비행경력(10시간의 범위 내에서 지방항공청장이 지정한 모의비행훈련장치를 이용한 계기비행경력을 인정한다) 라) 50시간 이상의 기장 또는 기장 외의 조종사로서의 야간 비행경력
사업용 조종사	1) 비행기에 대하여 자격증명을 신청하는 경우 다음의 경력을 모두 충족하는 200시간(국토교통부장관이 지정한 전문교육기관의 교육과정을 이수한 사람은 150시간) 이상의 비행경력이 있는 사람으로서 자가용 조종사 자격증명(외국정부가 발급한 운송용 조종사 또는 사업용 조종사 자격증명을 포함한다)을 받은 사람. 이 경우 비행시간을 산정할 때 지방항공청장이 지정한 모의비행훈련장치를 이용한 비행훈련시간은 최대 20시간의 범위에서 인정하되, 모의비행훈련장치 또는 비행훈련장치는 20시간, 기본비행훈련장치는 5시간의 범위에서 인정하고, 다른 종류의 항공기 비행경력은 해당 비행시간의 3분의 1 또는 50시간 중 적은 시간의 범위 내에서 인정한다. 가) 기장으로서 100시간(국토교통부장관이 지정한 전문교육기관의 교육과정을 이수한 사람은 70시간) 이상의 비행경력 나) 기장으로서 20시간 이상의 야외비행경력. 이 경우 총 540킬로미터 이상의 구간에서 2개 이상의 다른 비행장에서의 완전 착륙을 포함해야 한다. 다) 10시간 이상의 기장 또는 기장 외의 조종사로서 계기비행경력(5시간의 범위 내에서 지방항공청장이 지정한 모의비행훈련장치를 이용한 계기비행경력을 포함한다) 라) 이륙과 착륙이 각각 5회 이상 포함된 5시간 이상의 기장으로서의 야간 비행경력 2) 헬리콥터에 대하여 자격증명을 신청하는 경우 다음의 경력을 모두 충족하는 헬리콥터 조종사로서 150시간(국토교통부장관이 지정한 전문교육기관의 교육과정을 이수한 사람은 100시간) 이상의 비행경력이 있는 사람으로서 헬리콥터의 자가용 조종사 자격증명(외국정부가 발급한 운송용 조종사 또는 사업용 조종사 자격증명을 포함한다)을 받은 사람. 이 경우 비행시간을 산정할 때 지방항공청장이 지정한 모의비행훈련장치를 이용한 비행훈련시간은 최대 20시간의 범위에서 모의비행훈련장치 또는 비행훈련장치는 20시간, 기본비행훈련장치는 5시간의 범위에서 인정하고, 다른 종류의 항공기 비행경력은 해당 비행시간의 3분의 1 또는 50시간 중 적은 시간의 범위 내에서 인정한다. 가) 기장으로서 35시간 이상의 비행경력

Chapter 01 | 항공법규

항공안전법	항공안전법 시행령

[별표] 자격증명별 업무 범위(제36조제1항 관련)

자격	업무 범위
운송용 조종사	항공기에 탑승하여 다음 각 호의 행위를 하는 것 1. 사업용 조종사의 자격을 가진 사람이 할 수 있는 행위 2. 항공운송사업의 목적을 위하여 사용하는 항공기를 조종하는 행위
사업용 조종사	항공기에 탑승하여 다음 각 호의 행위를 하는 것 1. 자가용 조종사의 자격을 가진 사람이 할 수 있는 행위 2. 무상으로 운항하는 항공기를 보수를 받고 조종하는 행위 3. 항공기사용사업에 사용하는 항공기를 조종하는 행위 4. 항공운송사업에 사용하는 항공기(1명의 조종사가 필요한 항공기만 해당한다)를 조종하는 행위 5. 기장 외의 조종사로서 항공운송사업에 사용하는 항공기를 조종하는 행위
자가용 조종사	무상으로 운항하는 항공기를 보수를 받지 아니하고 조종하는 행위
부조종사	비행기에 탑승하여 다음 각 호의 행위를 하는 것 1. 자가용 조종사의 자격을 가진 사람이 할 수 있는 행위 2. 기장 외의 조종사로서 비행기를 조종하는 행위
항공사	항공기에 탑승하여 그 위치 및 항로의 측정과 항공상의 자료를 산출하는 행위
항공기관사	항공기에 탑승하여 발동기 및 기체를 취급하는 행위(조종장치의 조작은 제외한다)
항공교통 관제사	항공교통의 안전·신속 및 질서를 유지하기 위하여 항공기 운항을 관제하는 행위
항공정비사	다음 각 호의 행위를 하는 것 1. 제32조제1항에 따라 정비등을 한 항공기 등, 장비품 또는 부품에 대하여 감항성을 확인하는 행위 2. 제108조제4항에 따라 정비를 한 경량항공기 또는 그 장비품·부품에 대하여 안전하게 운용할 수 있음을 확인하는 행위
운항관리사	항공운송사업에 사용되는 항공기 또는 국외운항항공기의 운항에 필요한 다음 각 호의 사항을 확인하는 행위 1. 비행계획의 작성 및 변경 2. 항공기 연료 소비량의 산출 3. 항공기 운항의 통제 및 감시

항공안전법 시행규칙

자격증명의 종류	비행경력 또는 그 밖의 경력

사업용
조종사
(계속)
	나) 기장으로서 10시간 이상의 야외 비행경력. 이 경우 총 300킬로미터 이상의 구간에서 2개의 다른 지점에서의 착륙비행과정을 포함해야 한다.
	다) 기장 또는 기장 외의 조종사로서 10시간 이상의 계기비행경력(5시간의 범위 내에서 지방항공청장이 지정한 모의비행훈련장치를 이용한 계기비행경력을 포함한다)
	라) 기장으로서 이륙과 착륙이 각각 5회 이상 포함된 5시간 이상의 야간 비행경력
	3) 특수활공기에 대하여 자격증명을 신청하는 경우 다음의 활공경력을 모두 충족하는 사람으로서 특수활공기의 자가용 조종사 자격증명을 받은 사람. 다만, 비행기의 조종사 자격증명을 받은 경우에는 단독 조종으로 10시간 이상의 활공 및 10회 이상의 활공 착륙경력이 있는 사람
	  가) 단독 조종으로 15시간 이상의 활공 및 20회 이상의 활공착륙 또는 단독 조종으로 25시간 이상의 동력비행(비행기에 의한 것을 포함한다) 및 20회 이상의 발동기 작동 중의 착륙(비행기에 의한 것을 포함한다)
	  나) 출발지점으로부터 240킬로미터 이상의 야외 비행경력(비행기에 의한 것을 포함한다). 이 경우 출발지점과 도착지점의 중간에 2개 이상의 다른 지점에 착륙한 경력을 포함해야 한다.
	  다) 5회 이상의 실속회복(비행기에 의한 것을 포함한다)
	4) 상급활공기에 대하여 자격증명을 신청하는 경우 다음 각 목의 경력을 포함한 15시간 이상의 활공경력이 있는 사람으로서 상급활공기의 자가용 조종사 자격증명을 받은 사람. 다만, 비행기 조종사 자격증명을 받은 경우에는 비행기, 윈치 또는 자동차를 이용하여 30회 이상의 활공경력이 있는 사람
	  가) 비행기, 윈치 또는 자동차를 이용하여 15회 이상의 활공을 포함한 75회 이상의 활공경력
	  나) 5회 이상의 실속회복
	5) 비행선에 대하여 자격증명을 신청하는 경우 다음 각 목의 비행조종경력을 포함한 200시간 이상의 비행경력이 있는 사람으로서 비행선의 자가용 조종사 자격증명을 소지한 사람
	  가) 비행선 조종사로서 50시간 이상의 비행경력
	  나) 10시간 이상의 야외 비행경력 및 10시간 이상의 야간 비행경력을 포함한 30시간 이상의 기장으로서의 비행경력 또는 기장 외의 조종사로서 기장의 감독 하에 기장의 임무를 수행한 비행경력
	  다) 20시간 이상의 비행시간 및 10시간 이상의 비행선 비행시간을 포함한 40시간 이상의 계기비행시간
	  라) 20시간 이상의 비행선 비행교육훈련

자가용
조종사
	1) 비행기 또는 헬리콥터에 대하여 자격증명을 신청하는 경우 다음의 경력을 모두 충족하는 40시간(국토교통부장관이 지정한 전문교육기관 이수자는 35시간) 이상의 비행경력이 있는 사람(해당 항공기에 대하여 외국정부가 발급한 조종사 자격증명을 소지한 사람을 포함한다). 이 경우 비행시간을 산정할 때 지방항공청장이 지정한 모의비행훈련장치를 이용한 비행훈련시간은 최대 5시간의 범위 내에서 인정하고, 다른 종류의 항공기 또는 경량항공기(경량항공기 중 조종형비행기는 비행기에만 해당하고, 경량헬리콥터는 헬리콥터에만 해당한다) 중 비행경력은 해당 비행시간의 3분의 1 또는 10시간 중 적은 시간의 범위 내에서 인정한다.
	  가) 비행기에 대하여 자격증명을 신청하는 경우 5시간 이상의 단독 야외 비행경력(solo cross-country flight time)을 포함한 10시간 이상의 단독 비행경력. 이 경우 270킬로미터 이상의 구간 비행 중 2개의 다른 비행장에서의 이륙·완전착륙 경력을 포함해야 한다.
	  나) 헬리콥터에 대하여 자격증명을 신청하는 경우 5시간 이상의 단독 야외 비행경력을 포함한 10시간 이상의 단독 비행경력. 이 경우 출발지점으로부터 180킬로미터 이상의 구간 비행 중 2개의 다른 지점에서의 착륙비행과정 경력을 포함해야 한다.
	2) 특수활공기에 대하여 자격증명을 신청하는 경우 다음 각 목의 활공경력이 있는 사람. 다만, 비행기에 대한 조종사 자격증명을 받은 경우에는 2시간 이상의 활공 및 5회 이상의 활공착륙 경력이 있는 사람
	  가) 단독 조종으로 3시간 이상의 활공(교관과 동승한 활공경력은 1시간의 범위 내에서 인정한다) 및 10회 이상의 활공착륙 또는 단독 조종으로 15시간 이상의 동력비행(비행기에 의한 것을 포함하며, 교관과 동승한 활공경력은 5시간의 범위 내에서 인정한다) 및 10회 이상의 발동기 작동 중의 착륙(비행기에 의한 것을 포함한다)
	  나) 출발지점으로부터 120킬로미터 이상의 야외 비행. 이 경우 출발지점과 도착지점의 중간에 1개 이상의 다른 지점에 착륙한 경력을 포함해야 한다.
	  다) 5회 이상의 실속비행(비행기에 의한 것을 포함한다)
	3) 상급활공기에 대하여 자격증명을 신청하는 경우 다음의 비행경력을 포함한 6시간 이상의 활공경력이 있는 사람

Chapter 01 | 항공법규

항공안전법	항공안전법 시행령

제37조(자격증명의 한정) ① 국토교통부장관은 다음 각 호의 구분에 따라 자격증명에 대한 한정을 할 수 있다.
　　1. 운송용 조종사, 사업용 조종사, 자가용 조종사, 부조종사 또는 항공기관사 자격의 경우: 항공기의 종류, 등급 또는 형식
　　2. 항공정비사 자격의 경우: 항공기·경량항공기의 종류 및 정비분야
② 제1항에 따라 자격증명의 한정을 받은 항공종사자는 그 한정된 종류, 등급 또는 형식 외의 항공기·경량항공기나 한정된 정비분야 외의 항공업무에 종사해서는 아니 된다.
③ 제1항에 따른 자격증명의 한정에 필요한 세부사항은 국토교통부령으로 정한다.

제38조(시험의 실시 및 면제) ① 자격증명을 받으려는 사람은 국토교통부령으로 정하는 바에 따라 항공업무에 종사하는 데 필요한 지식 및 능력에 관하여 국토교통부장관이 실시하는 학과시험 및 실기시험에 합격하여야 한다.
② 국토교통부장관은 제37조에 따라 자격증명을 항공기·경량항공기 종류, 등급 또는 형식별로 한정(제44조에 따른 계기비행증명 및 조종교육증명을 포함한다)하는 경우에는 항공기·경량항공기 탑승경력 및 정비경력 등을 심사하여야 한다. 이 경우 항공기·경량항공기의 종류 및 등급에 대한 최초의 자격증명의 한정은 실기시험으로 심사할 수 있다.
③ 국토교통부장관은 다음 각 호의 어느 하나에 해당하는 사람에게는 국토교통부령으로 정하는 바에 따라 제1항 및 제2항에 따른 시험 및 심사의 전부 또는 일부를 면제할 수 있다.
　　1. 외국정부로부터 자격증명을 받은 사람
　　2. 제48조에 따른 전문교육기관의 교육과정을 이수한 사람
　　3. 항공기·경량항공기 탑승경력 및 정비경력 등 실무경험이 있는 사람
　　4. 「국가기술자격법」에 따른 항공기술분야의 자격을 가진 사람
　　5. 항공기의 제작자가 실시하는 해당 항공기에 관한 교육과정을 이수한 사람
④ 국토교통부장관은 제1항에 따라 학과시험 및 실기시험에 합격한 사람에 대해서는 자격증명서를 발급하여야 한다.

항공안전법 시행규칙

자격증명의 종류	비행경력 또는 그 밖의 경력

자가용 조종사 (계속)	가) 2시간 이상의 단독 비행경력
	나) 20회 이상의 이륙·착륙 비행경력
	4) 비행선에 대하여 자격증명을 신청하는 경우 다음의 비행조종경력을 모두 충족하는 25시간 이상의 비행경력이 있는 사람
	  가) 3시간 이상의 야외 비행경력. 이 경우 45킬로미터 이상의 구간에서 1개 이상의 다른 지점에 이륙·착륙한 비행경력을 포함해야 한다.
	  나) 비행장에서 5회 이상의 이륙·착륙(완전 정지 포함)
	  다) 3시간 이상의 계기비행경력
	  라) 5시간 이상의 기장 임무 비행경력

부조종사	다음의 요건을 모두 충족하는 사람
	가) 국토교통부장관이 지정한 전문교육기관의 교육과정을 이수한 사람
	나) 지방항공청장이 지정한 모의비행훈련장치를 이용한 비행훈련시간과 실제 비행기에 의한 비행시간의 합계가 240시간 이상인 비행경력이 있는 사람. 이 경우 실제 비행기에 의한 비행시간은 다음의 비행경력을 포함하여 40시간 이상이어야 한다.
	  (1) 5시간 이상의 단독 야외 비행경력을 포함한 10시간 이상의 단독 비행경력
	  (2) 270킬로미터 이상의 구간 비행 중 2개의 다른 비행장에 이륙·착륙한 비행경력
	다) 야간비행경력이 있는 사람
	라) 계기비행 경험이 있는 사람

항공사	다음의 어느 하나에 해당하는 사람 가) 야간에 행한 30시간 이상의 야외 비행경력을 포함한 200시간(항공운송사업에 사용되는 항공기 조종사로서의 비행경력이 있는 경우에는 그 비행시간을 100시간의 범위 내에서 인정한다) 이상의 비행경력이 있는 사람 나) 야간비행 중 25회 이상 천체관측에 의하여 위치결정을 하고, 주간비행 중 25회 이상 무선위치선, 천측위치선 그 밖의 항법 제원을 이용하여 위치결정을 하여, 그것을 항법에 응용하는 실기연습을 한 사람 다) 국토교통부장관이 지정한 전문교육기관에서 항공사에 필요한 교육과정을 이수한 사람
항공기관사	다음의 어느 하나에 해당하는 사람 가) 200시간 이상의 운송용 항공기(2개 이상의 발동기를 장착한 군용항공기를 포함한다)를 조종한 비행경력이 있는 사람으로서 항공기관사를 필요로 하는 항공기에 탑승하여 항공기관사 업무의 실기연습을 100시간(50시간의 범위 내에서 지방항공청장이 지정한 모의비행훈련장치를 이용한 비행경력을 인정한다) 이상 한 사람 나) 국토교통부장관이 지정한 전문교육기관에서 항공기관사에게 필요한 교육과정을 이수한 사람 다) 사업용 조종사 자격증명 및 계기비행증명을 받고 항공기관사업무의 실기연습을 5시간 이상 한 사람
항공교통 관제사	다음의 어느 하나에 해당하는 사람 가) 국토교통부장관이 지정한 전문교육기관에서 항공교통관제에 필요한 교육과정을 이수한 사람(외국의 전문교육기관으로서 해당 외국정부가 인정한 전문교육기관에서 교육과정을 이수한 사람을 포함한다)으로서 관제실무감독관의 요건을 갖춘 사람의 지휘·감독 하에 3개월(이 경우 비행장은 90시간, 접근관제절차·접근관제감시·지역관제절차·지역관제감시는 180시간을 의미한다) 또는 90시간(비행장에 해당되며, 접근관제절차·접근관제감시·지역관제절차·지역관제감시의 경우에는 180시간) 이상의 관제실무를 수행한 경력(전문교육기관의 교육과정을 이수하기 전에 관제실무를 수행한 경력을 포함한다)이 있는 사람 나) 항공교통관제사 자격증명이 있는 사람의 지휘·감독 하에 9개월(이 경우 비행장은 270시간, 접근관제절차·접근관제감시·지역관제절차·지역관제감시는 540시간을 의미한다) 이상의 관제실무를 행한 경력이 있거나 민간항공에 사용되는 군의 관제시설에서 9개월(이 경우 비행장은 270시간, 접근관제절차·접근관제감시·지역관제절차·지역관제감시는 540시간을 의미한다) 또는 270시간(비행장관제에 해당되며, 접근관제절차·접근관제감시·지역관제절차·지역관제감시의 경우에는 540시간) 이상의 관제실무를 수행한 경력이 있는 사람 다) 외국정부가 발급한 항공교통관제사의 자격증명을 받은 사람

Chapter 01 항공법규

항공안전법 시행규칙

자격증명의 종류	비행경력 또는 그 밖의 경력
항공정비사	1) 항공기 종류 한정이 필요한 항공정비사 자격증명을 신청하는 경우에는 다음의 어느 하나에 해당하는 사람 　가) 자격증명을 받으려는 해당 항공기 종류에 대한 6개월 이상의 정비업무경력을 포함하여 4년 이상의 항공기 정비업무경력(자격증명을 받으려는 항공기가 활공기인 경우에는 활공기의 정비와 개조에 대한 경력을 말한다)이 있는 사람 　나) 「고등교육법」에 따른 대학·전문대학(다른 법령에서 이와 동등한 수준 이상의 학력이 있다고 인정되는 교육기관을 포함한다) 또는 「학점인정 등에 관한 법률」에 따라 학습하는 곳에서 별표 5 제1호에 따른 항공정비사 학과시험의 범위를 포함하는 각 과목을 모두 이수하고, 자격증명을 받으려는 항공기와 동등한 수준 이상의 것에 대하여 교육과정 이수 후의 정비실무경력이 6개월 이상이거나 교육과정 이수 전의 정비실무경력이 1년 이상인 사람 　다) 국토교통부장관이 지정한 전문교육기관에서 해당 항공기 종류에 필요한 과정을 이수한 사람(외국의 전문교육기관으로서 그 외국정부가 인정한 전문교육기관에서 해당 항공기 종류에 필요한 과정을 이수한 사람을 포함한다) 이 경우 항공기의 종류인 비행기 또는 헬리콥터 분야의 정비에 필요한 과정을 이수한 사람은 경량항공기의 종류인 경량비행기 또는 경량헬리콥터 분야의 정비에 필요한 과정을 각각 이수한 것으로 본다. 　라) 외국정부가 발급한 해당 항공기 종류 한정 자격증명을 받은 사람 2) 정비분야 한정이 필요한 항공정비사 자격증명을 신청하는 경우에는 다음의 어느 하나에 해당하는 사람 　가) 항공기 전자·전기·계기 관련 분야에서 4년 이상의 정비실무경력이 있는 사람 　나) 국토교통부장관이 지정한 전문교육기관에서 항공기 전자·전기·계기의 정비에 필요한 과정을 이수한 사람으로서 항공기 전자·전기·계기 관련 분야에서 정비실무경력이 2년 이상인 사람
운항관리사	다음의 어느 하나에 해당하는 사람 　가) 항공운송사업 또는 항공기사용사업에 사용되는 항공기의 운항에 관하여 다음의 어느 하나에 해당하는 경력을 2년 이상 가진 사람 또는 다음의 어느 하나에 해당하는 경력 둘 이상을 합산하여 2년 이상의 경력이 있는 사람. 다만, 항공운송사업 또는 항공기사용사업에 사용되는 항공기의 운항에 관한 업무를 주된 업무로 하는 기관의 경력만 해당한다. 　　(1) 조종을 행한 경력 　　(2) 항공교통관제사 자격증명을 받은 후 관제실무경력 　　(3) 기상업무를 행한 경력 　　(4) 〈삭제〉 　나) 〈삭제〉 　다) 「고등교육법」에 따른 전문대학 이상의 교육기관에서 별표 5 제1호에 따른 운항관리사 학과시험의 범위를 포함하는 각 과목을 이수한 사람으로서 3개월 이상의 운항관리경력(실습경력 포함)이 있는 사람 　라) 국토교통부장관이 지정한 전문교육기관에서 운항관리사에 필요한 교육과정을 이수한 사람(외국의 전문교육기관으로서 그 외국정부가 인정한 전문교육기관에서 운항관리에 필요한 교육과정을 이수한 사람을 포함한다) 　마) 항공운송사업체에서 운항관리에 필요한 교육과정을 이수하고 응시일 현재 최근 6개월 이내에 90일(근무일 기준) 이상 항공운송사업체에서 운항관리사의 지휘·감독 하에 운항관리실무를 보조하여 행한 경력이 있는 사람 　바) 외국정부가 발급한 운항관리사의 자격증명을 받은 사람 　사) 항공교통관제사 또는 자가용 조종사 이상의 자격증명을 받은 후 2년 이상의 항공정보업무 경력이 있는 사람

나. 한정심사

심사분야	자격별	응시경력
자격증명 한정	조종사 및 항공기관사	다음의 어느 하나에 해당하는 사람 　가) 항공기 종류의 한정의 경우는 자격증명시험의 비행경력을 갖춘 사람 　나) 항공기 형식의 한정의 경우는 다음의 어느 하나에 해당하는 사람

항공안전법 시행규칙

심사분야	자격별	응시경력

자격증명
한정
(계속)
	조종사 및
	항공기관사
		(1) 제89조제2항에 따라 전문교육기관(외국정부가 인정한 외국의 전문교육기관을 포함한다)이 실시하는 전문교육 또는 제89조제4항에 따라 항공기의 제작자가 실시하는 해당 항공기에 관한 교육과정을 이수한 사람
		(2) 제266조에 따른 운항규정에 명시된 항공운송사업자, 항공기사용사업자 또는 항공기 제작사가 실시하는 지상교육(항공기제작사에서 정한 교육훈련과 동등 이상의 지상교육을 포함한다)을 이수한 사람 또는 자가용으로 운항되는 항공기의 조종사로 자체 지상교육을 이수한 사람으로서 다음의 어느 하나에 해당하는 사람
		  (가) 비행기의 경우 20시간(왕복발동기를 장착한 비행기의 경우 16시간) 이상의 모의비행훈련과 2시간 이상의 비행훈련을 받은 사람. 다만, 모의비행훈련을 받지 아니한 경우에는 실제비행훈련 1시간을 모의비행훈련 4시간으로 인정할 수 있다.
		  (나) 헬리콥터의 경우 15시간 이상의 모의비행훈련과 5시간 이상의 비행훈련을 받은 사람. 다만, 모의비행훈련을 받지 않은 경우에는 실제비행훈련 1시간을 모의비행훈련 4시간으로 인정할 수 있다.
		(3) 군·경찰·세관에서 해당 기종에 대한 기장비행시간(항공기관사의 경우 항공기관사 비행시간)이 200시간 이상인 사람
		(4) 법 제2조제4호에 따른 국가기관등항공기를 소유한 국가·지방자치단체 및 국립공원관리공단에서 국토교통부장관으로부터 승인을 받은 교육과정[지상교육 및 비행훈련 과정(실무교육을 포함한다)]을 이수한 사람
		다) 항공기등급한정의 경우 해당 항공기의 종류 및 등급에 대한 비행시간이 10시간 이상인 사람
		라) 제89조제1항에 따라 외국정부로부터 한정자격증명을 소지한 사람

	항공정비사	1) 항공기 종류 한정의 경우 항공정비사 자격증명 취득일부터 해당 항공기 종류에 대한 6개월 이상의 정비실무경력이 있는 사람 2) 전기·전자·계기 관련 분야 한정의 경우 항공정비사 자격증명 취득일부터 항공기 전기·전자·계기 관련 분야에 대한 2년 이상의 정비실무경력이 있는 사람

조종교육
증명
	초급
	(비행기, 비행선,
	헬리콥터)
		다음의 요건을 모두 충족하는 사람
		가) 해당 항공기(활공기를 제외한다) 종류에 대한 200시간 이상의 비행경력
		나) 운송용 조종사 또는 사업용 조종사 자격증명을 받은 이후 다음의 어느 하나의 교육훈련을 이수
		  (1) 제89조제2항에 따라 전문교육기관(외국정부가 인정한 외국의 전문교육기관을 포함한다)이 실시하는 전문교육 또는 제89조제4항에 따라 항공기의 제작자가 실시하는 해당 항공기 종류·등급에 관한 조종교관과정의 교육훈련
		  (2) 조종교육증명을 받은 사람으로부터 해당 항공기 종류·등급에 대한 다음 각 목의 교육훈련
		    (가) 지상교육 : (1)에 따른 전문교육기관의 학과교육과 동등하다고 국토교통부장관 또는 지방항공청장이 인정한 교육
		    (나) 비행훈련 : 조종교육증명을 받고 제125조에 따른 비행경험이 있는 사람과 25시간 이상의 동승 비행훈련
		다) 계기비행증명 소지(다만, 비행기 또는 헬리콥터에 대한 초급 조종교육증명을 신청하는 경우에만 해당한다)

	초급 (활공기)	다음의 어느 하나에 해당하는 사람 가) 활공기에 대한 기장으로서 15시간 이상의 비행경력 나) 사업용 조종사 자격증명을 받은 이후 다음의 어느 하나의 교육훈련을 이수 (1) 제89조제2항에 따라 전문교육기관(외국정부가 인정한 외국의 전문교육기관을 포함한다)이 실시하는 전문교육 또는 제89조제4항에 따라 항공기의 제작자가 실시하는 활공기에 관한 조종교관과정의 교육훈련

Chapter 01 | 항공법규

항공안전법 시행규칙

심사분야	자격별	응시경력
조종교육 증명 (계속)	초급 (활공기) (계속)	(2) 조종교육증명을 소지한 사람으로부터 활공기에 대한 다음의 교육훈련 이수 　(가) 지상교육 : (1)에 따른 전문교육기관의 학과교육과 동등하다고 국토교통부장관 　　또는 지방항공청장이 인정한 소정의 교육 　(나) 비행훈련 : 활공기 조종교육증명을 소지한 사람과 20회 이상의 활공경력을 포함한 2시간 이상의 동승 훈련비행
	선임 (비행기, 비행선, 헬리콥터)	해당 항공기(활공기를 제외한다) 종류·등급에 대한 초급 조종교육증명을 받은 후 조종교육업무를 수행한 275시간의 비행경력을 포함한 총 500시간 이상의 비행경력을 보유한 사람
	선임 (활공기)	활공기에 대한 초급 조종교육증명을 받은 후 조종교육업무를 수행한 10시간의 비행경력을 포함한 총 25시간 이상의 비행경력을 보유한 사람
계기비행 증명	조종사	다음의 요건을 모두 충족하는 사람 　가) 해당 비행기 또는 헬리콥터에 대한 운송용 조종사, 사업용 조종사 또는 자가용 조종사 자격증명이 있을 것 　나) 비행기 또는 헬리콥터의 기장으로서 해당 항공기 종류에 대한 총 50시간(이 경우 실시하고자 하는 비행기 또는 헬리콥터 기장으로서 10시간 이상의 야외비행경력을 포함) 이상의 야외비행경력을 보유할 것 　다) 제89조제2항에 따라 전문교육기관(외국정부가 인정한 외국의 전문교육기관을 포함한다)이 실시하는 전문교육 또는 제89조제4항에 따라 항공기의 제작자가 실시하는 해당 항공기 종류에 관한 계기비행과정의 교육훈련을 이수하거나 다음의 계기비행과정의 교육훈련을 이수할 것 　　(1) 지상교육 : 가)에 따른 전문교육기관의 학과교육과 동등하다고 국토교통부장관 또는 지방항공청장이 인정한 소정의 교육 　　(2) 비행훈련 : 40시간 이상의 계기비행훈련. 이 경우 최대 20시간의 범위에서 모의비행장치 또는 비행훈련장치는 20시간, 기본비행훈련장치는 5시간의 범위에서 조종교육증명을 받고 제125조에 따른 비행경험이 있는 사람으로부터 지방항공청장이 지정한 모의비행훈련장치로 실시한 계기비행훈련시간을 포함할 수 있다.

2. 경량항공기 조종사
　가. 자격증명

자격증명의 종류	비행경력 또는 그 밖의 경력
경량항공기 조종사	다음의 어느 하나에 해당하는 사람 　가) 국토교통부장관이 지정한 전문교육기관 이수자는 다음 나)의 경력을 모두 충족하는 20시간 　나) 경량항공기에 대하여 다음의 경력을 포함한 20시간 이상의 경량항공기 비행경력이 있는 사람 　　(1) 5시간 이상의 단독 비행경력 　　(2) 조종형비행기, 경량헬리콥터 및 자이로플레인에 대해서는 5시간 이상의 야외비행경력. 이 경우 120킬로미터 이상의 구간에서 1개 이상의 다른 지점에 이륙·착륙한 비행경력이 있어야 한다. 　다) 자가용 조종사, 사업용 조종사, 운송용 조종사 또는 부조종사가 다음의 구분에 따른 경량항공기에 대하여 2시간 이상의 단독 비행경력을 포함한 5시간 이상의 비행경력이 있는 사람 　　(1) 자가용 조종사, 사업용 조종사, 운송용 조종사 또는 부조종사가 비행기에 대하여 자격증명이 한정된 경우 : 경량항공기 조종형비행기 　　(2) 자가용 조종사, 사업용 조종사, 운송용 조종사 또는 부조종사가 헬리콥터에 대하여 자격증명이 한정된 경우 : 경량항공기 경량헬리콥터 및 자이로플레인

항공안전법 시행규칙

나. 한정심사

심사분야	자격별	응시경력
조종교육 증명	경량항공기 조종사	1) 항공기에 대한 조종교육증명을 받은 사람으로서 다음의 구분에 따른 경량항공기의 비행경력이 5시간 이상인 사람 　가) 사업용 또는 운송용 조종사가 비행기에 대하여 자격증명이 한정된 경우 : 경량항공기 조종형비행기 　나) 사업용 또는 운송용 조종사가 헬리콥터에 대하여 자격증명이 한정된 경우 : 경량항공기 경량헬리콥터 및 자이로플레인 2) 경량항공기 조종사 자격증명을 받은 사람으로서 다음의 어느 하나에 해당하는 사람 　가) 제89조제1항에 따라 외국정부로부터 경량항공기 종류에 대한 조종교육증명을 받은 사람 　나) 제89조제2항에 따라 전문교육기관(외국정부가 인정한 외국의 전문교육기관을 포함한다)이 실시하는 전문교육 또는 제89조제4항에 따라 항공기의 제작자가 실시하는 경량항공기 종류에 관한 조종교관과정의 교육훈련을 이수한 사람 　다) 경량항공기의 종류별 비행경력(조종형 경량비행기의 경우에는 비행기 비행경력을, 경량헬리곱터의 경우에는 헬리콥터 비행경력을 각각 포함한다)이 200시간 이상이고 다음의 교육 및 훈련을 이수한 사람 　　(1) 조종교육에 관하여 국토교통부장관이 인정하는 소정의 지상교육 　　(2) 경량항공기 조종교육증명을 받은 사람으로부터 15시간 이상의 비행훈련

비고
1. "정비업무"란 정비실무(수리, 개조, 검사를 포함한다), 정비기술, 정비계획 및 정비품질관리를 말한다.
2. 이 표에서 정한 전문교육·훈련을 이수하지 아니한 사람 또는 제266조에 따른 운항규정 또는 정비규정에 명시된 교육훈련 시행을 위하여 항공운송사업자 또는 항공기사용사업자가 실시하는 교육훈련을 이수하지 아니한 사람에 대한 한정심사는 제89조제2항에 따라 전문교육기관(외국정부가 인정한 전문교육기관을 포함한다)이 실시하는 전문교육 또는 제89조제4항에 따라 항공기의 제작자가 실시하는 교육훈련과정과 동등한 수준 이상의 교육훈련을 해당 기종의 교관 또는 위촉심사관으로부터 이수하고 그 교관 또는 위촉심사관이 서명한 교육증명서와 상기 한정심사 신청자격의 각 호에 해당하는 경력사항을 증명하는 서류를 첨부하는 사람에 한하여 시행할 수 있다(경량항공기 조종사의 경우에는 적용하지 아니한다).
3. 다음 각 목의 어느 하나에 해당하는 사람이 지방항공청장이 지정한 모의비행훈련장치로 비행훈련을 받은 경우에는 실제 항공기로 비행훈련을 받은 것으로 본다(경량항공기 조종사의 경우에는 적용하지 아니한다).
　가. 자격증명의 한정을 받으려는 비행기와 같은 등급의 비행기의 형식에 대한 한정자격증명을 받은 사람
　나. 자격증명의 한정을 받으려는 비행기와 같은 등급의 군용 비행기의 기장으로서 500시간 이상의 비행경력이 있는 사람
　다. 총 1천 500시간 이상의 비행경력이 있는 사람. 이 경우 자격증명의 한정을 받으려는 비행기와 같은 등급의 비행기 조종사로 1천시간 이상의 비행경력을 포함해야 한다.
　라. 형식의 한정이 요구되는 두 기종 이상의 비행기 조종사로서 1천시간 이상의 비행경력이 있는 사람
4. 항공교통관제사 자격증명 취득을 위한 비행경력 또는 그 밖의 경력에서 "관제실무감독관"이란 다음 각 목의 어느 하나에 해당하는 사람을 말한다.
　가. 항공교통관제사 자격증명을 보유한 사람으로서 3년 이상의 실무경력이 있는 사람
　나. 항공교통관제사 자격증명 취득 이후 항공교통관제 감독관 또는 교관과정을 이수한 사람

제76조(응시원서의 제출) 법 제38조제1항에 따른 자격증명의 시험(이하 "자격증명시험"이라 한다) 또는 법 제38조제2항에 따른 자격증명의 한정심사(이하 "한정심사"라 한다)에 응시하려는 자는 별지 제35호서식의 항공종사자 자격증명시험(한정심사) 응시원서에 다음 각 호의 서류를 첨부하여「한국교통안전공단법」에 따라 설립된 한국교통안전공단(이하 "한국교통안전공단"이라 한다)의 이사장에게 제출하여야 한다. 다만, 제1호 및 제3호의 서류는 실기시험 응시원서 접수 시까지 제출할 수 있다.

Chapter 01 | 항공법규

> **항공안전법 시행규칙**

1. 자격증명시험 또는 한정심사에 응시할 수 있는 별표 4에 따른 경력이 있음을 증명하는 서류
2. 제88조 또는 제89조에 따라 자격증명시험 또는 한정심사의 일부 또는 전부를 면제받으려는 사람은 면제받을 수 있는 자격 또는 경력 등이 있음을 증명하는 서류
3. 제101조제2항에 따른 항공기 조종연습허가서 또는 제102조제3항에 따른 항공교통관제연습 허가서(자격증명을 받지 않은 사람으로서 해당 실기시험에 필요한 사람만 해당한다)

제77조(비행경력의 증명) ① 제76조제1호에 따른 경력 중 비행경력은 다음 각 호의 구분에 따라 증명된 것이어야 한다.
1. 법 제46조제1항의 조종연습에 따른 비행경력: 조종연습 비행이 끝날 때마다 법 제46조제1항 각 호의 구분에 따른 감독자가 증명한 것
2. 자격증명을 받은 조종사의 비행경력으로서 제1호의 비행경력 외의 비행경력: 비행이 끝날 때마다 해당 기장이 증명한 것
3. <삭제>

② 제1항제2호에도 불구하고 비행경력을 증명받으려는 조종사가 기장인 경우에는 다음 각 목의 어느 하나에 해당하는 사람이 증명한 것으로 한다. 다만, 비행경력을 증명받으려는 조종사가 기장이면서 사용자인 경우에는 나목 또는 다목의 사람이 증명한 것으로 한다.
   가. 사용자
   나. 조종교관(제98조제3항에 따른 조종교육증명을 발급받고, 제125조에 따른 경험이 있는 사람을 말한다)
   다. 그 밖에 가목 또는 나목에 준하는 사람으로서 국토교통부장관이 비행경력을 증명할 수 있다고 인정하여 고시하는 사람

③ 제1항에 따른 비행경력의 증명은 별지 제36호서식의 비행경력증명서에 따른다.

제78조(비행시간의 산정) 제77조에 따른 비행경력을 증명할 때 그 비행시간은 다음 각 호의 구분에 따라 산정(算定)한다.
1. 조종사 자격증명이 없는 사람이 조종사 자격증명시험에 응시하는 경우 : 법 제46조제2항의 허가를 받은 사람이 단독 또는 교관과 동승하여 비행한 시간
2. 자가용 조종사 자격증명을 받은 사람이 사업용 조종사 자격증명시험에 응시하는 경우(사업용 조종사 또는 부조종사 자격증명을 받은 사람이 운송용 조종사 자격증명시험에 응시하는 경우를 포함한다) : 다음 각 목의 시간을 합산한 시간
   가. 단독 또는 교관과 동승하여 비행하거나 기장으로서 비행한 시간
   나. 비행교범에 따라 항공기 운항을 위하여 2명 이상의 조종사가 필요한 항공기의 기장 외의 조종사로서 비행한 시간
   다. 기장 외의 조종사로서 기장의 지휘·감독 하에 기장의 임무를 수행한 경우 그 비행시간. 다만, 한 사람이 조종할 수 있는 항공기에 기장 외의 조종사가 탑승하여 비행하는 경우 그 기장 외의 조종사에 대해서는 그 비행시간의 2분의 1
3. 항공사 또는 항공기관사 자격증명시험에 응시하는 경우 : 별표 4에서 정한 실제 항공기에 탑승하여 해당 항공사 또는 항공기관사에 준하는 업무를 수행한 경우 그 비행시간

제79조(항공기의 지정) 법 제36조제3항제1호에서 "국토교통부령으로 정하는 항공기"란 중급 활공기 또는 초급 활공기를 말한다.

제80조(시험비행 등의 허가) 법 제36조제3항제2호에 따라 시험비행 등을 하려는 사람은 별지 제25호서식의 시험비행 등의 허가신청서를 지방항공청장에게 제출하여야 한다.

제81조(자격증명의 한정) ① 국토교통부장관은 법 제37조제1항제1호에 따라 항공기의 종류·등급 또는 형식을 한정하는 경우에는 자격증명을 받으려는 사람이 실기시험에 사용하는 항공기의 종류·등급 또는 형식으로 한정하여야 한다.
② 제1항에 따라 한정하는 항공기의 종류는 비행기, 헬리콥터, 비행선, 활공기 및 항공우주선으로 구분한다.
③ 제1항에 따라 한정하는 항공기의 등급은 다음 각 호와 같이 구분한다. 다만, 활공기의 경우에는 상급(활공기가 특수 또는 상급 활공기인 경우) 및 중급(활공기가 중급 또는 초급 활공기인 경우)으로 구분한다.
1. 육상 항공기의 경우 : 육상단발 및 육상다발
2. 수상 항공기의 경우 : 수상단발 및 수상다발

항공안전법 시행규칙

④ 제1항에 따라 한정하는 항공기의 형식은 다음 각 호와 같이 구분한다.
  1. 조종사 자격증명의 경우에는 다음 각 목의 어느 하나에 해당하는 형식의 항공기
    가. 비행교범에 2명 이상의 조종사가 필요한 것으로 되어 있는 항공기
    나. 가목 외에 국토교통부장관이 지정하는 형식의 항공기
  2. 항공기관사 자격증명의 경우에는 모든 형식의 항공기
⑤ 국토교통부장관이 법 제37조제1항제2호에 따라 한정하는 항공정비사 자격증명의 항공기·경량항공기의 종류는 다음 각 호와 같다.
  1. 항공기의 종류
    가. 비행기 분야. 다만, 비행기에 대한 정비업무경력이 4년(국토교통부장관이 지정한 전문교육기관에서 비행기 정비에 필요한 과정을 이수한 사람은 2년) 미만인 사람은 최대이륙중량 5,700킬로그램 이하의 비행기로 제한한다.
    나. 헬리콥터 분야. 다만, 헬리콥터 정비업무경력이 4년(국토교통부장관이 지정한 전문교육기관에서 헬리콥터 정비에 필요한 과정을 이수한 사람은 2년) 미만인 사람은 최대이륙중량 3,175킬로그램 이하의 헬리콥터로 제한한다.
  2. 경량항공기의 종류
    가. 경량비행기 분야 : 조종형비행기, 체중이동형비행기 또는 동력패러슈트
    나. 경량헬리콥터 분야 : 경량헬리콥터 또는 자이로플레인
⑥ 국토교통부장관이 법 제37조제1항제2호에 따라 한정하는 항공정비사의 자격증명의 정비분야는 전자·전기·계기 관련 분야로 한다.

제82조(시험과목 및 시험방법) ① 자격증명시험 또는 한정심사의 학과시험 및 실기시험의 과목과 범위는 별표 5와 같다.
② 제1항에 따른 실기시험의 항목 중 항공기 또는 모의비행훈련장치로 실기시험을 실시할 필요가 없다고 국토교통부장관이 인정하는 항목에 대해서는 구술로 실기시험을 실시하게 할 수 있다.
③ 운송용 조종사의 실기시험에 사용하는 비행기의 발동기는 2개 이상이어야 한다.

[별표 5] 자격증명시험 및 한정심사의 과목 및 범위(제82조제1항 관련)

1. 항공종사자
  가. 학과시험의 과목 및 범위
    1) 자격증명시험

자격증명의 종류	자격증명의 한정을 하려는 항공기의 종류·등급 또는 업무의 종류	과목	범위
운송용 조종사	비행기·헬리콥터(헬리콥터 자격증명의 학과시험의 경우 계기비행에 관한 범위는 제외한다)	항공법규	가. 국내항공법규 나. 국제항공법규
		비행이론	가. 비행 원리, 항공역학 등 비행에 관한 이론 및 지식 나. 항공기의 구조와 시스템에 관한 지식 다. 항공기 성능에 관한 지식 라. 항공기의 무게중심과 균형에 관한 지식 마. 항공기 계기와 그 밖의 장비품에 관한 일반지식
		공중항법	가. 항법의 기초 및 종류 나. 항행안전시설의 종류·기능과 이용방법 다. 탑재항행장비의 원리·종류·기능과 사용방법 라. 비행준비·지상운용·이륙·상승·순항·강하·착륙 등 단계별 비행절차 및 비상상황 대응절차 마. 운송용 조종사와 관련된 인적수행능력에 관한 지식(위협 및 오류 관리에 관한 원리를 포함한다) 및 적용

Chapter 01 | 항공법규

항공안전법 시행규칙

자격증명의 종류	자격증명의 한정을 하려는 항공기의 종류·등급 또는 업무의 종류	과목	범위

운송용 조종사 (계속)	비행기·헬리콥터(헬리콥터 자격증명의 학과시험의 경우 계기비행에 관한 범위는 제외한다)	항공기상	가. 지구 대기의 구조, 열과 온도 등 기상일반에 관한 사항
			나. 다음의 기상 등에 관한 지식
			   1) 대기압과 고도측정
			   2) 일기도 및 바람·구름
			   3) 기단 및 전선
			   4) 난기류, 착빙(着氷) 및 뇌우
			   5) 열대기상, 북극기상 및 우주기상 등
			다. 항공기상 관측 및 분석에 관한 지식
			라. 항공기상 예보에 관한 지식
			마. 기상레이더 등 기상관측장비에 관한 지식
			바. 그 밖에 항공기 운항에 영향을 주는 기상에 관한 지식

		항공교통·통신·정보업무	가. 항공교통관제업무의 일반지식 나. 조난·비상·긴급통신방법 및 절차 다. 항공통신에 관한 일반지식 라. 항공정보간행물, 항공고시보 등 항공정보업무에 관한 지식
사업용 조종사	비행기·헬리콥터·비행선	항공법규	가. 국내항공법규 나. 국제항공법규
		비행이론	가. 비행 원리, 항공역학 등 비행에 관한 이론 및 지식 나. 항공기의 구조와 시스템에 관한 지식 다. 항공기 성능에 관한 지식 라. 항공기의 무게중심과 균형에 관한 지식 마. 항공기 계기와 그 밖의 장비품에 관한 일반지식
		공중항법	가. 항법의 기초 및 종류 나. 항행안전시설의 종류·기능 및 이용방법 다. 탑재항행장비의 원리·종류·기능과 사용방법 라. 비행준비·지상운용·이륙·상승·순항·강하·착륙 등 단계별 비행절차 및 비상상황 대응절차 마. 사업용 조종사와 관련된 인적수행능력에 관한 지식(위협 및 오류 관리에 관한 원리를 포함한다) 및 적용

		항공기상	가. 지구 대기의 구조, 열과 온도 등 기상일반에 관한 사항
			나. 다음의 기상 등에 관한 지식
			   1) 대기압과 고도측정
			   2) 일기도 및 바람·구름
			   3) 기단 및 전선
			   4) 난기류, 착빙 및 뇌우
			   5) 열대기상, 북극기상 및 우주기상 등
			다. 항공기상 관측 및 분석에 관한 지식
			라. 항공기상 예보에 관한 지식
			마. 기상레이더 등 기상관측장비에 관한 지식
			바. 그 밖에 항공기 운항에 영향을 주는 기상에 관한 지식

		항공교통·통신·정보업무	가. 항공교통관제업무의 일반지식 나. 조난·비상·긴급통신방법 및 절차 다. 항공통신에 관한 일반지식 라. 항공정보간행물, 항공고시보 등 항공정보업무에 관한 지식

항공안전법 시행규칙

자격증명의 종류	자격증명의 한정을 하려는 항공기의 종류·등급 또는 업무의 종류	과목	범 위
사업용 조종사 (계속)	활공기	항공법규	가. 국내항공법규 나. 국제항공법규
		비행이론	가. 비행이론에 관한 일반지식 나. 활공기의 취급법과 운항제한에 관한 지식 다. 활공기에 사용되는 계측기의 지식 라. 항공지도의 이용방법 마. 활공비행에 관련된 기상에 관한 지식
자가용 조종사	비행기·헬리콥터·비행선	항공법규	가. 국내항공법규 나. 국제항공법규
		비행이론	가. 비행 원리, 항공역학 등 비행에 관한 이론 및 지식 나. 항공기의 구조와 시스템에 관한 지식 다. 항공기 성능에 관한 지식 라. 항공기의 무게중심과 균형에 관한 지식 마. 항공기 계기와 그 밖의 장비품에 관한 일반지식
		공중항법	가. 항법의 기초 및 종류 나. 항행안전시설의 종류·기능과 이용방법 다. 탑재항행장비의 원리·종류·기능과 사용방법 라. 비행준비·지상운용·이륙·상승·순항·강하·착륙 등 단계별 비행절차 및 비상상황 대응절차 마. 자가용 조종사와 관련된 인적수행능력에 관한 지식(위협 및 오류 관리에 관한 원리를 포함한다) 및 적용

		항공기상	가. 지구 대기의 구조, 열과 온도 등 기상일반에 관한 사항
			나. 다음의 기상 등에 관한 지식
			   1) 대기압과 고도측정
			   2) 일기도 및 바람·구름
			   3) 기단 및 전선
			   4) 난기류, 착빙 및 뇌우
			   5) 열대기상, 북극기상 및 우주기상 등
			다. 항공기상 관측 및 분석에 관한 지식
			라. 항공기상 예보에 관한 지식
			마. 기상레이더 등 기상관측장비에 관한 지식
			바. 그 밖에 항공기 운항에 영향을 주는 기상에 관한 지식

		항공교통·통신·정보업무	가. 항공교통관제업무의 일반지식 나. 조난·비상·긴급통신방법 및 절차 다. 항공통신에 관한 일반지식 라. 항공정보간행물, 항공고시보 등 항공정보업무에 관한 지식
	활공기	항공법규	가. 국내항공법규 나. 국제항공법규
		공중항법	가. 비행이론에 관한 일반지식(상급활공기와 특수활공기만 해당한다) 나. 활공기의 취급법과 운항제한에 관한 지식 다. 활공비행에 관한 기상의 개요(상급활공기와 특수활공기만 해당한다)

Chapter 01 | 항공법규

항공안전법 시행규칙

자격증명의 종류	자격증명의 한정을 하려는 항공기의 종류·등급 또는 업무의 종류	과목	범위
부조종사	비행기	항공법규	가. 국내 항공법규 나. 국제 항공법규
항공사		항공법규	해당 업무에 필요한 항공법규
		공중항법	가. 지문항법·추측항법·무선항법 나. 천측항법에 관한 일반지식 다. 항법용 계측기의 원리와 사용방법 라. 항행안전시설의 제원 마. 항공도 해독 및 이용방법 바. 항공사와 관련된 인적요소에 관한 일반지식
		항공기상	가. 항공기상통보와 천기도 해독 나. 기상통보 방식 다. 항공기상 관측에 관한 지식 라. 구름과 전선에 관한 지식 마. 그 밖에 비행에 영향을 주는 기상에 관한 지식
		항공교통·통신·정보업무	가. 항공교통 관제업무의 일반지식 나. 항공교통에 관한 일반지식 다. 조난·비상·긴급통신방법 및 절차 라. 항공정보업무
항공기관사		항공법규	해당 업무에 필요한 항공법규
		항공역학	가. 항공역학의 이론과 항공기의 중심위치의 계산에 필요한 지식 나. 항공기관사와 관련한 인적요소에 관한 일반지식
		항공기체	항공기의 기체의 강도·구조·성능과 정비에 관한 지식
		항공발동기	항공기용 발동기와 계통 및 구조·성능·정비에 관한 지식과 항공기 연료·윤활유에 관한 지식
		항공장비	항공기 장비품의 구조·성능과 정비에 관한 지식
		항공기제어	비행 중에 필요한 동력장치와 장비품의 제어에 관한 지식
항공교통 관제사		항공법규	가. 국내항공법규 나. 국제항공법규
		관제일반	가. 비행계획, 항공교통관제허가 및 항공교통업무와 관련된 항공기 기체·발동기·시스템의 성능 등에 관한 일반지식 나. 항공로관제절차 다. 접근관제절차 라. 비행장관제절차 마. 레이더관제절차 바. 항공교통관제사와 관련된 인적수행능력에 관한 지식(위협 및 오류 관리에 관한 원리를 포함한다) 및 적용
		항행안전시설	가. 항행안전시설의 종류·성능 및 이용방법 나. 항공지도의 해독 다. 공중항법에 관한 일반지식 라. 항법용 계측기의 원리와 사용방법
		항공기상	가. 지구 대기의 구조, 열과 온도 등 기상일반에 관한 사항 나. 다음의 기상 등에 관한 지식

항공안전법 시행규칙

자격증명의 종류	자격증명의 한정을 하려는 항공기의 종류·등급 또는 업무의 종류	과목	범위
항공교통관제사 (계속)		항공기상 (계속)	1) 대기압과 고도측정 2) 일기도 및 바람·구름 3) 기단 및 전선 4) 난기류, 착빙 및 뇌우 5) 열대기상, 북극기상 및 우주기상 등 다. 항공기상 관측 및 분석에 관한 지식 라. 항공기상 예보에 관한 지식 마. 기상레이더 등 기상관측장비에 관한 지식 바. 그 밖에 항공교통관제에 필요한 기상에 관한 지식
		항공교통·통신·정보업무	가. 항공교통관제업무의 일반지식 나. 조난·비상·긴급통신방법 및 절차 다. 항공통신에 관한 일반지식 라. 항공정보간행물, 항공고시보 등 항공정보업무에 관한 지식
항공정비사	비행기·헬리콥터·비행선	항공법규	해당 업무에 필요한 항공법규
		정비일반	가. 정비일반의 이론과 항공기의 중심위치의 계산 등에 관한 지식 나. 항공정비 분야와 관련된 인적수행능력에 관한 지식(위협 및 오류 관리에 관한 원리를 포함한다)
		항공기체	항공기체의 강도·구조·성능과 정비에 관한 지식
		항공발동기	항공기용 동력장치의 구조·성능·정비에 관한 지식과 항공기 연료·윤활유에 관한 지식
		전자·전기·계기(기본)	항공기 장비품의 구조·성능·정비 및 전자·전기·계기에 관한 지식
	경량비행기·경량헬리콥터 (자이로플레인을 포함한다)	항공법규	비행기·헬리콥터·비행선의 항공법규에서 정한 범위와 같음
		정비일반	비행기·헬리콥터·비행선의 정비일반에서 정한 범위와 같음
		항공기체	비행기·헬리콥터·비행선의 항공기체에서 정한 범위와 같음
		항공발동기	비행기·헬리콥터·비행선의 항공발동기에서 정한 범위와 같음
		전자·전기·계기(기본)	비행기·헬리콥터·비행선의 전자·전기·계기(기본)에서에서 정한 범위와 같음
	활공기	항공법규	해당 업무에 필요한 항공법규
		정비일반	가. 정비일반의 이론과 항공기의 중심위치의 계산 등에 관한 지식 나. 항공정비 분야와 관련된 인적수행능력에 관한 지식(위협 및 오류 관리에 관한 원리를 포함한다)
		활공기체	활공기의 기체와 장비품(예항장치의 착탈장치를 포함한다)의 강도·성능·정비와 개조에 관한 지식
	전자·전기·계기 분야	항공법규	해당 업무에 필요한 항공법규
		정비일반	가. 정비일반의 이론과 항공기의 중심위치의 계산 등에 관한 지식 나. 항공정비 분야와 관련된 인적수행능력에 관한 지식(위협 및 오류 관리에 관한 원리를 포함한다)
		전자·전기·계기(기본)	항공기 장비품의 구조·성능·정비 및 전자·전기·계기에 관한 지식
		전자·전기·계기(심화)	항공기용 전자·전기·계기의 구조·성능시험·정비와 개조에 관한 심화지식

Chapter 01 | 항공법규

항공안전법 시행규칙

자격증명의 종류	자격증명의 한정을 하려는 항공기의 종류·등급 또는 업무의 종류	과목	범 위
운항관리사		항공법규	항공법규(운항관리사의 업무 수행에 적용되는 항공법규만 해당한다.)
		항공기	가. 항공운송사업에 사용되는 항공기의 구조 및 이착륙·순항 성능에 관한 지식 나. 항공운송사업에 사용되는 항공기 연료 소비에 관한 지식 다. 중량분포의 기술원칙 라. 중량배분이 항공기 운항에 미치는 영향 마. 최소장비목록(Minimum Equipment List)과 외형변경목록(Configuration deviation list)
		항행안전시설	가. 항행안전시설의 종류·성능 및 이용방법 나. 항공지도의 해독 다. 공중항법에 관한 일반지식 라. 항법용 계측기의 원리와 사용방법 마. 항공기의 운항관리와 관련된 인적수행능력에 관한 지식(위협 및 오류 관리에 관한 원리를 포함한다) 및 적용 바. 표준운항절차의 적용

		항공기상	가. 지구 대기의 구조, 열과 온도 등 기상일반에 관한 사항
			나. 다음의 기상 등에 관한 지식
			  1) 대기압과 고도측정 2) 일기도 및 바람·구름
			  3) 기단 및 전선 4) 난기류, 착빙 및 뇌우
			  5) 열대기상, 북극기상 및 우주기상 등
			다. 항공기상 관측 및 분석에 관한 지식
			라. 항공기상 예보에 관한 지식
			마. 기상레이더 등 기상관측장비에 관한 지식
			바. 그 밖에 항공기의 운항관리에 필요한 기상에 관한 지식

		항공통신	가. 항공통신시설의 개요, 통신조작과 시설의 운용방법 및 절차 나. 항공교통관제업무의 일반지식 다. 항공통신 및 항공정보에 관한 지식 라. 조난·비상·긴급통신방법 및 절차

2) 한정심사

자격별	한정을 받으려는 내용	과목	범 위
조종사	항공기 종류·등급의 한정	없음	없음
	항공기 형식의 한정	해당 형식의 항공기 비행교범	해당 형식의 항공기 조종업무 또는 항공기관사 업무에 필요한 지식
	계기비행증명 (비행기·헬리콥터)	계기비행	가. 계기비행 등에 관한 항공법규 나. 추측항법과 무선항법 다. 항공기용 계측기(개요) 라. 항공기상(개요) 마. 항공기상통보 바. 계기비행 등의 비행계획 사. 항공통신에 관한 일반지식 아. 계기비행 등에 관련된 인적요소에 관한 일반지식
	계기비행증명(종류 변경 시)	없음	없음

항공안전법 시행규칙

자격별	한정을 받으려는 내용	과목	범위
조종사 (계속)	초급 조종교육증명 (비행기·헬리콥터·활공기·비행선)	조종교육	가. 조종교육에 관한 항공법규 나. 조종교육의 실시요령 다. 위험·사고의 방지요령 라. 구급법 마. 조종교육에 관련된 인적요소에 관한 일반지식 바. 비행에 관한 전문지식
	선임 조종교육증명 (비행기·헬리콥터·활공기·비행선)	없음	없음
	조종교육증명(종류 또는 등급 변경 시)	없음	없음
항공기관사	항공기 종류·등급의 한정	없음	없음
	항공기 형식의 한정	해당 형식의 항공기 비행교범	해당 형식의 항공기 조종업무 또는 항공기관사 업무에 필요한 지식
항공정비사	항공기(경량항공기를 포함한다) 종류의 한정	1. 다른 항공기(경량항공기를 포함한다) 종류 한정을 받은 경우에는 없음 2. 전자·전기·계기 분야의 한정을 받은 경우에는 항공기체, 항공발동기의 내용을 포함한 과목	없음 가. 항공기체 : 항공기체(헬리콥터의 경우 회전익을 포함한다)의 강도·구조·성능과 정비에 관한 지식 나. 항공발동기 : 항공기용 동력장치의 구조·성능·정비에 관한 지식과 항공기 연료·윤활유에 관한 지식
	정비분야의 한정	항공기 종류 한정을 받은 경우에는 전자·전기·계기 분야(심화)의 내용을 포함한 과목	항공기용 전자·전기·계기의 구조·성능시험·정비와 개조에 관한 심화지식

나. 실기시험의 범위
　1) 자격증명시험

자격증명의 종류	자격증명의 한정을 하려는 항공기의 종류·등급 또는 업무의 종류	실시범위
운송용 조종사 사업용 조종사 부조종사 자가용 조종사	비행기·헬리콥터(헬리콥터 자격증명 실기시험의 경우 계기비행에 관한 범위는 제외한다)·비행선	가. 조종기술 나. 계기비행절차(경량항공기 조종사, 자가용 조종사 및 사업용 조종사의 경우는 제외한다) 다. 무선기기 취급법 라. 공중 대 지상 통신 연락 마. 항법기술 바. 해당 자격의 수행에 필요한 기술
사업용 조종사	활공기	가. 조종기술 나. 해당 자격의 수행에 필요한 기술
자가용 조종사	상급활공기 중급활공기	가. 조종기술 나. 해당 자격의 수행에 필요한 기술
항공사		가. 추측항법 나. 무선항법 다. 천측항법 라. 해당 자격의 수행에 필요한 기술

Chapter 01 | 항공법규

항공안전법 시행규칙

항공기관사		가. 기체동력장치나 그 밖의 장비품의 취급과 검사의 방법 나. 항공기 탑재중량의 배분과 중심위치의 계산 다. 기상조건 또는 운항계획에 의한 발동기의 출력의 제어와 연료소비량의 계산 라. 항공기의 고장 또는 1개 이상의 발동기의 부분적 고장의 경우에 하여야 할 처리 마. 해당 자격의 수행에 필요한 기술
항공교통관제사		가. 항공교통관제 분야와 관련된 인적수행능력(위협 및 오류관리능력을 포함한다) 및 항공교통관제에 필요한 기술 나. 항공교통관제에 필요한 일반영어 및 표준관제영어
항공정비사	비행기(경량비행기를 포함한다)·헬리콥터(경량헬리콥터 및 자이로플레인을 포함한다)·비행선	가. 기체동력장치나 그 밖에 장비품의 취급·정비와 검사방법 나. 항공기(경량항공기를 포함한다) 탑재중량의 배분과 중심위치의 계산 다. 해당 자격의 수행에 필요한 기술
	활공기	가. 기체장비품(예항줄과 착탈장치를 포함한다)의 취급·정비·개조 및 검사방법 나. 활공기 탑재중량의 배분과 중심위치의 계산 다. 해당 자격의 수행에 필요한 기술
	전자·전기·계기 관련 분야(기본)	가. 전자·전기·계기의 취급·정비·개조와 검사방법 나. 해당 자격의 수행에 필요한 기술
운항관리사		가. 실기시험(실습 및 구술시험 병행): 일기도의 해독, 항공정보의 수집·분석, 비행계획의 작성, 운항 전 브리핑 등의 작업을 하게 하여 운항관리 업무에 필요한 실무적인 능력 확인 나. 구술시험: 운항관리 업무에 필요한 전반적인 지식 확인 　1) 항공전반의 일반지식 　2) 항공기 성능·운용한계 등 　3) 운항에 필요한 정보 등의 수집·분석, 비행안전에 영향을 미치는 요인의 규명 및 향후 영향 예측 　4) 악천후의 기상상태, 비정상상태 또는 긴급상태에서의 적절한 조치 결정 　5) 운항감시(Flight Monitoring) 및 비행의 개시, 지속, 전환, 종료를 위한 표준 절차 　6) 운항관리 분야와 관련된 인적수행능력(위협 및 오류 관리능력을 포함한다) 　7) 기상 상황, 항공기 상태 및 운항 절차에 따른 최소한의 운용 제한 적용

2) 한정심사

자격증명의 종류	자격증명의 한정을 받으려는 내용	범위
항공기관사	항공기 종류·등급의 한정	해당 항공기의 종류·등급에 맞는 조종업무 또는 항공기관사에게 필요한 기술
	항공기 형식의 한정	해당 항공기 형식에 맞는 조종업무 또는 항공기관사에게 필요한 기술
조종사	항공기 종류·등급의 한정	해당 항공기의 종류·등급에 맞는 조종업무 또는 항공기관사에게 필요한 기술
	항공기 형식의 한정	해당 항공기 형식에 맞는 조종업무 또는 항공기관사에게 필요한 기술
	계기비행증명 (비행기·헬리콥터)	가. 운항에 필요한 지식 나. 비행 전 작업 다. 기본적인 계기비행 라. 공중조작 및 형식 특성에 맞는 비행 마. 다음의 계기비행 　1) 이륙 시의 계기비행

항공안전법 시행규칙

조종사 (계속)	계기비행증명 (비행기·헬리콥터) (계속)	2) 표준계기출발방식 및 계기착륙 3) 체공방식 4) 계기접근방식 5) 복행방식 6) 계기접근·착륙 바. 계기비행방식의 야외 비행 사. 비상시 및 긴급 시의 조작 아. 항공교통관제기관과의 연락 자. 종합능력
	초급 조종교육증명 (비행기·헬리콥터·활공기·비행선)	가. 조종기술 나. 비행 전후 지상에서의 조종기술과 관련된 교육요령 다. 항공기에 탑승한 조종연습생에 대한 지상에서의 조종감독요령 라. 항공기 탑승 시의 조종교육요령
	선임 조종교육증명 (비행기·헬리콥터·활공기·비행선)	가. 조종기술 나. 비행 전후 지상에서의 조종기술과 관련된 교육요령 다. 항공기에 탑승한 조종연습생에 대한 지상에서의 조종감독요령 라. 항공기 탑승 시의 조종교육요령 마. 초급 조종교육증명을 받은 사람에 대한 지도요령
항공정비사	항공기 종류(경량항공기를 포함한다)의 한정	해당 종류에 맞는 항공기 정비업무에 필요한 기술
	정비분야의 한정	전자·전기·계기 분야(기본 및 심화)의 정비업무에 필요한 기술

2. 경량항공기 조종사 자격증명시험
   가. 학과시험의 과목 및 범위
   1) 자격증명시험

자격증명의 종류	자격증명의 한정을 하려는 경량항공기 종류	과목	범위
경량항공기 조종사	조종형비행기·체중이동형비행기·경량헬리콥터·자이로플레인·동력패러슈트	항공법규	해당 업무에 필요한 항공법규
		항공기상	가. 항공기상의 기초지식 나. 항공기상 통보와 기상도의 해독
		비행이론	가. 비행의 기초 원리 나. 경량항공기 구조와 기능에 관한 기초지식
		항공교통 및 항법	가. 공중 대 지상 통신의 기초지식 나. 조난·비상·긴급통신방법 및 절차 다. 항공정보업무 라. 지문항법·추측항법·무선항법

   2) 한정심사

자격증명의 종류	한정을 받으려는 내용	과목	범위
경량항공기 조종사	조종교육증명(조종형비행기·체중이동형비행기·경량헬리콥터·자이로플레인·동력패러슈트)	조종교육	가. 조종교육에 관한 항공법규 나. 조종교육의 실시요령 다. 위험·사고의 방지요령 라. 구급법 마. 조종교육에 관련된 인적요소에 관한 사항 바. 비행에 관한 전문지식
	조종교육증명 (종류 변경 시)	없음	없음

Chapter 01 항공법규

항공안전법 시행규칙

나. 실기시험의 범위
  1) 자격증명시험

자격증명의 종류	자격증명의 한정을 하려는 경량항공기 종류	실시범위
경량항공기 조종사	조종형비행기·체중이동형비행기·경량헬리콥터·자이로플레인·동력패러슈트	가. 조종기술 나. 무선기기 취급법 다. 공중 대 지상 통신 연락 라. 항법기술 마. 해당 자격의 수행에 필요한 기술

  2) 한정심사

자격증명의 종류	자격증명의 한정을 받으려는 내용	범위
경량항공기 조종사	조종교육증명(조종형비행기·체중이동형비행기·경량헬리콥터·자이로플레인·동력패러슈트)	가. 조종기술 나. 비행 전·후 지상에서의 조종기술과 관련된 교육요령 다. 경량항공기에 탑승한 조종연습생에 대한 지상에서의 조종감독요령 라. 경량항공기 탑승 시의 조종교육요령

제83조(시험 및 심사 결과의 통보 등) ① 한국교통안전공단의 이사장은 자격증명시험 또는 한정심사의 학과시험 및 실기시험을 실시한 경우에는 각각 합격 여부 등 그 결과를 해당 시험에 응시한 사람에게 통보하여야 한다.
② 한국교통안전공단의 이사장은 자격증명시험 또는 한정심사를 실시한 경우에는 항공종사자 자격증명별로 학과시험 및 실기시험 합격자 현황을 국토교통부장관에게 보고하여야 한다.

제84조(시험 및 심사의 실시에 관한 세부 사항) ① 한국교통안전공단의 이사장은 자격증명시험 및 한정심사를 실시하려는 경우에는 매년 말까지 자격증명시험 및 한정심사의 학과시험 및 실기시험의 일정(전용 전산망과 연결된 컴퓨터를 이용하여 수시로 시행하는 자격증명시험 및 한정심사의 학과시험의 일정은 제외한다), 응시자격 및 응시과목 등을 포함한 다음 연도의 계획을 공고하여야 한다.
② 한국교통안전공단의 이사장은 제1항에도 불구하고 천재·지변 또는 「감염병의 예방 및 관리에 관한 법률」에 따른 감염병 발생 등 부득이한 사유로 제1항에 따른 자격증명시험 또는 한정심사를 실시할 수 없는 경우에는 그 사유 및 자격증명시험 또는 한정심사를 실시하지 않는 기간을 공고해야 한다.
③ 이 규칙에서 정한 사항 외에 자격증명시험 및 한정심사에 관하여 필요한 사항은 국토교통부장관이 정하여 고시한다.

제85조(과목합격의 유효) 자격증명시험 또는 한정심사의 학과시험의 일부 과목 또는 전 과목에 합격한 사람이 같은 종류의 항공기에 대하여 자격증명시험 또는 한정심사에 응시하는 경우에는 제83조제1항에 따른 통보가 있는 날(전 과목을 합격한 경우에는 최종 과목의 합격 통보가 있는 날)부터 2년 이내에 실시(자격증명시험 또는 한정심사 접수 마감일을 기준으로 한다)하는 자격증명시험 또는 한정심사에서 그 합격을 유효한 것으로 한다. 이 경우 과목 합격의 유효기간을 산정할 때 제84조제2항의 공고에 따라 자격증명시험 또는 한정심사가 실시되지 않는 기간은 제외한다.

제86조(자격증명을 받은 사람의 학과시험 면제) 자격증명을 받은 사람이 다른 자격증명을 받기 위하여 자격증명시험에 응시하는 경우에는 별표 6에 따라 응시하려는 학과시험의 일부를 면제한다.

[별표 6] 자격증명을 가진 사람의 학과시험 면제기준(제86조제2항 관련)

응시자격	소지하고 있는 자격증명	학과시험 면제기준
사업용 조종사	항공기관사	비행이론
	항공교통관제사	항공기상
	운항관리사	항공기상

항공안전법 시행규칙

자가용 조종사	항공기관사	비행이론
	운항관리사	공중항법, 항공기상
	항공교통관제사	항공기상
항공기관사	운송용 조종사	항공역학
	사업용 조종사	항공역학
	항공정비사 (종류 한정만 해당한다)	항공역학(2018년 12월 31일 이전에 응시하여 항공정비사 자격증명을 취득한 사람에 한정한다), 항공장비, 항공발동기, 항공기체
항공교통관제사	운송용 조종사	항공기상
	사업용 조종사	항공기상
	자가용 조종사	항공기상
	운항관리사	항행안전시설, 항공기상
항공정비사 (종류 한정만 해당한다)	항공기관사	정비일반, 항공기체, 항공발동기, 전자·전기·계기
운항관리사	운송용 조종사	항행안전시설, 항공기, 항공통신
	사업용 조종사	항행안전시설, 항공기, 항공통신
경량항공기 조종사	운송용 조종사	항공기상, 항공교통 및 항법, 항공법규, 비행이론
	사업용 조종사	
	자가용 조종사	
	항공교통관제사	항공기상, 항공교통 및 항법
	운항관리사	항공기상, 항공교통 및 항법

제87조(항공종사자 자격증명서의 발급 및 재발급 등) ① 한국교통안전공단의 이사장은 자격증명시험 또는 한정심사의 학과시험 및 실기시험의 전 과목을 합격한 사람이 별지 제37호서식의 자격증명서 (재)발급신청서(전자문서로 된 신청서를 포함한다)를 제출한 경우 별지 제38호서식의 항공종사자 자격증명서를 발급하여야 한다. 다만, 법 제35조제1호부터 제7호까지의 자격증명의 경우에는 법 제40조에 따른 항공신체검사증명서를 제출받아 이를 확인한 후 자격증명서를 발급하여야 한다.
② 항공종사자 자격증명서를 발급받은 사람은 항공종사자 자격증명서를 잃어버리거나 자격증명서가 헐어 못 쓰게 된 경우 또는 그 기재사항을 변경하려는 경우에는 별지 제37호서식의 자격증명서 (재)발급신청서(전자문서로 된 신청서를 포함한다)를 한국교통안전공단의 이사장에게 제출하여야 한다.
③ 제2항에 따라 재발급 신청을 받은 교통안전공단의 이사장은 그 신청 사유가 적합하다고 인정되면 별지 제38호서식의 항공종사자 자격증명서를 재발급하여야 한다.
④ 한국교통안전공단의 이사장은 제1항 및 제3항에 따라 항공종사자 자격증명서를 발급 또는 재발급한 경우에는 별지 제39호서식의 항공종사자 자격증명서 발급대장을 작성하여 갖춰 두거나, 컴퓨터 등 전산정보처리장치에 별지 제39호서식의 항공종사자 자격증명서 발급대장의 내용을 작성·보관하고 이를 관리하여야 한다.
⑤ 한국교통안전공단의 이사장은 제88조제1항제1호 각 목의 어느 하나에 해당하는 사람에 대해서는 외국정부로부터 받은 자격증(제75조 또는 「국제민간항공협약」 부속서 1에서 정한 해당 자격증명별 응시경력에 적합하여야 한다. 이하 같다)을 자격증명으로 인정한다. 이 경우 그 유효기간은 1년의 범위에서 해당 외국정부로부터 받은 자격증명 유효기간의 남은 기간으로 하되, 1년의 범위에서 한 번만 유효기간을 연장할 수 있다.
⑥ 한국교통안전공단의 이사장은 제1항 또는 제3항에 따라 자격증명서를 발급받은 사람으로부터 별지 제40호서식의 자격증명서 유효성확인 신청서(전자문서로 된 신청서를 포함한다)를 접수받은 경우 그 해당 자격증명서의 유효성을 확인한 후 별지 제41호서식의 자격증명서 유효성확인 증명서를 발급하여야 한다.

제88조(자격증명시험의 면제) ① 법 제38조제3항제1호에 따라 외국정부로부터 자격증명(임시 자격증명을 포함한다)을 받은 사람에게는 다음 각 호의 구분에 따라 자격증명시험의 일부 또는 전부를 면제한다.

Chapter 01 항공법규

항공안전법 시행규칙

1. 다음 각 목의 어느 하나에 해당하는 항공업무를 일시적으로 수행하려는 사람으로서 해당 자격증명시험에 응시하는 경우 : 학과시험 및 실기시험의 면제
    가. 새로운 형식의 항공기 또는 장비를 도입하여 시험비행 또는 훈련을 실시할 경우의 교관요원 또는 운용요원
    나. 대한민국에 등록된 항공기 또는 장비를 이용하여 교육훈련을 받으려는 사람
    다. 대한민국에 등록된 항공기를 수출하거나 수입하는 경우 국외 또는 국내로 승객·화물을 싣지 아니하고 비행하려는 조종사
2. 일시적인 조종사의 부족을 충원하기 위하여 채용된 외국인 조종사로서 해당 자격증명시험에 응시하는 경우 : 학과시험(항공법규는 제외한다)의 면제
3. 모의비행훈련장치 교관요원으로 종사하려는 사람으로서 해당 자격증명시험에 응시하는 경우 : 학과시험(항공법규는 제외한다)의 면제
4. 제1호부터 제3호까지의 규정 외의 경우로서 해당 자격증명시험에 응시하는 경우 : 학과시험(항공법규는 제외한다)의 면제

② 법 제38조제3항제2호 또는 제3호에 해당하는 사람이 해당 자격증명시험에 응시하는 경우에는 별표 7 제1호에 따라 실기시험의 일부를 면제한다.

③ 제75조에 따른 응시자격을 갖춘 사람으로서 법 제38조제3항제4호에 따라 「국가기술자격법」에 따른 항공기술사·항공정비기능장·항공기사 또는 항공산업기사의 자격을 가진 사람에 대해서는 다음 각 호의 구분에 따라 시험을 면제한다.
   1. 항공기술사 자격을 가진 사람이 항공정비사 종류별 자격증명시험에 응시하는 경우 : 학과시험(항공법규는 제외한다)의 면제
   2. 항공정비기능장 또는 항공기사자격을 가진 사람(해당 자격 취득 후 항공기 정비업무에 1년 이상 종사한 경력이 있는 사람만 해당한다)이 항공정비사 종류별 자격증명시험에 응시하는 경우 : 학과시험(항공법규는 제외한다)의 면제
   3. 항공산업기사 자격을 가진 사람(해당 자격 취득 후 항공기 정비업무에 2년 이상 종사한 경력이 있는 사람만 해당한다)이 항공정비사 종류별 자격증명시험에 응시하는 경우 : 학과시험(항공법규는 제외한다)의 면제

[별표 7] 자격증명시험 및 한정심사의 일부 면제(제88조제2항 및 제89조제3항 관련)

1. 자격증명시험

자격증명의 종류	면제 대상	일부면제 범위
운송용 조종사	1) 사업용 조종사로서 계기비행증명 및 형식에 대한 한정자격증명을 받은 사람 2) 부조종사 자격증명을 받은 사람	실기시험 중 구술시험만 실시
사업용 조종사	1) 비행경력이 1,500시간 이상인 사람 2) 국토교통부장관이 지정한 전문교육기관에서 사업용 조종사에게 필요한 과정을 이수한 사람	
자가용 조종사	1) 비행경력이 300시간 이상인 사람 2) 국토교통부장관이 지정한 전문교육기관에서 자가용 조종사에게 필요한 과정을 이수한 사람	
항공기관사	1) 항공기관사를 필요로 하는 항공기의 탑승실무경력이 300시간 이상인 사람 2) 국토교통부장관이 지정한 전문교육기관에서 항공기관사에게 필요한 과정을 이수한 사람	실기시험 중 구술시험만 실시
항공교통관제사	1) 5년 이상 항공교통관제에 관한 실무경력이 있는 사람 2) 국토교통부장관이 지정한 전문교육기관에서 항공교통관제사에게 필요한 과정을 이수한 사람	
항공정비사	1) 해당 종류 또는 정비분야와 관련하여 5년 이상의 정비실무경력이 있는 사람 2) 국토교통부장관이 지정한 전문교육기관에서 항공기 종류 또는 정비분야의 교육과정을 이수한 사람	
운항관리사	1) 5년 이상 운항관리에 관한 실무경력이 있는 사람 2) 국토교통부장관이 지정한 전문교육기관에서 운항관리사에게 필요한 과정을 이수한 사람	
경량항공기 조종사	1) 국토교통부장관이 지정한 전문교육기관에서 경량항공기조종사에게 필요한 과정을 이수한 사람	학과시험 중 항공법규만 실시

항공안전법 시행규칙

2. 한정심사

자격증명의 종류		면제 대상	일부면제 범위
조종사	종류추가	해당 종류의 비행경력이 1,500시간 이상인 사람	실기시험 중 구술시험만 실시
	등급추가	해당 등급의 비행경력이 1,500시간 이상인 사람	
	형식추가	해당 형식의 비행시간이 200시간 이상인 사람(훈련비행시간 제외)	
항공정비사	종류추가	해당 항공기 종류의 정비실무경력이 5년 이상인 사람	
	정비업무 범위 추가	해당 정비분야의 정비실무경력이 5년 이상인 사람	

제89조(한정심사의 면제) ① 법 제38조제3항제1호에 따라 외국정부로부터 자격증명의 한정(임시 자격증명의 한정을 포함한다)을 받은 사람이 해당 한정심사에 응시하는 경우에는 학과시험과 실기시험을 면제한다.
② 법 제38조제3항제2호에 따라 국토교통부장관이 지정한 전문교육기관에서 항공기에 관한 전문교육을 이수한 조종사 또는 항공기관사가 교육 이수 후 180일 이내에 교육받은 것과 같은 형식의 항공기에 관한 한정심사에 응시하는 경우에는 국토교통부장관이 정하는 바에 따라 실기시험을 면제한다. 다만, 항공기의 소유자등이 새로운 형식의 항공기를 도입하는 경우 그 항공기의 조종사 또는 항공기관사에 관한 한정심사에서는 그 응시자가 전문교육기관(외국정부가 인정한 외국의 전문교육기관을 포함한다)에서 항공기에 관한 전문교육을 이수한 경우에는 국토교통부장관이 정하는 바에 따라 학과시험과 실기시험을 면제한다.
③ 법 제38조제3항제3호에 따른 실무경험이 있는 사람이 한정심사에 응시하는 경우에는 별표 7 제2호에 따라 실기시험의 일부를 면제한다.
④ 법 제38조제3항제5호에 따라 항공기의 제작자가 실시하는 해당 항공기에 관한 교육과정(항공기의 소유자등이 새로운 형식의 항공기를 도입하는 경우로 한정한다)을 이수한 조종사 또는 항공기관사가 같은 형식의 항공기에 관한 한정심사를 응시하는 경우에는 국토교통부장관이 정하는 바에 따라 학과시험과 실기시험을 면제한다.

제90조(조종사 등이 받은 자격증명의 효력) ① 자가용 조종사 자격증명을 받은 사람이 같은 종류의 항공기에 대하여 부조종사 또는 사업용 조종사의 자격증명을 받은 경우에는 종전의 자가용 조종사 자격증명에 관한 항공기 형식의 한정 또는 계기비행증명에 관한 한정은 새로 받은 자격증명에도 유효하다.
② 부조종사 또는 사업용 조종사의 자격증명을 받은 사람이 같은 종류의 항공기에 대하여 운송용 조종사 자격증명을 받은 경우에는 종전의 자격증명에 관한 항공기 형식의 한정 또는 계기비행증명·조종교육증명에 관한 한정은 새로 받은 자격증명에도 유효하다.
③ 항공정비사 자격증명을 받은 사람이 비행기 한정을 받은 경우에는 활공기에 대한 한정을 함께 받은 것으로 본다.
④ 제81조제5항제1호가목에 따라 항공정비사 자격증명을 비행기 분야로 한정을 받은 사람은 제81조제5항제2호가목의 경량비행기 분야로 한정을 함께 받은 것으로 보고, 제81조제5항제1호나목에 따라 항공정비사 자격증명을 헬리콥터 분야로 한정을 받은 사람은 제81조제5항제2호나목의 경량헬리콥터 분야로 한정을 함께 받은 것으로 본다.

제91조(모의비행훈련장치의 탑승경력 인정) 법 제39조제2항에 따른 모의비행훈련장치를 이용한 탑승경력의 인정은 별표 4에 따른다.

제91조의2(모의비행훈련장치의 지정) ① 법 제39조의2제1항 전단에서 "항공운송사업자 등 국토교통부령으로 정하는 자"란 다음 각 호의 자를 말한다.
  1. 항공운송사업자
  2. 항공기사용사업자
  3. 전문교육기관 지정을 받은 자
  4. 국가기관등항공기 운용자
  5. 그 밖에 비행교육 및 훈련을 위해 국토교통부장관이 모의비행훈련장치 지정이 필요하다고 인정하는 자
② 법 제39조의2제1항 전단에 따라 모의비행훈련장치의 지정을 받으려는 자는 별지 제42호서식의 모의비행훈련장치 지정 신청서에 다음 각 호의 서류를 첨부하여 지방항공청장에게 제출해야 한다.

Chapter 01 항공법규

항공안전법	항공안전법 시행령

항공안전법

제39조(모의비행훈련장치를 이용한 자격증명 실기시험의 실시 등) ① 국토교통부장관은 항공기 대신 제39조의2제3항에 따라 국토교통부장관이 지정하는 모의비행훈련장치를 이용하여 제38조제1항에 따른 실기시험을 실시할 수 있다.
② 제39조의2제3항에 따라 국토교통부장관이 지정하는 모의비행훈련장치를 이용한 탑승경력은 제38조제2항 전단에 따른 항공기 탑승경력으로 본다.
③ 제2항에 따른 모의비행훈련장치의 탑승경력의 인정 등에 필요한 사항은 국토교통부령으로 정한다.

제39조의2(모의비행훈련장치의 지정 등) ① 항공운송사업자 등 국토교통부령으로 정하는 자가 모의비행훈련장치 지정을 받으려는 경우에는 국토교통부장관에게 지정을 신청하여야 한다. 지정받은 사항을 변경하거나 제4항에 따른 지정의 유효기간을 연장할 때에도 또한 같다.
② 국토교통부장관은 제1항에 따른 신청을 받은 경우 해당 모의비행훈련장치의 성능기준 등이 국토교통부장관이 정하여 고시하는 모의비행훈련장치 지정기준(이하 이 조에서 "모의비행훈련장치 지정기준"이라 한다)에 적합한지를 검사하여야 한다. 다만, 지정의 유효기간을 연장하려는 모의비행훈련장치에 대해서는 그 검사의 일부를 생략할 수 있다.
③ 국토교통부장관은 제2항에 따른 검사 결과 해당 모의비행훈련장치가 모의비행훈련장치 지정기준에 적합하다고 인정하는 경우에는 해당 모의비행훈련장치의 등급 및 운용범위 등을 정하여 지정서를 발급하여야 한다.
④ 모의비행훈련장치 지정의 유효기간은 1년으로 한다. 다만, 해당 모의비행훈련장치에 대해 국토교통부령으로 정하는 바에 따라 품질관리시스템을 구축·운영하는 경우에는 그 유효기간을 2년 연장할 수 있다.
⑤ 국토교통부장관은 다음 각 호의 어느 하나에 해당하는 경우에는 해당 모의비행훈련장치에 대한 지정을 취소하거나 6개월 이내의 기간을 정하여 그 효력의 정지를 명할 수 있다. 다만, 제1호에 해당하는 경우에는 지정을 취소하여야 한다.
  1. 거짓이나 그 밖의 부정한 방법으로 지정을 받은 경우
  2. 모의비행훈련장치가 지정 당시의 모의비행훈련장치 지정기준에 적합하지 아니하게 된 경우
⑥ 제1항에 따른 지정 신청, 제2항 단서에 따른 검사의 일부 생략, 제3항에 따른 지정서의 발급, 제5항에 따른 처분의 기준 및 절차와 그 밖에 필요한 사항은 국토교통부령으로 정한다.

1. 모의비행훈련장치의 설치과정 및 개요
2. 모의비행훈련장치 운영규정
3. 모의비행훈련장치 시험비행기록 비교 자료(비교 자료를 추가로 검토할 필요가 있는 경우만 해당한다)
4. 모의비행훈련장치의 성능 및 점검요령
5. 모의비행훈련장치의 관리 및 정비방법
6. 모의비행훈련장치에 따른 훈련계획
7. 모의비행훈련장치의 최소장비목록과 그 적용방법(최소장비목록을 운용하려는 경우만 해당한다)
8. 그 밖에 모의비행훈련장치 지정을 위하여 필요한 서류로서 국토교통부장관이 정하여 고시하는 서류

③ 제2항에 따른 신청을 받은 지방항공청장은 모의비행훈련장치 검사 결과 지정기준에 적합하다고 인정하는 경우에는 별표 7의2에 따라 모의비행훈련장치의 종류·등급 및 운용범위를 정하여 별지 제43호서식의 모의비행훈련장치 지정서를 발급해야 한다.

④ 제1항부터 제3항까지에서 규정한 사항 외에 모의비행훈련장치 지정에 필요한 구비요건, 성능 기준, 검사 절차·항목 및 그 밖에 필요한 사항은 국토교통부장관이 정하여 고시한다.

제91조의3(모의비행훈련장치의 변경지정·유효기간 연장) ① 법 제39조의2제1항 후단에 따라 모의비행훈련장치의 지정받은 사항을 변경하려는 자는 별지 제43호의2서식의 모의비행훈련장치 변경지정 신청서에 다음 각 호의 서류를 첨부하여 지방항공청장에게 제출해야 한다.

1. 비행의 성능 및 특성에 영향을 미치는 개조를 하는 경우 그 변경사항을 증명하는 서류
2. 모의비행훈련장치의 세부사항 중 시각시스템 및 운동시스템에 영향을 미치는 개조를 하는 경우 그 변경사항을 증명하는 서류
3. 그 밖에 모의비행훈련장치 변경지정을 위하여 필요한 서류로서 국토교통부장관이 정하여 고시하는 서류

② 법 제39조의2제1항 후단에 따라 모의비행훈련장치 지정의 유효기간을 연장하려는 자는 별지 제43호의3서식의 모의비행훈련장치 유효기간 연장 신청서에 제91조의2제2항 각 호의 서류와 모의비행훈련장치의 품질관리시스템 구축·운영에 관한 서류를 첨부하여 지방항공청장에게 제출해야 한다.

③ 법 제39조의2제2항 단서에 따라 지방항공청장은 모의비행훈련장치의 유효기간을 연장하는 경우 제91조의2제2항제1호부터 제3호까지의 사항에 관한 검사를 생략할 수 있다.

④ 법 제39조의2제4항 단서에 따라 모의비행훈련장치의 유효기간을 연장하려는 자가 구축·운영해야 하는 모의비행훈련장치 품질관리시스템의 기준은 별표 7의3과 같다.

⑤ 지방항공청장은 제1항 또는 제2항에 따라 변경지정 또는 유효기간 연장 신청을 하는 경우 검사 결과 변경지정 또는 유효기간 연장 기준에 적합하다고 인정하면 별표 7의2에 따라 모의비행훈련장치의 종류·등급 및 운용범위를 정하여 별지 제43호서식의 모의비행훈련장치 지정서를 발급해야 한다.

⑥ 제1항부터 제3항까지에서 규정한 사항 외에 모의비행훈련장치의 변경지정이나 유효기간 연장에 필요한 검사 절차, 검사 항목 및 그 밖에 필요한 사항은 국토교통부장관이 정하여 고시한다.

제91조의4(모의비행훈련장치의 지정 취소 기준 등) ① 법 제39조의2제5항에 따른 모의비행훈련장치의 지정 취소, 효력 정지 등 행정처분기준은 별표 7의4와 같다.

② 모의비행훈련장치 지정을 받은 자는 법 제39조의2제5항에 따라 모의비행훈련장치 지정이 취소되거나 그 효력이 정지된 경우에는 지체 없이 지방항공청장에게 해당 모의비행훈련장치의 지정서를 반납해야 한다.

제92조(항공신체검사증명의 기준 및 유효기간 등) ① 법 제40조제1항에 따른 자격증명의 종류별 항공신체검사증명의 종류와 그 유효기간은 별표 8과 같다.

② 항공신체검사증명의 종류별 항공신체검사기준은 별표 9와 같다.

③ 법 제49조제1항에 따라 지정된 항공전문의사(이하 "항공전문의사"라 한다)는 법 제40조제4항에 따라 항공신체검사증명을 받으려는 사람이 자격증명의 종류별 항공신체검사기준에 일부 미달한 경우에도 해당 항공업무의 범위를 한정하거나 별표 8에 따른 유효기간을 단축하여 항공신체검사증명서를 발급할 수 있다. 다만, 단축되는 유효기간은 별표 8에 따른 유효기간의 2분의 1을 초과할 수 없다.

Chapter 01 | 항공법규

항공안전법	항공안전법 시행령

제39조의3(항공종사자 자격증명서의 대여 등 금지) ① 자격증명을 받은 사람은 다른 사람에게 자기의 성명을 사용하여 항공업무를 수행하게 하거나 제38조제4항에 따라 발급받은 자격증명서(이하 "항공종사자 자격증명서"라 한다)를 빌려 주어서는 아니 된다.
② 누구든지 다른 사람의 성명을 사용하여 항공업무를 수행하거나 다른 사람의 항공종사자 자격증명서를 빌려서는 아니 된다.
③ 누구든지 제1항이나 제2항에서 금지된 행위를 알선하여서는 아니 된다.

제40조(항공신체검사증명) ① 다음 각 호의 어느 하나에 해당하는 사람은 자격증명의 종류별로 국토교통부장관의 항공신체검사증명을 받아야 한다.
　1. 운항승무원
　2. 제35조제7호의 자격증명을 받고 항공교통관제 업무를 하는 사람
② 제1항에 따른 자격증명의 종류별 항공신체검사증명의 기준, 방법, 유효기간 등에 필요한 사항은 국토교통부령으로 정한다.
③ 국토교통부장관은 제1항에 따른 자격증명의 종류별 항공신체검사증명을 받으려는 사람이 제2항에 따른 자격증명의 종류별 항공신체검사증명의 기준에 적합한 경우에는 항공신체검사증명서를 발급하여야 한다.
④ 국토교통부장관은 제1항에 따른 자격증명의 종류별 항공신체검사증명을 받으려는 사람이 제2항에 따른 자격증명의 종류별 항공신체검사증명의 기준에 일부 미달한 경우에도 국토교통부령으로 정하는 바에 따라 항공신체검사를 받은 사람의 경험 및 능력을 고려하여 필요하다고 인정하는 경우에는 해당 항공업무의 범위 또는 유효기간을 한정하여 항공신체검사증명서를 발급할 수 있다.
⑤ 제4항에 따라 해당 항공업무의 범위 또는 유효기간을 한정하여 항공신체검사증명서를 발급받은 사람은 그 범위 또는 유효기간을 준수하여야 한다.
⑥ 제1항에 따른 자격증명의 종류별 항공신체검사증명 결과에 불복하는 사람은 국토교통부령으로 정하는 바에 따라 국토교통부장관에게 이의신청을 할 수 있다.
⑦ 국토교통부장관은 제6항에 따른 이의신청에 대한 결정을 한 경우에는 지체 없이 신청인에게 그 결정 내용을 알려야 한다.

제41조(항공신체검사명령) 국토교통부장관은 특히 필요하다고 인정하는 경우에는 항공신체검사증명의 유효기간이 지나지 아니한 운항승무원 및 항공교통관제사에게 제40조에 따른 항공신체검사를 받을 것을 명할 수 있다.

항공안전법 시행규칙

④ 제88조제1항에 따라 자격증명시험을 면제받은 사람이 외국정부 또는 외국정부가 지정한 민간의료기관이 발급한 항공신체검사증명을 받은 경우에는 그 항공신체검사증명의 남은 유효기간까지는 법 제40조제1항에 따른 항공신체검사증명을 받은 것으로 본다.
⑤ 별표 8에 따른 제1종의 항공신체검사증명을 받은 사람은 같은 별표에 따른 제2종 및 제3종의 항공신체검사증명을 함께 받은 것으로 본다. 이 경우 그 제2종 및 제3종의 항공신체검사증명의 유효기간은 별표 8에도 불구하고 제1종의 항공신체검사증명의 유효기간으로 한다.
⑥ 자가용 조종사 자격증명을 받은 사람이 법 제44조에 따른 계기비행증명을 받으려는 경우에는 별표 9에 따른 제1종 신체검사기준을 충족하여야 한다.
⑦ 이 규칙에서 정한 사항 외에 항공신체검사증명의 기준에 관한 세부적인 사항은 국토교통부장관이 정하여 고시한다.

[별표 8] 항공신체검사증명의 종류와 그 유효기간(제92조제1항 관련)

자격증명의 종류	항공신체검사증명의 종류	유효기간 40세 미만	유효기간 40세 이상 50세 미만	유효기간 50세 이상
운송용 조종사 사업용 조종사(활공기 조종사는 제외한다) 부조종사	제1종	12개월. 다만, 다음 각 호의 사람은 6개월로 한다. 1. 항공운송사업에 종사하는 60세 이상인 사람 2. 항공기사용사업에 종사하는 60세 이상인 사람 3. 1명의 조종사로 승객을 수송하는 항공운송사업에 종사하는 40세 이상인 사람		
항공기관사 항공사	제2종	12개월		
자가용 조종사 사업용 활공기 조종사 조종연습생 경량항공기 조종사	제2종 (경량항공기 조종사의 경우에는 제2종 또는 자동차운전면허증)	60개월	24개월	12개월
항공교통관제사 항공교통관제연습생	제3종	48개월	24개월	12개월

비고
1. 위 표에 따른 유효기간의 시작일은 항공신체검사를 받는 날로 하며, 종료일이 매달 말일이 아닌 경우에는 그 종료일이 속하는 달의 말일에 항공신체검사증명의 유효기간이 종료하는 것으로 본다.
2. 경량항공기 조종사의 항공신체검사 유효기간은 제2종 항공신체검사증명을 보유하고 있는 경우에는 그 증명의 연령대별 유효기간으로 하며, 자동차운전면허증을 적용할 경우에는 그 자동차운전면허증의 유효기간으로 한다.

제93조(항공신체검사증명 신청 등) ① 법 제40조제1항에 따라 항공신체검사증명을 받으려는 사람은 별지 제44호서식의 항공신체검사증명 신청서에 자기의 병력(病歷), 최근 복용 약품 및 과거에 부적합 판정을 받은 경우 그 사유와 날짜 등을 적어 항공전문의사에게 제출하여야 한다.
② 제1항에 따라 신청서를 제출받은 항공전문의사는 신청서의 허위 기재 등 법 제43조제3항에 따른 부정한 행위가 있었다고 인정하는 경우에는 판정을 보류하고 그 사실을 국토교통부장관에게 통보해야 하며, 운항승무원 또는 항공교통관제사에 대한 항공신체검사의 결과가 별표 9의 기준에 적합하다고 인정하는 경우에는 별지 제45호서식의 항공신체검사증명서를 발급하여야 한다.
③ 항공전문의사는 제2항에 따라 항공신체검사증명서를 발급한 경우 별지 제46호서식의 항공신체검사증명서 발급대장을 작성·관리하되, 전자적 처리가 불가능한 특별한 사유가 없으면 전자적 처리가 가능한 방법으로 작성·관리하여야 한다.
④ 항공전문의사는 매월 항공신체검사증명서 발급한 결과를 다음 달 5일까지 영 제26조제7항제1호에 따라 항공신체검사증명에 관한 업무를 위탁받은 사단법인 한국항공우주의학협회(이하 "한국항공우주의학협회"라 한다)에 통지하여야 한다.

Chapter 01 | 항공법규

항공안전법	항공안전법 시행령

제41조의2(건강증진활동계획의 수립·시행) ① 국토교통부장관 및 항공교통업무증명을 받은 자는 항공안전의 위험요소를 줄이기 위하여 매년 소속 항공교통관제사를 대상으로 항공교통관제사의 건강 증진 및 유지를 목적으로 하는 건강증진활동계획을 수립·시행하여야 한다.
② 항공운송사업자, 항공기사용사업자 또는 국외운항항공기 소유자등은 항공안전의 위험요소를 줄이기 위하여 매년 소속 운항승무원을 대상으로 운항승무원의 건강 증진 및 유지를 목적으로 하는 건강증진활동계획을 수립·시행하여야 한다.
③ 제1항 및 제2항에 따른 건강증진활동계획의 내용과 수립·시행에 필요한 사항은 국토교통부령으로 정한다.

제42조(항공업무 등에 종사 제한) ① 제40조제2항에 따른 자격증명의 종류별 항공신체검사증명의 기준에 적합하지 아니한 운항승무원 및 항공교통관제사는 종전 항공신체검사증명의 유효기간이 남아 있는 경우에도 항공업무(제46조에 따른 항공기 조종연습 및 제47조에 따른 항공교통관제연습을 포함한다. 이하 이 조에서 같다)에 종사해서는 아니 된다.
② 제40조제1항에 따른 항공신체검사증명을 받은 운항승무원 및 항공교통관제사는 국토교통부령으로 정하는 신체적·정신적 상태의 저하가 있는 경우에는 그 사실을 제49조제1항에 따라 지정된 항공전문의사의 소견서를 첨부하여 국토교통부장관에게 신고하여야 한다.
③ 국토교통부장관은 제2항에 따른 신고를 받은 경우 신고한 사람의 신체적·정신적 상태가 자격증명의 종류별 항공신체검사증명의 기준에 적합한지 여부를 지체 없이 확인하여 그 결과를 당사자에게 통지하여야 한다.
④ 제2항에 따라 신체적·정신적 상태의 저하 사실을 신고한 사람은 제3항에 따른 결과를 통지받기 전까지 항공업무에 종사하여서는 아니 된다.
⑤ 제2항에 따른 신체적·정신적 상태의 저하에 관한 구체적인 기준, 신고의 기한 및 방법 등에 필요한 사항은 국토교통부령으로 정한다.

제43조(자격증명·항공신체검사증명의 취소 등) ① 국토교통부장관은 항공종사자가 다음 각 호의 어느 하나에 해당하는 경우에는 그 자격증명이나 자격증명의 한정(이하 이 조에서 "자격증명등"이라 한다)을 취소하거나 1년 이내의 기간을 정하여 자격증명등의 효력정지를 명할 수 있다. 다만, 제1호, 제6호의2, 제6호의3, 제15호 또는 제31호에 해당하는 경우에는 해당 자격증명등을 취소하여야 한다.
　1. 거짓이나 그 밖의 부정한 방법으로 자격증명등을 받은 경우

항공안전법 시행규칙

⑤ 항공전문의사는 법 제40조제4항 및 이 규칙 제92조제3항에 따라 해당 항공업무의 범위를 한정하거나 유효기간을 단축하여 항공신체검사증명을 발급하거나 별표 9에 따른 항공신체검사기준에 미달하여 항공신체검사증명서를 발급할 수 없다고 판단되는 경우에는 한국항공우주의학협회에 자문해야 한다.

제94조(항공신체검사증명의 유효기간 연장) ① 법 제40조제1항제1호에 따른 항공신체검사증명을 받은 운항승무원이 외국에 연속하여 6개월 이상 체류하면서 외국정부 또는 외국정부가 지정한 민간의료기관의 항공신체검사증명을 받은 경우에는 다음 각 호의 구분에 따른 기간을 넘지 않는 범위에서 외국에서 받은 해당 항공신체검사증명의 유효기간까지 그 유효기간을 연장 받을 수 있다.
　1. 항공운송사업·항공기사용사업에 사용되는 항공기 및 비사업용으로 사용되는 항공기의 운항승무원은 6개월
　2. 자가용 조종사는 24개월
② 제1항에 따라 항공신체검사증명의 유효기간을 연장 받으려는 사람은 별지 제47호서식의 항공신체검사증명 유효기간 연장신청서에 다음 각 호의 서류를 첨부하여 항공전문의사에게 제출하여야 한다.
　1. 항공신체검사증명서
　2. 외국정부 또는 외국정부가 지정한 민간의료기관이 발급한 항공신체검사증명서
③ 제2항에 따라 항공신체검사증명의 유효기간 연장신청을 받은 항공전문의사는 신청서에 첨부된 외국정부 또는 외국정부가 지정한 민간의료기관이 발급한 항공신체검사증명서를 확인한 후 그 사실이 인정되는 경우에는 유효기간을 연장하여 별지 제45호서식의 항공신체검사증명서를 발급하여야 한다.

제95조(항공신체검사증명에 대한 재심사) ① 한국항공우주의학협회는 제93조제4항에 따라 항공전문의사로부터 항공신체검사증명서의 발급 결과를 통지받은 경우에는 그 항공전문의사가 실시한 항공신체검사증명의 적합성 여부를 재심사할 수 있다.
② 한국항공우주의학협회는 제1항에 따른 재심사 결과 항공신체검사증명서가 부적합하게 발급되었다고 인정되는 경우에는 지체 없이 이를 국토교통부장관 또는 지방항공청장에게 통지하여야 한다.

제96조(이의신청 등) ① 법 제40조제6항에 따라 항공신체검사증명의 결과에 대하여 이의가 있는 사람은 그 결과를 통보받은 날부터 30일 이내에 별지 제48호서식의 항공신체검사증명 이의신청서(전자문서로 된 신청서를 포함한다)를 국토교통부장관에 제출해야 한다.
② 국토교통부장관은 제1항에 따른 이의신청을 심사하기 위하여 다음 각 호의 사람에게 자문할 수 있다.
　1. 이의신청 내용과 관련된 해당 질환 전문의
　2. 항공운송 분야 비행경력이 있는 전문가
③ 국토교통부장관은 제1항에 따른 이의신청을 받으면 신청을 받은 날부터 30일 이내에 이를 심사하고 그 결과를 신청인에게 통지하여야 한다. 다만, 제2항에 따른 자문이 지연되어 이의신청에 대한 심사를 기한까지 마칠 수 없는 경우에는 그 심사기간을 30일 연장할 수 있다.
④ 제3항 단서에 따라 심사기간을 연장하는 경우에는 심사기간이 끝나기 7일 전까지 신청인에게 그 내용을 통지하여야 한다.
⑤ 그 밖에 이의신청에 관한 구체적인 사항은 국토교통부장관이 정하여 고시한다.

제96조의2(건강증진활동계획의 수립·시행) ① 법 제41조의2에 따른 건강증진활동계획에는 다음 각 호의 사항이 포함되어야 한다.
　1. 건강증진활동의 목표에 관한 사항
　2. 건강증진활동의 추진 체계에 관한 사항
　3. 건강증진활동의 추진 내용에 관한 사항
　4. 그 밖에 국토교통부장관이 건강증진활동에 필요하다고 정하여 고시하는 사항
② 제1항에 따른 건강증진활동계획을 수립·시행해야 하는 자는 매년 1회 이상 이행실적을 점검하여 그 결과를 건강증진활동계획 수립 시 반영해야 한다.
③ 제1항 및 제2항에서 규정한 사항 외에 건강증진활동계획의 수립·시행에 필요한 세부 내용과 추진 절차 등은 국토교통부장관이 정하여 고시한다.

항공안전법	항공안전법 시행령

항공안전법

2. 이 법을 위반하여 벌금 이상의 형을 선고 받은 경우
3. 항공종사자로서 항공업무를 수행할 때 고의 또는 중대한 과실로 항공기사고를 일으켜 인명피해나 재산피해를 발생시킨 경우
4. 제32조제1항 본문에 따라 정비등을 확인하는 항공종사자가 국토교통부령으로 정하는 방법에 따라 감항성을 확인하지 아니한 경우
5. 제36조제2항을 위반하여 자격증명의 종류에 따른 업무범위 외의 업무에 종사한 경우
6. 제37조제2항을 위반하여 자격증명의 한정을 받은 항공종사자가 한정된 종류, 등급 또는 형식 외의 항공기·경량항공기나 한정된 정비분야 외의 항공업무에 종사한 경우

6의2. 제39조의3제1항을 위반하여 다른 사람에게 자기의 성명을 사용하여 항공업무를 수행하게 하거나 항공종사자 자격증명서를 빌려 준 경우

6의3. 제39조의3제3항을 위반하여 다음 각 목의 어느 하나에 해당하는 행위를 알선한 경우
   가. 다른 사람에게 자기의 성명을 사용하여 항공업무를 수행하게 하거나 항공종사자 자격증명서를 빌려 주는 행위
   나. 다른 사람의 성명을 사용하여 항공업무를 수행하거나 다른 사람의 항공종사자 자격증명서를 빌리는 행위

7. 제40조제1항을 위반하여 항공신체검사증명을 받지 아니하고 항공업무(제46조에 따른 항공기 조종연습을 포함한다. 이하 이 항 제13호, 제14호 및 제16호에서 같다)에 종사한 경우
8. 제42조제1항을 위반하여 제40조제2항에 따른 자격증명의 종류별 항공신체검사증명의 기준에 적합하지 아니한 운항승무원 및 항공교통관제사가 항공업무에 종사한 경우

8의2. 제42조제2항을 위반하여 신체적·정신적 상태의 저하 사실을 신고하지 아니한 경우

8의3. 제42조제4항을 위반하여 같은 조 제3항에 따른 결과를 통지받기 전에 항공업무를 수행한 경우

9. 제44조제1항을 위반하여 계기비행증명을 받지 아니하고 계기비행 또는 계기비행방식에 따른 비행을 한 경우
10. 제44조제2항을 위반하여 조종교육증명을 받지 아니하고 조종교육을 한 경우
11. 제45조제1항을 위반하여 항공영어구술능력증명을 받지 아니하고 같은 항 각 호의 어느 하나에 해당하는 업무에 종사한 경우

항공안전법	항공안전법 시행령

항공안전법

12. 제55조를 위반하여 국토교통부령으로 정하는 비행경험이 없이 같은 조 각 호의 어느 하나에 해당하는 항공기를 운항하거나 계기비행·야간비행 또는 제44조제2항에 따른 조종교육의 업무에 종사한 경우
13. 제57조제1항을 위반하여 주류등의 영향으로 항공업무를 정상적으로 수행할 수 없는 상태에서 항공업무에 종사한 경우
14. 제57조제2항을 위반하여 항공업무에 종사하는 동안에 같은 조 제1항에 따른 주류등을 섭취하거나 사용한 경우
15. 제57조제3항을 위반하여 같은 조 제1항에 따른 주류등의 섭취 및 사용 여부의 측정 요구에 따르지 아니한 경우
15의2. 제57조의2를 위반하여 항공기 내에서 흡연을 한 경우
16. 항공업무를 수행할 때 고의 또는 중대한 과실로 항공기준사고, 항공안전장애 또는 제61조제1항에 따른 항공안전위해요인을 발생시킨 경우
17. 제62조제2항 또는 제4항부터 제6항까지에 따른 기장의 의무를 이행하지 아니한 경우
18. 제63조를 위반하여 조종사가 운항자격의 인정 또는 심사를 받지 아니하고 운항한 경우
19. 제65조제2항을 위반하여 기장이 운항관리사의 승인을 받지 아니하고 항공기를 출발시키거나 비행계획을 변경한 경우
20. 제66조를 위반하여 이륙·착륙 장소가 아닌 곳에서 이륙하거나 착륙한 경우
21. 제67조제1항을 위반하여 비행규칙을 따르지 아니하고 비행한 경우
22. 제68조를 위반하여 같은 조 각 호의 어느 하나에 해당하는 비행 또는 행위를 한 경우
23. 제70조제1항을 위반하여 허가를 받지 아니하고 항공기로 위험물을 운송한 경우
24. 제76조제2항을 위반하여 항공업무를 수행한 경우
25. 제77조제2항을 위반하여 같은 조 제1항에 따른 운항기술기준을 준수하지 아니하고 비행을 하거나 업무를 수행한 경우
26. 제79조제1항을 위반하여 국토교통부장관이 정하여 공고하는 비행의 방식 및 절차에 따르지 아니하고 비관제공역(非管制空域) 또는 주의공역(注意空域)에서 비행한 경우
27. 제79조제2항을 위반하여 허가를 받지 아니하거나 국토교통부장관이 정하는 비행의 방식 및 절차에 따르지 아니하고 통제공역에서 비행한 경우

Chapter 01 | 항공법규

항공안전법	항공안전법 시행령

항공안전법

28. 제84조제1항을 위반하여 국토교통부장관 또는 항공교통업무증명을 받은 자가 지시하는 이동·이륙·착륙의 순서 및 시기와 비행의 방법에 따르지 아니한 경우
29. 제90조제4항(제96조제1항에서 준용하는 경우를 포함한다)을 위반하여 운영기준을 준수하지 아니하고 비행을 하거나 업무를 수행한 경우
30. 제93조제7항 후단(제96조제2항에서 준용하는 경우를 포함한다)을 위반하여 운항규정 또는 정비규정을 준수하지 아니하고 업무를 수행한 경우
31. 이 조에 따른 자격증명등의 정지명령을 위반하여 정지기간에 항공업무에 종사한 경우

② 제1항에 따라 효력정지를 명하는 경우 그 효력정지의 대상으로 운송용 조종사에 대해서는 부조종사 및 사업용·자가용 조종사 자격증명을 포함하고, 사업용 조종사에 대해서는 자가용 조종사의 자격증명을 포함한다.

③ 국토교통부장관은 항공종사자가 다음 각 호의 어느 하나에 해당하는 경우에는 그 항공신체검사증명을 취소하거나 1년 이내의 기간을 정하여 항공신체검사증명의 효력정지를 명할 수 있다. 다만, 제1호에 해당하는 경우에는 항공신체검사증명을 취소하여야 한다.

1. 거짓이나 그 밖의 부정한 방법으로 항공신체검사증명을 받은 경우
2. 제1항제13호부터 제15호까지의 어느 하나에 해당하는 경우
3. 제40조제2항에 따른 자격증명의 종류별 항공신체검사증명의 기준에 맞지 아니하게 되어 항공업무를 수행하기에 부적합하다고 인정되는 경우
4. 제40조제5항을 위반하여 한정된 항공업무의 범위를 준수하지 아니하고 항공업무(제46조에 따른 항공기 조종연습을 포함한다)에 종사한 경우
5. 제41조에 따른 항공신체검사명령에 따르지 아니한 경우
6. 제42조제1항을 위반하여 항공업무에 종사한 경우
7. 제76조제2항을 위반하여 항공신체검사증명서를 소지하지 아니하고 항공업무에 종사한 경우

④ 자격증명등의 시험에 응시하거나 심사를 받는 사람 또는 항공신체검사를 받는 사람이 그 시험이나 심사 또는 검사에서 부정한 행위를 한 경우에는 해당 시험이나 심사 또는 검사를 정지시키거나 무효로 하고, 해당 처분을 받은 사람은 그 처분을 받은 날부터 각각 2년간 이 법에 따른 자격증명등의 시험에 응시하거나 심사를 받을 수 없으며, 이 법에 따른 항공신체검사를 받을 수 없다.

⑤ 제1항 및 제3항에 따른 처분의 기준 및 절차와 그 밖에 필요한 사항은 국토교통부령으로 정한다.

항공안전법 시행규칙

제97조(항공종사자 자격증명·항공신체검사증명의 취소 등) ① 법 제43조(법 제44조제4항 및 제45조제6항에서 준용하는 경우를 포함한다)에 따른 행정처분기준은 별표 10과 같다.
② 국토교통부장관 또는 지방항공청장은 제1항에 따른 처분을 한 경우에는 별지 제49호서식의 항공종사자 행정처분대장을 작성·관리해야 한다.
③ 제2항에 따른 행정처분대장은 전자적 처리가 불가능한 특별한 사유가 없으면 전자적 처리가 가능한 방법으로 작성·관리해야 한다.
④ 국토교통부장관 또는 지방항공청장은 제1항에 따른 처분을 한 경우에는 다음 각 호의 사항을 해당 호에서 정하는 사람에게 통지해야 한다.
　1. 자격증명, 자격증명의 한정, 계기비행증명, 조종교육증명 및 항공영어구술능력증명에 대한 처분 : 한국교통안전공단 이사장
　2. 항공신체검사증명에 대한 처분 : 한국교통안전공단 이사장 및 한국항공우주의학협회의 장

제98조(계기비행증명 및 조종교육증명 절차 등) ① 법 제44조에 따른 계기비행증명 및 조종교육증명을 위한 학과 및 실기시험, 시험장소 등 세부적인 내용과 절차는 국토교통부장관이 정하여 고시한다.
② 법 제44조제2항에 따라 조종교육증명을 받아야 하는 조종교육은 항공기(초급활공기는 제외한다)에 대한 이륙조작·착륙조작 또는 공중조작의 실기교육[법 제46조제1항 각 호에 따른 조종연습을 하는 사람(이하 "조종연습생"이라 한다) 단독으로 비행하게 하는 경우를 포함한다]으로 한다.
③ 법 제44조제2항에 따른 조종교육증명은 항공기의 종류별로 다음 각 호와 같이 발급받아야 한다.
　1. 초급 조종교육증명
　2. 선임 조종교육증명
④ 제3항 각 호에 따른 조종교육증명을 받은 사람이 할 수 있는 조종교육의 세부내용은 다음 각 호와 같다. 다만, 초급 교육증명을 받은 사람으로서 조종교육 비행시간이 100시간 미만이거나 조종교육을 한 기간이 6개월 미만인 사람은 선임 조종교육증명을 받은 사람의 관리 하에서 업무를 수행하여야 한다.
　1. 초급 조종교육증명을 받은 사람
　　가. 지상교육
　　나. 해당 항공기 종류별 자가용·사업용 조종사 자격증명, 계기비행증명 또는 조종교육증명 취득을 위한 비행교육
　　다. 조종연습생의 단독비행에 대한 허가. 다만, 해당 조종연습생의 최초의 단독비행 허가는 제외한다.
　2. 선임 조종교육증명을 받은 사람
　　가. 제1호에 따라 초급 조종교육증명을 받은 사람이 하는 업무
　　나. 조종연습생의 최초 단독비행에 대한 허가
　　다. 초급 조종교육증명을 받은 사람에 대한 관리

제99조(항공영어구술능력증명시험의 실시 등) ① 법 제45조제2항에 따른 항공영어구술능력증명시험의 등급은 6등급으로 구분하되, 6등급 항공영어구술능력증명시험에 응시하려는 사람은 응시원서 접수 당시 제3항에 따른 유효기간 내에 있는 5등급 항공영어구술능력증명을 보유해야 한다.
② 법 제45조제2항에 따른 항공영어구술능력증명시험의 평가 항목 및 등급별 합격기준은 별표 11과 같다.
③ 법 제45조제2항에 따른 항공영어구술능력증명의 등급별 유효기간은 다음 각 호의 구분에 따른 기준일부터 계산하여 4등급은 3년, 5등급은 6년, 6등급은 영구로 한다.
　1. 최초 응시자(항공영어구술능력증명의 유효기간이 지난 사람을 포함한다) : 합격 통지일
　2. 4등급 또는 5등급의 항공영어구술능력증명을 받은 사람이 유효기간이 끝나기 전 6개월 이내에 항공영어구술능력증명시험에 합격한 경우 : 기존 증명의 유효기간이 끝난 다음 날
④ 제1항에 따른 항공영어구술능력증명시험의 구체적인 실시방법 등에 관하여 필요한 사항은 국토교통부장관이 정하여 고시한다.

Chapter 01 | 항공법규

항공안전법	항공안전법 시행령

제44조(계기비행증명 및 조종교육증명) ① 운송용 조종사(헬리콥터를 조종하는 경우만 해당한다), 사업용 조종사, 자가용 조종사 또는 부조종사의 자격증명을 받은 사람은 그가 사용할 수 있는 항공기의 종류로 다음 각 호의 비행을 하려면 국토교통부령으로 정하는 바에 따라 국토교통부장관의 계기비행증명을 받아야 한다.
  1. 계기비행
  2. 계기비행방식에 따른 비행
② 다음 각 호의 조종연습을 하는 사람에 대하여 조종교육을 하려는 사람은 비행시간을 고려하여 그 항공기의 종류별·등급별로 국토교통부령으로 정하는 바에 따라 국토교통부장관의 조종교육증명을 받아야 한다.
  1. 제35조제1호부터 제4호까지의 자격증명을 받지 아니한 사람이 항공기(제36조제3항에 따라 국토교통부령으로 정하는 항공기는 제외한다)에 탑승하여 하는 조종연습
  2. 제35조제1호부터 제4호까지의 자격증명을 받은 사람이 그 자격증명에 대하여 제37조에 따라 한정을 받은 종류 외의 항공기에 탑승하여 하는 조종연습
③ 제2항에 따른 조종교육증명에 필요한 사항은 국토교통부령으로 정한다.
④ 제1항에 따른 계기비행증명 및 제2항에 따른 조종교육증명의 시험 및 취소 등에 관하여는 제38조 및 제43조제1항·제4항을 준용한다.

제45조(항공영어구술능력증명) ① 다음 각 호의 어느 하나에 해당하는 업무에 종사하려는 사람은 국토교통부장관의 항공영어구술능력증명을 받아야 한다.
  1. 두 나라 이상을 운항하는 항공기의 조종
  2. 두 나라 이상을 운항하는 항공기에 대한 관제
  3. 「공항시설법」제53조에 따른 항공통신업무 중 두 나라 이상을 운항하는 항공기에 대한 무선통신
② 제1항에 따른 항공영어구술능력증명(이하 "항공영어구술능력증명"이라 한다)을 위한 시험의 실시, 항공영어구술능력증명의 등급, 등급별 합격기준, 등급별 유효기간 등에 필요한 사항은 국토교통부령으로 정한다.
③ 국토교통부장관은 항공영어구술능력증명을 받으려는 사람이 제2항에 따른 등급별 합격기준에 적합한 경우에는 국토교통부령으로 정하는 바에 따라 항공영어구술능력증명서를 발급하여야 한다.
④ 제3항에도 불구하고 제34조제3항에 따라 국방부장관으로부터 자격인정을 받아 항공교통관제 업무를 수행하는 사람으로서 항공영어구술능력증명을 받으려는 사람이 제2항에 따른 등급별 합격기준에 적합한 경우에는 국방부장관이 항공영어구술능력증명서를 발급할 수 있다.

항공안전법 시행규칙

[별표 11] 항공영어구술능력 등급기준(제99조제1항 관련)

1. 6등급

발음	발음·강세·리듬 및 억양이 모국어 또는 지역특성에 따라 영향을 받지만 이해하는데 거의 지장이 없다.
문법	간단하거나 복잡한 문법구조를 사용하여 문장패턴이 지속적으로 잘 조절된다.
어휘력	어휘 범위와 정확성이 다양한 주제에 대하여 효과적으로 대화하는데 충분하며, 관용적 표현과 뉘앙스가 있는 감각적인 어휘를 사용한다.
유창성	자연스럽게 힘들이지 않고 긴 문장을 말할 수 있으며, 강조하기 위하여 말의 흐름에 변화를 준다. 자연스럽게 적절한 신호단어를 사용한다.
이해력	이해력이 거의 모든 문맥에서 언어적·문화적인 미묘한 점을 포함하여 전체적으로 정확하다.
응대능력	거의 모든 상황에서 쉽게 응대하고, 관련된 언어 또는 비언어적 암시에 민감하며 적절히 그것에 반응한다.

2. 5등급

발음	발음·강세·리듬 및 억양이 모국어 또는 지역특성에 따라 영향을 받지만 이해하는데 지장을 줄 정도는 아니다.
문법	기본적인 문법구조와 문장패턴이 일괄되게 잘 조절된다. 복잡한 문법구조를 사용하려고 하나, 가끔 의미 전달에 오류가 있다.
어휘력	공통되거나 명확한 업무 관련 주제에 대한 대화에 충분한 어휘력과 정확성이 있으며, 대체로 성공적으로 고쳐 말하기를 한다. 어휘는 때때로 관념적이다.
유창성	익숙한 주제에 대하여 상대적으로 쉽고 길게 말할 수 있으나, 문어체와 같이 말의 흐름에 변화가 없다. 적절한 신호단어를 사용한다.
이해력	업무와 관련된 주제에 대한 대화는 구체적이고 정확하며, 언어상 상황이 복잡하거나 예상하지 못한 상황에 대하여 화자가 거의 정확한 언어를 구사한다. 다양한 화두의 범위(방언/억양)를 이해할 수 있다
응대능력	즉시, 적절히 응대하고 정보를 전달한다. 듣는 사람과 말하는 사람의 관계를 효과적으로 관리한다.

3. 4등급

발음	발음·강세·리듬 및 억양이 모국어 또는 지역 특성에 따라 영향을 받고 간혹 이해하는데 방해를 받는다.
문법	기본적인 문법구조와 문장패턴이 독창적으로 사용되고, 일반적으로 잘 조절되나 일상적이지 않거나 예상하지 못한 상황에서는 오류가 있을 수 있으며, 드물게 의미 전달에 방해가 된다.
어휘력	공통되고 명확한 업무 관련 주제에 대한 대화는 충분한 어휘와 정확성이 있으나, 일상적이지 않거나 예상되지 않는 상황에서는 어휘력이 부족하여 자주 고쳐 말하기를 한다.
유창성	적절한 속도로 장황하게 말하여, 다시 말하는 과정이나 무의식적인 대응에 대한 공식적인 연설 시에는 유창함이 떨어지지만 효과적인 대화를 하는 데 방해를 받지는 않는다. 신호단어를 한정하여 사용한다. 삽입어가 혼란을 주지는 않는다.
이해력	사용된 강세나 변화가 국제 사용자들이 충분히 알아들을 수 있는 수준이며, 공통되고 명확한 업무 관련 주제에 대한 이해력은 대체로 정확하다. 화자가 언어적 또는 상황적으로 복잡한 상태이거나 예상하지 못한 대답 상황에서는 이해력이 느려지거나 확실하게 하기 위한 방법이 요구된다.
응대능력	대체로 즉시 응대하고 정보를 전달한다. 기대하지 않은 대화에서도 대화를 시작하거나 유지할 수 있다. 확인을 통하여 잘못 이해한 부분을 명확히 할 수 있다.

제100조(항공영어구술능력증명시험 결과의 통지 등) ① 제319조에 따른 항공영어구술능력평가 전문기관은 제99조제1항 및 제2항에 따라 별지 제50호서식의 항공영어구술능력증명시험 응시원서를 접수받아 항공영어구술능력증명시험을 실시한 경우에는 등급, 합격일 등이 포함된 시험 결과를 해당 응시자 및 한국교통안전공단의 이사장에게 통보하여야 한다.
② 제1항에 따른 통보를 받은 경우 한국교통안전공단의 이사장은 항공영어구술능력증명시험에 합격한 사람에게 합격 여부를 정보통신망 또는 우편 등의 방법으로 통지해야 한다.
③ 항공영어구술능력증명시험에 합격한 사람은 항공영어구술능력증명서를 발급받으려면 별지 제50호의2서식의 항공영어구술능력증명서 신청서를 한국교통안전공단에 제출해야 한다.

항공안전법	항공안전법 시행령

⑤ 외국정부로부터 항공영어구술능력증명을 받은 사람은 해당 등급별 유효기간의 범위에서 제2항에 따른 항공영어구술능력증명을 위한 시험이 면제된다.

⑥ 항공영어구술능력증명의 취소 등에 관하여는 제43조제1항제1호 및 같은 조 제4항을 준용한다. 이 경우 "자격증명등"은 "항공영어구술능력증명"으로 본다.

제46조(항공기의 조종연습) ① 다음 각 호의 조종연습을 위한 조종에 관하여는 제36조제1항·제2항 및 제37조제2항을 적용하지 아니한다.

   1. 제35조제1호부터 제4호까지에 따른 자격증명 및 제40조에 따른 항공신체검사증명을 받은 사람이 한정받은 등급 또는 형식 외의 항공기(한정받은 종류의 항공기만 해당한다)에 탑승하여 하는 조종연습으로서 그 항공기를 조종할 수 있는 자격증명 및 항공신체검사증명을 받은 사람(그 항공기를 조종할 수 있는 지식 및 능력이 있다고 인정하여 국토교통부장관이 지정한 사람을 포함한다)의 감독으로 이루어지는 조종연습

   2. 제44조제2항제1호에 따른 조종연습으로서 그 조종연습에 관하여 국토교통부장관의 허가를 받고 조종교육증명을 받은 사람의 감독으로 이루어지는 조종연습

   3. 제44조제2항제2호에 따른 조종연습으로서 조종교육증명을 받은 사람의 감독으로 이루어지는 조종연습

② 국토교통부장관은 제1항제2호에 따른 조종연습의 허가 신청을 받은 경우 신청인이 항공기의 조종연습을 하기에 필요한 능력이 있다고 인정되는 경우에는 국토교통부령으로 정하는 바에 따라 그 조종연습을 허가하여야 한다.

③ 제1항제2호에 따른 허가는 신청인에게 항공기 조종연습허가서를 발급함으로써 한다.

④ 제1항제2호에 따른 허가를 받은 사람의 항공신체검사증명, 항공신체검사명령 등에 관하여는 제40조, 제41조 및 제42조를 준용한다.

⑤ 제3항에 따른 항공기 조종연습허가서를 받은 사람이 조종연습을 할 때에는 항공기 조종연습허가서와 항공신체검사증명서를 지녀야 한다.

제47조(항공교통관제연습) ① 제35조제7호의 항공교통관제사 자격증명을 받지 아니한 사람이 항공교통관제 업무를 연습(이하 "항공교통관제연습"이라 한다)하려는 경우에는 국토교통부장관의 항공교통관제연습허가를 받고 국토교통부령으로 정하는 자격요건을 갖춘 사람의 감독 하에 항공교통관제연습을 하여야 한다.

② 국토교통부장관은 제1항에 따른 항공교통관제연습허가 신청을 받은 경우에는 신청인이 항공교통관제연습을 하기에 필요한 능력이 있다고 인정되면 국토교통부령으로 정하는 바에 따라 그 항공교통관제연습을 허가하여야 한다.

항공안전법 시행규칙

④ 한국교통안전공단 이사장은 제3항에 따른 신청서를 제출받은 경우 별지 제51호서식의 항공영어구술능력증명서(법 제45조제1항제1호 또는 제2호에 해당하는 업무에 종사하려는 사람의 경우에는 항공영어구술능력의 등급과 그 유효기간을 적은 별지 제38호서식의 항공종사자 자격증명서)를 발급하고 그 결과를 별지 제39호서식의 항공종사자 자격증명서 발급대장에 기록·보관하되, 전자적 처리가 불가능한 특별한 사유가 없으면 전자적 처리가 가능한 방법으로 작성·관리해야 한다.

제101조(조종연습의 허가 신청) ① 법 제46조제1항제2호에 따른 조종연습의 허가를 받으려는 사람은 별지 제52호서식의 항공기 조종연습 허가신청서를 지방항공청장에게 제출해야 한다.
② 제1항에 따라 조종연습의 허가 신청을 받은 지방항공청장은 신청인의 항공신체검사증명서를 확인해야 하며 신청인이 항공기의 조종연습을 하기에 필요한 능력이 있다고 인정되는 경우에는 별지 제53호서식의 항공기 조종연습허가서를 발급해야 한다. 이 경우 항공조종연습의 유효기간은 신청인의 항공신체검사증명서 유효기간 내에서 정해야 한다.

제102조(항공교통관제연습허가의 신청 등) ① 법 제47조제1항에서 "국토교통부령으로 정하는 자격요건을 갖춘 사람"이란 다음 각 호의 요건을 모두 갖춘 사람을 말한다.
   1. 법 제35조제7호에 따른 항공교통관제사 자격증명을 받은 사람
   2. 법 제40조제3항에 따른 항공신체검사증명을 받은 사람
   3. 제229조제2호에 따른 항공교통관제기관(이하 "항공교통관제기관"이라 한다)으로부터 발급받은 항공교통관제업무의 한정을 받은 사람

② 법 제47조제2항에 따라 항공교통관제연습허가를 받으려는 사람은 별지 제54호서식의 항공교통관제연습 허가신청서에 별표 4 제1호의 항공교통관제사경력 중 전문교육기관의 교육과정을 이수하였거나 교육과정을 이수하고 있음을 증명하는 서류(전문교육기관의 교육과정을 이수하였거나 이수하고 있는 사람에 한정한다)를 첨부하여 지방항공청장 또는 항공교통본부장에게 제출해야 한다.
   1. 항공신체검사증명서
   2. 별표 4 제1호의 항공교통관제사 경력 중 전문교육기관의 교육과정을 이수하였거나 교육과정을 이수하고 있음을 증명하는 서류(전문교육기관의 교육과정을 이수하였거나 이수하고 있는 사람에 한정한다)

③ 제2항에 따라 신청서를 제출받은 지방항공청장 또는 항공교통본부장은 신청서와 첨부서류 및 신청인의 항공신체검사증명서를 확인한 후 항공교통관제연습을 하기에 필요한 능력이 있다고 인정될 경우 별지 제55호서식의 항공교통관제연습 허가서를 신청자에게 발급하되, 그 유효기간은 신청인의 항공신체검사증명서의 유효기간 내에서 정해야 한다. 다만, 신청자의 관제연습 행위가 비행안전에 영향을 줄 수 있다고 판단하는 경우에는 항공교통관제연습을 허가하지 않을 수 있다.

제103조(항공신체검사증명서등의 재발급) ① 운항승무원, 조종연습생, 항공교통관제사 또는 법 제47조제1항의 허가를 받은 사람(이하 "관제연습생"이라 한다)은 항공신체검사증명서 또는 항공기 조종연습허가서 또는 항공교통관제연습허가서(이하 "증명서등"이라 한다)를 잃어버리거나 증명서등이 못 쓰게 된 경우 또는 그 기재사항을 변경하려는 경우에는 별지 제56호서식의 재발급신청서를 다음 각 호의 자에게 제출하여야 한다.
   1. 항공신체검사증명서 : 한국항공우주의학협회의 장   2. 항공기 조종연습허가서 : 지방항공청장
   3. 항공교통관제연습허가서 : 지방항공청장 또는 항공교통본부장

② 지방항공청장, 항공교통본부장 또는 한국항공우주의학협회의 장은 제1항의 신청이 적합하다고 인정하는 경우에는 해당 증명서등을 재발급하여야 한다.

제103조의2(조종연습생등의 조종연습허가 취소 등) ① 법 제46조제1항제2호에 따른 조종연습 또는 법 제47조제1항에 따른 항공교통관제연습(이하 "조종연습등"이라 한다)을 하는 사람(이하 "조종연습생등"이라 한다)에 대한 법 제47조의2에 따른 행정처분기준은 별표 10의2와 같다.
② 국토교통부장관은 제1항에 따른 처분을 한 경우에는 별지 제56호의2서식의 조종연습생등 행정처분대장을 작성·관리해야 한다.
③ 제2항에 따른 행정처분대장은 전자적 처리가 불가능한 특별한 사유가 없으면 전자적 처리가 가능한 방법으로 작성·관리해야 한다.
④ 국토교통부장관은 제1항에 따른 항공신체검사증명에 대한 처분을 한 경우에는 한국항공우주의학협회의 장에게 통지해야 한다.

항공안전법	항공안전법 시행령

③ 제1항에 따른 항공교통관제연습의 허가는 신청인에게 항공교통관제연습허가서를 발급함으로써 한다.

④ 제1항에 따른 항공교통관제연습 허가를 받은 사람의 항공신체검사증명, 항공신체검사명령 등에 관하여는 제40조, 제41조 및 제42조를 준용한다.

⑤ 제3항에 따른 항공교통관제연습허가서를 받은 사람이 항공교통관제연습을 할 때에는 항공교통관제연습허가서와 항공신체검사증명서를 지녀야 한다.

제47조의2(자격증명을 받지 아니한 사람의 조종연습등에 대한 연습허가·항공신체검사증명의 취소 등) ① 국토교통부장관은 제46조제1항제2호에 따른 조종연습 또는 제47조제1항에 따른 항공교통관제연습(이하 이 조에서 "조종연습등"이라 한다)을 하는 사람이 다음 각 호의 어느 하나에 해당하는 경우에는 제46조제2항에 따른 항공기 조종연습허가 또는 제47조제2항에 따른 항공교통관제연습허가(이하 이 조에서 "연습허가"라 한다)를 취소하거나 1년 이내의 기간을 정하여 연습허가의 효력정지를 명할 수 있다. 다만, 제1호, 제11호 및 제14호에 해당하는 경우에는 해당 연습허가를 취소하여야 한다.

1. 거짓이나 그 밖의 부정한 방법으로 연습허가를 받은 경우
2. 이 법을 위반하여 벌금 이상의 형을 선고 받은 경우
3. 조종연습등을 하는 사람으로서 조종연습등을 수행할 때 고의 또는 중대한 과실로 항공기사고를 일으켜 인명피해나 재산피해를 발생시킨 경우
4. 제46조제4항 및 제47조제4항에서 준용하는 제40조제1항을 위반하여 항공신체검사증명을 받지 아니하고 조종연습등을 한 경우
5. 제46조제4항 및 제47조제4항에서 준용하는 제42조제1항을 위반하여 제40조제2항에 따른 자격증명의 종류별 항공신체검사증명의 기준에 적합하지 아니한 사람이 조종연습등을 한 경우
6. 제46조제4항 및 제47조제4항에서 준용하는 제42조제2항을 위반하여 신체적·정신적 상태의 저하 사실을 신고하지 아니한 경우
7. 제46조제4항 및 제47조제4항에서 준용하는 제42조제4항을 위반하여 같은 조 제3항에 따른 결과를 통지받기 전에 조종연습등을 한 경우
8. 제46조제5항 또는 제47조제5항을 위반하여 항공기 조종연습허가서 또는 항공교통관제연습허가서를 소지하지 아니하고 조종연습등을 한 경우
9. 제57조제1항을 위반하여 주류등의 영향으로 조종연습등을 정상적으로 수행할 수 없는 상태에서 조종연습등을 한 경우

항공안전법	항공안전법 시행령

항공안전법

10. 제57조제2항을 위반하여 조종연습등을 하는 동안에 같은 조 제1항에 따른 주류등을 섭취하거나 사용한 경우
11. 제57조제3항을 위반하여 같은 조 제1항에 따른 주류등의 섭취 및 사용 여부의 측정 요구에 따르지 아니한 경우
12. 제57조의2를 위반하여 항공기 내에서 흡연을 한 경우
13. 조종연습등을 수행할 때 고의 또는 중대한 과실로 항공기준사고, 항공안전장애 또는 제61조제1항에 따른 항공안전위해요인을 발생시킨 경우
14. 이 조에 따른 연습허가의 정지명령을 위반하여 정지기간에 조종연습등을 한 경우

② 국토교통부장관은 조종연습등을 하는 사람이 다음 각 호의 어느 하나에 해당하는 경우에는 그 항공신체검사증명을 취소하거나 1년 이내의 기간을 정하여 항공신체검사증명의 효력정지를 명할 수 있다. 다만, 제1호에 해당하는 경우에는 항공신체검사증명을 취소하여야 한다.

1. 거짓이나 그 밖의 부정한 방법으로 항공신체검사증명을 받은 경우
2. 제1항제9호부터 제11호까지의 어느 하나에 해당하는 경우
3. 제46조제4항 및 제47조제4항에서 준용하는 제40조제2항에 따른 자격증명의 종류별 항공신체검사증명의 기준에 맞지 아니하게 되어 조종연습등을 하기에 부적합하다고 인정되는 경우
4. 제46조제4항 및 제47조제4항에서 준용하는 제40조제5항을 위반하여 한정된 항공업무의 범위를 준수하지 아니하고 조종연습등을 한 경우
5. 제46조제4항 및 제47조제4항에서 준용하는 제41조에 따른 항공신체검사명령에 따르지 아니한 경우
6. 제46조제4항 및 제47조제4항에서 준용하는 제42조제1항을 위반하여 제40조제2항에 따른 자격증명의 종류별 항공신체검사증명의 기준에 적합하지 아니한 사람이 조종연습등을 한 경우
7. 제46조제5항 또는 제47조제5항을 위반하여 항공신체검사증명서를 소지하지 아니하고 조종연습등을 한 경우

③ 연습허가의 심사를 받는 사람 또는 항공신체검사를 받는 사람이 그 심사 또는 검사에서 부정한 행위를 한 경우에는 해당 심사 또는 검사를 정지시키거나 무효로 하고, 해당 처분을 받은 사람은 그 처분을 받은 날부터 각각 2년간 이 법에 따른 연습허가의 심사를 받을 수 없으며, 이 법에 따른 항공신체검사를 받을 수 없다.

④ 제1항 및 제2항에 따른 처분의 기준 및 절차와 그 밖에 필요한 사항은 국토교통부령으로 정한다.

Chapter 01 | 항공법규

항공안전법	항공안전법 시행령

제48조(전문교육기관의 지정 등) ① 항공종사자를 양성하려는 자는 국토교통부령으로 정하는 바에 따라 국토교통부장관으로부터 항공종사자 전문교육기관(이하 "전문교육기관"이라 한다)로 지정받을 수 있다. 다만, 제35조제1호부터 제4호까지의 항공종사자를 양성하려는 자는 전문교육기관으로 지정을 받아야 한다.
② 제1항에 따라 전문교육기관으로 지정을 받으려는 자는 국토교통부령으로 정하는 기준(이하 "전문교육기관 지정기준"이라 한다)에 따라 교육과목, 교육방법, 인력, 시설 및 장비 등 교육훈련체계를 갖추어야 한다.
③ 국토교통부장관은 전문교육기관을 지정하는 경우에는 교육과정, 교관의 인원·자격 및 교육평가방법 등 국토교통부령으로 정하는 사항이 명시된 훈련운영기준을 전문교육기관지정서와 함께 해당 전문교육기관으로 지정받은 자에게 발급하여야 한다.
④ 국토교통부장관은 교육훈련 과정에서의 안전을 확보하기 위하여 필요하다고 판단되면 직권으로 또는 전문교육기관의 신청을 받아 제3항에 따른 훈련운영기준을 변경할 수 있다.
⑤ 전문교육기관으로 지정을 받은 자는 제3항에 따른 훈련운영기준 또는 제4항에 따라 변경된 훈련운영기준을 준수하여야 한다.
⑥ 전문교육기관으로 지정을 받은 자는 훈련운영기준에 따라 교육훈련체계를 계속적으로 유지하여야 하며, 새로운 교육과정의 개설 등으로 교육훈련체계가 변경된 경우에는 국토교통부장관이 실시하는 검사를 받아야 한다.
⑦ 국토교통부장관은 전문교육기관으로 지정받은 자가 교육훈련체계를 유지하고 있는지 여부를 정기 또는 수시로 검사하여야 한다.
⑧ 국토교통부장관은 전문교육기관이 항공운송사업에 필요한 항공종사자를 양성하는 경우에는 예산의 범위에서 필요한 경비의 전부 또는 일부를 지원할 수 있다.
⑨ 국토교통부장관은 항공교육훈련 정보를 국민에게 제공하고 전문교육기관 등 항공교육훈련기관을 체계적으로 관리하기 위하여 시스템(이하 "항공교육훈련통합관리시스템"이라 한다)을 구축·운영하여야 한다.
⑩ 국토교통부장관은 항공교육훈련통합관리시스템을 구축·운영하기 위하여 「항공사업법」 제2조제35호에 따른 항공교통사업자 또는 항공교육훈련기관 등에게 필요한 자료 또는 정보의 제공을 요청할 수 있다. 이 경우 자료나 정보의 제공을 요청받은 자는 정당한 사유가 없으면 이에 따라야 한다.

제48조의2(전문교육기관 지정의 취소 등) ① 국토교통부장관은 전문교육기관으로 지정받은 자가 다음 각 호의 어느 하나에 해당하는 경우에는 그 지정을 취소하거나 6개월 이내

항공안전법 시행규칙

제104조(전문교육기관의 지정 등) ① 법 제48조제1항에 따른 전문교육기관으로 지정을 받으려는 자는 별지 제57호서식의 항공종사자 전문교육기관 지정신청서에 다음 각 호의 사항이 포함된 교육계획서를 첨부하여 국토교통부장관에게 제출하여야 한다.
   1. 교육과목 및 교육방법
   2. 교관 현황(교관의 자격·경력 및 정원)
   3. 시설 및 장비의 개요
   4. 교육평가방법
   5. 연간 교육계획
   6. 교육규정
② 법 제48조제2항에 따른 전문교육기관의 지정기준은 별표 12와 같으며, 지정을 위한 심사 등에 관한 세부절차는 국토교통부장관이 정한다.
③ 법 제48조제3항에서 "국토교통부령으로 정하는 사항"이란 다음 각 호의 사항을 말한다.
   1. 교육과정, 교관의 인원·자격 및 교육평가방법
   2. 훈련용 항공기의 지정 및 정비방법에 관한 사항
   3. 전문교육기관의 책임관리자
   4. 교육훈련 기록관리에 관한 사항
   5. 교육훈련의 품질보증체계에 관한 사항
   6. 그 밖에 교육훈련에 필요한 사항으로서 국토교통부장관이 정하여 고시하는 사항
④ 국토교통부장관은 제1항에 따른 신청서를 심사하여 그 내용이 제2항에서 정한 지정기준에 적합한 경우에는 법 제35조, 제37조 및 제44조에 따른 자격별로 별지 제58호서식의 항공종사자 전문교육기관 지정서에 국토교통부장관이 고시한 기준에 따른 훈련운영기준(Training Specifications)을 포함하여 발급하여야 한다.
⑤ 국토교통부장관은 제4항에 따라 지정한 전문교육기관(이하 "지정전문교육기관"이라 한다)을 공고하여야 한다.
⑥ 지방항공청장은 법 제48조제4항에 따라 직권으로 훈련운영기준을 변경하는 때에는 지체 없이 변경 내용과 그 사유를 전문교육기관의 장에게 알리고 새로운 훈련운영기준을 발급해야 한다.
⑦ 법 제48조제4항에 따라 전문교육기관의 장이 훈련운영기준 변경신청을 하려는 경우에는 변경하는 훈련운영기준을 적용하려는 날의 15일전까지 별지 제58호의3서식의 훈련운영기준 변경신청서에 변경하려는 내용과 그 사유를 적어 지방항공청장에게 제출해야 한다.
⑧ 지방항공청장은 제7항에 따른 훈련운영기준 변경신청을 받으면 그 내용을 검토하여 교육훈련 과정에서의 안전확보에 문제가 있는 경우를 제외하고는 변경된 훈련운영기준을 신청인에게 발급해야 한다.
⑨ 지방항공청장은 법 제48조제7항에 따라 지정전문교육기관이 교육훈련체계를 유지하고 있는지 여부를 다음 각 호의 기준에 따라 검사하여야 한다.
   1. 정기검사 : 매년 1회
   2. 수시검사 : 교육훈련체계가 변경되는 경우 등 지방항공청장이 필요하다고 판단하는 때
⑩ 지정전문교육기관은 다음 각 호의 사항을 법 제48조제9항에 따른 항공교육훈련통합관리시스템에 입력하여야 한다.
   1. 법 제48조제2항에 따른 교육훈련체계의 변경사항
   2. 해당 교육훈련과정의 이수자 명단

제104조의2(지정전문교육기관의 지정 취소 등의 기준) ① 법 제48조의2에 따른 지정전문교육기관의 지정 취소 등 행정처분의 기준은 별표 12의2와 같다.
② 법 제48조의2제1항제7호라목에서 "국토교통부령으로 정하는 중요사항"이란 다음 각 호의 사항을 말한다.
   1. 안전목표에 관한 사항
   2. 안전조직에 관한 사항
   3. 안전장애 등에 대한 보고체계에 관한 사항
   4. 안전평가에 관한 사항

Chapter 01 항공법규

항공안전법	항공안전법 시행령

항공안전법

의 기간을 정하여 그 업무의 정지를 명할 수 있다. 다만, 제1호 또는 제8호에 해당하는 경우에는 그 지정을 취소하여야 한다.

1. 거짓이나 그 밖의 부정한 방법으로 전문교육기관으로 지정받은 경우
2. 정당한 사유 없이 전문교육기관 지정기준을 위반한 경우
3. 제48조제5항을 위반하여 정당한 사유 없이 훈련운영기준을 준수하지 아니한 경우
4. 정당한 사유 없이 제48조제10항에 따른 국토교통부장관의 자료 또는 정보제공의 요청을 따르지 아니한 경우
5. 전문교육기관으로 지정받은 이후 2년을 초과하는 기간 동안 교육과정을 개설하지 아니한 경우
6. 고의 또는 중대한 과실로 항공기사고를 발생시키거나 소속 항공종사자에 대하여 관리·감독하는 상당한 주의의무를 게을리하여 항공기사고가 발생한 경우
7. 제58조제2항을 위반하여 다음 각 목의 어느 하나에 해당하는 경우
   가. 업무를 시작하기 전까지 항공안전관리시스템을 마련하지 아니한 경우
   나. 승인을 받지 아니하고 항공안전관리시스템을 운용한 경우
   다. 항공안전관리시스템을 승인받은 내용과 다르게 운용한 경우
   라. 승인을 받지 아니하고 국토교통부령으로 정하는 중요사항을 변경한 경우
8. 이 항 본문에 따른 업무정지 기간에 업무를 한 경우

② 제1항에 따른 처분의 세부기준 및 절차와 그 밖에 필요한 사항은 국토교통부령으로 정한다.

제48조의3(전문교육기관 지정을 받은 자에 대한 과징금의 부과)
① 국토교통부장관은 전문교육기관 지정을 받은 자가 제48조의2제2호부터 제7호까지의 어느 하나에 해당하여 그 업무의 정지를 명하여야 하는 경우로서 그 업무를 정지하는 경우 전문교육기관 이용자 등에게 심한 불편을 주거나 공익을 해칠 우려가 있는 경우에는 업무정지 처분을 갈음하여 10억원 이하의 과징금을 부과할 수 있다.
② 제1항에 따른 과징금 부과의 구체적인 기준, 절차 및 그 밖에 필요한 사항은 대통령령으로 정한다.
③ 국토교통부장관은 제1항에 따라 과징금을 내야 할 자가 납부기한까지 과징금을 내지 아니하면 국세 체납처분의 예에 따라 징수한다.

항공안전법 시행령

제8조의2(전문교육기관 지정을 받은 자에 대한 위반행위의 종류별 과징금의 금액) ① 법 제48조의3제1항에 따라 과징금을 부과할 수 있는 위반행위의 종류와 위반 정도 등에 따른 과징금의 금액은 별표 1의2와 같다.
② 과징금의 부과·납부 및 독촉에 관하여는 제6조 및 제7조를 준용한다.

제8조의3(항공안전데이터 등의 수집 및 처리시스템 운영의 위탁) 국토교통부장관은 법 제61조의2제2항에 따라 통합항공안전데이터수집분석시스템의 운영을 「항공안전기술원법」에 따른 항공안전기술원에 위탁한다.

재미있는 항공이야기

항공기도 화장을 한다!

　요즘 항공기들은 예쁘게 화장을 하고 다닌다. 페인트를 칠한 외형만 봐도 어느 항공사 비행기인지 금방 알아 볼 수 있을 정도이다.
　동체에 페인팅을 하는 것은 여성들이 화장을 하는 것과 같이 전적으로 미관을 위한 것이다. 예전에 미국의 모 항공사는 전혀 화장을 하지 않은 맨몸(?)으로 다니기도 했고 대한항공의 경우도 70년대 석유파동 당시 연료비를 절감하기 위해 새로 도입한 항공기에 페인팅을 하지 않고 꼬리날개에 로고마크만을 그려 넣기만 했던 사례도 있다. 이 비행기에는 비키니항공기라는 예명이 따라 다녔다.
　하지만 최근에는 항공사 CI 차원에서 칼라와 로고마크를 동일하게 채색하고 다니던 관례에서 벗어나 동체에 미키마우스를 그려 넣거나 고래 모양으로 페인팅을 하는 등 다양한 형태로 발전하고 있다. 이젠 외형만 봐서는 어느 나라 항공사인지 구분할 수가 없게 되었다. 세계화 국제화를 실감케 하는 대표적인 사례라 하겠다. 항공사들도 국적을 뛰어넘어 서비스로 승부하겠다는 마케팅 전략이 숨어 있는 것이다.
　이렇게 점보기 1대에 페인팅을 하기 위해서는 페인트가 220갤런(833리터)이나 든다. 55갤런짜리 드럼으로 4드럼 정도가 드는 것이다. 화장에 소요되는 페인트 무게를 따지면 1톤이 조금 안 나가는 833kg 정도. 엄청난 양의 페인트가 소요되는 만큼 비행기 1대 화장하는데 페인트 등의 화장품과 인건비를 포함하여 1억5천만원 정도가 든다.
　항공기가 이처럼 칠을 시작한 것은 비행기가 군용기로 사용된 제1차 세계대전 무렵부터 였다. 당시 도색의 개념은 비행기가 적의 눈에 잘 띄지 않도록 위장하기 위한 것이다. 이것은 현재 군용기도 마찬가지다. 한동안 동체 상부에 흰색으로 칠한 비행기들이 많이 눈에 띄었는데 이는 여객기가 비행장에서 오랜 시간 머무는 동안 뜨거운 햇빛에 의해 기내의 온도가 심한 경우 50도까지 올라가기도 해 이를 방지하기 위해서였다.
　그러나 최근에는 열도 흡수하고 광택이 나는 폴리우레탄 페인트나 하이솔리드 페인트 등이 사용되면서 여객기의 화장은 더욱 화려하고 다양화되어 그림까지도 그릴 수 있게 된 것이다.
　항공기 동체에 자사 로고를 그려 넣는 것 외에 그림을 그려서 다니는 항공사들이 최근에는 부쩍 늘어났다. 일본항공이나 전일공수(ANA), 호주의 콴타스항공 등이 자사 비행기 동체에 그림을 그려 넣기로 유명한 항공사들이다. 전일공수의 경우 어린이 사생대회를 통해 선발한 공모 당선작인 고래 디자인을 항공기 전면에 그려 넣기도 했으며 최근에는 인기 만화영화인 포케몬의 캐릭터를 도장하기도 해서 특히 어린이 고객들에게 커다란 인기를 끌기도 했다. 일본항공(JAL)의 경우도 하와이 등 특정관광 노선만을 대상으로 운항하는 항공기에 남국의 꽃과 새 등을 동체에 디자인한 항공기를 리조차(Resocha)로 명명, 운영하고 있다. 이는 휴양지 전용기라는 의미의 리조트 차터(Resort Charter)를 의미한다고 한다. 또한 JAL은 기종별로 B737기에는 꽃문양, MD 11기에는 새 문양을 부착하는 등 영업 마케팅 개념보다 자사 항공기에 대한 친밀감과 홍보용으로 페인팅을 도입하고 있기도 한다.
　이번에 국내 최초로 항공기 동체에 그림을 그려 넣은 대한항공의 '하르비' 항공기의 경우, 도안을 거쳐 페인팅을 하는 데 약 1개월이 소요됐는데, 34명의 직원이 3교대로 10일간(240시간)을 꼬박 매달려야 하는 대작업 이었다. ✈

〈자료출처 : Asiana Monthly In-Flight Magazine〉

항공안전법	항공안전법 시행령

제49조(항공전문의사의 지정 등) ① 국토교통부장관은 제40조에 따른 자격증명의 종류별 항공신체검사증명을 효율적이고 전문적으로 하기 위하여 국토교통부령으로 정하는 바에 따라 항공의학에 관한 전문교육을 받은 전문의사(이하 "항공전문의사"라 한다)를 지정하여 제40조에 따른 항공신체검사증명에 관한 업무를 대행하게 할 수 있다.
② 교육이수실적, 경력 등 항공전문의사의 지정기준은 국토교통부령으로 정한다.
③ 항공전문의사는 국토교통부령으로 정하는 바에 따라 국토교통부장관이 정기적으로 실시하는 전문교육을 받아야 한다.

제50조(항공전문의사 지정의 취소 등) ① 국토교통부장관은 항공전문의사가 다음 각 호의 어느 하나에 해당하는 경우에는 그 지정을 취소하거나 1년 이내의 기간을 정하여 그 지정의 효력정지를 명할 수 있다. 다만 제1호, 제3호, 제4호 또는 제6호부터 제8호까지의 어느 하나에 해당하는 경우에는 그 지정을 취소하여야 한다.
   1. 거짓이나 그 밖의 부정한 방법으로 항공전문의사로 지정받은 경우
   2. 항공전문의사가 제40조에 따른 항공신체검사증명서의 발급 등 국토교통부령으로 정하는 업무를 게을리 수행한 경우
   3. 이 조에 따른 항공전문의사 지정의 효력정지 기간에 제40조에 따른 항공신체검사증명에 관한 업무를 수행한 경우
   4. 항공전문의사가 제49조제2항에 따른 지정기준에 적합하지 아니하게 된 경우
   5. 항공전문의사가 제49조제3항에 따른 전문교육을 받지 아니한 경우
   6. 항공전문의사가 고의 또는 중대한 과실로 항공신체검사증명서를 잘못 발급한 경우
   7. 항공전문의사가 「의료법」 제65조 또는 제66조에 따라 자격이 취소 또는 정지된 경우
   8. 본인이 지정 취소를 요청한 경우
② 제1항에 따라 항공전문의사 지정 취소처분을 받은 사람은 그 처분을 받은 날부터 2년간 이 법에 따른 항공전문의사 지정을 신청할 수 없다.
③ 제1항에 따른 처분기준 및 처분절차 등은 국토교통부령으로 정한다.

항공안전법 시행규칙

제105조(항공전문의사의 지정 등) ① 법 제49조제1항에 따라 항공전문의사로 지정을 받으려는 사람은 별지 제59호서식의 항공전문의사 지정신청서에 제2항에 따른 항공전문의사의 지정기준에 적합함을 증명하는 서류(제2항제2호에 따른 전문의임을 증명하는 서류는 제외한다)를 첨부하여 국토교통부장관에게 제출해야 한다.
② 법 제49조제2항에 따른 항공전문의사의 지정기준은 다음 각 호와 같다.
  1. 항공전문의사 지정을 신청한 날을 기준으로 직전 1년 이내에 제5항에 따른 항공의학에 관한 교육과정을 이수할 것
  2. 「의료법」 제5조에 따른 의사로서 항공의학 분야에서 5년 이상의 경력이 있거나 같은 법 제77조에 따른 전문의(치과의사와 한의사는 제외한다)일 것
  3. 별표 13에서 정한 항공신체검사 의료기관의 시설 및 장비 기준에 적합한 의료기관에 소속(동일 지역 내에 있는 다른 의료기관의 시설 및 장비를 사용할 수 있는 경우를 포함한다)되어 있을 것
③ 국토교통부장관은 신청인이 제2항에 따른 지정기준에 적합한 경우에는 별지 제60호서식의 항공전문의사 지정서를 신청인에게 발급하여야 한다.
④ 국토교통부장관은 제3항에 따라 항공전문의사를 지정한 경우에는 이를 공고하여야 한다.
⑤ 법 제49조에 따라 항공전문의사로 지정받으려는 사람과 항공전문의사로 지정받은 사람이 이수하여야 할 교육과목 및 교육시간은 다음 표와 같다.

교육과목	교육시간	
	항공전문의사로 지정 받으려는 사람	항공전문의사로 지정 받은 사람
항공의학이론	10시간	6시간
항공의학실기	10시간	7시간
항공관련법령	4시간	3시간
정신계질환 판정 및 상담기법	4시간	3시간
계	28시간	19시간(매 3년)

⑥ 제5항에 따른 교육의 세부적인 운영방법 등에 관하여 필요한 사항은 국토교통부장관이 정하여 고시한다.
⑦ 항공전문의사는 소속기관의 명칭 또는 주소가 변경되어 항공전문의사 지정서를 재발급 받으려면 별지 제59호서식의 항공전문의사 기재사항 변경 신청서에 그 변경사항을 증명하는 서류를 첨부하여 국토교통부장관에게 제출해야 한다.

제106조(항공전문의사 지정의 취소 등) ① 법 제50조제1항제2호에서 "항공신체검사증명서의 발급 등 국토교통부령으로 정한 업무"란 다음 각 호의 업무를 말한다.
  1. 제93조제2항에 따른 항공신체검사증명서의 발급
  2. 제93조제3항에 따른 항공신체검사증명서 발급대장의 작성·관리
  3. 제93조제4항에 따른 항공신체검사증명서 발급결과의 통지
  4. 그 밖에 항공신체검사에 관한 업무로서 국토교통부장관이 정하여 고시하는 업무
② 법 제50조제1항에 따른 행정처분의 기준은 별표 14와 같다.
③ 항공전문의사는 법 제50조제1항제8호에 따른 항공전문의사 지정 취소를 요청하려는 경우에는 별지 제60호의2서식의 항공전문의사 지정 취소 신청서를 작성하여 국토교통부장관에게 제출해야 한다
④ 국토교통부장관은 법 제50조제2항에 따라 항공전문의사의 지정을 취소하거나 지정의 효력정지를 명할 때에는 한국항공우주의학협회의 장에게 그 사실을 통지하여야 한다.
⑤ 국토교통부장관은 제3항에 따라 항공전문의사의 지정을 취소하거나 지정의 효력정지를 명할 때에는 이를 공고하여야 한다.

Chapter 01 | 항공법규

항공안전법	항공안전법 시행령

제5장 항공기의 운항

제51조(무선설비의 설치·운용 의무) 항공기를 운항하려는 자 또는 소유자등은 해당 항공기에 비상위치 무선표지설비, 2차감시레이더용 트랜스폰더 등 국토교통부령으로 정하는 무선설비를 설치·운용하여야 한다.

제52조(항공계기등의 설치·탑재 및 운용 등) ① 항공기를 운항하려는 자 또는 소유자등은 해당 항공기에 항공기 안전운항을 위하여 필요한 항공계기(航空計器), 장비, 서류, 구급용구 등(이하 "항공계기등"이라 한다)을 설치하거나 탑재하여 운용하여야 한다. 이 경우 최대이륙중량이 600킬로그램 초과 5천700킬로그램 이하인 비행기에는 사고예방 및 안전운항에 필요한 장비를 추가로 설치할 수 있다.
② 제1항에 따라 항공계기등을 설치하거나 탑재하여야 할 항공기, 항공계기등의 종류, 설치·탑재기준 및 그 운용방법 등에 필요한 사항은 국토교통부령으로 정한다.

항공안전법 시행규칙

제5장 항공기의 운항

제107조(무선설비) ① 법 제51조에 따라 항공기에 설치·운용해야 하는 무선설비는 다음 각 호와 같다. 다만, 항공운송사업에 사용되는 항공기 외의 항공기가 계기비행방식 외의 방식(이하 "시계비행방식"이라 한다)에 의한 비행을 하는 경우에는 제3호부터 제6호까지의 무선설비를 설치·운용하지 않을 수 있다.
  1. 비행 중 항공교통관제기관과 교신할 수 있는 초단파(VHF) 또는 극초단파(UHF)무선전화 송수신기 각 2대. 이 경우 비행기[국토교통부장관이 정하여 고시하는 기압고도계의 수정을 위한 고도(이하 "전이고도"라 한다) 미만의 고도에서 교신하려는 경우만 해당한다]와 헬리콥터의 운항승무원은 붐(Boom) 마이크로폰 또는 스롯(Throat) 마이크로폰을 사용하여 교신하여야 한다.
  2. 기압고도에 관한 정보를 제공하는 2차감시 항공교통관제 레이더용 트랜스폰더(Mode 3/A 및 Mode C SSR transponder. 다만, 국외를 운항하는 항공운송사업용 항공기의 경우에는 Mode S transponder) 1대
  3. 자동방향탐지기(ADF) 1대[무지향표지시설(NDB) 신호로만 계기접근절차가 구성되어 있는 공항에 운항하는 경우만 해당한다]
  4. 계기착륙시설(ILS) 수신기 1대(최대이륙중량 5천 700킬로그램 미만의 항공기와 헬리콥터 및 무인항공기는 제외한다)
  5. 전방향표지시설(VOR) 수신기 1대(무인항공기는 제외한다)
  6. 거리측정시설(DME) 수신기 1대(무인항공기는 제외한다)
  7. 다음 각 목의 구분에 따라 비행 중 뇌우(雷雨) 또는 잠재적인 위험 기상조건을 탐지할 수 있는 기상레이더 또는 악기상 탐지장비
     가. 국제선 항공운송사업에 사용되는 비행기로서 여압장치가 장착된 비행기의 경우 : 기상레이더 1대
     나. 국제선 항공운송사업에 사용되는 헬리콥터의 경우 : 기상레이더 또는 악기상 탐지장비 1대
     다. 가목 외에 국외를 운항하는 비행기로서 여압장치가 장착된 비행기의 경우 : 기상레이더 또는 악기상 탐지장비 1대
  8. 다음 각 목의 구분에 따라 비상위치지시용 무선표지설비(ELT). 이 경우 비상위치지시용 무선표지설비의 신호는 121.5메가헤르츠(MHz) 및 406메가헤르츠(MHz)로 송신되어야 한다.
     가. 2대를 설치하여야 하는 경우 : 다음의 어느 하나에 해당하는 항공기. 이 경우 비상위치지시용 무선표지설비 2대 중 1대는 자동으로 작동되는 구조여야 하며, 2)의 경우 1대는 구명보트에 설치해야 한다.
        1) 승객의 좌석 수가 19석을 초과하는 비행기(항공운송사업에 사용되는 비행기만 해당한다)
        2) 비상착륙에 적합한 육지(착륙이 가능한 섬을 포함한다)로부터 순항속도로 10분의 비행거리 이상의 해상을 비행하는 제1종 및 제2종 헬리콥터, 회전날개에 의한 자동회전(autorotation)에 의하여 착륙할 수 있는 거리 또는 인근한 비상착륙(safe forced landing)을 할 수 있는 거리를 벗어난 해상을 비행하는 제3종 헬리콥터
     나. 1대를 설치하여야 하는 경우 : 가목에 해당하지 않는 항공기. 이 경우 비상위치지시용 무선표지설비는 자동으로 작동되는 구조여야 한다.
② 제1항제1호에 따른 무선설비는 다음 각 호의 성능이 있어야 한다.
  1. 비행장 또는 헬기장에서 관제를 목적으로 한 양방향통신이 가능할 것
  2. 비행 중 계속하여 기상정보를 수신할 수 있을 것
  3. 운항 중 「전파법 시행령」 제29조제1항제7호 및 제11호에 따른 항공기국과 항공국 간 또는 항공국과 항공기국 간 양방향통신이 가능할 것
  4. 항공비상주파수(121.5㎒ 또는 243.0㎒)를 사용하여 항공교통관제기관과 통신이 가능할 것
  5. 제1항제1호에 따른 무선전화 송수신기 각 2대 중 각 1대가 고장이 나더라도 나머지 각 1대는 고장이 나지 않도록 각각 독립적으로 설치할 것
③ 제1항제2호에 따라 항공운송사업용 비행기에 장착해야 하는 기압고도에 관한 정보를 제공하는 트랜스폰더는 다음 각 호의 성능이 있어야 한다.
  1. 고도 7.62미터(25피트) 이하의 간격으로 기압고도정보(pressure altitude information)를 관할 항공교통관제기관에 제공할 수 있을 것
  2. 해당 비행기의 위치(공중 또는 지상)에 대한 정보를 제공할 수 있을 것[해당 비행기에 비행기의 위치(공중 또는 지상 : airborne/on-the-ground status)를 자동으로 감지하는 장치(automatic means of detecting)가 장착된 경우만 해당한다]

Chapter 01 | 항공법규

> ### 항공안전법 시행규칙

④ 제1항에 따른 무선설비의 운용요령 등에 관하여 필요한 사항은 국토교통부장관이 정하여 고시한다.

제108조(항공일지) ① 법 제52조제2항에 따라 항공기를 운항하려는 자 또는 소유자등은 탑재용 항공일지, 지상 비치용 발동기 항공일지 및 지상 비치용 프로펠러 항공일지를 갖추어 두어야 한다. 다만, 활공기의 소유자등은 활공기용 항공일지를, 법 제102조 각 호의 어느 하나에 해당하는 항공기의 소유자등은 탑재용 항공일지를 갖춰 두어야 한다.
② 항공기의 소유자등은 항공기를 항공에 사용하거나 개조 또는 정비한 경우에는 지체 없이 다음 각 호의 구분에 따라 항공일지에 적어야 한다.

1. 탑재용 항공일지(법 제102조 각 호의 어느 하나에 해당하는 항공기는 제외한다)
   가. 항공기의 등록부호 및 등록 연월일
   나. 항공기의 종류·형식 및 형식증명번호
   다. 감항분류 및 감항증명번호
   라. 항공기의 제작자·제작번호 및 제작 연월일
   마. 발동기 및 프로펠러의 형식
   바. 비행에 관한 다음의 기록
   　1) 비행연월일　　　　　　　　　　2) 승무원의 성명 및 업무
   　3) 비행목적 또는 편명　　　　　　4) 출발지 및 출발시각
   　5) 도착지 및 도착시각　　　　　　6) 비행시간
   　7) 항공기의 비행안전에 영향을 미치는 사항　8) 기장의 서명
   사. 제작 후의 총 비행시간과 오버홀을 한 항공기의 경우 최근의 오버홀 후의 총 비행시간
   아. 발동기 및 프로펠러의 장비교환에 관한 다음의 기록
   　1) 장비교환의 연월일 및 장소
   　2) 발동기 및 프로펠러의 부품번호 및 제작일련번호
   　3) 장비가 교환된 위치 및 이유
   자. 수리·개조 또는 정비의 실시에 관한 다음의 기록
   　1) 실시 연월일 및 장소
   　2) 실시 이유, 수리·개조 또는 정비의 위치 및 교환 부품명
   　3) 확인 연월일 및 확인자의 서명 또는 날인

2. 탑재용 항공일지(법 제102조 각 호의 어느 하나에 해당하는 항공기만 해당한다)
   가. 항공기의 등록부호·등록증번호 및 등록 연월일
   나. 비행에 관한 다음의 기록
   　1) 비행연월일　　　　　　　　　　2) 승무원의 성명 및 업무
   　3) 비행목적 또는 항공기 편명　　　4) 출발지 및 출발시각
   　5) 도착지 및 도착시각　　　　　　6) 비행시간
   　7) 항공기의 비행안전에 영향을 미치는 사항　8) 기장의 서명

3. 지상 비치용 발동기 항공일지 및 지상 비치용 프로펠러 항공일지
   가. 발동기 또는 프로펠러의 형식
   나. 발동기 또는 프로펠러의 제작자·제작번호 및 제작 연월일
   다. 발동기 또는 프로펠러의 장비교환에 관한 다음의 기록
   　1) 장비교환의 연월일 및 장소
   　2) 장비가 교환된 항공기의 형식·등록부호 및 등록증번호
   　3) 장비교환 이유
   라. 발동기 또는 프로펠러의 수리·개조 또는 정비의 실시에 관한 다음의 기록
   　1) 실시 연월일 및 장소
   　2) 실시 이유, 수리·개조 또는 정비의 위치 및 교환 부품명
   　3) 확인 연월일 및 확인자의 서명 또는 날인

항공안전법 시행규칙

　　마. 발동기 또는 프로펠러의 사용에 관한 다음의 기록
　　　　1) 사용 연월일 및 시간　　　　2) 제작 후의 총 사용시간 및 최근의 오버홀 후의 총 사용시간
4. 활공기용 항공일지
　　가. 활공기의 등록부호·등록증번호 및 등록 연월일　　나. 활공기의 형식 및 형식증명번호
　　다. 감항분류 및 감항증명번호　　　　　　　　　　라. 활공기의 제작자·제작번호 및 제작 연월일
　　마. 비행에 관한 다음의 기록
　　　　1) 비행연월일　　　　　　　　2) 승무원의 성명
　　　　3) 비행목적　　　　　　　　　4) 비행 구간 또는 장소
　　　　5) 비행시간 또는 이·착륙횟수　6) 활공기의 비행안전에 영향을 미치는 사항
　　　　7) 기장의 서명
　　바. 수리·개조 또는 정비의 실시에 관한 다음의 기록
　　　　1) 실시 연월일 및 장소　　　　2) 실시 이유, 수리·개조 또는 정비의 위치 및 교환부품명
　　　　3) 확인 연월일 및 확인자의 서명 또는 날인

제109조(사고예방장치 등) ① 법 제52조제2항에 따라 사고예방 및 사고조사를 위하여 항공기에 갖추어야 할 장치는 다음 각 호와 같다. 다만, 국제항공노선을 운항하지 않는 헬리콥터의 경우에는 제2호 및 제3호의 장치를 갖추지 않을 수 있다.
1. 다음 각 목의 어느 하나에 해당하는 비행기에는 「국제민간항공협약」 부속서 10에서 정한 바에 따라 운용되는 공중충돌경고장치(Airborne Collision Avoidance System, ACAS II) 1기 이상
　　가. 항공운송사업에 사용되는 모든 비행기. 다만, 소형항공운송사업에 사용되는 최대이륙중량이 5천 700킬로그램 이하인 비행기로서 그 비행기에 적합한 공중충돌경고장치가 개발되지 아니하거나 공중충돌경고장치를 장착하기 위하여 필요한 비행기 개조 등의 기술이 그 비행기의 제작자 등에 의하여 개발되지 아니한 경우에는 공중충돌경고장치를 갖추지 아니 할 수 있다.
　　나. 2007년 1월 1일 이후에 최초로 감항증명을 받는 비행기로서 최대이륙중량이 1만5천킬로그램을 초과하거나 승객 30명을 초과하여 수송할 수 있는 터빈발동기를 장착한 항공운송사업 외의 용도로 사용되는 모든 비행기
　　다. 2008년 1월 1일 이후에 최초로 감항증명을 받는 비행기로서 최대이륙중량이 5,700킬로그램을 초과하거나 승객 19명을 초과하여 수송할 수 있는 터빈발동기를 장착한 항공운송사업 외의 용도로 사용되는 모든 비행기
2. 다음 각 목의 어느 하나에 해당하는 비행기 및 헬리콥터에는 그 비행기 및 헬리콥터가 지표면에 근접하여 잠재적인 위험상태에 있을 경우 적시에 명확한 경고를 운항승무원에게 자동으로 제공하고 전방의 지형지물을 회피할 수 있는 기능을 가진 지상접근경고장치(Ground Proximity Warning System) 1기 이상. 다만, 국제항공노선을 운항하지 않는 헬리콥터의 경우에는 지상접근경고장치를 갖추지 않을 수 있다.
　　가. 최대이륙중량이 5,700킬로그램을 초과하거나 승객 9명을 초과하여 수송할 수 있는 터빈발동기를 장착한 비행기
　　나. 최대이륙중량이 5,700킬로그램 이하이고 승객 5명 초과 9명 이하를 수송할 수 있는 터빈발동기를 장착한 비행기
　　다. 최대이륙중량이 5,700킬로그램을 초과하거나 승객 9명을 초과하여 수송할 수 있는 왕복발동기를 장착한 모든 비행기
　　라. 최대이륙중량이 3,175킬로그램을 초과하거나 승객 9명을 초과하여 수송할 수 있는 헬리콥터로서 계기비행방식에 따라 운항하는 헬리콥터
3. 다음 각 목의 어느 하나에 해당하는 항공기에는 비행자료 및 조종실 내 음성을 디지털 방식으로 기록할 수 있는 비행기록장치 각 1기 이상
　　가. 항공운송사업에 사용되는 터빈발동기를 장착한 비행기. 이 경우 비행기록장치에는 25시간 이상 비행자료를 기록하고, 2시간 이상 조종실 내 음성을 기록할 수 있는 성능이 있어야 한다.
　　나. 최대이륙중량이 2만 7천킬로그램을 초과하는 비행기. 이 경우 비행기록장치에는 비행자료 및 조종실 내 음성을 각각 25시간 이상 기록할 수 있는 성능이 있어야 한다.
　　다. 승객 5명을 초과하여 수송할 수 있고 최대이륙중량이 5,700킬로그램을 초과하는 비행기 중에서 항공운송사업 외의 용도로 사용되는 터빈발동기를 장착한 비행기. 이 경우 비행기록장치에는 25시간 이상 비행자료를 기록하고, 2시간 이상 조종실 내 음성을 기록할 수 있는 성능이 있어야 한다.

Chapter 01 | 항공법규

항공안전법 시행규칙

　　　라. 헬리콥터. 이 경우 비행기록장치에는 10시간 이상 비행자료를 기록하고, 2시간 이상 조종실 내 음성을 기록할 수 있는 성능이 있어야 한다.
　　　마. 그 밖에 항공기의 최대이륙중량 및 제작 시기 등을 고려하여 국토교통부장관이 필요하다고 인정하여 고시하는 항공기
　4. 최대이륙중량이 5,700킬로그램을 초과하거나 승객 9명을 초과하여 수송할 수 있는 터빈발동기(터보프롭발동기는 제외한다)를 장착한 항공운송사업에 사용되는 비행기에는 전방돌풍경고장치 1기 이상. 이 경우 돌풍경고장치는 조종사에게 비행기 전방의 돌풍을 시각 및 청각적으로 경고하고, 필요한 경우에는 실패접근(missed approach), 복행(go-around) 및 회피기동(escape manoeuvre : 장애물 등으로부터 벗어나기 위해 속력·경로를 바꾸며 움직이는 것을 말한다)을 할 수 있는 정보를 제공하는 것이어야 하며, 항공기가 착륙하기 위하여 자동착륙장치를 사용하여 활주로에 접근할 때 전방의 돌풍으로 인하여 자동착륙장치가 그 운용한계에 도달하고 있는 경우에는 조종사에게 이를 알릴 수 있는 기능을 가진 것이어야 한다.
　5. 최대이륙중량 2만 7천킬로그램을 초과하고 승객 19명을 초과하여 수송할 수 있는 항공운송사업에 사용되는 비행기로서 15분 이상 해당 항공교통관제기관의 감시가 곤란한 지역을 비행하는 하는 경우 위치추적 장치 1기 이상
　6. 최대이륙중량이 2만 7천킬로그램을 초과하는 항공운송사업에 사용되는 비행기에는 해당 비행기가 조난당했을 때 소유자등이 항공기 위치를 파악할 수 있도록 하는 정보를 1분마다 자동 발신하는 장치 1기 이상
　7. 최대이륙중량이 5천 7백킬로그램을 초과하고 터빈발동기를 장착한 항공운송사업에 사용되는 비행기에는 활주로종단 초과 인식 및 경고시스템(착륙 시 비행기의 예상 정지 지점을 실시간으로 표시하고 활주로를 초과할 것으로 예상되거나 조종사의 대응이 필요한 경우 경고하는 기능을 갖춘 시스템을 말한다) 1기

② 제1항제2호에 따른 지상접근경고장치는 다음 각 호의 구분에 따라 경고를 제공할 수 있는 성능이 있어야 한다.
　1. 제1항제2호가목에 해당하는 비행기의 경우에는 다음 각 목의 경우에 대한 경고를 제공할 수 있을 것
　　　가. 과도한 강하율이 발생하는 경우　　　　　　　　나. 지형지물에 대한 과도한 접근율이 발생하는 경우
　　　다. 이륙 또는 복행 후 과도한 고도의 손실이 있는 경우
　　　라. 비행기가 다음의 착륙형태를 갖추지 아니한 상태에서 지형지물과의 안전거리를 유지하지 못하는 경우
　　　　　1) 착륙바퀴가 착륙위치로 고정　　　2) 플랩의 착륙위치
　　　마. 계기활공로 아래로의 과도한 강하가 이루어진 경우
　2. 제1항제2호나목 및 다목에 해당하는 비행기와 제1항제2호라목에 해당하는 헬리콥터의 경우에는 다음 각 목의 경우에 대한 경고를 제공할 수 있을 것
　　　가. 과도한 강하율이 발생되는 경우　　　　　　　　나. 이륙 또는 복행 후에 과도한 고도의 손실이 있는 경우
　　　다. 지형지물과의 안전거리를 유지하지 못하는 경우

③ 제1항제2호에 따른 지상접근경고장치를 이용하는 항공기를 운영하려는 자 또는 소유자등은 지상접근경고장치의 지형지물 정보 현행성 유지를 위한 데이터베이스 관리절차를 수립·시행해야 한다.
④ 제1항제3호에 따른 비행기록장치의 종류, 성능, 기록하여야 하는 자료, 운영방법, 그 밖에 필요한 사항은 법 제77조에 따라 고시하는 운항기술기준에서 정한다.
⑤ 제1항제3호에도 불구하고 다음 각 호의 어느 하나에 해당하는 경우에는 비행기록장치를 장착하지 않을 수 있다. 이 경우 헬리콥터는 비행기록장치를 대신하여 국토교통부장관이 고시하는 기준을 갖춘 대체장비를 장착해야 한다.
　1. 제4항에 따른 운항기술기준에 적합한 비행기록장치가 개발되지 아니하거나 생산되지 않는 경우
　2. 해당 항공기에 비행기록장치를 장착하기 위하여 필요한 항공기 개조 등의 기술이 그 항공기의 제작사 등에 의하여 개발되지 아니한 경우
　3. 국제항공노선을 운항하는 헬리콥터로서 1989년 1월 1일 전에 제작되거나 최대이륙중량이 3,180킬로그램 이하인 헬리콥터의 경우
　4. 국제항공노선을 운항하지 않는 헬리콥터의 경우

제110조(구급용구 등) 법 제52조제2항에 따라 항공기의 소유자등이 항공기(무인항공기는 제외한다)에 갖추어야 할 구명동의, 음성신호발생기, 구명보트, 불꽃조난신호장비, 휴대용 소화기, 도끼, 손확성기(메가폰), 구급의료용품 등은 별표 15와 같다.

항공안전법 시행규칙

[별표 15] 항공기에 장비하여야 할 구급용구 등(제110조 관련)

1. 구급용구

구분	품목	수량 항공운송사업 및 항공사용사업에 사용하는 경우	수량 그 밖의 경우
가. 수상비행기 (수륙 양용 비행기를 포함한다)	·구명동의 또는 이에 상당하는 개인부양 장비 ·음성신호발생기 ·해상용 닻 ·일상용 닻	탑승자 한 명당 1개 1기 1개 1개	탑승자 한 명당 1개 1기 1개(해상이동에 필요한 경우만 해당한다) 1개

나. 육상비행기(수륙 양용 비행기를 포함한다)
1) 착륙에 적합한 해안으로부터 93킬로미터 (50해리) 이상의 해상을 비행하는 다음의 경우
  가) 쌍발비행기가 임계발동기가 작동하지 않아도 최저안전고도 이상으로 비행하여 교체비행장에 착륙할 수 있는 경우
  나) 3발 이상의 비행기가 2개의 발동기가 작동하지 않아도 항로상 교체비행장에 착륙할 수 있는 경우
	·구명동의 또는 이에 상당하는 개인부양 장비	탑승자 한 명당 1개	탑승자 한 명당 1개

2) 1)외의 육상단발비행기가 해안으로부터 활공거리를 벗어난 해상을 비행하는 경우	·구명동의 또는 이에 상당하는 개인부양 장비	탑승자 한 명당 1개	탑승자 한 명당 1개
3) 이륙경로나 착륙접근경로가 수상에서의 사고 시에 착수가 예상되는 경우	·구명동의 또는 이에 상당하는 개인부양 장비	탑승자 한 명당 1개	

다. 장거리 해상을 비행하는 비행기
1) 비상착륙에 적합한 육지로부터 120분 또는 740킬로미터(400해리) 중 짧은 거리 이상의 해상을 비행하는 다음의 경우
  가) 쌍발비행기가 임계발동기가 작동하지 않아도 최저안전고도 이상으로 비행하여 교체비행장에 착륙할 수 있는 경우
  나) 3발 이상의 비행기가 2개의 발동기가 작동하지 않아도 항로상 교체비행장에 착륙할 수 있는 경우
	·구명동의 또는 이에 상당하는 개인부양 장비
	·구명보트
	·불꽃조난신호장비
		탑승자 한 명당 1개
		
		적정 척 수
		1기
			탑승자 한 명당 1개
			
			적정 척 수
			1기

2) 1) 외의 비행기가 30분 또는 185킬로미터(100해리) 중 짧은 거리 이상의 해상을 비행하는 경우	·육상비행기 또는 수상비행기 구분에 따라 가 또는 나에서 정한 품목 ·구명보트 ·불꽃조난신호장비	육상비행기 또는 수상비행기의 구분에 따라 가 또는 나에서 정한 수량 적정 척 수 1기	
3) 비행기가 비상착륙에 적합한 육지로부터 93킬로미터(50해리) 이상의 해상을 비행하는 경우	·구명동의 또는 이에 상당하는 개인부양 장비 ·구명보트 ·불꽃조난신호장비		적정 척 수 1기 탑승자 한 명당 1개
4) 비상착륙에 적합한 육지로부터 단발기는 185킬로미터(100해리), 다발기는 1개의 발동기가 작동하지 않아도 370킬로미터(200해리) 이상의 해상을 비행하는 경우			적정 척 수 1기
라. 수색구조가 특별히 어려운 산악지역, 외딴지역 및 국토교통부장관이 정한 해상 등을 횡단 비행하는 비행기(헬리콥터를 포함한다)	·불꽃조난신호장비 ·구명장비	1기 이상 1기 이상	1기 이상 1기 이상

Chapter 01 | 항공법규

항공안전법 시행규칙

구분	품목	수량	
		항공운송사업 및 항공사용 사업에 사용하는 경우	그 밖의 경우
마. 헬리콥터 　1) 제1종 또는 제2종 헬리콥터가 육지(비상 　　 착륙에 적합한 섬을 포함한다)로부터 순 　　 항속도로 10분거리 이상의 해상을 비행 　　 하는 경우	·헬리콥터 부양장치 ·구명동의 또는 이에 상당하는 개 　인부양 장비 ·구명보트 ·불꽃조난신호장비	1조 탑승자 한 명당 1개 적정 척 수 1기	1조 탑승자 한 명당 1개 적정 척 수 1기
2) 제3종 헬리콥터가 다음의 비행을 하는 　　 경우 　　가) 비상착륙에 적합한 육지 또는 섬으로 　　　　부터 자동회전 또는 안전착륙거리를 　　　　벗어난 해상을 비행하는 경우	·헬리콥터 부양장치	1조	1조
나) 비상착륙에 적합한 육지 또는 섬으로 　　　　부터 자동회전거리를 초과하되, 국토 　　　　교통부장관이 정한 육지로부터의 거리 　　　　내의 해상을 비행하는 경우	·구명동의 또는 이에 상당하는 개 　인부양 장비	탑승자 한 명당 1개	탑승자 한 명당 1개
다) 가)에서 정한 지역을 초과하는 해상을 　　　　비행하는 경우	·구명동의 또는 이에 상당하는 개 　인부양 장비	탑승자 한 명당 1개	탑승자 한 명당 1개
3) 제2종 및 제3종 헬리콥터가 이륙 경로나 　　 착륙접근 경로가 수상에서의 사고 시에 　　 착수가 예상되는 경우	·구명보트 ·불꽃조난신호장비 ·구명동의 또는 이에 상당하는 개 　인부양 장비	적정 척 수 1기 탑승자 한 명당 1개	적정 척 수 1기 탑승자 한 명당 1개
4) 앞바다(offshore)를 비행하거나 국토교통 　　 부장관이 정한 수상을 비행할 경우	·헬리콥터 부양장치	1조	1조
5) 산불진화 등에 사용되는 물을 담기 위해 　　 수면 위로 비행하는 경우	·구명동의 또는 이에 상당하는 개 　인부양 장비	탑승자 한 명당 1개	탑승자 한 명당 1개

비고
1) 구명동의 또는 이에 상당하는 개인부양 장비는 생존위치표시등이 부착된 것으로서 각 좌석으로부터 꺼내기 쉬운 곳에 두고, 그 위치 및 사용방법을 승객이 명확히 알기 쉽도록 해야 한다.
2) 육지로부터 자동회전 착륙거리를 벗어나 해상 비행을 하거나 산불 진화 등에 사용되는 물을 담기 위해 수면 위로 비행하는 경우 헬리콥터의 탑승자는 헬리콥터가 수면 위에서 비행하는 동안 위 표 마목에 따른 구명동의를 계속 착용하고 있어야 한다.
3) 헬리콥터가 해상 운항을 할 경우, 해수 온도가 10℃ 이하일 경우에는 탑승자 모두 구명동의를 착용해야 한다.
4) 음성신호발생기는 1972년 「국제해상충돌예방규칙협약」에서 정한 성능을 갖춰야 한다.
5) 구명보트의 수는 탑승자 전원을 수용할 수 있는 수량이어야 한다. 이 경우 구명보트는 비상시 사용하기 쉽도록 적재되어야 하며, 각 구명보트에는 비상신호등·방수휴대등이 각 1개씩 포함된 구명용품 및 불꽃조난신호장비 1기를 갖춰야 한다. 다만, 구명용품 및 불꽃조난신호장비는 구명보트에 보관할 수 있다.
6) 위 표 마목의 제1종·제2종 및 제3종 헬리콥터는 다음과 같다.
　가) 제1종 헬리콥터(Operations in performance Class 1 helicopter) : 임계발동기에 고장이 발생한 경우, TDP(Take-off Decision Point : 이륙결심지점) 전 또는 LDP(Landing Decision Point : 착륙결심지점)를 통과한 후에는 이륙을 포기하거나 또는 착륙지점에 착륙해야 하며, 그 외에는 적합한 착륙 장소까지 안전하게 계속 비행이 가능한 헬리콥터
　나) 제2종 헬리콥터(Operations in performance Class 2 helicopter) : 임계발동기에 고장이 발생한 경우, 초기 이륙 조종 단계 또는 최종 착륙 조종 단계에서는 강제 착륙이 요구되며, 이 외에는 적합한 착륙 장소까지 안전하게 계속 비행이 가능한 헬리콥터
　다) 제3종 헬리콥터(Operations in performance Class 3 helicopter) : 비행 중 어느 시점이든 임계발동기에 고장이 발생할 경우 강제착륙이 요구되는 헬리콥터

I. 항공안전법 · 시행령 · 시행규칙
제5장 항공기의 운항

항공안전법 시행규칙

2. 소화기
   가. 항공기에는 적어도 조종실 및 조종실과 분리되어 있는 객실에 각각 한 개 이상의 이동이 간편한 소화기를 갖춰 두어야 한다. 다만, 소화기는 소화액을 방사 시 항공기 내의 공기를 해롭게 오염시키거나 항공기의 안전운항에 지장을 주는 것이어서는 안 된다.
   나. 항공기의 객실에는 다음 표의 소화기를 갖춰 두어야 한다.

승객 좌석 수	소화기의 수량	승객 좌석 수	소화기의 수량
1) 6석부터 30석까지	1	5) 301석부터 400석까지	5
2) 31석부터 60석까지	2	6) 401석부터 500석까지	6
3) 61석부터 200석까지	3	7) 501석부터 600석까지	7
4) 201석부터 300석까지	4	8) 601석 이상	8

3. 항공운송사업용 및 항공기사용사업용 항공기에는 사고 시 사용할 도끼 1개를 갖춰 두어야 한다.
4. 항공운송사업용 여객기에는 다음 표의 손확성기를 갖춰 두어야 한다.

승객 좌석 수	손확성기의 수	승객 좌석 수	손확성기의 수
61석부터 99석까지	1	200석 이상	3
100석부터 199석까지	2		

5. 의료지원용구(Medical supply)

구 분	품 목	수 량
가. 구급의료용품 (First-aid Kit)	1) 내용물 설명서 2) 멸균 면봉(10개 이상) 3) 일회용 밴드 4) 거즈 붕대 5) 삼각건, 안전핀 6) 멸균된 거즈 7) 압박(탄력) 붕대 8) 소독포 9) 반창고 10) 상처 봉합용 테이프 11) 손 세정제 또는 물수건 12) 안대 또는 눈을 보호할 수 있는 테이프 13) 가위 14) 수술용 접착테이프 15) 핀셋 16) 일회용 의료장갑(2개 이상) 17) 체온계(비수은 체온계) 18) 인공호흡 마스크 19) 최신 정보를 반영한 응급처치교범 20) 구급의료용품 사용 시 보고를 위한 서식 21) 복용 약품(진통제, 구토억제제, 코 충혈 완화제, 제산제, 항히스타민제), 다만, 자가용 항공기, 항공기사용사업용 항공기 및 여객을 수송하지 않는 항공운송사업용 헬리콥터의 경우에는 항히스타민제를 갖춰두지 않을 수 있다.	승객 좌석 수에 따른 다음의 수량 가) 100석 이하 : 1조 나) 101석부터 200석까지 : 2조 다) 201석부터 300석까지 : 3조 라) 301석부터 400석까지 : 4조 마) 401석부터 500석까지 : 5조 바) 501석 이상 : 6조
나. 감염예방 의료용구 (Universal Precaution Kit)	1) 액체응고제(파우더) 2) 살균제 3) 피부 세척을 위한 수건 4) 얼굴/눈 보호대(마스크) 5) 일회용 의료장갑 6) 보호용 앞치마(에이프런) 7) 흡착용 대형 타올 8) 오물 처리를 위한 주걱(긁을 수 있는 도구 포함) 9) 오물을 위생적으로 처리할 수 있는 봉투 10) 사용 설명서	승객 좌석 수에 따른 다음의 수량 가) 250석 이하 : 1조 나) 251석부터 500석까지 : 2조 다) 501석 이상 : 3조

Chapter 01 항공법규

항공안전법 시행규칙

구분	품목	수량
다. 비상의료용구 (Emergency Medical Kit)	1) 장비 　가) 내용물 설명서　　나) 청진기 　다) 혈압계라) 인공기도　마) 주사기 　바) 주사바늘　　　사) 정맥주사용 도관(카테터) 　아) 항균 소독포　　자) 일회용 의료 장갑 　차) 주사 바늘 폐기함　카) 도뇨관 　타) 정맥 혈류기(수액세트)　파) 지혈대 　하) 스폰지 거즈　　거) 접착 테이프 　너) 외과용 마스크 　더) 기관 도관(또는 대형 정맥 삽입관) 　러) 탯줄 집게(제대 겸자)　머) 체온계(비수은 체온계) 　버) 기본인명구조술 지침서 　서) 인공호흡용 백 밸브 마스크(Bag-valve mask: 자동 팽창 환기 마스크) 　어) 손전등(펜라이트)과 건전지 2) 약품 　가) 아드레날린제(희석 농도 1:1,000) 또는 에피네프린(희석 농도 1:1,000) 　나) 항히스타민제(주사용) 　다) 정맥주사용 포도당(50%, 주사용 50ml) 　라) 니트로글리세린 정제(또는 스프레이) 　마) 진통제　　　　바) 향경련제(주사용) 　사) 진토제(주사용)　아) 기관지 확장제(흡입식) 　자) 아트로핀　　　차) 부신피질스테로이드(주사제) 　카) 이뇨제(주사용)　타) 자궁수축제 　파) 주사용 생리식염수(농도 0.9%, 용량 250ml 이상) 　하) 아스피린(경구용)　거) 경구용 베타수용체 차단제	1조

비고:
1. 모든 항공기에는 가목에서 정하는 수량의 구급의료용품을 탑재해야 한다.
2. 항공운송사업용 항공기에는 나목에서 정하는 수량의 감염예방 의료용구를 탑재하여야 한다. 다만, 「재난 및 안전관리 기본법」 제38조에 따라 발령된 위기경보가 심각 단계인 경우에는 나목에서 정하는 감염예방 의료용구에 1조를 더한 감염예방 의료용구를 탑재해야 한다.
3. 비행시간이 2시간 이상이면서 승객 좌석 수가 101석 이상인 항공운송사업용 항공기에는 다목에서 정하는 수량 이상의 비상의료용구를 탑재해야 한다.
4. 가목에 따른 구급의료용품과 나목에 따른 감염예방 의료용구는 비행 중 승무원이 쉽게 접근하여 사용할 수 있도록 객실 전체에 고르게 분포되도록 갖춰 두어야 한다.

제111조(승객 및 승무원의 좌석 등) ① 법 제52조제2항에 따라 항공기(무인항공기는 제외한다)에는 2세 이상의 승객과 모든 승무원을 위한 안전띠가 달린 좌석(침대좌석을 포함한다)을 장착해야 한다.
② 항공운송사업에 사용되는 항공기의 모든 승무원의 좌석에는 안전띠 외에 어깨끈을 장착해야 한다. 이 경우 운항승무원의 좌석에 장착하는 어깨끈은 급감속시 상체를 자동적으로 제어하는 것이어야 한다.

제112조(낙하산의 장비) 법 제52조제2항에 따라 다음 각 호의 어느 하나에 해당하는 항공기에는 항공기에 타고 있는 모든 사람이 사용할 수 있는 수의 낙하산을 갖춰 두어야 한다.
　1. 법 제23조제3항제2호에 따른 특별감항증명을 받은 항공기(제작 후 최초로 시험비행을 하는 항공기 또는 국토교통부장관이 지정하는 항공기만 해당한다)
　2. 법 제68조 각 호 외의 부분 단서에 따라 같은 조 제4호에 따른 곡예비행을 하는 항공기(헬리콥터는 제외한다)

항공안전법 시행규칙

제113조(항공기에 탑재하는 서류) 법 제52조제2항에 따라 항공기(활공기 및 법 제23조제3항제2호에 따른 특별감항증명을 받은 항공기는 제외한다)에는 다음 각 호의 서류를 탑재하여야 한다.
  1. 항공기 등록증명서
  2. 감항증명서
  3. 탑재용 항공일지
  4. 운용한계 지정서 및 비행교범
  5. 운항규정(별표 32에 따른 교범 중 훈련교범·위험물교범·사고절차교범·보안업무교범·항공기 탑재 및 처리 교범은 제외한다)
  6. 항공운송사업의 운항증명서 사본(항공당국의 확인을 받은 것을 말한다) 및 운영기준 사본(국제운송사업에 사용되는 항공기의 경우에는 영문으로 된 것을 포함한다)
  7. 소음기준적합증명서
  8. 각 운항승무원의 유효한 자격증명서 및 조종사의 비행기록에 관한 자료
  9. 무선국 허가증명서(radio station license)
  10. 탑승한 여객의 성명, 탑승지 및 목적지가 표시된 명부(passenger manifest)(항공운송사업용 항공기만 해당한다)
  11. 해당 항공운송사업자가 발행하는 수송화물의 화물목록(cargo manifest)과 화물 운송장에 명시되어 있는 세부 화물 신고서류(detailed declarations of the cargo)(항공운송사업용 항공기만 해당한다)
  12. 해당 국가의 항공당국 간에 체결한 항공기등의 감독 의무에 관한 이전협정서요약서 사본(법 제5조에 따른 임대차 항공기의 경우만 해당한다)
  13. 비행 전 및 각 비행단계에서 운항승무원이 사용해야 할 점검표
  14. 그 밖에 국토교통부장관이 정하여 고시하는 서류

제114조(산소 저장 및 분배장치 등) ① 법 제52조제2항에 따라 고고도(高高度) 비행을 하는 항공기(무인항공기는 제외한다. 이하 이 조에서 같다)는 다음 각 호의 구분에 따른 호흡용 산소의 양을 저장하고 분배할 수 있는 장치를 장착하여야 한다.
  1. 여압장치가 없는 항공기가 기내의 대기압이 700헥토파스칼(hPa) 미만인 비행고도에서 비행하려는 경우에는 다음 각 목에서 정하는 양
     가. 기내의 대기압이 700헥토파스칼(hPa) 미만 620헥토파스칼(hPa) 이상인 비행고도에서 30분을 초과하여 비행하는 경우에는 승객의 10퍼센트와 승무원 전원이 그 초과되는 비행시간 동안 필요로 하는 양
     나. 기내의 대기압이 620헥토파스칼(hPa) 미만인 비행고도에서 비행하는 경우에는 승객 전원과 승무원 전원이 해당 비행시간 동안 필요로 하는 양
  2. 기내의 대기압을 700헥토파스칼(hPa) 이상으로 유지시켜 줄 수 있는 여압장치가 있는 모든 비행기와 항공운송사업에 사용되는 헬리콥터의 경우에는 다음 각 목에서 정하는 양
     가. 기내의 대기압이 700헥토파스칼(hPa) 미만인 동안 승객 전원과 승무원 전원이 비행고도 등 비행환경에 따라 적합하게 필요로 하는 양
     나. 기내의 대기압이 376헥토파스칼(hPa) 미만인 비행고도에서 비행하거나 376헥토파스칼(hPa) 이상인 비행고도에서 620헥토파스칼(hPa)인 비행고도까지 4분 이내에 강하할 수 없는 경우에는 승객 전원과 승무원 전원이 최소한 10분 이상 사용할 수 있는 양
② 여압장치가 있는 비행기로서 기내의 대기압이 376헥토파스칼(hPa) 미만인 비행고도로 비행하려는 비행기에는 기내의 압력이 떨어질 경우 운항승무원에게 이를 경고할 수 있는 기압저하경보장치 1기를 장착하여야 한다.
③ 항공운송사업에 사용되는 항공기로서 기내의 대기압이 376헥토파스칼(hPa) 미만인 비행고도로 비행하거나 376헥토파스칼(hPa) 이상인 비행고도에서 620헥토파스칼(hPa)의 비행고도까지 4분 이내에 안전하게 강하할 수 없는 경우에는 승객 및 객실승무원 좌석 수를 더한 수보다 최소한 10퍼센트를 초과하는 수의 자동으로 작동되는 산소분배장치를 장착하여야 한다.
④ 여압장치가 있는 비행기로서 기내의 대기압이 376헥토파스칼(hPa) 미만인 비행고도에서 비행하려는 비행기의 경우 운항승무원의 산소마스크는 운항승무원이 산소의 사용이 필요할 때에 비행임무를 수행하는 좌석에서 즉시 사용할 수 있는 형태여야 한다.

Chapter 01 | 항공법규

> 항공안전법 시행규칙

⑤ 비행 중인 비행기의 안전운항을 위하여 조종업무를 수행하고 있는 모든 운항승무원은 제1항에 따른 산소 공급이 요구되는 상황에서는 언제든지 산소를 계속 사용할 수 있어야 한다.
⑥ 제1항에 따라 항공기에 장착하여야 할 호흡용산소의 저장·분배장치에 대한 비행고도별 세부 장착요건 및 산소의 양, 그 밖에 필요한 사항은 국토교통부장관이 정하여 고시한다.

제115조(헬리콥터 기체진동 감시 시스템 장착) 최대이륙중량이 3천 175킬로그램을 초과하거나 승객 9명을 초과하여 수송할 수 있는 국제항공노선을 운항하는 항공운송사업에 사용되는 헬리콥터는 법 제52조제1항에 따라 기체에서 발생하는 진동을 감시할 수 있는 시스템(vibration health monitoring system)을 장착해야 한다.

제116조(방사선투사량계기) ① 법 제52조제2항에 따라 항공운송사업용 항공기 또는 국외를 운항하는 비행기가 평균해면으로부터 1만 5천미터(4만9천피트)를 초과하는 고도로 운항하려는 경우에는 방사선투사량계기(Radiation Indicator) 1기를 갖추어야 한다.
② 제1항에 따른 방사선투사량계기는 투사된 총 우주방사선의 비율과 비행 시마다 누적된 양을 계속적으로 측정하고 이를 나타낼 수 있어야 하며, 운항승무원이 측정된 수치를 쉽게 볼 수 있어야 한다.

제117조(항공계기장치 등) ① 법 제52조제2항에 따라 시계비행방식 또는 계기비행방식(계기비행 및 항공교통관제 지시 하에 시계비행방식으로 비행을 하는 경우를 포함한다)에 의한 비행을 하는 항공기에 갖추어야 할 항공계기등의 기준은 별표 16과 같다.
② 야간에 비행을 하려는 항공기에는 별표 16에 따라 계기비행방식으로 비행할 때 갖추어야 하는 항공계기등 외에 추가로 다음 각 호의 조명설비를 갖추어야 한다. 다만, 제1호 및 제2호의 조명설비는 주간에 비행을 하려는 항공기에도 갖추어야 한다.
  1. 항공운송사업에 사용되는 항공기에는 2기 이상, 그 밖의 항공기에는 1기 이상의 착륙등. 다만, 헬리콥터의 경우 최소한 1기의 착륙등은 수직면으로 방향전환이 가능한 것이어야 한다.
  2. 충돌방지등 1기
  3. 항공기의 위치를 나타내는 우현등, 좌현등 및 미등
  4. 운항승무원이 항공기의 안전운항을 위하여 사용하는 필수적인 항공계기 및 장치를 쉽게 식별할 수 있도록 해주는 조명설비
  5. 객실조명설비
  6. 운항승무원 및 객실승무원이 각 근무위치에서 사용할 수 있는 손전등(flashlight)

③ 마하 수(Mach number) 단위로 속도제한을 나타내는 항공기에는 마하 수 지시계(Mach number Indicator)를 장착하여야 한다. 다만, 마하 수 환산이 가능한 속도계를 장착한 항공기의 경우에는 그러하지 아니하다.
④ 제2항제1호에도 불구하고 소형항공운송사업에 사용되는 항공기로서 해당 항공기에 착륙등을 추가로 장착하기 위한 기술이 그 항공기 제작자 등에 의해 개발되지 아니한 경우에는 1기의 착륙등을 갖추고 비행할 수 있다.

〔별표 16〕 <u>항공계기등의 기준</u>(제117조제1항 관련)

비행구분	계기명	수량			
		비행기		헬리콥터	
		항공운송사업용	항공운송사업용 외	항공운송사업용	항공운송사업용 외
시계비행 방식	나침반(MAGNETIC COMPASS)	1	1	1	1
	시계(시, 분, 초의 표시)	1	1	1	1
	정밀기압고도계(SENSITIVE PRESSURE ALTIMETER)	1	-	1	1
	기압고도계(PRESSURE ALTIMETER)	-	1	-	-
	속도계(AIRSPEED INDICATOR)	1	1	1	1

항공안전법 시행규칙

계기비행 방식	나침반(MAGNETIC COMPASS)	1	1	1	1
	시계(시, 분, 초의 표시)	1	1	1	1
	정밀기압고도계(SENSITIVE PRESSURE ALTIMETER)	2	1	2	1
	기압고도계(PRESSURE ALTIMETER)	-	1	-	-
	동결방지장치가 되어 있는 속도계(AIRSPEED INDICATOR)	1	1	1	1
	선회 및 경사지시계(TURN AND SLIP INDICATOR)	1	1	-	-
	경사지시계(SLIP INDICATOR)	-	-	1	1
	인공수평자세지시계(ATTITUDE INDICATOR)	1	1	조종석당 1개 및 여분의 계기 1개	
	자이로식 기수방향지시계(HEADING INDICATOR)	1	1	1	1
	외기온도계(OUTSIDE AIR TEMPERATURE INDICATOR)	1	1	1	1
	승강계(RATE OF CLIMB AND DESCENT INDICATOR)	1	1	1	1
	안정성유지시스템(STABILIZATION SYSTEM)	-	-	1	1

비고
1. 자이로식 계기(회전축이 수평 위치로 유지되어 항공기 선회나 자세 변화의 영향을 받지 않고 방향, 위치, 수평 상태 등을 표시하는 기기)에는 전원의 공급상태를 표시하는 수단이 있어야 한다.
2. 비행기의 경우 고도를 지시하는 3개의 바늘로 된 고도계(three pointer altimeter)와 드럼형 지시고도계(drum pointer altimeter)는 정밀기압고도계의 요건을 충족하지 않으며, 헬리콥터의 경우 드럼형 지시고도계는 정밀기압고도계의 요건을 충족하지 않는다.
3. 선회 및 경사지시계(헬리콥터의 경우에는 경사지시계), 인공수평 자세지시계 및 자이로식 기수방향지시계의 요건은 결합 또는 통합된 비행지시계(Flight director)로 충족될 수 있다. 다만, 동시에 고장 나는 것을 방지하기 위하여 각각의 계기에는 안전장치가 내장되어야 한다.
4. 헬리콥터의 설계자 또는 제작자가 안정성유지시스템 없이도 안정성을 유지할 수 있는 능력이 있다고 시험비행을 통하여 증명하거나 이를 증명할 수 있는 서류 등을 제출한 경우에는 안정성유지시스템을 갖추지 않을 수 있다.
5. 계기비행방식에 따라 운항하는 최대이륙중량 5,700킬로그램을 초과하는 비행기와 제1종 및 제2종 헬리콥터는 주 발전장치와는 별도로 30분 이상 인공수평 자세지시계를 작동시키고 조종사가 자세지시계를 식별할 수 있는 조명을 제공할 수 있는 비상전원 공급장치를 갖추어야 한다. 이 경우 비상전원 공급장치는 주 발전장치 고장 시 자동으로 작동되어야 하고 자세지시계가 비상전원으로 작동 중임이 계기판에 명확하게 표시되어야 한다.
6. 야간에 시계비행방식으로 국외를 운항하려는 항공운송사업용 헬리콥터는 시계비행방식으로 비행할 경우 위 표에 따라 장착해야 할 계기와 조종사 1명당 1개의 인공수평 자세지시계, 1개의 경사지시계, 1개의 자이로식 기수방향지시계, 1개의 승강계를 장착해야 한다.
7. 진보된 조종실 자동화 시스템[Advanced cockpit automation system(Glass cockpit)-각종 아날로그 및 디지털 계기를 하나 또는 두 개의 전시화면(Display)으로 통합한 형태]을 갖춘 항공기는 주 시스템과 전시(Display)장치가 고장난 경우 조종사에게 항공기의 자세, 방향, 속도 및 고도를 제공하는 여분의 시스템을 갖추어야 한다. 다만, 주간에 시계비행방식으로 운항하는 헬리콥터는 제외한다.
8. 국외를 운항하는 항공운송사업 외의 비행기가 계기비행방식으로 비행하려는 경우에는 2개의 독자적으로 작동하는 비행기 자세 측정 장치(independent altitude measuring)와 비행기 자세 전시 장치(display system)를 갖추어야 한다.
9. 야간에 시계비행방식으로 운항하려는 항공운송사업 외의 헬리콥터에는 각 조종석마다 자세지시계 1개와 여분의 자세지시계 1개, 경사지시계 1개, 기수방향지시계 1개, 승강계 1개를 추가로 장착해야 한다.

제118조(제빙·방빙장치) 법 제52조제2항에 따라 결빙이 있거나 결빙이 예상되는 지역으로 운항하려는 항공기에는 결빙을 제거할 수 있는 제빙(De-icing)장치 또는 결빙을 방지할 수 있는 방빙(Anti-icing)장치를 갖추어야 한다.

제119조(항공기의 연료와 오일) 법 제53조에 따라 항공기에 실어야 하는 연료와 오일의 양은 별표 17과 같다.

Chapter 01 항공법규

항공안전법 시행규칙

[별표 17] 항공기에 실어야 할 연료와 오일의 양(제119조 관련)

구분		연료 및 오일의 양	
		왕복발동기 장착 항공기	터빈발동기 장착 항공기

항공운송사업용 및 항공기사용사업용 비행기	계기비행으로 교체비행장이 요구될 경우	다음 각 호의 양을 더한 양
		1. 이륙 전에 소모가 예상되는 연료(taxi fuel)의 양
		2. 이륙부터 최초 착륙예정 비행장에 착륙할 때까지 필요한 연료(trip fuel)의 양
		3. 이상사태 발생 시 연료 소모가 증가할 것에 대비하기 위한 것으로서 법 제77조에 따라 고시하는 운항기술기준(이하 이 표에서 "운항기술기준"이라 한다)에서 정한 연료(Contingency fuel)의 양
		4. 다음 각 목의 어느 하나에 해당하는 연료(destination alternate fuel)의 양
		  가. 1개의 교체비행장이 요구되는 경우 : 다음의 양을 더한 양
		    1) 최초 착륙예정 비행장에서 한 번의 실패접근에 필요한 양
		    2) 교체비행장까지 상승비행, 순항비행, 강하비행, 접근비행 및 착륙에 필요한 양
		  나. 2개 이상의 교체비행장이 요구되는 경우 : 각각의 교체비행장에 대하여 가목에 따라 산정된 양 중 가장 많은 양
		5. 교체비행장에 도착 시 예상되는 비행기의 중량 상태에서 순항속도 및 순항고도로 45분간 더 비행할 수 있는 연료(final reserve fuel)의 양
		6. 그 밖에 비행기의 비행성능 등을 고려하여 운항기술기준에서 정한 추가 연료의 양
			다음 각 호의 양을 더한 양
			1. 이륙 전에 소모가 예상되는 연료의 양
			2. 이륙부터 최초 착륙예정 비행장에 착륙할 때까지 필요한 연료의 양
			3. 이상사태 발생 시 연료 소모가 증가할 것에 대비하기 위한 것으로서 운항기술기준에서 정한 연료의 양
			4. 다음 각 목의 어느 하나에 해당하는 연료의 양
			  가. 1개의 교체비행장이 요구되는 경우: 다음의 양을 더한 양
			    1) 최초 착륙예정 비행장에서 한 번의 실패접근에 필요한 양
			    2) 교체비행장까지 상승비행, 순항비행, 강하비행, 접근비행 및 착륙에 필요한 양
			  나. 2개 이상의 교체비행장이 요구되는 경우 : 각각의 교체비행장에 대하여 가목에 따라 산정된 양 중 가장 많은 양
			5. 교체비행장에 도착 시 예상되는 비행기의 중량 상태에서 표준대기 상태에서의 체공속도로 교체비행장의 450미터(1,500피트)의 상공에서 30분간 더 비행할 수 있는 연료의 양
			6. 그 밖에 비행기의 비행성능 등을 고려하여 운항기술기준에서 정한 추가 연료의 양

	계기비행으로 교체비행장이 요구되지 않을 경우	다음 각 호의 양을 더한 양
		1. 이륙 전에 소모가 예상되는 연료의 양
		2. 이륙부터 최초 착륙예정 비행장에 착륙할 때까지 필요한 연료의 양
		3. 이상사태 발생 시 연료소모가 증가할 것에 대비하기 위한 것으로서 운항기술기준에서 정한 연료의 양
		4. 다음 각 목의 어느 하나에 해당하는 연료의 양
		  가. 제186조제3항제1호에 해당하는 경우 : 표준대기상태에서 최초 착륙예정 비행장의 450미터(1,500피트)의 상공에서 체공속도로 15분간 더 비행할 수 있는 양
		  나. 제186조제3항제2호에 해당하는 경우 : 다음의 어느 하나에 해당하는 양 중 적은 양
		    1) 제5호에 따른 연료의 양을 포함하여 순항속도로 45분간 더 비행할 수 있는 양에 순항고도로 계획된 비행시간의 15퍼센트의 시간을 더 비행할 수 있는 양을 더한 양
		    2) 순항속도로 2시간을 더 비행할 수 있는 양
			다음 각 호의 양을 더한 양
			1. 이륙 전에 소모가 예상되는 연료의 양
			2. 이륙부터 최초 착륙예정 비행장에 착륙할 때까지 필요한 연료의 양
			3. 이상사태 발생 시 연료소모가 증가할 것에 대비하기 위한 것으로서 운항기술기준에서 정한 연료의 양
			4. 다음 각 목의 어느 하나에 해당하는 연료의 양
			  가. 제186조제3항제1호에 해당하는 경우 : 표준대기상태에서 최초 착륙예정 비행장의 450미터(1,500피트)의 상공에서 체공속도로 15분간 더 비행할 수 있는 양
			  나. 제186조제3항제2호에 해당하는 경우 : 제5호에 따른 연료의 양을 포함하여 최초 착륙예정 비행장의 상공에서 정상적인 순항 연료소모율로 2시간을 더 비행할 수 있는 양

항공안전법 시행규칙

구분		연료 및 오일의 양	
		왕복발동기 장착 항공기	터빈발동기 장착 항공기
항공운송사업용 및 항공기사용사업용 비행기 (계속)	계기비행으로 교체비행장이 요구되지 않을 경우 (계속)	5. 최초 착륙예정 비행장에 도착 시 예상되는 비행기 중량 상태에서 순항속도 및 순항고도로 45분간 더 비행할 수 있는 연료의 양. 다만, 제4호나목1)에 따라 연료를 실은 경우에는 제5호에 따른 연료를 실은 것으로 본다. 6. 그 밖에 비행기의 비행성능 등을 고려하여 운항기술기준에서 정한 추가 연료의 양	5. 최초 착륙예정 비행장에 도착 시 예상되는 비행기 중량 상태에서 표준대기 상태에서의 체공속도로 최초 착륙예정 비행장의 450미터(1,500피트)의 상공에서 30분간 더 비행할 수 있는 양. 다만, 제4호나목에 따라 연료를 실은 경우에는 제5호에 따른 연료를 실은 것으로 본다. 6. 그 밖에 비행기의 비행성능 등을 고려하여 운항기술기준에서 정한 추가 연료의 양
	시계비행을 할 경우	다음 각 호의 양을 더한 양 1. 최초 착륙예정 비행장까지 비행에 필요한 양 2. 순항속도로 45분간 더 비행할 수 있는 양	
항공운송사업용 및 항공기사용사업용 외의 비행기	계기비행으로 교체비행장이 요구될 경우	다음 각 호의 양을 더한 양 1. 최초 착륙예정 비행장까지 비행에 필요한 양 2. 그 교체비행장까지 비행을 마친 후 순항고도로 45분간 더 비행할 수 있는 양	
	계기비행으로 교체비행장이 요구되지 않을 경우	다음 각 호의 양을 더한 양 1. 제186조제3항 단서에 따라 교체비행장이 요구되지 않는 경우 최초 착륙예정 비행장까지 비행에 필요한 양 2. 순항고도로 45분간 더 비행할 수 있는 양	
	주간에 시계비행을 할 경우	다음 각 호의 양을 더한 양 1. 최초 착륙예정 비행장까지 비행에 필요한 양 2. 순항고도로 30분간 더 비행할 수 있는 양	
	야간에 시계비행을 할 경우	다음 각 호의 양을 더한 양 1. 최초 착륙예정 비행장까지 비행에 필요한 양 2. 순항고도로 45분간 더 비행할 수 있는 양	
항공운송사업용 및 항공기사용사업용 헬리콥터	시계비행을 할 경우	다음 각 호의 양을 더한 양 1. 최초 착륙예정 비행장까지 비행에 필요한 양 2. 최대항속도로 20분간 더 비행할 수 있는 양 3. 이상사태 발생 시 연료소모가 증가할 것에 대비하기 위한 것으로서 운항기술기준에서 정한 연료의 양	
	계기비행으로 교체비행장이 요구될 경우	다음 각 호의 양을 더한 양 1. 최초 착륙예정 비행장까지 비행하여 한 번의 접근과 실패접근을 하는 데 필요한 양 2. 교체비행장까지 비행하는 데 필요한 양 3. 표준대기 상태에서 교체비행장의 450미터(1,500피트)의 상공에서 30분간 체공하는 데 필요한 양에 그 비행장에 접근하여 착륙하는 데 필요한 양을 더한 양 4. 이상사태 발생 시 연료소모가 증가할 것에 대비하기 위한 것으로서 운항기술기준에서 정한 연료의 양	
	계기비행으로 교체비행장이 요구되지 않을 경우	제186조제7항제1호의 경우에는 다음 각 호의 양을 더한 양 1. 최초 착륙예정 비행장까지 비행에 필요한 양 2. 표준대기 상태에서 최초 착륙예정 비행장의 450미터(1,500피트)의 상공에서 30분간 체공하는 데 필요한 양에 그 비행장에 접근하여 착륙하는 데 필요한 양을 더한 양 3. 이상사태 발생 시 연료소모가 증가할 것에 대비하기 위한 것으로서 운항기술기준에서 정한 연료의 양	
	계기비행으로 적당한 교체비행장이 없을 경우	제186조제7항제2호의 경우에는 다음 각 호의 양을 더한 양 1. 최초 착륙예정 비행장까지 비행에 필요한 양 2. 최초 착륙예정 비행장의 상공에서 체공속도로 2시간 동안 체공하는 데 필요한 양	

Chapter 01 | 항공법규

항공안전법	항공안전법 시행령

제53조(항공기의 연료) 항공기를 운항하려는 자 또는 소유자 등은 항공기에 국토교통부령으로 정하는 양의 연료를 싣지 아니하고 항공기를 운항해서는 아니 된다.
 	
제54조(항공기의 등불) 항공기를 운항하거나 야간(해가 진 뒤부터 해가 뜨기 전까지를 말한다. 이하 같다)에 비행장에 주기(駐機) 또는 정박(碇泊)시키는 사람은 국토교통부령으로 정하는 바에 따라 등불로 항공기의 위치를 나타내야 한다.
 	
제55조(운항승무원의 비행경험) 다음 각 호의 어느 하나에 해당하는 항공기를 운항하려고 하거나 계기비행·야간비행 또는 제44조제2항에 따른 조종교육 업무에 종사하려는 운항승무원은 국토교통부령으로 정하는 비행경험(모의비행훈련장치를 이용하여 얻은 비행경험을 포함한다)이 있어야 한다.
  1. 항공운송사업 또는 항공기사용사업에 사용되는 항공기
  2. 항공기 중량, 승객 좌석 수 등 국토교통부령으로 정하는 기준에 해당하는 항공기로서 국외 운항에 사용되는 항공기(이하 "국외운항항공기"라 한다)	

항공안전법 시행규칙

구 분		연료 및 오일의 양	
		왕복발동기 장착 항공기	터빈발동기 장착 항공기
항공운송사업용 및 항공기사용사업용 외의 헬리콥터	시계비행을 할 경우	다음 각 호의 양을 더한 양 1. 최초 착륙예정 비행장까지 비행에 필요한 양 2. 최대항속속도로 20분간 더 비행할 수 있는 양 3. 이상사태 발생 시 연료 소모가 증가할 것에 대비하여 소유자등이 정한 추가의 양	
	계기비행으로 교체비행장이 요구될 경우	다음 각 호의 양을 더한 양 1. 최초 착륙예정 비행장까지 비행하여 한 번의 접근과 실패접근을 하는 데 필요한 양 2. 교체비행장까지 비행하는 데 필요한 양 3. 표준대기 상태에서 교체비행장의 450미터(1,500피트)의 상공에서 30분간 체공하는 데 필요한 양에 그 비행장에 접근하여 착륙하는 데 필요한 양을 더한 양 4. 이상사태 발생 시 연료 소모가 증가할 것에 대비하여 소유자등이 정한 추가의 양	
	계기비행으로 교체비행장이 요구되지 않는 경우	다음 각 호의 양을 더한 양 1. 최초 착륙예정 비행장까지 비행에 필요한 양 2. 표준대기 상태에서 최초 착륙예정 비행장의 450미터(1,500피트)의 상공에서 30분간 체공하는 데 필요한 양에 그 비행장에 접근하여 착륙하는 데 필요한 양을 더한 양 3. 이상사태 발생 시 연료 소모가 증가할 것에 대비하여 소유자등이 정한 추가의 양	
	계기비행으로 적당한 교체비행장이 없을 경우	다음 각 호의 양을 더한 양 1. 최초 착륙예정 비행장까지 비행에 필요한 양 2. 그 비행장의 상공에서 체공속도로 2시간 동안 체공하는 데 필요한 양	

제120조(항공기의 등불) ① 법 제54조에 따라 항공기가 야간에 공중·지상 또는 수상을 항행하는 경우와 비행장의 이동지역 안에서 이동하거나 엔진이 작동 중인 경우에는 우현등, 좌현등 및 미등(이하 "항행등"이라 한다)과 충돌방지등에 의하여 그 항공기의 위치를 나타내야 한다.
② 법 제54조에 따라 항공기를 야간에 사용되는 비행장에 주기(駐機) 또는 정박시키는 경우에는 해당 항공기의 항행등을 이용하여 항공기의 위치를 나타내야 한다. 다만, 비행장에 항공기를 조명하는 시설이 있는 경우에는 그러하지 아니하다.
③ 항공기는 제1항 및 제2항에 따라 위치를 나타내는 항행등으로 잘못 인식될 수 있는 다른 등불을 켜서는 아니 된다.
④ 조종사는 섬광등이 업무를 수행하는 데 장애를 주거나 외부에 있는 사람에게 눈부심을 주어 위험을 유발할 수 있는 경우에는 섬광등을 끄거나 빛의 강도를 줄여야 한다.

제121조(조종사의 최근의 비행경험) ① 법 제55조에 따라 다음 각 호의 어느 하나에 해당하는 조종사는 해당 항공기를 조종하고자 하는 날부터 기산하여 그 이전 90일까지의 사이에 조종하려는 항공기와 같은 형식의 항공기에 탑승하여 이륙 및 착륙을 각각 3회 이상 행한 비행경험이 있어야 한다.
  1. 항공운송사업 또는 항공기사용사업에 사용되는 항공기를 조종하려는 조종사
  2. 제126조 각 호의 어느 하나에 해당하는 항공기를 소유하거나 운용하는 법인 또는 단체에 고용된 조종사. 다만, 기장 외의 조종사는 이륙 또는 착륙 중 항공기를 조종하고자 하는 경우에만 해당한다.
② 제1항에 따른 조종사가 야간에 운항업무에 종사하고자 하는 경우에는 제1항의 비행경험 중 적어도 야간에 1회의 이륙 및 착륙을 행한 비행경험이 있어야 한다. 다만, 교육훈련, 기종운영의 특성 등으로 국토교통부장관의 인가를 받은 조종사에 대해서는 그러하지 아니하다.
③ 제1항 또는 제2항의 비행경험을 산정하는 경우 제91조의2제3항에 따라 지방항공청장이 지정한(제91조의3제5항에 따라 변경지정을 받거나 유효기간을 연장한 경우를 포함한다. 이하 같다) 모의비행훈련장치를 조작한 경험은 제1항 또는 제2항의 비행경험으로 본다.

제122조(항공기관사의 최근의 비행경험) ① 법 제55조에 따라 항공운송사업 또는 항공기사용사업에 사용되는 항공기의 운항업무에 종사하려는 항공기관사는 종사하려는 날부터 기산하여 그 이전 6개월까지의 사이에 항공운송사업 또는 항공기사용사업에 사용되는 해당 항공기와 같은 형식의 항공기에 승무하여 50시간 이상 비행한 경험이 있어야 한다.

Chapter 01 | 항공법규

> ### 항공안전법 시행규칙

② 제1항의 비행경험을 산정하는 경우 제91조의2제3항에 따라 지방항공청장이 지정한 모의비행훈련장치를 조작한 경험은 25시간을 초과하지 않는 범위에서 제1항의 비행경험으로 본다.

③ 제1항에도 불구하고 국토교통부장관이 제1항의 비행경험과 같은 수준 이상의 경험이 있다고 인정하는 항공기관사는 항공기의 운항업무에 종사할 수 있다.

제123조(항공사의 비행경험) ① 법 제55조에 따라 항공운송사업 또는 항공기사용사업에 사용되는 항공기의 운항업무에 종사하려는 항공사는 종사하려는 날부터 계산하여 그 이전 1년까지의 사이에 50시간(국내항공운송사업 또는 항공기사용사업에 사용되는 항공기 운항에 종사하려는 경우에는 25시간) 이상 항공기 운항업무에 종사한 비행경험이 있어야 한다.

② 제1항의 비행경험을 산정하는 경우 제91조의2제3항에 따라 지방항공청장이 지정한 모의비행훈련장치를 조작한 경험은 제1항의 비행경험으로 본다.

③ 제1항에도 불구하고 국토교통부장관이 제1항의 비행경험과 같은 수준 이상의 경험이 있다고 인정하는 항공사는 항공기의 운항업무에 종사할 수 있다.

제124조(계기비행의 경험) ① 법 제55조에 따라 계기비행을 하려는 조종사는 계기비행을 하려는 날부터 계산하여 그 이전 6개월까지의 사이에 6회 이상의 계기접근과 6시간 이상의 계기비행(모의계기비행을 포함한다)을 한 경험이 있어야 한다.

② 제1항의 비행경험을 산정하는 경우 제91조의2제3항에 따라 지방항공청장이 지정한 모의비행훈련장치를 조작한 경험은 제1항의 비행경험으로 본다.

③ 제1항에도 불구하고 국토교통부장관이 제1항의 비행경험과 같은 수준 이상의 비행경험이 있다고 인정하는 조종사는 계기비행업무에 종사할 수 있다.

제125조(조종교육 비행경험) ① 법 제55조에 따라 법 제44조제2항의 조종교육업무에 종사하려는 조종사는 조종교육을 하려는 날부터 계산하여 그 이전 1년까지의 사이에 10시간 이상의 조종교육을 한 경험이 있어야 한다. 다만, 조종교육증명을 최초로 취득한 조종사에 대해서는 그 조종교육증명을 취득한 날부터 1년까지는 그러하지 아니하다.

② 조종교육업무에 종사하려는 조종사가 조종교육업무에 사용할 항공기에 제1항 본문에 따른 경험을 갖춘 자와 동승하여 야간에 1회 이상의 이륙 및 착륙을 포함한 10시간 이상의 비행을 한 경우에는 제1항 본문에 따른 조종교육을 한 경험으로 본다.

제126조(국외운항항공기의 기준) 법 제55조제2호에서 "항공기 중량, 승객 좌석 수 등 국토교통부령으로 정하는 기준에 해당하는 항공기"란 다음 각 호의 어느 하나에 해당하는 항공기를 말한다.

    1. 최대이륙중량이 5천700킬로그램을 초과하는 비행기
    2. 1개 이상의 터빈발동기(터보제트발동기 또는 터보팬발동기를 말한다)를 장착한 비행기
    3. 승객 좌석 수가 9석을 초과하는 비행기
    4. 3대 이상의 항공기를 운용하는 법인 또는 단체의 항공기

제127조(운항승무원의 승무시간등의 기준 등) ① 법 제56조제1항제1호에 따른 운항승무원의 승무시간, 비행근무시간, 근무시간 등(이하 "승무시간등"이라 한다)의 기준은 별표 18과 같다. 다만, 천재지변, 기상악화, 항공기 고장등 항공기 소유자등이 사전에 예측할 수 없는 상황이 발생한 경우 승무시간등의 기준은 국토교통부장관이 정하여 고시할 수 있다.

② 항공운송사업자 및 항공기사용사업자는 제1항에 따른 기준의 범위에서 운항승무원이 피로로 인하여 항공기의 안전운항을 저해하지 않도록 세부적인 기준을 운항규정에 정하여야 한다.

[별표 18] 운항승무원의 승무시간등 기준(제127조제1항 관련)

1. 운항승무원의 연속 24시간 동안 최대 승무시간·비행근무시간 기준

(단위 : 시간)

운항승무원 편성	최대 승무시간	최대 비행근무시간
기장 1명	8	13
기장 1명, 기장 외의 조종사 1명	8	13

항공안전법 시행규칙

운항승무원 편성	최대 승무시간	최대 비행근무시간
기장 1명, 기장 외의 조종사 1명, 항공기관사 1명	12	15
기장 1명, 기장 외의 조종사 2명	12	16
기장 2명, 기장 외의 조종사 1명	13	16.5
기장 2명, 기장 외의 조종사 2명	16	20
기장 2명, 기장 외의 조종사 2명, 항공기관사 2명	16	20

비고
1. "승무시간(Flight Time)"이란 비행기의 경우 이륙을 목적으로 비행기가 최초로 움직이기 시작한 때부터 비행이 종료되어 최종적으로 비행기가 정지한 때까지의 총 시간을 말하며, 헬리콥터의 경우 주회전익이 회전하기 시작한 때부터 주회전익이 정지된 때까지의 총 시간을 말한다.
2. "비행근무시간(Flight Duty Period)"이란 운항승무원이 1개 구간 또는 연속되는 2개 구간 이상의 비행이 포함된 근무의 시작을 보고한 때부터 마지막 비행이 종료되어 최종적으로 항공기의 발동기가 정지된 때까지의 총 시간을 말한다.
3. 연속되는 24시간 동안 12시간을 초과하여 승무할 경우 항공기에는 다음 각 목의 어느 하나에 해당하는 휴식시설이 있어야 한다. 이 경우 위 표에 따른 최대 비행근무시간은 다음 각 목의 구분에 따른 휴식시설의 등급에 따라 단축한다.
   가. 1등급 휴식시설[객실 외에 있는 침상(bunk)이나 수평으로 수면할 수 있는 시설] : 단축 없음
   나. 2등급 휴식시설(객실 내에 있는 80도 이상의 수평에 가까운 자세로 수면할 수 있고 커튼 등으로 승객과 분리된 좌석) : 1시간 단축
   다. 3등급 휴식시설(객실 또는 조종실 내에 있는 발과 다리 받침대가 있고 40도 이상 기울어지는 좌석) : 2시간 단축
4. 시차가 4시간을 초과하는 지역을 운항하는 운항승무원이 해당 지역에서 최소 36시간 이상의 연속되는 휴식을 취하지 못하였거나, 최소 72시간 이상 체류하지 못한 경우에는 위 표 및 비고 제3호에 따른 최대 비행근무시간을 30분 단축한다.
5. 항공기사용사업 중 응급구호 및 환자 이송을 하는 헬리콥터의 운항승무원은 제외한다.
6. 법 제55조제2호에 따른 국외운항항공기의 운항승무원은 제외한다.

2. 운항승무원의 연속되는 28일 및 365일 동안의 최대 승무시간 기준 (단위 : 시간)

운항승무원 편성	연속 28일	연속 365일
기장 1명	100	1,000
기장 1명, 기장 외의 조종사 1명	100	1,000
기장 1명, 기장 외의 조종사 1명, 항공기관사 1명	120	1,000
기장 1명, 기장 외의 조종사 2명	120	1,000
기장 2명, 기장 외의 조종사 1명	120	1,000
기장 2명, 기장 외의 조종사 2명	120	1,000
기장 2명, 기장 외의 조종사 2명, 항공기관사 2명	120	1,000

비고
1. 운항승무원의 편성이 불규칙하게 이루어지는 경우 해당 기간 중 가장 많은 시간편성 항목의 최대 승무시간 기준을 적용한다.
2. 「항공사업법」에 따른 항공기사용사업 중 응급구호 및 환자 이송을 하는 헬리콥터의 운항승무원은 제외한다.

3. 운항승무원의 연속되는 7일 및 28일 동안의 최대 근무시간 기준

구 분	연속 7일	연속 28일
근무시간	60시간	190시간

비고 :
1. "근무시간"이란 운항승무원이 항공기 운영자의 요구에 따라 근무보고를 하거나 근무를 시작한 때부터 모든 근무가 끝난 때까지의 시간을 말한다.
2. 항공기사용사업 중 응급구호 및 환자 이송을 하는 헬리콥터의 운항승무원은 제외한다.

Chapter 01 | 항공법규

항공안전법	항공안전법 시행령

제56조(승무원 등의 피로관리) ① 항공운송사업자, 항공기사용사업자 또는 국외운항항공기 소유자등은 다음 각 호의 어느 하나 이상의 방법으로 소속 운항승무원 및 객실승무원(이하 "승무원"이라 한다)과 운항관리사의 피로를 관리하여야 한다.

   1. 국토교통부령으로 정하는 승무원의 승무시간, 비행근무시간, 근무시간 등(이하 이 조에서 "승무시간등"이라 한다) 또는 운항관리사의 근무시간의 제한기준을 따르는 방법
   2. 피로위험관리시스템을 마련하여 운용하는 방법

② 항공운송사업자, 항공기사용사업자 또는 국외운항항공기 소유자등이 피로위험관리시스템을 마련하여 운용하려는 경우에는 국토교통부령으로 정하는 바에 따라 국토교통부장관의 승인을 받아 운용하여야 한다. 승인 받은 사항 중 국토교통부령으로 정하는 중요사항을 변경하는 경우에도 또한 같다.

③ 항공운송사업자, 항공기사용사업자 또는 국외운항항공기 소유자등은 제1항제1호에 따라 승무원 또는 운항관리사의 피로를 관리하는 경우에는 승무원의 승무시간등 또는 운항관리사의 근무시간에 대한 기록을 15개월 이상 보관하여야 한다.

제57조(주류등의 섭취·사용 제한) ① 항공종사자(제46조에 따른 항공기 조종연습 및 제47조에 따른 항공교통관제연습을 하는 사람을 포함한다. 이하 이 조에서 같다) 및 객실승무원은 「주세법」 제3조제1호에 따른 주류, 「마약류 관리에 관한 법률」 제2조제1호에 따른 마약류 또는 「화학물질관리법」 제22조제1항에 따른 환각물질 등(이하 "주류등"이라 한다)의 영향으로 항공업무(제46조에 따른 항공기 조종연습 및 제47조에 따른 항공교통관제연습을 포함한다. 이하 이 조에서 같다) 또는 객실승무원의 업무를 정상적으로 수행할 수 없는 상태에서는 항공업무 또는 객실승무원의 업무에 종사해서는 아니 된다.

② 항공종사자 및 객실승무원은 항공업무 또는 객실승무원의 업무에 종사하는 동안에는 주류등을 섭취하거나 사용해서는 아니 된다.

③ 국토교통부장관은 항공안전과 위험 방지를 위하여 필요하다고 인정하거나 항공종사자 및 객실승무원이 제1항 또는 제2항을 위반하여 항공업무 또는 객실승무원의 업무를 하였다고 인정할 만한 상당한 이유가 있을 때에는 주류등의 섭취 및 사용 여부를 호흡측정기 검사등의 방법으로 측정할 수 있으며, 항공종사자 및 객실승무원은 이러한 측정에 따라야 한다.

④ 국토교통부장관은 항공종사자 또는 객실승무원이 제3항에 따른 측정 결과에 불복하면 그 항공종사자 또는 객실

항공안전법 시행규칙

4. 운항승무원의 비행근무시간에 따른 최소 휴식시간 기준

비행근무시간	휴식시간	비행근무시간	휴식시간
8시간 미만	10시간 이상	14시간 이상 ~ 15시간 미만	17시간 이상
8시간 이상 ~ 9시간 미만	11시간 이상	15시간 이상 ~ 16시간 미만	18시간 이상
9시간 이상 ~ 10시간 미만	12시간 이상	16시간 이상 ~ 17시간 미만	20시간 이상
10시간 이상 ~ 11시간 미만	13시간 이상	17시간 이상 ~ 18시간 미만	22시간 이상
11시간 이상 ~ 12시간 미만	14시간 이상	18시간 이상 ~ 19시간 미만	24시간 이상
12시간 이상 ~ 13시간 미만	15시간 이상	19시간 이상 ~ 20시간 미만	26시간 이상
13시간 이상 ~ 14시간 미만	16시간 이상		

비고
1. 항공운송사업자 및 항공기사용사업자는 운항승무원이 승무를 마치고 마지막으로 취한 지상에서의 휴식 이후의 비행근무시간에 따라서 위 표에서 정하는 지상에서의 휴식을 취할 수 있도록 해야 한다.
2. 항공운송사업자 및 항공기사용사업자는 운항승무원이 연속되는 7일마다 연속되는 30시간 이상의 휴식을 취할 수 있도록 해야 한다.

5. 응급구호 및 환자 이송을 하는 헬리콥터 운항승무원의 최대 승무시간 기준

구 분	연속 24시간	연속 3개월	연속 6개월	1년
최대 승무시간	8시간	500시간	800시간	1,400시간

6. 법 제55조제2호에 따른 국외운항항공기의 운항승무원의 연속 24시간 동안 최대 승무시간·비행근무시간

운항승무원 편성	최대 승무시간	최대비행근무시간
기장 1명, 기장 외의 조종사 1명	10	14
기장 1명, 기장 외의 조종사 2명	16	18

비고
1. 기장 2명 편성의 경우 최대승무시간을 2시간까지 연장하여 승무할 수 있다. 단, 1개 구간의 승무시간이 10시간을 초과하는 경우에는 승무를 마치고 지상에서 최소 휴식시간 없이는 새로운 비행근무를 할 수 없으며, 연장된 승무시간은 1주일 동안 총 4시간을 초과할 수 없다.
2. 기장 1명, 기장 외의 조종사 2명 편성의 경우 등판 각도조절이 가능한 휴식용 좌석이 있어야 한다. 단, 180도로 누울 수 있는 휴식용 침상 등이 있는 경우에는 최대승무시간 및 최대근무시간을 각각 2시간 연장할 수 있다.

제128조(객실승무원의 승무시간 기준 등) ① 항공운송사업자는 법 제56조제1항제1호에 따라 객실승무원이 비행피로로 인하여 항공기 안전운항에 지장을 초래하지 않도록 월간, 3개월간 및 연간 단위의 승무시간 기준을 운항규정에 정하여야 한다. 이 경우 연간 승무시간은 1천 200시간을 초과해서는 아니 된다.
② 제1항에 따른 승무를 위하여 해당 형식의 항공기에 탑승하여 임무를 수행하는 객실승무원의 수에 따른 연속되는 24시간 동안의 비행근무시간 기준과 비행근무 후의 지상에서의 최소 휴식시간 기준은 별표 19와 같다. 다만, 천재지변, 기상악화, 항공기 고장등 항공기 소유자등이 사전에 예측할 수 없는 상황이 발생한 경우 비행근무시간 등의 기준은 국토교통부장관이 정하여 고시할 수 있다.

〔별표 19〕 객실승무원의 비행근무시간 및 휴식시간 기준(제128조제2항 관련)

객실승무원 수	비행근무시간	휴식시간
최소 객실승무원 수	14시간	10시간
최소 객실승무원 수에 1명 추가	16시간	14시간
최소 객실승무원 수에 2명 추가	18시간	14시간
최소 객실승무원 수에 3명 추가	20시간	14시간
비고 : 항공운송사업자는 객실승무원이 연속되는 7일마다 연속되는 24시간 이상의 휴식을 취할 수 있도록 해야한다.		

Chapter 01 | 항공법규

항공안전법	항공안전법 시행령

승무원의 동의를 받아 혈액 채취 또는 소변 검사등의 방법으로 주류등의 섭취 및 사용 여부를 다시 측정할 수 있다.
⑤ 주류등의 영향으로 항공업무 또는 객실승무원의 업무를 정상적으로 수행할 수 없는 상태의 기준은 다음 각 호와 같다.
  1. 주정성분이 있는 음료의 섭취로 혈중알코올농도가 0.02퍼센트 이상인 경우
  2. 「마약류 관리에 관한 법률」 제2조제1호에 따른 마약류를 사용한 경우
  3. 「화학물질관리법」 제22조제1항에 따른 환각물질을 사용한 경우
⑥ 제1항부터 제5항까지의 규정에 따라 주류등의 종류 및 그 측정에 필요한 세부 절차 및 측정기록의 관리 등에 필요한 사항은 국토교통부령으로 정한다.

제57조의2(항공기 내 흡연 금지) 항공종사자(제46조에 따른 항공기 조종연습을 하는 사람을 포함한다) 및 객실승무원은 항공업무 또는 객실승무원의 업무에 종사하는 동안에는 항공기 내에서 흡연을 하여서는 아니 된다.

제58조(국가 항공안전프로그램 등) ① 국토교통부장관은 다음 각 호의 사항이 포함된 항공안전프로그램을 마련하여 고시하여야 한다.
  1. 항공안전에 관한 정책, 달성목표 및 조직체계
  2. 항공안전 위험도의 관리
  3. 항공안전보증
  4. 항공안전증진
② 다음 각 호의 어느 하나에 해당하는 자는 제작, 교육, 운항 또는 사업 등을 시작하기 전까지 제1항에 따른 항공안전프로그램에 따라 항공기사고 등의 예방 및 비행안전의 확보를 위한 항공안전관리시스템을 마련하고, 국토교통부장관의 승인을 받아 운용하여야 한다. 승인받은 사항 중 국토교통부령으로 정하는 중요사항을 변경할 때에도 또한 같다.
  1. 형식증명, 부가형식증명, 제작증명, 기술표준품형식승인 또는 부품등제작자증명을 받은 자
  2. 제35조제1호부터 제4호까지의 항공종사자 양성을 위하여 제48조제1항 단서에 따라 지정된 전문교육기관
  3. 항공교통업무증명을 받은 자
  4. 제90조(제96조제1항에서 준용하는 경우를 포함한다)에 따른 운항증명을 받은 항공운송사업자 및 항공기사용사업자
  5. 항공기정비업자로서 제97조제1항에 따른 정비조직인증을 받은 자

항공안전법 시행규칙

제128조의2(운항관리사의 근무시간 기준 등) ① 법 제56조제1항제1호에 따른 운항관리사의 근무시간의 기준은 다음 각 호와 같다.
  1. 연속되는 24시간 동안의 최대 근무시간은 10시간 이하일 것
  2. 연속되는 7일마다 최소 연속 24시간의 휴식을 부여할 것
  3. 계획된 근무시간 직전까지 최소 8시간의 휴식을 부여할 것
② 제1항에 따른 근무시간은 운항관리사가 항공운송사업자, 항공기사용사업자 또는 국외운항항공기 소유자등의 요구에 따라 근무보고를 하거나 근무를 시작한 때부터 근무가 끝날 때까지로 한다.
③ 제1항제1호에도 불구하고 다음의 어느 하나에 해당하는 경우에는 연속되는 24시간 동안 10시간 이상 근무하게 할 수 있다.
  1. 천재지변 또는 그 밖의 부득이한 사유로 운항관리사를 교대할 수 없는 경우
  2. 국외운항항공기 소유자등의 소속 운항관리사인 경우
④ 제3항제1호에 따라 연속되는 24시간 동안 10시간 이상 근무하게 한 경우에는 해당 근무 종료 후 다음의 계획된 근무시간 직전까지 제1항제3호에 따른 휴식을 부여해야 한다.
⑤ 제3항제2호에 따라 연속되는 24시간 동안 10시간 이상 근무하게 한 경우에는 제1항제3호에도 불구하고 근무시간 사이의 시간에 부여한 휴식시간의 총합이 최소 8시간이 되도록 해야 한다.

제128조의3(승무원 피로위험관리시스템의 승인 등) ① 법 제56조제2항에 따라 피로위험관리시스템을 승인받으려는 자는 별지 제60호의3서식의 피로위험관리시스템 승인신청서에 다음 각 호의 서류를 첨부하여 국토교통부장관에게 제출해야 한다.
  1. 피로위험관리시스템 매뉴얼
  2. 피로위험관리시스템 이행계획서
② 제1항에 따라 신청서를 받은 국토교통부장관은 해당 피로위험관리시스템이 다음 각 호의 기준을 모두 갖추고 있는 경우에는 별지 제60호의4서식의 피로위험관리시스템 승인서를 발급해야 한다.
  1. 피로위험관리시스템에 다음 각 목의 사항이 모두 포함되어 있을 것
    가. 피로위험관리 정책에 관한 사항
    나. 피로위험관리 조직에 관한 사항
    다. 피로위험관리시스템 운용절차에 관한 다음의 사항
      (1) 피로위험관리시스템에 적용하는 승무시간 등의 제한기준에 관한 사항
      (2) 피로위험도 관리에 관한 사항
      (3) 안전성과 관리에 관한 사항
      (4) 피로관련 보고제도에 관한 사항
      (5) 피로관련 승무원의 교육훈련에 관한 사항
      (6) 피로관련 기록유지에 관한 사항 라. 그 밖에 피로위험관리시스템 운용에 필요하다고 인정하여 국토부장관이 고시하는 사항
  2. 법 제58조제2항에 따른 항공안전관리시스템과 연계되어 있을 것
  3. 제127조제1항 및 제128조제1항에 따른 승무시간 등의 기준의 준수에 따른 피로관리 이상으로 피로가 관리될 수 있을 것
③ 법 제56조제2항 후단에서 "국토교통부령으로 정하는 중요한 사항"이란 다음 각 호의 사항을 말한다.
  1. 피로위험관리시스템에서 적용되는 승무시간 등의 제한기준에 관한 사항
  2. 피로관련 위험도 관리에 관한 사항
  3. 안전성과 관리에 관한 사항
④ 법 제56조제2항 후단에 따른 변경승인을 받으려는 자는 별지 제60호의5서식의 피로위험관리시스템 변경승인신청서에 다음 각 호의 서류를 첨부하여 국토교통부장관에게 제출해야 한다.
  1. 변경된 피로위험관리시스템 매뉴얼
  2. 피로위험관리시스템 신·구 대비표
⑤ 제4항에 따른 신청서를 받은 국토교통부장관은 제4항에 따른 변경신청이 제2항에 따른 기준에 적합하면 변경승인을 해야 한다.

제129조(주류등의 종류 및 측정 등) ① 법 제57조제3항 및 제4항에 따라 국토교통부장관 또는 지방항공청장은 소속 공무원으로 하여금 항공종사자 및 객실승무원의 주류등의 섭취 또는 사용 여부를 측정하게 할 수 있다.

Chapter 01 | 항공법규

항공안전법	항공안전법 시행령

항공안전법

   6. 「공항시설법」 제38조제1항에 따라 공항운영증명을 받은 자
   7. 「공항시설법」 제43조제2항에 따라 항행안전시설을 설치한 자
   8. 제55조제2호에 따른 국외운항항공기를 소유 또는 임차하여 사용할 수 있는 권리가 있는 자

③ 국토교통부장관은 제83조제1항부터 제3항까지에 따라 국토교통부장관이 하는 업무를 체계적으로 수행하기 위하여 제1항에 따른 항공안전프로그램에 따라 그 업무에 관한 항공안전관리시스템을 구축·운용하여야 한다.

④ 제2항제4호에 따른 항공운송사업자 중 국토교통부령으로 정하는 항공운송사업자는 항공안전관리시스템을 구축할 때 다음 각 호의 사항을 포함한 비행자료분석프로그램(Flight data analysis program)을 마련하여야 한다.
   1. 비행자료를 수집할 수 있는 장치의 장착 및 운영절차
   2. 비행자료와 분석결과의 보호 및 활용에 관한 사항
   3. 그 밖에 비행자료의 보존 및 품질관리 요건 등 국토교통부장관이 고시하는 사항

⑤ 국토교통부장관 또는 제2항제3호에 따라 항공안전관리시스템을 마련해야 하는 자가 제83조제1항에 따른 항공교통관제 업무 중 레이더를 이용하여 항공교통관제 업무를 수행하려는 경우에는 항공안전관리시스템에 다음 각 호의 사항을 포함하여야 한다.
   1. 레이더 자료를 수집할 수 있는 장치의 설치 및 운영 절차
   2. 레이더 자료와 분석결과의 보호 및 활용에 관한 사항

⑥ 제4항에 따른 항공운송사업자 또는 제5항에 따라 레이더를 이용하여 항공교통관제 업무를 수행하는 자는 제4항 또는 제5항에 따라 수집한 자료와 그 분석결과를 항공기사고 등을 예방하고 항공안전을 확보할 목적으로만 사용하여야 하며, 분석결과를 이유로 관련된 사람에게 해고·전보·징계·부당한 대우 또는 그 밖에 신분이나 처우와 관련하여 불이익한 조치를 취해서는 아니 된다. 다만, 범죄 또는 고의적인 법령 위반행위가 확인되는 경우에는 그러하지 아니하다.

⑦ 제1항부터 제3항까지에서 규정한 사항 외에 다음 각 호의 사항은 국토교통부령으로 정한다.
   1. 제1항에 따른 항공안전프로그램의 마련에 필요한 사항
   2. 제2항에 따른 항공안전관리시스템에 포함되어야 할 사항, 항공안전관리시스템의 승인기준 및 구축·운용에 필요한 사항
   3. 제3항에 따른 업무에 관한 항공안전관리시스템의 구축·운용에 필요한 사항

항공안전법 시행규칙

② 제1항에 따라 주류등의 섭취 또는 사용 여부를 적발한 소속 공무원은 별지 제61호서식의 주류등 섭취 또는 사용 적발 보고서를 작성하여 국토교통부장관 또는 지방항공청장에게 보고하여야 한다.
③ 제1항에 따른 주류등의 섭취 또는 사용 여부의 측정에 필요한 사항은 국토교통부장관이 정한다.

제130조(항공안전관리시스템의 승인 등) ① 법 제58조제2항에 따라 항공안전관리시스템을 승인받으려는 자는 별지 제62호서식의 항공안전관리시스템 승인신청서에 다음 각 호의 서류를 첨부하여 제작·교육·운항 또는 사업 등을 시작하기 30일 전까지 국토교통부장관 또는 지방항공청장에게 제출해야 한다.
　1. 항공안전관리시스템 매뉴얼
　2. 항공안전관리시스템 이행계획서 및 이행확약서
　3. 제2항에서 정하는 항공안전관리시스템 승인기준에 미달하는 사항이 있는 경우 이를 보완할 수 있는 대체운영절차
② 제1항에 따라 항공안전관리시스템 승인신청서를 받은 국토교통부장관 또는 지방항공청장은 해당 항공안전관리시스템이 별표 20에서 정한 항공안전관리시스템 구축·운용 및 승인기준을 충족하고 국토교통부장관이 고시한 운용조직의 규모 및 업무특성별 운용요건에 적합하다고 인정되는 경우에는 별지 제63호서식의 항공안전관리시스템 승인서를 발급하여야 한다.
③ 법 제58조제2항 후단에서 "국토교통부령으로 정하는 중요사항"이란 다음 각 호의 사항을 말한다.
　1. 안전목표에 관한 사항
　2. 안전조직에 관한 사항
　3. 항공안전장애 등 항공안전데이터 및 항공안전정보에 대한 보고체계에 관한 사항
　4. 항공안전위해요인 식별 및 위험도 관리
　5. 안전성과지표의 운영(지표의 선정, 경향성 모니터링, 확인된 위험에 대한 경감 조치 등)에 관한 사항
　6. 변화관리에 관한 사항
　7. 자체 안전감사 등 안전보증에 관한 사항
④ 제3항에서 정한 중요사항을 변경하려는 자는 별지 제64호서식의 항공안전관리시스템 변경승인 신청서에 다음 각 호의 서류를 첨부하여 국토교통부장관 또는 지방항공청장에게 제출하여야 한다.
　1. 변경된 항공안전관리시스템 매뉴얼
　2. 항공안전관리시스템 매뉴얼 신·구대조표
⑤ 국토교통부장관 또는 지방항공청장은 제4항에 따라 제출된 변경사항이 별표 20에서 정한 항공안전관리시스템 승인기준에 적합하다고 인정되는 경우 이를 승인하여야 한다.

제130조의2(비행자료분석프로그램을 마련해야 하는 항공운송사업자) 법 제58조제4항에 따라 비행자료분석프로그램(Flight Data Analysis Program)을 마련해야 하는 항공운송사업자는 다음 각 호와 같다.
　1. 최대이륙중량이 2만킬로그램을 초과하는 비행기를 사용하는 항공운송사업자
　2. 최대이륙중량이 7천킬로그램을 초과하거나 승객 9명을 초과하여 수송할 수 있는 헬리콥터를 사용하여 국제항공노선을 취항하는 항공운송사업자

제131조(항공안전프로그램의 마련에 필요한 사항) 법 제58조제7항제1호에 따라 항공안전프로그램을 마련할 때에는 다음 각 호의 사항을 반영해야 한다.
　1. 항공안전에 관한 정책, 달성목표 및 조직체계
　　가. 항공안전분야의 기본법령에 관한 사항
　　나. 기본법령에 따른 세부기준에 관한 사항
　　다. 항공안전 관련 조직의 구성, 기능 및 임무에 관한 사항
　　라. 항공안전 관련 법령 등의 이행을 위한 전문인력 확보에 관한 사항
　　마. 기본법령을 이행하기 위한 세부지침 및 주요 안전정보의 제공에 관한 사항
　2. 항공안전 위험도 관리
　　가. 항공안전 확보를 위해 국토교통부장관이 수행하는 증명, 인증, 승인, 지정 등에 관한 사항
　　나. 항공안전관리시스템 이행의무에 관한 사항

Chapter 01 | 항공법규

항공안전법	항공안전법 시행령

제59조(항공안전 의무보고) ① 항공기사고, 항공기준사고 또는 항공안전장애 중 국토교통부령으로 정하는 사항(이하 "의무보고 대상 항공안전장애"라 한다)을 발생시켰거나 항공기사고, 항공기준사고 또는 의무보고 대상 항공안전장애가 발생한 것을 알게 된 항공종사자 등 관계인은 국토교통부장관에게 그 사실을 보고하여야 한다. 다만, 제33조에 따라 고장, 결함 또는 기능장애가 발생한 사실을 국토교통부장관에게 보고한 경우에는 이 조에 따른 보고를 한 것으로 본다.
② 국토교통부장관은 제1항에 따른 보고(이하 "항공안전 의무보고"라 한다)를 통하여 접수한 내용을 이 법에 따른 경우를 제외하고는 제3자에게 제공하거나 일반에게 공개해서는 아니 된다.
③ 누구든지 항공안전 의무보고를 한 사람에 대하여 이를 이유로 해고·전보·징계·부당한 대우 또는 그 밖에 신분이나 처우와 관련하여 불이익한 조치를 취해서는 아니 된다.
④ 제1항에 따른 항공종사자 등 관계인의 범위, 보고에 포함되어야 할 사항, 시기, 보고 방법 및 절차 등은 국토교통부령으로 정한다.

제60조(사실조사) ① 국토교통부장관은 제59조제1항, 제120조제2항, 제129조제3항에 따른 보고를 받은 경우 또는 제59조제1항, 제120조제2항, 제129조제3항에 따른 보고를 받지 않았으나 항공기사고, 항공기준사고 또는 의무보고 대상 항공안전장애가 발생한 것을 인지하게 된 경우 이에 대한 사실 여부와 이 법의 위반사항 등을 파악하기 위한 조사를 할 수 있다.
② 국토교통부장관은 제33조 및 제59조제1항에 따라 의무보고 대상 항공안전장애에 대한 보고가 이루어진 경우 이 법 및 「공항시설법」에 따른 행정처분을 않을 수 있다. 다만, 제1항에 따른 조사결과 고의 또는 중대한 과실로 의무보고 대상 항공안전장애를 발생시킨 경우에는 그러하지 아니하다.
③ 제1항에 따른 사실조사의 절차 및 방법 등에 관하여는 제132조제2항 및 제4항부터 제9항까지의 규정을 준용한다.
④ 제1항부터 제3항까지에서 규정한 사항 외에 사실조사 수행에 필요한 사항은 국토교통부장관이 정한다.

제61조(항공안전 자율보고) ① 누구든지 제59조제1항에 따른 의무보고 대상 항공안전장애 외의 항공안전장애(이하 "자율보고대상 항공안전장애"라 한다)를 발생시켰거나 발생한 것을 알게 된 경우 또는 항공안전위해요인이 발생한 것을 알게 되거나 발생이 의심되는 경우에는 국토교통부령으로 정하는 바에 따라 그 사실을 국토교통부장관에게 보고할 수 있다.

항공안전법 시행규칙

　　다. 항공기사고 및 항공기준사고 조사에 관한 사항
　　라. 항공안전위해요인의 식별 및 항공안전 위험도 평가에 관한 사항
　　마. 항공안전문제의 해소 등 항공안전 위험도의 경감에 관한 사항
　3. 항공안전보증
　　가. 안전감독 등 감시활동에 관한 사항
　　나. 국가의 항공안전성과에 관한 사항
　4. 항공안전증진
　　가. 정부 내 항공안전에 관한 업무를 수행하는 부처 간의 안전정보 공유 및 안전문화 조성에 관한 사항
　　나. 정부 내 항공안전에 관한 업무를 수행하는 부처와 항공안전관리시스템을 운영하는 자, 국제민간항공기구 및 외국의 항공당국 등 간의 안전정보 공유 및 안전문화 조성에 관한 사항
　5. 국제기준관리시스템의 구축·운영
　6. 그 밖에 국토교통부장관이 항공안전목표 달성에 필요하다고 정하는 사항

제132조(항공안전관리시스템에 포함되어야 할 사항 등) ① 법 제58조제7항제2호에 따른 항공안전관리시스템에 포함되어야 할 사항은 다음 각 호와 같다.
　1. 항공안전에 관한 정책 및 달성목표
　　가. 최고경영관리자의 권한 및 책임에 관한 사항　　나. 안전관리 관련 업무분장에 관한 사항
　　다. 총괄 안전관리자의 지정에 관한 사항　　라. 위기대응계획 관련 관계기관 협의에 관한 사항
　　마. 매뉴얼 등 항공안전관리시스템 관련 기록·관리에 관한 사항
　2. 항공안전 위험도의 관리
　　가. 항공안전위해요인의 식별절차에 관한 사항　　나. 위험도 평가 및 경감조치에 관한 사항
　　다. 자체 안전보고의 운영에 관한 사항
　3. 항공안전보증
　　가. 안전성과의 모니터링 및 측정에 관한 사항　　나. 변화관리에 관한 사항
　　다. 항공안전관리시스템 운영절차 개선에 관한 사항
　4. 항공안전증진
　　가. 안전교육 및 훈련에 관한 사항
　　나. 안전관리 관련 정보 등의 공유에 관한 사항
　5. 그 밖에 국토교통부장관이 항공안전관리시스템 운영에 필요하다고 정하는 사항
② 법 제58조제7항제2호에 따른 항공안전관리시스템의 구축·운용 및 그 승인기준은 별표 20과 같다.

제133조(항공교통업무 안전관리시스템의 구축·운용에 관한 사항) 법 제58조제3항 및 제7항제3호에 따른 항공교통업무에 관한 항공안전관리시스템의 구축·운용에 관하여는 별표 20을 준용한다.

제134조(항공안전 의무보고의 절차 등) ① 법 제59조제1항 본문에서 "항공안전장애 중 국토교통부령으로 정하는 사항"이란 별표 20의2에 따른 사항을 말한다.
② 법 제59조제1항 및 법 제62조제5항에 따라 다음 각 호의 어느 하나에 해당하는 사람은 별지 제65호서식에 따른 항공안전 의무보고서(항공기가 조류 또는 동물과 충돌한 경우에는 별지 제65호의2서식에 따른 조류 및 동물 충돌 보고서) 또는 국토교통부장관이 정하여 고시하는 전자적인 보고방법에 따라 국토교통부장관 또는 지방항공청장에게 보고해야 한다.
　1. 항공기사고를 발생시켰거나 항공기사고가 발생한 것을 알게 된 항공종사자 등 관계인
　2. 항공기준사고를 발생시켰거나 항공기준사고가 발생한 것을 알게 된 항공종사자 등 관계인
　3. 법 제59조제1항 본문에 따른 의무보고 대상 항공안전장애(이하 "의무보고 대상 항공안전장애"라 한다)를 발생시켰거나 의무보고 대상 항공안전장애가 발생한 것을 알게 된 항공종사자 등 관계인(법 제33조에 따른 보고 의무자는 제외한다)
③ 법 제59조제1항에 따른 항공종사자 등 관계인의 범위는 다음 각 호와 같다.

Chapter 01 | 항공법규

항공안전법	항공안전법 시행령

② 국토교통부장관은 제1항에 따른 보고(이하 "항공안전 자율보고"라 한다)를 통하여 접수한 내용을 이 법에 따른 경우를 제외하고는 제3자에게 제공하거나 일반에게 공개해서는 아니 된다.

③ 누구든지 항공안전 자율보고를 한 사람에 대하여 이를 이유로 해고·전보·징계·부당한 대우 또는 그 밖에 신분이나 처우와 관련하여 불이익한 조치를 해서는 아니 된다.

④ 국토교통부장관은 자율보고대상 항공안전장애 또는 항공안전위해요인을 발생시킨 사람이 그 발생일부터 10일 이내에 항공안전 자율보고를 한 경우에는 고의 또는 중대한 과실로 발생시킨 경우에 해당하지 아니하면 이 법 및 「공항시설법」에 따른 처분을 하여서는 아니 된다.

⑤ 제1항부터 제4항까지에서 규정한 사항 외에 항공안전 자율보고에 포함되어야 할 사항, 보고 방법 및 절차 등은 국토교통부령으로 정한다.

제61조의2(항공안전데이터 등의 수집 및 처리시스템) ① 국토교통부장관은 항공안전의 증진을 위하여 항공안전데이터와 항공안전정보(이하 "항공안전데이터등"이라 한다)의 수집·저장·통합·분석 등의 업무를 전자적으로 처리하기 위한 시스템(이하 "통합항공안전데이터수집분석시스템"이라 한다)을 구축·운영할 수 있다.

② 국토교통부장관은 필요하다고 인정하는 경우 통합항공안전데이터수집분석시스템의 운영을 대통령령으로 정하는 바에 따라 관계 전문기관에 위탁할 수 있다.

③ 국토교통부장관은 통합항공안전데이터수집분석시스템의 운영을 위하여 다음 각 호의 사항이 포함된 통합항공안전데이터수집분석시스템의 운영기준을 정하여 고시할 수 있다.

1. 항공안전데이터등의 수집·저장·분석 절차
2. 항공안전데이터등의 제공기관과 분석결과 공유방법 및 절차
3. 그 밖에 통합항공안전데이터수집분석시스템 운영에 필요한 사항으로서 국토교통부령으로 정하는 사항

제61조의3(항공안전데이터등의 개인정보 보호) 국토교통부장관 또는 제61조의2제2항에 따라 통합항공안전데이터수집분석시스템의 운영을 위탁받은 전문기관은 같은 조 제1항에 따라 수집·저장·분석된 항공안전데이터등을 항공안전 유지 및 증진의 목적으로만 활용하여야 하며, 이 경우에도 「개인정보 보호법」 제2조제1호에 따른 개인정보가 보호될 수 있도록 시책을 마련하여 시행하여야 한다.

제62조(기장의 권한 등) ① 항공기의 운항 안전에 대하여 책임을 지는 사람(이하 "기장"이라 한다)은 그 항공기의 승무원을 지휘·감독한다.

항공안전법 시행규칙

1. 항공기 기장(항공기 기장이 보고할 수 없는 경우에는 그 항공기의 소유자등을 말한다)
2. 항공정비사(항공정비사가 보고할 수 없는 경우에는 그 항공정비사가 소속된 기관·법인 등의 대표자를 말한다)
3. 항공교통관제사(항공교통관제사가 보고할 수 없는 경우 그 관제사가 소속된 항공교통관제기관의 장을 말한다)
4. 「공항시설법」에 따라 공항시설을 관리·유지하는 자
5. 「공항시설법」에 따라 항행안전시설을 설치·관리하는 자
6. 법 제70조제3항에 따른 위험물취급자
7. 「항공사업법」 제2조제20호에 따른 항공기취급업자 중 다음 각 호의 업무를 수행하는 자
   가. 항공기 중량 및 균형관리를 위한 화물 등의 탑재관리, 지상에서 항공기에 대한 동력지원
   나. 지상에서 항공기의 안전한 이동을 위한 항공기 유도

④ 제2항에 따른 보고서의 제출 시기는 다음 각 호와 같다.
1. 항공기사고 및 항공기준사고: 즉시
2. 항공안전장애 :
   가. 별표 20의2 제1호부터 제4호까지, 제6호 및 제7호에 해당하는 의무보고 대상 항공안전장애의 경우 다음의 구분에 따른 때부터 72시간 이내(해당 기간에 포함된 토요일 및 법정공휴일에 해당하는 시간은 제외한다). 다만, 제6호가목, 나목 및 마목에 해당하는 사항은 즉시 보고해야 한다.
      1) 의무보고 대상 항공안전장애를 발생시킨 자 : 해당 의무보고 대상 항공안전장애가 발생한 때
      2) 의무보고 대상 항공안전장애가 발생한 것을 알게 된 자 : 해당 의무보고 대상 항공안전장애가 발생한 사실을 안 때
   나. 별표 20의2 제5호에 해당하는 의무보고 대상 항공안전장애의 경우 다음의 구분에 따른 때부터 96시간 이내. 다만, 해당 기간에 포함된 토요일 및 법정공휴일에 해당하는 시간은 제외한다.
      1) 의무보고 대상 항공안전장애를 발생시킨 자 : 해당 의무보고 대상 항공안전장애가 발생한 때
      2) 의무보고 대상 항공안전장애가 발생한 것을 알게 된 자 : 해당 의무보고 대상 항공안전장애가 발생한 사실을 안 때
   다. 가목 및 나목에도 불구하고, 의무보고 대상 항공안전장애를 발생시켰거나 의무보고 대상 항공안전장애가 발생한 것을 알게 된 자가 부상, 통신 불능, 그 밖의 부득이한 사유로 기한 내 보고를 할 수 없는 경우에는 그 사유가 해소된 시점부터 72시간 이내

[별표 20의2] 항공안전장애의 범위(제134조 관련)

구분	항공안전장애 내용
1. 비행 중	가. 항공기간 분리최저치가 확보되지 않았거나 다음의 어느 하나에 해당하는 경우와 같이 분리최저치가 확보 되지 않을 우려가 있었던 경우. 1) 항공기에 장착된 공중충돌경고장치 회피기동(ACAS RA)이 발생한 경우 2) 항공교통관제기관의 항공기 감시 장비에 근접충돌경고(short-term conflict alert)가 표시된 경우. 다만, 항공교통관제사가 항공법규 등 관련 규정에 따라 항공기 상호 간 분리최저치 이상을 유지토록 하는 관제지시를 하였고 조종사가 이에 따라 항행을 한 것이 확인된 경우는 제외한다.
	나. 지형·수면·장애물 등과 최저 장애물회피고도(MOC, Minimum Obstacle Clearance)가 확보되지 않았던 경우(항공기준사고에 해당하는 경우는 제외한다)
	다. 비행금지구역 또는 비행제한구역에 허가 없이 진입한 경우를 포함하여 비행경로 또는 비행고도 이탈 등 항공교통관제기관의 사전 허가를 받지 아니한 항행을 한 경우. 다만, 허용된 오차범위 내의 운항 등 일시적인 경미한 고도·경로 이탈은 제외한다.
2. 이륙·착륙	가. 다음의 어느 하나에 해당하는 형태의 이륙 또는 착륙을 한 경우 1) 활주로 또는 착륙표면에 항공기 동체 꼬리, 날개 끝, 엔진덮개, 착륙장치 등의 비정상적 접촉 2) 비행교범 등에서 정한 강하속도(vertical speed), "G" 값(착륙표면 접촉충격량) 등을 초과한 착륙(hard landing) 또는 최대착륙중량을 초과한 착륙(heavy landing) 3) 활주로·헬리패드(헬리콥터 이착륙장을 말한다) 등에 착륙접지했으나, 다음의 어느 하나에 해당하는 착륙을 한 경우

Chapter 01 | 항공법규

항공안전법 시행규칙

2. 이륙·착륙 〈계속〉	가) 정해진 접지구역(touch-down zone)에 못 미치는 착륙(short landing) 나) 정해진 접지구역(touch-down zone)을 초과한 착륙(long landing)
	나. 항공기가 다음의 어느 하나에 해당하는 사유로 이륙활주를 중단한 경우 또는 이륙을 강행한 경우 1) 부적절한 기재·외장 설정 2) 항공기 시스템 기능장애 등 정비요인 3) 항공교통관제지시, 기상 등 그 밖의 사유
	다. 항공기가 이륙활주 또는 착륙활주 중 착륙장치가 활주로표면 측면 외측의 포장된 완충구역(Runway Shoulder 이내로 한정한다)으로 이탈하였으나 활주로로 다시 복귀하여 이륙활주 또는 착륙활주를 안전하게 마무리 한 경우
3. 지상운항	가. 항공기가 지상운항 중 다른 항공기나 장애물, 차량, 장비 등과 접촉·충돌하였거나, 공항 내 설치된 항행안전시설 등을 포함한 각종 시설과 접촉·추돌한 경우
	나. 항공기가 주기(駐機) 중 또는 가목의 지상운항 이외의 목적으로 이동 중 다른 항공기나 장애물, 차량, 장비 등과 접촉·충돌한 경우. 다만, 항공기의 손상이 없거나 운항허용범위 이내의 손상인 경우는 제외한다.
	다. 항공기가 유도로를 이탈한 경우
	라. 항공기, 차량, 사람 등이 허가 없이 유도로에 진입한 경우
	마. 항공기, 차량, 사람 등이 허가 없이 또는 잘못된 허가로 항공기의 이륙·착륙을 위해 지정된 보호구역 또는 활주로에 진입하였으나 다른 항공기의 안전 운항에 지장을 주지 않은 경우
4. 운항 준비	가. 지상조업 중 비정상 상황(급유 중 인위적으로 제거해야 하는 다량의 기름유출 등)이 발생한 경우
	나. 위험물 처리과정에서 부적절한 라벨링, 포장, 취급 등이 발생한 경우
5. 항공기 화재 및 고장	가. 운항 중 다음의 어느 하나에 해당하는 경미한 화재 또는 연기가 발생한 경우 1) 운항 중 항공기 구성품 또는 부품의 고장으로 인하여 조종실 또는 객실에 연기·증기 또는 중독성 유해가스가 축적되거나 퍼지는 현상이 발생한 경우 2) 객실 조리기구·설비 또는 휴대전화기 등 탑승자의 물품에서 경미한 화재·연기가 발생한 경우. 다만, 단순 이물질에 의한 것으로 확인된 경우는 제외한다. 3) 화재경보시스템이 작동한 경우. 다만, 탑승자의 일시적 흡연, 스프레이 분사, 수증기 등의 요인으로 화재경보시스템이 작동된 것으로 확인된 경우는 제외한다.
	나. 운항 중 항공기의 연료공급시스템(fuel system)과 연료덤핑시스템(fuel dumping system: 비행 중 항공기 중량 감소를 위해 연료를 공중에 배출하는 장치)에 영향을 주는 고장이나 위험을 발생시킬 수 있는 연료 누출이 발생한 경우
	다. 지상운항 중 또는 이륙·착륙을 위한 지상 활주 중 제동력 상실을 일으키는 제동시스템 구성품의 고장이 발생한 경우
	라. 운항 중 의도하지 아니한 착륙장치의 내림이나 올림 또는 착륙장치의 문 열림과 닫힘이 발생한 경우
	마. 제작사가 제공하는 기술자료에 따른 최대허용범위(제작사가 기술자료를 제공하지 않는 경우에는 법 제19조에 따라 고시한 항공기기술기준에 따른 최대 허용범위를 말한다)를 초과한 항공기 구조의 균열, 영구적인 변형이나 부식이 발생한 경우
	바. 대수리가 요구되는 항공기 구조 손상이 발생한 경우
	사. 항공기의 고장, 결함 또는 기능장애로 결항, 항공기 교체, 회항 등이 발생한 경우
	아. 운항 중 엔진 덮개가 풀리거나 이탈한 경우
	자. 운항 중 다음의 어느 하나에 해당하는 사유로 발동기가 정지된 경우 1) 발동기의 연소 정지 2) 발동기 또는 항공기 구조의 외부 손상 3) 외부 물체의 발동기 내 유입 또는 발동기 흡입구에 형성된 얼음의 유입
	차. 운항 중 발동기 배기시스템 고장으로 발동기, 인접한 구조물 또는 구성품이 파손된 경우
	카. 고장, 결함 또는 기능장애로 항공기에서 발동기를 조기(非계획적)에 떼어 낸 경우

항공안전법 시행규칙

5. 항공기 화재 및 고장 (계속)	타. 운항 중 프로펠러 페더링시스템(프로펠러 날개깃 각도를 조절하는 장치) 또는 항공기의 과속을 제어하기 위한 시스템에 고장이 발생한 경우(운항 중 프로펠러 페더링이 발생한 경우를 포함한다)
	파. 운항 중 비상조치를 하게 하는 항공기 구성품 또는 시스템의 고장이 발생한 경우. 다만, 발동기 연소를 인위적으로 중단시킨 경우는 제외한다.
	하. 비상탈출을 위한 시스템, 구성품 또는 탈출용 장비가 고장, 결함, 기능장애 또는 비정상적으로 전개한 경우(훈련, 시험, 정비 또는 시현 시 발생한 경우를 포함한다)
	거. 운항 중 화재경보시스템이 오작동 한 경우
6. 공항 및 항행서비스	가. 「공항시설법」 제2조제16호에 따른 항공등화시설에 다음의 어느 하나에 해당하는 상황이 발생한 경우 　1) 「공항시설법」 제47조에 따라 국토교통부장관이 정하여 고시한 규정 중 항공등화 운영 및 유지관리 수준에 미달한 경우 　2) 항공등화시설의 운영이 중단되어 항공기 운항에 지장을 주는 경우
	나. 활주로, 유도로 및 계류장이 항공기 운항에 지장을 줄 정도로 중대한 손상을 입었거나 화재가 발생한 경우
	다. 안전 운항에 지장을 줄 수 있는 물체 또는 위험물이 활주로, 유도로 등 공항 이동지역에 방치된 경우
	라. 다음의 어느 하나에 해당하는 항공교통통신 장애가 발생한 경우 　1) 항공기와 항공교통관제기관 간 양방향 무선통신이 두절되어 안전운항을 위해 필요로 하는 관제교신을 하지 못한 상황 　2) 항공기에 대한 항공교통관제업무가 중단된 상황
	마. 다음의 어느 하나에 해당하는 상황이 발생한 경우 　1) 「공항시설법」 제2조제15호에 따른 항행안전무선시설, 항공고정통신시설·항공이동통신시설·항공정보방송시설 등 항공정보통신시설의 운영이 중단된 상황(예비장비가 작동한 경우도 포함한다) 　2) 「공항시설법」 제2조제15호에 따른 항행안전무선시설, 항공고정통신시설·항공이동통신시설·항공정보방송시설 등 항공정보통신시설과 항공기 간 신호의 송·수신 장애가 발생한 상황 　3) 1) 및 2) 외의 예비장비(전원시설을 포함한다) 장애가 24시간 이상 발생한 상황
	바. 활주로 또는 유도로 등 공항 이동지역 내에서 차량과 차량, 장비 또는 사람이 충돌하거나 장비와 사람이 충돌하여 항공기 운항에 지장을 초래한 경우
7. 기타	가. 운항 중 항공기가 다음의 어느 하나에 해당되는 충돌·접촉, 또는 충돌우려 등이 발생한 경우 　1) 우박, 그 밖의 물체. 다만, 항공기 손상이 없거나 운항허용범위 이내의 손상인 경우는 제외한다. 　2) 드론, 무인비행장치 등
	나. 운항 중 여압조절 실패, 비상장비의 탑재 누락, 비징싱직 문·창문 얼림 등 객실의 안전이 우려된 상황이 발생한 경우(항공기준사고에 해당하는 사항은 제외한다)
	다. 제127조제1항 단서에 따라 국토교통부장관이 정하여 고시한 승무시간 등의 기준 내에서 해당 운항승무원의 최대승무시간이 연장된 경우
	라. 비행 중 정상적인 조종을 할 수 없는 정도의 레이저 광선에 노출된 경우
	마. 항공기의 급격한 고도 또는 자세 변경 등(난기류 등 기상요인으로 인한 것을 포함한다)으로 인해 객실승무원이 부상을 당하여 업무수행이 곤란한 경우
	바. 항공기 운항 관련 직무를 수행하는 객실승무원의 신체·정신건강 또는 심리상태 등의 사유로 해당 객실승무원의 교체 또는 하기(下機)를 위하여 출발지 공항으로 회항하거나 목적지 공항이 아닌 공항에 착륙하는 경우
	사. 항공기가 조류 또는 동물과 충돌 한 경우(조종사 등이 충돌을 명확히 인지하였거나, 충돌흔적이 발견된 경우로 한정한다)
	아. 항공기사용사업자가 「항공안전법 시행규칙」 제182조 및 제183조에 따라 제출한 비행계획서 상의 탑승 총 인원을 초과하여 탑승시킨 경우

제135조(항공안전 자율보고의 절차 등) ① 법 제61조제1항에 따라 항공안전 자율보고를 하려는 사람은 별지 제66호서식의 항공안전 자율보고서 또는 국토교통부장관이 정하여 고시하는 전자적인 보고방법에 따라 한국교통안전공단의 이사장에게 보고할 수 있다.

② 제1항에 따른 항공안전 자율보고의 접수·분석 및 전파 등에 관하여 필요한 사항은 국토교통부장관이 정하여 고시한다.

Chapter 01 | 항공법규

항공안전법	항공안전법 시행령

항공안전법

② 기장은 국토교통부령으로 정하는 바에 따라 항공기의 운항에 필요한 준비가 끝난 것을 확인한 후가 아니면 항공기를 출발시켜서는 아니 된다.

③ 기장은 항공기나 여객에 위난(危難)이 발생하였거나 발생할 우려가 있다고 인정될 때에는 항공기에 있는 여객에게 피난방법과 그 밖에 안전에 관하여 필요한 사항을 명할 수 있다.

④ 기장은 운항 중 그 항공기에 위난이 발생하였을 때에는 여객을 구조하고, 지상 또는 수상(水上)에 있는 사람이나 물건에 대한 위난 방지에 필요한 수단을 마련하여야 하며, 여객과 그 밖에 항공기에 있는 사람을 그 항공기에서 나가게 한 후가 아니면 항공기를 떠나서는 아니 된다.

⑤ 기장은 항공기사고, 항공기준사고 또는 의무보고 대상 항공안전장애가 발생하였을 때에는 국토교통부령으로 정하는 바에 따라 국토교통부장관에게 그 사실을 보고하여야 한다. 다만, 기장이 보고할 수 없는 경우에는 그 항공기의 소유자등이 보고를 하여야 한다.

⑥ 기장은 다른 항공기에서 항공기사고, 항공기준사고 또는 의무보고 대상 항공안전장애가 발생한 것을 알았을 때에는 국토교통부령으로 정하는 바에 따라 국토교통부장관에게 그 사실을 보고하여야 한다. 다만, 무선설비를 통하여 그 사실을 안 경우에는 그러하지 아니하다.

⑦ 항공종사자 등 이해관계인이 제59조제1항에 따라 보고한 경우에는 제5항 본문 및 제6항 본문은 적용하지 아니한다.

제63조(기장 등의 운항자격) ① 다음 각 호의 어느 하나에 해당하는 항공기의 기장은 지식 및 기량에 관하여, 기장 외의 조종사는 기량에 관하여 국토교통부장관의 자격인정을 받아야 한다.
　1. 항공운송사업에 사용되는 항공기
　2. 항공기사용사업에 사용되는 항공기 중 국토교통부령으로 정하는 업무에 사용되는 항공기
　3. 국외운항항공기

② 국토교통부장관은 제1항에 따른 자격인정을 받은 사람에 대하여 그 지식 또는 기량의 유무를 정기적으로 심사하여야 하며, 특히 필요하다고 인정하는 경우에는 수시로 지식 또는 기량의 유무를 심사할 수 있다.

③ 국토교통부장관은 제1항에 따른 자격인정을 받은 사람이 제2항에 따른 심사를 받지 아니하거나 그 심사에 합격하지 못한 경우에는 그 자격인정을 취소하여야 한다.

④ 국토교통부장관은 필요하다고 인정할 때에는 국토교통부령으로 정하는 바에 따라 지정한 항공운송사업자 또는 항공기사용사업자에게 소속 기장 또는 기장 외의 조종사에 대하여 제1항에 따른 자격인정 또는 제2항에 따른 심사를 하게 할 수 있다.

항공안전법 시행규칙

제136조(출발 전의 확인) ① 법 제62조제2항에 따라 기장이 확인하여야 할 사항은 다음 각 호와 같다.
  1. 해당 항공기의 감항성 및 등록 여부와 감항증명서 및 등록증명서의 탑재
  2. 해당 항공기의 운항을 고려한 이륙중량, 착륙중량, 중심위치 및 중량분포
  3. 예상되는 비행조건을 고려한 의무무선설비 및 항공계기등의 장착
  4. 해당 항공기의 운항에 필요한 기상정보 및 항공정보
  5. 연료 및 오일의 탑재량과 그 품질
  6. 위험물을 포함한 적재물의 적절한 분배 여부 및 안정성
  7. 해당 항공기와 그 장비품의 정비 및 정비 결과
  8. 그 밖에 항공기의 안전 운항을 위하여 국토교통부장관이 필요하다고 인정하여 고시하는 사항
② 기장은 제1항제7호의 사항을 확인하는 경우에는 다음 각 호의 점검을 하여야 한다.
  1. 항공일지 및 정비에 관한 기록의 점검
  2. 항공기의 외부 점검
  3. 발동기의 지상 시운전 점검
  4. 그 밖에 항공기의 작동사항 점검

제137조(기장 등의 운항자격인정 대상 항공기등) 법 제63조제1항제2호에서 "국토교통부령으로 정하는 업무"란 「항공사업법 시행규칙」 제4조제1호, 제2호, 제5호부터 제7호까지 및 제9호에 따른 업무를 말한다.

제138조(기장의 운항자격인정을 위한 지식 요건) 법 제63조제1항에 따라 같은 항 각 호의 어느 하나에 해당하는 항공기의 기장은 다음 각 호의 구분에 따른 지식이 있어야 한다.
  1. 법 제63조제1항제1호·제2호에 해당하는 항공기의 기장 : 운항하려는 지역, 노선 및 공항에 대한 다음 각 목의 지식
     가. 지형 및 최저안전고도
     나. 계절별 기상 특성
     다. 기상, 통신 및 항공교통시설 업무와 그 절차
     라. 수색 및 구조 절차
     마. 운항하려는 지역 또는 노선과 관련된 장거리 항법절차가 포함된 항행안전시설 및 그 이용절차
     바. 인구밀집지역 상공 및 항공교통량이 많은 지역 상공의 비행경로에서 적용되는 비행절차
     사. 장애물, 등화시설, 접근을 위한 항행안전시설, 목적지 공항 혼잡지역 및 그 도면
     아. 항공로절차, 목적지 상공 도착절차, 출발절차, 체공절차 및 공항이 포함된 인가된 계기접근 절차
     자. 공항 운영 최저기상기준값[공항에서 항공기가 이륙·착륙할 수 있는 최저 시정(식별 가능 최대 거리를 말한다. 이하 같다)과 구름높이를 정한 값을 말한다]
     차. 항공고시보
     카. 운항규정
  2. 법 제63조제1항제3호에 해당하는 항공기의 기장 : 해당 형식의 항공기에 대한 정상 상태에서의 조종기술과 비정상 상태에서의 조종기술 및 비상절차에 관한 지식

제139조(기장 등의 운항자격인정을 위한 기량 요건) 법 제63조제1항에 따라 같은 항 각 호의 어느 하나에 해당하는 항공기의 기장 또는 기장 외의 조종사는 다음 각 호의 구분에 따른 기량이 있어야 한다.
  1. 법 제63조제1항제1호·제2호에 해당하는 항공기의 기장 또는 기장 외의 조종사 : 운항하려는 지역, 노선 및 공항에 대해 해당 형식의 항공기에 대한 정상 상태에서의 조종기술과 비정상 상태에서의 조종기술 및 비상절차 수행능력
  2. 법 제63조제1항제3호에 해당하는 항공기 기장 또는 기장 외의 조종사 : 해당 형식의 항공기에 대한 정상 상태에서의 조종기술과 비정상 상태에서의 조종기술 및 비상절차 수행능력

제140조(기장 등의 운항자격 인정 및 심사 신청) 법 제63조제1항에 따라 기장 또는 기장 외의 조종사의 운항자격 인정을 받으려는 사람은 별지 제67호서식의 조종사 운항자격 인정(심사) 신청서에 별지 제36호서식의 비행경력증명서를 첨부하여 국토교통부장관에게 제출하여야 한다.

제141조(기장 등의 운항자격인정을 위한 심사) ① 법 제63조제1항에 따른 지식 또는 기량에 관한 자격인정은 구술·필기 및 실기 평가 과정을 통하여 심사한다.

항공안전법	항공안전법 시행령

⑤ 제4항에 따라 자격인정을 받거나 그 심사에 합격한 기장 또는 기장 외의 조종사는 제1항에 따른 자격인정 및 제2항에 따른 심사를 받은 것으로 본다. 이 경우 제3항을 준용한다.

⑥ 국토교통부장관은 제4항에도 불구하고 필요하다고 인정할 때에는 국토교통부령으로 정하는 기장 또는 기장 외의 조종사에 대하여 제2항에 따른 심사를 할 수 있다.

⑦ 항공운송사업에 종사하는 항공기의 기장은 운항하려는 지역, 노선 및 공항(국토교통부령으로 정하는 지역, 노선 및 공항에 관한 것만 해당한다)에 대한 경험요건을 갖추어야 한다.

⑧ 제1항부터 제7항까지의 규정에 따른 자격인정·심사 또는 경험요건 등에 필요한 사항은 국토교통부령으로 정한다.

제64조(모의비행훈련장치를 이용한 운항자격 심사 등) 국토교통부장관은 비상시의 조치 등 항공기로 제63조에 따른 자격인정 또는 심사를 하기 곤란한 사항에 대해서는 제39조의2제3항에 따라 국토교통부장관이 지정한 모의비행훈련장치를 이용하여 제63조에 따른 자격인정 또는 심사를 할 수 있다.

항공안전법 시행규칙

② 국토교통부장관은 법 제63조제1항에 따른 자격인정에 필요한 심사(이하 "운항자격인정심사"라 한다) 업무를 담당하는 사람으로 소속 공무원을 지명하거나 해당 분야의 전문지식과 경험을 가진 사람을 위촉하여야 한다.
③ 제1항에 따른 실기심사는 제2항에 따라 국토교통부장관이 지명한 소속 공무원(이하 "운항자격심사관"이라 한다) 또는 국토교통부장관의 위촉을 받은 사람(이하 "위촉심사관"이라 한다)과 운항자격인정심사를 받으려는 사람이 해당 형식의 항공기에 탑승하여 해당 노선을 왕복비행(순환노선에서의 연속되는 2구간 이상의 편도비행을 포함한다)하여 심사하여야 한다. 다만, 제139조에 따른 정상 및 비정상 상태에서의 조종기술 및 비상절차 수행능력에 대한 비상절차 수행능력에 대한 실기심사는 제91조의2제3항에 따라 지방항공청장이 지정한 동일한 형식의 항공기의 모의비행훈련장치로 심사할 수 있다.
④ 운항자격인정심사의 세부항목 및 판정기준 등에 관하여 필요한 사항은 국토교통부장관이 정하여 고시한다.

제142조(기장 등의 운항자격인정) 법 제63조제1항 각 호의 어느 하나에 해당하는 항공기의 기장 또는 기장 외의 조종사에 대한 같은 항에 따른 운항자격인정은 다음 각 호의 구분에 따른 범위로 한정한다.
   1. 법 제63조제1항제1호 또는 같은 항 제2호에 해당하는 항공기의 기장 또는 기장 외의 조종사: 항공기 형식과 운항하려는 지역, 노선 및 공항(제155조제1항에 따른 지역, 노선 및 공항만 해당한다)에 대한 것
   2. 법 제63조제1항제3호에 해당하는 항공기의 기장 또는 기장 외의 조종사: 항공기 형식에 대한 것

제143조(기장 등의 운항자격의 정기심사) ① 국토교통부장관은 법 제63조제2항에 따라 같은 조 제1항에 따른 자격인정을 받은 기장 또는 기장 외의 조종사에 대해 다음 각 호의 구분에 따라 정기심사를 실시한다.
   1. 법 제63조제1항제1호 또는 같은 항 제2호에 해당하는 항공기의 기장 또는 기장 외의 조종사 : 운항하려는 지역, 노선 및 공항에 따라 기장의 경우에는 제138조제1호 및 제139조제1호에 따른 지식 및 기량의 유지에 관하여, 기장 외의 조종사의 경우에는 제139조제1호에 따른 기량의 유지에 관하여 다음 각 목의 구분에 따른 심사 실시
      가. 정상 상태에서의 조종기술 : 매년 1회 이상 국토교통부장관이 정하는 방법에 따른 심사
      나. 비정상 상태에서의 조종기술 및 비상절차 수행능력 : 매년 2회 이상 국토교통부장관이 정하는 방법에 따른 심사
   2. 법 제63조제1항제3호에 따른 항공기 기장 또는 기장 외의 조종사 : 운항하려는 항공기 형식에 따라 기장의 경우에는 제138조제2호 및 제139조제2호에 따른 지식 및 기량의 유지에 관하여, 기장 외의 조종사의 경우에는 제139조제2호에 따른 기량의 유지에 관하여 2년마다 1회 이상 국토교통부장관이 정하는 방법에 따른 심사 실시
② 제1항의 정기심사는 운항자격심사관 또는 위촉심사관이 실시한다.
③ 제1항의 정기심사에 관하여는 제141조제1항·제3항 및 제4항을 준용한다.
④ 제1항제1호나목에도 불구하고 다음 각 호의 어느 하나에 해당하는 조종사에 대한 심사는 기장의 경우에는 지식 및 기량의 유지에 관하여, 기장 외의 조종사의 경우에는 기량의 유지에 관하여 각각 매년 1회 이상 국토교통부장관이 정하는 방법에 따라 실시한다. 다만, 2개 이상의 기종을 조종하는 조종사인 경우에는 기종별 격년으로 심사한다.
   1. 「항공사업법」 제10조에 따른 소형항공운송사업에 사용되는 항공기를 조종하는 조종사
   2. 제137조에 따른 업무를 하는 항공기사용사업에 사용되는 항공기를 조종하는 조종사

제144조(기장 등의 운항자격의 수시심사) 법 제63조제2항에 따라 국토교통부장관은 다음 각 호의 어느 하나에 해당하는 기장 또는 기장 외의 조종사에 대해서는 수시로 지식 또는 기량의 유무를 심사할 수 있다.
   1. 항공기사고 또는 비정상운항을 발생시킨 기장 또는 기장 외의 조종사
   2. 제138조 각 호의 사항에 중요한 변경이 있는 지역, 노선 및 공항을 운항하는 기장 또는 기장 외의 조종사
   3. 항공기의 성능·장비 또는 항법에 중요한 변경이 있는 경우 해당 항공기를 운항하는 기장 또는 기장 외의 조종사
   4. 6개월 이상 운항업무에 종사하지 아니한 기장 또는 기장 외의 조종사
   5. 항공 관련 법규 위반으로 처분을 받은 기장 또는 기장 외의 조종사
   6. 항공기의 이륙·착륙에 특별한 주의가 필요한 공항으로서 국토교통부장관이 지정한 공항에 운항하는 기장 또는 기장 외의 조종사
   7. 해당 운항자격 경력이 1년 미만인 기장 또는 기장 외의 조종사
   8. 새로운 공항을 운항한지 6개월이 지나지 아니한 기장 또는 기장 외의 조종사
   9. 취항 중인 공항에 항공기 형식을 변경하여 운항한 지 6개월이 지나지 아니한 기장 또는 기장 외의 조종사

Chapter 01 | 항공법규

항공안전법 시행규칙

제145조(기장 등의 운항자격인정의 취소) ① 국토교통부장관은 법 제63조제3항에 따라 기장 또는 기장 외의 조종사가 제143조에 따라 심사를 받아야 하는 달의 다음 달 말일까지 심사를 받지 아니하거나 제143조 또는 제144조에 따른 심사에 합격하지 못한 경우에는 그 운항자격인정을 취소해야 한다.
② 국토교통부장관은 제1항에 따라 운항자격인정을 취소하는 경우에는 취소사실을 그 기장 또는 기장 외의 조종사에게 사유와 함께 서면으로 통보하여야 한다.

제146조(지정항공운송사업자등의 지정 신청 등) ① 항공운송사업자 또는 제137조에 따른 업무를 하는 항공기사용사업자가 법 제63조제4항에 따라 지정을 받으려는 경우에는 다음 각 호의 사항을 적은 별지 제68호서식의 지정항공운송사업자등의 지정신청서를 국토교통부장관에게 제출하여야 한다.
   1. 명칭 및 주소
   2. 해당 항공운송사업 또는 항공기사용사업의 면허번호·면허취득일 또는 등록번호·등록일
   3. 해당 항공운송사업 노선   4. 기종별 항공기 대수 및 법 제63조에 따라 자격인정을 받은 사람의 수
② 제1항의 신청서에는 다음 각 호의 사항이 적힌 훈련 및 심사에 관한 규정을 첨부하여야 한다.
   1. 법 제63조제1항 또는 제2항에 따라 운항자격인정을 받으려는 사람 또는 정기·수시심사를 받아야 하는 사람(이하 "운항자격심사 대상자"라 한다)에 대한 선정기준, 자격인정 및 심사방법과 그 조직체계
   2. 운항자격심사 대상자에 대한 자격인정 또는 심사업무 담당자가 되려는 사람(이하 "지정심사관 후보자"라 한다)의 선정기준 및 그 조직체계
   3. 운항자격심사 대상자와 지정심사관 후보자의 훈련체계 및 훈련방법
   4. 운항자격인정 및 심사, 선정에 관한 기록의 작성 및 보존 방법
③ 국토교통부장관은 제1항에 따른 신청이 제147조의 기준에 적합하다고 인정하는 경우에는 소속 기장 또는 기장 외의 조종사에 대한 운항자격인정 또는 심사를 할 수 있는 자(이하 "지정항공운송사업자등"이라 한다)로 지정하여야 한다.
④ 제3항의 경우에 국토교통부장관은 해당 지정항공운송사업자등이 운항자격인정 또는 심사를 할 수 있는 항공기 형식을 정하여 지정할 수 있다. 이 경우 신규 도입 항공기에 대해서는 해당 형식 항공기를 보유한 후 1년이 지나야 지정을 할 수 있다.
⑤ 지정항공운송사업자등이 제2항에 따른 훈련 및 심사에 관한 규정을 변경하려는 경우에는 미리 국토교통부장관의 승인을 받아야 한다.

제147조(지정항공운송사업자등의 지정기준) 법 제63조제4항에 따른 지정항공운송사업자등의 지정기준은 다음 각 호와 같다.
   1. 운항자격심사 대상자와 지정심사관 후보자의 선정을 위한 조직이 있고, 그 선정기준이 항공기의 형식, 보유 대수, 노선 등에 비추어 적합할 것
   2. 운항자격심사 대상자와 지정심사관 후보자의 훈련을 위한 조직이 있고 조종훈련교관 및 훈련시설을 충분히 확보할 것
   3. 운항자격심사 대상자와 지정심사관 후보자의 훈련과목·훈련시간, 그 밖에 훈련방법이 항공기의 형식, 보유 대수, 노선 등에 비추어 적합할 것
   4. 법 제63조제1항 및 제2항에 따른 운항자격인정 및 심사를 하기 위하여 필요한 인원의 지정심사관 후보자가 있을 것
   5. 제149조제3항에 따라 지정된 지정심사관의 권한행사에 독립성이 보장될 것
   6. 운항자격인정 및 심사의 내용, 평가기준 및 운항자격인정 취소기준은 국토교통부장관이 법 제63조제1항부터 제3항까지에 따라 하는 자격인정 및 심사의 내용, 평가기준 및 자격인정 취소기준에 준하는 것일 것
   7. 관계 기록의 작성 및 보존방법이 적절할 것

제148조(지정항공운송사업자등의 지정 취소) 국토교통부장관은 지정항공운송사업자등이 다음 각 호의 어느 하나에 해당하는 경우에는 지정항공운송사업자등의 지정을 취소할 수 있다.
   1. 거짓이나 그 밖의 부정한 방법으로 지정을 받은 경우
   2. 제149조제3항에 따른 지정심사관이 부정한 방법으로 법 제63조제4항에 따른 운항자격인정 또는 심사를 한 경우
   3. 제146조제2항에 따른 훈련 및 심사에 관한 규정을 위반한 경우
   4. 제147조에 따른 지정기준에 적합하지 아니하게 된 경우
   5. 법 또는 법에 따른 명령이나 처분을 위반한 경우

항공안전법 시행규칙

제149조(지정심사관의 지정 신청 등) ① 지정항공운송사업자등은 소속 기장 또는 기장 외의 조종사에 대한 운항자격인정 또는 심사를 하려는 경우에는 지정심사관 후보자를 선정하여 별지 제69호서식의 지정심사관 지정(심사) 신청서를 국토교통부장관에게 제출하여야 한다.
② 제1항의 신청서에는 지정심사관 후보자가 제151조제1항 각 호의 요건에 적합함을 증명하는 서류를 첨부하여야 한다.
③ 제1항에 따른 신청을 받은 국토교통부장관은 지정심사관 후보자가 제151조의 요건에 적합한 경우에는 지정심사관으로 지정하여야 한다.
④ 제3항에 따라 지정을 받은 지정심사관(이하 "지정심사관"이라 한다)은 제141조제3항에 따른 위촉심사관의 자격이 있는 것으로 본다.

제150조(위촉심사관등에 대한 항공기 형식 한정 등) ① 국토교통부장관은 위촉심사관 또는 지정심사관(이하 "위촉심사관등"이라 한다)을 위촉 또는 지정하는 경우 항공기 형식을 한정하여 위촉 또는 지정하여야 한다.
② 국토교통부장관이 위촉심사관등의 위촉 또는 지정을 위하여 실시하는 심사에 관하여는 제141조제1항, 제3항 및 제4항을 준용한다.
③ 제2항에 따른 심사는 운항자격심사관이 한다.

제151조(위촉심사관등의 위촉 또는 지정 요건) ① 위촉심사관등의 위촉 또는 지정 요건은 다음 각 호와 같다.
  1. 다음 각 목의 어느 하나에 해당하는 사람일 것
     가. 항공운송사업에 사용되는 항공기의 기장으로서의 비행시간이 2천시간 이상이거나 해당 형식의 항공기 기장으로서의 비행시간이 1천시간 이상이고, 위촉심사관등이 되기 위한 훈련을 받은 사람일 것
     나. 제137조에 따른 업무를 하는 항공기사용사업에 사용되는 항공기의 조종사로서의 비행시간이 1,500시간 이상이거나 해당 형식의 항공기 기장으로서의 비행시간이 1천시간 이상이고, 위촉심사관등이 되기 위한 훈련을 받은 사람일 것
  2. 운항자격인정을 받은 기장일 것
  3. 기장 또는 기장 외의 조종사에 대한 운항자격인정 및 심사를 하는 데 필요한 지식과 기량이 있을 것
  4. 법 제43조에 따라 자격증명, 자격증명의 한정 또는 항공신체검사증명의 효력정지명령을 받고 그 정지기간이 끝나거나 그 정지가 면제된 날부터 2년이 지난 사람일 것
② 제1항에도 불구하고 제1항 각 호의 요건을 갖춘 사람이 없거나 국토교통부장관이 필요하다고 인정하는 경우에는 지식 및 기량이 우수한 기장 중에서 항공운송사업자 또는 제137조에 따른 업무를 하는 항공기사용사업자의 신청을 받아 위촉심사관등으로 위촉하거나 지정할 수 있다.

제152조(위촉심사관등에 대한 정기·수시심사) ① 국토교통부장관은 위촉심사관등이 제151조의 요건을 갖추고 있는지의 여부를 확인하기 위하여 위촉심사관등의 지식에 관하여는 1년마다, 기량에 관하여는 2년마다 심사하되, 특히 필요하다고 인정하는 경우에는 수시로 심사할 수 있다.
② 제1항에 따른 심사는 국토교통부장관이 정하는 위촉심사관등에 대한 심사표에 따른다.
③ 제1항의 심사는 운항자격심사관이 하되, 새로운 형식의 항공기 도입 또는 운항자격심사관의 사고 등의 사유가 있는 경우에는 국토교통부장관이 위촉심사관을 지명하여 할 수 있다.
④ 제1항의 심사에 관하여는 제141조제1항, 제3항 및 제4항을 준용한다.

제153조(위촉 또는 지정의 실효 및 취소) ① 위촉심사관등이 다음 각 호의 어느 하나에 해당하는 경우에는 위촉 또는 지정의 효력은 즉시 상실된다.
  1. 제152조제1항에 따른 심사를 받지 아니하거나 그 심사에 합격하지 못한 경우
  2. 위촉 또는 지정 당시 소속된 항공운송사업자 또는 항공기사용사업자 소속을 이탈한 경우
  3. 위촉 또는 지정 당시 소속된 지정항공운송사업자등이 그 자격을 상실한 경우
  4. 위촉 또는 지정 당시 한정받은 항공기 형식과 다른 형식의 항공기에 탑승하여 항공업무를 하게 된 경우
② 국토교통부장관은 위촉심사관등이 다음 각 호의 어느 하나에 해당하는 경우에는 위촉 또는 지정을 취소할 수 있다.
  1. 거짓이나 그 밖의 부정한 방법으로 위촉 또는 지정을 받은 경우
  2. 부정한 방법으로 법 제63조제1항, 제2항 및 제4항에 따른 자격인정 또는 심사를 한 경우

Chapter 01 항공법규

항공안전법	항공안전법 시행령
제65조(운항관리사) ① 항공운송사업자와 국외운항항공기 소유자등은 국토교통부령으로 정하는 바에 따라 운항관리사를 두어야 한다. ② 제1항에 따라 운항관리사를 두어야 하는 자가 운항하는 항공기의 기장은 그 항공기를 출발시키거나 비행계획을 변경하려는 경우에는 운항관리사의 승인을 받아야 한다. ③ 제1항에 따라 운항관리사를 두어야 하는 자는 국토교통부령으로 정하는 바에 따라 운항관리사가 해당 업무를 원활하게 수행하는 데 필요한 지식 및 경험을 갖출 수 있도록 필요한 교육훈련을 하여야 한다.	

항공안전법 시행규칙

  3. 과실로 항공기사고를 발생시킨 경우
  4. 법 또는 법에 따른 명령이나 처분을 위반한 경우
③ 국토교통부장관은 운항자격심사관으로 하여금 위촉심사관등이 운항자격인정심사 또는 정기·수시심사를 수행한 기록물 등을 포함한 조종사의 운항자격에 관한 업무 전반에 대하여 정기 또는 수시로 확인하게 하여야 한다.

제154조(특별심사 대상 조종사) 법 제63조제6항에서 "국토교통부령으로 정하는 기장 또는 기장 외의 조종사"란 항공운송사업 또는 제137조에 따른 업무를 하는 항공기사용사업에 사용되는 항공기의 기장 또는 기장 외의 조종사를 말한다.

제155조(기장의 지역, 노선 및 공항에 대한 경험요건) ① 법 제63조제7항에서 "국토교통부령으로 정하는 지역, 노선 및 공항"이란 주변의 지형, 장애물 및 진입·출발방식 등을 고려하여 법 제77조에 따라 국토교통부장관이 고시하는 운항기술기준에서 정한 지역, 노선 및 공항을 말한다.
② 법 제63조제7항에 따라 항공운송사업에 사용되는 항공기의 기장은 법 제77조에 따라 국토교통부장관이 고시하는 운항기술기준에서 정한 경험이 있어야 한다.

제156조(기장의 경험요건의 면제) 국토교통부장관은 신규로 개설되는 노선을 운항하려는 기장이 다음 각 호의 어느 하나에 해당하는 경우에는 제155조제2항에 따른 경험요건을 면제할 수 있다.
  1. 운항하려는 지역, 노선 및 공항에 대한 시각장비 또는 비행장 도면이 포함된 운항절차에 대한 교육을 받고 위촉심사관등으로부터 확인을 받은 경우
  2. 위촉심사관 또는 운항하려는 해당 형식 항공기의 기장으로서 비행한 시간이 1천시간 이상인 경우

제157조(지정항공운송사업자등에 대한 준용규정 등) ① 지정항공운송사업자등의 자격인정 또는 심사에 관하여는 제137조부터 제140조까지, 제141조제1항·제3항, 제142조, 제143조제1항·제4항, 제144조 및 제145조를 준용한다.
② 지정항공운송사업자등은 매월 법 제63조제4항에 따른 운항자격인정 또는 심사결과를 다음 달 20일까지 국토교통부장관에게 보고하여야 한다.

제158조(운항관리사) ① 법 제65조제1항에 따라 운항관리사를 두어야 하는 자는 운항관리사가 연속하여 12개월 이상의 기간 동안 운항관리사의 업무에 종사하지 아니한 경우에는 그 운항관리사가 제159조에 따른 지식과 경험을 갖추고 있는지의 여부를 확인한 후가 아니면 그 운항관리사를 운항관리사의 업무에 종사하게 해서는 아니 된다.
② 법 제65조제1항에 따라 운항관리사를 두어야 하는 자는 운항관리사가 해당 업무와 관련된 항공기의 운항 사항을 항상 알고 있도록 하여야 한다.

제159조(운항관리사에 대한 교육훈련 등) 법 제65조제1항에 따라 운항관리사를 두어야 하는 자는 법 제65조제3항에 따라 운항관리사가 다음 각 호의 지식 및 경험 등을 갖출 수 있도록 교육훈련계획을 수립하고 매년 1회 이상 교육훈련을 실시하여야 한다.
  1. 운항하려는 지역에 대한 다음 각 목의 지식
      가. 계절별 기상조건   나. 기상정보의 출처
      다. 기상조건이 운항 예정인 항공기에서 무선통신을 수신하는 데 미치는 영향
      라. 화물 탑재 절차 등
  2. 해당 항공기 및 그 장비품에 대한 다음 각 목의 지식
      가. 운항규정의 내용   나. 무선통신장비 및 항행장비의 특성과 제한사항
  3. 운항 감독을 하도록 지정된 지역에 대해 최근 12개월 이내에 항공기 조종실에 탑승하여 1회 이상의 편도비행(해당 지역에 있는 비행장 및 헬기장에서의 착륙을 포함한다)을 한 경험(항공운송사업자에 소속된 운항관리사만 해당한다)
  4. 업무 수행에 필요한 다음 각 목의 능력
      가. 인적요소(Human Factor)와 관련된 지식 및 기술
      나. 기장에 대한 비행준비의 지원   다. 기장에 대한 비행 관련 정보의 제공
      라. 기장에 대한 운항비행계획서(Operational Flight Plan) 및 비행계획서의 작성 지원
      마. 비행 중인 기장에게 필요한 안전 관련 정보의 제공   바. 비상시 운항규정에서 정한 절차에 따른 조치

Chapter 01 | 항공법규

항공안전법

제66조(항공기 이륙·착륙의 장소) ① 누구든지 항공기(활공기와 비행선은 제외한다)를 비행장이 아닌 곳(해당 항공기에 요구되는 비행장 기준에 맞지 않는 비행장을 포함한다)에서 이륙하거나 착륙하여서는 아니 된다. 다만, 각 호의 경우에는 그러하지 아니하다.
    1. 안전과 관련한 비상상황 등 불가피한 사유가 있는 경우로서 국토교통부장관의 허가를 받은 경우
    2. 제90조제2항에 따라 국토교통부장관이 발급한 운영기준에 따르는 경우
② 제1항제1호에 따른 허가에 필요한 세부 기준 및 절차와 그 밖에 필요한 사항은 대통령령으로 정한다.

제67조(항공기의 비행규칙) ① 항공기를 운항하려는 사람은 「국제민간항공협약」 및 같은 협약 부속서에 따라 국토교통부령으로 정하는 비행에 관한 기준·절차·방식 등(이하 "비행규칙"이라 한다)에 따라 비행하여야 한다.
② 비행규칙은 다음 각 호와 같이 구분한다.
    1. 재산 및 인명을 보호하기 위한 비행절차 등 일반적인 사항에 관한 규칙
    2. 시계비행에 관한 규칙
    3. 계기비행에 관한 규칙
    4. 비행계획의 작성·제출·접수 및 통보 등에 관한 규칙
    5. 그 밖에 비행안전을 위하여 필요한 사항에 관한 규칙

항공안전법 시행령

제9조(항공기 이륙·착륙 장소 외에서의 이륙·착륙 허가등) ① 법 제66조제1항제1호에 따른 안전과 관련한 비상상황 등 불가피한 사유가 있는 경우는 다음 각 호의 어느 하나에 해당하는 경우로 한다.
1. 항공기의 비행 중 계기 고장, 연료 부족 등의 비상상황이 발생하여 신속하게 착륙하여야 하는 경우
2. 응급환자 또는 수색인력·구조인력 등의 수송, 비행훈련, 화재의 진화, 화재 예방을 위한 감시, 항공촬영, 항공방제, 연료보급, 건설자재 운반 또는 헬리콥터를 이용한 사람의 수송 등의 목적으로 항공기를 비행장이 아닌 장소에서 이륙 또는 착륙하여야 하는 경우

② 제1항제1호에 해당하여 법 제66조제1항제1호에 따라 착륙의 허가를 받으려는 자는 무선통신 등을 사용하여 국토교통부장관에게 착륙 허가를 신청하여야 한다. 이 경우 국토교통부장관은 특별한 사유가 없으면 허가하여야 한다.

③ 제1항제2호에 해당하여 법 제66조제1항제1호에 따라 이륙 또는 착륙의 허가를 받으려는 자는 국토교통부령으로 정하는 허가신청서를 국토교통부장관에게 제출하여야 한다. 이 경우 국토교통부장관은 그 내용을 검토하여 안전에 지장이 없다고 인정되는 경우에는 6개월 이내의 기간을 정하여 허가하여야 한다.

항공안전법 시행규칙

제160조(이륙·착륙 장소 외에서의 이륙·착륙 허가신청) 영 제9조제3항에 따라 국토교통부장관 또는 지방항공청장의 허가를 받으려는 자는 별지 제70호서식의 이륙·착륙 장소 외에서의 이륙·착륙 허가 신청서에 다음 각 호의 사항을 적은 서류를 첨부하여 국토교통부장관 또는 지방항공청장에게 제출하여야 한다.
  1. 이륙·착륙하려는 장소(해당 장소의 약도를 포함한다)
  2. 이륙·착륙의 절차 및 방향의 선정
  3. 이륙·착륙 장소의 지형 적합성 및 우천·강설 등에 따른 지반 약화 가능성
  4. 이륙·착륙 장소에 적합한 용량의 소화기 비치계획 및 풍향을 지시할 수 있는 장치의 설치 여부
  5. 이륙·착륙 장소의 주변 장애물(급격한 경사, 전선 및 건물 등을 말한다)
  6. 이륙·착륙 장소에 사람의 접근통제 및 안전요원 배치 계획
  7. 항공기사고를 방지하기 위한 조치
  8. 항공기의 급유 시 안전대책
  9. 국유지 및 사유지에 이륙·착륙 시 관계기관 또는 관계인과의 토지사용에 대한 사전협의 사항
  10. 항공기의 소음 등으로 인한 민원발생 예방대책
  11. 그 밖에 항공기의 안전한 이륙·착륙을 위하여 국토교통부장관이 정하여 고시하는 사항

제161조(비행규칙의 준수 등) ① 기장은 법 제67조에 따른 비행규칙에 따라 비행하여야 한다. 다만, 안전을 위하여 불가피한 경우에는 그러하지 아니하다.
② 기장은 비행을 하기 전에 현재의 기상관측보고, 기상예보, 소요 연료량, 대체 비행경로 및 그 밖에 비행에 필요한 정보를 숙지하여야 한다.
③ 기장은 인명이나 재산에 피해가 발생하지 않도록 주의하여 비행하여야 한다.
④ 기장은 다른 항공기 또는 그 밖의 물체와 충돌하지 않도록 비행하여야 하며, 공중충돌경고장치의 회피지시가 발생한 경우에는 그 지시에 따라 회피기동을 하는 등 충돌을 예방하기 위한 조치를 하여야 한다.

제162조(항공기의 지상이동) 법 제67조에 따라 비행장 안의 이동지역에서 이동하는 항공기는 충돌예방을 위하여 다음 각 호의 기준에 따라야 한다.
  1. 정면 또는 이와 유사하게 접근하는 항공기 상호간에는 모두 정지하거나 가능한 경우에는 충분한 간격이 유지되도록 각각 오른쪽으로 진로를 바꿀 것
  2. 교차하거나 이와 유사하게 접근하는 항공기 상호간에는 다른 항공기를 우측으로 보는 항공기가 진로를 양보할 것
  3. 앞지르기하는 항공기는 다른 항공기의 통행에 지장을 주지 않도록 충분한 분리 간격을 유지할 것
  4. 기동지역에서 지상이동 하는 항공기는 관제탑의 지시가 없는 경우에는 활주로진입전대기지점(Runway Holding Position)에서 정지·대기할 것
  5. 기동지역에서 지상이동하는 항공기는 정지선등(Stop Bar Lights)이 켜져 있는 경우에는 정지·대기하고, 정지선등이 꺼질 때에 이동할 것

제163조(비행장 또는 그 주변에서의 비행) ① 법 제67조에 따라 비행장 또는 그 주변을 비행하는 항공기의 조종사는 다음 각 호의 기준에 따라야 한다.
  1. 이륙하려는 항공기는 안전고도 미만의 고도 또는 안전속도 미만의 속도에서 선회하지 말 것
  2. 해당 비행장의 이륙기상최저치 미만의 기상상태에서는 이륙하지 말 것
  3. 해당 비행장의 시계비행 착륙기상최저치 미만의 기상상태에서는 시계비행방식으로 착륙을 시도하지 말 것
  4. 터빈발동기를 장착한 이륙항공기는 지표 또는 수면으로부터 450미터(1,500피트)의 고도까지 가능한 한 신속히 상승할 것. 다만, 소음 감소를 위하여 국토교통부장관이 달리 비행방법을 정한 경우에는 그러하지 아니하다.
  5. 해당 비행장을 관할하는 항공교통관제기관과 무선통신을 유지할 것
  6. 비행로, 교통장주(Traffic Pattern : 비행장 상공을 도는 경로를 말한다), 그 밖에 해당 비행장에 대하여 정해진 비행방식 및 절차에 따를 것
  7. 다른 항공기 다음에 이륙하려는 항공기는 그 다른 항공기가 이륙하여 활주로의 종단을 통과하기 전에는 이륙을 위한 활주를 시작하지 말 것

Chapter 01 | 항공법규

> 항공안전법 시행규칙

8. 다른 항공기 다음에 착륙하려는 항공기는 그 다른 항공기가 착륙하여 활주로 밖으로 나가기 전에는 착륙하기 위하여 그 활주로 시단을 통과하지 말 것
9. 이륙하는 다른 항공기 다음에 착륙하려는 항공기는 그 다른 항공기가 이륙하여 활주로의 종단을 통과하기 전에는 착륙하기 위하여 해당 활주로의 시단을 통과하지 말 것
10. 착륙하는 다른 항공기 다음에 이륙하려는 항공기는 그 다른 항공기가 착륙하여 활주로 밖으로 나가기 전에 이륙하기 위한 활주를 시작하지 말 것
11. 기동지역 및 비행장 주변에서 비행하는 항공기를 관찰할 것
12. 다른 항공기가 사용하고 있는 교통장주를 회피하거나 지시에 따라 비행할 것
13. 비행장에 착륙하기 위하여 접근하거나 이륙 중 선회가 필요할 경우에는 달리 지시를 받은 경우를 제외하고는 좌선회할 것
14. 비행안전, 활주로의 배치 및 항공교통상황 등을 고려하여 필요한 경우를 제외하고는 바람이 불어오는 방향으로 이륙 및 착륙할 것

② 제1항제6호부터 제14호까지의 규정에도 불구하고 항공교통관제기관으로부터 다른 지시를 받은 경우에는 그 지시에 따라야 한다.

제164조(순항고도) ① 법 제67조에 따라 비행을 하는 항공기의 순항고도는 다음 각 호와 같다.
1. 항공기가 관제구 또는 관제권을 비행하는 경우에는 항공교통관제기관이 법 제84조제1항에 따라 지시하는 고도
2. 제1호 외의 경우에는 별표 21 제1호에서 정한 순항고도
3. 제2호에도 불구하고 국토교통부장관이 수직분리축소공역(RVSM)으로 정하여 고시한 공역의 경우에는 별표 21 제2호에서 정한 순항고도

② 제1항에 따른 항공기의 순항고도는 다음 각 호의 구분에 따라 표현되어야 한다.
1. 순항고도가 전이고도를 초과하는 경우 : 비행고도(Flight Level)
2. 순항고도가 전이고도 이하인 경우 : 고도(Altitude)

[별표 21] 순항고도(제164조제1항제2호 및 제3호 관련)
1. 일반적으로 사용되는 순항고도
   가. 고도측정 단위를 미터(meter)로 사용하는 지역

비행방향										
000°에서 179°까지						180°에서 359°까지				
계기비행			시계비행			계기비행			시계비행		
비행고도	고도		비행고도	고도		비행고도	고도		비행고도	고도	
	미터	피트		미터	피트		미터	피트		미터	피트
0030	300	1 000	-	-	-	0060	600	2 000	-	-	-
0090	900	3 000	0105	1 050	3 500	0120	1 200	3 900	0135	1 350	4 400
0150	1 500	4 900	0165	1 650	5 400	0180	1 800	5 900	0195	1 950	6 400
0210	2 100	6 900	0225	2 250	7 400	0240	2 400	7 900	0255	2 550	8 400
0270	2 700	8 900	0285	2 850	9 400	0300	3 000	9 800	0315	3 150	10 300
0330	3 300	10 800	0345	3 450	11 300	0360	3 600	11 800	0375	3 750	12 300
0390	3 900	12 800	0405	4 050	13 300	0420	4 200	13 800	0435	4 350	14 300
0450	4 500	14 800	0465	4 650	15 300	0480	4 800	15 700	0495	4 950	16 200
0510	5 100	16 700	0525	5 250	17 200	0540	5 400	17 700	0555	5 550	18 200
0570	5 700	18 700	0585	5 850	19 200	0600	6 000	19 700	0615	6 150	20 200
0630	6 300	20 700	0645	6 450	21 200	0660	6 600	21 700	0675	6 750	22 100
0690	6 900	22 600	0705	7 050	23 100	0720	7 200	23 600	0735	7 350	24 100
0750	7 500	24 600	0765	7 650	25 100	0780	7 800	25 600	0795	7 950	26 100

항공안전법 시행규칙

0810	8 100	26 600	0825	8 250	27 100	0840	8 400	27 600	0855	8 550	28 100
0890	8 900	29 100	0920	9 200	30 100	0950	9 500	31 100	0980	9 800	32 100
1010	10 100	33 100	1040	10 400	34 100	1070	10 700	35 100	1100	11 000	36 100
1130	11 300	37 100	1160	11 600	38 100	1190	11 900	39 100	1220	12 200	40 100
1250	12 500	41 100	1280	12 800	42 100	1310	13 100	43 000	1370	13 400	44 000
1370	13 700	44 900	1400	14 000	46 100	1430	14 300	46 900	1460	14 600	47 900
1490	14 900	48 900	1520	15 200	49 900	1550	15 500	50 900	1580	15 800	51 900
⋮	⋮	⋮	⋮	⋮	⋮	⋮	⋮	⋮	⋮	⋮	⋮

나. 고도측정 단위를 피트(feet)로 사용하는 지역

비행방향											
000°에서 179°까지						180°에서 359°까지					
계기비행			시계비행			계기비행			시계비행		
비행고도	고도		비행고도	고도		비행고도	고도		비행고도	고도	
	피트	미터		피트	미터		피트	미터		피트	미터
010	1 000	300	-	-	-	020	2 000	600	-	-	-
030	3 000	900	035	3 500	1 050	040	4 000	1 200	045	4 500	1 350
050	5 000	1 500	055	5 500	1 700	060	6 000	1 850	065	6 500	2 000
070	7 000	2 150	075	7 500	2 300	080	8 000	2 450	085	8 500	2 600
090	9 000	2 750	095	9 500	2 900	100	10 000	3 050	105	10 500	3 200
110	11 000	3 350	115	11 500	3 500	120	12 000	3 650	125	12 500	3 800
130	13 000	3 950	135	13 500	4 100	140	14 000	4 250	145	14 500	4 400
150	15 000	4 550	155	15 500	4 700	160	16 000	4 900	165	16 500	5 050
170	17 000	5 200	175	17 500	5 350	180	18 000	5 500	185	18 500	5 650
190	19 000	5 800	195	19 500	5 950	200	20 000	6 100	205	20 500	6 250
210	21 000	6 400	215	21 500	6 550	220	22 000	6 700	225	22 500	6 850
230	23 000	7 000	235	23 500	7 150	240	24 000	7 300	245	24 500	7 450
250	25 000	7 600	255	25 500	7 750	260	26 000	7 900	265	26 500	8 100
270	27 000	8 250	275	27 500	8 400	280	28 000	8 550	285	28 500	8 700
290	29 000	8 850	300	30 000	9 150	310	31 000	9 450	320	32 000	9 750
330	33 000	10 050	340	34 000	10 350	350	35 000	10 650	360	36 000	10 950
370	37 000	11 300	380	38 000	11 600	390	39 000	11 900	400	40 000	12 200
410	41 000	12 500	420	42 000	12 800	430	43 000	13 100	440	44 000	13 400
450	45 000	13 700	460	46 000	14 000	470	47 000	14 350	480	48 000	14 650
490	49 000	14 950	500	50 000	15 250	510	51 000	15 550	520	52 000	15 850
⋮	⋮	⋮	⋮	⋮	⋮	⋮	⋮	⋮	⋮	⋮	⋮

2. 수직분리축소공역(RVSM)에서의 순항고도
   가. 고도측정 단위를 미터(meter)로 사용하며 8,900미터 이상 12,500미터 이하의 고도에서 300미터의 수직분리최저치가 적용되는 지역

비행방향											
000°에서 179°까지						180°에서 359°까지					
계기비행			시계비행			계기비행			시계비행		
비행고도	고도		비행고도	고도		비행고도	고도		비행고도	고도	
	미터	피트		미터	피트		미터	피트		미터	피트
0030	300	1 000	-	-	-	0060	600	2 000	-	-	-
0090	900	3 000	0105	1 050	3 500	0120	1 200	3 900	0135	1 350	4 400
0150	1 500	4 900	0165	1 650	5 400	0180	1 800	5 900	0195	1 950	6 400
0210	2 100	6 900	0225	2 250	7 400	0240	2 400	7 900	0255	2 550	8 400

Chapter 01 | 항공법규

항공안전법 시행규칙

0270	2 700	8 900	0285	2 850	9 400	0300	3 000	9 800	0315	3 150	10 300
0330	3 300	10 800	0345	3 450	11 300	0360	3 600	11 800	0375	3 750	12 300
0390	3 900	12 800	0405	4 050	13 300	0420	4 200	13 800	0435	4 350	14 300
0450	4 500	14 800	0465	4 650	15 300	0480	4 800	15 700	0495	4 950	16 200
0510	5 100	16 700	0525	5 250	17 200	0540	5 400	17 700	0555	5 550	18 200
0570	5 700	18 700	0585	5 850	19 200	0600	6 000	19 700	0615	6 150	20 200
0630	6 300	20 700	0645	6 450	21 200	0660	6 600	21 700	0675	6 750	22 100
0690	6 900	22 600	0705	7 050	23 100	0720	7 200	23 600	0735	7 350	24 100
0750	7 500	24 600	0765	7 650	25 100	0780	7 800	25 600	0795	7 950	26 100
0819	8 100	26 600	0825	8 250	27 100	0840	8 400	27 600	0855	8 550	28 100
0890	8 900	29 100				0920	9 200	30 100			
0950	9 500	31 100				0980	9 800	32 100			
1010	10 100	33 100				1040	10 400	34 100			
1070	10 700	35 100				1100	11 000	36 100			
1130	11 300	37 100				1160	11 600	38 100			
1190	11 900	39 100				1220	12 200	40 100			
1250	12 500	41 100				1310	13 100	43 000			
1370	13 700	44 900				1430	14 300	46 900			
1490	14 900	48 900				1550	15 500	50 900			
.						.					

나. 고도측정 단위를 피트(feet)로 사용하며 FL290 이상 FL410 이하의 고도에서 1,000피트의 수직분리최저치가 적용되는 지역

비행방향											
000°에서 179°까지						180°에서 359°까지					
계기비행			시계비행			계기비행			시계비행		
비행고도	고도		비행고도	고도		비행고도	고도		비행고도	고도	
	피트	미터		피트	미터		피트	미터		피트	미터
010	1 000	300	-	-	-	020	2 000	600	-	-	-
030	3 000	900	035	3 500	1 050	040	4 000	1 200	045	4 500	1 350
050	5 000	1 500	055	5 500	1 700	060	6 000	1 850	065	6 500	2 000
070	7 000	2 150	075	7 500	2 300	080	8 000	2 450	085	8 500	2 600
090	9 000	2 750	095	9 500	2 900	100	10 000	3 050	105	10 500	3 200
110	11 000	3 350	115	11 500	3 500	120	12 000	3 650	125	12 500	3 800
130	13 000	3 950	135	13 500	4 100	140	14 000	4 250	145	14 500	4 400
150	15 000	4 550	155	15 500	4 700	160	16 000	4 900	165	16 500	5 050
170	17 000	5 200	175	17 500	5 350	180	18 000	5 500	185	18 500	5 650
190	19 000	5 800	195	19 500	5 950	200	20 000	6 100	205	20 500	6 250
210	21 000	6 400	215	21 500	6 550	220	22 000	6 700	225	22 500	6 850
230	23 000	7 000	235	23 500	7 150	240	24 000	7 300	245	24 500	7 450
250	25 000	7 600	255	25 500	7 750	260	26 000	7 900	265	26 500	8 100
270	27 000	8 250	275	27 500	8 400	280	28 000	8 550	285	28 500	8 700
290	29 000	8 850				300	30 000	9 150			
310	31 000	9 450				320	32 000	9 750			
330	33 000	10 050				340	34 000	10 350			
350	35 000	10 650				360	36 000	10 950			
370	37 000	11 300				380	38 000	11 600			
390	39 000	11 900				400	40 000	12 200			
410	41 000	12 500				430	43 000	13 100			
450	45 000	13 700				470	47 000	14 350			
490	49 000	14 950				510	51 000	15 550			
.						.					

항공안전법 시행규칙

제165조(기압고도계의 수정) 법 제67조에 따라 비행을 하는 항공기의 기압고도계는 다음 각 호의 기준에 따라 수정해야 한다.
1. 전이고도 이하의 고도로 비행하는 경우에는 비행로를 따라 185킬로미터(100해리) 이내에 있는 항공교통관제기관으로부터 통보받은 QNH[185킬로미터(100해리) 이내에 항공교통관제기관이 없는 경우에는 제229조제1호에 따른 비행정보기관 등으로부터 받은 최신 QNH를 말한다]로 수정할 것
2. 전이고도를 초과한 고도로 비행하는 경우에는 표준기압치(1,013.2 헥토파스칼)로 수정할 것

제166조(통행의 우선순위) ① 법 제67조에 따라 교차하거나 그와 유사하게 접근하는 고도의 항공기 상호간에는 다음 각 호에 따라 진로를 양보해야 한다.
1. 비행기·헬리콥터는 비행선, 활공기 및 기구류에 진로를 양보할 것
2. 비행기·헬리콥터·비행선은 항공기 또는 그 밖의 물건을 예항(끌고 비행하는 것을 말한다)하는 다른 항공기에 진로를 양보할 것
3. 비행선은 활공기 및 기구류에 진로를 양보할 것
4. 활공기는 기구류에 진로를 양보할 것
5. 제1호부터 제4호까지의 경우를 제외하고는 다른 항공기를 우측으로 보는 항공기가 진로를 양보할 것

② 비행 중이거나 지상 또는 수상에서 운항 중인 항공기는 착륙 중이거나 착륙하기 위하여 최종접근 중인 항공기에 진로를 양보하여야 한다.
③ 착륙을 위하여 비행장에 접근하는 항공기 상호간에는 높은 고도에 있는 항공기가 낮은 고도에 있는 항공기에 진로를 양보해야 한다. 이 경우 낮은 고도에 있는 항공기는 최종 접근단계에 있는 다른 항공기의 전방에 끼어들거나 그 항공기를 앞지르기해서는 안 된다.
④ 제3항에도 불구하고 비행기, 헬리콥터 또는 비행선은 활공기에 진로를 양보하여야 한다.
⑤ 비상착륙하는 항공기를 인지한 항공기는 그 항공기에 진로를 양보하여야 한다.
⑥ 비행장 안의 기동지역에서 운항하는 항공기는 이륙 중이거나 이륙하려는 항공기에 진로를 양보하여야 한다.

제167조(진로와 속도 등) ① 법 제67조에 따라 통행의 우선순위를 가진 항공기는 그 진로와 속도를 유지하여야 한다.
② 다른 항공기에 진로를 양보하는 항공기는 그 다른 항공기의 상하 또는 전방을 통과해서는 아니 된다. 다만, 충분한 거리 및 항적난기류(航跡亂氣流)의 영향을 고려하여 통과하는 경우에는 그러하지 아니하다.
③ 두 항공기가 충돌할 위험이 있을 정도로 정면 또는 이와 유사하게 접근하는 경우에는 서로 기수(機首)를 오른쪽으로 돌려야 한다.
④ 다른 항공기의 후방 좌우 70도 미만의 각도에서 그 항공기를 앞지르기(상승 또는 강하에 의한 앞지르기를 포함한다)하려는 항공기는 앞지르기당하는 항공기의 오른쪽을 통과해야 한다. 이 경우 앞지르기하는 항공기는 앞지르기당하는 항공기와 간격을 유지하며, 앞지르기당하는 항공기의 진로를 방해해서는 안 된다.

제168조(수상에서의 충돌예방) 법 제67조에 따라 수상에서 항공기를 운항하려는 자는 「해사안전법」에서 달리 정한 것이 없으면 다음 각 호의 기준에 따라 운항하거나 이동해야 한다.
1. 항공기와 다른 항공기 또는 선박이 근접하는 경우에는 주변 상황과 그 다른 항공기 또는 선박의 이동상황을 고려하여 운항할 것
2. 항공기와 다른 항공기 또는 선박이 교차하거나 이와 유사하게 접근하는 경우에는 그 다른 항공기 또는 선박을 오른쪽으로 보는 항공기가 진로를 양보하고 충분한 간격을 유지할 것
3. 항공기와 다른 항공기 또는 선박이 정면 또는 이와 유사하게 접근하는 경우에는 서로 기수를 오른쪽으로 돌리고 충분한 간격을 유지할 것
4. 앞지르기하려는 항공기는 충돌을 피할 수 있도록 진로를 변경하여 앞지르기할 것
5. 수상에서 이륙하거나 착륙하는 항공기는 수상의 모든 항공기 또는 선박으로부터 충분한 간격을 유지하여 선박의 항해를 방해하지 말 것
6. 수상에서 야간에 이동, 견인 및 정박하는 항공기는 별표 22에서 정하는 등불을 작동시킬 것. 다만, 부득이한 경우에는 별표 22에서 정하는 위치와 형태 등과 유사하게 등불을 작동시켜야 한다.

Chapter 01 | 항공법규

항공안전법 시행규칙

[별표 22] 수상에서의 항공기등불(제168조제6호 관련)

1. 수상이동

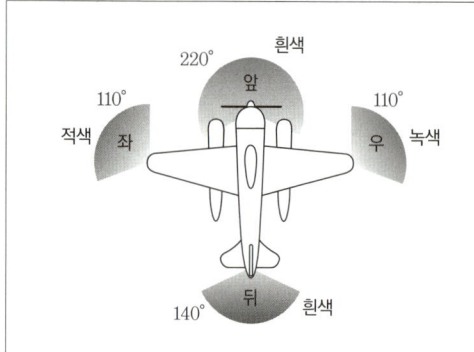

다음의 등불이 차폐(遮蔽)되지 않고 지속적으로 점등되어야 한다.
 1) 좌측 수평면 상하로 발광하며 발광각도 110°의 적색등
 2) 우측 수평면 상하로 발광하며 발광각도 110°의 녹색등
 3) 후방으로 발광하며 발광각도 140°의 백색등
 4) 전방 수평면 상하로 발광하며 발광각도 220°의 백색등
  주 : 1), 2), 3)에서 명시한 등불은 적어도 3.7㎞(2NM)의 거리에서 보여야 하며, 4)에서 명시한 등불은 비행기 길이가 20m나 그 이상인 경우에는 적어도 9.3㎞(5NM)의 거리에서, 비행기의 길이가 20m 미만인 경우에는 적어도 5.6㎞(3NM)의 거리에서 눈에 보여야 한다.

2. 다른 선박 또는 비행기를 견인하는 항공기

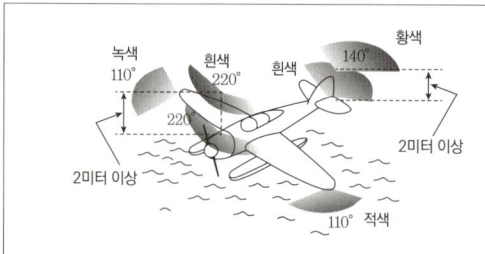

다음의 등불이 차폐되지 않고 지속적으로 점등되어야 한다.
 1) 수상이동 시에서 명시한 등불
 2) 수상이동 시의 3)에서 명시한 등불과 동일한 특성을 보유한 상태에서, 위로 적어도 2미터 이상 분리된 황색등
 3) 수상이동 시의 4)에서 명시한 등불과 동일한 특성을 보유한 상태에서, 위나 아래로 최소 2미터 이상 분리된 제2등불

3. 견인되는 항공기

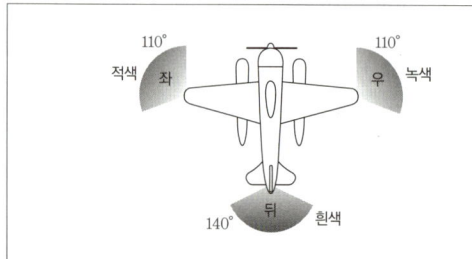

수상이동 시의 1), 2), 3)에서 명시한 등불이 차폐되지 않은 상태에서 지속적으로 점등되어야 한다.

4. 조종불능 상태에 있는 항공기
 가. 대수속력(Making way : 항공기의 물에 대한 속력으로서 자기 항공기 또는 다른 항공기·선박의 추진장치의 작용이나 그로 인한 항공기의 관성에 의하여 생기는 것)이 없는 경우

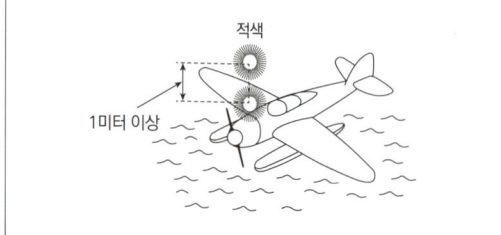

가장 잘 보이는 곳에 지속 점등되는 2개의 적색등(두 등불간의 간격은 1미터 이상)을 적어도 3.7㎞(2NM)의 거리에서 모든 수평방향에서 눈에 보일 수 있게 점등하여야 한다.

항공안전법 시행규칙

나. 대수속력(Making way)이 있는 경우

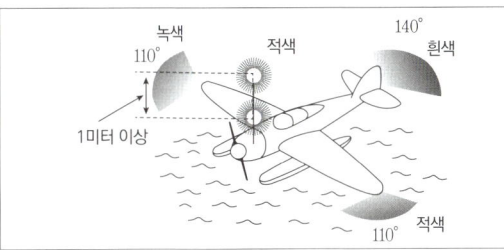

대수속력이 없는 경우의 등불과 수상이동 시의 1), 2), 3)에 명시한 등불을 점등하여야 한다.

5. 정박 중인 항공기
  가. 비행기의 길이가 50m 미만일 경우

가장 잘 보이는 곳에 지속 점등되는 백색등을 적어도 3.7km(2NM)의 거리에서 모든 수평방향에서 눈에 보일 수 있게 점등하여야 한다.

  나. 비행기의 길이가 50m 또는 그 이상일 경우

앞쪽과 뒤쪽에 지속 점등되는 백색등을 적어도 5.6km(3NM)의 거리에서 모든 수평방향에서 눈에 보일 수 있게 점등하여야 한다.

  다. 비행기의 폭이 50m 또는 그 이상일 경우

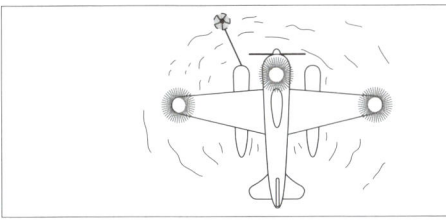

최대 폭을 나타내주기 위하여 날개 양끝에서 지속 점등되는 백색등을 적어도 1.9km(1NM)의 거리에서 모든 수평방향에서 눈에 보일 수 있게 점등하여야 한다.

  라. 비행기의 폭 및 길이가 50m 또는 그 이상일 경우

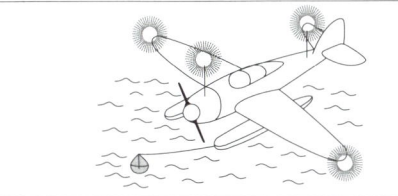

비행기의 최대 폭과 길이를 나타내주기 위하여 날개 양끝과 앞쪽과 뒤쪽에서 지속 점등되는 백색등을 적어도 1.9km(1NM)의 거리에서 모든 수평방향에서 눈에 보일 수 있게 점등하여야 한다.

제169조(비행속도의 유지 등) ① 법 제67조에 따라 항공기는 지표면으로부터 750미터(2,500피트)를 초과하고, 평균해면으로부터 3,050미터(1만피트) 미만인 고도에서는 지시대기속도 250노트 이하로 비행하여야 한다. 다만, 관할 항공교통관제기관의 승인을 받은 경우에는 그러하지 아니하다.
② 항공기는 별표 23 제1호에 따른 C 또는 D등급 공역에서는 공항으로부터 반지름 7.4킬로미터(4해리) 내의 지표면으로부터 750미터(2,500피트)의 고도 이하에서는 지시대기속도 200노트 이하로 비행하여야 한다. 다만, 관할 항공교통관제기관의 승인을 받은 경우에는 그러하지 아니하다.

Chapter 01 | 항공법규

항공안전법 시행규칙

③ 항공기는 별표 23 제1호에 따른 B등급 공역 중 공항별로 국토교통부장관이 고시하는 범위와 고도의 구역 또는 B등급 공역을 통과하는 시계비행로에서는 지시대기속도 200노트 이하로 비행하여야 한다.

④ 최저안전속도가 제1항부터 제3항까지의 규정에 따른 최대속도보다 빠른 항공기는 그 항공기의 최저안전속도로 비행하여야 한다.

제170조(편대비행) ① 법 제67조에 따라 2대 이상의 항공기로 편대비행(編隊飛行)을 하려는 기장은 미리 다음 각 호의 사항에 관하여 다른 기장과 협의하여야 한다.

1. 편대비행의 실시계획
2. 편대의 형(形)
3. 선회 및 그 밖의 행동 요령
4. 신호 및 그 의미
5. 그 밖에 필요한 사항

② 제1항에 따라 법 제78조제1항제1호에 따른 관제공역 내에서 편대비행을 하려는 항공기의 기장은 다음 각 호의 사항을 준수하여야 한다.

1. 편대 책임기장은 편대비행 항공기들을 단일 항공기로 취급하여 관할 항공교통관제기관에 비행 위치를 보고할 것
2. 편대 책임기장은 편대 내의 항공기들을 집결 또는 분산 시 적절하게 분리할 것
3. 편대를 책임지는 항공기로부터 편대 내의 항공기들을 종적 및 횡적으로는 1킬로미터, 수직으로는 30미터 이내의 분리를 할 것

제171조(활공기 등의 예항) ① 법 제67조에 따라 항공기가 활공기를 예항하는 경우에는 다음 각 호의 기준에 따라야 한다.

1. 항공기에 연락원을 탑승시킬 것(조종자를 포함하여 2명 이상 탈 수 있는 항공기의 경우만 해당하며, 그 항공기와 활공기 간에 무선통신으로 연락이 가능한 경우는 제외한다)
2. 예항하기 전에 항공기와 활공기의 탑승자 사이에 다음 각 목에 관하여 상의할 것
   가. 출발 및 예항의 방법
   나. 예항줄(항공기 등을 끌고 비행하기 위한 줄을 말한다. 이하 같다) 이탈의 시기·장소 및 방법
   다. 연락신호 및 그 의미
   라. 그 밖에 안전을 위하여 필요한 사항
3. 예항줄의 길이는 40미터 이상 80미터 이하로 할 것
4. 지상연락원을 배치할 것
5. 예항줄 길이의 80퍼센트에 상당하는 고도 이상의 고도에서 예항줄을 이탈시킬 것
6. 구름 속에서나 야간에는 예항을 하지 말 것(지방항공청장의 허가를 받은 경우는 제외한다)

② 항공기가 활공기 외의 물건을 예항하는 경우에는 다음 각 호의 기준에 따라야 한다.

1. 예항줄에는 20미터 간격으로 붉은색과 흰색의 표지를 번갈아 붙일 것
2. 지상연락원을 배치할 것

제172조(시계비행의 금지) ① 법 제67조에 따라 시계비행방식으로 비행하는 항공기는 해당 비행장의 운고(구름 밑부분 고도를 말한다)가 450미터(1,500피트) 미만 또는 지상시정이 5킬로미터 미만인 경우에는 관제권 안의 비행장에서 이륙 또는 착륙을 하거나 관제권 안으로 진입할 수 없다. 다만, 관할 항공교통관제기관의 허가를 받은 경우에는 그렇지 않다.

② 야간에 시계비행방식으로 비행하는 항공기는 지방항공청장 또는 해당 비행장의 운영자가 정하는 바에 따라야 한다.

③ 항공기는 다음 각 호의 어느 하나에 해당되는 경우에는 기상상태에 관계없이 계기비행방식에 따라 비행해야 한다. 다만, 관할 항공교통관제기관의 허가를 받은 경우에는 그렇지 않다.

1. 평균해면으로부터 6,100미터(2만피트)를 초과하는 고도로 비행하는 경우
2. 천음속(遷音速 : 물체 주위의 흐름 속에 음속 이하 부분과 음속 이상 부분이 공존할 때의 물체 속도를 말한다) 또는 초음속(超音速)으로 비행하는 경우

④ 항공기를 운항하려는 사람은 300미터(1천피트) 수직분리최저치(최소 수직분리 간격)가 적용되는 8,850미터(2만9천피트) 이상 1만2,500미터(4만1천피트) 이하의 수직분리축소공역에서는 시계비행방식으로 운항해서는 안 된다.

⑤ 시계비행방식으로 비행하는 항공기는 제199조제1호 각 목에 따른 최저비행고도 미만의 고도로 비행하여서는 아니 된다. 다만, 다음 각 호의 어느 하나에 해당하는 경우에는 그러하지 아니하다.

항공안전법 시행규칙

1. 이륙하거나 착륙하는 경우
2. 항공교통업무기관의 허가를 받은 경우
3. 비상상황의 경우로서 지상의 사람이나 재산에 위해를 주지 아니하고 착륙할 수 있는 고도인 경우

제173조(시계비행방식에 의한 비행) ① 법 제67조에 따라 시계비행방식으로 비행하는 항공기는 지표면 또는 수면상공 900미터(3천피트) 이상을 비행할 경우에는 별표 21에 따른 순항고도에 따라 비행하여야 한다. 다만, 관할 항공교통업무기관의 허가를 받은 경우에는 그러하지 아니하다.
② 시계비행방식으로 비행하는 항공기는 다음 각 호의 어느 하나에 해당하는 경우에는 항공교통관제기관의 지시에 따라 비행하여야 한다.
    1. 별표 23 제1호에 따른 B, C 또는 D등급의 공역 내에서 비행하는 경우
    2. 관제비행장의 부근 또는 기동지역에서 운항하는 경우
    3. 특별시계비행방식에 따라 비행하는 경우
③ 관제권 안에서 시계비행방식으로 비행하는 항공기는 비행정보를 제공하는 관할 항공교통업무기관과 공중 대 지상 통신을 유지·경청하고, 필요한 경우에는 위치보고를 해야 한다.
④ 시계비행방식으로 비행 중인 항공기가 계기비행방식으로 변경하여 비행하려는 경우에는 그 비행계획의 변경 사항을 관할 항공교통관제기관에 통보하여야 한다.

제174조(특별시계비행) ① 법 제67조에 따라 예측할 수 없는 급격한 기상의 악화 등 부득이한 사유로 관할 항공교통관제기관으로부터 특별시계비행허가를 받은 항공기의 조종사는 제163조제1항제3호에도 불구하고 다음 각 호의 기준에 따라 비행하여야 한다.
    1. 허가받은 관제권 안을 비행할 것
    2. 구름을 피하여 비행할 것
    3. 비행시정을 1,500미터 이상 유지하며 비행할 것
    4. 지표 또는 수면을 계속하여 볼 수 있는 상태로 비행할 것
    5. 조종사가 계기비행을 할 수 있는 자격이 없거나 제117조제1항에 따른 항공계기를 갖추지 아니한 항공기로 비행하는 경우에는 주간에만 비행할 것. 다만, 헬리콥터는 야간에도 비행할 수 있다.
② 특별시계비행을 하는 경우에는 다음 각 호의 조건에서만 제1항에 따른 기준에 따라 이륙하거나 착륙할 수 있다.
    1. 지상시정이 1,500미터 이상일 것
    2. 지상시정이 보고되지 아니한 경우에는 비행시정이 1,500미터 이상일 것

제175조(비행시정 및 구름으로부터의 거리) 법 제67조에 따라 시계비행방식으로 비행하는 항공기는 별표 24에 따른 비행시정 및 구름으로부터의 거리 미만인 기상상태에서 비행하여서는 아니 된다. 다만, 특별시계비행방식에 따라 비행하는 항공기는 그러하지 아니하다.

[별표 24] 시계상의 양호한 기상상태(제175조 관련)

고도	공역	비행시정	구름으로부터의 거리
1. 해발 3,050미터(10,000피트) 이상	B·C·D·E·F 및 G등급	8천 미터	수평으로 1,500미터, 수직으로 300미터(1,000피트)
2. 해발 3,050미터(10,000피트) 미만에서 해발 900미터(3,000피트) 또는 장애물 상공 300미터(1,000피트) 중 높은 고도 초과	B·C·D·E·F 및 G등급	5천 미터	수평으로 1,500미터, 수직으로 300미터(1,000피트)
3. 해발 900미터(3,000피트) 또는 장애물 상공 300미터(1,000피트) 중 높은 고도 이하	B·C·D 및 E등급	5천 미터	수평으로 1,500미터, 수직으로 300미터(1,000피트)
	F 및 G등급	5천 미터	지표면 육안 식별 및 구름을 피할 수 있는 거리

Chapter 01 항공법규

항공안전법 시행규칙

비고 : 다음 각 호의 경우에는 제3호 F 및 G등급 공역의 비행시정을 1,500미터까지 적용할 수 있다.
   1. 우세시정(prevailing visibility : 평평한 지역의 절반 이상의 범위에서 형상을 식별할 수 있는 최대거리) 하에서 다른 항공기나 장애물을 보고 피할 수 있을 정도의 속도로 움직이는 경우
   2. 그 지역 내의 항공교통량이나 업무량이 적어 다른 항공기와 마주칠 확률이 낮은 경우
   3. A등급 공역에서는 시계비행이 허용되지 않는다.

제176조(모의계기비행의 기준) 법 제67조에 따라 모의계기비행을 하려는 자는 다음 각 호의 기준에 따라야 한다.
   1. 완전하게 작동하는 이중비행조종장치(Dual Control)를 장착하고 있을 것
   2. 안전감독 조종사(Safety Pilot)가 조종석에 타고 있을 것
   3. 안전감독 조종사가 항공기의 전방 및 양 측면에 대하여 적절한 시야를 확보하고 있거나 항공기 내에 관숙승무원(Observer)이 있어 안전감독 조종사의 시야를 보완할 수 있을 것

제177조(계기 접근 및 출발 절차 등) ① 법 제67조에 따라 계기비행의 절차는 다음 각 호와 같이 구분한다.
   1. 비정밀접근절차: 전방향표지시설(VOR), 전술항행표지시설(TACAN) 등 전자적인 활공각(滑空角) 정보를 이용하지 아니하고 활주로방위각 정보를 이용하는 계기접근절차
   2. 정밀접근절차: 계기착륙시설(Instrument Landing System/ILS, Microwave Landing System/MLS, GPS Landing System/GLS 또는 위성항법시설(Satellite Based Augmentation System/SBAS CatⅠ)을 기반으로 하여 활주로방위각 및 활공각 정보를 이용하는 계기접근절차
   3. 수직유도정보에 의한 계기접근절차 : 활공각 및 활주로방위각 정보를 제공하며, 최저강하고도 또는 결심고도가 75미터(250피트) 이상으로 설계된 성능기반항행(Performance Based Navigation/PBN) 계기접근절차
   4. 표준계기도착절차 : 항공로에서 제1호부터 제3호까지의 규정에 따른 계기접근절차로 연결하는 계기도착절차
   5. 표준계기출발절차 : 비행장을 출발하여 항공로를 비행할 수 있도록 연결하는 계기출발절차

② 제1항제1호부터 제3호까지의 규정에 따른 계기접근절차는 결심고도와 시정 또는 활주로가시범위(Visibility or Runway Visual Range/RVR)에 따라 다음과 같이 구분한다.

종류		결심고도 (Decision Height/DH)	시정 또는 활주로가시범위 (Visibility or Runway Visual Range/RVR)
A형 (Type A)		75미터(250피트) 이상 결심고도가 없는 경우 최저강하고도를 적용	해당 사항 없음
B형 (Type B)	1종(CategoryⅠ)	60미터(200피트) 이상 75미터(250피트) 미만	시정 800미터(1/2마일) 또는 RVR 550미터 이상
	2종(CategoryⅡ)	30미터(100피트) 이상 60미터(200피트) 미만	RVR 300미터 이상 550미터 미만
	3종(CategoryⅢ)	30미터(100피트) 미만 또는 적용하지 아니함(No DH)	RVR 300미터 미만 또는 적용하지 아니함(No RVR)

③ 제2항의 표 중 종류별 구분은 「국제민간항공협약」 부속서 14에서 정하는 바에 따른다.

제178조(계기비행규칙 등) ① 법 제67조에 따라 계기비행방식으로 비행하는 항공기는 제199조제2호 각 목에 따른 고도 미만으로 비행해서는 아니 된다. 다만, 이륙 또는 착륙하는 경우와 관할 항공교통업무기관의 허가를 받은 경우에는 그러하지 아니하다.
② 계기비행방식으로 비행하는 항공기가 시계비행방식으로 변경하려는 경우에는 계기비행의 취소 및 비행계획의 변경사항을 관할 항공교통업무기관에 통보하여야 한다.
③ 제2항에도 불구하고 계기비행방식으로 비행 중인 항공기는 시계비행기상상태가 상당한 시간 동안 유지되지 아니할 것으로 예상되는 경우에는 계기비행방식에 의한 비행을 취소해서는 아니 된다.

항공안전법 시행규칙

제179조(관제공역 내에서의 계기비행규칙) ① 법 제67조에 따라 비행하는 항공기는 관제공역 내에서 비행할 경우에는 제185조 및 제190조부터 제193조까지를 준수하여야 한다.

② 관제공역 내에서 계기비행방식으로 비행하려는 항공기는 별표 21에 따른 순항고도로 비행하여야 한다. 다만, 관할 항공교통관제기관에서 별도로 지시하는 경우에는 그러하지 아니하다.

제180조(항공교통관제업무가 제공되지 않는 공역에서의 계기비행규칙) ① 항공교통관제업무가 제공되지 않는 공역에서 계기비행방식으로 비행하려는 항공기는 별표 21에 따른 순항고도로 비행하여야 한다. 다만, 관할 항공교통업무기관으로부터 해발고도 900미터(3천피트) 이하의 고도로 비행하도록 지시를 받은 경우에는 그러하지 아니하다.

② 항공교통관제업무가 제공되지 않는 공역에서 계기비행방식으로 비행하는 항공기는 비행정보를 제공하는 항공교통업무기관과 공중 대 지상 통신을 유지·경청하고, 제191조에 따라 위치보고를 해야 한다.

제181조(계기비행방식 등에 의한 비행·접근·착륙 및 이륙) ① 계기비행방식으로 착륙하기 위하여 접근하는 항공기의 조종사는 다음 각 호의 기준에 따라 비행하여야 한다.
1. 해당 비행장에 설정된 계기접근절차를 따를 것
2. 기상상태가 해당 계기접근절차의 착륙기상최저치 미만인 경우에는 결심고도(DH) 또는 최저강하고도(MDA)보다 낮은 고도로 착륙을 위한 접근을 시도하지 아니할 것. 다만, 다음 각 목의 요건에 모두 적합한 경우에는 그러하지 아니하다.
   가. 정상적인 강하율에 따라 정상적인 방법으로 그 활주로에 착륙하기 위한 강하를 할 수 있는 위치에 있을 것
   나. 비행시정이 해당 계기접근절차에 규정된 시정 이상일 것
   다. 조종사가 다음 중 어느 하나 이상의 해당 활주로 관련 시각참조물을 확실히 보고 식별할 수 있을 것(정밀접근방식이 제177조제2항에 따른 제2종 또는 제3종에 해당하는 경우는 제외한다)
      1) 진입등시스템(ALS) : 조종사가 진입등의 구성품 중 붉은색 측면등(red side row bars) 또는 붉은색 최종진입등(red terminating bars)을 명확하게 보고 식별할 수 없는 경우에는 활주로의 접지구역표면으로부터 30미터(100피트) 높이의 고도 미만으로 강하할 수 없다.
      2) 활주로시단(threshold)
      3) 활주로시단표지(threshold marking)
      4) 활주로시단등(threshold light)
      5) 활주로시단식별등
      6) 진입각지시등(VASI 또는 PAPI)
      7) 접지구역(touchdown zone) 또는 접지구역표지(touchdown zone marking)
      8) 접지구역등(touchdown zone light)
      9) 활주로 또는 활주로표지
      10) 활주로등
3. 다음 각 목의 어느 하나에 해당할 때 제2호다목의 요건에 적합하지 아니한 경우 또는 최저강하고도 이상의 고도에서 선회 중 비행장이 육안으로 식별되지 않는 경우에는 즉시 실패접근(계기접근을 시도하였으나 착륙하지 못한 항공기를 위하여 설정된 비행절차를 말한다. 이하 같다)을 하여야 한다.
   가. 최저강하고도보다 낮은 고도에서 비행 중인 때
   나. 실패접근의 지점(결심고도가 정해져 있는 경우에는 그 결심고도를 포함한다. 이하 같다)에 도달할 때
   다. 실패접근의 지점에서 활주로에 접지할 때

② 조종사는 비행시정이 착륙하려는 비행장의 계기접근절차에 규정된 시정 미만인 경우에는 착륙하여서는 아니 된다. 다만, 법 제3조제1항에 따른 군용항공기와 같은 조 제3항에 따른 아메리카합중국이 사용하는 항공기는 그러하지 아니하다.

③ 조종사는 해당 민간비행장에서 정한 최저이륙기상기준값 이상인 경우에만 이륙해야 한다. 다만, 국토교통부장관의 허가를 받은 경우에는 그렇지 않다.

④ 조종사는 최종접근진로, 위치통지점(FIX) 또는 체공지점에서의 시간차접근(Timed Approach) 또는 비절차선회(No Procedure Turn/PT)접근까지 제5항제2호에 따른 레이더 유도(Vectors)를 받는 경우에는 관할 항공교통관제기관으로부터 절차선회하라는 지시를 받지 아니하고는 절차선회를 해서는 아니 된다.

⑤ 제1항제1호에 따른 계기접근절차 외의 항공로 운항 및 레이더 사용절차는 다음 각 호에 따른다.
1. 항공교통관제용 레이더는 감시접근용 또는 정밀접근용으로 사용하거나 다른 항행안전무선시설을 이용하는 계기접근절차와 병행하여 사용할 수 있다.
2. 레이더 유도는 최종접근진로 또는 최종접근지점까지 항공기가 접근하도록 진로안내를 하는 데 사용할 수 있다.

Chapter 01 | 항공법규

> 항공안전법 시행규칙

3. 조종사는 설정되지 아니한 비행로를 비행하거나 레이더 유도에 따라 접근허가를 받은 경우에는 공고된 항공로 또는 계기접근절차 비행구간으로 비행하기 전까지 제199조에 따른 최저비행고도를 준수하여야 한다. 다만, 항공교통관제기관으로부터 최종적으로 지시받은 고도가 있는 경우에는 우선적으로 그 고도에 따라야 한다.
4. 제3호에 따라 관할 항공교통관제기관으로부터 최종적으로 고도를 지시받은 조종사는 공고된 항공로 또는 계기접근절차 비행로에 진입한 이후에는 그 비행로에 대하여 인가된 고도로 강하하여야 한다.
5. 조종사가 최종접근진로나 최종접근지점에 도착한 경우에는 그 시설에 대하여 인가된 절차에 따라 계기접근을 수행하거나 착륙 시까지 감시레이더접근 또는 정밀레이더접근을 계속할 수 있다.

⑥ 계기착륙시설(Instrument Landing System/ILS)은 다음 각 호와 같이 구성되어야 한다.
  1. 계기착륙시설은 방위각제공시설(LLZ), 활공각제공시설(GP), 외측마커(Outer Marker), 중간마커(Middle Marker) 및 내측마커(Inner Marker)로 구성되어야 한다.
  2. 제1종 정밀접근(CAT-I) 계기착륙시설의 경우에는 내측마커를 설치하지 않을 수 있다.
  3. 외측마커 및 중간마커는 거리측정시설(DME)로 대체할 수 있다.
  4. 제2종 및 제3종 정밀접근(CAT-Ⅱ 및 Ⅲ) 계기착륙시설로서 내측마커를 설치하지 아니하려는 경우에는 항행안전시설 설치허가 신청서에 필요한 사유를 적어야 한다.

⑦ 조종사는 군비행장에서 이륙 또는 착륙하거나 군 기관이 관할하는 공역을 비행하는 경우에는 해당 군비행장 또는 군 기관이 정한 계기비행절차 또는 관제지시를 준수하여야 한다. 다만, 해당 군비행장 또는 군 기관의 장과 협의하여 국토교통부장관이 따로 정한 경우에는 그러하지 아니하다.

⑧ 제2종 및 제3종 정밀접근 계기착륙시설의 정밀계기접근절차를 따라 비행하는 경우에는 다음 각 호의 어느 하나를 적용한다. 다만, 「항공사업법」 제7조, 제10조 및 제54조에 따른 항공운송사업자의 항공기에 대해서는 제2호 및 제3호를 적용하지 아니한다.
  1. 조종사는 결심고도가 있는 제2종 및 제3종 정밀접근 계기착륙시설의 정밀계기접근절차를 따라 비행할 경우 인가된 결심고도보다 낮은 고도로 착륙을 위한 접근을 시도하여서는 아니 된다. 다만, 국토교통부장관의 인가를 받은 경우 또는 다음 각 목의 어느 하나에 해당하는 경우에는 그러하지 아니하다.
      가. 조종사가 정상적인 강하율에 따라 정상적인 방법으로 활주로 접지구역에 착륙하기 위한 강하를 할 수 있는 위치에 있는 경우
      나. 조종사가 다음의 어느 하나의 활주로 시각참조물을 육안으로 식별할 수 있는 경우
        1) 진입등시스템. 다만, 조종사가 진입등시스템의 구성품 중 진입등만 식별할 수 있고 붉은색 측면등 또는 붉은색 최종진입등은 식별할 수 없는 경우에는 활주로의 표면으로부터 30미터(100피트) 미만의 고도로 강하해서는 아니 된다.
        2) 활주로시단
        3) 활주로시단표지
        4) 활주로시단등
        5) 접지구역 또는 접지구역표지
        6) 접지구역등
  2. 조종사는 결심고도가 없는 제3종 정밀접근 계기착륙시설의 정밀계기접근절차를 따라 비행하려는 경우에는 미리 국토교통부장관의 인가를 받아야 한다.
  3. 제2종 및 제3종 정밀접근 계기착륙시설의 정밀계기접근절차 운용의 일반기준은 다음 각 목과 같다.
      가. 제2종 및 제3종 계기착륙시설의 정밀계기접근절차를 이용하는 조종사는 다음의 기준에 적합하여야 한다.
        1) 제2종 정밀접근 계기착륙시설의 정밀계기접근절차를 이용하는 기장과 기장 외의 조종사는 제2종 계기착륙시설의 정밀계기접근절차의 운용에 관하여 지방항공청장의 인가를 받을 것
        2) 제3종 정밀접근 계기착륙시설의 정밀계기접근절차를 이용하는 기장과 기장 외의 조종사는 제3종 정밀접근 계기착륙시설의 정밀계기접근절차의 운용에 관하여 지방항공청장의 인가를 받을 것
        3) 조종사는 자신이 이용하는 계기착륙시설의 정밀계기접근절차 및 항공기에 대하여 잘 알고 있을 것
      나. 조종사의 전면에 있는 항공기 조종계기판에는 해당 계기착륙시설의 정밀계기접근절차를 수행하는 데 필요한 장비가 갖추어져 있어야 한다.

항공안전법 시행규칙

　　다. 비행장 및 항공기에는 별표 25에 따른 해당 계기착륙시설의 정밀계기접근용 지상장비와 해당 항공기에 필요한 장비가 각각 갖추어져 있어야 한다.
　4. 「항공사업법」 제7조·제10조 및 제54조에 따른 항공운송사업자의 항공기가 제2종 또는 제3종 정밀접근 계기착륙시설의 정밀계기접근절차에 따라 비행하는 경우에는 별표 25에서 정한 기준을 준수하여야 한다.
⑨ 조종사는 제8항제1호가목 및 나목의 기준에 적합하지 아니한 경우에는 활주로에 접지하기 전에 즉시 실패접근을 하여야 한다. 다만, 국토교통부장관의 허가를 받은 경우에는 그러하지 아니하다.

제182조(비행계획의 제출 등) ① 법 제67조에 따라 비행정보구역 안에서 비행을 하려는 자는 비행을 시작하기 전에 비행계획을 수립하여 관할 항공교통업무기관에 제출하여야 한다. 다만, 긴급출동 등 비행 시작 전에 비행계획을 제출하지 못한 경우에는 비행 중에 제출할 수 있다.
② 제1항에 따른 비행계획은 구술·전화·서류·전자통신문·팩스 또는 정보통신망을 이용하여 제출할 수 있다. 이 경우 서류·팩스 또는 정보통신망을 이용하여 비행계획을 제출할 때에는 별지 제71호서식의 비행계획서에 따른다.
③ 제2항에 불구하고 항공운송사업에 사용되는 항공기의 비행계획을 제출하는 경우에는 별지 제72호서식의 반복비행계획서를 항공교통본부장에게 제출할 수 있다.
④ 제1항 본문에 따라 비행계획을 제출하여야 하는 자 중 국내에서 유상으로 여객이나 화물을 운송하는 자 또는 두 나라 이상을 운항하는 자는 다음 각 호의 구분에 따른 시기까지 별지 제73호서식의 항공기 입출항 신고서(GENERAL DECLARATION)를 지방항공청장에게 제출(정보통신망을 이용할 경우에는 해당 정보통신망에서 사용하는 양식에 따른다)하여야 한다.
　1. 국내에서 유상으로 여객이나 화물을 운송하는 자 : 출항 준비가 끝나는 즉시
　2. 두 나라 이상을 운항하는 자
　　가. 입항의 경우 : 국내 목적공항 도착 예정 시간 2시간 전까지. 다만, 출발국에서 출항 후 국내 목적공항까지의 비행시간이 2시간 미만인 경우에는 출발국에서 출항 후 20분 이내까지 할 수 있다.
　　나. 출항의 경우 : 출항 준비가 끝나는 즉시
⑤ 제2항 후단에 따른 비행계획서는 국토교통부장관이 정하여 고시하는 작성방법에 따라 작성되어야 한다.
⑥ 제4항에 따른 항공기 입출항 신고서를 제출받은 지방항공청장은 신고서 및 첨부서류에 흠이 없고 형식적 요건을 충족하는 경우에는 지체 없이 접수하여야 한다.
⑦ 제1항 본문에 따라 비행을 하려는 자는 비행을 시작하기 전에 제109조제1항에서 정하고 있는 사고예방장치가 작동되지 않는 경우 별지 제71호서식의 비행계획서의 기타정보란에 이 사항을 기록하고, 항공교통관제기관에 통보해야 한다.

제183조(비행계획에 포함되어야 할 사항) 법 제67조에 따라 비행계획에는 다음 각 호의 사항이 포함되어야 한다. 다만, 제9호부터 제14호까지의 사항은 지방항공청장 또는 항공교통본부장이 요청하거나 비행계획을 제출하는 자가 필요하다고 판단하는 경우에만 해당한다.
　1. 항공기의 식별부호
　2. 비행의 방식 및 종류
　3. 항공기의 대수·형식 및 최대이륙중량 등급
　4. 탑재장비
　5. 출발비행장 및 출발 예정시간
　6. 순항속도, 순항고도 및 예정항공로
　7. 최초 착륙예정 비행장 및 총 예상 소요 비행시간
　8. 교체비행장(시계비행방식에 따라 비행하려는 경우 또는 제186조제3항 각 호에 해당되는 경우는 제외한다)
　9. 시간으로 표시한 연료탑재량
　10. 출발 전에 연료탑재량으로 인하여 비행 중 비행계획의 변경이 예상되는 경우에는 변경될 목적비행장 및 비행경로에 관한 사항
　11. 탑승 총 인원(탑승수속 상 불가피한 경우에는 해당 항공기가 이륙한 직후에 제출할 수 있다)
　12. 비상무선주파수 및 구조장비
　13. 기장의 성명(편대비행의 경우에는 편대 책임기장의 성명)
　14. 낙하산 강하의 경우에는 그에 관한 사항
　15. 그 밖에 항공교통관제와 수색 및 구조에 참고가 될 수 있는 사항

Chapter 01 | 항공법규

항공안전법 시행규칙

제184조(비행계획의 준수) ① 법 제67조에 따라 항공기는 비행 시 제출된 비행계획을 지켜야 한다. 다만, 비행계획의 변경에 대하여 항공교통관제기관의 허가를 받은 경우 또는 긴급한 조치가 필요한 비상상황이 발생한 경우에는 그러하지 아니하다. 이 경우 비상상황의 발생으로 비행계획을 지키지 못하였을 때에는 긴급 조치를 한 즉시 이를 관할 항공교통관제기관에 통보하여야 한다.
② 항공기는 항공로의 중심선을 따라 비행하여야 하며, 항공로가 설정되지 아니한 지역에서는 항행안전시설과 그 비행로의 정해진 지점 간을 직선으로 비행하여야 한다. 다만, 국토교통부장관이 별도로 정한 바에 따르거나 관할 항공교통관제기관으로부터 달리 지시를 받은 경우에는 그러하지 아니하다.
③ 항공기는 제2항을 지킬 수 없는 경우 관할 항공교통업무기관에 통보하여야 한다.
④ 전방향표지시설(VOR)에 따라 설정된 항공로를 비행하는 항공기는 주파수 변경지점이 설정되어 있는 경우에는 그 변경지점 또는 가능한 한 가까운 지점에서 항공기 후방의 항행안전시설로부터 전방의 항행안전시설로 주파수를 변경하여야 한다.
⑤ 관제비행을 하는 항공기가 부주의로 비행계획을 이탈하여 비행하는 경우에는 다음 각 호의 조치를 취해야 한다.
　1. 항공로를 이탈한 경우에는 항공기의 기수를 조정하여 즉시 항공로로 복귀할 것
　2. 항공기의 진대기속도(眞對氣速度)가 순항고도에서 보고지점 간의 평균진대기속도와 차이가 있거나 비행계획상 마하속도(Mach) 0.02 또는 진대기속도의 19Km/h(10kt) 하락 또는 초과할 것이 예상되는 경우에는 관할 항공교통업무기관에 통보할 것
　3. 자동종속감시시설 협약(ADS-C)이 없는 곳에서는 다음 위치통지점, 비행정보구역 경계지점 또는 목적비행장 중 가장 가까운 지역의 도착 예정시간에 2분 이상의 오차가 발생되는 경우에는 그 변경되는 도착 예정시간을 관할 항공교통업무기관에 통보할 것
　4. 자동종속감시시설(ADS-C) 협약이 있는 곳에서는 해당 협약에 따른 지정된 값을 넘어서는 변화가 발생할 때 마다 데이터 링크를 통해 항공교통업무기관에 자동적으로 정보를 제공할 것
⑥ 시계비행방식에 따른 관제비행을 하는 항공기는 시계비행기상상태 미만으로 기상이 악화되어 시계비행방식에 따른 운항을 할 수 없다고 판단되는 경우에는 다음 각 호의 조치를 하여야 한다.
　1. 목적비행장 또는 교체비행장으로 시계비행 기상상태를 유지하면서 비행할 수 있도록 관제허가의 변경을 요청하거나, 관제공역을 이탈하여 비행할 수 있도록 관제허가의 변경을 요청할 것
　2. 제1호에 따른 관제허가를 받지 못할 경우에는 시계비행 기상상태를 유지하여 운항하면서 관제공역을 이탈하거나 가까운 비행장에 착륙하기 위한 조치를 할 예정임을 관할 항공교통관제기관에 통보할 것
　3. 관할 항공교통관제기관에 특별시계비행방식에 따른 운항허가를 요구할 것(관제권 안에서 비행하고 있는 경우만 해당한다)
　4. 관할 항공교통관제기관에 계기비행방식에 따른 운항허가를 요구할 것

제185조(고도·항공로 등의 변경) 법 제67조에 따라 비행계획에 포함된 순항고도, 순항속도 및 항공로에 관한 사항을 변경하려는 항공기는 다음 각 호의 구분에 따른 정보를 관할 항공교통관제기관에 통보하여야 한다.
　1. 순항고도의 변경 : 항공기의 식별부호, 변경하려는 순항고도 및 순항속도(마하 수 또는 진대기속도를 말한다. 이하 이 조에서 같다.), 다음 보고지점 또는 비행정보구역 경계 도착 예정시간
　2. 순항속도의 변경 : 항공기의 식별부호, 변경하려는 속도
　3. 항공로의 변경
　　가. 목적비행장 변경이 없을 경우 : 항공기의 식별부호, 비행의 방식, 변경 항공로, 변경 예정시간, 그 밖에 항공로의 변경에 필요한 정보
　　나. 목적비행장 변경이 있을 경우 : 항공기의 식별부호, 비행의 방식, 목적비행장까지의 변경 항공로, 변경 예정시간, 교체비행장, 그 밖에 비행장·항공로의 변경에 필요한 정보

제186조(교체비행장 등) ① 항공운송사업에 사용되거나 항공운송사업을 제외한 국외비행에 사용되는 비행기를 운항하려는 경우에는 다음 각 호의 구분에 따라 제183조제8호에 따른 교체비행장을 지정하여야 한다.
　1. 출발비행장의 기상상태가 비행장 착륙 최저치(aerodrome landing minima) 이하이거나 그 밖의 다른 이유로 출발비행장으로 되돌아올 수 없는 경우 : 이륙교체비행장(take-off alternate aerodrome)

항공안전법 시행규칙

2. 제215조제1항에 따른 비행기로서 제215조제2항에 따른 시간을 초과하는 지점이 있는 노선을 운항하려는 경우 : 항공로 교체비행장(en-route alternate aerodrome). 이 경우 항공로 교체비행장은 제215조제3항에 따른 승인을 받은 최대회항시간 이내에 도착 가능한 지역에 있어야 한다.
3. 계기비행방식에 따라 비행하려는 경우 : 1개 이상의 목적지 교체비행장(destination alternate aerodrome). 다만, 다음 각 목의 어느 하나에 해당하는 경우에는 그러하지 아니하다.
   가. 최초 착륙예정 비행장(aerodrome of intended landing)의 기상상태가 비행하는 동안 또는 도착 예정시간에 양호해질 것이 확실시 되고, 도착 예정시간 전·후의 일정 시간 동안 시계비행 기상상태에서 접근하여 착륙할 것이 확실히 예상되는 경우
   나. 최초 착륙예정 비행장이 외딴 지역에 위치하고 적합한 목적지 교체비행장이 없는 경우
② 제1항제1호에 따른 이륙교체비행장은 다음 각 호의 요건을 갖추어야 한다.
   1. 2개의 발동기를 가진 비행기의 경우에는 1개의 발동기가 작동하지 아니할 때의 순항속도로 출발비행장으로부터 1시간의 비행거리 이내인 지역에 있을 것
   2. 3개 이상의 발동기를 가진 비행기의 경우에는 모든 발동기가 작동할 때의 순항속도로 출발비행장으로부터 2시간의 비행거리 이내인 지역에 있을 것
   3. 예상되는 이용시간 동안의 기상조건이 해당 운항에 대한 비행장 운영 최저치(aerodrome operating minima) 이상일 것
③ 항공운송사업에 사용되는 비행기 외의 비행기를 계기비행방식에 따라 비행하려면 1개 이상의 목적지 교체비행장을 지정하여야 한다. 다만, 다음 각 호의 어느 하나에 해당하는 경우에는 그러하지 아니하다.
   1. 최초 착륙예정 비행장의 기상상태가 비행하는 동안 또는 도착 예정시간에 양호해질 것이 확실시되고, 도착 예정시간 전·후의 일정 시간 동안 시계비행 기상상태에서 접근하여 착륙할 것이 확실히 예상되는 경우
   2. 최초 착륙예정 비행장이 외딴 지역에 위치하고 적합한 목적지 교체비행장이 없는 경우
④ 제3항 각 호 외의 부분 단서 및 각 호에 따라 목적지 교체비행장의 지정이 요구되지 않는 경우로서 다음 각 호의 기준에 적합하지 않은 경우에는 비행을 시작해서는 안 된다.
   1. 최초 착륙예정 비행장에 표준계기접근절차가 수립되어 있을 것
   2. 도착 예정시간 2시간 전부터 2시간 후까지의 기상상태가 다음 각 목과 같이 예보되어 있을 것
      가. 운고가 계기접근절차의 최저치보다 300미터(1천피트) 이상일 것
      나. 시정이 5,500미터 이상이거나 표준계기접근절차의 최저치보다 4천미터 이상일 것
⑤ 항공운송사업에 사용되는 헬리콥터를 운항하려면 다음 각 호의 구분에 따라 교체헬기장(alternate heliport)을 지정해야 한다.
   1. 출발헬기장의 기상상태가 헬기장 운영 최저치(heliport operating minima) 이하인 경우 : 1개 이상의 이륙 교체헬기장(take-off alternate heliport)
   2. 계기비행방식에 따라 비행하려는 경우 : 1개 이상의 목적지 교체헬기장(destination alternate heliport). 다만, 다음 각 목의 어느 하나에 해당하는 경우에는 그러하지 아니하다.
      가. 최초 착륙예정 헬기장(heliport of intended landing)의 기상상태가 비행하는 동안 또는 도착 예정시간에 양호해질 것이 확실시되고, 도착 예정시간 전·후의 일정 시간 동안 시계비행 기상상태에서 접근하여 착륙할 것이 확실히 예상되는 경우
      나. 최초 착륙예정 헬기장이 외딴 지역에 위치하고 적합한 교체헬기장이 없는 경우. 이 경우 비행계획에는 회항할 수 없는 지점(point of no return)을 표시하여야 한다.
   3. 기상예보 상태가 헬기장 운영 최저기상기준값(heliport operating minima) 이하인 목적지 헬기장으로 비행하려는 경우 : 최소한 2개의 목적지 교체헬기장(destination alternate heliport). 이 경우 첫 번째 목적지 교체헬기장의 운영 최저기상기준값은 목적지 헬기장의 운영 최저기상기준값 이상이어야 하고, 두 번째 목적지 교체헬기장의 운영 최저기상기준값은 첫 번째 목적지 교체헬기장의 운영 최저기상기준값 이상이어야 한다.
⑥ 제5항에 따른 교체헬기장(alternate heliport)은 교체헬기장으로 사용할 수 있는 헬기장 사용 가능시간과 헬기장 운영 최저기상기준값(heliport operating minima) 등의 정보를 확인하고 지정해야 한다.

Chapter 01 | 항공법규

> 항공안전법 시행규칙

⑦ 항공운송사업에 사용되는 헬리콥터 외의 헬리콥터를 계기비행방식에 따라 비행하려면 1개 이상의 적합한 교체헬기장을 지정하여야 한다. 다만, 다음 각 호의 어느 하나에 해당하는 경우에는 그러하지 아니하다.
    1. 도착 예정시간 2시간 전부터 2시간 후까지 또는 실제 출발시간부터 도착 예정시간 2시간 후까지의 시간 중 짧은 시간에 대하여 최초 착륙예정 헬기장의 기상상태가 다음 각 목과 같이 예보되어 있는 경우
        가. 운고가 계기접근절차의 최저치보다 120미터(400피트) 이상
        나. 시정이 계기접근절차의 최저치보다 1,500미터 이상
    2. 다음 각 목의 어느 하나에 해당하는 경우
        가. 최초 착륙예정 헬기장이 외딴 지역에 위치하고 적합한 교체헬기장이 없는 경우
        나. 최초 착륙예정 헬기장에 계기접근절차가 수립되어 있는 경우
        다. 목적지 헬기장이 해상에 있어 회항할 수 있는 교체헬기장을 지정할 수 없는 경우
⑧ 제5항부터 제7항까지의 규정에 따른 교체헬기장이 해상교체헬기장(off-shore alternate heliport)인 경우에는 다음 각 호의 요건을 모두 갖추어야 한다. 다만, 해안 교체헬기장(on-shore alternate heliport)까지 비행할 수 있는 충분한 연료의 탑재가 가능하면 해상 교체헬기장을 지정하지 않을 수 있다.
    1. 해상 교체헬기장은 회항할 수 없는 지점 외에서만 지정하고, 회항할 수 없는 지점 내에서는 해안 교체헬기장을 지정할 것
    2. 적합한 교체헬기장을 결정하는 경우에는 주요 조종계통 및 부품을 신뢰할 수 있을 것
    3. 교체헬기장에 도착하기 전에 1개의 발동기가 고장나더라도 교체헬기장까지 운항할 수 있는 성능이 확보될 수 있을 것
    4. 갑판의 이용이 보장되어 있을 것
    5. 기상정보는 정확하고 신뢰할 수 있을 것
⑨ 제5항제2호 단서에 따라 교체헬기장의 지정이 요구되지 않는 경우로서 제7항제1호의 기준에 적합하지 아니한 경우에는 비행을 시작하여서는 아니 된다.

제187조(최초 착륙예정 비행장 등의 기상상태) ① 제186조제1항제1호에 따른 이륙 교체비행장의 기상상태는 해당 비행기의 도착 예정시간에 비행장 운영 최저치 이상이어야 한다.
② 제186조제1항제3호에 따른 최초 착륙예정 비행장의 기상정보를 이용할 수 있거나 목적지 교체비행장의 지정이 요구되는 경우에는 최소 1개의 목적지 교체비행장의 기상상태가 도착 예정시간에 해당 비행장 운영 최저치 이상일 경우에 비행을 시작하여야 한다.
③ 제186조제3항에 따른 목적지 교체비행장의 지정이 요구되는 경우에는 최초 착륙예정 비행장과 최소 1개의 목적지 교체비행장의 기상상태가 도착 예정시간에 해당 비행장 운영 최저치 이상일 경우에 비행을 시작하여야 한다.
④ 제186조제5항에 따른 최초 착륙예정 헬기장의 기상정보를 이용할 수 있거나 교체헬기장의 지정이 요구되는 경우에는 최소 1개의 교체헬기장의 기상상태가 도착 예정시간에 해당 헬기장 운영 최저치 이상일 경우에 비행을 시작하여야 한다.
⑤ 제186조제7항에 따라 교체헬기장의 지정이 요구되는 경우에는 최초 착륙예정 헬기장과 1개 이상의 교체헬기장의 기상상태가 도착 예정시간에 해당 헬기장 운영 최저치 이상일 경우에 비행을 시작하여야 한다.

제188조(비행계획의 종료) ① 항공기는 도착비행장에 착륙하는 즉시 관할 항공교통업무기관(관할 항공교통업무기관이 없는 경우에는 가장 가까운 항공교통업무기관)에 다음 각 호의 사항을 포함하는 도착보고를 하여야 한다. 다만, 지방항공청장 또는 항공교통본부장이 달리 정한 경우에는 그러하지 아니하다.
    1. 항공기의 식별부호   2. 출발비행장
    3. 도착비행장   4. 목적비행장(목적비행장이 따로 있는 경우만 해당한다)
    5. 착륙시간
② 제1항에도 불구하고 도착비행장에 착륙한 후 도착보고를 할 수 있는 적절한 통신시설 등이 제공되지 않는 경우에는 착륙 직전에 관할 항공교통업무기관에 도착보고를 하여야 한다.

제189조(정밀접근 운용계획 승인신청) ① 제177조제2항에 따른 제2종 또는 제3종의 정밀접근방식으로 해당 종류의 정밀접근 시설을 갖춘 활주로에 착륙하려는 자는 다음 각 호의 사항을 적은 운용계획 승인신청서를 지방항공청장에게 제출하여야 한다.

항공안전법 시행규칙

1. 성명 및 주소
2. 항공기의 형식 및 등록부호
3. 정밀접근의 종류
4. 해당 항공기의 장비 명세와 정비방식
5. 해당 사용비행장에 설치된 정밀접근시설의 내용
6. 정밀접근 조종사의 성명과 자격
7. 항공기 조종사의 교육훈련 내용
8. 운용시험 실시내용
9. 그 밖에 참고가 될 사항

② 외국항공기를 운용하는 외국인 중 그 외국으로부터 제2종 또는 제3종의 정밀접근 운용계획 승인을 받은 사람이 대한민국에 있는 제2종 또는 제3종의 정밀접근시설을 갖춘 비행장의 활주로에 해당 종류의 정밀접근방식으로 착륙하려는 경우에는 제1항에도 불구하고 다음 각 호의 사항을 적은 정밀접근 운용계획 승인신청서에 신청인이 외국으로부터 발급받은 정밀접근 운용계획 승인서의 사본과 한글 또는 영문으로 정밀접근 운용절차를 적은 서류를 첨부하여 지방항공청장에게 제출하여야 한다.

1. 성명 및 주소
2. 항공기의 형식 및 등록부호
3. 그 밖에 참고가 될 사항

③ 제1항에 따른 제2종 및 제3종 정밀접근 운용계획 승인에 관한 절차는 국토교통부장관이 정한다.

제190조(통신) ① 관제비행을 하는 항공기는 관할 항공교통관제기관과 공중 대 지상 양방향 무선통신을 유지하고 그 항공교통관제기관의 음성통신을 경청해야 한다.

② 제1항에 따른 무선통신을 유지할 수 없는 항공기(이하 "통신두절항공기"라 한다)는 국토교통부장관이 고시하는 교신절차에 따라야 하며, 관제비행장의 기동지역 또는 주변을 운항하는 항공기는 관제탑의 시각 신호에 따른 지시를 계속 주시하여야 한다.

③ 통신두절항공기는 시계비행 기상상태인 경우에는 시계비행방식으로 비행을 계속하여 가장 가까운 착륙 가능한 비행장에 착륙한 후 도착 사실을 지체 없이 관할 항공교통관제기관에 통보하여야 한다.

④ 통신두절항공기는 계기비행 기상상태이거나 제3항에 따른 비행이 불가능한 경우 다음 각 호의 기준에 따라 비행하여야 한다.

1. 항공교통업무용 레이더가 운용되지 않는 공역의 필수 위치통지점에서 위치보고를 할 수 없는 항공기는 해당 비행로의 최저비행고도와 관할 항공교통관제기관으로부터 최종적으로 지시받은 고도 중 높은 고도로 비행하여야 하며, 관할 항공교통관제기관으로부터 최종적으로 지시받은 속도를 20분간 유지한 후 비행계획에 명시된 고도와 속도로 변경하여 비행할 것
2. 항공교통업무용 레이더가 운용되는 공역의 필수 위치통지점에서 위치보고를 할 수 없는 항공기는 다음 각 목의 시간 중 가장 늦은 시간부터 해당 비행로의 최저비행고도와 관할 항공교통관제기관으로부터 최종적으로 지시받은 고도 중 높은 고도를 유지하고 관할 항공교통관제기관으로부터 최종적으로 지시받은 속도를 7분간 유지한 후, 비행계획에 명시된 고도와 속도로 변경하여 비행할 것
   가. 최종지정고도 또는 최저비행고도에 도달한 시간
   나. 트랜스폰더 코드를 7,600으로 조정한 시간이거나 자동종속감시시설(ADS-B) 송신기에 통신두절을 표시한 시간
   다. 필수 위치통지점에서 위치보고에 실패한 시간
3. 레이더에 의하여 유도되고 있거나 허가한계점(Clearance Limit)을 지정받지 아니한 항공기가 지역항법(RNAV)으로 항공로를 이탈하여 비행 중인 경우에는 최저비행고도를 고려하여 다음 위치통지점에 도달하기 전에 비행계획에 명시된 비행로에 합류할 것
4. 무선통신이 두절되기 전에 관할 항공교통관제기관으로부터 최종적으로 지정받거나 지정 예정을 통보받은 비행로(지정받거나 지정 예정을 통보받지 아니한 경우에는 비행계획에 명시된 비행로)를 따라 목적비행장의 항행안전시설이나 위치통지점(FIX)까지 비행한 후 체공할 것
5. 무선통신이 두절되기 전에 관할 항공교통관제기관으로부터 최종적으로 지정받은 접근 예정시간(접근 예정시간을 지정받지 아니한 경우에는 비행계획에 명시된 도착 예정시간)에 목적비행장의 항행안전시설이나 위치통지점(FIX)으로부터 강하를 시작하거나, 착륙할 비행장의 계기접근절차에 따라 접근을 시작할 것
6. 가능한 한 제5호에 따른 접근 예정시간과 도착 예정시간 중 더 늦은 시간부터 30분 이내에 착륙할 것

Chapter 01 | 항공법규

항공안전법 시행규칙

제191조(위치보고) ① 법 제67조에 따라 관제비행을 하는 항공기는 국토교통부장관이 정하여 고시하는 위치통지점에서 가능한 한 신속히 다음 각 호의 사항을 관할 항공교통업무기관에 보고(이하 "위치보고"라 한다)하여야 한다. 다만, 레이더에 의하여 관제를 받는 경우로서 관할 항공교통관제기관이 별도로 위치보고를 요구하지 않는 경우에는 그러하지 아니하다.
   1. 항공기의 식별부호
   2. 해당 위치통지점의 통과시각과 고도
   3. 그 밖에 항공기의 안전항행에 영향을 미칠 수 있는 사항
② 관제비행을 하는 항공기는 비행 중에 관할 항공교통업무기관으로부터 위치보고를 요청받은 경우에는 즉시 위치보고를 하여야 한다.
③ 제1항에 따른 위치통지점이 설정되지 아니한 경우에는 관할 항공교통업무기관이 지정한 시간 또는 거리 간격으로 위치보고를 하여야 한다.
④ 관제비행을 하는 항공기로서 데이터링크통신을 이용하여 위치보고를 하는 항공기는 관할 항공교통관제기관이 요구하는 경우에는 음성통신을 이용하여 위치보고를 하여야 한다.

제192조(항공교통관제허가) ① 법 제67조에 따라 관제비행을 하려는 자는 관할 항공교통관제기관으로부터 항공교통관제허가(이하 "관제허가"라 한다)를 받고 운항을 시작하여야 한다.
② 관제허가의 우선권을 받으려는 자는 그 이유를 관할 항공교통관제기관에 통보하여야 한다.
③ 법 제67조에 따라 관제비행장에서 비행하는 항공기는 관제지시를 준수하여야 하며, 관제허가를 받지 아니하고 기동지역을 이동하여서는 아니 된다.
④ 항공교통관제기관의 관제지시와 항공기에 장착된 공중충돌경고장치의 지시가 서로 다를 경우에는 공중충돌경고장치의 지시에 따라야 한다.

제193조(관제의 종결) 법 제67조에 따라 관제비행을 하는 항공기는 항공교통관제업무를 제공받아야 할 상황이 끝나는 즉시 그 사실을 관할 항공교통관제기관에 통보하여야 한다. 다만, 관제비행장에 착륙하는 경우에는 그러하지 아니하다.

제194조(신호) ① 법 제67조에 따라 비행하는 항공기는 별표 26에서 정하는 신호를 인지하거나 수신할 경우에는 그 신호에 따라 요구되는 조치를 하여야 한다.
② 누구든지 제1항에 따른 신호로 오인될 수 있는 신호를 사용하여서는 아니 된다.
③ 항공기 유도원(誘導員)은 별표 26 제6호에 따른 유도신호를 명확하게 하여야 한다.

[별표 26] 신호(제194조 관련)
1. 조난신호(Distress signals)
   가. 조난에 처한 항공기가 다음의 신호를 복합적 또는 각각 사용할 경우에는 중대하고 절박한 위험에 처해 있고 즉각적인 도움이 필요함을 나타낸다.
      1) 무선전신 또는 그 밖의 신호방법에 의한 "SOS" 신호(모스부호는 ···---···)
      2) 짧은 간격으로 한 번에 1발씩 발사되는 붉은색 불빛을 내는 로켓 또는 대포
      3) 붉은색 불빛을 내는 낙하산 부착 불빛
      4) "메이데이(MAYDAY)"라는 말로 구성된 무선 전화 조난 신호
      5) 데이터링크를 통해 전달된 "메이데이(MAYDAY)" 메시지
   나. 조난에 처한 항공기는 가목에도 불구하고 주의를 끌고, 자신의 위치를 알리며, 도움을 얻기 위한 어떠한 방법도 사용할 수 있다.
2. 긴급신호(Urgency signals)
   가. 항공기 조종사가 착륙등 스위치의 개폐를 반복하거나 점멸항행등과는 구분되는 방법으로 항행등 스위치의 개폐를 반복하는 신호를 복합적으로 또는 각각 사용할 경우에는 즉각적인 도움은 필요하지 않으나 불가피하게 착륙해야 할 어려움이 있음을 나타낸다.
   나. 다음의 신호가 복합적으로 또는 각각 따로 사용될 경우에는 이는 선박, 항공기 또는 다른 차량, 탑승자 또는 목격된 자의 안전에 관하여 매우 긴급한 통보 사항을 가지고 있음을 나타낸다.

항공안전법 시행규칙

1) 무선전신 또는 그 밖의 신호방법에 의한 "XXX" 신호
2) 무선전화로 송신되는 "PAN PAN"
3) 데이터링크를 통해 전송된 "PAN PAN"

3. 요격 시 사용되는 신호
   가. 요격항공기의 신호 및 피요격항공기의 응신
   1) 피요격항공기는 지체 없이 다음 조치를 해야 한다.
      가) 나목에 따른 시각 신호를 이해하고 응답하며, 요격항공기의 지시에 따를 것
      나) 가능한 경우에는 관할 항공교통업무기관에 피요격 중임을 통보할 것
      다) 항공비상주파수 121.5MHZ나 243.0MHZ로 호출하여 요격항공기 또는 요격 관계기관과 연락하도록 노력하고 해당 항공기의 식별부호 및 위치와 비행내용을 통보할 것
      라) 트랜스폰더 SSR을 장착하였을 경우에는 항공교통관제기관으로부터 다른 지시가 있는 경우를 제외하고는 Mode A Code 7700으로 맞출 것
      마) 자동종속감시시설(ADS-B 또는 ADS-C)을 장착하였을 경우에는 항공교통관제기관으로부터 다른 지시가 있는 경우를 제외하고는 적절한 비상기능을 선택할 것
      바) 항공교통관제기관으로부터 무선으로 수신한 지시가 요격항공기의 시각신호와 다를 경우 피요격항공기는 요격항공기의 시각신호에 따라 이행하면서 항공교통관제기관에 조속한 확인을 요구해야 한다.
      사) 항공교통관제기관으로부터 무선으로 수신한 지시가 요격항공기의 무선지시와 다를 경우 피요격항공기는 요격항공기의 무선지시에 따라 이행하면서 항공교통관제기관에 조속한 확인을 요구해야 한다.
   2) 요격절차는 다음과 같이 하여야 한다.
      가) 요격항공기와 통신이 이루어졌으나 통상의 언어로 사용할 수 없을 경우에 필요한 정보와 지시는 다음과 같은 발음과 용어를 2회 연속 사용하여 전달할 수 있도록 시도해야 한다.

Phrase	Pronunciation	Meaning
CALL SIGN (call sign)	KOL SA-IN (call sign)	My call sign is (call sign)
WILCO	VILL-KO	Understood. Will comply
CAN NOT	KANN NOTT	Unable to comply
REPEAT	REE-PEET	Repeat your instruction
AM LOST	AM LOSST	Position unknown
MAYDAY	MAYDAY	I am in distress
HIJACK	HI-JACK	I have been hijacked
LAND (place name)	LAAND (place name)	I request to land at (place name)
DESCEND	DEE-SEND	I require descent

   나) 요격항공기가 사용하는 용어는 다음과 같다.

Phrase	Pronunciation	Meaning
CALL SIGN	KOL SA-IN	What is your call sign
FOLLOW	FOL-LO	Follow me
DESCEND	DEE-SEND	Descend for landing
YOU LAND	YOU LAAND	Land at this aerodrome
PROCEED	PRO-SEED	You may proceed

   3) 요격항공기로부터 시각신호로 지시를 받았을 경우 피요격항공기도 즉시 시각신호로 요격항공기의 지시에 따라야 한다.
   4) 요격항공기로부터 무선을 통하여 지시를 청취하였을 경우 피요격항공기는 즉시 요격항공기의 무선지시에 따라야 한다.

Chapter 01 | 항공법규

항공안전법 시행규칙

나. 시각 신호

1) 요격항공기의 신호 및 피요격항공기의 응신

번호	요격항공기의 신호	의미	피요격항공기의 응신	의미
1	피요격항공기의 약간 위쪽 전방 좌측(또는 피요격항공기가 헬리콥터인 경우에는 우측)에서 날개를 흔들고 항행등을 불규칙적으로 점멸시킨 후 응답을 확인하고, 통상 좌측(헬리콥터인 경우 우측)으로 완만하게 선회하여 원하는 방향으로 향한다. 주1) 기상조건 또는 지형에 따라 위에서 제시한 요격항공기의 위치 및 선회방향을 반대로 할 수도 있다. 주2) 피요격항공기가 요격항공기의 속도를 따르지 못할 경우 요격항공기는 race track형으로 비행을 반복하며, 피요격항공기의 옆을 통과할 때마다 날개를 흔들어야 한다.	당신은 요격을 당하고 있으니 나를 따라오라.	날개를 흔들고, 항행등을 불규칙적으로 점멸시킨 후 요격항공기의 뒤를 따라간다.	알았다. 지시를 따르겠다.
2	피요격항공기의 진로를 가로지르지 않고 90° 이상의 상승선회를 하며, 피요격항공기로부터 급속히 이탈한다.	그냥 가도 좋다.	날개를 흔든다.	알았다. 지시를 따르겠다.
3	바퀴다리를 내리고 고정착륙등을 켠 상태로 착륙방향으로 활주로 상공을 통과하며, 피요격항공기가 헬리콥터인 경우에는 헬리콥터착륙구역 상공을 통과한다. 헬리콥터의 경우, 요격헬리콥터는 착륙접근을 하고 착륙장 부근에 공중에서 저고도비행을 한다.	이 비행장에 착륙하라.	바퀴다리를 내리고, 고정착륙등을 켠 상태로 요격항공기를 따라서 활주로나 헬리콥터착륙구역 상공을 통과한 후 안전하게 착륙할 수 있다고 판단되면 착륙한다.	알았다. 지시를 따르겠다.

2) 피요격항공기의 신호 및 요격항공기의 응신

번호	피요격항공기의 신호	의미	요격항공기의 응신	의미
1	비행장 상공 300미터(1,000피트) 이상 600미터(2,000피트) 이하(헬리콥터의 경우 50미터(170피트) 이상 100미터(330피트) 이하의 고도로 착륙활주로나 헬리콥터착륙구역 상공을 통과하면서 바퀴다리를 올리고 섬광착륙등을 점멸하면서 착륙활주로나 헬리콥터착륙구역을 계속 선회한다. 착륙등을 점멸할 수 없는 경우에는 사용가능한 다른 등화를 점멸한다.	지정한 비행장이 적절하지 못하다.	피요격항공기를 교체비행장으로 유도하려는 경우에는 바퀴다리를 올린 후 1) 요격항공기의 신호 및 피요격항공기의 응신 1의 요격항공기 신호방법을 사용한다. 피요격항공기를 방면하려는 경우에는 1) 요격항공기의 신호 및 피요격항공기의 응신 2의 요격항공기 신호방법을 사용한다.	알았다. 나를 따라 오라. 알았다. 그냥 가도 좋다.
2	점멸하는 등화와는 명확히 구분할 수 있는 방법으로 사용가능한 모든 등화의 스위치를 규칙적으로 개폐한다.	지시를 따를 수 없다.	1) 요격항공기의 신호 및 피요격항공기의 응신 2의 요격항공기 신호방법을 사용한다.	알았다.
3	사용가능한 모든 등화를 불규칙적으로 점멸한다.	조난상태에 있다.	1) 요격항공기의 신호 및 피요격항공기의 응신 2의 요격항공기 신호방법을 사용한다.	알았다.

4. 비행제한구역, 비행금지구역 또는 위험구역 침범 경고신호

지상에서 10초 간격으로 발사되어 붉은색 및 녹색의 불빛이나 별모양으로 폭발하는 신호탄은 비인가 항공기가 비행제한구역, 비행금지구역 또는 위험구역을 침범하였거나 침범하려고 한 상태임을 나타내며, 해당 항공기는 이에 필요한 시정조치를 해야 함을 나타낸다.

5. 무선통신 두절 시의 연락방법

항공안전법 시행규칙

가. 빛총신호

신호의 종류	의미		
	비행 중인 항공기	지상에 있는 항공기	차량·장비 및 사람
연속되는 녹색	착륙을 허가함	이륙을 허가함	
연속되는 붉은색	다른 항공기에 진로를 양보하고 계속 선회할 것	정지할 것	정지할 것
깜박이는 녹색	착륙을 준비할 것(착륙 및 지상유도를 위한 허가가 뒤이어 발부)	지상 이동을 허가함	통과하거나 진행할 것
깜박이는 붉은색	비행장이 불안전하니 착륙하지 말 것	사용 중인 착륙지역으로부터 벗어날 것	활주로 또는 유도로에서 벗어날 것
깜박이는 흰색	착륙하여 계류장으로 갈 것	비행장 안의 출발지점으로 돌아갈 것	비행장 안의 출발지점으로 돌아갈 것

나. 항공기의 응신
  1) 비행 중인 경우
    가) 주간 : 날개를 흔든다. 다만, 최종 선회구간(base leg) 또는 최종 접근구간(final leg)에 있는 항공기의 경우에는 그러하지 아니하다.
    나) 야간 : 착륙등이 장착된 경우에는 착륙등을 2회 점멸하고, 착륙등이 장착되지 않은 경우에는 항행등을 2회 점멸한다.
  2) 지상에 있는 경우
    가) 주간 : 항공기의 보조익 또는 방향타를 움직인다.
    나) 야간 : 착륙등이 장착된 경우에는 착륙등을 2회 점멸하고, 착륙등이 장착되지 않은 경우에는 항행등을 2회 점멸한다.

6. 유도신호(MARSHALLING SIGNALS)
  가. 항공기에 대한 유도원의 신호
    1) 유도원은 항공기의 조종사가 유도업무 담당자임을 알 수 있는 복장을 해야 한다.
    2) 유도원은 주간에는 일광형광색봉, 유도봉 또는 유도장갑을 이용하고, 야간 또는 저시정상태에서는 발광유도봉을 이용하여 신호를 하여야 한다.
    3) 유도신호는 조종사가 잘 볼 수 있도록 유도봉을 손에 들고 다음의 위치에서 조종사와 마주 보며 실시한다.
      가) 비행기의 경우에는 비행기의 왼쪽에서 조종사가 가장 잘 볼 수 있는 위치
      나) 헬리콥터의 경우에는 조종사가 유도원을 가장 잘 볼 수 있는 위치
    4) 유도원은 다음의 신호를 사용하기 전에 항공기를 유도하려는 지역 내에 항공기와 충돌할 만한 물체가 있는지를 확인해야 한다.

	1. 항공기 안내(Wingwalker) 오른손의 유도봉을 위쪽을 향하게 한 채 머리 위로 들어 올리고, 왼손의 유도봉을 아래로 향하게 하면서 몸쪽으로 붙인다.		2. 출입문의 확인 양손의 유도봉을 위로 향하게 한 채 양팔을 쭉 펴서 머리 위로 올린다.
	3. 다음 유도원에게 이동 또는 관제기관으로부터 지시를 받은 지역으로의 이동 양쪽 팔을 위로 올렸다가 내려 팔을 몸의 측면 바깥쪽으로 쭉 편 후 다음 유도원의 방향 또는 이동구역방향으로 유도봉을 가리킨다.		4. 직진 팔꿈치를 구부려 유도봉을 가슴 높이에서 머리 높이까지 위 아래로 움직인다.

Chapter 01 | 항공법규

항공안전법 시행규칙

5. 좌회전(조종사 기준)
오른팔과 유도봉을 몸쪽 측면으로 직각으로 세운 뒤 왼손으로 직진신호를 한다. 신호동작의 속도는 항공기의 회전속도를 알려준다.

6. 우회전(조종사 기준)
왼팔과 유도봉을 몸쪽 측면으로 직각으로 세운 뒤 오른손으로 직진신호를 한다. 신호동작의 속도는 항공기의 회전속도를 알려준다.

7. 정지
유도봉을 쥔 양쪽 팔을 몸 쪽 측면에서 직각으로 뻗은 뒤 천천히 두 유도봉이 교차할 때 까지 머리위로 움직인다.

8. 비상정지
빠르게 양쪽 유도봉을 든 팔을 머리 위로 뻗었다가 유도봉을 교차시킨다.

9. 브레이크 정렬
손바닥을 편 상태로 어깨 높이로 들어 올린다. 운항승무원을 응시한 채 주먹을 쥔다. 승무원으로부터 인지신호(엄지손가락을 올리는 신호)를 받기 전까지는 움직여서는 안 된다.

10. 브레이크 풀기
주먹을 쥐고 어깨 높이로 올린다. 운항승무원을 응시한 채 손을 편다. 승무원으로부터 인지신호(엄지손가락을 올리는 신호)를 받기 전까지는 움직여서는 안 된다.

11. 고임목 삽입
유도봉을 든 팔을 머리 위로 쭉 뻗는다. 유도봉이 서로 닿을 때까지 안쪽으로 유도봉을 움직인다. 운항승무원에게 인지표시를 반드시 수신하도록 한다.

12. 고임목 제거
유도봉을 든 팔을 머리 위로 쭉 뻗는다. 유도봉을 바깥쪽으로 움직인다. 운항승무원에게 인가받기 전까지 바퀴 고정 받침목을 제거해서는 안 된다.

13. 엔진 시동걸기
오른팔을 머리 높이로 들면서 유도봉을 위로 향한다. 유도봉으로 원 모양을 그리기 시작하면서 동시에 왼팔을 머리 높이로 들고 엔진시동 걸 위치를 가리킨다.

14. 엔진 정지
유도봉을 쥔 팔을 어깨 높이로 들어올려 왼쪽 어깨 위로 위치시킨 뒤 유도봉을 오른쪽·왼쪽 어깨로 목을 가로질러 움직인다.

15. 서행
허리부터 무릎 사이에서 위 아래로 유도봉을 움직이면서 뻗은 팔을 가볍게 툭툭 치는 동작으로 아래로 움직인다.

16. 한쪽 엔진의 출력 감소
양손의 유도봉이 지면을 향하게 하여 두 팔을 내린 후, 출력을 감소시키려는 쪽의 유도봉을 위아래로 흔든다.

17. 후진
몸 앞 쪽의 허리높이에서 양팔을 앞쪽으로 빙글빙글 회전시킨다. 후진을 정지시키기 위해서는 신호 7 및 8을 사용한다.

18. 후진하면서 선회(후미 우측)
왼팔은 아래쪽을 가리키며 오른팔은 머리 위로 수직으로 세웠다가 옆으로 수평 위치까지 내리는 동작을 반복한다.

19. 후진하면서 선회(후미 좌측)
오른팔은 아래쪽을 가리키며 왼팔은 머리 위로 수직으로 세웠다가 옆으로 수평 위치까지 내리는 동작을 반복한다.

20. 긍정(Affirmative)/ 모든 것이 정상임(All Clear)
오른팔을 머리높이로 들면서 유도봉을 위로 향한다. 손 모양은 엄지손가락을 치켜세운다. 왼쪽 팔은 무릎 옆쪽으로 붙인다.

*21. 공중정지(Hover)
유도봉을 든 팔을 90° 측면으로 편다.

*22. 상승
유도봉을 든 팔을 측면 수직으로 쭉 펴고 손바닥을 위로 향하면서 손을 위쪽으로 움직인다. 움직임의 속도는 상승률을 나타낸다.

항공안전법 시행규칙

	*23. 하강 유도봉을 든 팔을 측면 수직으로 쭉 펴고 손바닥을 아래로 향하면서 손을 아래로 움직인다. 움직임의 속도는 강하율을 나타낸다.		*24. 왼쪽으로 수평이동(조종사 기준) 팔을 오른쪽 측면 수직으로 뻗는다. 빗자루를 쓰는 동작으로 같은 방향으로 다른 쪽 팔을 이동시킨다.
	*25. 오른쪽으로 수평이동(조종사 기준) 팔을 왼쪽 측면 수직으로 뻗는다. 빗자루를 쓰는 동작으로 같은 방향으로 다른 쪽 팔을 이동시킨다.		*26. 착륙 몸의 앞쪽에서 유도봉을 쥔 양팔을 아래쪽으로 교차시킨다.
	27. 화재 화재지역을 왼손으로 가리키면서 동시에 어깨와 무릎사이의 높이에서 부채질 동작으로 오른손을 이동시킨다. 야간 – 유도봉을 사용하여 동일하게 움직인다.		28. 위치대기(stand-by) 유도봉을 든 팔을 측면에서 45°로 아래로 뻗는다. 항공기의 다음 이동이 허가될 때까지 움직이지 않는다.
	29. 항공기 출발 오른손 또는 유도봉으로 경례하는 신호를 한다. 항공기의 지상이동(taxi)이 시작될 때까지 운항승무원을 응시한다.		30. 조종장치를 손대지 말 것(기술적·업무적 통신신호) 머리 위로 오른팔을 뻗고 주먹을 쥐거나 유도봉을 수평방향으로 쥔다. 왼팔은 무릎 옆에 붙인다.
	31. 지상 전원공급 연결(기술적·업무적 통신신호) 머리 위로 팔을 뻗어 왼손을 수평으로 손바닥이 보이도록 하고, 오른손의 손가락 끝이 왼손에 닿게 하여 "T"자 형태를 취한다. 밤에는 광채가 나는 유도봉을 이용하여 "T"자 형태를 취할 수 있다.		32. 지상 전원공급 차단(기술적·업무적 통신신호) 신호 31와 같이 한 후 오른손이 왼손에서 떨어지도록 한다. 운항승무원이 인가할 때까지 전원공급을 차단해서는 안 된다. 밤에는 광채가 나는 유도봉을 이용하여 "T"자 형태를 취할 수 있다.
	33. 부정(기술적·업무적 통신신호) 오른팔을 어깨에서부터 90°로 곧게 뻗어 고정시키고, 유도봉을 지상 쪽으로 향하게 하거나 엄지손가락을 아래로 향하게 표시한다. 왼손은 무릎 옆에 붙인다.		34. 인터폰을 통한 통신의 구축(기술적·업무적 통신신호) 몸에서부터 90°로 양 팔을 뻗은 후, 양손이 두 귀를 컵 모양으로 가리도록 한다.
	35. 계단 열기·닫기 오른팔을 측면에 붙이고 왼팔을 45° 머리 위로 올린다. 오른팔을 왼쪽 어깨 위쪽으로 쓸어 올리는 동작을 한다.		

비고 : 1. 항공기 유도원이 배트, 조명유도봉 또는 횃불을 드는 경우에도 관련 신호의 의미는 같다.
2. 항공기의 엔진번호는 항공기를 마주 보고 있는 유도원의 위치를 기준으로 오른쪽에서부터 왼쪽으로 번호를 붙인다.
3. " * "가 표시된 신호는 헬리콥터에 적용한다.
4. 주간에 시정이 양호한 경우에는 조명막대의 대체도구로 밝은 형광색의 유도봉이나 유도장갑을 사용할 수 있다.

나. 유도원에 대한 조종사의 신호
   1) 조종실에 있는 조종사는 손이 유도원에게 명확히 보이도록 해야 하며, 필요한 경우에는 쉽게 식별할 수 있도록 조명을 비추어야 한다.

항공안전법 시행규칙

2) 브레이크
 가) 주먹을 쥐거나 손가락을 펴는 순간이 각각 브레이크를 걸거나 푸는 순간을 나타낸다.
 나) 브레이크를 걸었을 경우 : 손가락을 펴고 양팔과 손을 얼굴 앞에 수평으로 올린 후 주먹을 쥔다.
 다) 브레이크를 풀었을 경우 : 주먹을 쥐고 팔을 얼굴 앞에 수평으로 올린 후 손가락을 편다.
3) 고임목(Chocks)
 가) 고임목을 끼울 것 : 팔을 뻗고 손바닥을 바깥쪽으로 향하게 하며, 두 손을 안쪽으로 이동시켜 얼굴 앞에서 교차되게 한다.
 나) 고임목을 뺄 것 : 두 손을 얼굴 앞에서 교차시키고 손바닥을 바깥쪽으로 향하게 하며, 두 팔을 바깥쪽으로 이동시킨다.
4) 엔진시동 준비완료
 시동시킬 엔진의 번호만큼 한쪽 손의 손가락을 들어올린다.
다. 기술적·업무적 통신신호
 1) 수동신호는 음성통신이 기술적·업무적 통신신호로 가능하지 않을 경우에만 사용해야 한다.
 2) 유도원은 운항승무원으로부터 기술적·업무적 통신신호에 대하여 인지하였음을 확인해야 한다.
7. 비상수신호
 가. 탈출 권고

한 팔을 앞으로 뻗어 눈높이까지 들어 올린 후 손짓으로 부르는 동작을 한다.

야간 - 막대를 사용하여 동일하게 움직인다.

 나. 동작중단 권고 - 진행 중인 탈출 중단 및 항공기 이동 또는 그 밖의 활동 중단

양팔을 머리 앞으로 들어 올려 손목에서 교차시키는 동작을 한다.

야간 - 막대를 사용하여 동일하게 움직인다.

 다. 비상 해제

양팔을 손목이 교차할 때 까지 안쪽 방향으로 모은 후 바깥 방향으로 45도 각도로 뻗는 동작을 한다.

야간 - 막대를 사용하여 동일하게 움직인다.

제195조(시간) ① 법 제67조에 따라 항공기의 운항과 관련된 시간을 전파하거나 보고하려는 자는 국제표준시(UTC : Coordinated Universal Time)를 사용하여야 하며, 시각은 자정을 기준으로 하루 24시간을 시·분으로 표시하되, 필요하면 초 단위까지 표시하여야 한다.
② 관제비행을 하려는 자는 관제비행의 시작 전과 비행 중에 필요하면 시간을 점검하여야 한다.
③ 데이터링크통신에 따라 시간을 이용하려는 경우에는 국제표준시를 기준으로 1초 이내의 정확도를 유지·관리하여야 한다.

제196조(요격) ① 법 제67조에 따라 민간항공기를 요격(邀擊)하는 항공기의 기장은 별표 26 제3호에 따른 시각신호 및 요격절차와 요격방식에 따라야 한다.
② 피요격(被邀擊)항공기의 기장은 별표 26 제3호에 따른 시각신호를 이해하고 응답하여야 하며, 요격절차와 요격방식 등을 준수하여 요격에 응하여야 한다. 다만, 대한민국이 아닌 외국정부가 관할하는 지역을 비행하는 경우에는 해당 국가가 정한 절차와 방식으로 그 국가의 요격에 응하여야 한다.

항공안전법 시행규칙

제197조(곡예비행 등을 할 수 있는 비행시정) 법 제67조에 따른 곡예비행을 할 수 있는 비행시정은 다음 각 호의 구분과 같다.
1. 비행고도 3,050미터(1만피트) 미만인 구역 : 5천미터 이상
2. 비행고도 3,050미터(1만피트) 이상인 구역 : 8천미터 이상

제198조(불법간섭 행위 시의 조치) ① 법 제67조에 따라 비행 중 항공기의 피랍·테러 등의 불법적인 행위에 의하여 항공기 또는 탑승객의 안전이 위협받는 상황(이하 "불법간섭"이라 한다)에 처한 항공기는 항공교통업무기관에서 다른 항공기와의 충돌 방지 및 우선권 부여 등 필요한 조치를 취할 수 있도록 가능한 범위에서 한 다음 각 호의 사항을 관할 항공교통업무기관에 통보하여야 한다.
1. 불법간섭을 받고 있다는 사실
2. 불법간섭 행위와 관련한 중요한 상황정보
3. 그 밖에 상황에 따른 비행계획의 이탈사항에 관한 사항

② 불법간섭을 받고 있는 항공기의 기장은 가능한 한 해당 항공기가 안전하게 착륙할 수 있는 가장 가까운 공항 또는 관할 항공교통업무기관이 지정한 공항으로 착륙을 시도하여야 한다.

③ 불법간섭을 받고 있는 항공기가 제1항에 따른 사항을 관할 항공교통업무기관에 통보할 수 없는 경우에는 다음 각 호의 조치를 하여야 한다.
1. 기장은 제2항에 따른 공항으로 비행할 수 없는 경우에는 관할 항공교통업무기관에 통보할 수 있을 때까지 또는 레이더나 자동종속감시시설의 포착범위 내에 들어갈 때까지 배정된 항공로 및 순항고도를 유지하며 비행할 것
2. 기장은 관할 항공교통업무기관과 무선통신이 불가능한 상황에서 배정된 항공로 및 순항고도를 이탈할 것을 강요받은 경우에는 가능한 한 다음 각 목의 조치를 할 것
   가. 항공기 안의 상황이 허용되는 한도 내에서 현재 사용 중인 초단파(VHF) 주파수, 초단파 비상주파수(121.5Mhz) 또는 사용 가능한 다른 주파수로 경고방송을 시도할 것
   나. 2차 감시 항공교통관제 레이더용 트랜스폰더(Mode3/A 및 Mode C SSR transponder) 또는 데이터링크 탑재장비를 사용하여 불법간섭을 받고 있다는 사실을 알릴 것
   다. 고도 600미터의 수직분리가 적용되는 지역에서는 계기비행 순항고도와 300미터 분리된 고도로, 고도 300미터의 수직분리가 적용되는 지역에서는 계기비행 순항고도와 150미터 분리된 고도로 각각 변경하여 비행할 것

제199조(최저비행고도) 법 제68조제1호에서 "국토교통부령으로 정하는 최저비행고도"란 다음 각 호와 같다.
1. 시계비행방식으로 비행하는 항공기
   가. 사람 또는 건축물이 밀집된 지역의 상공에서는 해당 항공기를 중심으로 수평거리 600미터 범위 안의 지역에 있는 가장 높은 장애물의 상단에서 300미터(1천피트)의 고도
   나. 가목 외의 지역에서는 지표면·수면 또는 물건의 상단에서 150미터(500피트)의 고도
2. 계기비행방식으로 비행하는 항공기
   가. 산악지역에서는 항공기를 중심으로 반지름 8킬로미터 이내에 위치한 가장 높은 장애물로부터 600미터의 고도
   나. 가목 외의 지역에서는 항공기를 중심으로 반지름 8킬로미터 이내에 위치한 가장 높은 장애물로부터 300미터의 고도

제200조(최저비행고도 아래에서의 비행허가) 법 제68조 각 호 외의 부분 단서에 따라 최저비행고도 아래에서 비행하려는 자는 별지 제74호서식의 최저비행고도 아래에서의 비행허가 신청서를 지방항공청장에게 제출하여야 한다.

제201조(물건의 투하 또는 살포 허가 신청) 법 제68조 각 호 외의 부분 단서에 따라 비행 중인 항공기에서 물건을 투하하거나 살포하려는 자는 별지 제74호의2서식의 물건 투하 또는 살포 허가신청서에 다음 각 호의 서류를 첨부하여 운항 예정일 7일 전까지 지방항공청장에게 제출해야 한다.
1. 항공신체검사 증명서
2. 비행계획서(공역 내 비행경로를 포함한다)
3. 조종사 자격증명서

항공안전법	항공안전법 시행령

제68조(항공기의 비행 중 금지행위 등) 항공기를 운항하려는 사람은 생명과 재산을 보호하기 위하여 다음 각 호의 어느 하나에 해당하는 비행 또는 행위를 해서는 아니 된다. 다만, 국토교통부령으로 정하는 바에 따라 국토교통부장관의 허가를 받은 경우에는 그러하지 아니하다.

  1. 국토교통부령으로 정하는 최저비행고도(最低飛行高度) 아래에서의 비행
  2. 물건의 투하(投下) 또는 살포
  3. 낙하산 강하(降下)
  4. 국토교통부령으로 정하는 구역에서 뒤집어서 비행하거나 옆으로 세워서 비행하는 등의 곡예비행
  5. 무인항공기의 비행
  6. 그 밖에 생명과 재산에 위해를 끼치거나 위해를 끼칠 우려가 있는 비행 또는 행위로서 국토교통부령으로 정하는 비행 또는 행위

항공안전법 시행규칙

제202조(낙하산 강하허가 신청) 법 제68조 각 호 외의 부분 단서에 따라 낙하산 강하를 목적으로 항공기를 운항하려는 자는 별지 제74호의3서식의 낙하산 강하허가 신청서에 다음 각 호의 서류를 첨부하여 운항 예정일 7일 전까지 지방항공청장에게 제출해야 한다. 다만, 제2호부터 제5호까지의 서류는 항공레저스포츠사업에 사용되는 경우만 해당 서류를 첨부하여 제출해야 한다.
1. 비행계획서 및 임시 비행제한공역 지정 공문
2. 낙하산 강하자의 초경량비행장치 조종자 증명
3. 항공레저스포츠사업 등록증
4. 초경량비행장치 안전성인증서
5. 보험가입증명서

제203조(곡예비행) 법 제68조제4호에 따른 곡예비행은 다음 각 호와 같다.
1. 항공기를 뒤집어서 하는 비행
2. 항공기를 옆으로 세우거나 회전시키며 하는 비행
3. 항공기를 급강하시키거나 급상승시키는 비행
4. 항공기를 나선형으로 강하시키거나 실속시켜 하는 비행
5. 그 밖에 항공기의 비행자세, 고도 또는 속도를 비정상적으로 변화시켜 하는 비행

제204조(곡예비행 금지구역) 법 제68조제4호에서 "국토교통부령으로 정하는 구역"이란 다음 각 호의 어느 하나에 해당하는 구역을 말한다.
1. 사람 또는 건축물이 밀집한 지역의 상공
2. 관제구 및 관제권
3. 지표로부터 450미터(1,500피트) 미만의 고도
4. 해당 항공기(활공기는 제외한다)를 중심으로 반지름 500미터 범위 안의 지역에 있는 가장 높은 장애물의 상단으로부터 500미터 이하의 고도
5. 해당 활공기를 중심으로 반지름 300미터 범위 안의 지역에 있는 가장 높은 장애물의 상단으로부터 300미터 이하의 고도

제205조(곡예비행의 허가 신청) 법 제68조 각 호 외의 부분 단서에 따라 곡예비행을 하려는 자는 별지 제74호의4서식의 곡예비행 허가신청서에 다음 각호의 서류를 첨부하여 비행 예정일 7일 전까지 지방항공청장에게 제출해야 한다.
1. 항공신체검사 증명서
2. 비행계획서(공역 내 비행경로를 포함한다)
3. 조종사 자격증명서

제206조(무인항공기의 비행허가 신청 등) ① 법 제68조 각 호 외의 부분 단서에 따라 무인항공기를 비행시키려는 자는 별지 제75호서식의 무인항공기 비행허가 신청서에 다음 각 호의 사항을 적은 서류를 첨부하여 지방항공청장 또는 항공교통본부장에게 비행예정일 7일 전까지 제출하여야 한다.
1. 성명·주소 및 연락처
2. 무인항공기의 형식, 최대이륙중량, 발동기 수 및 날개 길이
3. 무인항공기의 등록증명서 사본 및 식별부호
4. 무인항공기의 표준감항증명서 또는 특별감항증명서 사본
5. 무인항공기 조종사의 자격증명서 사본
6. 무인항공기의 무선국 허가증 사본(「전파법」 제19조에 따라 무선국 허가를 받은 경우에 한정한다)
7. 비행의 목적·일시 및 비행규칙의 개요, 육안식별운항계획(육안식별운항을 하는 경우에 한정한다), 비행경로, 이륙·착륙 장소, 순항고도·속도 및 비행주파수
8. 무인항공기의 이륙·착륙 요건
9. 무인항공기에 대한 다음 각 목의 성능
   가. 운항속도
   나. 일반 및 최대 상승률
   다. 일반 및 최대 강하율
   라. 일반 및 최대 선회율
   마. 최대 항속시간
   바. 그 밖에 무인항공기 비행과 관련된 성능에 관한 자료

Chapter 01 항공법규

항공안전법	항공안전법 시행령

제69조(긴급항공기의 지정 등) ① 응급환자의 수송 등 국토교통부령으로 정하는 긴급한 업무에 항공기를 사용하려는 소유자등은 그 항공기에 대하여 국토교통부장관의 지정을 받아야 한다.
② 제1항에 따라 국토교통부장관의 지정을 받은 항공기(이하 "긴급항공기"라 한다)를 제1항에 따른 긴급한 업무의 수행을 위하여 운항하는 경우에는 제66조 및 제68조제1호·제2호를 적용하지 아니한다.
③ 긴급항공기의 지정 및 운항절차 등에 필요한 사항은 국토교통부령으로 정한다.
④ 국토교통부장관은 긴급항공기의 소유자등이 다음 각 호의 어느 하나에 해당하는 경우에는 그 긴급항공기의 지정을 취소할 수 있다. 다만, 제1호에 해당하는 경우에는 그 긴급항공기의 지정을 취소하여야 한다.
  1. 거짓이나 그 밖의 부정한 방법으로 긴급항공기로 지정받은 경우
  2. 제3항에 따른 운항절차를 준수하지 않는 경우
⑤ 제4항에 따라 긴급항공기의 지정 취소처분을 받은 자는 취소처분을 받은 날부터 2년 이내에는 긴급항공기의 지정을 받을 수 없다.	

항공안전법 시행규칙

　10. 다음 각 목의 통신을 위한 주파수와 장비
　　　가. 대체통신수단을 포함한 항공교통관제기관과의 통신
　　　나. 지정된 운용범위를 포함한 무인항공기와 무인항공기 통제소 간의 통신
　　　다. 무인항공기 조종사와 무인항공기 감시자 간의 통신(무인항공기 감시자가 있는 경우에 한정한다)
　11. 무인항공기의 항행장비 및 감시장비(SSR transponder, ADS-B 등)
　12. 무인항공기의 감지·회피성능
　13. 다음 각 목의 경우에 대비한 비상절차
　　　가. 항공교통관제기관과의 통신이 두절된 경우
　　　나. 무인항공기와 무인항공기 통제소 간의 통신이 두절된 경우
　　　다. 무인항공기 조종사와 무인항공기 감시자 간의 통신이 두절된 경우(무인항공기 감시자가 있는 경우에 한정한다)
　14. 하나 이상의 무인항공기 통제소가 있는 경우 그 수와 장소 및 무인항공기 통제소 간의 무인항공기 통제에 관한 이양절차
　15. 소음기준적합증명서 사본(법 제25조제1항에 따라 소음기준적합증명을 받은 경우에 한정한다)
　16. 해당 무인항공기 운항과 관련된 항공보안 수단을 포함한 국가항공보안계획 이행 확인서
　17. 무인항공기의 적재 장비 및 하중 등에 관한 정보
　18. 무인항공기의 보험 또는 책임범위 증명에 관한 서류
② 지방항공청장 또는 항공교통본부장은 제1항에 따른 신청을 받은 경우에는 그 내용을 심사한 후 항공교통의 안전에 지장이 없다고 인정되는 경우에는 비행을 허가하여야 한다.
③ 무인항공기를 비행시키려는 자는 다음 각 호의 사항을 따라야 한다.
　1. 인명이나 재산에 위험을 초래할 우려가 있는 비행을 시키지 말 것
　2. 주거지역, 상업지역 등 인구가 밀집된 지역과 그 밖에 사람이 많이 모인 장소의 상공을 비행시키지 말 것
　3. 법 제78조제1항에 따른 관제공역·통제공역·주의공역에서 항공교통관제기관의 승인을 받지 아니하고 비행시키지 말 것
　4. 안개 등으로 인하여 지상목표물을 육안으로 식별할 수 없는 상태에서 비행시키지 말 것
　5. 별표 24에 따른 비행시정 및 구름으로부터의 거리 기준을 위반하여 비행시키지 말 것
　6. 야간에 비행시키지 말 것
　7. 그 밖에 국토교통부장관이 정하여 고시하는 사항을 지킬 것

제207조(긴급항공기의 지정) ① 법 제69조제1항에서 "응급환자의 수송 등 국토교통부령으로 정하는 긴급한 업무"란 다음 각 호의 어느 하나에 해당하는 업무를 말한다.
　1. 재난·재해 등으로 인한 수색·구조　　　2. 응급환자의 수송 등 구조·구급활동
　3. 화재의 진화　　　　　　　　　　　　　4. 화재의 예방을 위한 감시활동
　5. 응급환자를 위한 장기(臟器) 이송　　　6. 그 밖에 자연재해 발생 시의 긴급복구
② 법 제69조제1항에 따라 제1항 각 호에 따른 업무에 항공기를 사용하려는 소유자등은 해당 항공기에 대하여 지방항공청장으로부터 긴급항공기의 지정을 받아야 한다.
③ 제2항에 따른 지정을 받으려는 자는 다음 각 호의 사항을 적은 긴급항공기 지정신청서를 지방항공청장에게 제출하여야 한다.
　1. 성명 및 주소　　　　　　　　　　　　2. 항공기의 형식 및 등록부호
　3. 긴급한 업무의 종류　　　　　　　　　4. 긴급한 업무 수행에 관한 업무규정 및 항공기 장착장비
　5. 조종사 및 긴급한 업무를 수행하는 사람에 대한 교육훈련 내용
　6. 그 밖에 참고가 될 사항
④ 지방항공청장은 제3항에 따른 서류를 확인한 후 제1항 각 호의 긴급한 업무에 해당하는 경우에는 해당 항공기를 긴급항공기로 지정하였음을 신청자에게 통지하여야 한다.

제208조(긴급항공기의 운항절차) ① 제207조제2항에 따라 긴급항공기의 지정을 받은 자가 긴급항공기를 운항하려는 경우에는 그 운항을 시작하기 전에 다음 각 호의 사항을 지방항공청장에게 구술 또는 서면 등으로 통지하여야 한다.

항공안전법

제70조(위험물 운송 등) ① 항공기를 이용하여 폭발성이나 연소성이 높은 물건 등 국토교통부령으로 정하는 위험물(이하 "위험물"이라 한다)을 운송하려는 자는 국토교통부령으로 정하는 바에 따라 국토교통부장관의 허가를 받아야 한다.
② 제90조제1항에 따른 운항증명을 받은 자가 위험물 탑재 정보의 전달방법 등 국토교통부령으로 정하는 기준을 충족하는 경우에는 제1항에 따른 허가를 받은 것으로 본다.
③ 항공기를 이용하여 운송되는 위험물을 포장·적재(積載)·저장·운송 또는 처리(이하 "위험물취급"이라 한다)하는 자(이하 "위험물취급자"라 한다)는 항공상의 위험 방지 및 인명의 안전을 위하여 국토교통부장관이 정하여 고시하는 위험물취급의 절차 및 방법에 따라야 한다.

제71조(위험물 포장 및 용기의 검사등) ① 위험물의 운송에 사용되는 포장 및 용기를 제조·수입하여 판매하려는 자는 그 포장 및 용기의 안전성에 대하여 국토교통부장관이 실시하는 검사를 받아야 한다.
② 제1항에 따른 포장 및 용기의 검사방법·합격기준 등에 필요한 사항은 국토교통부장관이 정하여 고시한다.
③ 국토교통부장관은 위험물의 용기 및 포장에 관한 검사 업무를 전문적으로 수행하는 기관(이하 "포장·용기검사기관"이라 한다)을 지정하여 제1항에 따른 검사를 하게 할 수 있다.
④ 검사인력, 검사장비 등 포장·용기검사기관의 지정기준 및 운영 등에 필요한 사항은 국토교통부령으로 정한다.
⑤ 국토교통부장관은 포장·용기검사기관이 다음 각 호의 어느 하나에 해당하는 경우에는 그 지정을 취소하거나 6개월 이내의 기간을 정하여 그 업무의 전부 또는 일부의 정지를 명할 수 있다. 다만, 제1호에 해당하는 경우에는 그 지정을 취소하여야 한다.
  1. 거짓이나 그 밖의 부정한 방법으로 포장·용기검사기관으로 지정받은 경우
  2. 제4항에 따른 지정기준에 맞지 아니하게 된 경우
⑥ 제5항에 따른 처분의 세부기준 등 그 밖에 필요한 사항은 국토교통부령으로 정한다.

항공안전법 시행령

I. 항공안전법 · 시행령 · 시행규칙

제5장 항공기의 운항

항공안전법 시행규칙

1. 항공기의 형식·등록부호 및 식별부호
2. 긴급한 업무의 종류
3. 긴급항공기의 운항을 의뢰한 자의 성명 또는 명칭 및 주소
4. 비행일시, 출발비행장, 비행구간 및 착륙장소
5. 시간으로 표시한 연료탑재량
6. 그 밖에 긴급항공기 운항에 필요한 사항

② 제1항에 따라 긴급항공기를 운항한 자는 운항이 끝난 후 24시간 이내에 다음 각 호의 사항을 적은 긴급항공기 운항결과 보고서를 지방항공청장에게 제출하여야 한다.
1. 성명 및 주소
2. 항공기의 형식 및 등록부호
3. 운항 개요(이륙·착륙 일시 및 장소, 비행목적, 비행경로 등)
4. 조종사의 성명과 자격
5. 조종사 외의 탑승자의 인적사항
6. 응급환자를 수송한 사실을 증명하는 서류(응급환자를 수송한 경우만 해당한다)
7. 그 밖에 참고가 될 사항

제209조(위험물 운송허가등) ① 법 제70조제1항에서 "폭발성이나 연소성이 높은 물건 등 국토교통부령으로 정하는 위험물"이란 다음 각 호의 어느 하나에 해당하는 것을 말한다.
1. 폭발성 물질
2. 가스류
3. 인화성 액체
4. 가연성 물질류
5. 산화성 물질류
6. 독물류
7. 방사성 물질류
8. 부식성 물질류
9. 그 밖에 국토교통부장관이 정하여 고시하는 물질류

② 항공기를 이용하여 제1항에 따른 위험물을 운송하려는 자는 별지 제76호서식의 위험물 항공운송허가 신청서에 다음 각 호의 서류를 첨부하여 국토교통부장관에게 제출하여야 한다.
1. 위험물의 포장방법
2. 위험물의 종류 및 등급
3. UN매뉴얼에 따른 포장물 및 내용물의 시험성적서(해당하는 경우에만 적용한다)
4. 그 밖에 국토교통부장관이 정하여 고시하는 서류

③ 국토교통부장관은 제2항에 따른 신청이 있는 경우 위험물운송기술기준에 따라 검사한 후 위험물운송기술기준에 적합하다고 판단되는 경우에는 별지 제77호서식의 위험물 항공운송허가서를 발급하여야 한다.

④ 제2항 및 제3항에도 불구하고 법 제90조에 따른 운항증명을 받은 항공운송사업자가 법 제93조에 따른 운항규정에 다음 각 호의 사항을 정하고 제1항 각 호에 따른 위험물을 운송하는 경우에는 제3항에 따른 허가를 받은 것으로 본다. 다만, 국토교통부장관이 별도의 허가요건을 정하여 고시한 경우에는 제3항에 따른 허가를 받아야 한다.
1. 위험물과 관련된 비정상사태가 발생할 경우의 조치내용
2. 위험물 탑재정보의 전달방법
3. 승무원 및 위험물취급자에 대한 교육훈련

⑤ 제3항에도 불구하고 국가기관등항공기가 업무 수행을 위하여 제1항에 따른 위험물을 운송하는 경우에는 위험물 운송허가를 받은 것으로 본다.

⑥ 제1항 각 호의 구분에 따른 위험물의 세부적인 종류와 종류별 구체적 내용에 관하여는 국토교통부장관이 정하여 고시한다.

제210조(위험물 포장·용기검사기관의 지정 등) ① 법 제71조제3항에 따라 위험물의 포장·용기검사기관으로 지정받으려는 자는 별지 제78호서식의 위험물 포장·용기검사기관 지정신청서에 다음 각 호의 서류를 첨부하여 국토교통부장관에게 제출하여야 한다.
1. 위험물 포장·용기의 검사를 위한 시설의 확보를 증명하는 서류(설비 및 기기 일람표와 그 배치도를 포함한다)
2. 사업계획서
3. 시설·기술인력의 관리 및 검사 시행절차 등 검사 수행에 필요한 사항이 포함된 검사업무규정

② 법 제71조제4항에 따른 위험물의 포장·용기검사기관의 검사장비 및 검사인력 등의 지정기준은 별표 27과 같다.

③ 법 제71조제4항에 따른 위험물 포장·용기검사기관의 운영에 대해서는 「산업표준화법」 제12조에 따른 한국산업표준 KS Q 17020(검사 기관 운영에 대한 일반 기준)을 적용한다.

④ 국토교통부장관은 제1항에 따른 신청을 받은 경우에는 이를 심사하여 그 내용이 제2항 및 제3항에 따른 지정기준 및 운영기준에 적합하다고 인정되는 경우에는 별지 제79호서식의 위험물 포장·용기검사기관 지정서를 신청인에게 발급하고 그 사실을 공고하여야 한다.

Chapter 01 | 항공법규

항공안전법	항공안전법 시행령

제72조(위험물취급에 관한 교육 등) ① 위험물취급자는 위험물취급에 관하여 국토교통부장관이 실시하는 교육을 받아야 한다. 다만, 국제민간항공기구(International Civil Aviation Organization) 등 국제기구 및 국제항공운송협회(International Air Transport Association)가 인정한 교육기관에서 위험물취급에 관한 교육을 이수한 경우에는 그러하지 아니하다.
② 제1항에 따라 교육을 받아야 하는 위험물취급자의 구체적인 범위와 교육 내용 등에 필요한 사항은 국토교통부장관이 정하여 고시한다.
③ 국토교통부장관은 제1항에 따른 교육을 효율적으로 하기 위하여 위험물취급에 관한 교육을 전문적으로 하는 전문교육기관(이하 "위험물전문교육기관"이라 한다)을 지정하여 위험물취급자에 대한 교육을 하게 할 수 있다.
④ 교육인력, 시설, 장비 등 위험물전문교육기관의 지정기준 및 운영 등에 필요한 사항은 국토교통부령으로 정한다.
⑤ 국토교통부장관은 위험물전문교육기관이 다음 각 호의 어느 하나에 해당하는 경우에는 그 지정을 취소하거나 6개월 이내의 기간을 정하여 그 업무의 전부 또는 일부의 정지를 명할 수 있다. 다만, 제1호에 해당하는 경우에는 그 지정을 취소하여야 한다.
  1. 거짓이나 그 밖의 부정한 방법으로 위험물전문교육기관으로 지정받은 경우
  2. 포장·용기검사기관이 제2항에 따른 포장 및 용기의 검사방법·합격기준 등을 위반하여 제1항에 따른 검사를 한 경우
  3. 제4항에 따른 지정기준에 맞지 아니하게 된 경우
⑥ 제5항에 따른 처분의 세부기준 등 그 밖에 필요한 사항은 국토교통부령으로 정한다.

항공안전법 시행규칙

⑤ 제4항에 따라 위험물 포장·용기 검사기관으로 지정받은 검사기관의 장은 제1항 각 호의 사항이 변경된 경우에는 그 변경내용을 국토교통부장관에게 보고하여야 한다.
⑥ 국토교통부장관은 위험물 포장·용기 검사기관으로 지정받은 검사기관이 제2항 및 제3항의 기준에 적합한지의 여부를 매년 심사하여야 한다.

제211조(위험물 포장·용기 검사기관 지정의 취소 등) ① 법 제71조제6항에 따른 위험물 포장·용기 검사기관의 지정 취소 또는 업무정지처분의 기준은 별표 28과 같다.
② 국토교통부장관은 위반행위의 정도·횟수 등을 고려하여 별표 28에서 정한 업무 정지기간을 2분의 1의 범위에서 늘리거나 줄일 수 있다. 다만, 늘리는 경우에도 그 기간은 6개월을 초과할 수 없다.

제212조(위험물전문교육기관의 지정 등) ① 법 제72조제3항에 따라 위험물전문교육기관으로 지정받으려는 자는 별지 제80호서식의 위험물전문교육기관 지정신청서에 다음 각 호의 사항이 포함된 교육계획서를 첨부하여 국토교통부장관에게 제출하여야 한다.
 1. 교육과정과 교육방법
 2. 교관의 자격·경력 및 정원 등의 현황
 3. 교육시설 및 교육장비의 개요
 4. 교육평가의 방법
 5. 연간 교육계획
 6. 제4항제2호에 따른 교육규정
② 법 제72조제4항에 따른 위험물전문교육기관의 지정기준은 별표 29와 같다.
③ 국토교통부장관은 제1항에 따라 신청을 받은 경우에는 이를 심사하여 그 내용이 제2항의 기준에 적합하다고 인정되는 경우에는 별지 제81호서식의 위험물전문교육기관 지정서를 발급하고 그 사실을 공고하여야 한다.
④ 제3항에 따라 지정을 받은 위험물전문교육기관은 다음 각 호에서 정하는 바에 따라 교육과 평가 등을 실시하여야 한다.
 1. 교육은 초기교육과 정기교육으로 구분하여 실시한다.
 2. 위험물전문교육기관의 장은 법 제72조제2항에 따라 국토교통부장관이 고시하는 교육내용 등을 반영하여 교육규정을 제정·운영하고, 교육규정을 변경하려는 경우에는 국토교통부장관의 승인을 받아야 한다.
 3. 교육평가는 다음 각 목의 방법으로 한다.
  가. 교육평가를 위한 시험과목, 시험 실시 요령, 판정기준, 시험문제 출제, 시험방법·관리, 시험지 보관, 시험장, 시험감독 및 채점 등은 자체 실정에 맞게 위험물전문교육기관의 장이 정한다.
  나. 교육생은 총교육시간의 100분의 90 이상을 출석하여야 하고, 성적은 100점 만점의 경우 80점 이상을 받아야만 수료할 수 있다.
 4. 위험물전문교육기관의 장은 컴퓨터 등 전자기기를 이용한 전자교육과정(교육 또는 평가)을 운영할 경우에는 사전에 국토교통부장관의 승인을 받아야 한다.
 5. 위험물전문교육기관의 장은 전년도 12월15일까지 다음 연도 교육계획을 수립하여 국토교통부장관에게 보고하여야 한다.
⑤ 위험물전문교육기관의 장은 교육을 마쳤을 때에는 교육 및 평가 결과를 국토교통부장관이 정하여 고시하는 방법에 따라 보관하여야 하며, 국토교통부장관이 요청하면 이를 제출하여야한다.
⑥ 위험물전문교육기관의 장은 제1항 각 호(제6호는 제외한다)의 사항이 변경된 경우에는 그 변경내용을 지체 없이 국토교통부장관에게 보고하여야 한다.
⑦ 국토교통부장관은 위험물전문교육기관이 제2항의 기준에 적합한 지의 여부를 매년 심사하여야한다.

제213조(위험물전문교육기관의 지정의 취소 등) ① 법 제72조제6항에 따른 위험물전문교육기관의 지정 취소 또는 업무정지처분의 기준은 별표 30과 같다.
② 국토교통부장관은 위반행위의 정도·횟수 등을 고려하여 별표 30에서 정한 업무정지 기간을 2분의 1의 범위에서 늘리거나 줄일 수 있다. 다만, 늘리는 경우에도 그 기간은 6개월을 초과할 수 없다.

Chapter 01 | 항공법규

항공안전법	항공안전법 시행령

제73조(전자기기의 사용제한) 국토교통부장관은 운항 중인 항공기의 항행 및 통신장비에 대한 전자파 간섭 등의 영향을 방지하기 위하여 국토교통부령으로 정하는 바에 따라 여객이 지닌 전자기기의 사용을 제한할 수 있다.

제74조(회항시간 연장운항의 승인) ① 항공운송사업자가 2개 이상의 발동기를 가진 비행기로서 국토교통부령으로 정하는 비행기를 다음 각 호의 구분에 따른 순항속도(巡航速度)로 가장 가까운 공항까지 비행하여 착륙할 수 있는 시간이 국토교통부령으로 정하는 시간을 초과하는 지점이 있는 노선을 운항하려면 국토교통부령으로 정하는 바에 따라 국토교통부장관의 승인을 받아야 한다.
   1. 2개의 발동기를 가진 비행기 : 1개의 발동기가 작동하지 아니할 때의 순항속도
   2. 3개 이상의 발동기를 가진 비행기 : 모든 발동기가 작동할 때의 순항속도
② 국토교통부장관은 제1항에 따른 승인을 하려는 경우에는 제77조제1항에 따라 고시하는 운항기술기준에 적합한지를 확인하여야 한다.

제75조(수직분리축소공역 등에서의 항공기 운항 승인) ① 다음 각 호의 어느 하나에 해당하는 공역에서 항공기를 운항하려는 소유자등은 국토교통부령으로 정하는 바에 따라 국토교통부장관의 승인을 받아야 한다. 다만, 수색·구조를 위하여 제1호의 공역에서 운항하려는 경우 등 국토교통부령으로 정하는 경우에는 그러하지 아니하다.
   1. 수직분리고도를 축소하여 운영하는 공역(이하 "수직분리축소공역"이라 한다)
   2. 특정한 항행성능을 갖춘 항공기만 운항이 허용되는 공역(이하 "성능기반항행요구공역"이라 한다)
   3. 그 밖에 공역을 효율적으로 운영하기 위하여 국토교통부령으로 정하는 공역
② 국토교통부장관은 제1항에 따른 승인을 하려는 경우에는 제77조제1항에 따라 고시하는 운항기술기준에 적합한지를 확인하여야 한다.

제76조(승무원 등의 탑승 등) ① 항공기를 운항하려는 자는 그 항공기에 국토교통부령으로 정하는 바에 따라 운항의 안전에 필요한 승무원을 태워야 한다.
② 운항승무원 또는 항공교통관제사가 항공업무를 수행하는 경우에는 국토교통부령으로 정하는 바에 따라 항공종사자 자격증명서 및 항공신체검사증명서를 소지하여야 하며, 운항승무원 또는 항공교통관제사가 아닌 항공종사자가 항공업무를 수행하는 경우에는 국토교통부령으로 정하는 바에 따라 항공종사자 자격증명서를 소지하여야 한다.

항공안전법 시행규칙

제214조(전자기기의 사용제한) 법 제73조에 따라 운항 중에 전자기기의 사용을 제한할 수 있는 항공기와 사용이 제한되는 전자기기의 품목은 다음 각 호와 같다.
　　1. 다음 각 목의 어느 하나에 해당하는 항공기
　　　　가. 항공운송사업용으로 비행 중인 항공기　　　　나. 계기비행방식으로 비행 중인 항공기
　　2. 다음 각 목 외의 전자기기
　　　　가. 휴대용 음성녹음기　　나. 보청기　　다. 심장박동기　　라. 전기면도기
　　　　마. 그 밖에 항공운송사업자 또는 기장이 항공기 제작회사의 권고 등에 따라 해당 항공기에 전자파 영향을 주지 아니한다고 인정한 휴대용 전자기기

제215조(회항시간 연장운항의 승인) ① 법 제74조제1항 각 호 외의 부분에서 "국토교통부령으로 정하는 비행기"란 터빈발동기를 장착한 항공운송사업용 비행기(화물만을 운송하는 3개 이상의 터빈발동기를 가진 비행기는 제외한다)를 말한다.
② 법 제74조제1항 각 호 외의 부분에서 "국토교통부령으로 정하는 시간"이란 다음 각 호의 구분에 따른 시간을 말한다.
　　1. 2개의 발동기를 가진 비행기 : 1시간. 다만, 최대인가승객 좌석 수가 20석 미만이며 최대이륙중량이 4만 5천 360킬로그램 미만인 비행기로서 「항공사업법 시행규칙」 제3조제3호에 따른 전세운송에 사용되는 비행기의 경우에는 3시간으로 한다.
　　2. 3개 이상의 발동기를 가진 비행기 : 3시간
③ 제1항에 따른 비행기로 제2항 각 호의 구분에 따른 시간을 초과하는 지점이 있는 노선을 운항하려는 항공운송사업자는 비행기 형식(등록부호)별, 운항하려는 노선별 및 최대 회항시간(2개의 발동기를 가진 비행기의 경우에는 1개의 발동기가 작동하지 아니할 때의 순항속도로, 3개 이상의 발동기를 가진 비행기의 경우에는 모든 발동기가 작동할 때의 순항속도로 가장 가까운 공항까지 비행하여 착륙할 수 있는 시간을 말한다. 이하 같다)별로 국토교통부장관 또는 지방항공청장의 승인을 받아야 한다.
④ 제3항에 따른 승인을 받으려는 항공운송사업자는 별지 제82호서식의 회항시간 연장운항승인 신청서에 법 제77조에 따라 고시하는 운항기술기준에 적합함을 증명하는 서류를 첨부하여 다음 각 호의 구분에 따라 해당 호에서 정하는 날까지 국토교통부장관 또는 지방항공청장에게 제출해야 한다.
　　1. 운용경험 기반 승인방식(해당 비행기 형식을 12개월 이상 연속하여 운용한 경험이 있는 경우의 승인방식을 말한다)의 경우 : 운항 개시 예정일 20일 전
　　2. 속성 승인방식(해당 비행기 형식을 연속하여 운용한 경험이 12개월 미만이거나 운용 경험이 없는 경우의 승인방식을 말한다)의 경우 : 운항 개시 예정일 180일 전

제216조(수직분리축소공역 등에서의 항공기 운항) ① 법 제75조제1항에 따라 국토교통부장관 또는 지방항공청장으로부터 승인을 받으려는 자는 별지 제83호서식의 항공기 운항승인 신청서에 법 제77조에 따라 고시하는 운항기술기준에 적합함을 증명하는 서류를 첨부하여 운항개시예정일 15일 전까지 국토교통부장관 또는 지방항공청장에게 제출하여야 한다.
② 법 제75조제1항 각 호 외의 부분 단서에서 "국토교통부령으로 정하는 경우"란 다음 각 호의 어느 하나에 해당하는 경우를 말한다.
　　1. 항공기의 사고·재난이나 그 밖의 사고로 인하여 사람 등의 수색·구조 등을 위하여 긴급하게 항공기를 운항하는 경우
　　2. 우리나라에 신규로 도입하는 항공기를 운항하는 경우
　　3. 수직분리축소공역에서의 운항승인을 받은 항공기에 고장등이 발생하여 그 항공기를 정비등을 위한 장소까지 운항하는 경우

제217조(효율적 운영이 요구되는 공역) 법 제75조제1항제3호에서 "국토교통부령으로 정하는 공역"이란 다음 각 호의 어느 하나에 해당하는 공역을 말한다.
　　1. 특정한 통신성능을 갖춘 항공기만 운항이 허용되는 공역(이하 "특정통신성능요구(RCP)공역"이라 한다)
　　2. 특정한 감시성능을 갖춘 항공기만 운항이 허용되는 공역[이하 "특정감시성능요구(RSP)공역"이라 한다]
　　3. 그 밖에 국토교통부장관이 정하여 고시하는 공역

제218조(승무원 등의 탑승 등) ① 법 제76조제1항에 따라 항공기에 태워야 할 승무원은 다음 각 호의 구분에 따른다.

Chapter 01 항공법규

항공안전법	항공안전법 시행령

③ 항공운송사업자 및 항공기사용사업자는 국토교통부령으로 정하는 바에 따라 항공기에 태우는 승무원에게 해당 업무 수행에 필요한 교육훈련을 하여야 한다.

제77조(항공기의 안전운항을 위한 운항기술기준) ① 국토교통부장관은 항공기 안전운항을 확보하기 위하여 이 법과 「국제민간항공협약」 및 같은 협약 부속서에서 정한 범위에서 다음 각 호의 사항이 포함된 운항기술기준을 정하여 고시할 수 있다.
 1. 자격증명
 2. 항공훈련기관
 3. 항공기 등록 및 등록부호 표시
 4. 항공기 감항성
 5. 정비조직인증기준
 6. 항공기 계기 및 장비
 7. 항공기 운항
 8. 항공운송사업의 운항증명 및 관리
 9. 그 밖에 안전운항을 위하여 필요한 사항으로서 국토교통부령으로 정하는 사항
② 소유자등 및 항공종사자는 제1항에 따른 운항기술기준을 준수하여야 한다.

제77조의2(국가항행계획의 수립·시행) ① 국토교통부장관은 항공교통관리 등을 위하여 국제민간항공기구(ICAO)의 세계항행계획 등에 따라 국가 항행에 관한 계획(이하 "국가항행계획"이라 한다)을 수립·시행하여야 한다.
② 국가항행계획에는 다음 각 호의 사항이 포함되어야 한다.
 1. 항공교통정책의 목표 및 전략
 2. 항공교통의 정보, 운영 및 기술에 관한 사항
 3. 항공교통관리의 운영 효율성·안전성 등의 평가에 관한 사항
 4. 그 밖에 항공교통의 안전성·경제성·효율성 향상을 위하여 필요한 사항
③ 국토교통부장관은 국가항행계획의 수립·시행을 위하여 관계 행정기관, 「공공기관의 운영에 관한 법률」에 따른 공공기관, 공항운영자, 항공운송사업자, 「항공사업법」 제2조제20호에 따른 항공기취급업자 및 관련 전문기관으로 구성되는 국가항행계획 추진협의체를 구성·운영할 수 있다.
④ 제3항에 따른 국가항행계획 추진협의체의 구성·운영에 필요한 사항은 대통령령으로 정한다.

제9조의2(국가항행계획 추진협의체의 기능 및 구성) ① 법 제77조의2제3항에 따른 국가항행계획 추진협의체(이하 "추진협의체"라 한다)는 국토교통부장관 소속으로 둔다.
② 추진협의체는 다음 각 호의 사항을 협의한다.
 1. 법 제77조의2제1항에 따른 국가항행계획의 수립, 변경 및 시행에 관한 사항
 2. 항공교통관리의 운영 효율성·안전성의 평가에 관한 사항
 3. 그 밖에 국가항행계획의 수립·시행과 관련하여 추진협의체의 위원장이 회의에 부치는 사항
③ 추진협의체는 위원장 1명을 포함하여 20명 이내의 위원으로 구성한다.
④ 추진협의체의 위원장은 국토교통부 제2차관이 되며, 위원은 다음 각 호의 사람 중에서 국토교통부장관이 지명하거나 위촉한다.
 1. 국토교통부의 3급 공무원 또는 고위공무원단에 속하는 공무원 중 항공 관련 업무를 담당하는 공무원
 2. 국방부·경찰청·소방청·기상청·해양경찰청의 3급 공무원 또는 고위공무원단에 속하는 공무원이나 이에 상응하는 공무원으로서 항공 관련 업무를 담당하는 공무원(대령급 이상 장교를 포함한다) 중 해당 기관의 장이 지명하는 사람 각 1명
 3. 「한국공항공사법」에 따른 한국공항공사 및 「인천국제공항공사법」에 따른 인천국제공항공사에서 공항개발 업무를 담당하는 임직원 중 해당 공사의 장이 국토교통부장관과 협의하여 지명하는 사람 각 1명
 4. 다음 각 목에 따른 기관의 임직원 중에서 해당 기관의 장이 국토교통부장관과 협의하여 지명하는 사람 각 1명
  가. 「정부출연연구기관 등의 설립·운영 및 육성에 관한 법률」 제8조에 따른 한국교통연구원
  나. 「과학기술분야 정부출연연구기관 등의 설립·운영 및 육성에 관한 법률」 제8조에 따른 한국항공우주연구원
  다. 「국토교통과학기술 육성법」 제16조에 따른 국토교통과학기술진흥원
 5. 박사학위를 취득한 후 항공분야 전문기관에서 5년 이상 근무한 경력이 있는 사람
 6. 항공 또는 항공기 제작 등과 관련된 사업자 또는 사업자단체의 임원
 7. 항공에 관한 학식과 경험이 풍부한 사람
⑤ 제4항 각 호에 따른 위원의 임기는 다음 각 호와 같다.
 1. 제4항제1호부터 제3호까지의 위원 : 해당 직위에 재임하는 기간
 2. 제4항제4호부터 제7호까지의 위원 : 2년

항공안전법 시행규칙

1. 항공기의 구분에 따라 다음 표에서 정하는 운항승무원

항공기	탑승시켜야 할 운항승무원
비행교범에 따라 항공기 운항을 위하여 2명 이상의 조종사가 필요한 항공기	조종사 (기장과 기장 외의 조종사)
여객운송에 사용되는 항공기	
인명구조, 산불진화 등 특수임무를 수행하는 쌍발 헬리콥터	
구조상 단독으로 발동기 및 기체를 완전히 취급할 수 없는 항공기	조종사 및 항공기관사
법 제51조에 따라 무선설비를 갖추고 비행하는 항공기	「전파법」에 따른 무선설비를 조작할 수 있는 무선종사자 기술자격증을 가진 조종사 1명
착륙하지 아니하고 550킬로미터 이상의 구간을 비행하는 항공기(비행 중 상시 지상표지 또는 항행안전시설을 이용할 수 있다고 인정되는 관성항법장치 또는 정밀 도플러레이더 장치를 갖춘 것은 제외한다)	조종사 및 항공사

2. 여객운송에 사용되는 항공기로 승객을 운송하는 경우에는 항공기에 장착된 승객의 좌석 수에 따라 그 항공기의 객실에 다음 표에서 정하는 수 이상의 객실승무원

장착된 좌석 수	객실승무원 수
20석 이상 50석 이하	1명
51석 이상 100석 이하	2명
101석 이상 150석 이하	3명
151석 이상 200석 이하	4명
201석 이상	5명에 좌석 수 50석을 추가할 때마다 1명씩 추가

② 제1항제1호에 따른 운항승무원의 업무를 다른 운항승무원이 하여도 그 업무에 지장이 없다고 국토교통부장관이 인정하는 경우에는 해당 운항승무원을 태우지 않을 수 있다.
③ 제1항제1호에도 불구하고 다음 각 호의 어느 하나에 해당하는 항공기로서 해당 항공기의 비행교범에서 항공기 운항을 위하여 2명의 조종사를 필요로 하지 않는 항공기의 경우에는 조종사 1명으로 운항할 수 있다.
  1. 소형항공운송사업에 사용되는 다음 각 목의 어느 하나에 해당하는 항공기
     가. 관광비행에 사용되는 헬리콥터
     나. 가목 외에 최대이륙중량 5,700킬로그램 이하의 항공기
  2. 항공기사용사업에 사용되는 헬리콥터
④ 항공운송사업자, 항공기사용사업자 또는 국외비행에 사용되는 비행기를 운영하는 자는 제1항제1호에 따라 항공기에 승무하는 운항승무원에 대하여 다음 각 호의 사항에 관한 교육훈련계획을 수립하여 매년 1회 이상 교육훈련을 실시해야 한다.
  1. 해당 항공기 형식에 관한 이론교육 및 비행훈련. 다만, 최초교육 및 연간 보수교육을 위한 비행훈련은 제91조의2제3항에 따라 지방항공청장이 지정한 동일한 형식의 항공기의 모의비행훈련장치를 이용하여 할 수 있으며, 사업용이 아닌 국외비행에 사용되는 비행기의 기장과 기장 외의 조종사로서 2개 형식 이상의 한정자격을 보유한 사람에 대해서는 해당 형식별로 이론교육 및 비행훈련을 격년으로 실시할 수 있다.
  2. 해당 항공기 형식의 발동기·기체·시스템의 오작동, 화재 또는 그 밖의 비정상적인 상황으로 일어날 수 있는 모든 경우의 비상대응절차 및 승무원 간의 협조에 관한 사항
  3. 인적수행능력(Human Performance)에 관련된 지식 및 기술에 관한 사항
  4. 법 제70조제3항에 따라 국토교통부장관이 정하여 고시하는 위험물취급의 절차 및 방법에 관한 사항
  5. 해당 형식의 항공기의 고장등 비정상적인 상황이나 화재 등 비상상황이 발생한 경우 운항승무원 각자의 임무와 다른 운항승무원의 임무와의 관계를 숙지할 수 있도록 하는 절차 등에 관한 훈련
⑤ 제1항제2호에 따른 객실승무원은 항공기 비상시의 경우 또는 비상탈출이 요구되는 경우 항공기에 갖춰진 비상장비 또는 구급용구 등을 이용하여 필요한 조치를 할 수 있는 지식과 능력이 있어야 한다.

Chapter 01 | 항공법규

항공안전법	항공안전법 시행령

항공안전법 시행령 (우측단)

⑥ 추진협의체의 효율적인 운영을 위하여 간사 1명을 두며, 간사는 국토교통부의 고위공무원단에 속하는 일반직 공무원 중에서 국토교통부장관이 지명한다.
⑦ 추진협의체의 위원장은 추진협의체를 대표하고 추진협의체의 업무를 총괄한다.
⑧ 제1항부터 제7항까지에서 규정한 사항 외에 추진협의체의 구성에 필요한 사항은 추진협의체의 의결을 거쳐 추진협의체의 위원장이 정한다.

제9조의3(추진협의체의 운영) ① 추진협의체의 위원장은 추진협의체의 회의를 소집하고, 그 의장이 된다.
② 추진협의체의 회의는 재적위원 과반수의 출석으로 개의하고, 출석위원 과반수의 찬성으로 의결한다.
③ 추진협의체의 위원장은 그 업무를 수행하기 위하여 필요한 경우에는 관계 중앙행정기관의 장, 지방자치단체의 장, 연구기관, 단체 등에 서면으로 자료 또는 의견의 제출 등을 요청할 수 있으며, 관계 공무원 또는 전문가를 회의에 출석하게 하여 의견을 들을 수 있다.
④ 제1항부터 제3항까지에서 규정한 사항 외에 추진협의체의 운영에 필요한 사항은 추진협의체의 의결을 거쳐 위원장이 정한다.

제9조의4(실무협의체) ① 추진협의체에 상정할 안건에 관한 연구, 사전 검토 및 조정을 위하여 추진협의체에 실무협의체를 둘 수 있다.
② 제1항에 따른 실무협의체의 구성 및 운영 등에 필요한 사항은 추진협의체의 의결을 거쳐 추진협의체의 위원장이 정한다.

제10조(공역위원회의 구성) ① 법 제80조제1항에 따른 공역위원회(이하 "위원회"라 한다)는 위원장 1명과 부위원장 1명을 포함하여 15명 이내의 위원으로 구성한다.
② 위원회의 위원장은 국토교통부의 항공업무를 담당하는 고위공무원단에 속하는 일반직공무원 중 국토교통부장관이 지명하는 사람이 되고, 부위원장은 제3항제1호의 위원 중에서 위원장이 지명하는 사람이 된다.
③ 위원회의 위원은 다음 각 호의 사람이 된다.
  1. 외교부·국방부·산업통상자원부 및 국토교통부의 3급 국가공무원 또는 고위공무원단에 속하는 일반직 공무원(외교부의 경우에는 「외무공무원임용령」 제3조제2항제2호가목에 따른 직위에 재직 중인 외무공무원)이나 이에 상응하는 계급의 장교 중 해당 기관의 장이 지명하는 사람 각 1명
  2. 「대한민국과 아메리카합중국 간의 상호방위조약」 제4조에 따라 대한민국에 주둔하고 있는 미합중국 군대의 장교 중 제1호에 따른 장교에 상응하는 계급의 장교로서 주한미군사령관이 지명하는 사람 1명

항공안전법 (좌측단)

제6장 항공교통관리 등

제78조(공역 등의 지정) ① 국토교통부장관은 공역을 체계적이고 효율적으로 관리하기 위하여 필요하다고 인정할 때에는 비행정보구역을 다음 각 호의 공역으로 구분하여 지정·공고할 수 있다.
  1. 관제공역 : 항공교통의 안전을 위하여 항공기의 비행 순서·시기 및 방법 등에 관하여 제84조제1항에 따라 국토교통부장관 또는 항공교통업무증명을 받은 자의 지시를 받아야 할 필요가 있는 공역으로서 관제권 및 관제구를 포함하는 공역
  2. 비관제공역 : 관제공역 외의 공역으로서 항공기의 조종사에게 비행에 관한 조언·비행정보 등을 제공할 필요가 있는 공역
  3. 통제공역 : 항공교통의 안전을 위하여 항공기의 비행을 금지하거나 제한할 필요가 있는 공역
  4. 주의공역 : 항공기의 조종사가 비행 시 특별한 주의·경계·식별 등이 필요한 공역
② 국토교통부장관은 필요하다고 인정할 때에는 국토교통부령으로 정하는 바에 따라 제1항에 따른 공역을 세분하여 지정·공고할 수 있다.
③ 제1항 및 제2항에 따른 공역의 설정기준 및 지정절차 등 그 밖에 필요한 사항은 국토교통부령으로 정한다.

항공안전법 시행규칙

⑥ 항공운송사업자 또는 국외비행에 사용되는 비행기를 운영하는 자는 제1항제2호에 따라 항공기에 태우는 객실승무원에 대하여 다음 각 호의 사항에 관한 교육훈련계획을 수립하여 최초 교육 및 최초 교육을 받은 날부터 12개월마다 한번 이상 교육훈련을 실시하여야 한다. 다만, 제4호의 사항에 대해서는 최초 교육을 받은 날부터 24개월마다 한번 이상 교육훈련을 실시할 수 있다.
  1. 항공기 비상시의 경우 또는 비상탈출이 요구되는 경우의 조치사항
  2. 해당 항공기에 구비되는 별표 15에서 정한 구급용구 등 및 탈출대(Escape Slide)·비상구·산소장비·자동심장충격기(Automatic External Defibrillator)의 사용에 관한 사항
  3. 평균해면으로부터 3천미터 이상의 고도로 운항하는 비행기에서 근무하는 경우 항공기 내 산소결핍이 미치는 영향과 여압장치가 장착된 비행기에서의 객실의 압력손실로 인한 생리적 현상에 관한 사항
  4. 법 제70조제3항에 따라 국토교통부장관이 정하여 고시하는 위험물취급의 절차 및 방법에 관한 사항
  5. 항공기 비상시 승무원 각자의 임무 및 다른 승무원의 임무에 관한 사항
  6. 운항승무원과 객실승무원 간의 협조사항을 포함한 객실의 안전을 위한 인적수행능력(Human Performance)에 관한 사항

제219조(자격증명서와 항공신체검사증명서의 소지 등) 법 제76조제2항에 따른 자격증명서와 항공신체검사증명서의 소지 등의 대상자 및 그 준수사항은 다음 각 호와 같다.
  1. 운항승무원 : 해당 자격증명서 및 항공신체검사증명서를 지니거나 항공기 내의 접근하기 쉬운 곳에 보관하여야 한다.
  2. 항공교통관제사 : 자격증명서 및 항공신체검사증명서를 지니거나 항공업무를 수행하는 장소의 접근하기 쉬운 곳에 보관하여야 한다.
  3. 운항승무원 및 항공교통관제사가 아닌 항공정비사 및 운항관리사 : 해당 자격증명서를 지니거나 항공업무를 수행하는 장소의 접근하기 쉬운 곳에 보관하여야 한다.

제220조(안전운항을 위한 운항기술기준 등) 법 제77조제1항제9호에서 "국토교통부령으로 정하는 사항"이란 항공기(외국 국적을 가진 항공기를 포함한다)의 임대차 승인에 관한 사항을 말한다.

제6장 공역 및 항공교통업무 등

제221조(공역의 구분·관리 등) ① 법 제78조제2항에 따라 국토교통부장관이 세분하여 지정·공고하는 공역의 구분은 별표 23과 같다.
② 법 제78조제3항에 따른 공역의 설정기준은 다음 각 호와 같다.
  1. 국가안전보장과 항공안전을 고려할 것
  2. 항공교통에 관한 서비스의 제공 여부를 고려할 것
  3. 이용자의 편의에 적합하게 공역을 구분할 것
  4. 공역이 효율적이고 경제적으로 활용될 수 있을 것
③ 제1항에 따른 공역 지정 내용의 공고는 항공정보간행물 또는 항공고시보에 따른다.
④ 법 제78조제3항에 따라 공역 구분의 세부적인 설정기준과 지정절차, 항공기의 표준 출발·도착 및 접근 절차, 항공로 등의 설정에 필요한 세부 사항은 국토교통부장관이 정하여 고시한다.

[별표 23] 공역의 구분(제221조제1항 관련)
1. 제공하는 항공교통업무에 따른 구분

구 분		내 용
관제공역	A등급 공역	모든 항공기가 계기비행을 해야 하는 공역
	B등급 공역	계기비행 및 시계비행을 하는 항공기가 비행 가능하고, 모든 항공기에 분리를 포함한 항공교통관제업무가 제공되는 공역
	C등급 공역	모든 항공기에 항공교통관제업무가 제공되나, 시계비행을 하는 항공기 간에는 교통정보만 제공되는 공역

Chapter 01 항공법규

항공안전법

제79조(항공기의 비행제한 등) ① 제78조제1항에 따른 비관제공역 또는 주의공역에서 항공기를 운항하려는 사람은 그 공역에 대하여 국토교통부장관이 정하여 공고하는 비행의 방식 및 절차에 따라야 한다.
② 항공기를 운항하려는 사람은 제78조제1항에 따른 통제공역에서 비행해서는 아니 된다. 다만, 국토교통부령으로 정하는 바에 따라 국토교통부장관의 허가를 받아 그 공역에 대하여 국토교통부장관이 정하는 비행의 방식 및 절차에 따라 비행하는 경우에는 그러하지 아니하다.

제80조(공역위원회의 설치) ① 제78조에 따른 공역의 설정 및 관리에 필요한 사항을 심의하기 위하여 국토교통부장관 소속으로 공역위원회를 둔다.
② 제1항에서 규정한 사항 외에 공역위원회의 구성·운영 및 기능 등에 필요한 사항은 대통령령으로 정한다.

제81조(항공교통안전에 관한 관계 행정기관의 장의 협조) ① 국토교통부장관은 항공교통의 안전을 확보하기 위하여 다음 각 호의 사항에 관하여 관계 행정기관의 장과 상호 협조하여야 한다. 이 경우 국가안보를 고려하여야 한다.
  1. 항공교통관제에 관한 사항
  2. 효율적인 공역관리에 관한 사항
  3. 제83조의2에 따른 항공교통흐름 관리에 관한 사항
  4. 그 밖에 항공교통의 안전을 위하여 필요한 사항
② 제1항에 따른 협조 요청에 필요한 세부 사항은 대통령령으로 정한다.

제82조(전시 상황 등에서의 공역관리) 전시(戰時) 및 「통합방위법」에 따른 통합방위사태 선포 시의 공역관리에 관하여는 각각 전시 관계법 및 「통합방위법」에서 정하는 바에 따른다.

제83조(항공교통업무의 제공 등) ① 국토교통부장관 또는 항공교통업무증명을 받은 자는 비행장, 공항, 관제권 또는 관제구에서 항공기 또는 경량항공기등에 항공교통관제업무를 제공할 수 있다.
② 국토교통부장관 또는 항공교통업무증명을 받은 자는 비행정보구역에서 항공기 또는 경량항공기의 안전하고 효율적인 운항을 위하여 비행장, 공항 및 항행안전시설의 운용 상태 등 항공기 또는 경량항공기의 운항과 관련된 조언 및 정보를 조종사 또는 관련 기관 등에 제공할 수 있다.
③ 국토교통부장관 또는 항공교통업무증명을 받은 자는 비행정보구역에서 수색·구조가 필요한 항공기 또는 경량항공기에 관한 정보를 조종사 또는 관련 기관 등에 제공할 수 있다.

항공안전법 시행령

  3. 항공에 관한 학식과 경험이 풍부한 사람 중에서 국토교통부장관이 위촉하는 사람
④ 제3항제3호에 따른 위원의 임기는 2년으로 한다.

제11조(위원회의 기능) 위원회는 다음 각 호의 사항을 심의한다.
  1. 법 제78조제1항 각 호에 따른 관제공역(空域), 비관제공역, 통제공역 및 주의공역의 설정·조정 및 관리에 관한 사항
  2. 항공기의 비행 및 항공교통관제에 관한 중요한 절차와 규정의 제정 및 개정에 관한 사항
  3. 공역의 구조 및 관리에 중대한 영향을 미칠 수 있는 공항시설, 항공교통관제시설 및 항행안전시설의 신설·변경 및 폐쇄에 관한 사항
  4. 그 밖에 항공기가 공역과 공항시설, 항공교통관제시설 및 항행안전시설을 안전하고 효율적으로 이용하는 방안에 관한 사항

제12조(위원의 제척·기피·회피) ① 위원회의 위원이 다음 각 호의 어느 하나에 해당하는 경우에는 위원회의 심의·의결에서 제척(除斥)된다.
  1. 위원 또는 그 배우자나 배우자였던 사람이 해당 안건의 당사자(당사자가 법인·단체 등인 경우에는 그 임원을 포함한다. 이하 이 호 및 제2호에서 같다)가 되거나 그 안건의 당사자와 공동권리자 또는 공동의무자인 경우
  2. 위원이 해당 안건의 당사자와 친족이거나 친족이었던 경우
  3. 위원이 해당 안건에 대하여 증언, 진술, 자문, 연구, 용역 또는 감정을 한 경우
  4. 위원이나 위원이 속한 법인이 해당 안건의 당사자의 대리인이거나 대리인이었던 경우
② 해당 안건의 당사자는 위원에게 공정한 심의·의결을 기대하기 어려운 사정이 있는 경우에는 위원회에 기피 신청을 할 수 있고, 위원회는 의결로 이를 결정한다. 이 경우 기피 신청의 대상인 위원은 그 의결에 참여하지 못한다.
③ 위원이 제1항 각 호에 따른 제척 사유에 해당하는 경우에는 스스로 해당 안건의 심의·의결에서 회피(回避)하여야 한다.

제13조(위원의 해임 및 해촉) 국토교통부장관은 위원이 다음 각 호의 어느 하나에 해당하는 경우에는 해당 위원을 해촉(解囑)할 수 있다.
  1. 심신장애로 인하여 직무를 수행할 수 없게 된 경우
  2. 직무와 관련된 비위사실이 있는 경우
  3. 직무태만, 품위손상이나 그 밖의 사유로 인하여 위원으로 적합하지 아니하다고 인정되는 경우

항공안전법 시행규칙

비관제공역	D등급 공역	모든 항공기에 항공교통관제업무가 제공되나, 계기비행을 하는 항공기와 시계비행을 하는 항공기 및 시계비행을 하는 항공기 간에는 교통정보만 제공되는 공역
	E등급 공역	계기비행을 하는 항공기에 항공교통관제업무가 제공되고, 시계비행을 하는 항공기에 교통정보가 제공되는 공역
	F등급 공역	계기비행을 하는 항공기에 비행정보업무와 항공교통조언업무가 제공되고, 시계비행항공기에 비행정보업무가 제공되는 공역
	G등급 공역	모든 항공기에 비행정보업무만 제공되는 공역

2. 공역의 사용목적에 따른 구분

구분		내용
관제공역	관제권	「항공안전법」 제2조제25호에 따른 공역으로서 비행정보구역 내의 B, C 또는 D등급 공역 중에서 시계 및 계기비행을 하는 항공기에 대하여 항공교통관제업무를 제공하는 공역
	관제구	「항공안전법」 제2조제26호에 따른 공역(항공로 및 접근관제구역을 포함한다)으로서 비행정보구역 내의 A, B, C, D 및 E등급 공역에서 시계 및 계기비행을 하는 항공기에 대하여 항공교통관제업무를 제공하는 공역
	비행장교통구역	「항공안전법」 제2조제25호에 따른 공역 외의 공역으로서 비행정보구역 내의 D등급에서 시계비행을 하는 항공기 간에 교통정보를 제공하는 공역
비관제공역	조언구역	항공교통조언업무가 제공되도록 지정된 비관제공역
	정보구역	비행정보업무가 제공되도록 지정된 비관제공역
통제공역	비행금지구역	안전, 국방상, 그 밖의 이유로 항공기의 비행을 금지하는 공역
	비행제한구역	항공사격·대공사격 등으로 인한 위험으로부터 항공기의 안전을 보호하거나 그 밖의 이유로 비행허가를 받지 않은 항공기의 비행을 제한하는 공역
	초경량비행장치 비행제한구역	초경량비행장치의 비행안전을 확보하기 위하여 초경량비행장치의 비행활동에 대한 제한이 필요한 공역
주의공역	훈련구역	민간항공기의 훈련공역으로서 계기비행항공기로부터 분리를 유지할 필요가 있는 공역
	군작전구역	군사작전을 위하여 설정된 공역으로서 계기비행항공기로부터 분리를 유지할 필요가 있는 공역
	위험구역	항공기의 비행 시 항공기 또는 지상시설물에 대한 위험이 예상되는 공역
	경계구역	대규모 조종사의 훈련이나 비정상 형태의 항공활동이 수행되는 공역
	초경량비행장치 비행구역	초경량비행장치의 비행활동이 수행되는 공역으로 그 주변을 비행하는 자의 주의가 필요한 공역

제222조(통제공역에서의 비행허가) 법 제79조제2항 단서에 따라 통제공역에서 비행하려는 자는 별지 제84호서식의 통제공역 비행허가 신청서를 지방항공청장에게 제출하여야 한다. 다만, 비행 중인 경우에는 무선통신 등의 방법을 사용하여 지방항공청장에게 제출할 수 있다.

제223조(군 기관과의 협조) ① 영 제18조제1항에 따라 국토교통부장관, 지방항공청장 및 항공교통본부장은 민간항공기의 비행에 영향을 줄 수 있는 군용항공기등의 행위에 대하여 책임이 있는 군 기관과 긴밀한 협조를 유지하여야 한다.
② 국토교통부장관, 지방항공청장 및 항공교통본부장은 영 제18조제1항에 따라 민간항공기의 안전하고 신속한 비행을 위하여 항공기의 비행정보 등의 교환에 관한 합의서를 군 기관과 체결할 수 있다.
③ 국토교통부장관, 지방항공청장 및 항공교통본부장은 영 제18조제1항에 따라 민간항공기가 공격당할 위험이 있는 공역으로 접근하거나 진입한 경우 군 기관과 협조하여 항공기를 식별하고 공격을 회피할 수 있도록 유도하는 등 필요한 조치를 할 수 있는 절차를 수립하여야 한다.

제224조(항공기상기관과의 협조) ① 영 제18조제1항에 따라 국토교통부장관, 지방항공청장 및 항공교통본부장은 항공기의 운항에 필요한 최신의 기상정보를 항공기에 제공하기 위하여 항공기상에 관한 정보를 제공하는 기관(이하 "항공기상기관"이라 한다)과 다음 각 호의 사항을 협조하여야 한다.

Chapter 01 | 항공법규

항공안전법	항공안전법 시행령

항공안전법

④ 제1항부터 제3항까지의 규정에 따라 국토교통부장관 또는 항공교통업무증명을 받은 자가 하는 업무(이하 "항공교통업무"라 한다)의 제공 영역, 대상, 내용, 절차 등에 필요한 사항은 국토교통부령으로 정한다.

제83조의2(항공교통흐름 관리) ① 국토교통부장관은 항공교통의 수용량과 교통량 간에 균형을 이루도록 항공 교통량을 조정하고 항공교통의 혼잡을 사전에 해소하여 항공기의 안전하고 효율적인 운항이 유지되도록 항공교통흐름을 관리하여야 한다.
② 항공교통업무를 수행하는 기관, 항공운송사업자, 공항운영자 및 「항공사업법」 제2조제20호에 따른 항공기취급업자 등 항공기 운항과 관련이 있는 자는 제1항에 따른 항공교통흐름 관리에 적극 협조하여야 한다.
③ 제1항에 따른 항공교통흐름 관리에 필요한 사항은 국토교통부령으로 정한다.

제83조의3(항공교통데이터 수집·분석·평가시스템의 구축·운영 등) ① 국토교통부장관은 항공기의 안전하고 경제적·효율적인 운항을 지원하기 위하여 항공교통데이터를 수집·분석·평가하기 위한 시스템(이하 "항공교통데이터시스템"이라 한다)을 구축·운영할 수 있다.
② 국토교통부장관은 항공교통데이터시스템을 구축·운영하기 위하여 관계 행정기관, 「공공기관의 운영에 관한 법률」에 따른 공공기관에 항공교통데이터의 제출을 요청할 수 있다. 이 경우 항공교통데이터의 제출을 요청받은 관계 행정기관 등은 정당한 사유가 없으면 이에 따라야 한다.
③ 국토교통부장관은 항공교통데이터시스템의 운영을 대통령령으로 정하는 바에 따라 항공교통데이터 관련 전문기관에 위탁할 수 있다.
④ 국토교통부장관은 항공교통데이터시스템의 운영을 위하여 다음 각 호의 사항이 포함된 운영기준을 정하여 고시할 수 있다.
  1. 항공교통데이터의 수집·저장·분석 절차
  2. 항공교통데이터의 제공기관과 분석결과 공유의 방법 및 절차
  3. 그 밖에 항공교통데이터시스템 운영에 필요한 사항으로서 국토교통부령으로 정하는 사항

항공안전법 시행령

4. 제12조제1항 각 호의 어느 하나에 해당하는 데에도 불구하고 회피하지 아니한 경우
5. 위원 스스로 직무를 수행하는 것이 곤란하다고 의사를 밝히는 경우

제14조(위원장의 직무) ① 위원장은 위원회를 대표하며, 위원회의 업무를 총괄한다.
② 위원장이 부득이한 사유로 직무를 수행할 수 없을 때에는 부위원장이 그 직무를 대행하며, 위원장과 부위원장이 모두 부득이한 사유로 그 직무를 수행할 수 없을 때에는 위원장이 미리 지명한 위원이 그 직무를 대행한다.

제15조(회의) ① 위원장은 위원회의 회의를 소집하고, 그 의장이 된다.
② 위원회의 회의는 재적위원 과반수의 출석으로 개의하고, 출석위원 과반수의 찬성으로 의결한다.

제16조(간사) ① 위원회에 위원회의 사무를 처리할 간사 1명을 둔다.
② 간사는 국토교통부 소속 공무원 중에서 국토교통부장관이 지명한다.

제17조(운영세칙) 이 영에 규정한 것 외에 위원회의 운영에 필요한 사항은 위원회의 의결을 거쳐 위원장이 정한다.

제18조(항공교통안전의 협조 요청에 관한 사항) ① 국토교통부장관은 법 제81조제1항에 따라 항공교통의 안전을 확보하기 위하여 군 기관, 항공기상에 관한 정보를 제공하는 행정기관의 장 등에게 협조를 요청할 수 있다.
② 제1항에 따른 협조 요청의 방법 및 세부 사항은 국토교통부령으로 정한다.

제18조의2(항공교통데이터시스템 운영의 위탁) 국토교통부장관은 법 제83조의3제3항에 따라 같은 조 제1항에 따른 항공교통데이터시스템의 운영을 「항공안전기술원법」에 따른 항공안전기술원에 위탁한다.

항공안전법 시행규칙

1. 기상정보표출장치의 사용 외에 항공교통업무 종사자가 관측한 기상정보 또는 조종사가 보고한 기상정보의 통보에 관한 사항
2. 항공교통업무 종사자가 관측한 기상정보 또는 조종사가 보고한 기상정보가 비행장의 기상예보에 포함되지 않는 내용일 경우에는 그 기상정보의 통보에 관한 사항
3. 화산폭발 전 화산활동 정보, 화산폭발 및 화산재구름의 상황에 관한 정보의 통보에 관한 사항

② 영 제18조제1항에 따라 국토교통부장관, 지방항공청장 및 항공교통본부장은 화산재에 관한 정보가 있는 경우에는 항공고시보와 항공기상기관의 중요기상정보(SIGMET)가 서로 일치하도록 긴밀하게 협조하여야 한다.

제225조(항공교통관제업무의 한정 등) ① 법 제83조제1항에 따라 항공교통관제기관에서 항공교통관제업무를 수행하려는 사람은 국토교통부장관이 정하는 바에 따라 그 업무에 종사할 수 있는 항공교통관제업무의 한정을 받아야 한다. 다만, 다음 각 호의 어느 하나에 해당하는 경우에는 그러하지 아니하다.
   1. 해당 항공교통관제 업무의 한정을 받은 사람의 직접적인 감독을 받아 항공교통관제 업무를 수행하는 경우
   2. 제238조의 항공교통업무 우발계획에 따라 항공교통관제사가 항공교통관제업무를 수행하는 경우

② 제1항에 따른 항공교통관제업무의 한정을 받은 사람이 해당 항공교통관제기관에서 항공교통관제업무에 종사하지 아니한 날이 180일이 지날 경우에는 그 업무의 한정의 효력이 정지된 것으로 본다. 다만, 해당 항공교통관제업무에 관하여 국토교통부장관이 정하는 훈련을 받은 경우에는 그러하지 아니하다.

③ 제1항에 따른 항공교통관제업무의 한정에 관한 사항과 제2항 단서에 따른 교육훈련 및 항공기탑승훈련 등의 실시에 관한 세부기준 및 절차 등에 관하여 필요한 사항은 국토교통부장관이 정하여 고시한다.

제226조(항공교통관제업무의 대상 등) 법 제83조제1항에 따른 항공교통관제 업무의 대상이 되는 항공기는 다음 각 호와 같다.
   1. 별표 23 제1호에 따른 A, B, C, D 또는 E등급 공역 내를 계기비행방식으로 비행하는 항공기
   2. 별표 23 제1호에 따른 B, C 또는 D등급 공역 내를 시계비행방식으로 비행하는 항공기
   3. 특별시계비행방식으로 비행하는 항공기
   4. 관제비행장의 주변과 이동지역에서 비행하는 항공기

제227조(항공교통업무 제공 영역 등) ① 법 제83조제4항에 따른 항공교통업무의 제공 영역은 법 제83조제1항에 따른 비행장·공항 및 공역으로 한다.

② 법 제83조제4항에 따라 비행정보구역 내의 공해상(公海上)의 공역에 대한 항공교통업무의 제공은 항공기의 효율적인 운항을 위하여 국제민간항공기구에서 승인한 지역별 다자간협정(이하 "지역항행협정"이라 한다)에 따른다.

제228조(항공교통업무의 목적 등) ① 법 제83조제4항에 따른 항공교통업무는 다음 각 호의 사항을 주된 목적으로 한다.
   1. 항공기 간의 충돌 방지
   2. 기동지역 안에서 항공기와 장애물 간의 충돌 방지
   3. 항공교통흐름의 질서유지 및 촉진
   4. 항공기의 안전하고 효율적인 운항을 위하여 필요한 조언 및 정보의 제공
   5. 수색·구조를 필요로 하는 항공기에 대한 관계기관에의 정보 제공 및 협조

② 제1항에 따른 항공교통업무는 다음 각 호와 같이 구분한다.
   1. 항공교통관제업무 : 제1항제1호부터 제3호까지의 목적을 수행하기 위한 다음 각 목의 업무
      가. 접근관제업무 : 관제공역 안에서 이륙이나 착륙으로 연결되는 관제비행을 하는 항공기에 제공하는 항공교통관제업무
      나. 비행장관제업무 : 비행장 안의 기동지역 및 비행장 주위에서 비행하는 항공기에 제공하는 항공교통관제업무로서 접근관제업무 외의 항공교통관제업무(이동지역 내의 계류장에서 항공기에 대한 지상유도를 담당하는 계류장관제업무를 포함한다)
      다. 지역관제업무 : 관제공역 안에서 관제비행을 하는 항공기에 제공하는 항공교통관제업무로서 접근관제업무 및 비행장관제업무 외의 항공교통관제업무
   2. 비행정보업무 : 비행정보구역 안에서 비행하는 항공기에 대하여 제1항제4호의 목적을 수행하기 위하여 제공하는 업무
   3. 경보업무 : 제1항제5호의 목적을 수행하기 위하여 제공하는 업무

Chapter 01 | 항공법규

항공안전법 시행규칙

제229조(항공교통업무기관의 구분) 법 제83조제4항에 따른 항공교통업무기관은 다음 각 호와 같이 구분한다.
  1. 비행정보기관 : 비행정보구역 안에서 비행정보업무 및 경보업무를 제공하는 기관
  2. 항공교통관제기관 : 관제구·관제권 및 관제비행장에서 항공교통관제업무, 비행정보업무 및 경보업무를 제공하는 기관

제230조(항공교통관제업무의 수행) ① 항공교통관제기관은 다음 각 호의 항공교통관제업무를 수행한다.
  1. 항공기의 이동예정 정보, 실제 이동사항 및 변경 정보 등의 접수
  2. 접수한 정보에 따른 각각의 항공기 위치 확인
  3. 관제하고 있는 항공기 간의 충돌 방지와 항공교통흐름의 촉진 및 질서유지를 위한 허가와 정보 제공
  4. 관제하고 있는 항공기와 다른 항공교통관제기관이 관제하고 있는 항공기 간에 충돌이 예상되는 경우에 또는 다른 항공교통관제기관으로 항공기의 관제를 이양하기 전에 그 기관의 필요한 관제허가에 대한 협조
② 항공교통관제업무를 수행하는 자는 항공기 간의 적절한 분리와 효율적인 항공교통흐름의 유지를 위하여 관제하는 항공기에 대한 지시사항과 그 항공기의 이동에 관한 정보를 기록하여야 한다.
③ 항공교통관제기관은 다음 각 호에 따른 항공기 간의 분리가 유지될 수 있도록 항공교통관제허가를 하여야 한다.
  1. 별표 23 제1호에 따른 A 또는 B등급 공역 내에서 비행하는 항공기
  2. 별표 23 제1호에 따른 C, D 또는 E등급 공역 내에서 계기비행방식으로 비행하는 항공기
  3. 별표 23 제1호에 따른 C등급 공역 내에서 계기비행방식으로 비행하는 항공기와 시계비행방식으로 비행하는 항공기
  4. 관제권 안에서 특별시계비행방식으로 비행하는 항공기와 계기비행방식으로 비행하는 항공기
  5. 관제권 안에서 특별시계비행방식으로 비행하는 항공기
④ 항공교통관제기관이 제3항에 따라 항공기 간의 분리를 위한 관제를 하는 경우에는 수직적·종적·횡적 및 혼합분리방법으로 관제한다. 이 경우 혼합분리방법으로 관제업무를 수행하는 경우에는 지역항행협정을 따를 수 있다.
⑤ 제1항부터 제4항까지의 규정에 따른 항공교통관제업무의 내용, 방법, 절차 및 항공기 간 분리최저치(최소 분리 간격) 등에 관하여 필요한 세부 사항은 국토교통부장관이 정하여 고시한다.

제231조(항공기에 대한 관제책임 등) ① 법 제83조제4항에 따라 관제를 받는 항공기는 항상 하나의 항공교통관제기관이 관제를 제공하여야 한다.
② 관제공역 내에서 비행하는 모든 항공기에 대한 관제책임은 제1항에 따라 그 관제공역을 관할하는 항공교통관제기관에 있다. 다만, 관련되는 다른 항공교통관제기관과 관제책임에 관하여 다른 합의가 있는 경우에 그에 따른다.

제232조(항공교통업무기관과 항공기 소유자등 간의 협의 등) ① 항공교통업무기관은 법 제83조제4항에 따라 「국제민간항공협약」 부속서 6에서 정한 항공기 소유자등의 준수사항 등을 고려하여 항공교통업무를 수행하여야 한다.
② 항공교통업무기관은 다른 항공교통업무기관이나 항공기 소유자등으로부터 받은 항공기 안전운항에 관한 정보(위치보고를 포함한다)를 항공기 소유자등이 요구하는 경우 항공기 소유자등과 협의하여 해당 정보를 신속히 제공하여야 한다.

제233조(잠재적 위험활동에 관한 협의) ① 법 제83조제4항에 따라 항공교통업무기관은 민간항공기에 대한 위험을 회피하고 정상적인 운항의 간섭을 최소화할 수 있도록 민간항공기의 운항에 위험을 줄 수 있는 행위(이하 "잠재적 위험활동"이라 한다)에 대한 계획을 관련된 관할 항공교통업무기관과 협의하여야 한다.
② 제1항에 따라 잠재적 위험활동에 관한 계획에 대하여 협의할 때에는 그 잠재적 위험활동에 관한 정보를 「국제민간항공협약」 부속서 15에 따른 시기에 공고할 수 있도록 사전에 협의하여야 한다.
③ 관할 항공교통업무기관은 제2항에 따라 잠재적 위험활동에 관한 계획에 대하여 협의를 완료한 경우에는 그 잠재적 위험활동에 관한 정보를 항공고시보 또는 항공정보간행물에 공고하여야 한다.
④ 제2항에 따른 잠재적 위험활동에 관한 계획을 수립하는 경우에는 다음 각 호의 기준에 따라야 한다.
  1. 잠재적 위험활동의 구역, 횟수 및 기간은 가능한 한 항공로의 폐쇄·변경, 경제고도의 봉쇄 또는 정기적으로 운항하는 항공기의 운항 지연 등이 발생되지 않도록 설정할 것
  2. 잠재적 위험활동에 사용되는 공역의 규모는 가능한 한 작게 할 것
  3. 민간항공기의 비상상황이나 그 밖에 예측할 수 없는 상황으로 인하여 위험활동을 중지시켜야 할 경우에 대비하여 관할 항공교통업무기관과 직통통신망을 설치할 것

항공안전법 시행규칙

⑤ 항공교통업무기관은 잠재적 위험활동이 지속적으로 발생하여 관계기관 간에 잠재적 위험활동에 관한 지속적인 협의가 필요하다고 인정되는 경우에는 관계기관과 그에 관한 사항을 협의하기 위한 협의회를 설치·운영할 수 있다.

제234조(비상항공기에 대한 지원) ① 항공교통업무기관은 법 제83조제4항에 따라 비상상황(불법간섭 행위를 포함한다)에 처하여 있거나 처하여 있다고 의심되는 항공기에 대해서는 그 상황을 최대한 고려하여 우선권을 부여하여야 한다.
② 제1항에 따라 항공교통업무기관은 불법간섭을 받고 있는 항공기로부터 지원요청을 받은 경우에는 신속하게 이에 응하고, 비행안전과 관련한 정보를 지속적으로 송신하며, 항공기의 착륙단계를 포함한 모든 비행단계에서 필요한 조치를 신속하게 하여야 한다.
③ 제1항에 따라 항공교통업무기관은 항공기가 불법간섭을 받고 있음을 안 경우 그 항공기의 조종사에게 불법간섭 행위에 관한 사항을 무선통신으로 질문해서는 아니 된다. 다만, 해당 항공기의 조종사가 무선통신을 통한 질문이 불법간섭을 악화시키지 아니한다고 사전에 통보한 경우에는 그러하지 아니하다.
④ 제1항에 따라 항공교통업무기관은 비상상황에 처하여 있거나 처하여 있다고 의심되는 항공기와 통신하는 경우에는 그 비상상황으로 인하여 긴급하게 업무를 수행하여야 하는 조종사의 업무 환경 및 심리상태 등을 고려하여야 한다.

제235조(우발상황에 대한 조치) 법 제83조제4항에 따라 항공교통업무기관은 표류항공기(계획된 비행로를 이탈하거나 위치보고를 하지 아니한 항공기를 말한다. 이하 같다) 또는 미식별항공기(해당 공역을 비행 중이라고 보고하였으나 식별되지 아니한 항공기를 말한다. 이하 같다)를 인지한 경우에는 다음 각 호의 구분에 따른 신속한 조치를 하여야 한다.
1. 표류항공기의 경우
    가. 표류항공기와 양방향 통신을 시도할 것
    나. 모든 가능한 방법을 활용하여 표류항공기의 위치를 파악할 것
    다. 표류하고 있을 것으로 추정되는 지역의 관할 항공교통업무기관에 그 사실을 통보할 것
    라. 관련되는 군 기관이 있는 경우에는 표류항공기의 비행계획 및 관련 정보를 그 군 기관에 통보할 것
    마. 다목 및 라목에 따른 기관과 비행 중인 다른 항공기에 대하여 표류항공기와의 교신 및 표류항공기의 위치결정에 필요한 사항에 관하여 지원요청을 할 것
    바. 표류항공기의 위치가 확인되는 경우에는 그 항공기에 대하여 위치를 통보하고, 항공로에 복귀할 것을 지시하며, 필요한 경우 관할 항공교통업무기관 및 군 기관에 해당 정보를 통보할 것
2. 미식별항공기의 경우
    가. 미식별항공기의 식별에 필요한 조치를 시도할 것
    나. 미식별항공기와 양방향 통신을 시도할 것
    다. 다른 항공교통업무기관에 대하여 미식별항공기에 대한 정보를 문의하고 그 항공기와의 교신을 위한 협조를 요청할 것
    라. 해당 지역의 다른 항공기로부터 미식별항공기에 대한 정보 입수를 시도할 것
    마. 미식별항공기가 식별된 경우로서 필요한 경우에는 관련 군 기관에 해당 정보를 신속히 통보할 것

제236조(민간항공기의 요격에 대한 조치) ① 항공교통업무기관은 법 제83조제4항에 따라 관할 공역 내의 항공기에 대한 요격을 인지한 경우에는 다음 각 호에 따라 조치하여야 한다.
1. 항공비상주파수(121.5㎒) 또는 그 밖의 가능한 주파수를 사용하여 피요격항공기와의 양방향 통신을 시도할 것
2. 피요격항공기의 조종사에게 요격 사실을 통보할 것
3. 요격항공기와 통신을 유지하고 있는 요격통제기관에 피요격항공기에 관한 정보를 제공할 것
4. 필요하면 피요격항공기와 요격항공기 또는 요격통제기관 간의 의사소통을 중개할 것
5. 요격통제기관과 긴밀히 협조하여 피요격항공기의 안전 확보에 필요한 조치를 할 것
6. 피요격항공기가 인접 비행정보구역으로부터 표류된 것으로 판단되는 경우에는 인접 비행정보구역을 관할하는 항공교통업무기관에 그 상황을 통보할 것

② 법 제83조제4항에 따라 항공교통업무기관은 관할 공역 밖에서 피요격항공기를 인지한 경우에는 다음 각 호에 따라 조치하여야 한다.
1. 요격이 이루어지고 있는 공역을 관할하는 항공교통업무기관에 그 상황을 통보하고, 항공기의 식별을 위한 모든 정보를 제공할 것

Chapter 01 항공법규

> ## 항공안전법 시행규칙

　　2. 피요격항공기와 관할 항공교통업무기관, 요격항공기 또는 요격통제기관 간의 의사소통을 중개할 것
　③ 국토교통부장관은 민간항공기에 요격행위가 발생되는 것을 예방하기 위하여 비행계획, 양방향 무선통신 및 위치보고가 요구되는 관제구·관제권 및 항공로를 지정·관리하여야 한다.

제237조(언어능력 등) ① 항공교통관제사는 법 제83조제4항에 따른 항공교통업무를 수행하기 위하여 국토교통부장관이 정한 무선통신에 사용되는 언어를 말하고 이해할 수 있어야 한다.
　② 항공교통관제기관 상호간에는 영어를 사용하여야 한다. 다만, 관련 항공교통관제기관 간 언어 사용에 관하여 다른 합의가 있는 경우에는 그에 따른다.

제238조(우발계획의 수립·시행) ① 국토교통부장관은 법 제83조제4항에 따라 항공교통업무 및 관련 지원업무가 예상할 수 없는 사유로 중단되는 경우를 대비하여 항공교통업무 우발계획의 수립기준을 정하여 고시하여야 한다.
　② 항공교통업무기관의 장은 제1항에 따른 수립기준에 적합하게 관할 공역 내의 항공교통업무 우발계획을 수립·시행하여야 한다.

제239조(항공교통흐름의 관리 등) 〈삭제〉

제240조(비행정보업무의 수행 등) ① 법 제83조제4항에 따라 제228조제2항제2호에 따른 비행정보업무는 항공교통업무의 대상이 되는 모든 항공기에 대하여 수행한다.
　② 같은 항공교통업무기관에서 항공교통관제업무와 비행정보업무를 함께 수행하는 경우에는 항공교통관제업무를 우선 수행하여야 한다.

제241조(비행정보의 제공) ① 법 제83조제4항에 따라 항공교통업무기관에서 항공기에 제공하는 비행정보는 다음 각 호와 같다. 다만, 제8호의 정보는 시계비행방식으로 비행 중인 항공기가 시계비행방식의 비행을 유지할 수 없을 경우에 제공한다.
　　1. 중요기상정보(SIGMET) 및 저고도항공기상정보(AIRMET)
　　2. 화산활동·화산폭발·화산재에 관한 정보
　　3. 방사능물질이나 독성화학물질의 대기 중 유포에 관한 사항
　　4. 항행안전시설의 운영 변경에 관한 정보
　　5. 이동지역 내의 눈·결빙·침수에 관한 정보
　　6. 「공항시설법」 제2조제8호에 따른 비행장시설의 변경에 관한 정보
　　7. 무인자유기구에 관한 정보
　　8. 해당 비행경로 주변의 교통정보 및 기상상태에 관한 정보
　　9. 출발·목적·교체비행장의 기상상태 또는 그 예보
　　10. 별표 23에 따른 공역등급 C, D, E, F 및 G 공역 내에서 비행하는 항공기에 대한 충돌위험
　　11. 수면을 항해 중인 선박의 호출부호, 위치, 진행방향, 속도 등에 관한 정보(정보 입수가 가능한 경우만 해당한다)
　　12. 그 밖에 항공안전에 영향을 미치는 사항
　② 항공교통업무기관은 법 제83조제4항에 따라 특별항공기상보고(Special air reports)를 접수한 경우에는 이를 다른 관련 항공기, 기상대 및 다른 항공교통업무기관에 가능한 한 신속하게 전파하여야 한다.
　③ 이 규칙에서 정한 것 외에 항공교통업무기관에서 제공하는 비행정보 및 비행정보의 제공방법, 제공절차 등에 관하여 필요한 사항은 국토교통부장관이 정하여 고시한다.

제242조(경보업무의 수행) 제228조제2항제3호에 따른 경보업무는 다음 각 호의 항공기에 대하여 수행한다.
　　1. 법 제83조제4항에 따른 항공교통업무의 대상이 되는 항공기
　　2. 항공교통업무기관에 비행계획을 제출한 모든 항공기
　　3. 테러 등 불법간섭을 받는 것으로 인지된 항공기

제243조(경보업무의 수행절차 등) ① 항공교통업무기관은 법 제83조제4항에 따라 항공기가 다음 각 호의 구분에 따른 비상상황에 처한 사실을 알았을 때에는 지체 없이 수색·구조업무를 수행하는 기관에 통보하여야 한다.

항공안전법 시행규칙

1. 불확실상황(Uncertainly phase)
   가. 항공기로부터 연락이 있어야 할 시간 또는 그 항공기와의 첫 번째 교신시도에 실패한 시간 중 더 이른 시간부터 30분 이내에 연락이 없을 경우
   나. 항공기가 마지막으로 통보한 도착 예정시간 또는 항공교통업무기관이 예상한 도착 예정시간 중 더 늦은 시간부터 30분 이내에 도착하지 아니할 경우. 다만, 항공기 및 탑승객의 안전이 의심되지 않는 경우는 제외한다.
2. 경보상황(Alert phase)
   가. 불확실상황에서의 항공기와의 교신시도 또는 관계 부서의 조회로도 해당 항공기의 위치를 확인하기 곤란한 경우
   나. 항공기가 착륙허가를 받고도 착륙 예정시간부터 5분 이내에 착륙하지 아니한 상태에서 그 항공기와의 무선교신이 되지 아니할 경우
   다. 항공기의 비행능력이 상실되었으나 불시착할 가능성이 없음을 나타내는 정보를 입수한 경우. 다만, 항공기 및 탑승자의 안전에 우려가 없다는 명백한 증거가 있는 경우는 제외한다.
   라. 항공기가 테러 등 불법간섭을 받는 것으로 인지된 경우
3. 조난상황(Distress phase)
   가. 경보상황에서 항공기와의 교신시도를 실패하고, 여러 관계 부서와의 조회 결과 항공기가 조난당하였을 가능성이 있는 경우
   나. 항공기 탑재연료가 고갈되어 항공기의 안전을 유지하기가 곤란한 경우
   다. 항공기의 비행능력이 상실되어 불시착하였을 가능성이 있음을 나타내는 정보가 입수되는 경우
   라. 항공기가 불시착 중이거나 불시착하였다는 정보사항이 정확한 정보로 판단되는 경우. 다만, 항공기 및 탑승자가 중대하고 긴박한 위험에 처하여 있지 아니하며, 긴급한 도움이 필요하지 아니하다는 명백한 증거가 있는 경우는 제외한다.

② 항공교통업무기관은 제1항에 따른 경보업무를 수행할 때에는 가능한 한 다음 각 호의 사항을 수색·구조업무를 수행하는 기관에 통보하여야 한다.
   1. 불확실상황(INCERFA/Uncertainly phase), 경보상황(ALERFA/Alert phase) 또는 조난상황(DETRESFA /Distress phase)의 비상상황별 용어
   2. 통보하는 기관의 명칭 및 통보자의 성명
   3. 비상상황의 내용
   4. 비행계획의 중요 사항
   5. 최종 교신 관제기관, 시간 및 사용주파수
   6. 최종 위치보고 지점
   7. 항공기의 색상 및 특징
   8. 위험물의 탑재사항
   9. 통보기관의 조치사항
   10. 그 밖에 수색·구조 활동에 참고가 될 사항

③ 항공교통업무기관은 제2항에 따라 비상상황을 통보한 후에도 비상상황과 관련된 조사를 계속하여야 하며, 비상상황이 악화되면 그에 관한 정보를, 비상상황이 종료되면 그 종료 사실을 수색 및 구조업무를 수행하는 기관에 지체 없이 통보하여야 한다.

④ 항공교통업무기관은 필요한 경우 비상상황에 처한 항공기와 무선교신을 시도하는 등 이용할 수 있는 모든 통신시설을 이용하여 해당 항공기에 대한 정보를 획득하기 위하여 노력하여야 한다.

제244조(항공기의 소유자등에 대한 통보) 법 제83조제4항에 따라 항공교통업무기관은 항공기가 제243조제1항에 따른 불확실상황 또는 경보상황에 처하였다고 판단되는 경우에는 해당 항공기의 소유자등에게 그 사실을 통보하여야 한다. 이 경우 통보사항에는 가능한 한 제243조제2항 각 호의 사항을 포함하여야 한다.

제245조(비상항공기의 주변에서 운항하는 항공기에 대한 통보) 법 제83조제4항에 따라 항공교통업무기관은 항공기가 제243조제1항에 따른 비상상황에 처하였다고 판단되는 경우에는 그 항공기의 주변에서 비행하고 있는 다른 항공기에 대하여 가능한 한 신속하게 비상상황이 있다는 사실을 알려 주어야 한다.

제246조(항공교통업무에 필요한 정보 등) ① 항공교통업무기관은 법 제83조제4항에 따라 항공기에 대하여 최신의 기상상태 및 기상예보에 관한 정보를 제공할 수 있어야 한다.

Chapter 01 | 항공법규

항공안전법	항공안전법 시행령

제84조(항공교통관제 업무 지시의 준수) ① 비행장, 공항, 관제권 또는 관제구에서 항공기를 이동·이륙·착륙시키거나 비행하려는 자는 국토교통부장관 또는 항공교통업무증명을 받은 자가 지시하는 이동·이륙·착륙의 순서 및 시기와 비행의 방법에 따라야 한다.
② 비행장 또는 공항의 이동지역에서 차량의 운행, 비행장 또는 공항의 유지·보수, 그 밖의 업무를 수행하는 자는 항공교통의 안전을 위하여 국토교통부장관 또는 항공교통업무증명을 받은 자의 지시에 따라야 한다.

제85조(항공교통업무증명 등) ① 국토교통부장관 외의 자가 항공교통업무를 제공하려는 경우에는 국토교통부령으로 정하는 바에 따라 항공교통업무를 제공할 수 있는 체계(이하 "항공교통업무제공체계"라 한다)를 갖추어 국토교통부장관의 항공교통업무증명을 받아야 한다.
② 국토교통부장관은 항공교통업무증명에 필요한 인력·시설·장비, 항공교통업무규정에 관한 요건 및 항공교통업무증명절차 등(이하 "항공교통업무증명기준"이라 한다)을 정하여 고시하여야 한다.
③ 국토교통부장관은 항공교통업무증명을 할 때에는 항공교통업무증명기준에 적합한지를 검사하여 적합하다고 인정되는 경우에는 국토교통부령으로 정하는 바에 따라 항공교통업무증명서를 발급하여야 한다.
④ 항공교통업무증명을 받은 자는 항공교통업무증명을 받았을 때의 항공교통업무제공체계를 유지하여야 하며, 항공교통업무증명기준을 준수하여야 한다.
⑤ 항공교통업무증명을 받은 자는 항공교통업무제공체계를 변경하려는 경우 국토교통부령으로 정하는 바에 따라 국토교통부장관에게 신고하여야 한다. 다만, 제2항에 따른 항공교통업무규정 등 국토교통부령으로 정하는 중요사항을 변경하려는 경우에는 국토교통부장관의 승인을 받아야 한다.
⑥ 제5항 본문에 따른 변경신고가 신고서의 기재사항 및 첨부서류에 흠이 없고, 법령 등에 규정된 형식상의 요건을 충족하는 경우에는 신고서가 접수기관에 도달된 때에 신고 의무가 이행된 것으로 본다.
⑦ 국토교통부장관은 항공교통업무증명기준이 변경되어 항공교통업무증명을 받은 자의 항공교통업무제공체계가 변경된 항공교통업무증명기준에 적합하지 아니하게 된 경우 변경된 항공교통업무증명기준을 따르도록 명할 수 있다.
⑧ 국토교통부장관은 항공교통업무증명을 받은 자가 항공교통업무제공체계를 계속적으로 유지하고 있는지를 정기 또는 수시로 검사할 수 있다.

항공안전법 시행규칙

② 항공교통업무기관은 법 제83조제4항에 따라 비행장 주변에 관한 정보, 항공기의 이륙상승 및 강하지역에 관한 정보, 접근관제지역 내의 돌풍 등 항공기 운항에 지장을 주는 기상현상의 종류, 위치, 수직 범위, 이동방향, 속도 등에 관한 상세한 정보를 항공기에 제공할 수 있도록 관계 기상관측기관·항공운송사업자 등과 긴밀한 협조체제를 유지하여야 한다.

③ 항공교통업무기관은 법 제83조제4항에 따라 항공교통의 안전 확보를 위하여 비행장설치자, 항행안전시설관리자, 무인자유기구의 운영자, 방사능·독성 물질의 제조자·사용자와 협의하여 다음 각 호의 소관사항을 지체 없이 통보받을 수 있도록 조치하여야 한다.

1. 비행장 내 기동지역에서의 항공기 이륙·착륙에 지장을 주는 시설물 또는 장애물의 설치·운영 상태에 관한 사항
2. 항공기의 지상이동, 이륙, 접근 및 착륙에 필요한 항공등화 등 항행안전시설의 운영 상태에 관한 사항
3. 무인자유기구의 비행에 관한 사항
4. 관할 구역 내의 비행로에 영향을 줄 수 있는 폭발 전 화산활동, 화산폭발 및 화산재에 관한 사항
5. 관할 공역에 영향을 미치는 방사선물질 또는 독성화학물질의 대기 방출에 관한 사항
6. 그 밖에 항공교통의 안전에 지장을 주는 사항

제246조의2(항공교통흐름의 관리 등) ① 항공교통본부장은 법 제83조의2제1항에 따른 항공교통흐름 관리 업무를 효율적으로 수행하기 위하여 항공교통흐름 관련 정보제공 및 관리를 위한 시스템을 구축·운영해야 한다.

② 항공교통본부장은 다음 각 호의 사유가 발생한 때에는 대체 비행경로 안내 및 고도 제한 등 국토교통부장관이 정하여 고시하는 항공교통흐름 관리를 위한 조치를 해야 한다.

1. 국가안보위기, 자연재해, 시설 및 장비 장애 등 비정상상황의 발생으로 인한 경우로서 다음 각 목의 어느 하나에 해당하는 경우
   가. 공항 및 공역에 즉각적인 항공기 통제가 필요한 경우
   나. 항공교통량이 수용능력을 초과하거나 초과할 것으로 예상되는 경우
2. 인접국의 교통량 제한 또는 공항 및 공역의 교통량 증가로 인하여 원활한 항공교통흐름 및 질서유지에 장애가 발생하거나 발생할 것으로 예상되는 경우
3. 그 밖에 항공교통본부장이 항공교통량 조정이 필요하다고 판단하는 경우

③ 항공교통관제기관은 제2항 각 호에 따른 사유가 발생하여 항공교통량 조정이 필요하다고 판단하는 경우에는 항공교통본부장에게 항공교통흐름 관리를 위한 조치를 요청할 수 있다.

④ 제1항부터 제3항까지에서 규정한 사항 외에 항공교통흐름 관리에 필요한 사항은 국토교통부장관이 정하여 고시한다.

제247조(항공안전 관련 정보의 복창) ① 항공기의 조종사는 법 제84조제1항에 따라 관할 항공교통관제기관에서 음성으로 전달된 항공안전 관련 항공교통관제의 허가 또는 지시사항을 복창하여야 한다. 이 경우 다음 각 호의 사항은 반드시 복창하여야 한다.

1. 항공로의 허가사항
2. 활주로의 진입, 착륙, 이륙, 대기, 횡단 및 역방향 주행에 대한 허가 또는 지시사항
3. 사용 활주로, 고도계 수정치, 2차 감시 항공교통관제 레이더용 트랜스폰더(Mode 3/A 및 Mode C SSR transponder)의 배정부호, 고도지시, 기수지시, 속도지시 및 전이고도

② 항공기의 조종사는 제1항에 따른 관할 항공교통관제기관의 허가 또는 지시사항을 이해하고 있고 그에 따르겠다는 것을 명확한 방법으로 복창하거나 응답하여야 한다.

③ 관할 항공교통관제기관의 항공교통관제사는 제1항에 따른 항공교통관제의 허가 또는 지시사항에 대하여 항공기의 조종사가 정확하게 인지했는지 확인하기 위하여 복창을 경청해야 하며, 그 복창에 틀린 사항이 있을 때에는 즉시 시정조치를 해야 한다.

④ 제1항을 적용할 때에 관할 항공교통관제기관에서 달리 정하고 있지 아니하면 항공교통관제사와 조종사간 데이터통신(CPDLC)에 의하여 항공교통관제의 허가 또는 지시사항이 전달되는 경우에는 음성으로 복창을 하지 않을 수 있다.

제248조(비행장 내에서의 사람 및 차량에 대한 통제 등) ① 법 제84조제2항에 따라 관할 항공교통관제기관은 지상이동 중이거나 이륙·착륙 중인 항공기에 대한 안전을 확보하기 위하여 비행장의 기동지역 내를 이동하는 사람 또는 차량을 통제해야 한다.

Chapter 01 항공법규

항공안전법

⑨ 국토교통부장관은 제8항에 따른 검사 결과 항공교통 안전에 위험을 초래할 수 있는 사항이 발견되었을 때에는 국토교통부령으로 정하는 바에 따라 시정조치를 명할 수 있다.

제86조(항공교통업무증명의 취소 등) ① 국토교통부장관은 항공교통업무증명을 받은 자가 다음 각 호의 어느 하나에 해당하는 경우에는 항공교통업무증명을 취소하거나 6개월 이내의 기간을 정하여 항공교통업무 제공의 정지를 명할 수 있다. 다만, 제1호 또는 제8호에 해당하는 경우에는 항공교통업무증명을 취소하여야 한다.
  1. 거짓이나 그 밖의 부정한 방법으로 항공교통업무증명을 받은 경우
  2. 제58조제2항을 위반하여 다음 각 목의 어느 하나에 해당하는 경우
     가. 항공교통업무 제공을 시작하기 전까지 항공안전관리시스템을 마련하지 아니한 경우
     나. 승인을 받지 아니하고 항공안전관리시스템을 운용한 경우
     다. 항공안전관리시스템을 승인받은 내용과 다르게 운용한 경우
     라. 승인을 받지 아니하고 국토교통부령으로 정하는 중요사항을 변경한 경우
  3. 제85조제4항을 위반하여 항공교통업무제공체계를 계속적으로 유지하지 아니하거나 항공교통업무증명기준을 준수하지 아니하고 항공교통업무를 제공한 경우
  4. 제85조제5항을 위반하여 신고를 하지 아니하거나 승인을 받지 아니하고 항공교통업무제공체계를 변경한 경우
  5. 제85조제7항을 위반하여 변경된 항공교통업무증명기준에 따르도록 한 명령에 따르지 아니한 경우
  6. 제85조제9항에 따른 시정조치 명령을 이행하지 아니한 경우
  7. 고의 또는 중대한 과실로 항공기사고를 발생시키거나 소속 항공종사자에 대하여 관리·감독하는 상당한 주의의무를 게을리하여 항공기사고가 발생한 경우
  8. 이 조에 따른 항공교통업무 제공의 정지기간에 항공교통업무를 제공한 경우

② 제1항에 따른 처분의 세부기준 등 그 밖에 필요한 사항은 국토교통부령으로 정한다.

항공안전법 시행령

② 법 제84조제2항에 따라 관할 항공교통관제기관은 저시정(식별 가능 최대 거리가 짧은 것을 말한다) 기상상태에서 제2종(Category II) 또는 제3종(Category III)의 정밀계기운항이 진행 중일 때에는 계기착륙시설(ILS)의 방위각제공시설(Localizer) 및 활공각제공시설(Glide Slope)의 전파를 보호하기 위하여 기동지역을 이동하는 사람 및 차량에 대하여 제한을 해야 한다.
③ 법 제84조제2항에 따라 관할 항공교통관제기관은 조난항공기의 구조를 위하여 이동하는 비상차량에 우선권을 부여해야 한다. 이 경우 차량과 지상이동 하는 항공기 간의 분리최저치는 지방항공청장이 정하는 바에 따른다.
④ 제2항에 따라 비행장의 기동지역 내를 이동하는 차량의 운전자는 다음 각 호의 사항을 준수해야 한다. 다만, 관할 항공교통관제기관의 다른 지시가 있는 경우에는 그 지시를 우선적으로 준수해야 한다.
   1. 지상이동·이륙·착륙 중인 항공기에 진로를 양보할 것
   2. 차량의 운전자는 항공기를 견인하는 차량에 진로를 양보할 것
   3. 차량의 운전자는 관제지시에 따라 이동 중인 다른 차량에 진로를 양보할 것
⑤ 비행장의 기동지역 내를 이동하는 사람이나 차량의 운전자는 제1항 및 제2항에 따라 관할 항공교통관제기관에서 음성으로 전달되는 항공안전 관련 지시사항을 이해하고 있고 그에 따르겠다는 것을 명확한 방법으로 복창하거나 응답해야 한다.
⑥ 관할 항공교통관제기관의 항공교통관제사는 제5항에 따른 항공안전 관련 지시사항에 대하여 비행장의 기동지역 내를 이동하는 사람이나 차량의 운전자가 정확하게 인지했는지를 확인하기 위하여 복창을 경청해야 하며, 그 복창에 틀린 사항이 있을 때는 즉시 시정조치를 해야 한다.
⑦ 법 제84조제2항에 따라 비행장 내의 이동지역에 출입하는 사람 또는 차량(건설기계 및 장비를 포함한다)의 관리·통제 및 안전관리 등에 대한 세부 사항은 국토교통부장관이 정하여 고시한다.

제249조(항공교통업무증명의 신청) ① 법 제85조제1항에 따라 항공교통업무증명을 받으려는 자는 별지 제85호서식의 항공교통업무증명 신청서에 항공교통업무규정을 첨부하여 국토교통부장관에게 제출하여야 한다.
② 제1항에 따른 항공교통업무규정에는 다음 각 호의 사항을 적어야 한다.
   1. 수행하려는 항공교통업무의 범위
   2. 운영인력 및 시설·장비 현황
   3. 항공교통업무 수행을 위하여 필요한 규정 및 절차
   4. 그 밖에 국토교통부장관이 정하여 고시하는 사항

제250조(항공교통업무증명의 발급) ① 국토교통부장관은 제249조제1항에 따른 항공교통업무증명 신청서를 접수받은 경우에는 법 제85조제1항에 따라 항공교통업무를 제공할 수 있는 체계(이하 "항공교통업무제공체계"라 한다)가 법 제85조제2항에 따른 항공교통업무증명기준(이하 "항공교통업무증명기준"이라 한다)에 적합한지의 여부를 검사하여 적합하다고 인정하면 항공교통업무증명 신청자에게 별지 제86호서식의 항공교통업무증명서를 발급하여야 한다.
② 국토교통부장관은 소속 공무원 또는 법 제35조제7호에 따른 항공교통관제사 자격증명을 받은 사람으로서 해당 분야 10년 이상의 실무경력을 갖춘 사람으로 하여금 제1항에 따른 검사를 하게 하거나 자문에 응하게 할 수 있다.

제251조(항공교통업무증명의 변경신고) ① 제250조제1항에 따른 항공교통업무증명을 받은 자가 항공교통업무제공체계를 변경하려는 경우에는 법 제85조제5항 본문에 따라 별지 제87호서식의 항공교통업무증명 변경신고서에 다음 각 호의 서류를 첨부하여 국토교통부장관에게 신고하여야 한다.
   1. 변경 내용 및 그 내용을 증명하는 서류
   2. 신·구 내용 대비표
② 제1항에 따른 변경신고를 받은 국토교통부장관은 신고서 및 첨부서류에 흠이 없고 형식적 요건을 충족하는 경우에는 지체 없이 접수하여야 한다.

제252조(항공교통업무증명의 변경승인 등) ① 법 제85조제5항 단서에서 "항공교통업무규정 등 국토교통부령으로 정하는 중요사항"이란 다음 각 호의 어느 하나에 해당하는 사항을 말한다.

Chapter 01 | 항공법규

항공안전법

제87조(항공교통업무증명을 받은 자에 대한 과징금의 부과) ① 국토교통부장관은 항공교통업무증명을 받은 자가 제86조제1항제2호부터 제7호까지의 어느 하나에 해당하여 항공교통업무 제공의 정지를 명하여야 하는 경우로서 그 항공교통업무 제공을 정지하면 비행장 이용자 등에게 심한 불편을 주거나 공익을 해칠 우려가 있는 경우에는 항공교통업무 제공의 정지처분을 갈음하여 1억원 이하의 과징금을 부과할 수 있다.
② 제1항에 따른 과징금 부과의 구체적인 기준, 절차 및 그 밖에 필요한 사항은 대통령령으로 정한다.
③ 국토교통부장관은 제1항에 따른 과징금을 내야 할 자가 납부기한까지 과징금을 내지 아니하면 국세 체납처분의 예에 따라 징수한다.

제88조(수색·구조 지원계획의 수립·시행) 국토교통부장관은 항공기가 조난되는 경우 항공기 수색이나 인명구조를 위하여 대통령령으로 정하는 바에 따라 관계 행정기관의 역할 등을 정한 항공기 수색·구조 지원에 관한 계획을 수립·시행하여야 한다.

제89조(항공정보의 제공 등) ① 국토교통부장관은 항공기 운항의 안전성·정규성 및 효율성을 확보하기 위하여 필요한 정보(이하 "항공정보"라 한다)를 비행정보구역에서 비행하는 사람 등에게 제공하여야 한다.
② 국토교통부장관은 항공로, 항행안전시설, 비행장, 공항, 관제권 등 항공기 운항에 필요한 정보가 표시된 지도(이하 "항공지도"라 한다)를 발간(發刊)하여야 한다.
③ 국토교통부장관은 제1항 및 제2항에 따른 항공정보 및 항공지도 중 국토교통부령으로 정하는 항공정보 및 항공지도는 유상으로 제공할 수 있다. 다만, 관계 행정기관 등 대통령령으로 정하는 기관에는 무상으로 제공하여야 한다.
④ 제1항부터 제3항까지에 따른 항공정보 또는 항공지도의 내용, 제공방법, 측정단위 등에 필요한 사항은 국토교통부령으로 정한다.

항공안전법 시행령

제19조(항공교통업무증명을 받은 자에 대한 위반행위의 종류별 과징금의 금액 등) ① 법 제87조제1항에 따라 과징금을 부과하는 위반행위의 종류와 위반 정도 등에 따른 과징금의 금액은 별표 2와 같다.
② 과징금의 부과·납부 및 독촉·징수에 관하여는 제6조 및 제7조를 준용한다.

제20조(항공기 수색·구조 지원계획의 내용 등) ① 법 제88조에 따른 항공기 수색·구조 지원에 관한 계획에는 다음 각 호의 사항이 포함되어야 한다.
  1. 수색·구조 지원체계의 구성 및 운영에 관한 사항
  2. 국방부장관, 국토교통부장관 및 주한미군사령관의 관할 공역에서의 역할
  3. 그 밖에 항공기 수색 또는 인명구조를 위하여 필요한 사항
② 제1항에 따른 항공기 수색·구조 지원에 관한 계획의 수립 및 시행에 필요한 세부사항은 국토교통부장관이 관계 행정기관의 장과 협의하여 정한다.

제20조의2(항공정보 및 항공지도의 무상 제공) 법 제89조제3항 단서에서 "관계 행정기관 등 대통령령으로 정하는 기관"이란 다음 각 호의 기관을 말한다.
  1. 외교부
  2. 경찰청
  3. 소방청
  4. 산림청
  5. 기상청
  6. 해양경찰청
  7. 외국정부 또는 국제기구
  8. 그 밖에 국토교통부장관이 항공정보 및 항공지도를 무상으로 이용하게 할 필요가 있다고 인정하여 고시하는 기관

항공안전법 시행규칙

1. 항공교통업무규정 중 다음 각 목의 사항
   가. 업무범위
   나. 비행절차
   다. 구성조직
   라. 종사자 교육훈련프로그램
   마. 우발계획
2. 운영하는 시설·장비
3. 대표자

② 제1항에 따라 항공교통업무증명을 받은 자가 제1항 각 호의 어느 하나에 해당하는 사항을 변경하려면 그 변경 예정일 10일 전까지 별지 제88호서식의 항공교통업무증명 변경승인신청서에 그 변경사실을 증명할 수 있는 서류를 첨부하여 국토교통부장관에게 제출하여야 한다.

③ 국토교통부장관은 제2항에 따른 항공교통업무증명의 변경신청서를 접수받은 경우 그 변경사유가 타당하다고 인정되면 제250조제1항에 따라 항공교통업무증명을 발급하여야 한다.

제253조(항공교통업무제공체계 검사 등) ① 국토교통부장관이 법 제85조제8항에 따라 실시하는 정기검사는 연 1회를 실시한다.

② 국토교통부장관은 법 제85조제9항에 따라 항공교통업무증명을 받은 자에게 시정조치를 명하는 경우에는 업무의 조치기간 등 시정에 필요한 적정한 기간을 주어야 한다.

③ 제2항에 따른 시정조치명령을 받은 항공교통업무증명을 받은 자는 그 명령을 이행하였을 때에는 지체 없이 그 시정내용을 국토교통부장관에게 통보하여야 한다.

제254조(항공교통업무증명의 취소 등) ① 법 제86조제2항에 따른 항공교통업무증명의 취소 또는 항공교통업무 제공의 정지처분의 기준은 별표 31과 같다.

② 국토교통부장관은 위반행위의 정도·횟수 등을 고려하여 별표 31에서 정한 항공교통업무 제공의 정지기간을 2분의 1의 범위에서 이를 늘리거나 줄일 수 있다. 다만, 늘리는 경우에도 그 기간은 6개월을 초과할 수 없다.

제255조(항공정보) ① 법 제89조제1항에 따른 항공정보의 내용은 다음 각 호와 같다.
   1. 비행장과 항행안전시설의 공용의 개시, 휴지, 재개(再開) 및 폐지에 관한 사항
   2. 비행장과 항행안전시설의 중요한 변경 및 운용에 관한 사항
   3. 비행장을 이용할 때에 있어 항공기의 운항에 장애가 되는 사항
   4. 비행의 방법, 결심고도, 최저강하고도, 비행장 이륙·착륙 기상 최저치 등의 설정과 변경에 관한 사항
   5. 항공교통업무에 관한 사항
   6. 다음 각 목의 공역에서 하는 로켓·불꽃·레이저광선 또는 그 밖의 물건의 발사, 무인기구(기상관측용 및 완구용은 제외한다)의 계류·부양 및 낙하산 강하에 관한 사항
      가. 진입표면·수평표면·원추표면 또는 전이표면을 초과하는 높이의 공역
      나. 항공로 안의 높이 150미터 이상인 공역
      다. 그 밖에 높이 250미터 이상인 공역
   7. 그 밖에 항공기의 운항에 도움이 될 수 있는 사항

② 제1항에 따른 항공정보는 다음 각 호의 어느 하나의 방법으로 제공한다.
   1. 항공정보간행물(AIP)
   2. 항공고시보(NOTAM)
   3. 항공정보회람(AIC)
   4. 비행 전·후 정보(Pre-Flight and Post-Flight Information)를 적은 자료

③ 법 제89조제2항에 따라 발간하는 항공지도에 제공하는 사항은 다음 각 호와 같다.
   1. 비행장장애물도(Aerodrome Obstacle Chart)

Chapter 01 | 항공법규

항공안전법	항공안전법 시행령

제7장 항공운송사업자 등에 대한 안전관리

제1절 항공운송사업자에 대한 안전관리

제90조(항공운송사업자의 운항증명) ① 항공운송사업자는 운항을 시작하기 전까지 국토교통부령으로 정하는 기준에 따라 인력, 장비, 시설, 운항관리지원 및 정비관리지원 등 안전운항체계에 대하여 국토교통부장관의 검사를 받은 후 운항증명을 받아야 한다.
② 국토교통부장관은 제1항에 따른 운항증명(이하 "운항증명"이라 한다)을 하는 경우에는 운항하려는 항공로, 공항 및 항공기 정비방법 등에 관하여 국토교통부령으로 정하는 운항조건과 제한 사항이 명시된 운영기준을 운항증명서와 함께 해당 항공운송사업자에게 발급하여야 한다.
③ 국토교통부장관은 항공기의 안전운항을 확보하기 위하여 필요하다고 판단되면 직권으로 또는 항공운송사업자의 신청을 받아 제2항에 따른 운영기준을 변경할 수 있다.
④ 항공운송사업자 또는 항공운송사업자에 속한 항공종사자는 제2항에 따른 운영기준을 준수하여야 한다.
⑤ 운항증명을 받은 항공운송사업자는 최초로 운항증명을 받았을 때의 안전운항체계를 유지하여야 하며, 다음 각 호의 어느 하나에 해당하는 사유로 안전운항체계가 변경된 경우에는 국토교통부령으로 정하는 바에 따라 국토교통부장관이 실시하는 검사를 받아야 한다.
   1. 제2항에 따라 발급된 운영기준에 등재되지 아니한 새로운 형식의 항공기를 도입한 경우
   2. 제9항에 따라 운항증명의 효력이 정지된 항공운송사업자가 그 운항을 재개하려는 경우
   3. 노선을 추가로 개설한 경우
   4. 「항공사업법」 제21조에 따라 항공운송사업을 양도·양수한 경우
   5. 「항공사업법」 제22조에 따라 사업을 합병한 경우
⑥ 국토교통부장관은 항공기 안전운항을 확보하기 위하여 운항증명을 받은 항공운송사업자가 안전운항체계를 유지하고 있는지를 정기 또는 수시로 검사하여야 한다.
⑦ 국토교통부장관은 제6항에 따른 정기검사 또는 수시검사를 하는 중에 다음 각 호의 어느 하나에 해당하여 긴급한 조치가 필요하게 되었을 때에는 국토교통부령으로 정하는 바에 따라 항공기 또는 노선의 운항을 정지하게 하거나 항공종사자의 업무를 정지하게 할 수 있다.
   1. 항공기의 감항성에 영향을 미칠 수 있는 사항이 발견된 경우
   2. 항공기의 운항과 관련된 항공종사자가 교육훈련 또는 운항자격 등 이 법에 따라 해당 업무에 종사하는 데 필요한 요건을 충족하지 못하고 있음이 발견된 경우
   3. 승무시간 기준, 비행규칙 등 항공기의 안전운항을 위하여 이 법에서 정한 기준을 따르지 아니하고 있는 경우

항공안전법 시행규칙

  2. 정밀접근지형도(Precision Approach Terrain)
  3. 항공로도(Enroute Chart)
  4. 지역도(Area Chart)
  5. 표준계기출발도(Standard Departure Chart-Instrument)
  6. 표준계기도착도(Standard Arrival Chart-Instrument)
  7. 계기접근도(Instrument Approach Chart)
  8. 시계접근도(Visual Approach Chart)
  9. 비행장 또는 헬기장도(Aerodrome/Heliport Chart)
  10. 비행장지상이동도(Aerodrome Ground Movement Chart)
  11. 항공기주기도 또는 접현도(Aircraft Parking/Docking Chart)
  12. 세계항공도(World Aeronautical Chart)
  13. 항공도(Aeronautical Chart)
  14. 항법도(Aeronautical Navigation Chart)
  15. 항공교통관제감시 최저고도도(ATC Surveillance Minimum Altitude Chart)
  16. 그 밖에 국토교통부장관이 고시하는 사항
④ 법 제89조제4항에 따른 항공정보에 사용되는 측정단위는 다음 각 호의 어느 하나의 방법에 따라 사용한다.
  1. 고도(Altitude) : 미터(m) 또는 피트(ft)
  2. 시정(Visibility) : 킬로미터(㎞) 또는 마일(SM). 이 경우 5킬로미터 미만의 시정은 미터(m) 단위를 사용한다.
  3. 주파수(Frequency) : 헤르쯔(㎐)
  4. 속도(Velocity Speed) : 초당 미터(㎧)
  5. 온도(Temperature) : 섭씨도(℃)
⑤ 제1항부터 제4항까지에서 규정한 사항 외에 항공정보의 제공 및 항공지도의 발간 등에 관한 세부사항은 국토교통부장관이 정하여 고시한다.

제256조(통지사항) 제255조제1항제6호의 행위를 하려는 자는 그 행위 예정일 10일 전까지 다음 각 호의 사항을 지방항공청장에게 통지하여야 한다. 다만, 지방항공청장의 승인을 받은 경우에는 그러하지 아니하다.
  1. 성명·주소 및 연락장소
  2. 해당 행위를 하려는 일시와 장소
  3. 해당 행위의 내용
  4. 그 밖에 참고가 될 사항

제7장 항공운송사업자 등에 대한 안전관리

제257조(운항증명의 신청 등) ① 법 제90조제1항에 따라 운항증명을 받으려는 자는 별지 제89호서식의 운항증명 신청서에 별표 32의 서류를 첨부하여 운항 개시 예정일 90일 전까지 국토교통부장관 또는 지방항공청장에게 제출하여야 한다.
② 국토교통부장관 또는 지방항공청장은 제1항에 따른 운항증명의 신청을 받으면 10일 이내에 운항증명검사계획을 수립하여 신청인에게 통보하여야 한다.

제258조(운항증명을 위한 검사기준) 법 제90조제1항에 따라 항공운송사업자의 운항증명을 하기 위한 검사는 서류검사와 현장검사로 구분하여 실시하며, 그 검사기준은 별표 33과 같다.

항공안전법	항공안전법 시행령

항공안전법

4. 운항하려는 공항 또는 활주로의 상태 등이 항공기의 안전운항에 위험을 줄 수 있는 상태인 경우
5. 그 밖에 안전운항체계에 영향을 미칠 수 있는 상황으로 판단되는 경우

⑧ 국토교통부장관은 제7항에 따른 정지처분의 사유가 없어진 경우에는 지체 없이 그 처분을 취소하여야 한다.

⑨ 국토교통부장관은 항공기의 안전운항과 승객의 안전을 위하여 운항증명을 받은 항공운송사업자가 60일을 초과하여 연속적으로 운항을 중지한 때에는 운항증명 효력의 정지를 명하여야 한다.

⑩ 국토교통부장관은 제5항에 따른 검사 결과 항공기의 안전운항이 가능하다고 인정되는 경우에는 해당 항공운송사업자에 대하여 제9항에 따른 운항증명 효력정지의 해제를 명하여야 한다.

제91조(항공운송사업자의 운항증명 취소 등) ① 국토교통부장관은 운항증명을 받은 항공운송사업자가 다음 각 호의 어느 하나에 해당하는 경우에는 운항증명을 취소하거나 6개월 이내의 기간을 정하여 항공기 운항의 정지를 명할 수 있다. 다만, 제1호, 제39호, 제39호의2 또는 제49호의 어느 하나에 해당하는 경우에는 운항증명을 취소하여야 한다.

1. 거짓이나 그 밖의 부정한 방법으로 운항증명을 받은 경우
2. 제18조제1항을 위반하여 국적·등록기호 및 소유자 등의 성명 또는 명칭을 표시하지 아니한 항공기를 운항한 경우
3. 제23조제3항을 위반하여 감항증명을 받지 아니한 항공기를 운항한 경우
4. 제23조제9항에 따른 항공기의 감항성 유지를 위한 항공기등, 장비품 또는 부품에 대한 정비등에 관한 감항성개선 또는 그 밖에 검사·정비등의 명령을 이행하지 아니하고 이를 운항 또는 항공기등에 사용한 경우
5. 제25조제2항을 위반하여 소음기준적합증명을 받지 아니하거나 항공기기술기준에 적합하지 아니한 항공기를 운항한 경우
6. 제26조를 위반하여 변경된 항공기기술기준을 따르도록 한 요구에 따르지 아니한 경우
7. 제27조제3항을 위반하여 기술표준품형식승인을 받지 아니한 기술표준품을 항공기등에 사용한 경우
8. 제28조제3항을 위반하여 부품등제작자증명을 받지 아니한 장비품 또는 부품을 항공기등 또는 장비품에 사용한 경우
9. 제30조제2항을 위반하여 수리·개조승인을 받지 아니한 항공기등을 운항하거나 장비품·부품을 항공기등에 사용한 경우
10. 제32조제1항을 위반하여 정비등을 한 항공기등, 장비품 또는 부품에 대하여 감항성을 확인받지 아니하고 운항 또는 항공기등에 사용한 경우

항공안전법 시행규칙

[별표 33] 운항증명의 검사기준(제258조 관련)

1. 서류검사 기준

검사 항목 및 검사 기준	적용대상 사업자			
	항공운송사업			항공기 사용사업
	국제	국내	소형	
가. 「항공사업법」 제7조제4항 또는 제10조제4항에 따라 제출한 사업계획서 내용의 추진일정 국토교통부장관 또는 지방항공청장이 운항증명을 위한 검사를 시작하기 전에 완료되어야 하는 항목, 활동 내용 및 항공기등의 시설물 구매에 관한 내용이 정확한 예정일 순서에 따라 이치에 맞게 수립되어 있을 것	○	○	○	○
나. 조직·인력의 구성, 업무분장 및 책임 신청자가 인가받으려는 운항을 하기에 적합한 조직체계와 충분한 인력을 확보하고 업무분장을 명확하게 유지할 것	○	○	○	○
다. 항공법규 준수의 이행 서류와 이를 증명하는 서류(Regulations Compliance Statement) 항공운송사업자 또는 항공기사용사업자에게 적용되는 항공법규의 준수방법을 논리적으로 진술하거나 또는 증명서류로 확인시킬 수 있을 것	○	○	○	○
라. 항공기 또는 운항·정비와 관련된 시설·장비 등의 구매·계약 또는 임차 서류 신청자가 제시한 운항을 하는 데 필요한 항공기, 시설 및 업무 준비를 마쳤음을 증명할 수 있을 것	○	○	○	○
마. 종사자 훈련 교과목 운영계획 기초훈련, 비상절차훈련, 지상운항절차훈련, 비행훈련, 정기훈련(Recurrent Training), 전환 및 승격훈련(Transition and Upgrade Training), 항공기차이점훈련(Differences Training), 보안훈련, 위험물취급훈련, 검열운항승무원/비행교관훈련, 객실승무원훈련, 운항관리사훈련 및 정비인력훈련을 포함한 종사자에 대한 훈련계획이 적절히 수립되어 있을 것	○	○	○	○
바. 별표 36에서 정한 내용이 포함되도록 구성된 다음의 구분에 따른 교범 1) 운항일반교범(Policy and Administration Manual)	○	○	○	○
2) 항공기운영교범(Aircraft Operating Manual)	○	○	○	해당될 경우 적용
3) 최소장비목록 및 외형변경목록(MEL/CDL)	○	○	○	해당될 경우 적용
4) 훈련교범(Training Manual)	○	○	○	○
5) 항공기성능교범(Aircraft Performance Manual)	○	○	○	○
6) 노선지침서(Route Guide)	○	○	○	-
7) 비상탈출절차교범(Emergency Evacuation Procedures Manual)	○	○	해당될 경우 적용	-
8) 위험물교범(Dangerous Goods Manual)	○	○	해당될 경우 적용	-
9) 사고절차교범(Accident Procedures Manual)	○	○	○	○
10) 보안업무교범(Security Manual)	○	○	○	-
11) 항공기 탑재 및 처리교범(Aircraft Loading and Handling Manual)	○	○	○	-
12) 객실승무원업무교범(Cabin Attendant Manual)	○	○	해당될 경우 적용	-
13) 비행교범(Airplane Flight Manual)	○	○	○	○

Chapter 01 | 항공법규

항공안전법	항공안전법 시행령

항공안전법

11. 제42조제1항을 위반하여 제40조제2항에 따른 자격증명의 종류별 항공신체검사증명의 기준에 적합하지 아니한 운항승무원을 항공업무에 종사하게 한 경우
12. 제51조를 위반하여 국토교통부령으로 정한 무선설비를 설치하지 아니한 항공기 또는 설치한 무선설비가 운용되지 않는 항공기를 운항한 경우
13. 제52조를 위반하여 항공기에 항공계기등을 설치하거나 탑재하지 아니하고 운항하거나, 그 운용방법 등을 따르지 아니한 경우
14. 제53조를 위반하여 항공기에 국토교통부령으로 정하는 양의 연료를 싣지 아니하고 운항한 경우
15. 제54조를 위반하여 항공기를 운항하거나 야간에 비행장에 주기 또는 정박시키는 경우에 국토교통부령으로 정하는 바에 따라 등불로 항공기의 위치를 나타내지 아니한 경우
16. 제55조를 위반하여 국토교통부령으로 정하는 비행경험이 없는 운항승무원에게 항공기를 운항하게 하거나 계기비행·야간비행 또는 조종교육의 업무에 종사하게 한 경우
17. 제56조제1항을 위반하여 소속 승무원 또는 운항관리사의 피로를 관리하지 아니한 경우
18. 제56조제2항을 위반하여 국토교통부장관의 승인을 받지 아니하고 피로위험관리시스템을 운용하거나 중요사항을 변경한 경우
19. 제57조제1항을 위반하여 항공종사자 또는 객실승무원이 주류등의 영향으로 항공업무 또는 객실승무원의 업무를 정상적으로 수행할 수 없는 상태에서 항공업무 또는 객실승무원의 업무에 종사하게 한 경우
20. 제58조제2항을 위반하여 다음 각 목의 어느 하나에 해당하는 경우
    가. 사업을 시작하기 전까지 항공안전관리시스템을 마련하지 아니한 경우
    나. 승인을 받지 아니하고 항공안전관리시스템을 운용한 경우
    다. 항공안전관리시스템을 승인받은 내용과 다르게 운용한 경우
    라. 승인을 받지 아니하고 국토교통부령으로 정하는 중요 사항을 변경한 경우
21. 제62조제5항 단서를 위반하여 항공기사고, 항공기준사고 또는 의무보고 대상 항공안전장애가 발생한 경우에 국토교통부령으로 정하는 바에 따라 발생 사실을 보고하지 아니한 경우
22. 제63조제4항에 따라 자격인정 또는 심사를 할 때 소속 기장 또는 기장 외의 조종사에 대하여 부당한 방법으로 자격인정 또는 심사를 한 경우

항공안전법 시행규칙

검사 항목 및 검사 기준	적용대상 사업자			
	항공운송사업			항공기 사용사업
	국제	국내	소형	
14) 지속감항정비프로그램(Continuous Airworthiness Maintenance Program)	○	○	해당될 경우 적용	해당될 경우 적용
15) 지상조업 협정 및 절차	○	○	○	-
사. 승객 브리핑카드(Passenger Briefing Cards) 운항승무원 및 객실승무원이 도울 수 없는 비상상황에서 승객이 필요로 하는 기능과 승객의 재착석절차 등이 적절하게 정해져 있을 것	○	○	○	-
아. 급유·재급유·배유절차 연료 주입과 배유 시 처리절차 및 안전조치가 적절하게 정해져 있을 것	○	○	○	해당될 경우 적용
자. 비상구열 좌석(Exit Row Seating)절차 비상상황 발생 시 객실승무원의 객실안전업무를 보조하도록 하기 위한 비상구 열좌석의 배정방법 등의 절차가 적절하게 정해져 있을 것	○	○	해당될 경우 적용	-
차. 약물 및 주류등 통제절차 항공기 안전운항을 해칠 수 있는 승무원의 약물 또는 주류등의 섭취를 방지할 대책이 적절히 마련되어 있을 것	○	○	○	○
카. 운영기준에 포함될 자료 운항하려는 항로·공항 및 항공기 정비방법 등에 관한 기초자료가 적절히 작성되어 있을 것	○	○	○	○
타. 비상탈출 시현계획(Emergency Evacuation Demonstration Plan) 비상상황에서 운항승무원 및 객실승무원이 취해야 할 조치능력을 모의로 시현할 수 있는 시나리오 및 일정 등이 적절히 짜여져 있을 것	○	○	해당될 경우 적용	-
파. 항공기 운항 검사계획(Flight Operations Inspection Plan) 항공법규를 준수하면서 모든 운항업무를 수행할 수 있음을 시범 보일 수 있는 시나리오 및 일정 등 계획이 적절히 짜여져 있을 것	○	○	○	○
하. 환경영향평가서(Environmental Assessment) 자체적으로 또는 외부기관으로부터 환경영향평가에 관한 종합적 분석자료가 준비되어 있을 것	○	○	○	-
거. 훈련계약에 관한 사항 종사자 훈련에 관한 아웃소싱 등 해당 사유가 있는 경우 훈련방식과 조건 등 적절한 훈련여건을 갖추고 있음을 증명할 수 있을 것	○	○	○	○
너. 정비규정 별표 37에서 정한 사항에 대한 모든 절차 등이 적절하게 정해져 있을 것	○	○	○	○
더. 그 밖에 국토교통부장관이 정하는 사항	○	○	○	○

2. 현장검사 기준

검사 항목 및 검사 기준	적용대상 사업자			
	항공운송사업			항공기 사용사업
	국제	국내	소형	
가. 지상의 고정 및 이동시설·장비 검사 주 운항기지, 주 정비기지, 국내외 취항공항 및 교체공항(국토교통부장관 또는 지방항공청장이 지정하는 곳만 해당한다)의 지상시설·장비, 인력 및 훈련프로그램 등이 신청자가 인가받으려는 운항을 하기에 적합하게 갖추어져 있을 것	○	○	○	○

Chapter 01 | 항공법규

항공안전법	항공안전법 시행령
23. 제63조제7항을 위반하여 운항하려는 지역, 노선 및 공항에 대한 경험요건을 갖추지 아니한 기장에게 운항을 하게 한 경우 24. 제65조제1항을 위반하여 운항관리사를 두지 아니한 경우 25. 제65조제3항을 위반하여 국토교통부령으로 정하는 바에 따라 운항관리사가 해당 업무를 수행하는 데 필요한 교육훈련을 하지 아니하고 해당 업무에 종사하게 한 경우 26. 제66조를 위반하여 이륙·착륙 장소가 아닌 곳에서 항공기를 이륙하거나 착륙하게 한 경우 27. 제68조를 위반하여 같은 조 각 호의 어느 하나에 해당하는 비행 또는 행위를 하게 한 경우 28. 제70조제1항을 위반하여 허가를 받지 아니하고 항공기를 이용하여 위험물을 운송한 경우 29. 제70조제3항을 위반하여 국토교통부장관이 고시하는 위험물취급의 절차 및 방법에 따르지 아니하고 위험물을 취급한 경우 30. 제72조제1항을 위반하여 위험물취급에 관한 교육을 받지 아니한 사람에게 위험물취급을 하게 한 경우 31. 제74조제1항을 위반하여 승인을 받지 아니하고 비행기를 운항한 경우 32. 제75조제1항을 위반하여 승인을 받지 아니하고 같은 항 각 호의 어느 하나에 해당하는 공역에서 항공기를 운항한 경우 33. 제76조제1항을 위반하여 국토교통부령으로 정하는 바에 따라 운항의 안전에 필요한 승무원을 태우지 아니하고 항공기를 운항한 경우 34. 제76조제3항을 위반하여 항공기에 태우는 승무원에 대하여 해당 업무를 수행하는 데 필요한 교육훈련을 하지 아니한 경우 35. 제77조제2항을 위반하여 같은 조 제1항에 따른 운항기술기준을 준수하지 아니하고 운항하거나 업무를 한 경우 36. 제90조제1항을 위반하여 운항증명을 받지 아니하고 운항을 시작한 경우 37. 제90조제4항을 위반하여 운영기준을 준수하지 아니한 경우 38. 제90조제5항을 위반하여 안전운항체계를 유지하지 아니하거나 변경된 안전운항체계를 검사받지 아니하고 항공기를 운항한 경우 39. 제90조제7항을 위반하여 항공기 또는 노선 운항의 정지처분에 따르지 아니하고 항공기를 운항한 경우 39의2. 제90조제9항에 따른 운항증명 효력정지 중에 항공기를 운항한 경우	

I. 항공안전법 · 시행령 · 시행규칙
제7장 항공운송사업자 등에 대한 안전관리

항공안전법 시행규칙

항목				
나. 운항통제조직의 운영 　운항통제, 운항 감독방법, 운항관리사의 배치와 임무 배정 등이 안전운항을 위하여 적절하게 이루어지고 있을 것	○	○	○	○
다. 정비검사시스템의 운영 　정비방법·기준 및 검사절차 등이 적합하게 갖추어져 있을 것		○	○	○
라. 항공종사자 자격증명 검사 　조종사·항공기관사·운항관리사 및 정비사의 자격증명 소지 등 자격관리가 적절히 이루어지고 있을 것	○	○	○	○
마. 훈련프로그램 평가 　1) 훈련시설, 훈련스케줄 및 교과목 등이 적절히 짜여져 있고 실행되고 있음을 증명할 것 　2) 운항승무원에 대한 훈련과정이 기초훈련, 비상절차훈련, 지상훈련, 비행훈련 및 항공기차이점훈련을 포함하여 효과적으로 짜여져 있고 자격을 갖춘 교관이 훈련시키고 있음을 증명할 것 　3) 검열운항승무원 및 비행교관 훈련과정이 적절하게 짜여져 있고 그대로 실행하고 있을 것 　4) 객실승무원 훈련과정이 기초훈련, 비상절차훈련 및 지상훈련을 포함하여 적절하게 짜여져 있고 그대로 실행하고 있음을 증명할 것. 다만, 화물기 및 소형항공운송사업의 경우에는 적용하지 않는다. 　5) 운항관리사의 훈련과정이 적절하게 짜여져 있고 그대로 실행되고 있음을 증명할 것 　6) 위험물취급훈련 및 보안훈련과정이 적절하게 짜여져 있고 그대로 실행되고 있음을 증명할 것 　7) 정비훈련과정이 적절하게 짜여져 있고 그대로 실행되고 있음을 증명할 것	○	○	○	해당될 경우 적용
바. 비상탈출 시현 　비상상황에서 비상탈출 및 구명장비의 사용 등 운항승무원 및 객실승무원이 취해야 할 조치를 적절하게 할 수 있음을 시범 보일 것	○	○	해당될 경우 적용	-
사. 비상착수 시현 　수면 위로 비행하게 될 항공기의 기종과 모델별로 비상착수 시 비상장비의 사용 등 필요한 조치를 적절하게 할 수 있음을 시범 보일 것	○	○	해당될 경우 적용	-
아. 기록 유지·관리 검사 　1) 운항승무원 훈련, 비행시간·휴식시간, 자격관리 등 운항 관련 기록이 적절하게 유지 및 관리되고 있을 것 　2) 항공기기록, 직원훈련, 자격관리 및 근무시간 제한 등 정비 관련 기록이 적절하게 관리·유지되고 있을 것 　3) 비행기록(Flight Records)이 적절하게 유지되고 있을 것	○	○	○	○
자. 항공기 운항검사(Flight Operations Inspection) 　비행 전(Pre-flight), 비행 중(In-flight) 및 비행 후(Post-flight)의 모든 운항절차가 적절하게 이루어지고 있음을 시범 보일 것	○	○	○	-
차. 객실승무원 직무능력 평가 　비행 중 객실 내 안전업무를 수행하기에 적절한 능력을 보유하고 있음을 시범 보일 것	○	○	해당될 경우 적용	-
카. 항공기 적합성 검사(Aircraft Conformity Inspection) 　항공기가 안전하게 비행할 수 있는 성능을 유지하고 있음을 증명할 것	○	○	○	○
타. 주요 간부직원에 대한 직무지식에 관한 인터뷰 　검사관이 실시하는 주요 보직자에 대한 무작위 인터뷰 시 해당직무에 대한 이해와 필요한 지식을 보유하고 있음을 증명할 것	○	○	○	○

항공안전법	항공안전법 시행령
40. 제93조제1항 본문 또는 같은 조 제2항 단서를 위반하여 국토교통부장관의 인가를 받지 아니하고 운항규정 또는 정비규정을 마련하였거나 국토교통부령으로 정하는 중요사항을 변경한 경우 41. 제93조제2항 본문을 위반하여 국토교통부장관에게 신고하지 아니하고 운항규정 또는 정비규정을 변경한 경우 42. 제93조제7항 전단을 위반하여 같은 조 제1항 본문 또는 제2항 단서에 따라 인가를 받거나 같은 조 제2항 본문에 따라 신고한 운항규정 또는 정비규정을 해당 종사자에게 제공하지 아니한 경우 43. 제93조제7항 후단을 위반하여 같은 조 제1항 본문 또는 제2항 단서에 따라 인가를 받거나 같은 조 제2항 본문에 따라 신고한 운항규정 또는 정비규정을 준수하지 아니하고 항공기를 운항하거나 정비한 경우 44. 제94조 각 호에 따른 항공운송의 안전을 위한 명령을 따르지 아니한 경우 45. 제132조제1항에 따라 업무(항공안전 활동을 수행하기 위한 것만 해당한다)에 관한 보고를 하지 아니하거나 서류를 제출하지 않는 경우 또는 거짓으로 보고하거나 서류를 제출한 경우 46. 제132조제2항에 따른 항공기등에의 출입이나 장부·서류 등의 검사(항공안전 활동을 수행하기 위한 것만 해당한다)를 거부·방해 또는 기피한 경우 47. 제132조제2항에 따른 관계인에 대한 질문(항공안전 활동을 수행하기 위한 것만 해당한다)에 답변하지 아니하거나 거짓으로 답변한 경우 48. 고의 또는 중대한 과실에 의하여 또는 항공종사자의 선임·감독에 관하여 상당한 주의의무를 게을리하여 항공기사고 또는 항공기준사고를 발생시킨 경우 49. 이 조에 따른 항공기 운항의 정지기간에 운항한 경우 ② 제1항에 따른 처분의 세부기준 및 절차 등 그 밖에 필요한 사항은 국토교통부령으로 정한다.	
제92조(항공운송사업자에 대한 과징금의 부과) ① 국토교통부장관은 운항증명을 받은 항공운송사업자가 제91조제1항제2호부터 제38호까지 또는 제40호부터 제48호까지의 어느 하나에 해당하여 항공기 운항의 정지를 명하여야 하는 경우로서 그 운항을 정지하면 항공기 이용자 등에게 심한 불편을 주거나 공익을 해칠 우려가 있는 경우에는 항공기의 운항정지처분을 갈음하여 100억원 이하의 과징금을 부과할 수 있다. ② 제1항에 따른 과징금 부과의 구체적인 기준, 절차 및 그 밖에 필요한 사항은 대통령령으로 정한다. ③ 국토교통부장관은 제1항에 따른 과징금을 내야 할 자가 납부기한까지 과징금을 내지 아니하면 국세 체납처분의 예에 따라 징수한다.	**제21조(항공운송사업자 등에 대한 위반행위의 종류별 과징금의 금액 등)** ① 법 제92조제1항 및 제95조제4항에 따라 과징금을 부과하는 위반행위의 종류와 위반 정도 등에 따른 과징금의 금액은 별표 3과 같다. ② 과징금의 부과·납부 및 독촉·징수에 관하여는 제6조 및 제7조를 준용한다.

항공안전법 시행규칙

제259조(운항증명 등의 발급) ① 국토교통부장관 또는 지방항공청장은 제258조에 따른 운항증명검사 결과 검사기준에 적합하다고 인정하는 경우에는 별지 제90호서식의 운항증명서 및 별지 제91호서식의 운영기준을 발급하여야 한다.
② 법 제90조제2항에서 "국토교통부령으로 정하는 운항조건과 제한사항"이란 다음 각 호의 사항을 말한다.
   1. 항공운송사업자의 주 사업소의 위치와 운영기준에 관하여 연락을 취할 수 있는 자의 성명 및 주소
   2. 항공운송사업에 사용할 정규 공항과 항공기 기종 및 등록기호
   3. 인가된 운항의 종류   4. 운항하려는 항공로와 지역의 인가 및 제한 사항
   5. 공항의 제한 사항
   6. 기체·발동기·프로펠러·회전익·기구와 비상장비의 검사·점검 및 분해정밀검사에 관한 제한시간 또는 제한시간을 결정하기 위한 기준
   7. 항공운송사업자 간의 항공기 부품교환 요건   8. 항공기 중량 배분을 위한 방법
   9. 항공기등의 임차에 관한 사항
   10. 그 밖에 안전운항을 위하여 국토교통부장관이 정하여 고시하는 사항

제260조(운항증명의 변경 등) ① 제259조에 따라 운항증명을 받은 항공운송사업자가 그 명칭 등 국토교통부장관이 정하여 고시하는 사항을 변경하려면 그 변경 예정일 30일 전까지 별지 제92호서식의 운항증명 변경신청서에 그 변경 사실을 증명할 수 있는 서류를 첨부하여 국토교통부장관 또는 지방항공청장에게 제출하여야 한다.
② 국토교통부장관 또는 지방항공청장은 제1항에 따른 운항증명 변경신청서를 접수한 경우 그 변경 사유가 타당하다고 인정되면 제259조에 따라 운항증명을 발급하여야 한다.

제261조(운영기준의 변경 등) ① 법 제90조제3항에 따라 국토교통부장관 또는 지방항공청장이 항공기 안전운항을 확보하기 위하여 운영기준을 변경하려는 경우에는 변경의 내용과 사유를 포함한 변경된 운영기준을 운항증명 소지자에게 발급하여야 한다.
② 제1항에 따른 변경된 운영기준은 안전운항을 위하여 긴급히 요구되거나 운항증명 소지자가 이의를 제기하는 경우가 아니면 발급받은 날부터 30일 이후에 적용된다.
③ 법 제90조제3항에 따라 운항증명소지자가 운영기준 변경신청을 하려는 경우에는 변경할 운영기준을 적용하려는 날의 15일전까지 별지 제93호서식의 운영기준 변경신청서에 변경하려는 내용과 사유를 적어 국토교통부장관 또는 지방항공청장에게 제출하여야 한다.
④ 국토교통부장관 또는 지방항공청장은 제3항에 따른 운영기준변경신청을 받으면 그 내용을 검토하여 항공기 안전운항을 확보하는데 문제가 없다고 판단되는 경우에는 별지 제94호서식에 따른 변경된 운영기준을 신청인에게 발급하여야 한다.

제262조(안전운항체계 변경검사등) ① 운항증명을 발급 받은 자는 법 제90조제5항에 따라 안전운항체계가 변경된 경우에는 별지 제95호서식의 안전운항체계 변경검사 신청서에 다음 각 호의 사항이 포함된 안전운항체계 변경에 대한 입증자료(이하 이 조에서 "안전적합성입증자료"라 한다)와 별지 제93호서식의 운영기준 변경신청서(운영기준의 변경이 있는 경우만 해당한다)를 첨부하여 국토교통부장관 또는 지방항공청장에게 제출해야 한다.
   1. 사용 예정 항공기   2. 항공기 및 그 부품의 정비시설
   3. 항공기 급유시설 및 연료저장시설   4. 예비품 및 그 보관시설
   5. 운항관리시설 및 그 관리방식   6. 지상조업시설 및 장비
   7. 운항에 필요한 항공종사자의 확보상태 및 능력   8. 취항 예정 비행장의 제원 및 특성
   9. 여객 및 화물의 운송서비스 관련 시설   10. 면허조건 또는 사업 개시 관련 행정명령 이행실태
   11. 그 밖에 안전운항과 노선운영에 관하여 국토교통부장관 또는 지방항공청장이 정하여 고시하는 사항
② 제1항에 따라 안전운항체계 변경검사 신청을 하려는 자는 다음 각 호의 구분에 따른 운행체계 변경 사유에 따라 해당 호에서 정하는 날 전까지 국토교통부장관 또는 지방항공청장에게 신청해야 한다.
   1. 법 제90조제5항제1호에 따른 사유: 운행개시예정일 15일
   2. 법 제90조제5항제2호, 제4호 및 제5호에 따른 사유: 운행개시예정일 45일
   3. 법 제90조제5항제3호에 따른 사유: 운행개시예정일 5일

Chapter 01 | 항공법규

항공안전법	항공안전법 시행령

제93조(항공운송사업자의 운항규정 및 정비규정) ① 항공운송사업자는 운항을 시작하기 전까지 국토교통부령으로 정하는 바에 따라 항공기의 운항에 관한 운항규정 및 정비에 관한 정비규정을 마련하여 국토교통부장관의 인가를 받아야 한다. 다만, 운항규정 및 정비규정을 운항증명에 포함하여 운항증명을 받은 경우에는 그러하지 아니하다.
② 항공운송사업자는 제1항 본문에 따라 인가를 받은 운항규정 또는 정비규정을 변경하려는 경우에는 국토교통부령으로 정하는 바에 따라 국토교통부장관에게 신고하여야 한다. 다만, 최소장비목록, 승무원 훈련프로그램 등 국토교통부령으로 정하는 중요사항을 변경하려는 경우에는 국토교통부장관의 인가를 받아야 한다.
③ 국토교통부장관은 제1항 본문 또는 제2항 단서에 따라 인가하려는 경우에는 제77조제1항에 따른 운항기술기준에 적합한지를 확인하여야 한다.
④ 국토교통부장관은 제1항 본문 또는 제2항 단서에 따라 인가하는 경우 조건 또는 기한을 붙이거나 조건 또는 기한을 변경할 수 있다. 다만, 그 조건 또는 기한은 공공의 이익 증진이나 인가의 시행에 필요한 최소한도의 것이어야 하며, 해당 항공운송사업자에게 부당한 의무를 부과하는 것이어서는 아니 된다.
⑤ 국토교통부장관은 제2항 본문에 따른 신고를 받은 날부터 10일 이내에 신고수리 여부를 신고인에게 통지하여야 한다.
⑥ 국토교통부장관이 제5항에서 정한 기간 내에 신고수리 여부 또는 민원 처리 관련 법령에 따른 처리기간의 연장을 신고인에게 통지하지 아니하면 그 기간(민원 처리 관련 법령에 따라 처리기간이 연장 또는 재연장된 경우에는 해당 처리기간을 말한다)이 끝난 날의 다음 날에 신고를 수리한 것으로 본다.
⑦ 항공운송사업자는 제1항 본문 또는 제2항 단서에 따라 국토교통부장관의 인가를 받거나 제2항 본문에 따라 국토교통부장관에게 신고한 운항규정 또는 정비규정을 항공기의 운항 또는 정비에 관한 업무를 수행하는 종사자에게 제공하여야 한다. 이 경우 항공운송사업자와 항공기의 운항 또는 정비에 관한 업무를 수행하는 종사자는 운항규정 또는 정비규정을 준수하여야 한다.

제94조(항공운송사업자에 대한 안전개선명령) 국토교통부장관은 항공운송의 안전을 위하여 필요하다고 인정되는 경우에는 항공운송사업자에게 다음 각 호의 사항을 명할 수 있다.
    1. 항공기 및 그 밖의 시설의 개선
    2. 항공에 관한 국제조약을 이행하기 위하여 필요한 사항
    3. 그 밖에 항공기의 안전운항에 대한 방해 요소를 제거하기 위하여 필요한 사항

항공안전법 시행규칙

③ 국토교통부장관 또는 지방항공청장은 제1항에 따라 제출받은 입증자료를 바탕으로 변경된 안전운항체계에 대하여 검사한 경우에는 그 결과를 신청자에게 통보해야 한다.

④ 국토교통부장관 또는 지방항공청장은 제3항에 따른 검사 결과 적합하다고 인정되는 경우로서 제259조제1항에 따라 발급한 운영기준의 변경이 수반되는 경우에는 변경된 운영기준을 함께 발급하여야 한다.

⑤ 국토교통부장관 또는 지방항공청장은 제3항에도 불구하고 운항증명을 받은 자가 사업계획의 변경 등으로 다른 기종의 항공기를 운항하려는 경우 등 항공기의 안전운항을 확보하는데 문제가 없다고 판단되는 경우에는 법 제77조에 따라 고시하는 운항기술기준에서 정하는 바에 따라 안전운항체계의 변경에 따른 검사의 일부 또는 전부를 면제할 수 있다.

제263조(항공기 또는 노선의 운항정지 및 항공종사자의 업무정지 등) 국토교통부장관 또는 지방항공청장은 법 제90조제7항에 따라 항공기 또는 노선의 운항을 정지하게 하거나 항공종사자의 업무를 정지하게 하려면 다음 각 호에 따라 조치하여야 한다.
1. 운항증명 소지자 또는 항공종사자에게 항공기 또는 노선의 운항을 정지하게 하거나 항공종사자의 업무를 정지하게 하는 사유 및 조치하여야 할 내용을 구두로 지체 없이 통보하고, 사후에 서면으로 통보하여야 한다.
2. 제1호에 따른 통보를 받은 자가 그 조치하여야 할 사항을 조치하였을 때에는 지체 없이 그 내용을 국토교통부장관 또는 지방항공청장에게 통보하여야 한다.
3. 국토교통부장관 또는 지방항공청장은 제2호에 따른 통보를 받은 경우에는 그 내용을 확인하고 항공기의 안전운항에 지장이 없다고 판단되면 지체 없이 그 사실을 통보하여 항공기 또는 노선의 운항을 재개할 수 있게 하거나 항공종사자의 업무를 계속 수행할 수 있게 하여야 한다.

제264조(항공운송사업자의 운항증명 취소 등) ① 법 제91조에 따른 항공운송사업자의 운항증명 취소 또는 항공기 운항의 정지 처분의 기준은 별표 34와 같다.

② 국토교통부장관 또는 지방항공청장은 위반행위의 정도·횟수 등을 고려하여 별표 34에서 정한 항공기 운항정지기간을 2분의 1의 범위에서 늘리거나 줄일 수 있다. 다만, 늘리는 경우에도 그 기간은 6개월을 초과할 수 없다.

③ 같은 사업자가 여러 개의 위반행위와 관련되는 경우에는 다음 각 호의 구분에 따라 처분한다.
1. 가장 무거운 위반행위에 대한 처분기준이 운항증명의 취소인 경우 : 운항증명을 취소할 것
2. 각 위반행위에 대한 처분기준이 항공기 운항정지인 경우 : 그 정지기간을 합산할 것. 다만, 별표 34 제48호가목부터 더목까지의 규정에 따른 항공기 운항정지처분을 하는 경우 인명과 재산피해가 동시에 발생한 경우에는 그 중 무거운 처분기준을 적용한다.

제265조(위반행위의 세부 유형) 영 별표 3의 비고 제1호 및 이 규칙 별표 34의 비고 제1호에 따른 처분의 세부기준은 별표 35와 같다.

제266조(운항규정과 정비규정의 인가 등) ① 항공운송사업자는 법 제93조제1항 본문에 따라 운항규정 또는 정비규정을 마련하거나 법 제93조제2항 단서에 따라 인가받은 운항규정 또는 정비규정 중 제3항에 따른 중요사항을 변경하려는 경우에는 별지 제96호서식의 운항규정 또는 정비규정 (변경)인가 신청서에 운항규정 또는 정비규정(변경의 경우에는 변경할 운항규정과 정비규정의 신·구내용 대비표)을 첨부하여 국토교통부장관 또는 지방항공청장에게 제출하여야 한다.

② 법 제93조제1항에 따른 운항규정 및 정비규정에 포함되어야 할 사항은 다음 각 호와 같다.
1. 운항규정에 포함되어야 할 사항 : 별표 36에 규정된 사항
2. 정비규정에 포함되어야 할 사항 : 별표 37에 규정된 사항

[별표 36] 운항규정에 포함되어야 할 사항(제266조제2항제1호 관련)
1. 비행기를 이용하여 항공운송사업 또는 항공기사용사업을 하려는 자의 운항규정은 다음과 같은 구성으로 운항의 특수한 상황을 고려하여 분야별로 분리하거나 통합하여 발행할 수 있다.
   가. 일반사항(General)
      1) 항공기 운항업무를 수행하는 종사자의 책임과 의무
      2) 운항승무원 및 객실승무원의 승무시간·근무시간 제한 및 휴식시간 제공에 관한 기준과 운항관리사의 근무시간 제한에 관한 규정

> 항공안전법 시행규칙

3) 성능기반항행요구(PBN)공역의 운항을 위한 요건을 포함한 항공기에 장착하여야 할 항법장비의 목록
4) 장거리 운항과 관련된 장소에서의 장거리항법절차, 회항시간 연장운항을 위한 운항통제, 운항절차, 교육훈련, 비행감시절차 및 중요시스템 고장시의 절차 및 회항공항의 이용 절차
5) 무선통신 청취를 유지하여야 할 상황
6) 최저비행고도 결정방법
7) 비행장 기상최저치 결정방법
8) 승객이 항공기에 탑승하고 있는 상태에서의 연료 재급유 중 안전예방조치
9) 지상조업 협정 및 절차
10) 「국제민간항공협약」 부속서 12에서 정한 항공기 사고를 목격한 기장의 행동절차
11) 지휘권 승계의 지정을 포함한 운항형태별 운항승무원
12) 항로상에서 1개 또는 그 이상의 발동기가 고장이 날 가능성을 포함한 운항의 모든 환경을 고려한 항공기에 탑재하여야 할 연료 및 오일 양의 산출에 관한 세부지침
13) 산소의 요구량과 사용하여야 하는 조건
14) 항공기의 중량 및 균형 관리를 위한 지침
15) 지상에서의 제빙·방빙(De-icing/Anti-icing) 작업수행 및 관리를 위한 지침
16) 운항비행계획서(Operational flight plan)의 세부사항
17) 각 비행단계별 표준운항절차(Standard operating procedures)
18) 정상 점점표(Normal checklist)의 사용 및 사용시기에 관한 지침
19) 출발 시 돌발사태 대응절차
20) 고도 인지의 유지 및 자동으로 설정하거나 운항승무원의 고도 복명·복창(Altitude call-out)에 관한 지침
21) 계기비행기상상태(IMC)에서의 자동조종장치(Autopilots) 및 자동추력조절장치(Auto-throttles)의 사용에 관한 지침
22) 지형회피가 포함된 곳에서의 항공교통관제(ATC) 승인의 확인 및 수락에 관한 지침
23) 출발 및 접근 브리핑 내용
24) 지역·항로 및 공항을 익숙하게 하기 위한 절차
25) 안정된 접근절차(Stabilized approach procedure)
26) 지표면 근처에서의 많은 강하율에 대한 제한
27) 계기접근을 시작하거나 계속하기 위한 요구조건
28) 정밀 및 비정밀 계기접근절차의 수행을 위한 지침
29) 야간 및 계기비행기상상태에서의 계기접근 및 착륙하는 동안 승무원의 업무량 관리를 위한 운항승무원 임무 및 절차의 할당
30) 비행 중 육지 또는 수면 충돌사고(CFIT) 회피를 위한 지침 및 훈련요건과 지상접근경고장치(GPWS)의 사용을 위한 정책
31) 공중충돌회피 및 공중충돌회피장치(ACAS)의 사용을 위한 정책·지침·절차 및 훈련요건
32) 다음을 포함한 민간 항공기의 요격에 관한 정보 및 지침
　(가) 「국제민간항공협약」 부속서 2에서 정한 요격을 받은 항공기의 기장의 행동절차
　(나) 요격하는 항공기 및 요격을 받은 항공기가 사용하는 「국제민간항공협약」 부속서 2에 포함된 시각신호 사용방법
33) 15,000미터(49,000피트)를 초과하는 고도로 비행하는 항공기를 위한 다음의 사항
　(가) 태양 우주방사선에 노출될 경우 취하여야 할 최선의 진로를 조종사가 결정할 수 있도록 하는 정보
　(나) 강하하기로 결정하였을 경우 다음 사항이 포함된 절차
　　(1) 적절한 항공교통업무(ATS) 기관에 사전 경고를 줄 필요성과 잠정적인 강하허가를 받을 필요성
　　(2) 항공교통업무 기관과 통신설정이 아니 되거나 간섭을 받을 경우 취하여야 할 조치
34) 항공안전관리시스템의 운영 및 관리에 관한 사항
35) 비상의 경우 취하여야 할 조치사항을 포함한 위험물 수송에 관한 정보 및 지침
36) 보안 지침 및 안내서

항공안전법 시행규칙

37) 「국제민간항공협약」 부속서 6에서 정한 수색절차 점검표
38) 항공기에 탑재된 항행장비에 사용되는 항행데이터(Electronic Navigation data)의 적합성을 보증하기 위한 절차 및 동 데이터를 적시에 배분하고 최신판으로 유지할 수 있도록 하는 절차
39) 비행 개시, 비행의 지속, 회항 및 비행의 종료에 관한 운항승무원·운항관리사의 기능과 책임을 포함하는 운항통제에 대한 책임과 운항통제에 관한 정책 및 관련 절차
40) 출발공항 또는 도착공항의 구조(救助) 및 소방등급 정보와 운항적합성 평가에 관한 사항
41) 전방시현장비 및 시각강화장비의 사용에 관한 지침 및 훈련 절차(전방시현장비 및 시각강화장비를 사용하는 경우에만 해당한다)
42) 전자비행정보장비의 사용에 관한 지침 및 훈련 절차(전자비행정보장비를 사용하는 경우에만 해당한다)

나. 항공기 운항정보(Aircraft operating information)
1) 형식증명·감항증명 등의 항공기 인증서 및 운용한계지정서에 명시된 항공기운항 제한사항(Aircraft certificate limitation and operating limitation)
2) 「국제민간항공협약」 부속서 6에서 정한 운항승무원이 사용할 정상·비정상 및 비상 절차와 이와 관련된 점검표
3) 모든 엔진작동 시 상승성능에 대한 운항지침 및 정보
4) 다른 추력·동력 및 속도 조절에 따른 비행 전·비행 중 계획을 위한 비행계획자료
5) 항공기의 형식별 최대측풍과 배풍요소 및 동 수치를 감소시키는 돌풍, 저시정, 활주로 상태, 승무원 경험, 오토파일럿의 사용, 비정상 또는 비상상황, 그 밖에 운항과 관련된 요소
6) 중량 및 균형 계산을 위한 지침 및 자료
7) 항공기 화물탑재 및 화물의 고정을 위한 지침
8) 「국제민간항공협약」 부속서 6에서 정한 조종계통과 관련된 항공기 시스템과 그 사용을 위한 지침
9) 성능기반항행요구(PBN)공역에서의 운항을 위한 요건을 포함하여 승인을 얻거나 인가를 받은 특별운항 및 운항할 비행기의 형식에 맞는 최소장비목록(MEL)과 외형변경목록(CDL)
10) 비상 및 안전장비의 점검표 및 그 사용지침
11) 항공기 형식별 특정절차, 승무원 협조, 승무원의 비상시 위치할당 및 각 승무원에게 할당된 비상시의 임무를 포함한 비상탈출절차
12) 운항승무원과 객실승무원 간의 협조를 위하여 필요한 절차의 설명을 포함한 객실승무원이 사용할 정상·비정상 및 비상 절차와 이와 관련된 점검표 및 필요하면 항공기 계통에 관한 정보
13) 요구되는 산소의 총량과 이용가능한 양을 결정하기 위한 절차를 포함한 다른 항로에 대한 생존 및 비상장비와 이륙 전 장비의 정상기능을 확인하는데 필요한 절차
14) 생존자가 지상에서 공중으로 사용할 「국제민간항공협약」 부속서 12에 포함된 시각신호코드
15) 운항승무원 및 운항업무를 담당하는 자에게 운항정보(NOTAM, AIP, AIC, AIRAC 등)에 수록된 정보를 배포하기 위한 절차

다. 지역, 노선 및 비행장(Areas, routes and aerodromes)
1) 운항승무원이 해당비행을 위하여 항공기 운항에 적용할 수 있는 통신시설, 항행안전시설, 비행장, 계기접근, 계기도착 및 계기출발에 관한 정보와 항공운송사업자 또는 항공기사용사업자가 항공기 운항의 적절한 수행을 위하여 필요하다고 판단되는 그 밖의 정보가 포함된 노선지침서(Route Guide)
2) 비행하려는 각 노선에 대한 최저비행고도
3) 최초 목적지 비행장 또는 교체 비행장으로 사용할만한 각 비행장에 대한 비행장 기상최저치
4) 접근 또는 비행장시설의 기능저하에 따른 비행장 기상최저치의 증가내용
5) 다음의 정보를 포함한 규정에서 요구하는 모든 비행 프로파일(Profile)의 준수를 위하여 필요한 정보(다만, 다음의 정보에는 제한을 두는 아니한다)
   (가) 이륙거리에 영향을 미치는 항공기 계통 고장을 포함한 건조, 젖은 상태 및 오염된 상태에서의 이륙 활주로 길이요건의 결정
   (나) 이륙상승 제한의 결정
   (다) 항로상승 제한의 결정

> 항공안전법 시행규칙

　　　　(라) 접근상승 및 착륙상승 제한의 결정
　　　　(마) 착륙거리에 영향을 미치는 항공기 계통 고장을 포함한 건조, 젖은 상태 및 오염된 상태에서의 착륙 활주로 길이요건의 결정
　　　　(바) 타이어 속도제한과 같은 추가적인 정보의 결정
　　라. 훈련(Training)
　　　　1) 「국제민간항공협약」 부속서 6에서 정한 운항승무원 훈련프로그램 및 요건의 세부내용
　　　　2) 「국제민간항공협약」 부속서 6에서 정한 객실승무원 훈련프로그램의 세부내용
　　　　3) 「국제민간항공협약」 부속서 6에서 정한 비행감독의 방법과 관련하여 고용된 운항관리사 훈련프로그램의 세부내용
　　　　4) 별표 12 제1호에 따른 자가용조종사 과정, 같은 별표 제2호에 따른 사업용조종사과정, 같은 별표 제7호에 따른 계기비행증명과정 또는 같은 별표 제8호에 따른 조종교육증명과정의 지정기준의 학과교육, 실기교육, 교관확보기준, 시설 및 장비확보기준, 교육평가방법, 교육계획, 교육규정 등 세부내용(항공기를 이용하여 소속 직원 외에 타인의 수요에 따른 비행훈련을 하는 경우에 적용한다)
2. 헬리콥터를 이용하여 항공운송사업 또는 항공기사용사업을 하려는 자의 운항규정은 다음과 같은 구성으로 운항의 특수한 상황을 고려하여 분야별로 분리하거나 통합하여 발행할 수 있다.
　　가. 일반사항(General)
　　　　1) 항공기 운항업무를 수행하는 종사자의 책임과 의무
　　　　2) 운항승무원 및 객실승무원의 승무시간·근무시간 제한 및 휴식시간 제공에 관한 기준과 운항관리사의 근무시간 제한에 관한 규정
　　　　3) 항공기에 장착하여야 할 항법장비의 목록
　　　　4) 무선통신 청취를 유지하여야 할 상황
　　　　5) 최저비행고도 결정방법
　　　　6) 헬기장 기상최저치 결정방법
　　　　7) 승객이 항공기에 탑승하고 있는 상태에서의 연료 재급유 중 안전예방조치
　　　　8) 지상조업 협정 및 절차
　　　　9) 「국제민간항공협약」 부속서 12에서 정한 항공기 사고를 목격한 기장의 행동절차
　　　　10) 지휘권 승계의 지정을 포함한 운항형태별 운항승무원
　　　　11) 항로상에서 1개 또는 그 이상의 발동기가 고장날 가능성을 포함한 운항의 모든 환경을 고려한 항공기에 탑재하여야 할 연료 및 오일 양의 산출에 관한 세부지침
　　　　12) 산소의 요구량과 사용하여야 하는 조건
　　　　13) 항공기 중량 및 균형 관리를 위한 지침
　　　　14) 지상에서의 제빙·방빙(De-icing/Anti-icing) 작업수행 및 관리를 위한 지침
　　　　15) 운항비행계획서(Operational flight plan)의 세부사항
　　　　16) 각 비행단계별 표준운항절차(Standard operating procedures)
　　　　17) 정상 점검표(Normal checklist)의 사용 및 사용시기에 관한 지침
　　　　18) 출발시 돌발사태 대응절차
　　　　19) 고도 인지의 유지에 관한 지침
　　　　20) 지형회피가 포함된 곳에서의 항공교통관제(ATC) 승인의 확인 및 수락에 관한 지침
　　　　21) 출발 및 접근 브리핑 내용
　　　　22) 항로 및 목적지를 익숙하게 하기 위한 절차
　　　　23) 계기접근을 시작하거나 계속하기 위한 요구조건
　　　　24) 정밀 및 비정밀 계기접근절차의 수행을 위한 지침
　　　　25) 야간 및 계기비행기상상태에서의 계기접근 및 착륙하는 동안 승무원의 업무량 관리를 위한 운항승무원의 임무 및 절차의 할당
　　　　26) 다음을 포함한 민간 항공기의 요격에 관한 정보 및 지침
　　　　　　가) 「국제민간항공협약」 부속서 2에서 정한 요격을 받은 항공기 기장의 행동절차

항공안전법 시행규칙

   나) 요격하는 항공기 및 요격을 받은 항공기가 사용하는 「국제민간항공협약」 부속서 2에 포함된 시각신호사용방법
  27) 「국제민간항공협약」 부속서 6에서 정한 안전정책과 종사자의 책임을 포함한 사고예방 및 비행안전프로그램의 세부내용
  28) 비상의 경우에 취하여야 할 조치사항을 포함한 위험물 수송에 관한 정보 및 지침
  29) 보안 지침 및 안내서
  30) 「국제민간항공협약」 부속서 6에서 정한 수색절차 점검표
  31) 비행 개시, 비행의 지속, 회항 및 비행의 종료에 관한 운항승무원·운항관리사의 기능과 책임을 포함하는 운항통제에 대한 책임과 운항통제에 관한 정책 및 관련 절차
 나. 항공기 운항정보(Aircraft operating information)
  1) 형식증명·감항증명 등의 항공기 인증서 및 운용한계지정서에 명시된 항공기 운항 제한사항(Aircraft certificate limitation and operating limitation)
  2) 「국제민간항공협약」 부속서 6에서 정한 운항승무원이 사용할 정상·비정상 및 비상 절차와 이와 관련된 점검표
  3) 다른 추력·동력 및 속도 조절에 따른 비행 전·비행 중 계획을 위한 비행계획자료
  4) 중량 및 균형 계산을 위한 지침 및 자료
  5) 항공기 화물탑재 및 화물의 고정을 위한 지침
  6) 「국제민간항공협약」 부속서 6에서 정한 조종계통과 관련된 항공기 시스템과 그 사용을 위한 지침
  7) 헬리콥터 형식 및 인가받은 특정운항을 위한 최소장비목록(MEL)
  8) 비상 및 안전장비의 점검표 및 그 사용지침
  9) 형식별 특정절차, 승무원 협조, 승무원의 비상시 위치할당 및 각 승무원에게 할당된 비상시의 임무를 포함한 비상탈출절차
  10) 운항승무원과 객실승무원 간의 협조를 위하여 필요한 절차의 설명을 포함한 객실승무원이 사용할 정상·비정상 및 비상 절차와 이와 관련된 점검표 및 필요한 항공기 계통에 관한 정보
  11) 요구되는 산소의 총량과 이용가능한 양을 결정하기 위한 절차를 포함한 다른 항로에 대한 생존 및 비상장비와 이륙 전 장비의 정상기능을 확인하는 데 필요한 절차
  12) 생존자가 지상에서 공중으로 사용할 「국제민간항공협약」 부속서 12에 포함된 시각신호코드
  13) 엔진작동 시 상승성능에 대한 운항지침 및 정보(Information on helicopter climb performance with all engines operation). 이 경우 정보는 헬리콥터 제작사 등에서 제공한 자료를 기초로 한 것만을 말한다.
  14) 운항승무원 및 운항업무를 담당하는 자에게 운항정보(NOTAM, AIP, AIC, AIRAC 등)에 수록된 정보를 배포하기 위한 절차
 다. 노선 및 비행장(Routes and aerodromes)
  1) 운항승무원이 해당비행을 위하여 항공기 운항에 적용할 수 있는 통신시설, 항행안전시설, 비행장, 계기접근, 계기도착 및 계기출발에 관한 정보와 항공운송사업자 또는 항공기사용사업자가 항공기 운항의 적절한 수행을 위하여 필요하다고 판단되는 그 밖의 정보가 포함된 노선지침서(Route Guide)
  2) 비행하려는 각 노선에 대한 최저비행고도
  3) 최초 목적지 헬기장 또는 교체 헬기장으로 사용할 만한 각 헬기장에 대한 헬기장 기상최저치
  4) 접근 또는 헬기장 시설의 기능저하에 따른 헬기장 기상최저치의 증가내용
 라. 훈련(Training)
  1) 「국제민간항공협약」 부속서 6에서 정한 운항승무원 훈련프로그램 및 요건의 세부내용
  2) 「국제민간항공협약」 부속서 6에서 정한 객실승무원 훈련프로그램의 세부내용
  3) 「국제민간항공협약」 부속서 6에서 정한 비행감독의 방법과 관련하여 고용된 운항관리사 훈련프로그램의 세부내용
  4) 별표 12 제1호에 따른 자가용조종사 과정, 같은 별표 제2호에 따른 사업용조종사과정, 같은 별표 제6호에 따른 계기비행증명과정 또는 같은 별표 제7호에 따른 조종교육증명과정의 지정기준의 학과교육, 실기교육, 교관확보기준, 시설 및 장비확보기준, 교육평가방법, 교육계획, 교육규정 등 세부내용(항공기를 이용하여 소속 직원 외에 타인의 수요에 따른 비행훈련을 하는 경우에 적용한다)

Chapter 01 항공법규

항공안전법 시행규칙

[별표 37] 정비규정에 포함되어야 할 사항(제266조제2항제2호 관련)

내용	항공운송사업	항공기사용사업	변경인가대상
1. 일반사항			
가. 제정/개정/관리(차례/유효 페이지 목록/ 개정 기록표/개정요약/인가 및 신고목록/ 배포처 등 포함)	○	○	
나. 목적(지속 감항정비 프로그램 (CAMP) 준수 명시)	○		
다. 적용 범위	○	○	
라. 책임관리자 의무	○	○	
마. 용어 정의 및 약어	○	○	
바. 관련 항공법규와 인가받은 운영기준 등 준수 의무	○	○	
사. 정비규정의 적용을 받는 항공기 목록 및 운항 형태	○	○	
2. 직무 및 정비조직			
가. 정비조직 및 부문별 책임관리자	○	○	
나. 정비업무에 관한 분장 및 책임	○	○	
다. 항공기 정비에 종사하는 자의 자격인정 기준 및 업무범위	○	○	○
라. 검사원의 자격인정 기준과 업무범위	○	○	○
마. 용접, 비파괴검사 등 특수업무 종사자의 자격인정 기준과 업무범위	○	○	○
바. 취항 공항지점의 목록과 수행하는 정비에 관한 사항	○		
사. 항공기 정비에 종사하는 자의 근무시간, 업무의 인수인계에 관한 사항	○	○	
3. 항공기의 감항성을 유지하기 위한 정비 프로그램(CAMP)			
가. 항공기 정비프로그램의 개발, 개정 및 적용 기준	○		○
나. 항공기, 엔진/APU, 장비품 등의 정비 방식, 정비단계, 점검주기 등에 대한 프로그램	○		○
다. 항공기, 엔진, 장비품 정비계획	○		
라. 엔진 수리작업 기준(Workscope planning)에 관한 사항	○		○
마. 특별 정비작업 및 비계획 정비에 관한 사항	○		
바. 사용기한이 정해진(시한성) 품목의 목록 및 한계에 관한 사항	○		○
사. 점검주기의 일시조정 기준	○		○
아. 경년항공기에 대한 특별정비기준	○		○
1) 경년항공기 안전강화 규정			
2) 경년시스템 감항성 향상프로그램			
3) 기체구조 반복 점검 프로그램			
4) 연료탱크 안전강화 규정			
5) 기체구조 수리평가 프로그램			
6) 부식처리 및 관리 프로그램			
4. 항공기 검사프로그램			
가. 항공기 검사프로그램의 개정 및 적용 기준	○	○	
나. 운용 항공기의 검사방식, 검사단계 및 시기(반복 주기를 포함한다)	○	○	
다. 항공기 형식별 검사단계별 점검표	○		
라. 사용기한이 정해진(시한성) 품목의 목록 및 한계에 관한 사항	○	○	
마. 점검주기의 일시조정 기준	○	○	
5. 품질관리			
가. 품질관리 기준 및 방침	○	○	○
나. 지속적인 분석 및 감시 시스템 (CASS)과 품질심사에 관한 절차	○		○
다. 신뢰성관리절차	○		○
라. 필수 검사제도	○		○

항공안전법 시행규칙

항목			
마. 필수 검사항목 지정	○		○
바. 일반 검사제도	○	○	○
사. 항공기 고장, 결함 및 부식 등에 대한 조사 분석 및 항공 당국/제작사 보고 절차	○	○	○
아. 정비프로그램의 유효성 및 효과분석 방법	○		
자. 수령검사 및 자재품질기준	○	○	○
차. 정비작업의 면제처리 및 예외 적용에 관한 사항	○		○
카. 중량 및 평형계측 절차	○	○	
타. 사고조사장비(FDR/CVR) 운용 절차	○	○	
6. 기술관리			
가. 감항성 개선지시, 기술회보 등의 검토 수행절차	○	○	○
나. 기체구조수리평가 프로그램	○		○
다. 항공기 부식 예방 및 처리에 관한 사항	○	○	○
라. 대수리·개조의 수행절차, 기록 및 보고 절차	○	○	
마. 기술적 판단 기준 및 조치 절차	○		○
바. 기체구조 손상허용 기술 승인 절차	○		○
사. 일시적 비행허용을 위한 기술검토 절차(Deferral EA)	○		○
아. 탑재 소프트웨어(Loadable software) 보안관리	○		○
7. 항공기등, 장비품 및 부품의 정비방법 및 절차			
가. 수행하려는 정비의 범위(항공기 기종 및 엔진 형식별)	○	○	○
나. 수행된 정비 등의 확인 절차(비행 전 감항성 확인, 비상장비 작동가능상태 확인 및 정비수행을 확인하는 자 등)	○	○	
다. 최소장비목록(MEL) 또는 외형변경 목록(CDL) 적용기준 및 정비이월 절차(NEF 포함)	○	○	○
라. 제·방빙절차	○	○	
마. 지상조업 감독, 급유/급유량/연료 품질 관리 등 운항정비를 위한 절차	○	○	
바. 회항시간 연장운항(EDTO), 수직 분리 축소(RVSM), 정밀접근(CAT) 등 특정 사항에 따른 정비 절차	○	○	
사. 발동기 시운전 절차	○	○	
아. 항공기 여압 시험 절차	○	○	
자. 비행시험, 공수비행에 관한 기준 및 절차	○	○	
차. 구급용구 등이 관리 절차	○	○	
카. 정전기 민감부품(ESDS)의 취급 절차	○	○	
8. 계약정비			
가. 계약정비를 하는 경우 정비확인에 대한 책임, 서명 및 확인절차	○	○	○
나. 계약정비에 대한 평가, 계약 후 이행 여부에 대한 심사 절차	○	○	
9. 장비 및 공구 관리			
가. 정밀측정 장비 및 시험장비의 관리 절차	○	○	○
나. 장비 및 공구를 제작하여 사용하는 경우 승인 절차	○	○	
10. 정비 시설			
가. 보유 또는 이용하려는 정비시설의 위치 및 수행하는 정비작업	○	○	
나. 각 정비 시설별로 갖추어야 하는 설비 및 환경 기준	○	○	
11. 정비 매뉴얼, 기술문서 및 정비 기록물의 관리방법			
가. 각종 기술자료의 접수, 배포 및 이용 방법	○	○	
나. 전자교범 및 전자 기록 유지관리 시스템	○		○
다. 탑재용 항공일지(비행 및 정비) 등의 서식 및 기록 방법, 운영 절차	○	○	○
라. 정비기록 문서의 관리책임 및 보존 기간	○	○	○
마. 정비문서 및 각종 꼬리표의 서식 및 기록 방법(기술지시서, 정시점검 카드, 작업지시서 등)	○	○	
바. 적정 예비엔진 수량을 판단하는 기준	○		

항공안전법	항공안전법 시행령

제2절 항공기사용사업자에 대한 안전관리

제95조(항공기사용사업자의 운항증명 취소 등) ① 국토교통부장관은 제96조제1항에서 준용하는 제90조에 따라 운항증명을 받은 항공기사용사업자가 제91조제1항 각 호의 어느 하나에 해당하는 경우에는 운항증명을 취소하거나 6개월 이내의 기간을 정하여 항공기 운항의 정지를 명할 수 있다. 다만, 제91조제1항제1호, 제39호, 제39호의2 또는 제49호의 어느 하나에 해당하는 경우에는 운항증명을 취소하여야 한다.
② 국토교통부장관은 항공기사용사업자(제96조제1항에서 준용하는 제90조에 따라 운항증명을 받은 항공기사용사업자는 제외한다)가 제91조제1항제2호부터 제22호까지, 제26호부터 제30호까지 및 제32호부터 제48호까지의 어느 하나에 해당하는 경우에는 6개월 이내의 기간을 정하여 항공기 운항의 정지를 명할 수 있다.
③ 제1항 및 제2항에 따른 처분의 세분기준 및 절차와 그 밖에 필요한 사항은 국토교통부령으로 정한다.
④ 국토교통부장관은 제1항 또는 제2항에 따라 항공기 운항의 정지를 명하여야 하는 경우로서 그 운항을 정지하면 항공기 이용자 등에게 심한 불편을 주거나 공익을 해칠 우려가 있는 경우에는 항공기의 운항정지처분을 갈음하여 3억원 이하의 과징금을 부과할 수 있다.
⑤ 제4항에 따른 과징금 부과의 구체적인 기준, 절차 및 그 밖에 필요한 사항은 대통령령으로 정한다.
⑥ 국토교통부장관은 제4항에 따른 과징금을 내야 할 자가 납부기한까지 과징금을 내지 아니하면 국세 체납처분의 예에 따라 징수한다.

제96조(항공기사용사업자에 대한 준용규정) ① 항공기사용사업자 중 국토교통부령으로 정하는 업무를 하는 항공기사용사업자에 대해서는 제90조를 준용한다.
② 항공기사용사업자의 운항규정 또는 정비규정의 인가 등에 관하여는 제93조 및 제94조를 준용한다.

제3절 항공기정비업자에 대한 안전관리

제97조(정비조직인증 등) ① 제8조에 따라 대한민국 국적을 취득한 항공기와 이에 사용되는 발동기, 프로펠러, 장비품 또는 부품의 정비등의 업무 등 국토교통부령으로 정하는 업무를 하려는 항공기정비업자 또는 외국의 항공기정비업자는 그 업무를 시작하기 전까지 국토교통부장관이 정하여 고시하는 인력, 설비 및 검사체계 등에 관한 기준(이하 "정비조직인증기준"이라 한다)에 적합한 인력, 설비 등을 갖추어 국토교통부장관의 인증(이하 "정비조직인증"이라 한다)을 받아야 한다. 다만, 대한민국과 정비조직인증에 관한 항공안전협정을 체결한 국가로부터 정비조직인증을 받은 자는 국토교통부장관의 정비조직인증을

항공안전법 시행규칙

항목			
12. 정비 훈련 프로그램			
가. 교육과정의 종류, 과정별 시간 및 실시 방법	○	○	○
나. 강사(교관)의 자격 기준 및 임명	○	○	○
다. 훈련자의 평가 기준 및 방법	○	○	○
라. 위탁교육 시 위탁 기관의 강사, 커리큘럼(curriculum) 등의 적절성 확인 방법	○	○	
마. 정비훈련 기록에 관한 사항	○	○	
13. 자재 관리			
가. 자재관리 일반(구매, 검수, 저장, 불출, 반납 등)	○	○	
나. 저장정비 및 시효관리	○	○	
다. 부품 임차, 공동사용, 교환, 유용에 관한 사항	○	○	○
라. 외부 보관부품(External Stock) 관리에 관한 사항	○		
마. 비인가 부품·비인가의심부품의 판단 방법 및 보고 절차	○	○	
바. 위험물(Dangerous Goods) 취급 절차	○	○	
사. 호환품 선정기준	○	○	
14. 안전 및 보안에 관한 사항			
가. 항공기 지상안전을 유지하기 위한 방법	○	○	
나. 인적요인에 대한 안전관리 방법	○	○	
다. 마약, 약물 및 주류 오용 금지사항	○	○	
라. 항공기 보안에 관한 사항	○	○	
15. 그 밖에 항공운송사업자 또는 항공기 사용사업자가 필요하다고 판단하는 사항			
가. 양식 및 양식 관리절차	○	○	

③ 법 제93조제2항 단서에서 "최소장비목록, 승무원 훈련프로그램 등 국토교통부령으로 정하는 중요사항"이란 다음 각 호의 사항을 말한다.
　1. 운항규정의 경우 : 별표 36 제1호가목6)·7)·38), 같은 호 나목9), 같은 호 다목3)·4) 및 같은 호 라목에 관한 사항과 별표 36 제2호가목5)·6), 같은 호 나목7), 같은 호 다목3)·4) 및 같은 호 라목에 관한 사항
　2. 정비규정의 경우 : 별표 37에서 변경인가대상으로 정한 사항
④ 국토교통부장관 또는 지방항공청장은 제1항에 따른 운항규정 또는 정비규정 (변경)인가신청서를 접수받은 경우 법 제77조제1항에 따른 운항기술기준에 적합한지의 여부를 확인 한 후 적합하다고 인정되면 그 규정을 인가하여야 한다.

제267조(운항규정과 정비규정의 신고) 법 제93조제2항 본문에 따라 인가 받은 운항규정 또는 정비규정 중 제226조제3항에 따른 중요사항 외의 사항을 변경하려는 경우에는 별지 제97호서식의 운항규정 또는 정비규정 변경신고서에 변경된 운항규정 또는 정비규정과 신·구 내용 대비표를 첨부하여 국토교통부장관 또는 지방항공청장에게 신고하여야 한다.

제268조(운항규정 및 정비규정의 배포 등) 항공운송사업자는 제266조 및 제267조에 따라 인가받거나 신고한 운항규정 또는 정비규정에 최신의 정보가 수록될 수 있도록 하여야 하며, 항공기의 운항 또는 정비에 관한 업무를 수행하는 해당 종사자에게 최신의 운항규정 및 정비규정을 배포하여야 한다.

제269조(운항증명을 받아야 하는 항공기사용사업의 범위) ① 법 제96조제1항에서 "국토교통부령으로 정하는 업무를 하는 항공기사용사업자"란 「항공사업법 시행규칙」 제4조제1호 및 제5호부터 제7호까지의 업무를 하는 항공기사용사업자를 말한다. 다만, 「항공사업법 시행규칙」 제4조제1호 및 제5호의 업무를 하는 항공기사용사업의 경우에는 헬리콥터를 사용하여 업무를 하는 항공기사용사업만 해당한다.
② 항공기사용사업자에 대한 운항증명의 신청, 검사, 발급 등에 관하여는 제257조부터 제268조까지의 규정을 준용한다.

제269조의2(운영기준 변경 신청 등의 제출서류 간소화) ① 다음 각 호에 따른 신청·신고를 둘 이상 동시에 하는 때에 각 신청서·신고서에 첨부해야 하는 서류 중 중복되는 것이 있는 경우에는 하나의 신청서·신고서에 해당 서류를 첨부하는 것으로 다른 신청서·신고서에 필요한 서류의 첨부를 갈음할 수 있다. 이 경우 다른 신청서·신고서에 그 취지를 적어야 한다.

Chapter 01 | 항공법규

항공안전법	항공안전법 시행령

받은 것으로 본다.
② 국토교통부장관은 정비조직인증을 하는 경우에는 정비등의 범위·방법 및 품질관리절차 등을 정한 세부 운영기준을 정비조직인증서와 함께 해당 항공기정비업자에게 발급하여야 한다.
③ 항공기등, 장비품 또는 부품에 대한 정비등을 하는 경우에는 그 항공기등, 장비품 또는 부품을 제작한 자가 정하거나 국토교통부장관이 인정한 정비등에 관한 방법 및 절차 등을 준수하여야 한다.
 	
제98조(정비조직인증의 취소 등) ① 국토교통부장관은 정비조직인증을 받은 자가 다음 각 호의 어느 하나에 해당하는 경우에는 정비조직인증을 취소하거나 6개월 이내의 기간을 정하여 그 효력의 정지를 명할 수 있다. 다만, 제1호 또는 제5호에 해당하는 경우에는 그 정비조직인증을 취소하여야 한다.
  1. 거짓이나 그 밖의 부정한 방법으로 정비조직인증을 받은 경우
  2. 제58조제2항을 위반하여 다음 각 목의 어느 하나에 해당하는 경우
    가. 업무를 시작하기 전까지 항공안전관리시스템을 마련하지 아니한 경우
    나. 승인을 받지 아니하고 항공안전관리시스템을 운용한 경우
    다. 항공안전관리시스템을 승인받은 내용과 다르게 운용한 경우
    라. 승인을 받지 아니하고 국토교통부령으로 정하는 중요 사항을 변경한 경우
  3. 정당한 사유 없이 정비조직인증기준을 위반한 경우
  4. 고의 또는 중대한 과실에 의하거나 항공종사자에 대한 관리·감독에 관하여 상당한 주의의무를 게을리함으로써 항공기사고가 발생한 경우
  5. 이 조에 따른 효력정지기간에 업무를 한 경우
② 제1항에 따른 처분의 기준은 국토교통부령으로 정한다.
 	
제99조(정비조직인증을 받은 자에 대한 과징금의 부과) ① 국토교통부장관은 정비조직인증을 받은 자가 제98조제1항제2호부터 제4호까지의 어느 하나에 해당하여 그 효력의 정지를 명하여야 하는 경우로서 그 효력을 정지하는 경우 그 업무의 이용자 등에게 심한 불편을 주거나 공익을 해칠 우려가 있는 경우에는 효력정지처분을 갈음하여 5억원 이하의 과징금을 부과할 수 있다.
② 제1항에 따른 과징금 부과의 구체적인 기준, 절차 및 그 밖에 필요한 사항은 대통령령으로 정한다.
③ 국토교통부장관은 제1항에 따라 과징금을 내야 할 자가 납부기한까지 과징금을 내지 아니하면 국세 체납처분의 예에 따라 징수한다.
	제22조(정비조직인증을 받은 자에 대한 위반행위의 종류별 과징금의 금액 등) ① 법 제99조제1항에 따라 과징금을 부과하는 위반행위의 종류와 위반 정도 등에 따른 과징금의 금액은 별표 4와 같다.
	② 과징금의 부과·납부 및 독촉·징수에 관하여는 제6조 및 제7조를 준용한다.

1. 제261조제3항에 따른 운영기준 변경신청
2. 제262조제1항에 따른 안전운항체계 변경검사 신청
3. 제266조제1항에 따른 운항규정 또는 정비규정 변경인가 신청
4. 제267조제1항에 따른 운항규정 또는 정비규정의 변경신고

② 제1항 각 호에 따른 신청·신고를 할 때 해당 신청서·신고서에 첨부해야 하는 서류 중 이미 제출한 서류가 있는 경우에는 그 서류의 내용에 변경이 없으면 해당 서류의 제출을 생략할 수 있다. 이 경우 해당 신청서·신고서에 그 취지를 적어야 한다.

제270조(정비조직인증을 받아야 하는 대상 업무) 법 제97조제1항 본문에서 "국토교통부령으로 정하는 업무"란 다음 각 호의 어느 하나에 해당하는 업무를 말한다.
  1. 항공기등 또는 부품등의 정비등의 업무
  2. 제1호의 업무에 대한 기술관리 및 품질관리 등을 지원하는 업무

제271조(정비조직인증의 신청) ① 법 제97조에 따른 정비조직인증을 받으려는 자는 별지 제98호서식의 정비조직인증 신청서에 정비조직절차교범을 첨부하여 지방항공청장에게 제출하여야 한다.
② 제1항의 정비조직절차교범에는 다음 각 호의 사항을 적어야 한다.
  1. 수행하려는 업무의 범위
  2. 항공기등·부품등에 대한 정비방법 및 그 절차
  3. 항공기등·부품등의 정비에 관한 기술관리 및 품질관리의 방법과 절차
  4. 그 밖에 시설·장비 등 국토교통부장관이 정하여 고시하는 사항

제272조(정비조직인증서의 발급) 지방항공청장은 법 제97조제1항에 따라 정비조직인증기준에 적합한지 여부를 검사한 결과 그 기준에 적합하다고 인정되는 경우에는 법 제97조제2항에 따른 세부 운영기준과 함께 별지 제99호서식의 정비조직인증서를 신청자에게 발급하여야 한다.

제273조(정비조직인증의 취소 등의 기준) ① 법 제98조제1항제2호라목에서 "국토교통부령으로 정하는 중요 사항"이란 제130조제3항 각 호의 사항을 말한다.
② 법 제98조제2항에 따른 정비조직인증 취소 등의 행정처분기준은 별표 38과 같다.

Chapter 01 | 항공법규

항공안전법	항공안전법 시행령

제8장 외국항공기

제100조(외국항공기의 항행) ① 외국 국적을 가진 항공기의 사용자(외국, 외국의 공공단체 또는 이에 준하는 자를 포함한다)는 다음 각 호의 어느 하나에 해당하는 항행을 하려면 국토교통부장관의 허가를 받아야 한다. 다만, 「항공사업법」 제54조 및 제55조에 따른 허가를 받은 자는 그러하지 아니하다.
    1. 영공 밖에서 이륙하여 대한민국에 착륙하는 항행
    2. 대한민국에서 이륙하여 영공 밖에 착륙하는 항행
    3. 영공 밖에서 이륙하여 대한민국에 착륙하지 아니하고 영공을 통과하여 영공 밖에 착륙하는 항행
② 외국의 군, 세관 또는 경찰의 업무에 사용되는 항공기는 제1항을 적용할 때에는 해당 국가가 사용하는 항공기로 본다.
③ 제1항 각 호의 어느 하나에 해당하는 항행을 하는 자는 국토교통부장관이 요구하는 경우 지체 없이 국토교통부장관이 지정한 비행장에 착륙하여야 한다.

제101조(외국항공기의 국내 사용) 외국 국적을 가진 항공기(「항공사업법」 제54조 및 제55조에 따른 허가를 받은 자가 해당 운송에 사용하는 항공기는 제외한다)는 대한민국 각 지역 간을 운항해서는 아니 된다. 다만, 국토교통부령으로 정하는 바에 따라 국토교통부장관의 허가를 받은 경우에는 그러하지 아니하다.

제102조(증명서등의 인정) 다음 각 호의 어느 하나에 해당하는 항공기의 감항성 및 그 승무원의 자격에 관하여 해당 항공기의 국적인 외국정부가 한 증명 및 그 밖의 행위는 이 법에 따라 한 것으로 본다.
    1. 제100조제1항 각 호의 어느 하나에 해당하는 항행을 하는 외국 국적의 항공기
    2. 「항공사업법」 제54조 및 제55조에 따른 허가를 받은 자가 사용하는 외국 국적의 항공기

제103조(외국인국제항공운송사업자에 대한 운항증명승인 등)
① 「항공사업법」 제54조에 따라 외국인 국제항공운송사업 허가를 받으려는 자는 국토교통부령으로 정하는 기준에 따라 그가 속한 국가에서 발급받은 운항증명과 운항조건·제한사항을 정한 운영기준에 대하여 국토교통부장관의 운항증명승인을 받아야 한다.
② 국토교통부장관은 제1항에 따른 운항증명승인을 하는 경우에는 운항하려는 항공로, 공항 등에 관하여 운항조건·제한사항을 정한 서류를 운항증명승인서와 함께 발급할 수 있다.

항공안전법 시행규칙

제8장 외국항공기

제274조(외국항공기의 항행허가 신청) 법 제100조제1항제1호 및 제2호에 따른 항행을 하려는 자는 그 운항 예정일 2일 전까지 별지 제100호서식의 외국항공기 항행허가 신청서를 지방항공청장에게 제출하여야 하고, 법 제100조제1항제3호에 따른 통과항행을 하려는 자는 별지 제101호서식의 영공통과 허가신청서를 항공교통본부장에게 제출하여야 한다.

제275조(외국항공기의 항행허가 변경신청) 제274조에 따라 외국항공기 항행허가 또는 영공통과 허가를 받은 자가 허가받은 사항을 변경하려는 경우에는 그 운항 예정일 2일 전까지 별지 제103호서식의 외국항공기 항행허가 변경신청서 또는 별지 제103호서식의 영공통과허가 변경신청서를 지방항공청장 또는 항공교통본부장에게 제출해야 한다.

제276조(외국항공기의 국내사용허가 신청) 법 제101조 단서에 따라 외국 국적을 가진 항공기를 운항하려는 자는 그 운항 개시 예정일 2일 전까지 별지 제104호서식의 외국항공기 국내사용허가 신청서를 지방항공청장에게 제출하여야 한다.

제277조(외국항공기의 국내사용허가 변경신청) 제276조에 따라 외국항공기의 국내사용허가를 받은 자가 허가받은 사항을 변경하려는 경우에는 해당 사항이 변경되는 날 2일 전까지 별지 제105호서식의 외국항공기 국내사용허가 변경신청서를 지방항공청장에게 제출하여야 한다.

제278조(증명서등의 인정) 법 제102조에 따라 「국제민간항공협약」의 부속서로서 채택된 표준방식 및 절차를 채용하는 협약 체결국 외국정부가 한 다음 각 호의 증명·면허와 그 밖의 행위는 국토교통부장관이 한 것으로 본다.
   1. 법 제12조에 따른 항공기 등록증명
   2. 법 제23조제1항에 따른 감항증명
   3. 법 제34조제1항에 따른 항공종사자의 자격증명
   4. 법 제40조제1항에 따른 항공신체검사증명
   5. 법 제44조제1항에 따른 계기비행증명
   6. 법 제45조제1항에 따른 항공영어구술능력증명

제279조(외국인국제항공운송사업자에 대한 운항증명승인 등) ① 「항공사업법」 제54조에 따라 외국인 국제항공운송사업 허가를 받으려는 자는 법 제103조제1항에 따라 그 운항 개시 예정일 60일 전까지 별지 제106호서식의 운항증명승인 신청서에 다음 각 호의 서류를 첨부하여 국토교통부장관에게 제출하여야 한다. 다만, 「항공사업법 시행규칙」 제55조에 따라 이미 제출한 경우에는 다음 각 호의 서류를 제출하지 않을 수 있다.
   1. 「국제민간항공협약」 부속서 6에 따라 해당 정부가 발행한 운항증명(Air Operator Certificate) 및 운영기준(Operations Specifications)
   2. 「국제민간항공협약」 부속서 6(항공기 운항)에 따라 해당 정부로부터 인가받은 운항규정(Operations Manual) 및 정비규정(Maintenance Control Manual)
   3. 항공기 운영국가의 항공당국이 인정한 항공기 임대차 계약서(해당 사실이 있는 경우만 해당한다)
   4. 별지 제107호서식의 외국항공기의 소유자등 안전성 검토를 위한 질의서(Questionnaire of Foreign Operators' Safety)

② 국토교통부장관은 제1항에 따라 운항증명승인 신청을 받은 경우에는 그 서류와 다음 각 호의 사항을 검사하여 적합하다고 인정되면 해당 국가에서 외국인국제항공운송사업자에게 발급한 운항증명이 유효함을 확인하는 별지 제108호서식의 운항증명 승인서 및 별지 제109호서식의 운항조건 및 제한사항을 정한 서류를 함께 발급하여야 한다.
   1. 운항증명을 발행한 국가에 대한 국제민간항공기구의 국제항공안전평가(ICAO USOAP 등) 결과
   2. 운항증명을 발행한 국가 또는 외국인국제항공운송사업자에 대하여 외국정부가 공표한 항공안전에 관한 평가 결과

③ 국토교통부장관은 제2항제1호부터 제2호까지 사항이 변경되었음을 알게 된 경우 또는 제4항에 따라 변경 내용 및 사유를 제출받은 경우에는 제2항에 따라 발급한 별지 제108호서식의 운항증명승인서 또는 별지 제109호서식의 운항조건 및 제한사항을 개정할 필요가 있다고 판단되면 해당 내용을 변경하여 발급할 수 있다.

항공안전법	항공안전법 시행령

③ 「항공사업법」 제54조에 따라 외국인 국제항공운송사업 허가를 받은 자(이하 "외국인국제항공운송사업자"라 한다)와 그에 속한 항공종사자는 제2항에 따라 발급된 운항조건·제한사항을 준수하여야 한다.

④ 국토교통부장관은 외국인국제항공운송사업자가 사용하는 항공기의 안전운항을 위하여 국토교통부령으로 정하는 바에 따라 제2항에 따른 운항조건·제한사항을 변경할 수 있다.

⑤ 외국인국제항공운송사업자는 대한민국에 노선의 개설 등에 따른 운항증명승인 또는 운항조건·제한사항이 변경된 경우에는 국토교통부장관의 변경승인을 받아야 한다.

⑥ 국토교통부장관은 항공기의 안전운항을 위하여 외국인국제항공운송사업자가 사용하는 항공기에 대하여 검사를 할 수 있다.

⑦ 국토교통부장관은 제6항에 따른 검사 중 긴급히 조치하지 아니할 경우 항공기의 안전운항에 중대한 위험을 초래할 수 있는 사항이 발견되었을 때에는 국토교통부령으로 정하는 바에 따라 해당 항공기의 운항을 정지하거나 항공종사자의 업무를 정지할 수 있다.

⑧ 국토교통부장관은 제7항에 따라 한 정지처분의 사유가 없어진 경우에는 지체 없이 그 처분을 취소하거나 변경하여야 한다.

제104조(안전운항을 위한 외국인국제항공운송사업자의 준수사항 등) ① 외국인국제항공운송사업자는 다음 각 호의 서류를 국토교통부령으로 정하는 바에 따라 항공기에 싣고 운항하여야 한다.
  1. 제103조제2항에 따라 국토교통부장관이 발급한 운항증명승인서와 운항조건·제한사항을 정한 서류
  2. 외국인국제항공운송사업자가 속한 국가가 발급한 운항증명 사본 및 운영기준 사본
  3. 그 밖에 「국제민간항공협약」 및 같은 협약의 부속서에 따라 항공기에 싣고 운항하여야 할 서류 등

② 외국인국제항공운송사업자와 그에 속한 항공종사자는 제1항제2호의 운영기준을 준수하여야 한다.

③ 국토교통부장관은 항공기의 안전운항을 위하여 외국인국제항공운송사업자와 그에 속한 항공종사자가 제1항제2호의 운영기준을 준수하는지 등에 대하여 정기 또는 수시로 검사할 수 있다.

④ 국토교통부장관은 제3항에 따른 정기검사 또는 수시검사에서 긴급히 조치하지 아니할 경우 항공기의 안전운항에 중대한 위험을 초래할 수 있는 사항이 발견되었을 때에는 국토교통부령으로 정하는 바에 따라 해당 항공기의 운항을 정지하거나 항공종사자의 업무를 정지할 수 있다.

항공안전법 시행규칙

④ 외국인국제항공운송사업자는 제2항에 따라 국토교통부장관이 발급한 별지 제108호서식의 운항증명 승인서 또는 별지 제109호서식의 운항조건 및 제한사항에 변경이 필요한 경우 그 변경사항을 적용하려는 날의 30일 전까지 별지 제109호의2서식의 운항증명 변경승인 신청서에 변경내용을 증명할 수 있는 서류를 첨부하여 국토교통부장관에게 제출해야 한다.

제280조(외국인국제항공운송사업자의 항공기의 운항정지 등) 국토교통부장관은 법 제103조제7항에 따라 외국인국제항공운송사업자의 항공기의 운항을 정지하게 하거나 그에 속한 항공종사자의 업무를 정지하게 하려는 경우에는 다음 각 호의 순서에 따라 조치하여야 한다.
  1. 국토교통부장관은 외국인국제항공운송사업자 또는 항공종사자에게 항공기의 운항 또는 항공종사자의 업무를 정지하는 사유와 조치하여야 할 내용을 구두로 지체 없이 통보하고, 사후에 서면으로 통보하여야 한다.
  2. 제1호에 따라 통보를 받은 자는 조치하여야 할 사항을 조치하였을 때에는 지체 없이 그 내용을 국토교통부장관에게 통보하여야 한다.
  3. 국토교통부장관은 제2호에 따른 통보를 받은 경우 그 내용을 확인하고 항공기의 안전운항에 지장이 없다고 판단되면 지체 없이 그 사실을 해당 외국인국제항공운송사업자 또는 항공종사자에게 통보하여 항공기의 운항 또는 항공종사자의 업무를 계속 수행할 수 있게 하여야 한다.

제281조(외국인국제항공운송사업자의 항공기에 탑재하는 서류) 법 제104조제1항에 따라 외국인국제항공운송사업자는 운항하려는 항공기에 다음 각 호의 서류를 탑재하여야 한다.
  1. 항공기 등록증명서
  2. 감항증명서
  3. 탑재용 항공일지
  4. 운용한계 지정서 및 비행교범
  5. 운항규정(항공기 등록국가가 발행한 경우만 해당한다)
  6. 소음기준적합증명서
  7. 각 승무원의 유효한 자격증명(조종사 비행기록부를 포함한다)
  8. 무선국 허가증명서(radio station license)
  9. 탑승한 여객의 성명, 탑승지 및 목적지가 표시된 명부(passenger manifest)
  10. 해당 항공운송사업자가 발행하는 수송화물의 목록(cargo manifest)과 화물 운송장에 명시되어 있는 세부 화물신고 서류(detailed declarations of the cargo)
  11. 해당 국가의 항공당국 간에 체결한 항공기등의 감독 의무에 관한 이전협정서 사본(법 제5조에 따른 임대차 항공기의 경우만 해당한다)

항공안전법	항공안전법 시행령

⑤ 국토교통부장관은 제4항에 따른 정지처분의 사유가 없어지면 지체 없이 그 처분을 취소하여야 한다.

제105조(외국인국제항공운송사업자의 항공기 운항의 정지 등) ① 국토교통부장관은 외국인국제항공운송사업자가 다음 각 호의 어느 하나에 해당하는 경우에는 6개월 이내의 기간을 정하여 항공기 운항의 정지를 명할 수 있다. 다만, 제1호 또는 제7호에 해당하는 경우에는 운항증명승인을 취소하여야 한다.

1. 거짓이나 그 밖의 부정한 방법으로 운항증명승인을 받은 경우
2. 제103조제1항을 위반하여 운항증명승인을 받지 아니하고 운항한 경우
3. 제103조제3항을 위반하여 같은 조 제2항에 따른 운항조건·제한사항을 준수하지 아니한 경우
4. 제103조제5항을 위반하여 변경승인을 받지 아니하고 운항한 경우
5. 제106조제1항에 따라 준용되는 제57조제1항을 위반하여 조종사가 주류등의 영향으로 항공업무를 정상적으로 수행할 수 없는 상태에서 항공업무에 종사하게 한 경우
6. 제106조제2항에 따라 준용되는 제94조 각 호에 따른 항공운송의 안전을 위한 명령을 따르지 아니한 경우
7. 이 조에 따른 항공기 운항의 정지기간에 항공기를 운항한 경우

② 제1항에 따른 처분의 세부기준 등 그 밖에 필요한 사항은 국토교통부령으로 정한다.

제106조(외국인국제항공운송사업자에 대한 준용규정) ① 외국인국제항공운송사업자가 사용하는 항공기 조종사의 주류등 섭취·사용 제한에 관한 사항은 제57조를 준용한다.
② 외국인국제항공운송사업자의 항공안전 의무보고 및 자율보고 등에 관하여는 제59조, 제61조, 제92조 및 제94조를 준용한다.

제107조(외국항공기의 유상운송에 대한 운항안전성 검사) 「항공사업법」 제55조에 따라 외국항공기의 유상운송 허가를 받으려는 자는 국토교통부령으로 정하는 기준에 따라 그가 속한 국가에서 발급받은 운항증명과 운항조건·제한사항을 정한 운영기준에 대하여 국토교통부장관이 실시하는 운항안전성 검사를 받아야 한다.

항공안전법 시행규칙

제282조(외국인국제항공운송사업자의 항공기 운항의 정지 등) 법 제105조제2항에 따른 처분의 세부기준은 별표 39와 같다.

제283조(외국항공기의 유상운송에 대한 운항안전성 검사) 법 제107조에 따라 국토교통부장관이 실시하는 외국항공기의 유상운송에 대한 운항안전성 검사는 제279조제1항에 따른 서류 및 같은 조 제2항에 따른 사항을 확인하는 것을 말한다.

제9장 경량항공기

제284조(경량항공기의 시험비행등 허가 및 안전성인증 등) ① 법 제108조제1항 전단에서 "시험비행 등 국토교통부령으로 정하는 경우"란 다음 각 호의 어느 하나에 해당하는 경우를 말한다.
  1. 연구·개발 중에 있는 경량항공기의 안전성 여부를 평가하기 위하여 시험비행을 하는 경우
  2. 법 제108조제1항 전단에 따른 안전성인증을 받은 경량항공기의 성능 향상을 위하여 운용한계를 초과하여 시험비행을 하는 경우
  3. 그 밖에 국토교통부장관이 필요하다고 인정하는 경우

② 법 제108조제1항 전단에 따른 시험비행 등(이하 이 조에서 "시험비행등"이라 한다)을 위하여 국토교통부장관의 허가를 받으려는 자는 별지 제110호서식의 경량항공기 시험비행등 허가 신청서에 해당 경량항공기가 국토교통부장관이 정하여 고시하는 경량항공기 시험비행등의 안전을 위한 기술상의 기준(이하 이 조에서 "경량항공기 시험비행등의 기술기준"이라 한다)에 적합함을 입증하는 다음 각 호의 서류를 첨부하여 국토교통부장관에게 제출해야 한다.
  1. 해당 경량항공기에 대한 소개서(설계개요서, 설계도면, 부품표 및 경량항공기의 제원을 포함한다)
  2. 시험비행등 계획서(시험비행등의 기간, 장소 및 시험비행등 점검표를 포함한다)
  3. 설계도면과 일치되게 제작되었음을 입증하는 서류
  4. 신청인이 제시한 시험비행등의 범위에서 안전 수준을 입증하는 서류(지상성능시험 결과 및 안전대책을 포함한다)
  5. 신청인이 제시한 시험비행등을 하기 위한 수준의 조종절차 및 안전성 유지를 위한 정비방법을 명시한 서류
  6. 경량항공기 사진(전체 및 측면사진을 말하며, 전자파일로 된 것을 포함한다) 각 1매
  7. 그 밖에 시험비행등과 관련하여 국토교통부장관이 필요하다고 인정하여 고시하는 서류

③ 국토교통부장관은 제2항에 따른 신청서를 접수받은 경우 경량항공기 시험비행등의 기술기준에 적합한지를 확인한 후 적합하다고 인정하면 신청인에게 시험비행을 허가해야 한다.

④ 법 제108조제1항 전단 및 같은 조 제2항에서 "국토교통부령으로 정하는 기관 또는 단체"란 「항공안전기술원법」에 따른 항공안전기술원(이하 "기술원"이라 한다)을 말한다.

⑤ 법 제108조제2항에 따른 안전성인증 등급은 다음 각 호와 같이 구분하고, 각 등급에 따른 운용범위는 별표 40과 같다.
  1. 제1종 : 법 제108조제1항 전단에 따라 국토교통부장관이 정하여 고시하는 비행안전을 위한 기술상의 기준(이하 "경량항공기 기술기준"이라 한다)에 적합하게 완제기 형태로 제작된 경량항공기
  2. 제2종 : 경량항공기 기술기준에 적합하게 조립(組立)형태로 제작된 경량항공기
  3. 제3종 : 경량항공기가 완제기 형태로 제작되었으나 경량항공기 제작자로부터 경량항공기 기술기준에 적합함을 입증하는 서류를 발급받지 못한 경량항공기
  4. 제4종 : 다음 각 목의 어느 하나에 해당하는 경량항공기
      가. 경량항공기 제작자가 제공한 수리·개조지침을 따르지 아니하고 수리 또는 개조하여 원형이 변경된 경량항공기로서 제한된 범위에서 비행이 가능한 경량항공기
      나. 제1호부터 제3호까지에 해당하지 않는 경량항공기로서 제한된 범위에서 비행이 가능한 경량항공기

⑥ 제5항에 따른 안전성인증 등급의 구분 및 운용범위에 관하여 필요한 세부사항은 국토교통부장관이 정하여 고시한다.

Chapter 01 | 항공법규

항공안전법	항공안전법 시행령

제9장 경량항공기

제108조(경량항공기 안전성인증 등) ① 시험비행 등 국토교통부령으로 정하는 경우로서 국토교통부장관의 허가를 받은 경우를 제외하고는 경량항공기를 소유하거나 사용할 수 있는 권리가 있는 자(이하 "경량항공기소유자등"이라 한다)는 국토교통부령으로 정하는 기관 또는 단체의 장으로부터 그가 정한 안전성인증의 유효기간 및 절차·방법 등에 따라 그 경량항공기가 국토교통부장관이 정하여 고시하는 비행안전을 위한 기술상의 기준에 적합하다는 안전성인증을 받지 아니하고 비행하여서는 아니 된다. 이 경우 안전성인증의 유효기간 및 절차·방법 등에 대해서는 국토교통부장관의 승인을 받아야 하며, 변경할 때에도 또한 같다.
② 제1항에 따라 국토교통부령으로 정하는 기관 또는 단체의 장이 안전성인증을 할 때에는 국토교통부령으로 정하는 바에 따라 안전성인증 등급을 부여하고, 그 등급에 따른 운용범위를 지정하여야 한다.
③ 경량항공기소유자등 또는 경량항공기를 사용하여 비행하려는 사람은 제2항에 따라 부여된 안전성인증 등급에 따른 운용범위를 준수하여 비행하여야 한다.
④ 경량항공기소유자등 또는 경량항공기를 사용하여 비행하려는 사람은 경량항공기 또는 그 장비품·부품을 정비한 경우에는 제35조제8호의 항공정비사 자격증명을 가진 사람으로부터 국토교통부령으로 정하는 방법에 따라 안전하게 운용할 수 있다는 확인을 받지 아니하고 비행하여서는 아니 된다. 다만, 국토교통부령으로 정하는 경미한 정비는 그러하지 아니하다.

제109조(경량항공기 조종사 자격증명) ① 경량항공기를 사용하여 비행하려는 사람은 국토교통부령으로 정하는 바에 따라 국토교통부장관의 자격증명(이하 "경량항공기 조종사 자격증명"이라 한다)을 받아야 한다.
② 다음 각 호의 어느 하나에 해당하는 사람은 경량항공기 조종사 자격증명을 받을 수 없다.
  1. 17세 미만인 사람
  2. 제114조제1항에 따른 경량항공기 조종사 자격증명 취소처분을 받고 그 취소일부터 2년이 지나지 아니한 사람

제110조(경량항공기 조종사 업무범위) 경량항공기 조종사 자격증명을 받은 사람은 경량항공기에 탑승하여 경량항공기를 조종하는 업무(이하 "경량항공기 조종업무"라 한다) 외의 업무를 해서는 아니 된다. 다만, 새로운 종류의 경량항공기에 탑승하여 시험비행 등을 하는 경우로서 국토교통부령으로 정하는 바에 따라 국토교통부장관의 허가를 받은 경우에는 그러하지 아니하다.

항공안전법 시행규칙

제285조(경량항공기의 정비 확인) ① 법 제108조제4항 본문에 따라 경량항공기소유자등 또는 경량항공기를 사용하여 비행하려는 사람이 경량항공기 또는 그 부품등을 정비한 후 경량항공기등을 안전하게 운용할 수 있다는 확인을 받기 위해서는 법 제35조제8호에 따른 항공정비사 자격증명을 가진 사람으로부터 해당 정비가 다음 각 호의 어느 하나에 충족되게 수행되었음을 확인받은 후 해당 정비 기록문서에 서명을 받아야 한다.
  1. 해당 경량항공기 제작자가 제공하는 최신의 정비교범 및 기술문서
  2. 해당 경량항공기 제작자가 정비교범 및 기술문서를 제공하지 아니하여 경량항공기소유자등이 안전성인증 검사를 받을 때 제출한 검사프로그램
  3. 그 밖에 국토교통부장관이 정하여 고시하는 기준에 부합하는 기술자료
② 법 제108조제4항 단서에서 "국토교통부령으로 정하는 경미한 정비"란 별표 41에 따른 정비를 말한다.

[별표 41] 경량항공기에 대한 경미한 정비의 범위(제258조제2항 관련)
경량항공기에 대한 경미한 정비의 범위는 다음과 같으며, 복잡한 조립 조작이 포함되어 있지 않아야 한다.
1. 착륙장치(Landing Gear)의 타이어를 떼어내는 작업(이하 "장탈"이라 한다), 원래의 위치에 붙이는 작업(이하 "장착"이라 한다)
2. 착륙장치의 탄성충격흡수장치(Elastic Shock Absorber)의 고정용 코드(Cord)의 교환
3. 착륙장치의 유압완충지주(Shock Strut)에 윤활유 또는 공기의 보충
4. 착륙장치 바퀴(Wheel) 베어링에 대한 세척 및 윤활유 주입 등의 서비스
5. 손상된 풀림방지 안전선(Safety Wire) 또는 고정 핀(Cotter Key)의 교환
6. 덮개(Cover plates), 카울링(Cowing) 및 페어링(Fairing)과 같은 비구조부 품목의 장탈(분해하는 경우는 제외한다) 및 윤활
7. 리브 연결(Rib Stitching), 구조부 부품 또는 조종면의 장탈을 필요로 하지 않는 단순한 직물의 기움
8. 유압유 저장탱크에 유압액을 보충하는 것
9. 1차 구조부재 또는 작동 시스템의 장탈 또는 분해가 필요하지 않은 동체(Fuselage), 날개, 꼬리부분의 표면[균형 조종면(Balanced control surfaces)은 제외한다], 페어링, 카울링, 착륙장치, 조종실 내부의 장식을 위한 덧칠(Coating)
10. 장비품(Components)의 보존 또는 보호를 위한 재료의 사용. 다만, 관련된 1차 구조부재 또는 작동 시스템의 분해가 요구되지 않아야 하고, 덧칠이 금지되거나 좋지 않은 영향이 없어야 한다.
11. 객실 또는 조종실의 실내 장식품 또는 장식용 비품의 수리. 다만, 수리를 위해 1차 구조부재나 작동 시스템의 분해가 요구되지 않아야 하고, 작동 시스템에 간섭을 주거나 1차 구조부재에 영향을 주지 않아야 한다.
12. 페어링, 구조물이 아닌 덮개, 카울링, 소형 패치에 대한 작고 간단한 수리작업 및 공기흐름에 영향을 줄 수 있는 외형상의 변화가 없는 보강작업
13. 작업이 조종계통 또는 전기계통 장비품 등과 같은 작동 시스템의 구조에 간섭을 일으키지 않는 측면 창문(Side Windows)의 교환
14. 안전벨트의 교환
15. 1차 구조부과 작동 시스템의 분해가 필요하지 않는 좌석 또는 좌석부품의 교환
16. 고장 난 착륙등(Landing Light)의 배선 회로에 대한 고장탐구 및 수리
17. 위치등(Position Light)과 착륙등(Landing Light)의 전구, 반사면, 렌즈의 교환
18. 중량과 평형(Weight and Balance) 계산이 필요 없는 바퀴와 스키의 교환
19. 프로펠러나 비행조종계통의 장탈이 필요 없는 카울링의 교환
20. 점화플러그의 교환, 세척 또는 간극(Gap)의 조정
21. 호스 연결부위의 교환
22. 미리 제작된 연료 배관의 교환
23. 연료와 오일 여과기 세척
24. 배터리의 교환 및 충전 서비스
25. 작동에 부수적인 역할을 하며 구조부재가 아닌 파스너(Fastener : 잠금장치)의 교환 및 조절

Chapter 01 | 항공법규

항공안전법	항공안전법 시행령

제111조(경량항공기 조종사 자격증명의 한정) ① 국토교통부장관은 경량항공기 조종사 자격증명을 하는 경우에는 경량항공기의 종류를 한정할 수 있다.
② 제1항에 따라 경량항공기 조종사 자격증명의 한정을 받은 사람은 그 한정된 경량항공기 종류 외의 경량항공기를 조종해서는 아니 된다.
③ 제1항에 따른 경량항공기 조종사 자격증명의 한정에 필요한 세부 사항은 국토교통부령으로 정한다.

제112조(경량항공기 조종사 자격증명 시험의 실시 및 면제) ① 경량항공기 조종사 자격증명을 받으려는 사람은 국토교통부령으로 정하는 바에 따라 경량항공기 조종업무에 종사하는 데 필요한 지식 및 능력에 관하여 국토교통부장관이 실시하는 학과시험 및 실기시험에 합격하여야 한다.
② 국토교통부장관은 제111조에 따라 경량항공기 조종사 자격증명(제115조에 따른 경량항공기 조종교육증명을 포함한다)을 경량항공기의 종류별로 한정하는 경우에는 경량항공기 탑승경력 등을 심사하여야 한다. 이 경우 종류에 대한 최초의 경량항공기 조종사 자격증명의 한정은 실기시험을 실시하여 심사할 수 있다.
③ 국토교통부장관은 다음 각 호의 어느 하나에 해당하는 사람에게는 국토교통부령으로 정하는 바에 따라 제1항 및 제2항에 따른 시험 및 심사의 전부 또는 일부를 면제할 수 있다.
　1. 제35조제1호부터 제4호까지의 자격증명 또는 외국정부로부터 경량항공기 조종사 자격증명을 받은 사람
　2. 제117조에 따른 경량항공기 전문교육기관의 교육과정을 이수한 사람
　3. 해당 분야에 관한 실무경험이 있는 사람
④ 국토교통부장관은 제1항에 따라 학과시험 및 실기시험에 합격한 사람에 대해서는 경량항공기 조종사 자격증명서를 발급하여야 한다.

제112조의2(경량항공기 조종사 자격증명서의 대여 등 금지) ① 경량항공기 조종사 자격증명을 받은 사람은 다른 사람에게 자기의 성명을 사용하여 경량항공기 조종업무를 수행하게 하거나 제112조제4항에 따라 발급받은 경량항공기 조종사 자격증명서(이하 "경량항공기 조종사 자격증명서"라 한다)를 빌려 주어서는 아니 된다.
② 누구든지 다른 사람의 성명을 사용하여 경량항공기 조종업무를 수행하거나 다른 사람의 경량항공기 조종사 자격증명서를 빌려서는 아니 된다.
③ 누구든지 제1항이나 제2항에서 금지된 행위를 알선하여서는 아니 된다.

항공안전법 시행규칙

제286조(경량항공기 조종사 응시자격) 법 제109조제1항에 따라 경량항공기 조종사 자격증명을 받으려는 사람은 법 제109조 제2항 각 호에 해당하지 않는 사람으로서 별표 4에 따른 경력을 가진 사람이어야 한다.

제287조(경량항공기 조종사 자격증명 응시원서의 제출 등) 법 제112조제1항부터 제3항까지의 규정에 따라 경량항공기 조종사 자격증명 시험 또는 경량항공기 조종사 자격증명의 한정심사에 응시하려는 사람에 관하여는 제75조부터 제77조까지 및 제81조부터 제89조까지를 준용한다. 이 경우 "항공기"는 "경량항공기"로, "항공종사자"는 "경량항공기 조종사"로, 제87조제1항에 대해서는 "별지 제38호서식"은 "별지 제38호의2서식"으로 보되, 제88조제2항에 대해서는 "실기시험"을 "학과시험"으로 본다.

제288조(경량항공기의 조종사의 자격증명 업무범위 외의 비행 시 허가대상) 법 제110조 단서에 따라 다음 각 호의 어느 하나에 해당하는 경우에는 국토교통부장관의 허가를 받아야 한다.
    1. 새로운 종류의 경량항공기에 탑승하여 시험비행을 하는 경우
    2. 국내에 최초로 도입되는 경량항공기에서 교관으로서 훈련을 실시하는 경우
    3. 그 밖에 국토교통부장관이 필요하다고 인정하는 경우

제289조(경량항공기 시험비행 등의 허가) 법 제110조 단서에 따라 경량항공기의 시험비행 등을 하려는 사람은 별지 제25호서식의 시험비행 등의 허가신청서를 지방항공청장에게 제출하여야 한다.

제290조(경량항공기 조종사 자격증명의 한정) 국토교통부장관은 법 제111조제3항에 따라 경량항공기의 종류를 한정하는 경우에는 자격증명을 받으려는 사람이 실기심사에 사용하는 다음 각 호의 어느 하나에 해당하는 경량항공기의 종류로 한정해야 한다.
    1. 조종형비행기
    2. 체중이동형비행기
    3. 경량헬리콥터
    4. 자이로플레인
    5. 동력패러슈트

제291조(경량항공기 조종사의 항공신체검사증명의 기준 등) 법 제113조제1항에 따른 경량항공기 조종사의 항공신체검사증명의 기준, 유효기간 및 신청 등에 관하여는 제92조부터 제96조까지의 규정을 준용한다. 이 경우 "항공기"는 "경량항공기"로, "항공종사자"는 "경량항공기 조종사"로 본다.

제292조(경량항공기 조종사 자격증명·항공신체검사증명의 취소 등) ① 법 제114조제1항(법 제115조제3항에서 준용하는 경우를 포함한다) 및 제2항에 따른 행정처분기준은 별표 42와 같다.
② 국토교통부장관 또는 지방항공청장은 제1항에 따른 처분을 한 경우에는 별지 제111호서식의 경량항공기 조종사 등 행정처분 대장을 작성·관리하되, 전자적 처리가 불가능한 특별한 사유가 없으면 전자적 처리가 가능한 방법으로 작성·관리하고, 그 처분 내용에 따라 한국교통안전공단의 이사장 또는 한국항공우주의학협회에 통지하여야 한다.

항공안전법	항공안전법 시행령

제113조(경량항공기 조종사의 항공신체검사증명) ① 경량항공기 조종사 자격증명을 받고 경량항공기 조종업무를 하려는 사람(제116조에 따라 경량항공기 조종연습을 하는 사람을 포함한다)은 국토교통부장관의 항공신체검사증명을 받아야 한다.
② 제1항에 따른 항공신체검사증명에 관하여는 제40조제2항부터 제7항까지의 규정을 준용한다.

제114조(경량항공기 조종사 자격증명등·항공신체검사증명의 취소 등) ① 국토교통부장관은 경량항공기 조종사 자격증명을 받은 사람이 다음 각 호의 어느 하나에 해당하는 경우에는 그 경량항공기 조종사 자격증명이나 자격증명의 한정(이하 이 조에서 "자격증명등"이라 한다)을 취소하거나 1년 이내의 기간을 정하여 자격증명등의 효력정지를 명할 수 있다. 다만, 제1호, 제5호의2, 제5호의3 또는 제17호의 어느 하나에 해당하는 경우에는 자격증명등을 취소하여야 한다.
  1. 거짓이나 그 밖의 부정한 방법으로 자격증명등을 받은 경우
  2. 이 법을 위반하여 벌금 이상의 형을 선고받은 경우
  3. 경량항공기 조종업무를 수행할 때 고의 또는 중대한 과실로 경량항공기사고를 일으켜 인명피해나 재산피해를 발생시킨 경우
  4. 제110조 본문을 위반하여 경량항공기 조종업무 외의 업무에 종사한 경우
  5. 제111조제2항을 위반하여 경량항공기 조종사 자격증명의 한정을 받은 사람이 한정된 경량항공기 종류 외의 경량항공기를 조종한 경우
  5의2. 제112조의2제1항을 위반하여 다른 사람에게 자기의 성명을 사용하여 경량항공기 조종업무를 수행하게 하거나 경량항공기 조종사 자격증명서를 빌려 준 경우
  5의3. 제112조의2제3항을 위반하여 다음 각 목의 어느 하나에 해당하는 행위를 알선한 경우
    가. 다른 사람에게 자기의 성명을 사용하여 경량항공기 조종업무를 수행하게 하거나 경량항공기 조종사 자격증명서를 빌려 주는 행위
    나. 다른 사람의 성명을 사용하여 경량항공기 조종업무를 수행하거나 다른 사람의 경량항공기 조종사 자격증명서를 빌리는 행위
  6. 제113조(제116조제5항에서 준용하는 경우를 포함한다)를 위반하여 항공신체검사증명을 받지 아니하고 경량항공기 조종업무를 하거나 경량항공기 조종연습을 한 경우
  7. 제115조제1항을 위반하여 조종교육증명을 받지 아니하고 조종교육을 한 경우

항공안전법	항공안전법 시행령

항공안전법

8. 제115조제2항을 위반하여 국토교통부장관이 정하는 교육을 받지 아니한 경우
9. 제118조를 위반하여 이륙·착륙 장소가 아닌 곳 또는 「공항시설법」 제25조제6항에 따라 사용이 중지된 이착륙장에서 경량항공기를 이륙하거나 착륙하게 한 경우
10. 제121조제2항에서 준용하는 제57조제1항을 위반하여 주류등의 영향으로 경량항공기 조종업무(제116조에 따른 경량항공기 조종연습을 포함한다)를 정상적으로 수행할 수 없는 상태에서 경량항공기를 사용하여 비행한 경우
11. 제121조제2항에서 준용하는 제57조제2항을 위반하여 경량항공기 조종업무(제116조에 따른 경량항공기 조종연습을 포함한다)에 종사하는 동안에 같은 조 제1항에 따른 주류등을 섭취하거나 사용한 경우
12. 제121조제2항에서 준용하는 제57조제3항을 위반하여 같은 조 제1항에 따른 주류등의 섭취 및 사용 여부의 측정 요구에 따르지 아니한 경우
13. 제121조제3항에서 준용하는 제67조제1항을 위반하여 비행규칙을 따르지 아니하고 비행한 경우
14. 제121조제4항에서 준용하는 제79조제1항을 위반하여 국토교통부장관이 정하여 공고하는 비행의 방식 및 절차에 따르지 아니하고 비관제공역 또는 주의공역에서 비행한 경우
15. 제121조제4항에서 준용하는 제79조제2항을 위반하여 허가를 받지 아니하거나 국토교통부장관이 정하는 비행의 방식 및 절차에 따르지 아니하고 통제공역에서 비행한 경우
16. 제121조제5항에서 준용하는 제84조제1항을 위반하여 국토교통부장관 또는 항공교통업무증명을 받은 자가 지시하는 이동·이륙·착륙의 순서 및 시기와 비행의 방법에 따르지 아니한 경우
17. 이 조에 따른 자격증명등의 효력정지기간에 경량항공기 조종업무에 종사한 경우

② 국토교통부장관은 경량항공기 조종업무를 하는 사람이 다음 각 호의 어느 하나에 해당하는 경우에는 그 항공신체검사증명을 취소하거나 1년 이내의 기간을 정하여 항공신체검사증명의 효력정지를 명할 수 있다. 다만, 제1호에 해당하는 경우에는 항공신체검사증명을 취소하여야 한다.

1. 거짓이나 그 밖의 부정한 방법으로 항공신체검사증명을 받은 경우
2. 제113조제2항에서 준용하는 제40조제2항에 따른 자격증명의 종류별 항공신체검사증명의 기준에 맞지 아니하게 되어 경량항공기 조종업무를 수행하기에 부적합하다고 인정되는 경우

Chapter 01 | 항공법규

항공안전법	항공안전법 시행령

항공안전법

3. 제1항제10호부터 제12호까지의 어느 하나에 해당하는 경우

③ 자격증명등의 시험에 응시하거나 심사를 받는 사람이 그 시험 또는 심사에서 부정행위를 하거나 항공신체검사를 받는 사람이 그 검사에서 부정한 행위를 한 경우에는 그 부정행위를 한 날부터 각각 2년 동안 이 법에 따른 자격증명등의 시험에 응시하거나 심사를 받을 수 없으며, 이 법에 따른 항공신체검사를 받을 수 없다.

④ 제1항 및 제2항에 따른 처분의 기준 및 절차와 그 밖에 필요한 사항은 국토교통부령으로 정한다.

제115조(경량항공기 조종교육증명) ① 다음 각 호의 조종연습을 하는 사람에 대하여 경량항공기 조종교육을 하려는 사람은 그 경량항공기의 종류별로 국토교통부령으로 정하는 바에 따라 국토교통부장관의 조종교육증명을 받아야 한다.

1. 경량항공기 조종사 자격증명을 받지 아니한 사람이 경량항공기에 탑승하여 하는 조종연습
2. 경량항공기 조종사 자격증명을 받은 사람이 그 경량항공기 조종사 자격증명에 대하여 제111조에 따른 한정을 받은 종류 외의 경량항공기에 탑승하여 하는 조종연습

② 제1항에 따른 조종교육증명(이하 "경량항공기 조종교육증명"이라 한다)은 경량항공기 조종교육증명서를 발급함으로써 하며, 경량항공기 조종교육증명을 받은 자는 국토교통부장관이 정하는 바에 따라 교육을 받아야 한다.

③ 경량항공기 조종교육증명의 시험 및 취소 등에 관하여는 제112조 및 제114조제1항·제3항을 준용한다.

제116조(경량항공기 조종연습) ① 제115조제1항제1호의 조종연습을 하려는 사람은 그 조종연습에 관하여 국토교통부령으로 정하는 바에 따라 국토교통부장관의 허가를 받고 경량항공기 조종교육증명을 받은 사람의 감독 하에 조종연습을 하여야 한다.

② 제115조제1항제2호의 조종연습을 하려는 사람은 경량항공기 조종교육증명을 받은 사람의 감독 하에 조종연습을 하여야 한다.

③ 제1항에 따른 조종연습에 대해서는 제109조제1항을 적용하지 아니하고, 제2항에 따른 조종연습에 대해서는 제111조제2항을 적용하지 아니한다.

④ 국토교통부장관은 제1항에 따라 조종연습의 허가 신청을 받은 경우 신청인이 경량항공기 조종연습을 하기에 필요한 능력이 있다고 인정될 때에는 국토교통부령으로 정하는 바에 따라 그 조종연습을 허가하고, 신청인에게 경량항공기 조종연습허가서를 발급한다.

⑤ 제4항에 따른 허가를 받은 사람의 항공신체검사증명 등에 관하여는 제113조 및 제114조를 준용한다.

항공안전법 시행규칙

제293조(경량항공기 조종교육증명 절차 등) ① 법 제115조제1항에 따른 경량항공기 조종사 조종교육증명을 위한 학과시험 및 실기시험, 시험장소 등에 관한 세부적인 내용과 절차는 국토교통부장관이 정하여 고시한다.

② 법 제115조제1항에 따라 조종교육증명을 받아야 하는 조종교육은 경량항공기에 대한 이륙조작·착륙조작 또는 공중조작의 실기교육(경량항공기 조종연습생 단독으로 비행하게 하는 경우를 포함한다)으로 한다.

③ 법 제115조제2항에 따라 조종교육증명을 받는 자는 한국교통안전공단의 이사장이 실시하는 다음 각 호의 내용이 포함된 안전교육을 정기적(조종교육증명 또는 안전교육을 받은 해의 말일부터 2년 내)으로 받아야 한다.
   1. 항공법령의 개정사항
   2. 기상정보 획득 및 이해
   3. 경량항공기 사고사례

제294조(경량항공기 조종연습의 허가 신청) ① 법 제116조제1항에 따라 경량항공기 조종연습 허가를 받으려는 사람은 별지 제112호서식의 경량항공기 조종연습 허가신청서에 자동차운전면허증 사본(제2종 항공신체검사증명서 대신 자동차운전면허증을 제출하는 사람에 한정한다)을 첨부하여 지방항공청장에게 제출해야 한다.

② 제1항에 따른 신청을 받은 지방항공청장은 법 제116조제4항에 따라 신청인이 경량항공기 조종연습을 하기에 필요한 능력이 있다고 인정될 때에는 그 조종연습을 허가하고, 별지 제113호서식의 경량항공기 조종연습허가서를 발급하여야 한다.

Chapter 01 | 항공법규

항공안전법

⑥ 제4항에 따른 허가를 받은 사람이 경량항공기 조종연습을 할 때에는 경량항공기 조종연습허가서와 항공신체검사증명서를 지녀야 한다.

제117조(경량항공기 전문교육기관의 지정 등) ① 국토교통부장관은 경량항공기 조종사를 양성하기 위하여 국토교통부령으로 정하는 바에 따라 경량항공기 전문교육기관을 지정할 수 있다.
② 국토교통부장관은 제1항에 따라 지정된 경량항공기 전문교육기관이 경량항공기 조종사를 양성하는 경우에는 예산의 범위에서 필요한 경비의 전부 또는 일부를 지원할 수 있다.
③ 경량항공기 전문교육기관의 교육과목, 교육방법, 인력, 시설 및 장비 등의 지정기준은 국토교통부령으로 정한다.
④ 국토교통부장관은 경량항공기 전문교육기관으로 지정받은 자가 다음 각 호의 어느 하나에 해당하는 경우에는 그 지정을 취소할 수 있다. 다만, 제1호에 해당하는 경우에는 그 지정을 취소하여야 한다.
   1. 거짓이나 그 밖의 부정한 방법으로 경량항공기 전문교육기관으로 지정받은 경우
   2. 제3항에 따른 경량항공기 전문교육기관의 지정기준 중 국토교통부령으로 정하는 사항을 위반한 경우

제118조(경량항공기 이륙·착륙의 장소) ① 누구든지 경량항공기를 비행장(군 비행장은 제외한다) 또는 이착륙장이 아닌 곳에서 이륙하거나 착륙하여서는 아니 된다. 다만, 안전과 관련한 비상상황 등 불가피한 사유가 있는 경우로서 국토교통부장관의 허가를 받은 경우에는 그러하지 아니한다.
② 제1항 단서에 따른 허가에 필요한 세부기준 및 절차와 그 밖에 필요한 사항은 대통령령으로 정한다.

제119조(경량항공기 무선설비 등의 설치·운용 의무) 국토교통부령으로 정하는 경량항공기를 항공에 사용하려는 사람 또는 소유자등은 해당 경량항공기에 무선교신용 장비, 항공기 식별용 트랜스폰더 등 국토교통부령으로 정하는 무선설비를 설치·운용하여야 한다.

제120조(경량항공기 조종사의 준수사항) ① 경량항공기 조종사는 경량항공기로 인하여 인명이나 재산에 피해가 발생하지 않도록 국토교통부령으로 정하는 준수사항을 지켜야 한다.
② 경량항공기 조종사는 경량항공기사고가 발생하였을 때에는 지체 없이 국토교통부령으로 정하는 바에 따라 국토교통부장관에게 그 사실을 보고하여야 한다. 다만, 경량항공기 조종사가 보고할 수 없을 때에는 그 경량항공기 소유자등이 경량항공기사고를 보고하여야 한다.

항공안전법 시행령

제23조(경량항공기의 이륙·착륙 장소 외에서의 이륙·착륙 허가 등) ① 법 제118조제1항 단서에 따라 안전과 관련한 비상상황 등 불가피한 사유가 있는 경우는 다음 각 호의 어느 하나에 해당하는 경우로 한다.
   1. 경량항공기의 비행 중 계기 고장, 연료 부족 등의 비상상황이 발생하여 신속하게 착륙하여야 하는 경우
   2. 항공기의 운항 등으로 비행장 및 이착륙장을 사용할 수 없는 경우
   3. 경량항공기가 이륙·착륙하려는 장소 주변 30킬로미터 이내에 비행장 또는 이착륙장이 없는 경우
② 제1항제1호에 해당하여 법 제118조제1항 단서에 따라 착륙의 허가를 받으려는 자는 무선통신 등을 사용하여 국토교통부장관에게 착륙 허가를 신청하여야 한다. 이 경우 국토교통부장관은 특별한 사유가 없으면 허가하여야 한다.
③ 제1항제2호 또는 제3호에 해당하여 법 제118조제1항 단서에 따라 이륙 또는 착륙의 허가를 받으려는 자는 국토교통부령으로 정하는 허가신청서를 국토교통부장관에게 제출하여야 한다. 이 경우 국토교통부장관은 그 내용을 검토하여 안전에 지장이 없다고 인정되는 경우에는 6개월 이내의 기간을 정하여 허가하여야 한다.

I. 항공안전법 · 시행령 · 시행규칙
제9장 경량항공기

항공안전법 시행규칙

제295조(경량항공기 전문교육기관의 지정 등) ① 법 제117조제1항에 따라 경량항공기 조종사를 양성하는 전문교육기관(이하 "경량항공기 전문교육기관"이라 한다)으로 지정을 받으려는 자는 별지 제114호서식의 경량항공기 전문교육기관 지정신청서에 다음 각 호의 사항이 포함된 교육규정을 첨부하여 국토교통부장관에게 제출하여야 한다.
  1. 교육과목 및 교육방법
  2. 교관 현황(교관의 자격·경력 및 정원)
  3. 시설 및 장비의 개요
  4. 교육평가방법
  5. 연간 교육계획
  6. 〈삭제〉
② 법 제117조제3항에 따른 경량항공기 전문교육기관의 지정기준은 별표 12와 같으며, 지정을 위한 심사 등에 관한 세부절차는 국토교통부장관이 정하여 고시한다.
③ 국토교통부장관은 제1항에 따른 신청서를 심사하여 그 내용이 제2항에서 정한 지정기준에 적합한 경우에는 별지 제115호서식에 따른 경량항공기 전문교육기관 지정서를 발급하여야 한다.
④ 국토교통부장관은 제3항에 따라 경량항공기 전문교육기관을 지정할 때에는 그 내용을 공고하여야 한다.
⑤ 경량항공기 지정전문교육기관은 교육 종료 후 교육이수자의 명단 및 평가 결과를 지체 없이 국토교통부장관 및 한국교통안전공단의 이사장에게 보고하고, 이를 항공교육훈련통합관리시스템에 입력해야 한다.
⑥ 경량항공기 지정전문교육기관은 제1항 각 호의 사항에 변경이 있는 경우에는 그 변경 내용을 지체 없이 국토교통부장관에게 보고하고, 이를 항공교육훈련통합관리시스템에 입력해야 한다.
⑦ 국토교통부장관은 1년마다 경량항공기 지정전문교육기관이 제2항의 지정기준에 적합한지 여부를 심사하여야 한다.
⑧ 법 제117조제4항제2호에서 "국토교통부령으로 정하는 사항을 위반한 경우"란 다음 각 호의 어느 하나에 해당하는 경우를 말한다.
  1. 학과교육 및 실기교육의 과목, 교육시간을 이행하지 아니한 경우
  2. 교관 확보기준을 위반한 경우
  3. 시설 및 장비 확보기준을 위반한 경우
  4. 교육규정 중 교육과정명, 교육생 정원, 학사운영보고 및 기록유지에 관한 기준을 위반한 경우

제296조(경량항공기의 이륙·착륙 장소 외에서의 이륙·착륙 허가 신청) 영 제23조제3항에 따른 경량항공기의 이륙 또는 착륙의 허가에 관하여는 제160조를 준용한다. 이 경우 "항공기"는 "경량항공기"로 본다.

제297조(경량항공기의 의무무선설비) ① 법 제119조에서 "국토교통부령으로 정하는 경량항공기"란 제284조제5항제1호부터 제3호까지의 등급에 해당하는 경량항공기를 말한다.
② 법 제119조에 따라 경량항공기에 설치·운용 하여야 하는 무선설비는 다음 각 호와 같다.
  1. 비행 중 항공교통관제기관과 교신할 수 있는 초단파(VHF) 또는 극초단파(UHF) 무선전화 송수신기 1대
  2. 기압고도에 관한 정보를 제공하는 2차 감시 항공교통관제 레이더용 트랜스폰더(Mode 3/A 및 Mode C SSR transponder) 1대
③ 제2항제1호에 따른 무선전화 송수신기는 제107조제2항제3호 및 제4호의 성능을 가져야 한다.

제298조(경량항공기 조종사의 준수사항) ① 법 제120조제1항에 따라 경량항공기 조종사는 다음 각 호의 어느 하나에 해당하는 행위를 하여서는 아니 된다.
  1. 인명이나 재산에 위험을 초래할 우려가 있는 낙하물을 투하하는 행위
  2. 주거지역, 상업지역 등 인구가 밀집된 지역이나 그 밖에 사람이 많이 모인 장소의 상공에서 인명 또는 재산에 위험을 초래할 우려가 있는 방법으로 비행하는 행위
  3. 안개 등으로 지상목표물을 육안으로 식별할 수 없는 상태에서 비행하는 행위
  4. 별표 24에 따른 비행시정 및 구름으로부터의 거리 기준을 위반하여 비행하는 행위
  5. 일몰 후부터 일출 전까지의 야간에 비행하는 행위

Chapter 01 | 항공법규

항공안전법	항공안전법 시행령

제121조(경량항공기에 대한 준용규정) ① 경량항공기의 등록 등에 관하여는 제7조부터 제18조까지의 규정을 준용한다.
② 경량항공기에 대한 주류등의 섭취·사용 제한에 관하여는 제57조를 준용한다.
③ 경량항공기의 비행규칙에 관하여는 제67조를 준용한다.
④ 경량항공기의 비행제한에 관하여는 제79조를 준용한다.
⑤ 경량항공기에 대한 항공교통관제 업무 지시의 준수에 관하여는 제84조를 준용한다.

항공안전법 시행규칙

6. 평균해면으로부터 1,500미터(5천피트) 이상으로 비행하는 행위. 다만, 항공교통업무기관으로부터 승인을 받은 경우는 제외한다.
7. 동승한 사람의 낙하산 강하(降下)
8. 그 밖에 곡예비행 등 비정상적인 방법으로 비행하는 행위

② 경량항공기 조종사는 항공기를 육안으로 식별하여 미리 피할 수 있도록 주의하여 비행하여야 한다.
③ 경량항공기 조종사는 동력을 이용하지 않는 초경량비행장치에 대하여 진로를 양보하여야 한다.
④ 경량항공기의 조종사는 탑재용 항공일지를 경량항공기 안에 갖춰 두어야 하며, 경량항공기를 항공에 사용하거나 개조 또는 정비한 경우에는 지체 없이 항공일지에 다음 각 호의 사항을 적어야 한다.
  1. 경량항공기의 등록부호 및 등록 연월일
  2. 경량항공기의 종류 및 형식
  3. 안전성인증서번호
  4. 경량항공기의 제작자·제작번호 및 제작 연월일
  5. 발동기 및 프로펠러의 형식
  6. 비행에 관한 다음의 기록
     가. 비행 연월일
     나. 승무원의 성명
     다. 비행목적
     라. 비행 구간 또는 장소
     마. 비행시간
     바. 경량항공기의 비행안전에 영향을 미치는 사항
     사. 기장의 서명
  7. 제작 후의 총비행시간과 최근의 오버홀 후의 총 비행시간
  8. 정비등의 실시에 관한 다음의 사항
     가. 실시 연월일 및 장소
     나. 실시 이유, 정비등의 위치와 교환 부품명
     다. 확인 연월일 및 확인자의 서명 또는 날인
⑤ 항공레저스포츠사업에 종사하는 경량항공기 조종사는 다음 각 호의 사항을 준수하여야 한다.
  1. 비행 전에 해당 경량항공기의 이상 유무를 점검하고, 항공기의 안전 운항에 지장을 주는 이상이 있을 경우에는 비행을 중단할 것
  2. 비행 전에 비행안전을 위한 주의사항에 대하여 동승자에게 충분히 설명할 것
  3. 이륙 시 해당 경량항공기의 제작자가 정한 최대이륙중량을 초과하지 아니하게 할 것
  4. 이륙 또는 착륙 시 해당 경량항공기의 제작자가 정한 거리 기준을 충족하는 활주로를 이용할 것
  5. 동승자에 관한 인적사항(성명, 생년월일 및 주소)을 기록하고 유지할 것

제299조(경량항공기사고의 보고 등) 법 제120조제2항에 따라 경량항공기사고를 일으킨 조종사 또는 그 경량항공기의 소유자 등은 다음 각 호의 사항을 지방항공청장에게 보고하여야 한다.
  1. 조종사 및 그 경량항공기의 소유자등의 성명 또는 명칭
  2. 사고가 발생한 일시 및 장소
  3. 경량항공기의 종류 및 등록부호
  4. 사고의 경위
  5. 사람의 사상 또는 물건의 파손 개요
  6. 사상자의 성명 등 사상자의 인적사항 파악을 위하여 참고가 될 사항

제300조(항공기에 관한 규정의 준용) 경량항공기에 관하여는 제12조부터 제17조까지, 제129조, 제161조부터 제170조까지, 제172조부터 제175조까지, 제182조부터 제188조까지, 제190조부터 제196조까지, 제198조, 제222조, 제247조 및 제248조를 준용한다.

Chapter 01 | 항공법규

항공안전법

제10장 초경량비행장치

제122조(초경량비행장치 신고) ① 초경량비행장치를 소유하거나 사용할 수 있는 권리가 있는 자(이하 "초경량비행장치소유자등"이라 한다)는 초경량비행장치의 종류, 용도, 소유자의 성명, 제129조제4항에 따른 개인정보 및 개인위치정보의 수집 가능 여부 등을 국토교통부령으로 정하는 바에 따라 국토교통부장관에게 신고하여야 한다. 다만, 대통령령으로 정하는 초경량비행장치는 그러하지 아니하다.
② 국토교통부장관은 제1항 본문에 따른 신고를 받은 날부터 7일 이내에 신고수리 여부를 신고인에게 통지하여야 한다.
③ 국토교통부장관이 제2항에서 정한 기간 내에 신고수리 여부 또는 민원 처리 관련 법령에 따른 처리기간의 연장을 신고인에게 통지하지 아니하면 그 기간(민원 처리 관련 법령에 따라 처리기간이 연장 또는 재연장된 경우에는 해당 처리기간을 말한다)이 끝난 날의 다음 날에 신고를 수리한 것으로 본다.
④ 국토교통부장관은 제1항에 따라 초경량비행장치의 신고를 받은 경우 그 초경량비행장치소유자등에게 신고번호를 발급하여야 한다.
⑤ 제4항에 따라 신고번호를 발급받은 초경량비행장치소유자등은 그 신고번호를 해당 초경량비행장치에 표시하여야 한다.

제123조(초경량비행장치 변경신고 등) ① 초경량비행장치소유자등은 제122조제1항에 따라 신고한 초경량비행장의 용도, 소유자의 성명 등 국토교통부령으로 정하는 사항을 변경하려는 경우에는 국토교통부령으로 정하는 바에 따라 국토교통부장관에게 변경신고를 하여야 한다.
② 국토교통부장관은 제1항에 따른 변경신고를 받은 날부터 7일 이내에 신고수리 여부를 신고인에게 통지하여야 한다.
③ 국토교통부장관이 제2항에서 정한 기간 내에 신고수리 여부 또는 민원 처리 관련 법령에 따른 처리기간의 연장을 신고인에게 통지하지 아니하면 그 기간(민원 처리 관련 법령에 따라 처리기간이 연장 또는 재연장된 경우에는 해당 처리기간을 말한다)이 끝난 날의 다음 날에 신고를 수리한 것으로 본다.
④ 초경량비행장치소유자등은 제122조제1항에 따라 신고한 초경량비행장치가 멸실되었거나 그 초경량비행장치를 해체(정비등, 수송 또는 보관하기 위한 해체는 제외한다)한 경우에는 그 사유가 발생한 날부터 15일 이내에 국토교통부장관에게 말소신고를 하여야 한다.

항공안전법 시행령

제24조(신고를 필요로 하지 않는 초경량비행장치의 범위) 법 제122조제1항 단서에서 "대통령령으로 정하는 초경량비행장치"란 다음 각 호의 어느 하나에 해당하는 것으로서 「항공사업법」에 따른 항공기대여업·항공레저스포츠사업 또는 초경량비행장치사용사업에 사용되지 않는 것을 말한다.

1. 행글라이더, 패러글라이더 등 동력을 이용하지 않는 비행장치
2. 기구류(사람이 탑승하는 것은 제외한다)
3. 계류식(繫留式) 무인비행장치
4. 낙하산류
5. 무인동력비행장치 중에서 최대이륙중량이 2킬로그램 이하인 것
6. 무인비행선 중에서 연료의 무게를 제외한 자체무게가 12킬로그램 이하이고, 길이가 7미터 이하인 것
7. 연구기관 등이 시험·조사·연구 또는 개발을 위하여 제작한 초경량비행장치
8. 제작자 등이 판매를 목적으로 제작하였으나 판매되지 아니한 것으로서 비행에 사용되지 않는 초경량비행장치
9. 군사목적으로 사용되는 초경량비행장치

항공안전법 시행규칙

제10장 초경량비행장치

제301조(초경량비행장치 신고) ① 법 제122조제1항 본문에 따라 초경량비행장치소유자등은 법 제124조에 따른 안전성인증을 받기 전(법 제124조에 따른 안전성인증 대상이 아닌 초경량비행장치인 경우에는 초경량비행장치를 소유하거나 사용할 수 있는 권리가 있는 날부터 30일 이내를 말한다)까지 별지 제116호서식의 초경량비행장치 신고서(전자문서로 된 신고서를 포함한다)에 다음 각 호의 서류(전자문서를 포함한다)를 첨부하여 한국교통안전공단 이사장에게 제출하여야 한다. 이 경우 신고서 및 첨부서류는 팩스 또는 정보통신을 이용하여 제출할 수 있다.
  1. 초경량비행장치를 소유하거나 사용할 수 있는 권리가 있음을 증명하는 서류
  2. 초경량비행장치의 제원 및 성능표
  3. 가로 15 센티미터, 세로 10센티미터의 초경량비행장치 측면사진(무인비행장치의 경우에는 기체 제작번호 전체를 촬영한 사진을 포함한다)
② 한국교통안전공단 이사장은 초경량비행장치의 신고를 받으면 별지 제117호서식의 초경량비행장치 신고증명서를 초경량비행장치소유자등에게 발급하여야 하며, 초경량비행장치소유자등은 비행 시 이를 휴대하여야 한다.
③ 한국교통안전공단 이사장은 제2항에 따라 초경량비행장치 신고증명서를 발급하였을 때에는 별지 제118호서식의 초경량비행장치 신고대장을 작성하여 갖추어 두어야 한다. 이 경우 초경량비행장치 신고대장은 전자적 처리가 불가능한 특별한 사유가 없으면 전자적 처리가 가능한 방법으로 작성·관리하여야 한다.
④ 초경량비행장치소유자등은 초경량비행장치 신고증명서의 신고번호를 해당 장치에 표시하여야 하며, 표시방법, 표시장소 및 크기 등 필요한 사항은 국토교통부장관의 승인을 받아 한국교통안전공단 이사장이 정한다.

제302조(초경량비행장치 변경신고) ① 법 제123조제1항에서 "초경량비행장치의 용도, 소유자의 성명 등 국토교통부령으로 정하는 사항"이란 다음 각 호의 어느 하나를 말한다.
  1. 초경량비행장치의 용도
  2. 초경량비행장치소유자등의 성명, 명칭 또는 주소
  3. 초경량비행장치의 보관 장소
② 초경량비행장치소유자등은 제1항 각 호의 사항을 변경하려는 경우에는 그 사유가 있는 날부터 30일 이내에 별지 제116호서식의 초경량비행장치 변경·이전신고서를 한국교통안전공단 이사장에게 제출하여야 한다.

제303조(초경량비행장치 말소신고) ① 법 제123조제4항에 따른 말소신고를 하려는 초경량비행장치 소유자등은 그 사유가 발생한 날부터 15일 이내에 별지 제116호서식의 초경량비행장치 말소신고서를 한국교통안전공단 이사장에게 제출하여야 한다.
② 한국교통안전공단 이사장은 제1항에 따른 신고가 신고서 및 첨부서류에 흠이 없고 형식상 요건을 충족하는 경우 지체 없이 접수하여야 한다.
③ 한국교통안전공단 이사장은 법 제123조제6항에 따른 최고(催告)를 하는 경우 해당 초경량비행장치의 소유자등의 주소 또는 거소를 알 수 없는 경우에는 말소신고를 할 것을 관보에 고시하고, 한국교통안전공단 홈페이지에 공고하여야 한다.

제304조(초경량비행장치의 시험비행등 허가) ① 법 제124조 전단에서 "시험비행 등 국토교통부령으로 정하는 경우"란 제305조제1항에 따른 초경량비행장치 안전성인증 대상으로 다음 각 호의 어느 하나에 해당하는 경우를 말한다.
  1. 연구·개발 중에 있는 초경량비행장치의 안전성 여부를 평가하기 위하여 시험비행을 하는 경우
  2. 안전성인증을 받은 초경량비행장치의 성능개량을 수행하고 안전성여부를 평가하기 위하여 시험비행을 하는 경우
  3. 그 밖에 국토교통부장관이 필요하다고 인정하는 경우
② 법 제124조 전단에 따른 시험비행 등(이하 이 조에서 "시험비행등"이라 한다)을 위하여 국토교통부장관의 허가를 받으려는 자는 별지 제119호서식의 초경량비행장치 시험비행등 허가 신청서에 해당 초경량비행장치가 국토교통부장관이 정하여 고시하는 초경량비행장치 시험비행등의 안전을 위한 기술상의 기준(이하 "초경량비행장치 시험비행등의 기술기준"이라 한다)에 적합함을 입증하는 다음 각 호의 서류를 첨부하여 국토교통부장관에게 제출해야 한다.
  1. 해당 초경량비행장치에 대한 소개서(설계개요서, 설계도면, 부품표 및 비행장치의 제원을 포함한다)

항공안전법

⑤ 제4항에 따른 신고가 신고서의 기재사항 및 첨부서류에 흠이 없고, 법령 등에 규정된 형식상의 요건을 충족하는 경우에는 신고서가 접수기관에 도달된 때에 신고된 것으로 본다.

⑥ 초경량비행장치소유자등이 제4항에 따른 말소신고를 하지 아니하면 국토교통부장관은 30일 이상의 기간을 정하여 말소신고를 할 것을 해당 초경량비행장치소유자등에게 최고하여야 한다.

⑦ 제6항에 따른 최고를 한 후에도 해당 초경량비행장치소유자등이 말소신고를 하지 아니하면 국토교통부장관은 직권으로 그 신고번호를 말소할 수 있으며, 신고번호가 말소된 때에는 그 사실을 해당 초경량비행장치소유자등 및 그 밖의 이해관계인에게 알려야 한다.

제124조(초경량비행장치 안전성인증) 시험비행 등 국토교통부령으로 정하는 경우로서 국토교통부장관의 허가를 받은 경우를 제외하고는 동력비행장치 등 국토교통부령으로 정하는 초경량비행장치를 사용하여 비행하려는 사람은 국토교통부령으로 정하는 기관 또는 단체의 장으로부터 그가 정한 안정성인증의 유효기간 및 절차·방법 등에 따라 그 초경량비행장치가 국토교통부장관이 정하여 고시하는 비행안전을 위한 기술상의 기준에 적합하다는 안전성인증을 받지 아니하고 비행하여서는 아니 된다. 이 경우 안전성인증의 유효기간 및 절차·방법 등에 대해서는 국토교통부장관의 승인을 받아야 하며, 변경할 때에도 또한 같다.

제125조(초경량비행장치 조종자 증명 등) ① 동력비행장치 등 국토교통부령으로 정하는 초경량비행장치를 사용하여 비행하려는 사람은 국토교통부령으로 정하는 기관 또는 단체의 장으로부터 그가 정한 해당 초경량비행장치별 자격기준 및 시험의 절차·방법에 따라 해당 초경량비행장치의 조종을 위하여 발급하는 증명(이하 "초경량비행장치 조종자 증명"이라 한다)을 받아야 한다. 이 경우 해당 초경량비행장치별 자격기준 및 시험의 절차·방법 등에 관하여는 국토교통부령으로 정하는 바에 따라 국토교통부장관의 승인을 받아야 하며, 변경할 때에도 또한 같다.

② 초경량비행장치 조종자 증명을 받은 사람은 다른 사람에게 자기의 성명을 사용하여 초경량비행장치 조종을 수행하게 하거나 초경량비행장치 조종자 증명을 빌려 주어서는 아니 된다.

③ 누구든지 다른 사람의 성명을 사용하여 초경량비행장치 조종을 수행하거나 다른 사람의 초경량비행장치 조종자 증명을 빌려서는 아니 된다.

항공안전법 시행규칙

2. 시험비행등 계획서(시험비행등의 기간, 장소 및 시험비행등 점검표를 포함한다)
3. 설계도면과 일치되게 제작되었음을 입증하는 서류
4. 신청인이 제시한 시험비행등의 범위에서 안전 수준을 입증하는 서류(지상성능시험 결과 및 안전대책을 포함한다)
5. 신청인이 제시한 시험비행등을 하기 위한 수준의 조종절차 및 안전성 유지를 위한 정비방법을 명시한 서류
6. 초경량비행장치 사진(전체 및 측면사진을 말하며, 전자파일로 된 것을 포함한다) 각 1매
7. 그 밖에 시험비행등과 관련하여 국토교통부장관이 필요하다고 인정하여 고시하는 서류

③ 국토교통부장관은 제2항에 따른 신청서를 접수받은 경우 초경량비행장치 시험비행등의 기술기준에 적합한지를 확인한 후 적합하다고 인정하면 신청인에게 시험비행을 허가해야 한다.

제305조(초경량비행장치 안전성인증 대상 등) ① 법 제124조 전단에서 "동력비행장치 등 국토교통부령으로 정하는 초경량비행장치"란 다음 각 호의 어느 하나에 해당하는 초경량비행장치를 말한다.
1. 동력비행장치
2. 행글라이더, 패러글라이더 및 낙하산류(항공레저스포츠사업에 사용되는 것만 해당한다)
3. 기구류(사람이 탑승하는 것만 해당한다)
4. 다음 각 목의 어느 하나에 해당하는 무인비행장치
   가. 제5조제5호가목에 따른 무인비행기, 무인헬리콥터 또는 무인멀티콥터 중에서 최대이륙중량이 25킬로그램을 초과하는 것
   나. 제5조제5호나목에 따른 무인비행선 중에서 연료의 중량을 제외한 자체중량이 12킬로그램을 초과하거나 길이가 7미터를 초과하는 것
5. 회전익비행장치
6. 동력패러글라이더

② 법 제124조 전단에서 "국토교통부령으로 정하는 기관 또는 단체"란 교통안전공단, 기술원 또는 별표 43에 따른 시설기준을 충족하는 기관 또는 단체 중에서 국토교통부장관이 정하여 고시하는 기관 또는 단체(이하 "초경량비행장치 안전성인증기관"이라 한다)를 말한다.

제306조(초경량비행장치의 조종자 증명 등) ① 법 제125조제1항 전단에서 "동력비행장치 등 국토교통부령으로 정하는 초경량비행장치"란 다음 각 호의 어느 하나에 해당하는 초경량비행장치를 말한다.
1. 동력비행장치
2. 행글라이더, 패러글라이더 및 낙하산류(항공레저스포츠사업에 사용되는 것만 해당한다)
3. 유인자유기구
4. 무인비행장치. 다만 다음 각 목의 어느 하나에 해당하는 것은 제외한다.
   가. 제5조제5호가목에 따른 무인비행기, 무인헬리콥터 또는 무인멀티콥터 중에서 연료의 중량을 포함한 최대이륙중량이 250그램 이하인 것
   나. 제5조제5호나목에 따른 무인비행선 중에서 연료의 중량을 제외한 자체중량이 12킬로그램 이하이고, 길이가 7미터 이하인 것
5. 회전익비행장치
6. 동력패러글라이더

② 법 제125조제1항 전단에서 "국토교통부령으로 정하는 기관 또는 단체"란 교통안전공단 및 별표 44의 기준을 충족하는 기관 또는 단체 중에서 국토교통부장관이 정하여 고시하는 기관 또는 단체(이하 "초경량비행장치 조종자 증명기관"이라 한다)를 말한다.

③ 초경량비행장치조종자증명기관은 법 제125조제1항 후단에 따른 승인을 신청하는 경우에는 다음 각 호의 사항이 포함된 초경량비행장치 조종자 증명 규정에 제·개정 이유서 및 신·구 내용 대비표(변경승인을 신청하는 경우에 한정한다)를 첨부하여 국토교통부장관에게 제출하여야 한다.
1. 초경량비행장치 조종자 증명 시험의 응시자격
2. 초경량비행장치 조종자 증명 시험의 과목 및 범위

Chapter 01 | 항공법규

항공안전법	항공안전법 시행령

항공안전법

④ 누구든지 제2항이나 제3항에서 금지된 행위를 알선하여서는 아니 된다.

⑤ 국토교통부장관은 초경량비행장치 조종자 증명을 받은 사람이 다음 각 호의 어느 하나에 해당하는 경우에는 초경량비행장치 조종자 증명을 취소하거나 1년 이내의 기간을 정하여 그 효력의 정지를 명할 수 있다. 다만, 제1호, 제3호의2, 제3호의3, 제7호 또는 제8호의 어느 하나에 해당하는 경우에는 초경량비행장치 조종자 증명을 취소하여야 한다.

1. 거짓이나 그 밖의 부정한 방법으로 초경량비행장치 조종자 증명을 받은 경우
2. 이 법을 위반하여 벌금 이상의 형을 선고받은 경우
3. 초경량비행장치의 조종자로서 업무를 수행할 때 고의 또는 중대한 과실로 초경량비행장치사고를 일으켜 인명피해나 재산피해를 발생시킨 경우

3의2. 제2항을 위반하여 다른 사람에게 자기의 성명을 사용하여 초경량비행장치 조종을 수행하게 하거나 초경량비행장치 조종자 증명을 빌려 준 경우

3의3. 제4항을 위반하여 다음 각 목의 어느 하나에 해당하는 행위를 알선한 경우
   가. 다른 사람에게 자기의 성명을 사용하여 초경량비행장치 조종을 수행하게 하거나 초경량비행장치 조종자 증명을 빌려 주는 행위
   나. 다른 사람의 성명을 사용하여 초경량비행장치 조종을 수행하거나 다른 사람의 초경량비행장치 조종자 증명을 빌리는 행위

4. 제129조제1항에 따른 초경량비행장치 조종자의 준수사항을 위반한 경우
5. 제131조에서 준용하는 제57조제1항을 위반하여 주류등의 영향으로 초경량비행장치를 사용하여 비행을 정상적으로 수행할 수 없는 상태에서 초경량비행장치를 사용하여 비행한 경우
6. 제131조에서 준용하는 제57조제2항을 위반하여 초경량비행장치를 사용하여 비행하는 동안에 같은 조 제1항에 따른 주류등을 섭취하거나 사용한 경우
7. 제131조에서 준용하는 제57조제3항을 위반하여 같은 조 제1항에 따른 주류등의 섭취 및 사용 여부의 측정 요구에 따르지 아니한 경우
8. 이 조에 따른 초경량비행장치 조종자 증명의 효력정지기간에 초경량비행장치를 사용하여 비행한 경우

⑥ 국토교통부장관은 초경량비행장치 조종자 증명을 위한 초경량비행장치 실기시험장, 교육장 등의 시설을 지정·구축·운영할 수 있다.

⑦ 제5항에 따른 처분의 기준 및 절차와 그 밖에 필요한 사항은 국토교통부령으로 정한다.

항공안전법 시행규칙

3. 초경량비행장치 조종자 증명 시험의 실시 방법과 절차
4. 초경량비행장치 조종자 증명 발급에 관한 사항
5. 그 밖에 초경량비행장치 조종자 증명을 위하여 국토교통부장관이 필요하다고 인정하는 사항

④ 제3항에 따른 초경량비행장치 조종자 증명 규정 중 제1항제4호가목에 따른 무인동력비행장치에 대한 자격기준, 시험 실시 방법 및 절차 등은 다음 각 호의 구분에 따른 무인동력비행장치별로 구분하여 달리 정해야 한다.
 1. 1종 무인동력비행장치 : 최대이륙중량이 25킬로그램을 초과하고 연료의 중량을 제외한 자체중량이 150킬로그램 이하인 무인동력비행장치
 2. 2종 무인동력비행장치 : 최대이륙중량이 7킬로그램을 초과하고 25킬로그램 이하인 무인동력비행장치
 3. 3종 무인동력비행장치 : 최대이륙중량이 2킬로그램을 초과하고 7킬로그램 이하인 무인동력비행장치
 4. 4종 무인동력비행장치 : 최대이륙중량이 250그램을 초과하고 2킬로그램 이하인 무인동력비행장치

⑤ 법 제125조제7항에 따른 행정처분기준은 별표 44의2와 같다.
⑥ 지방항공청장은 법 제125조제5항에 따른 처분을 한 경우에는 그 내용을 별지 제119호의2서식의 초경량비행장치 조종자등 행정처분 대장에 작성·관리하고, 그 처분 내용을 한국교통안전공단의 이사장에 통지해야 한다.
⑦ 제6항에 따른 행정처분 대장은 「전자문서 및 전자거래 기본법」 제2조제1호에 따른 전자문서로 작성·관리할 수 있다.

제307조(초경량비행장치 조종자 전문교육기관의 지정 등) ① 법 제126조제1항에 따른 초경량비행장치 조종자 전문교육기관으로 지정받으려는 자는 별지 제120호서식의 초경량비행장치 조종자 전문교육기관 지정신청서에 다음 각 호의 사항을 적은 서류를 첨부하여 한국교통안전공단에 제출하여야 한다.
 1. 전문교관의 현황
 2. 교육시설 및 장비의 현황
 3. 교육훈련계획 및 교육훈련규정

② 법 제126조제3항에 따른 초경량비행장치 조종자 전문교육기관의 지정기준은 다음 각 호와 같다.
 1. 다음 각 목의 전문교관이 있을 것
  가. 비행시간이 200시간(무인비행장치의 경우 조종경력이 100시간) 이상이고, 국토교통부장관이 인정한 조종교육교관과정을 이수한 지도조종자 1명 이상
  나. 비행시간이 300시간(무인비행장치의 경우 조종경력이 150시간) 이상이고 국토교통부장관이 인정하는 실기평가과정을 이수한 실기평가조종자 1명 이상
 2. 다음 각 목의 시설 및 장비(시설 및 장비에 대한 사용권을 포함한다)를 갖출 것
  가. 강의실 및 사무실 각 1개 이상
  나. 이륙·착륙 시설
  다. 훈련용 비행장치 1대 이상
  라. 출결 사항을 전자적으로 처리·관리하기 위한 단말기 1대 이상
 3. 교육과목, 교육시간, 평가방법 및 교육훈련규정 등 교육훈련에 필요한 사항으로서 국토교통부장관이 정하여 고시하는 기준을 갖출 것

③ 한국교통안전공단은 제1항에 따라 초경량비행장치 조종자 전문교육기관 지정신청서를 제출한 자가 제2항에 따른 기준에 적합하다고 인정하는 경우에는 별지 제121호 서식의 초경량비행장치 조종자 전문교육기관 지정서를 발급하여야 한다.

제307조의2(초경량비행장치 조종자 육성 등) ① 한국교통안전공단 이사장은 법 제126조제7항에 따른 초경량비행장치 조종자 교육·훈련 과정의 내용·방법 및 운영에 관한 사항을 정할 수 있다.
② 한국교통안전공단 이사장은 제1항에 따른 사항을 정하려면 국토교통부장관의 승인을 받아야 한다. 이를 변경하려는 경우에도 같다.

Chapter 01 항공법규

항공안전법

제126조(초경량비행장치 전문교육기관의 지정 등) ① 국토교통부장관은 초경량비행장치 조종자를 양성하기 위하여 국토교통부령으로 정하는 바에 따라 초경량비행장치 전문교육기관(이하 "초경량비행장치 전문교육기관"이라 한다)을 지정할 수 있다.
② 국토교통부장관은 초경량비행장치 전문교육기관이 초경량비행장치 조종자를 양성하는 경우에는 예산의 범위에서 필요한 경비의 전부 또는 일부를 지원할 수 있다.
③ 초경량비행장치 전문교육기관의 교육과목, 교육방법, 인력, 시설 및 장비 등의 지정기준은 국토교통부령으로 정한다.
④ 국토교통부장관은 초경량비행장치 전문교육기관으로 지정받은 자가 다음 각 호의 어느 하나에 해당하는 경우에는 그 지정을 취소할 수 있다. 다만, 제1호에 해당하는 경우에는 그 지정을 취소하여야 한다.
  1. 거짓이나 그 밖의 부정한 방법으로 초경량비행장치 전문교육기관으로 지정받은 경우
  2. 제3항에 따른 초경량비행장치 전문교육기관의 지정기준 중 국토교통부령으로 정하는 기준에 미달하는 경우
⑤ 국토교통부장관은 초경량비행장치 전문교육기관으로 지정받은 자가 제3항의 지정기준을 충족·유지하고 있는지에 대하여 관련 사항을 보고하게 하거나 자료를 제출하게 할 수 있다.
⑥ 국토교통부장관은 초경량비행장치 전문교육기관으로 지정받은 자가 제3항의 지정기준을 충족·유지하고 있는지에 대하여 관계 공무원으로 하여금 사무소 등을 출입하여 관계 서류나 시설·장비 등을 검사하게 할 수 있다. 이 경우 검사를 하는 공무원은 그 권한을 나타내는 증표를 지니고 이를 관계인에게 내보여야 한다.
⑦ 국토교통부장관은 초경량비행장치 조종자의 효율적 활용과 운용능력 향상을 위하여 필요한 경우 교육·훈련 등 조종자의 육성에 관한 사업을 실시할 수 있다.

제127조(초경량비행장치 비행승인) ① 국토교통부장관은 초경량비행장치의 비행안전을 위하여 필요하다고 인정하는 경우에는 초경량비행장치의 비행을 제한하는 공역(이하 "초경량비행장치 비행제한공역"이라 한다)을 지정하여 고시할 수 있다.
② 동력비행장치 등 국토교통부령으로 정하는 초경량비행장치를 사용하여 국토교통부장관이 고시하는 초경량비행장치 비행제한공역에서 비행하려는 사람은 국토교통부령으로 정하는 바에 따라 미리 국토교통부장관으로부터 비행승인을 받아야 한다. 다만, 비행장 및 이착륙장의 주변 등 대통령령으로 정하는 제한된 범위에서 비행하려는 경우는 제외한다.

항공안전법 시행령

제25조(초경량비행장치 비행승인 제외 범위) 법 제127조제2항 단서에서 "비행장 및 이착륙장의 주변 등 대통령령으로 정하는 제한된 범위"란 다음 각 호의 어느 하나에 해당하는 범위를 말한다.
  1. 비행장(군 비행장은 제외한다)의 중심으로부터 반지름 3킬로미터 이내의 지역의 고도 500피트 이내의 범위(해당 비행장에서 법 제83조에 따른 항공교통업무를 수행하는 자와 사전에 협의가 된 경우에 한정한다)
  2. 이착륙장의 중심으로부터 반지름 3킬로미터 이내의 지역의 고도 500피트 이내의 범위(해당 이착륙장을 관리하는 자와 사전에 협의가 된 경우에 한정한다)

항공안전법 시행규칙

제308조(초경량비행장치의 비행승인) ① 법 제127조제2항 본문에서 "동력비행장치 등 국토교통부령으로 정하는 초경량비행장치"란 제5조에 따른 초경량비행장치를 말한다. 다만, 다음 각 호의 어느 하나에 해당하는 초경량비행장치는 제외한다.
  1. 영 제24조제1호부터 제4호까지의 규정에 해당하는 초경량비행장치(항공기대여업, 항공레저스포츠사업 또는 초경량비행장치사용사업에 사용되지 않는 것으로 한정한다)
  2. 제199조제1호나목에 따른 최저비행고도(150미터) 미만의 고도에서 운영하는 계류식 기구
  3. 「항공사업법 시행규칙」 제6조제2항제1호에 사용하는 무인비행장치로서 다음 각 목의 어느 하나에 해당하는 무인비행장치
      가. 제221조제1항 및 별표 23에 따른 관제권, 비행금지구역 및 비행제한구역 외의 공역에서 비행하는 무인비행장치
      나. 「가축전염병 예방법」 제2조제2호에 따른 가축전염병의 예방 또는 확산 방지를 위하여 소독·방역업무 등에 긴급하게 사용하는 무인비행장치
  4. 다음 각 목의 어느 하나에 해당하는 무인비행장치
      가. 최대이륙중량이 25킬로그램 이하인 무인동력비행장치
      나. 연료의 중량을 제외한 자체중량이 12킬로그램 이하이고 길이가 7미터 이하인 무인비행선
  5. 그 밖에 국토교통부장관이 정하여 고시하는 초경량비행장치

② 제1항에 따른 초경량비행장치를 사용하여 비행제한공역을 비행하려는 사람은 법 제127조제2항 본문에 따라 별지 제122호서식의 초경량비행장치 비행승인신청서를 지방항공청장에게 제출하여야 한다. 이 경우 비행승인신청서는 서류, 팩스 또는 정보통신망을 이용하여 제출할 수 있다.

③ 지방항공청장은 제2항에 따라 제출된 신청서를 검토한 결과 비행안전에 지장을 주지 않는다고 판단되는 경우에는 이를 승인해야 한다. 이 경우 동일지역에서 반복적으로 이루어지는 비행에 대해서는 다음 각 호의 구분에 따른 범위에서 비행기간을 명시하여 승인할 수 있다.
  1. 무인비행장치를 사용하여 비행하는 경우 : 12개월
  2. 무인비행장치 외의 초경량비행장치를 사용하여 비행하는 경우 : 6개월

④ 지방항공청장은 제3항에 따른 승인을 하는 경우에는 다음 각 호의 조건을 붙일 수 있다.
  1. 탑승자에 대한 안전점검 등 안전관리에 관한 사항
  2. 비행장치 운용한계치에 따른 기상요건에 관한 사항(항공레저스포츠사업에 사용되는 기구류 중 계류식으로 운영되지 않는 기구류만 해당한다)
  3. 비행경로에 관한 사항

⑤ 법 제127조제3항제1호에서 "국토교통부령으로 정하는 고도"란 다음 각 호에 따른 고도를 말한다.
  1. 사람 또는 건축물이 밀집된 지역: 해당 초경량비행장치를 중심으로 수평거리 150미터(500피트) 범위 안에 있는 가장 높은 장애물의 상단에서 150미터
  2. 제1호 외의 지역: 지표면·수면 또는 물건의 상단에서 150미터

⑥ 법 제127조제3항제2호에서 "국토교통부령으로 정하는 구역"이란 별표 23 제2호에 따른 관제공역 중 관제권과 통제공역 중 비행금지구역을 말한다.

⑦ 법 제127조제3항제2호에 따른 승인 신청이 다음 각 호의 요건을 모두 충족하는 경우에는 12개월의 범위에서 비행기간을 명시하여 승인할 수 있다.
  1. 교육목적을 위한 비행일 것
  2. 무인비행장치는 최대이륙중량이 7킬로그램 이하일 것
  3. 비행구역은 「초·중등교육법」 제2조 각 호에 따른 학교의 운동장일 것
  4. 비행시간은 정규 및 방과 후 활동 중일 것
  5. 비행고도는 지표면으로부터 고도 20미터 이내일 것
  6. 비행방법 등이 안전·국방 등 비행금지구역의 지정 목적을 저해하지 않을 것

⑧ 법 제127조제4항에 따라 국가기관등의 장이 무인비행장치를 비행하려는 경우 사전에 유·무선 방법으로 지방항공청장에게 통보해야 한다. 다만, 제221조제1항 및 별표 23에 따른 관제권에서 비행하려는 경우에는 해당 관제권의 항공교통업무를 수행하는 자와, 비행금지구역에서 비행하려는 경우에는 해당 구역을 관할하는 자와 사전에 협의가 된 경우에 한정한다.

⑨ 제8항에 따라 무인비행장치를 비행한 국가기관등의 장은 비행 종료 후 지체없이 별지 제122호서식에 따른 초경량비행장치 비행승인신청서를 지방항공청장에게 제출해야 한다.

항공안전법	항공안전법 시행령

③ 제2항 본문에 따른 비행승인 대상이 아닌 경우라 하더라도 다음 각 호의 어느 하나에 해당하는 경우에는 제2항의 절차에 따라 국토교통부장관의 비행승인을 받아야 한다.
1. 제68조제1호에 따른 국토교통부령으로 정하는 고도 이상에서 비행하는 경우
2. 제78조제1항에 따른 관제공역 · 통제공역 · 주의공역 중 관제권 등 국토교통부령으로 정하는 구역에서 비행하는 경우

④ 제2항 및 제3항제2호에 따른 국토교통부장관의 비행승인이 필요한 때에 제131조의2제2항에 따라 무인비행장치를 비행하려는 경우 해당 국가기관등의 장이 국토교통부령으로 정하는 바에 따라 사전에 그 사실을 국토교통부장관에게 알리면 비행승인을 받은 것으로 본다.

제128조(초경량비행장치 구조지원 장비 장착 의무) 초경량비행장치를 사용하여 초경량비행장치 비행제한공역에서 비행하려는 사람은 안전한 비행과 초경량비행장치사고 시 신속한 구조 활동을 위하여 국토교통부령으로 정하는 장비를 장착하거나 휴대하여야 한다. 다만, 무인비행장치 등 국토교통부령으로 정하는 초경량비행장치는 그러하지 아니하다.

제129조(초경량비행장치 조종자 등의 준수사항) ① 초경량비행장치의 조종자는 초경량비행장치로 인하여 인명이나 재산에 피해가 발생하지 않도록 국토교통부령으로 정하는 준수사항을 지켜야 한다.
② 초경량비행장치 조종자는 무인자유기구를 비행시켜서는 아니 된다. 다만, 국토교통부령으로 정하는 바에 따라 국토교통부장관의 허가를 받은 경우에는 그러하지 아니하다.
③ 초경량비행장치 조종자는 초경량비행장치사고가 발생하였을 때에는 국토교통부령으로 정하는 바에 따라 지체 없이 국토교통부장관에게 그 사실을 보고하여야 한다. 다만, 초경량비행장치 조종자가 보고할 수 없을 때에는 그 초경량비행장치 소유자등이 초경량비행장치사고를 보고하여야 한다.
④ 무인비행장치 조종자는 무인비행장치를 사용하여 「개인정보 보호법」 제2조제1호에 따른 개인정보(이하 "개인정보"라 한다) 또는 「위치정보의 보호 및 이용 등에 관한 법률」 제2조제2호에 따른 개인위치정보(이하 "개인위치정보"라 한다) 등 개인의 공적·사적 생활과 관련된 정보를 수집하거나 이를 전송하는 경우 타인의 자유와 권리를 침해하지 않도록 하여야 하며 형식, 절차 등 세부적인 사항에 관하여는 각각 해당 법률에서 정하는 바에 따른다.

항공안전법 시행규칙

제309조(초경량비행장치의 구조지원 장비 등) ① 법 제128조 본문에서 "국토교통부령으로 정하는 장비"란 다음 각 호의 어느 하나에 해당하는 것(제3호부터 제6호까지는 항공레저스포츠사업에 사용되는 기구류 중 계류식으로 운영되지 않는 기구류에만 해당한다)을 말한다.
  1. 위치추적이 가능한 표시기 또는 단말기
  2. 조난구조용 장비(제1호의 장비를 갖출 수 없는 경우만 해당한다)
  3. 구급의료용품
  4. 기상정보를 확인할 수 있는 장비
  5. 휴대용 소화기
  6. 항공교통관제기관과 무선통신을 할 수 있는 장비
② 법 제128조 단서에서 "무인비행장치 등 국토교통부령으로 정하는 초경량비행장치"란 다음 각 호의 어느 하나에 해당하는 초경량비행장치를 말한다.
  1. 동력을 이용하지 않는 비행장치
  2. 계류식 기구
  3. 동력패러글라이더
  4. 무인비행장치

제310조(초경량비행장치 조종자의 준수사항) ① 초경량비행장치 조종자는 법 제129조제1항에 따라 다음 각 호의 어느 하나에 해당하는 행위를 해서는 안된다. 다만, 무인비행장치의 조종자에 대해서는 제4호 및 제5호를 적용하지 않는다.
  1. 인명이나 재산에 위험을 초래할 우려가 있는 낙하물을 투하(投下)하는 행위
  2. 주거지역, 상업지역 등 인구가 밀집된 지역이나 그 밖에 사람이 많이 모인 장소의 상공에서 인명 또는 재산에 위험을 초래할 우려가 있는 방법으로 비행하는 행위
  2의2. 사람 또는 건축물이 밀집된 지역의 상공에서 건축물과 충돌할 우려가 있는 방법으로 근접하여 비행하는 행위
  3. 법 제78조제1항에 따른 관제공역·통제공역·주의공역에서 비행하는 행위. 다만, 법 제127조에 따라 비행승인을 받은 경우와 다음 각 목의 행위는 제외한다.
    가. 군사목적으로 사용되는 초경량비행장치를 비행하는 행위
    나. 다음의 어느 하나에 해당하는 비행장치를 별표 23 제2호에 따른 관제권 또는 비행금지구역이 아닌 곳에서 제199조제1호나목에 따른 최저비행고도(150미터) 미만의 고도에서 비행하는 행위
      1) 무인비행기, 무인헬리콥터 또는 무인멀티콥터 중 최대이륙중량이 25킬로그램 이하인 것
      2) 무인비행선 중 연료의 무게를 제외한 자체 무게가 12킬로그램 이하이고, 길이가 7미터 이하인 것
  4. 안개 등으로 인하여 지상목표물을 육안으로 식별할 수 없는 상태에서 비행하는 행위
  5. 별표 24에 따른 비행시정 및 구름으로부터의 거리기준을 위반하여 비행하는 행위
  6. 일몰 후부터 일출 전까지의 야간에 비행하는 행위. 다만, 제199조제1호나목에 따른 최저비행고도(150미터) 미만의 고도에서 운영하는 계류식 기구 또는 법 제124조 전단에 따른 허가를 받아 비행하는 초경량비행장치는 제외한다.
  7. 「주세법」 제3조제1호에 따른 주류, 「마약류 관리에 관한 법률」 제2조제1호에 따른 마약류 또는 「화학물질관리법」 제22조제1항에 따른 환각물질 등(이하 "주류등"이라 한다)의 영향으로 조종업무를 정상적으로 수행할 수 없는 상태에서 조종하는 행위 또는 비행 중 주류등을 섭취하거나 사용하는 행위
  8. 제308조제4항에 따른 조건을 위반하여 비행하는 행위
  8의2. 지표면 또는 장애물과 가까운 상공에서 360도 선회하는 등 조종자의 인명에 위험을 초래할 우려가 있는 방법으로 패러글라이더를 비행하는 행위
  9. 그 밖에 비정상적인 방법으로 비행하는 행위
② 초경량비행장치 조종자는 항공기 또는 경량항공기를 육안으로 식별하여 미리 피할 수 있도록 주의하여 비행하여야 한다.
③ 동력을 이용하는 초경량비행장치 조종자는 모든 항공기, 경량항공기 및 동력을 이용하지 않는 초경량비행장치에 대하여 진로를 양보하여야 한다.
④ 무인비행장치 조종자는 해당 무인비행장치를 육안으로 확인할 수 있는 범위에서 조종하여야 한다. 다만, 법 제124조 전단에 따른 허가를 받아 비행하는 경우는 제외한다.
⑤ 「항공사업법」 제50조에 따른 항공레저스포츠사업에 종사하는 초경량비행장치 조종자는 다음 각 호의 사항을 준수해야 한다.
  1. 비행 전에 해당 초경량비행장치의 이상 유무를 점검하고, 이상이 있을 경우에는 비행을 중단할 것
  2. 비행 전에 비행안전을 위한 주의사항에 대하여 동승자에게 충분히 설명할 것

Chapter 01 항공법규

항공안전법

⑤ 제1항에도 불구하고 초경량비행장치 중 무인비행장치 조종자로서 야간에 비행 등을 위하여 국토교통부령으로 정하는 바에 따라 국토교통부장관의 승인을 받은 자는 그 승인 범위 내에서 비행할 수 있다. 이 경우 국토교통부장관은 국토교통부장관이 고시하는 무인비행장치 특별비행을 위한 안전기준에 적합한지 여부를 검사하여야 한다.
⑥ 제5항에 따른 승인을 신청하고자 하는 자는 제127조제2항 및 제3항에 따른 비행승인 신청을 함께 할 수 있다.

제130조(초경량비행장치사용사업자에 대한 안전개선명령) 국토교통부장관은 초경량비행장치사용사업의 안전을 위하여 필요하다고 인정되는 경우에는 초경량비행장치사용사업자에게 다음 각 호의 사항을 명할 수 있다.
  1. 초경량비행장치 및 그 밖의 시설의 개선
  2. 그 밖에 초경량비행장치의 비행안전에 대한 방해 요소를 제거하기 위하여 필요한 사항으로서 국토교통부령으로 정하는 사항

제131조(초경량비행장치에 대한 준용규정) 초경량비행장치 소유자등 또는 초경량비행장치를 사용하여 비행하려는 사람에 대한 주류등의 섭취·사용 제한에 관하여는 제57조를 준용한다.

제131조의2(무인비행장치의 적용 특례) ① 군용·경찰용 또는 세관용 무인비행장치와 이에 관련된 업무에 종사하는 사람에 대하여는 이 법을 적용하지 아니한다.
② 국가, 지방자치단체, 「공공기관의 운영에 관한 법률」에 따른 공공기관으로서 대통령령으로 정하는 공공기관이 소유하거나 임차한 무인비행장치를 재해·재난 등으로 인한 수색·구조, 화재의 진화, 응급환자 후송, 그 밖에 국토교통부령으로 정하는 공공목적으로 긴급히 비행(훈련을 포함한다)하는 경우(국토교통부령으로 정하는 바에 따라 안전관리 방안을 마련한 경우에 한정한다)에는 제129조제1항, 제2항, 제4항 및 제5항을 적용하지 아니한다.
③ 제129조제3항을 이 조 제2항에 적용할 때에는 "국토교통부장관"은 "소관 행정기관의 장"으로 본다. 이 경우 소관 행정기관의 장은 제129조제3항에 따라 보고받은 사실을 국토교통부장관에게 알려야 한다.

항공안전법 시행령

제25조의2(무인비행장치의 적용특례) 법 제131조의2제2항에서 "대통령령으로 정하는 공공기관"이란 다음 각 호의 공공기관을 말한다.
  1. 「국가공간정보 기본법」제12조에 따른 한국국토정보공사
  2. 「국립공원공단법」에 따른 국립공원공단
  3. 「도로교통법」제120조에 따른 도로교통공단
  4. 「산림복지 진흥에 관한 법률」제49조에 따른 한국산림복지진흥원
  5. 「국토안전관리원법」에 따른 국토안전관리원
  6. 「임업 및 산촌 진흥촉진에 관한 법률」제29조의2에 따른 한국임업진흥원
  7. 「전기안전관리법」제30조에 따른 한국전기안전공사
  8. 「한국가스공사법」에 따른 한국가스공사
  9. 「한국부동산원법」에 따른 한국부동산원
  10. 「한국교통안전공단법」에 따른 한국교통안전공단
  11. 「한국도로공사법」에 따른 한국도로공사
  12. 「한국산업안전보건공단법」에 따른 한국산업안전보건공단
  13. 「한국수자원공사법」에 따른 한국수자원공사
  14. 「한국원자력안전기술원법」에 따른 한국원자력안전기술원
  15. 「한국전력공사법」에 따른 한국전력공사 및 한국전력공사가 출자하여 설립한 발전자회사
  16. 「한국철도공사법」에 따른 한국철도공사
  17. 「국가철도공단법」에 따른 국가철도공단
  18. 「한국토지주택공사법」에 따른 한국토지주택공사
  19. 「한국환경공단법」에 따른 한국환경공단
  20. 「한국해양과학기술원법」에 따른 한국해양과학기술원
  21. 「항만공사법」에 따른 항만공사
  22. 「해양환경관리법」제96조에 따른 해양환경공단
  23. 「공공기관의 운영에 관한 법률」에 따른 공공기관 중 무인비행장치를 공공목적으로 긴급히 비행할 필요가 있다고 국토교통부장관이 인정하여 고시하는 공공기관

항공안전법 시행규칙

3. 해당 초경량비행장치의 제작자가 정한 최대이륙중량 및 풍속 기준을 초과하지 않도록 비행할 것
4. 다음 각 목의 사항을 기록하고 유지할 것. 이 경우 다목부터 마목까지의 사항은 패러글라이더, 동력패러글라이더 및 기구류 중 계류식으로 운영되지 않는 기구류의 조종자만 기록·유지한다.
   가. 탑승자의 인적사항(성명, 생년월일 및 주소)
   나. 사고 발생 시 비상연락·보고체계 등에 관한 사항
   다. 해당 초경량비행장치의 제작사 매뉴얼에 따른 비행 전·후 점검결과 및 조치에 관한 사항
   라. 기상정보에 관한 사항
   마. 비행 시작·종료시간, 이륙·착륙장소, 비행경로 등 비행에 관한 사항
5. 기구류 중 계류식으로 운영되지 않는 기구류의 조종자는 다음 각 목의 구분에 따른 사항을 관할 항공교통업무기관에 통보할 것
   가. 비행 전 : 비행 시작시간 및 종료예정시간   나. 비행 후 : 비행 종료시간
⑥ 무인자유기구 조종자는 별표 44의3에서 정하는 바에 따라 무인자유기구를 비행해야 한다. 다만, 무인자유기구가 다른 국가의 영토를 비행하는 경우로서 해당 국가가 이와 다른 사항을 정하고 있는 경우에는 이에 따라 비행해야 한다.

제311조(무인자유기구의 비행허가 신청 등) ① 법 제129조제2항에 따라 무인자유기구를 비행시키려는 자는 별지 제123호서식의 무인자유기구 비행허가 신청서에 다음 각 호의 사항을 적은 서류를 첨부하여 지방항공청장에게 신청하여야 한다.
1. 성명·주소 및 연락처
2. 기구의 등급·수량·용도 및 식별표지
3. 비행장소 및 회수장소
4. 예정비행시간 및 회수(완료)시간
5. 비행방향, 상승속도 및 최대고도
6. 고도 1만 8천미터(6만피트) 통과 또는 도달 예정시간 및 그 위치
7. 그 밖에 무인자유기구의 비행에 참고가 될 사항

② 지방항공청장은 제1항에 따른 신청을 받은 경우에는 그 내용을 심사한 후 항공교통의 안전에 지장이 없다고 인정하는 경우에는 비행을 허가하여야 한다.

제312조(초경량비행장치사고의 보고 등) 법 제129조제3항에 따라 초경량비행장치사고를 일으킨 조종자 또는 그 초경량비행장치 소유자등은 다음 각 호의 사항을 지방항공청장에게 보고하여야 한다.
1. 조종자 및 그 초경량비행장치 소유자등의 성명 또는 명칭
2. 사고가 발생한 일시 및 장소
3. 초경량비행장치의 종류 및 신고번호
4. 사고의 경위
5. 사람의 사상(死傷) 또는 물건의 파손 개요
6. 사상자의 성명 등 사상자의 인적사항 파악을 위하여 참고가 될 사항

제312조의2(무인비행장치의 특별비행승인) ① 법 제129조제5항 전단에 따라 야간에 비행하거나 육안으로 확인할 수 없는 범위에서 비행하려는 자는 별지 제123호의2서식의 무인비행장치 특별비행승인 신청서에 다음 각 호의 서류를 첨부하여 지방항공청장에게 제출하여야 한다.
1. 무인비행장치의 종류·형식 및 제원에 관한 서류
2. 무인비행장치의 성능 및 운용한계에 관한 서류
3. 무인비행장치의 조작방법에 관한 서류
4. 무인비행장치의 비행절차, 비행지역, 운영인력 등이 포함된 비행계획서
5. 안전성인증서(제305조제1항에 따른 초경량비행장치 안전성인증 대상에 해당하는 무인비행장치에 한정한다)
6. 무인비행장치의 안전한 비행을 위한 무인비행장치 조종자의 조종 능력 및 경력 등을 증명하는 서류
7. 해당 무인비행장치 사고에 따른 제3자 손해 발생 시 손해배상 책임을 담보하기 위한 보험 또는 공제 등의 가입을 증명하는 서류(「항공사업법」제70조제4항에 따라 보험 또는 공제에 가입하여야 하는 자로 한정한다)
8. 별지 제122호서식의 초경량비행장치 비행승인신청서(법 제129조제6항에 따라 법 제127조제2항 및 제3항의 비행승인 신청을 함께 하려는 경우에 한정한다)
9. 그 밖에 국토교통부장관이 정하여 고시하는 서류

Chapter 01 | 항공법규

항공안전법	항공안전법 시행령

제11장 보칙

제132조(항공안전 활동) ① 국토교통부장관은 항공안전의 확보를 위하여 다음 각 호의 어느 하나에 해당하는 자에게 그 업무에 관한 보고를 하게 하거나 서류를 제출하게 할 수 있다.
  1. 항공기등, 장비품 또는 부품의 제작 또는 정비등을 하는 자
  2. 비행장, 이착륙장, 공항, 공항시설 또는 항행안전시설의 설치자 및 관리자
  3. 항공종사자, 경량항공기 조종사 및 초경량비행장치 조종자
  4. 항공교통업무증명을 받은 자
  5. 항공운송사업자(외국인국제항공운송사업자 및 외국항공기로 유상운송을 하는 자를 포함한다. 이하 이 조에서 같다), 항공기사용사업자, 항공기정비업자, 초경량비행장치사용사업자, 「항공사업법」 제2조제22호에 따른 항공기대여업자, 「항공사업법」 제2조제27호에 따른 항공레저스포츠사업자, 경량항공기 소유자등 및 초경량비행장치 소유자등
  6. 제48조에 따른 전문교육기관, 제72조에 따른 위험물 전문교육기관, 제117조에 따른 경량항공기 전문교육기관, 제126조에 따른 초경량비행장치 전문교육기관의 설치자 및 관리자
  6의2. 항공전문의사
  7. 그 밖에 항공기, 경량항공기 또는 초경량비행장치를 계속하여 사용하는 자

② 국토교통부장관은 이 법을 시행하기 위하여 특히 필요한 경우에는 소속 공무원으로 하여금 제1항 각 호의 어느 하나에 해당하는 자의 다음 각 호의 어느 하나의 장소에 출입하여 항공기, 경량항공기 또는 초경량비행장치, 항행안전시설, 장부, 서류, 그 밖의 물건을 검사하거나 관계인에게 질문하게 할 수 있다. 이 경우 국토교통부장관은 검사등의 업무를 효율적으로 수행하기 위하여 특히 필요하다고 인정하면 국토교통부령으로 정하는 자격을 갖춘 항공안전에 관한 전문가를 위촉하여 검사등의 업무에 관한 자문에 응하게 할 수 있다.
  1. 사무소, 공장이나 그 밖의 사업장
  2. 비행장, 이착륙장, 공항, 공항시설, 항행안전시설 또는 그 시설의 공사장
  3. 항공기 또는 경량항공기의 정치장
  4. 항공기, 경량항공기 또는 초경량비행장치

③ 국토교통부장관은 항공운송사업자가 취항하는 공항에 대하여 국토교통부령으로 정하는 바에 따라 정기적인 안전성검사를 하여야 한다.

④ 제2항 및 제3항에 따른 검사 또는 질문을 하려면 검사 또는 질문을 하기 7일 전까지 검사 또는 질문의 일시, 사유 및 내용 등의 계획을 피검사자 또는 피질문자에게 알려야 한다.

항공안전법 시행규칙

② 지방항공청장은 제1항에 따른 신청서를 제출받은 날부터 30일(새로운 기술에 관한 검토 등 특별한 사정이 있는 경우에는 90일) 이내에 법 제129조제5항에 따른 무인비행장치 특별비행을 위한 안전기준에 적합한지 여부를 검사한 후 적합하다고 인정하는 경우에는 별지 제123호의3서식의 무인비행장치 특별비행승인서를 발급하여야 한다. 이 경우 지방항공청장은 항공안전의 확보 또는 인구밀집도, 사생활 침해 및 소음 발생 여부 등 주변 환경을 고려하여 필요하다고 인정되는 경우 비행일시, 장소, 방법 등을 정하여 승인할 수 있다.

③ 제1항 및 제2항에 규정한 사항 외에 무인비행장치 특별비행승인을 위하여 필요한 사항은 국토교통부장관이 정하여 고시한다.

제313조(초경량비행장치사용사업자에 대한 안전개선명령) 법 제130조제2호에서 "국토교통부령으로 정하는 사항"이란 다음 각 호의 어느 하나에 해당하는 사항을 말한다.
1. 초경량비행장치사용사업자가 운용중인 초경량비행장치에 장착된 안전성이 검증되지 아니한 장비의 제거
2. 초경량비행장치 제작자가 정한 정비절차의 이행
3. 그 밖에 안전을 위하여 한국교통안전공단 이사장이 필요하다고 인정하는 사항

제313조의2(국가기관등 무인비행장치의 긴급비행) ① 법 제131조의2제2항에서 "국토교통부령으로 정하는 공공목적"이란 다음 각 호의 목적을 말한다.
1. 산불의 진화·예방
2. 응급환자를 위한 장기(臟器) 이송 및 구조·구급활동
3. 산림 방제(防除)·순찰
4. 산림보호사업을 위한 화물 수송
5. 대형사고 등으로 인한 교통장애 모니터링
6. 시설물 붕괴·전도 등으로 인한 재난·재해 발생 또는 우려 시 안전진단
7. 풍수해 및 수질오염 등이 발생하는 경우 긴급점검
8. 테러 예방 및 대응
9. 그 밖에 제1호부터 제8호까지에서 규정한 사항과 유사한 목적의 업무수행

② 법 제131조의2제2항에 따른 안전관리방안에는 다음 각 호의 사항이 포함되어야 한다.
1. 무인비행장치의 관리 및 점검계획
2. 비행안전수칙 및 교육계획
3. 사고 발생 시 비상연락·보고체계 등에 관한 사항
4. 무인비행장치 사고로 인하여 지급할 손해배상 책임을 담보하기 위한 보험 또는 공제의 가입 등 피해자 보호대책
5. 긴급비행 기록관리 등에 관한 사항

제11장 보칙

제314조(항공안전전문가) 법 제132조제2항에 따른 항공안전에 관한 전문가로 위촉받을 수 있는 사람은 다음 각 호의 어느 하나에 해당하는 사람으로 한다.
1. 항공종사자 자격증명을 가진 사람으로서 해당 분야에서 10년 이상의 실무경력을 갖춘 사람
2. 항공종사자 양성 전문교육기관의 해당 분야에서 5년 이상 교육훈련업무에 종사한 사람
3. 5급 이상의 공무원이었던 사람으로서 항공분야에서 5년(6급의 경우 10년) 이상의 실무경력을 갖춘 사람
4. 대학 또는 전문대학에서 해당 분야의 전임강사 이상으로 5년 이상 재직한 경력이 있는 사람

제315조(정기안전성검사) ① 국토교통부장관 또는 지방항공청장은 법 제132조제3항에 따라 다음 각 호의 사항에 관하여 항공운송사업자가 취항하는 공항에 대하여 정기적인 안전성검사를 하여야 한다.
1. 항공기 운항·정비 및 지원에 관련된 업무·조직 및 교육훈련
2. 항공기 부품과 예비품의 보관 및 급유시설

Chapter 01 | 항공법규

항공안전법	항공안전법 시행령

항공안전법

다만, 긴급한 경우이거나 사전에 알리면 증거인멸 등으로 검사 또는 질문의 목적을 달성할 수 없다고 인정하는 경우에는 그러하지 아니하다.

⑤ 제2항 및 제3항에 따른 검사 또는 질문을 하는 공무원은 그 권한을 표시하는 증표를 지니고, 이를 관계인에게 보여주어야 한다.

⑥ 제5항에 따른 증표에 관하여 필요한 사항은 국토교통부령으로 정한다.

⑦ 제2항 및 제3항에 따른 검사 또는 질문을 한 경우에는 그 결과를 피검사자 또는 피질문자에게 서면으로 알려야 한다.

⑧ 국토교통부장관은 제2항 또는 제3항에 따른 검사를 하는 중에 긴급히 조치하지 아니할 경우 항공기, 경량항공기 또는 초경량비행장치의 안전운항에 중대한 위험을 초래할 수 있는 사항이 발견되었을 때에는 국토교통부령으로 정하는 바에 따라 항공기, 경량항공기 또는 초경량비행장치의 운항 또는 항행안전시설의 운용을 일시 정지하게 하거나 항공종사자, 초경량비행장치 조종자 또는 항행안전시설을 관리하는 자의 업무를 일시 정지하게 할 수 있다.

⑨ 국토교통부장관은 제2항 또는 제3항에 따른 검사 결과 항공기, 경량항공기 또는 초경량비행장치의 안전운항에 위험을 초래할 수 있는 사항을 발견한 경우에는 그 검사를 받은 자에게 시정조치 등을 명할 수 있다.

제133조(항공운송사업자에 관한 안전도 정보의 공개) 국토교통부장관은 국민이 항공기를 안전하게 이용할 수 있도록 국토교통부령으로 정하는 바에 따라 다음 각 호의 사항이 포함된 항공운송사업자(외국인국제항공운송사업자를 포함한다. 이하 이 조에서 같다)에 관한 안전도 정보를 공개하여야 한다.

1. 국토교통부령으로 정하는 항공기사고에 관한 정보
2. 항공운송사업자가 속한 국가에 대한 국제민간항공기구(ICAO)의 안전평가 결과 [국제민간항공기구(ICAO)에서 안전기준에 미달하여 항공기사고의 위험도가 높은 것으로 공개한 국가만 해당한다]
3. 그 밖에 항공운송사업자의 안전과 관련하여 국토교통부령으로 정하는 사항

제133조의2(안전투자의 공시) ① 「항공사업법」 제2조제35호에 따른 항공교통사업자는 항공안전의 증진을 위하여 국토교통부장관이 항공안전과 직·간접적으로 관련이 있다고 인정한 지출 또는 투자(이하 "안전투자"라 한다) 세부내역을 매년 공시하여야 한다.

② 안전투자의 범위, 항목 및 공시를 위한 기준, 절차 등 안전투자의 공시를 위하여 필요한 사항은 국토교통부령으로 정한다.

항공안전법 시행규칙

3. 비상계획 및 항공보안사항
4. 항공기 운항허가 및 비상지원절차
5. 지상조업과 위험물의 취급 및 처리
6. 공항시설
7. 그 밖에 국토교통부장관이 항공기 안전운항에 필요하다고 인정하는 사항

② 법 제132조제6항에 따른 공무원의 증표는 별지 제124호서식의 항공안전감독관증에 따른다.

제316조(항공기의 운항정지 및 항공종사자의 업무정지 등) 국토교통부장관 또는 지방항공청장은 법 제132조제8항에 따라 항공기, 경량항공기 또는 초경량비행장치의 운항 또는 항행안전시설의 운용을 일시 정지하게 하거나 항공종사자, 초경량비행장치 조종자 또는 항행안전시설을 관리하는 자의 업무를 일시 정지하게 하는 경우에는 다음 각 호에 따라 조치하여야 한다.

1. 항공기, 경량항공기 또는 초경량비행장치의 운항 또는 항행안전시설의 운용을 일시 정지하게 하거나 항공종사자, 초경량비행장치 조종자 또는 항행안전시설을 관리하는 자의 업무를 일시 정지하게 하는 사유 및 조치하여야 할 내용의 통보(구두로 통보한 경우에는 사후에 서면으로 통지하여야 한다)
2. 제1호에 따른 통보를 받은 자가 통보받은 내용을 이행하고 그 결과를 제출한 경우 그 이행 결과에 대한 확인
3. 제2호에 따른 확인 결과 일시 운항정지 또는 업무정지 등의 사유가 해소되었다고 판단하는 경우에는 항공기, 경량항공기 또는 초경량비행장치의 재운항 또는 항행안전시설의 재운용이 가능함을 통보하거나, 항공종사자, 초경량비행장치 조종자 또는 항행안전시설을 관리하는 자가 업무를 계속 수행할 수 있음을 통보(구두로 통보하는 것을 포함한다)

제317조(항공운송사업자에 관한 안전도 정보의 공개) ① 법 제133조제1호에서 "국토교통부령으로 정하는 항공사고"란 최근 5년 이내에 발생한 항공기사고로서 국제민간항공기구에서 공개한 사고를 말한다.

② 법 제133조제3호에서 "국토교통부령으로 정하는 사항"이란 다음 각 호의 어느 하나에 해당하는 사항을 말한다.
1. 외국정부에서 실시·공개한 항공운송사업자의 항공안전평가결과에 관한 사항
2. 항공운송사업자별 기령(機齡) 20년 초과 항공기(이하 "경년항공기"라 한다)의 보유 및 운영에 관한 사항(외국인국제항공운송사업자는 제외한다)
3. 그 밖에 국토교통부장관이 국민의 안전한 항공기 이용을 위하여 공개할 필요가 있다고 인정하는 정보

③ 국토교통부장관은 법 제133조에 따라 항공운송사업자에 관한 안전도 정보를 공개하는 경우에는 국토교통부 홈페이지에 게재하여야 한다. 이 경우 필요하다고 인정하는 경우에는 항공 관련 기관이나 단체의 홈페이지에 함께 게재할 수 있다.

제317조의2(안전투자의 범위 및 항목) ① 법 제133조의2제1항에 따른 안전투자(이하 "안전투자"라 한다)의 범위 및 항목은 다음 각 호와 같다.
1. 항공기 및 부품
   가. 경년항공기의 교체
   나. 예비용 항공기의 구입 또는 임차
   다. 항공기의 정비·수리·개조
   라. 발동기·부품 등의 구매 및 임차
   마. 정비시설·장비의 구매 및 유지 관리
2. 항공기 운항 및 공항시설
   가. 공항시설의 설치 및 개선
   나. 소방·제설·제빙·방빙 등을 위한 차량 등의 구입
   다. 법 제58조제2항에 따른 항공안전관리시스템의 구축 및 유지 관리와 안전정보 관리
3. 항공종사자·직원의 교육훈련
4. 항공안전을 위한 연구개발
5. 항공안전 증진을 위한 홍보
6. 그 밖에 항공안전에 관련된 투자에 관한 사항으로서 국토교통부장관이 고시하는 사항

② 제1항에 따른 안전투자 범위 및 항목에 관한 세부기준은 국토교통부장관이 정하여 고시한다.

Chapter 01 | 항공법규

항공안전법	항공안전법 시행령

항공안전법

제134조(청문) 국토교통부장관은 다음 각 호의 어느 하나에 해당하는 처분을 하려면 청문을 하여야 한다.
1. 제20조제7항에 따른 형식증명 또는 부가형식증명의 취소
2. 제21조제7항에 따른 형식증명승인 또는 부가형식증명승인의 취소
3. 제22조제5항에 따른 제작증명의 취소
4. 제23조제7항에 따른 감항증명의 취소
5. 제24조제3항에 따른 감항승인의 취소
6. 제25조제3항에 따른 소음기준적합증명의 취소
7. 제27조제4항에 따른 기술표준품형식승인의 취소
8. 제28조제5항에 따른 부품등제작자증명의 취소
8의2. 제39조의2제5항에 따른 모의비행훈련장치에 대한 지정의 취소 또는 효력정지
9. 제43조제1항 또는 제3항에 따른 자격증명등 또는 항공신체검사증명의 취소 또는 효력정지
10. 제44조제4항에서 준용하는 제43조제1항에 따른 계기비행증명 또는 조종교육증명의 취소
11. 제45조제6항에서 준용하는 제43조제1항에 따른 항공영어구술능력증명의 취소
11의2. 제47조의2에 따른 연습허가 또는 항공신체검사증명의 취소 또는 효력정지
12. 제48조제4항에 따른 전문교육기관 지정의 취소
13. 제50조제1항에 따른 항공전문의사 지정의 취소 또는 효력정지(같은 항 제8호의 경우는 제외한다)
14. 제63조제3항에 따른 자격인정의 취소
15. 제71조제5항에 따른 포장·용기검사기관 지정의 취소
16. 제72조제5항에 따른 위험물전문교육기관 지정의 취소
17. 제86조제1항에 따른 항공교통업무증명의 취소
18. 제91조제1항 또는 제95조제1항에 따른 운항증명의 취소
19. 제98조제1항에 따른 정비조직인증의 취소
20. 제105조제1항 단서에 따른 운항증명승인의 취소
21. 제114조제1항 또는 제2항에 따른 자격증명등 또는 항공신체검사증명의 취소
22. 제115조제3항에서 준용하는 제114조제1항에 따른 조종교육증명의 취소
23. 제117조제4항에 따른 경량항공기 전문교육기관 지정의 취소
24. 제125조제5항에 따른 초경량비행장치 조종자 증명의 취소
25. 제126조제4항에 따른 초경량비행장치 전문교육기관 지정의 취소

항공안전법 시행규칙

제317조의3(안전투자의 공시 기준) ① 법 제133조의2제1항에 따른 안전투자 공시에는 다음 각 호의 사항이 모두 포함되어야 한다.
  1. 과거 2년간의 안전투자 실적
  2. 당해 연도의 안전투자 계획
  3. 향후 1년간 안전투자 계획
  4. 그 밖에 안전투자에 관한 사항으로서 국토교통부장관이 정하여 고시하는 사항
② 제1항에 따른 안전투자공시에 관한 세부기준은 국토교통부장관이 정하여 고시한다.

제317조의4(안전투자의 공시 절차) ①「항공사업법」제2조제35호에 따른 항공교통사업자(이하 "항공교통사업자"라 한다)는 법 제133조의2에 따른 안전투자의 공시를 하려면 제317조의3에 따른 공시기준(이하 "공시기준"이라 한다)에 따라 안전투자 공시내역서를 작성하여 매년 3월 말까지 국토교통부장관에게 제출하여야 한다.
② 제1항에 따른 안전투자 공시내역서를 받은 국토교통부장관은 안전투자 공시내역서가 공시기준에 맞는지를 확인하여야 하며, 필요한 경우 해당 항공교통사업자에게 안전투자 공시내역서의 보완을 요청할 수 있다.
③ 국토교통부장관은 제2항에 따른 안전투자 공시내역서를 받은 날부터 1개월 이내에 확인의견을 항공교통사업자에게 통보하여야 한다.
④ 제3항에 따른 확인의견을 받은 항공교통사업자는 통보를 받은 날로부터 10일 이내에 확인의견과 안전투자 공시내역서를 항공교통사업자의 인터넷 홈페이지 및「항공사업법」제6조제1항제3호에 따른 항공정보포털시스템에 게시해야 한다.
⑤ 제1항부터 제4항까지에서 규정한 사항 외에 안전투자의 공시 절차에 관한 세부적인 사항은 국토교통부장관이 정하여 고시한다.

제318조(권한 위임의 범위) 영 제26조제1항제19호나목에서 "국토교통부령으로 정하는 의무보고 대상 항공안전장애"란 별표 20의2 제3호나목의 의무보고 대상 항공안전장애를 말한다.

제318조의2(전문검사기관의 지정 기준) 영 제26조제3항에서 "국토교통부령으로 정하는 기술인력, 시설 및 장비"란 별표 45에 따른 기술인력, 시설 및 장비를 말한다.

[별표 45] 전문검사기관이 갖추어야 할 기술인력·시설 및 장비기준(제318조의2 관련)

구분	기준
1. 기술인력	항공기등 또는 장비품의 인증업무 또는 시제품에 대한 기능시험·성능시험·구조시험 등의 업무에 5년 이상의 경력이 있는 사람 2명 이상을 확보하고, 인증 관련법 제도 외에 나목부터 자목까지 중 해당 분야의 교육·훈련을 이수하여야 한다. 　　가. 인증 관련법 제도　　　　나. 기체구조 및 하중 인증분야 　　다. 추진기관 인증분야　　　　라. 세부계통 및 실내장치 인증분야 　　마. 환경증명 인증분야　　　　바. 비행시험 및 비행성능 인증분야 　　사. 항공전자·전기 인증분야　아. 형식증명 또는 제작증명 적합성 검사분야 　　자. 소프트웨어 인증분야
2. 시설	가. 항공기등 또는 장비품의 해당분야에 대한 설계검증 및 품질인증을 위한 시설 나. 기술인력의 교육·훈련을 위한 시설(자체 교육·훈련을 실시할 경우만 해당한다)
3. 장비	항공기등 또는 장비품의 해당분야에 대한 설계검증·시험분석 및 평가를 위해 필요한 장비

Chapter 01 | 항공법규

항공안전법

제135조(권한의 위임·위탁) ① 이 법에 따른 국토교통부장관의 권한은 그 일부를 대통령령으로 정하는 바에 따라 특별시장·광역시장·특별자치시장·도지사·특별자치도지사 또는 국토교통부장관 소속 기관의 장에게 위임할 수 있다.
② 국토교통부장관은 제20조부터 제25조까지, 제27조, 제28조 및 제30조에 따른 증명, 승인 또는 검사에 관한 업무를 대통령령으로 정하는 바에 따라 전문검사기관을 지정하여 위탁할 수 있다.
③ 국토교통부장관은 제30조에 따른 수리·개조승인에 관한 권한 중 국가기관등항공기의 수리·개조승인에 관한 권한을 대통령령으로 정하는 바에 따라 관계 중앙행정기관의 장에게 위탁할 수 있다.
④ 〈삭제〉
⑤ 국토교통부장관은 다음 각 호의 업무를 대통령령으로 정하는 바에 따라 「한국교통안전공단법」에 따른 한국교통안전공단(이하 "한국교통안전공단"이라 한다) 또는 항공 관련 기관·단체에 위탁할 수 있다.
1. 제38조에 따른 자격증명 시험업무 및 자격증명 한정심사업무와 항공종사자 자격증명서의 발급에 관한 업무
2. 제44조에 따른 계기비행증명업무 및 조종교육증명업무와 증명서의 발급에 관한 업무
3. 제45조제3항에 따른 항공영어구술능력증명서의 발급에 관한 업무
4. 제48조제9항 및 제10항에 따른 항공교육훈련 통합관리시스템에 관한 업무
5. 제61조에 따른 항공안전 자율보고의 접수·분석 및 전파에 관한 업무
6. 제112조에 따른 경량항공기 조종사 자격증명 시험업무 및 자격증명 한정심사업무와 경량항공기 조종사 자격증명서의 발급에 관한 업무
7. 제115조제1항 및 제2항에 따른 경량항공기 조종교육증명업무와 증명서의 발급 및 경량항공기 조종교육증명을 받은 자에 대한 교육에 관한 업무
8. 제122조에 따른 초경량비행장치 신고의 수리 및 신고번호의 발급에 관한 업무
9. 제123조에 따른 초경량비행장치의 변경신고, 말소신고, 말소신고의 촉구와 직권말소 및 직권말소의 통보에 관한 업무
10. 제125조제1항에 따른 초경량비행장치 조종자 증명에 관한 업무
11. 제125조제6항에 따른 실기시험장, 교육장 등 시설의 지정·구축·운영에 관한 업무
12. 제126조제1항 및 제5항에 따른 초경량비행장치 전문교육기관의 지정 및 지정조건의 충족·유지 여부 확인에 관한 업무

항공안전법 시행령

제26조(권한 및 업무의 위임·위탁) ① 국토교통부장관은 법 제135조제1항에 따라 다음 각 호의 권한을 지방항공청장에게 위임한다.
1. 법 제23조제3항제1호에 따른 표준감항증명. 다만, 다음 각 목의 표준감항증명은 제외한다.
   가. 법 제20조제2항제1호에 따른 형식증명을 받은 항공기에 대한 최초의 표준감항증명
   나. 법 제22조에 따른 제작증명을 받아 제작한 항공기에 대한 최초의 표준감항증명
2. 다음 각 목에 해당하는 항공기에 대한 법 제23조제3항제2호에 따른 특별감항증명. 다만, 법 제20조제2항제2호에 따른 제한형식증명을 받은 항공기에 대한 최초의 특별감항증명은 제외한다.
   가. 항공기를 제작·정비·수리 또는 개조 후 시험비행을 하는 항공기
   나. 항공기의 정비·수리 또는 개조(이하 "정비등"이라 한다)를 위한 장소까지 승객·화물을 싣지 않고 비행하는 항공기
   다. 항공기를 수입하거나 수출하기 위해 승객·화물을 싣지 않고 비행하는 항공기
   라. 재난·재해 등으로 인한 수색·구조에 사용하는 항공기
   마. 산불 진화 및 예방에 사용하는 항공기
   바. 응급환자의 수송 등 구조·구급활동에 사용하는 항공기
   사. 씨앗 파종, 농약 살포 또는 어군(魚群) 탐지 등 농수산업에 사용하는 항공기
   아. 기상관측 또는 기상조절 실험 등에 사용되는 항공기
   자. 건설자재 등을 외부에 매달고 운반하는 데 사용하는 헬리콥터
   차. 해양오염 관측 및 해양 방제에 사용하는 항공기
   카. 산림, 관로(管路), 전선(電線) 등의 순찰 또는 관측에 사용하는 항공기
3. 법 제23조제4항에 따른 항공기의 설계, 제작과정, 완성 후의 상태와 비행성능의 검사 및 운용한계(運用限界)의 지정(제1호 및 제2호에 따라 지방항공청장에게 권한이 위임된 표준감항증명 또는 특별감항증명의 대상이 되는 항공기만 해당한다)
4. 법 제23조제5항 단서에 따른 감항증명의 유효기간 연장

항공안전법	항공안전법 시행령

13. 제126조제7항에 따른 교육·훈련 등 조종자의 육성에 관한 업무
13의2. 제130조에 따른 초경량비행장치사용사업자에 대한 안전개선명령 업무
13의3. 제132조제1항에 따른 항공안전 활동에 관한 업무(초경량비행장치사용사업자에 한정한다)
14. 제133조의2제1항에 따른 안전투자의 공시에 관한 업무
⑥ 국토교통부장관은 다음 각 호의 업무를 대통령령으로 정하는 바에 따라 항공의학 관련 전문기관 또는 단체에 위탁할 수 있다.
  1. 제40조에 따른 항공신체검사증명에 관한 업무
  1의2. 제42조제2항에 따라 항공신체검사증명을 받은 사람의 신체적·정신적 상태의 저하에 관한 신고 접수, 같은 조 제3항에 따른 항공신체검사증명의 기준 적합 여부 확인 및 결과 통지에 관한 업무
  2. 제49조제3항에 따른 항공전문의사의 교육에 관한 업무
⑦ 국토교통부장관은 제45조제2항에 따른 항공영어구술능력증명시험의 실시에 관한 업무를 대통령령으로 정하는 바에 따라 한국교통안전공단 또는 영어평가 관련 전문기관·단체에 위탁할 수 있다.
⑧ 국토교통부장관은 다음 각 호의 업무를 대통령령으로 정하는 바에 따라 「항공안전기술원법」에 따른 항공안전기술원 또는 항공 관련 기관·단체에 위탁할 수 있다.
  1. 「국제민간항공협약」 및 같은 협약 부속서에서 채택된 표준과 권고되는 방식에 따라 제19조, 제67조, 제70조 및 제77조에 따른 항공기기술기준, 비행규칙, 위험물 취급의 절차·방법 및 운항기술기준을 정하기 위한 연구 업무
  2. 제59조에 따른 항공안전 의무보고의 분석 및 전파에 관한 업무
  2의2. 국가항행계획의 수립·시행에 관한 지원 업무
  3. 제129조제5항 후단에 따른 검사에 관한 업무
  4. 그 밖에 항공기의 안전한 항행을 위한 연구·분석 업무로서 대통령령으로 정하는 업무
제136조(수수료 등) ① 다음 각 호의 어느 하나에 해당하는 자는 국토교통부령으로 정하는 수수료를 국토교통부장관에게 내야 한다. 다만, 제135조제2항 및 제5항부터 제8항까지의 규정에 따라 권한이 위탁된 경우에는 그 수탁기관에 내야 한다.
  1. 이 법에 따른 증명·승인·인증·등록 또는 검사(이하 "검사등"이라 한다)를 받으려는 자
  2. 이 법에 따른 증명서 또는 허가서의 발급 또는 재발급을 신청하는 자
	4의2. 법 제23조제6항에 따른 감항증명서의 발급(제1호 및 제2호에 따라 지방항공청장에게 권한이 위임된 표준감항증명 또는 특별감항증명의 대상이 되는 항공기만 해당한다)
	5. 법 제23조제7항에 따른 감항증명의 취소 및 효력정지명령(지방항공청장에게 권한이 위임된 감항증명에 관한 감항증명의 취소 및 효력 정지만 해당한다)
	6. 법 제23조제9항에 따른 항공기의 감항성 유지 여부에 대한 수시검사
	7. 법 제24조에 따른 항공기등(항공기, 발동기 및 프로펠러를 말한다. 이하 같다), 장비품 또는 부품의 감항승인, 감항승인의 취소 및 효력정지명령. 다만, 다음 각 목의 감항승인과 그 감항승인의 취소 및 효력정지명령은 제외한다.
	  가 ~ 나. 〈삭제〉
	  다. 법 제27조에 따른 기술표준품형식승인을 받은 기술표준품에 대한 최초의 감항승인
	  라. 법 제28조에 따른 부품등제작자증명을 받아 제작한 장비품 또는 부품에 대한 최초의 감항승인
	8. 법 제25조에 따른 소음기준적합증명, 소음기준적합증명의 취소 및 효력정지명령. 다만, 다음 각 목의 소음기준적합증명과 그 소음기준적합증명의 취소 및 효력정지명령은 제외한다.
	  가. 법 제20조에 따른 형식증명 또는 제한형식증명을 받은 항공기에 대한 최초의 소음기준적합증명
	  나. 법 제22조에 따른 제작증명을 받아 제작한 항공기에 대한 최초의 소음기준적합증명
	9. 법 제30조에 따른 수리·개조승인
	9의 2. 법 제33조제2항에 따른 고장 등 보고(국제항공운송사업자의 보고는 제외한다)의 접수
	10. 법 제36조제3항제2호에 따른 시험비행 등에 대한 허가
	11. 법 제39조제2항에 따른 모의비행훈련장치의 지정법 제39조의2와 관련된 다음 각 목의 권한
	  가. 법 제39조의2제1항 및 제2항에 따른 모의비행훈련장치의 지정·변경지정·유효기간 연장 신청서의 접수 및 검사
	  나. 법 제39조의2제3항에 따른 모의비행훈련장치 지정서의 발급
	  다. 법 제39조의2제4항 단서에 따른 모의비행훈련장치의 유효기간 연장
	  라. 법 제39조의2제5항에 따른 모의비행훈련장치의 지정 취소 및 효력 정지 명령

항공안전법	항공안전법 시행령

항공안전법

② 검사등을 위하여 현지출장이 필요한 경우에는 그 출장에 드는 여비를 신청인이 내야 한다. 이 경우 여비의 기준은 국토교통부령으로 정한다.

제136조의2(비밀유지 의무) 다음 각 호의 어느 하나에 해당하는 업무에 종사하거나 종사하였던 사람은 그 직무상 알게 된 다른 사람의 의료 기록 등 개인정보의 비밀을 타인에게 누설하거나 직무상 목적 외에 사용하여서는 아니 된다.
  1. 제34조에 따른 항공종사자 자격증명 업무
  2. 제40조에 따른 항공신체검사증명 업무

제137조(벌칙 적용에서 공무원 의제) 다음 각 호의 어느 하나에 해당하는 사람은 「형법」 제129조부터 제132조까지의 규정을 적용할 때 공무원으로 본다.
  1. 제31조제2항에 따른 검사관 중 공무원이 아닌 사람
  2. 제135조제2항 및 제5항부터 제8항까지의 규정에 따라 국토교통부장관이 위탁한 업무에 종사하는 전문검사기관, 전문기관 또는 단체 등의 임직원

제12장 벌칙

제138조(항행 중 항공기 위험 발생의 죄) ① 사람이 현존하는 항공기, 경량항공기 또는 초경량비행장치를 항행 중에 추락 또는 전복(顚覆)시키거나 파괴한 사람은 사형, 무기징역 또는 5년 이상의 징역에 처한다.
② 제140조의 죄를 지어 사람이 현존하는 항공기, 경량항공기 또는 초경량비행장치를 항행 중에 추락 또는 전복시키거나 파괴한 사람은 사형, 무기징역 또는 5년 이상의 징역에 처한다.

제139조(항행 중 항공기 위험 발생으로 인한 치사·치상의 죄) 제138조의 죄를 지어 사람을 사상(死傷)에 이르게 한 사람은 사형, 무기징역 또는 7년 이상의 징역에 처한다.

제140조(항공상 위험 발생 등의 죄) 비행장, 이착륙장, 공항시설 또는 항행안전시설을 파손하거나 그 밖의 방법으로 항공상의 위험을 발생시킨 사람은 10년 이하의 징역에 처한다.

제141조(미수범) 제138조제1항 및 제140조의 미수범은 처벌한다.

제142조(기장 등의 탑승자 권리행사 방해의 죄) ① 직권을 남용하여 항공기에 있는 사람에게 그의 의무가 아닌 일을 시키거나 그의 권리행사를 방해한 기장 또는 조종사는 1년 이상 10년 이하의 징역에 처한다.
② 폭력을 행사하여 제1항의 죄를 지은 기장 또는 조종사는 3년 이상 15년 이하의 징역에 처한다.

항공안전법 시행령

12. 법 제41조에 따른 운항승무원(국제항공운송사업자에 소속된 운항승무원은 제외한다) 및 항공교통관제사(지방항공청에 소속된 항공교통관제사로 한정한다)에 대한 항공신체검사명령
12의2. 법 제41조의2제1항에 따른 항공교통관제사(지방항공청에 소속된 항공교통관제사로 한정한다)에 대한 건강증진활동계획의 수립·시행
13. 법 제43조제1항에 따른 자격증명등의 취소 또는 효력정지명령 및 같은 조 제2항에 따른 항공신체검사증명의 취소 또는 효력정지명령(국제항공운송사업자에 소속된 항공종사자와 지방항공청에 소속된 항공교통관제사에 대한 자격증명등 및 항공신체검사증명의 취소 또는 효력정지명령은 제외한다)
14. 법 제46조제1항제2호에 따른 항공기 조종연습을 위한 허가
15. 법 제47조에 따른 항공교통관제연습 허가(지방항공청장의 관할구역에서만 해당한다)
15의2. 법 제48조제4항에 따른 훈련운영기준의 변경, 같은 조 제6항에 따른 교육훈련체계 변경에 관한 검사 및 같은 조 제7항에 따른 전문교육기관 지정을 받은 자에 대한 정기 또는 수시 검사
15의3. 법 제48조의2제1항에 따른 전문교육기관 지정을 받은 자에 대한 업무의 정지 및 지정취소
15의4. 법 제48조의3에 따른 전문교육기관 지정을 받은 자에 대한 과징금의 부과 및 징수
16. 법 제56조제2항에 따른 피로위험관리시스템 승인 및 변경승인(국제항공운송사업자에 대한 피로위험관리시스템 승인 및 변경승인은 제외 한다)
17. 법 제57조제3항 및 제4항에 따른 주류등(「주세법」에 따른 주류, 「마약류 관리에 관한 법률」에 따른 마약류 또는 「화학물질관리법」 제22조제1항에 따른 환각물질 등을 말한다. 이하 같다)의 섭취 및 사용 여부의 측정(지방항공청에 소속된 항공교통관제사에 대한 측정은 제외한다)
18. 법 제58조제2항제2호·제4호(국제항공운송사업자는 제외한다) 및 제5호에 해당하는 자에 대한 항공안전관리시스템의 승인 및 변경승인
18의2. 법 제58조제3항에 따른 항공안전관리시스템의 구축·운용(지방항공청장의 관할구역에서만 해당한다)
19. 법 제59조제1항 본문에 따른 의무보고 대상 항공안전장애(이하 이 호에서 "의무보고 대상 항공안전장애"라 한다)의 접수 및 법 제60조제1항에 따른 사실조사. 다만, 다음 각 목의 의무보고 대상 항공안전장애는 제외한다.

항공안전법 시행규칙

제319조(항공영어구술능력평가 전문기관의 지정) ① 영 제26조제8항에 따라 항공영어구술능력증명시험의 실시를 위한 평가전문기관 또는 단체(이하 "평가기관"이라 한다)로 지정받으려는 자는 별지 제125호서식의 항공영어구술능력평가 전문기관 지정신청서에 다음 각 호의 서류를 첨부하여 국토교통부장관에게 제출하여야 한다.
  1. 평가기관의 조직도
  2. 평가전문인력의 정원, 자격 및 경력을 적은 서류
  3. 평가전문인력에 대한 교육훈련 프로그램
  4. 다음 각 목의 사항이 포함된 항공영어구술능력평가업무 수행계획서
    가. 시험문제의 검토·선정
    나. 시험의 실시·평가
    다. 시험결과의 통보
  5. 평가의 객관성, 공정성 확보방안 및 부정행위 방지대책
② 국토교통부장관은 제1항에 따라 신청을 받은 경우에는 그 내용을 심사하여 별표 46에 따른 기준에 적합하다고 인정하면 별지 제126호서식의 항공영어구술능력평가 전문기관 지정서를 발급하고 이를 고시하여야 한다.
③ 제2항에 따라 지정을 받은 평가기관은 제1항 각 호의 사항이 변경된 경우에는 그 변경 내용을 지체 없이 국토교통부장관에게 보고하여야 한다.

제320조(평가기관의 인력·시설기준 등) ① 영 제26조제8항에서 "국토교통부령으로 정하는 인력·시설 등"이란 별표 46에 따른 인력·시설 등을 말한다.
② 국토교통부장관은 평가기관이 제1항의 기준에 적합한지 여부를 매년 심사하여야 한다.

제320조의2(안전투자 공시업무의 위탁) 영 제26조제10항제6호에서 "국토교통부령으로 정하는 업무"란 다음 각 호의 업무를 말한다.
  1. 제317조의4제1항에 따른 안전투자 공시내역서의 접수
  2. 제317조의4제2항에 따른 안전투자 공시내역서의 확인 및 보완 요청
  3. 제317조의4제3항에 따른 안전투자 공시내역서 확인의견의 통보

제321조(수수료) ① 법 제136조에 따라 수수료를 내야 하는 자와 그 금액은 별표 47과 같다.
② 국가 또는 지방자치단체에 대해서는 국토교통부장관 또는 지방항공청장이 직접 수행하는 업무에 한정하여 제1항에 따른 수수료 및 법 제136조제2항에 따른 여비를 면제한다.
③ 제1항에 따른 수수료는 정보통신망을 이용하여 전자화폐·전자결제 등의 방법으로 내도록 할 수 있다.
④ 법 제136조제2항에 따른 현지출장 등의 여비 지급기준은 「공무원여비규정」에 따른다. 다만, 법 제135조제2항에 따른 전문검사기관의 경우에는 그 기관의 여비규정에 따른다.
⑤ 제1항에 따른 수수료를 과오납한 경우에는 해당 과오납 금액을 반환하고, 별표 47 제15호, 제18호, 제19호, 제30호, 제31호, 제32호 및 제34호에 따른 시험 또는 교육을 신청한 사람이 다음 각 호의 어느 하나에 해당하는 사유로 시험에 응시하지 못하거나 교육을 받지 못한 경우에는 해당 수수료의 전부를 납부한 사람에게 반환하여야 한다.
  1. 한국교통안전공단의 귀책사유로 시험에 응시하지 못한 경우
  2. 학과시험 시행 1일 전까지 및 실기시험 시행 5일 전까지 접수를 취소하는 경우
  3. 5등급 이하의 항공영어구술능력증명시험 시행 1일 전까지 및 6등급의 항공영어구술능력증명시험 시행 5일 전까지 접수를 취소하는 경우
  4. 다음 각 목의 어느 하나에 해당하는 사유로 시험에 응시하지 못하거나 교육을 받지 못하는 경우
    가. 시험에 응시하거나 교육을 받으려는 사람의 사망, 사고 또는 질병의 발생
    나. 시험에 응시하거나 교육을 받으려는 사람의 직계가족의 사망
    다. 그 밖에 시험에 응시하거나 교육을 받을 수 없는 불가피한 사유가 있다고 한국교통안전공단의 이사장이 인정하는 경우

Chapter 01 | 항공법규

항공안전법

제143조(기장의 항공기 이탈의 죄) 제62조제4항을 위반하여 항공기를 떠난 기장(기장의 임무를 수행할 사람을 포함한다)은 5년 이하의 징역에 처한다.

제144조(감항증명을 받지 아니한 항공기 사용 등의 죄) 다음 각 호의 어느 하나에 해당하는 자는 3년 이하의 징역 또는 5천만원 이하의 벌금에 처한다.
1. 제23조 또는 제25조를 위반하여 감항증명 또는 소음기준적합증명을 받지 아니하거나 감항증명 또는 소음기준적합증명이 취소 또는 정지된 항공기를 운항한 자
2. 제27조제3항을 위반하여 기술표준품형식승인을 받지 아니한 기술표준품을 제작·판매하거나 항공기등에 사용한 자
3. 제28조제3항을 위반하여 부품등제작자증명을 받지 아니한 장비품 또는 부품을 제작·판매하거나 항공기등 또는 장비품에 사용한 자
4. 제30조를 위반하여 수리·개조승인을 받지 아니한 항공기등, 장비품 또는 부품을 운항 또는 항공기등에 사용한 자
5. 제32조제1항을 위반하여 정비등을 한 항공기등, 장비품 또는 부품에 대하여 감항성을 확인받지 아니하고 운항 또는 항공기등에 사용한 자

제144조의2(전문교육기관의 지정 위반에 관한 죄) 제48조제1항 단서를 위반하여 전문교육기관의 지정을 받지 아니하고 제35조제1호부터 제4호까지의 항공종사자를 양성하기 위하여 항공기등을 사용한 자는 3년 이하의 징역 또는 3천만원 이하의 벌금에 처한다.

제145조(운항증명 등의 위반에 관한 죄) 다음 각 호의 어느 하나에 해당하는 자는 3년 이하의 징역 또는 3천만원 이하의 벌금에 처한다.
1. 제90조제1항(제96조제1항에서 준용하는 경우를 포함한다)에 따른 운항증명을 받지 아니하고 운항을 시작한 항공운송사업자 또는 항공기사용사업자
2. 제97조를 위반하여 정비조직인증을 받지 아니하고 항공기등, 장비품 또는 부품에 대한 정비등을 한 항공기정비업자 또는 외국의 항공기정비업자

제146조(주류등의 섭취·사용 등의 죄) 다음 각 호의 어느 하나에 해당하는 사람은 3년 이하의 징역 또는 3천만원 이하의 벌금에 처한다.
1. 제57조제1항(제106조제1항에 따라 준용되는 경우를 포함한다)을 위반하여 주류등의 영향으로 항공업무(제46조에 따른 항공기 조종연습 및 제47조에 따른 항공교통관제연습을 포함한다) 또는 객실승무원의 업무를 정상적으로 수행할 수 없는 상태에서 그 업무에 종사한

항공안전법 시행령

가. 법 제83조에 따라 항공교통업무를 제공하는 자와 관련된 의무보고 대상 항공안전장애
나. 국제항공운송사업자와 관련된 의무보고 대상 항공안전장애(지상운항 중 발생하는 의무보고 대상 항공안전장애 중 국토교통부령으로 정하는 의무보고 대상 항공안전장애는 제외한다)
20. 법 제62조제5항 및 제6항에 따른 기장 또는 항공기의 소유자등의 보고(국제항공운송사업자와 그에 소속된 기장의 보고는 제외한다)의 접수
21. 법 제66조제1항제1호에 따른 항공기(「항공사업법」 제2조제11호에 따른 국제항공운송사업에 사용되는 항공기는 제외한다)의 이륙·착륙 허가
22. 법 제68조 각 호 외의 부분 단서에 따른 비행 또는 행위에 대한 허가[법 제68조제5호에 따른 무인항공기(두 나라 이상을 비행하는 무인항공기로서 대한민국 밖에서 이륙하여 대한민국에 착륙하지 아니하고 대한민국 내를 운항하여 대한민국 밖에 착륙하는 무인항공기만 해당한다)의 비행에 대한 허가는 제외한다]
23. 법 제69조에 따른 긴급항공기의 지정 및 지정 취소
24. 법 제74조에 따른 비행기(「항공사업법」 제2조제11호에 따른 국제항공운송사업에 사용되는 비행기는 제외한다)의 회항시간 연장운항의 승인
25. 법 제75조제1항 각 호에 따른 공역에서의 항공기(「항공사업법」 제2조제11호에 따른 국제항공운송사업에 사용되는 항공기는 제외한다)의 운항승인
26. 법 제79조제2항 단서에 따른 통제공역에서의 비행허가
27. 법 제81조에 따른 항공교통의 안전을 확보하기 위한 관계 행정기관의 장과의 협조(지방항공청장에게 권한이 위임된 사항에 관한 관계 행정기관의 장과의 협조만 해당한다)
28. 법 제83조제1항에 따른 항공교통관제 업무의 제공, 같은 조 제2항에 따른 항공기 또는 경량항공기의 운항과 관련된 조언 및 정보의 제공 및 같은 조 제3항에 따른 수색·구조를 필요로 하는 항공기 또는 경량항공기에 관한 정보의 제공(지방항공청장의 관할구역에서만 해당한다)
29. 법 제84조제1항에 따른 항공기의 이동·이륙·착륙의 순서 및 시기와 비행의 방법에 대한 지시 및 같은 조 제2항에 따른 비행장 또는 공항 이동지역에서의 지시(지방항공청장의 관할구역에서만 해당한다)

항공안전법

항공종사자(제46조에 따른 항공기 조종연습 및 제47조에 따른 항공교통관제연습을 하는 사람을 포함한다. 이하 이 조에서 같다) 또는 객실승무원
2. 제57조제2항(제106조제1항에 따라 준용되는 경우를 포함한다)을 위반하여 주류등을 섭취하거나 사용한 항공종사자 또는 객실승무원
3. 제57조제3항(제106조제1항에 따라 준용되는 경우를 포함한다)을 위반하여 국토교통부장관의 측정에 따르지 아니한 항공종사자 또는 객실승무원

제147조(항공교통업무증명 위반에 관한 죄) ① 제85조제1항을 위반하여 항공교통업무증명을 받지 아니하고 항공교통업무를 제공한 자는 3년 이하의 징역 또는 3천만원 이하의 벌금에 처한다.
② 다음 각 호의 어느 하나에 해당하는 자는 1천만원 이하의 벌금에 처한다.
   1. 제85조제4항을 위반하여 항공교통업무제공체계를 유지하지 아니하거나 항공교통업무증명기준을 준수하지 아니한 자
   2. 제85조제5항을 위반하여 신고를 하지 아니하거나 승인을 받지 아니하고 항공교통업무제공체계를 변경한 자

제148조(무자격자의 항공업무 종사 등의 죄) 다음 각 호의 어느 하나에 해당하는 사람은 2년 이하의 징역 또는 2천만원 이하의 벌금에 처한다.
   1. 제34조를 위반하여 자격증명을 받지 아니하고 항공업무에 종사한 사람
   2. 제36조제2항을 위반하여 그가 받은 자격증명의 종류에 따른 업무범위 외의 업무에 종사한 사람
   2의2. 제39조의3을 위반한 사람으로서 다음 각 목의 어느 하나에 해당하는 사람
      가. 다른 사람에게 자기의 성명을 사용하여 항공업무를 수행하게 하거나 항공종사자 자격증명서를 빌려 준 사람
      나. 다른 사람의 성명을 사용하여 항공업무를 수행하거나 다른 사람의 항공종사자 자격증명서를 빌린 사람
      다. 가목 및 나목의 행위를 알선한 사람
   3. 제43조 또는 제47조의2에 따른 효력정지명령을 위반한 사람
   4. 제45조를 위반하여 항공영어구술능력증명을 받지 아니하고 같은 조 제1항 각 호의 어느 하나에 해당하는 업무에 종사한 사람

제148조의2(국가 항공안전프로그램에 관한 죄) 제58조제6항을 위반하여 분석결과를 이유로 관련된 사람에 대하여 불이익 조치를 한 자는 2년 이하의 징역 또는 2천만원 이하의 벌금에 처한다.

항공안전법 시행령

30. 법 제89조제1항에 따른 항공정보의 제공(지방항공청장의 관할구역에서만 해당하며, 간행물 형태로 제공하는 것은 제외한다)
31. 법 제90조제1항부터 제3항까지 및 제5항(법 제96조제1항에서 준용하는 경우를 포함한다)에 따른 운항증명, 운영기준·운항증명서의 발급, 운영기준의 변경 및 안전운항체계 변경검사(국제항공운송사업자에 대한 운항증명, 운영기준·운항증명서의 발급, 운영기준의 변경 및 안전운항체계 변경검사는 제외한다)
32. 법 제90조제6항(법 제96조제1항에서 준용하는 경우를 포함한다)에 따른 안전운항체계 유지에 대한 정기검사 또는 수시검사(국제항공운송사업자에 대한 정기검사 또는 수시검사는 제외한다)
33. 법 제90조제7항 및 제8항(법 제96조제1항에서 준용하는 경우를 포함한다)에 따른 항공기 또는 노선의 운항정지명령, 항공종사자의 업무정지명령 및 그 처분의 취소(국제항공운송사업자에 대한 운항정지명령, 업무정지명령 및 그 처분의 취소는 제외한다)
34. 법 제91조제1항에 따른 항공운송사업자(국제항공운송사업자는 제외한다)에 대한 운항증명의 취소 및 항공기의 운항정지명령
35. 법 제92조에 따른 항공운송사업자(국제항공운송사업자는 제외한다)에 대한 과징금의 부과 및 징수
36. 법 제93조(법 제96조제2항에서 준용하는 경우를 포함한다)에 따른 운항규정 및 정비규정의 인가, 변경신고의 수리 및 변경인가(국제항공운송사업자의 운항규정 및 정비규정의 인가, 변경신고의 수리 및 변경인가는 제외한다)
37. 법 제94조(법 제96조제2항에서 준용하는 경우를 포함한다)에 따른 안전개선명령(지방항공청장에게 권한이 위임된 사항에 관한 안전개선명령만 해당한다)
38. 법 제95조제1항 및 제2항에 따른 항공기사용사업자에 대한 운항증명의 취소 및 항공기의 운항정지명령
39. 법 제95조제4항에 따른 항공기사용사업자에 대한 과징금의 부과 및 징수
40. 법 제97조에 따른 정비조직인증 및 세부 운영기준·정비조직인증서의 발급
41. 법 제98조에 따른 정비조직인증의 취소 또는 효력정지명령

Chapter 01 | 항공법규

항공안전법

제148조의3(항공안전 의무보고에 관한 죄) 제59조제3항을 위반하여 항공안전 의무보고를 한 사람에 대하여 불이익조치를 한 자는 2년 이하의 징역 또는 2천만원 이하의 벌금에 처한다.

제148조의4(항공안전 자율보고에 관한 죄) 제61조제3항을 위반하여 항공안전 자율보고를 한 사람에 대하여 불이익 조치를 한 자는 2년 이하의 징역 또는 2천만원 이하의 벌금에 처한다.

제149조(과실에 따른 항공상 위험 발생 등의 죄) ① 과실로 항공기·경량항공기·초경량비행장치·비행장·이착륙장·공항시설 또는 항행안전시설을 파손하거나, 그 밖의 방법으로 항공상의 위험을 발생시키거나 항행 중인 항공기를 추락 또는 전복시키거나 파괴한 사람은 1년 이하의 징역 또는 1천만원 이하의 벌금에 처한다.
② 업무상 과실 또는 중대한 과실로 제1항의 죄를 지은 경우에는 3년 이하의 징역 또는 5천만원 이하의 벌금에 처한다.

제150조(무표시 등의 죄) 제18조에 따른 표시를 하지 아니하거나 거짓 표시를 한 항공기를 운항한 소유자등은 1년 이하의 징역 또는 1천만원 이하의 벌금에 처한다.

제151조(승무원을 승무시키지 아니한 죄) 항공종사자의 자격증명이 없는 사람을 항공기에 승무(乘務)시키거나 이 법에 따라 항공기에 승무시켜야 할 승무원을 승무시키지 아니한 소유자등은 1년 이하의 징역 또는 1천만원 이하의 벌금에 처한다.

제152조(무자격 계기비행 등의 죄) 제44조제1항·제2항 또는 제55조를 위반한 자는 2천만원 이하의 벌금에 처한다.

제153조(무선설비 등의 미설치·운용의 죄) 제51조부터 제54조까지의 규정을 위반한 자는 2천만원 이하의 벌금에 처한다.

제153조의2(항공기 내 흡연의 죄) ① 운항 중인 항공기 내에서 제57조의2를 위반한 자는 1천만원 이하의 벌금에 처한다.
② 주기 중인 항공기 내에서 제57조의2를 위반한 자는 500만원 이하의 벌금에 처한다.

제154조(무허가 위험물 운송의 죄) 제70조제1항을 위반한 자는 2천만원이하의 벌금에 처한다.

제155조(수직분리축소공역 등에서 승인 없이 운항한 죄) 제75조를 위반하여 국토교통부장관의 승인을 받지 아니하고 같은 조 제1항 각 호의 어느 하나에 해당하는 공역에서 항공기를 운항한 소유자등은 1천만원 이하의 벌금에 처한다.

항공안전법 시행령

42. 법 제99조에 따른 정비조직인증을 받은 자에 대한 과징금의 부과 및 징수
43. 법 제100조제1항제1호 및 제2호에 따른 외국항공기(미수교 국가 국적의 항공기는 제외한다)의 항행허가
44. 법 제101조 단서에 따른 외국항공기의 국내 사용 허가
44의2. 법 제106조제1항에 따라 준용되는 법 제57조제3항·제4항에 따른 주류등의 섭취 및 사용 여부의 측정
45. 법 제114조제1항에 따른 경량항공기 조종사 자격증명등의 취소 또는 효력정지명령 및 같은 조 제2항(법 제116조제5항에서 준용하는 경우를 포함한다)에 따른 항공신체검사증명의 취소 또는 효력정지명령
46. 법 제116조제1항 및 제4항에 따른 경량항공기 조종연습을 위한 허가 및 조종연습허가서의 발급
47. 법 제118조제1항 단서에 따른 경량항공기의 이륙·착륙의 허가
48. 법 제120조제2항에 따른 경량항공기 조종사 또는 경량항공기소유자등의 경량항공기사고 보고의 접수
49. 경량항공기에 대하여 준용되는 다음 각 목의 권한
  가. 법 제121조제2항에 따라 준용되는 법 제57조제3항 및 제4항에 따른 주류등의 섭취 및 사용 여부의 측정
  나. 법 제121조제4항에 따라 준용되는 법 제79조제2항 단서에 따른 통제공역에서의 비행허가
  다. 법 제121조제5항에 따라 준용되는 법 제84조제1항에 따른 경량항공기의 이동·이륙·착륙의 순서 및 시기와 비행의 방법에 대한 지시 및 같은 조 제2항에 따른 비행장 또는 공항 이동지역에서의 지시(지방항공청장의 관할구역에서만 해당한다)
50~51. 〈삭제〉
52. 법 제125조제5항에 따른 초경량비행장치 조종자 증명의 취소 또는 효력정지명령
53. 법 제127조제2항에 따른 초경량비행장치 비행제한공역에서의 비행승인
53의2. 법 제127조제3항에 따른 비행승인
54. 법 제129조제2항 단서에 따른 무인자유기구 비행허가
55. 법 제129조제3항에 따른 초경량비행장치 조종자 또는 초경량비행장치소유자등의 초경량비행장치사고 보고의 접수

항공안전법

제156조(항공운송사업자 등의 업무 등에 관한 죄) 항공운송사업자 또는 항공기사용사업자가 다음 각 호의 어느 하나에 해당하는 경우에는 1천만원 이하의 벌금에 처한다.
1. 제74조를 위반하여 승인을 받지 아니하고 비행기를 운항한 경우
2. 제93조제7항 후단(제96조제2항에서 준용하는 경우를 포함한다)을 위반하여 운항규정 또는 정비규정을 준수하지 아니하고 항공기를 운항하거나 정비한 경우
3. 제94조(제96조제2항에서 준용하는 경우를 포함한다)에 따른 항공운송의 안전을 위한 명령을 이행하지 아니한 경우

제157조(외국인국제항공운송사업자의 업무 등에 관한 죄) 외국인국제항공운송사업자가 다음 각 호의 어느 하나에 해당하는 경우에는 1천만원 이하의 벌금에 처한다.
1. 제104조제1항을 위반하여 같은 항 각 호의 서류를 항공기에 싣지 아니하고 운항한 경우
2. 제105조에 따른 항공기 운항의 정지명령을 위반한 경우
3. 제106조제2항에 따라 준용되는 제94조에 따른 항공운송의 안전을 위한 명령을 이행하지 아니한 경우

제158조(기장 등의 보고의무 등의 위반에 관한 죄) 다음 각 호의 어느 하나에 해당하는 자는 500만원 이하의 벌금에 처한다.
1. 제62조제5항 또는 제6항을 위반하여 항공기사고·항공기준사고 또는 의무보고 대상 항공안전장애에 관한 보고를 하지 아니하거나 거짓으로 한 자
2. 제65조제2항에 따른 승인을 받지 아니하고 항공기를 출발시키거나 비행계획을 변경한 자

제159조(운항승무원 등의 직무에 관한 죄) ① 운항승무원 등으로서 다음 각 호의 어느 하나에 해당하는 자는 500만원 이하의 벌금에 처한다.
1. 제66조부터 제68조까지, 제79조 또는 제100조제1항을 위반한 자
2. 제84조제1항에 따른 지시에 따르지 아니한 자
3. 제100조제3항에 따른 착륙 요구에 따르지 아니한 자
② 기장 외의 운항승무원이 제1항에 따른 죄를 지은 경우에는 그 행위자를 벌하는 외에 기장도 500만원 이하의 벌금에 처한다.

제160조(경량항공기 불법 사용 등의 죄) ① 다음 각 호의 어느 하나에 해당하는 자는 3년 이하의 징역 또는 3천만원 이하의 벌금에 처한다.
1. 제121조제2항에서 준용하는 제57조제1항을 위반하여 주류등의 영향으로 경량항공기를 사용하여 비행을 정상적으로 수행할 수 없는 상태에서 경량항공기를 사용하여 비행을 한 사람

항공안전법 시행령

55의2. 법 제129조제5항 전단에 따른 승인, 같은 항 후단에 따른 검사 및 같은 조 제6항에 따른 비행승인 신청의 접수
56. 〈삭제〉
57. 법 제131조에 따라 준용되는 법 제57조제3항 및 제4항에 따른 주류등의 섭취 및 사용 여부의 측정
58. 법 제132조와 관련된 다음 각 목에 해당하는 권한(지방항공청장에게 권한이 위임된 사항에 관한 권한만 해당한다)
  가. 법 제132조제1항에 따른 업무에 관한 보고 또는 서류제출 명령
  나. 법 제132조제2항에 따른 검사·질문, 전문가의 위촉 및 자문의 요청
  다. 법 제132조제3항에 따른 안전성검사
  라. 법 제132조제8항에 따른 항공기·경량항공기·초경량비행장치의 운항 또는 항행안전시설의 운용의 일시 정지 명령
  마. 법 제132조제8항에 따른 항공종사자, 초경량비행장치 조종자 또는 항행안전시설을 관리하는 자의 업무의 일시 정지 명령
  바. 법 제132조제9항에 따른 시정조치 등의 명령
59. 법 제134조에 따른 청문의 실시(지방항공청장에게 권한이 위임된 사항에 관한 청문의 실시만 해당한다)
60. 법 제166조에 따른 과태료의 부과·징수(지방항공청장에게 권한이 위임된 사항에 관한 과태료의 부과·징수만 해당한다)

② 국토교통부장관은 법 제135조제1항에 따라 다음 각 호의 권한을 항공교통본부장에게 위임한다.
1. 법 제41조에 따른 항공교통본부에 소속된 항공교통관제사에 대한 항공신체검사명령
1의2. 법 제41조의2제1항에 따른 항공교통관제사(항공교통본부에 소속된 항공교통관제사로 한정한다)에 대한 건강증진활동계획의 수립·시행
2. 법 제47조에 따른 항공교통관제연습 허가(항공교통본부장의 관할구역에서만 해당한다)
2의2. 법 제58조제3항에 따른 항공안전관리시스템의 구축·운용(항공교통본부장의 관할구역에서만 해당한다)
3. 법 제68조 각 호 외의 부분 단서에 따른 비행 또는 행위에 대한 허가[법 제68조제5호에 따른 무인항공기(두 나라 이상을 비행하는 무인항공기로서 대한민국 밖에서 이륙하여 대한민국에 착륙하지 아니하고 대한민국 내를 운항하여 대한민국 밖에 착륙하는 무인항공기만 해당한다)의 비행에 대한 허가에 한정한다]

Chapter 01 항공법규

항공안전법

2. 제121조제2항에서 준용하는 제7조제2항을 위반하여 경량항공기를 사용하여 비행하는 동안에 주류등을 섭취하거나 사용한 사람
3. 제121조제2항에서 준용하는 제57조제3항을 위반하여 국토교통부장관의 측정 요구에 따르지 아니한 사람

② 제110조 본문을 위반하여 경량항공기 조종업무 외의 업무를 한 사람은 2년 이하의 징역 또는 2천만원 이하의 벌금에 처한다.

③ 제108조제1항에 따른 안전성인증을 받지 아니한 경량항공기를 사용하여 비행을 한 자 또는 비행을 하게 한 자는 1년 이하의 징역 또는 1천만원 이하의 벌금에 처한다.

④ 다음 각 호의 어느 하나에 해당하는 자는 6개월 이하의 징역 또는 500만원 이하의 벌금에 처한다.
  1. 제109조제1항을 위반하여 경량항공기 조종사 자격증명을 받지 아니하고 경량항공기를 사용하여 비행을 한 사람
  2. 제112조의2를 위반한 사람으로서 다음 각 목의 어느 하나에 해당하는 사람
     가. 다른 사람에게 자기의 성명을 사용하여 경량항공기 조종업무를 수행하게 하거나 경량항공기 조종사 자격증명서를 빌려 준 사람
     나. 다른 사람의 성명을 사용하여 경량항공기 조종업무를 수행하거나 다른 사람의 경량항공기 조종사 자격증명서를 빌린 사람
     다. 가목 및 나목의 행위를 알선한 사람
  3. 제121조제1항에서 준용하는 제7조제1항을 위반하여 등록을 하지 아니한 경량항공기를 사용하여 비행을 한 자
  4. 제121조제1항에서 준용하는 제18조제1항을 위반하여 국적 및 등록기호를 표시하지 아니하거나 거짓으로 표시한 경량항공기를 사용하여 비행을 한 사람

⑤ 제115조제1항을 위반하여 경량항공기 조종교육증명을 받지 아니하고 조종교육을 한 사람은 2천만원 이하의 벌금에 처한다.

⑥ 제119조를 위반하여 무선설비를 설치·운용하지 아니한 자는 500만원 이하의 벌금에 처한다.

⑦ 다음 각 호의 어느 하나에 해당하는 사람은 300만원 이하의 벌금에 처한다.
  1. 제118조를 위반하여 경량항공기를 사용하여 이륙·착륙 장소가 아닌 곳 또는 「공항시설법」 제25조제6항에 따라 사용이 중지된 이착륙장에서 이륙하거나 착륙한 사람
  2. 제121조제4항에서 준용하는 제79조제2항을 위반하여 통제공역에서 비행한 사람

항공안전법 시행령

4. 법 제81조에 따른 항공교통의 안전을 확보하기 위한 관계 행정기관의 장과의 협조(항공교통본부장에게 권한이 위임된 사항에 관한 관계 행정기관의 장과의 협조만 해당한다)
5. 법 제83조제1항에 따른 항공교통관제 업무의 제공, 같은 조 제2항에 따른 항공기 또는 경량항공기의 운항과 관련된 조언 및 정보의 제공 및 같은 조 제3항에 따른 수색·구조를 필요로 하는 항공기 또는 경량항공기에 관한 정보의 제공(항공교통본부장의 관할구역에서만 해당한다)

5의2. 법 제83조의2제1항에 따른 항공교통흐름 관리

6. 법 제84조제1항에 따른 항공기의 이동·이륙·착륙의 순서 및 시기와 비행의 방법에 대한 지시 및 같은 조 제2항에 따른 비행장 또는 공항 이동지역에서의 지시(항공교통본부장의 관할구역에서만 해당한다)

6의2. 법 제88조에 따른 수색·구조 지원계획의 수립·시행

7. 법 제89조제1항에 따른 항공정보의 제공(항공교통본부장의 관할구역에서만 해당한다)
8. 법 제89조제2항에 따른 항공지도의 발간
9. 법 제100조제1항제3호에 따른 외국항공기의 항행허가
10. 법 제121조제5항에 따라 준용되는 법 제84조제1항에 따른 경량항공기의 이동·이륙·착륙의 순서 및 시기와 비행의 방법에 대한 지시 및 같은 조 제2항에 따른 비행장 또는 공항 이동지역에서의 지시(항공교통본부장의 관할구역에서만 해당한다)
11. 법 제132조와 관련된 다음 각 목에 해당하는 권한(항공교통본부장에게 권한이 위임된 사항에 관한 권한만 해당한다)
    가. 법 제132조제1항에 따른 업무에 관한 보고 또는 서류제출 명령
    나. 법 제132조제2항에 따른 검사·질문, 전문가의 위촉 및 자문의 요청
    다. 법 제132조제8항에 따른 항공기·경량항공기·초경량비행장치의 운항 또는 항행안전시설의 운용의 일시 정지 명령
    라. 법 제132조제8항에 따른 항공종사자, 초경량비행장치 조종자 또는 항행안전시설을 관리하는 자의 업무의 일시 정지 명령
    마. 법 제132조제9항에 따른 시정조치 등의 명령

항공안전법

제161조(초경량비행장치 불법 사용 등의 죄) ① 다음 각 호의 어느 하나에 해당하는 자는 3년 이하의 징역 또는 3천만원 이하의 벌금에 처한다.
1. 제131조에서 준용하는 제57조제1항을 위반하여 주류 등의 영향으로 초경량비행장치를 사용하여 비행을 정상적으로 수행할 수 없는 상태에서 초경량비행장치를 사용하여 비행을 한 사람
2. 제131조에서 준용하는 제57조제2항을 위반하여 초경량비행장치를 사용하여 비행하는 동안에 주류등을 섭취하거나 사용한 사람
3. 제131조에서 준용하는 제57조제3항을 위반하여 국토교통부장관의 측정 요구에 따르지 아니한 사람

② 제124조에 따른 비행안전을 위한 기술상의 기준에 적합하다는 안전성인증을 받지 아니한 초경량비행장치를 사용하여 제125조제1항에 따른 초경량비행장치 조종자 증명을 받지 아니하고 비행을 한 사람은 1년 이하의 징역 또는 1천만원 이하의 벌금에 처한다.

③ 제122조 또는 제123조를 위반하여 초경량비행장치의 신고 또는 변경신고를 하지 아니하고 비행을 한 자는 6개월 이하의 징역 또는 500만원 이하의 벌금에 처한다.

④ 다음 각 호의 어느 하나에 해당하는 사람은 500만원 이하의 벌금에 처한다.
1. 제127조제2항을 위반하여 국토교통부장관의 승인을 받지 아니하고 초경량비행장치 비행제한공역을 비행한 사람
2. 제127조제3항제2호를 위반하여 국토교통부장관의 승인을 받지 아니하고 초경량비행장치를 이용하여 관제권에서 비행함으로써 항공기 이착륙을 지연시키거나 회항하게 하는 등 비행장 운영에 지장을 초래한 사람
3. 제129조제2항을 위반하여 국토교통부장관의 허가를 받지 아니하고 무인자유기구를 비행시킨 사람

제162조(명령 위반의 죄) 제130조에 따른 초경량비행장치사용사업의 안전을 위한 명령을 이행하지 아니한 초경량비행장치사용사업자는 1천만원 이하의 벌금에 처한다.

제163조(검사 거부 등의 죄) 제132조제2항 및 제3항에 따른 검사 또는 출입을 거부·방해하거나 기피한 자는 500만원 이하의 벌금에 처한다.

제163조의2(비밀유지 위반의 죄) 제136조의2를 위반하여 업무를 수행하는 과정에서 알게 된 비밀을 누설하거나 이를 직무상 목적 외에 사용한 자는 3년 이하의 징역 또는 3천만원 이하의 벌금에 처한다.

항공안전법 시행령

12. 법 제166조에 따른 과태료의 부과·징수(항공교통본부장에게 권한이 위임된 사항에 관한 과태료의 부과·징수만 해당한다)

③ 국토교통부장관은 법 제135조제2항에 따라 다음 각 호에 따른 증명 또는 승인을 위한 검사에 관한 업무를 국토교통부령으로 정하는 기술인력, 시설 및 장비 등을 확보한 비영리법인 중에서 국토교통부장관이 지정하여 고시하는 전문검사기관에 위탁한다.
1. 법 제20조에 따른 형식증명 또한 제한형식증명을 위한 검사업무 및 부가형식증명을 위한 검사업무
2. 법 제21조에 따른 형식증명승인을 위한 검사업무 및 부가형식증명승인을 위한 검사업무
3. 법 제22조에 따른 제작증명을 위한 검사업무
4. 다음 각 목에 해당하는 항공기에 대한 법 제23조제3항 각 호에 따른 감항증명(최초의 감항증명만 해당한다)을 위한 검사업무
   가. 법 제20조에 따른 형식증명 또는 제한형식증명을 받은 항공기
   나. 법 제22조에 따른 제작증명을 받아 제작한 항공기
   다. 항공기 제작자 및 항공기 관련 연구기관 등이 연구·개발 중인 항공기
   라. 판매·홍보·전시·시장조사 등에 활용하는 항공기
   마. 조종사 양성을 위하여 조종연습에 사용하는 항공기
5. 다음 각 목에 해당하는 장비품 또는 부품에 대한 법 제24조에 따른 최초의 감항승인을 위한 검사업무
   가 - 나. 〈삭제〉
   다. 법 제27조에 따른 기술표준품형식승인을 받은 기술표준품
   라. 법 제28조에 따른 부품등제작자증명을 받아 제작한 장비품 또는 부품
6. 법 제27조에 따른 기술표준품형식승인을 위한 검사업무
7. 법 제28조에 따른 부품등제작자증명을 위한 검사업무

④ 국토교통부장관은 법 제135조제3항에 따라 법 제30조에 따른 수리·개조승인에 관한 권한 중 중앙행정기관이 소유하거나 임차한 국가기관등항공기의 수리·개조승인에 관한 권한을 해당 중앙행정기관의 장에게 위탁한다.

⑤ 〈삭제〉

Chapter 01 | 항공법규

항공안전법

제164조(양벌규정) 법인의 대표자나 법인 또는 개인의 대리인, 사용인, 그 밖의 종업원이 그 법인 또는 개인의 업무에 관하여 제144조, 제145조, 제148조, 제150조부터 제154조까지, 제156조, 제157조 및 제159조부터 제163조까지의 어느 하나에 해당하는 위반행위를 하면 그 행위자를 벌하는 외에 그 법인 또는 개인에게도 해당 조문의 벌금형을 과(科)한다. 다만, 법인 또는 개인이 그 위반행위를 방지하기 위하여 해당 업무에 관하여 상당한 주의와 감독을 게을리하지 아니한 경우에는 그러하지 아니하다.

제165조(벌칙 적용의 특례) 제144조, 제156조 및 제163조의 벌칙에 관한 규정을 적용할 때 제92조(제106조제2항에 따라 준용되는 경우를 포함한다) 또는 제95조제4항에 따라 과징금을 부과할 수 있는 행위에 대해서는 국토교통부장관의 고발이 있어야 공소를 제기할 수 있으며, 과징금을 부과한 행위에 대해서는 과태료를 부과할 수 없다.

제166조(과태료) ① 다음 각 호의 어느 하나에 해당하는 자에게는 500만원 이하의 과태료를 부과한다.
 1. 제41조의2를 위반하여 소속 항공교통관제사 또는 운항승무원을 대상으로 건강증진활동계획을 수립·시행하지 아니한 자
 1의2. 제56조제1항을 위반하여 같은 항 각 호의 어느 하나 이상의 방법으로 소속 승무원 또는 운항관리사의 피로를 관리하지 아니한 자(항공운송사업자 및 항공기사용사업자는 제외한다)
 2. 제56조제2항을 위반하여 국토교통부장관의 승인을 받지 아니하고 피로위험관리시스템을 운용하거나 중요사항을 변경한 자(항공운송사업자 및 항공기사용사업자는 제외한다)
 3. 제58조제2항을 위반하여 다음 각 목의 어느 하나에 해당하는 자(제58조제2항제1호 및 제4호에 해당하는 자 중 항공운송사업자 및 항공기사용사업자 외의 자만 해당한다)
  가. 제작 또는 운항 등을 시작하기 전까지 항공안전관리시스템을 마련하지 아니한 자
  나. 국토교통부장관의 승인을 받지 아니하고 항공안전관리시스템을 운용한 자
  다. 항공안전관리시스템을 승인받은 내용과 다르게 운용한 자
  라. 국토교통부장관의 승인을 받지 아니하고 국토교통부령으로 정하는 중요사항을 변경한 자
 4. 제65조제1항을 위반하여 운항관리사를 두지 아니하고 항공기를 운항한 항공운송사업자 외의 자
 5. 제65조제3항을 위반하여 운항관리사가 해당 업무를 수행하는 데 필요한 교육훈련을 하지 아니하고 업무에 종사하게 한 항공운송사업자 외의 자

항공안전법 시행령

⑥ 국토교통부장관은 법 제135조제5항에 따라 다음 각 호의 업무를 「한국교통안전공단법」에 따른 한국교통안전공단(이하 "한국교통안전공단"이라 한다)에 위탁한다.
 1. 법 제38조에 따른 자격증명 시험업무 및 자격증명 한정심사업무와 항공종사자 자격증명서의 발급에 관한 업무
 2. 법 제44조에 따른 계기비행증명업무 및 조종교육증명업무와 증명서의 발급에 관한 업무
 3. 법 제45조제3항에 따른 항공영어구술능력증명서의 발급에 관한 업무
 4. 법 제48조제5항 및 제6항에 따른 항공교육훈련 통합관리시스템에 관한 업무
 5. 법 제61조에 따른 항공안전 자율보고의 접수·분석 및 전파에 관한 업무
 6. 법 제112조에 따른 경량항공기 조종사 자격증명 시험업무 및 자격증명 한정심사업무와 경량항공기 조종사 자격증명서의 발급에 관한 업무
 7. 법 제115조제1항 및 제2항에 따른 경량항공기 조종교육증명업무와 증명서의 발급 및 경량항공기 조종교육증명을 받은 자에 대한 교육에 관한 업무
 8. 법 제125조제1항에 따른 초경량비행장치 조종자 증명에 관한 업무
 9. 법 제125조제6항에 따른 실기시험장, 교육장 등 시설의 지정·구축 및 운영에 관한 업무
 10. 법 제126조제1항 및 제5항에 따른 초경량비행장치 전문교육기관의 지정 및 지정조건의 충족 및 유지 여부 확인에 관한 업무
 11. 법 제126조제7항에 따른 교육·훈련 등 조종자의 육성에 관한 업무
 12. 법 제130조에 따른 초경량비행장치사용사업자에 대한 안전개선명령 업무
 13. 법 제132조제1항에 따른 항공안전 활동에 관한 업무(초경량비행장치사용사업자로 한정한다)

⑦ 국토교통부장관은 법 제135조제6항에 따라 다음 각 호의 업무를 「민법」 제32조에 따라 국토교통부장관의 허가를 받아 설립된 사단법인 한국항공우주의학협회에 위탁한다.
 1. 법 제40조에 따른 항공신체검사증명에 관한 업무 중 다음 각 목의 업무
  가. 항공신체검사증명의 적합성 심사에 관한 업무
  나. 항공신체검사증명서의 재발급에 관한 업무
 2. 법 제49조제3항에 따른 항공전문의사의 교육에 관한 업무

항공안전법	항공안전법 시행령

항공안전법

6. 제70조제3항에 따른 위험물취급의 절차와 방법에 따르지 아니하고 위험물취급을 한 자
7. 제71조제1항에 따른 검사를 받지 아니한 포장 및 용기를 판매한 자
8. 제72조제1항을 위반하여 위험물취급에 필요한 교육을 받지 아니하고 위험물취급을 한 자
9. 제115조제2항을 위반하여 국토교통부장관이 정하는 바에 따라 교육을 받지 아니하고 경량항공기 조종교육을 한 자
10. 제124조를 위반하여 초경량비행장치의 비행안전을 위한 기술상의 기준에 적합하다는 안전성인증을 받지 아니하고 비행한 사람(제161조제2항이 적용되는 경우는 제외한다)
11. 제132조제1항에 따른 보고 등을 하지 아니하거나 거짓 보고 등을 한 사람
12. 제132조제2항에 따른 질문에 대하여 거짓 진술을 한 사람
13. 제132조제8항에 따른 운항정지, 운용정지 또는 업무정지를 따르지 아니한 자
14. 제132조제9항에 따른 시정조치 등의 명령에 따르지 아니한 자
15. 제133조의2제1항에 따른 공시를 하지 아니하거나 거짓으로 공시한 자

② 제125조제1항을 위반하여 초경량비행장치 조종자 증명을 받지 아니하고 초경량비행장치를 사용하여 비행한 사람(제161조제2항이 적용되는 경우는 제외한다)에게는 400만원 이하의 과태료를 부과한다.

③ 다음 각 호의 어느 하나에 해당하는 자에게는 300만원 이하의 과태료를 부과한다.
1. 제108조제4항을 위반하여 국토교통부령으로 정하는 방법에 따라 안전하게 운용할 수 있다는 확인을 받지 아니하고 경량항공기를 사용하여 비행한 사람
2. 제120조제1항을 위반하여 국토교통부령으로 정하는 준수사항을 따르지 아니하고 경량항공기를 사용하여 비행한 사람
3. 〈삭제〉
4. 제125조제2항부터 제4항까지를 위반한 사람으로서 다음 각 목의 어느 하나에 해당하는 사람
 가. 다른 사람에게 자기의 성명을 사용하여 초경량비행장치 조종을 수행하게 하거나 초경량비행장치 조종자 증명을 빌려 준 사람
 나. 다른 사람의 성명을 사용하여 초경량비행장치 조종을 수행하거나 다른 사람의 초경량비행장치 조종자 증명을 빌린 사람
 다. 가목 및 나목의 행위를 알선한 사람

항공안전법 시행령

⑧ 국토교통부장관은 법 제135조제7항에 따라 항공영어구술능력증명시험의 실시에 관한 업무를 교통안전공단 또는 국토교통부령으로 정하는 인력·시설 등을 갖춘 영어평가 관련 전문기관·단체 중에서 국토교통부장관이 지정하여 고시하는 전문기관·단체에 위탁한다.

⑨ 국토교통부장관은 제8항에 따라 업무를 위탁한 경우에는 위탁받은 기관 및 위탁업무의 내용 등을 관보에 게재하여야 한다.

⑩ 국토교통부장관은 법 제135조제5항 및 제8항에 따라 다음 각 호의 업무를 「항공안전기술원법」에 따른 항공안전기술원에 위탁한다.
 1. 「국제민간항공협약」 및 같은 협약 부속서에서 채택된 표준과 권고되는 방식에 따라 법 제19조·제67조·제70조 및 제77조에 따른 항공기기술기준, 비행규칙, 위험물취급의 절차·방법 및 운항기술기준을 정하기 위한 연구 업무
 1의2. 법 제23조제9항에 따른 항공기등, 장비품 또는 부품의 정비등에 관한 감항성개선이나 그 밖의 검사·정비등을 명하기 위한 기술검토, 연구·분석 및 관리에 관한 업무
 2. 〈삭제〉
 3. 법 제33조에 따라 국토교통부장관에게 보고된 항공기등, 장비품 또는 부품에 발생한 고장, 결함 또는 기능장애에 관한 자료의 연구·분석 업무
 4. 법 제58조제1항에 따른 항공안전프로그램의 마련을 위한 항공기사고, 항공기준사고 또는 법 제59조제1항 본문에 따른 의무보고 대상 항공안전장애에 대한 조사결과의 연구·분석 및 관련 자료의 수집·관리에 관한 업무
 4의2. 법 제59조제1항에 따른 항공안전 의무보고의 분석 및 전파에 관한 업무
 4의3. 국제민간항공기구(International Civil Aviation Organization) 및 그 밖의 국제기구에서 다음 각 목의 어느 하나에 해당되는 업무와 관련하여 요구하는 자료 등의 연구·분석 및 관리 등에 관한 업무
  가. 법 제78조에 따른 공역 등의 지정 업무
  나. 법 제83조에 따른 항공교통업무
  다. 법 제84조에 따른 항공교통관제 업무
  라. 법 제89조에 따른 항공정보의 제공 및 항공지도 발간 업무
 4의4. 법 제77조의2제1항에 따른 국가항행계획의 수립·시행에 관한 지원 업무 중 관련 자료의 조사·분석 및 검토

Chapter 01 항공법규

항공안전법

5. 제127조제3항을 위반하여 국토교통부장관의 승인을 받지 아니하고 초경량비행장치를 사용하여 비행한 사람(제161조제4항제2호가 적용되는 경우는 제외한다)
6. 제129조제1항을 위반하여 국토교통부령으로 정하는 준수사항을 따르지 아니하고 초경량비행장치를 사용하여 비행한 사람
7. 제129조제5항을 위반하여 국토교통부장관이 승인한 범위 외에서 비행한 사람

④ 다음 각 호의 어느 하나에 해당하는 자에게는 200만원 이하의 과태료를 부과한다.
1. 제13조 또는 제15조제1항을 위반하여 변경등록 또는 말소등록의 신청을 하지 아니한 자
2. 제17조제1항을 위반하여 항공기 등록기호표를 붙이지 아니하고 항공기를 사용한 자
3. 제26조를 위반하여 변경된 항공기기술기준을 따르도록 한 요구에 따르지 아니한 자
4. 항공종사자가 아닌 사람으로서 고의 또는 중대한 과실로 제61조제1항의 항공안전위해요인을 발생시킨 사람
5. 제84조제2항(제121조제5항에서 준용하는 경우를 포함한다)을 위반하여 항공교통의 안전을 위한 국토교통부장관 또는 항공교통업무증명을 받은 자의 지시에 따르지 아니한 자
6. 제93조제7항 후단(제96조제2항에서 준용하는 경우를 포함한다)을 위반하여 운항규정 또는 정비규정을 준수하지 아니하고 항공기의 운항 또는 정비에 관한 업무를 수행한 종사자
7. 제108조제3항을 위반하여 부여된 안전성인증 등급에 따른 운용범위를 준수하지 아니하고 경량항공기를 사용하여 비행한 사람

⑤ 다음 각 호의 어느 하나에 해당하는 자에게는 100만원 이하의 과태료를 부과한다.
1. 제33조에 따른 보고를 하지 아니하거나 거짓으로 보고한 자
2. 제59조제1항(제106조제2항에 따라 준용되는 경우를 포함한다)을 위반하여 항공기사고, 항공기준사고 또는 의무보고 대상 항공안전장애를 보고하지 아니하거나 거짓으로 보고한 자
3. 제121조제1항에서 준용하는 제17조제1항을 위반하여 경량항공기 등록기호표를 붙이지 아니한 경량항공기소유자등
4. 제122조제5항을 위반하여 신고번호를 해당 초경량비행장치에 표시하지 아니하거나 거짓으로 표시한 초경량비행장치소유자등

항공안전법 시행령

5. 법 제129조제5항 후단에 따른 검사에 관한 업무
6. 법 제133조의2제1항에 따른 안전투자의 공시에 관한 업무로서 국토교통부령으로 정하는 업무

제27조(전문검사기관의 검사규정) ① 제26조제3항에 따라 지정·고시된 전문검사기관(이하 "전문검사기관"이라 한다)은 항공기등, 장비품 또는 부품의 증명 또는 승인을 위한 검사에 필요한 업무규정(이하 "검사규정"이라 한다)을 정하여 국토교통부장관의 인가를 받아야 한다. 인가받은 사항을 변경하려는 경우에도 또한 같다.
② 제1항에 따른 검사규정에는 다음 각 호의 사항이 포함되어야 한다.
1. 증명 또는 승인을 위한 검사업무를 수행하는 기구의 조직 및 인력
2. 증명 또는 승인을 위한 검사업무를 사람의 업무 범위 및 책임
3. 증명 또는 승인을 위한 검사업무의 체계 및 절차
4. 각종 증명의 발급 및 대장의 관리
5. 증명 또는 승인을 위한 검사업무를 수행하는 사람에 대한 교육훈련
6. 기술도서 및 자료의 관리·유지
7. 시설 및 장비의 운용·관리
8. 증명 또는 승인을 위한 검사 결과의 보고에 관한 사항

제28조(검사업무를 수행하는 사람의 자격 등) ① 전문검사기관에서 증명 또는 승인을 위한 검사업무를 수행하는 사람은 법 제31조제2항 각 호의 어느 하나에 해당하는 사람이어야 한다.
② 전문검사기관에서 증명 또는 승인을 위한 검사업무를 수행하는 사람의 선임·직무 및 감독에 관한 사항은 국토교통부장관이 정한다.

제29조(고유식별정보의 처리) 국토교통부장관(제26조에 따라 국토교통부장관의 권한을 위임·위탁받은 자를 포함한다)은 다음 각 호의 사무를 수행하기 위하여 불가피한 경우 「개인정보 보호법 시행령」 제19조에 따른 주민등록번호, 여권번호 또는 외국인등록번호가 포함된 자료를 처리할 수 있다.
1의1. 법 제34조, 제37조 및 제38조에 따른 자격증명, 자격증명의 한정, 시험의 실시·면제 및 자격증명서의 발급에 관한 사무
1의2. 법 제40조에 따른 항공신체검사증명에 관한 사무
2. 법 제44조에 따른 계기비행증명 및 조종교육증명에 관한 사무
2의2. 법 제45조에 따른 항공영어구술능력증명에 관한 사무

재미있는 항공이야기

한 눈으로 알아보는 항공기 구별법

요즘 여행객들은 항공사에 예약을 하면서 여정과 함께 타고 가는 비행기종이 무엇인가를 많이 묻는다. 기종만 가지고도 최신형인지, 복도가 한 개 밖에 없는 소형기인지 또는 장거리용인지 등을 구분할 수 있기 때문일 것이다.

그런데 막상 공항에서 실제 타고 가야할 비행기의 모습을 언뜻 보고서 구분해 내기란 쉽지 않다. 특히 같은 기종이라도 소위 업그레이드된 항공기들이 있어 구분하는 데 애를 먹는다. 그럼에도 타고 가야할 비행기의 기종을 쉽게 알아보는 방법은 있다.

비행기의 기종을 알아내는 방법에는 여러 가지가 있지만 엔진의 수와 엔진이 부착된 위치, 그리고 동체와 날개의 모양새로 구분하는 것이 보통이다. 항공기 제작사마다 엔진의 부착 방법과 외양에 독특한 특색을 갖고 있기 때문이다.

엔진이 두 개인 쌍발 제트여객기의 경우는 양쪽 날개에 부착하는 경우가 일반적인 형태로, 우리 나라 항공사들이 보유하고 있는 A300이나 B737기 등이 이에 해당한다.

이들 두 기종은 엔진의 장착 수는 같으나 B737기는 단거리용 항공기로 동체가 짧고, A300 항공기는 중거리용으로 동체가 더 길어 구분하기가 어렵지 않다.

반면 네덜란드 포커사에서 제작한 F100, 미국 맥도널 더글라스사(97년 7월 보잉사에 합병)의 MD82의 경우는 동체 뒷부분 꼬리날개 부근에 엔진을 부착하고 있는 경우도 있다.

엔진은 2개지만 장거리용으로 사용되고 있는 B777 항공기는 2개의 엔진으로 멀리 날아가야 하기 때문에 추력이 커야 한다. 따라서 엔진이 다른 항공기보다 1.5배는 커서 쉽게 구분할 수 있다. 또한 B777 항공기의 메인 랜딩기어는 좌측 1식, 우측 1식으로 구성되어 있고 각각 좌측 6개, 우측 6개의 바퀴가 달려 있어 다른 기종과 확연히 구별된다.

엔진이 세 개인 항공기로는 DC10, MD11 등이 있는데, 3개의 엔진 가운데 2개는 주날개의 양쪽에 부착하고 나머지 한 개는 동체의 뒷부분에 부착하고 있다.

DC10과 MD11은 엔진의 위치나 크기가 모두 같아 외양 상 혼동을 줄 수 있는데, 이 기종의 구분은 날개 끝이 꺾여 올라간 윙렛으로 구분하면 된다. 윙렛이 있으면 MD11이고 없으면 DC10이다.

4개의 엔진을 장착하는 장거리 항공기의 대명사인 B747기는 양쪽 날개에 각각 두 개씩의 엔진을 부착하고 있다. 최신형인 B747-400의 경우도 역시 날개 끝이 올라간 윙렛으로 다른 B747 점보기와 구분하면 된다.

그러나 러시아의 제트여객기인 일류신 Il-62는 4개의 엔진을 모두 동체 뒷부분에 부착한 독특한 외양을 하고 있어 쉽게 알아볼 수 있는 경우도 있다. ✈

〈자료출처 : Asiana Monthly In-Flight Magazine 〉

Chapter 01 항공법규

항공안전법

5. 제128조를 위반하여 국토교통부령으로 정하는 장비를 장착하거나 휴대하지 아니하고 초경량비행장치를 사용하여 비행을 한 자

⑥ 다음 각 호의 어느 하나에 해당하는 자에게는 50만원 이하의 과태료를 부과한다.

1. 제120조제2항을 위반하여 경량항공기사고에 관한 보고를 하지 아니하거나 거짓으로 보고한 경량항공기 조종사 또는 그 경량항공기소유자등
2. 제121조제1항에서 준용하는 제13조 또는 제15조를 위반하여 경량항공기의 변경등록 또는 말소등록을 신청하지 아니한 경량항공기소유자등

⑦ 다음 각 호의 어느 하나에 해당하는 자에게는 30만원 이하의 과태료를 부과한다.

1. 제123조제4항을 위반하여 초경량비행장치의 말소신고를 하지 아니한 초경량비행장치소유자등
2. 제129조제3항을 위반하여 초경량비행장치사고에 관한 보고를 하지 아니하거나 거짓으로 보고한 초경량비행장치 조종자 또는 그 초경량비행장치소유자등

제167조(과태료의 부과·징수절차) 제166조에 따른 과태료는 대통령령으로 정하는 바에 따라 국토교통부장관이 부과·징수한다.

부칙

〈법률 제19394호, 2023. 4. 18., 일부개정〉

제1조(시행일) 이 법은 공포 후 6개월이 경과한 날부터 시행한다.

제2조(국가항행계획에 관한 경과조치) 이 법 시행 당시 국제민간항공기구(ICAO)의 세계항행계획을 이행하기 위하여 수립된 국가항행계획은 제77조의2의 개정규정에 따른 국가항행계획으로 본다.

항공안전법 시행령

2의3. 법 제46조에 따른 조종연습 및 법 제47조에 따른 항공교통관제연습에 필요한 항공신체검사증명서의 확인에 관한 사무
2의4. 법 제49조제1항에 따른 항공전문의사 지정에 관한 사무
3. 법 제63조에 따른 기장 등의 운항자격에 관한 사무
4. 법 제109조, 제111조 및 제112조에 따른 경량항공기 조종사 자격증명, 자격증명의 한정, 시험의 실시·면제 및 경량항공기 조종사 자격증명서의 발급에 관한 사무
5. 법 제115조에 따른 경량항공기 조종교육증명 및 경량항공기 조종교육증명을 받은 자에 대한 교육에 관한 사무
6. 법 제125조에 따른 초경량비행장치 조종자 증명 등에 관한 사무

제30조(과태료의 부과기준) 법 제167조에 따른 과태료 부과기준은 별표 5와 같다.

부칙

〈대통령령 제33793호, 2023. 10. 10., 일부개정〉

이 영은 2023년 10월 19일부터 시행한다.

항공안전법 시행규칙

제322조(규제의 재검토) 국토교통부장관은 다음 각 호의 사항에 대하여 다음 각 호의 기준일을 기준으로 3년마다(매 3년이 되는 해의 기준일과 같은 날 전까지를 말한다) 그 타당성을 검토하여 개선 등의 조치를 해야 한다.
　　1. 제91조의4 및 별표 7의4에 따른 모의비행훈련장치의 지정 취소 등 행정처분기준: 2021년 11월 30일
　　1의2. 제97조 및 별표 10에 따른 항공종사자에 대한 행정처분기준: 2022년 7월 19일
　　1의3. 제103조의2 및 별표 10의2에 따른 조종연습생등에 대한 행정처분기준: 2022년 7월 19일
　　2. 제104조 및 별표 12에 따른 운항관리사과정 전문교육기관의 지정기준: 2021년 11월 30일
　　3. 제282조 및 별표 39 제5호에 따른 외국인 국제항공운송사업자에 대한 행정처분기준: 2021년 11월 30일
　　4. 제292조 및 별표 42에 따른 경량항공기 조종사 등에 대한 행정처분기준: 2021년 11월 30일

부칙

[국토교통부령 제1262호, 2023. 10. 19., 일부개정]

제1조(시행일) 이 규칙은 공포한 날부터 시행한다. 다만, 제109조제1항제6호의 개정규정은 2025년 1월 1일부터 시행하고, 제109조제1항제7호의 개정규정은 2026년 1월 1일부터 시행한다.

제2조(비행기의 비행기록장치에 관한 경과조치) ① 2022년 1월 1일 이후 최초로 감항증명을 받은 비행기로서 최대이륙중량이 2만 7천킬로그램을 초과하는 비행기를 운항하는 자나 소유자등은 이 규칙 시행 후 6개월 이내에 제109조제1항제3호나목의 개정규정에 따른 비행기록장치를 갖추어야 한다.
② 2022년 1월 1일 전에 감항증명을 받은 비행기로서 최대이륙중량이 2만 7천킬로그램을 초과하는 비행기를 운항하는 자나 소유자등은 제109조제1항제3호나목의 개정규정에 따른 비행기록장치를 갖추지 않을 수 있다.

제3조(항공기의 위치 파악 장치에 관한 경과조치) ① 2024년 1월 1일 이후 최초로 감항증명을 받은 비행기로서 최대이륙중량이 2만 7천킬로그램을 초과하는 항공운송사업에 사용되는 비행기를 운항하려는 자나 소유자등은 이 규칙 시행 후 6개월 이내에 제109조제1항제6호의 개정규정에 따른 항공기의 위치 파악 장치를 갖추어야 한다.
② 2024년 1월 1일 전에 감항증명을 받은 비행기로서 최대이륙중량이 2만 7천킬로그램을 초과하는 항공운송사업에 사용되는 비행기를 운항하려는 자나 소유자등은 제109조제1항제6호의 개정규정에 따른 항공기의 위치 파악 장치를 갖추지 않을 수 있다.

제4조(활주로종단 초과 인식 및 경고시스템에 관한 경과조치) 2026년 1월 1일 전에 감항증명을 받은 비행기로서 최대이륙중량이 5천 7백킬로그램을 초과하고 터빈발동기를 장착한 항공운송사업에 사용되는 비행기를 운항하려는 자나 소유자등은 제109조제1항제7호의 개정규정에 따른 활주로종단 초과 인식 및 경고시스템을 갖추지 않을 수 있다.

제5조(운항증명을 위한 검사기준에 관한 적용례) 별표 33 바목12)의 개정규정은 이 규칙 시행 이후 최초로 제257조제1항에 따라 운항증명을 신청하는 경우부터 적용한다.

Chapter 01 | 항공법규

※ 항공안전법 시행령 별표는 생략하였습니다. 해당 별표는 법제처 홈페이지 참고 바랍니다.

항공안전법 시행규칙 별표

[별표 7의2] 모의비행훈련장치의 종류·등급 및 운용범위(제91조의2제3항 및 제91조의3제5항 관련) 생략

[별표 7의3] 모의비행훈련장치 품질관리시스템의 기준(제91조의3제4항 관련) 생략

[별표 7의4] 모의비행훈련장치의 지정 취소 등 행정처분기준(제91조의4 관련) 생략

[별표 9] 항공신체검사기준(제92조제2항 관련)

검사항목	제1종	제2종	제3종
1. 일반	가. 머리·얼굴·목·몸통 또는 팔다리에 항공업무에 지장을 주는 변형·기형 또는 기능장애가 없을 것 나. 악성종양 또는 그 염려가 없을 것 다. AIDS가 없을 것. HIV 양성자의 경우 모든 검사에서 질병이 없을 것 라. 중대한 전염성 질환 또는 그 염려가 없을 것 마. 현저한 전신의 쇠약이 없을 것 바. 항공업무에 지장을 주는 과도한 비만이 없을 것 사. 중대한 내분비장애나 대사·영양장애가 없을 것 아. 중대한 알레르기성 질환이 없을 것 자. 인슐린이나 혈당강하제로 조절이 필요한 당뇨병이 없을 것		
2. 호흡기 계통	가. 호흡기계통의 활동성 질환이 없을 것 나. 가슴막(흉막) 또는 세로칸(종격)에 중대한 이상이 없을 것 다. 병터(아픈 곳)의 안정을 확인할 수 없는 폐결핵 후유증이 없을 것 라. 폐기능 저하를 초래하는 호흡기계통의 중대한 질환이 없을 것 마. 기흉(공기가슴증)이나 그 과거병력 또는 기흉이 발생하는 원인이 되는 질환이 없을 것 바. 항공업무 수행에 지장을 줄 염려가 있는 흉부의 수술에 의한 후유증이 없을 것	가. 호흡기계통의 활동성 질환이 없을 것 나. 가슴막(흉막) 또는 세로칸(종격)에 중대한 이상이 없을 것 다. 병터의 안정을 확인할 수 없는 폐결핵 후유증이 없을 것 라. 폐기능 저하를 초래하는 호흡기계통의 중대한 질환이 없을 것 마. 기흉이나 그 과거병력 또는 기흉이 발생하는 원인이 되는 질환이 없을 것 바. 항공업무 수행에 지장을 줄 염려가 있는 흉부의 수술에 의한 후유증이 없을 것	가. 호흡기계통의 활동성 질환이 없을 것 나. 가슴막(흉막) 또는 세로칸(종격)에 중대한 이상이 없을 것 다. 병터의 안정을 확인할 수 없는 폐결핵 후유증이 없을 것 라. 특발성 기흉 또는 그의 반복되는 과거병력이 없을 것 마. 항공업무 수행에 지장을 줄 염려가 있는 흉부의 수술에 의한 후유증이 없을 것
3. 순환기 계통	가. 조절되지 않는 고혈압이 없을 것 나. 순환기계통의 중대한 기능 및 구조적 이상이 없을 것 다. 심근장애, 관상동맥장애 또는 이들의 증후가 없을 것 라. 중대한 선천성 또는 후천성 심질환이 없을 것 마. 중대한 자극생성 또는 흥분전도의 이상이 없을 것 바. 심부전 또는 그 과거병력이 없을 것 사. 동맥류, 중대한 정맥류 또는 임파육종이 인지되지 않을 것 아. 중대한 심장막의 질환이 없을 것 자. 심장판막의 교체, 영구적인 심장 박동기 이식 또는 심장 이식의 과거병력이 없을 것		
4. 소화기 계통	가. 소화기계통 또는 복막에 중대한 기능장애 또는 질환이 없을 것 나. 항공업무에 지장을 줄 염려가 있는 소화기계 질환이나 수술 후유증, 특히 협착이나 압박에 의한 폐쇄증상이 없을 것 다. 항공업무에 지장을 줄 염려가 있는 탈장이 없을 것	가. 소화기계통 또는 복막에 중대한 기능장애 또는 질환이 없을 것 나. 항공업무에 지장을 줄 염려가 있는 소화기계 질환이나 수술 후유증, 특히 협착이나 압박에 의한 폐쇄증상이 없을 것 다. 항공업무에 지장을 줄 염려가 있는 탈장이 없을 것	가. 소화기계통 또는 복막에 중대한 기능장애 또는 질환이 없을 것 나. 항공업무에 지장을 줄 염려가 있는 소화기계 질환이나 수술 후유증, 특히 협착이나 압박에 의한 폐쇄증상이 없을 것

검사항목	제1종	제2종	제3종
5. 혈액 및 조혈장기	가. 고도의 빈혈이 없을 것 나. 중대한 국소적 또는 전신적 림프절 비대와 혈액질환이 없을 것 다. 출혈성 경향을 갖는 질환이 없을 것 라. 중대한 비종이 없을 것		
6. 정신계	가. 기질적 정신장애가 없을 것 나. 향정신성 물질로 인한 정신 또는 행동 장애가 없을 것 다. 약물의존 또는 알코올중독이 없을 것 라. 정신분열증이나 정신분열성 또는 망상장애가 없을 것 마. 정동장애가 없을 것 바. 신경증, 스트레스 관련성 또는 신체성 장애가 없을 것 사. 생리적 장애 또는 육체적 요인이 동반된 행동증후군이 없을 것 아. 인격장애 또는 행동장애가 없을 것 자. 지적장애가 없을 것 차. 정신발달장애가 없을 것 카. 유년기 또는 청소년기에 발병한 행동장애 또는 정서장애가 없을 것 타. 그 밖에 다른 정신장애가 없을 것		
7. 신경계	가. 뇌전증이나 원인불명의 의식장애, 경련·발작 또는 이들의 과거병력이 없을 것 나. 중대한 머리외상의 과거병력 또는 머리외상 후유증이 없을 것 다. 중추신경계통의 중대한 장애 또는 이들의 과거병력이 없을 것 라. 중대한 말초신경계통 또는 자율신경계통의 장애가 없을 것		
8. 운동기 계통	가. 뼈 또는 관절의 심한 기형, 변형이나 결손 또는 기능장애가 없을 것 나. 뼈·근육·건·신경 또는 관절에 중대한 질환이나 외상 또는 이들의 후유증에 의한 중대한 운동기능장애가 없을 것 다. 척추에 중대한 질환·변형이나 고통을 갖는 질환 또는 변형이 없을 것 라. 척추장애 또는 척추의 질환이나 변형에 의한 사지의 운동기능장애가 없을 것 마. 습관성 관절 탈구가 없을 것 바. 팔다리에 항공업무에 지장을 줄 염려가 있는 운동기능장애가 없을 것	가. 뼈·근육·건·신경 또는 관절에 중대한 질환이나 외상 또는 이들의 후유증에 의한 중대한 운동기능장애가 없을 것 나. 척추에 중대한 질환·변형이나 고통을 갖는 질환 또는 변형이 없을 것 다. 척추장애 또는 척추의 질환이나 변형에 의한 사지의 운동기능장애가 없을 것 라. 습관성 관절 탈구가 없을 것 마. 팔다리에 항공업무에 지장을 줄 염려가 있는 운동기능장애가 없을 것	가. 뼈·근육·건·신경 또는 관절에 중대한 질환이나 외상 또는 이들의 후유증에 의한 중대한 운동기능장애가 없을 것 나. 습관성 관절 탈구가 없을 것 다. 팔다리에 항공업무에 지장을 줄 염려가 있는 운동기능 장애가 없을 것
9. 신장·비뇨생식기 계통	가. 신장 및 비뇨생식기계 질환이나 수술의 후유증, 특히 협착이나 압박에 의한 폐쇄증상이 없을 것 나. 신장절제의 과거병력이 없을 것 다. 항공업무에 지장을 줄 염려가 있는 부인과 질환이 없을 것 라. 항공업무에 지장을 줄 염려가 있는 월경장애가 없을 것 마. 임신 중이 아닐 것. 다만, 정상 임신인 경우 임신 12주 말부터 26주까지 항공업무에 지장을 줄 염려가 없는 경우는 제외한다.	가. 신장 및 비뇨생식기계 질환이나 수술의 후유증, 특히 협착이나 압박에 의한 폐쇄증상이 없을 것 나. 신장절제의 과거병력이 없을 것 다. 항공업무에 지장을 줄 염려가 있는 부인과질환이 없을 것 라. 항공업무에 지장을 줄 염려가 있는 월경장애가 없을 것 마. 임신 중이 아닐 것. 다만, 정상 임신인 경우 임신 초기부터 34주까지 항공업무에 지장을 줄 염려가 없는 경우는 제외한다.	가. 신장 및 비뇨생식기계 질환이나 수술의 후유증, 특히 협착이나 압박에 의한 폐쇄증상이 없을 것 나. 신장절제의 과거병력이 없을 것 다. 항공업무에 지장을 줄 염려가 있는 부인과질환이 없을 것 라. 항공업무에 지장을 줄 염려가 있는 월경장애가 없을 것 마. 임신 중이 아닐 것. 다만, 정상 임신인 경우 임신 초기부터 34주까지 항공업무에 지장을 줄 염려가 없는 경우는 제외한다.
10. 눈	가. 안구 또는 안구 부속기에 항공업무에 지장을 줄 질환과 수술 및 상해로 인한 후유증이 없을 것 나. 녹내장이 없을 것 다. 중간 투광체·안저(눈바닥) 또는 시각경로에 항공업무에 지장을 줄 질환이 없을 것 라. 눈 굴절상태에 영향을 주는 수술을 받지 않았을 것. 다만, 피검자의 면허나 한정업무 수행 시 지장을 줄 수 있는 후유증이 없는 경우는 제외한다.		

Chapter 01 | 항공법규

검사항목	제1종	제2종	제3종
11. 이비인후과, 구강 및 치아	가. 귀 또는 관련 구조에 항공업무에 지장을 줄 이상이나 질환이 없을 것 나. 전정기관의 장애가 없을 것 다. 치유되지 않는 고막천공(고막에 구멍이 뚫리는 일)이 없을 것 라. 중대한 귀관기능(이관기능) 장애가 없을 것 마. 콧구멍·부비동(코곁굴) 또는 인후두에 중대한 질환이 없을 것 바. 콧구멍에 공기가 통하는 것을 방해할 정도로 비중격(두비공을 분리시키는 막을 말한다)이 굽지 않을 것 사. 심한 말더듬이·발성장애 또는 언어장애가 없을 것 아. 구강 또는 치아에 중대한 질환 또는 기능장애가 없을 것	가. 귀 또는 관련 구조에 항공업무에 지장을 줄 이상이나 질환이 없을 것 나. 전정기관의 장애가 없을 것 다. 치유되지 않는 고막천공이 없을 것 라. 중대한 귀관기능 장애가 없을 것 마. 콧구멍·부비동 또는 인후두에 중대한 질환이 없을 것 바. 심한 말더듬이·발성장애 또는 언어장애가 없을 것 사. 구강 또는 치아에 중대한 질환 또는 기능장애가 없을 것	가. 귀 또는 관련 구조에 항공업무에 지장을 줄 이상이나 질환이 없을 것 나. 비공·부비공 또는 인후두에 중대한 질환이 없을 것 다. 심한 말더듬이·발성장애 또는 언어장애가 없을 것
12. 시기능	가. 다음의 어느 하나에 해당할 것. 다만, 2)의 기준은 항공업무를 수행할 때 한 쌍 이하의 상용안경(항공업무를 수행할 때 상용하는 교정안경 등을 말한다)을 사용하는 동시에 예비 안경을 휴대할 것을 항공신체검사증명에 조건으로 부여받은 사람만 해당한다. 1) 각 눈이 교정하지 않고 1.0 이상의 원거리 시력이 있을 것 2) 각 눈이 교정하여 1.0 이상의 원거리 시력이 있을 것 3) 각 눈의 원거리 시력이 교정하지 않고 0.1 미만인 경우에는 최초 검사와 이후 5년마다 안과 정밀검사를 제출해야 한다. 나. 교정하지 않거나 자기의 교정안경에 의하여 각 눈이 30센티미터에서 50센티미터까지의 임의의 시거리에서 근거리 시력표(30센티미터 시력용)의 0.5 이상의 시표(시력검사용 표지)를 판독할 수 있고, 다음의 요건을 갖출 것. 다만, 50세 이상은 100센티미터에서 N14 도표나 그에 상응하는 것의 0.5 이상의 시표를 판독할 수 있어야 한다. 1) 근거리 교정만 필요한 경우, 즉시 사용할 수 있는 근거리 교정안경 및 예비안경을 소지해야	가. 다음의 어느 하나에 해당할 것. 다만, 2)의 기준은 항공업무를 수행할 때 한 쌍 이하의 상용안경(항공업무를 수행할 때 상용하는 교정안경 등을 말한다)을 사용하는 동시에 예비 안경을 휴대할 것을 항공신체검사증명에 조건으로 부여받은 사람만 해당한다. 1) 각 눈이 교정하지 않고 0.5 이상의 원거리 시력이 있을 것 2) 각 눈이 교정하여 0.5 이상의 원거리 시력이 있을 것 3) 각 눈의 원거리 시력이 교정하지 않고 0.1 미만인 경우에는 최초 검사와 이후 5년마다 안과 정밀검사를 제출해야 한다. 나. 교정하지 않거나 자기의 교정안경에 의하여 각 눈이 30센티미터에서 50센티미터까지의 임의의 시거리에서 근거리 시력표(30센티미터 시력용)의 0.5 이상의 시표를 판독할 수 있고, 다음의 요건을 갖출 것 1) 근거리 교정만 필요한 경우, 즉시 사용할 수 있는 근거리 교정안경 및 예비안경을 소지해야 한다. 2) 근거리·원거리 교정이 필요한 경우, 계기와 손에 있는 차트 또는 매뉴얼을 보기 위하여 2중 또	가. 다음의 어느 하나에 해당할 것. 다만, 2)의 기준은 항공업무를 수행할 때 한 쌍 이하의 상용안경(항공업무를 수행할 때 상용하는 교정안경 등을 말한다)을 사용하는 동시에 예비 안경을 휴대할 것을 항공신체검사증명에 조건으로 부여받은 사람만 해당한다. 1) 각 눈이 교정하지 않고 0.7 이상의 원거리 시력이 있을 것 2) 각 눈이 교정하여 0.7 이상의 원거리 시력이 있을 것 3) 각 눈의 원거리 시력이 교정하지 않고 0.1 미만인 경우에는 최초 검사와 이후 5년마다 안과 정밀검사를 제출해야 한다. 나. 교정하지 않거나 자기의 교정안경에 의하여 각 눈이 30센티미터에서 50센티미터까지의 임의의 시거리에서 근거리 시력표(30센티미터 시력용)의 0.5 이상의 시표를 판독할 수 있고, 다음의 요건을 갖출 것. 다만, 50세 이상은 100센티미터에서 N14 도표나 그에 상응하는 것의 0.5 이상의 시표를 판독할 수 있어야 한다. 1) 근거리 교정만 필요한 경우, 즉시 사용할 수 있는 근거리 교정 안경 및 예비안경을 소지해야 한다. 2) 근거리·원거리 교정이 필요한

검사항목	제1종	제2종	제3종
12. 시기능 〈계속〉	한다. 2) 근거리·원거리 교정이 필요한 경우, 계기와 손에 있는 차트 또는 매뉴얼을 보기 위하여 2중 또는 다초점 렌즈를 사용하여 안경을 벗을 필요 없이 근거리·원거리를 볼 수 있어야 한다. 다. 정상적인 양눈 시기능을 가질 것 라. 정상적인 시야를 가질 것 마. 야간시력이 정상일 것 바. 안구운동이 정상이고 안구의 떨림이 없을 것 사. 색각이 정상일 것 단 색각경검사(아노말로스코프) 불합격자에게는 색각 제한사항을 부과하여 항공신체검사증명서 발급하고 또한 국내외 공인된 기관에서 인정받은 비행교관으로부터 신호 등화 실기시험(signal light test)을 통과하는 경우에는 색각 제한사항을 부과하지 않고 항공신체검사증명서 발급	는 다초점 렌즈를 사용하여 안경을 벗을 필요 없이 근거리·원거리를 볼 수 있어야 한다. 다. 정상적인 양눈 시기능을 가질 것 라. 정상적인 시야를 가질 것 마. 야간시력이 정상일 것 바. 안구운동이 정상이고 안구의 떨림이 없을 것 사. 색각이 정상일 것. 다만, 색각 검사 불합격자에 대해서는 다음의 어느 하나에 해당하는 방법으로 항공신체검사증명서를 발급 1) 색각 제한사항을 부과하여 항공신체검사증명서 발급 2) 항공전문의사 또는 지정전문교육기관 등 국내외 공인된 기관에서 인정받은 비행교관으로부터 색각실기시험(operational color vision test)과 의학적 관찰비행(color vision medical flight test)을 통과하는 경우에는 색각 제한사항을 부과하지 않고 항공신체검사증명서 발급	경우, 계기와 손에 있는 차트 또는 매뉴얼을 보기 위하여 2중 또는 다초점 렌즈를 사용하여 안경을 벗을 필요 없이 근거리·원거리를 볼 수 있어야 한다. 다. 정상적인 양눈 시기능을 가질 것 라. 정상적인 시야를 가질 것 마. 야간시력이 정상일 것 바. 안구운동이 정상일 것 사. 색각이 정상일 것. 다만, 색각 검사 불합격자에 대해서는 다음의 어느 하나에 해당하는 방법으로 항공신체검사증명서를 발급 1) 색각 제한사항을 부과하여 항공신체검사증명서 발급 2) 항공전문의사또는 지정전문교육기관 등 국내외 공인된 기관에서 인정받은 관제실기교관으로부터 색각실기시험(operational color vision test)을 통과하는 경우에는 색각 제한사항을 부과하지 않고 항공신체검사증명서를 발급
13. 청력	가. 소음이 35데시벨 미만인 방에서 각 귀가 매초 500, 1,000 및 2,000헤르츠의 각 주파수에서 35데시벨 이하의 음을, 3,000헤르츠의 주파수에서 50데시벨 이하의 음을 들을 수 있을 것 나. 가목의 기준을 충족하지 못하는 경우에는 다음의 어느 하나에 해당할 것 1) 소음이 50데시벨 미만인 방에서 후방 2미터 거리에서 발성되는 통상 강도의 대화음을 두 귀로 올바르게 들을 수 있을 것 2) 한쪽 귀의 말소리 명료도가 70퍼센트 이상일 것		
14. 종합	항공업무에 지장을 줄 염려가 있는 심신의 결함이 없을 것		

[별표 10] 항공종사자에 대한 행정처분기준(제97조제1항 관련)

1. 일반기준

   가. 처분의 내용

   1) 이 별표에서 "자격등증명 취소"란 항공종사자 자격증명, 자격증명의 한정, 계기비행증명, 조종교육증명 및 항공영어 구술능력증명을 취소하는 것을 말한다.
   2) 이 별표에서 "효력정지"란 일정기간 항공업무에 종사할 수 있는 자격을 정지하는 것을 말한다.

   나. 처분기간의 산정

   1) 하나의 행위로 둘 이상의 위반행위가 발생한 경우 그 중 무거운 처분의 기준에 따르되 2분의 1의 범위에서 가중하여 처분한다.
   2) 하나의 비행 편에서 둘 이상의 위반행위가 발생한 경우 그 중 무거운 처분의 기준에 따르되 2분의 1의 범위에서 가중하여 처분한다.
   3) 같은 위반행위가 연속하여 2회 이상 발생한 경우 1회의 위반행위로 보아 처분하되, 2분의 1의 범위에서 가중하여 처분한다. 다만, 위반사실을 인지하고도 같은 위반행위를 반복한 경우에는 위반횟수별로 합산하여 산정한다.
   4) 위반행위가 기장을 보조하는 운항승무원의 잘못으로 발생한 경우에는 기장에 대한 처분 외에 그 운항승무원에 대해서도 처분할 수 있다. 이 경우 그 운항승무원에 대한 처분은 처분기준의 2분의 1의 범위에서 줄여 처분할 수 있다.

Chapter 01 항공법규

5) 위반행위의 차수에 따른 행정처분의 기준은 위반행위를 한 날로부터 최근 2년 이내 같은 위반행위로 행정처분을 받은 경우에 적용한다. 이 경우 기간의 계산은 위반행위에 대하여 행정처분을 받은 날과 그 처분 후 다시 같은 위반행위를 하여 적발된 날을 기준으로 한다.
6) 5)에 따라 가중된 행정처분을 하는 경우 가중처분의 적용 차수는 그 위반행위 전 행정처분 차수[5)에 따른 기간 내에 행정처분이 둘 이상 있었던 경우에는 높은 차수를 말한다]의 다음 차수로 한다.
7) 위반행위가 적발되었으나, 법 제60조제2항 및 제61조제4항에 따라 처분을 면제받은 경우에는 위반행위를 한 것으로 본다.
8) 3)에서 "같은 위반행위"란 제2호의 같은 목(세부유형이 분류되어 있는 경우에는 그 세부유형)의 위반행위를 말하며, 제2호가목 27) · 29) · 33) · 34)의 위반행위는 별표 35의 세부유형이 같은 위반행위를 말한다.

다. 처분의 조정
1) 국토교통부장관은 다음의 어느 하나에 해당하는 경우에는 나목 및 제2호에 따른 처분기준의 2분의 1의 범위에서 줄여 처분할 수 있다.
   가) 항공안전에 대한 위험을 피하기 위한 부득이한 사유가 있는 경우
   나) 행위자가 항공안전 향상에 기여한 공로로 정부로부터 표창을 받은 경우(경미한 위반행위에 한하며, 1회에 한하여 적용한다)
   다) 위반행위를 한 항공종사자가 과거 법을 위반한 이력이 없는 경우(경미한 위반행위에 한한다)
   라) 「공항시설법」 제2조제7호·제8호 및 같은 법 시행령 제3조에 따른 공항시설 및 비행장시설의 미비·장애, 항공기에 사용한 부품의 결함 및 항공기 정비 등을 위해 사용한 장비 등의 오작동 등 외부적인 상황으로 위반행위가 발생한 경우
   마) 그 밖에 위반행위의 정도, 위반행위의 동기와 그 결과 등을 고려하여 처분을 줄일 필요가 있다고 인정되는 경우
2) 국토교통부장관은 다음의 어느 하나에 해당하는 경우에는 나목 및 제2호에 따른 처분기준의 2분의 1의 범위에서 늘려 처분할 수 있다.
   가) 고의 또는 중과실에 의해 위반행위가 발생한 경우
   나) 다른 항공기의 운항안전 또는 공중(公衆)에 상당한 영향을 미친 경우
   다) 위반직후 적절한 후속조치를 취하지 아니하여 위험을 증대시킨 경우
   라) 그 밖에 위반행위의 정도, 위반행위의 동기와 그 결과 등을 고려하여 처분을 늘릴 필요가 있다고 인정되는 경우

2. 개별 기준
가. 자격증명 등

위반행위 또는 사유	근거 법조문	처분내용
1) 거짓이나 그 밖의 부정한 방법으로 자격증명등을 받은 경우	법 제43조제1항제1호	자격등증명 취소
2) 이 법을 위반하여 벌금 이상의 형을 선고 받은 경우 가) 벌금 200만원 이상 나) 벌금 100만원 이상 200만원 미만 다) 벌금 100만원 미만	법 제43조제1항제2호	자격등증명 취소 효력정지 50일 효력정지 30일
3) 고의 또는 중대한 과실로 항공기사고를 일으켜 다음 각 목의 인명피해를 발생한 경우 가) 사망자가 발생한 경우 나) 중상자가 발생한 경우 다) 중상자 외의 부상자가 발생한 경우	법 제43조제1항제3호	자격등증명 취소 효력 정지 90일 이상 효력 정지 30일 이상
4) 고의 또는 중대한 과실로 항공기사고를 일으켜 다음 각 목의 재산피해를 발생하게 한 경우 가) 항공기 또는 제3자의 재산피해가 100억원 이상인 경우 나) 항공기 또는 제3자의 재산피해가 10억원 이상 100억원 미만인 경우 다) 항공기 또는 제3자의 재산피해가 10억원 미만인 경우	법 제43조제1항제3호	자격등증명 취소 효력 정지 90일 이상 효력 정지 30일 이상

I. 항공안전법 · 시행령 · 시행규칙

항공안전법 시행규칙 별표

위반행위 또는 사유	근거 법조문	처분내용
5) 법 제32조제1항 본문에 따라 정비등을 확인하는 항공종사자가 제70조에 따른 방법으로 감항성을 확인하지 않은 경우	법 제43조제1항제4호	1차 위반 : 효력 정지 30일 2차 위반 : 효력 정지 120일 3차 이상 위반 : 효력 정지 1년
6) 법 제36조제2항을 위반하여 자격증명의 종류에 따른 업무범위 외의 업무에 종사한 경우	법 제43조제1항제5호	1차 위반 : 효력 정지 150일 2차 위반 : 효력 정지 1년
7) 법 제37조제2항을 위반하여 자격증명의 한정을 받은 항공종사자가 한정된 항공기의 종류·등급 또는 형식 외의 항공기나 한정된 정비업무 외의 항공업무에 종사한 경우	법 제43조제1항제6호	1차 위반 : 효력 정지 30일 2차 위반 : 효력 정지 60일 3차 이상 위반 : 효력 정지 180일
8) 법 제39조의3제1항을 위반하여 다른 사람에게 자기의 성명을 사용하여 항공업무를 수행하게 하거나 항공종사자 자격증명서를 빌려 준 경우	법 제43조제1항제6호의2	자격등증명 취소
9) 법 제39조의3제3항을 위반하여 다음 각 목의 행위를 알선한 경우 가) 다른 사람에게 자기의 성명을 사용하여 항공업무를 수행하게 하거나 항공종사자 자격증명서를 빌려 주는 행위 나) 다른 사람의 성명을 사용하여 항공업무를 수행하거나 다른 사람의 항공종사자 자격증명서를 빌리는 행위	법 제43조제1항제6호의3	자격등증명 취소
10) 법 제40조제1항을 위반하여 항공신체검사증명을 받지 않고 항공업무(법 제46조제1항제1호 및 제3호에 따른 항공기 조종연습을 포함한다. 이하 16), 17) 및 20)에서 같다)에 종사한 경우	법 제43조제1항제7호	1차 위반 : 효력 정지 30일 2차 위반 : 효력 정지 60일 3차 이상 위반 : 효력 정지 150일
11) 법 제42조제1항을 위반하여 법 제40조제2항에 따른 자격증명의 종류별 항공신체검사증명의 기준에 적합하지 않은 운항승무원 및 항공교통관제사가 항공업무에 종사한 경우	법 제43조제1항제8호	1차 위반 : 효력 정지 30일 2차 위반 : 효력 정지 60일 3차 이상 위반 : 효력 정지 150일
12) 법 제44조제1항을 위반하여 계기비행증명을 받지 않고 계기비행 또는 계기비행방식에 따른 비행을 한 경우	법 제43조제1항제9호	1차 위반 : 효력 정지 30일 2차 위반 : 효력 정지 60일 3차 이상 위반 : 효력 정지 180일
13) 법 제44조제2항을 위반하여 조종교육증명을 받지 않고 조종교육을 한 경우	법 제43조제1항제10호	1차 위반 : 효력 정지 30일 2차 위반 : 효력 정지 60일 3차 이상 위반 : 효력 정지 180일
14) 법 제45조제1항을 위반하여 항공영어구술능력증명을 받지 않고 같은 항 각 호의 어느 하나에 해당하는 업무에 종사한 경우	법 제43조제1항제11호	1차 위반 : 효력 정지 30일 2차 위반 : 효력 정지 60일 3차 이상 위반 : 효력 정지 180일
15) 법 제55조를 위반하여 국토교통부령으로 정하는 비행경험이 없이 같은 조 각 호의 어느 하나에 해당하는 항공기를 운항하거나 계기비행·야간비행 또는 법 제44조제2항에 따른 조종교육의 업무에 종사한 경우	법 제43조제1항제12호	1차 위반 : 효력 정지 30일 2차 위반 : 효력 정지 60일 3차 이상 위반 : 효력 정지 150일
16) 법 제57조제1항을 위반하여 주류등의 영향으로 항공업무를 정상적으로 수행할 수 없는 상태에서 항공업무에 종사한 경우	법 제43조제1항제13호	가. 주류의 경우 　1) 혈중알코올농도 0.02 % 이상 0.06 % 미만 : 효력 정지 60일 　2) 혈중알코올농도 0.06 % 이상 0.09 % 미만 : 효력 정지 120일 　3) 혈중알코올농도 0.09 % 이상 : 자격증명 취소 나. 마약류 또는 환각물질의 경우 　1) 1차 위반 : 효력 정지 60일 　2) 2차 위반 : 효력 정지 120일 　3) 3차 이상 위반 : 자격증명 취소

위반행위 또는 사유	근거 법조문	처분내용
17) 법 제57조제2항을 위반하여 항공업무에 종사하는 동안에 주류 등을 섭취하거나 사용한 경우	법 제43조제1항제14호	가. 주류의 경우 　1) 혈중알코올농도 0.02 % 이상 0.06 % 미만 : 효력 정지 60일 　2) 혈중알코올농도 0.06 % 이상 0.09 % 미만 : 효력 정지 120일 　3) 혈중알코올농도 0.09 % 이상 : 자격증명 취소 나. 마약류 또는 환각물질의 경우 　1) 1차 위반 : 효력 정지 60일 　2) 2차 위반 : 효력 정지 120일 　3) 3차 이상 위반 : 자격증명 취소
18) 법 제57조제3항을 위반하여 같은 조 제1항에 따른 주류등의 섭취 및 사용 여부의 측정 요구에 따르지 않은 경우	법 제43조제1항제1호	자격등증명 취소
19) 법 제57조의2를 위반하여 항공기 내에서 흡연을 한 경우 가) 운항 중인 항공기 내에서 흡연한 경우 나) 주기 중인 항공기 내에서 흡연한 경우	법 제43조제1항제15호의2	1차 위반: 효력 정지 60일 2차 위반: 효력 정지 120일 3차 이상 위반: 효력 정지 180일 1차 위반 : 효력 정지 30일 2차 위반 : 효력 정지 60일 3차 이상 위반 : 효력 정지 90일
20) 항공업무를 수행할 때 고의 또는 중대한 과실로 항공기준사고, 의무보고대상 항공안전장애 또는 법 제61조제1항에 따른 항공안전위해요인을 발생시킨 경우 가) 법 제61조제1항에 따른 항공안전위해요인을 발생시킨 경우 나) 항공기준사고 또는 의무보고대상 항공안전장애를 발생시킨 경우	법 제43조제1항제16호	 1차 위반 : 효력 정지 15일 2차 위반 : 효력 정지 30일 3차 이상 위반: 효력 정지 75일 1차 위반 : 효력 정지 30일 2차 위반 : 효력 정지 60일 3차 이상 위반 : 효력 정지 150일
21) 법 제62조제2항 또는 제4항부터 제6항까지의 규정을 위반하여 기장이 다음 각 목의 의무를 이행하지 않은 경우 가) 항공기의 운항에 필요한 준비완료 확인의 의무 나) 여객구조 등의 의무 다) 항공기 사고, 항공기준사고 또는 의무보고 대상 항공안전장애 발생사실의 보고 의무	법 제43조제1항제17호	 1차 위반 : 효력 정지 30일 2차 위반 : 효력 정지 60일 3차 이상 위반 : 효력 정지 90일 1차 위반 : 효력 정지 30일 2차 위반 : 자격등증명 취소 1차 위반 : 효력 정지 30일 2차 위반 : 효력 정지 60일 3차 이상 위반 : 효력 정지 150일
22) 조종사가 법 제63조에 따른 운항자격의 인정 또는 심사를 받지 않고 운항한 경우	법 제43조제1항제18호	1차 위반 : 효력 정지 30일 2차 위반 : 효력 정지 60일 3차 이상 위반 : 효력 정지 150일
23) 법 제65조제2항을 위반하여 기장이 운항관리사의 승인을 받지 않고 항공기를 출발시키거나 비행계획을 변경한 경우	법 제43조제1항제19호	1차 위반 : 효력 정지 30일 2차 위반 : 효력 정지 60일 3차 위반 : 자격등증명 취소

I. 항공안전법 · 시행령 · 시행규칙

항공안전법 시행규칙 별표

위반행위 또는 사유	근거 법조문	처분내용
24) 법 제66조를 위반하여 이륙·착륙 장소가 아닌 곳에서 이륙하거나 착륙한 경우	법 제43조제1항제20호	1차 위반 : 효력 정지 30일 2차 위반 : 효력 정지 150일 3차 위반 : 자격증명 취소
25) 법 제67조제1항을 위반하여 비행규칙을 따르지 않고 비행한 경우	법 제43조제1항제21호	1차 위반 : 효력 정지 30일 2차 위반 : 효력 정지 60일 3차 이상 위반 : 효력 정지 180일
26) 법 제68조를 위반하여 같은 조 각 호의 어느 하나에 해당하는 비행 또는 행위를 한 경우	법 제43조제1항제22호	1차 위반 : 효력 정지 30일 2차 위반 : 효력 정지 60일 3차 위반 : 효력 정지 1년
27) 법 제70조제1항을 위반하여 허가를 받지 않고 항공기로 위험물을 운송한 경우	법 제43조제1항제23호	1차 위반 : 효력 정지 30일 2차 위반 : 효력 정지 90일 3차 위반 : 자격증명 취소
28) 법 제76조제2항을 위반하여 항공업무를 수행한 경우	법 제43조제1항제24호	1차 위반 : 효력 정지 10일 2차 위반 : 효력 정지 30일 3차 이상 위반 : 효력 정지 90일
29) 법 제77조제2항을 위반하여 같은 조 제1항에 따른 운항기술기준을 준수하지 않고 비행하거나 업무를 수행한 경우	법 제43조제1항제25호	1차 위반 : 효력 정지 30일 2차 위반 : 효력 정지 60일 3차 이상 위반 : 효력 정지 90일
30) 법 제79조제1항을 위반하여 국토교통부장관이 정하여 공고하는 비행의 방식 및 절차에 따르지 않고 비관제공역(非管制空域) 또는 주의공역(注意空域)에서 비행한 경우	법 제43조제1항제26호	1차 위반 : 효력정지 30일 2차 위반 : 효력정지 60일 3차 이상 위반 : 효력정지 150일
31) 법 제79조제2항을 위반하여 허가를 받지 않거나 국토교통부장관이 정하는 비행의 방식 및 절차에 따르지 않고 통제공역에서 비행한 경우	법 제43조제1항제27호	1차 위반 : 효력정지 30일 2차 위반 : 효력정지 90일 3차 위반 : 자격증명 취소
32) 법 제84조제1항을 위반하여 국토교통부장관 또는 항공교통업무증명을 받은 자가 지시하는 이동·이륙·착륙의 순서 및 시기와 비행의 방법에 따르지 않은 경우	법 제43조제1항제28호	1차 위반 : 효력정지 30일 2차 위반 : 효력정지 90일 3차 위반 : 자격증명 취소
33) 법 제90조제4항(법 제96조제1항에서 준용하는 경우를 포함한다)을 위반하여 운영기준을 준수하지 않고 비행을 하거나 업무를 수행한 경우	법 제43조제1항제29호	1차 위반 : 효력 정지 30일 2차 위반 : 효력 정지 180일 3차 위반 : 효력 정지 1년
34) 법 제93조제7항 후단(법 제96조제2항에서 준용하는 경우를 포함한다)을 위반하여 운항규정 또는 정비규정을 준수하지 않고 업무를 수행한 경우	법 제43조제1항제30호	1차 위반 : 효력 정지 30일 2차 위반 : 효력 정지 60일 3차 이상 위반 : 효력 정지 90일
35) 법 제108조제4항 본문에 따라 경량항공기 또는 그 장비품·부품의 정비사항을 확인하는 항공종사자가 국토교통부령으로 정하는 방법에 따라 확인하지 않은 경우	법 제43조제1항제30호의2	1차 위반 : 효력 정지 30일 2차 위반 : 효력 정지 60일 3차 위반 : 효력 정지 90일
36) 자격증명등의 정지명령을 위반하여 정지 기간에 항공업무에 종사한 경우	법 제43조제1항제31호	자격증명 취소

나. 항공신체검사증명

위반행위	근거 법조문	처분내용
1) 거짓이나 그 밖의 부정한 방법으로 항공신체검사증명을 받은 경우	법 제43조제3항제1호	항공신체검사증명 취소

Chapter 01 | 항공법규

위반행위 또는 사유	근거 법조문	처분내용
2) 법 제40조제2항에 따른 자격증명의 종류별 항공신체검사증명의 기준에 맞지 않게 되어 항공업무를 수행하기에 부적합하다고 인정되는 경우	법 제43조제3항제3호	효력정지 30일 이상
3) 법 제40조제5항을 위반하여 한정된 항공업무(법 제46조제1항제1호 및 제3호에 따른 항공기 조종연습을 포함한다. 이하 5), 6) 및 7)에서 같다)의 범위를 준수하지 않고 항공업무를 한 경우	법 제43조제3항제4호	1차 위반 : 효력 정지 30일 2차 위반 : 효력 정지 60일 3차 이상 위반 : 효력 정지 150일
4) 법 제41조에 따른 항공신체검사명령에 따르지 않은 경우	법 제43조제3항제5호	1차 위반 : 효력 정지 30일 2차 위반 : 효력 정지 60일 3차 이상 위반 : 효력 정지 150일
5) 법 제42조제1항을 위반하여 항공업무에 종사한 경우	법 제43조제3항제6호	1차 위반 : 효력 정지 30일 2차 위반 : 효력 정지 60일 3차 이상 위반 : 효력 정지 150일

6) 법 제57조제1항을 위반하여 주류등의 영향으로 항공업무를 정상적으로 수행할 수 없는 상태에서 항공업무에 종사한 경우	법 제43조제1항제13호 및 같은 조 제3항제2호	가. 주류의 경우
		  1) 혈중알코올농도 0.02 % 이상 0.06 % 미만 : 효력 정지 60일
		  2) 혈중알코올농도 0.06 % 이상 0.09 % 미만 : 효력 정지 120일
		  3) 혈중알코올농도 0.09 % 이상 : 항공신체검사증명 취소
		나. 마약류 또는 환각물질의 경우
		  1) 1차 위반 : 효력 정지 60일
		  2) 2차 위반 : 효력 정지 120일
		  3) 3차 이상 위반 : 항공신체검사증명 취소

7) 법 제57조제2항을 위반하여 항공업무에 종사하는 동안에 같은 조 제1항에 따른 주류등을 섭취하거나 사용한 경우	법 제43조제1항제14호 및 같은 조 제3항제2호	가. 주류의 경우
		  1) 혈중알코올농도 0.02 % 이상 0.06 % 미만 : 효력 정지 60일
		  2) 혈중알코올농도 0.06 % 이상 0.09 % 미만 : 효력 정지 120일
		  3) 혈중알코올농도 0.09 % 이상 : 항공신체검사증명 취소
		나. 마약류 또는 환각물질의 경우
		  1) 1차 위반 : 효력 정지 60일
		  2) 2차 위반 : 효력 정지 120일
		  3) 3차 이상 위반 : 항공신체검사증명 취소

8) 법 제57조제3항을 위반하여 같은 조 제1항에 따른 주류등의 섭취 및 사용 여부의 측정 요구에 따르지 않은 경우	법 제43조제1항제15호 및 같은 조 제3항제2호	1차 위반 : 효력 정지 60일 2차 위반 : 효력 정지 120일 3차 이상 위반 : 항공신체검사증명 취소
9) 법 제76조제2항을 위반하여 항공신체검사증명서를 소지하지 않고 항공업무에 종사한 경우	법 제43조제3항제7호	1차 위반 : 효력 정지 10일 2차 위반 : 효력 정지 30일 3차 이상 위반 : 효력 정지 90일

[별표 10의2] 조종연습생등에 대한 행정처분기준(제103조의2제1항 관련) 생략

[별표 12] 전문교육기관 지정기준(제104조제2항 관련) 생략

[별표 12의2] 지정전문교육기관 지정 취소 등 행정처분기준(제104조의2제1항 관련) 생략

[별표 13] 항공신체검사 의료기관 시설 및 장비기준(제105조제2항제3호 관련)

1. 시설기준

시설의 종류	
진료실	임상병리실 (혈액·소변 검사에 필요한 장비를 갖출 것)
신체검사실	방사선실
청력검사실(방음실)	대기실

2. 의료장비기준

장비의 종류			
신장계	체중계	청진기	혈압계
이비경	검안경	흉부X선검사기	소변검사스틱
혈액검사기	※ 폐기능검사기	※ 뇌파검사기	심전도기
※ 운동부하심전도기	시력표/시력검사기	시야검사기	사위검사기
안압측정기	색각검사기	※ 입체시측정기	※ 안저검사기
청력검사기	※ 청력검사부스		

비고 : 1. 시설 및 장비의 기준량은 1이다.
  2. ※는 권고 장비이다.

[별표 14] 항공전문의사에 대한 행정처분기준(제106조제2항 관련)

위반행위 또는 사유	근거 법조문	처분내용
1. 거짓이나 그 밖의 부정한 방법으로 항공전문의사로 지정받은 경우	법 제50조제1항제1호	지정 취소
2. 항공전문의사가 법 제40조에 따른 항공신체검사증명서의 발급 등 국토교통부령으로 정하는 다음 각 목의 업무를 게을리 수행한 경우	법 제50조제1항제2호	
가. 제93조제2항에 따른 항공신체검사증명서 발급 업무를 태만히 수행한 경우	법 제50조제1항제2호	1차 위반 : 효력 정지 1개월 2차 위반 : 효력 정지 3개월 3차 위반 : 효력 정지 6개월
나. 제93조제3항에 따른 항공신체검사증명서 발급대장 작성·비치업무를 태만히 수행한 경우	법 제50조제1항제2호	1차 위반 : 효력 정지 1개월 2차 위반 : 효력 정지 3개월 3차 위반 : 효력 정지 6개월
다. 제93조제4항에 따른 항공신체검사증명서 발급 결과 통지 업무를 태만히 수행한 경우	법 제50조제1항제2호	1차 위반 : 효력 정지 1개월 2차 위반 : 효력 정지 3개월 3차 위반 : 효력 정지 6개월
3. 항공전문의사 지정의 효력정지 기간에 법 제40조에 따른 항공신체검사증명에 관한 업무를 수행한 경우	법 제50조제1항제3호	지정 취소
4. 항공전문의사가 법 제49조제2항에 따른 지정기준에 적합하지 아니하게 된 경우	법 제50조제1항제4호	지정 취소
5. 항공전문의사가 법 제49조제3항에 따른 전문교육을 받지 않은 경우	법 제50조제1항제5호	1차 위반: 효력 정지 1개월 2차 위반: 효력 정지 3개월 3차 위반: 효력 정지 6개월
6. 항공전문의사가 고의 또는 중대한 과실로 항공신체검사증명서를 잘못 발급한 경우	법 제50조제1항제6호	지정 취소

Chapter 01 항공법규

위반행위 또는 사유	근거 법조문	처분내용
7. 항공전문의사가 「의료법」 제65조 또는 제66조에 따라 자격이 취소 또는 정지된 경우	법 제50조제1항제7호	지정 취소
8. 본인이 지정 취소를 요청한 경우	법 제50조제1항제8호	지정 취소

비고
1. 위반행위의 차수에 따른 행정처분의 기준은 최근 1년간 같은 위반행위로 행정처분을 받은 경우에 적용한다. 이 경우 기간의 계산은 같은 위반행위에 대하여 행정처분을 받은 날과 그 처분 후 다시 같은 위반행위를 하여 적발된 날을 기준으로 한다.
2. 제1호에 따라 가중된 행정처분을 하는 경우 가중처분의 적용 차수는 그 위반행위 전 행정처분 차수(제1호에 따른 기간 내에 행정처분이 둘 이상 있었던 경우에는 높은 차수를 말한다)의 다음 차수로 한다.
3. 위반행위의 정도, 동기 및 그 결과 등을 고려하여 행정처분의 2분의 1의 범위에서 이를 늘리거나 줄일 수 있다.

〔별표 20〕 항공안전관리시스템의 구축·운용 및 승인기준(제132조제2항 관련) 생략

〔별표 25〕 제2종 및 제3종 계기착륙시설(ILS) 정밀계기접근용 장비 및 운항제한 등의 기준(제181조제8항제4호 관련)
1. 제2종 정밀계기접근
  가. 항공기탑재장비 : 비행계기·항행안전무선장비 와 그 밖에 해당 항공기의 등록국이 인가한 추가장비를 탑재하여 운용해야 한다. 추가장비를 탑재하는 경우 법 제93조 또는 이 규칙 제279조제1항제1호에 따른 운항규정에 그 목록과 운용기준을 구체적으로 밝혀야 한다.
  나. 활주로가시범위(Runway Visual Range/RVR) 측정장비
    1) 활주로가시범위(RVR) 550미터 이상 적용 시: 활주로접지구역(Touchdown Zone) 활주로가시범위(RVR) 측정시스템이 설치 및 운용되어야 하고, 이 측정치는 모든 항공기 운항에 적용한다.
    2) 활주로가시범위(RVR) 300미터 이상 550미터 미만 적용 시: 활주로접지구역(Touchdown Zone) 활주로가시범위(RVR) 및 활주로말단구역(Rollout) 활주로가시범위(RVR) 측정시스템이 설치·운용되어야 하고, 이 중 활주로접지구역(Touchdown Zone)의 활주로가시범위(RVR) 측정치는 모든 항공기 운항에 적용하며, 활주로말단구역(Rollout) 활주로가시범위(RVR) 측정치는 조종사에게 참조용으로 적용한다. 중간(Mid) 활주로가시범위(RVR) 측정치는 참조용으로 적용하고, 활주로말단구역(Rollout) 활주로가시범위(RVR)가 없을 경우에는 활주로말단구역(Rollout) 활주로가시범위(RVR) 측적치를 대체하여 사용한다.
  다. 조종자 자격
    1) 제2종의 정밀계기접근절차에 따라 비행하려는 기장은 운항증명 소지자에게 인가된 제2종 정밀계기접근 훈련프로그램을 수료하고, 위촉심사관 또는 운항자격심사관으로부터 제2종 정밀계기접근 운항자격을 취득해야 한다.
    2) 해당 형식 항공기의 기장 비행시간이 100시간 미만인 기장은 활주로가시범위(RVR) 550미터 이상의 기상 최저치를 적용해야 한다.
  라. 운항제한
    1) 조종사는 최종적으로 측정된 활주로가시범위(RVR)가 착륙최저치 미만인 경우 항공기를 정밀계기접근절차의 최종접근구간에 진입시켜서는 안 된다.
    2) 조종사는 항공기가 최종접근구간에 진입한 후 활주로가시범위(RVR)가 허가된 최저치 미만으로 기상이 악화된다는 측정치를 받은 경우에도 결심고도(DH)까지 계속 비행할 수 있다.
    3) 조종사는 활주로접지구역(Touchdown Zone) 활주로가시범위(RVR) 측정치가 550미터 미만인 경우에 다음의 어느 하나의 경우에는 계기접근절차의 최종접근구간에 진입해서는 안 된다.
      가) 가목에 따른 항공기 탑재장비가 탑재되어 정상적으로 운용되지 않는 경우
      나) 지상에 설치된 다음의 제2종 장비가 정상적으로 작동되지 않는 경우
        (1) 외측마커 : 계기착륙시설(ILS) 정밀계기접근용으로 정밀 또는 감시레이더 픽스, 무지향표지시설(NDB)·전방향표지시설(VOR)·거리측정시설(DME) 픽스 또는 레디알을 외측마커로 대체하여 사용할 수 있다.
        (2) 내측마커 : "RANA"(Radar/Radio Altimeter not authorized)로 지정된 제2종 정밀계기접근절차를 제외하고, Radar/Radio 고도수정치(Altimeters)는 내측마커를 대체하여 사용할 수 있다.

(3) 진입등(ALSF-1 또는 ALSF-2) 및 연쇄식 섬멸등(Sequenced Flashing Lights)
(4) 고광도활주로등(High Intensity Runway Lights)
(5) 접지구역등(Touchdown Zone Lights) 및 활주로중심선등(Runway Centerline Lights)
  다) 나목 1)에 따른 활주로가시범위(RVR) 측정장비가 정상적으로 작동되지 않는 경우
  라) 착륙활주로의 측풍이 15노트를 초과한 경우
  마) 착륙활주로의 길이가 해당 항공기의 필요착륙거리(Required Landing Field Length)보다 100분의 15 이상 길지 않는 경우
마. 실패접근 : 조종사는 다음의 어느 하나에 해당하는 경우 실패접근을 하여야 한다.
  1) 인가된 결심고도(DH)에 도달한 항공기의 조종사가 안전하게 활주로에 접근할 수 있게 맨눈으로 제2종 등화시설 등 지상 시각참조물을 확인할 수 없는 경우
  2) 인가된 결심고도(DH)에 통과하여 강하한 항공기의 조종사가 안전하게 활주로에 접근할 수 있게 맨눈으로 제2종 등화시설 등 지상 시각참조물을 확인할 수 없는 경우
  3) 조종사가 활주로접지구역 안에 안전하게 착륙할 수 없다고 판단한 경우
  4) 결심고도(DH)에 도달하기 전에 제2종 지상장비중 어느 하나가 고장난 경우
  5) 제2종 정밀계기접근용 항공기탑재장비가 고장난 경우, 다만, 접지구역 상공 300미터보다 높은 고도에서 자동조종장치가 고장나서 그 연결을 해제하였을 경우, 조종사가 수동 및 자동으로 제2종 정밀접근을 하도록 인가받은 경우 인가된 수동 조종장치를 사용하여 자동접근을 수동으로 계속할 수 있다.
바. 제2종 정밀계기접근 공항 및 활주로
  법 제5장에 따라 제2종 정밀계기접근용 공항 및 활주로 인가를 받은 공항 및 활주로에 적용한다.
2. 제3종 정밀계기접근
가. 항공기탑재장비 : 비행계기·항행안전무선장비 와 그 밖에 해당 항공기의 등록국이 인가한 추가장비를 탑재하여 운용해야 한다. 추가장비를 탑재하는 경우 법 제93조 또는 이 규칙 제279조제1항제1호에 따른 운항규정에 그 종류와 작동기준을 명확하게 기록해야 한다.
나. 활주로가시범위(RVR) 측정장비
  1) 제3종 활주로가시범위(RVR) 175미터 이상의 착륙최저치 적용 시: 활주로접지구역(Touchdown Zone)·중간(Mid) 및 활주로말단구역(Rollout)의 활주로가시범위(RVR) 측정시스템이 설치 및 운용되어야 하고, 활주로접지구역(Touchdown Zone) 및 중간(Mid) 활주로가시범위(RVR) 측정치는 제3종 정밀계기접근 항공기 운항에 적용한다. 활주로말단구역(Rollout) 활주로가시범위(RVR) 측정치는 조종사에게 참조용으로 제공한다.
  2) 최소능력활주(Fail-passive Rollout) 통제시스템을 사용하는 제3종 활주로가시범위(RVR) 175미터) 미만 착륙최저치 적용시: 활주로접지구역(Touchdown Zone)·중간(Mid) 및 활주로말단구역(Rollout)의 활주로가시범위(RVR) 측정시스템이 설치 및 운용되어야 하고, 이 측정치는 모든 제3종 정밀계기접근 항공기 운항에 적용한다.
  3) 중복운용능력활주(Fail-operational Rollout) 통제시스템을 사용하는 제3종 활주로가시범위(RVR) 175미터 미만 착륙최저치 적용시: 활주로접지구역(Touchdown Zone)·중간(Mid) 및 활주로말단구역(Rollout)의 활주로가시범위(RVR) 측정시스템이 설치 및 정상 운용되어야 하고, 이 측정치는 모든 제3종 정밀계기접근 항공기 운항에 적용한다. 이 활주로가시범위(RVR) 측정시스템 중 1개가 일시 고장난 경우, 나머지 2개의 활주로가시범위(RVR) 측정시스템으로 정밀계기접근을 할 수 있고, 그 나머지 2개의 활주로가시범위(RVR) 측정치는 제3종 정밀계기접근 항공기 운항에 적용한다.
다. 조종사 자격
  1) 제3종의 정밀계기접근절차에 따라 비행하려는 기장은 운항증명 소지자에게 인가된 제3종 정밀계기접근 훈련프로그램을 수료하고, 위촉심사관 또는 운항자격심사관으로부터 제3종 정밀계기접근 운항자격을 취득해야 한다.
  2) 해당 형식 항공기의 기장 비행시간이 100시간 미만인 기장은 활주로가시범위(RVR) 550미터 이상의 기상 최저치를 적용해야 한다.
라. 운항제한
  1) 조종사는 최근 측정된 활주로가시범위(RVR)가 착륙최저치 미만인 경우 계기접근절차의 최종접근구간에 진입해서는 안 된다.
  2) 조종사는 항공기가 최종접근구간에 진입한 후 활주로가시범위(RVR)가 허가된 최저치 미만으로 기상이 악화된다는

보고를 받은 경우에도 경고고도(Alert Height/AH) 또는 결심고도(DH)까지는 계속 비행할 수 있다.
3) 조종사는 다음의 요건에 해당하는 경우에는 제3종 정밀계기접근절차의 최종접근구간에 진입해서는 안 된다.
  가) 가목에 따라 항공기 탑재장비가 탑재되어 정상으로 운용되지 않는 경우
  나) 연쇄식 섬멸등(Sequenced Flashing Lights)을 제외한 모든 제3종 지상장비가 정상으로 작동하지 않는 경우. 다만, 정밀 감시레이더 픽스, 무지향표지시설(NDB)·전방향표지시설(VOR)·거리측정시설(DME) 픽스·공고된 지점(Waypoints/WP) 또는 최저 활공각교차고도(Glide PathIntercept Altitude/GSIA) 픽스는 외측마커를 대체하여 사용할 수 있다.
  다) 착륙활주로의 측풍이 15노트를 초과한 경우
  라) 착륙활주로의 길이가 해당 항공기의 필요착륙거리(Required Landing Field Length)보다 15% 이상 길지 않는 경우
  마) 활주로가시범위(RVR)가 175미터(600피트) 미만의 모든 제3종 운항은 사용되는 유도로중심선등(Taxiway Centerline Lights)이 있는 유도로가 직접 연결된 활주로에서 수행되어야 하고, 이 유도로중심선등이 국제민간항공기구(ICAO)가 정한 제3종 규정에 적합하지 않는 경우
마. 실패접근
  1) 최소능력(Fail-passive) 착륙시스템을 사용하는 제3종 정밀계기접근: 조종사는 다음의 어느 하나에 해당하는 경우 실패접근을 해야 한다.
    가) 결심고도(DH)에 도달한 항공기의 조종사가 활주로접지구역 등의 시각참조물을 확인할 수 없는 경우
    나) 결심고도(DH)에 도달하기 전 또는 도달 시 보고된 활주로가시범위(RVR)가 최소능력(Fail-passive) 운항에 승인된 활주로가시범위(RVR) 최저치 미만인 경우
    다) 결심고도(DH)를 통과한 후 항공기의 조종사가 활주로접지구역 등 시각참조물을 맨눈으로 확인할 수 없는 경우
    라) 항공기가 활주로에 접지하기 전에 최소능력(Fail-passive) 비행 조종장치가 고장난 경우
    마) 조종사가 활주로접지구역 내에 안전하게 착륙할 수 없다고 판단한 경우
    바) 결심고도(DH)에 도달하기 전에 제3종 지상장비 중 어느 하나가 고장난 경우
    사) 활주로접지구역의 측풍이 15노트를 초과한 경우
  2) 중복운용능력(Fail-Operational) 착륙시스템 및 활주(Rollout) 통제시스템을 사용하는 제3종 정밀계기접근: 조종사는 다음의 어느 하나에 해당하는 경우에는 경고고도(AH)에 도달 전부터 실패접근을 해야 한다.
    가) 경고고도(AH)에 도달하기 전에 필요탑재장비중 어느 하나가 고장난 경우
    나) 필수적인 지상장비중 어느 하나가 고장난 경우. 다만, 연쇄식 섬멸등(Sequenced Flashing Light) 및 진입등이 고장났을 경우에는 제3종 정밀계기접근 및 착륙은 계속할 수 있다.
    다) 활주로접지대의 측풍이 15노트를 초과한 경우
  3) 시스템 고장이 더 높은 접근최저치에 영향을 주지 않는 경우에는 1) 및 2)의 규정에 따른 더 높은 최저치 종류의 접근을 계속할 수 있다.
바. 제3종 정밀계기접근 공항 및 활주로
  법 제5장에 따라 제3종 정밀계기접근용 공항 및 활주로로 인가를 받은 공항 및 활주로에 적용한다.

[별표 27] 위험물의 포장·용기검사기관의 검사장비 및 검사인력 등의 지정기준(제210조제2항 관련)
1. 용지 및 건물 면적
  가. 시험실(화학분석실 용지는 제외한다) : 231제곱미터
  나. 사무실 : 66제곱미터
2. 시험항목별 시험기기

시험항목	시험기기	수	비고
시험환경 및 사전처리	·항온항습실(고정) ·항온항습기(work in chamber)	·1실 ·1대 이상	(온도 : -30℃~60℃ / 습도 : 0%~98%)
낙하시험	·정밀낙하시험기 ·중량물낙하시험기	·1대 이상 ·1대 이상	

시험항목	시험기기	수	비고
적재시험	·적재시험기 또는 하중 추	·1대 이상	
수압시험	·수압시험기	·1대 이상	
기밀시험	·수조/기밀시험기	·1대 이상	
흡수도시험	·코브법 테스터(Cobb Method Tester : 종이 또는 판지의 물 흡수도 시험기)	·1대 이상	
기타시험	·진동시험기 ·자력측정기(Gauss meter) ·강봉(Steel Rod)	·1대 이상 ·1대 이상 ·1대 이상	

비고 : 화학성분 정성 및 정량분석 시험기[제시된 UN No. 및 성능분석(MSDS) 등의 확인 또는 하주 의뢰 시 확인시험]
·ICP(고주파 플라스마 발광분석기)
·GC-MASS(가스크로마토그래피/질량분석기)
·LC-MASS(액체크로마토그래피/질량분석기)
·FT-IR(적외선분광분석기)

3. 시험검사원
  가. 시험검사책임자 : 시험검사소당 1명
  나. 전문시험검사원 : 2명

[별표 28] **위험물 포장·용기 검사기관의 행정처분기준**(제211조제1항 관련)

위반행위	해당 법 조문	처분내용
1. 거짓이나 그 밖의 부정한 방법으로 포장·용기 검사기관의 지정을 받은 경우	법 제71조제5항제1호	지정취소

2. 법 제71조제4항에 따른 포장·용기 검사기관의 지정기준에 맞지 않게 된 경우
  가. 검사기관의 시험실 및 사무실 기준에 맞지 않게 된 경우
  나. 검사에 필요한 시험기기를 갖추지 않은 경우
  다. 검사에 필요한 시험검사책임자 및 전문시험검사원을 확보하지 않은 경우
	법 제71조제5항제2호	업무정지(30일)

[별표 29] **위험물전문교육기관의 지정기준**(제212조제2항 관련) 생략
[별표 30] **위험물전문교육기관의 행정처분기준**(제213조제1항 관련) 생략
[별표 31] **항공교통업무증명의 취소 또는 항공교통업무 제공의 정지처분의 기준**(제254조제1항 관련) 생략

[별표 32] **운항증명 신청 시에 제출할 서류**(제257조제1항 관련)

1. 국토교통부장관 또는 지방항공청장으로부터 발급 받은 「항공사업법」 제7조에 따른 국내 항공운송사업면허증 또는 국제항공운송사업면허증, 「항공사업법」 제10조제1항에 따른 소형항공운송사업 등록증, 「항공사업법」 제30조에 따른 항공기사용사업등록증 중 해당 면허증 또는 등록증의 사본
2. 「항공사업법」 제7조제4항 또는 제10조제4항에 따라 제출한 사업계획서 내용의 추진일정
3. 조직·인력의 구성, 업무분장 및 책임
4. 주요 임원의 이력서
5. 항공법규 준수의 이행 서류와 이를 증명하는 서류(Final Compliance Statement)
6. 항공기 또는 운항·정비와 관련된 시설·장비 등의 구매·계약 또는 임차 서류
7. 종사자 훈련 교과목 운영계획
8. 별표 36에서 정한 내용이 포함되도록 구성된 다음 각 목의 구분에 따른 교범. 이 경우 단행본으로 운영하거나 각 교범을 통합하여 운영할 수 있다.
  가. 운항일반교범(Policy and Administration Manual)

Chapter 01 | 항공법규

　　나. 항공기운영교범(Aircraft Operating Manual)
　　다. 최소장비목록 및 외형변경목록(MEL/CDL)
　　라. 훈련교범(Training Manual)
　　마. 항공기성능교범(Aircraft Performance Manual)
　　바. 노선지침서(Route Guide)
　　사. 비상탈출절차교범(Emergency Evacuation Procedures Manual)
　　아. 위험물교범(Dangerous Goods Manual)
　　자. 사고절차교범(Accident Procedures Manual)
　　차. 보안업무교범(Security Manual)
　　카. 항공기 탑재 및 처리교범(Aircraft Loading and Handling Manual)
　　타. 객실승무원업무교범(Cabin Attendant Manual)
　　파. 비행교범(Airplane Flight Manual)
　　하. 지속감항정비프로그램(Continuous Airworthiness Maintenance Program)
9. 승객 브리핑카드(Passenger Briefing Cards)
10. 급유·재급유·배유절차
11. 비상구열 좌석(Exit Row Seating)절차
12. 약물 및 주정음료 통제절차
13. 운영기준에 포함될 자료
14. 비상탈출 시현계획(Emergency Evacuation Demonstration Plan)
15. 운항증명을 위한 현장검사 수검계획(Flight Operations Inspection Plan)
16. 환경영향평가서(Environmental Assessment)
17. 훈련계약에 관한 사항
18. 정비규정
19. 그 밖에 국토교통부장관이 정하는 사항

[별표 34] 항공운송사업자 등의 운항증명 취소 등 행정처분기준(제264조제1항 관련) 생략

[별표 35] 위반행위의 세부유형(제265조 관련) 생략 [별표 38] 정비조직인증 취소 등 행정처분기준(제273조제2항 관련) 생략

[별표 39] 외국인 국제항공운송사업자의 항공기 운항정지 등 행정처분기준(제282조 관련) 생략

[별표 40] 경량항공기 안전성인증 등급에 따른 운용범위(제282조제5항 관련)

등급	운용범위
제1종	제한 없음
제2종	항공기대여업 또는 항공레저스포츠사업에의 사용 제한
제3종	다음의 각 호의 사용을 제한 1. 항공기대여업 또는 항공레저스포츠사업에의 사용 2. 조종사를 포함하여 2명이 탑승한 경우에는 이륙 장소의 중심으로부터 반경 10킬로미터 범위를 초과하는 비행에 사용
제4종	다음의 각 호의 사용을 제한 1. 항공기대여업 또는 항공레저스포츠사업에의 사용 2. 이륙 장소의 중심으로부터 반경 10킬로미터 범위를 초과하는 비행에 사용 3. 1명의 조종사 외의 사람이 탑승하는 비행에 사용 4. 인구 밀집지역 상공에서의 비행에 사용

비고 : 항공안전기술원은 안전성인증 검사결과에 따라 비행고도, 속도 등의 성능에 관한 제한사항을 추가로 지정할 수 있다.

[별표 42] 경량항공기 조종사 등에 대한 행정처분기준(제292조제1항 및 제2항 관련) 생략
[별표 43] 초경량비행장치 안전성 인증기관의 인력 및 시설기준(제305조제2항 관련) 생략
[별표 44] 초경량비행장치 조종자 증명기관의 인력 및 시설기준(제306조제2항 관련) 생략
[별표 44의2] 초경량비행장치 조종자 등에 대한 행정처분기준(제306조제5항 관련) 생략
[별표 44의3] 무인자유기구의 비행절차(제310조제6항 관련) 생략

[별표 46] 항공영어구술능력평가 전문기관의 조직·인력기준 등(제320조제1항 관련)
1. 인력기준
   가. 면접인력 : 항공영어구술능력증명 6등급의 자격을 갖춘 사람 2명 이상
   나. 평가인력 : 항공전문가 및 영어전문가 각 1명 이상
   다. 출제인력 : 항공전문가 또는 영어전문가 중 1개 이상의 자격을 갖춘 전문가 2명 이상. 이 경우 출제인력 중 1명은 항공영어구술능력증명 6등급을 소지해야 한다.
   라. 운영인력 : 2명 이상
2. 시설기준 등
   가. 운영인력 등이 근무할 수 있는 사무실을 확보할 것
   나. 컴퓨터 기반의 시험(Computer Based Test)을 실시할 수 있고, 외부 소음을 차단할 수 있는 방음시설 등을 갖춘 시험장을 확보할 것
   다. 시험문제, 평가기록 등을 보존할 수 있는 보안성이 확보된 저장매체를 확보할 것

비고 :
1. "항공전문가"란 최근 10년 이내에 항공업무(조종·관제·무선통신)에 5년 이상 종사한 사람으로서 항공영어구술능력증명 5등급 이상의 자격을 갖춘 사람을 말한다.
2. "영어전문가"란 다음 각 목의 어느 하나에 해당하는 사람으로서 항공영어구술능력증명 5등급 이상의 자격을 갖춘 사람을 말한다.
   가. 영어 교육 또는 평가와 관련된 학과의 석사학위 이상의 자격을 갖춘 사람
   나. 영어 교육 또는 평가를 수행하는 기관에서 최근 10년 이내에 3년 이상 재직한 사람으로서 영어 교육 또는 평가와 관련된 학과의 학사학위 이상의 자격을 갖춘 사람
   다. 영어 교육 또는 평가를 수행하는 기관에서 최근 10년 이내에 5년 이상 재직한 사람
3. 동일한 인력이 동일한 응시자에 대해 면접과 평가를 동시에 겸임할 수 없다.
4. 면접·평가·출제인력은 필요한 경우 외부 전문가를 위촉하여 수행할 수 있다.

[별표 47] 수수료(제321조 관련) 생략

Chapter 01 | 항공법규

항공사업법

Ⅱ. 항공사업법
[시행 2024. 2. 17.] [법률 제19688호, 2023. 8. 16., 일부개정]

항공사업법 시행령

Ⅱ. 항공사업법 시행령
[시행 2023. 12. 12.] [대통령령 제33913호, 2023. 12. 12., 타법개정]

제1장 총칙

제1조(목적) 이 법은 항공정책의 수립 및 항공사업에 관하여 필요한 사항을 정하여 대한민국 항공사업의 체계적인 성장과 경쟁력 강화 기반을 마련하는 한편, 항공사업의 질서유지 및 건전한 발전을 도모하고 이용자의 편의를 향상시켜 국민경제의 발전과 공공복리의 증진에 이바지함을 목적으로 한다.

제2조(정의) 이 법에서 사용하는 용어의 뜻은 다음과 같다.
1. "항공사업"이란 이 법에 따라 국토교통부장관의 면허, 허가 또는 인가를 받거나 국토교통부장관에게 등록 또는 신고하여 경영하는 사업을 말한다.
2. "항공기"란 「항공안전법」 제2조제1호에 따른 항공기를 말한다.
3. "경량항공기"란 「항공안전법」 제2조제2호에 따른 경량항공기를 말한다.
4. "초경량비행장치"란 「항공안전법」 제2조제3호에 따른 초경량비행장치를 말한다.
5. "공항"이란 「공항시설법」 제2조제3호에 따른 공항을 말한다.
6. "비행장"이란 「공항시설법」 제2조제2호에 따른 비행장을 말한다.
7. "항공운송사업"이란 국내항공운송사업, 국제항공운송사업 및 소형항공운송사업을 말한다.
8. "항공운송사업자"란 국내항공운송사업자, 국제항공운송사업자 및 소형항공운송사업자를 말한다.
9. "국내항공운송사업"이란 타인의 수요에 맞추어 항공기를 사용하여 유상으로 여객이나 화물을 운송하는 사업으로서 국토교통부령으로 정하는 일정 규모 이상의 항공기를 이용하여 다음 각 목의 어느 하나에 해당하는 운항을 하는 사업을 말한다.
   가. 국내 정기편 운항 : 국내공항과 국내공항 사이에 일정한 노선을 정하고 정기적인 운항계획에 따라 운항하는 항공기 운항
   나. 국내 부정기편 운항 : 국내에서 이루어지는 가목 외의 항공기 운항
10. "국내항공운송사업자"란 제7조제1항에 따라 국토교통부장관으로부터 국내항공운송사업의 면허를 받은 자를 말한다.

제1조(목적) 이 영은 「항공사업법」에서 위임된 사항과 그 시행에 필요한 사항을 규정함을 목적으로 한다.

항공사업법 시행규칙

Ⅱ. 항공사업법 시행규칙
[시행 2022. 12. 8] [국토교통부령 제1164호, 2022. 12. 8, 일부개정]

제1조(목적) 이 규칙은 「항공사업법」 및 같은 법 시행령에서 위임된 사항과 그 시행에 필요한 사항을 규정함을 목적으로 한다.

제2조(국내항공운송사업 및 국제항공운송사업용 항공기의 규모) 「항공사업법」(이하 "법"이라 한다) 제2조제9호 각 목 외의 부분 및 같은 조 제11호 각 목 외의 부분에서 "국토교통부령으로 정하는 일정 규모 이상의 항공기"란 각각 다음 각 호의 요건을 모두 갖춘 항공기를 말한다.
　1. 여객을 운송하기 위한 사업의 경우 승객의 좌석 수가 51석 이상일 것
　2. 화물을 운송하기 위한 사업의 경우 최대이륙중량이 2만5천킬로그램을 초과할 것
　3. 조종실과 객실 또는 화물칸이 분리된 구조일 것

제3조(부정기편 운항의 구분) 법 제2조제9호나목, 제11호나목 및 제13호에 따른 국내 및 국제 부정기편 운항은 다음 각 호와 같이 구분한다.
　1. 지점 간 운항 : 한 지점과 다른 지점 사이에 노선을 정하여 운항하는 것
　2. 관광비행 : 관광을 목적으로 한 지점을 이륙하여 중간에 착륙하지 아니하고 정해진 노선을 따라 출발지점에 착륙하기 위하여 운항하는 것
　3. 전세운송 : 노선을 정하지 아니하고 사업자와 항공기를 독점하여 이용하려는 이용자 간의 1개의 항공운송계약에 따라 운항하는 것

Chapter 01 | 항공법규

항공사업법	항공사업법 시행령

11. "국제항공운송사업"이란 타인의 수요에 맞추어 항공기를 사용하여 유상으로 여객이나 화물을 운송하는 사업으로서 국토교통부령으로 정하는 일정 규모 이상의 항공기를 이용하여 다음 각 목의 어느 하나에 해당하는 운항을 하는 사업을 말한다.
  가. 국제 정기편 운항 : 국내공항과 외국공항 사이 또는 외국공항과 외국공항 사이에 일정한 노선을 정하고 정기적인 운항계획에 따라 운항하는 항공기 운항
  나. 국제 부정기편 운항 : 국내공항과 외국공항 사이 또는 외국공항과 외국공항 사이에 이루어지는 가목 외의 항공기 운항
12. "국제항공운송사업자"란 제7조제1항에 따라 국토교통부장관으로부터 국제항공운송사업의 면허를 받은 자를 말한다.
13. "소형항공운송사업"이란 타인의 수요에 맞추어 항공기를 사용하여 유상으로 여객이나 화물을 운송하는 사업으로서 국내항공운송사업 및 국제항공운송사업 외의 항공운송사업을 말한다.
14. "소형항공운송사업자"란 제10조제1항에 따라 국토교통부장관에게 소형항공운송사업을 등록한 자를 말한다.
15. "항공기사용사업"이란 항공운송사업 외의 사업으로서 타인의 수요에 맞추어 항공기를 사용하여 유상으로 농약살포, 건설자재 등의 운반, 사진촬영 또는 항공기를 이용한 비행훈련 등 국토교통부령으로 정하는 업무를 하는 사업을 말한다.
16. "항공기사용사업자"란 제30조제1항에 따라 국토교통부장관에게 항공기사용사업을 등록한 자를 말한다.
17. "항공기정비업"이란 타인의 수요에 맞추어 다음 각 목의 어느 하나에 해당하는 업무를 하는 사업을 말한다.
  가. 항공기, 발동기, 프로펠러, 장비품 또는 부품을 정비·수리 또는 개조하는 업무
  나. 가목의 업무에 대한 기술관리 및 품질관리 등을 지원하는 업무
18. "항공기정비업자"란 제42조제1항에 따라 국토교통부장관에게 항공기정비업을 등록한 자를 말한다.
19. "항공기취급업"이란 타인의 수요에 맞추어 항공기에 대한 급유, 항공화물 또는 수하물의 하역과 그 밖에 국토교통부령으로 정하는 지상조업(地上操業)을 하는 사업을 말한다.
20. "항공기취급업자"란 제44조제1항에 따라 국토교통부장관에게 항공기취급업을 등록한 자를 말한다.	

항공사업법 시행규칙

제4조(항공기사용사업의 범위) 법 제2조제15호에서 "농약살포, 건설자재 등의 운반 또는 사진촬영 등 국토교통부령으로 정하는 업무"란 다음 각 호의 어느 하나에 해당하는 업무를 말한다.
    1. 비료 또는 농약 살포, 씨앗 뿌리기 등 농업 지원
    2. 해양오염 방지약제 살포
    3. 광고용 현수막 견인 등 공중광고
    4. 사진촬영, 육상 및 해상 측량 또는 탐사
    5. 산불 등 화재 진압
    6. 수색 및 구조(응급구호 및 환자 이송을 포함한다)
    7. 헬리콥터를 이용한 건설자재 등의 운반(헬리콥터 외부에 건설자재 등을 매달고 운반하는 경우만 해당한다)
    8. 산림, 관로(管路), 전선(電線) 등의 순찰 또는 관측
    9. 항공기를 이용한 비행훈련(「고등교육법」 제2조에 따른 학교가 실시하는 비행훈련의 경우는 제외한다)
    10. 항공기를 이용한 고공낙하
    11. 글라이더 견인
    12. 그 밖에 특정 목적을 위하여 하는 것으로서 국토교통부장관 또는 지방항공청장이 인정하는 업무

제5조(항공기취급업의 구분) 법 제2조제19호에 따른 항공기취급업은 다음 각 호와 같이 구분한다.
    1. 항공기급유업 : 항공기에 연료 및 윤활유를 주유하는 사업
    2. 항공기하역업 : 화물이나 수하물(手荷物)을 항공기에 싣거나 항공기에서 내려서 정리하는 사업
    3. 지상조업사업 : 항공기 입항·출항에 필요한 유도, 항공기 탑재 관리 및 동력 지원, 항공기 운항정보 지원, 승객 및 승무원의 탑승 또는 출입국 관련 업무, 장비 대여 또는 항공기의 청소 등을 하는 사업

Chapter 01 | 항공법규

항공사업법	항공사업법 시행령

항공사업법

21. "항공기대여업"이란 타인의 수요에 맞추어 유상으로 항공기, 경량항공기 또는 초경량비행장치를 대여(貸與)하는 사업(제26호나목의 사업은 제외한다)을 말한다.
22. "항공기대여업자"란 제46조제1항에 따라 국토교통부장관에게 항공기대여업을 등록한 자를 말한다.
23. "초경량비행장치사용사업"이란 타인의 수요에 맞추어 국토교통부령으로 정하는 초경량비행장치를 사용하여 유상으로 농약살포, 사진촬영 등 국토교통부령으로 정하는 업무를 하는 사업을 말한다.
24. "초경량비행장치사용사업자"란 제48조제1항에 따라 국토교통부장관에게 초경량비행장치사용사업을 등록한 자를 말한다.
25. "항공레저스포츠"란 취미·오락·체험·교육·경기 등을 목적으로 하는 비행[공중에서 낙하하여 낙하산(落下傘)류를 이용하는 비행을 포함한다]활동을 말한다.
26. "항공레저스포츠사업"이란 타인의 수요에 맞추어 유상으로 다음 각 목의 어느 하나에 해당하는 서비스를 제공하는 사업을 말한다.
    가. 항공기(비행선과 활공기에 한정한다), 경량항공기 또는 국토교통부령으로 정하는 초경량비행장치를 사용하여 조종교육, 체험 및 경관조망을 목적으로 사람을 태워 비행하는 서비스
    나. 다음 중 어느 하나를 항공레저스포츠를 위하여 대여하여 주는 서비스
        1) 활공기 등 국토교통부령으로 정하는 항공기
        2) 경량항공기
        3) 초경량비행장치
    다. 경량항공기 또는 초경량비행장치에 대한 정비, 수리 또는 개조서비스
27. "항공레저스포츠사업자"란 제50조제1항에 따라 국토교통부장관에게 항공레저스포츠사업을 등록한 자를 말한다.
28. "상업서류송달업"이란 타인의 수요에 맞추어 유상으로 「우편법」 제1조의2제7호 단서에 해당하는 수출입 등에 관한 서류와 그에 딸린 견본품을 항공기를 이용하여 송달하는 사업을 말한다.
29. "상업서류송달업자"란 제52조제1항에 따라 국토교통부장관에게 상업서류송달업을 신고한 자를 말한다.
30. "항공운송총대리점업"이란 항공운송사업자를 위하여 유상으로 항공기를 이용한 여객 또는 화물의 국제운송계약 체결을 대리(代理)[사증(査證)을 받는 절차의 대행은 제외한다]하는 사업을 말한다.

항공사업법 시행규칙

제6조(초경량비행장치사용사업의 사업범위 등) ① 법 제2조제23호에서 "국토교통부령으로 정하는 초경량비행장치"란 「항공안전법 시행규칙」 제5조제5호에 따른에 따른 무인비행장치를 말한다.

② 법 제2조제23호에서 "농약살포, 사진촬영 등 국토교통부령으로 정하는 업무"란 다음 각 호의 어느 하나에 해당하는 업무를 말한다.
   1. 비료 또는 농약 살포, 씨앗 뿌리기 등 농업 지원
   2. 사진촬영, 육상·해상 측량 또는 탐사
   3. 산림 또는 공원 등의 관측 또는 탐사
   4. 조종교육
   5. 그 밖의 업무로서 다음 각 목의 어느 하나에 해당하지 아니하는 업무
      가. 국민의 생명과 재산 등 공공의 안전에 위해를 일으킬 수 있는 업무
      나. 국방·보안 등에 관련된 업무로서 국가 안보를 위협할 수 있는 업무

제7조(항공레저스포츠사업에 사용되는 항공기등) ① 법 제2조제26호 가목에서 "국토교통부령으로 정하는 초경량비행장치"란 다음 각 호의 어느 하나에 해당하는 것을 말한다.
   1. 인력활공기(人力滑空機)
   2. 기구류
   3. 동력패러글라이더(착륙장치가 없는 비행장치로 한정한다)
   4. 낙하산류

② 법 제2조제26호나목1)에서 "활공기 등 국토교통부령으로 정하는 항공기"란 활공기 또는 비행선을 말한다.

Chapter 01 | 항공법규

항공사업법

31. "항공운송총대리점업자"란 제52조제1항에 따라 국토교통부장관에게 항공운송총대리점업을 신고한 자를 말한다.
32. "도심공항터미널업"이란 「공항시설법」 제2조제4호에 따른 공항구역이 아닌 곳에서 항공여객 및 항공화물의 수송 및 처리에 관한 편의를 제공하기 위하여 이에 필요한 시설을 설치·운영하는 사업을 말한다.
33. "도심공항터미널업자"란 제52조제1항에 따라 국토교통부장관에게 도심공항터미널업을 신고한 자를 말한다.
34. "공항운영자"란 「인천국제공항공사법」, 「한국공항공사법」 등 관계 법률에 따라 공항운영의 권한을 부여받은 자 또는 그 권한을 부여받은 자로부터 공항운영의 권한을 위탁·이전받은 자를 말한다.
35. "항공교통사업자"란 공항 또는 항공기를 사용하여 여객 또는 화물의 운송과 관련된 유상서비스(이하 "항공교통서비스"라 한다)를 제공하는 공항운영자 또는 항공운송사업자를 말한다.
36. "항공교통이용자"란 항공교통사업자가 제공하는 항공교통서비스를 이용하는 자를 말한다.
37. "항공보험"이란 여객보험, 기체보험(機體保險), 화물보험, 전쟁보험, 제3자보험 및 승무원보험과 그 밖에 국토교통부령으로 정하는 보험을 말한다.
38. "외국인 국제항공운송사업"이란 제54조제1항에 따라 타인의 수요에 맞추어 항공기를 사용하여 유상으로 여객이나 화물을 운송하는 사업을 말한다.
39. "외국인 국제항공운송사업자"란 제54조제1항에 따라 국토교통부장관으로부터 외국인 국제항공운송사업의 허가를 받은 자를 말한다.

제3조(항공정책기본계획의 수립) ① 국토교통부장관은 국가항공정책(「항공우주산업개발 촉진법」에 따른 항공우주산업의 지원·육성에 관한 사항은 제외한다. 이하 같다)에 관한 기본계획(이하 "항공정책기본계획"이라 한다)을 5년마다 수립하여야 한다.
② 항공정책기본계획에는 다음 각 호의 사항이 포함되어야 한다.
  1. 국내외 항공정책 환경의 변화와 전망
  2. 국가항공정책의 목표, 전략계획 및 단계별 추진계획
  3. 국내항공운송사업, 항공기정비업 등 항공산업의 육성 및 경쟁력 강화에 관한 사항
  4. 공항의 효율적 개발 및 운영에 관한 사항
  5. 항공교통이용자 보호 및 서비스 개선에 관한 사항
  6. 항공전문인력의 양성 및 항공안전기술·항공기정비기술 등 항공산업 관련 기술의 개발에 관한 사항

항공사업법 시행령

제2조(항공정책기본계획의 중요한 사항의 변경) 「항공사업법」(이하 "법"이라 한다) 제3조제4항에서 "대통령령으로 정하는 중요한 사항"이란 다음 각 호의 어느 하나에 해당하는 사항을 말한다.
  1. 국가항공정책의 목표 및 전략계획
  2. 국내 항공운송사업의 육성
  3. 공항의 효율적 개발
  4. 항공교통이용자의 보호
  5. 항공안전기술의 개발
  6. 그 밖에 국토교통부장관이 정하는 사항

제3조(항공정책위원회의 심의 대상이 되는 공항 또는 비행장의 개발 규모) 법 제4조제1항에 따른 항공정책위원회(이하 "항공정책위원회"라 한다)의 심의 대상 중 같은 항 제4호에서 "대통령령으로 정하는 일정 규모 이상의 공항 또는 비행장의 개발"이란 다음 각 호의 어느 하나에 해당하는 개발을 말한다.
  1. 새로운 공항의 개발 또는 총사업비가 1천억원 이상이면서 국가의 재정지원 규모가 300억원 이상인 새로운 비행장의 개발
  2. 공항·비행장개발예정지역의 면적이 당초 계획보다 20만제곱미터 이상 늘어나는 공항 또는 육상비행장의 개발
  3. 500미터 이상의 활주로가 신설되거나 활주로의 길이가 500미터 이상 늘어나는 공항 또는 육상비행장의 개발

제4조(항공정책위원회의 위원) 법 제4조제3항제1호에서 "대통령령으로 정하는 행정각부의 차관"이란 다음 각 호의 사람을 말한다.
  1. 기획재정부 제2차관
  2. 과학기술정보통신부 제1차관
  3. 외교부 제2차관
  4. 국방부차관
  5. 문화체육관광부 제2차관
  6. 산업통상자원부 제1차관

제5조(위원의 해촉) 국토교통부장관은 항공정책위원회의 법 제4조제3항제2호에 따른 위원이 다음 각 호의 어느 하나에 해당하는 경우에는 해당 위원을 해촉(解囑)할 수 있다.
  1. 심신장애로 인하여 직무를 수행할 수 없게 된 경우
  2. 직무와 관련된 비위 사실이 있는 경우
  3. 직무태만, 품위손상이나 그 밖의 사유로 인하여 위원으로 적합하지 아니하다고 인정되는 경우
  4. 법 제4조제7항 또는 제8항의 사유에 해당하는 데에도 불구하고 회피하지 아니한 경우

항공사업법	항공사업법 시행령

항공사업법

7. 항공교통의 안전관리에 관한 사항
8. 항공보안에 관한 사항
9. 항공레저스포츠 활성화에 관한 사항
10. 그 밖에 항공운송사업, 항공기정비업 등 항공산업의 진흥을 위하여 필요한 사항

③ 항공정책기본계획은 「항공보안법」 제9조의 항공보안 기본계획, 「항공안전법」 제6조의 항공안전정책기본계획 및 「공항시설법」 제3조의 공항개발 종합계획에 우선하며, 그 계획의 기본이 된다.

④ 국토교통부장관은 항공정책기본계획을 수립하거나 대통령령으로 정하는 중요한 사항을 변경하려면 관계 중앙행정기관의 장과 특별시장·광역시장·특별자치시장·도지사 또는 특별자치도지사(이하 "시·도지사"라 한다)와 협의하여야 한다.

⑤ 국토교통부장관은 항공정책기본계획을 수립하거나 변경하였을 때에는 그 내용을 관보에 고시하고, 관계 중앙행정기관의 장 및 시·도지사에게 알려야 한다.

⑥ 국토교통부장관은 항공정책기본계획을 시행하기 위한 연도별 시행계획을 수립하여야 한다.

제4조(항공정책위원회의 설치 및 운영 등) ① 항공정책에 관한 다음 각 호의 사항을 심의하기 위하여 국토교통부장관 소속으로 항공정책위원회(이하 "위원회"라 한다)를 둔다.
  1. 항공정책기본계획의 수립 및 변경
  2. 제3조제6항에 따른 연도별 시행계획의 수립 및 변경
  3. 「공항시설법」 제4조제1항에 따른 공항개발 기본계획의 수립에 관한 사항
  4. 대통령령으로 정하는 일정 규모 이상의 공항 또는 비행장의 개발에 관한 주요 정책 및 자금의 조달에 관한 사항
  5. 공항 또는 비행장의 개발과 관련하여 관계 부처 간의 협조에 관한 사항으로서 위원회의 위원장이 심의에 부치는 사항
  6. 그 밖에 항공정책에 관한 중요사항 및 공항 또는 비행장의 개발에 관한 사항으로서 위원회의 위원장이 심의에 부치는 사항

② 위원회는 위원장 1명을 포함한 20명 내외의 위원으로 구성한다.

③ 위원회의 위원장은 국토교통부장관이 되고, 위원은 다음 각 호의 사람이 된다.
  1. 대통령령으로 정하는 행정각부의 차관
  2. 항공에 관한 학식과 경험이 풍부한 사람으로서 국토교통부장관이 위촉하는 13명 이내의 사람

④ 제3항제2호에 따른 위원의 임기는 2년으로 한다.

항공사업법 시행령

5. 위원 스스로 직무를 수행하는 것이 곤란하다고 의사를 밝히는 경우

제6조(항공정책위원회 위원장의 직무) ① 항공정책위원회의 위원장은 항공정책위원회를 대표하고, 항공정책위원회의 업무를 총괄한다.
② 위원장이 부득이한 사유로 직무를 수행할 수 없을 때에는 위원장이 미리 지명한 위원이 그 직무를 대행한다.

제7조(항공정책위원회의 회의) ① 항공정책위원회의 위원장은 항공정책위원회의 회의를 소집하고, 그 의장이 된다.
② 위원장이 회의를 소집하려는 경우에는 회의 개최일 5일 전까지 회의의 일시·장소 및 심의 안건을 각 위원에게 통지하여야 한다. 다만, 긴급한 경우나 부득이한 사유가 있는 경우에는 그러하지 아니하다.
③ 항공정책위원회의 회의는 재적위원 과반수의 출석으로 개의(開議)하고, 출석위원 과반수의 찬성으로 의결한다.
④ 항공정책위원회는 안건의 심의와 그 밖의 업무 수행에 필요하다고 인정되는 경우에는 관계 기관에 자료의 제출을 요청하거나 관계인 또는 전문가를 출석하게 하여 그 의견을 들을 수 있다.

제8조(간사) ① 항공정책위원회에 항공정책위원회의 사무를 처리할 간사 1명을 둔다.
② 간사는 국토교통부의 고위공무원단에 속하는 일반직공무원 중에서 국토교통부장관이 지명한다.

제9조(실무위원회) ① 법 제4조제5항에 따라 항공정책위원회에 두는 실무위원회(이하 "실무위원회"라 한다)는 위원장 1명을 포함한 20명 내외의 위원으로 성별을 고려해 구성한다.
② 실무위원회의 위원장은 국토교통부의 고위공무원단에 속하는 일반직공무원 중에서 국토교통부장관이 지명하는 사람이 된다.
③ 실무위원회의 위원은 다음 각 호의 사람이 된다.
  1. 기획재정부·과학기술정보통신부·외교부·국방부·문화체육관광부·산업통상자원부의 4급 이상 일반직공무원(고위공무원단에 속하는 일반직공무원을 포함한다) 중 해당 기관의 장이 지명하는 사람 각 1명
  2. 「인천국제공항공사법」에 따라 설립된 인천국제공항공사의 임직원 중 인천국제공항공사 사장이 지명하는 사람 1명
  3. 「한국공항공사법」에 따라 설립된 한국공항공사의 임직원 중 한국공항공사 사장이 지명하는 사람 1명
  4. 항공에 관한 학식과 경험이 풍부한 사람 중에서 실무위원회의 위원장이 위촉하는 사람

Chapter 01 | 항공법규

항공사업법	항공사업법 시행령

⑤ 위원회에 상정할 안건에 관한 전문적인 연구, 사전 검토 및 위원회에서 위임한 업무 처리 등을 위하여 위원회에 실무위원회를 둘 수 있다.
⑥ 제1항부터 제5항까지에서 규정한 사항 외에 위원회와 실무위원회의 구성과 운영 등에 필요한 사항은 대통령령으로 정한다.
⑦ 위원회의 위원이 다음 각 호의 어느 하나에 해당하는 경우에는 해당 심의 대상 안건의 심의에서 제척(除斥)된다.
  1. 위원 또는 위원이 속한 법인·단체 등과 이해관계가 있는 경우
  2. 위원의 가족(「민법」 제779조에 따른 가족을 말한다)이 이해관계인인 경우
  3. 그 밖에 위원회의 의결에 직접적인 이해관계가 있다고 인정되는 경우
⑧ 해당 심의 대상 안건의 당사자는 위원에게 공정한 직무집행을 기대하기 어려운 사정이 있으면 위원회에 기피신청을 할 수 있으며, 위원회는 기피신청이 타당하다고 인정하면 의결로 기피를 결정하여야 한다.
⑨ 위원은 제7항이나 제8항의 사유에 해당하면 스스로 해당 심의 대상 안건의 심의를 회피하여야 한다.

제5조(항공기술개발계획의 수립) ① 국토교통부장관은 항공기술의 발전을 위하여 항공기술개발계획을 수립하여야 한다.
② 항공기술개발계획에는 다음 각 호의 사항이 포함되어야 한다.
  1. 항공교통 수단의 안전기술 개발 및 국내외 보급기반 구축에 관한 사항
  2. 항공사고예방기술 및 항공기정비기술의 개발에 관한 사항
  3. 항공교통 관리 및 항행시설기술의 개발에 관한 사항
  4. 공항 운영 및 관리기술의 개발에 관한 사항
  5. 그 밖에 항공기술산업의 발전에 필요한 사항

제6조(항공사업의 정보화) ① 국토교통부장관은 항공 관련 정보의 관리, 활용 및 제공 등의 업무를 전자적으로 처리하기 위하여 다음 각 호의 사업을 추진할 수 있다.
  1. 운항·비행정보를 관리하기 위한 비행정보시스템 구축·운영
  2. 항공물류정보를 관리하기 위한 항공물류정보시스템 구축·운영
  3. 항공교통 및 항공산업 관련 정보제공을 위한 항공정보포털시스템 구축·운영
  4. 항공종사자 자격증명시험 정보를 관리하기 위한 상시원격학과시험시스템 구축·운영
  5. 항공인력양성 및 관리를 위한 항공인력양성사업정보화시스템 구축·운영

④ 제3항제4호에 따른 위원의 임기는 2년으로 한다.
⑤ 실무위원회에 간사 1명을 두되, 간사는 국토교통부 소속 공무원 중에서 국토교통부장관이 지명한다.
⑥ 제3항제2호 및 제3호에 따라 위원을 지명한 자는 위원이 제5조 각 호의 어느 하나에 해당하는 경우에는 그 지명을 철회할 수 있다.
⑦ 실무위원회의 위원장은 제3항제4호에 따른 위원이 제5조 각 호의 어느 하나에 해당하는 경우에는 해당 위원을 해촉할 수 있다.
⑧ 실무위원회의 위원이 다음 각 호의 어느 하나에 해당하는 경우에는 해당 심의 대상 안건의 심의에서 제척(除斥)된다.
  1. 위원 또는 위원이 속한 법인·단체 등과 이해관계가 있는 경우
  2. 위원의 가족(「민법」 제779조에 따른 가족을 말한다)이 이해관계인인 경우
  3. 그 밖에 위원회의 의결에 직접적인 이해관계가 있다고 인정되는 경우
⑨ 해당 심의 대상 안건의 당사자는 위원에게 공정한 직무집행을 기대하기 어려운 사정이 있으면 위원회에 기피신청을 할 수 있으며, 위원회는 기피신청이 타당하다고 인정하면 의결로 기피를 결정해야 한다. 이 경우 기피신청의 대상인 위원은 그 의결에 참여하지 못한다.
⑩ 위원은 제8항 또는 제9항의 사유에 해당하면 스스로 해당 심의 대상 안건의 심의를 회피해야 한다.

제10조(운영세칙) 이 영에 규정한 것 외에 항공정책위원회 및 실무위원회의 운영에 필요한 사항은 항공정책위원회의 의결을 거쳐 위원장이 정한다.

제11조(항공 관련 정보화사업의 위탁) 국토교통부장관은 법 제6조제3항에 따라 다음 각 호의 사업을 해당 호에서 정한 기관에 위탁한다.
  1. 항공물류정보시스템 구축·운영 : 「인천국제공항공사법」에 따른 인천국제공항공사
  2. 항공정보포털시스템 구축·운영 : 법 제68조에 따른 한국항공협회
  3. 상시원격학과시험시스템 구축·운영 : 「한국교통안전공단법」에 따른 한국교통안전공단
  4. 항공인력양성사업정보화시스템 구축·운영 : 「민법」 제32조에 따라 국토교통부장관의 허가를 받아 설립된 비영리법인 중에서 항공인력양성사업정보화시스템 구축·운영 업무를 수행할 수 있는 인력과 장비를 갖추었다고 인정되어 국토교통부장관이 지정·고시하는 기관

항공사업법 시행규칙

제8조(국내항공운송사업 또는 국제항공운송사업의 면허등) ① 법 제7조제1항에 따라 국내항공운송사업 또는 국제항공운송사업의 면허를 받으려는 자는 별지 제1호서식의 면허신청서(전자문서로 된 신청서를 포함한다)에 다음 각 호의 서류(전자문서를 포함한다)를 첨부하여 국토교통부장관에게 제출하여야 한다. 이 경우 담당 공무원은 「전자정부법」 제36조제1항에 따른 행정정보의 공동이용을 통하여 법인등기사항증명서(신청인이 법인인 경우만 해당한다)를 확인하여야 한다.
1. 다음 각 목의 사항을 포함하는 사업운영계획서
    가. 취항 예정 노선, 운항계획, 영업소와 그 밖의 사업소(이하 "사업소"라 한다) 등 개략적 사업계획
    나. 사용 예정 항공기의 수(도입계획을 포함한다) 및 각 항공기의 형식
    다. 신청인이 다른 사업을 하고 있는 경우에는 그 사업의 개요와 해당 사업의 재무제표 및 손익계산서
    라. 주주총회의 의결사항(「상법」상 주식회사인 경우만 해당한다)
2. 해당 신청이 법 제8조에 따른 면허기준을 충족함을 증명하거나 설명하는 서류로서 다음 각 목의 사항을 포함하는 서류
    가. 안전 관련 조직과 인력의 확보계획 및 교육훈련 계획
    나. 정비시설 및 운항관리시설의 개요
    다. 최근 10년간 항공기 사고, 항공기 준사고, 항공안전장애 내용 및 소비자 피해구제 접수 건수(신청인이 항공운송사업자인 경우만 해당한다)
    라. 임원과 항공종사자의 「항공사업법」, 「항공안전법」, 「공항시설법」, 「항공보안법」 또는 「항공·철도 사고조사에 관한 법률」 위반 내용
    마. 소비자 피해구제 계획의 개요
    바. 「항공사업법」 제2조제37호에 따른 항공보험 가입 여부 및 가입 계획
    사. 법 제19조제1항에 따른 운항개시예정일(이하 "운항개시예정일"이라 한다)부터 3년 동안 사업운영계획서에 따라 항공운송사업을 운영하였을 경우 예상되는 운영비 등의 비용 명세, 해당 기간 동안의 자금조달 계획 및 확보 자금 증빙서류
    아. 해당 국내항공운송사업 또는 국제항공운송사업을 경영하기 위하여 필요한 자금의 명세(자본금의 증감 내용을 포함한다)와 자금조달방법
    자. 예상 사업수지 및 그 산출 기초
3. 신청인이 법 제9조 각 호에 따른 결격사유에 해당하지 아니함을 증명하는 서류
4. 법 제11조제1항에 따른 항공기사고 시 지원계획서

② 국토교통부장관은 제1항에 따른 면허 신청을 받은 경우에는 법 제8조에 따른 면허기준을 충족하는지와 법 제9조에 따른 결격사유에 해당하는지를 심사한 후 신청내용이 적합하다고 인정하는 경우에는 별지 제2호서식의 면허대장에 그 사실을 적고 별지 제3호서식의 면허증을 발급하여야 한다.

③ 제2항에 따라 국내항공운송사업 또는 국제항공운송사업의 면허를 받은 자가 법 제7조제2항에 따른 정기편 운항을 위한 노선허가(이하 이 조에서 "정기편 노선허가"라 한다) 또는 법 제7조제3항에 따른 부정기편 운항을 위한 허가(이하 이 조에서 "부정기편 운항허가"라 한다)를 받으려는 경우에는 별지 제4호서식의 신청서에 다음 각 호의 서류를 첨부하여 국토교통부장관 또는 지방항공청장에게 제출하여야 한다. 다만, 부정기편 운항허가를 신청하는 경우에는 제3호가목·다목 및 사목의 내용이 포함된 사업계획서만 제출한다.
1. 해당 정기편 운항으로 해당 노선의 안전에 지장을 줄 염려가 없다는 것을 증명하는 서류
2. 해당 정기편 운항이 이용자 편의에 적합함을 증명하는 서류
3. 다음 각 목의 사항을 포함하는 사업계획서
    가. 해당 정기편 노선 또는 부정기편 운항의 기점·기항지 및 종점
    나. 신청 당시 사용하고 있는 항공기의 수와 해당 정기편 운항으로 항공기의 수 또는 형식이 변경된 경우에는 그 내용
    다. 해당 정기편 운항 또는 부정기편 운항의 운항 횟수, 출발·도착 일시 및 운항기간
    라. 해당 정기편 운항을 위하여 필요한 자금의 명세와 조달방법
    마. 해당 정기편 운항으로 정비시설 또는 운항관리시설이 변경된 경우에는 그 내용
    바. 해당 정기편 운항으로 자격별 항공종사자의 수가 변경된 경우에는 그 내용
    사. 해당 정기편 운항 또는 부정기편 운항에서의 여객·화물의 취급 예정 수량(공급 좌석 수 또는 톤 수를 말한다)
    아. 해당 정기편 운항에 따른 예상 사업수지 및 그 산출기초

Chapter 01 | 항공법규

항공사업법	항공사업법 시행령

항공사업법

6. 그 밖에 항공 관련 업무의 전자적 처리를 위하여 필요하여 대통령령으로 정하는 사업

② 국토교통부장관은 제1항에 따른 사업을 추진하기 위하여 관계 행정기관의 장, 제65조제1항에 따른 항공사업자, 공항운영자, 항공 관련 기관·단체의 장에게 주민등록전산정보(주민등록번호·외국인등록번호 등 고유식별정보를 포함한다), 적하목록 등 필요한 자료의 제출을 요청할 수 있다. 이 경우 자료의 제공을 요청받은 자는 특별한 사유가 없으면 이에 따라야 한다.

③ 국토교통부장관은 필요하다고 인정하는 경우 제1항에 따른 사업의 전부 또는 일부를 대통령령으로 정하는 바에 따라 관계 전문기관에 위탁할 수 있다.

④ 제1항부터 제3항까지에서 규정한 사항 외에 항공사업의 정보화에 필요한 사항은 국토교통부령으로 정한다.

제2장 항공운송사업

제7조(국내항공운송사업과 국제항공운송사업) ① 국내항공운송사업 또는 국제항공운송사업을 경영하려는 자는 국토교통부장관의 면허를 받아야 한다. 다만, 국제항공운송사업의 면허를 받은 경우에는 국내항공운송사업의 면허를 받은 것으로 본다.

② 제1항에 따른 면허를 받은 자가 정기편 운항을 하려면 노선별로 국토교통부장관의 허가를 받아야 한다.

③ 제1항에 따른 면허를 받은 자가 부정기편 운항을 하려면 국토교통부장관의 허가를 받아야 한다.

④ 제1항에 따른 면허를 받으려는 자는 신청서에 사업운영계획서를 첨부하여 국토교통부장관에게 제출하여야 하며, 제2항에 따른 허가를 받으려는 자는 신청서에 사업계획서를 첨부하여 국토교통부장관에게 제출하여야 한다.

⑤ 국토교통부장관은 제1항에 따라 면허를 발급하거나 제28조에 따라 면허를 취소하려는 경우에는 관련 전문가 및 이해관계인의 의견을 들어 결정하여야 한다.

⑥ 제1항부터 제3항까지의 규정에 따른 면허 또는 허가를 받은 자가 그 내용 중 국토교통부령으로 정하는 중요한 사항을 변경하려면 변경면허 또는 변경허가를 받아야 한다.

⑦ 제1항부터 제6항까지의 규정에 따른 면허, 허가, 변경면허 및 변경허가의 절차, 면허등 관련 서류 제출, 의견수렴에 필요한 사항 등에 관한 사항은 국토교통부령으로 정한다.

제8조(국내항공운송사업과 국제항공운송사업 면허의 기준) ① 국내항공운송사업 또는 국제항공운송사업의 면허기준은 다음 각 호와 같다.

항공사업법 시행규칙

④ 국토교통부장관 또는 지방항공청장은 제3항에 따른 신청을 받으면 정기편 노선허가에 대해서는 제3항제1호 및 제2호에 따라 적합 여부를 심사한 후 그 신청 내용이 적합하다고 인정하는 경우 별지 제2호서식의 노선허가 대장에 그 노선허가 내용을 적고 별지 제5호서식의 허가증을 발급하여야 하며, 부정기편 운항허가에 대해서는 신청 내용이 적합하면 허가를 하였음을 신청인에게 통지하여야 한다.

⑤ 제2항에 따라 국내항공운송사업 또는 국제항공운송사업의 면허를 받은 자가 「항공안전법」 제5조 및 같은 법 시행령 제4조제4호에 따른 외국 국적의 항공기를 이용하여 정기편 운항 또는 부정기편 운항을 하려면 다음 각 호의 요건을 모두 갖추어야 한다.
  1. 항공기의 유지·관리를 포함한 항공기 운항의 책임이 임차계약서에 명시될 것
  2. 항공기 운항에 따른 사고의 배상책임 소재가 계약에 명시될 것
  3. 임차인의 운항코드와 편명이 명시될 것
  4. 항공기의 등록증명·감항증명·소음증명 및 승무원의 자격증명은 국제민간항공기구(ICAO)의 기준에 따라 항공기 등록국에서 받을 것
  5. 그 밖에 취항하려는 국가와 체결한 항공협정에서 정하고 있는 요건을 충족할 것

⑥ 제2항에 따른 면허대장이나 제4항에 따른 노선허가 대장은 전자적 처리가 불가능한 특별한 사유가 없으면 전자적 처리가 가능한 방법으로 작성·관리하여야 한다.

⑦ 국내항공운송사업 또는 국제항공운송사업의 면허를 받은 자가 법 제7조제6항에 따라 다음 각 호의 면허내용을 변경하려는 경우에는 별지 제6호서식의 변경면허 신청서에 그 변경 내용을 증명하는 서류를 첨부하여 국토교통부장관에게 제출하여야 한다. 이 경우 담당 공무원은 「전자정부법」 제36조제1항에 따른 행정정보의 공동이용을 통하여 법인등기사항증명서(신청인이 법인인 경우만 해당한다)를 확인하여야 한다.
  1. 상호(법인인 경우만 해당한다)   2. 대표자
  3. 주소(소재지)   4. 사업범위

⑧ 정기편 노선허가 또는 부정기편 운항허가를 받은 자가 법 제7조제6항에 따라 허가받은 내용을 변경하려는 경우에는 별지 제7호서식의 변경허가 신청서에 그 변경 내용을 증명하는 서류를 첨부하여 국토교통부장관 또는 지방항공청장에게 제출하여야 한다. 다만, 제3항제3호 각 목의 어느 하나에 해당하는 내용을 변경하는 경우는 제외한다.

⑨ 국토교통부장관은 제7항에 따른 변경면허의 신청을 받은 경우에는 법 제8조에 따른 면허기준을 충족하는지와 법 제9조에 따른 결격사유에 해당하는지를 심사한 후 신청내용이 적합하다고 인정하는 경우에는 별지 제2호서식의 면허대장에 그 사실을 적고 별지 제3호서식의 면허증을 새로 발급하여야 한다.

⑩ 국토교통부장관 또는 지방항공청장은 제8항에 따른 변경허가 신청을 받으면 정기편 노선 변경허가에 대해서는 제3항제1호 및 제2호에 따라 적합 여부를 심사한 후 그 신청 내용이 적합하다고 인정하는 경우 별지 제2호서식의 노선허가 대장에 그 노선 변경허가 내용을 적고 별지 제5호서식의 허가증을 재발급하여야 하며, 부정기편 운항 변경허가에 대해서는 신청 내용이 적합하면 변경허가를 하였음을 신청인에게 통지하여야 한다.

제8조의2(국내항공운송사업과 국제항공운송사업 면허의 기준) 법 제8조제1항제4호다목에서 "국토교통부령으로 정하는 요건"이란 다음 각 호의 요건을 말한다.
  1. 운항승무원 및 객실승무원 등 인력확보계획이 적정할 것
  2. 법 제16조에 따른 운수권 확보 가능성 및 수요확보 가능성 등 노선별 취항계획이 타당할 것

제9조(면허 관련 의견수렴) ① 국토교통부장관은 법 제7조제1항에 따라 면허 신청을 받거나 법 제28조에 따라 면허를 취소하려는 경우에는 법 제7조제5항에 따라 관계기관과 이해관계자의 의견을 청취하여야 한다.

② 국토교통부장관은 제1항에 따른 의견청취가 완료된 후 변호사와 공인회계사를 포함한 민간 전문가가 과반수 이상 포함된 자문회의를 구성하여 자문회의의 의견을 들어야 한다.

③ 국토교통부장관은 제2항에 따른 자문회의에 면허의 발급 또는 취소 여부를 판단하기 위하여 필요한 자료와 제1항에 따른 의견청취 결과를 제공하여야 한다.

④ 제1항부터 제3항까지의 규정에 따른 의견청취, 자문회의의 구성 및 운영, 그 밖에 면허의 발급 또는 취소와 관련된 의견수렴에 필요한 세부사항은 국토교통부장관이 정한다.

Chapter 01 항공법규

항공사업법

1. 해당 사업이 항공기 안전, 운항승무원 등 인력확보계획 등을 고려 시 항공교통의 안전에 지장을 줄 염려가 없을 것
2. 항공시장의 현황 및 전망을 고려하여 해당 사업이 이용자의 편의에 적합할 것
3. 면허를 받으려는 자는 일정 기간 동안의 운영비 등 대통령령으로 정하는 기준에 따라 해당 사업을 수행할 수 있는 재무능력을 갖출 것
4. 다음 각 목의 요건에 적합할 것
   가. 자본금 50억원 이상으로서 대통령령으로 정하는 금액 이상일 것
   나. 항공기 1대 이상 등 대통령령으로 정하는 기준에 적합할 것
   다. 그 밖에 사업 수행에 필요한 요건으로서 국토교통부령으로 정하는 요건을 갖출 것

② 국내항공운송사업자 또는 국제항공운송사업자는 제7조제1항에 따라 면허를 받은 후 최초 운항 전까지 제1항에 따른 면허기준을 충족하여야 하며, 그 이후에도 계속적으로 유지하여야 한다.

③ 국토교통부장관은 제2항에 따른 면허기준의 준수 여부를 확인하기 위하여 국토교통부령으로 정하는 바에 따라 필요한 자료의 제출을 요구할 수 있다.

④ 국내항공운송사업자 또는 국제항공운송사업자는 제9조 각 호의 어느 하나에 해당하는 사유가 발생하였거나, 대주주 변경 등 국토교통부령으로 정하는 경영상 중대한 변화가 발생하는 경우에는 즉시 국토교통부장관에게 알려야 한다.

제9조(국내항공운송사업과 국제항공운송사업 면허의 결격사유 등) 국토교통부장관은 다음 각 호의 어느 하나에 해당하는 자에게는 국내항공운송사업 또는 국제항공운송사업의 면허를 해서는 아니 된다.
1. 「항공안전법」 제10조제1항 각 호의 어느 하나에 해당하는 자
2. 피성년후견인, 피한정후견인 또는 파산선고를 받고 복권되지 아니한 사람
3. 이 법, 「항공안전법」, 「공항시설법」, 「항공보안법」, 「항공·철도 사고조사에 관한 법률」을 위반하여 금고 이상의 실형을 선고받고 그 집행이 끝난 날 또는 집행을 받지 아니하기로 확정된 날부터 3년이 지나지 아니한 사람
4. 이 법, 「항공안전법」, 「공항시설법」, 「항공보안법」, 「항공·철도 사고조사에 관한 법률」을 위반하여 금고 이상의 형의 집행유예를 선고받고 그 유예기간 중에 있는 사람

항공사업법 시행령

제12조(국내항공운송사업 또는 국제항공운송사업의 면허기준) 법 제8조제1항제3호, 같은 항 제4호가목 및 나목에 따른 국내항공운송사업 또는 국제항공운송사업의 면허기준은 별표 1과 같다.

II. 항공사업법 · 시행령 · 시행규칙

제2장 항공운송사업

항공사업법 시행규칙

제10조(국내항공운송사업 또는 국제항공운송사업과 소형항공운송사업의 겸업) 법 제7조제1항에 따라 국내항공운송사업 또는 국제항공운송사업의 면허를 신청하는 자가 법 제10조제1항에 따른 소형항공운송사업의 등록을 함께 신청하려는 경우에는 국내항공운송사업 또는 국제항공운송사업의 면허신청서에 그 뜻을 적어 함께 신청할 수 있다.

제11조(자료제출 등) ① 국토교통부장관은 법 제8조제3항에 따라 다음 각 호의 어느 하나에 해당하는 자료의 제출을 요구할 수 있다.
  1. 다음 각 목의 사항 등이 포함된 포괄손익계산서
     가. 매출액
     나. 영업이익
     다. 외환환산손익이 별도로 명시된 당기순이익
     라. 항공기 운용리스금액 및 항공기 금융리스 이자가 별도로 명시된 영업비용
  2. 다음 각 목의 사항 등이 포함된 재무상태표
     가. 매출채권(유상여객 및 화물에 대한 채권을 말한다), 유형자산[항공기, 엔진 등 항공기재(航空機材)를 말한다], 외화표시 자산 및 자본금이 포함된 자산 현황
     나. 선수금(유상여객 및 화물에 관한 채무를 말한다), 항공기 구매 관련 부채, 금융리스 관련 부채 및 마일리지(탑승거리, 판매가 등에 따라 적립되는 점수 등을 말한다) 부채가 포함된 부채현황
  3. 다음 각 목의 사항 등이 포함된 사업 현황
     가. 유동비율(유동자산/유동부채)
     나. 대주주 및 외국인의 주식 또는 지분의 보유 비율
     다. 항공기 수급 현황
     라. 항공종사자 현황
     마. 최근 3년간 자본잠식 비율[(납입자본금-자기자본)/납입자본금]
② 법 제8조제4항에서 "대주주 변경 등 국토교통부령으로 정하는 경영상 중대한 변화"란 다음 각 호의 사항을 말한다.
  1. 대주주 변경(모기업의 대주주가 변경된 경우를 포함한다)
  2. 「기업구조조정 촉진법」에 따른 공동관리 또는 「채무자 회생 및 파산에 관한 법률」에 따른 회생 및 파산
  3. 「항공안전법」 제10조제1항 각 호의 어느 하나에 해당하는 자에게 주식이나 지분의 3분의 1 이상을 매각하거나 그 사업을 사실상 지배할 우려가 있는 정도의 지분을 매각하려는 경우
  4. 「항공안전법」 제10조제1항제1호에 해당하는 사람을 임원으로 선임한 경우

Chapter 01 항공법규

항공사업법

5. 국내항공운송사업, 국제항공운송사업, 소형항공운송사업 또는 항공기사용사업의 면허 또는 등록의 취소처분을 받은 후 2년이 지나지 아니한 자. 다만, 제2호에 해당하여 제28조제1항제4호 또는 제40조제1항제4호에 따라 면허 또는 등록이 취소된 경우는 제외한다.
6. 임원 중에 제1호부터 제5호까지의 어느 하나에 해당하는 사람이 있는 법인

제10조(소형항공운송사업) ① 소형항공운송사업을 경영하려는 자는 국토교통부령으로 정하는 바에 따라 국토교통부장관에게 등록하여야 한다.
② 제1항에 따른 소형항공운송사업을 등록하려는 자는 다음 각 호의 요건을 갖추어야 한다.
　1. 자본금 또는 자산평가액이 7억원 이상으로서 대통령령으로 정하는 금액 이상일 것
　2. 항공기 1대 이상 등 대통령령으로 정하는 기준에 적합할 것
　3. 그 밖에 사업 수행에 필요한 요건으로서 국토교통부령으로 정하는 요건을 갖출 것
③ 제1항에 따라 소형항공운송사업을 등록한 자가 정기편 운항을 하려면 노선별로 국토교통부장관의 허가를 받아야 하며, 부정기편 운항을 하려면 국토교통부장관에게 신고하여야 한다.
④ 제1항 및 제3항에 따라 등록 또는 신고를 하거나 허가를 받으려는 자는 국토교통부령으로 정하는 바에 따라 운항개시예정일 등을 적은 신청서에 사업계획서와 그 밖에 국토교통부령으로 정하는 서류를 첨부하여 국토교통부장관에게 제출하여야 한다.
⑤ 제1항 및 제3항에 따라 등록 또는 신고를 하거나 허가를 받으려는 자가 그 내용 중 국토교통부령으로 정하는 중요한 사항을 변경하려면 국토교통부장관에게 변경등록 또는 변경신고를 하거나 변경허가를 받아야 한다.
⑥ 제1항부터 제5항까지의 규정에 따른 등록, 신고, 허가, 변경등록, 변경신고 및 변경허가의 절차 등에 관한 사항은 국토교통부령으로 정한다.
⑦ 소형항공운송사업 등록의 결격사유에 관하여는 제9조를 준용한다.

제11조(항공기사고 시 지원계획서) ① 제7조제1항에 따라 국내항공운송사업 및 국제항공운송사업의 면허를 받으려는 자 또는 제10조제1항에 따라 소형항공운송사업 등록을 하려는 자는 면허 또는 등록을 신청할 때 국토교통부령으로 정하는 바에 따라 「항공안전법」 제2조제6호에 따른 항공기사고와 관련된 탑승자 및 그 가족의 지원에 관한 계획서(이하 "항공기사고 시 지원계획서"라 한다)를 첨부하여야 한다.

항공사업법 시행령

제13조(소형항공운송사업의 등록요건) 법 제10조제2항제1호 및 제2호에 따른 소형항공운송사업의 등록요건은 별표 2와 같다.

[별표 2] 소형항공운송사업의 등록요건(제13조 관련)

구 분	기 준
1. 자본금 또는 자산평가액	가. 승객 좌석 수가 10석 이상 50석 이하의 항공기(화물운송전용의 경우 최대이륙중량이 5,700킬로그램 초과 2만5천킬로그램 이하의 항공기) 　1) 법인 : 납입자본금 15억원 이상 　2) 개인 : 자산평가액 22억5천만원 이상 나. 승객 좌석 수가 9석 이하의 항공기(화물운송전용의 경우 최대이륙중량이 5,700킬로그램 이하의 항공기) 　1) 법인 : 납입자본금 7억5천만원 이상 　2) 개인 : 자산평가액 11억2,500만원 이상
2. 항공기 가. 대수 나. 능력	1대 이상 　1) 항공기의 위치를 자동으로 확인할 수 있는 기능을 갖출 것(해상비행 및 국제선 운항인 경우에만 해당한다) 　2) 계기비행능력을 갖출 것. 다만, 헬리콥터를 이용해 주간시계비행 조건으로만 관광 또는 여객수송을 하는 경우는 제외한다.
3. 기술인력 가. 조종사 나. 정비사	항공기 1대당 「항공안전법」에 따른 운송용 조종사(해당 항공기의 비행교범에 따라 1명의 조종사가 필요한 항공기인 경우와 비행선인 항공기의 경우에는 「항공안전법」에 따른 사업용 조종사를 말한다) 자격증명을 받은 사람 1명 이상 항공기 1대당 「항공안전법」에 따른 항공정비사 자격증명을 받은 사람 1명 이상. 다만, 보유 항공기에 대한 정비능력이 있는 항공기정비업자에게 항공기 정비업무 전체를 위탁하는 경우에는 정비사를 두지 않을 수 있다.
4. 대기실 등 이용객 편의시설	가. 대기실, 화장실, 세면장 등 이용객 편의시설(공항 또는 비행장의 대기실에 시설을 확보한 경우는 제외한다)을 갖출 것 나. 이용객 안내시설
5. 보험가입	보유 항공기마다 여객보험(화물운송 전용인 경우 여객보험은 제외한다), 기체보험, 화물보험, 전쟁보험(국제선 운항만 해당한다), 제3자보험 및 승무원보험. 다만, 여객보험, 기체보험, 화물보험 및 전쟁보험은 「항공안전법」 제90조에 따른 운항증명 완료 전까지 가입할 수 있다.

항공사업법 시행규칙

제12조(소형항공운송사업의 등록) ① 법 제10조에 따른 소형항공운송사업을 하려는 자는 별지 제8호서식의 등록신청서(전자문서로 된 신청서를 포함한다)에 다음 각 호의 서류(전자문서를 포함한다)를 첨부하여 지방항공청장에게 제출하여야 한다. 이 경우 지방항공청장은 「전자정부법」 제36조제1항에 따른 행정정보의 공동이용을 통하여 법인등기사항증명서(신청인이 법인인 경우에만 해당한다)를 확인하여야 한다.
  1. 해당 신청이 법 제10조제2항의 등록요건을 충족함을 증명하는 서류
  2. 다음 각 목의 사항을 포함하는 사업계획서
     가. 정기편 또는 제3조에 따른 부정기편 운항 구분
     나. 사업활동을 하는 주된 지역. 다만, 국제선 운항의 경우에는 다음의 서류 또는 사항을 사업계획서에 포함시켜야 한다.
        1) 외국에서 사업을 하는 경우에는 「국제민간항공조약」 및 해당 국가의 관계 법령 등에 어긋나지 아니하고 계약 체결 등 영업이 가능함을 증명하는 서류
        2) 지점 간 운항의 경우에는 기점·기항지·종점 및 비행로와 각 지점 간의 거리에 관한 사항
        3) 관광비행의 경우에는 출발지 및 비행로에 관한 사항
     다. 사용 예정 항공기의 수 및 각 항공기의 형식(지점 간 운항 및 관광비행인 경우에는 노선별 또는 관광 비행구역별 사용 예정 항공기의 수 및 각 항공기의 형식)
     라. 해당 운항과 관련된 사업을 경영하기 위하여 필요한 자금의 명세와 조달방법
     마. 여객·화물의 취급 예정 수량 및 그 산출근거와 예상 사업수지
     바. 도급사업별 취급 예정 수량 및 그 산출근거와 예상 사업수지
     사. 신청인이 다른 사업을 하고 있는 경우에는 그 사업의 개요
  3. 운항하려는 공항 또는 비행장시설의 이용이 가능함을 증명하는 서류(비행기를 이용하는 경우만 해당하며, 전세운송의 경우는 제외한다)
  4. 법 제11조제1항에 따른 항공기사고 시 지원계획서
  5. 해당 사업의 경영을 위하여 항공종사자 또는 항공기정비업자, 공항 또는 비행장 시설·설비의 소유자 또는 운영자, 헬기장 및 관련 시설의 소유자 또는 운영자, 항공기의 소유자등과 계약한 서류 사본

② 지방항공청장은 제1항에 따른 등록신청서의 내용이 명확하지 아니하거나 그 첨부서류가 미비한 경우에는 7일 이내에 보완을 요구하여야 한다.
③ 지방항공청장은 제1항에 따른 등록 신청을 받은 경우에는 법 제10조제2항에 따른 소형항공운송사업의 등록을 충족하는지 심사한 후 신청내용이 적합하다고 인정되면 별지 제9호서식의 등록대장에 적고 별지 제10호서식의 등록증을 발급하여야 한다.
④ 지방항공청장은 제3항에 따른 등록 신청 내용을 심사하는 경우 제1항제5호에 따른 계약의 이행이 가능한지를 확인하기 위하여 관계 행정기관, 관련 단체 또는 계약 당사자의 의견을 들을 수 있다.
⑤ 제3항의 등록대장은 전자적 처리가 불가능한 특별한 사유가 없으면 전자적 처리가 가능한 방법으로 작성·관리하여야 한다.

제13조(소형항공운송사업의 변경등록) 소형항공운송사업자가 법 제10조제5항에 따라 다음 각 호의 사항을 변경하려는 경우에는 그 변경 사유가 발생한 날부터 30일 이내에 별지 제13호서식의 변경등록 신청서에 그 변경 사실을 증명할 수 있는 서류를 첨부하여 지방항공청장에게 제출하여야 한다. 다만, 그 변경 사항이 제1호·제3호 또는 제5호에 해당하면 지방항공청장은 「전자정부법」 제36조제1항에 따라 행정정보의 공동이용을 통하여 법인 등기사항증명서를 확인함으로써 증명서류를 갈음할 수 있다.
  1. 자본금의 변경
  2. 사업소의 신설 또는 변경
  3. 대표자 변경
  4. 대표자의 대표권 제한 및 그 제한의 변경
  5. 상호 변경
  6. 사업범위의 변경
  7. 항공기 등록 대수의 변경

Chapter 01 | 항공법규

항공사업법	항공사업법 시행령

항공사업법

② 항공기사고 시 지원계획서에는 다음 각 호의 사항이 포함되어야 한다.
  1. 항공기사고대책본부의 설치 및 운영에 관한 사항
  2. 피해자의 구호 및 보상절차에 관한 사항
  3. 유해(遺骸) 및 유품(遺品)의 식별·확인·관리·인도에 관한 사항
  4. 피해자 가족에 대한 통지 및 지원에 관한 사항
  5. 그 밖에 국토교통부령으로 정하는 사항
③ 국토교통부장관은 항공기사고 시 지원계획서의 내용이 신속한 사고 수습을 위하여 적절하지 못하다고 인정하는 경우에는 그 내용의 보완 또는 변경을 명할 수 있다.
④ 항공운송사업자는 「항공안전법」 제2조제6호에 따른 항공기사고가 발생하면 항공기사고 시 지원계획서에 포함된 사항을 지체 없이 이행하여야 한다.
⑤ 국토교통부장관은 항공기사고 시 지원계획서를 제출하지 아니하거나 제3항에 따른 보완 또는 변경 명령을 이행하지 아니한 자에게는 제7조제1항에 따른 면허 또는 제10조제1항에 따른 등록을 해서는 아니 된다.

제12조(사업계획의 변경 등) ① 항공운송사업자는 사업면허, 등록 또는 노선허가를 신청할 때 제출하거나 변경인가 또는 변경신고한 사업계획에 따라 그 업무를 수행하여야 한다. 다만, 다음 각 호의 어느 하나에 해당하는 사유로 사업계획에 따라 업무를 수행하기 곤란한 경우는 그러하지 아니하다.
  1. 기상악화
  2. 안전운항을 위한 정비로서 예견하지 못한 정비
  3. 천재지변
  4. 항공기 접속(接續)관계(불가피한 경우로서 국토교통부령으로 정하는 경우에 한정한다)
  5. 제1호부터 제4호까지에 준하는 부득이한 사유
② 항공운송사업자는 제1항 단서에 해당하는 경우에는 국토교통부령으로 정하는 바에 따라 국토교통부장관에게 신고하여야 한다.
③ 항공운송사업자는 제1항에 따른 사업계획을 변경하려면 국토교통부령으로 정하는 바에 따라 국토교통부장관의 인가를 받아야 한다. 다만, 국토교통부령으로 정하는 경미한 사항을 변경하려는 경우에는 국토교통부장관에게 신고하여야 한다.
④ 제3항에도 불구하고 다음 각 호의 어느 하나에 해당하는 비(非)사업 목적으로 운항을 하려는 자가 국토교통부장관에게 「항공안전법」 제67조제2항제4호에 따른 비행계획을 제출하였을 때에는 사업계획 변경인가를 받은 것으로 본다.

항공사업법 시행규칙

제14조(소형항공운송사업의 노선허가 및 변경허가등) ① 제12조제3항에 따라 소형항공운송사업의 등록을 받은 자가 법 제10조제3항에 따른 정기편 운항을 위한 노선허가(이하 이 조에서 "정기편 노선허가"라 한다)를 받거나 부정기편 운항을 위한 신고(이하 이 조에서 "부정기편 운항신고"라 한다)를 하려면 별지 제4호서식의 신청서(신고서)에 다음 각 호의 서류를 첨부하여 지방항공청장에게 제출하여야 한다. 다만, 부정기편 운항신고를 하는 경우에는 제3호가목·다목 및 사목의 내용이 포함된 사업계획서만 제출한다.
  1. 해당 정기편 운항으로 해당 노선의 안전에 지장을 줄 염려가 없다는 것을 증명하는 서류
  2. 해당 정기편 운항이 이용자 편의에 적합함을 증명하는 서류
  3. 다음 각 목의 사항을 포함하는 사업계획서
     가. 해당 정기편 노선 또는 부정기편 운항의 기점·기항지 및 종점
     나. 신청 당시 사용하고 있는 항공기의 수와 해당 정기편 운항으로 항공기의 수 또는 형식이 변경된 경우에는 그 내용
     다. 해당 정기편 운항 또는 부정기편 운항의 운항 횟수, 출발·도착 일시 및 운항기간
     라. 해당 정기편 운항을 위하여 필요한 자금의 명세와 조달방법
     마. 해당 정기편 운항으로 정비시설 또는 운항관리시설이 변경된 경우에는 그 내용
     바. 해당 정기편 운항으로 자격별 항공종사자의 수가 변경된 경우에는 그 내용
     사. 해당 정기편 운항 또는 부정기편 운항에서의 여객·화물의 취급 예정 수량(공급 좌석 수 또는 톤 수를 말한다)
     아. 해당 정기편 운항에 따른 예상 사업수지 및 그 산출기초
② 지방항공청장은 제1항에 따른 신청 또는 신고를 받으면 정기편 노선허가에 대해서는 제1항제1호 및 제2호에 따라 적합여부를 심사한 후 그 신청 내용이 적합하다고 인정하는 경우 별지 제2호서식의 노선허가 대장에 그 노선허가 내용을 적고 별지 제5호서식의 허가증을 발급하여야 하며, 부정기편 운항신고에 대해서는 신고 내용이 적합하면 신고를 수리하였음을 신고인에게 통지하여야 한다.
③ 제12조제3항에 따라 소형항공운송사업의 면허를 받은 자가 「항공안전법」 제5조 및 「항공안전법 시행령」 제4조제4호에 따른 외국 국적의 항공기를 이용하여 정기편 운항 또는 부정기편 운항을 하려면 다음 각 호의 요건을 모두 갖추어야 한다.
  1. 항공기의 유지·관리를 포함한 항공기 운항의 책임이 임차계약서에 명시될 것
  2. 항공기 운항에 따른 사고의 배상책임 소재가 계약에 명시될 것
  3. 임차인의 운항코드와 편명이 명시될 것
  4. 항공기의 등록증명·감항증명·소음증명 및 승무원의 자격증명은 국제민간항공기구의 기준에 따라 항공기 등록국에서 받을 것
  5. 그 밖에 취항하려는 국가와 체결한 항공협정에서 정하고 있는 요건에 적합할 것
④ 제2항에 따른 노선허가 대장은 전자적 처리가 불가능한 특별한 사유가 없으면 전자적 처리가 가능한 방법으로 작성·관리하여야 한다.
⑤ 정기편 노선허가를 받았거나 부정기편 운항신고를 한 자가 법 제10조제5항에 따라 허가받았거나 신고한 내용을 변경하려는 경우에는 별지 제7호서식의 변경허가 신청서(변경신고서)에 그 변경 내용을 증명하는 서류를 첨부하여 지방항공청장에게 제출하여야 한다. 다만, 제1항제3호 각 목의 어느 하나에 해당하는 내용을 변경하는 경우는 제외한다.
⑥ 지방항공청장은 제5항에 따른 변경허가의 신청이나 변경신고를 받으면 정기편 노선 변경허가에 대해서는 제1항제1호 및 제2호에 따라 적합여부를 심사한 후 그 신청 내용이 적합하다고 인정하는 경우 별지 제2호서식의 노선허가 대장에 그 노선 변경허가 내용을 적고 별지 제5호서식의 허가증을 재발급하여야 하며, 부정기편 운항 변경신고에 대해서는 신고 내용이 적합하면 변경신고를 수리하였음을 신고인에게 통지하여야 한다.

제15조(소형항공운송사업과 항공기사용사업의 겸업) 법 제10조제1항에 따른 소형항공운송사업의 등록을 신청하는 자가 법 제30조제1항에 따른 항공기사용사업의 등록을 함께 신청하려는 경우에는 소형항공운송사업의 등록신청서에 그 뜻을 적어 함께 신청할 수 있다.

제16조(당일 사업계획의 변경신고) ① 법 제12조제1항제4호에서 "국토교통부령으로 정하는 경우"란 다음 각 호의 어느 하나에 해당하는 경우로 인하여 접속(接續)관계에 있는 노선이 지연된 경우를 말한다.
  1. 이륙 대기 및 공중 체공 등의 사유로 항공교통관제 허가가 지연된 경우

항공사업법	항공사업법 시행령

1. 항공기 정비를 위한 공수(空手) 비행
2. 항공기 정비 후 항공기의 성능을 점검하기 위한 시험 비행
3. 교체공항으로 회항한 항공기의 목적공항으로의 비행
4. 구조대원 또는 긴급구호물자 등 무상으로 사람이나 화물을 수송하기 위한 비행
⑤ 제3항에 따른 사업계획의 변경인가 기준에 관하여는 제8조제1항을 준용한다.
 	
제13조(사업계획의 준수 여부 조사) ① 국토교통부장관은 항공교통서비스에 관한 이용자 불편을 최소화하기 위하여 항공운송사업자에 대하여 제12조에 따른 사업계획 중 국토교통부령으로 정하는 운항계획의 준수 여부를 조사할 수 있다.
② 국토교통부장관은 제1항에 따른 조사 결과에 따라 사업개선 명령 또는 사업정지 등 필요한 조치를 할 수 있다.
③ 국토교통부장관은 제1항에 따른 조사 업무를 효율적으로 추진하기 위하여 국토교통부령으로 정하는 바에 따라 전담조사반을 둘 수 있다.
④ 제1항에 따라 조사를 실시하는 경우에는 제73조를 준용한다.
 	
제14조(항공운송사업 운임 및 요금의 인가 등) ① 국제항공운송사업자 및 소형항공운송사업자(국제 정기편 운항만 해당한다)는 해당 국제항공노선에 관련된 항공협정에서 정하는 바에 따라 국제항공노선의 여객 또는 화물(우편물은 제외한다. 이하 같다)의 운임 및 요금을 정하여 국토교통부장관의 인가를 받거나 국토교통부장관에게 신고하여야 한다. 이를 변경하려는 경우에도 또한 같다.
② 국내항공운송사업자 및 소형항공운송사업자(국내 정기편 운항만 해당한다)는 국내항공노선의 여객 또는 화물의 운임 및 요금을 정하거나 변경하려는 경우에는 20일 이상 예고하여야 한다.
③ 제1항에 따른 운임과 요금의 인가기준은 다음 각 호와 같다.
  1. 해당 사업의 적정한 경비 및 이윤을 포함한 범위를 초과하지 아니할 것
  2. 해당 사업이 제공하는 서비스의 성질이 고려되어 있을 것
  3. 특정한 여객 또는 화물운송 의뢰인에 대하여 불합리하게 차별하지 아니할 것
  4. 여객 또는 화물운송 의뢰인이 해당 사업을 이용하는 것을 매우 곤란하게 하지 아니할 것
  5. 다른 항공운송사업자와의 부당한 경쟁을 일으킬 우려가 없을 것	

항공사업법 시행규칙

  2. 항공로 혼잡으로 운항이 지연된 경우
  3. 테러 및 감염병 등의 발생으로 조치가 필요하여 운항이 지연된 경우
  4. 공항시설에 장애가 발생하여 운항이 지연된 경우
  5. 법 제12조제1항제1호부터 제3호까지 및 제5호의 어느 하나에 해당하는 사유로 운항이 지연된 경우
  6. 그 밖에 지방항공청장이 인정하는 경우
② 법 제12조제2항에 따른 신고는 문서 또는 전자통신문으로 출발 10분 전까지 해야 한다.

제17조(사업계획의 변경인가 신청) ① 법 제12조제3항 본문에 따라 사업계획을 변경하려는 항공운송사업자는 별지 제14호서식의 변경인가 신청서에 변경하려는 사항에 관한 명세서를 첨부하여 국토교통부장관에게 제출해야 한다.
② 계절적 수요 등 일시적 수요증가에 대응하기 위하여 정기편 노선에 주 1회 이상의 횟수로 4주 미만의 기간 동안 운항을 추가(이하 "임시증편"이라 한다)하기 위하여 사업계획을 변경하려는 국내항공운송사업자 또는 국제항공운송사업자는 별지 제15호서식의 신청서에 임시증편노선에 관한 명세서를 첨부하여 운항개시예정일 5일 전까지 지방항공청장에게 제출하여야 한다.

제18조(사업계획 변경신고) ① 법 제12조제3항 단서에서 "국토교통부령으로 정하는 경미한 사항"이란 다음 각 호의 사항을 말한다.
  1. 항공기의 기종(국제선의 경우 항공협정에서 항공기의 좌석 수, 탑재화물 톤 수를 고려하여 수송력 범위를 정하고 있으면 그 수송력 범위에 해당하는 경우만 해당한다)
  2. 국내항공운송사업 또는 국제항공운송사업의 정기편 운항 횟수 감편 또는 운항중단(4주 미만의 경우만 해당한다)
  3. 항공기의 급유 또는 정비등을 위하여 착륙하는 비행장
  4. 항공기의 운항시간(취항하는 공항이 군용비행장인 경우에는 해당 기지부대장이 운항시간에 대하여 동의하는 경우만 해당한다)
  5. 항공기의 편명
  6. 외국과의 항공협정으로 운항지점 및 수송력 등에 제한 없이 운항이 가능한 경우 운항지점 및 운항횟수
  7. 제6호를 제외한 국제선운항의 임시변경(7일 이내인 경우만 해당한다)
  8. 자본금(감소하는 경우만 해당한다)
  9. 항공기의 도입·처분과 관련된 사항(국내운송사업과 국제항공운송사업만 해당한다)
② 법 제12조제3항 단서에 따라 제1항 각 호의 어느 하나에 해당하는 사항을 변경하려는 자는 별지 제16호서식의 변경신고서에 변경 사실을 증명할 수 있는 서류를 첨부하여 변경 예정일 7일 전까지(국제화물운송을 위하여 제1항제1호부터 제7호까지의 사항 중 어느 하나에 해당하는 사항을 임시로 변경하는 경우에는 출발 10분 전까지로 한다) 지방항공청장(제1항제9호의 사항은 국토교통부장관)에게 신고하여야 한다. 이 경우 담당 공무원은 「전자정부법」제36조제1항에 따른 행정정보의 공동이용을 통하여 법인 등기사항증명서를 확인하여야 한다.
③ 지방항공청장은 제2항에 따른 신고사항 중 제1항제8호의 자본금 감소에 대해서는 국토교통부장관에게 보고하여야 한다.

제19조(사업계획의 준수 여부 조사 범위) 법 제13조제1항에서 "국토교통부령으로 정하는 운항계획"이란 다음 각 호의 사항에 해당하는 운항계획을 말한다.
  1. 제8조제3항제3호가목부터 다목까지 및 사목에 해당하는 사항
  2. 제18조제1항제2호·제4호·제6호에 해당하는 사항

제20조(전담조사반의 구성 및 운영) ① 지방항공청장은 법 제13조제3항에 따라 운항계획 준수 여부를 조사하기 위하여 제19조에 따른 운항계획 관련 업무를 담당하는 공무원으로 구성되는 전담조사반을 운영할 수 있다.
② 전담조사반은 운항계획 준수 여부의 조사가 종료되었을 때에는 지체 없이 조사보고서를 작성하여 국토교통부장관에게 제출하여야 한다.

제21조(운임 및 요금의 인가 신청 등) 법 제14조제1항에 따라 국제항공노선의 운임 및 요금을 정하거나 변경하려는 자는 별지 제17호서식의 인가(변경인가) 신청서나 별지 제18호서식의 신고서(변경신고서)에 다음 각 호의 서류를 첨부하여 국토교통부장관에게 제출하여야 한다.

Chapter 01 | 항공법규

항공사업법

제15조(운수에 관한 협정등) ① 항공운송사업자가 다른 항공운송사업자(외국인 국제항공운송사업자를 포함한다)와 공동운항협정등 운수에 관한 협정(이하 "운수협정"이라 한다)을 체결하거나 운항일정·운임·홍보·판매에 관한 영업협력 등 제휴에 관한 협정(이하 "제휴협정"이라 한다)을 체결하는 경우에는 국토교통부령으로 정하는 바에 따라 국토교통부장관의 인가를 받아야 한다. 인가받은 사항을 변경하려는 경우에도 같다.
② 제1항 후단에도 불구하고 국토교통부령으로 정하는 경미한 사항을 변경한 경우에는 국토교통부령으로 정하는 바에 따라 지체 없이 국토교통부장관에게 신고하여야 한다.
③ 운수협정과 제휴협정에는 다음 각 호의 어느 하나에 해당하는 내용이 포함되어서는 아니 된다.
   1. 항공운송사업자 간 경쟁을 실질적으로 제한하는 내용
   2. 이용자의 이익을 부당하게 침해하거나 특정 이용자를 차별하는 내용
   3. 다른 항공운송사업자의 가입 또는 탈퇴를 부당하게 제한하는 내용
④ 국토교통부장관은 제1항에 따라 제휴협정을 인가하거나 변경인가하는 경우에는 미리 공정거래위원회와 협의하여야 한다.
⑤ 운수협정 또는 제휴협정은 국토교통부장관의 인가 또는 변경인가를 받아야 그 효력이 발생한다.

제16조(국제항공 운수권의 배분등) ① 국토교통부장관은 외국 정부와의 항공회담을 통하여 항공기 운항 횟수를 정하고, 그 횟수 내에서 항공기를 운항할 수 있는 권리(이하 "운수권"이라 한다)를 국제항공운송사업자의 신청을 받아 배분할 수 있다.
② 국토교통부장관은 제1항에 따라 운수권을 배분하는 경우에는 제8조제1항 각 호의 면허기준 및 외국정부와의 항공회담에 따른 합의사항 등을 고려하여야 한다.
③ 국토교통부장관은 운수권의 활용도를 높이기 위하여 국제항공운송사업자가 다음 각 호의 어느 하나에 해당하는 경우에는 배분된 운수권의 전부 또는 일부를 회수할 수 있다.
   1. 제25조에 따라 폐업하거나 해당 노선을 폐지한 경우
   2. 운수권을 배분받은 후 1년 이내에 해당 노선을 취항하지 아니한 경우
   3. 해당 노선을 취항한 후 운수권의 전부 또는 일부를 사용하지 아니한 경우
④ 제1항 및 제3항에 따른 운수권의 배분신청, 배분·회수의 기준 및 방법과 그 밖에 필요한 사항은 국제항공운송사업자의 운항 가능 여부, 이용자의 편의성 등을 고려하여 국토교통부령으로 정한다.

항공사업법 시행령

항공사업법 시행규칙

1. 운임 및 요금의 종류·금액 및 그 산출근거가 되는 서류(산출근거 서류는 인가 신청의 경우만 해당한다)
2. 운임 및 요금의 변경 사유(변경인가 신청 또는 변경신고의 경우만 해당한다)

제22조(운수에 관한 협정의 범위) 항공운송사업자가 법 제15조제1항에 따라 국토교통부장관 또는 지방항공청장의 인가를 받아 다른 항공운송사업자와 운수에 관한 협정을 체결할 수 있는 사항은 다음 각 호와 같다.
1. 국가 간 항공협정에서 항공운송사업자 간 협의에 따르도록 위임된 사항
2. 공동운항 등 운항방법에 관한 사항
3. 수송력 공급·수입·비용의 배분에 관한 사항
4. 항공협정 미체결 국가의 항공운송사업자와의 영업 협력에 관한 사항

제23조(운수에 관한 협정등) ① 법 제15조제1항에 따라 다른 항공운송사업자와 운수에 관한 협정 또는 제휴에 관한 협정(이하 "협정등"이라 한다)을 체결하거나 변경하려는 자는 별지 제19호서식의 협정 체결(변경)인가 신청서에 다음 각 호의 서류를 첨부하여 국토교통부장관 또는 지방항공청장에게 제출하여야 한다.
1. 협정등의 당사자가 경영하고 있는 사업의 개요를 적은 서류
2. 체결하거나 변경하려는 협정등의 내용을 적은 서류(협정등이 외국어로 표시되어 있는 경우에는 원안과 그 번역문)
3. 협정등의 체결 또는 변경이 필요한 사유를 적은 서류

② 법 제15조제2항에서 "국토교통부령으로 정하는 경미한 사항"이란 다음 각 호의 어느 하나에 해당하는 사항을 말한다.
1. 법 제15조에 따라 인가받은 운수에 관한 협정의 유효기간 변경에 관한 사항
2. 법 제15조에 따라 인가받은 협정등 중 정산 요율의 변경에 관한 사항
3. 법 제15조에 따라 인가받은 협정등 중 항공기의 편명 변경에 관한 사항
4. 법 제15조에 따라 인가받은 협정등 중 항공기의 운항 횟수 또는 운항지점의 변경에 관한 사항(정기편 노선허가에 따른 사업계획의 범위에서의 운항 횟수 또는 운항지점의 변경만 해당한다)

③ 법 제15조제2항에 따라 제2항 각 호의 사항을 변경하려는 자는 별지 제20호서식의 협정 변경신고서에 변경 사실을 증명할 수 있는 서류를 첨부하여 국토교통부장관 또는 지방항공청장에게 제출하여야 한다.

Chapter 01 항공법규

항공사업법	항공사업법 시행령

제17조(영공통과이용권의 배분 등) ① 국토교통부장관은 외국정부와의 항공회담을 통하여 외국의 영공통과 이용 횟수를 정하고, 그 횟수 내에서 항공기를 운항할 수 있는 권리(이하 "영공통과이용권"이라 한다)를 국제항공운송사업자의 신청을 받아 배분할 수 있다.
② 국토교통부장관은 제1항에 따른 영공통과이용권을 배분하는 경우에는 제8조제1항 각 호의 면허기준 및 외국정부와의 항공회담에 따른 합의사항 등을 고려하여야 한다.
③ 국토교통부장관은 제1항에 따라 배분된 영공통과이용권이 사용되지 아니하는 경우에는 배분된 영공통과이용권의 전부 또는 일부를 회수할 수 있다.
④ 제1항 및 제3항에 따른 영공통과이용권의 배분신청, 배분·회수의 기준 및 방법과 그 밖에 필요한 사항은 국제항공운송사업자의 운항 가능 여부, 이용자의 편의성 등을 고려하여 국토교통부령으로 정한다.

제18조(항공기 운항시각의 배분 등) ① 국토교통부장관은 「인천국제공항공사법」 제10조제1항제1호에 따른 인천국제공항 등 국토교통부령으로 정하는 공항의 효율적인 운영과 항공기의 원활한 운항, 항공교통의 안전 확보, 항공교통이용자 보호 및 항공교통서비스의 개선 등을 위하여 항공기의 출발 또는 도착시각(이하 "운항시각"이라 한다)을 항공운송사업자의 신청을 받아 배분 또는 조정할 수 있다.
② 국토교통부장관은 제1항에도 불구하고 다음 각 호의 어느 하나에 해당하는 경우 항공의 공공성, 안전성 또는 이용편리성 확보 등 공공복리를 위하여 직권으로 운항시각을 배분 또는 조정할 수 있다.
  1. 천재지변으로 공항시설이 파손되는 등 공항운영에 차질이 발생하거나 발생할 우려가 있는 경우
  2. 항공안전사고가 발생하거나 발생할 우려가 있는 경우
  3. 지역 간 항공서비스의 심각한 불균형으로 지역균형 발전을 저해한다고 인정되는 경우
  4. 항공수요의 급격한 변동으로 인해 항공서비스 제공에 중대한 차질이 발생하거나 발생할 우려가 있는 경우
  5. 운항시각의 집중 등으로 공항운영에 차질이 발생하는 경우
  6. 운항시각의 배분이나 운영과 관련하여 항공운송사업자의 불공정행위나 부당행위가 있는 경우
  7. 항공운송사업자에 대한 주기적인 서비스 또는 안전평가 결과 항공운송사업자가 항공운송사업을 수행하기에 현저히 곤란하다고 인정되는 경우
③ 국토교통부장관은 제1항 또는 제2항에 따라 운항시각을 배분하는 경우에는 공항시설의 규모, 여객수용능력 등을 고려하여야 한다.

항공사업법 시행규칙

제23조의2(운항시각 교환의 인가 신청) ① 항공사업자는 법 제18조제7항에 따른 운항시각 교환 인가를 신청하려면 별지 제20호의2서식의 운항시각 교환 인가 신청서에 교환하려는 운항시각에 관한 명세서를 첨부하여 국토교통부장관에게 제출해야 한다.
② 제1항의 신청서를 받은 국토교통부장관은 신청을 받은 날부터 25일 이내에 인가 여부를 회신해야 한다. 이 경우 공휴일 및 토요일은 그 기간의 산정에서 제외한다.

Chapter 01 | 항공법규

항공사업법	항공사업법 시행령

④ 국토교통부장관은 제1항 또는 제2항에 따라 운항시각을 배분 또는 조정할 때 필요한 경우 조건 또는 기한을 붙이거나 이미 붙인 조건 또는 기한을 변경할 수 있다.

⑤ 국토교통부장관은 운항시각의 활용도 향상, 공항의 효율적인 운영과 항공기의 원활한 운항, 항공교통의 안전 확보, 항공교통이용자 보호 및 항공교통서비스의 개선 등을 위하여 제1항 또는 제2항에 따라 배분된 운항시각의 전부 또는 일부가 사용되지 아니하는 경우에는 배분한 운항시각을 회수할 수 있다.

⑥ 제1항부터 제5항까지의 규정에 따른 운항시각의 배분 신청, 배분·조정·회수의 기준 및 방법과 그 밖에 필요한 사항은 국토교통부령으로 정한다.

⑦ 항공운송사업자가 제1항 또는 제2항에 따라 배분받은 운항시각을 다른 항공운송사업자가 배분받은 운항시각과 상호 교환하려는 경우에는 국토교통부장관의 인가를 받아야 한다.

⑧ 제7항에 따른 인가의 신청, 인가의 기준 및 그 밖에 운항시각의 상호 교환에 필요한 사항은 국토교통부령으로 정한다.

제19조(항공운송사업자의 운항개시 의무) ① 항공운송사업자는 면허신청서 또는 등록신청서에 적은 운항개시예정일에 운항을 시작하여야 한다.

② 항공운송사업자가 제7조제2항 또는 제10조제3항에 따라 정기편 노선의 허가를 받은 경우에는 노선허가 신청서에 적은 운항개시예정일에 운항을 시작하여야 한다.

③ 제1항과 제2항에도 불구하고 천재지변이나 그 밖의 불가피한 사유로 운항개시예정일을 연기하는 경우에는 국토교통부장관의 승인을 받아야 하며, 운항개시예정일 전에 운항을 시작하려는 경우에는 국토교통부장관에게 신고하여야 한다. 이 경우 국토교통부장관에게 승인받거나 신고한 운항개시예정일에 운항을 시작하여야 한다.

제20조(항공운송사업 면허등 대여금지) 항공운송사업자는 타인에게 자기의 성명 또는 상호를 사용하여 항공운송사업을 경영하게 하거나 그 면허증 또는 등록증을 빌려주어서는 아니 된다.

제21조(항공운송사업의 양도·양수) ① 항공운송사업자가 항공운송사업을 양도·양수하려는 경우에는 국토교통부령으로 정하는 바에 따라 국토교통부장관의 인가를 받아야 한다. 다만, 소형항공운송사업자가 그 소형항공운송사업을 양도·양수하려는 경우에는 신고하여야 한다.

② 국토교통부장관은 제1항에 따라 양도·양수의 인가 신청 또는 신고를 받은 경우 양도인 또는 양수인이 다음 각 호의 어느 하나에 해당하면 양도·양수를 인가하거나 신고를 수리해서는 아니 된다.

항공사업법 시행규칙

제24조(운항개시의 연기 신청 등) ① 항공운송사업자는 법 제19조제3항에 따라 운항개시예정일을 연기하려는 경우에는 변경된 운항개시 예정일과 그 사유를 적은 별지 제11호서식의 신청서를 국토교통부장관 또는 지방항공청장에게 제출하여야 한다.
② 항공운송사업자는 법 제19조제3항에 따라 항공운송사업 면허신청서 또는 노선허가신청서에 적힌 운항개시예정일 전에 운항을 개시하려는 경우에는 변경된 운항개시예정일과 그 사유를 적은 별지 제12호서식의 신고서를 국토교통부장관 또는 지방항공청장에게 제출하여야 한다.

제25조(항공운송사업의 양도·양수의 인가 신청) ① 법 제21조제1항에 따라 항공운송사업을 양도·양수하려는 양도인과 양수인은 별지 제21호서식의 인가 신청서(소형항공운송사업을 양도·양수하는 경우에는 신고서를 말한다)에 다음 각 호의 서류를 첨부하여 계약일부터 30일 이내에 연명(連名)으로 국토교통부장관 또는 지방항공청장에게 제출하여야 한다. 이 경우 담당 공무원은 「전자정부법」 제36조제1항에 따른 행정정보의 공동이용을 통하여 양수인의 법인등기사항증명서(양수인이 법인인 경우만 해당한다)를 확인하여야 한다.
  1. 양도·양수 후 해당 노선에 대한 사업계획서
  2. 양수인이 법 제8조제1항제3호 및 제4호의 기준을 충족함을 증명하거나 설명하는 서류와 법 제9조의 결격사유에 해당하지 아니함을 증명하는 서류

Chapter 01 | 항공법규

항공사업법	항공사업법 시행령

항공사업법

1. 양수인이 제9조 각 호의 어느 하나에 해당하는 경우
2. 양도인이 제28조에 따라 사업정지처분을 받고 그 처분기간 중에 있는 경우
3. 양도인이 제28조에 따라 면허취소처분을 받았으나 「행정심판법」 또는 「행정소송법」에 따라 그 취소처분이 집행정지 중에 있는 경우

③ 국토교통부장관은 제1항에 따른 인가 신청 또는 신고를 받으면 국토교통부령으로 정하는 바에 따라 이를 공고하여야 한다. 이 경우 공고의 비용은 양도인이 부담한다.
④ 제1항에 따라 인가를 받거나 신고가 수리된 경우에는 양수인은 양도인인 항공운송사업자의 이 법에 따른 지위를 승계한다.

제22조(법인의 합병) ① 법인인 국내항공운송사업자 및 국제항공운송사업자가 다른 항공운송사업자 또는 항공운송사업 외의 사업을 경영하는 자와 합병하려는 경우에는 국토교통부령으로 정하는 바에 따라 국토교통부장관의 인가를 받아야 한다. 다만, 법인인 소형항공운송사업자가 다른 항공운송사업자 또는 항공운송사업 외의 사업을 경영하는 자와 합병하려는 경우에는 국토교통부장관에게 신고하여야 한다.
② 제1항에 따른 인가 또는 신고 기준에 관하여는 제8조제1항을 준용한다.
③ 제1항에 따라 인가를 받거나 신고가 수리된 경우에는 합병으로 존속하거나 신설되는 법인은 합병으로 소멸되는 법인인 항공운송사업자의 이 법에 따른 지위를 승계한다.

제23조(상속) ① 항공운송사업자가 사망한 경우 그 상속인(상속인이 2명 이상인 경우 협의에 의한 1명의 상속인을 말한다)은 피상속인인 항공운송사업자의 이 법에 따른 지위를 승계한다.
② 제1항에 따른 상속인은 피상속인의 항공운송사업을 계속하려면 피상속인이 사망한 날부터 30일 이내에 국토교통부장관에게 신고하여야 한다.
③ 제1항에 따라 항공운송사업자의 지위를 승계한 상속인이 제9조 각 호의 어느 하나에 해당하는 경우에는 3개월 이내에 그 항공운송사업을 타인에게 양도할 수 있다.

제24조(항공운송사업의 휴업과 노선의 휴지) ① 항공운송사업자는 다음 각 호의 어느 하나에 해당하는 경우에는 국토교통부장관의 허가를 받아야 한다. 다만, 국제항공운송사업자가 국내항공운송사업을 휴업[국내노선의 휴지(休止)를 포함한다]하려는 경우에는 국토교통부장관에게 신고하여야 한다.

항공사업법 시행규칙

3. 양도·양수 계약서의 사본
4. 양도 또는 양수에 관한 의사결정을 증명하는 서류(양도인 또는 양수인이 법인인 경우만 해당한다)

② 국토교통부장관 또는 지방항공청장은 제1항에 따른 신청을 받으면 법 제21조제3항에 따라 다음 각 호의 사항을 공고하여야 한다.
  1. 양도·양수인의 성명(법인의 경우에는 법인의 명칭 및 대표자의 성명) 및 주소
  2. 양도·양수의 대상이 되는 노선 및 사업범위
  3. 양도·양수의 사유
  4. 양도·양수 인가 신청일 및 양도·양수 예정일

제26조(법인 합병의 인가 신청) 법 제22조제1항에 따라 법인의 합병을 하려는 자는 별지 제22호서식의 합병인가 신청서(소형항공운송사업자가 법인 합병을 하려는 경우에는 합병 신고서를 말한다)에 다음 각 호의 서류를 첨부하여 계약일부터 30일 이내에 연명으로 국토교통부장관 또는 지방항공청장에게 제출하여야 한다. 이 경우 담당 공무원은 「전자정부법」 제36조제1항에 따른 행정정보의 공동이용을 통하여 합병당사자의 법인등기사항증명서를 확인하여야 한다.
  1. 합병의 방법과 조건에 관한 서류
  2. 당사자가 신청 당시 경영하고 있는 사업의 개요를 적은 서류
  3. 합병 후 존속하는 법인 또는 합병으로 설립되는 법인이 법 제8조제1항제3호 및 제4호의 기준을 충족함을 증명하거나 설명하는 서류와 법 제9조의 결격사유에 해당하지 아니함을 증명하는 서류
  4. 합병계약서
  5. 합병에 관한 의사결정을 증명하는 서류

제27조(상속인의 지위승계 신고) 법 제23조제2항에 따라 항공운송사업자의 지위를 승계한 상속인은 별지 제23호서식의 지위승계 신고서(전자문서로 된 신고서를 포함한다)에 다음 각 호의 서류(전자문서를 포함한다)를 첨부하여 국토교통부장관 또는 지방항공청장에게 제출하여야 한다.
  1. 가족관계등록부
  2. 신고인이 법 제8조제1항제3호 및 제4호의 기준을 충족함을 증명하거나 설명하는 서류와 법 제9조의 결격사유에 해당하지 아니함을 증명하는 서류
  3. 신고인의 항공운송사업 승계에 대한 다른 상속인의 동의서(2명 이상의 상속인이 있는 경우만 해당한다)

제28조(항공운송사업의 휴업허가 또는 노선의 휴지) ① 법 제24조제1항 본문에 따라 휴업 또는 국제노선 휴지(休止) 허가를 신청하려는 국제항공운송사업자 또는 소형항공운송사업자는 별지 제24호서식의 허가 신청서를 사업휴업·노선휴지 예정일 15일 전까지 국토교통부장관 또는 지방항공청장에게 제출하여야 한다.

② 법 제24조제1항 단서 및 같은 조 제3항에 따라 휴업 또는 국내노선 휴지를 신고하려는 국제항공운송사업자, 국내항공운송사업자 또는 소형항공운송사업자는 별지 제24호서식의 신고서를 휴업(휴지) 예정일 5일 전까지 국토교통부장관 또는 지방항공청장에게 제출하여야 한다.

항공사업법	항공사업법 시행령

1. 국제항공운송사업자가 휴업(국제노선의 휴지를 포함한다)하려는 경우
2. 소형항공운송사업자가 국제노선을 휴지하려는 경우

② 제1항 본문에 따른 휴업 또는 휴지의 허가기준은 다음 각 호와 같다.
  1. 휴업 또는 휴지 예정기간에 항공편 예약 사항이 없거나, 예약 사항이 있는 경우 대체 항공편 제공 등의 조치가 끝났을 것
  2. 휴업 또는 휴지로 이용자 등에게 심한 불편을 주거나 공익을 해칠 우려가 없을 것

③ 국내항공운송사업자 또는 소형항공운송사업자가 휴업(노선의 휴지를 포함하되, 국제노선의 휴지는 제외한다)하려는 경우에는 국토교통부장관에게 신고하여야 한다.

④ 제1항 및 제3항에 따른 휴업 또는 휴지 기간은 6개월을 초과할 수 없다. 다만, 외국과의 항공협정으로 운항지점 및 수송력 등에 제한 없이 운항이 가능한 노선의 휴지 기간은 12개월을 초과할 수 없다.

⑤ 국토교통부장관은 제4항에도 불구하고 천재지변·감염병·전쟁 등 부득이한 사유로 운항 재개가 불가하다고 인정하는 경우에는 해당 휴지 기간을 연장할 수 있다.

제25조(항공운송사업의 폐업과 노선의 폐지) ① 국제항공운송사업자가 폐업(국제노선의 폐지를 포함한다)하려는 경우와 소형항공운송사업자가 국제노선을 폐지하려는 경우에는 국토교통부장관의 허가를 받아야 한다. 다만, 국제항공운송사업자가 국내항공운송사업을 폐업(국내노선의 폐지를 포함한다)하려는 경우에는 국토교통부장관에게 신고하여야 한다.

② 제1항 본문에 따른 폐업 또는 폐지의 허가기준은 다음 각 호와 같다.
  1. 폐업일 또는 폐지일 이후 항공편 예약 사항이 없거나, 예약 사항이 있는 경우 대체 항공편 제공 등의 조치가 끝났을 것
  2. 폐업 또는 폐지로 항공시장의 건전한 질서를 침해하지 아니할 것

③ 국내항공운송사업자 또는 소형항공운송사업자가 폐업(노선의 폐지를 포함하되, 국제노선의 폐지는 제외한다)하려는 경우에는 국토교통부장관에게 신고하여야 한다.

제26조(항공운송사업 면허등의 조건) ① 제7조, 제10조, 제12조, 제14조, 제15조, 제21조 및 제24조에 따른 면허·등록·인가·허가에는 조건 또는 기한을 붙이거나 이미 붙인 조건 또는 기한을 변경할 수 있다.

항공사업법 시행규칙

제29조(항공운송사업의 폐업 또는 노선의 폐지) ① 법 제25조제1항 본문에 따라 폐업 또는 국제노선 폐지 허가를 신청하려는 국제항공운송사업자 또는 소형항공운송사업자는 별지 제25호서식의 허가 신청서를 폐업·노선폐지 예정일 15일 전까지 국토교통부장관 또는 지방항공청장에게 제출하여야 한다.

② 법 제25조제1항 단서 및 제3항에 따라 폐업 또는 국내노선 폐지 신고를 하려는 국제항공운송사업자, 국내항공운송사업자 또는 소형항공운송사업자는 별지 제25호서식의 신고서를 폐업(노선폐지) 예정일 5일 전까지 국토교통부장관 또는 지방항공청장에게 제출하여야 한다.

제30조(재무구조 개선명령) 국토교통부장관은 다음 각 호의 어느 하나에 해당하는 경우에 법 제27조제8호에 따른 재무구조 개선을 명할 수 있다.
    1. 자본금의 2분의 1 이상이 잠식된 상태가 1년 이상 지속되는 경우
    2. 완전자본잠식이 되는 경우[자기자본이 영(0)인 경우]

제31조(항공운송사업자에 대한 행정처분기준) 법 제28조제1항에 따른 행정처분의 기준은 별표 1과 같다.

Chapter 01 항공법규

항공사업법

② 제1항에 따른 조건 또는 기한은 공공의 이익 증진이나 면허·등록·인가 또는 허가의 시행에 필요한 최소한도의 것이어야 하며, 해당 항공운송사업자에게 부당한 의무를 부과하는 것이어서는 아니 된다.

제27조(사업개선 명령) 국토교통부장관은 항공교통서비스의 개선을 위하여 필요하다고 인정되는 경우에는 항공교통사업자에게 다음 각 호의 사항을 명할 수 있다.
1. 사업계획의 변경
2. 운임 및 요금의 변경
3. 항공기 및 그 밖의 시설의 개선
4. 「항공안전법」 제2조제6호에 따른 항공기사고로 인하여 지급할 손해배상을 위한 보험계약의 체결
5. 항공에 관한 국제조약을 이행하기 위하여 필요한 사항
6. 항공교통이용자를 보호하기 위하여 필요한 사항
7. 제63조의 항공교통서비스 평가 결과에 따른 서비스 개선계획 제출 및 이행
8. 국토교통부령으로 정하는 바에 따른 재무구조 개선
9. 그 밖에 항공기의 안전운항에 대한 방해 요소를 제거하기 위하여 필요한 사항

제28조(항공운송사업 면허의 취소 등) ① 국토교통부장관은 항공운송사업자가 다음 각 호의 어느 하나에 해당하면 그 면허 또는 등록을 취소하거나 6개월 이내의 기간을 정하여 그 사업의 전부 또는 일부의 정지를 명할 수 있다. 다만, 제1호·제2호·제4호 또는 제21호에 해당하면 그 면허 또는 등록을 취소하여야 한다.
1. 거짓이나 그 밖의 부정한 방법으로 면허를 받거나 등록한 경우
2. 제7조에 따라 면허받은 사항 또는 제10조에 따라 등록한 사항을 이행하지 아니한 경우
3. 제8조제1항에 따른 면허기준 또는 제10조제2항에 따른 등록기준에 미달한 경우. 다만, 다음 각 목의 어느 하나에 해당하는 경우는 제외한다.
   가. 면허 또는 등록 기준에 일시적으로 미달한 후 3개월 이내에 그 기준을 충족하는 경우
   나. 「채무자 회생 및 파산에 관한 법률」에 따라 법원이 회생절차개시의 결정을 하고 그 절차가 진행 중인 경우
   다. 「기업구조조정 촉진법」에 따라 금융채권자협의회가 채권금융기관 공동관리절차 개시의 의결을 하고 그 절차가 진행 중인 경우
4. 항공운송사업자가 제9조 각 호의 어느 하나에 해당하게 된 경우. 다만, 다음 각 목의 어느 하나에 해당하는 경우는 제외한다.

항공사업법 시행령

제14조(면허취소 등의 사유) ① 법 제28조제1항제16호에서 "대통령령으로 정하는 안전 또는 소비자 피해가 우려되는 경우"란 다음 각 호의 어느 하나에 해당하는 경우를 말한다.
1. 「항공안전법」 제2조제14호에 따른 항공종사자에 대한 교육훈련 또는 항공기 정비 등에 대한 투자 부족으로 인하여 같은 조 제6호 또는 제9호에 따른 항공기사고 또는 항공기준사고(航空機準事故)가 예상되는 경우
2. 운송 불이행 또는 취소된 항공권의 대금환급 지연이 예상되는 경우
3. 그 밖에 제1호 또는 제2호와 유사한 경우로서 안전 또는 소비자 피해가 우려되는 경우

② 법 제28조제1항제22호에서 "대통령령으로 정하는 중대한 결함"이란 다음 각 호의 어느 하나에 해당하는 결함 중 항공운항에 중대한 영향을 미치는 결함을 말한다.
1. 「항공안전법」 제2조제17호에 따른 객실승무원 및 같은 법 제34조제1항에 따른 항공종사자 자격증명을 받은 조종사, 항공정비사, 운항관리사 등의 자격·인원 및 교육훈련의 결함
2. 운항통제시설, 정비작업장, 훈련시설, 예비엔진 및 예비부품 등 인가받으려는 항공운항에 필요한 시설 및 장비의 결함

항공사업법	항공사업법 시행령

  가. 제9조제6호에 해당하는 법인이 3개월 이내에 해당 임원을 결격사유가 없는 임원으로 바꾸어 임명한 경우
  나. 피상속인이 사망한 날부터 3개월 이내에 상속인이 항공운송사업을 타인에게 양도한 경우
5. 제12조제1항 본문에 따른 사업계획에 따라 사업을 하지 아니한 경우 또는 같은 조 제2항에 따른 신고를 하지 아니하거나 거짓으로 신고한 경우
6. 제12조제3항에 따른 인가를 받지 아니하거나 신고를 하지 아니하고 사업계획을 변경한 경우
7. 제14조제1항을 위반하여 운임 및 요금에 대하여 인가 또는 변경인가를 받지 아니하거나 신고 또는 변경신고를 하지 아니한 경우 및 인가받거나 신고한 사항을 이행하지 아니한 경우
8. 제15조를 위반하여 운수협정 또는 제휴협정에 대하여 인가 또는 변경인가를 받지 아니하거나 신고를 하지 아니한 경우 및 인가받거나 신고한 사항을 이행하지 아니한 경우
9. 제20조를 위반하여 타인에게 자기의 성명 또는 상호를 사용하여 사업을 경영하게 하거나 면허증 또는 등록증을 빌려준 경우
10. 제21조제1항을 위반하여 인가나 신고 없이 사업을 양도·양수한 경우
11. 제22조제1항을 위반하여 인가나 신고 없이 사업을 합병한 경우
12. 제23조제2항을 위반하여 상속에 관한 신고를 하지 아니한 경우
13. 제24조제1항 또는 제3항을 위반하여 허가나 신고 없이 휴업한 경우 및 휴업기간이 지난 후에도 사업을 시작하지 아니한 경우
14. 제26조제1항에 따라 부과된 면허등의 조건 등을 이행하지 아니한 경우
15. 제27조제1호·제2호·제4호 또는 제6호에 따른 사업개선 명령을 이행하지 아니한 경우
16. 제27조제8호에 따른 사업개선 명령 후 2분의 1 이상 자본잠식이 2년 이상 지속되어 대통령령으로 정하는 안전 또는 소비자 피해가 우려되는 경우
17. 제61조의2제1항을 위반하여 같은 항 각 호의 시간을 초과하여 항공기를 머무르게 한 경우
18. 제62조제4항을 위반하여 운송약관 등을 갖추어 두지 아니하거나 항공교통이용자가 열람할 수 있게 하지 아니한 경우
19. 제62조제5항을 위반하여 항공운임 등 총액을 쉽게 알 수 있도록 제공하지 아니한 경우
20. 국가의 안전이나 사회의 안녕질서에 위해를 끼칠 현저한 사유가 있는 경우

Chapter 01 | 항공법규

항공사업법	항공사업법 시행령
21. 이 조에 따른 사업정지명령을 위반하여 사업정지 기간에 사업을 경영한 경우 22. 「항공안전법」제90조제1항에 따른 검사에서 대통령령으로 정하는 중대한 결함이 발견된 경우 ② 제1항에 따른 처분의 기준 및 절차와 그 밖에 필요한 사항은 국토교통부령으로 정한다. **제29조(과징금 부과)** ① 국토교통부장관은 항공운송사업자가 제28조제1항제3호 또는 제5호부터 제20호까지의 어느 하나에 해당하여 사업의 정지를 명하여야 하는 경우로서 그 사업을 정지하면 그 사업의 이용자 등에게 심한 불편을 주거나 공익을 해칠 우려가 있는 경우에는 사업정지처분을 갈음하여 50억원 이하의 과징금을 부과할 수 있다. 다만, 소형항공운송사업자의 경우에는 20억원 이하의 과징금을 부과할 수 있다. ② 제1항에 따라 과징금을 부과하는 위반행위의 종류와 위반 정도에 따른 과징금의 금액과 그 밖에 필요한 사항은 대통령령으로 정한다. ③ 국토교통부장관은 제1항에 따른 과징금을 내야 할 자가 납부기한까지 과징금을 내지 아니하면 국세 체납처분의 예에 따라 징수한다.	**제15조(과징금을 부과하는 위반행위와 과징금의 금액 등)** 법 제29조제1항(법 제53조제1항 및 제59조제2항에서 준용하는 경우를 포함한다)에 따라 과징금을 부과하는 위반행위의 종류와 위반 정도 등에 따른 과징금의 금액은 별표 3과 같다. **제16조(과징금의 부과 및 납부)** ① 국토교통부장관은 법 제29조에 따라 과징금을 부과하려면 그 위반행위의 종류와 해당 과징금의 금액을 구체적으로 적어 서면으로 통지하여야 한다. ② 제1항에 따라 통지를 받은 자는 통지를 받은 날부터 20일 이내에 국토교통부장관이 정하는 수납기관에 과징금을 내야 한다. ③ 제2항에 따라 과징금을 받은 수납기관은 그 납부자에게 영수증을 발급하여야 한다. ④ 과징금의 수납기관은 제2항에 따른 과징금을 받으면 지체 없이 그 사실을 국토교통부장관에게 통보하여야 한다. **17조(과징금의 독촉 및 징수)** ① 국토교통부장관은 제16조제1항에 따라 과징금의 납부통지를 받은 자가 납부기한까지 과징금을 내지 아니하면 납부기한이 지난 날부터 7일 이내에 독촉장을 발급하여야 한다. 이 경우 납부기한은 독촉장 발급일부터 10일 이내로 하여야 한다. ② 국토교통부장관은 제1항에 따라 독촉을 받은 자가 납부기한까지 과징금을 내지 아니한 경우에는 소속 공무원으로 하여금 국세 체납처분의 예에 따라 과징금을 강제징수하게 할 수 있다. **제18조(항공기사용사업의 등록요건)** 법 제30조제2항제1호 및 제2호에 따른 항공기사용사업의 등록요건은 별표 4와 같다.

제3장 항공기사용사업 등

제1절 항공기사용사업

제30조(항공기사용사업의 등록) ① 항공기사용사업을 경영하려는 자는 국토교통부령으로 정하는 바에 따라 운항개시 예정일 등을 적은 신청서에 사업계획서와 그 밖에 국토교통부령으로 정하는 서류를 첨부하여 국토교통부장관에게 등록하여야 한다.
② 제1항에 따른 항공기사용사업을 등록하려는 자는 다음 각 호의 요건을 갖추어야 한다.
  1. 자본금 또는 자산평가액이 7억원 이상으로서 대통령령으로 정하는 금액 이상일 것
  2. 항공기 1대 이상 등 대통령령으로 정하는 기준에 적합할 것
  3. 그 밖에 사업 수행에 필요한 요건으로서 국토교통부령으로 정하는 요건을 갖출 것
③ 제9조 각 호의 어느 하나에 해당하는 자는 항공기사용사업의 등록을 할 수 없다.

제30조의2(보증보험 등의 가입 등) ① 항공기사용사업자 중 항공기를 이용한 비행훈련 업무를 하는 사업을 경영하는 자(이하 "비행훈련업자"라 한다)는 국토교통부령으로 정하는 바에 따라 교육비 반환 불이행 등에 따른 교육생의 손해를 배상할 것을 내용으로 하는 보증보험, 공제(共濟) 또

[별표 4] 항공기사용사업의 등록요건(제18조 관련)

구분	기준
1. 자본금 또는 자산평가액	가. 법인 : 납입자본금 7억5천만원 이상 나. 개인 : 자산평가액 11억2,500만원 이상
2. 기술인력 가. 조종사	항공기 1대당 「항공안전법」에 따른 사업용 조종사 자격증명을 받은 사람 1명 이상
나. 정비사	항공기 1대당(같은 기종인 경우에는 2대당) 「항공안전법」에 따른 항공정비사 자격증명을 받은 사람 1명 이상. 다만, 보유 항공기에 대한 정비능력이 있는 항공기정비업자에게 항공기 정비업무 전체를 위탁하는 경우에는 정비사를 두지 않을 수 있다.

항공사업법 시행규칙

제32조(항공기사용사업의 등록) ① 법 제30조제1항에서 "국토교통부령으로 정하는 서류"란 다음 각 호의 서류를 말한다.
  1. 해당 신청이 법 제30조제2항의 등록요건을 충족함을 증명하는 서류
  2. 다음 각 목의 사항을 포함하는 사업계획서
     가. 사용 예정 항공기의 수 및 각 항공기의 형식(지점 간 운항 및 관광비행인 경우에는 노선별 또는 관광비행구역별 사용 예정 항공기의 수 및 각 항공기의 형식)
     나. 해당 운항과 관련된 사업을 경영하기 위하여 필요한 자금의 명세와 조달방법
     다. 도급사업별 취급 예정 수량 및 그 산출근거와 예상 사업수지
     라. 신청인이 다른 사업을 하고 있는 경우에는 그 사업의 개요
  3. 운항하려는 공항 또는 비행장시설의 이용이 가능함을 증명하는 서류(비행기를 이용하는 경우만 해당하며, 전세운송의 경우는 제외한다)
  4. 해당 사업의 경영을 위하여 항공종사자 또는 항공기정비업자, 공항 또는 비행장 시설·설비의 소유자 또는 운영자, 헬기장 및 관련 시설의 소유자 또는 운영자, 항공기의 소유자등과 계약한 서류 사본
  5. 법 제30조의2제1항에 따라 보증보험, 공제(共濟) 또는 영업보증금(이하 "보증보험 등"이라 한다)에 가입하거나 예치한 사실을 증명하는 서류[항공기를 이용한 비행훈련 업무를 하는 사업을 경영하는 자(이하 "비행훈련업자"라 한다)에 한정하며, 법 제30조의2제1항 단서에 따라 보증보험 등에 가입 또는 예치하지 아니할 수 있는 자는 제외한다]
② 법 제30조에 따른 항공기사용사업을 하려는 자는 별지 제8호서식의 등록신청서에 제1항 각 호의 서류를 첨부하여 지방항공청장에게 제출하여야 한다. 이 경우 지방항공청장은 「전자정부법」 제36조제1항에 따른 행정정보의 공동이용을 통하여 법인등기사항증명서(신청인이 법인인 경우에만 해당한다)를 확인하여야 한다.
③ 지방항공청장은 제1항에 따른 등록신청서의 내용이 명확하지 아니하거나 그 첨부서류가 미비한 경우에는 7일 이내에 보완을 요구하여야 한다.
④ 지방항공청장은 제1항에 따른 등록 신청을 받은 경우에는 법 제30조제2항에 따른 항공기사용사업의 등록요건을 충족하는지 심사한 후 신청내용이 적합하다고 인정되면 별지 제9호서식의 등록대장에 적고 별지 제10호서식의 등록증을 발급하여야 한다.
⑤ 지방항공청장은 제3항에 따른 등록 신청 내용을 심사하는 경우 제1항제4호에 따른 계약의 이행이 가능한지를 확인하기 위하여 관계 행정기관, 관련 단체 또는 계약 당사자의 의견을 들을 수 있다.
⑥ 제4항의 등록대장은 전자적 처리가 불가능한 특별한 사유가 없으면 전자적 처리가 가능한 방법으로 작성·관리하여야 한다.

제32조의2(보증보험등의 가입 등) ① 법 제30조의2제1항에 따라 비행훈련업자가 가입하거나 예치하여야 하는 보증보험 등의 가입 또는 예치 금액은 별표 1의2와 같다.
② 제1항에 따라 보증보험 등에 가입 또는 예치한 비행훈련업자는 보험증서, 공제증서 또는 예치증서의 사본을 지체 없이 지방항공청장에게 제출하여야 한다. 이를 변경 또는 갱신한 때에도 또한 같다.
③ 제1항 및 제2항에서 규정한 사항 외에 보증보험 등의 가입 또는 예치 절차 및 보증보험금, 공제금 또는 영업보증금의 지급절차 등에 관하여 필요한 사항은 국토교통부장관이 정하여 고시한다.

Chapter 01 | 항공법규

항공사업법

는 영업보증금(이하 "보증보험 등"이라 한다)에 가입하거나 예치하여야 한다. 다만, 해당 비행훈련업자의 재정적 능력 등을 고려하여 대통령령으로 정하는 경우에는 보증보험 등에 가입 또는 예치하지 아니할 수 있다.

② 비행훈련업자는 교육생(제1항의 보증보험 등에 따라 손해배상을 받을 수 있는 교육생으로 한정한다)이 계약의 해지 및 해제를 원하거나 사업 등록의 취소·정지 등으로 영업을 계속할 수 없는 경우에는 교육생으로부터 받은 교육비를 반환하는 등 교육생을 보호하기 위하여 필요한 조치를 하여야 한다.

③ 제2항에 따른 교육비의 구체적인 반환사유, 반환금액, 그 밖에 필요한 사항은 국토교통부령으로 정한다.

제31조(항공기사용사업자의 운항개시 의무) 항공기사용사업자는 등록신청서에 적은 운항개시예정일에 운항을 시작하여야 한다. 다만, 천재지변이나 그 밖의 불가피한 사유로 국토교통부장관의 승인을 받아 운항 개시 날짜를 연기하는 경우와 운항개시예정일 전에 운항을 개시하기 위하여 국토교통부장관에게 신고하는 경우에는 그러하지 아니하다.

제32조(사업계획의 변경 등) ① 항공기사용사업자는 등록할 때 제출한 사업계획에 따라 그 업무를 수행하여야 한다. 다만, 기상악화 등 국토교통부령으로 정하는 부득이한 사유가 있는 경우는 그러하지 아니하다.

② 항공기사용사업자는 제1항에 따른 사업계획을 변경하려는 경우에는 국토교통부장관의 인가를 받아야 한다. 다만, 국토교통부령으로 정하는 경미한 사항을 변경하려는 경우에는 국토교통부장관에게 신고하여야 한다.

③ 제2항에 따른 사업계획의 변경인가 기준은 다음 각 호와 같다.
　1. 해당 사업의 시작으로 항공교통의 안전에 지장을 줄 염려가 없을 것
　2. 해당 사업의 시작으로 사업자 간 과당경쟁의 우려가 없고 이용자의 편의에 적합할 것

제33조(명의대여 등의 금지) 항공기사용사업자는 타인에게 자기의 성명 또는 상호를 사용하여 항공기사용사업을 경영하게 하거나 그 등록증을 빌려주어서는 아니 된다.

제34조(항공기사용사업의 양도·양수) ① 항공기사용사업자가 항공기사용사업을 양도·양수하려는 경우에는 국토교통부령으로 정하는 바에 따라 국토교통부장관에게 신고하여야 한다.

② 국토교통부장관은 제1항에 따라 양도·양수의 신고를 받은 경우 양도인 또는 양수인이 다음 각 호의 어느 하나에 해당하면 양도·양수 신고를 수리해서는 아니 된다.

항공사업법 시행령

구분	기준
3. 항공기 가. 대수	1대 이상
나. 능력	해상 비행 시 항공기의 위치를 자동으로 확인할 수 있는 기능을 갖출 것
4. 보험가입	보유 항공기마다 기체보험, 제3자보험 및 승무원보험에 가입할 것

제18조의2(보증보험 등의 가입 또는 예치의 예외) 법 제30조의2제1항 단서에서 "대통령령으로 정하는 경우"란 다음 각 호의 어느 하나에 해당하는 경우를 말한다.
　1. 다음 각 목의 요건을 모두 충족하는 경우
　　가. 항공기사용사업자 중 항공기를 이용한 비행훈련 업무를 하는 사업을 경영하는 자(이하 "비행훈련업자"라 한다)의 직전 3개 사업연도의 평균 매출액이 300억원 이상이고, 직전 3개 사업연도의 평균 당기순이익이 30억원 이상일 것(매출액 및 당기순이익은 손익계산서에 표시된 매출액 및 당기순이익을 말하며, 비행훈련업자가 다른 사업을 겸업하는 경우에는 항공기를 이용한 비행훈련 업무를 하는 사업에서 발생한 매출액 및 당기순이익을 말한다)
　　나. 비행훈련업자가 최근 3년 이내에 해당 사업을 휴업하거나 폐업한 사실이 없을 것
　2. 비행훈련업자가 교육비를 후지급으로 받는 등 교육비 반환 불이행 등에 따른 교육생의 손해가 발생할 우려가 없음을 지방항공청장이 인정하는 경우

항공사업법 시행규칙

제32조의3(교육비의 반환) ① 법 제30조의2제2항에 따라 비행훈련업자는 다음 각 호의 어느 하나에 해당하는 경우에 교육생으로부터 받은 교육비를 반환하여야 한다.
    1. 교육생이 계약의 해지 또는 해제를 원하는 경우
    2. 비행훈련업자가 법 제37조 또는 제38조에 따라 항공기사용사업을 휴업 또는 폐업한 경우
    3. 비행훈련업자가 법 제40조에 따라 등록취소 또는 사업정지명령을 받아 영업을 계속할 수 없는 경우
    4. 그 밖에 비행훈련업자가 교육장비 또는 교육장소를 제공하지 못하는 등 영업을 계속할 수 없는 경우
② 비행훈련업자는 제1항 각 호의 사유가 발생한 날부터 30일 이내(반환금액이 5천만원을 초과하는 경우에는 60일 이내)에 별표 1의 3의 기준에 따라 산정한 반환금액을 반환하여야 한다. 이 경우 비행훈련업자가 제1항 각 호의 사유가 발생한 날부터 10일 이내에 반환하지 아니한 경우에는 별표 1의 3의 기준에 따라 산정한 반환금액에 「민법」 제379조의 법정이율에 따른 이자를 가산한 금액을 반환하여야 한다.

제33조(운항개시의 연기 신청 등) ① 항공기사용사업자가 법 제31조 단서에 따라 운항개시예정일을 연기하려는 경우에는 변경된 운항개시예정일과 그 사유를 적은 별지 제11호서식의 신청서를 지방항공청장에게 제출하여야 한다.
② 항공기사용사업자가 법 제31조 단서에 따라 항공기사용사업 등록신청서에 적힌 운항개시예정일 전에 운항을 개시하려는 경우에는 변경된 운항개시예정일과 그 사유를 적은 별지 제12호서식의 신고서를 지방항공청장에게 제출하여야 한다.

제34조(사업계획의 변경 등) ① 법 제32조제1항 단서에서 "기상악화 등 국토교통부령으로 정하는 부득이한 사유"란 다음 각 호의 어느 하나에 해당하는 사유를 말한다.
    1. 기상악화
    2. 안전운항을 위한 정비로서 예견하지 못한 정비
    3. 천재지변
    4. 제1호부터 제3호까지의 사유에 준하는 부득이한 사유
② 법 제32조제2항 본문에 따라 사업계획을 변경하려는 자는 별지 제14호서식의 변경인가 신청서에 변경하려는 사항에 관한 명세서를 첨부하여 지방항공청장[초경량비행장치사용사업의 경우에는 「한국교통안전공단법」에 따라 설립된 한국교통안전공단(이하 "한국교통안전공단"이라 한다) 이사장을 말하며, 이하 이 조와 제35조부터 제39조까지에서 같다]에게 제출해야 한다.
③ 법 제32조제2항 단서에서 "국토교통부령으로 정하는 경미한 사항"이란 다음 각 호의 사항을 말한다.
    1. 자본금의 변경
    2. 사업소의 신설 또는 변경
    3. 대표자 변경
    4. 대표자의 대표권 제한 및 그 제한의 변경
    5. 상호 변경
    6. 사업범위의 변경
    7. 항공기 등록 대수의 변경
④ 법 제32조제2항 단서에 따라 제3항 각 호의 어느 하나에 해당하는 사항을 변경하려는 자는 변경 사유가 발생한 날부터 30일 이내에 별지 제16호서식의 변경신고서에 변경 사실을 증명할 수 있는 서류를 첨부하여 지방항공청장에게 제출하여야 한다. 이 경우 변경 사항이 제3항제1호·제3호 또는 제5호에 해당하면 지방항공청장은 「전자정부법」 제36조제1항에 따라 행정정보의 공동이용을 통하여 법인등기사항증명서를 확인함으로써 증명서류를 갈음할 수 있다.

제35조(항공기사용사업의 양도·양수의 인가 신청) ① 법 제34조제1항에 따라 항공기사용사업을 양도·양수하려는 양도인과 양수인은 별지 제21호서식의 인가 신청서에 다음 각 호의 서류를 첨부하여 계약일부터 30일 이내에 연명으로 지방항공청장에게 제출해야 한다. 이 경우 지방항공청장은 「전자정부법」 제36조제1항에 따른 행정정보의 공동이용을 통하여 양수인의 법인 등기사항증명서(양수인이 법인인 경우만 해당한다)를 확인해야 한다.
    1. 양도·양수 후 사업계획서
    2. 양수인이 법 제9조의 결격사유에 해당하지 아니함을 증명하는 서류와 법 제30조제2항의 기준을 충족함을 증명하거나 설명하는 서류

Chapter 01 | 항공법규

항공사업법

1. 양수인이 제9조 각 호의 어느 하나에 해당하는 경우
2. 양도인이 제40조에 따라 사업정지처분을 받고 그 처분기간 중에 있는 경우
3. 양도인이 제40조에 따라 등록취소처분을 받았으나 「행정심판법」 또는 「행정소송법」에 따라 그 취소처분이 집행정지 중에 있는 경우

③ 국토교통부장관은 제1항에 따른 신고를 받으면 국토교통부령으로 정하는 바에 따라 이를 공고하여야 한다. 이 경우 공고의 비용은 양도인이 부담한다.

④ 제1항에 따라 신고가 수리된 경우에 양수인은 양도인인 항공기사용사업자의 이 법에 따른 지위를 승계한다.

제35조(법인의 합병) ① 법인인 항공기사용사업자가 다른 항공기사용사업자 또는 항공기사용사업 외의 사업을 경영하는 자와 합병하려는 경우에는 국토교통부령으로 정하는 바에 따라 국토교통부장관에게 신고하여야 한다.

② 제1항에 따라 신고가 수리된 경우에 합병으로 존속하거나 신설되는 법인은 합병으로 소멸되는 법인인 항공기사용사업자의 이 법에 따른 지위를 승계한다.

제36조(상속) ① 항공기사용사업자가 사망한 경우 그 상속인(상속인이 2명 이상인 경우 협의에 의한 1명의 상속인을 말한다)은 피상속인인 항공기사용사업자의 이 법에 따른 지위를 승계한다.

② 제1항에 따른 상속인은 피상속인의 항공기사용사업을 계속하려면 피상속인이 사망한 날부터 30일 이내에 국토교통부장관에게 신고하여야 한다.

③ 제1항에 따라 항공기사용사업자의 지위를 승계한 상속인이 제9조 각 호의 어느 하나에 해당하는 경우에는 3개월 이내에 그 항공기사용사업을 타인에게 양도할 수 있다.

제37조(항공기사용사업의 휴업) ① 항공기사용사업자가 휴업하려는 경우에는 국토교통부령으로 정하는 바에 따라 국토교통부장관에게 신고하여야 한다.

② 제1항에 따른 휴업기간은 6개월을 초과할 수 없다.

제38조(항공기사용사업의 폐업) ① 항공기사용사업자가 폐업하려는 경우에는 국토교통부령으로 정하는 바에 따라 국토교통부장관에게 신고하여야 한다.

② 제1항에 따른 폐업을 할 수 있는 경우는 다음 각 호와 같다.
1. 폐업일 이후 예약 사항이 없거나, 예약 사항이 있는 경우 대체 서비스 제공 등의 조치가 끝났을 것
2. 폐업으로 항공시장의 건전한 질서를 침해하지 아니할 것

제39조(사업개선 명령) 국토교통부장관은 항공기사용사업의 서비스 개선을 위하여 필요하다고 인정되는 경우에는 항공기사용사업자에게 다음 각 호의 사항을 명할 수 있다.

항공사업법 시행령

> 항공사업법 시행규칙

   3. 양도·양수 계약서의 사본
   4. 양도 또는 양수에 관한 의사결정을 증명하는 서류(양도인 또는 양수인이 법인인 경우만 해당한다)
② 지방항공청장은 제1항에 따른 신청을 받으면 법 제34조제3항에 따라 다음 각 호의 사항을 공고하여야 한다.
   1. 양도·양수인의 성명(법인의 경우에는 법인의 명칭 및 대표자의 성명) 및 주소
   2. 양도·양수의 대상이 되는 사업범위
   3. 양도·양수의 사유
   4. 양도·양수 인가 신청일 및 양도·양수 예정일

제36조(법인의 합병 신고) 법 제35조제1항에 따라 법인의 합병을 하려는 항공기사용사업자는 별지 제22호서식의 합병 신고서에 다음 각 호의 서류를 첨부하여 계약일부터 30일 이내에 연명으로 지방항공청장에게 제출해야 한다. 이 경우 지방항공청장은 「전자정부법」 제36조제1항에 따른 행정정보의 공동이용을 통하여 합병당사자의 법인 등기사항증명서를 확인해야 한다.
   1. 합병의 방법과 조건에 관한 서류
   2. 당사자가 신청 당시 경영하고 있는 사업의 개요를 적은 서류
   3. 합병 후 존속하는 법인 또는 합병으로 설립되는 법인이 법 제9조의 결격사유에 해당하지 아니함을 증명하는 서류와 법 제30조제2항의 기준을 충족함을 증명하거나 설명하는 서류
   4. 합병계약서
   5. 합병에 관한 의사결정을 증명하는 서류

제37조(상속인의 지위승계 신고) 법 제36조제2항에 따라 항공기사용사업자의 지위를 승계한 상속인은 별지 제23호서식의 지위승계 신고서(전자문서로 된 신고서를 포함한다)에 다음 각 호의 서류(전자문서를 포함한다)를 첨부하여 지방항공청장에게 제출해야 한다.
   1. 가족관계등록부
   2. 신고인이 법 제9조의 결격사유에 해당하지 아니함을 증명하는 서류와 법 제30조제2항에 따른 등록요건을 충족함을 증명하거나 설명하는 서류
   3. 신고인의 항공기사용사업 승계에 대한 다른 상속인의 동의서(2명 이상의 상속인이 있는 경우만 해당한다)

제38조(항공기사용사업 휴업 신고) 법 제37조제1항에 따라 휴업 신고를 하려는 항공기사용사업자는 별지 제24호서식의 휴업 신고서를 휴업 예정일 5일 전까지 지방항공청장에게 제출하여야 한다.

제39조(항공기사용사업의 폐업 또는 노선의 폐지) 법 제38조제1항에 따라 폐업 신고를 하려는 항공기사용사업자는 별지 제25호서식의 폐업 신고서를 폐업 예정일 15일 전까지 지방항공청장에게 제출하여야 한다.

Chapter 01 | 항공법규

항공사업법	항공사업법 시행령

1. 사업계획의 변경
2. 항공기 및 그 밖의 시설의 개선
3. 「항공안전법」 제2조제6호에 따른 항공기사고로 인하여 지급할 손해배상을 위한 보험계약의 체결
4. 항공에 관한 국제조약을 이행하기 위하여 필요한 사항
5. 그 밖에 항공기사용사업 서비스의 개선을 위하여 필요한 사항

제40조(항공기사용사업의 등록취소 등) ① 국토교통부장관은 항공기사용사업자가 다음 각 호의 어느 하나에 해당하면 그 등록을 취소하거나 6개월 이내의 기간을 정하여 그 사업의 전부 또는 일부의 정지를 명할 수 있다. 다만, 제1호·제2호·제4호·제13호 또는 제15호에 해당하면 그 등록을 취소하여야 한다.
  1. 거짓이나 그 밖의 부정한 방법으로 등록한 경우
  2. 제30조제1항에 따라 등록한 사항을 이행하지 아니한 경우
  3. 제30조제2항에 따른 등록기준에 미달한 경우. 다만, 다음 각 목의 어느 하나에 해당하는 경우는 제외한다.
     가. 등록기준에 일시적으로 미달한 후 3개월 이내에 그 기준을 충족하는 경우
     나. 「채무자 회생 및 파산에 관한 법률」에 따라 법원이 회생절차개시의 결정을 하고 그 절차가 진행 중인 경우
     다. 「기업구조조정 촉진법」에 따라 금융채권자협의회가 채권금융기관 공동관리절차 개시의 의결을 하고 그 절차가 진행 중인 경우
  4. 항공기사용사업자가 제9조 각 호의 어느 하나에 해당하게 된 경우. 다만, 다음 각 목의 어느 하나에 해당하는 경우는 제외한다.
     가. 제9조제6호에 해당하는 법인이 3개월 이내에 해당 임원을 결격사유가 없는 임원으로 바꾸어 임명한 경우
     나. 피상속인이 사망한 날부터 3개월 이내에 상속인이 항공기사용사업을 타인에게 양도한 경우
  4의2. 제30조의2제1항을 위반하여 보증보험 등에 가입 또는 예치하지 아니한 경우
  5. 제32조제1항을 위반하여 사업계획에 따라 사업을 하지 아니한 경우 및 같은 조 제2항에 따라 인가를 받지 아니하거나 신고를 하지 아니하고 사업계획을 변경한 경우
  6. 제33조를 위반하여 타인에게 자기의 성명 또는 상호를 사용하여 사업을 경영하게 하거나 등록증을 빌려 준 경우
  7. 제34조제1항을 위반하여 신고를 하지 아니하고 사업을 양도·양수한 경우
  8. 제35조제1항을 위반하여 합병신고를 하지 아니한 경우
  9. 제36조제2항을 위반하여 상속에 관한 신고를 하지 아니한 경우
  10. 제37조제1항 및 제2항을 위반하여 신고 없이 휴업한 경우 및 휴업기간이 지난 후에도 사업을 시작하지 아니한 경우

항공사업법 시행규칙

제40조(항공기사용사업자 등에 대한 행정처분기준) 법 제40조제1항에 따른 행정처분의 기준은 별표 2와 같다.

Chapter 01 | 항공법규

항공사업법	항공사업법 시행령

항공사업법

11. 제39조제1호 또는 제3호에 따른 사업개선 명령을 이행하지 아니한 경우
12. 제62조제6항을 위반하여 요금표 등을 갖추어 두지 아니하거나 항공교통이용자가 열람할 수 있게 하지 아니한 경우
13. 「항공안전법」 제95조제2항에 따른 항공기 운항의 정지 명령을 위반하여 운항정지기간에 운항한 경우
14. 국가의 안전이나 사회의 안녕질서에 위해를 끼칠 현저한 사유가 있는 경우
15. 이 조에 따른 사업정지명령을 위반하여 사업정지기간에 사업을 경영한 경우

② 제1항에 따른 처분의 기준 및 절차와 그 밖에 필요한 사항은 국토교통부령으로 정한다.

제41조(과징금 부과) ① 국토교통부장관은 항공기사용사업자가 제40조제1항제3호, 제4호의2, 제5호부터 제12호까지 또는 제14호의 어느 하나에 해당하여 사업의 정지를 명하여야 하는 경우로서 사업을 정지하면 그 사업의 이용자 등에게 심한 불편을 주거나 공익을 해칠 우려가 있는 경우에는 사업정지처분을 갈음하여 10억원 이하의 과징금을 부과할 수 있다.

② 제1항에 따라 과징금을 부과하는 위반행위의 종류와 위반 정도에 따른 과징금의 금액과 그 밖에 필요한 사항은 대통령령으로 정한다.

③ 국토교통부장관은 제1항에 따른 과징금을 내야 할 자가 납부기한까지 과징금을 내지 아니하면 국세 체납처분의 예에 따라 징수한다.

제2절 항공기정비업

제42조(항공기정비업의 등록) ① 항공기정비업을 경영하려는 자는 국토교통부령으로 정하는 바에 따라 국토교통부장관에게 등록하여야 한다. 등록한 사항 중 국토교통부령으로 정하는 사항을 변경하려는 경우에는 국토교통부장관에게 신고하여야 한다.

② 제1항에 따른 항공기정비업을 등록하려는 자는 다음 각 호의 요건을 갖추어야 한다.
1. 자본금 또는 자산평가액이 3억원 이상으로서 대통령령으로 정하는 금액 이상일 것
2. 정비사 1명 이상 등 대통령령으로 정하는 기준에 적합할 것
3. 그 밖에 사업 수행에 필요한 요건으로서 국토교통부령으로 정하는 요건을 갖출 것

③ 다음 각 호의 어느 하나에 해당하는 자는 항공기정비업의 등록을 할 수 없다.
1. 제9조제2호부터 제6호(법인으로서 임원 중에 대한민국 국민이 아닌 사람이 있는 경우는 제외한다)까지의 어느 하나에 해당하는 자

항공사업법 시행령

제19조(과징금을 부과하는 위반행위와 과징금의 금액 등)
① 법 제41조제1항(법 제43조제8항, 제45조제8항, 제47조제9항, 제49조제9항, 제51조제8항 및 제53조제9항에서 준용하는 경우를 포함한다)에 따라 과징금을 부과하는 위반행위의 종류와 위반 정도 등에 따른 과징금의 금액은 별표 5와 같다.

② 과징금의 부과·납부 및 독촉·징수에 관하여는 제16조 및 제17조를 준용한다.

제20조(항공기정비업의 등록요건) 법 제42조제2항제1호 및 제2호에 따른 항공기정비업의 등록요건은 별표 6과 같다.

[별표 6] 항공기정비업의 등록요건(제20조 관련)

구 분	기 준
1. 자본금 또는 자산평가액	가. 법인 : 납입자본금 3억원 이상 나. 개인 : 자산평가액 4억5천만원 이상
2. 인력·시설 및 장비기준	가. 인력 : 「항공안전법」에 따른 항공정비사 자격증명을 받은 사람 1명 이상 나. 시설 : 사무실, 정비작업장(정비자재 보관 장소 등을 포함한다) 및 사무기기 다. 장비 : 작업용 공구, 계측장비 등 정비작업에 필요한 장비(수행하려는 업무에 해당하는 장비로 한정한다)

비고 : 위 표 제2호다목에 따른 장비는 임차 등의 방법으로 사용권을 확보한 경우에는 해당 장비를 갖춘 것으로 본다.

항공사업법 시행규칙

제41조(항공기정비업의 등록) ① 법 제42조에 따른 항공기정비업을 하려는 자는 별지 제26호서식의 등록신청서(전자문서로 된 신청서를 포함한다)에 다음 각 호의 서류(전자문서를 포함한다)를 첨부하여 지방항공청장에게 제출하여야 한다. 이 경우 지방항공청장은 「전자정부법」 제36조제1항에 따른 행정정보의 공동이용을 통하여 법인등기사항증명서(신청인이 법인인 경우만 해당한다) 및 부동산 등기사항증명서(타인의 부동산을 사용하는 경우는 제외한다)를 확인하여야 한다.
  1. 해당 신청이 법 제42조제2항에 따른 등록요건을 충족함을 증명하거나 설명하는 서류
  2. 다음 각 목의 사항을 포함하는 사업계획서
     가. 자본금
     나. 상호·대표자의 성명과 사업소의 명칭 및 소재지
     다. 해당 사업의 취급 예정 수량 및 그 산출근거와 예상 사업수지계산서
     라. 필요한 자금 및 조달방법
     마. 사용시설·설비 및 장비 개요
     바. 종사자의 수
     사. 사업 개시 예정일
  3. 부동산을 사용할 수 있음을 증명하는 서류(타인의 부동산을 사용하는 경우만 해당한다)
② 지방항공청장은 제1항에 따른 등록신청서의 내용이 명확하지 아니하거나 첨부서류가 미비한 경우에는 7일 이내에 그 보완을 요구하여야 한다.
③ 지방항공청장은 제1항에 따라 등록신청을 받았을 때에는 법 제42조제2항에 따른 항공기정비업 등록요건을 충족하는지를 심사하여 신청내용이 적합하다고 인정되면 별지 제9호서식의 등록대장에 그 사실을 적고, 별지 제10호서식의 등록증을 발급하여야 한다.
④ 지방항공청장은 제3항에 따른 등록 신청 내용을 심사할 때 항공기정비업의 등록 신청인과 계약한 항공종사자, 항공운송사업자, 공항 또는 비행장 시설·설비의 소유자등이 해당 계약을 이행할 수 있는지에 관하여 관계 행정기관 또는 단체의 의견을 들을 수 있다.
⑤ 제3항의 등록대장은 전자적 처리가 불가능한 특별한 사유가 없으면 전자적 처리가 가능한 방법으로 작성·관리하여야 한다.

제42조(항공기정비업 변경신고) ① 법 제42조제1항 후단에서 "국토교통부령으로 정하는 사항"이란 다음 각 호의 사항을 말한다.
  1. 자본금의 감소
  2. 사업소의 신설 또는 변경
  3. 대표자 변경
  4. 대표자의 대표권 제한 및 그 제한의 변경
  5. 상호의 변경
  6. 사업 범위의 변경
② 법 제42조제1항 후단에 따라 변경신고를 하려는 자는 그 변경 사유가 발생한 날부터 30일 이내에 별지 제13호서식의 변경신고서에 변경 사실을 증명할 수 있는 서류를 첨부하여 지방항공청장에게 제출하여야 한다.

Chapter 01 항공법규

항공사업법

2. 항공기정비업 등록의 취소처분을 받은 후 2년이 지나지 아니한 자. 다만, 제9조제2호에 해당하여 제43조제7항에 따라 항공기정비업 등록이 취소된 경우는 제외한다.

제43조(항공기정비업에 대한 준용규정) ① 항공기정비업의 명의대여 등의 금지에 관하여는 제33조를 준용한다.
② 항공기정비업의 양도·양수에 관하여는 제34조를 준용한다.
③ 항공기정비업의 합병에 관하여는 제35조를 준용한다.
④ 항공기정비업의 상속에 관하여는 제36조를 준용한다.
⑤ 항공기정비업의 휴업 및 폐업에 관하여는 제37조 및 제38조를 준용한다.
⑥ 항공기정비업의 사업개선 명령에 관하여는 제39조(같은 조 제3호는 제외한다)를 준용한다.
⑦ 항공기정비업의 등록취소 또는 사업정지에 관하여는 제40조를 준용한다. 다만, 제40조제1항제4호(항공기정비업자가 제9조제1호에 해당하게 된 경우에 한정한다), 제4호의2, 제5호 및 제13호는 준용하지 아니한다.
⑧ 항공기정비업에 대한 과징금의 부과에 관하여는 제41조를 준용한다. 이 경우 제41조제1항 중 "10억원"은 "3억원"으로 본다.

제3절 항공기취급업

제44조(항공기취급업의 등록) ① 항공기취급업을 경영하려는 자는 국토교통부령으로 정하는 바에 따라 신청서에 사업계획서와 그 밖에 국토교통부령으로 정하는 서류를 첨부하여 국토교통부장관에게 등록하여야 한다. 등록한 사항 중 국토교통부령으로 정하는 사항을 변경하려는 경우에는 국토교통부장관에게 신고하여야 한다.
② 제1항에 따른 항공기취급업을 등록하려는 자는 다음 각 호의 요건을 갖추어야 한다.
  1. 자본금 또는 자산평가액이 3억원 이상으로서 대통령령으로 정하는 금액 이상일 것
  2. 항공기 급유, 하역, 지상조업을 위한 장비 등이 대통령령으로 정하는 기준에 적합할 것
  3. 그 밖에 사업 수행에 필요한 요건으로서 국토교통부령으로 정하는 요건을 갖출 것
③ 다음 각 호의 어느 하나에 해당하는 자는 항공기취급업의 등록을 할 수 없다.
  1. 제9조제2호부터 제6호(법인으로서 임원 중에 대한민국 국민이 아닌 사람이 있는 경우는 제외한다)까지의 어느 하나에 해당하는 자

항공사업법 시행령

제21조(항공기취급업의 등록요건) 법 제44조제2항제1호 및 제2호에 따른 항공기취급업의 등록요건은 별표 7과 같다.

[별표 7] 항공기취급업의 등록요건(제21조 관련)

구 분	기 준
1. 자본금 또는 자산평가액	가. 법인 : 납입자본금 3억원 이상 나. 개인 : 자산평가액 4억5천만원 이상
2. 장비	
가. 항공기 급유업	급유 지원차, 급유차, 트랙터, 트레일러 등 급유에 필요한 장비. 다만, 해당 공항의 급유시설 상황에 따라 불필요한 장비는 제외한다.
나. 항공기 하역업	소형 견인차, 수화물 하역차, 화물 하역장비, 수화물 이동장치, 화물 트레일러, 화물 카트 등 하역에 필요한 장비(수행하려는 업무에 필요한 장비로 한정한다)
다. 지상조업사업	항공기 견인차, 지상발전기(GPU), 엔진시동지원장치(ASU), 탑승 계단차, 오물처리 카트 등 지상조업에 필요한 장비(수행하려는 업무에 필요한 장비로 한정한다)

비고 : 임차계약을 통해 항공기취급업 등록에 필요한 장비의 사용권을 확보한 경우에는 해당 장비를 갖춘 것으로 본다.

항공사업법 시행규칙

제43조(항공기취급업의 등록) ① 법 제44조에 따른 항공기취급업을 하려는 자는 별지 제26호서식의 등록신청서(전자문서로 된 신청서를 포함한다)에 다음 각 호의 서류(전자문서를 포함한다)를 첨부하여 지방항공청장에게 제출하여야 한다. 이 경우 지방항공청장은 「전자정부법」 제36조제1항에 따른 행정정보의 공동이용을 통하여 법인등기사항증명서(신청인이 법인인 경우만 해당한다) 및 부동산 등기사항증명서(타인의 부동산을 사용하는 경우는 제외한다)를 확인하여야 한다.
  1. 해당 신청이 법 제44조제2항에 따른 등록요건을 충족함을 증명하거나 설명하는 서류
  2. 다음 각 목의 사항을 포함하는 사업계획서
    가. 자본금
    나. 상호·대표자의 성명과 사업소의 명칭 및 소재지
    다. 해당 사업의 취급 예정 수량 및 그 산출근거와 예상 사업수지계산서
    라. 필요한 자금 및 조달방법
    마. 사용시설·설비 및 장비 개요
    바. 종사자의 수
    사. 사업 개시 예정일
    아. 도급(하도급을 포함한다)하려는 경우 해당 업무의 범위와 책임, 수급업체에 대한 관리감독에 관한 사항
  3. 부동산을 사용할 수 있음을 증명하는 서류(타인의 부동산을 사용하는 경우만 해당한다)
② 지방항공청장은 제1항에 따른 등록신청서의 내용이 명확하지 아니하거나 첨부서류가 미비한 경우에는 7일 이내에 그 보완을 요구하여야 한다.
③ 지방항공청장은 제1항에 따라 등록 신청을 받았을 때에는 법 제44조제2항에 따른 항공기취급업 등록요건을 충족하는지를 심사하여 신청내용이 적합하다고 인정되면 별지 제9호서식의 등록대장에 그 사실을 적고, 별지 제10호서식의 등록증을 발급하여야 한다.
④ 지방항공청장은 제3항에 따른 등록 신청 내용을 심사할 때 항공기취급업의 등록 신청인과 계약한 항공종사자, 항공운송사업자, 공항 또는 비행장 시설·설비의 소유자등이 그 계약을 이행할 수 있는지에 관하여 관계 행정기관 또는 단체의 의견을 들을 수 있다.
⑤ 제3항의 등록대장은 전자적 처리가 불가능한 특별한 사유가 없으면 전자적 처리가 가능한 방법으로 작성·관리하여야 한다.

제44조(항공기취급업 변경신고) ① 법 제44조제1항 후단에서 "국토교통부령으로 정하는 사항"이란 다음 각 호의 사항을 말한다.
  1. 자본금의 감소
  2. 사업소의 신설 또는 변경
  3. 대표자 변경
  4. 대표자의 대표권 제한 및 그 제한의 변경
  5. 상호의 변경
  6. 사업 범위의 변경
  7. 도급(하도급을 포함한다)에 관한 사항의 변경
② 법 제44조제1항 후단에 따라 변경신고를 하려는 자는 그 변경 사유가 발생한 날부터 30일 이내에 별지 제13호서식의 변경신고서에 그 변경 사실을 증명할 수 있는 서류를 첨부하여 지방항공청장에게 제출하여야 한다.

Chapter 01 | 항공법규

항공사업법

2. 항공기취급업 등록의 취소처분을 받은 후 2년이 지나지 아니한 자. 다만, 제9조제2호에 해당하여 제45조제7항에 따라 항공기취급업 등록이 취소된 경우는 제외한다.

제45조(항공기취급업에 대한 준용규정) ① 항공기취급업의 명의대여 등의 금지에 관하여는 제33조를 준용한다.
② 항공기취급업의 양도·양수에 관하여는 제34조를 준용한다.
③ 항공기취급업의 합병에 관하여는 제35조를 준용한다.
④ 항공기취급업의 상속에 관하여는 제36조를 준용한다.
⑤ 항공기취급업의 휴업 및 폐업에 관하여는 제37조 및 제38조를 준용한다.
⑥ 항공기취급업의 사업개선 명령에 관하여는 제39조(같은 조 제3호는 제외한다)를 준용한다.
⑦ 항공기취급업의 등록취소 또는 사업정지에 관하여는 제40조를 준용한다. 다만, 제40조제1항제4호(항공기취급업자가 제9조제1호에 해당하게 된 경우에 한정한다), 제4호의2, 제5호 및 제13호는 준용하지 아니한다.
⑧ 항공기취급업에 대한 과징금의 부과에 관하여는 제41조를 준용한다. 이 경우 제41조제1항 중 "10억원"은 "3억원"으로 본다.

제4절 항공기대여업

제46조(항공기대여업의 등록) ① 항공기대여업을 경영하려는 자는 국토교통부령으로 정하는 바에 따라 신청서에 사업계획서와 그 밖에 국토교통부령으로 정하는 서류를 첨부하여 국토교통부장관에게 등록하여야 한다. 등록한 사항 중 국토교통부령으로 정하는 사항을 변경하려는 경우에는 국토교통부장관에게 신고하여야 한다.
② 제1항에 따른 항공기대여업을 등록하려는 자는 다음 각 호의 요건을 갖추어야 한다.
  1. 자본금 또는 자산평가액이 3천만원 이상으로서 대통령령으로 정하는 금액 이상일 것
  2. 항공기, 경량항공기 또는 초경량비행장치 1대 이상 등 대통령령으로 정하는 기준에 적합할 것
  3. 그 밖에 사업 수행에 필요한 요건으로서 국토교통부령으로 정하는 요건을 갖출 것
③ 다음 각 호의 어느 하나에 해당하는 자는 항공기대여업의 등록을 할 수 없다.
  1. 제9조 각 호의 어느 하나에 해당하는 자
  2. 항공기대여업 등록의 취소처분을 받은 후 2년이 지나지 아니한 자. 다만, 제9조제2호에 해당하여 제47조제8항에 따라 항공기대여업 등록이 취소된 경우는 제외한다.

항공사업법 시행령

제22조(항공기대여업의 등록요건) 법 제46조제2항제1호 및 제2호에 따른 항공기대여업의 등록요건은 별표 8과 같다.

[별표 8] 항공기대여업의 등록요건(제22조 관련)

구분	기준
1. 자본금 또는 자산평가액	가. 법인 : 납입자본금 2억5천만원 이상. 다만, 경량항공기 또는 초경량비행장치만을 대여하는 경우에는 3천만원 이상으로 한다. 나. 개인 : 자산평가액 3억7,500만원 이상. 다만, 경량항공기 또는 초경량비행장치만을 대여하는 경우에는 4,500만원 이상으로 한다.
2. 항공기	항공기, 경량항공기 또는 초경량비행장치 1대 이상
3. 보험 또는 공제 가입	가. 항공기 및 경량항공기마다 여객, 기체(경량항공기의 경우는 제외한다), 제3자배상책임 및 승무원에 대한 보험 또는 공제에 가입할 것 나. 초경량비행장치(무인비행장치는 제외한다)마다 여객(여객이 없는 초경량비행장치의 경우는 제외한다), 제3자배상책임, 조종자 및 동승자에 대한 보험 또는 공제에 가입하되, 피해자(피해자가 사망한 경우에는 손해배상을 받을 권리를 가진 자를 말한다. 이하 이 호에서 같다)에게 보장하는 금액은 「자동차손해배상 보장법 시행령」 제3조제1항 각 호에 따른 금액 이상일 것. 다만, 기구류를 제외한 초경량비행장치는 사업자별로 보험에 가입할 수 있다. 다. 무인비행장치마다 또는 사업자별로 다음의 보험 또는 공제에 가입할 것 　1) 다른 사람이 사망하거나 부상한 경우에 피해자에게 「자동차손해배상 보장법 시행령」 제3조제1항 각 호에 따른 금액 이상을 보장하는 보험 또는 공제 　2) 다른 사람의 재물이 멸실되거나 훼손된 경우에 피해자에게 「자동차손해배상 보장법 시행령」 제3조제3항에 따른 금액 이상을 보장하는 보험 또는 공제

항공사업법 시행규칙

제45조(항공기대여업의 등록신청) ① 법 제46조에 따른 항공기대여업을 하려는 자는 별지 제26호서식의 등록신청서(전자문서로 된 신청서를 포함한다)에 다음 각 호의 서류(전자문서를 포함한다)를 첨부하여 지방항공청장에게 제출하여야 한다. 이 경우 지방항공청장은 「전자정부법」 제36조제1항에 따른 행정정보의 공동이용을 통하여 법인등기사항증명서(신청인이 법인인 경우만 해당한다) 및 부동산 등기사항증명서(타인의 부동산을 사용하는 경우는 제외한다)를 확인하여야 한다.
    1. 해당 신청이 법 제46조제2항에 따른 등록요건을 충족함을 증명하거나 설명하는 서류
    2. 다음 각 목의 사항을 포함하는 사업계획서
        가. 자본금
        나. 상호·대표자의 성명과 사업소의 명칭 및 소재지
        다. 예상 사업수지계산서
        라. 재원 조달방법
        마. 사용 시설·설비 및 장비 개요
        바. 종사자 인력의 개요
        사. 사업 개시 예정일
    3. 부동산을 사용할 수 있음을 증명하는 서류(타인의 부동산을 사용하는 경우만 해당한다)
② 지방항공청장은 제1항에 따른 등록신청서의 내용이 명확하지 아니하거나 첨부서류가 미비한 경우에는 7일 이내에 보완을 요구하여야 한다.
③ 지방항공청장은 제1항에 따라 등록신청을 받았을 때에는 법 제46조제2항에 따른 항공기대여업의 등록요건을 충족하는지를 심사하여 신청내용이 적합하다고 인정되면 별지 제9호서식의 등록대장에 그 사실을 적고, 별지 제10호서식의 등록증을 발급하여야 한다.
④ 지방항공청장은 제3항에 따른 등록 신청 내용을 심사할 때 항공기대여업의 등록 신청인과 계약한 항공종사자, 항공운송사업자, 공항, 비행장 또는 이착륙장 시설·설비의 소유자등이 그 계약을 이행할 수 있는지에 관하여 관계 행정기관 또는 단체의 의견을 들을 수 있다.
⑤ 제3항의 등록대장은 전자적 처리가 불가능한 특별한 사유가 없으면 전자적 처리가 가능한 방법으로 작성·관리하여야 한다.

제46조(항공기대여업 변경신고) ① 법 제46조제1항 후단에서 "국토교통부령으로 정하는 사항"이란 다음 각 호의 사항을 말한다.
    1. 자본금의 감소
    2. 사업소의 신설 또는 변경
    3. 대표자 변경
    4. 대표자의 대표권 제한 및 그 제한의 변경
    5. 상호의 변경
    6. 사업 범위의 변경
② 법 제46조제1항 후단에 따라 변경신고를 하려는 자는 변경 사유가 발생한 날부터 30일 이내에 별지 제13호서식의 변경신고서에 변경 사실을 증명할 수 있는 서류를 첨부하여 지방항공청장에게 제출하여야 한다.

Chapter 01 | 항공법규

항공사업법

제47조(항공기대여업에 대한 준용규정) ① 항공기대여업의 사업계획에 관하여는 제32조를 준용한다.
② 항공기대여업의 명의대여 등의 금지에 관하여는 제33조를 준용한다.
③ 항공기대여업의 양도·양수에 관하여는 제34조를 준용한다.
④ 항공기대여업의 합병에 관하여는 제35조를 준용한다.
⑤ 항공기대여업의 상속에 관하여는 제36조를 준용한다.
⑥ 항공기대여업의 휴업 및 폐업에 관하여는 제37조 및 제38조를 준용한다.
⑦ 항공기대여업의 사업개선 명령에 관하여는 제39조를 준용한다. 이 경우 제39조제2호 중 "항공기"는 "항공기·경량항공기·초경량비행장치"로, 같은 조 제3호 중 "「항공안전법」제2조제6호에 따른 항공기사고"는 "「항공안전법」제2조제6호부터 제8호까지에 따른 항공기사고·경량항공기사고·초경량비행장치사고"로 본다.
⑧ 항공기대여업의 등록취소 또는 사업정지에 관하여는 제40조(같은 조 제1항제4호의2·제13호는 제외한다)를 준용한다.
⑨ 항공기대여업에 대한 과징금의 부과에 관하여는 제41조를 준용한다. 이 경우 제41조제1항 중 "10억원"은 "3억원"으로 본다.

제5절 초경량비행장치사용사업

제48조(초경량비행장치사용사업의 등록) ① 초경량비행장치사용사업을 경영하려는 자는 국토교통부령으로 정하는 바에 따라 신청서에 사업계획서와 그 밖에 국토교통부령으로 정하는 서류를 첨부하여 국토교통부장관에게 등록하여야 한다. 등록한 사항 중 국토교통부령으로 정하는 사항을 변경하려는 경우에는 국토교통부장관에게 신고하여야 한다.
② 제1항에 따른 초경량비행장치사용사업을 등록하려는 자는 다음 각 호의 요건을 갖추어야 한다.
　1. 자본금 또는 자산평가액이 3천만원 이상으로서 대통령령으로 정하는 금액 이상일 것. 다만, 최대이륙중량이 25킬로그램 이하인 무인비행장치만을 사용하여 초경량비행장치사용사업을 하려는 경우는 제외한다.
　2. 초경량비행장치 1대 이상 등 대통령령으로 정하는 기준에 적합할 것
　3. 그 밖에 사업 수행에 필요한 요건으로서 국토교통부령으로 정하는 요건을 갖출 것
③ 다음 각 호의 어느 하나에 해당하는 자는 초경량비행장치사용사업의 등록을 할 수 없다.
　1. 제9조 각 호의 어느 하나에 해당하는 자
　2. 초경량비행장치사용사업 등록의 취소처분을 받은 후 2년이 지나지 아니한 자. 다만, 제9조제2호에 해당하여 제49조제8항에 따라 초경량비행장치사용사업 등록이 취소된 경우는 제외한다.

항공사업법 시행령

제23조(초경량비행장치사용사업의 등록요건) 법 제48조제2항제1호 본문 및 같은 항 제2호에 따른 초경량비행장치사용사업의 등록요건은 별표 9와 같다.

[별표 9] 항공초경량비행장치사용사업의 등록요건(제23조 관련)

구 분	기 준
1. 자본금 또는 자산평가액	가. 법인 : 납입자본금 3천만원 이상 나. 개인 : 자산평가액 4,500만원 이상
2. 조종자	1명 이상
3. 장치	초경량비행장치(무인비행장치로 한정한다) 1대 이상
4. 보험 또는 공제 가입	초경량비행장치마다 또는 사업자별로 다음의 보험 또는 공제에 가입할 것 가. 다른 사람이 사망하거나 부상한 경우에 피해자(피해자가 사망한 경우에는 손해배상을 받을 권리를 가진 자를 말한다. 이하 이 호에서 같다)에게 「자동차손해배상 보장법 시행령」제3조제1항 각 호에 따른 금액 이상을 보장하는 보험 또는 공제 나. 다른 사람의 재물이 멸실되거나 훼손된 경우에 피해자에게 「자동차손해배상 보장법 시행령」제3조제3항에 따른 금액 이상을 보장하는 보험 또는 공제

항공사업법 시행규칙

제47조(초경량비행장치사용사업의 등록) ① 법 제48조에 따른 초경량비행장치사용사업을 하려는 자는 별지 제26호서식의 등록신청서(전자문서로 된 신청서를 포함한다)에 다음 각 호의 서류(전자문서를 포함한다)를 첨부하여 한국교통안전공단 이사장에게 제출해야 한다. 이 경우 한국교통안전공단 이사장은 「전자정부법」 제36조제1항에 따른 행정정보의 공동이용을 통하여 법인 등기사항증명서(신청인이 법인인 경우만 해당한다)와 부동산 등기사항증명서(타인의 부동산을 사용하는 경우는 제외한다)를 확인해야 한다.
  1. 해당 신청이 법 제48조제2항에 따른 등록요건을 충족함을 증명하거나 설명하는 서류 1부
  2. 다음 각 목의 사항을 포함하는 사업계획서
     가. 사업목적 및 범위
     나. 초경량비행장치의 안전성 점검 계획 및 사고 대응 매뉴얼 등을 포함한 안전관리대책
     다. 자본금
     라. 상호·대표자의 성명과 사업소의 명칭 및 소재지
     마. 사용시설·설비 및 장비 개요
     바. 종사자 인력의 개요
     사. 사업 개시 예정일
  3. 부동산을 사용할 수 있음을 증명하는 서류(타인의 부동산을 사용하는 경우만 해당한다)
② 한국교통안전공단 이사장은 제1항에 따른 등록신청서의 내용이 명확하지 않거나 첨부서류가 미비한 경우에는 7일 이내에 보완을 요구해야 한다.
③ 한국교통안전공단 이사장은 제1항에 따라 등록신청을 받았을 때에는 법 제48조제2항에 따른 초경량비행장치사용사업 등록요건을 충족하는지를 심사하여 신청내용이 적합하다고 인정되면 별지 제9호서식의 등록대장에 그 사실을 적고, 별지 제10호서식의 등록증을 발급해야 한다.
④ 한국교통안전공단 이사장은 제3항에 따른 등록 신청 내용을 심사할 때 초경량비행장치사용사업의 등록 신청인과 계약한 이착륙장 시설·설비의 소유자 등이 해당 계약을 이행할 수 있는지에 관하여 관계 행정기관 또는 단체의 의견을 들을 수 있다.
⑤ 제3항의 등록대장은 전자적 처리가 불가능한 특별한 사유가 없으면 전자적 처리가 가능한 방법으로 작성·관리하여야 한다.

제48조(초경량비행장치사용사업 변경신고) ① 법 제48조제1항 후단에서 "국토교통부령으로 정하는 사항"이란 다음 각 호의 사항을 말한다.
  1. 자본금의 감소
  2. 사업소의 신설 또는 변경
  3. 대표자 변경
  4. 대표자의 대표권 제한 및 그 제한의 변경
  5. 상호의 변경
  6. 사업 범위의 변경
② 법 제48조제1항 후단에 따라 변경신고를 하려는 자는 변경 사유가 발생한 날부터 30일 이내에 별지 제13호서식의 변경신고서에 변경 사실을 증명하는 서류를 첨부하여 한국교통안전공단 이사장에게 제출해야 한다.

제49조(항공레저스포츠사업의 등록) ① 법 제50조제1항에 따라 항공레저스포츠사업을 등록하려는 자는 별지 제26호서식의 등록신청서(전자문서로 된 신청서를 포함한다)에 다음 각 호의 서류(전자문서를 포함한다)를 첨부하여 지방항공청장에게 제출하여야 한다. 이 경우 지방항공청장은 「전자정부법」 제36조제1항에 따른 행정정보의 공동이용을 통하여 법인 등기사항증명서(신청인이 법인인 경우만 해당한다)와 부동산 등기사항증명서(타인의 부동산을 사용하는 경우는 제외한다)를 확인하여야 한다.
  1. 해당 신청이 법 제50조제2항에 따른 등록요건을 충족함을 증명하거나 설명하는 서류
  2. 다음 각 목의 사항을 포함하는 사업계획서
     가. 자본금
     나. 상호·대표자의 성명과 사업소의 명칭 및 소재지

Chapter 01 | 항공법규

항공사업법	항공사업법 시행령
제49조(초경량비행장치사용사업에 대한 준용규정) ① 초경량비행장치사용사업의 사업계획에 관하여는 제32조를 준용한다. ② 초경량비행장치사용사업의 명의대여 등의 금지에 관하여는 제33조를 준용한다. ③ 초경량비행장치사용사업의 양도·양수에 관하여는 제34조를 준용한다. ④ 초경량비행장치사용사업의 합병에 관하여는 제35조를 준용한다. ⑤ 초경량비행장치사용사업의 상속에 관하여는 제36조를 준용한다. ⑥ 초경량비행장치사용사업의 휴업 및 폐업에 관하여는 제37조 및 제38조를 준용한다. ⑦ 초경량비행장치사용사업의 사업개선 명령에 관하여는 제39조를 준용한다. 이 경우 제39조제2호 중 "항공기"는 "초경량비행장치"로, 같은 조 제3호 중 「항공안전법」 제2조제6호에 따른 항공기사고"는 "「항공안전법」 제2조제8호에 따른 초경량비행장치사고"로 본다. ⑧ 초경량비행장치사용사업의 등록취소 또는 사업정지에 관하여는 제40조(같은 조 제1항제4호의2·제13호는 제외한다)를 준용한다. ⑨ 초경량비행장치사용사업에 대한 과징금의 부과에 관하여는 제41조를 준용한다. 이 경우 제41조제1항 중 "10억원"은 "3천만원"으로 본다.	
제6절 항공레저스포츠사업	
제50조(항공레저스포츠사업의 등록) ① 항공레저스포츠사업을 경영하려는 자는 국토교통부령으로 정하는 바에 따라 국토교통부장관에게 등록하여야 한다. 등록한 사항 중 국토교통부령으로 정하는 사항을 변경하려는 경우에는 국토교통부장관에게 신고하여야 한다. ② 제1항에 따른 항공레저스포츠사업을 등록하려는 자는 다음 각 호의 요건을 갖추어야 한다. 　1. 자본금 또는 자산평가액이 3천만원 이상으로서 대통령령으로 정하는 금액 이상일 것 　2. 항공기, 경량항공기 또는 초경량비행장치 1대 이상 등 대통령령으로 정하는 기준에 적합할 것 　3. 그 밖에 사업 수행에 필요한 요건으로서 국토교통부령으로 정하는 요건을 갖출 것 ③ 다음 각 호의 어느 하나에 해당하는 자는 항공레저스포츠사업의 등록을 할 수 없다. 　1. 제9조 각 호의 어느 하나에 해당하는 자 　2. 항공기취급업, 항공기정비업, 또는 항공레저스포츠사업(제2조제26호 각 목의 사업 중 해당하는 사업의 경우에 한정한다) 등록의 취소처분을 받은 후 2년이 지나지 아니	**제24조(항공레저스포츠사업의 등록요건)** 법 제50조제2항제1호 및 제2호에 따른 항공레저스포츠사업의 등록요건은 별표 10과 같다.

II. 항공사업법 · 시행령 · 시행규칙
제3장 항공기사용사업 등

항공사업법 시행규칙

　　　다. 해당 사업의 항공기등 수량 및 그 산출근거와 예상 사업수지계산서
　　　라. 재원 조달방법
　　　마. 사용 시설·설비, 장비 및 이용자 편의시설 개요
　　　바. 종사자 인력의 개요
　　　사. 사업 개시 예정일
　　　아. 영업구역 범위 및 영업시간
　　　자. 탑승료·대여료 등 이용요금
　　　차. 항공레저 활동의 안전 및 이용자 편의를 위한 안전 관리대책(항공레저시설 관리 및 점검계획, 안전 수칙·교육·점검계획, 사고발생 시 비상연락체계, 탑승자 기록관리, 기상상태 현황 등)
　　3. 사업시설 부지 등 부동산을 사용할 수 있음을 증명하는 서류(타인의 부동산을 사용하는 경우만 해당한다)
② 지방항공청장은 제1항에 따른 등록신청서의 내용이 명확하지 아니하거나 첨부서류가 미비한 경우에는 7일 이내에 그 보완을 요구하여야 한다.
③ 지방항공청장은 제1항에 따라 등록 신청을 받았을 때에는 법 제50조제2항에 따른 항공레저스포츠사업 등록요건을 충족하는지를 심사하여 신청내용이 적합하다고 인정되면 별지 제9호서식의 등록대장에 그 사실을 적고, 별지 제10호서식의 등록증을 발급하여야 한다.
④ 지방항공청장은 제3항에 따른 등록 신청 내용을 심사할 때 항공레저스포츠사업의 등록 신청인과 계약한 공항, 비행장, 이착륙장 시설·설비의 소유자등이 해당 계약을 이행할 수 있는지에 관하여 관계 행정기관 또는 단체의 의견을 들을 수 있다.
⑤ 제3항의 등록대장은 전자적 처리가 불가능한 특별한 사유가 없으면 전자적 처리가 가능한 방법으로 작성·관리하여야 한다.

제50조(항공레저스포츠사업의 등록기준상의 경량항공기) 영 별표 10 제1호나목2) 및 같은 표 제2호나목2)에서 "국토교통부령으로 정하는 안전성인증 등급을 받은 경량항공기"란 「항공안전법」 제108조제2항 및 「항공안전법 시행규칙」 제284조제5항제1호에 따른 제1종 등급을 받은 경량항공기를 말한다.

제51조(항공레저스포츠사업의 변경신고) ① 법 제50조제1항 후단에서 "국토교통부령으로 정하는 사항"이란 다음 각 호의 사항을 말한다.
　　1. 자본금의 감소
　　2. 사업소의 신설 또는 변경
　　3. 대표자 변경
　　4. 대표자의 대표권 제한 및 그 제한의 변경
　　5. 상호의 변경
　　6. 사업 범위의 변경
② 법 제50조제1항 후단에 따라 변경신고를 하려는 자는 변경 사유가 발생한 날부터 30일 이내에 별지 제13호서식의 변경신고서에 변경 사실을 증명할 수 있는 서류를 첨부하여 지방항공청장에게 제출하여야 한다.

항공사업법

한 자. 다만, 제9조제2호에 해당하여 제43조제7항, 제45조제7항 또는 제51조제7항에 따라 등록이 취소된 경우는 제외한다.
④ 항공레저스포츠사업이 다음 각 호의 어느 하나에 해당하는 경우 국토교통부장관은 항공레저스포츠사업 등록을 제한할 수 있다.
　1. 항공레저스포츠 활동의 안전사고 우려 및 이용자들에게 심한 불편을 주거나 공익을 해칠 우려가 있는 경우
　2. 인구밀집지역, 사생활 침해, 교통, 소음 및 주변환경 등을 고려할 때 영업행위가 부적합하다고 인정하는 경우
　3. 그 밖에 항공안전 및 사고예방 등을 위하여 국토교통부장관이 항공레저스포츠사업의 등록제한이 필요하다고 인정하는 경우

제51조(항공레저스포츠사업에 대한 준용규정) ① 항공레저스포츠사업의 명의대여 등의 금지에 관하여는 제33조를 준용한다.
② 항공레저스포츠사업의 양도·양수에 관하여는 제34조를 준용한다.
③ 항공레저스포츠사업의 합병에 관하여는 제35조를 준용한다.
④ 항공레저스포츠사업의 상속에 관하여는 제36조를 준용한다.
⑤ 항공레저스포츠사업의 휴업 및 폐업에 관하여는 제37조 및 제38조를 준용한다.
⑥ 항공레저스포츠사업의 사업개선 명령에 관하여는 제39조를 준용한다. 이 경우 제39조제2호 중 "항공기"는 "항공기·경량항공기·초경량비행장치"로, 같은 조 제3호 중 「항공안전법」제2조제6호에 따른 항공기사고"는 "「항공안전법」제2조제6호부터 제8호까지에 따른 항공기사고·경량항공기사고·초경량비행장치사고"로 본다.
⑦ 항공레저스포츠사업의 등록취소 또는 사업정지에 관하여는 제40조(같은 조 제1항제4호의2·제5호 및 제13호는 제외한다)를 준용한다.
⑧ 항공레저스포츠사업에 대한 과징금의 부과에 관하여는 제41조를 준용한다. 이 경우 제41조제1항 중 "10억원"은 "3억원"으로 본다.

제7절 상업서류송달업등

제52조(상업서류송달업등의 신고) ① 상업서류송달업, 항공운송총대리점업 및 도심공항터미널업(이하 "상업서류송달업등"이라 한다)을 경영하려는 자는 국토교통부령으로 정하는 바에 따라 국토교통부장관에게 신고하여야 한다. 신고한 사항을 변경하려는 경우에도 또한 같다.
② 제1항에 따른 신고를 하려는 자는 국토교통부령으로 정하는 바에 따라 해당 신고서에 사업계획서와 그 밖에 국토교통부령으로 정하는 서류를 첨부하여 국토교통부장관에게 제출하여야 한다.

항공사업법 시행령

항공사업법 시행규칙

제52조(상업서류송달업의 신고 및 변경신고) ① 법 제52조제1항 전단에 따라 상업서류송달업을 하려는 자는 별지 제27호서식의 신고서에 다음 각 호의 서류를 첨부하여 지방항공청장에게 제출하여야 한다. 이 경우 담당 공무원은 「전자정부법」 제36조제1항에 따른 행정정보의 공동이용을 통하여 법인등기사항증명서(신고인이 법인인 경우만 해당한다) 또는 사업자등록증명을 확인하여야 한다.
   1. 사업계획서
   2. 예상 사업수지계산서
   3. 외국의 상업서류 송달업체로서 50개 이상의 대리점망을 가진 상업서류 송달업체와의 계약 체결 또는 2개 대륙 6개국 이상에서의 해외지사 설치를 증명하는 서류

② 법 제52조제1항 후단에 따라 상호·소재지 또는 대표자나 외국업체와 체결한 계약을 변경하려는 자는 그 사유가 발생한 날부터 60일 이내에 별지 제27호서식의 신고서에 변경 사실을 증명할 수 있는 서류를 첨부하여 지방항공청장에게 신고하여야 한다.

③ 지방항공청장은 제1항과 제2항에 따른 신고를 받으면 별지 제28호서식의 신고대장에 그 내용을 적고, 별지 제29호서식의 신고증명서를 발급하여야 한다.

④ 제3항의 신고대장은 전자적 처리가 불가능한 특별한 사유가 없으면 전자적 처리가 가능한 방법으로 작성·관리하여야 한다.

제53조(항공운송총대리점업의 신고 및 변경신고) ① 법 제52조제1항 전단에 따라 항공운송총대리점업을 하려는 자는 별지 제27호서식의 신고서에 다음 각 호의 서류를 첨부하여 지방항공청장에게 제출하여야 한다. 이 경우 담당 공무원은 「전자정부법」 제36조제1항에 따른 행정정보의 공동이용을 통하여 법인등기사항증명서(신고인이 법인인 경우만 해당한다)를 확인하여야 한다.
   1. 사업계획서
   2. 항공운송사업자와 체결한 계약서
   3. 예상 사업수지계산서

② 법 제52조제1항 후단에 따라 상호·소재지 및 대표자를 변경하려는 자는 그 사유가 발생한 날부터 30일 이내에 별지 제27호서식의 신고서에 변경 사실을 증명할 수 있는 서류를 첨부하여 지방항공청장에게 신고하여야 한다.

③ 지방항공청장은 제1항과 제2항에 따른 신고를 받으면 별지 제28호서식의 신고대장에 그 내용을 적고, 별지 제29호서식의 신고증명서를 발급하여야 한다.

④ 제3항의 신고대장은 전자적 처리가 불가능한 특별한 사유가 없으면 전자적 처리가 가능한 방법으로 작성·관리하여야 한다.

제54조(도심공항터미널업의 신고 및 변경신고) ① 법 제52조제1항 전단에 따라 도심공항터미널업을 하려는 자는 별지 제27호서식의 신고서에 다음 각 호의 서류를 첨부하여 지방항공청장에게 제출하여야 한다. 이 경우 담당 공무원은 「전자정부법」 제36조제1항에 따른 행정정보의 공동이용을 통하여 법인등기사항증명서(신고인이 법인인 경우만 해당한다)를 확인하여야 한다.
   1. 사업계획서
   2. 도심공항터미널시설 명세서
   3. 국제항공운송사업자와 체결한 계약서
   4. 예상 사업수지계산서
   5. 공항과 도심공항터미널을 왕래하는 교통수단의 확보에 관한 서류

② 법 제52조제1항 후단에 따라 상호·소재지 및 대표자를 변경하려는 자는 그 사유가 발생한 날부터 30일 이내에 별지 제27호서식의 신고서에 변경 사실을 증명할 수 있는 서류를 첨부하여 지방항공청장자에게 제출하여야 한다.

③ 지방항공청장은 제1항과 제2항에 따른 신고를 받으면 별지 제28호서식의 신고대장에 그 내용을 적고, 별지 제29호서식의 신고증명서를 발급하여야 한다.

④ 제3항의 신고대장은 전자적 처리가 불가능한 특별한 사유가 없으면 전자적 처리가 가능한 방법으로 작성·관리하여야 한다.

Chapter 01 | 항공법규

항공사업법	항공사업법 시행령

제53조(상업서류송달업등에 대한 준용규정) ① 항공운송총대리점업의 운송약관 등의 비치 및 과징금에 대하여는 제28조(같은 조 제1항제18호만 해당한다), 제29조를 준용한다. 이 경우 제28조제1항 각 호 외의 부분 본문 및 단서 중 "면허 또는 등록을 취소"는 "영업소를 폐쇄"로, 제29조제1항 본문 중 "50억원"은 "3억원"으로 본다.
② 상업서류송달업등의 명의대여 등의 금지에 관하여는 제33조를 준용한다. 이 경우 "등록증"은 "신고증명서"로 본다.
③ 상업서류송달업등의 양도·양수에 관하여는 제34조를 준용한다.
④ 상업서류송달업등의 합병에 관하여는 제35조를 준용한다.
⑤ 상업서류송달업등의 상속에 관하여는 제36조를 준용한다.
⑥ 상업서류송달업등의 휴업 및 폐업에 관하여는 제37조 및 제38조를 준용한다.
⑦ 상업서류송달업등의 사업개선 명령에 관하여는 제39조(같은 조 제3호는 제외한다)를 준용한다.
⑧ 상업서류송달업등의 영업소의 폐쇄 또는 사업정지에 관하여는 제40조(같은 조 제1항제3호·제4호·제4호의2·제12호 및 제13호는 제외한다)를 준용한다. 이 경우 제40조제1항 각 호 외의 부분 본문 및 단서 중 "등록을 취소"는 "영업소를 폐쇄"로 본다.
⑨ 상업서류송달업등에 대한 과징금의 부과에 관하여는 제41조를 준용한다. 이 경우 제41조제1항 중 "10억원"은 "3억원"으로 본다.

───── **제4장 외국인 국제항공운송사업** ─────

제54조(외국인 국제항공운송사업의 허가) ① 제7조제1항 및 제10조제1항에도 불구하고 다음 각 호의 어느 하나에 해당하는 자는 국토교통부장관의 허가를 받아 타인의 수요에 맞추어 유상으로 「항공안전법」 제100조제1항 각 호의 어느 하나에 해당하는 항행(이러한 항행과 관련하여 행하는 대한민국 각 지역 간의 항행을 포함한다)을 하여 여객 또는 화물을 운송하는 사업을 할 수 있다. 이 경우 국토교통부장관은 국내항공운송사업의 국제항공 발전에 지장을 초래하지 아니하는 범위에서 운항 횟수 및 사용 항공기의 기종(機種)을 제한하여 사업을 허가할 수 있다.
  1. 대한민국 국민이 아닌 사람
  2. 외국정부 또는 외국의 공공단체
  3. 외국의 법인 또는 단체
  4. 제1호부터 제3호까지의 어느 하나에 해당하는 자가 주식이나 지분의 2분의 1 이상을 소유하거나 그 사업을 사실상 지배하는 법인. 다만, 우리나라가 해당 국가(국가연합 또는 경제공동체를 포함한다)와 체결한 항공협정에서 달리 정한 경우에는 그 항공협정에 따른다.

항공사업법 시행규칙

제55조(외국인 국제항공운송사업의 허가 신청) 법 제54조에 따라 외국인 국제항공운송사업을 하려는 자는 운항개시예정일 60일 전까지 별지 제30호서식의 신청서(전자문서로 된 신청서를 포함한다)에 다음 각 호의 서류(전자문서를 포함한다)를 첨부하여 국토교통부장관에게 제출해야 한다.
1. 자본금과 그 출자자의 국적별 및 국가·공공단체·법인·개인별 출자액의 비율에 관한 명세서
2. 신청인이 신청 당시 경영하고 있는 항공운송사업의 개요를 적은 서류(항공운송사업을 경영하고 있는 경우만 해당한다)
3. 다음 각 목의 사항을 포함한 사업계획서
    가. 노선의 기점·기항지 및 종점과 각 지점 간의 거리
    나. 사용 예정 항공기의 수, 각 항공기의 등록부호·형식 및 식별부호, 사용 예정 항공기의 등록·감항·소음·보험 증명서
    다. 운항 횟수 및 출발·도착 일시
    라. 정비시설 및 운항관리시설의 개요
4. 신청인이 해당 노선에 대하여 본국에서 받은 항공운송사업 면허증 사본 또는 이를 갈음하는 서류
5. 법인의 정관 및 그 번역문(법인인 경우만 해당한다)
6. 최근의 손익계산서와 재무상태표
7. 운송약관 및 그 번역문
8. 「항공안전법 시행규칙」 제279조제1항 각 목의 제출서류
9. 「항공보안법」 제10조제2항에 따른 자체 보안계획서
10. 그 밖에 국토교통부장관이 정하는 사항

항공사업법	항공사업법 시행령

5. 외국인이 법인등기사항증명서상의 대표자이거나 외국인이 법인등기사항증명서상 임원 수의 2분의 1 이상을 차지하는 법인. 다만, 우리나라가 해당 국가(국가연합 또는 경제공동체를 포함한다)와 체결한 항공협정에서 달리 정한 경우에는 그 항공협정에 따른다.

② 제1항에 따른 허가기준은 다음 각 호와 같다.
　1. 우리나라와 체결한 항공협정에 따라 해당 국가로부터 국제항공운송사업자로 지정받은 자일 것
　2. 운항의 안전성이 「국제민간항공협약」 및 같은 협약의 부속서에서 정한 표준과 방식에 부합하여 「항공안전법」 제103조제1항에 따른 운항증명승인을 받았을 것
　3. 항공운송사업의 내용이 우리나라가 해당 국가와 체결한 항공협정에 적합할 것
　4. 국제 여객 및 화물의 원활한 운송을 목적으로 할 것

③ 제1항에 따른 허가를 받으려는 자는 국토교통부령으로 정하는 바에 따라 신청서에 사업계획서와 그 밖에 국토교통부령으로 정하는 서류를 첨부하여 운항개시예정일 60일 전까지 국토교통부장관에게 제출하여야 한다.

제55조(외국항공기의 유상운송) ① 외국 국적을 가진 항공기(외국인 국제항공운송사업자가 해당 사업에 사용하는 항공기는 제외한다)의 사용자는 「항공안전법」 제100조제1항제1호 또는 제2호에 따른 항행(이러한 항행과 관련하여 행하는 국내 각 지역 간의 항행을 포함한다)을 할 때 국내에 도착하거나 국내에서 출발하는 여객 또는 화물의 유상운송을 하는 경우에는 국토교통부령으로 정하는 바에 따라 국토교통부장관의 허가를 받아야 한다.

② 제1항에 따른 허가기준은 다음 각 호와 같다.
　1. 우리나라가 해당 국가와 체결한 항공협정에 따른 정기편 운항을 보완하는 것일 것
　2. 운항의 안전성이 「국제민간항공협약」 및 같은 협약의 부속서에서 정한 표준과 방식에 부합할 것
　3. 건전한 시장질서를 해치지 아니할 것
　4. 국제 여객 및 화물의 원활한 운송을 목적으로 할 것

제56조(외국항공기의 국내 유상 운송 금지) 제54조, 제55조 또는 「항공안전법」 제101조 단서에 따른 허가를 받은 항공기는 유상으로 국내 각 지역 간의 여객 또는 화물을 운송해서는 아니 된다.

제57조(외국인 국제항공운송사업의 휴업) ① 외국인 국제항공운송사업자가 휴업하려는 경우에는 국토교통부장관에게 신고하여야 한다.

② 제1항에 따른 휴업기간은 6개월을 초과할 수 없다.

③ 외국인 국제항공운송사업자가 제2항에 따른 최대 휴업기간이 지난 이후에 사업을 재개하지 아니하면서 폐업신고를 하지 아니한 경우에는 최대 휴업기간 종료일의 다음날 폐업한 것으로 본다.

항공사업법 시행규칙

제56조(외국항공기의 유상운송허가 신청) 법 제55조에 따라 외국 국적을 가진 항공기를 사용하여 유상운송을 하려는 자는 운송 예정일 10일 전까지(국내 및 국외의 재난으로 인한 물자·인력의 수송, 국가행사 지원, 긴급수출품 운송 등의 경우에는 운송개시 전까지로 한다) 별지 제31호서식의 신청서에 다음 각 호의 사항을 적은 운항 내용을 첨부하여 국토교통부장관 또는 지방항공청장에게 제출하여야 한다.
   1. 항공기의 국적·등록부호·형식 및 식별부호
   2. 기항지를 포함한 항행의 경로·일시 및 유상운송 구간
   3. 해당 운송을 하려는 취지
   4. 기장·승무원의 성명과 자격
   5. 여객의 성명 및 국적 또는 화물의 품명 및 수량
   6. 운임 또는 요금의 종류 및 액수
   7. 「항공안전법 시행규칙」 제279조제1항제1호 및 제2호의 제출서류(주 1회 이상의 운항 횟수로 4주 이상 운항하는 것을 계획한 경우만 해당한다)
   8. 그 밖에 국토교통부장관이 정하는 사항

제57조(외국인 국제항공운송사업의 휴업 신고) 법 제57조제1항에 따라 휴업 신고를 하려는 외국인 국제항공운송사업자는 별지 제36호서식의 신고서를 국토교통부장관에게 제출하여야 한다.

Chapter 01 | 항공법규

항공사업법

제58조(군수품 수송의 금지) 외국 국적을 가진 항공기(「대한민국과 아메리카합중국 간의 상호방위조약」 제4조에 따라 아메리카합중국정부가 사용하는 항공기와 이에 관련된 항공업무에 종사하는 사람은 제외한다)로 「항공안전법」 제100조제1항 각 호의 어느 하나에 해당하는 항행을 하여 국토교통부령으로 정하는 군수품을 수송해서는 아니 된다. 다만, 국토교통부령으로 정하는 바에 따라 국토교통부장관의 허가를 받은 경우에는 그러하지 아니한다.

제59조(외국인 국제항공운송사업 허가의 취소 등) ① 국토교통부장관은 외국인 국제항공운송사업자가 다음 각 호의 어느 하나에 해당하면 그 허가를 취소하거나 6개월 이내의 기간을 정하여 그 사업의 정지를 명할 수 있다. 다만, 제1호 또는 제22호에 해당하는 경우에는 그 허가를 취소하여야 한다.
  1. 거짓이나 그 밖의 부정한 방법으로 허가를 받은 경우
  2. 제54조제2항에 따른 허가기준에 적합하지 아니하게 운항하거나 사업을 한 경우
  3. 제57조를 위반하여 신고를 하지 아니하고 휴업한 경우 및 휴업기간에 사업을 하거나 휴업기간이 지난 후에도 사업을 시작하지 아니한 경우
  4. 제60조제2항에서 준용하는 제12조제1항부터 제3항까지의 규정을 위반하여 사업계획에 따라 사업을 하지 아니한 경우 및 인가를 받지 아니하거나 신고를 하지 아니하고 사업계획을 정하거나 변경한 경우
  5. 제60조제4항에서 준용하는 제14조제1항을 위반하여 운임 및 요금에 대하여 인가 또는 변경인가를 받지 아니하거나 신고 또는 변경신고를 하지 아니한 경우 및 인가를 받거나 신고한 사항을 이행하지 아니한 경우
  6. 제60조제5항에서 준용하는 제15조를 위반하여 운수협정 또는 제휴협정에 대하여 인가 또는 변경인가를 받지 아니하거나 신고를 하지 아니한 경우 및 인가를 받거나 신고한 사항을 이행하지 아니한 경우
  7. 제60조제8항에서 준용하는 제26조에 따라 부과된 허가 등의 조건 등을 이행하지 아니한 경우
  8. 제60조제9항에서 준용하는 제27조에 따른 사업개선 명령을 이행하지 아니한 경우
  9. 제60조제11항에서 준용하는 제61조의2제1항을 위반하여 같은 항 각 호의 시간을 초과하여 항공기를 머무르게 한 경우
  9의2. 제60조제12항에서 준용하는 제62조제4항 및 제5항을 위반하여 운송약관 등 서류의 비치 및 항공운임 등 총액 정보 제공의 의무를 이행하지 아니한 경우
  10. 「항공안전법」 제51조를 위반하여 국토교통부령으로 정하는 무선설비를 설치하지 아니한 항공기 또는 설치한 무선설비가 운용되지 아니하는 항공기를 항공에 사용한 경우

항공사업법 시행령

항공사업법 시행규칙

제58조(수송 금지 군수품) 법 제58조 본문에서 "국토교통부령으로 정하는 군수품"이란 병기와 탄약을 말한다.

제59조(외국항공기의 군수품 수송허가 신청) 법 제58조 단서에 따라 군수품 수송허가를 신청하려는 자는 수송 예정일 10일 전까지 별지 제32호서식의 신청서에 다음 각 호의 사항을 적은 운항 및 수송명세서를 첨부하여 국토교통부장관에게 제출하여야 한다.
  1. 성명·국적 및 주소
  2. 항공기의 국적·등록부호·형식 및 식별부호
  3. 수송하려는 군수품의 품명과 수량의 명세
  4. 해당 수송이 필요한 이유
  5. 해당 군수품을 수송하려는 구간 및 항행의 일시

제60조(외국인 국제항공운송사업에 대한 행정처분기준) 법 제59조제1항에 따른 행정처분의 기준은 별표 3과 같다.

Chapter 01 | 항공법규

항공사업법	항공사업법 시행령

항공사업법

11. 「항공안전법」 제52조를 위반하여 항공기에 항공계기등을 설치하거나 탑재하지 아니하고 항공에 사용하거나 그 운용방법 등을 따르지 아니한 경우
12. 「항공안전법」 제54조를 위반하여 항공기를 야간에 비행시키거나 비행장에 주기 또는 정박시키는 경우에 국토교통부령으로 정하는 바에 따라 등불로 항공기의 위치를 나타내지 아니한 경우
13. 「항공안전법」 제66조를 위반하여 이륙·착륙 장소가 아닌 곳에서 이륙하거나 착륙하게 한 경우
14. 「항공안전법」 제68조를 위반하여 비행 중 금지행위 등을 하게 한 경우
15. 「항공안전법」 제70조제1항을 위반하여 허가를 받지 아니하고 항공기를 이용하여 위험물을 운송하거나 같은 조 제3항을 위반하여 국토교통부장관이 고시하는 위험물취급의 절차 및 방법을 따르지 아니하고 위험물을 취급한 경우
16. 「항공안전법」 제104조제1항을 위반하여 같은 항 각 호의 서류를 항공기에 싣지 아니하고 운항한 경우
17. 「항공안전법」 제104조제2항을 위반하여 같은 조 제1항제2호의 운영기준을 지키지 아니한 경우
18. 정당한 사유 없이 허가받거나 인가받은 사항을 이행하지 아니한 경우
19. 주식이나 지분의 과반수에 대한 소유권 또는 실질적인 지배권이 제54조제2항제1호에 따라 국제항공운송사업자를 지정한 국가 또는 그 국가의 국민에게 속하지 아니하게 된 경우. 다만, 우리나라가 해당 국가(국가연합 또는 경제공동체를 포함한다)와 체결한 항공협정에서 달리 정한 경우에는 그 항공협정에 따른다.
20. 대한민국과 제54조제2항제1호에 따라 국제항공운송사업자를 지정한 국가가 항공에 관하여 체결한 협정이 있는 경우 그 협정이 효력을 잃거나 그 해당 국가 또는 외국인 국제항공운송사업자가 그 협정을 위반한 경우
21. 대한민국의 안전이나 사회의 안녕질서에 위해를 끼칠 현저한 사유가 있는 경우
22. 이 조에 따른 사업정지명령을 위반하여 사업정지기간에 사업을 경영한 경우

② 제1항에 따른 사업정지처분을 갈음한 과징금의 부과에 관하여는 제29조를 준용한다.
③ 제1항에 따른 처분의 세부기준과 그 밖에 처분의 절차에 필요한 사항은 국토교통부령으로 정한다.

제60조(외국인 국제항공운송사업에 대한 준용규정) ① 외국인 국제항공운송사업자의 항공기사고 시 지원계획서에 관하여는 제11조를 준용한다. 이 경우 "면허 또는 등록"은 "허가"로 본다.

재미있는 항공이야기

번개를 맞아도 안전한 항공기

하늘에 떠 있는 구름이 낭만적으로 보이는 것은 항공과 관련이 없는 일반인이 보는 시각이다. 항공업에 종사하는 사람들에게는 하늘에 떠 있는 구름조차도 낭만적으로 바라볼 수 있는 권리가 없는 듯 하다. 왜냐하면 이 구름조차도 항공기 운항에 커다란 지장을 주기 때문이다.

그렇다고 모든 구름이 문제가 되는 것은 아니다. 구름층이 두꺼운 경우가 조종사들에게 부담을 준다. 우선 밖을 내다볼 수 있는 시정이 짧아진다는데 문제가 발생한다. 창밖이 온통 구름에 싸여 비행한다는 것은 아무리 훌륭한 컴퓨터시스템으로 항공기가 자동 운항한다고 해도 조종사들에게 불안감을 안겨준다. 또한 이런 조종사들의 심리적 불안감 외에도 항공기가 구름 속을 비행할 때는 수많은 구름입자가 항공기 전면에 부딪쳐 항공기에 높은 정전기를 발생시킨다. 항공기가 구름 속을 비행할 때 항공기 앞부분에 발생하는 정전기는 10만에서 20만볼트까지 된다. 이 강력한 정전기는 항공기 통신 및 항법장치에 심한 잡음과 정전기 스파크를 발생시켜 항공기 운항에 큰 지장을 주게 된다.

이를 방지하기 위하여 항공기에는 정전기 방출장치가 부착되어 있다. 항공기 날개끝이나 꼬리끝 부분에 붙어 있는 뾰족한 부분이 바로 정전기 방출장치이다. 항공기가 고속 비행하면서 항공기 앞부분에 발생한 전기에너지는 날개끝이나 꼬리끝 부위에 모이게 되는데 이 저항성 소자로 된 정전기 방출장치를 통해 대기중으로 보내지게 되어 항공기와 승객에게는 전혀 피해를 주지 않는 것이다.

점보기의 경우는 정전기 방출장치가 68개나 장치되어 있다. 항공기가 번개를 맞아도 큰 피해를 입지 않는 것도 바로 이 정전기 방출장치가 부착되어 있기 때문이다.

〈자료출처 : 대한항공 홍보실〉

Chapter 01 | 항공법규

항공사업법	항공사업법 시행령

② 외국인 국제항공운송사업자의 사업계획의 변경 등에 관하여는 제12조를 준용한다. 이 경우 "사업면허, 등록 또는 노선허가"는 "허가"로 본다.
③ 외국인 국제항공운송사업자의 사업계획 준수 여부 조사에 관하여는 제13조를 준용한다.
④ 외국인 국제항공운송사업자의 운임 및 요금의 인가 등에 관하여는 제14조를 준용한다.
⑤ 외국인 국제항공운송사업자의 운수에 관한 협정등에 관하여는 제15조를 준용한다.
⑥ 외국인 국제항공운송사업자의 항공기 운항시각의 배분 등에 관하여는 제18조를 준용한다.
⑦ 외국인 국제항공운송사업자의 폐업에 관하여는 제25조를 준용한다.
⑧ 외국인 국제항공운송사업자의 허가 조건에 관하여는 제26조를 준용한다.
⑨ 외국인 국제항공운송사업자의 사업개선 명령에 관하여는 제27조를 준용한다.
⑩ 외국인 국제항공운송사업자의 항공교통이용자 보호 등에 관하여는 제61조를 준용한다.
⑪ 외국인 국제항공운송사업자의 이동지역에서의 지연 금지 등에 관하여는 제61조의2를 준용한다.
⑫ 외국인 국제항공운송사업자의 운송약관 등의 신고·비치 및 항공운임 등 총액에 관한 정보 제공의 의무에 관하여는 제62조제1항·제4항 및 제5항을 준용한다.
⑬ 외국인 국제항공운송사업자의 항공교통서비스 평가에 관하여는 제63조를 준용한다.
⑭ 외국인 국제항공운송사업자의 정보제공 등에 관하여는 제64조를 준용한다.

제5장 항공교통이용자 보호

제61조(항공교통이용자 보호 등) ① 항공교통사업자는 영업개시 30일 전까지 국토교통부령으로 정하는 바에 따라 항공교통이용자를 다음 각 호의 어느 하나에 해당하는 피해로부터 보호하기 위한 피해구제 절차 및 처리계획(이하 "피해구제계획"이라 한다)을 수립하고 이를 이행하여야 한다. 다만, 제12조제1항 각 호의 어느 하나에 해당하는 사유로 인한 피해에 대하여 항공교통사업자가 불가항력적 피해임을 증명하는 경우에는 그러하지 아니하다.
  1. 항공교통사업자의 운송 불이행 및 지연
  2. 위탁수화물의 분실·파손
  3. 항공권 초과 판매
  4. 취소 항공권의 대금환급 지연
  5. 탑승위치, 항공편 등 관련 정보 미제공으로 인한 탑승 불가

항공사업법 시행규칙

제61조(외국인 국제항공운송사업자의 사업계획 변경인가 신청 등) ① 법 제60조제2항에 따라 사업계획을 변경하려는 자는 별지 제33호서식의 외국인 국제항공운송사업계획 변경인가 신청서 및 외국인 국제항공운송사업계획 변경신고서, 별지 제34호서식의 외국인 국제항공운송사업 노선임시증편 인가신청서를 국토교통부장관 또는 지방항공청장에게 제출하여야 한다.
② 법 제60조제2항에 따라 준용되는 법 제12조제3항 단서에서 "국토교통부령으로 정하는 경미한 사항"이란 다음 각 호의 사항을 말한다.
  1. 자본금
  2. 대표자 및 대표권의 제한
  3. 상호(국내사업소만 해당한다)
  4. 항공기 수 및 편명
  5. 항공기등록부호
  6. 항공기의 기종(국제선의 경우에는 항공협정에서 항공기의 좌석 수, 탑재화물 톤 수를 고려하여 수송력 범위를 정하고 있으면 그 수송력 범위에 해당하는 경우만 해당한다)
  7. 정기편의 운항 횟수 감편 또는 4주 미만 운항 중단(국제항공운송사업만 해당한다)
  8. 운항시간(취항하는 공항이 군용비행장인 경우에는 해당기지부대장이 운항시간에 대해 동의하는 경우만 해당한다)
  9. 외국과의 항공협정으로 운항지점 및 수송력 등에 제한 없이 운항이 가능한 경우 운항지점 및 운항횟수
  10. 제9호에 해당되는 경우를 제외한 국제선운항의 임시변경 사항(7일 이내인 경우만 해당한다)
  11. 항공기의 급유 또는 정비 등을 위해 착륙하는 비행장

제62조(외국인 국제항공운송사업자의 운임 및 요금의 인가 신청 등) ① 법 제60조제4항에 따라 준용되는 법 제14조에 따라 운임 및 요금의 인가 또는 변경인가를 신청하거나 신고하려는 자는 별지 제35호서식의 인가·변경인가 신청서나 신고·변경신고서를 국토교통부장관에게 제출하여야 한다.
② 제1항에 따른 인가 또는 변경인가 신청을 할 때에는 운임 및 요금의 산출근거를 적은 서류를 첨부하여야 한다.

제63조(외국인 국제항공운송사업자의 폐업 신고) 법 제60조제7항에 따라 준용되는 법 제25조에 따라 폐업 신고를 하려는 자는 별지 제36호서식의 신고서를 국토교통부장관에게 제출해야 한다.

제64조(항공교통이용자의 피해유형 등) ① 법 제61조제1항제6호에서 "국토교통부령으로 정하는 사항"이란 다음 각 호의 어느 하나에 해당하는 사항을 말한다.
  1. 항공마일리지와 관련한 다음 각 목의 피해
    가. 항공사 과실로 인한 항공마일리지의 누락
    나. 항공사의 사전 고지 없이 발생한 항공마일리지의 소멸
  2. 「교통약자의 이용편의 증진법」 제2조제7호에 따른 이동편의시설의 미설치로 인한 항공기의 탑승 장애
② 법 제61조제2항제5호에서 "국토교통부령으로 정하는 항공교통이용자 피해구제에 관한 사항"이란 다음 각 호의 사항을 말한다.
  1. 피해 구제 상담을 위한 국내 대표 전화번호
  2. 피해구제 처리결과에 대한 이의 신청의 방법 및 절차
③ 법 제61조제6항에 따른 보고는 반기별로 별지 제37호서식의 보고서를 국토교통부장관 또는 지방항공청장에게 제출하는 방법으로 한다.

Chapter 01 | 항공법규

항공사업법	항공사업법 시행령

항공사업법

  6. 그 밖에 항공교통이용자를 보호하기 위하여 국토교통부령으로 정하는 사항
② 피해구제계획에는 다음 각 호의 사항이 포함되어야 한다.
  1. 피해구제 접수처의 설치 및 운영에 관한 사항
  2. 피해구제 업무를 담당할 부서 및 담당자의 역할과 임무
  3. 피해구제 처리 절차
  4. 피해구제 신청자에 대하여 처리결과를 안내할 수 있는 정보제공의 방법
  5. 그 밖에 국토교통부령으로 정하는 항공교통이용자 피해구제에 관한 사항
③ 항공교통사업자는 항공교통이용자의 피해구제 신청을 신속·공정하게 처리하여야 하며, 그 신청을 접수한 날부터 14일 이내에 결과를 통지하여야 한다.
④ 제3항에도 불구하고 신청인의 피해조사를 위한 번역이 필요한 경우 등 특별한 사유가 있는 경우에는 항공교통사업자는 항공교통이용자의 피해구제 신청을 접수한 날부터 60일 이내에 결과를 통지하여야 한다. 이 경우 항공교통사업자는 통지서에 그 사유를 구체적으로 밝혀야 한다.
⑤ 제3항 및 제4항에 따른 처리기한 내에 피해구제 신청의 처리가 곤란하거나 항공교통이용자의 요청이 있을 경우에는 그 피해구제 신청서를 「소비자기본법」에 따른 한국소비자원에 이송하여야 한다.
⑥ 항공교통사업자는 항공교통이용자의 피해구제 신청현황, 피해구제 처리결과 등 항공교통이용자 피해구제에 관한 사항을 국토교통부령으로 정하는 바에 따라 국토교통부장관에게 정기적으로 보고하여야 한다.
⑦ 국토교통부장관은 관계 중앙행정기관의 장, 「소비자기본법」 제33조에 따른 한국소비자원의 장에게 항공교통이용자의 피해구제 신청현황, 피해구제 처리결과 등 항공교통이용자 피해구제에 관한 자료의 제공을 요청할 수 있다. 이 경우 자료의 제공을 요청받은 자는 특별한 사유가 없으면 이에 따라야 한다.
⑧ 국토교통부장관은 항공교통이용자의 피해를 예방하고 피해구제가 신속·공정하게 이루어질 수 있도록 다음 각 호의 어느 하나에 해당하는 사항에 대하여 항공교통이용자 보호기준을 고시할 수 있다.
  1. 제1항 각 호에 해당하는 사항
  2. 항공권 취소·환불 및 변경과 관련하여 소비자 피해가 발생하는 사항
  3. 항공권 예약·구매·취소·환불·변경 및 탑승과 관련된 정보제공에 관한 사항
⑨ 국토교통부장관은 제8항에 따라 항공교통이용자 보호기준을 고시하는 경우 관계 행정기관의 장과 미리 협의하여야 하며, 항공교통사업자, 「소비자기본법」 제29조에 따라 등록한 소비자단체, 항공 관련 전문가 및 그 밖의 이해관계인 등의 의견을 들을 수 있다.

항공사업법 시행규칙

제64조의2(교통약자를 위한 정보제공 등) ① 항공교통사업자는 법 제61조제11항제1호에 따라 다음 각 호의 구분에 따른 정보를 「교통약자의 이동편의 증진법」제2조제1호에 해당하는 교통약자(이하 "교통약자"라 한다)가 요청한 경우 이를 제공해야 한다.
　　1. 공항운영자
　　　　가. 공항 외부와 내부의 교통약자 이용편의시설 현황 및 이용방법
　　　　나. 공항 내 이동을 위해 제공되는 서비스의 내용과 이용방법
　　　　다. 그 밖에 교통약자의 공항시설 이용을 위해 제공되는 서비스 및 불만처리 절차
　　2. 항공운송사업자
　　　　가. 교통약자 우선좌석 운영 및 이용가능 여부
　　　　나. 기내용 휠체어 이용 가능 여부
　　　　다. 그 밖에 교통약자의 항공기 이용을 위해 제공되는 서비스 및 불만처리 절차
② 항공교통사업자는 교통약자로부터 요청받은 제64조의3 또는 제64조의4에 따른 서비스가 그 소관에 속하지 않으면 해당 교통약자의 유형, 요청사항 등에 관한 정보를 관련 항공교통사업자에게 통지해야 한다.

제64조의3[교통약자를 위한 공항이용 및 항공기 탑승·하기(下機) 서비스] ① 항공교통사업자는 법 제61조제11항제2호에 따라 교통약자가 공항이용 및 항공기 탑승·하기(下機)를 위해 항공기 출발 48시간 전까지 다음 각 호의 서비스를 요청하는 경우 이를 제공해야 한다.
　　1. 휠체어를 이용하는 교통약자가 탑승하는 항공기에 탑승교 또는 휠체어 탑승설비 우선 배정
　　2. 수하물로 운송하는 교통약자용 보조기구의 우선 처리
② 제1항에도 불구하고 항공교통사업자는 기상상황, 재난, 다른 교통약자에 의한 해당 서비스의 이용 등 부득이한 사유가 있는 경우에는 해당 서비스를 제공하지 않을 수 있다. 이 경우 그 사유를 교통약자에게 알려야 한다.
③ 항공교통사업자는 공항이용 및 항공기 탑승·하기(下機)를 위해 교통약자에게 서비스를 제공할 때 본인의 동의 없이 교통약자를 안거나 업어서 이동시켜서는 안 된다. 다만, 비행기 사고 등 불가피한 사유가 있는 경우에는 그렇지 않다.

제64조의4(교통약자를 위한 항공기 내 서비스) ① 항공운송사업자는 장애인 등 거동이 불편한 교통약자의 편의를 위해 항공기 내 우선좌석을 운영해야 한다. 이 경우 교통약자에게 동행하는 보호자가 있는 경우 인접좌석을 보호자에게 배정할 수 있다.
② 항공운송사업자는 항공기 내에서 승객에게 제공하는 안전 및 서비스에 관한 정보를 자막, 점자, 안내메모, 그림 등을 통해 제공해야 한다.
③ 교통약자의 요청에 따라 항공기 내에서 교통약자에게 제공하는 기내용 휠체어는 발판, 팔걸이, 안전벨트, 고정장치 등 교통약자의 안전을 고려한 것이어야 한다.

제64조의5(교통약자 관련 종사자의 훈련·교육) ① 항공교통사업자는 법 제61조제11항제4호에 따라 다음 각 호의 종사자에게 연간 2시간 이상 훈련·교육을 실시해야 한다.
　　1. 고객 안내 및 서비스 상담 업무를 담당하는 직원
　　2. 예약 및 발권 업무를 담당하는 직원
　　3. 객실승무원
　　4. 휠체어 탑승설비 등 그 밖의 이동수단 운행업무를 담당하는 직원
② 제1항에 따른 종사자 훈련·교육에 다음 각 호의 내용이 포함되어야 한다.
　　1. 교통약자 이동편의시설 종류와 사용방법
　　2. 교통약자용 보조기구 및 보조견의 취급
　　3. 교통약자가 사용하는 위험물 취급 등 안전 및 보안 관련 규범
　　4. 그 밖에 교통약자의 항공여행에 관한 필요한 사항

제64조의6(교통약자 관련 서비스의 불만처리) ① 항공교통사업자는 법 제61조제11항제5호에 따라 교통약자 관련 서비스에 대하여 접수된 불만을 신속·공정하게 처리해야 하며, 그 신청을 접수한 날부터 14일 이내에 결과를 통지해야 한다.

항공사업법	항공사업법 시행령

⑩ 항공교통사업자, 항공운송총대리점업자 및 「관광진흥법」 제4조에 따라 여행업 등록을 한 자(이하 "여행업자"라 한다)는 제8항에 따른 항공교통이용자 보호기준을 준수하여야 한다.

⑪ 국토교통부장관은 「교통약자의 이동편의 증진법」 제2조제1호에 해당하는 교통약자를 보호하고 이동권을 보장하기 위하여 다음 각 호의 어느 하나에 해당하는 사항에 대하여 교통약자의 항공교통이용 편의기준을 국토교통부령으로 정할 수 있다.
  1. 항공교통사업자가 교통약자를 위하여 제공하여야 하는 정보 및 정보제공방법에 관한 사항
  2. 항공교통사업자가 교통약자의 공항이용 및 항공기 탑승·하기(下機)를 위하여 제공하여야 하는 서비스에 관한 사항
  3. 항공운송사업자가 교통약자를 위하여 항공기 내에서 제공하여야 하는 서비스에 관한 사항
  4. 항공교통사업자가 교통약자 관련 서비스를 제공하기 위하여 실시하여야 하는 종사자 훈련·교육에 관한 사항
  5. 교통약자 관련 서비스에 대하여 접수된 불만처리에 관한 사항

⑫ 항공교통사업자는 제11항에 따른 교통약자의 항공교통이용 편의기준을 준수하여야 한다.

제61조의2(이동지역에서의 지연 금지 등) ① 항공운송사업자는 항공교통이용자가 항공기에 탑승한 상태로 이동지역(활주로·유도로 및 계류장 등 항공기의 이륙·착륙 및 지상이동을 위하여 사용되는 공항 내 지역을 말한다. 이하 같다)에서 다음 각 호의 시간을 초과하여 항공기를 머무르게 하여서는 아니 된다. 다만, 승객의 하기(下機)가 공항운영에 중대한 혼란을 초래할 수 있다고 관계 기관의 장이 의견을 제시하거나, 기상·재난·재해·테러 등이 우려되어 안전 또는 보안상의 이유로 승객을 기내에서 대기시킬 수밖에 없다고 관계 기관의 장 또는 기장이 판단하는 경우에는 그러하지 아니하다.
  1. 국내항공운송 : 3시간
  2. 국제항공운송 : 4시간

② 항공운송사업자는 항공교통이용자가 항공기에 탑승한 상태로 이동지역에서 항공기를 머무르게 하는 경우 해당 항공기에 탑승한 항공교통이용자에게 30분마다 그 사유 및 진행상황을 알려야 한다.

③ 항공운송사업자는 항공교통이용자가 항공기에 탑승한 상태로 이동지역에서 항공기를 머무르게 하는 시간이 2시간을 초과하게 된 경우 해당 항공교통이용자에게 적절한 음식물을 제공하여야 하며, 국토교통부령으로 정하는 바에 따라 지체 없이 국토교통부장관에게 보고하여야 한다.

④ 제3항에 따른 항공운송사업자의 보고를 받은 국토교통부장관은 관계 기관의 장 및 공항운영자에게 해당 지연 상황의 조속한 해결을 위하여 필요한 협조를 요청할 수 있다. 이 경우 요청을 받은 자는 특별한 사유가 없으면 이에 따라야 한다.

> 항공사업법 시행규칙

② 항공교통사업자는 불만 조사를 위해 번역이 필요한 경우 등 특별한 사유가 있는 경우에는 제1항에도 불구하고 교통약자의 불만을 접수한 날부터 60일 이내에 결과를 통지해야 한다. 이 경우 항공교통사업자는 결과통지서에 그 연장사유를 구체적으로 밝혀야 한다.

제64조의7(이동지역 내 지연사항 보고) 법 제61조의2제3항에 따른 보고에는 다음 각 호의 사항이 포함되어야 한다.
1. 지연시간
2. 지연원인
3. 승객에 대한 조치내용
4. 하기(下機)계획

Chapter 01 | 항공법규

항공사업법

⑤ 그 밖에 이동지역 내에서의 지연 금지 및 관계 기관의 장 등에 대한 협조 요청의 절차와 내용에 관한 사항은 대통령령으로 정한다.

제62조(운송약관 등의 비치 등) ① 항공운송사업자는 운송약관을 정하여 국토교통부장관에게 신고하여야 한다. 이를 변경하려는 경우에도 같다.
② 제1항에 따른 신고 또는 변경신고가 신고서의 기재사항 및 첨부서류에 흠이 없고, 법령 등에 규정된 형식상의 요건을 충족하는 경우에는 신고서가 접수기관에 도달된 때에 신고 의무가 이행된 것으로 본다.
③ 제1항에 따른 운송약관 신고 등 필요한 사항은 국토교통부령으로 정한다.
④ 항공교통사업자는 다음 각 호의 서류를 그 사업자의 영업소, 인터넷 홈페이지 또는 항공교통이용자가 잘 볼 수 있는 곳에 국토교통부령으로 정하는 바에 따라 갖추어 두고, 항공교통이용자가 열람할 수 있게 하여야 한다. 다만, 제1호부터 제3호까지의 서류는 항공교통사업자 중 항공운송사업자만 해당한다.
  1. 운임표
  2. 요금표
  3. 운송약관
  4. 피해구제계획 및 피해구제 신청을 위한 관계 서류
⑤ 항공운송사업자, 항공운송총대리점업자 및 여행업자는 제14조제1항 및 제2항의 운임 및 요금을 포함하여 대통령령으로 정하는 바에 따라 항공교통이용자가 실제로 부담하여야 하는 금액의 총액(이하 "항공운임 등 총액"이라 한다)을 쉽게 알 수 있도록 항공교통이용자에게 해당 정보를 제공하여야 한다.
⑥ 항공기사용사업자, 항공기정비업자, 항공기취급업자, 항공기대여업자, 초경량비행장치사용사업자 및 항공레저스포츠사업자는 요금표 및 약관을 영업소나 그 밖의 사업소에서 항공교통이용자가 잘 볼 수 있는 곳에 국토교통부령으로 정하는 바에 따라 갖추어 두고, 항공교통이용자가 열람할 수 있게 하여야 한다.
⑦ 여행업에 대하여는 제28조(같은 조 제1항제19호에 한정한다)를 준용한다. 이 경우 제28조제1항 각 호 외의 부분 본문 중 "국토교통부장관"은 "특별자치시장·특별자치도지사·시장·군수·구청장(자치구의 구청장을 말한다)"으로 본다.

제63조(항공교통서비스 평가 등) ① 국토교통부장관은 공공복리의 증진과 항공교통이용자의 권익보호를 위하여 항공교통사업자가 제공하는 항공교통서비스에 대한 평가를 할 수 있다.
② 제1항에 따른 항공교통서비스 평가항목은 다음 각 호와 같다.
  1. 항공교통서비스의 정시성 또는 신뢰성
  2. 항공교통서비스 관련 시설의 편의성
  3. 항공교통서비스의 안전성

항공사업법 시행령

제24조의2(이동지역에서의 기내 지연 시 협조요청 등) ① 국토교통부장관이 법 제61조의2제4항에 따라 협조를 요청할 수 있는 사항은 다음 각 호의 구분에 따른 사항으로 한다.
  1. 관계 기관의 장에 대한 협조요청
   가. 항공기 입·출항 보고서 및 탑승객 명부의 우선 처리
   나. 외부음식 반입 관련 허가절차의 우선 처리
   다. 승무원 보건상태 신고 및 승무원 교체에 따른 변경신고의 우선 처리
   라. 그 밖에 이동지역(활주로·유도로 및 계류장 등 항공기의 이륙·착륙 및 지상이동을 위하여 사용되는 공항 내 지역을 말한다. 이하 같다)에서의 지연 해소를 위하여 협조가 필요한 사항
  2. 공항운영자에 대한 협조요청
   가. 항공기가 2시간을 초과하여 이동지역에서 머무를 경우 상황 접수·전파·모니터링
   나. 계류장 재배정, 관제 지원 및 항공기 통제
   다. 승객 하기(下機) 절차 지원
   라. 그 밖에 이동지역에서의 지연 해소를 위하여 협조가 필요한 사항
② 국토교통부장관은 제1항에 따른 협조를 요청하는 경우에는 문서로 해야 하고, 협조의 내용과 이유를 구체적으로 밝혀야 한다.

제25조(항공운임 등 총액) ① 항공운송사업자가 법 제62조제5항에 따라 항공교통이용자에게 제공하여야 하는 항공운임 등 총액(이하 "항공운임 등 총액"이라 한다)은 다음 각 호의 금액을 합산한 금액으로 한다.
  1. 「공항시설법」 제32조제1항에 따른 사용료
  2. 법 제14조제1항 또는 제2항에 따른 운임 및 요금
  3. 해외 공항의 시설사용료
  4. 「관광진흥개발기금법」 제2조제3항에 따른 출국납부금
  5. 「국제질병퇴치기금법」 제5조제1항에 따른 출국납부금
  6. 그 밖에 항공운송사업자가 제공하는 항공교통서비스를 이용하기 위하여 항공교통이용자가 납부하여야 하는 금액
② 항공운송사업자는 법 제62조제5항에 따라 항공교통이용자에게 항공권을 표시·광고 또는 안내하는 경우에 항공운임 등 총액에 관한 정보를 제공하여야 한다.

항공사업법 시행규칙

제65조(운송약관의 신고) 법 제62조제1항에 따라 신고 또는 변경신고를 하려는 자는 별지 제38호서식의 신고(변경신고서)에 다음 각 호의 서류를 첨부하여 국토교통부장관 또는 지방항공청장에게 제출하여야 한다. 이 경우 제출서류가 외국어로 작성된 경우에는 번역문을 첨부하여야 한다.
    1. 운송약관
    2. 운송약관 신·구조문대비표 및 운송약관 변경사유(변경신고의 경우만 해당한다)

제66조(항공교통이용자를 위한 서류의 비치 장소) 법 제62조제4항에 따라 항공교통사업자가 같은 항 각 호에 따른 서류를 갖추어 두어야 하는 장소는 다음과 같다. 다만, 제3호의 장소에는 법 제62조제4항제4호에 따른 서류 중 피해구제 신청을 위한 관계 서류만 비치할 수 있다.
    1. 발권대
    2. 공항 안내데스크
    3. 항공기 내(법 제2조제39호에 따른 외국인 국제항공운송사업자는 제외한다)

제67조(항공교통서비스 평가항목) 법 제63조제2항제4호에서 "국토교통부령으로 정하는 사항"이란 다음 각 호의 사항을 말한다.
    1. 항공교통서비스의 이용자 만족도
    2. 항공교통서비스의 신속성 및 정확성
    3. 항공운송사업자의 안전문화
    4. 항공교통사업자의 피해구제실적 및 항공교통이용자 보호조치의 충실성

제68조(항공교통서비스 평가기준 등) ① 법 제63조에 따른 항공교통서비스 평가는 다음 각 호의 기준에 따라 한다.
    1. 평가방법 : 평가항목에 대해서는 정량평가를 기준으로 평가할 것. 다만, 평가항목의 특성상 필요하다고 인정하는 경우에는 정성평가를 추가할 수 있다.
    2. 평가기간 및 평가주기 : 해당 연도의 1월 1일부터 12월 31일까지를 기준으로 1년마다 평가할 것
② 국토교통부장관은 법 제63조제1항에 따라 평가를 할 때에는 항공교통사업자의 매출규모, 인력현황, 사업범위 또는 사업운영방식 등을 종합적으로 고려할 수 있다.
③ 국토교통부장관은 법 제63조제1항에 따른 평가를 위하여 필요하다고 인정하는 경우에는 관계 전문가, 기관 또는 단체에 대하여 의견 또는 자료의 제출을 요청할 수 있다.
④ 제1항부터 제3항까지의 규정에 따른 평가방법 및 평가절차 등에 관하여 필요한 세부사항은 국토교통부장관이 정한다.

Chapter 01 항공법규

항공사업법

4. 그 밖에 제1호부터 제3호까지에 준하는 사항으로서 국토교통부령으로 정하는 사항

③ 국토교통부장관은 항공교통서비스의 평가를 할 경우 항공교통사업자에게 관련 자료 및 의견 제출 등을 요구하거나 서비스에 대한 실지조사를 할 수 있다.

④ 제3항에 따른 자료 또는 의견 제출 등을 요구받은 항공교통사업자는 특별한 사유가 없으면 이에 따라야 한다.

⑤ 국토교통부장관은 제1항에 따른 항공교통서비스의 평가를 한 후 평가항목별 평가 결과, 서비스 품질 및 서비스 순위 등 세부사항을 대통령령으로 정하는 바에 따라 공표하여야 한다.

⑥ 제1항부터 제5항까지에서 규정한 사항 외에 항공교통서비스에 대한 평가기준, 평가주기 및 절차 등에 관한 세부사항은 국토교통부령으로 정한다.

제64조(항공교통이용자를 위한 정보의 제공 등) ① 국토교통부장관은 항공교통이용자 보호 및 항공교통서비스의 촉진을 위하여 국토교통부령으로 정하는 바에 따라 항공교통서비스에 관한 보고서(이하 "항공교통서비스 보고서"라 한다)를 연 단위로 발간하여 국토교통부령으로 정하는 바에 따라 항공교통이 용자에게 제공하여야 한다.

② 항공교통서비스 보고서에는 다음 각 호의 사항이 포함되어야 한다.
1. 항공교통사업자 및 항공교통이용자 현황
2. 항공교통이용자의 피해현황 및 그 분석 자료
3. 항공교통서비스 수준에 관한 사항
4. 「항공안전법」 제133조에 따른 항공운송사업자의 안전도에 관한 정보
5. 국제기구 또는 다른 나라의 항공교통이용자 보호 및 항공교통서비스 정책에 관한 사항
6. 항공교통이용자의 항공권 구입에 따라 적립되는 마일리지(탑승거리, 판매가 등에 따라 적립되는 점수 등을 말한다)에 대한 항공운송사업자(외국인 국제항공운송사업자를 포함한다)별 적립 기준 및 사용 기준
7. 제1호부터 제6호까지에서 규정한 사항 외에 국토교통부령으로 정하는 항공교통이용자 보호에 관한 사항

③ 국토교통부장관은 항공교통서비스 보고서 발간을 위하여 항공교통사업자에게 자료의 제출을 요청할 수 있다. 이 경우 항공교통사업자는 특별한 사유가 없으면 이에 따라야 한다.

항공사업법 시행령

③ 항공운송총대리점업자 및 법 제61조제10항에 따른 여행업자는 법 제62조제5항에 따라 항공교통이용자에게 항공권 또는 항공권이 포함되어 있는 여행상품을 표시·광고 또는 안내하는 경우에 항공운임 등 총액에 관한 정보를 제공하여야 한다. 다만, 항공운임 등 총액이 여행상품 가격에 포함된 경우에는 항공운임 등 총액에 관한 정보를 제공한 것으로 본다.

④ 제2항 또는 제3항에 따라 항공권 또는 항공권이 포함되어 있는 여행상품을 표시·광고 또는 안내할 때 항공운임 등 총액에 관한 정보를 제공하는 기준은 다음 각 호와 같다.
1. 항공운임 등 총액이 편도인지 왕복인지를 명시할 것
2. 항공운임 등 총액에 포함된 유류할증료, 해외공항의 시설사용료 등 발권일·환율 등에 따라 변동될 수 있는 항목의 변동가능 여부를 명시할 것
3. 항공권 또는 항공권이 포함되어 있는 여행상품을 표시 또는 광고할 때 항공교통이용자가 항공운임 등 총액을 쉽게 식별할 수 있도록 "항공운임 등 총액"의 글자 크기·형태 및 색상 등을 제1항 각 호의 사항과 차별되게 강조할 것
4. 출발·도착 도시 및 일자, 항공권의 종류 등이 구체적으로 명시된 항공권 또는 해당 항공권이 포함된 여행상품의 경우 유류할증료(환율에 따라 변동되는 유류할증료의 경우 항공운송사업자 또는 외국인 국제항공운송사업자가 적용하는 환율로 산정한 금액을 말한다)를 명시할 것

제26조(항공교통서비스 평가 결과의 공표) 국토교통부장관은 법 제63조제5항에 따라 항공교통서비스의 평가 결과를 공표하는 경우에는 그 평가가 끝난 날부터 10일 이내에 국토교통부 홈페이지에 게시하여야 한다.

항공사업법 시행규칙

제69조(항공교통서비스 보고서 발간 등) ① 국토교통부장관은 법 제64조제1항에 따른 항공교통서비스에 관한 보고서(이하 "항공교통서비스 보고서"라 한다)의 발간을 위하여 필요하다고 인정하는 경우에는 관계 공무원으로 구성되는 항공교통서비스 발간협의회를 설치·운영할 수 있다.
② 항공교통서비스 보고서의 제공은 국토교통부의 홈페이지에 게재하는 방법으로 한다. 이 경우 필요하다고 인정되는 경우에는 항공 관련 기관·단체의 간행물이나 홈페이지에 함께 게재할 수 있다.
③ 법 제64조제2항제7호에서 "국토교통부령으로 정하는 항공교통이용자 보호에 관한 사항"이란 다음 각 호의 사항을 말한다.
  1. 항공교통이용자 및 항공교통사업자 관련 국내 법령 현황
  2. 항공교통사업자의 업무규정 또는 약관의 주요 내용
  3. 항공교통사업자의 이용요금에 관한 사항
  4. 항공교통량 및 이용객 현황에 관한 사항
④ 제3항에 따른 항공교통이용자의 보호에 관한 사항과 관련된 세부내용 및 구분 등에 필요한 사항은 국토교통부장관이 정한다.

Chapter 01 | 항공법규

항공사업법

제6장 항공사업의 진흥

제65조(항공사업자에 대한 재정지원) ① 국가는 항공사업을 진흥하기 위하여 다음 각 호의 어느 하나에 해당하는 경우 대통령령으로 정하는 바에 따라 항공사업을 영위하는 자(이하 "항공사업자"라 한다)에게 그 소요 자금의 일부를 보조하거나 재정자금으로 융자하여 줄 수 있다.
  1. 전쟁·내란·테러 등으로 항공사업자에게 손실이 발생한 경우
  2. 항공사업의 육성을 위하여 필요하다고 인정하는 경우
② 지방자치단체는 항공사업의 지원이 지역경제 활성화를 위하여 필요하다고 인정하는 경우에는 조례로 정하는 바에 따라 예산의 범위에서 항공사업자에게 재정지원을 할 수 있다.

제66조(항공기담보의 특례) 정부 또는 금융회사 등은 항공사업자가 항공기를 도입하는 경우에 그 항공기가 「항공안전법」 제7조에 따른 소유권 취득에 관한 등록을 하기 전이라도 그 항공기를 담보로 하여 융자하여 줄 수 있다.

제67조(보조 또는 융자 자금의 목적 외 사용금지와 감독) ① 이 법에 따라 보조 또는 융자를 받은 항공사업자는 그 자금을 해당 교부 목적 외의 목적으로 사용하지 못한다.
② 국토교통부장관 또는 지방자치단체의 장은 이 법에 따라 보조 또는 융자를 받은 항공사업자에 대하여 그 자금을 적정하게 사용하도록 감독하여야 한다.

제68조(한국항공협회의 설립) ① 다음 각 호에 해당하는 자는 항공운송사업의 발전, 항공운송사업자의 권익보호, 공항운영 개선 및 항공안전에 관한 연구와 그 밖에 정부가 위탁한 업무를 효율적으로 수행하기 위하여 한국항공협회(이하 "협회"라 한다)를 설립할 수 있다.
  1. 국내항공운송사업자 또는 국제항공운송사업자
  2. 「인천국제공항공사법」에 따른 인천국제공항공사
  3. 「한국공항공사법」에 따른 한국공항공사
  4. 그 밖에 항공과 관련된 사업자 및 단체
② 협회는 법인으로 한다.
③ 협회는 그 주된 사무소의 소재지에서 설립등기를 함으로써 성립한다.
④ 협회의 정관, 업무 및 감독 등에 관하여 필요한 사항은 대통령령으로 정한다.
⑤ 국토교통부장관은 필요하다고 인정되는 경우에는 협회가 다음 각 호의 어느 하나에 해당하는 사업을 원활하게 할 수 있도록 예산의 범위에서 협회에 재정지원을 할 수 있다.
  1. 항공 진흥 및 안전을 위한 연구사업
  2. 항공 관련 정보의 수집·관리를 위한 사업
  3. 외국 항공기관과의 국제협력 촉진을 위한 사업

항공사업법 시행령

제27조(항공사업의 진흥) ① 국가가 법 제65조제1항에 따라 항공사업자에게 소요 자금의 일부를 보조하거나 융자할 수 있는 금액의 범위는 다음 각 호와 같다.
  1. 법 제65조제1항제1호의 경우 : 전쟁·내란·테러 등으로 인한 손실액의 100분의 20 이내의 보조 또는 100분의 70 이내의 융자
  2. 법 제65조제1항제2호의 경우 : 국토교통부장관이 정한 금액
② 법 제65조제1항에 따라 보조 또는 융자를 받으려는 자는 다음 각 호의 사항을 적은 신청서를 국토교통부장관에게 제출하여야 한다.
  1. 신청자의 주소·성명(법인인 경우에는 그 명칭 및 대표자의 성명)
  2. 면허, 허가, 인가, 등록 및 신고의 종류·일자·번호
  3. 보조 또는 융자를 받으려는 이유
  4. 보조 또는 융자를 받으려는 금액
③ 제2항의 신청서에는 다음 각 호의 서류를 첨부하여야 한다. 이 경우 국토교통부장관은 「전자정부법」 제36조제1항에 따른 행정정보의 공동이용을 통하여 법인 등기사항증명서(법인인 경우로 한정한다)를 확인하여야 한다.
  1. 면허, 허가, 인가, 등록 및 신고에 따르는 사업운영계획서 또는 사업계획서 사본
  2. 보조 또는 융자에 의하여 시행하려는 사업의 사업계획서
  3. 전쟁·내란·테러 등으로 인한 손실이 발생한 경우에는 그 손실액 내역 및 증빙자료

제28조(한국항공협회의 설립) 법 제68조에 따른 한국항공협회(이하 "협회"라 한다)를 설립하려면 협회의 회원이 될 자격이 있는 자 10분의 1 이상의 발기인이 정관을 작성하여 해당 협회의 회원이 될 자격이 있는 자 과반수가 출석한 창립총회의 의결을 거쳐야 한다.

제29조(한국항공협회의 정관) ① 협회의 정관에는 다음 각 호의 사항이 포함되어야 한다.
  1. 목적
  2. 명칭
  3. 사무소의 소재지
  4. 회원 및 총회에 관한 사항
  5. 임원에 관한 사항
  6. 업무에 관한 사항
  7. 회계에 관한 사항

항공사업법

4. 그 밖에 항공운송산업 발전을 위하여 국토교통부장관이 필요하다고 인정하는 사업

⑥ 협회에 관하여는 이 법에서 규정한 것을 제외하고는 「민법」 중 사단법인에 관한 규정을 준용한다.

제69조(항공 관련 기관·단체 및 항공산업의 육성) ① 국가는 항공산업발전을 위하여 항공 관련 기관·단체를 육성하여야 한다.
② 국가는 제1항의 경우에 재정적 지원이 필요하다고 인정할 때에는 예산의 범위에서 그 소요 자금의 일부를 보조할 수 있다.
③ 국가는 항공산업과 관련된 기술 및 기술의 개발, 인력 양성 등을 위하여 필요한 사업을 직접 시행하거나 지방자치단체 및 관계 기관 등이 시행하는 사업에 드는 비용의 일부를 보조할 수 있다.

제69조의2(무인항공 분야 항공산업의 안전증진 및 활성화) 국가는 「항공안전법」 제2조제3호에 따른 초경량비행장치 중 무인비행장치 및 같은 조 제6호에 따른 무인항공기의 인증, 정비·수리·개조, 사용 또는 이와 관련된 서비스를 제공하는 무인항공 분야 항공산업의 안전증진 및 활성화를 위하여 대통령령으로 정하는 바에 따라 다음 각 호의 사업을 추진할 수 있다.
  1. 무인항공 분야 항공산업의 발전을 위한 기반조성
  2. 무인항공 분야 항공산업에 대한 현황 및 관련 통계의 조사·연구
  3. 무인비행장치 및 무인항공기의 안전기술, 운영·관리체계 등에 대한 연구 및 개발
  4. 무인비행장치 및 무인항공기의 조종, 성능평가·인증, 안전관리, 정비·수리·개조 등 전문인력의 양성
  5. 무인항공 분야의 우수한 기업의 지원 및 육성
  6. 무인비행장치 및 무인항공기의 사용 촉진 및 보급
  7. 무인비행장치 및 무인항공기의 안전한 운영·관리 등을 위한 인프라 또는 비행시험 시설의 구축·운영
  8. 무인항공 분야 항공산업의 발전을 위한 국제협력 및 해외진출의 지원
  9. 그 밖에 무인항공 분야 항공산업의 안전증진 및 활성화를 위하여 필요한 사항

제69조의3(항공기정비 산업의 활성화) 국토교통부장관은 항공기정비 산업의 활성화를 위하여 다음 각 호의 사업을 추진할 수 있다
  1. 항공기정비 산업의 현황 및 관련 통계의 조사·연구
  2. 항공기정비 관련 국내외 인증 지원
  3. 항공기정비 관련 연구·개발 및 전문인력의 양성
  4. 항공기정비 우수 기업의 지원 및 육성
  5. 항공기정비 기술력 향상을 위한 성능시험 인프라 또는 인증지원시설의 구축·운영
  6. 항공기정비 산업의 발전을 위한 국제협력, 국제공동연구 및 해외진출의 지원
  7. 그 밖에 항공기정비 산업 활성화를 위하여 필요한 사항

항공사업법 시행령

  8. 해산에 관한 사항
  9. 정관의 변경에 관한 사항
  10. 협회의 공고방법에 관한 사항
② 제1항에 따른 정관은 국토교통부장관의 승인을 받아야 한다. 승인받은 사항을 변경하려는 경우에도 또한 같다.

제30조(협회의 업무) 협회는 다음 각 호의 업무를 한다.
  1. 항공운송사업, 공항의 운영·관리 및 이와 관련된 사업(이하 "항공운송사업등"이라 한다)의 발전을 위한 업무
  2. 항공운송사업등의 조사·연구 및 홍보
  3. 공항시설의 운영 개선에 관한 업무
  4. 항공운송사업등 종사자의 육성 및 지원
  5. 항공 관련 통계 및 자료의 발간
  6. 항공 관련 정보의 수집·관리
  7. 항공운송사업등의 경영 개선과 지도에 관한 업무
  8. 외국의 항공제도의 조사·연구
  9. 항공진흥을 위한 연구용역사업
  10. 항공안전에 관한 조사·연구
  11. 외국항공기관과의 국제협력 촉진에 관한 업무
  12. 국토교통부장관으로부터 위탁받은 업무
  13. 제1호부터 제12호까지의 업무에 부수되는 사업

제31조(감독) 국토교통부장관은 협회의 업무를 감독하며, 협회의 건전한 발전을 위하여 필요한 명령을 할 수 있다.

제32조(항공 관련 기관·단체의 육성) ① 법 제69조제2항에 따라 보조를 받으려는 항공 관련 기관·단체는 다음 각 호의 사항을 적은 신청서를 국토교통부장관에게 제출하여야 한다.
  1. 신청자의 주소·성명(법인인 경우에는 그 명칭 및 대표자의 성명)
  2. 신청자의 사업개요
  3. 보조를 받으려는 이유
  4. 보조를 받으려는 금액
② 제1항의 신청서에는 다음 각 호의 서류를 첨부하여야 한다. 이 경우 국토교통부장관은 「전자정부법」 제36조제1항에 따른 행정정보의 공동이용을 통하여 법인 등기사항증명서(법인인 경우로 한정한다)를 확인하여야 한다.
  1. 보조에 의하여 시행하려는 사업의 사업계획서
  2. 법인 또는 단체의 정관

Chapter 01 | 항공법규

항공사업법	항공사업법 시행령

제69조의4(항공산업발전조합의 설립) ① 항공사업자 및 항공산업 발전을 위하여 필요하다고 인정되는 대통령령으로 정하는 사업을 영위하는 자는 항공산업의 발전과 원활한 경영활동의 수행을 도모하고 이에 필요한 각종 보증 및 자금의 융자 등을 위하여 국토교통부장관의 인가를 받아 항공산업발전조합(이하 "조합"이라 한다)을 설립할 수 있다.
② 조합은 법인으로 하며 주된 사무소의 소재지에서 설립등기를 함으로써 성립한다.
③ 조합원의 자격, 임원에 관한 사항, 출자·융자에 관한 사항, 그 밖에 조합의 운영에 관한 사항은 정관으로 정한다.
④ 조합의 설립인가 기준·절차, 정관의 기재사항, 운영 및 감독 등에 필요한 사항은 대통령령으로 정한다.
⑤ 출자금 총액의 변경등기는 「민법」 제52조에도 불구하고 매 회계연도 말 현재를 기준으로 하여 회계연도 종료 후 3개월 이내에 등기할 수 있다.
⑥ 조합에 관하여 이 법에서 규정한 것을 제외하고는 「민법」 중 사단법인에 관한 규정과 「상법」 중 주식회사의 회계에 관한 규정을 준용한다.

제69조의5(조합의 사업) ① 조합은 다음 각 호의 사업을 한다.
  1. 조합원의 항공기 도입, 시설·장비 도입 등 항공사업의 운영에 필요한 보증
  2. 항공사업 등 관련 자산에 대한 투자 및 그 밖에 조합의 설립목적을 달성하기 위하여 필요한 관련 사업에 대한 투자(「자본시장과 금융투자업에 관한 법률」에 따른 집합투자기구에 대한 투자를 포함한다)
  3. 조합원에 대한 자금의 융자. 이 경우 개별 조합원에 대한 융자금은 해당 조합원의 출자지분액을 초과할 수 없다.
  4. 조합의 사업과 관련된 업무로서 국가, 지방자치단체, 공공기관 등이 위탁하는 업무
  5. 그 밖에 항공산업의 발전을 위하여 대통령령으로 정하는 사업
② 조합이 제1항제1호부터 제3호까지의 사업을 하려면 해당 사업의 운영을 위하여 필요한 사항을 규정(이하 "운영규정"이라 한다)으로 정하여 국토교통부장관의 인가를 받아야 한다. 인가받은 사항을 변경하려는 경우에도 또한 같다.
③ 조합의 사업 범위·내용, 보증의 한도 등 운영규정에 포함하여야 할 사항은 대통령령으로 정한다.
④ 이 법에 따른 조합의 사업에 대하여는 「보험업법」 및 「여신전문금융업법」을 적용하지 아니한다.

제69조의6(운영위원회) ① 조합은 제69조의5에 따른 사업에 관한 사항을 심의·의결하고, 그 업무 집행을 감독하기 위하여 운영위원회를 둔다.
② 운영위원회는 15명 이내의 위원으로 구성하며, 조합원인 운영위원의 수는 전체 위원 수의 2분의 1 미만으로 한다.

항공기 연료

항공기에 사용하는 연료는 어떤 것일까? 일반 자동차에 사용하는 무연휘발유로도 비행기를 띄울 수 있을까? 물론 항공기에는 자동차용 휘발유를 사용할 수 없다. 피스톤 왕복기관을 장착한 프로펠러기에는 가솔린이 사용되기도 하지만 이는 자동차용 가솔린과는 사용조건이 다르며 요구되는 성질도 다른 항공용 특수 가솔린이다.

현재 대부분의 민간 항공기가 사용하는 가스터빈 엔진에는 등유에 휘발유 혼합물과 산화방지제, 부식방지제, 결빙방지제, 미생물살균제 등을 첨가한 제트연료인 JET A-1이라는 연료가 사용되고 있다.

이 연료는 자동차용 가솔린에 비하여 단위 중량당 발열량이 높고 영하 45도에서도 얼지 않을 정도로 빙점이 낮으며, 화재 발생을 방지하기 위하여 인화점이 높다. 성냥이나 라이터불 정도로는 불이 붙지 않는다. 영화 다이하드2에 나오는 마지막 장면을 보면, 부르스 윌리스가 활주로에서 이륙하는 항공기에서 흘러나오는 연료에 담배불을 던져 폭파시키는데, 이는 극적 효과를 위한 컴퓨터 그래픽이다. 실제와는 다른 거짓말인 셈이다. 실제로 담뱃불을 던졌다면 담뱃불은 피식하고 꺼져 버리고 테러리스트들은 유유히 도망치고 말았을 것이다.

그리고 항공기는 연료 조정장치가 매우 정밀하게 작동되기 때문에 점성이 낮고 깨끗해야 하는데 JET A-1은 무색 혹은 엷은 호박색을 띄고 있으며 현재 국내 5개 정유회사로부터 공급받고 있다.

한편 항공기에 사용되는 가스터빈 기관은 자동차와 같은 왕복기관에 비하여 기계적 효율이 떨어져 연료가 많이 소모된다. 속칭 연비가 나쁜 엔진으로 많은 양의 연료를 탑재해야 한다.

B747-400의 경우, 최대 382,500 파운드의 연료를 탑재할 수 있는데 시간당 13,397리터, 드럼수로 71드럼을 소모한다. 이 최대 탑재량을 드럼으로 따지면 1,146드럼이나 되며 점보기 최대이륙중량의 약 45%에 해당하는 무게다. ✈

〈자료출처 : 대한항공 홍보실〉

Chapter 01 | 항공법규

항공사업법	항공사업법 시행령

③ 운영위원회의 구성, 기능 및 운영에 필요한 사항은 대통령령으로 정한다.

제69조의7(기본재산의 조성) ① 조합의 기본재산은 사업을 효율적으로 운영하기 위하여 다음 각 호의 재원으로 조성한다.
   1. 조합원의 출자금·예탁금 또는 출연금
   2. 그 밖에 대통령령으로 정하는 재원
② 제1항의 기본재산 중 출연금은 자본금으로 회계처리한다.

제69조의8(비용의 보조 등) 국가 또는 지방자치단체는 예산의 범위에서 제69조의5제1항제4호에 따라 위탁한 업무 또는 같은 항 제5호에 따라 조합이 수행하는 비수익적 사업에 대하여는 필요한 비용을 보조하거나 융자할 수 있다.

제69조의9(책임준비금 등의 적립) ① 조합은 결산기마다 보증의 종류에 따라 책임준비금과 비상위험준비금을 계상할 수 있다.
② 제1항의 책임준비금과 비상위험준비금의 계상에 필요한 사항은 대통령령으로 정한다.

제69조의10(조사 및 검사) ① 국토교통부장관은 조합의 재무건전성 유지, 조합원의 권익보호 등을 위하여 필요하다고 인정하면 소속 공무원으로 하여금 조합의 업무 또는 회계 상황을 조사하게 하거나 장부 또는 그 밖의 서류를 검사하게 할 수 있다.
② 제1항에 따라 조사 또는 검사를 하는 공무원은 그 권한을 표시하는 증표를 지니고 이를 관계인에게 보여주어야 한다.

제69조의11(조합의 재무건전성 유지 등) ① 국토교통부장관은 제69조의5에 따른 조합의 사업을 건전하게 육성하기 위하여 조합에 재무건전성 유지 등을 지도하여야 한다.
② 국토교통부장관은 제1항에 따른 재무건전성 유지 등을 지도하기 위하여 조합을 감독하는 데 필요한 기준을 정하여 고시하여야 한다.
③ 국토교통부장관은 조합의 재무상태가 제2항에 따라 고시한 기준에 미달하거나 거액의 금융사고 또는 부실채권의 발생 등으로 제2항에 따른 기준에 미달하게 될 것이 명백하다고 판단되면 조합의 부실화를 예방하고 건전한 경영을 유도하기 위하여 해당 조합이나 그 임원에 대하여 대통령령으로 정하는 바에 따라 필요한 사항을 권고·요구하거나 그 이행계획을 제출할 것을 명할 수 있다.

제7장 보칙

제70조(항공보험 등의 가입의무) ① 다음 각 호의 항공사업자는 국토교통부령으로 정하는 바에 따라 항공보험에 가입하지 아니하고는 항공기를 운항할 수 없다.
   1. 항공운송사업자

항공사업법 시행규칙

제70조(항공운송사업자의 항공보험 가입) ① 법 제70조에 따라 항공보험 등에 가입한 자는 항공보험 등에 가입한 날부터 7일 이내에 다음 각 호의 사항을 적은 보험가입신고서 또는 공제가입신고서에 보험증서 또는 공제증서 사본을 첨부하여 국토교통부장관에게 제출하여야 한다. 가입사항을 변경하거나 갱신하였을 때에도 또한 같다.
  1. 가입자의 주소, 성명(법인인 경우에는 그 명칭 및 대표자의 성명)
  2. 가입된 보험 또는 공제의 종류, 보험료 또는 공제료 및 보험금액 또는 공제금액
  3. 보험 또는 공제의 종류별 발효 및 만료일
  4. 보험증서 또는 공제증서의 개요
② 법 제70조제1항 및 제2항에 따른 항공보험에 가입하는 경우의 책임한도액은 다음과 같다.
  1. 우리나라가 가입하고 있는 항공운송의 책임에 관한 제국제협약에서 규정하는 책임한도액
  2. 제1호를 적용하기 불합리한 경우에는 국토교통부장관이 정하는 항공운송인의 책임한도액
③ 법 제70조제3항에서 "국토교통부령으로 정하는 보험이나 공제"란 다른 사람이 사망하거나 부상한 경우에 피해자(피해자가 사망한 경우에는 손해배상을 받을 권리를 가진 자를 말한다. 이하 이 조에서 같다)에게 「자동차손해배상 보장법 시행령」 제3조제1항 각 호에 따른 금액 이상을 보장하는 보험 또는 공제를 말하며, 동승한 사람에 대하여 보장하는 보험 또는 공제를 포함한다.
④ 법 제70조제4항에서 "무인비행장치 등 국토교통부령으로 정하는 초경량비행장치"란 「항공안전법 시행규칙」 제5조제5호에 따른 무인비행장치를 말한다.
⑤ 법 제70조제4항에서 "국토교통부령으로 정하는 보험 또는 공제"란 다음 각 호의 보험 또는 공제를 말한다.
  1. 다른 사람이 사망하거나 부상한 경우에 피해자(피해자가 사망한 경우에는 손해배상을 받을 권리를 가진 자를 말한다. 이하 이 조에서 같다)에게 「자동차손해배상 보장법 시행령」 제3조제1항 각 호에 따른 금액 이상을 보장하는 보험 또는 공제(동승한 사람에 대하여 보장하는 보험 또는 공제를 포함한다)
  2. 다른 사람의 재물이 멸실되거나 훼손된 경우에 피해자에게 「자동차손해배상 보장법 시행령」 제3조제3항에 따른 금액 이상을 보장하는 보험 또는 공제(「항공안전법 시행규칙」 제5조제5호에 따른 무인비행장치를 소유한 경우에만 해당한다)

제71조(수수료) ① 법 제72조에 따라 수수료를 낼 자와 그 금액은 별표 4와 같다.
② 제1항에 따른 수수료는 정보통신망을 이용하여 전자화폐·전자결제 등의 방법으로 내도록 할 수 있다.
③ 법 제72조제2항에 따른 현지출장 등의 여비 지급기준은 「공무원 여비 규정」에 따른다.
④ 제1항에 따른 수수료가 과오납(過誤納)된 경우에는 해당 과오납 금액을 반환하여야 한다.

제71조의2(서류의 제출 등) ① 법 제73조제1항에 따라 국토교통부장관으로부터 업무에 관한 보고 또는 서류의 제출을 요청받은 자는 그 요청을 받은 날부터 15일 이내에 보고(전자문서에 의한 보고를 포함한다)하거나 자료를 제출(전자문서에 의한 제출을 포함한다)해야 한다.
② 법 제73조제7항에 따른 증표는 별지 제39호서식과 같다.

제72조(규제의 재검토) 국토교통부장관은 다음 각 호의 사항에 대하여 2022년 1월 1일을 기준으로 3년마다(매 3년이 되는 해의 기준일과 같은 날 전까지를 말한다) 그 타당성을 검토하여 개선 등의 조치를 해야 한다.
  1. 제64조에 따른 항공교통이용자의 피해유형 등
  2. 제68조에 따른 항공교통서비스 평가기준 등

부칙

〈국토교통부령 제1164호, 2022. 12. 8., 일부개정〉

이 규칙은 2022년 12월 8일부터 시행한다.

항공사업법	항공사업법 시행령

  2. 항공기사용사업자
  3. 항공기대여업자

② 제1항 각 호의 자 외의 항공기 소유자 또는 항공기를 사용하여 비행하려는 자는 국토교통부령으로 정하는 바에 따라 항공보험에 가입하지 아니하고는 항공기를 운항할 수 없다.

③ 「항공안전법」 제108조에 따른 경량항공기소유자등은 그 경량항공기의 비행으로 다른 사람이 사망하거나 부상한 경우에 피해자(피해자가 사망한 경우에는 손해배상을 받을 권리를 가진 자를 말한다)에 대한 보상을 위하여 같은 조 제1항에 따른 안전성인증을 받기 전까지 국토교통부령으로 정하는 보험이나 공제에 가입하여야 한다.

④ 초경량비행장치를 초경량비행장치사용사업, 항공기대여업 및 항공레저스포츠사업에 사용하려는 자와 무인비행장치 등 국토교통부령으로 정하는 초경량비행장치를 소유한 국가, 지방자치단체, 「공공기관의 운영에 관한 법률」 제4조에 따른 공공기관은 국토교통부령으로 정하는 보험 또는 공제에 가입하여야 한다.

⑤ 제1항부터 제4항까지의 규정에 따라 항공보험 등에 가입한 자는 국토교통부령으로 정하는 바에 따라 보험가입신고서 등 보험가입 등을 확인할 수 있는 자료를 국토교통부장관에게 제출하여야 한다. 이를 변경 또는 갱신한 때에도 또한 같다.
  1. 항공기대여업에 사용하는 경우
  2. 초경량비행장치사용사업에 사용하는 경우
  3. 항공레저스포츠사업에 사용하는 경우

제71조(경량항공기등의 영리 목적 사용금지) 누구든지 경량항공기 또는 초경량비행장치를 사용하여 비행하려는 자는 다음 각 호의 어느 하나에 해당하는 경우를 제외하고는 경량항공기 또는 초경량비행장치를 영리 목적으로 사용해서는 아니 된다.
  1. 항공기대여업에 사용하는 경우
  2. 초경량비행장치사용사업에 사용하는 경우
  3. 항공레저스포츠사업에 사용하는 경우

제72조(수수료 등) ① 다음 각 호의 어느 하나에 해당하는 자는 국토교통부령으로 정하는 바에 따라 국토교통부장관(제75조에 따라 권한이 위탁된 경우에는 수탁자를 말한다)에게 수수료를 내야 한다.
  1. 이 법에 따른 면허·허가·인가·승인 또는 등록(이하 "면허 등"이라 한다)을 받으려는 자
  2. 이 법에 따른 신고를 하려는 자
  3. 이 법에 따른 면허증 또는 허가서의 발급 또는 재발급을 신청하는 자

② 면허등을 위하여 현지출장이 필요한 경우에는 그 출장에 드는 여비를 신청인이 내야 한다. 이 경우 여비의 기준은 국토교통부령으로 정한다.

③ 국가 또는 지방자치단체는 제1항에 따른 수수료를 면제한다.

| 항공사업법 | 항공사업법 시행령 |

제73조(보고, 출입 및 검사등) ① 국토교통부장관은 이 법의 시행에 필요한 범위에서 국토교통부령으로 정하는 바에 따라 다음 각 호의 자에게 그 업무에 관한 보고를 하게 하거나 서류를 제출하게 할 수 있다.
  1. 항공사업자
  2. 공항운영자
  3. 항공종사자
  4. 제1호부터 제3호까지의 자 외의 자로서 항공기 또는 항공시설을 계속하여 사용하는 자

② 국토교통부장관은 이 법을 시행하기 위하여 특히 필요한 경우에는 소속 공무원으로 하여금 제1항 각 호의 어느 하나에 해당하는 자의 사무소, 사업장, 공항시설, 비행장 또는 항공기등에 출입하여 관계 서류나 시설, 장비, 그 밖의 물건 등을 검사하거나 관계인에게 질문하게 할 수 있다.

③ 국토교통부장관은 상업서류송달업자가 「우편법」을 위반할 현저한 우려가 있다고 인정하여 과학기술정보통신부장관이 요청하는 경우에는 과학기술정보통신부 소속 공무원으로 하여금 상업서류송달업자의 사무소 또는 사업장에 출입하여 「우편법」과 관련된 사항에 관한 검사 또는 질문을 하게 할 수 있다.

④ 제2항 및 제3항에 따른 검사 또는 질문을 하려면 검사 또는 질문을 하기 7일 전까지 검사 또는 질문의 일시, 사유 및 내용 등의 계획을 피검사자 또는 피질문자에게 알려야 한다. 다만, 긴급한 경우이거나 사전에 알리면 증거인멸 등으로 검사 또는 질문의 목적을 달성할 수 없다고 인정하는 경우에는 그러하지 아니할 수 있다.

⑤ 제2항 및 제3항에 따른 검사 또는 질문을 하는 공무원은 그 권한을 표시하는 증표를 지니고, 이를 관계인에게 보여주어야 한다.

⑥ 제2항 및 제3항에 따른 검사 또는 질문을 한 경우에는 그 결과를 피검사자 또는 피질문자에게 서면으로 알려야 한다.

⑦ 제5항에 따른 증표에 관하여 필요한 사항은 국토교통부령으로 정한다.

제74조(청문) 국토교통부장관은 다음 각 호의 어느 하나에 해당하는 처분을 하려면 청문을 하여야 한다.
  1. 제28조제1항에 따른 항공운송사업 면허 또는 등록의 취소
  2. 제40조제1항에 따른 항공기사용사업 등록의 취소
  3. 제43조제7항에서 준용하는 제40조제1항에 따른 항공기정비업 등록의 취소
  4. 제45조제7항에서 준용하는 제40조제1항에 따른 항공기취급업 등록의 취소
  5. 제47조제8항에서 준용하는 제40조제1항에 따른 항공기대여업 등록의 취소
  6. 제49조제8항에서 준용하는 제40조제1항에 따른 초경량비행장치사용사업 등록의 취소

Chapter 01 | 항공법규

항공사업법

7. 제51조제7항에서 준용하는 제40조제1항에 따른 항공레저스포츠사업 등록의 취소
8. 제53조제1항에서 준용하는 제28조(같은 조 제1항제18호만 해당한다)에 따른 항공운송총대리점업의 영업소 폐쇄
9. 제53조제8항에서 준용하는 제40조에 따른 상업서류송달업등의 영업소 폐쇄
10. 제59조제1항에 따른 외국인 국제항공운송사업 허가의 취소
11. 제62조제7항에서 준용하는 제28조제1항에 따른 여행업 등록의 취소. 이 경우 제28조제1항 각 호 외의 부분 본문 중 "국토교통부장관"은 "특별자치시장·특별자치도지사·시장·군수·구청장(자치구의 구청장을 말한다)"으로 본다.

제75조(권한의 위임·위탁) ① 이 법에 따른 국토교통부장관의 권한은 그 일부를 대통령령으로 정하는 바에 따라 시·도지사 또는 국토교통부장관 소속 기관의 장에게 위임할 수 있다.
② 국토교통부장관은 제18조에 따른 운항시각의 배분 등의 업무를 대통령령으로 정하는 바에 따라 「인천국제공항공사법」에 따른 인천국제공항공사 또는 「한국공항공사법」에 따른 한국공항공사에 위탁할 수 있다.
　1. 제63조에 따른 항공교통서비스 평가에 관한 업무
　2. 제64조에 따른 항공교통이용자를 위한 항공교통서비스 보고서의 발간에 관한 업무
③ 국토교통부장관은 다음 각 호의 업무를 대통령령으로 정하는 바에 따라 「한국교통안전공단법」에 따른 한국교통안전공단(이하 "한국교통안전공단"이라 한다) 또는 항공 관련 기관·단체에 위탁할 수 있다
　1. 제48조제1항에 따른 초경량비행장치사용사업의 등록 및 변경신고
　2. 제49조제1항에 따른 초경량비행장치사용사업의 사업계획 변경인가 및 변경신고
　3. 제49조제3항에 따른 초경량비행장치사용사업의 양도·양수신고
　4. 제49조제4항에 따른 초경량비행장치사용사업의 합병신고
　5. 제49조제5항에 따른 초경량비행장치사용사업의 상속신고
　6. 제49조제6항에 따른 초경량비행장치사용사업의 휴업 및 폐업신고
　7. 제49조제7항에 따른 초경량비행장치사용사업에 대한 사업개선 명령

항공사업법 시행령

제33조(권한의 위임·위탁) ① 국토교통부장관은 법 제75조제1항에 따라 다음 각 호의 권한을 지방항공청장에게 위임한다. 다만, 제1호의 권한은 서울지방항공청장에게만 위임한다.
　1. 법 제6조제1항제1호에 따른 비행정보시스템의 구축·운영
　2. 법 제7조제3항 및 제6항에 따른 국내항공운송사업자의 부정기편 운항의 허가(운항기간이 2주 미만인 경우만 해당한다) 및 변경허가(변경되는 운항기간이 2주 미만인 경우만 해당한다)
　3. 법 제7조제3항 및 제6항에 따른 국제항공운송사업자의 부정기편 운항 허가 및 변경허가(외국과의 항공협정으로 수송력에 제한 없이 운항이 가능한 공항으로의 부정기편 운항 허가 및 변경허가만 해당한다)
　4. 소형항공운송사업에 대한 다음 각 목의 사항
　　가. 법 제10조제1항에 따른 등록
　　나. 법 제61조제6항에 따른 항공교통이용자의 피해구제 신청현황 및 그 처리결과 등에 관한 보고의 접수
　　다. 법 제62조제1항에 따른 운송약관 신고 및 변경신고의 접수
　5. 법 제10조제3항에 따른 정기편 노선의 허가 및 부정기편 운항 신고의 수리
　6. 법 제10조제5항에 따른 변경등록, 변경신고의 수리 및 변경허가
　7. 법 제11조에 따른 항공기사고 시 지원계획서(소형항공운송사업 등록을 하려는 자의 항공기사고 시 지원계획서만 해당한다)의 수리 및 그 내용의 보완 또는 변경 명령
　8. 법 제12조제2항에 따른 신고의 수리
　9. 법 제12조제3항 본문에 따른 사업계획 변경인가(국내항공운송사업 또는 국제항공운송사업의 경우에는 항공노선의 임시증편을 위한 사업계획 변경인가만 해당한다)
　10. 법 제12조제3항 단서에 따른 사업계획 변경신고의 수리. 다만, 다음 각 목의 사업계획 변경신고의 수리는 제외한다.
　　가. 항공기의 도입·처분과 관련된 사업계획 변경신고(국내항공운송사업과 국제항공운송사업만 해당한다)
　　나. 국토교통부장관의 인가를 받아야 하는 국내항공운송사업 또는 국제항공운송사업의 사업계획 변경과 연계되는 경미한 사업계획 변경신고로서 사업계획 변경인가 신청 시에 국토교통부장관에게 함께 제출되는 사업계획 변경신고
　11. 법 제13조에 따른 운항계획의 준수 여부에 대한 조사 및 그 조사를 위한 전담조사반의 설치

항공사업법

④ 국토교통부장관은 다음 각 호의 업무를 대통령령으로 정하는 바에 따라 「정부출연연구기관 등의 설립·운영 및 육성에 관한 법률」에 따라 설립된 한국교통연구원 또는 항공 관련 기관·단체에 위탁할 수 있다.
  1. 제63조에 따른 항공교통서비스 평가에 관한 업무
  2. 제64조에 따른 항공교통이용자를 위한 항공교통서비스 보고서의 발간에 관한 업무
⑤ 국토교통부장관은 제69조의2에 따른 업무를 대통령령으로 정하는 바에 따라 「항공안전기술원법」에 따른 항공안전기술원(이하 "기술원"이라 한다) 또는 항공 관련 기관·단체에 위탁할 수 있다.
⑥ 국토교통부장관은 제69조의3에 따른 업무를 대통령령으로 정하는 바에 따라 항공 관련 기관·단체에 위탁할 수 있다.

제76조(벌칙 적용에서 공무원 의제) 다음 각 호의 어느 하나에 해당하는 사람은 「형법」제129조부터 제132조까지의 규정을 적용할 때에는 공무원으로 본다.
  1. 제4조에 따른 항공정책위원회의 위원 중 공무원이 아닌 사람
  2. 제75조제2항에 따라 국토교통부장관이 위탁한 업무에 종사하는 인천국제공항공사 또는 한국공항공사의 임직원
  3. 제75조제3항에 따라 국토교통부장관이 위탁한 업무에 종사하는 한국교통안전공단 또는 항공 관련 기관·단체의 임직원
  4. 제75조제4항에 따라 국토교통부장관이 위탁한 업무에 종사하는 한국교통연구원 또는 항공 관련 기관·단체의 임직원
  5. 제75조제5항에 따라 국토교통부장관이 위탁한 업무에 종사하는 기술원 또는 항공 관련 기관·단체의 임직원
  6. 제75조제6항에 따라 국토교통부장관이 위탁한 업무에 종사하는 항공 관련 기관·단체의 임직원

제8장 벌칙

제77조(보조금 등의 부정 교부 및 사용 등에 관한 죄) 제65조에 따른 보조금, 융자금을 거짓이나 그 밖의 부정한 방법으로 교부받은 자는 5년 이하의 징역 또는 5천만원 이하의 벌금에 처한다.

제78조(항공사업자의 업무 등에 관한 죄) ① 다음 각 호의 어느 하나에 해당하는 자는 3년 이하의 징역 또는 3천만원 이하의 벌금에 처한다.

항공사업법 시행령

12. 법 제15조제1항 및 제2항에 따른 운수협정 및 제휴협정의 인가, 변경인가 및 변경신고의 수리(소형항공운송사업자가 다른 소형항공운송사업자와 체결한 운수협정 또는 제휴협정만 해당한다)
13. 법 제15조제4항에 따른 공정거래위원회와의 협의(소형항공운송사업자가 다른 소형항공운송사업자와 체결한 제휴협정을 인가 또는 변경인가하는 경우만 해당한다)
14. 〈삭제〉
15. 법 제19조제3항에 따른 운항개시예정일 연기 승인 및 운항개시예정일 전 운항 신고의 수리(소형항공운송사업의 경우만 해당한다)
16. 법 제21조제1항 단서에 따른 양도·양수 신고의 수리 및 같은 조 제3항에 따른 공고(같은 조 제1항 단서에 따른 양도·양수 신고에 대한 공고만 해당한다)
17. 법 제22조제1항 단서에 따른 합병 신고의 수리
18. 법 제23조제2항에 따른 상속 신고의 수리(소형항공운송사업의 경우만 해당한다)
19. 법 제24조에 따른 휴업·휴지의 허가 또는 신고의 수리(소형항공운송사업의 경우만 해당한다)
20. 법 제25조에 따른 폐업·폐지의 허가 또는 신고의 수리(소형항공운송사업의 경우만 해당한다)
21. 법 제27조에 따른 사업개선 명령(지방항공청장에게 권한이 위임된 사항에 관한 사업개선 명령만 해당한다)
22. 법 제28조에 따른 면허 또는 등록의 취소 또는 사업정지명령(지방항공청장에게 권한이 위임된 사항에 관한 면허 또는 등록의 취소 또는 사업정지명령만 해당한다)
23. 법 제29조에 따른 과징금의 부과 및 징수(지방항공청장에게 권한이 위임된 사항에 관한 과징금의 부과 및 징수만 해당한다)
24. 항공기사용사업에 대한 다음 각 목의 사항
  가. 법 제30조제1항에 따른 항공기사용사업의 등록
  나. 법 제31조 단서에 따른 운항개시예정일 연기 승인 및 운항개시예정일 전 운항 신고의 수리
  다. 법 제32조제2항에 따른 사업계획의 변경인가 및 변경신고의 수리
  라. 법 제34조제1항에 따른 양도·양수 신고의 수리 및 같은 조 제3항에 따른 공고
  마. 법 제35조제1항에 따른 합병 신고의 수리
  바. 법 제36조제2항에 따른 상속 신고의 수리
  사. 법 제37조제1항에 따른 휴업 신고의 수리
  아. 법 제38조제1항에 따른 폐업 신고의 수리
  자. 법 제39조에 따른 사업개선 명령

Chapter 01 | 항공법규

항공사업법	항공사업법 시행령
<ol><li>제7조에 따른 면허를 받지 아니하고 국내항공운송사업 또는 국제항공운송사업을 경영한 자</li><li>제10조제1항에 따른 등록을 하지 아니하고 소형항공운송사업을 경영한 자</li><li>제30조제1항에 따른 등록을 하지 아니하고 항공기사용사업을 경영한 자</li><li>제67조제1항을 위반하여 보조금, 융자금을 교부목적 외의 목적에 사용한 항공사업자</li><li>제70조제1항을 위반하여 항공보험에 가입하지 아니하고 항공기를 운항한 항공사업자</li><li>제70조제2항을 위반하여 항공보험에 가입하지 아니하고 항공기를 운항한 자</li></ol>② 다음 각 호의 어느 하나에 해당하는 자는 1년 이하의 징역 또는 1천만원 이하의 벌금에 처한다.<ol><li>제20조에 따른 면허등 대여금지를 위반한 항공운송사업자</li><li>제33조에 따른 명의대여 등의 금지를 위반한 항공기사용사업자</li><li>제42조에 따른 등록을 하지 아니하고 항공기정비업을 경영한 자</li><li>제43조제1항에서 준용하는 제33조에 따른 명의대여 등의 금지를 위반한 항공기정비업자</li><li>제44조에 따른 등록을 하지 아니하고 항공기취급업을 경영한 자</li><li>제45조제1항에서 준용하는 제33조에 따른 명의대여 등의 금지를 위반한 항공기취급업자</li><li>제46조에 따른 등록을 하지 아니하고 항공기대여업을 경영한 자</li><li>제47조제2항에서 준용하는 제33조에 따른 명의대여 등의 금지를 위반한 항공기대여업자</li><li>제48조제1항에 따른 등록을 하지 아니하고 초경량비행장치사용사업을 경영한 자</li><li>제49조제2항에서 준용하는 제33조에 따른 명의대여 등의 금지를 위반한 초경량비행장치사용사업자</li><li>제50조제1항에 따른 등록을 하지 아니하고 항공레저스포츠사업을 경영한 자</li><li>제51조제1항에서 준용하는 제33조에 따른 명의대여 등의 금지를 위반한 항공레저스포츠사업자</li><li>제52조제1항에 따른 신고를 하지 아니하고 상업서류송달업등을 경영한 자</li></ol>③ 다음 각 호의 어느 하나에 해당하는 자는 1천만원 이하의 벌금에 처한다.<ol><li>제12조제1항 또는 제2항을 위반하여 사업계획 변경인가 또는 변경신고를 하지 아니한 자</li><li>제12조제3항에 따른 인가를 받지 아니하고 사업계획을 변경한 자</li></ol>	차. 법 제40조제1항에 따른 등록취소 또는 사업정지명령 카. 법 제41조에 따른 과징금의 부과·징수 25. 항공기정비업에 대한 다음 각 목의 사항 　가. 법 제42조제1항에 따른 항공기정비업의 등록 및 변경신고의 수리 　나. 법 제43조제2항에 따라 준용되는 법 제34조제1항에 따른 양도·양수 신고의 수리 및 같은 조 제3항에 따른 공고 　다. 법 제43조제3항에 따라 준용되는 법 제35조제1항에 따른 합병 신고의 수리 　라. 법 제43조제4항에 따라 준용되는 법 제36조제2항에 따른 상속 신고의 수리 　마. 법 제43조제5항에 따라 준용되는 법 제37조제1항에 따른 휴업 신고의 수리 　바. 법 제43조제5항에 따라 준용되는 법 제38조제1항에 따른 폐업 신고의 수리 　사. 법 제43조제6항에 따라 준용되는 법 제39조에 따른 사업개선 명령 　아. 법 제43조제7항에 따라 준용되는 법 제40조제1항에 따른 등록취소 또는 사업정지명령 　자. 법 제43조제8항에 따라 준용되는 법 제41조에 따른 과징금의 부과·징수 26. 항공기취급업에 대한 다음 각 목의 사항 　가. 법 제44조제1항에 따른 항공기취급업의 등록 및 변경신고의 수리 　나. 법 제45조제2항에 따라 준용되는 법 제34조제1항에 따른 양도·양수 신고의 수리 및 같은 조 제3항에 따른 공고 　다. 법 제45조제3항에 따라 준용되는 법 제35조제1항에 따른 합병 신고의 수리 　라. 법 제45조제4항에 따라 준용되는 법 제36조제2항에 따른 상속 신고의 수리 　마. 법 제45조제5항에 따라 준용되는 법 제37조제1항에 따른 휴업 신고의 수리 　바. 법 제45조제5항에 따라 준용되는 법 제38조제1항에 따른 폐업 신고의 수리 　사. 법 제45조제6항에 따라 준용되는 법 제39조에 따른 사업개선 명령 　아. 법 제45조제7항에 따라 준용되는 법 제40조제1항에 따른 등록취소 또는 사업정지명령 　자. 법 제45조제8항에 따라 준용되는 법 제41조제1항에 따른 과징금의 부과·징수 27. 항공기대여업에 대한 다음 각 목의 사항 　가. 법 제46조제1항에 따른 항공기대여업의 등록 및 변경신고의 수리

항공사업법

3. 제14조에 따른 인가를 받지 아니하거나 신고를 하지 아니하고 운임 또는 요금을 받은 자
4. 제15조를 위반하여 인가 또는 변경인가를 받지 아니한 운수협정 또는 제휴협정을 이행하거나 변경신고를 하지 아니한 자
4의2. 제18조제7항에 따른 인가를 받지 아니하고 항공기 운항시각을 상호 교환한 자
5. 제24조 또는 제37조를 위반하여 휴업 또는 휴지를 한 자
6. 제27조(같은 조 제6호는 제외한다) 또는 제39조에 따른 사업개선명령을 위반한 자
7. 제28조 또는 제40조에 따른 사업정지명령을 위반한 자
8. 제32조제1항을 위반하여 등록할 때 제출한 사업계획대로 업무를 수행하지 아니한 자
9. 제32조제2항에 따른 인가를 받지 아니하고 사업계획을 변경한 자
10. 제43조제6항에서 준용하는 제39조(같은 조 제3호는 제외한다)에 따른 명령을 위반한 항공기정비업자
11. 제45조제6항에서 준용하는 제39조(같은 조 제3호는 제외한다)에 따른 명령을 위반한 항공기취급업자
12. 제47조제7항에서 준용하는 제39조에 따른 명령을 위반한 항공기대여업자
13. 제49조제7항에서 준용하는 제39조에 따른 명령을 위반한 초경량비행장치사용사업자
14. 제51조제6항에서 준용하는 제39조에 따른 명령을 위반한 항공레저스포츠사업자
15. 제53조제7항에서 준용하는 제39조제1호를 위반한 상업서류송달업자, 항공운송총대리점업자 및 도심공항터미널업자

제79조(외국인 국제항공운송사업자 등의 업무 등에 관한 죄) ① 제54조제1항에 따른 허가를 받지 아니하고 외국인 국제항공운송사업을 경영한 자는 3년 이하의 징역 또는 3천만원 이하의 벌금에 처한다.
② 다음 각 호의 어느 하나에 해당하는 자는 3천만원 이하의 벌금에 처한다.
  1. 제54조제1항 후단에 따른 운항 횟수 또는 항공기 기종의 제한을 위반한 외국인 국제항공운송사업자
  2. 제55조제1항에 따른 허가를 받지 아니하고 같은 조에 따른 유상운송을 한 자 또는 제56조를 위반하여 유상운송을 한 자
③ 다음 각 호의 어느 하나에 해당하는 외국인 국제항공운송사업자는 1천만원 이하의 벌금에 처한다.
  1. 제59조에 따른 사업정지명령을 위반한 자

항공사업법 시행령

나. 법 제47조제1항에 따라 준용되는 법 제32조제2항에 따른 사업계획의 변경인가 또는 변경신고의 수리
다. 법 제47조제3항에 따라 준용되는 법 제34조제1항에 따른 양도·양수 신고의 수리 및 같은 조 제3항에 따른 공고
라. 법 제47조제4항에 따라 준용되는 법 제35조제1항에 따른 합병 신고의 수리
마. 법 제47조제5항에 따라 준용되는 법 제36조제2항에 따른 상속 신고의 수리
바. 법 제47조제6항에 따라 준용되는 법 제37조제1항에 따른 휴업 신고의 수리
사. 법 제47조제6항에 따라 준용되는 법 제38조제1항에 따른 폐업 신고의 수리
아. 법 제47조제7항에 따라 준용되는 법 제39조에 따른 사업개선 명령
자. 법 제47조제8항에 따라 준용되는 법 제40조제1항에 따른 등록취소 또는 사업정지명령
차. 법 제47조제9항에 따라 준용되는 법 제41조에 따른 과징금의 부과·징수
28. 초경량비행장치사용사업에 대한 다음 각 목의 사항
가. 법 제49조제8항에 따라 준용되는 법 제40조제1항에 따른 등록취소 또는 사업정지명령
나. 법 제49조제9항에 따라 준용되는 법 제41조에 따른 과징금의 부과·징수
다. 법 제49조제3항에 따라 준용되는 법 제34조제1항에 따른 양도·양수 신고의 수리 및 같은 조 제3항에 따른 공고
라. 법 제49조제4항에 따라 준용되는 법 제35조제1항에 따른 합병 신고의 수리
마. 법 제49조제5항에 따라 준용되는 법 제36조제2항에 따른 상속 신고의 수리
바. 법 제49조제6항에 따라 준용되는 법 제37조제1항에 따른 휴업 신고의 수리
사. 법 제49조제6항에 따라 준용되는 법 제38조제1항에 따른 폐업 신고의 수리
아. 법 제49조제7항에 따라 준용되는 법 제39조에 따른 사업개선 명령
자. 법 제49조제8항에 따라 준용되는 법 제40조제1항에 따른 등록취소 또는 사업정지명령
차. 법 제49조제9항에 따라 준용되는 법 제41조에 따른 과징금의 부과·징수
29. 항공레저스포츠사업에 대한 다음 각 목의 사항
가. 법 제50조제1항에 따른 항공레저스포츠사업의 등록 및 변경신고의 수리

항공사업법

2. 제60조제2항에서 준용하는 제12조제3항에 따른 인가를 받지 아니하거나 신고를 하지 아니하고 사업계획을 변경한 자
3. 제60조제4항에서 준용하는 제14조제1항에 따른 인가를 받지 아니하거나 신고를 하지 아니하고 운임 또는 요금을 받은 자
4. 제60조제5항에서 준용하는 제15조에 따른 인가 또는 변경인가를 받지 아니한 운수협정 또는 제휴협정을 이행하거나 변경신고를 하지 아니한 자
4의2. 제60조제6항에서 준용하는 제18조제7항에 따른 인가를 받지 아니하고 항공기 운항시각을 상호 교환한 자
5. 제60조제9항에서 준용하는 제27조(같은 조 제6호는 제외한다)에 따른 사업개선 명령을 이행하지 아니한 자

제80조(경량항공기등의 영리 목적 사용에 관한 죄) ① 제71조를 위반하여 경량항공기를 영리 목적으로 사용한 자는 1년 이하의 징역 또는 1천만원 이하의 벌금에 처한다.
② 제71조를 위반하여 초경량비행장치를 영리 목적으로 사용한 자는 6개월 이하의 징역 또는 500만원 이하의 벌금에 처한다.

제81조(검사 거부 등의 죄) 제73조제2항 또는 제3항에 따른 검사 또는 출입을 거부·방해하거나 기피한 자는 500만원 이하의 벌금에 처한다.

제82조(양벌규정) 법인의 대표자나 법인 또는 개인의 대리인, 사용인, 그 밖의 종업원이 그 법인 또는 개인의 업무에 관하여 제77조부터 제81조까지의 어느 하나에 해당하는 위반행위를 하면 그 행위자를 벌하는 외에 그 법인 또는 개인에게도 해당 조문의 벌금형을 과(科)한다. 다만, 법인 또는 개인이 그 위반행위를 방지하기 위하여 해당 업무에 관하여 상당한 주의와 감독을 게을리하지 아니한 경우에는 그러하지 아니하다.

제83조(벌칙 적용의 특례) 제78조(같은 조 제1항 및 같은 조 제2항제1호는 제외한다) 및 제79조(같은 조 제1항은 제외한다)의 벌칙에 관한 규정을 적용할 때 이 법에 따라 과징금을 부과할 수 있는 행위에 대해서는 국토교통부장관의 고발이 있어야 공소를 제기할 수 있으며, 과징금을 부과한 행위에 대해서는 과태료를 부과할 수 없다.

제84조(과태료) ① 제27조제6호 및 제7호에 따른 사업개선 명령을 이행하지 아니한 항공교통사업자 중 항공운송사업자(외국인 국제항공운송사업자를 포함한다)에게는 2천만원 이하의 과태료를 부과한다.

항공사업법 시행령

나. 법 제51조제2항에 따라 준용되는 법 제34조제1항에 따른 양도·양수 신고의 수리 및 같은 조 제3항에 따른 공고
다. 법 제51조제3항에 따라 준용되는 법 제35조제1항에 따른 합병 신고의 수리
라. 법 제51조제4항에 따라 준용되는 법 제36조제2항에 따른 상속 신고의 수리
마. 법 제51조제5항에 따라 준용되는 법 제37조제1항에 따른 휴업 신고의 수리
바. 법 제51조제5항에 따라 준용되는 법 제38조제1항에 따른 폐업 신고의 수리
사. 법 제51조제6항에 따라 준용되는 법 제39조에 따른 사업개선 명령
아. 법 제51조제7항에 따라 준용되는 법 제40조제1항에 따른 등록취소 또는 사업정지명령
자. 법 제51조제8항에 따라 준용되는 법 제41조에 따른 과징금의 부과·징수

30. 상업서류송달업, 항공운송총대리점업 및 도심공항터미널업에 대한 다음 각 목의 사항
    가. 법 제52조제1항에 따른 상업서류송달업, 항공운송총대리점업 및 도심공항터미널업의 신고 및 변경신고의 수리
    나. 법 제53조제3항에 따라 준용되는 법 제34조제1항에 따른 양도·양수 신고의 수리 및 같은 조 제3항에 따른 공고
    다. 법 제53조제4항에 따라 준용되는 법 제35조제1항에 따른 합병 신고의 수리
    라. 법 제53조제5항에 따라 준용되는 법 제36조제2항에 따른 상속 신고의 수리
    마. 법 제53조제6항에 따라 준용되는 법 제37조제1항에 따른 휴업 신고의 수리
    바. 법 제53조제6항에 따라 준용되는 법 제38조제1항에 따른 폐업 신고의 수리
    사. 법 제53조제7항에 따라 준용되는 법 제39조에 따른 사업개선 명령
    아. 법 제53조제8항에 따라 준용되는 법 제40조제1항에 따른 영업소의 폐쇄 또는 사업정지명령
    자. 법 제53조제9항에 따라 준용되는 법 제41조에 따른 과징금의 부과·징수

31. 법 제55조제1항에 따른 외국 국적을 가진 항공기의 여객 또는 화물의 유상운송 허가(외국과의 항공협정으로 수송력에 제한 없이 운항이 가능한 공항으로의 유상운송인 경우만 해당한다)

32. 외국인 국제항공운송사업에 대한 다음 각 목의 사항
    가. 법 제59조제1항에 따른 허가취소 또는 사업정지명령(지방항공청장에게 권한이 위임된 사항에 관한 허가취소 또는 사업정지명령만 해당한다)

항공사업법

② 다음 각 호의 어느 하나에 해당하는 자에게는 500만원 이하의 과태료를 부과한다.
1. 제8조제3항에 따른 자료를 제출하지 아니하거나 거짓의 자료를 제출한 자
2. 제8조제4항에 따른 고지의 의무를 이행하지 아니한 자
3. 제25조를 위반하여 폐업 또는 폐지를 하거나 폐업 또는 폐지 신고를 하지 아니하거나 거짓으로 신고한 자
4. 제27조제6호에 따른 사업개선 명령을 이행하지 아니한 공항운영자
4의2. 제30조의2제2항을 위반하여 교육비의 반환 등 교육생을 보호하기 위한 조치를 하지 아니한 자
5. 제38조를 위반하여 폐업하거나 폐업 신고를 하지 아니하거나 거짓으로 신고한 자
6. 제43조제5항에서 준용하는 제38조를 위반하여 폐업하거나 폐업 신고를 하지 아니하거나 거짓으로 신고한 자
7. 제45조제5항에서 준용하는 제38조를 위반하여 폐업하거나 폐업 신고를 하지 아니하거나 거짓으로 신고한 자
8. 제47조제6항에서 준용하는 제38조를 위반하여 폐업하거나 폐업 신고를 하지 아니하거나 거짓으로 신고한 자
9. 제49조제6항에서 준용하는 제38조를 위반하여 폐업하거나 폐업 신고를 하지 아니하거나 거짓으로 신고한 자
10. 제51조제5항에서 준용하는 제38조를 위반하여 폐업하거나 폐업 신고를 하지 아니하거나 거짓으로 신고한 자
11. 제53조제6항에서 준용하는 제38조를 위반하여 폐업하거나 폐업 신고를 하지 아니하거나 거짓으로 신고한 자
12. 제61조제6항(제60조제10항에서 준용하는 경우를 포함한다)에 따라 보고를 하지 아니하거나 거짓으로 보고한 자
13. 제61조제10항(제60조제10항에서 준용하는 경우를 포함한다)에 따른 의무를 위반한 자
14. 제61조제12항(제60조제10항에서 준용하는 경우를 포함한다)에 따른 의무를 위반한 자
15. 제61조의2제2항(제60조제11항에서 준용하는 경우를 포함한다)을 위반하여 지연사유 및 진행상황 등을 알리지 아니한 자
16. 제61조의2제3항(제60조제11항에서 준용하는 경우를 포함한다)을 위반하여 음식물을 제공하지 아니하거나 보고를 하지 아니한 자

항공사업법 시행령

나. 법 제59조제2항에서 준용하는 법 제29조에 따른 과징금의 부과 및 징수(지방항공청장에게 권한이 위임된 사항에 관한 과징금의 부과 및 징수만 해당한다)
다. 법 제60조제2항에서 준용하는 법 제12조제2항에 따른 신고의 수리
라. 법 제60조제2항에서 준용하는 법 제12조제3항 본문에 따른 사업계획 변경인가(항공노선의 임시 증편을 위한 사업계획 변경인가만 해당한다)
마. 법 제60조제2항에서 준용하는 법 제12조제3항 단서에 따른 사업계획 변경신고의 수리. 다만, 다음의 사업계획 변경신고의 수리는 제외한다.
  1) 자본금의 변경
  2) 대표자 변경, 대표권의 제한 및 그 제한의 변경
  3) 상호변경(국내사업소만 해당한다)
  4) 국토교통부장관의 인가를 받아야 하는 사업계획 변경과 연계되는 경미한 사업계획 변경신고로서 사업계획 변경인가 신청 시에 국토교통부장관에게 함께 제출되는 사업계획 변경신고
32의2. 법 제61조의2제3항에 따른 이동지역 내 지연 발생 보고의 접수 및 같은 조 제4항에 따른 관계 기관의 장과 공항운영자에 대한 협조 요청
33. 법 제70조제5항에 따른 항공보험 등에 가입한 자가 제출하는 보험가입신고서 등 보험가입 등을 확인할 수 있는 자료의 접수(항공사업의 등록 업무가 지방항공청장에게 위임된 경우만 해당한다)
34. 법 제74조에 따른 청문의 실시(지방항공청장에게 위임된 업무와 관련된 사항만 해당한다)
35. 법 제84조에 따른 과태료의 부과·징수(지방항공청장에게 권한이 위임된 사항에 관한 과태료 및 법 제84조제2항제18호에 따른 과태료의 부과·징수만 해당한다)

② 국토교통부장관은 법 제75조제2항에 따라 다음 각 호의 업무를 「인천국제공항공사법」에 따른 인천국제공항공사 또는 「한국공항공사법」에 따른 한국공항공사에 관할별로 위탁한다.
  1. 법 제18조제1항에 따른 운항시각 배분 또는 조정 신청의 접수
  2. 법 제18조제1항에 따른 운항시각 배분 또는 조정

③ 국토교통부장관은 법 제75조제3항에 따라 다음 각 호의 업무를 「한국교통안전공단법」에 따른 한국교통안전공단에 위탁한다.
  1. 법 제48조제1항에 따른 초경량비행장치사용사업의 등록 및 변경신고의 수리
  2. 법 제49조제1항에 따라 준용되는 법 제32조제2항에 따른 사업계획의 변경인가 또는 변경신고의 수리

Chapter 01 | 항공법규

항공사업법

17. 제62조제1항(제60조제12항에서 준용하는 경우를 포함한다)을 위반하여 운송약관을 신고 또는 변경신고하지 아니한 자
18. 제62조제4항(제60조제12항에서 준용하는 경우를 포함한다) 또는 같은 조 제6항에 따른 요금표 등을 갖추어 두지 아니하거나 거짓 사항을 적은 요금표 등을 갖추어 둔 자
19. 제62조제5항(제60조제12항에서 준용하는 경우를 포함한다)을 위반하여 항공운임 등 총액을 제공하지 아니하거나 거짓으로 제공한 자
20. 제63조제4항(제60조제13항에서 준용하는 경우를 포함한다)을 위반하여 자료를 제출하지 아니하거나 거짓 자료를 제출한 자

20의2. 제69조의10제1항에 따른 조사 또는 검사를 거부·방해 또는 기피한 자

20의3. 제69조의11제3항에 따른 이행계획 제출 명령을 이행하지 아니한 자

21. 제70조제3항 또는 제4항을 위반하여 보험 또는 공제에 가입하지 아니하고 경량항공기 또는 초경량비행장치를 사용하여 비행한 자
22. 제70조제5항에 따른 자료를 제출하지 아니하거나 거짓으로 자료를 제출한 자
23. 제73조제1항에 따른 보고 등을 하지 아니하거나 거짓 보고 등을 한 자
24. 제73조제2항 또는 제3항에 따른 질문에 대하여 거짓으로 진술한 자

부칙

〈법률 제19688호, 2023. 8. 16., 일부개정〉

이 법은 공포 후 6개월이 경과한 날부터 시행한다.

항공사업법 시행령

3. 법 제49조제3항에 따라 준용되는 법 제34조제1항에 따른 양도·양수 신고의 수리 및 같은 조 제3항에 따른 공고
4. 법 제49조제4항에 따라 준용되는 법 제35조제1항에 따른 합병 신고의 수리
5. 법 제49조제5항에 따라 준용되는 법 제36조제2항에 따른 상속 신고의 수리
6. 법 제49조제6항에 따라 준용되는 법 제37조제1항에 따른 휴업 신고의 수리
7. 법 제49조제6항에 따라 준용되는 법 제38조제1항에 따른 폐업 신고의 수리
8. 법 제49조제7항에 따라 준용되는 법 제39조에 따른 사업개선 명령

④ 국토교통부장관은 법 제75조제4항에 따라 같은 항 제1호 및 제2호의 업무를 「정부출연연구기관 등의 설립·운영 및 육성에 관한 법률」 제8조에 따라 설립된 한국교통연구원에 위탁한다.

⑤ 국토교통부장관은 법 제75조제5항에 따라 법 제69조의2 각 호의 업무를 「항공안전기술원법」에 따른 항공안전기술원에 위탁한다.

제34조(규제의 재검토) 국토교통부장관은 다음 각 호의 사항에 대하여 2022년 1월 1일을 기준으로 3년마다(매 3년이 되는 해의 1월 1일 전까지를 말한다) 그 타당성을 검토하여 개선 등의 조치를 해야 한다.

1. 제12조 및 별표 1에 따른 국내항공운송사업 및 국제항공운송사업의 면허기준
2. 제13조 및 별표 2에 따른 소형항공운송사업의 등록요건
3. 〈삭제〉
4. 제18조 및 별표 4에 따른 항공기사용사업의 등록요건
5. 〈삭제〉
6. 〈삭제〉
7. 제22조 및 별표 8에 따른 항공기대여업의 등록요건
8. 〈삭제〉
9. 제24조 및 별표 10에 따른 항공레저스포츠사업의 등록요건

제35조(과태료의 부과기준) 법 제84조에 따른 과태료의 부과기준은 별표 11과 같다.

부칙

〈대통령령 제33913호, 2023. 12. 12., 타법개정〉

이 영은 공포한 날부터 시행한다.

※ 항공사업법 시행규칙 별표는 생략하였습니다. 해당 별표는 법제처 홈페이지 참고 바랍니다.

항공사업법 시행령 별표

[별표 1] 국내항공운송사업 및 국제항공운송사업의 면허기준(제12조 관련)

구분	국내(여객)·국내(화물)·국제(화물)	국제(여객)
1. 재무능력	법 제19조제1항에 따른 운항개시예정일(이하 "운항개시예정일"이라 한다)부터 3년 동안 법 제7조제4항에 따른 사업운영계획서에 따라 항공운송사업을 운영하였을 경우에 예상되는 운영비 등의 비용을 충당할 수 있는 재무능력(해당 기간 동안 예상되는 영업수익 및 기타수익을 포함한다)을 갖출 것. 다만, 운항개시예정일부터 3개월 동안은 영업수익 및 기타수익을 제외하고도 해당 기간에 예상되는 운영비 등의 비용을 충당할 수 있는 재무능력을 갖추어야 한다.	
2. 자본금 또는 자산평가액	가. 법인 : 납입자본금 50억원 이상일 것 나. 개인 : 자산평가액 75억원 이상일 것	가. 법인 : 납입자본금 150억원 이상일 것 나. 개인 : 자산평가액 200억원 이상일 것

3. 항공기	가. 항공기 대수: 1대 이상
	나. 항공기 성능
	  1) 계기비행능력을 갖출 것
	  2) 쌍발(雙發) 이상의 항공기일 것
	  3) 여객을 운송하는 경우에는 항공기의 조종실과 객실이, 화물을 운송하는 경우에는 항공기의 조종실과 화물칸이 분리된 구조일 것
	  4) 항공기의 위치를 자동으로 확인할 수 있는 기능을 갖출 것
	다. 승객의 좌석 수가 51석 이상일 것(여객을 운송하는 경우만 해당한다)
	라. 항공기의 최대이륙중량이 25,000킬로그램을 초과할 것(화물을 운송하는 경우만 해당한다)
		가. 항공기 대수 : 5대 이상(운항개시예정일부터 3년 이내에 도입할 것)
		나. 항공기 성능
		  1) 계기비행능력을 갖출 것
		  2) 쌍발 이상의 항공기일 것
		  3) 항공기의 조종실과 객실이 분리된 구조일 것
		  4) 항공기의 위치를 자동으로 확인할 수 있는 기능을 갖출 것
		다. 승객의 좌석 수가 51석 이상일 것

[별표 3] 위반행위의 종류별 과징금의 금액(제15조 관련) 생략

[별표 5] 위반행위의 종류별 과징금의 금액(제19조제1항 관련) 생략

[별표 10] 항공레저스포츠사업의 등록요건(제24조 관련) 생략

[별표 11] 과태료의 부과기준(제35조 관련) 생략

Chapter 01 항공법규

공항시설법

Ⅲ. 공항시설법
[시행 2024. 1. 9.] [법률 제19987호, 2024. 1. 9., 타법개정]

---- 제1장 총칙 ----

제1조(목적) 이 법은 공항·비행장 및 항행안전시설의 설치 및 운영 등에 관한 사항을 정함으로써 항공산업의 발전과 공공복리의 증진에 이바지함을 목적으로 한다.

제2조(정의) 이 법에서 사용하는 용어의 뜻은 다음과 같다.
1. "항공기"란 「항공안전법」 제2조제1호에 따른 항공기를 말한다.
2. "비행장"이란 항공기·경량항공기·초경량비행장치의 이륙[이수(離水)를 포함한다. 이하 같다]과 착륙[착수(着水)를 포함한다. 이하 같다]을 위하여 사용되는 육지 또는 수면(水面)의 일정한 구역으로서 대통령령으로 정하는 것을 말한다.
3. "공항"이란 공항시설을 갖춘 공공용 비행장으로서 국토교통부장관이 그 명칭·위치 및 구역을 지정·고시한 것을 말한다.
4. "공항구역"이란 공항으로 사용되고 있는 지역과 공항·비행장개발예정지역 중 「국토의 계획 및 이용에 관한 법률」 제30조 및 제43조에 따라 도시·군계획시설로 결정되어 국토교통부장관이 고시한 지역을 말한다.
5. "비행장구역"이란 비행장으로 사용되고 있는 지역과 공항·비행장개발예정지역 중 「국토의 계획 및 이용에 관한 법률」 제30조 및 제43조에 따라 도시·군계획시설로 결정되어 국토교통부장관이 고시한 지역을 말한다.
6. "공항·비행장개발예정지역"이란 공항 또는 비행장 개발사업을 목적으로 제4조에 따라 국토교통부장관이 공항 또는 비행장의 개발에 관한 기본계획으로 고시한 지역을 말한다.
7. "공항시설"이란 공항구역에 있는 시설과 공항구역 밖에 있는 시설 중 대통령령으로 정하는 시설로서 국토교통부장관이 지정한 다음 각 목의 시설을 말한다.
    가. 항공기의 이륙·착륙 및 항행을 위한 시설과 그 부대시설 및 지원시설
    나. 항공 여객 및 화물의 운송을 위한 시설과 그 부대시설 및 지원시설
8. "비행장시설"이란 비행장에 설치된 항공기의 이륙·착륙을 위한 시설과 그 부대시설로서 국토교통부장관이 지정한 시설을 말한다.

공항시설법 시행령

Ⅲ. 공항시설법 시행령
[시행 2023. 12. 12.] [대통령령 제33913호, 2023. 12. 12., 타법개정]

제1조(목적) 이 영은 「공항시설법」에서 위임된 사항과 그 시행에 필요한 사항을 규정함을 목적으로 한다.

제2조(비행장의 구분) 「공항시설법」(이하 "법"이라 한다) 제2조제2호에서 "대통령령으로 정하는 것"이란 다음 각 호의 것을 말한다.
1. 육상비행장
2. 육상헬기장
3. 수상비행장
4. 수상헬기장
5. 옥상헬기장
6. 선상(船上)헬기장
7. 해상구조물헬기장

제3조(공항시설의 구분) 법 제2조제7호 각 목 외의 부분에서 "대통령령으로 정하는 시설"이란 다음 각 호의 시설을 말한다.
1. 다음 각 목에서 정하는 기본시설
    가. 활주로, 유도로, 계류장, 착륙대 등 항공기의 이착륙시설
    나. 여객터미널, 화물터미널 등 여객시설 및 화물처리시설
    다. 항행안전시설
    라. 관제소, 송수신소, 통신소 등의 통신시설
    마. 기상관측시설
    바. 공항 이용객을 위한 주차시설 및 경비·보안시설
    사. 공항 이용객에 대한 홍보시설 및 안내시설
2. 다음 각 목에서 정하는 지원시설
    가. 항공기 및 지상조업장비의 점검·정비등을 위한 시설
    나. 운항관리시설, 의료시설, 교육훈련시설, 소방시설 및 기내식 제조·공급 등을 위한 시설
    다. 공항의 운영 및 유지·보수를 위한 공항 운영·관리시설
    라. 공항 이용객 편의시설 및 공항근무자 후생복지시설
    마. 공항 이용객을 위한 업무·숙박·판매·위락·운동·전시 및 관람집회 시설
    바. 공항교통시설 및 조경시설, 방음벽, 공해배출 방지시설 등 환경보호시설
    사. 공항과 관련된 상하수도 시설 및 전력·통신·냉난방 시설

공항시설법 시행규칙

Ⅲ. 공항시설법 시행규칙
[시행 2023. 10. 19.] [국토교통부령 제1264호, 2023. 10. 19., 일부개정]

제1조(목적) 이 규칙은 「공항시설법」 및 같은 법 시행령에서 위임된 사항과 그 시행에 필요한 사항을 규정함을 목적으로 한다.

Chapter 01 | 항공법규

공항시설법

9. "공항개발사업"이란 이 법에 따라 시행하는 다음 각 목의 사업을 말한다.
    가. 공항시설의 신설·증설·정비 또는 개량에 관한 사업
    나. 공항개발에 따라 필요한 접근교통수단 및 항만시설 등 기반시설의 건설에 관한 사업
    다. 공항이용객 및 항공과 관련된 업무종사자를 위한 사업 등 대통령령으로 정하는 사업
10. "비행장개발사업"이란 이 법에 따라 시행하는 다음 각 목의 사업을 말한다.
    가. 비행장시설의 신설·증설·정비 또는 개량에 관한 사업
    나. 비행장개발에 따라 필요한 접근교통수단 등 기반시설의 건설에 관한 사업
11. "공항운영자"란 「항공사업법」 제2조제34호에 따른 공항운영자를 말한다.
12. "활주로"란 항공기 착륙과 이륙을 위하여 국토교통부령으로 정하는 크기로 이루어지는 공항 또는 비행장에 설정된 구역을 말한다.
13. "착륙대(着陸帶)"란 활주로와 항공기가 활주로를 이탈하는 경우 항공기와 탑승자의 피해를 줄이기 위하여 활주로 주변에 설치하는 안전지대로서 국토교통부령으로 정하는 크기로 이루어지는 활주로 중심선에 중심을 두는 직사각형의 지표면 또는 수면을 말한다.
14. "장애물 제한표면"이란 항공기의 안전운항을 위하여 공항 또는 비행장 주변에 장애물(항공기의 안전운항을 방해하는 지형·지물 등을 말한다)의 설치 등이 제한되는 표면으로서 대통령령으로 정하는 구역을 말한다.
15. "항행안전시설"이란 유선통신, 무선통신, 인공위성, 불빛, 색채 또는 전파(電波)를 이용하여 항공기의 항행을 돕기 위한 시설로서 국토교통부령으로 정하는 시설을 말한다.
16. "항공등화"란 불빛, 색채 또는 형상(形象)을 이용하여 항공기의 항행을 돕기 위한 항행안전시설로서 국토교통부령으로 정하는 시설을 말한다.
17. "항행안전무선시설"이란 전파를 이용하여 항공기의 항행을 돕기 위한 시설로서 국토교통부령으로 정하는 시설을 말한다.
18. "항공정보통신시설"이란 전기통신을 이용하여 항공교통업무에 필요한 정보를 제공·교환하기 위한 시설로서 국토교통부령으로 정하는 시설을 말한다.
19. "이착륙장"이란 비행장 외에 경량항공기 또는 초경량비행장치의 이륙 또는 착륙을 위하여 사용되는 육지 또는 수면의 일정한 구역으로서 대통령령으로 정하는 것을 말한다.

공항시설법 시행령

아. 항공기 급유시설 및 유류의 저장·관리 시설
자. 항공화물을 보관하기 위한 창고시설
차. 공항의 운영·관리와 항공운송사업 및 이와 관련된 사업에 필요한 건축물에 부속되는 시설
카. 공항과 관련된 「신에너지 및 재생에너지 개발·이용·보급 촉진법」 제2조제3호에 따른 신에너지 및 재생에너지 설비
3. 도심공항터미널
4. 헬기장에 있는 여객시설, 화물처리시설 및 운항지원시설
5. 공항구역 내에 있는 「자유무역지역의 지정 및 운영에 관한 법률」 제4조에 따라 지정된 자유무역지역에 설치하려는 시설로서 해당 공항의 원활한 운영을 위하여 필요하다고 인정하여 국토교통부장관이 지정·고시하는 시설
6. 그 밖에 국토교통부장관이 공항의 운영 및 관리에 필요하다고 인정하는 시설

제4조(항공 관련 업무종사자 등을 위한 공항개발사업) 법 제2조제9호다목에서 "공항이용객 및 항공과 관련된 업무종사자를 위한 사업 등 대통령령으로 정하는 사업"이란 다음 각 호의 어느 하나에 해당하는 사업을 말한다.
  1. 제3조제1호 및 제2호에 따른 공항시설의 운영 및 관리에 관한 업무에 종사하는 사람을 위한 주거시설, 생활편익시설 및 이와 관련된 부대시설의 건설에 관한 사업
  2. 공항개발사업으로 인하여 주거지를 상실하는 사람을 위한 주거시설, 생활편익시설 및 이와 관련된 부대시설의 건설에 관한 사업
  3. 그 밖에 공항개발사업의 건설 종사자를 위한 임시숙소의 건설 등 공항의 건설 및 운영과 관련하여 공항개발사업 시행자가 시행하는 사업

제5조(장애물 제한표면의 구분) ① 법 제2조제14호에서 "대통령령으로 정하는 구역"이란 다음 각 호의 것을 말한다.
  1. 수평표면
  2. 원추표면
  3. 진입표면 및 내부진입표면
  4. 전이(轉移)표면 및 내부전이표면
  5. 착륙복행(着陸復行)표면
② 장애물 제한표면의 기준 등에 관하여 필요한 사항은 국토교통부령으로 정한다.

제6조(이착륙장의 구분) 법 제2조제19호에서 "대통령령으로 정하는 것"이란 다음 각 호의 것을 말한다.
  1. 육상이착륙장   2. 수상이착륙장

공항시설법 시행규칙

제2조(활주로의 크기) 「공항시설법」(이하 "법"이라 한다) 제2조제12호에서 "국토교통부령으로 정하는 크기"란 별표 1 제1호 라목 및 마목에 따른 육상비행장 활주로의 길이 및 폭과 같은 표 제2호의 표에 따른 헬기장 활주로의 길이 및 폭을 말한다.

[별표 1] 공항시설 및 비행장 설치기준(제2조, 제3조 및 제16조 관련)

1. 육상비행장(공항을 포함한다. 이하 같다)은 가목의 육상비행장 분류기준과 항공기의 주(主) 날개 폭을 고려하여 정한 분류문자 및 주륜(主輪) 외곽의 폭에 따라 나목부터 마목까지의 설치기준에 적합한 활주로·착륙대와 유도로를 갖출 것. 다만, 지형조건 등을 고려하여 항공기의 안전운항에 지장이 없다고 국토교통부장관이 인정하는 경우에는 그렇지 않다.

   가. 육상비행장의 분류기준

   육상비행장을 사용하는 항공기의 최소이륙거리를 고려하여 정한 분류번호와 항공기의 주(主) 날개 폭을 고려하여 정한 분류문자에 따라 다음과 같이 분류한다.

분류요소 1		분류요소 2	
분류번호	항공기의 최소이륙거리	분류문자	항공기 주 날개 폭
1	800m 미만	A	15m 미만
2	800m 이상 1,200m 미만	B	15m 이상 24m 미만
3	1,200m 이상 1,800m 미만	C	24m 이상 36m 미만
4	1,800m 이상	D	36m 이상 52m 미만
		E	52m 이상 65m 미만
		F	65m 이상 80m 미만

   나. 육상비행장의 분류번호별 착륙대 및 활주로 설치기준

구분				분류번호			
				1		2	3	4
착륙대	길이	활주로 시작선 및 활주로 끝선(정지로가 있는 경우에는 정지로 끝선)에서 연장한 거리		비계기용 30m 이상	계기용 60m 이상	60m 이상	60m 이상	60m 이상
	폭	활주로 세로 방향의 중심선에서 착륙대의 긴 변까지의 거리	계기용	정밀	70m 이상	70m 이상	140m 이상	140m 이상
				비정밀	70m 이상			
			비계기용		30m 이상	40m 이상	75m 이상	75m 이상
	최대 끝선경사도			2%		2%	1.75%	1.5%
	최대 횡단경사도	1. 정지구역 (Grading area)		3%		3%	2.5%	2.5%
		2. 정지구역 외의 구역		5%		5%	5%	5%
활주로	활주로 세로 방향의 중심선을 따라 최고표고와 최저표고의 차를 활주로의 길이로 나누어 산출한 최대 끝선경사도			2%		2%	1%	1%
	최대 끝선경사도	1. 활주로 길이의 최초 및 최종 4분의 1 구간		2%		2%	0.8%	0.8%
		2. 제1호를 제외한 활주로 구간		2%		2%	1.5%	1.25%

Chapter 01 | 항공법규

공항시설법

20. "항공학적 검토"란 항공안전과 관련하여 시계비행 및 계기비행절차 등에 대한 위험을 확인하고 수용할 수 있는 안전수준을 유지하면서도 그 위험을 제거하거나 줄이는 방법을 찾기 위하여 계획된 검토 및 평가를 말한다.

제2장 공항 및 비행장의 개발

제3조(공항개발 종합계획의 수립) ① 국토교통부장관은 공항개발사업을 체계적이고 효율적으로 추진하기 위하여 5년마다 다음 각 호의 사항이 포함된 공항개발 종합계획(이하 "종합계획"이라 한다)을 수립하여야 한다.
1. 항공 수요의 전망
2. 권역별 공항 또는 국가의 재정지원 규모가 300억원 이상의 범위에서 대통령령으로 정하는 규모 이상의 비행장개발 등에 관한 계획
3. 투자 소요 및 재원조달방안
4. 그 밖에 공항 및 비행장 개발과 운영 등에 관한 사항

② 종합계획은 「항공사업법」 제3조에 따른 항공정책기본계획, 「국가통합교통체계효율화법」 제4조 및 제6조에 따른 국가기간교통망계획 및 중기 교통시설투자계획과 조화를 이루도록 수립하여야 한다.
③ 국토교통부장관은 종합계획 내용 중 공항개발 계획의 변경 등 대통령령으로 정하는 중요한 사항을 변경하려면 대통령령으로 정하는 바에 따라 종합계획을 변경하여야 한다.
④ 국토교통부장관은 종합계획을 수립하거나 제3항에 따라 종합계획을 변경(이하 이 조에서 "변경"이라 한다)하려는 경우에는 관할 지방자치단체의 장의 의견을 들은 후 관계 중앙행정기관의 장과 협의하여야 한다.
⑤ 국토교통부장관은 관계 행정기관의 장에게 종합계획의 수립 또는 변경에 필요한 자료를 요구할 수 있다. 이 경우 요구를 받은 관계 행정기관의 장은 정당한 사유가 없으면 협조하여야 한다.
⑥ 국토교통부장관은 종합계획을 수립하거나 변경하려는 경우에는 「항공사업법」 제4조에 따른 항공정책위원회의 심의를 거쳐야 한다.
⑦ 국토교통부장관은 종합계획을 수립하거나 변경하였을 때에는 대통령령으로 정하는 바에 따라 그 내용을 고시하여야 한다.

제4조(공항개발 기본계획의 수립) ① 국토교통부장관은 공항 또는 비행장을 개발하려면 공항 또는 비행장의 개발에 관한 기본계획(이하 "기본계획"이라 한다)을 수립하여야 한다.

공항시설법 시행령

제7조(공항개발 종합계획의 수립·변경 등) ① 법 제3조제1항제2호에서 "대통령령으로 정하는 규모 이상의 비행장개발"이란 다음 각 호의 어느 하나에 해당하는 것을 말한다.
1. 국가의 재정지원 규모가 300억원 이상이면서 총사업비가 1천억원 이상인 비행장개발
2. 비행장개발예정지역의 면적이 20만제곱미터 이상인 육상비행장개발

② 법 제3조제3항에 따라 국토교통부장관은 다음 각 호의 어느 하나에 해당하는 경우에는 법 제3조제1항에 따른 공항개발 종합계획(이하 "종합계획"이라 한다)을 변경하여야 한다.
1. 새로운 공항개발에 관한 사항을 종합계획에 추가하는 경우
2. 국가의 재정지원 규모가 300억원 이상이면서 총사업비가 1천억원 이상인 새로운 비행장개발에 관한 사항을 종합계획에 추가하는 경우
3. 공항·비행장개발예정지역의 면적이 당초 계획보다 20만제곱미터 이상 늘어나는 공항개발 또는 육상비행장개발에 관한 사항을 종합계획에 추가하는 경우
4. 길이 500미터 이상의 활주로가 신설되거나 기존 활주로의 길이가 500미터 이상 늘어나는 공항개발 또는 육상비행장개발에 관한 사항을 종합계획에 추가하는 경우

③ 법 제3조제4항에 따라 국토교통부장관으로부터 종합계획의 수립 또는 변경에 관한 의견제시 요청을 받은 관할 지방자치단체의 장은 종합계획안을 14일 이상 주민이 열람하게 하고 그 주민의 의견을 들어야 한다.
④ 국토교통부장관은 법 제3조제7항에 따라 종합계획을 수립하거나 종합계획을 변경하였을 때에는 다음 각 호의 구분에 따라 해당 사항을 각각 관보에 고시하여야 한다.
1. 종합계획을 수립한 경우 : 법 제3조제1항 각 호의 사항
2. 종합계획을 변경한 경우 : 변경된 사항

제8조(공항개발 기본계획의 수립·변경 등) ① 법 제4조제1항 단서에서 "공항시설 또는 비행장시설의 개량에 관한 사업 등 대통령령으로 정하는 경미한 개발사업"이란 다음 각 호의 어느 하나에 해당하는 사업을 말한다.
1. 기존의 공항구역 또는 비행장구역 내에서 시행하는 공항개발사업 또는 비행장개발사업(이하 "개발사업"이라 한다)
2. 공항·비행장개발예정지역이 「환경영향평가법 시행령」 제59조 및 별표 4에 따라 소규모 환경영향평가를 실시하여야 하는 면적 미만인 개발사업
3. 제2조제2호부터 제7호까지의 규정에 따른 비행장에 관한 비행장개발사업

공항시설법 시행규칙

비고
1) 분류번호는 가목의 항공기의 최소이륙거리에 따른 분류번호를 말한다.
2) 착륙대의 횡단경사도 중 활주로, 활주로 갓길 또는 정지로(Stopway)에서부터 바깥쪽으로 3m의 구간은 배수(排水)를 위하여 아래쪽으로 경사지게 하고, 5퍼센트까지 허용할 수 있다.
3) 위 표에서 "정지구역(Grading area)"이란 항공기가 활주로를 이탈하는 경우에 대비하여 착륙대 중에서 국토교통부장관이 정해 고시하는 구역을 말한다.
4) 활주로 최대 끝선경사도 제1호란 중 분류번호 3의 경사도 0.8퍼센트는 CAT-Ⅱ 또는 CAT-Ⅲ인 정밀접근활주로의 경우만 해당한다.

다. 육상비행장의 분류문자별 활주로 및 유도로 설치기준

주륜외곽의 폭(OMGWS)	4.5m 이상		4.5m 이상 6m 미만		6m 이상 9m 미만		9m 이상 15m 미만	
직선유도로의 폭	7.5m		10.5m		15m		23m	
분류문자	A	B	C	D	E	F		
유도로	최대끝선경사도	3%	3%	1.5%	1.5%	1.5%	1.5%
	최대횡단경사도	2%	2%	1.5%	1.5%	1.5%	1.5%
활주로	최대횡단경사도	2%	2%	1.5%	1.5%	1.5%	1.5%

비고
1) 항공기 주륜외곽의 폭(outer main gear wheel span, OMGWS)은 항공기 좌우 주기어의 외측 가장자리에서 측정한 직선거리를 말한다.
2) 활주로의 최대횡단경사도는 활주로 또는 유도로의 교차부분과 같이 완만한 경사가 필요한 곳을 제외하고는 1퍼센트 미만이어서는 안 된다.

라. 비행장의 착륙대 등급 분류기준

비행장의 종류	착륙대의 등급	활주로 또는 착륙대의 길이
육상비행장	A	2,550m 이상
	B	2,150m 이상 2,550m 미만
	C	1,800m 이상 2,150m 미만
	D	1,500m 이상 1,800m 미만
	E	1,280m 이상 1,500m 미만
	F	1,080m 이상 1,280m 미만
	G	900m 이상 1,080m 미만
	H	500m 이상 900m 미만
	J	100m 이상 500m 미만
수상비행장	4	1,500m 이상
	3	1,200m 이상 1,500m 미만
	2	800m 이상 1,200m 미만
	1	800m 미만

비고 : 활주로 또는 착륙대의 길이를 적용할 때 육상비행장의 경우에는 활주로의 길이를, 수상비행장의 경우에는 착륙대의 길이를 기준으로 한다.

마. 육상비행장 활주로의 폭

분류번호	항공기 주륜외곽의 폭(OMGWS)			
	4.5m미만	4.5m 이상 6m 미만	6m 이상 9m 미만	9m 이상 15m 미만
1	18m	18m	23m	-
2	23m	23m	30m	-
3	30m	30m	30m	45m
4	-	-	45m	45m

Chapter 01 | 항공법규

공항시설법

다만, 공항시설 또는 비행장시설의 개량에 관한 사업 등 대통령령으로 정하는 경미한 개발사업의 경우에는 기본계획을 수립하지 아니할 수 있다.

② 국토교통부장관은 기본계획을 수립하거나 제4항에 따라 기본계획을 변경할 때에는 항공기의 안전운항을 방해할 수 있는 공항 또는 비행장 주변의 장애물(관계 법령에 따라 행위허가를 받았거나 허가를 받을 필요가 없는 건축물 또는 구조물로서 그 공사에 착수한 건축물 또는 구조물을 포함한다)에 대하여 국토교통부령으로 정하는 바에 따라 항공기의 안전운항에 지장이 없도록 제거 여부를 검토하여야 한다.

③ 기본계획에는 다음 각 호의 사항이 포함되어야 한다.
  1. 공항 또는 비행장의 현황 분석
  2. 공항 또는 비행장의 수요전망
  3. 공항·비행장개발예정지역 및 장애물 제한표면
  3의2. 존치장애물(장애물 제한표면 높이 이상의 장애물 중 제2항에 따른 검토 결과 제거하지 아니하는 것으로 결정된 장애물을 말한다. 이하 같다) 현황
  4. 공항 또는 비행장의 규모 및 배치
  5. 건설 및 운영계획
  6. 재원조달계획
  7. 환경관리계획
  8. 그 밖에 공항 또는 비행장 개발 및 운영 등에 필요한 사항

④ 국토교통부장관은 기본계획 내용 중 새로운 활주로의 건설 등 대통령령으로 정하는 중요한 사항을 변경하려면 대통령령으로 정하는 바에 따라 기본계획을 변경하여야 한다.

⑤ 기본계획의 수립 또는 제4항에 따른 기본계획의 변경에 관하여는 제3조제4항부터 제6항까지의 규정을 준용한다. 이 경우 "종합계획"은 "기본계획"으로 본다.

⑥ 국토교통부장관은 기본계획을 수립하거나 제4항에 따라 기본계획을 변경하였을 때에는 대통령령으로 정하는 바에 따라 그 내용을 고시하여야 한다. 이 경우 지형도면의 고시에 관하여는 「토지이용규제 기본법」 제8조에 따른다.

⑦ 국토교통부장관은 제6항에 따라 기본계획을 고시(변경 고시를 포함한다. 이하 같다)한 경우에는 그 기본계획을 관계 특별시장·광역시장·도지사(이하 "시·도지사"라 한다)·특별자치시장·특별자치도지사에게 송부하여 14일 이상 일반인에게 공람시켜야 한다.

제5조(공항개발기술심의위원회) ① 국토교통부장관은 공항개발사업 또는 비행장개발사업(이하 "개발사업"이라 한다)에 따른 건설기술·교통영향 등에 관한 중요 사항을 심의

공항시설법 시행령

  4. 그 밖에 국토교통부장관이 해당 사업의 특성상 법 제4조제1항에 따른 공항 또는 비행장의 개발에 관한 기본계획(이하 "기본계획"이라 한다)을 수립할 필요가 없다고 인정하는 개발사업

② 법 제4조제4항에 따라 국토교통부장관은 다음 각 호의 어느 하나에 해당하는 경우에는 기본계획을 변경하여야 한다.
  1. 공항·비행장개발예정지역의 면적이 당초 계획보다 「환경영향평가법 시행령」 제59조 및 별표 4에 따라 소규모 환경영향평가를 실시하여야 하는 면적 이상 늘어나는 공항개발 또는 육상비행장개발에 관한 사항을 기본계획에 추가하는 경우
  2. 활주로의 신설에 관한 사항을 기본계획에 추가하는 경우
  3. 활주로의 길이 변경에 관한 사항을 기본계획에 추가하는 경우
  4. 존치장애물(장애물 제한표면 높이 이상의 장애물 중 법 제4조제2항에 따른 검토 결과 제거하지 않기로 결정된 장애물을 말한다) 현황에 관한 사항을 기본계획에 추가하는 경우

③ 법 제4조제5항에서 준용하는 법 제3조제4항에 따라 국토교통부장관으로부터 기본계획의 수립 또는 변경에 관한 의견제시 요청을 받은 관할 지방자치단체의 장은 기본계획안을 14일 이상 주민이 열람하게 하고 그 주민의 의견을 들어야 한다.

④ 국토교통부장관은 법 제4조제6항에 따라 기본계획을 수립하거나 변경하였을 때에는 다음 각 호의 구분에 따라 해당 사항을 각각 관보에 고시하여야 한다.
  1. 기본계획을 수립한 경우 : 법 제4조제3항 각 호의 사항
  2. 기본계획을 변경한 경우 : 변경된 사항

제9조(공항개발기술심의위원회의 구성) ① 법 제5조제1항에 따른 공항개발기술심의위원회(이하 "기술심의위원회"라 한다)의 위원장은 기술심의위원회의 위원 중에서 국토교통부장관이 지명하는 사람이 된다.

② 법 제5조제2항제2호 및 제3호에 따른 위원의 임기는 2년으로 한다.

제10조(공항개발기술심의위원회의 기능) 기술심의위원회는 다음 각 호의 사항을 심의한다.
  1. 법 제8조제1항제1호·제2호(「건축법」 제4조에 따른 건축위원회의 심의만 해당한다) 또는 제12호의 사항이 포함되어 있는 개발사업에 관한 실시계획의 수립 또는 승인에 관한 사항
  2. 법 제19조제1항제1호에 따른 특수기술 또는 특수장치에 관한 사항

공항시설법 시행규칙

비고
1) 분류번호는 가목에 따른 항공기의 최소이륙거리에 따른 기준을 말한다.
2) 정밀접근 활주로의 폭은 분류번호가 1 또는 2인 경우에는 30m 이상이어야 한다.

2. 육상헬기장·옥상헬기장·선상헬기장·해상구조물헬기장에는 다음 표의 규격에 적합한 활주로·착륙대·유도로(설치하는 경우만 해당한다)를 갖출 것. 다만, 지형조건 등을 고려하여 항공기의 안전운항에 지장이 없다고 국토교통부장관이 인정하는 경우에는 그렇지 않다.

구 분			육상헬기장	옥상헬기장	선상헬기장	해상구조물 헬기장
활주로	길이		항공기 크기의 1.2배 이상으로서 최소 15m 이상			
	폭		항공기 크기의 1.2배 이상으로서 최소 15m 이상			
	최대끝선경사도		2%	2%	-	-
	최대횡단경사도		2.5%	2%	-	-
착륙대	비계기접근	길이	활주로 양끝 경계면에서 항공기 크기의 0.5배 이상 확장한 값		활주로 크기와 동일	
		폭	활주로 양끝 경계면에서 항공기 크기의 0.5배 이상 확장한 값		활주로 크기와 동일	
	비정밀접근	길이	활주로 양끝에서 60 m 이상			
		폭	활주로 중심선에서 양측으로 45 m 이상			
	최대종단경사도		2%		-	-
	최대횡단경사도		2.5%		-	-
유도로	지상	폭	항공기 이착륙장치 폭의 2배 이상	항공기 이착륙장치 폭의 2배 이상	-	-
	공중	폭	항공기 이착륙장치 폭의 2배 이상	항공기 이착륙장치 폭의 3배 이상	-	-
	지상·공중	최대끝선경사도	3%		-	-
	지상·공중	최대횡단경사도	3%		-	-
	지상	유도로 중심선과 장애물과의 간격	항공기 전체 폭의 0.75배 이상		-	-
	공중		항공기 전체 폭의 1배 이상		-	-

비고
1) 항공기 크기란 해당 헬기장에 사용 예정인 가장 큰 회전익 항공기의 주 회전날개를 포함한 전체 길이와 폭 중 큰 값을 말한다.
2) 이착륙장치 폭이란 바퀴 또는 스키드의 바깥쪽 간의 거리를 말한다.

3. 육상비행장과 육상헬기장에 설치하는 활주로·유도로 및 에이프런(격납고의 광장을 말한다. 이하 같다)은 항공기의 운항에 충분히 견딜 수 있는 강도일 것
4. 육상비행장과 육상헬기장의 활주로 및 유도로는 항공기의 항행안전을 위해 국토교통부장관이 정해 고시하는 상호간 거리와 접속점에서의 각도 및 형상을 유지할 수 있을 것
5. 육상비행장에는 활주로와 유도로의 양측과 에이프런의 가장자리에 국토교통부장관이 정해 고시하는 폭·강도 및 표면을 가진 갓길(Shoulder)을 설치할 것
6. 육상헬기장과 수상헬기장에는 해당 헬기장 출발경로·진입경로·장주비행경로에서 비행 중인 회전익항공기의 동력장치만가 정지된 경우에 지상 또는 수상에 있는 사람 또는 물건에 위험을 초래하지 않고 착륙할 장소가 있을 것
7. 건축물 또는 구조물위에 설치하는 옥상헬기장에는 제2호부터 제6호까지의 기준 외에 다음 각 목의 시설 또는 설비를 갖출 것. 다만, 착륙대를 제외한 시설 또는 설비는 해당 헬기장의 운영에 지장이 없는 범위에서 해당 건축물이나 구조물의 시설 또는 설비로 대체할 수 있다.
   가. 항공기의 탈락 방지시설(낙하 방지용 안전망이 있는 경우는 제외한다)
   나. 연료의 유출 방지시설
   다. 일반인의 접근 통제를 위한 보안시설
   라. 소방 및 안전설비 등 국토교통부장관이 정해 고시하는 시설 또는 설비

Chapter 01 항공법규

공항시설법	공항시설법 시행령

공항시설법

하기 위하여 필요한 경우 공항개발기술심의위원회(이하 "기술심의위원회"라 한다)를 구성·운영할 수 있다.
② 기술심의위원회는 위원장을 포함한 100명 이내의 위원으로 구성하며, 다음 각 호의 어느 하나에 해당하는 사람 중에서 국토교통부장관이 임명 또는 위촉한다.
  1. 개발사업 업무와 관련된 5급 이상 공무원
  2. 「공공기관의 운영에 관한 법률」에 따른 공공기관의 임원
  3. 공항·건축·토목·소방·환경 등에 관하여 전문적 학식과 경험이 풍부한 사람
③ 기술심의위원회의 위원장은 기술심의위원회의 심의를 효율적으로 수행하고, 기술심의위원회에서 위임한 사항을 심의하기 위하여 필요한 경우에는 분야별 소위원회를 구성·운영할 수 있다.
④ 제3항에 따른 분야별 소위원회의 심의를 받은 경우 기술심의위원회의 심의를 받은 것으로 본다.
⑤ 국토교통부장관은 기술심의위원회의 구성 목적을 달성하였다고 인정하는 경우에는 기술심의위원회를 해산할 수 있다.
⑥ 기술심의위원회 및 소위원회의 구성·기능 및 운영 등에 필요한 사항은 대통령령으로 정한다.

공항시설법 시행령

  3. 법 제19조제1항제2호에 따른 시설의 구조 및 형태에 관한 사항
  4. 제28조제5호에 따른 통합발주에 관한 사항
  5. 그 밖에 건설공사의 설계 및 시공의 적정성 등에 관한 사항 등 국토교통부장관이 심의를 요청하는 사항

제11조(기술심의위원회 위원의 제척·기피·회피) ① 기술심의위원회의 위원이 다음 각 호의 어느 하나에 해당하는 경우에는 기술심의위원회의 심의·의결에서 제척(除斥)된다.
  1. 위원 또는 그 배우자나 배우자였던 사람이 해당 안건의 당사자(당사자가 법인·단체 등인 경우에는 그 임원을 포함한다. 이하 이 호 및 제2호에서 같다)가 되거나 그 안건의 당사자와 공동권리자 또는 공동의무자인 경우
  2. 위원이 해당 안건의 당사자와 친족이거나 친족이었던 경우
  3. 위원이 해당 안건에 대하여 증언, 진술, 자문, 연구, 용역 또는 감정을 한 경우
  4. 위원이나 위원이 속한 법인이 해당 안건의 당사자의 대리인이거나 대리인이었던 경우
② 해당 안건의 당사자는 위원에게 공정한 심의·의결을 기대하기 어려운 사정이 있는 경우에는 기술심의위원회에 기피 신청을 할 수 있고, 기술심의위원회는 의결로 이를 결정한다. 이 경우 기피 신청의 대상인 위원은 그 의결에 참여하지 못한다.
③ 위원이 제1항 각 호에 따른 제척 사유에 해당하는 경우에는 스스로 해당 안건의 심의·의결에서 회피(回避)하여야 한다.

제12조(기술심의위원회 위원의 해임 및 해촉) 국토교통부장관은 기술심의위원회 위원이 다음 각 호의 어느 하나에 해당하는 경우에는 해당 위원을 해임하거나 해촉(解囑)할 수 있다.
  1. 심신장애로 인하여 직무를 수행할 수 없게 된 경우
  2. 직무와 관련된 비위사실이 있는 경우
  3. 직무태만, 품위손상이나 그 밖의 사유로 인하여 위원으로 적합하지 아니하다고 인정되는 경우
  4. 제11조제1항 각 호의 어느 하나에 해당하는 데에도 불구하고 회피하지 아니한 경우
  5. 위원 스스로 직무를 수행하는 것이 곤란하다고 의사를 밝히는 경우

제13조(기술심의위원회 위원장의 직무) ① 기술심의위원회의 위원장은 기술심의위원회를 대표하고, 기술심의위원회의 업무를 총괄한다.

공항시설법 시행규칙

8. 수상비행장에는 착륙대의 등급별로 다음 표에 적합한 착륙대, 선회수역 및 유도수로를 갖출 것. 이 경우 세부적인 기준은 국토교통부장관이 정해 고시한다.

착륙대의 등급		1	2	3	4
착륙대	폭	60m 이상	60m 이상	60m 이상	100m 이상
	수심	1.8m 이상(착륙대의 길이가 200m 미만의 경우에는 1등급 착륙대의 수심은 수상항공기의 제원에 따라 1.2m까지 완화할 수 있다)			
선회수역	지름	120m 이상(중심점은 착륙대의 긴변과 짧은변이 만나는 유도수로에 가까운 직각점)			
유도수로	폭	40m 이상	40m 이상	40m 이상	45m 이상
	수심	1.2m 이상	1.2m 이상	1.2m 이상	1.8m 이상
주변장애물과의 허용거리		·착륙대 측면과 최근접 장애물 사이의 허용거리는 최소 30m ·선회수역 측면과 최근접 장애물 사이의 허용거리는 최소 15m ·유도수로 측면과 최근접 장애물 사이의 허용거리는 최소 15m			

9. 수상헬기장에는 착륙대의 등급별로 다음 표의 규격에 적합한 착륙대와 유도수로(설치하는 경우만 해당한다)를 갖출 것

구분		시설기준
착륙대	길이	사용 예정 항공기 투영면 길이의 5배 이상
	폭	사용 예정 항공기 투영면 폭의 3배 이상
유도수로의 폭		사용 예정 항공기 투영면 폭의 2배 이상

10. 수상비행장과 수상헬기장의 착륙대, 선회수역 및 유도수로는 간조 시에 충분한 깊이가 확보되도록 하고, 해당 수면의 상태가 항공기의 안전한 항행에 적합하도록 할 것
11. 해상구조물헬기장에는 국토교통부장관이 정해 고시하는 착륙대, 장애물이 없는 구역 등을 갖출 것
12. 국토교통부장관이 정해 고시하는 공항 또는 비행장 표지시설을 할 것
13. 여객용 항공운송사업에 이용되는 회전익항공기의 모기지(母基地, 항공기 등록 시의 정치장을 말한다)는 국토교통부장관이 인정하는 경우를 제외하고는 다음 표의 시설기준에 적합한 시설 및 설비를 갖출 것

등급구분	설치기준
1급	가. 활주로·착륙대 : 제2호의 설치기준에 적합할 것 나. 계류장 : 항공기 4대 이상을 계류할 수 있는 면적 이상 다. 터미널 : 연건평 300㎡ 이상 라. 주차장 : 1천200㎡ 이상 마. 소방 및 안전설비 : 국제민간항공기구에서 정하는 기술상의 기준에 적합한 설비 바. 격납고 : 항공기 1대 이상 보관할 수 있는 면적 이상 사. 정비설비, 급유설비 및 유·무선통신설비를 설치할 것
2급	가. 활주로·착륙대 : 제2호의 설치기준에 적합할 것 나. 계류장 : 항공기 2대 이상을 계류할 수 있는 면적 이상 다. 터미널 : 연건평 300㎡ 이상 라. 주차장 : 800㎡ 이상 마. 소방 및 안전설비 : 국제민간항공기구에서 정하는 기술상의 기준에 적합한 설비 바. 정비설비, 급유설비 및 유·무선통신설비를 설치할 것
3급	가. 활주로·착륙대 : 제2호의 설치기준에 적합할 것 나. 계류장 : 항공기 1대 이상을 계류할 수 있는 면적 이상 다. 터미널 : 연건평 60㎡ 이상 라. 주차장 : 300㎡ 이상 마. 소방 및 안전설비 : 국제민간항공기구에서 정하는 기술상의 기준에 적합한 설비 바. 정비설비, 급유설비 및 유·무선통신설비를 설치할 것

공항시설법	공항시설법 시행령
	② 기술심의위원회의 위원장이 부득이한 사유로 직무를 수행할 수 없을 때에는 기술심의위원회 위원장이 미리 지명한 위원이 그 직무를 대행한다. **제14조(기술심의위원회의 회의)** ① 기술심의위원회의 위원장은 기술심의위원회의 회의를 소집하고, 그 의장이 된다. ② 기술심의위원회의 회의는 재적위원 과반수의 출석으로 개의(開議)하고, 출석위원 과반수의 찬성으로 의결한다. ③ 기술심의위원회의 위원장은 기술심의위원회의 회의를 소집하는 경우 회의 개최 7일 전까지 회의 일시, 장소 및 안건 등 구체적인 회의 일정을 각 위원에게 알려야 한다. 다만, 긴급히 회의를 소집하여야 할 경우에는 그러하지 아니하다. ④ 기술심의위원회의 위원장은 기술심의위원회의 심의를 위하여 필요한 경우에는 현장조사를 하거나 관계공무원 또는 관계전문가, 그 밖에 이해관계인으로 하여금 회의에 출석하여 발언하게 하거나 그 의견을 들을 수 있으며, 관계 연구기관 및 관계 전문가에게 기술검토를 의뢰하거나 필요한 자료를 요청할 수 있다. **제15조(기술심의위원회의 간사)** ① 기술심의위원회에 기술심의위원회의 사무를 처리할 간사 1명을 둔다. ② 간사는 국토교통부 소속 공무원 중에서 국토교통부장관이 지명한다. **제16조(분야별 소위원회 구성·운영)** ① 법 제5조제3항에 따른 분야별 소위원회(이하 "소위원회"라 한다)는 위원장 1명을 포함하여 10명 이상 30명 이내의 위원으로 구성한다. ② 소위원회의 위원장은 기술심의위원회의 위원장이 되거나 소위원회의 위원 중에서 기술심의위원회의 위원장이 지명하는 자가 된다. ③ 소위원회의 위원은 기술심의위원회의 위원 중 기술심의위원회의 위원장이 지명하는 사람이 된다. ④ 소위원회의 회의는 소위원회 재적위원 과반수의 출석으로 개의하고, 출석위원 과반수의 찬성으로 의결한다. ⑤ 소위원회의 위원의 제척·기피·회피 및 지명 철회에 관하여는 각각 제11조 및 제12조를 준용한다. **제17조(운영세칙)** 이 영에서 규정한 것 외에 기술심의위원회 및 소위원회의 운영에 필요한 사항은 기술심의위원회의 의결을 거쳐 기술심의위원회의 위원장이 정한다.

공항시설법 시행규칙

등급구분	설치기준
4급	가. 활주로·착륙대 : 제2호의 설치기준에 적합할 것 나. 터미널 : 연건평 40㎡ 이상 다. 주차장 : 150㎡ 이상 라. 소방 및 안전설비 : 국제민간항공기구에서 정하는 기술상의 기준에 적합한 설비 마. 정비설비, 급유설비 및 유·무선통신설비 설치

14. 항공교통업무를 수행하는 비행장에는 다음 각 목의 시설을 갖출 것
    가. 항행안전무선시설 : 항공안전을 확보하고 결항률을 낮추기 위한 해당 비행장의 여건에 적합한 시설
    나. 항공등화 : 국토교통부장관이 정해 고시하는 기준에 적합한 시설
    다. 다음의 항공정보통신시설
       1) 항공기 및 비행장 내 차량 등과 교신하는 데 필요한 초단파(VHF) 항공이동통신시설(필요 시 극초단파(UHF) 항공이동통신시설 포함)
       2) 조난 등 비상시에 항공기 및 비행장 내 차량 등과 교신하는 데 필요한 초단파 (VHF) 121.5㎒ 및 극초단파(UHF) 243.0㎒ 항공이동통신시설
       3) 관련 항공교통업무기관 및 항공기상기관 등과 항공정보를 송수신할 수 있는 항공고정통신시스템(AFTN/MHS) 또는 음성통신제어시설 등의 항공정보통신시설
       4) 공항정보방송시설(ATIS) 또는 디지털공항정보방송시설(D-ATIS)(국토교통부장관이 정해 고시하는 비행장만 해당한다)
       5) 비행장관제업무용인 경우에는 관제탑과 해당 비행장으로부터 45km 거리 내의 항공기 간에 직접적이고 전파간섭 없이 양방향통신을 할 수 있는 항공이동통신시설을 갖출 것. 이 경우 기동지역 안에서 교통통제를 위해 필요한 경우 별도의 통신채널을 갖추어야 한다.
       6) 접근관제업무용인 경우에는 관제를 받는 항공기와 신속하게 직접적이고 계속적이며 전파간섭 없이 양방향통신을 할 수 있는 항공이동통신시설을 갖출 것. 이 경우 관제기관이 독립된 기관인 경우에는 전용 통신채널을 갖추어야 한다.
       7) 지역관제업무용인 경우에는 비행정보구역에서 비행하는 항공기와 신속하게 직접적이고 계속적이며 전파간섭 없이 양방향통신을 할 수 있는 항공이동통신시설을 갖출 것
       8) 비행정보업무용인 경우에는 비행정보구역에서 비행하는 항공기와 신속하게 직접적이고 계속적이며 전파간섭 없이 양방향통신을 할 수 있는 항공이동통신시설을 갖출 것
       9) 1)부터 8)까지의 항공이동통신시설이 항공교통관제업무에 사용되는 경우에는 모든 채널에 대한 녹음시설을 갖출 것
    라. 다음의 항공기상시설
       1) 바람(풍향 및 풍속)·기압·습도·온도·강우·강설·시정(視程: 식별 가능 최대 거리)·구름양·구름고도(Ceiling: 하늘의 5/8 이상을 가리는 최하층 구름고도를 말한다), 기상기후 등의 측정 및 보고 시설
       2) 해당 비행장을 이용하는 항공기 운항에 필요한 항공기상예보시설
    마. 항공기지상이동통제시설[공항지상감시레이더(ASDE: Airport Surface Detection Equipment), 지상이동유도통제시스템(Surface Movement Guidance and Control System/SMGCS) 및 레이더정보현시관제탑장비(BRITE) 등을 말하며 국토교통부장관이 정해 고시하는 비행장만 해당한다]
    바. 관제탑시설(관제권이 지정된 경우만 해당한다)
    사. 접근관제소시설(국토교통부장관이 정해 고시하는 비행장 또는 장소만 해당한다)
    아. 항공기상황표시정보시설(ASDS : Aircraft Situation Display System)(국토교통부장관이 정해 고시하는 비행장 또는 장소만 해당한다)
    자. 그 밖에 항공교통업무 수행에 필요한 사항으로서 국토교통부장관이 정해 고시하는 시설
15. 「자연재해대책법」제20조 및 「지진·화산재해대책법」제14조에 따라 국토교통부장관이 정해 고시하는 내풍설계기준 및 내진설계기준에 적합하게 설치할 것
16. 그 밖에 비행장의 설치에 필요한 사항으로서 국토교통부장관이 정해 고시하는 시설 또는 설비 기준에 적합할 것

Chapter 01 | 항공법규

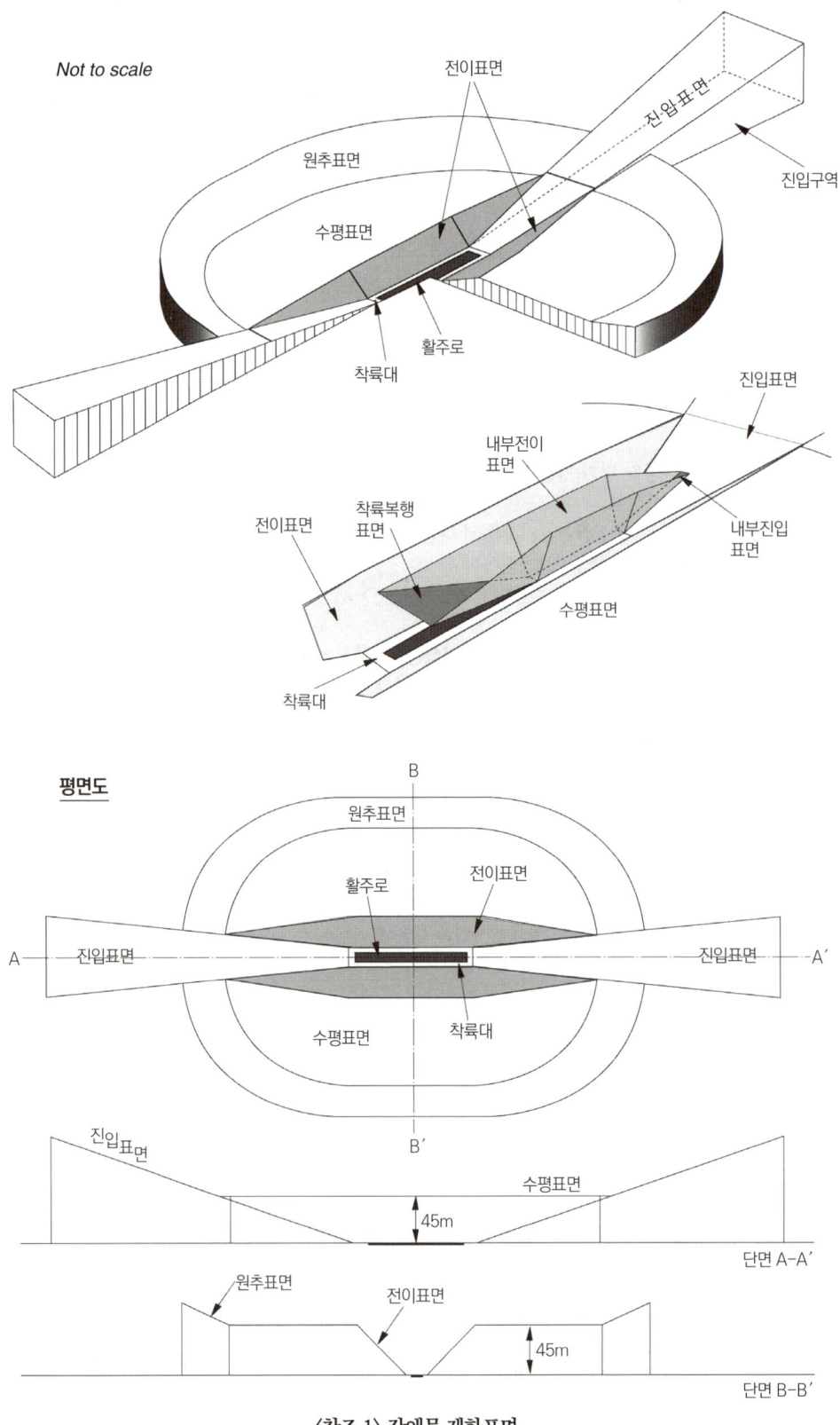

〈참조 1〉 장애물 제한표면

공항시설법 시행규칙

제3조(착륙대의 크기) 법 제2조제13호에서 "국토교통부령으로 정하는 크기"란 다음 각 호의 구분에 따른 크기를 말한다.
1. 육상비행장 : 별표 1 제1호나목에서 정하는 길이와 폭으로 이루어지는 활주로 중심선에 중심을 두는 직사각형의 지표면
2. 육상헬기장, 옥상헬기장, 선상헬기장 및 해상구조물헬기장 : 별표 1 제2호에서 정하는 길이와 폭으로 활주로(최종접근·이륙구역) 주변에 설치하는 안전지대
3. 수상비행장 : 별표 1 제8호에서 정하는 폭 및 같은 표 제1호라목에서 정하는 길이로 이루어지는 활주로 중심선에 중심을 두는 직사각형의 수면
4. 수상헬기장 : 별표 1 제9호에서 정하는 길이와 폭으로 이루어지는 수면

제4조(장애물 제한표면의 기준) 「공항시설법 시행령」(이하 "영"이라 한다) 제5조제2항에 따른 장애물 제한표면의 기준은 별표 2와 같다.

[별표 2] 장애물 제한표면의 기준(제4조 관련)
1. 비행방식에 따른 장애물 제한표면의 종류
   가. 계기비행방식에 의한 접근(이하 "계기접근"이라 한다) 중 계기착륙시설 또는 정밀접근레이더를 이용한 접근(이하 "정밀접근"이라 한다)에 사용되는 활주로(수상비행장 및 수상헬기장에서는 착륙대를 말한다. 이하 같다)가 설치되는 비행장(수상비행장은 제외한다)
   1) 원추표면   2) 수평표면
   3) 진입표면 및 내부진입표면   4) 전이표면 및 내부전이표면
   5) 착륙복행표면(着陸復行表面, 착륙 실패 후 다시 항행을 시도하는 항공기를 보호하기 위한 표면)
   나. 계기접근이 아닌 접근(이하 "비계기접근"이라 한다) 및 정밀접근이 아닌 계기접근(이하 "비정밀접근"이라 한다)에 사용되는 활주로가 설치되는 비행장. 다만, 항공기의 직진입(直進入) 이착륙 절차만 수립되어 있는 수상비행장의 경우에는 원추표면 및 수평표면에 대하여 적용하지 않는다.
   1) 원추표면   2) 수평표면
   3) 진입표면   4) 전이표면
2. 장애물 제한표면 종류별 설정기준
   가. 원추표면(수평표면의 원주로부터 바깥쪽 위로 경사도를 갖는 표면을 말한다. 이하 같다)
   1) 원추표면의 범위는 수평표면의 원주와 수평표면의 원주 바깥쪽 위로 정하는 경사도 및 높이에 의해 정해지는 위쪽 가장자리를 포함해 〈표 1〉과 같이 한다. 다만, 수상비행장의 경우에는 〈표 1-2〉와 같이 한다.
   2) 원추표면의 경사도는 수평표면 원주의 수직인 면에서 측정해야 한다.
   3) 수상비행장에 있어서는 직진입(直進入) 이착륙 절차만 수립된 경우에는 원추표면을 적용하지 않는다.

〈표 1〉 원추표면의 거리·경사도 및 높이

구분	계기접근			비계기접근			
	A, B	C, D	E, F, G, H, J	A	B	C	D, E, F, G, H, J
거리(m)	1,100	800	600	1,100	800	500	400
경사도(퍼센트)	5	5	5	5	5	5	5
높이(m)	55	40	30	55	40	25	20

〈표 1-2〉 원추표면의 거리·경사도 및 높이(수상비행장에 적용한다)

구분	비계기접근			
	1	2	3	4
거리(m)	600	600	600	600
경사도(퍼센트)	5	5	5	5
높이(m)	30	30	30	30

Chapter 01 | 항공법규

공항시설법 시행규칙

나. 수평표면(비행장 및 그 주변의 위쪽에 수평한 평면을 말한다. 이하 같다)
  1) 수평표면의 원호 중심은 다음과 같다.
     가) 육상비행장에서는 활주로 중심선 끝에서 60m 연장한 지점
     나) 수상비행장에서는 착륙대 중심선 끝 지점
     다) 비계기접근 또는 비정밀접근에 사용되는 육상헬기장, 옥상헬기장, 선상헬기장 및 수상헬기장에서는 착륙대 중심선의 끝 지점
  2) 수평표면의 범위는 가목에 따른 수평표면의 원호를 중심으로 그린 각각의 원호의 접선을 연결하는 면으로 한다.
  3) 수평표면의 높이는 각 활주로 중심선의 끝(수상비행장 및 수상헬기장에서는 착륙대) 높이 중 가장 높은 점을 기준으로 수직상방 45m로 한다.
  4) 수평표면의 반지름의 길이는 다음과 같다.
     가) 육상비행장 및 수상비행장에서는 착륙대의 등급별로 〈표 2〉에서 정하는 반지름
     나) 비계기접근 또는 비정밀접근에 사용되는 육상헬기장, 수상헬기장, 옥상헬기장, 선상헬기장에서는 200m
  5) 수상비행장에 있어서는 직진입(直進入) 이착륙 절차만 수립되어 있는 경우에는 수평표면을 적용하지 않는다.

〈표 2〉 수평표면의 반지름의 길이

비행장의 종류	착륙대의 등급	반지름	비행장의 종류	착륙대의 등급	반지름
육상 비행장	A	4천m	수상 비행장	4	2천5백m
	B	3천5백m		3	2천m
	C	3천m		2	2천m
	D	2천5백m		1	1천8백m
	E	2천m			
	F	1천8백m			
	G	1천5백m			
	H	1천m			
	J	8백m			

다. 진입표면(활주로 시단 또는 착륙대 끝의 앞에 있는 경사도를 갖는 표면을 말한다)
  1) 진입표면의 범위는 다음과 같다.
     가) 육상비행장에서는 진입표면의 활주로 중심선에 직각이고 수평이며 활주로 시단(始端)에서 60m 떨어진 지점의 착륙대 폭(이하 "내측저변" 이라 한다)
     나) 수상비행장에서는 착륙대 중심선에 직각이고 수평이며 착륙대 끝 지점의 착륙대 폭
     다) 비계기접근 또는 비정밀접근에 사용되는 육상헬기장, 옥상헬기장, 선상헬기장 및 수상헬기장에서는 착륙대 중심선에 직각이고 수평이며 착륙대 끝 지점의 착륙대 폭
     라) 내측저변 양 끝을 기점으로 하고 활주로 중심선의 연장으로부터 규정된 비율로 균등하게 넓힌 2개의 옆변
     마) 내측저변과 평행한 바깥쪽 윗변
     바) 활주로(수상비행장 및 수상헬기장에서는 착륙대) 중심선의 연장선에 중심을 두는 사다리꼴 형 표면
  2) 내측저변의 표고는 활주로 시단의 중앙지점(수상비행장 및 수상헬기장에서는 착륙대)의 표고와 같아야 한다.
  3) 진입표면의 경사도는 수평으로 1만5천m 이하에서 50분의 1 이상의 범위에서 다음과 같이 해야 한다.
     가) 계기접근 중 계기착륙시설 또는 정밀접근에 사용되는 육상비행장 및 수상비행장의 착륙대에서는 착륙대 중심선의 연장 3천m 지점까지는 50분의 1 이상, 3천m에서 1만5천m 지점까지는 40분의 1 이상으로 한다.
     나) 비정밀접근 및 비계기접근에 사용되는 육상비행장 및 수상비행장의 착륙대에서는 〈표 3〉에서 정하는 경사도로 한다.

공항시설법 시행규칙

〈표 3〉 비정밀접근 및 비계기접근에 사용되는 진입표면의 경사도

비행장의 종류	착륙대의 등급	경사도
육상비행장	A, B, C, D	40분의 1
	E, F	40분의 1 이상 30분의 1 이하의 범위에서 국토교통부장관이 지정하는 경사도
	G	25분의 1
	H, J	20분의 1
수상비행장	4	40분의 1(3,000m)
	3	30분의 1(3,000m)
	2	25분의 1(2,500m)
	1	20분의 1(1,600m)

　　　다) 비계기접근 또는 비정밀접근에 사용되는 헬기장의 착륙대에서는 8분의 1로 한다. 다만, 국토교통부장관은 그 헬기장의 입지조건을 고려하여 특히 필요하다고 인정하는 경우에는 20분의 1 이상 8분의 1 미만의 범위에서 그 경사도를 따로 정할 수 있다.
　　4) 진입표면 긴 바깥쪽 변의 착륙대 긴 변의 연장선에 대한 경사도는 계기접근을 할 때에는 100분의 15, 비계기접근을 할 때에는 100분의 10으로 해야 한다. 다만, 헬기장에서는 그 경사도를 100분의 27로 해야 한다.
　　5) 진입표면의 경사도는 활주로(수상비행장 및 수상헬기장에서는 착륙대) 중심선을 포함하는 수직면 내에서 측정해야 한다.
　　6) 진입표면이 지표면 또는 수면에 수직으로 투영된 구역(이하 "진입구역"이라 한다)의 길이는 계기접근을 할 때에는 1만5천m, 비계기접근을 할 때에는 육상비행장은 3천m, 수상비행장은 〈표 3〉의 길이로 한다. 다만, 헬기장 진입구역의 길이는 1천m로 한다.
　라. 내부진입표면(활주로 시단 바로 앞에 있는 진입표면의 직사각형 부분을 말한다. 이하 같다)
　　1) 내부진입표면의 범위는 다음과 같다.
　　　가) 내부진입표면의 내측저변의 위치는 진입표면의 내측저변과 일치
　　　나) 내측저변의 양 끝에서 시작하는 내부진입표면의 옆변은 활주로 중심선을 포함한 수직면에 대해 평행으로 뻗은 2개의 옆변
　　　다) 바깥쪽 윗변은 내측저변과 평행하고 동일한 길이
　　2) 내부진입표면의 제원 및 경사도는 〈표 4〉와 같아야 한다.
　마. 전이표면(착륙대의 옆변 및 진입표면 옆변의 일부에서 수평표면에 연결되는 바깥쪽 위로 경사도를 갖는 복합된 표면을 말한다. 이하 같다)
　　1) 전이표면의 범위는 다음과 같다.
　　　가) 수평표면과 진입표면의 옆변 교점을 기점으로 하여 진입표면의 옆변을 따라 진입표면의 내측저변까지 내려가고, 그 곳에서부터 활주로 중심선에 평행으로 착륙대 길이를 따라 계속되는 아래쪽 가장자리
　　　나) 수평표면의 평면에 위치하는 위쪽 가장자리
　　2) 아래쪽 가장자리 위의 임의의 점의 표고는 다음과 같다.
　　　가) 진입표면 옆변을 따라서는 그 점에서의 진입표면의 표고
　　　나) 착륙대를 따라서는 가장 가까운 활주로 중심선의 표고
　　3) 전이표면의 경사도는 아래쪽 가장자리에서 바깥쪽 위로 7분의 1로 해야 한다. 다만, 수상비행장의 전이표면 경사도는 착륙대 등급 1, 2는 5분의 1(20퍼센트), 착륙대 등급 3, 4는 7분의 1(14.3퍼센트)로 한다.
　　4) 헬기장의 전이표면 경사도
　　　가) 헬기장의 전이표면의 경사도는 2분의 1로 한다. 다만, 국토교통부장관은 그 헬기장의 입지조건을 고려하여 특히 필요하다고 인정하는 경우에는 4분의 1 이상 2분의 1 미만의 범위에서 그 경사도를 따로 정할 수 있다.
　　　나) 가)에도 불구하고 착륙대의 하나의 긴 변(이하 "갑긴변"이라 한다) 측의 전이표면의 경사도는 착륙대의 다른 긴 변(이하 "을긴변"이라 한다) 바깥쪽에 해당 착륙대의 짧은 변의 길이의 2배의 범위 안에 을긴변으로부터 착륙대

Chapter 01 | 항공법규

공항시설법 시행규칙

의 바깥쪽 위로 10분의 1의 경사도가 있는 평면의 위로 나오는 물건이 없고, 갑긴변의 바깥쪽으로 해당 헬기장을 사용할 것이 예상되는 회전익항공기의 회전지름의 4분의 3의 거리의 범위 안에 착륙대의 최고점을 포함하는 수평면의 위로 나오는 물건이 없는 경우에는 2분의 1 이상 1분의 1 이하의 경사도로 할 수 있다.
　5) 전이표면의 경사도는 활주로 중심선에 직각인 수직면에서 측정해야 한다.
바. 내부전이표면(활주로에 더욱 가깝고 전이표면과 닮은 표면을 말한다)
　1) 내부전이표면의 범위는 다음과 같다.
　　가) 내부진입표면의 끝부분을 기점으로 하여 내부진입표면의 옆변을 따라 그 표면의 내측저변까지 내리고 그 곳에서부터 활주로 중심선에 평행으로 착륙대를 따라서 착륙복행표면의 옆변을 따라 오르고 그 옆변이 수평표면과 교차하는 점에 이르는 아래쪽 가장자리
　　나) 수평표면의 평면에 위치하는 위쪽 가장자리
　2) 아래쪽 가장자리 위의 임의의 점의 표고는 다음과 같다.
　　가) 내부진입표면 및 착륙복행표면의 옆변을 따라서는 각 표면의 표고
　　나) 착륙대를 따라서는 가장 가까운 활주로 중심선의 표고
　3) 내부전이표면의 경사도는 〈표 4〉와 같이 해야 한다.
　4) 내부전이표면의 경사도는 활주로 중심선에 직각인 수직면에서 측정해야 한다.
사. 착륙복행표면(내부전이표면 사이의 시단 이후로 규정된 거리에서 연장되는 경사진 표면을 말한다)
　1) 착륙복행표면의 범위는 다음과 같다.
　　가) 활주로 시단 이후로 〈표 4〉에서 정한 거리에 위치하고 활주로 중심선에 직각이고 수평인 내측저변
　　나) 내측저변의 양끝을 기점으로 하고 활주로 중심선을 포함한 수직면으로부터 〈표 4〉에서 정한 비율로 균등하게 확장하는 2개의 옆변
　　다) 내측저변과 평행하고 수평표면에 위치하는 위쪽 가장자리
　2) 내측저변의 표고는 내측저변의 위치에 있어서 활주로 중심선의 표고와 같아야 한다.
　3) 내측저변의 규격 및 경사도는 〈표 4〉와 같이 해야 한다.
　4) 착륙복행표면의 경사도는 활주로 중심선을 포함하는 수직면에서 측정해야 한다.
아. 장애물 제한표면의 기준을 적용할 때에는 높이와 경사도는 기준 값 이하로 해야 하고, 그 밖의 규격에 대해서는 기준 값 이상으로 해야 한다.

〈표 4〉 내부진입표면, 내부전이표면, 착륙복행표면의 제원 및 경사도

표면	제원[1]	정밀접근(CAT-Ⅰ)		정밀접근 (CAT-Ⅱ, Ⅲ)
		착륙대의 등급		
		F, G, H, J	A ~ E	A ~ E
내부진입표면	폭	90m	120m[2]	120m[2]
	활주로 시단에서의 거리	60m	60m	60m
	길이	900m	900m	900m
	경사도	2.5%	2%	2%
내부전이표면	경사도	40%	33.3%	33.3%
착륙복행표면	내측저변의 길이	90m	120m[2]	120m[2]
	활주로 시단에서의 거리	착륙대 종단까지의 거리	1,800m[3]	1,800m[3]
	확산율(양측)	10%	10%	10%
	경사도	4%	3.33%	3.33%

비고. 1. 모든 규격은 특별히 지정하는 경우를 제외하고는 수평으로 측정해야 한다.
　　 2. 별표 1 제1호가목의 분류문자 F의 경우에는 140m로 한다. 다만, 항공기 복행(go-around) 기동시 미리 수립된 항적을 유지할 수 있는 조종능력을 제공해주는 자동항법장치(Digital avionics)를 장착한 항공기에 대해서는 120미터로 할 수 있다.
　　 3. 1,800m 또는 활주로의 종단까지의 거리 중 짧은 거리를 말한다.

> 공항시설법 시행규칙

제5조(항행안전시설) 법 제2조제15호에서 "국토교통부령으로 정하는 시설"이란 다음 항공등화, 항행안전무선시설 및 항공정보통신시설을 말한다.

제6조(항공등화) 법 제2조제16호에서 "국토교통부령으로 정하는 시설"이란 별표 3의 시설을 말한다.

[별표 3] 항공등화의 종류(제6조 관련)
1. 비행장등대(Aerodrome Beacon): 항행 중인 항공기에 공항·비행장의 위치를 알려주기 위해 공항·비행장 또는 그 주변에 설치하는 등화
2. 비행장식별등대(Aerodrome Identification Beacon): 항행 중인 항공기에 공항·비행장의 위치를 알려주기 위해 모르스부호에 따라 켜지고 꺼지는 등화
3. 진입등시스템(Approach Lighting Systems): 착륙하려는 항공기에 진입로를 알려주기 위해 진입구역에 설치하는 등화
4. 진입각지시등(Precision Approach Path Indicator): 착륙하려는 항공기에 착륙 시 진입각의 적정 여부를 알려주기 위해 활주로의 외측에 설치하는 등화
5. 활주로등(Runway Edge Lights): 이륙 또는 착륙하려는 항공기에 활주로를 알려주기 위해 그 활주로 양측에 설치하는 등화
6. 활주로시단등(Runway Threshold Lights): 이륙 또는 착륙하려는 항공기에 활주로의 시단을 알려주기 위해 활주로의 양 시단(始端)에 설치하는 등화
7. 활주로시단연장등(Runway Threshold Wing Bar Lights): 활주로시단등의 기능을 보조하기 위해 활주로 시단 부분에 설치하는 등화
8. 활주로중심선등(Runway Center Line Lights): 이륙 또는 착륙하려는 항공기에 활주로의 중심선을 알려주기 위해 그 중심선에 설치하는 등화
9. 접지구역등(Touchdown Zone Lights): 착륙하고자 하려는 항공기에 접지구역을 알려주기 위해 접지구역에 설치하는 등화
10. 활주로거리등(Runway Distance Marker Sign): 활주로를 주행 중인 항공기에 전방의 활주로 종단(終端)까지의 남은 거리를 알려주기 위해 설치하는 등화
11. 활주로종단등(Runway End Lights): 이륙 또는 착륙하려는 항공기에 활주로의 종단을 알려주기 위해 설치하는 등화
12. 활주로시단식별등(Runway Threshold Identification Lights): 착륙하려는 항공기에 활주로 시단의 위치를 알려주기 위해 활주로 시단의 양쪽에 설치하는 등화
13. 선회등(Circling Guidance Lights): 체공 선회 중인 항공기가 기존의 진입등시스템과 활주로등만으로는 활주로 또는 진입시역을 충분히 식별하지 못하는 경우에 선회비행을 안내하기 위해 활수로의 외측에 설치하는 등화
14. 유도로등(Taxiway Edge Lights): 지상주행 중인 항공기에 유도로·대기지역 또는 계류장 등의 가장자리를 알려주기 위해 설치하는 등화
15. 유도로중심선등(Taxiway Center Line Lights): 지상주행 중인 항공기에 유도로의 중심·활주로 또는 계류장의 출입경로를 알려주기 위해 설치하는 등화
16. 활주로유도등(Runway Leading Lighting Systems): 활주로의 진입경로를 알려주기 위해 진입로를 따라 집단으로 설치하는 등화
17. 일시정지위치등(Intermediate Holding Position Lights): 지상 주행 중인 항공기에 일시 정지해야 하는 위치를 알려주기 위해 설치하는 등화
18. 정지선등(Stop Bar Lights): 유도정지 위치를 표시하기 위해 유도로의 교차부분 또는 활주로 진입정지 위치에 설치하는 등화
19. 활주로경계등(Runway Guard Lights): 활주로에 진입하기 전에 멈추어야 할 위치를 알려주기 위해 설치하는 등화
20. 풍향등(Illuminated Wind Direction Indicator): 항공기에 풍향을 알려주기 위해 설치하는 등화
21. 지향신호등(Signalling Lamp, Light Gun): 항공교통의 안전을 위해 항공기등에 필요한 신호를 보내기 위해 사용하는 등화
22. 착륙방향지시등(Landing Direction Indicator): 착륙하려는 항공기에 착륙의 방향을 알려주기 위해 T자형 또는 4면체형의 물건에 설치하는 등화
23. 도로정지위치등(Road-holding Position Lights): 활주로에 연결된 도로의 정지위치에 설치하는 등화

Chapter 01 항공법규

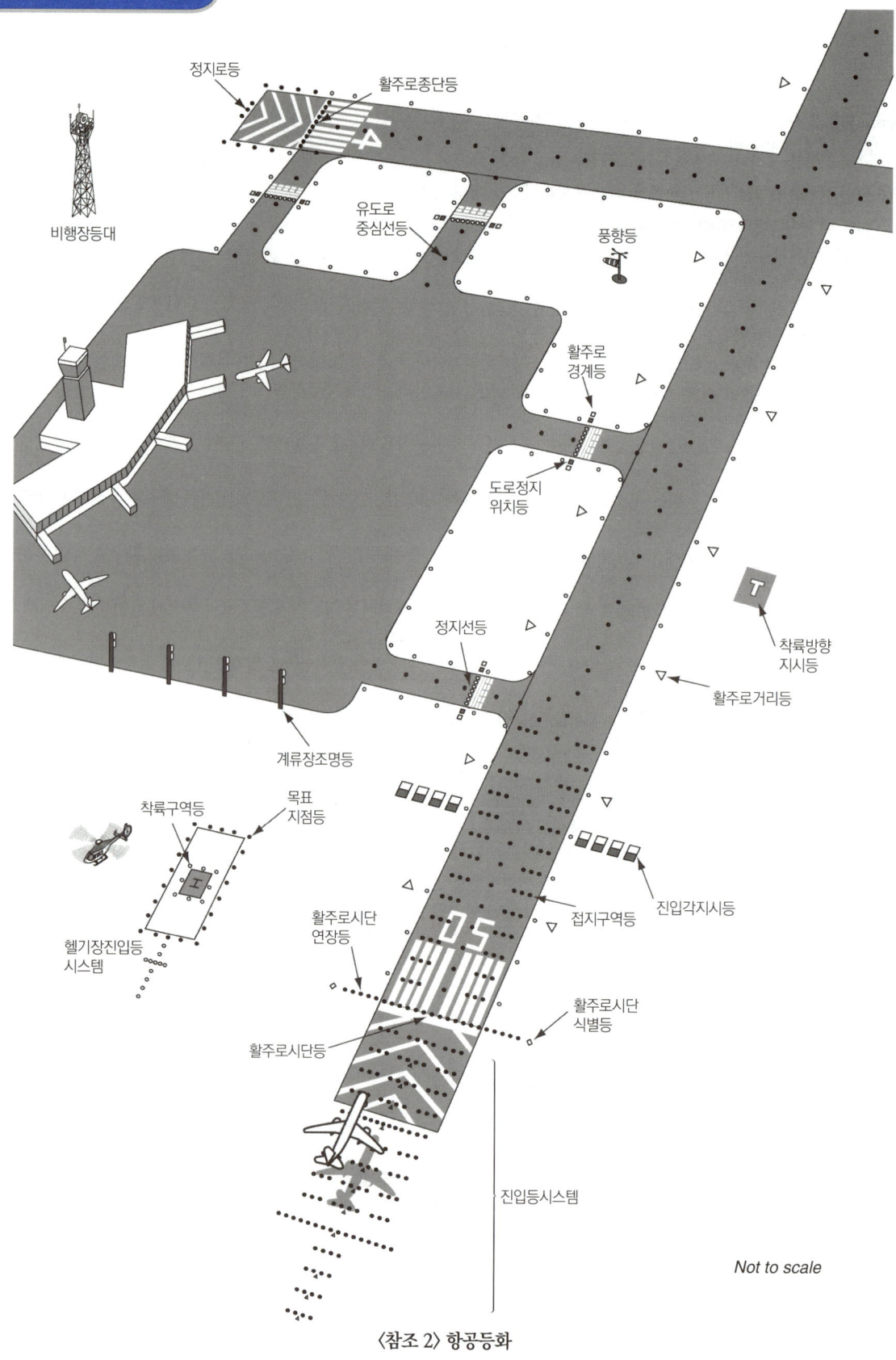

〈참조 2〉 항공등화

Not to scale

III. 공항시설법 · 시행령 · 시행규칙

제2장 공항 및 비행장의 개발

공항시설법 시행규칙

24. 정지로등(Stop Way Lights): 항공기를 정지시킬 수 있는 지역의 정지로에 설치하는 등화
25. 금지구역등(Unserviceability Lights): 항공기에 비행장 안의 사용금지 구역을 알려주기 위해 설치하는 등화
26. 활주로회전패드등(Runway Turn Pad Lights): 활주로 회전패드에서 항공기가 180도 회전하는데 도움을 주기 위하여 설치하는 등화
27. 항공기주기장식별표지등(Aircraft Stand Identification Sign): 주기장(駐機場)으로 진입하는 항공기에 주기장을 알려주기 위해 설치하는 등화
28. 항공기주기장안내등(Aircraft Stand Maneuvering Guidance Lights): 시정(視程)이 나쁠 경우 주기위치 또는 제빙(除氷)·방빙시설(防氷施設)을 알려주기 위해 설치하는 등화
29. 계류장조명등(Apron Floodlighting): 야간에 작업을 할 수 있도록 계류장에 설치하는 등화
30. 시각주기유도시스템(Visual Docking Guidance System): 항공기에 정확한 주기위치를 안내하기 위해 주기장에 설치하는 등화
31. 유도로안내등(Taxiway Guidance Sign): 지상 주행 중인 항공기에 목적지, 경로 및 분기점을 알려주기 위해 설치하는 등화
32. 제빙·방빙시설출구등(De/Anti-Icing Facility Exit Lights): 유도로에 인접해 있는 제빙·방빙시설을 알려주기 위해 출구에 설치하는 등화
33. 비상용등화(Emergency Lighting): 항공등화의 고장 또는 정전에 대비하여 갖춰 두는 이동형 비상등화
34. 헬기장등대(Heliport Beacon): 항행 중인 헬기에 헬기장의 위치를 알려주기 위해 헬기장 또는 그 주변에 설치하는 등화
35. 헬기장진입등시스템(Heliport Approach Lighting System): 착륙하려는 헬기에 그 진입로를 알려주기 위해 진입구역에 설치하는 등화
36. 헬기장진입각지시등(Heliport Approach Path Indicator): 착륙하려는 헬기에 착륙할 때의 진입각의 적정 여부를 알려주기 위해 설치하는 등화
37. 시각정렬안내등(Visual Alignment Guidance System): 헬기장으로 진입하는 헬기에 적정한 진입 방향을 알려주기 위해 설치하는 등화
38. 진입구역등(Final Approach & Take-off Area Lights): 헬기장의 진입구역 및 이륙구역의 경계 윤곽을 알려주기 위해 진입구역 및 이륙구역에 설치하는 등화
39. 목표지점등(Aiming Point Lights): 헬기장의 목표지점을 알려주기 위해 설치하는 등화
40. 착륙구역등(Touchdown & Lift-off Area Lighting System): 착륙구역을 조명하기 위해 설치하는 등화
41. 견인지역조명등(Winching Area Floodlighting): 야간에 사용하는 견인지역을 조명하기 위해 설치하는 등화
42. 장애물조명등(Floodlighting of Obstacles): 헬기장 지역의 장애물에 장애등을 설치하기가 곤란한 경우에 장애물을 표시하기 위해 설치하는 등화
43. 간이접지구역등(Simple Touchdown Zone Lights): 착륙하려는 항공기에 복행을 시작해도 되는지를 알려주기 위해 설치하는 등화
44. 진입금지선등(No-entry Bar): 교통수단이 부주의로 인하여 탈출전용 유도로용 유도로에 진입하는 것을 예방하기 위해 하는 등화
45. 고속탈출유도로지시등(Rapid Exit Taxiway Indicator lights): 활주로에서 가장 가까운 고속탈출유도로에 대한 정보를 제공하는 등화
46. 활주로상태등(Runway Status Lights): 활주로에서 항공기와 항공기 또는 항공기와 차량과의 충돌을 예방하기 위해 설치하는 등화

제7조(항행안전무선시설) 법 제2조제17호에서 "국토교통부령으로 정하는 시설"이란 다음 각 호의 시설을 말한다.
1. 거리측정시설(DME)
2. 계기착륙시설(ILS/MLS/TLS)
3. 다변측정감시시설(MLAT)
4. 레이더시설(ASR/ARSR/SSR/ARTS/ASDE/PAR)
5. 무지향표지시설(NDB)
6. 범용접속데이터통신시설(UAT)
7. 위성항법감시시설(GNSS Monitoring System)
8. 위성항법시설(GNSS/SBAS/GRAS/GBAS)
9. 자동종속감시시설(ADS, ADS-B, ADS-C)
10. 전방향표지시설(VOR)
11. 전술항행표지시설(TACAN)

Chapter 01 | 항공법규

공항시설법

제6조(개발사업의 시행자) ① 개발사업은 국토교통부장관이 시행한다.

② 국토교통부장관 외의 자가 개발사업을 시행하려면 국토교통부령으로 정하는 바에 따라 국토교통부장관의 허가를 받아야 한다. 다만, 시설의 개량 등에 관한 개발사업 중 일상적인 유지·보수사업 등 국토교통부령으로 정하는 경미한 개발사업은 국토교통부장관의 허가 없이 시행할 수 있다.

③ 제2항에 따른 허가의 기준은 다음 각 호와 같다.
  1. 개발사업의 목적 및 내용이 종합계획 및 기본계획과 조화를 이룰 것
  2. 해당 개발사업을 적절하게 수행하는 데 필요한 재무능력 및 기술능력이 있을 것

④ 국토교통부장관은 제2항에 따른 허가를 할 때 해당 개발사업과 관계된 토지 및 시설(공항의 유지·보수를 위한 시설, 공항이용객 편의시설 등 대통령령으로 정하는 시설은 제외한다)을 국가에 귀속시킬 것을 조건으로 하거나 그 개발사업으로 인하여 부수적으로 필요하게 되는 도로 및 상하수도 등의 기반시설 설치에 드는 비용을 그 개발사업의 시행자가 부담할 것을 조건으로 허가할 수 있다.

공항시설법 시행령

제18조(국가에 귀속되지 아니하는 시설) 법 제6조제4항 및 제21조제1항 후단에서 "공항의 유지·보수를 위한 시설, 공항이용객 편의시설 등 대통령령으로 정하는 시설"이란 다음 각 호의 어느 하나에 해당하는 시설로서 국토교통부장관이 인정하는 시설을 말한다.
  1. 공항구역에 설치하는 공항시설로서 제3조제2호, 제4호(운항지원시설은 제외한다) 또는 제5호의 시설
  2. 비행장구역에 설치하는 비행장시설로서 제3조제2호에 따른 시설과 동일하거나 유사한 기능을 가진 시설
  3. 그 밖에 공항구역 밖에 설치하는 공항시설

공항시설법 시행규칙

제8조(항공정보통신시설) 법 제2조제18호에서 "국토교통부령으로 정하는 시설"이란 다음 각 호의 시설을 말한다.
1. 항공고정통신시설
   가. 항공고정통신시스템(AFTN/MHS)　　나. 항공관제정보교환시스템(AIDC)
   다. 항공정보처리시스템(AMHS)　　라. 항공종합통신시스템(ATN)
2. 항공이동통신시설
   가. 관제사·조종사간데이터링크 통신시설(CPDLC)　　나. 단거리이동통신시설(VHF/UHF Radio)
   다. 단파데이터이동통신시설(HFDL)　　라. 단파이동통신시설(HF Radio)
   마. 모드 S 데이터통신시설
   바. 음성통신제어시설(VCCS, 항공직통전화시설 및 녹음시설을 포함한다)
   사. 초단파디지털이동통신시설(VDL, 항공기출발허가시설 및 디지털공항정보방송시설을 포함한다)
   아. 항공이동위성통신시설[AMS(R)S]　　자. 공항이동통신시설(AeroMACS)
3. 항공정보방송시설 : 공항정보방송시설(ATIS)

제8조의2(기본계획의 수립·변경 시 장애물의 제거 여부 검토) ① 국토교통부장관은 법 제4조제2항에 따라 같은 항에 따른 장애물에 대하여 항공기의 안전운항에 지장이 없도록 제거 여부를 검토하는 경우에는 다음 각 호의 구분에 따라 처리해야 한다.
1. 장애물 제한표면(법 제4조제1항에 따른 기본계획을 수립하는 경우에는 설정 예정인 장애물 제한표면을 말한다. 이하 이 조에서 같다)의 높이 미만인 장애물(항공기의 안전운항을 방해하는 지형·지물 등을 말한다. 이하 같다) : 제거하지 않는 것으로 검토할 것
2. 장애물 제한표면의 높이 이상인 장애물: 제거하는 것으로 검토할 것

② 국토교통부장관은 제1항에도 불구하고 별표 7의 항공기의 비행안전 확인 기준 또는 별표 8의 항공학적 검토 기준 및 방법에 따라 검토한 결과 제1항제1호의 장애물의 경우에는 항공기의 안전운항에 지장이 있으면 제거하는 것으로, 제1항제2호의 장애물의 경우에는 항공기의 안전운항에 지장이 없으면 제거하지 않는 것으로 각각 검토할 수 있다.

제9조(개발사업의 시행허가) ① 법 제6조제2항 본문에 따라 공항개발사업 시행에 관한 허가를 받으려는 자는 별지 제1호서식의 신청서에 다음 각 호의 서류를 첨부하여 지방항공청장에게 제출하여야 한다. 이 경우 담당 공무원은 「전자정부법」 제36조제1항에 따른 행정정보의 공동이용을 통하여 법인등기사항증명서(신청인이 법인인 경우만 해당한다)를 확인하여야 한다.
1. 사업계획서
2. 사업예정지역의 위치·범위 및 시설배치계획 도면
3. 사업 내용별 추정사업비(공사비를 포함한다) 명세서
4. 자금조달계획서
5. 축척 5천분의 1 이상의 지형도 및 지적평면도 또는 이에 준하는 평면도로서 인접지를 포함하는 것

② 법 제6조제2항 본문에 따라 비행장개발사업 시행에 관한 허가를 받으려는 자는 별지 제2호서식의 신청서에 다음 각 호의 서류를 첨부하여 지방항공청장에게 제출하여야 한다. 이 경우 담당 공무원은 「전자정부법」 제36조제1항에 따른 행정정보의 공동이용을 통하여 법인등기사항증명서(신청인이 법인인 경우만 해당한다)를 확인하여야 한다.
1. 제1항 각 호의 서류
2. 다음 각 목의 사항을 기재한 서류
   가. 비행장의 표고(標高) 및 표점
   나. 비행장의 종류 및 착륙대의 등급
   다. 착륙대의 깊이(수상비행장 및 수상헬기장만 해당한다)
3. 비행장 설치 예정 부지에 대한 소유권 또는 사용권이 있음을 증명하는 서류(소유권·사용권이 없는 경우에는 비행장 설치공사 예정 기일까지 이를 취득하기 위한 계획서를 말한다)
4. 해당 비행장에 사용할 항공기의 종류 및 형식을 기재한 서류
5. 비행장의 운영 및 관리계획서
6. 해당 비행장의 비행절차 및 인접공항 또는 비행장(군 비행장을 포함한다)의 비행절차와의 상관관계를 설명하는 도면(계기비행에 의한 착륙 또는 야간 착륙에 이용되는 비행장의 경우에는 그 사유를 포함한다)
7. 해당 비행장의 소요 공역도면 및 인접공역의 현황을 기재한 서류

Chapter 01 | 항공법규

공항시설법

제7조(실시계획의 수립·승인 등) ① 제6조에 따른 개발사업의 시행자(이하 "사업시행자"라 한다)는 대통령령으로 정하는 바에 따라 개발사업을 시작하기 전에 개발사업에 관한 실시계획(이하 "실시계획"이라 한다)을 수립하여야 한다.
② 실시계획에는 다음 각 호의 사항이 포함되어야 한다.
  1. 사업시행에 필요한 설계도서
  2. 자금조달계획
  3. 개발사업 시행기간
  4. 그 밖에 국토교통부령으로 정하는 사항
③ 국토교통부장관 외의 사업시행자가 실시계획을 수립한 경우에는 국토교통부장관의 승인을 받아야 한다. 승인받은 사항을 변경하려는 경우에도 또한 같다.
④ 국토교통부장관 외의 사업시행자는 제3항 후단에도 불구하고 구조의 변경을 수반하지 아니하고 안전에 지장이 없는 시설물의 변경 등 국토교통부령으로 정하는 경미한 사항의 변경은 제20조에 따라 준공확인을 신청할 때 한꺼번에 신고할 수 있다.
⑤ 국토교통부장관은 제8조제1항제1호·제2호(「건축법」 제4조에 따른 건축위원회의 심의만 해당한다) 또는 제12호의 사항이 포함되어 있는 실시계획을 수립하거나 제3항에 따라 실시계획을 승인하려면 미리 기술심의위원회의 심의를 거쳐야 한다.
⑥ 국토교통부장관은 실시계획을 수립 또는 변경하였거나 제3항에 따라 실시계획을 승인 또는 변경승인하였을 때에는 국토교통부령으로 정하는 바에 따라 그 내용을 고시하여야 한다. 다만, 제4항에 따른 경미한 사항의 변경 등 국토교통부령으로 정하는 경미한 개발사업에 대해서는 고시를 생략할 수 있다.
⑦ 국토교통부장관은 제6항에 따라 고시한 경우에는 관계 서류의 사본을 관할 특별자치시장·특별자치도지사·시장·군수 및 자치구의 구청장(이하 "시장·군수·구청장"이라 한다)에게 보내야 한다.
⑧ 제7항에 따라 관계 서류의 사본을 받은 시장·군수·구청장은 관계 서류에 「국토의 계획 및 이용에 관한 법률」 제2조제4호의 도시·군관리계획의 결정 사항이 포함되어 있는 경우에는 같은 법 제32조에 따라 지형도면의 승인신청 등 필요한 조치를 하여야 한다. 이 경우 사업시행자는 지형도면의 고시 등에 필요한 서류를 시장·군수·구청장에게 제출하여야 한다.
⑨ 국토교통부장관은 제12조제1항에 따른 토지등의 수용이 필요한 실시계획을 수립하거나 승인한 경우에는 사업시행자의 명칭 및 사업의 종류와 수용할 토지등의 세목(細目)을 고시하고, 그 토지등의 소유자 및 권리자에게 그 사실을 알려야 한다. 실시계획이 변경되어 수용할 토지등의 세목이 변경된 경우에도 또한 같다.

공항시설법 시행령

제19조(실시계획의 수립·승인) ① 법 제6조제2항 본문에 따라 개발사업에 관한 허가를 받은 자는 법 제7조제1항에 따른 개발사업에 관한 실시계획(이하 "실시계획"이라 한다)을 수립하여 그 허가를 받은 날(해당 사업을 단계적으로 추진할 수 있도록 허가를 받은 경우에는 해당 단계별 허가를 받은 날을 말한다)부터 3년 이내에 법 제7조제3항에 따라 국토교통부장관에게 승인을 신청하여야 한다.
② 국토교통부장관은 부득이한 사유가 있다고 인정하는 경우에는 1년의 범위에서 제1항에 따른 실시계획의 승인 신청 기간을 연장할 수 있다.

> ### 공항시설법 시행규칙

8. 해당 비행장에 제공되는 항공교통업무의 내용을 기재한 서류
9. 비행장 설치예정지역의 풍향·풍속도(이착륙장 예정지·예정수면 또는 그 부근에서의 풍속은 최근 1년 이상의 자료에 의하여 작성된 것에 한정한다)
10. 장애물 제한표면을 설명하는 도면 및 서류
11. 다음 각 목의 구분에 따른 실측도
    가. 육상비행장, 육상헬기장 또는 옥상헬기장 : 평면도, 착륙대 종단면도, 착륙대 횡단면도 및 부근도
    나. 수상비행장 또는 해상구조물헬기장 : 평면도 및 부근도
    다. 선상헬기장 : 평면도, 착륙대 종단면도, 착륙대 횡단면도
12. 옥상헬기장 설치와 관련된 다음 각 목의 사항을 기재한 서류(옥상헬기장인 경우에만 해당한다)
    가. 해당 건축물 또는 구조물의 구조도면과 구조계산서
    나. 사용 예정 항공기 운항 시의 구조 및 구조계산상 안전을 증명하는 기술확인서
    다. 진입표면·전이표면·수평표면 및 원추표면의 투영면과 일치하는 구역 안의 건축물 또는 구조물의 높이를 표시한 배치도 및 투영도(착륙대보다 높은 것만 해당한다)

③ 제2항제11호에 따른 실측도는 다음 각 호에 따라 작성해야 한다.
1. 평면도 : 축척 5천분의 1 이상으로서 다음 각 목의 사항을 명시할 것
    가. 방위
    나. 비행장 부지 및 경계선
    다. 비행장 주변 100m 이상에 걸친 구역 안의 지형 및 지명
    라. 비행장 시설의 예정 위치
    마. 주요 도로·시가지 및 다른 교통시설과 연결되는 도로
2. 착륙대 종단면도 : 가로축척 5천분의 1 이상, 세로축척 500분의 1 이상으로서 다음 각 목의 사항을 명시할 것
    가. 측점번호, 측점 간 거리(100m로 할 것) 및 추가거리
    나. 측점마다의 중심선의 지면, 시공기면, 성토(흙쌓기)의 높이 및 절토(땅깎기)의 깊이
3. 착륙대 횡단면도(활주로의 양단 및 중앙의 3개소에서의 착륙대의 횡단면도) : 가로축척 1천분의 1 이상, 세로축척 50분의 1 이상으로서 다음 각 목의 사항을 명시할 것
    가. 측점번호 및 측점 간 거리
    나. 측점마다의 지면, 시공기면, 성토의 높이 및 절토의 깊이
4. 부근도 : 축척 1만분의 1(축척 1만분의 1의 도면이 없는 경우에는 축척 2만 5천분의 1 또는 5만분의 1)로 작성하되, 제2항제12호다목의 진입표면·전이표면·수평표면 및 원추표면의 투영면과 일치하는 구역 안에 건축물 또는 구조물이 있는 경우에는 해당 지역의 축척 5천분의 1 이상의 도면에 그 건축물 또는 구조물의 위치 및 종류, 장애 정도 등을 명시할 것

④ 법 제6조제2항 단서에서 "일상적인 유지·보수사업 등 국토교통부령으로 정하는 경미한 개발사업"이란 다음 각 호의 어느 하나에 해당하는 사업을 말한다.
1. 「건축법」 제14조에 따른 건축신고, 같은 법 제19조제2항제2호에 따른 건축물의 용도변경 신고, 같은 법 제20조제3항에 따른 가설건축물의 축조 신고 및 같은 법 제83조제1항에 따른 공작물의 축조 신고의 대상이 되는 사업
2. 「전기사업법」 제2조제16호에 따른 전기설비, 「정보통신공사업법」 제2조제1호에 따른 정보통신설비 및 냉난방·운송·승강·소화설비 등 기계설비의 교체 및 유지·보수사업
3. 조경수의 식재 등 조경시설의 설치
4. 다음 각 목의 어느 하나에 해당하는 「문화예술진흥법」에 따른 문화시설의 설치
    가. 연면적 1천㎡ 미만의 문화시설의 설치
    나. 90일의 범위 내에서 사용하기 위한 문화시설의 설치
5. 토목·건축물의 안전에 영향을 미치지 아니하는 일상적인 유지·보수사업
6. 항행안전시설의 통신선로 및 부품 교체 등 일상적인 유지·보수사업

제10조(실시계획의 수립·승인 등) ① 법 제7조제2항제4호에서 "국토교통부령으로 정하는 사항"이란 다음 각 호의 서류 또는 도면을 말한다.

Chapter 01 항공법규

공항시설법	공항시설법 시행령

공항시설법

제8조(인·허가등의 의제 등) ① 국토교통부장관이 제7조제1항 및 제3항에 따라 실시계획을 수립하거나 승인하였을 때에는 다음 각 호의 승인·허가·인가·결정·지정·면허·협의·동의·심의 또는 해제 등(이하 "인·허가등"이라 한다)에 관하여 인·허가등의 관계 행정기관의 장과 미리 협의한 사항에 대해서는 해당 인·허가등을 받은 것으로 보고, 국토교통부장관이 제7조제6항에 따라 실시계획의 고시 또는 실시계획의 승인을 고시하였을 때에는 다음 각 호의 법률에 따른 인·허가등의 고시 또는 공고가 있는 것으로 본다.

1. 「건설기술 진흥법」 제5조에 따른 건설기술심의위원회의 심의
2. 「건축법」 제4조에 따른 건축위원회의 심의, 같은 법 제11조에 따른 건축허가, 같은 법 제14조에 따른 건축신고, 같은 법 제19조에 따른 용도변경 허가 및 신고, 같은 법 제20조제1항에 따른 가설건축물의 건축허가 및 같은 조 제3항에 따른 신고, 같은 법 제29조에 따른 건축허가권자와의 협의
3. 「경제자유구역의 지정 및 운영에 관한 특별법」 제9조에 따른 실시계획의 승인
4. 「골재채취법」 제22조에 따른 골재채취의 허가
5. 「공유수면 관리 및 매립에 관한 법률」 제8조에 따른 공유수면의 점용·사용 허가 및 점용·사용 허가의 고시, 같은 법 제17조에 따른 공유수면 점용·사용 실시계획의 승인 또는 신고, 같은 법 제28조에 따른 공유수면의 매립면허, 같은 법 제33조에 따른 매립면허의 고시, 같은 법 제35조에 따른 매립면허관청과의 협의 또는 매립면허관청의 승인 및 같은 법 제38조에 따른 공유수면매립실시계획의 승인
6. 「국토의 계획 및 이용에 관한 법률」 제30조에 따른 도시·군관리계획의 결정, 같은 법 제56조에 따른 개발행위의 허가, 같은 법 제86조에 따른 도시·군계획시설사업 시행자의 지정, 같은 법 제88조에 따른 실시계획의 인가 및 같은 법 제91조에 따른 실시계획의 고시
7. 「군사기지 및 군사시설 보호법」 제13조에 따른 행정기관의 허가등에 관한 협의
8. 「농지법」 제34조에 따른 농지전용의 허가 또는 협의
9. 「대기환경보전법」 제23조, 「물환경보전법」 제33조 및 「소음·진동관리법」 제8조에 따른 배출시설 설치의 허가 또는 신고
10. 「도로법」 제107조에 따른 도로관리청과의 협의 또는 승인(같은 법 제19조에 따른 도로 노선의 지정·고시, 같은 법 제25조에 따른 도로구역의 결정, 같은 법 제36조에 따른 도로관리청이 아닌 자에 대한 도로공사의 시행허가, 같은 법 제61조제1항에 따른 도로의 점용 허가에 관한 것만 해당한다)

공항시설법 시행규칙

1. 위치도와 허가구역을 표시한 평면도
2. 수용하거나 사용할 토지·물건 또는 권리(이하 "토지등"이라 한다)의 소재지·지번·지목 및 면적, 소유권 및 소유권 외의 권리의 명세와 그 소유자 및 권리자의 성명·주소
3. 사업시행지역에 있는 토지등의 매수·보상계획 및 주민의 이주대책을 기재한 서류
4. 계획평면도·단면도 및 공사설명서 등 설계도서
5. 공사예정표
6. 자금계획서(연차별 자금투자계획 및 재원조달계획을 포함한다)
7. 환경영향평가서 및 교통영향평가서, 교통영향평가 및 환경영향평가에 대한 관계 행정기관의 장과의 협의 결과(대상사업의 경우만 해당한다)
8. 문화재 현황 조사 결과 및 관계 행정기관의 장과의 협의 결과(대상사업의 경우만 해당한다)
9. 지진피해 경감대책을 기재한 서류(대상사업의 경우만 해당한다)
10. 「국토의 계획 및 이용에 관한 법률」 제65조제1항에 따라 기존의 공공시설에 대체되는 공공시설을 설치하는 경우에는 기존 공공시설의 이전 및 철거계획과 대체공공시설의 설치계획서
11. 「건설기술 진흥법」에 따른 설계심의대상사업인 경우에는 그 심의 내용을 기재한 서류
12. 법 제5조에 따른 기술심의위원회의 심의사항이 포함되어 있는 경우에는 그 내용 및 심의에 필요한 서류
13. 법 제8조제1항 각 호에 따른 인·허가등 의제사항이 있는 경우에는 그 내용 및 같은 조 제2항에 따른 관계 행정기관의 장과의 협의에 필요한 서류
14. 법 제17조에 따른 부대공사계획(대상사업의 경우만 해당한다)

② 법 제7조제3항 전단에 따라 공항개발사업 또는 비행장개발사업(이하 "개발사업"이라 한다) 실시계획의 승인을 받으려는 사업시행자(법 제6조에 따른 개발사업의 시행자를 말한다. 이하 같다)는 별지 제3호서식의 신청서에 제1항 각 호의 서류를 첨부하여 지방항공청장에게 제출하여야 한다. 이 경우 담당 공무원은 「전자정부법」 제36조제1항에 따른 행정정보의 공동이용을 통하여 법인등기사항증명서(법인인 경우만 해당한다)와 지적도를 확인하여야 한다.

③ 법 제7조제3항 후단에 따른 실시계획 변경승인을 받으려는 사업시행자는 별지 제4호서식의 신청서에 다음 각 호의 서류를 첨부하여 지방항공청장에게 제출하여야 한다. 이 경우 담당 공무원은 「전자정부법」 제36조제1항에 따른 행정정보의 공동이용을 통하여 법인등기사항증명서(법인인 경우만 해당한다)를 확인하여야 한다.
  1. 변경사유 및 변경내용을 기재한 서류
  2. 관계도면(필요한 경우만 해당한다)

④ 법 제7조제4항에서 "구조의 변경을 수반하지 아니하고 인진에 지장이 없는 시설물의 변경 등 국토교통부령으로 정하는 경미한 사항의 변경"이란 다음 각 호의 어느 하나에 해당하는 변경을 말한다.
  1. 「건축법 시행령」 제12조제3항 각 호의 어느 하나에 해당하는 변경
  2. 5천㎡ 이하의 범위에서의 공항·비행장개발예정지역의 축소(건축 면적의 변경은 제외한다)
  3. 총사업비의 100분의 10 미만의 변경. 다만, 법 제23조에 따른 재정지원 금액이 증가하는 경우는 제외한다.
  4. 1년 이하의 범위에서의 사업시행기간 변경. 다만, 다음 각 목의 어느 하나에 해당하는 경우는 제외한다.
    가. 연장하는 사업시행기간에 법 제12조에 따른 토지등의 수용 또는 사용이 필요한 경우
    나. 사업시행기간 연장으로 인하여 법 제23조에 따른 재정지원 금액이 증가하는 경우
  5. 설비의 위치 변경

⑤ 법 제7조제6항 본문에 따른 실시계획 승인 또는 변경승인의 고시는 다음 각 호의 사항을 고시하는 것으로 한다.
  1. 사업의 명칭
  2. 사업시행지역의 위치 및 면적
  3. 사업시행자의 성명 및 주소(법인인 경우에는 법인의 명칭·주소와 대표자의 성명·주소)
  4. 사업의 목적과 규모 등 개요
  5. 사업시행기간(착공 및 준공 예정일을 포함한다)
  6. 총사업비 및 재원조달계획
  7. 수용하거나 사용할 토지등의 소재지·지번·지목 및 면적, 소유권 및 소유권 외의 권리의 명세와 그 소유자 및 권리자의 성명·주소

Chapter 01 | 항공법규

공항시설법	공항시설법 시행령
11. 「도시공원 및 녹지 등에 관한 법률」 제24조에 따른 도시공원의 점용허가 12. 「도시교통정비 촉진법」 제16조에 따른 교통영향평가서의 제출 및 검토 13. 「도시철도법」 제7조제1항에 따른 도시철도사업계획의 승인 및 같은 법 제26조제1항에 따른 도시철도운송사업의 면허 14. 「사방사업법」 제14조에 따른 사방지(砂防地)에서의 벌채 등의 허가 및 같은 법 제20조에 따른 사방지 지정의 해제 15. 「산림자원의 조성 및 관리에 관한 법률」 제36조제1항·제5항에 따른 입목의 벌채 등의 허가·신고 16. 「산업입지 및 개발에 관한 법률」 제16조에 따른 산업단지개발사업의 시행자 지정 및 같은 법 제17조에 따른 국가산업단지개발실시계획의 승인 17. 「산업집적활성화 및 공장설립에 관한 법률」 제13조에 따른 공장설립 등의 승인 및 신고 18. 「산지관리법」 제14조에 따른 산지전용허가 및 같은 법 제15조에 따른 산지전용신고 19. 「소방시설공사업법」 제13조제1항에 따른 소방시설공사의 신고 20. 「소방시설 설치 및 관리에 관한 법률」 제6조제1항에 따른 건축허가 등의 동의 21. 「수도법」 제17조제1항에 따른 일반수도사업의 인가, 같은 법 제52조 및 제54조에 따른 전용상수도 및 전용공업용수도 설치의 인가 22. 「위험물안전관리법」 제6조제1항에 따른 제조소등의 설치허가 23. 「자연공원법」 제71조제1항에 따른 공원관리청과의 협의(같은 법 제23조에 따른 공원구역에서의 행위허가에 관한 것만 해당한다) 23의2. 「장사 등에 관한 법률」 제27조제1항에 따른 무연분묘의 개장허가 24. 「초지법」 제23조에 따른 초지전용(草地轉用)의 허가 및 신고 또는 협의 25. 「폐기물관리법」 제29조제2항에 따른 폐기물처리시설 설치의 승인 또는 신고 26. 「하수도법」 제16조에 따른 공공하수도 공사·유지의 허가, 같은 법 제24조에 따른 점용행위에 관한 점용허가 및 같은 법 제34조제2항에 따른 개인하수처리시설의 설치 등에 대한 신고 27. 「하천법」 제6조에 따른 하천관리청과의 협의 또는 승인(같은 법 제30조에 따른 하천공사 시행의 허가, 같은 법 제33조에 따른 하천의 점용허가 및 점용허가의 고시, 같은 법 제50조에 따른 하천수의 사용허가에 관한 것만 해당한다)	

III. 공항시설법 · 시행령 · 시행규칙

제2장 공항 및 비행장의 개발

| 공항시설법 | 공항시설법 시행령 |

28. 「항로표지법」 제9조제6항, 제13조 또는 제14조에 따른 항로표지의 설치·관리의 허가 또는 신고
29. 「항만법」 제9조제2항에 따른 항만개발사업 시행의 허가 및 같은 법 제10조제2항에 따른 항만개발사업실시계획의 승인

② 국토교통부장관은 제7조제1항 또는 제3항에 따라 실시계획을 수립 또는 승인을 하려는 경우에는 그 실시계획에 제1항 각 호의 어느 하나에 해당하는 사항이 포함되어 있으면 그 실시계획이 제1항 각 호에 따른 법률에 적합한지에 관하여 미리 관계 행정기관의 장과 협의하여야 한다.

③ 제1항 및 제2항에서 규정한 사항 외에 인·허가등 의제의 기준 및 효과 등에 관하여는 「행정기본법」 제24조부터 제26조까지를 준용한다.

제9조(국공유지의 처분제한 등) ① 제4조제6항에 따라 공항·비행장개발예정지역으로 지정·고시된 지역 또는 제7조제6항에 따라 실시계획이 고시된 지역에 있는 국가 또는 지방자치단체 소유의 토지로서 개발사업에 필요한 토지는 그 개발사업 외의 목적으로 매각하거나 양도할 수 없다.

② 제1항에 따른 공항·비행장개발예정지역으로 고시된 지역 또는 실시계획이 고시된 지역에 있는 국가 또는 지방자치단체 소유의 재산은 「국유재산법」, 「공유재산 및 물품 관리법」 및 그 밖의 다른 법령에도 불구하고 사업시행자에게 수의계약으로 매각하거나 양도할 수 있다. 이 경우 행정재산의 용도폐지 및 「국유재산법」 제40조제2항제1호에 따른 일반재산의 처분에 관하여는 국토교통부장관이 미리 관계 행정기관의 장과 협의하여야 한다.

③ 제2항에서 규정한 사항 외에 국유재산의 매각·양도에 관하여는 국토교통부장관이 미리 기획재정부장관과 협의하여야 한다.

④ 제2항 후단 또는 제3항에 따른 협의요청이 있을 때에는 관계 행정기관의 장 또는 기획재정부장관은 요청을 받은 날부터 30일 이내에 용도폐지 및 매각·양도 또는 그 밖에 필요한 조치를 하여야 한다.

⑤ 제2항에 따라 사업시행자에게 매각하거나 양도하려는 재산 중 관리청이 불분명한 재산에 대해서는 다른 법령의 규정에도 불구하고 기획재정부장관이 관리 또는 처분한다.

제10조(행위 등의 제한) ① 제4조제6항에 따라 공항·비행장개발예정지역으로 지정·고시된 지역 또는 제7조제6항에 따라 실시계획이 고시된 지역에서 건축물의 건축, 인공구조물의 설치, 토지의 형질변경, 토석의 채취, 토지분할, 물건을 쌓아 놓는 행위 등 대통령령으로 정하는 행위를 하려는 자는 국토교통부장관, 해양수산부장관(「공유수면 관리 및 매립에 관한 법률」에 따라 해양수산부장관이 관리하는 공유수면에서의 행위에 대한 것으로 한정한다. 이하 이 조에서 같다) 또는 시장·군수·구청장의 허가를 받아야 한다. 허가받은 사항을 변경하려는 경우에도 또한 같다.

제20조(행위제한 등) ① 법 제10조제1항 전단에서 "건축물의 건축, 인공구조물의 설치, 토지의 형질변경, 토석의 채취, 토지분할, 물건을 쌓아 놓는 행위 등 대통령령으로 정하는 행위"란 다음 각 호의 행위를 말한다.

1. 건축물의 건축 : 「건축법」 제2조제1항제2호에 따른 건축물(가설건축물을 포함한다)의 건축, 대수선 또는 용도변경
2. 인공구조물의 설치 : 인공을 가하여 제작한 시설물(「건축법」 제2조제1항제2호에 따른 건축물은 제외한다)의 설치
3. 토지의 형질변경 : 절토(땅깎기)·성토(흙쌓기)·정지(整地)·포장(鋪裝) 등의 방법으로 토지의 형상을 변경하는 행위 또는 토지를 굴착하거나 공유수면을 매립하는 행위
4. 토석의 채취 : 흙·모래·자갈·바위 등의 토석을 채취하는 행위. 다만, 토지의 형질변경을 목적으로 하는 것은 제3호에 따른다.
5. 토지분할
6. 물건을 쌓아 놓는 행위 : 이동이 쉽지 아니한 물건을 1개월 이상 쌓아 놓는 행위
7. 수산동식물의 포획·채취 또는 양식 : 「수산업법」 제2조제8호·제17호에 따른 입어·유어(遊漁) 또는 「양식산업발전법」 제2조제1호에 따른 양식
8. 죽목(竹木)을 베거나 심는 행위

② 국토교통부장관, 해양수산부장관(「공유수면 관리 및 매립에 관한 법률」에 따라 해양수산부장관이 관리하는 공유수면에서의 행위에 대한 것으로 한정한다) 또는 특별자치시장·특별자치도지사·시장·군수 및 자치구의 구청장(이하 "시장·군수·구청장"이라 한다)은 법 제10조제1항에 따라 제1항 각 호의 어느 하나에 해당하는 행위를 허가(변경허가를 포함한다)하려는 경우에는 실시계획이 고시되기 전까지는 국토교통부장관의 의견을 들어야 하며, 실시계획이 고시된 이후에는 법 제6조에 따른 개발사업의 시행자(이하 "사업시행자"라 한다)의 의견을 들어야 한다.

③ 법 제10조제2항제2호에서 "경작을 위한 토지의 형질변경 등 대통령령으로 정하는 행위"란 다음 각 호의 어느 하나에 해당하는 행위를 말한다.

1. 경작을 위한 토지의 형질변경
2. 개발사업에 지장을 주지 아니하고 자연경관을 손상하지 아니하는 범위에서의 토석채취
3. 이동이 쉬운 물건을 쌓아 놓는 행위
4. 관상용 죽목의 임시 식재(경작지에서의 임시 식재는 제외한다)

공항시설법

② 제1항에도 불구하고 다음 각 호의 어느 하나에 해당하는 행위는 허가를 받지 아니하고 할 수 있다.
  1. 재해복구 또는 재난수습에 필요한 응급조치를 위하여 하는 행위
  2. 경작을 위한 토지의 형질변경 등 대통령령으로 정하는 행위

③ 제1항에 따라 허가를 받아야 하는 행위로서 공항·비행장개발예정지역 또는 실시계획의 고시 당시 이미 관계 법령에 따라 행위허가를 받았거나 허가를 받을 필요가 없는 행위에 관하여 그 공사 또는 사업을 착수한 자는 대통령령으로 정하는 바에 따라 국토교통부장관 또는 시장·군수·구청장에게 신고한 후 이를 계속 시행할 수 있다.

④ 국토교통부장관, 해양수산부장관 또는 시장·군수·구청장은 제1항을 위반한 자에게 원상회복을 명할 수 있다. 이 경우 원상회복 명령을 받은 자가 그 의무를 이행하지 아니하면 국토교통부장관, 해양수산부장관 또는 시장·군수·구청장은 「행정대집행법」에 따라 대집행할 수 있다.

⑤ 제1항에 따른 허가의 절차 및 기준 등에 관하여는 이 법에서 정한 것을 제외하고는 「국토의 계획 및 이용에 관한 법률」 제57조부터 제60조까지 및 제62조를 준용한다.

⑥ 제1항에 따라 허가를 받은 경우에는 「국토의 계획 및 이용에 관한 법률」 제56조에 따라 개발행위의 허가를 받은 것으로 본다.

제11조(토지에 출입 및 사용 등) ① 사업시행자(비행장개발사업의 경우에는 국토교통부장관, 지방자치단체의 장 및 「공공기관의 운영에 관한 법률」제4조에 따른 공공기관의 장으로 한정하며, 이하 이 조 및 제12조제1항에서 같다)는 개발사업을 위하여 필요한 경우에는 다음 각 호의 행위를 할 수 있다.
  1. 타인의 토지에 출입하는 행위
  2. 타인의 토지를 재료적치장(材料積置場), 통로 또는 임시도로로 일시적으로 사용하는 행위
  3. 특히 필요한 경우 나무, 흙, 돌 또는 그 밖의 장애물을 변경하거나 제거하는 행위

② 제1항에 따른 행위의 방법 및 절차 등에 관하여는 「국토의 계획 및 이용에 관한 법률」 제130조제2항부터 제9항까지 및 제131조를 준용한다. 이 경우 "도시·군계획시설사업의 시행자"는 "사업시행자"로 본다.

제12조(토지등의 수용) ① 사업시행자는 개발사업을 시행하기 위하여 필요한 경우에는 「공익사업을 위한 토지등의 취득 및 보상에 관한 법률」 제3조에 따른 토지·물건 또는 권리(이하 "토지등"이라 한다)를 수용하거나 사용할 수 있다.

② 제7조에 따른 실시계획의 수립 또는 승인과 이에 관한 고시가 있을 때에는 「공익사업을 위한 토지등의 취득 및 보상에 관한 법률」 제20조제1항 및 제22조에 따른 사업인정 및 사업인정의 고시가 있는 것으로 본다.

공항시설법 시행령

④ 법 제10조제3항에 따라 공항·비행장개발예정지역 또는 실시계획의 고시 당시 이미 관계 법령에 따라 행위허가를 받았거나 허가를 받을 필요가 없는 행위에 관하여 그 공사 또는 사업을 착수한 자가 그 공사 또는 사업을 계속하여 시행하기 위하여 국토교통부장관 또는 시장·군수·구청장에게 신고하려는 경우에는 국토교통부령으로 정하는 공항·비행장개발예정지역에서의 개발행위 등 신고서를 제출하여야 한다.

⑤ 제4항에 따라 신고서를 접수한 시장·군수·구청장은 즉시 그 사실을 국토교통부장관에게 통지하여야 한다.

제21조(토지매수업무 등의 위탁) ① 사업시행자는 법 제13조제1항에 따라 관할 지방자치단체의 장에게 토지매수업무, 손실보상업무 및 이주대책사업 등을 위탁하려면 위탁할 업무의 내용 및 위탁조건 등을 명시한 서면을 관할 지방자치단체의 장에게 제출하여야 한다.

② 제1항에 따라 업무위탁을 요청받은 관할 지방자치단체의 장은 특별한 사유가 없으면 이에 따라야 한다.

제22조(매수대상토지의 판정기준) 법 제14조제1항에 따른 공항·비행장개발예정지역으로 고시됨에 따라 그 지역 안의 토지를 종래의 용도로 사용할 수 없어 그 효용이 현저하게 감소한 토지 또는 그 토지의 사용 및 수익이 사실상 불가능한 토지(이하 "매수대상토지"라 한다)의 판정기준은 다음 각 호의 기준에 따른다. 이 경우 매수대상토지의 효용감소, 사용·수익의 사실상 불가능에 대하여 법 제14조제1항에 따라 토지의 매수를 청구한 자(이하 "매수청구인"이라 한다)의 귀책사유가 없어야 한다.
  1. 종래의 용도로 사용할 수 없어 그 효용이 현저하게 감소한 토지 : 매수청구 당시 매수대상토지를 공항·비행장개발예정지역 지정 이전의 지목(매수청구인이 공항·비행장개발예정지역 지정 이전에 적법하게 지적공부상의 지목과 다르게 사용하고 있었음을 공적자료로 증명하는 경우에는 공항·비행장개발예정지역 지정 이전의 실제 용도를 지목으로 본다)대로 사용할 수 없어 매수청구일 현재 해당 토지의 개별공시지가(「부동산 가격공시에 관한 법률」 제10조에 따른 개별공시지가를 말한다. 이하 같다)가 그 토지가 있는 읍·면·동 안에 지정된 공항·비행장개발예정지역의 동일한 지목의 개별공시지가 (매수대상토지의 개별공시지가는 제외한다) 평균치의 100분의 50 미만일 것

공항시설법

③ 토지등의 수용 또는 사용에 관한 재결(裁決)의 신청은 「공익사업을 위한 토지등의 취득 및 보상에 관한 법률」 제23조 및 제28조제1항에도 불구하고 실시계획에서 정하는 개발사업의 시행기간 내에 할 수 있다.

④ 토지등의 수용 또는 사용에 관한 재결의 관할 토지수용위원회는 중앙토지수용위원회로 한다.

⑤ 토지등의 수용 또는 사용에 관하여는 이 법에 특별한 규정이 있는 것을 제외하고는 「공익사업을 위한 토지등의 취득 및 보상에 관한 법률」을 준용한다.

제13조(토지매수업무 등의 위탁) ① 사업시행자는 개발사업을 위한 토지매수업무, 손실보상업무 및 이주대책사업 등을 대통령령으로 정하는 바에 따라 관할 지방자치단체의 장에게 위탁할 수 있다.

② 제1항에 따라 토지매수업무, 손실보상업무 및 이주대책사업 등을 위탁하는 경우의 위탁수수료 등에 관하여는 「공익사업을 위한 토지등의 취득 및 보상에 관한 법률」에서 정하는 바에 따른다.

③ 개발사업을 위한 손실보상을 하는 경우 국토교통부장관이 한 처분이나 제한으로 인한 손실은 국가가 보상하여야 하고, 국토교통부장관 외의 자의 사업시행으로 인한 손실은 그 사업시행자가 보상하거나 그 손실을 방지하기 위한 시설을 설치하여야 한다.

제14조(토지의 매수청구) ① 공항·비행장개발예정지역으로 고시됨에 따라 그 지역 안의 토지를 종래의 용도로 사용할 수 없어 그 효용이 현저하게 감소한 토지 또는 그 토지의 사용 및 수익이 사실상 불가능한 토지(이하 "매수대상토지"라 한다)의 소유자로서 다음 각 호의 어느 하나에 해당하는 자는 해당 사업시행자에게 그 토지의 매수를 청구할 수 있다.

1. 공항·비행장개발예정지역으로 고시될 당시부터 그 토지를 계속 소유한 자
2. 토지의 사용·수익이 불가능하게 되기 전에 그 토지를 취득하여 계속 소유한 자
3. 제1호 또는 제2호에 해당하는 자로부터 그 토지를 상속받아 계속 소유한 자

② 제1항에 따른 종래의 용도로 사용할 수 없어 그 효용이 현저하게 감소한 토지 또는 그 토지의 사용 및 수익이 사실상 불가능한 토지의 구체적인 판정기준은 대통령령으로 정한다.

제15조(매수청구의 절차 등) ① 사업시행자는 제14조제1항에 따라 토지의 매수청구를 받은 날부터 6개월 이내에 매수대상 여부 및 매수예상가격 등을 매수청구인에게 알려야 한다.

② 사업시행자는 제1항에 따라 매수대상토지로 통보를 한 토지에 대하여는 5년의 범위에서 대통령령으로 정하는 기간 이내에 매수계획을 수립하여 그 매수대상토지를 매수하여야 한다.

공항시설법 시행령

2. 토지의 사용 및 수익이 사실상 불가능한 토지 : 법 제10조제1항에 따른 행위 등의 제한으로 인하여 해당 토지의 사용 및 수익이 불가능할 것

제23조(매수절차) ① 법 제14조제1항에 따라 토지의 매수를 청구하려는 자는 국토교통부령으로 정하는 토지매수청구서에 다음 각 호의 서류를 첨부하여 사업시행자에게 제출하여야 한다.

1. 토지대장 등본
2. 토지등기사항증명서
3. 토지이용계획확인서
4. 토지의 매수를 청구하는 사유를 적은 서류

② 제1항에도 불구하고 국토교통부장관이 사업시행자인 경우로서 국토교통부장관에게 토지의 매수를 청구하려는 자는 제1항제1호부터 제3호까지의 서류를 제출하지 아니할 수 있다. 이 경우 국토교통부장관은 「전자정부법」 제36조제1항에 따른 행정정보의 공동이용을 통하여 토지대장, 토지등기사항증명서 및 토지이용계획확인서를 확인하여야 한다.

③ 제1항 또는 제2항에 따라 매수청구를 받은 사업시행자는 법 제15조제1항에 따른 매수대상 여부 및 매수예상가격 등을 매수청구인에게 알리기 전에 매수대상토지가 제22조에 따른 기준에 적합한지 판단하여야 한다.

④ 법 제15조제1항에 따른 매수예상가격은 매수청구 당시의 해당 토지의 개별공시지가로 한다.

⑤ 사업시행자는 법 제15조제1항에 따라 매수예상가격을 알린 경우에는 둘 이상의 감정평가법인등(「감정평가 및 감정평가사에 관한 법률」에 따른 감정평가법인등을 말한다. 이하 같다)에게 매수대상토지에 대한 감정평가를 의뢰하여 제25조에 따른 산정방법에 따라 매수대상토지의 매수가격(이하 "매수가격"이라 한다)을 결정하여야 한다.

⑥ 사업시행자는 제5항에 따라 감정평가를 의뢰하려는 경우에는 감정평가를 의뢰하기 1개월 전까지 감정평가를 의뢰한다는 사실을 매수청구인에게 알려야 한다.

⑦ 사업시행자는 제5항에 따라 매수가격을 결정하였을 때에는 즉시 이를 매수청구인에게 알려야 한다.

제24조(매수기한) 법 제15조제2항에서 "대통령령으로 정하는 기간"이란 법 제15조제1항에 따라 매수대상 여부를 알린 날부터 3년을 말한다.

Chapter 01 항공법규

공항시설법	공항시설법 시행령

공항시설법

③ 매수대상토지의 매수가격(이하 "매수가격"이라 한다)은 매수청구 당시의 「부동산 가격공시에 관한 법률」에 따른 표준지공시지가를 기준으로 그 공시기준일부터 매수청구인에게 이를 지급하려는 날까지의 기간 동안 대통령령으로 정하는 지가변동률, 생산자물가상승률, 해당 토지의 위치·형상·환경 및 이용상황 등을 고려하여 평가한 금액으로 한다.
④ 제1항부터 제3항까지에 따라 매수한 토지는 사업시행자가 국토교통부장관이면 국가에 귀속되고, 사업시행자가 국토교통부장관이 아니면 해당 사업시행자에게 귀속된다.
⑤ 제1항부터 제3항까지에 따라 토지를 매수하는 경우 매수가격의 산정방법, 매수절차, 그 밖에 필요한 사항은 대통령령으로 정한다.

제16조(비용의 부담) ① 사업시행자는 제15조제3항에 따른 매수가격의 산정을 위한 감정평가 등에 드는 비용을 부담한다.
② 사업시행자는 제1항에도 불구하고 매수청구인이 정당한 사유 없이 매수청구를 철회하는 경우에는 대통령령으로 정하는 바에 따라 감정평가에 따르는 비용의 전부 또는 일부를 매수청구인에게 부담하게 할 수 있다. 다만, 매수예상 가격에 비하여 매수가격이 대통령령으로 정하는 비율 이상으로 떨어진 경우에는 그러하지 아니하다.
③ 사업시행자가 국토교통부장관 또는 지방자치단체의 장인 경우 매수청구인이 제2항 본문에 따라 부담하여야 하는 비용을 납부하지 아니하면 국세 또는 지방세 체납처분의 예에 따라 징수할 수 있다.

제17조(부대공사의 시행) ① 사업시행자는 개발사업이 아닌 공사로서 개발사업으로 인하여 필요하게 되거나 개발사업을 시행하기 위하여 필요하게 된 공사(이하 "부대공사"라 한다)는 해당 개발사업으로 보아 해당 개발사업과 함께 시행할 수 있다.
② 부대공사의 범위는 대통령령으로 정한다.

제18조(개발사업의 대행) 국토교통부장관은 국토교통부장관 외의 자가 시행하는 개발사업을 효율적으로 수행하기 위하여 필요한 경우에는 해당 사업시행자와 협의하여 그 사업시행자의 비용부담으로 국토교통부장관이 시행하거나, 제3자에게 대행하게 할 수 있다.

제19조(개발사업의 촉진과 품질향상 등을 위한 특례) ① 다음 각 호의 어느 하나에 해당하는 개발사업에 대해서는 「건축법」 제49조·제50조 및 제53조, 「위험물안전관리법」 제5조제4항 및 「소방시설 설치 및 관리에 관한 법률」 제12조제1항을 적용하지 아니한다.
  1. 국토교통부장관이 기술심의위원회의 심의를 거쳐 인정한 특수기술 또는 특수장치를 이용한 개발사업

공항시설법 시행령

제25조(매수가격의 산정방법 등) ① 법 제15조제3항에서 "대통령령으로 정하는 지가변동률, 생산자물가상승률"이란 「부동산 거래신고 등에 관한 법률 시행령」 제17조제1항에 따라 국토교통부장관이 조사한 지가변동률 및 「한국은행법」 제86조에 따라 한국은행이 조사·작성하는 생산자물가지수에 따라 산정된 생산자물가상승률을 말한다.
② 매수가격은 「부동산 가격공시에 관한 법률」 제3조에 따른 표준지공시지가를 기준으로 감정평가법인 등 둘 이상이 평가한 금액의 산술평균치로 한다.

제26조(감정평가비용의 납부고지 등) ① 법 제16조제2항 본문에 따라 사업시행자는 제23조제5항에 따른 감정평가를 의뢰한 후 매수청구인이 정당한 사유 없이 매수청구의 철회를 통보하는 경우에는 해당 토지에 대한 감정평가 비용의 전부를 매수청구인이 부담하도록 할 수 있다.
② 사업시행자는 제1항에 따라 매수청구의 철회를 통보받은 경우 그 통보일부터 10일 이내에 국토교통부령으로 정하는 감정평가 비용의 납부고지서에 감정평가 비용의 산출내역서를 첨부하여 매수청구인에게 보내야 한다.
③ 제2항에 따른 납부고지서를 받은 매수청구인은 납부기한 내에 고지된 감정평가 비용을 사업시행자에게 납부하여야 한다.
④ 법 제16조제2항 단서에서 "대통령령으로 정하는 비율"이란 100분의 30을 말한다.

제27조(부대공사의 범위) 법 제17조제1항에 따른 부대공사의 범위는 다음 각 호와 같다.
  1. 공사용 건설자재의 현장가공·조립·운반·보관 등을 위하여 공항·비행장개발예정지역 또는 그 인근에 설치되는 시설(공사기간 중에 설치되는 시설에 한정한다)의 건설
  2. 개발사업에 필요한 토석채취장의 개발
  3. 개발사업 공사용 진입도로·접안시설·주차장·야적장 등의 설치 및 그 운영에 필요한 시설의 건설
  4. 개발사업과 관련된 건설인력을 수용하기 위한 숙소·편의시설 및 각종 부속시설의 건설
  5. 개발사업과 관련된 건설장비 및 검사계측기기의 정비·점검 및 수리를 위한 시설의 건설
  6. 항공기 안전운항 및 공역확보에 필요한 구릉(丘陵) 및 구조물 등 장애물의 제거공사

공항시설법

2. 개발사업에 따른 시설의 구조 및 형태가 관계 법령에 따른 소방·방재·방화·대피 등에 관한 기준보다 높은 수준이라고 국토교통부장관이 기술심의위원회의 심의를 거쳐 인정하는 개발사업

② 사업시행자는 다양한 기능과 특성을 갖는 건설공사를 발주할 때 공사의 성질상 또는 기술관리상 건축·전기 및 전기통신공사를 분리하여 발주하기 곤란한 경우로서 대통령령으로 정하는 경우에는 통합하여 발주할 수 있다.

③ 사업시행자는 「산업집적활성화 및 공장설립에 관한 법률」 제20조에도 불구하고 개발사업에 들어가는 각종 건설자재의 생산시설로서 국토교통부장관이 개발사업에 직접 필요하다고 인정하는 시설을 공항·비행장개발예정지역 또는 그 인근에 신설·증설 또는 이전할 수 있다. 이 경우 건설자재의 생산시설은 공사용 목적으로 개발사업 기간 중에 설치되는 것으로 한정한다.

④ 사업시행자는 개발사업을 끝낸 경우에는 제3항에 따라 설치한 시설을 원상회복하여야 한다.

제20조(준공확인) ① 국토교통부장관 외의 사업시행자는 개발사업에 관한 공사를 끝낸 경우에는 지체 없이 국토교통부령으로 정하는 바에 따라 국토교통부장관에게 공사준공 보고서를 제출하고 준공확인을 받아야 한다. 다만, 「건축법」 제22조에 따른 허가권자로부터 사용승인을 받은 건축물에 대해서는 준공확인을 받은 것으로 본다.

② 제1항 단서에 따라 허가권자로부터 사용승인을 받은 사업시행자는 국토교통부장관에게 그 사실을 보고하여야 한다.

③ 국토교통부장관은 제1항에 따라 준공확인을 하는 경우에는 관계 중앙행정기관의 장, 지방자치단체의 장, 「공공기관의 운영에 관한 법률」 제4조에 따른 공공기관의 장 또는 관계 전문기관 등에 준공확인에 필요한 검사를 의뢰할 수 있다.

④ 국토교통부장관은 제1항에 따른 준공확인 신청을 받았을 때에는 준공확인을 한 후 그 공사가 실시계획의 내용대로 시행되었다고 인정되는 경우에는 그 신청인에게 준공확인증명서를 발급하여야 한다.

⑤ 국토교통부장관은 개발사업에 관한 공사를 끝낸 경우 또는 제4항에 따라 준공확인증명서를 발급한 경우에는 국토교통부령으로 정하는 바에 따라 개발사업의 명칭, 종류, 위치 및 사용개시일 등을 고시하여야 한다.

⑥ 제5항에 따라 고시를 하였거나 제1항 단서에 따라 사용승인서를 받은 경우에는 제8조제1항 각 호의 인·허가등에 따른 해당 사업의 준공확인 또는 준공인가 등을 받은 것으로 본다.

⑦ 제4항에 따른 준공확인증명서를 발급받기 전에는 개발사업으로 조성되거나 설치된 토지 및 시설을 사용해서는 아니 된다. 다만, 국토교통부장관으로부터 준공확인 전에 사용허가를 받았거나 제1항 단서에 따라 건축물에 대하여 준공확인을 받은 것으로 보는 경우에는 그러하지 아니하다.

공항시설법 시행령

7. 공항시설 또는 비행장시설에서 배출되는 분뇨·오수·폐수 등을 처리하기 위한 중수도시설 및 폐수처리시설의 건설
8. 환경오염도측정을 위한 시설의 건설
9. 그 밖에 건설안전 관련시설 등 개발사업의 시행에 필요하다고 국토교통부장관이 인정하는 시설의 건설

제28조(분리발주의 예외) 법 제19조제2항에서 "대통령령으로 정하는 경우"란 다음 각 호의 어느 하나에 해당하는 경우를 말한다.

1. 특허공법 등 특수한 기술에 의하여 행하여지는 공사로서 분리발주할 경우 하자책임의 구분이 불명확하게 되거나 하나의 목적물을 완성할 수 없게 되는 경우
2. 천재지변 또는 재해로 인한 복구공사로서 발주가 시급하여 분리발주가 곤란한 경우
3. 국방·국가안보 등과 관련되는 공사로서 기밀유지를 위하여 분리발주가 곤란한 경우
4. 「국가를 당사자로 하는 계약에 관한 법률 시행령」 제79조제1항제5호에 따른 설계·시공일괄입찰로 시행하는 공사이거나 「지방자치단체를 당사자로 하는 계약에 관한 법률 시행령」 제95조제1항제5호에 따른 설계·시공일괄입찰로 시행하는 공사로서 분리발주가 곤란한 경우
5. 효율적인 사업추진을 위하여 분리발주가 곤란하다고 국토교통부장관이 기술심의위원회의 심의를 거쳐 인정하는 경우

제29조(투자허가의 신청) 법 제21조제1항에 따라 국토교통부장관이 시행하는 개발사업에 투자하려는 자는 국토교통부령으로 정하는 투자허가신청서에 사업계획서 및 설계도서를 첨부하여 국토교통부장관에게 제출하여야 한다.

제30조(무상사용·수익 허가등) ① 법 제22조제1항에 따라 국가에 귀속된 공항시설, 비행장시설 또는 국토교통부장관이 관리하는 다른 시설의 무상사용·수익 허가를 받으려는 투자자 또는 사업시행자(이하 이 조에서 "투자자등"이라 한다)는 무상사용·수익을 하려는 공항시설, 비행장시설 또는 국토교통부장관이 관리하는 다른 시설의 종류, 무상사용·수익의 목적 및 기간을 적은 신청서를 국토교통부장관에게 제출하여야 한다.

Chapter 01 | 항공법규

공항시설법	공항시설법 시행령

⑧ 국토교통부장관은 제7항 단서에 따른 사용허가의 신청을 받은 날부터 20일 이내에 허가 여부를 신청인에게 통지하여야 한다.
 	
제21조(투자허가·시설물의 귀속 등) ① 국토교통부장관이 시행하는 개발사업에 투자하려는 자는 국토교통부장관의 허가를 받아야 한다. 이 경우 국토교통부장관은 그 개발사업과 관련된 토지 및 그 밖의 시설(공항의 유지·보수를 위한 시설, 공항이용객 편의시설 등 대통령령으로 정하는 시설은 제외한다)을 국가에 귀속시킬 것을 조건으로 허가할 수 있다.
② 제1항 후단 및 제6조제4항에 따른 조건이 붙은 허가를 받아 조성되거나 설치된 토지 및 시설은 해당 공사의 준공과 동시에 국가에 귀속된다. 다만, 조건이 붙지 아니한 허가를 받은 경우에는 그 토지 및 공항시설은 해당 사업시행자의 소유로 한다.
③ 제2항에도 불구하고 「인천국제공항공사법」에 따른 인천국제공항공사가 인천국제공항 개발사업으로 조성 또는 설치한 토지 및 시설의 귀속에 관하여는 같은 법에서 정하는 바에 따른다.
 	
제22조(사용·수익 등) ① 국토교통부장관은 제21조제2항에 따라 국가에 귀속된 공항시설 또는 비행장시설의 투자자 또는 사업시행자에게 그 시설 또는 국토교통부장관이 관리하는 다른 시설을 그가 투자한 총사업비의 범위에서 대통령령으로 정하는 바에 따라 무상으로 사용·수익하게 할 수 있다. 다만, 「인천국제공항공사법」에 따른 인천국제공항공사가 사업시행자로서 인천국제공항 개발사업으로 조성 또는 설치한 토지 및 시설의 사용·수익 등에 관하여는 같은 법에서 정하는 바에 따른다.
② 국토교통부장관은 공항 또는 비행장의 운영을 위하여 부득이하게 필요한 경우에는 제1항에 따라 무상으로 사용·수익을 하게 한 공항시설 또는 비행장시설의 무상사용·수익허가를 취소할 수 있다. 이 경우 국토교통부장관은 제1항에 따른 투자자 또는 사업시행자가 국가에 귀속된 공항시설 또는 비행장시설을 유상으로 사용·수익할 경우의 사용료 총액이 총사업비에 도달하지 아니한 경우에는 그 사용료 총액이 총사업비에 도달할 때까지 다른 공항시설 또는 비행장시설을 무상으로 사용·수익하게 하는 등의 방식으로 보상이 이루어지도록 필요한 조치를 하여야 한다.
③ 제1항에 따른 총사업비의 산정방법과 무상으로 사용·수익할 수 있는 기간은 대통령령으로 정한다.
 	
제23조(재정지원) ① 국가는 개발사업의 촉진을 위하여 사업시행자에게 예산의 범위에서 해당 개발사업에 필요한 비용의 전부 또는 일부를 보조하거나 재정자금을 융자할 수 있다.
	② 국토교통부장관이 법 제22조제1항에 따른 무상사용·수익허가를 할 수 있는 공항시설, 비행장시설 또는 국토교통부장관이 관리하는 다른 시설의 범위는 투자자등이 해당 시설을 무상으로 사용·수익하여도 해당 공항, 비행장 또는 국토교통부장관이 관리하는 다른 시설의 관리·운영에 지장을 주지 아니한다고 인정되는 것으로 한정한다.
	③ 법 제22조제1항에 따른 무상사용·수익허가를 위한 총사업비의 산정방법은 해당 개발사업의 준공확인일을 기준으로 그 개발사업과 관련된 다음 각 호의 비용을 합산한 금액으로 한다.
	  1. 조사비 : 개발사업의 시행을 위한 측량비와 그 밖의 조사비로서 공사비에 포함되지 아니한 비용
	  2. 설계비 : 개발사업의 시행을 위한 설계에 필요한 비용
	  3. 공사비 : 개발사업의 시행을 위한 재료비, 노무비 및 경비를 합친 금액. 이 경우 각 비용의 산정은 「국가를 당사자로 하는 계약에 관한 법률 시행령」 제9조에 따른 예정가격의 결정기준과 정부표준품셈 및 단가(정부고시가격이 있는 경우에는 그 가격을 말한다)에 따른다.
	  4. 보상비 : 개발사업의 시행을 위하여 지급된 토지매입비[건물, 입목(立木) 등의 매입비를 포함한다], 이주대책비 및 영업권·어업권·양식업권·광업권 등의 권리에 대한 보상비
	  5. 부대비 : 「국가를 당사자로 하는 계약에 관한 법률 시행령」 제9조의 예정가격의 결정기준에 따라 산정한 일반관리비, 환경영향평가비, 시공감리비 등 개발사업 시행허가의 조건을 이행하기 위하여 필요한 모든 비용과 「농지법」 제40조에 따른 농지보전부담금 등
	  6. 건설이자 : 제1호부터 제5호까지의 비용에 대한 건설이자(이자율은 사업기간 중 한국은행이 발표하는 예금은행 정기예금 가중평균 수신금리를 적용한다)
	④ 법 제22조제1항에 따라 공항시설, 비행장시설 또는 국토교통부장관이 관리하는 다른 시설을 무상으로 사용·수익할 수 있는 기간은 그 시설을 유상으로 사용할 경우의 사용료 총액이 제1항에 따라 산출된 총사업비에 도달할 때까지로 한다.
	
	제31조(공항시설 및 비행장시설의 설치기준) 법 제24조에 따른 개발사업에 필요한 공항시설 및 비행장시설의 설치기준은 다음 각 호와 같다.
	  1. 공항 또는 비행장 주변에 항공기의 이륙·착륙에 지장을 주는 장애물이 없을 것. 다만, 해당 공항 또는 비행장의 공사 완료 예정일까지 그 장애물을 확실히 제거할 수 있다고 인정되는 경우는 제외한다.

공항시설법 시행규칙

8. 공항 또는 비행장의 표고 및 표점
9. 착륙대의 등급
10. 활주로의 강도(공항, 육상비행장 및 육상헬기장의 경우만 해당한다) 또는 착륙대의 깊이(수상비행장 및 수상헬기장의 경우만 해당한다)
11. 시계비행 또는 계기비행 이륙·착륙절차

⑥ 법 제7조제6항 단서에서 "제4항에 따른 경미한 사항의 변경 등 국토교통부령으로 정하는 경미한 개발사업"이란 다음 각 호의 어느 하나에 해당하는 경우를 말한다.
　1. 제4항 각 호의 어느 하나에 해당하는 경우
　2. 제1호와 유사한 것으로서 국토교통부장관 또는 지방항공청장이 고시가 불필요하다고 인정하는 경우

제11조(공항·비행장개발예정지역에서 건축물의 건축 등 행위 신고) 영 제20조제4항에서 "국토교통부령으로 정하는 공항·비행장 개발예정지역에서의 개발행위 등 신고서"란 별지 5호서식의 신고서를 말한다.

제12조(토지매수청구서) 영 제23조제1항에서 "국토교통부령으로 정하는 매수청구서"란 별지 제6호서식의 매수청구서를 말한다.

제13조(감정평가 비용의 납부고지서) 영 제26조제2항 각 호 외의 부분에서 "국토교통부령으로 정하는 감정평가 비용의 납부고지서"란 별지 제7호서식의 납부고지서를 말한다.

제14조(준공확인의 신청 등) ① 법 제20조제1항 본문에 따른 준공확인 또는 법 제25조제2항에 따른 이착륙장 준공확인을 받으려는 사업시행자는 별지 제8호서식의 보고서에 다음 각 호의 서류를 첨부하여 지방항공청장에게 제출하여야 한다. 이 경우 담당 공무원은 「전자정부법」 제36조제1항에 따른 행정정보의 공동이용을 통하여 법인등기사항증명서(신청인이 법인인 경우만 해당한다)를 확인하여야 한다.
　1. 준공조서(준공설계도서 및 준공사진을 포함한다)
　2. 공사착공 전 및 준공 후의 상황을 구분·인식할 수 있는 준공사진 또는 도면
　3. 시공품질검사명세서(「건설기술진흥법 시행령」 제89조에 따라 품질관리계획 또는 품질시험계획을 수립하여야 하는 건설공사에 한정한다)
　4. 시장·군수 또는 자치구청장이 발행하는 지적측량성과도(필요한 경우만 해당한다)
② 법 제20조제4항에 따른 준공확인증명서 및 법 제25조제4항에 따른 이착륙장 준공확인 증명서는 별지 제9호서식과 같다.
③ 법 제20조제5항에 따른 준공확인의 고시는 다음 각 호의 사항을 고시하는 것으로 한다.
　1. 공항 또는 비행장의 명칭·위치 및 면적
　2. 사업시행자의 성명(명칭) 및 주소
　3. 사업의 목적 및 내용
　4. 해당 사업의 완료일
　5. 해당 시설의 사용 개시 예정일
　6. 시계비행 또는 계기비행 이륙·착륙 절차
　7. 「국토의 계획 및 이용에 관한 법률」 제65조제1항에 따라 새로 설치된 공공시설 또는 종래의 공공시설의 귀속에 관한 조서 및 관계 도면
　8. 해당 시설의 이용에 관한 특별한 사항
④ 국토교통부장관 또는 지방항공청장은 제3항에 따라 고시한 사항이 변경된 경우에는 그 변경 사항을 고시하여야 한다.
⑤ 법 제20조제7항 단서에 따른 준공확인 전 사용허가 또는 법 제25조제5항 단서에 따른 이착륙장 준공확인 전 사용허가를 받으려는 자는 별지 제10호서식의 신청서에 다음 각 호의 서류를 첨부하여 지방항공청장에게 제출하여야 한다. 이 경우 담당 공무원은 「전자정부법」 제36조제1항에 따른 행정정보의 공동이용을 통하여 법인등기사항증명서(법인인 경우만 해당한다)를 확인하여야 한다.
　1. 준공확인 전에 사용하려는 시설의 현황 및 목적을 기재한 서류
　2. 시공품질검사명세서(「건설기술진흥법 시행령」 제89조에 따라 품질관리계획 또는 품질시험계획을 수립하여야 하는 건설공사에 한정한다)

Chapter 01 항공법규

공항시설법

② 국가는 지방자치단체의 장이 제25조제1항에 따라 국토교통부장관의 허가를 받아 이착륙장을 설치하는 경우에는 해당 사업시행에 필요한 비용의 전부 또는 일부를 보조하거나 재정자금을 융자할 수 있다.

제24조(공항시설 및 비행장시설의 설치기준 등) 제6조제1항 및 제2항에 따른 개발사업에 필요한 공항시설 또는 비행장시설 및 항행안전시설의 설치에 관한 기준(이하 "시설설치기준"이라 한다)은 대통령령으로 정한다.

제25조(이착륙장) ① 국토교통부장관은 이착륙장을 설치할 수 있으며, 국토교통부장관 외의 자가 이착륙장을 설치하려는 경우에는 대통령령으로 정하는 바에 따라 국토교통부장관으로부터 허가를 받아야 한다. 국토교통부장관이 이착륙장의 설치를 허가하려는 경우에는 관계 중앙행정기관의 장 및 관할 시장·군수·구청장과 사전에 협의하여야 한다.
② 제1항에 따라 이착륙장 설치허가를 받은 자는 이착륙장 설치공사를 완료한 경우 지체 없이 국토교통부령으로 정하는 바에 따라 공사준공보고서를 국토교통부장관에게 제출하고 준공확인을 받아야 하며, 제3항에 따른 기준에 적합하도록 이착륙장을 관리하여야 한다.
③ 제1항 및 제2항에 따른 이착륙장의 설치 및 관리에 필요한 기준은 대통령령으로 정한다.
④ 제2항에 따른 준공확인의 신청을 받은 국토교통부장관은 지체 없이 준공검사를 한 후 해당 설치공사가 제3항에 따른 기준에 적합한 경우 준공확인증명서를 발급하여야 한다.
⑤ 제4항에 따른 준공확인증명서를 받기 전에는 해당 이착륙장을 사용하여서는 아니 된다. 다만, 국토교통부령으로 정하는 바에 따라 국토교통부장관으로부터 사용허가를 받은 경우에는 그러하지 아니하다.
⑥ 국토교통부장관은 다음 각 호의 어느 하나에 해당하는 경우에는 이착륙장을 설치 또는 관리하는 자에게 적합한 조치를 하도록 명령할 수 있다. 이 경우 국토교통부장관은 명령을 받은 자가 국토교통부장관이 정하는 상당한 기간 내에 적합한 조치를 하지 아니하는 경우에는 해당 허가를 취소할 수 있다.
   1. 정당한 사유 없이 이착륙장 설치허가서에 적힌 공사 착수 예정일부터 1년 이내에 착공하지 아니하거나 정당한 사유 없이 공사 완료 예정일까지 공사를 끝내지 아니한 경우
   2. 허가에 붙인 조건을 위반한 경우
   3. 제3항에 따른 이착륙장의 설치 및 관리 기준에 적합하지 아니한 경우

공항시설법 시행령

2. 공항 또는 비행장의 체공선회권(공항 또는 비행장에 착륙하려는 항공기의 체공선회를 위하여 필요하다고 인정하는 공항 또는 비행장 상공의 정해진 공역을 말한다. 이하 같다)이 인접한 공항 또는 비행장의 체공선회권과 중복되지 아니할 것
3. 공항 또는 비행장의 활주로·착륙대·유도로의 길이 및 폭과 각 표면의 경사도 및 공항 또는 비행장의 표지시설 등이 국토교통부령으로 정하는 기준에 적합할 것

제32조(이착륙장의 설치 허가 신청) ① 법 제25조제1항에 따라 국토교통부장관 외의 자가 이착륙장을 설치하려는 경우에는 국토교통부령으로 정하는 이착륙장 설치허가 신청서에 다음 각 호의 서류를 첨부하여 국토교통부장관에게 제출하여야 한다. 이 경우 국토교통부장관은 「전자정부법」 제36조제1항에 따른 행정정보의 공동이용을 통하여 법인 등기사항증명서(신청인이 법인인 경우에 한정한다)를 확인하여야 한다.
   1. 이착륙장 설치계획서
   2. 이착륙장 설치 예정 부지에 대한 소유권 또는 사용권이 있음을 증명하는 서류(소유권 또는 사용권이 없는 경우에는 이착륙장 설치공사 예정일까지 이를 취득하기 위한 계획서를 말한다)
   3. 소유자의 성명·주소가 기재된 토지조서 및 물건조서
   4. 공사의 내용을 확인할 수 있는 설계도서(설계도면, 설계설명서, 개략적인 공사비 및 수량산출서를 포함한다)
② 제1항제1호에 따른 이착륙장 설치계획서에는 다음 각 호의 사항이 포함되어야 한다.
   1. 이착륙장 시설의 개요 및 설치목적
   2. 이착륙장 설치 기간 및 공사 방법
   3. 이착륙장 설치에 사용되는 자금의 조달계획
   4. 이착륙장을 사용할 예정인 경량항공기 또는 초경량비행장치의 종류
   5. 이착륙장 관리계획
   6. 이착륙장의 시계비행 절차
   7. 이착륙장에 필요한 공역도면 및 인접공역의 현황
   8. 인접한 공항 또는 비행장(군 비행장을 포함한다)의 비행절차와의 상관관계를 설명하는 도면
   9. 경량항공기 또는 초경량비행장치에 제공되는 항공교통업무의 내용
   10. 풍향·풍속도(이착륙장 예정지·예정수면 또는 그 부근에서의 풍속은 최근 1년 이상의 자료에 의하여 작성된 것에 한정한다)

재미있는 항공이야기

운항안전장치 들

자연 현상을 거스를 수 없는 인간들에게 악천후는 피할 수 없는 불청객이다. 하지만 과학기술의 발달로 현대 항공기는 웬만한 악천후에도 끄떡없이 안전하게 운항할 수 있게끔 설계되어 첨단 안전시스템과 장치를 갖추고 있다. 우리가 접하는 악천후는 주로 안개, 호우, 폭설, 돌풍, 번개, 강풍 등 이상기류들이다. 이 조건들은 대부분 복합적으로 발생한다. 때문에 악천후가 예상되면 항공사는 기후 변화를 예의 주시하며 사전에 운항을 취소하거나 조건 완화를 기다리는 등 각종 안전운항 규정에 따라 운항여부를 결정한다. 일단운항 가능 조건에서 항공기가 공중에 뜬 이상은 항공기와 조종사의 능력에 의해 안전이 확보된다.

항공기는 외부로부터 오는 위험을 피하기 위하여 이중삼중의 안전장치를 갖추고 있다.

항공기가 외부의 기후환경을 감지하는 장비로는 기상레이더와 돌풍 감지장치가 있다. 기상레이더(Weather Radar)는 비행중 수마일 전방의 기상상태(강우, 우박, 번개, 난기류 등)를 레이더에 의해 사전에 감지하여 조종사에게 영상 및 위치 정보를 제공함으로써 악천후 지역을 피해 운항할 수 있도록 설계된 기본 장비이다. 돌풍 감지장치(PWS : Predictive Windshear System)는 이륙, 착륙 중에 항공기가 만날 수 있는 강한 하강기류(Windshear)를 미리 탐지하여 조종사에게 위험도에 따른 음성 경고와 함께 하강 기류가 있는 지역을 지시해 줌으로써 사전에 피할 수 있도록 경고해 주는 장치이다.

현대 항공기는 기본적으로 컴퓨터에 의해 제어되는 안전장치를 장착하고 있다. 따라서 어떠한 기상악조건에서도 데이터만 충실히 입력한다면 항공기 스스로도 운항이 가능하게끔 설계되어 있다. 이것을 자동조종장치(Automatic Pilot System)라고 한다. 비행 중 기상 조건 등 돌발적 상황에 의해 비행기에 불안정한 자세변화가 발생하면 컴퓨터 시스템이 보조날개, 승강·방향타를 적절히 작동시켜 비행기의 자세를 조기에 원상 회복하고 정해진 방향으로 날게 해준다. 자동조종장치는 기체의 자세, 고도, 방향 등의 유지 차원은 물론 선회, 상승, 강하, 속도조절도 가능하다.

항공기가 착륙할 때 정상 코스를 이탈하여 지상에 지나치게 접근하거나, 산에 부딪치려 하거나, 또는 착륙시점이 아닌 상태에서 착륙을 시도하는 등 비정상 접근 시에 조종사에게 위험을 알리는 장치가 있다. 바로 신형지상접근경고장치(Enhanced Ground Proximity Warning System)다. 음성경고와 함께 조종석 계기판에 장애물 형태를 나타내 조종사가 신속하게 대응하도록 해준다.

한편 조종사의 조작 없이 자동으로 착륙할 수 있게끔 해 주는 장치도 있다. 바로 자동착륙장치(Automatic Landing System)로 항공기의 접지까지, 때로는 착륙 활주까지 가능케 해준다. 지상에 설치된 ILS(Instrument Landing System)로부터 발사되는 전파와 항공기에 탑재된 전파고도계나 자동착륙장치 등과 연동되어 자동적으로 고도와 추력을 가감하여 활주로에 진입하며, 정해진 고도에서 자동적으로 수평자세를 취하여 접지토록 해준다.

한걸음 더 나아가 국제민간항공기구(ICAO : International Civil Aviation Organization)에서는 전천후 착륙장치(All Weather Landing System)의 개발을 단계적으로 추진하고 있다. 이 첨단 장치는 최근에는 더욱 정밀하게 개발되어 시계제로(0)인 상태에서 착륙하여 지상이동까지도 가능하다. ✈

〈자료출처 : 스포츠서울, (주)대한항공 홍보실〉

공항시설법

⑦ 국토교통부장관은 이착륙장 설치자가 다음 각 호의 어느 하나에 해당하는 경우에는 그 사업의 시행 및 관리에 관한 허가 또는 승인을 취소하거나 그 효력의 정지, 공사의 중지 명령 등의 필요한 처분을 할 수 있다. 다만, 제1호 또는 제3호에 해당하는 경우에는 그 사업의 시행 및 관리에 관한 허가 또는 승인을 취소하여야 한다.
  1. 거짓이나 그 밖의 부정한 방법으로 허가를 받은 경우
  2. 제1항을 위반하여 국토교통부장관 외의 자가 허가를 받지 아니하고 이착륙장을 설치하거나 허가 받은 사항을 위반한 경우
  3. 사정 변경으로 이착륙장 설치를 계속 시행하는 것이 불가능하다고 인정되는 경우

⑧ 국토교통부장관은 다음 각 호의 어느 하나에 해당하는 경우에는 이착륙장 사용의 중지를 명할 수 있다.
  1. 이착륙장의 위치·구조 등이 설치허가서에 적힌 사실과 다른 경우
  2. 제3항에 따른 기준에 맞지 아니하게 된 경우
  3. 제5항을 위반하여 준공확인증명서를 받기 전에 이착륙장을 사용하거나 사용허가를 받지 아니하고 이착륙장을 사용하는 경우

제3장 공항 및 비행장의 관리·운영

제26조(공항시설관리권) ① 국토교통부장관은 공항시설을 유지·관리하고 그 공항시설을 사용하거나 이용하는 자로부터 사용료를 징수할 수 있는 권리(이하 "공항시설관리권"이라 한다)를 설정할 수 있다.
② 제1항에 따라 공항시설관리권을 설정받은 자는 대통령령으로 정하는 바에 따라 국토교통부장관에게 등록하여야 한다. 등록한 사항을 변경할 때에도 또한 같다.
③ 공항시설관리권은 물권(物權)으로 보며, 이 법에 특별한 규정이 있는 경우를 제외하고는 「민법」 중 부동산에 관한 규정을 준용한다.

제27조(공항시설관리권 관련 저당권 설정의 특례) ① 저당권이 설정된 공항시설관리권은 저당권자의 동의가 없으면 처분할 수 없다.
② 제26조제1항에 따라 공항시설관리권이 설정된 공항시설 중 활주로 등 대통령령으로 정하는 중요 공항시설에 설정된 공항시설관리권에 대해서는 저당권을 설정할 수 없다.

제28조(공항시설관리권 등의 권리 변동) ① 공항시설관리권 또는 공항시설관리권을 목적으로 하는 저당권의 설정·변경·소멸 또는 처분의 제한은 국토교통부에서 갖추어 두고 있는 공항시설관리권 등록부에 공항시설관리권 또는 저당권의 설정·변경·소멸 또는 처분의 제한 사실을 등록함으로써 효력이 발생한다.

공항시설법 시행령

③ 법 제25조제1항에 따라 국토교통부장관 외에 이착륙장을 설치하려는 자는 제1항제4호에도 불구하고 국토교통부장관으로부터 이착륙장 설치 허가를 받은 후 공사를 착수하기 전에 설계도서에 관하여 국토교통부장관으로부터 따로 허가를 받는 조건으로 설계도서를 첨부하지 아니할 수 있다. 이 경우 이착륙장 설치에 소요되는 추정 비용(공사비를 포함한다) 및 시설배치계획 도면을 설계도서 대신 제출하여야 한다.

제33조(이착륙장의 설치기준) 법 제25조제1항에 따른 이착륙장의 설치기준은 다음 각 호와 같다.
  1. 이착륙장 주변에 경량항공기 또는 초경량비행장치의 이륙 또는 착륙에 지장을 주는 장애물이 없을 것. 다만, 해당 이착륙장의 공사 완료 예정일까지 그 장애물을 확실히 제거할 수 있다고 인정되는 경우는 제외한다.
  2. 이착륙장 활주로의 길이·폭과 활주로 안전구역 및 활주로 보호구역의 길이·폭 등이 국토교통부장관이 정하여 고시하는 기준에 적합할 것

제34조(이착륙장의 관리기준) ① 법 제25조제2항에 따른 이착륙장의 관리기준은 다음 각 호와 같다.
  1. 제33조에 따른 이착륙장의 설치기준에 적합하도록 유지할 것
  2. 이착륙장 시설의 기능 유지를 위하여 점검·청소 등을 할 것
  3. 개량이나 그 밖의 공사를 하는 경우에는 필요한 표지의 설치 또는 그 밖의 적절한 조치를 하여 경량항공기 또는 초경량비행장치의 이륙 또는 착륙을 방해하지 아니할 것
  4. 이착륙장에 사람·차량 등이 임의로 출입하지 아니하도록 할 것
  5. 기상악화, 천재지변이나 그 밖의 원인으로 인하여 경량항공기 또는 초경량비행장치의 안전한 이륙 또는 착륙이 곤란할 우려가 있는 경우에는 지체 없이 해당 이착륙장의 사용을 일시 정지하는 등 위해를 예방하기 위하여 필요한 조치를 할 것
  6. 관계 행정기관 및 유사시에 지원하기로 협의된 기관과 수시로 연락할 수 있는 설비 또는 비상연락망을 갖출 것
  7. 그 밖에 국토교통부장관이 정하여 고시하는 이착륙장 관리기준에 적합하게 관리할 것

② 이착륙장을 관리하는 자는 다음 각 호의 사항이 포함된 이착륙장 관리규정을 정하여 관리하여야 한다.

공항시설법 시행규칙

제15조(공항개발사업 투자허가신청서) 영 제29조제1항에서 "국토교통부령으로 정하는 투자허가신청서"란 별지 제11호 서식의 신청서를 말한다.

제16조(공항시설 및 비행장시설의 설치기준) 영 제31조제3호에서 "국토교통부령으로 정하는 기준"이란 별표 1에 따른 기준을 말한다.

제17조(이착륙장의 설치허가신청서) 영 제32조제1항 각 호 외의 부분 전단에서 "국토교통부령으로 정하는 이착륙장 설치허가신청서"란 별지 제12호서식의 신청서를 말한다.

Chapter 01 | 항공법규

공항시설법	공항시설법 시행령

② 제1항에 따른 공항시설관리권 등의 등록에 필요한 사항은 대통령령으로 정한다.
 	
제29조(비행장시설관리권) ① 국토교통부장관은 국가 소유의 비행장시설을 유지·관리하고 그 비행장시설을 사용하거나 이용하는 자로부터 사용료를 징수할 수 있는 권리(이하 "비행장시설관리권"이라 한다)를 설정할 수 있다.
② 비행장시설관리권에 관하여는 제26조제2항·제3항, 제27조 및 제28조를 준용한다. 이 경우 "공항시설"은 "비행장시설"로, "공항시설관리권"은 "비행장시설관리권"으로, "공항시설관리권 등록부"는 "비행장시설관리권 등록부"로 본다.
 	
제30조(관리대장의 작성·비치) ① 공항시설 또는 비행장시설을 관리·운영하는 자는 공항시설 또는 비행장시설의 관리대장을 작성하여 갖추어 두어야 한다.
② 제1항에 따른 관리대장의 작성·비치 및 기록 사항 등에 필요한 사항은 국토교통부령으로 정한다.
 	
제31조(시설의 관리기준) ① 공항시설 또는 비행장시설을 관리·운영하는 자는 시설의 보안관리 및 기능유지에 필요한 사항 등 국토교통부령으로 정하는 시설의 관리·운영 및 사용 등에 관한 기준(이하 "시설관리기준"이라 한다)에 따라 그 시설을 관리하여야 한다.
② 국토교통부장관은 대통령령으로 정하는 바에 따라 공항시설 또는 비행장시설이 시설관리기준에 맞게 관리되는지를 확인하기 위하여 필요한 검사를 하여야 한다. 다만, 제38조제1항에 따른 공항으로서 제40조제1항에 따른 공항의 안전운영체계에 대한 검사를 받는 공항은 이 조에 따른 검사를 하지 아니할 수 있다.
 	
제31조의2(안전관리기준의 준수) ① 공항시설의 유지·보수, 항공기에 대한 급유, 항공화물 또는 수하물의 하역 등 대통령령으로 정하는 항공 관련 업무를 수행하는 사람(이하 "항공업무 수행자"라 한다)은 안전사고의 예방과 차량 및 장비의 안전운행을 위하여 「항공보안법」 제12조에 따른 공항시설 보호구역(이하 "보호구역"이라 한다)에서 다음 각 호의 안전관리기준을 모두 준수하여야 한다.
  1. 차량을 운전하거나 장비 등을 사용하려는 경우 공항운영자의 사전 승인을 받을 것
  2. 공항운영자에게 등록된 차량을 사용할 것
  3. 보호구역에 설치되거나 표시된 교통안전 관련 시설 또는 표지를 훼손하지 말 것
  4. 보호구역에서 차량 및 장비를 운행할 경우 다음 각 목의 행위를 하지 말 것
    가. 제한속도 및 안전거리 유지의무를 위반하는 행위
    나. 주행 중인 차량을 앞지르기하는 행위
	1. 이착륙장의 운용 시간
	2. 이륙 또는 착륙의 방향과 비행구역 등을 특별히 한정하는 경우에는 그 내용
	3. 경량항공기 또는 초경량비행장치를 위한 연료·자재 등의 보급 장소, 정비·점검 장소 및 계류 장소(해당 보급·정비·점검 등의 방법을 지정하려는 경우에는 그 방법을 포함한다)
	4. 이착륙장의 출입 제한 방법
	5. 이착륙장 안에서의 행위를 제한하는 경우에는 그 제한 대상 행위
	6. 경량항공기 또는 초경량비행장치의 안전한 이륙 또는 착륙을 위한 이착륙 절차의 준수에 관한 사항
	③ 이착륙장을 관리하는 자는 다음 각 호의 사항이 기록된 이착륙장 관리대장을 갖추어 두고 관리하여야 한다.
	  1. 이착륙장의 설비상황
	  2. 이착륙장 시설의 신설·증설·개량 등 시설의 변동 내용
	  3. 재해·사고 등이 발생한 경우에는 그 시각·원인·상황과 이에 대한 조치
	  4. 관계 기관과의 연락사항
	  5. 경량항공기 또는 초경량비행장치의 이착륙장 사용 상황
	
	제35조(공항시설 또는 비행장시설의 관리에 대한 검사) ① 국토교통부장관은 법 제31조제2항에 따라 공항시설 또는 비행장시설이 시설관리기준에 맞게 관리되는지를 확인하기 위하여 필요한 검사를 연 1회 이상 실시하여야 한다. 다만, 휴지(休止) 중인 공항시설 또는 비행장시설은 검사를 하지 아니할 수 있다.
	② 제1항에 따른 검사의 절차·방법 및 항목 등에 관하여 필요한 사항은 국토교통부장관이 정하여 고시한다.
	
	제35조의2(항공 관련 업무) 법 제31조의2제1항 각 호 외의 부분에서 "공항시설의 유지·보수, 항공기에 대한 급유, 항공화물 또는 수하물의 하역 등 대통령령으로 정하는 항공 관련 업무"란 다음 각 호의 어느 하나에 해당하는 업무를 말한다.
	  1. 공항시설의 유지·보수 및 안전점검
	  2. 항공기에 대한 급유
	  3. 항공화물지·수하물의 탑재 및 하역
	  4. 항공기 정비, 항공기 입항·출항 유도, 항공기 동력공급, 항공기 청소, 승객 운송 차량 운전, 기내물품 운반
	  5. 그 밖에 공항시설 보호구역 안에서 상시적으로 이루어지는 항공기 운항 지원 업무

공항시설법 시행규칙

제18조(시설의 관리대장) ① 법 제30조에 따른 공항시설 또는 비행장시설의 관리대장은 공항 또는 비행장별로 작성하되 해당 시설의 도면을 포함하여야 한다.
② 제1항에 따른 관리대장에는 다음 각 호의 사항을 적어야 한다.
　1. 시설의 신설·증설·개량 등의 변화
　2. 그 밖에 공항 또는 비행장의 관리·운영을 위하여 필요한 사항
③ 제1항에 따른 도면 중 평면도는 축척 5천분의 1의 도면에 부근의 지형·방위 및 해발고도 등을 표시하여 작성하되 다음 각 호의 사항을 포함하여야 한다.
　1. 공항구역 또는 비행장구역 및 그 경계선
　2. 행정구역의 명칭 및 그 경계선
　3. 시설의 위치 및 배치 현황
　4. 도로·철도 및 항만 등 접근교통시설
　5. 주변 장애물 분포현황
　6. 그 밖에 시설 관리에 필요한 참고사항
④ 제1항에 따른 관리대장은 공항 또는 비행장을 관리·운영하는 자가 상시적으로 볼 수 있는 장소에 비치하여야 한다.

제19조(시설의 관리기준 등) ① 법 제31조제1항에서 "시설의 보안관리 및 기능유지에 필요한 사항 등 국토교통부령으로 정하는 시설의 관리·운영 및 사용 등에 관한 기준"이란 별표 4의 기준을 말한다.
② 공항운영자는 시설의 적절한 관리 및 공항이용자의 편의를 확보하기 위하여 필요한 경우에는 시설이용자나 영업자에 대하여 시설의 운영실태, 영업자의 서비스실태 등에 대하여 보고하게 하거나 그 소속직원으로 하여금 시설의 운영실태, 영업자의 서비스실태 등을 확인하게 할 수 있다.
③ 공항운영자는 공항 관리상 특히 필요가 있을 경우에는 시설이용자 또는 영업자에 대하여 당해시설의 사용의 정지 또는 수리·개조·이전·제거나 그밖에 필요한 조치를 명할 수 있다.

제19조의2(안전관리기준의 시행) ① 법 제31조의2제1항에 따른 안전관리기준의 시행에 필요한 사항은 다음 각 호와 같다.
　1. 공항운영자는 법 제31조의2제1항에 따른 항공업무 수행자(이하 "항공업무 수행자"라 한다)가 준수하여야 하는 안전관리기준과 공항의 지형 및 구조 등에 관한 매뉴얼을 작성하여 항공업무 수행자가 소속한 기관에 나누어 줄 것
　2. 항공업무 수행자가 소속한 기관의 장은 항공업무 수행자가 제1호에 따른 매뉴얼의 내용을 알 수 있도록 할 것
　3. 공항운영자는 법 제31조의2제1호에 따라 차량 운전 등에 대한 사전 승인을 하려면 운전업무종사자가 제1호에 따른 매뉴얼을 알고 있는지 확인할 것
② 제1항제1호에 따른 매뉴얼에 포함되어야 할 구체적인 사항은 국토교통부장관이 정하여 고시한다.

제19조의3(항공업무 수행자에 대한 행정처분 기준) 법 제31조의2제3항에 따른 행정처분의 기준은 별표 4의2와 같다.

[별표 4] 공항시설·비행장시설 관리기준(제19조제1항 관련)
1. 공항(비행장을 포함한다. 이하 같다)을 제16조에 따른 설치기준에 적합하도록 유지할 것
2. 시설의 기능 유지를 위하여 점검·청소 등을 할 것
3. 개수나 그 밖의 공사를 하는 경우에는 필요한 표지의 설치 또는 그 밖의 적절한 조치를 하여 항공기의 항행을 방해하지 않게 할 것
4. 법 제56조 및 「항공보안법」 제21조제1항에 따른 금지행위에 관한 홍보안내문을 일반인이 보기 쉬운 곳에 게시할 것
5. 법 제56조제1항에 따라 출입이 금지되는 지역에 경계를 분명하게 하는 표지 등을 설치하여 해당 구역에 사람·차량 등이 임의로 출입하지 않도록 할 것
6. 항공기의 화재나 그 밖의 사고에 대처하기 위하여 필요한 소방설비와 구난설비를 설치하고, 사고가 발생했을 때에는 지체 없이 필요한 조치를 할 것. 다만, 공항에 대해서는 다음 각 목의 비상사태에 대처하기 위하여 「국제민간항공조약」 부속서 14에 따라 공항 비상계획을 수립하고 이에 필요한 조직·인원·시설 및 장비를 갖추어 비상사태가 발생하면 지체 없이 필요한 조치를 할 것
　가. 공항 및 공항 주변 항공기사고

공항시설법

　다. 지상에서 이동 중인 항공기의 앞을 가로지르거나 주기 중인 항공기의 밑으로 운행하는 행위. 다만, 항공기에 대한 급유, 화물의 하역 등 항공기 관련 업무를 수행 중인 경우는 제외한다.
　5. 항공기 이동에 지장을 초래할 수 있는 장비, 부품, 이물질 등을 활주로 및 유도로 등에 방치하거나 공항운영자가 지정한 구역이 아닌 장소에 가연성 물질 등 위험물을 보관 또는 저장하지 말 것
　6. 보호구역에서 사람, 차량 또는 장비 관련 사고가 발생한 경우 즉시 신고할 것
　7. 보호구역에서 흡연(공항운영자가 지정한 장소에서의 흡연은 제외한다), 음주 또는 환각제 복용을 하거나 음주 또는 환각제 복용 상태에서 업무 수행을 하지 말 것
　8. 그 밖에 안전사고의 예방과 차량 및 장비의 안전운행을 위하여 대통령령으로 정하는 기준
② 국토교통부장관은 항공업무 수행자가 제1항에 따른 안전관리기준을 위반한 경우 1년 이내의 기간을 정하여 해당 업무(운전업무를 제외한다)에 대한 정지를 명하거나, 공항운영자에게 운전업무의 승인 취소 또는 1년 이내의 기간을 정하여 운전업무를 정지할 것을 명할 수 있다. 다만, 거짓 또는 그 밖의 부정한 방법으로 제1항제1호에 따른 승인을 받거나 같은 항 제7호를 위반하여 음주 또는 환각제 복용 상태에서 운전업무를 수행한 경우에는 운전업무의 승인 취소를 명하여야 한다.
③ 제1항에 따른 안전관리기준의 시행 및 제2항에 따른 처분의 기준·절차 등에 필요한 사항은 국토교통부령으로 정한다.

제32조(사용료의 징수 등) ① 공항시설 또는 비행장시설을 관리·운영하는 자는 국토교통부령으로 정하는 바에 따라 공항·비행장·항행안전시설을 사용하거나 이용하는 자로부터 사용료를 징수할 수 있다.
② 제1항에 따라 사용료를 받으려는 자는 사용료의 금액을 정하거나 변경하려는 경우에는 국토교통부장관에게 신고하여야 한다. 다만, 지방자치단체의 장과 「공공기관의 운영에 관한 법률」 제4조에 따른 공공기관을 제외한 자가 사용료를 정하거나 변경하려는 경우에는 국토교통부장관의 승인을 받아야 한다.
③ 국토교통부장관은 제2항 본문에 따른 신고를 받은 날부터 10일 이내에 신고수리 여부를 신고인에게 통지하여야 한다.
④ 국토교통부장관이 제3항에서 정한 기간 내에 신고수리 여부 또는 민원 처리 관련 법령에 따른 처리기간의 연장을 신고인에게 통지하지 아니하면 그 기간(민원 처리 관련 법령에 따라 처리기간이 연장 또는 재연장된 경우에는 해당 처리기간을 말한다)이 끝난 날의 다음 날에 신고를 수리한 것으로 본다.

공항시설법 시행령

제35조의3(안전사고 예방 등에 관한 기준) 법 제31조의2제1항제8호에 따른 안전사고의 예방과 차량 및 장비의 안전운행을 위한 기준은 다음 각 호와 같다.
　1. 항공기 및 차량 등의 연료가 유출된 경우 즉시 공항운영자에게 알리고 이를 제거하는 등 필요한 조치를 취할 것
　2. 승차정원 및 화물적재량을 초과하지 말 것
　3. 일시정지선을 준수하고 공항운영자가 지정한 구역 외의 장소에 차량 및 장비를 주차하거나 정차하지 말 것
　4. 차량 및 장비를 운행하는 중에는 전방을 주시하고, 휴대전화 사용 등 안전 운행에 방해가 되는 행위를 하지 말 것
　5. 공항운영자가 정하는 바에 따라 차량 및 장비를 견인할 것
　6. 공항운영자가 정하는 바에 따라 차량 및 장비에 대하여 안전검사를 실시할 것

공항시설법 시행규칙

  나. 항공기의 비행 중 사고와 지상에서의 사고
  다. 폭탄위협 및 불법납치사고
  라. 공항의 자연재해
  마. 응급치료를 필요로 하는 사고
7. 천재지변이나 그 밖의 원인으로 항공기의 이륙·착륙이 저해될 우려가 있는 경우에는 지체 없이 해당 비행장의 사용을 일시 정지하는 등 위해를 예방하기 위하여 필요한 조치를 할 것
8. 관계 행정기관 및 유사시에 지원하기로 협의된 기관과 수시로 연락할 수 있는 설비를 갖출 것
9. 다음 각 목의 사항이 기록된 업무일지를 갖춰 두고 1년간 보존할 것
  가. 시설의 현황
  나. 시행한 공사내용(공사를 시행하는 경우만 해당한다)
  다. 재해, 사고 등이 발생한 경우에는 그 시각·원인·상황과 이에 대한 조치
  라. 관계기관과의 연락사항
  마. 그 밖에 공항의 관리에 필요한 사항
10. 공항 및 공항 주변에서의 항공기 운항 시 조류충돌을 예방하게 하기 위하여 「국제민간항공조약」 부속서 14에서 정한 조류충돌 예방계획(오물처리장 등 새들을 모이게 하는 시설 또는 환경을 만들지 아니하는 것을 포함한다)을 수립하고 이에 필요한 조직·인원·시설 및 장비를 갖출 것. 이 경우 조류충돌 예방과 관련된 세부 사항은 국토교통부장관이 정하여 고시하는 기준에 따라야 한다.
11. 항공교통업무를 수행하는 시설에는 다음 각 목의 절차를 갖출 것
  가. 제16조제14호에 따른 시설의 관리·운영 절차
  나. 관할 공역 내에서의 항공기의 비행절차
  다. 항행안전시설에 적합한 항공기의 계기비행방식에 의한 이륙 및 착륙 절차
  라. 관할 공역 내의 항공기·차량 및 사람 등에 대한 항공교통관제절차, 지상이동통제절차, 공역관리절차, 소음절감비행 통제절차 및 경제운항절차
  마. 관할 공역 내의 관련 항공안전정보를 수집 및 가공하여 관련 항공기·차량·시설 및 다른 항공정보통신시설 등에 제공하는 절차
  바. 항공교통관제량에 적합한 적정 수의 항공교통관제업무 수행요원의 확보, 교육훈련 및 업무 제한의 절차
  사. 그 밖에 항공교통업무 수행에 필요한 사항으로 국토교통부장관이 따로 정하여 고시하는 시설의 관리절차
12. 공항운영사는 국토교통부장관이 고시하는 기준에 따라 대기질·수질·토양 등 환경 및 온실가스관리가 포함된 공항환경관리계획을 매년 수립하고 이에 필요한 조직·인원·시설 및 장비를 갖출 것
13. 격납고내에 있는 항공기의 무선시설을 조작하지 말 것. 다만, 지방항공청장의 승인을 얻은 경우에는 그렇지 않다.
14. 항공기의 급유 또는 배유를 하는 경우에는 다음 각 호에 따라 시행할 것
  가. 다음의 경우에는 항공기의 급유 또는 배유를 하지 말 것
    1) 발동기가 운전 중이거나 또는 가열상태에 있을 경우
    2) 항공기가 격납고 기타 폐쇄된 장소 내에 있을 경우
    3) 항공기가 격납고 기타의 건물의 외측 15m 이내에 있을 경우
    4) 필요한 위험예방조치가 강구되었을 경우를 제외하고 여객이 항공기내에 있을 경우
  나. 급유 또는 배유중의 항공기의 무선설비, 전기설비를 조작하거나 기타 정전, 화학방전을 일으킬 우려가 있을 물건을 사용하지 말 것
  다. 급유 또는 배유장치를 항상 안전하고 확실히 유지할 것
  라. 급유 시에는 항공기와 급유장치 간에 전위차(電位差)를 없애기 위하여 전도체로 연결(Bonding)을 할 것. 다만, 항공기와 지면과의 전기저항 측정치 차이가 1메가옴 이상인 경우에는 추가로 항공기 또는 급유장치를 접지(Grounding) 시킬 것
15. 공항을 관리·운영하는 자는 법 제31조제1항에 따라 다음 각 호의 사항이 포함된 관리규정을 정하여 관리해야 할 것
  가. 공항의 운용시간
  나. 항공기의 활주로 또는 유도로 사용방법을 특별히 규정하는 경우에는 그 방법

Chapter 01 항공법규

공항시설법	공항시설법 시행령

제33조(공항 또는 비행장 사용의 휴지·폐지·재개) ① 국토교통부장관 외의 사업시행자 및 공항시설 또는 비행장시설을 관리·운영하는 자(이하 "사업시행자등"이라 한다)는 공항시설의 사용을 휴지(休止) 또는 폐지하려는 경우 국토교통부장관의 승인을 받아야 한다. 다만, 공항의 운영과 직접적인 관련이 없는 시설 등 국토교통부령으로 정하는 공항시설은 그러하지 아니하다.
② 사업시행자등은 비행장시설을 휴지 또는 폐지하려는 경우 그 휴지 또는 폐지 예정일 15일 전에 국토교통부장관에게 신고하여야 한다. 다만, 비행장의 운영과 직접적인 관련이 없는 시설 등 국토교통부령으로 정하는 비행장시설은 그러하지 아니하다.
③ 사업시행자등은 휴지 또는 폐지한 공항시설 또는 비행장시설의 사용을 재개(再開)하려면 국토교통부령으로 정하는 바에 따라 국토교통부장관의 승인을 받아야 한다. 이 경우 국토교통부장관은 시설설치기준 및 시설관리기준에 따라 검사하여야 한다.
④ 국토교통부장관은 제1항부터 제3항까지에 따른 공항시설 또는 비행장시설의 휴지·폐지 또는 재개에 관한 사항을 고시하여야 한다.

제34조(장애물의 제한 등) ① 누구든지 제4조제6항에 따른 기본계획의 고시 이후에는 해당 고시에 따른 장애물 제한표면의 높이 이상의 건축물·구조물·식물 및 그 밖의 장애물을 설치·재배하거나 방치해서는 아니 된다. 다만, 다음 각 호에 해당하는 것은 설치·재배하거나 방치할 수 있다.
  1. 존치장애물
  2. 국토교통부령으로 정하는 장애물로서 관계 행정기관의 장이 국토교통부령으로 정하는 바에 따라 국토교통부장관 또는 사업시행자등과 협의하여 설치를 허가하는 장애물
  3. 국토교통부장관 또는 사업시행자등이 설치하는 공항시설 또는 비행장시설로서 국토교통부령으로 정하는 바에 따라 항공기의 안전운항에 지장이 없다고 인정되는 시설
  4. 공항 또는 비행장의 사용 개시 예정일 전에 제거할 예정인 가설물
  5. 국토교통부령으로 정하는 항공학적 검토 기준 및 방법 등에 따른 항공학적 검토 결과에 대하여 제35조에 따른 항공학적 검토위원회의 의결로 국토교통부장관이 항공기의 비행안전을 특히 해치지 아니한다고 결정하는 장애물
② 제4조제6항에 따른 기본계획의 고시 전에 장애물 제한표면의 높이를 넘어선 장애물 중 존치장애물로 고시되지 아니한 장애물은 다음 각 호에서 정하는 기간 동안은 제1항을 위반하지 아니한 것으로 본다.

제36조(장애물 제한 및 제거에 따른 손실보상 등) ① 법 제34조의2제2항에 따라 손실보상을 받으려는 자는 다음 각 호의 사항을 적은 국토교통부령으로 정하는 신청서에 그 장애물에 대한 소유권 또는 그 밖의 권리를 가진 자임을 증명하는 서류 및 장애물을 표시하는 도면을 첨부하여 국토교통부장관 또는 국토교통부장관 외의 사업시행자 및 공항시설 또는 비행장시설을 관리·운영하는 자(이하 "사업시행자등"이라 한다)에게 제출해야 한다.
  1. 소유자 및 그 밖의 이해관계인의 성명과 주소
  2. 장애물 및 그 밖에 그와 관련되는 물건의 소재지·종류·면적 및 수량
  3. 손실보상 요구 명세
② 법 제34조의2제4항에 따라 장애물 또는 그 장애물이 설치되어 있는 토지의 매수를 요구하려는 자는 다음 각 호의 사항을 적은 국토교통부령으로 정하는 신청서에 장애물 또는 토지에 대한 소유권이 있음을 증명하는 서류와 장애물 또는 토지를 표시하는 도면을 첨부하여 국토교통부장관 또는 사업시행자등에게 제출하여야 한다.
  1. 소유자 및 그 밖의 이해관계인의 성명과 주소
  2. 장애물 또는 토지의 소재지·종류·면적 및 수량
③ 국토교통부장관 또는 사업시행자등이 법 제34조의2제4항에 따라 장애물 또는 토지를 매수하려는 경우 매수가격은 당사자 간의 협의로 결정하되, 협의가 이루어지지 아니하거나 협의를 할 수 없는 경우에는 둘 이상의 감정평가법인등에게 의뢰하여 평가한 금액의 산술평균치로 한다.
④ 제3항에 따른 감정평가를 위하여 당사자는 각각 감정평가법인등 하나를 선정할 수 있으며, 어느 한쪽이 감정평가업자등을 추천하지 아니하는 경우에는 상대방 어느 한쪽이 감정평가법인등 둘을 선정할 수 있다.
⑤ 제3항에 따른 감정평가에 필요한 비용은 국토교통부장관 또는 사업시행자등이 부담하여야 한다.
⑥ 법 제34조의2제8항에 따라 국토교통부장관 또는 사업시행자등이 「공익사업을 위한 토지등의 취득 및 보상에 관한 법률」 제51조에 따른 관할 토지수용위원회에 재결을 신청하려는 경우에는 장애물에 대한 소유권 및 그 밖의 권리를 가진 자에게 그 사실을 미리 알려야 한다.

공항시설법 시행규칙

다. 항공기의 승강장, 화물을 싣거나 내리는 장소, 연료·자재 등의 보급장소, 항공기의 정비나 점검장소, 항공기의 정류장소 및 그 방법을 지정하려는 경우에는 그 장소 및 방법
라. 법 제32조에 따른 사용료와 그 수수 및 환불에 관한 사항
마. 공항의 출입을 제한하려는 경우에는 그 제한방법
바. 공항 안에서의 행위를 제한하려는 경우에는 그 제한 대상 행위
사. 시계비행 또는 계기비행의 이륙·착륙 절차의 준수에 관한 사항과 통신장비의 설치 및 기상정보의 제공 등 항공기의 안전한 이륙·착륙을 위하여 국토교통부장관이 정하여 고시하는 사항
아. 그 밖에 공항의 관리에 관하여 중요한 사항

16. 「항공보안법」제12조에 따른 보호구역(이하 "보호구역"이라 한다)에서 지상조업, 항공기의 견인 등에 사용되는 차량 및 장비는 공항운영자에게 다음 각 호의 서류를 갖추어 등록해야 하며, 등록된 차량 및 장비는 공항관리·운영기관이 정하는 바에 의하여 안전도 등에 관한 검사를 받을 것
    가. 차량 및 장비의 제원과 소유자가 기재된 등록신청서 1부
    나. 소유권 및 제원을 증명할 수 있는 서류
    다. 차량 및 장비의 앞면 및 옆면 사진 각 1매
    라. 허가등을 받았음을 증명할 수 있는 서류의 사본 1부(당해차량 및 장비의 등록이 허가등의 대상이 되는 사업의 수행을 위하여 필요한 경우에 한정한다)
17. 공항구역에서 차량 또는 장비의 사용 및 취급에 대하여는 다음 각 호에 따를 것. 다만, 긴급한 경우에는 예외로 한다.
    가. 보호구역에서는 공항운영자가 승인한 자(「항공보안법」제13조에 따라 차량 등의 출입허가를 받은 자를 포함한다) 이외의 자는 차량 등을 운전하지 아니할 것
    나. 격납고내에 있어서는 배기에 대한 방화 장치가 있는 트랙터를 제외하고는 차량 등을 운전하지 아니할 것
    다. 공항에서 차량 등을 주차하는 경우에는 공항운영자가 정한 주차구역 안에서 공항운영자가 정한 규칙에 따라 이를 주차하지 아니할 것
    라. 차량 등의 수선 및 청소는 공항운영자가 정하는 장소 이외의 장소에서 행하지 아니할 것
    마. 공항구역에 정기로 출입하는 버스 및 택시 등은 공항운영자가 승인한 장소 이외의 장소에서 승객을 승강시키지 아니할 것

제20조(사용료의 징수 등) ① 법 제32조제1항에 따라 지방항공청장이 징수하는 사용료의 종류 및 산정기준은 별표 5와 같고, 같은 항에 따라 공항운영자가 징수하는 사용료의 종류 및 산정기준은 별표 5의2와 같다.
② 지방항공청장은 공항운영자에게 법 제32조제1항에 따른 사용료의 징수업무를 대행하게 할 수 있다.
③ 공항운영자는 항공권을 판매하는 항공운송사업자 등에게 법 제32조제1항에 따른 사용료의 징수업무를 대행하게 할 수 있다.
④ 법 제32조제2항에 따른 사용료 금액의 신고(변경신고를 포함한다)를 하려는 자 또는 승인(변경승인을 포함하다)을 받으려는 자는 별지 제13호서식의 신청서에 다음 각 호의 서류를 첨부하여 국토교통부장관에게 제출하여야 한다. 이 경우 담당 공무원은 「전자정부법」제36조제1항에 따른 행정정보의 공동이용을 통하여 법인등기사항증명서(법인인 경우만 해당한다)를 확인하여야 한다.
  1. 예상 사업수지계산서
  2. 다음 각 목의 사항을 포함한 사용료 요금표
     가. 사용료 부과 대상시설
     나. 사용료의 종류 및 산정기준
     다. 사용료의 징수 방법 및 절차
  3. 다음 각 목의 사항을 포함한 사용료 감면 규정
     가. 감면대상 사용료의 종류
     나. 사용료 감면절차 및 감면비율
  4. 변경 사유 및 변경 전의 사업수지계산서(사용료 변경의 경우만 해당한다)

Chapter 01 | 항공법규

공항시설법

1. 제34조의2제1항에 따라 국토교통부장관 또는 사업시행자등이 해당 장애물의 제한이나 제거를 요구하여 같은 조 제2항에 따른 손실보상이나 같은 조 제4항에 따른 매수가 이루어지기 전까지의 기간
2. 제34조의2제5항에 따라 국토교통부장관이 장애물의 제한이나 제거를 명하여 같은 조 제6항에 따른 손실보상이 이루어지기 전까지의 기간.

③ 사업시행자등은 항공기 안전운항에 지장이 없도록 장애물에 대한 정기적인 현황조사 등 국토교통부령으로 정하는 바에 따라 장애물을 관리하여야 한다.

④ 제1항제5호에 따른 결정을 받으려는 자는 국토교통부령으로 정하는 전문기관이 작성한 검토 결과보고서 등 국토교통부령으로 정하는 서류를 첨부하여 국토교통부령으로 정하는 바에 따라 국토교통부장관에게 신청하여야 한다. 이 경우 항공학적 검토에 드는 비용은 신청하는 자가 부담한다.

⑤ 국토교통부장관은 제3항 후단에 따른 손실보상에 대하여 당사자 간의 협의가 이루어지지 아니하여 그 장애물을 제거할 수 없는 경우로서 해당 공항 또는 비행장의 원활한 관리·운영을 위하여 특히 필요하다고 인정될 때에는 장애물에 대한 소유권 및 그 밖의 권리를 가진 자에게 그 장애물의 제거를 명할 수 있다.

⑥ 제2항 및 제5항에 따라 장애물의 제거명령을 받은 자가 그 명령에 따르지 아니하는 경우에는 국토교통부장관은 「행정대집행법」에서 정하는 바에 따라 그 장애물을 제거할 수 있다.

⑦ 제5항에 따라 장애물을 제거하는 경우에는 국토교통부장관 또는 사업시행자등이 장애물에 대한 소유권 및 그 밖의 권리를 가진 자에게 그 장애물의 제거로 인한 손실을 보상하여야 한다. 이 경우 손실보상 금액은 당사자 간의 협의로 결정하되, 협의가 이루어지지 아니하거나 협의를 할 수 없는 경우에는 대통령령으로 정하는 바에 따라 「공익사업을 위한 토지등의 취득 및 보상에 관한 법률」 제51조에 따른 관할 토지수용위원회에 재결을 신청할 수 있다.

⑧ 사업시행자등은 항공기 안전운항에 지장이 없도록 장애물에 대한 정기적인 현황조사 등 국토교통부령으로 정하는 바에 따라 장애물을 관리하여야 한다.

⑨ 제1항제2호에 따른 항공기의 비행안전에 관한 국토교통부장관의 결정을 받고자 하는 자는 국토교통부령으로 정하는 전문기관에 신청하여 항공학적 검토를 거쳐 그 검토 결과보고서를 국토교통부령으로 정하는 절차에 따라 제출하여야 한다. 이 경우 항공학적 검토에 소요되는 비용은 신청하는 자가 부담한다.

공항시설법 시행령

제37조(항공학적 검토위원회의 구성) ① 법 제35조제1항에 따른 항공학적 검토위원회(이하 "검토위원회"라 한다)의 위원장은 검토위원회의 위원 중에서 국토교통부장관이 지명하는 사람이 된다.

② 검토위원회의 위원은 다음 각 호의 사람 중에서 국토교통부장관이 임명하거나 위촉한다.
1. 항공 업무와 관련된 국토교통부 소속의 5급 이상 공무원
2. 공항의 개발·운영 등 항공 관련 학식과 경험이 풍부한 사람

③ 제2항제2호에 따른 위원의 임기는 2년으로 한다.

제38조(검토위원회의 기능) 검토위원회는 다음 각 호의 사항을 심의·의결한다.
1. 법 제34조제4항 전단에 따른 항공학적 검토 결과보고서에 관한 사항
2. 그 밖에 항공학적 검토와 관련하여 검토위원회의 위원장이 필요하다고 인정하는 사항

제39조(검토위원회 위원의 제척·기피·회피) ① 검토위원회의 위원이 다음 각 호의 어느 하나에 해당하는 경우에는 검토위원회의 심의·의결에서 제척된다.
1. 위원 또는 그 배우자나 배우자였던 사람이 해당 안건의 당사자(당사자가 법인·단체 등인 경우에는 그 임원을 포함한다. 이하 이 호 및 제2호에서 같다)가 되거나 그 안건의 당사자와 공동권리자 또는 공동의무자인 경우
2. 위원이 해당 안건의 당사자와 친족이거나 친족이었던 경우
3. 위원이 해당 안건에 대하여 증언, 진술, 자문, 연구, 용역 또는 감정을 한 경우
4. 위원이나 위원이 속한 법인이 해당 안건의 당사자의 대리인이거나 대리인이었던 경우

② 해당 안건의 당사자는 검토위원회의 위원에게 공정한 심의·의결을 기대하기 어려운 사정이 있는 경우에는 검토위원회에 기피 신청을 할 수 있고, 검토위원회는 의결로 이를 결정한다. 이 경우 기피 신청의 대상인 위원은 그 의결에 참여하지 못한다.

③ 위원이 제1항 각 호에 따른 제척 사유에 해당하는 경우에는 스스로 해당 안건의 심의·의결에서 회피하여야 한다.

제40조(검토위원회 위원의 해임 및 해촉) 국토교통부장관은 검토위원회 위원이 다음 각 호의 어느 하나에 해당하는 경우에는 해당 위원을 해임하거나 해촉할 수 있다.
1. 심신장애로 인하여 직무를 수행할 수 없게 된 경우
2. 직무와 관련된 비위사실이 있는 경우

공항시설법 시행규칙

제21조(공항·비행장시설 사용의 휴지·폐지·재개) ① 법 제33조제1항에 따른 공항시설 사용 휴지·폐지의 승인을 받으려는 사업시행자등(국토교통부장관 외의 사업시행자 및 공항시설 또는 비행장시설을 관리·운영하는 자를 말한다. 이하 같다)은 별지 제14호서식의 신청서에 휴지 또는 폐지하려는 공항시설의 내용, 그 사유 및 기간을 적은 서류를 첨부하여 지방항공청장에게 제출하여야 한다. 이 경우 담당 공무원은 「전자정부법」 제36조제1항에 따른 행정정보의 공동이용을 통하여 법인등기사항증명서(신청인이 법인인 경우만 해당한다)를 확인하여야 한다.

② 법 제33조제1항 단서에서 "공항의 운영과 직접적인 관련이 없는 시설 등 국토교통부령으로 정하는 공항시설"이란 다음 각 호의 시설 외의 시설을 말한다.
1. 활주로, 유도로, 계류장, 격납고 등 항공기의 운항과 직접적인 관련이 있는 시설로서 국토교통부장관이 정하여 고시하는 시설
2. 탑승교, 여객·화물터미널 등 여객 또는 화물의 운송과 관련이 있는 시설로서 국토교통부장관이 정하여 고시하는 시설
3. 항행안전시설 등 항공안전 확보와 관련이 있는 시설로서 국토교통부장관이 정하여 고시하는 시설
4. 승강설비, 교통약자 편의시설 등 이용객의 편의를 중대하게 저해하는 이용객 편의시설로서 국토교통부장관이 정하여 고시하는 시설
5. 주차장 등 공항 또는 비행장의 운영 및 관리와 직접적인 관련이 있는 시설로서 국토교통부장관이 정하여 고시하는 시설

③ 법 제33조제2항 전단에 따른 비행장시설 휴지·폐지 신고를 하려는 사업시행자등은 별지 제14호 서식의 신고서에 휴지·폐지하려는 비행장시설의 내용, 그 사유 및 기간을 적은 서류를 첨부하여 지방항공청장에게 제출하여야 한다. 이 경우 담당 공무원은 「전자정부법」 제36조제1항에 따른 행정정보의 공동이용을 통하여 법인등기사항증명서(신청인이 법인인 경우만 해당한다)를 확인하여야 한다.

④ 법 제33조제2항 단서에서 "비행장의 운영과 직접 관련이 없는 시설 등 국토교통부령으로 정하는 비행장시설"이란 제2항 각 호의 시설 외의 비행장시설을 말한다.

⑤ 법 제33조제3항에 따른 공항시설 또는 비행장시설의 사용 재개 승인을 받으려는 사업시행자등은 별지 제14호서식의 신청서에 사용을 재개하려는 시설의 내용, 재개 사유 및 재개 시기를 기재한 서류를 첨부하여 지방항공청장에게 제출하여야 한다. 이 경우 담당 공무원은 「전자정부법」 제36조제1항에 따른 행정정보의 공동이용을 통하여 법인등기사항증명서(신청인이 법인인 경우만 해당한다)를 확인하여야 한다.

⑥ 법 제33조제4항에 따른 공항 또는 비행장 사용의 휴지·폐지 또는 재개에 관한 고시는 다음 각 호의 사항을 고시하는 것으로 한다.
1. 공항 또는 비행장의 명칭 및 위치
2. 사업시행자의 성명(명칭) 및 주소
3. 휴지 또는 폐지의 사유(휴지의 경우에는 휴지개시일 및 그 예정기간을 포함한다)
4. 폐지 또는 재개의 경우에는 그 예정일

제22조(장애물의 설치에 관한 협의) ① 법 제34조제1항제2호에서 "국토교통부령으로 정하는 장애물"이란 다음 각 호에 해당하는 것을 말한다.
1. 「건축법」에 따른 가설건축물 및 피뢰설비
2. 건축물 옥상에 설치되어 있는 7m 미만의 안테나(유사 구조물을 포함한다)
2의2. 「건설기계관리법 시행령」 별표 1 제27호에 따른 타워크레인
3 - 4. 〈삭제〉
5. 레이저광선 발사 장치의 위치, 발사 방향 등 국토교통부장관이 정하여 고시하는 기준에 적합한 레이저광선
6. 별표 6의 장애물의 차폐기준에 적합한 건축물이나 구조물

② 법 제34조제1항제2호에 따라 협의를 하려는 관계 행정기관의 장은 별지 제15호서식의 장애물의 설치에 관한 협의요청서에 다음 각 호의 서류를 첨부하여 국토교통부장관 또는 사업시행자등에게 제출해야 한다.
1. 사업계획서
2. 설계도

③ 제2항에 따른 협의요청서를 받은 국토교통부장관 또는 사업시행자등은 다음 각 호의 구분에 따라 처리해야 한다.
1. 협의대상이 장애물 제한표면의 높이 미만인 경우 : 설치할 수 있음을 통지할 것

Chapter 01 항공법규

공항시설법

제34조의2(장애물의 제거 요구 및 손실보상 등) ① 국토교통부장관 및 사업시행자등은 제4조제6항에 따른 기본계획의 고시 전에 장애물 제한표면의 높이를 넘어선 장애물 중 존치장애물 외의 장애물에 대하여 장애물소유자등(장애물의 소유권이나 그 밖의 권리를 가진 자를 말한다. 이하 같다)에게 제한이나 제거를 요구할 수 있다.
② 국토교통부장관 또는 사업시행자등은 장애물소유자등이 제1항에 따라 장애물을 제한하거나 제거하는 경우에는 대통령령으로 정하는 바에 따라 장애물소유자등에게 그 장애물의 제한이나 제거로 인한 손실을 보상하여야 한다.
③ 제2항에 따른 손실보상에 관하여는 국토교통부장관 또는 사업시행자등과 장애물소유자등이 협의하여야 한다.
④ 장애물소유자등 또는 장애물이 설치되어 있는 토지의 소유자는 제1항에 따른 장애물의 제한이나 제거로 그 장애물 또는 토지의 사용·수익이 곤란하게 된 경우에는 대통령령으로 정하는 바에 따라 국토교통부장관 또는 사업시행자등에게 그 장애물 또는 토지의 매수를 요구할 수 있다.
⑤ 국토교통부장관은 제3항에 따른 협의가 이루어지지 아니하여 그 장애물을 제한하거나 제거할 수 없는 경우로서 공항 또는 비행장의 원활한 관리·운영을 위하여 특히 필요하다고 인정되는 경우에는 장애물소유자등에게 장애물의 제한이나 제거를 명할 수 있다.
⑥ 장애물소유자등이 제5항에 따라 장애물을 제한하거나 제거하는 경우에는 국토교통부장관 또는 사업시행자등은 장애물소유자등에게 그 장애물의 제한이나 제거로 인한 손실을 보상하여야 한다.
⑦ 제6항에 따른 손실보상에 관하여는 국토교통부장관 또는 사업시행자등과 장애물소유자등이 협의하여야 한다.
⑧ 제7항에 따른 협의가 이루어지지 아니하거나 협의를 할 수 없는 경우에는 대통령령으로 정하는 바에 따라 「공익사업을 위한 토지 등의 취득 및 보상에 관한 법률」 제51조에 따른 관할 토지수용위원회에 재결을 신청할 수 있다.
⑨ 국토교통부장관은 제34조제1항을 위반하여 설치·재배 또는 방치한 장애물(식물이 성장하여 장애물 제한표면 위로 나오는 경우를 포함한다)에 대하여 장애물소유자등에게 그 장애물의 제한이나 제거를 명할 수 있다.
⑩ 국토교통부장관은 제5항 또는 제9항에 따라 장애물의 제한이나 제거 명령을 받은 자가 그 명령에 따르지 아니하는 경우에는 「행정대집행법」에 따라 그 장애물을 제한하거나 제거할 수 있다.

제35조(항공학적 검토위원회) ① 국토교통부장관은 항공학적 검토에 관한 사항을 심의·의결하기 위하여 필요한 경우 항공학적 검토위원회(이하 이 조에서 "위원회"라 한다)를 구성·운영할 수 있다.

공항시설법 시행령

3. 직무태만, 품위손상이나 그 밖의 사유로 인하여 위원으로 적합하지 아니하다고 인정되는 경우
4. 제39조제1항 각 호의 어느 하나에 해당하는 데에도 불구하고 회피하지 아니한 경우
5. 위원 스스로 직무를 수행하는 것이 곤란하다고 의사를 밝히는 경우

제41조(검토위원회 위원장의 직무) ① 검토위원회의 위원장은 검토위원회를 대표하고, 검토위원회의 업무를 총괄한다.
② 검토위원회의 위원장이 부득이한 사유로 직무를 수행할 수 없을 때에는 검토위원회의 위원장이 미리 지명한 검토위원회의 위원이 그 직무를 대행한다.

제42조(검토위원회의 운영) ① 검토위원회의 위원장은 검토위원회의 회의를 소집하고, 그 의장이 된다.
② 검토위원회의 회의는 재적위원 3분의 2 이상의 출석으로 개의하고, 출석위원 과반수의 찬성으로 의결한다.
③ 검토위원회의 위원장은 검토위원회의 회의를 소집하는 경우 회의 개최 7일 전까지 회의 일시, 장소 및 안건 등 구체적인 회의 일정을 검토위원회의 각 위원에게 알려야 한다. 다만, 긴급히 회의를 소집하여야 할 경우에는 그러하지 아니하다.

제43조(검토위원회의 간사) ① 검토위원회에 검토위원회의 사무를 처리할 간사 1명을 둔다.
② 간사는 국토교통부에서 항공학적 검토 업무를 담당하는 과장이 된다.

제44조(검토위원회의 운영세칙) 이 영에서 규정한 것 외에 검토위원회의 운영에 필요한 사항은 검토위원회의 의결을 거쳐 위원장이 정한다.

제45조(항공장애 표시등 및 항공장애 주간표지의 설치로 인한 손실보상) ① 법 제36조제4항 후단에 따른 손실보상의 금액은 당사자 간의 협의로 결정하되, 협의가 이루어지지 아니하거나 협의를 할 수 없는 경우에는 둘 이상의 감정평가법인등에게 의뢰하여 평가한 금액의 산술평균치로 한다.
② 제1항에 따른 감정평가를 위하여 당사자는 각각 감정평가법인등 하나를 선정할 수 있으며, 어느 한쪽이 감정평가법인등을 추천하지 아니하는 경우에는 상대방 어느 한쪽이 감정평가법인등 둘을 선정할 수 있다.
③ 제1항에 따른 감정평가에 필요한 비용은 국토교통부장관 또는 사업시행자등이 부담하여야 한다.
④ 제1항에 따른 보상은 당사자 간의 별도 합의가 없는 경우 현금으로 보상하여야 한다.

공항시설법 시행규칙

2. 협의대상이 장애물 제한표면의 높이 이상이고 제1항 각 호의 어느 하나에 해당하지 않는 경우 : 설치할 수 없음을 통지할 것
3. 협의대상이 장애물 제한표면의 높이 이상이나 제1항 각 호의 어느 하나에 해당하는 경우 : 지방항공청장이 별표 7의 항공기의 비행안전 확인 기준에 따라 검토한 후 다음 각 목의 구분에 따라 통지할 것
   가. 검토 결과 항공기의 비행안전에 지장이 없다고 인정하는 경우 : 설치할 수 있음을 통지할 것
   나. 검토 결과 항공기의 비행안전에 지장이 있다고 인정하는 경우 : 설치할 수 없음을 통지할 것

④ 관계 행정기관의 장은 제3항제1호 또는 같은 항 제3호가목에 따른 통지를 받아 건축물 또는 구조물 등을 설치한 경우에는 다음 각 호의 구분에 따른 기한 내에 해당 건축물 또는 구조물 등의 설치·변경 현황을 별지 제16호서식의 현황통보서에 따라 국토교통부장관 또는 사업시행자등에게 통보해야 한다.
   1. 공사 개시 후 : 5일 이내
   2. 준공 또는 사용승인 전: 5일 이내

제22조의2(공항시설 또는 비행장시설에 대한 항공기의 안전운항 지장 여부 검토) 국토교통부장관 또는 사업시행자등이 법 제34조제1항제3호에 따라 공항시설 또는 비행장시설에 대하여 항공기의 안전운항 지장 여부를 검토하는 경우 그 검토에 관하여는 제8조의2를 준용한다. 이 경우 "국토교통부장관"은 "국토교통부장관 또는 사업시행자등"으로, "장애물"은 "공항시설 또는 비행장시설"로 본다.

제23조(항공학적 검토 기준 및 방법) 법 제34조제1항제5호에서 "국토교통부령으로 정하는 항공학적 검토 기준 및 방법"이란 별표 8의 검토기준 및 방법을 말한다.

제24조(장애물 등의 매수청구 신청서) 영 제36조제2항에서 "국토교통부령으로 정하는 신청서"란 별지 제17호서식의 신청서를 말한다.

제25조(장애물의 현황 관리) 법 제34조제3항에 따른 장애물 관리기준은 다음 각 호와 같다.
   1. 관할 공항의 장애물 제한표면이 지표면 또는 수면에 수직으로 투영된 구역(이하 "장애물제한구역"이라 한다) 내의 장애물을 관리하고, 매년 1회 관리하는 장애물의 현황을 지방항공청장에게 보고할 것
   2. 장애물제한구역 내에서 비행안전에 영향을 주는 장애물에 대해서는 5년마다 정밀측량을 실시하고 그 결과를 지방항공청장에게 보고할 것

제26조(항공학적 검토 전문기관) 법 제34조제4항 전단에서 "국토교통부령으로 정하는 전문기관"이란 다음 각 호의 어느 하나에 해당하는 기관 중에서 국토교통부장관이 지정하여 고시하는 기관을 말한다.
   1. 「정부출연연구기관 등의 설립·운영 및 육성에 관한 법률」에 따른 연구기관
   2. 「과학기술분야 정부출연연구기관 등의 설립·운영 및 육성에 관한 법률」에 따른 연구기관
   3. 그 밖에 국토교통부장관이 정하여 고시하는 인력기준을 갖춘 법인

제27조(항공기 비행안전에 관한 결정 신청) ① 법 제34조제4항에 따른 비행안전에 관한 국토교통부장관의 결정을 받으려는 자는 별지 제18호서식의 항공기 비행안전에 관한 결정신청서에 다음 각 호의 서류를 첨부하여 국토교통부장관에게 제출하여야 한다.
   1. 제26조에 따라 지정·고시한 항공학적 검토 전문기관이 작성한 항공학적 검토 결과보고서
   2. 그 밖에 국토교통부장관이 정하여 고시하는 서류

② 국토교통부장관은 법 제34조제1항제5호에 따라 법 제35조에 따른 항공학적 검토위원회의 의결이 있은 날부터 14일 이내에 그 의결결과 및 비행안전에 관한 결정결과를 신청인에게 통보하여야 한다.

제28조(항공장애 표시등 및 항공장애 주간표지의 설치 등) ① 법 제36조제1항 본문에서 "국토교통부령으로 정하는 구조물"이란 별표 9의 구조물을 말한다.

② 법 제36조제1항 본문에서 "국토교통부령으로 정하는 항공장애 표시등(이하 "표시등"이라 한다) 및 항공장애 주간(晝間) 표지(이하 "표지"라 한다)의 설치 위치 및 방법 등"이란 별표 10의 기준을 말한다.

Chapter 01 항공법규

공항시설법

② 위원회에서 항공학적 검토에 관한 사항을 심의·의결하는 때에는 「국제민간항공조약」 및 같은 조약의 부속서(附屬書)에서 채택된 표준과 방식에 부합하도록 하여야 한다.
③ 위원회는 위원장 1명을 포함한 10명 이내의 위원으로 구성하되, 위원 중 과반수 이상은 외부 관계 전문가로 한다.
④ 위원회는 필요한 경우 행정기관의 장, 「공공기관의 운영에 관한 법률」 제4조에 따른 공공기관의 장, 그 밖에 관련 기관·단체의 장에게 자료의 제공 등 협조를 요청할 수 있다. 이 경우 해당 기관이나 단체의 장은 정당한 사유가 없으면 이에 따라야 한다.
⑤ 위원회의 위원 중 공무원이 아닌 사람은 「형법」 제129조부터 제132조까지를 적용할 때에는 공무원으로 본다.
⑥ 국토교통부장관은 위원회의 구성 목적을 달성하였다고 인정하는 경우에는 위원회를 해산할 수 있다.
⑦ 그 밖에 위원회의 구성과 운영 등에 필요한 사항은 대통령령으로 정한다.

제36조(항공장애 표시등의 설치 등) ① 국토교통부장관 또는 사업시행자등은 장애물 제한표면에서 수직으로 지상까지 투영한 구역에 있는 구조물로서 국토교통부령으로 정하는 구조물에는 국토교통부령으로 정하는 구조물에는 항공장애 표시등(이하 "표시등"이라 한다) 및 항공장애 주간(晝間)표지(이하 "표지"라 한다)의 설치 위치 및 방법 등에 따라 표시등 및 표지를 설치하여야 한다. 다만, 제4조제6항에 따른 기본계획의 고시, 제7조제6항에 따른 실시계획의 고시 또는 변경 고시를 한 후에 설치되는 구조물의 경우에는 그 구조물의 소유자가 표시등 및 표지를 설치하여야 한다.
② 장애물 제한표면 밖의 지역에서 지표면이나 수면으로부터 높이가 60미터 이상 되는 구조물을 설치하는 자는 제1항에 따른 표시등 및 표지의 설치 위치 및 방법 등에 따라 표시등 및 표지를 설치하여야 한다. 다만, 구조물의 높이가 표시등이 설치된 구조물과 같거나 낮은 구조물 등 국토교통부령으로 정하는 구조물은 그러하지 아니하다.
③ 국토교통부장관은 국토교통부령으로 정하는 바에 따라 제1항 및 제2항에 따른 구조물 외의 구조물이 항공기의 항행안전을 현저히 해칠 우려가 있으면 구조물에 표시등 및 표지를 설치하여야 한다.
④ 제1항 및 제3항에 따른 구조물의 소유자 또는 점유자는 국토교통부장관 또는 사업시행자등에 의한 표시등 및 표지의 설치를 거부할 수 없다. 이 경우 국토교통부장관 또는 사업시행자등은 제1항 본문 또는 제3항에 따른 표시등 및 표지의 설치로 인하여 해당 구조물의 소유자 또는 점유자에게 손실이 발생하면 대통령령으로 정하는 바에 따라 그 손실을 보상하여야 한다.

공항시설법 시행령

제46조(검사 또는 시정명령 권한의 위탁) 국토교통부장관은 법 제36조제12항에 따라 같은 조 제9항에 따른 표시등 및 표지 관리 실태의 검사 또는 시정명령 권한을 「한국교통안전공단법」에 따른 한국교통안전공단(이하 "한국교통안전공단"이라 한다)에 위탁한다.

공항시설법 시행규칙

③ 삭제
④ 법 제36조제2항 단서에서 "구조물의 높이가 표시등이 설치된 구조물과 같거나 낮은 구조물 등 국토교통부령으로 정하는 구조물"이란 별표 11의 구조물을 말한다.
⑤ 법 제36조제3항에 따라 같은 조 제1항 및 제2항에 따른 구조물 외의 구조물로서 다음 각 호의 요건을 모두 갖춘 구조물에는 제2항 및 제3항에 따라 표시등 및 표지를 설치하여야 한다.
  1. 장애물 제한표면에서 수직으로 지상까지 투영한 구역에 위치한 구조물일 것
  2. 장애물 제한표면에 근접한 구조물일 것
  3. 항공기의 항행 안전을 해칠 우려가 있는 구조물일 것

[별표 9] 표시등 및 표지 설치대상 구조물(제28조제1항 관련)
1. 장애물 제한표면(진입표면, 전이표면, 수평표면, 원추표면) 보다 높게 위치한 고정 장애물에는 표시등 및 표지를 설치해야 한다. 다만, 다음 각 목의 어느 하나에 해당하는 경우는 그렇지 않다.
  가. 장애물이 다른 고정 장애물 또는 자연 장애물의 장애물 차폐면보다 낮은 구조물에는 표시등 및 표지의 설치를 생략할 수 있다. 다만, 지방항공청이 항공기의 항행안전을 해칠 우려가 있다고 인정하는 구조물과 다른 고정 장애물 또는 자연 장애물에 의하여 부분적으로만 차폐되는 경우는 제외한다.
  나. 장애물이 주간에 별표 10에 따른 중광도 A형태의 표시등을 설치하여 운영되는 구조물 중 그 높이가 지표 또는 수면으로부터 150m 이하인 구조물에는 표지의 설치를 생략할 수 있다.
  다. 장애물이 주간에 별표 10에 따른 고광도 표시등(이하 "고광도 표시등"이라 한다)을 설치하여 운영되는 경우에는 표지의 설치를 생략할 수 있다.
  라. 장애물이 등대(lighthouse)인 경우에는 표시등의 설치를 생략할 수 있다.
  마. 고정 장애물 또는 자연 장애물에 의하여 비행(항공)로가 광범위하게 장애가 되는 곳에서 정해진 비행(항공)로 미만으로 안전한 수직 간격이 확보된 비행절차가 정해져 있는 경우에는 수평표면 또는 원추표면 보다 높게 위치한 고정 장애물의 경우에도 표시등 및 표지의 설치를 생략할 수 있다.
  바. 그 밖에 지방항공청장이 항공기의 항행안전을 해칠 우려가 없다고 인정하는 구조물 등은 표시등 및 표지의 설치를 생략할 수 있다.
2. 공항·비행장의 이동지역에서 이동하는 항공기를 제외한 차량과 그 밖의 이동물체에는 표지를 설치해야 하며, 그 차량이 야간에 사용되는 경우에는 표시등을 설치해야 한다. 다만, 계류장에서만 사용되는 장비와 차량은 그렇지 않다.
3. 공항·비행장의 이동지역 안에서 지상에 노출된 항공등화는 주간에 식별이 잘 되도록 표지를 설치해야 한다. 다만, 지방항공청장이 항공기의 항행안전을 해칠 가능성이 없다고 인정하는 경우에는 그렇지 않다.
4. 유도로 중심선(center line of taxiway), 계류장 유도로(apron taxiway) 또는 항공기 주기장의 유도선(aircraft stand taxilane)으로부터 다음 표에서 정한 거리 안에 있는 장애물에는 표시등 및 표지를 설치해야 한다.

분류문자	항공기 주기장의 유도선을 제외한 유도로 중심선과 장애물 간(m)	항공기 주기장 유도선의 중심선과 장애물 간(m)
A	15.5	12
B	20	16.5
C	26	22.5
D	37	33.5
E	43.5	40
F	51	47.5

비고 : 분류문자는 별표 1 제1호마목에서 정한 분류문자(code letter)를 기준으로 한다.

5. 강·계곡(가공선 또는 케이블 등의 높이가 지표 또는 수면으로부터 90m 미만인 경우에는 제외한다) 또는 고속도로를 횡단하는 가공선·케이블·현수선 등은 표지를 해야 하며, 지방항공청장이 항공기의 항행안전을 해칠 가능성이 있다고 인정하는 가공선·케이블·현수선 등은 그 가공선·케이블·현수선 등을 지지하는 탑에 표시등 및 표지를 설치해야 한다. 다만, 그 지지탑이 주간에 고광도 표시등을 설치하여 운영하는 경우 표지의 설치를 생략할 수 있다.

Chapter 01 | 항공법규

공항시설법 시행규칙

6. 가공선·케이블·현수선 등에 표지를 해야 하는 경우로서 그 가공선·케이블·현수선 등에 표지를 설치할 수 없을 경우에는 가공선·케이블·현수선 등을 지지하는 탑에 고광도 표시등을 설치해야 한다.
7. 장애물 제한표면에서 수직으로 지상까지 투영한 구역에서 높이가 지표 또는 수면으로부터 60m 이상인 물체 및 구조물에는 표시등 및 표지를 설치해야 한다. 다만, 국토교통부장관이 정하여 고시하는 물체 및 구조물의 경우에는 그렇지 않다.
8. 그 밖에 국토교통부장관이 고시하는 물체 및 구조물에는 표시등 및 표지를 설치해야 한다.

[별표 10] 표시등 및 표지의 설치기준(제28조제2항 관련)

1. 표시등의 종류 및 성능
   가. 표시등의 설치 목적은 항공기에 지상 장애물의 존재를 표시해 줌으로써 위험을 줄이려는 것으로, 장애물에 의하여 발생될 수 있는 운항제한을 반드시 감소시키는 것은 아니다.
   나. 표시등의 종류와 성능

종류\성능	색채	신호형태 (섬광주기, 분당섬광/fpm)	배경휘도(배경의 단위 면적당 밝기 정도)별 최고광도(cd) (b)			광배분표 (d)
			500cd/㎡ 이상 (주간)	50-500cd/㎡ (박명)	50cd/㎡ 미만 (야간)	
저광도 A형태 (고정표시등)	붉은색	고정	비해당	비해당	10	표1
저광도 B형태 (고정표시등)	붉은색	고정	비해당	비해당	32	
저광도 C형태 (이동표시등)	노란색/파란색(a)	섬광(60~90fpm)	비해당	40	40	
저광도 D형태 (지상유도 차량)	노란색	섬광(60~90fpm)	비해당	200	200	
저광도 E형태	붉은색	섬광(C)	비해당	비해당	32	
중광도 A형태	흰색	섬광(20~60fpm)	20000	20000	2000	표2
중광도 B형태	붉은색	섬광(20~60fpm)	비해당	비해당	2000	
중광도 C형태	붉은색	고정	비해당	비해당	2000	
고광도 A형태	흰색	섬광(40~60fpm)	200000	20000	2000	
고광도 B형태	흰색	섬광(40~60fpm)	100000	20000	2000	

비고 : 1) 비상 또는 보안 관련 차량에 설치된 저광도 C형태 표시등은 파란색 섬광등이어야 하고 다른 차량에 설치된 저광도 C형태 표시등은 노란색 섬광등이어야 한다.
2) 섬광등의 광도는 국제민간항공기구(ICAO)의 비행장 설계 매뉴얼(Aerodrome Design Manual)(Doc 9157) Part4에서 정하는 실효광도로 한다.
3) 풍력터빈(풍력 에너지를 기계 에너지로 변환시키는 장치)에 적용하는 경우에는 섬광 주기를 터빈 상부의 표시등과 동일하게 하여야 한다.
4) 광배분표는 다목의 표 1 및 표 2에 따른다.

다. 광배분표
   1). 저광도 표시등의 광배분표(표 1)

	최소광도(a)	최대광도(a)	수직빔 확산(f)	
			최소빔 확산	광도
A형태	10cd(b)	비해당	10°	5cd
B형태	32cd(b)	비해당	10°	16cd
C형태	40cd(b)	400cd	12°(d)	20cd
D형태	200cd(c)	400cd	비해당(e)	비해당
E형태	32cd(b)	비해당	10°	16cd

공항시설법 시행규칙

비고 : 수평빔 확산 각도는 별도로 규정하지 않으며, 등의 설치수량은 각 등의 수평빔 확산 각도와 장애물의 형태에 따라 달라진다. 그러므로 더 좁은 수평빔 확산 각도의 등을 설치할 경우 더 많은 수량이 필요하다.
1) 360° 수평면으로서 섬광등의 경우 실효광도이며 국제민간항공기구(ICAO)의 비행장 설계 매뉴얼(Aerodrome Design Manual)(Doc 9157) Part 4에 따른다.
2) 2°와 10° 사이의 수직앙각(垂直仰角)으로서 수직앙각은 등을 포함하는 수평면을 기준으로 한다.
3) 2°와 20° 사이의 수직앙각으로서 수직앙각은 등을 포함하는 수평면을 기준으로 한다.
4) 최고광도는 약 2.5°의 수직앙각에 있어야 한다.
5) 최고광도는 약 17°의 수직앙각에 있어야 한다.
6) '광도'열의 값보다 큰 광도의 광의 방향과 수평면이 이루는 각을 의미한다.

2) 중광도 및 고광도 표시등의 광배분표(표 2)

(단위: cd)

기준값	최소요구조건					준수조건				
	수직앙각(b)			수직빔 확산(c)		수직앙각(b)			수직빔 확산(c)	
	0°		−1°			0°	−1°	−10°		
	최소평균광도(a)	최소광도(a)	최소광도(a)	최소빔확산	광도(a)	최대광도(a)	최대광도(a)	최대광도(a)	최대빔확산	광도(a)
200000	20×10^4	15×10^4	7.5×10^4	3°	7.5×10^4	25×10^4	11.25×10^4	0.75×10^4	7°	7.5×10^4
100000	10×10^4	7.5×10^4	3.75×10^4	3°	3.75×10^4	12.5×10^4	5.625×10^4	0.375×10^4	7°	3.75×10^4
20000	2×10^4	1.5×10^4	0.75×10^4	3°	0.75×10^4	2.5×10^4	1.125×10^4	0.075×10^4	비해당	비해당
2000	0.2×10^4	0.15×10^4	0.075×10^4	3°	0.075×10^4	0.25×10^4	0.1125×10^4	0.0075×10^4	비해당	비해당

비고 : 수평빔 확산 각도는 별도로 규정하지 않는다. 따라서 등의 설치수량은 각 등의 수평빔 확산 각도와 장애물의 형태에 따라 달라진다. 그러므로 더 좁은 수평빔 확산 각도의 등을 설치할 경우 더 많은 수량이 필요하다.
1) 360° 수평면으로서 섬광등의 경우 실효광도이며 국제민간항공기구(ICAO)의 비행장 설계 매뉴얼(Aerodrome Design Manual)(Doc 9157) Part 4에 따른다.
2) 수직앙각은 수평면을 기준으로 한다.
3) '광도'열의 값보다 큰 광도의 광의 방향과 수평면이 이루는 각을 의미한다.

2. 표시등의 설치위치
 가. 표시등은 다음 각 목을 고려하여 설치해야 한다.
  1) 표시등은 표시등의 수평빔 확산각도 및 설치 위치, 배열 등을 고려하여 임의의 방향에서 접근하는 조종사가 표시등을 볼 수 있도록 설치해야 한다(각 층당 최소 설치 개수=360/수평빔 확산각도).
  2) 표시등이 설치된 장애물의 다른 면 또는 인접 장애물에 의하여 차폐되는 경우에는 표시등이 보이는 위치에 추가 표시등을 설치해야 한다. 다만, 차폐된 표시등이 장애물 확인에 도움이 되지 않는 경우에는 그렇지 않다.
  3) 한 개 이상의 표시등을 구조물의 정상에 근접하게 설치해야 한다. 정상에 설치해야 할 표시등은 장애물 제한표면과 관련하여 가장 근접하거나 초과하는 위치의 정상 또는 가장자리에 설치해야 한다. 다만, 굴뚝 또는 그와 같은 기능을 가진 다른 구조물의 경우에 정상에 설치하는 표시등은 연기 등으로 그 표시등의 기능이 저하되는 것을 최소화하기 위하여 정상에서 아래쪽으로 1.5~3m 낮은 곳(플레어 스택의 경우 1.5~6m)에 위치하도록 설치할 수 있다(그림 1. 참조).

Chapter 01 | 항공법규

공항시설법 시행규칙

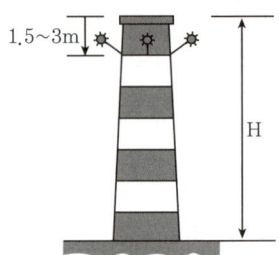

그림 1. 굴뚝 등에 설치하는 표시등의 설치 예

4) 장애물 제한표면이 기울어져 있고 장애물 제한표면보다 높거나 가장 근접한 지점이 그 물체의 정상점이 아닌 경우에는 그 물체의 정상점에 표시등을 추가로 설치해야 한다.
5) 굴뚝 또는 그와 유사한 연속된 단일 장애물에 설치해야 하는 표시등의 최소 수량은 해당 장애물의 최상부 직경에 따라 결정하여야 한다.
6) 광범위하게 펼쳐진 한 무리의 수목 또는 빌딩과 같은 물체 또는 하나의 그룹으로 근접하게 모여 있는 물체의 경우에 정상에 있는 표시등은 물체의 범위 및 전체적인 윤곽이 나타나도록 장애물 제한표면과 관련하여 가장 높은 물체의 정상 또는 가장자리에 설치하되, 두 개 이상의 가장자리가 같은 높이일 경우에는 착륙지역에서 가장 가까운 가장자리에 설치해야 한다.

나. 넓은 범위에 걸친 단일 물체나 서로 떨어져 있는 여러 개의 물체들이 밀접하게 모여 형성된 하나의 집단에 대한 전체적인 윤곽을 나타내기 위하여 저광도 표시등을 설치할 경우, 수평간격은 45m를 초과할 수 없다(그림 2. 참조).

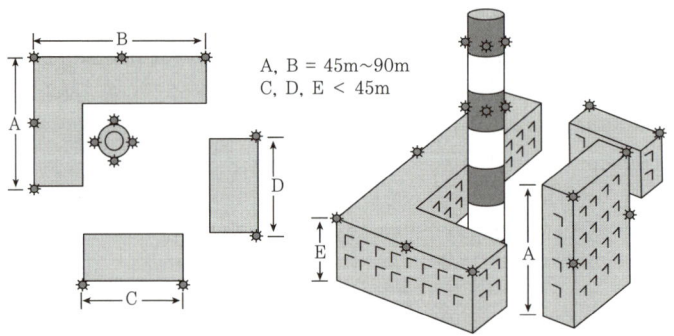

그림 2. 건물에 설치하는 저광도 표시등의 설치 예

다. 넓은 범위에 걸친 단일 물체나 서로 떨어져 있는 여러 개의 물체들이 밀접하게 모여 형성된 하나의 집단에 대한 전체적인 윤곽을 나타내기 위하여 중광도 표시등을 설치할 경우, 수평간격은 900m를 초과할 수 없다.
라. 고광도 표시등을 설치할 경우에는 다음 각 목을 고려하여 설치하여야 한다.
  1) 고광도 표시등은 주간 및 야간용으로 사용될 수 있으나, 눈부심을 주지 않도록 설치해야 한다.
  2) 단일 물체나 서로 떨어져 있는 여러 개의 물체들이 밀접하게 모여 형성된 하나의 집단에 설치된 고광도 A형태 표시등은 동시에 섬광되어야 하며, 수평간격은 900m를 초과할 수 없다.
  3) 고광도 B형태 표시등은 다음의 경우와 같이 설치해야 한다.
    (가) 가공선·케이블·현수선 등을 지지하는 탑에 고광도 B형태 표시등을 설치할 경우에는 다음의 각 위치에 최소 2개 이상의 표시등을 설치해야 한다.
      (1) 탑의 정상(상부 등(燈))
      (2) 가공선·케이블·현수선 등의 늘어진 부분 중 가장 낮은 부분(하부 등(燈))
      (3) 위 두 높이의 대략 중간(중간 등(燈))

공항시설법 시행규칙

(나) 가공선·케이블·현수선 등을 지지하는 탑에 설치하는 고광도 B형태 표시등은 중간 등, 상부 등, 하부 등의 순서로 섬광되어야 한다.

4) 고광도 A형태, 고광도 B형태 표시등의 설치각도는 다음 표와 같다.

지형에서 표시등의 높이	수평선에서 빔의 최고 각도
지표면(AGL)에서 151m 초과	0°
지표면(AGL)에서 122m 초과 151m 이하	1°
지표면(AGL)에서 92m 초과 122m 이하	2°
지표면(AGL)에서 92m 이하	3°

마. 그 밖에 국토교통부장관이 세부적으로 정하여 고시하는 기준에 따라야 한다.

3. 표시등의 설치기준

가. 비행장 이동지역 내 이동성 물체에는 다음의 표시등을 설치해야 한다. 다만, 항공기, 계류장에서만 사용되는 항공기 조업장비와 차량은 제외한다.
   1) 비상용 차량 또는 보안용 차량에는 저광도 C형태의 파란색 섬광 표시등을 설치해야 한다.
   2) 일반차량이나 그 밖의 이동물체에는 저광도 C형태의 노란색 섬광 표시등을 설치해야 한다.
   3) 지상유도(Follow-me) 차량에는 저광도 D형태의 노란색 섬광 표시등을 설치해야 한다.
   4) 탑승교와 같이 기동성이 제한된 물체에는 저광도 A형태 표시등을 설치해야 한다. 이 경우 표시등의 빛의 광도는 인접한 주위의 환경을 고려하여 뚜렷하게 보일 수 있을 만큼 충분히 밝아야 한다.

나. 지표 또는 수면으로부터 높이가 45m 미만인 물체에는 다음 각 목에 따른 표시등을 설치해야 한다.
   1) 저광도 B형태의 표시등을 설치해야 한다. 다만, 비행장 이동지역 내에 위치한 물체에 저광도 B형태 표시등을 설치하면 조종사에게 눈부심을 유발시켜 항공기 안전운항에 영향을 줄 수 있는 경우 또는 물체의 주변에 다른 불빛이 없어 보다 낮은 광도의 표시등을 설치하더라도 안전성에 지장이 없는 경우에는 저광도 A형태의 표시등을 설치할 수 있다.
   2) 물체가 넓은 범위에 걸친 단일 물체(건물들의 집합은 넓은 범위에 걸친 단일 물체로 본다)인 경우에는 중광도 A나 B 또는 C형태의 표시등을 사용해야 한다.

다. 지표 또는 수면으로부터 높이가 45m 이상 150m 미만인 물체에는 중광도 A나 B 또는 C형태의 표시등을 설치해야 한다.

라. 지표 또는 수면으로부터 높이가 150m 이상인 물체에는 고광도 A나 B형태의 표시등을 설치해야 한다.

마. 그 밖에 국토교통부장관이 세부적으로 정하여 고시하는 기준에 따라야 한다.

4. 표지의 설치기준

가. 고정물체를 표지하는 경우 색채로 표시를 하되, 색채 표지가 불가능한 경우 표지물 또는 기(flags)를 고정물체에 설치해야 한다. 다만, 그 물체의 형태, 크기 또는 색채가 눈에 잘 띄어 표지할 필요가 없는 경우에는 그렇지 않다.

나. 이동물체를 표지하는 경우 색채 또는 기로 표지해야 한다.

다. 물체가 연속되는 표면을 가지고 수직면상에 수직으로 투영된 물체의 투영면의 가로 및 세로가 모두 4.5m 이상인 경우에는 체크무늬 형태의 색채로 표지해야 한다. 체크무늬 형태는 한 변이 1.5m 이상 3m 이하의 직사각형이어야 하고 모서리는 좀 더 어두운 색채로 표지해야 한다. 체크무늬 형태의 색채는 다른 색채와 대조가 되고 바탕색과도 충분한 대조를 이루어야 하며, 주황색과 흰색 또는 붉은색과 흰색 중에서 선택한 하나의 색채를 사용해야 한다. 다만, 그러한 색채가 주변 색에 흡수되어 어두워 보이는 경우에는 그렇지 않다(그림 1. 가 참조).

Chapter 01 | 항공법규

공항시설법 시행규칙

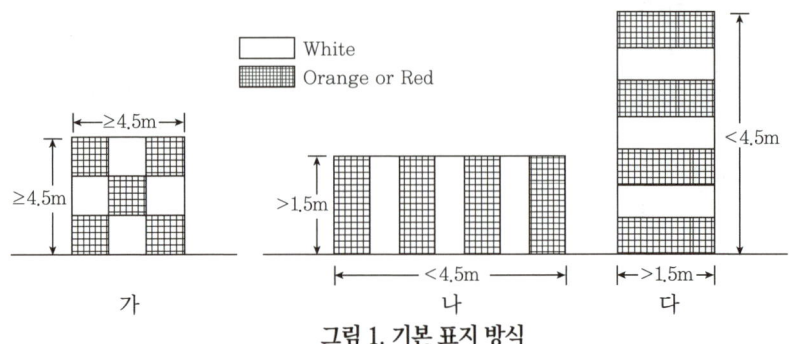

그림 1. 기본 표지 방식

라. 다음 각 목의 어느 하나에 해당하는 물체는 교대로 대조되는 줄무늬가 보이도록 채색하여야 한다(그림 1. 나, 다. 참조).
  1) 물체가 연속되는 표면으로서, 한 면의 가로 또는 세로가 각각 1.5m를 초과하고 다른 한 면의 가로 또는 세로가 각각 4.5m 미만인 물체
  2) 가로 또는 세로 중 하나의 길이가 1.5m를 초과하는 크기를 갖는 골격형 구조의 물체
마. 라목에 따른 줄무늬는 가장 긴 변 쪽으로 직각형태이어야 하고, 줄무늬의 폭은 아래 표에 따른 물체의 최대크기(물체의 가장 긴 변의 길이를 말한다)별 줄무늬의 폭과 30m 중에서 작은 값으로 한다.

최대크기	줄무늬의 폭
1.5m 초과 210m 이하	최대크기의 1/7
210m 초과 270m 이하	" 1/9
270m 초과 330m 이하	" 1/11
330m 초과 390m 이하	" 1/13
390m 초과 450m 이하	" 1/15
450m 초과 510m 이하	" 1/17
510m 초과 570m 이하	" 1/19
570m 초과 630m 이하	" 1/21

바. 라목에 따른 줄무늬의 색채는 그 배경색과 대조를 이루어야 하고, 그 색채가 주변 색과 대조하여 눈에 잘 띄지 아니하는 경우를 제외하고는 주황색과 흰색을 사용하되, 물체 끝부분의 줄무늬는 더 진한 색으로 칠해야 한다(그림1.나, 다 참조).
사. 수직면에 투영된 물체의 투영면의 가로 및 세로의 길이가 모두 1.5m 미만인 경우 그 물체는 눈에 잘 띄는 단일색으로 표지해야 하며, 그 색채가 주변 색에 흡수되는 경우 외에는 주황색이나 붉은색을 사용해야 한다.
아. 이동물체는 주변과 대조하여 눈에 잘 띄는 색을 사용하는 경우를 제외하고, 응급차량은 붉은색 또는 황록색, 업무차량은 노란색, 그 밖의 이동물체는 눈에 잘 띄는 단일색을 사용해야 한다.
자. 물체 위 또는 물체 주변에 표지하는 표지물은 그 물체의 위치를 식별하기 쉬운 위치에 설치해야 하며, 양호한 기상조건에서 항공기가 물체에 접근할 경우 공중에서는 최소한 1,000m의 거리, 지상에서는 적어도 300m의 거리에서 확인할 수 있어야 한다. 표지물의 형태는 다른 정보 전달용 표지물과 혼동되지 않도록 해야 한다.
차. 가공선·케이블·현수선 등에는 원형의 표지물을 설치해야 하고, 그 원형의 지름은 60㎝ 이상이어야 한다.
카. 둘 이상의 연속표지 또는 표지물과 지지탑 사이의 간격은 표지물의 지름에 따라 다음 각 목의 간격을 초과해서는 안 된다.
  1) 표지물 지름이 60㎝ 이상인 경우 : 30m
  2) 표지물 지름이 80㎝ 이상인 경우 : 35m
  3) 표지물 지름이 130㎝ 이상인 경우 : 40m

타. 표지물은 흰색과 붉은색 또는 흰색과 주황색을 사용해야 하고, 표지 색채는 눈에 잘 띄도록 주변 색과 대조가 되어야 한다.
파. 물체를 표지하기 위하여 사용하는 기(flags)는 물체의 정상 또는 가장 높은 가장자리의 주위에 설치해야 한다. 광범위하게 분산된 물체나 근접하게 모여 있는 물체를 표지하려고 기를 사용하는 경우에는 적어도 15m마다 기를 설치해야 한다.
하. 고정물체를 표지하기 위하여 사용되는 기는 가로 및 세로가 각각 0.6m 이상인 정사각형이어야 하며, 이동물체를 표시하기 위하여 사용되는 기는 가로 및 세로가 각각 0.9m 이상인 정사각형이어야 한다.
거. 고정물체를 표지하기 위하여 사용되는 기는 주황색의 단일색이거나 사각형을 대각선으로 분할하여 한 부분은 주황색 또는 붉은색으로, 다른 부분은 흰색으로 구성해야 한다. 다만, 주변 색과 대조하여 눈에 잘 띄지 않는 경우에는 주변 색과 대조하여 눈에 잘 띄는 색을 사용해야 한다.
너. 이동물체를 표지하기 위하여 사용되는 기는 각 변이 0.3m 이상의 정방형 체크무늬 형태로 구성되어야 한다. 이 형태의 색은 각 변 및 주변의 색과 대조하여 눈에 잘 띄어야 한다. 그러한 색이 주변 색 때문에 눈에 잘 띄지 않는 경우를 제외하고는 주황색과 흰색 또는 붉은색과 흰색을 사용해야 한다.
더. 그 밖에 국토교통부장관이 세부적으로 정하여 고시하는 기준에 따라야 한다.

[별표 11] 표시등 및 표지를 설치하지 아니할 수 있는 구조물(제28조제4항 관련)
1. 표시등을 설치하지 아니할 수 있는 구조물
   가. 표시등이 설치된 구조물로부터 600m 이내에 위치한 구조물로서 그 높이가 표시등이 설치된 구조물의 정상으로부터 수평면에 대한 하방경사도가 10분의 1인 경사면(이하 "장애물차폐면"이라 한다)보다 낮은 구조물. 다만, 철탑 또는 그 밖에 이와 유사한 형태의 구조물 및 그에 부착된 지선(支線) 또는 가공선(가공선 형태의 현수선·케이블·안테나 등을 포함한다. 이하 같다)은 제외한다.
   나. 표시등이 설치된 구조물로부터 45m 이내의 지역에 위치한 구조물로서 그 높이가 표시등이 설치된 구조물과 같거나 그보다 낮은 구조물. 다만, 철탑 또는 그 밖에 이와 유사한 형태의 구조물 및 그에 부착된 지선(支線) 또는 가공선은 제외한다.
   다. 장애물 제한표면 밖의 지역에 설치된 높이 150m 미만의 구조물. 다만, 다음 각 목의 구조물로서 가목 또는 나목의 어느 하나에 해당하지 않는 구조물은 제외한다.
     1) 굴뚝·철탑·기둥 또는 그 밖에 그 높이에 비하여 그 폭이 좁은 구조물
     2) 뼈대로만 이루어진 구조물
     3) 가공선을 지지하는 탑
     4) 계류기구(주간에 시정이 5천m 미만인 경우와 야간에 계류하는 것만 해당한다)
   라. 그 밖에 국토교통부장관이 정하여 고시하는 구조물
2. 표지를 설치하지 아니할 수 있는 구조물
   가. 표지가 설치된 구조물로부터 600m 이내에 위치한 구조물로서 그 높이가 장애물 차폐면보다 낮은 구조물. 다만, 철탑 또는 그 밖에 이와 유사한 형태의 구조물 및 그에 부착된 지선(支線) 또는 가공선은 제외한다.
   나. 표지가 설치된 구조물로부터 45m 이내의 지역에 위치한 구조물로서 그 높이가 표지가 설치된 구조물과 같거나 그보다 낮은 구조물. 다만, 철탑 또는 그 밖에 이와 유사한 형태의 구조물 및 그에 부착된 지선(支線) 또는 가공선은 제외한다.
   다. 장애물 제한표면 밖의 지역에 설치된 높이 150m 미만의 구조물. 다만, 다음의 구조물로서 가목 또는 나목의 어느 하나에 해당하지 아니하는 구조물은 제외한다.
     1) 굴뚝·철탑·기둥 또는 그 밖에 이와 유사한 형태의 구조물 및 그에 부착된 지선(支線)
     2) 뼈대로만 이루어진 구조물
     3) 가공선과 이를 지지하는 탑
     4) 계류기구와 그에 부착된 지선
   라. 주간에 고광도 표시등을 설치하여 운용하는 구조물
   마. 그 밖에 국토교통부장관이 정하여 고시하는 구조물

공항시설법	공항시설법 시행령
⑤ 국토교통부장관 외의 자가 제1항 또는 제2항에 따라 표시등 또는 표지를 설치하려는 경우에는 국토교통부장관과 미리 협의하여야 하며, 해당 시설을 설치한 날부터 15일 이내에 국토교통부령으로 정하는 바에 따라 국토교통부장관에게 신고하여야 한다. ⑥ 제1항부터 제3항까지에 따라 표시등 또는 표지가 설치된 구조물을 소유 또는 관리하는 자가 해당 구조물에 설치된 표시등 또는 표지를 철거하거나 변경하려는 경우에는 국토교통부장관과 미리 협의하여야 하며, 해당 시설을 철거 또는 변경한 날부터 15일 이내에 국토교통부령으로 정하는 바에 따라 국토교통부장관에게 신고하여야 한다. ⑦ 제1항부터 제3항까지의 규정에 따라 표시등 또는 표지가 설치된 구조물을 소유 또는 관리하는 자는 국토교통부령으로 정하는 바에 따라 그 표시등 및 표지를 관리하여야 한다. ⑧ 국토교통부장관은 제1항 또는 제2항에도 불구하고 표시등 또는 표지를 설치하지 아니한 자에게 일정한 기간을 정하여 해당 시설의 설치를 명할 수 있다. ⑨ 국토교통부장관은 제7항에 따른 관리 실태를 정기 또는 수시로 검사하여야 하며, 검사 결과 점등 불량, 시설기준 미준수 등 관리상 하자를 발견하는 경우에는 그 시정을 명할 수 있다. ⑩ 제8항 또는 제9항에 따라 시정명령을 받은 자는 국토교통부장관이 정하는 기간 내에 그 명령을 이행하여야 하며, 그 명령을 이행하였을 때에는 지체 없이 이를 국토교통부장관에게 보고하여야 한다. ⑪ 국토교통부장관은 제10항에 따른 보고를 받은 경우 지체 없이 제8항 또는 제9항에 따른 시정명령의 이행 상태 등에 대한 확인을 하여야 한다. ⑫ 국토교통부장관은 제9항에 따른 검사 또는 시정명령 권한의 전부 또는 일부를 「공공기관의 운영에 관한 법률」에 따른 공공기관 등 관계 전문기관에 위탁할 수 있다. ⑬ 제1항부터 제3항까지에 따라 설치하는 표시등의 종류와 성능 등은 국토교통부령으로 정한다. **제37조(항공등화와 유사한 등화의 제한)** ① 누구든지 항공등화의 인식에 방해가 되거나 항공등화로 잘못 인식될 우려가 있는 등화[이하 "유사등화"(類似燈火)라 한다]를 설치해서는 아니 된다. ② 국토교통부장관은 항공등화를 설치할 때 유사등화가 이미 설치되어 있는 경우에는 항공등화의 인식을 방해하거나 항공등화로 잘못 인식되지 아니하도록 유사등화의 소유자 또는 관리자에게 그 유사등화를 가리거나 소등할 것을 명할 수 있다. 이 경우 그 조치에 필요한 비용은 그 항공등화의 설치자가 부담한다.	

공항시설법 시행규칙

제29조(표시등 및 표지의 설치신고 및 관리) ① 법 제36조제5항에 따라 표시등 또는 표지 설치 신고를 하려는 자는 별지 제19호서식의 신고서에 다음 각 호의 서류를 첨부하여 지방항공청장에게 제출하여야 한다.
   1. 표시등 또는 표지의 종류·수량 및 설치위치가 포함된 도면
   2. 표시등 또는 표지의 설치사진(전체적 위치를 나타내는 것)
   3. 그 밖에 국토교통부장관이 정하여 고시하는 사항
② 법 제36조제6항에 따라 표지등 또는 표지 철거 신고를 하려는 자는 별지 제19호의2서식의 신고서에 표시등 또는 표지의 철거사진을 첨부하여 지방항공청장에게 제출하여야 한다.
③ 법 제36조제6항에 따라 표시등 또는 표지 변경 신고를 하려는 자는 별지 제19호의3서식의 신고서에 다음 각 호의 서류를 첨부하여 지방항공청장에게 제출하여야 한다.
   1. 표시등 또는 표지의 변경 설치 도면   2. 표시등 또는 표지의 변경 설치 사진
   3. 그 밖에 국토교통부장관이 정하여 고시하는 서류
④ 법 제36조제7항에 따른 표시등 또는 표지의 관리기준은 별표 12와 같다.
⑤ 법 제36조제9항에 따른 표시등 및 표지의 관리실태 검사시기 및 방법 등은 국토교통부장관이 정하여 고시한다.
⑥ 법 제36조제13항에 따른 표시등의 종류와 성능 등은 별표 10의 기준에 따른다.

〔별표 12〕 표시등 및 표지의 관리기준(제29조제4항 관련)
1. 표시등 관리기준
    가. 표시등의 보수·청소 등을 하여 항상 완전한 상태로 유지할 것
    나. 건축물·식물 또는 그 밖의 물체에 의하여 표시등의 기능에 지장이 생긴 경우에는 지체 없이 해당 물체를 제거하거나 표시등의 설치 위치를 변경하는 등 필요한 조치를 할 것
    다. 부득이한 사유로 인하여 표시등의 운용을 중지하거나 고장등으로 인하여 기능이 저해된 경우와 그 표시등의 운용을 재개하거나 기능이 복구된 경우에는 지체 없이 그 사실을 지방항공청장에게 통지할 것
    라. 천재지변이나 그 밖의 사유로 표시등이 고장난 경우에는 지체 없이 그 표시등을 복구할 것
    마. 표시등의 유지 및 관리를 위한 전구 등 필요한 예비품을 갖추어 둘 것
    바. 표시등이 다음 각 목의 요건을 모두 충족하도록 유지할 것
        1) 별표 10 제1호나목에 따른 중광도 A형태, 고광도 A형태 및 고광도 B형태의 표시등은 24시간 동안 점등을 유지할 것. 다만, 해당 표시등이 국토교통부장관이 고시하는 바에 따라 이중등화 시스템으로 운영되는 경우에는 같은 호 배경휘도별 최고광도의 구분에 따른 주간 및 박명에만 점등을 유지해야 한다.
        2) 별표 10 제1호나목에 따른 저광도 C형태 및 저광도 D형태의 표시등은 같은 목 배경휘도별 최고광도의 구분에 따른 박명 및 야간에 항상 점등을 유지할 것
        3) 그 밖의 표시등은 별표 10 제1호나목의 배경휘도별 최고광도의 구분에 따른 야간에 항상 점등을 유지할 것
    사. 표시등의 운용을 감시할 수 있는 시각감시기 또는 청각감시기를 감시자가 상주하는 곳에 설치할 것
    아. 표시등의 관리 이력을 기록·보관할 것
    자. 그 밖에 국토교통부장관이 정하여 고시하는 관리기준에 적합하도록 관리할 것
2. 표지 관리기준
    가. 별표 10의 기준에 적합하도록 표지를 유지할 것
    나. 표지(항공장애 주간표지깃발은 제외한다)의 기능에 지장(그 기능을 회복하는 데에 7일 이상이 걸리는 경우만 해당한다)이 생긴 경우와 그 기능이 회복된 경우에는 지체 없이 지방항공청장에게 통지할 것
    다. 표지의 관리 이력을 기록·보관할 것
    라. 그 밖에 국토교통부장관이 정하여 고시하는 관리기준에 적합하도록 관리할 것

제30조(공항운영증명의 인가 등) ① 법 제38조제1항에 따른 공항운영증명(이하 "공항운영증명"이라 한다)을 받으려는 공항운영자는 법 제39조제1항에 따른 공항운영규정(이하 "공항운영규정"이라 한다) 인가를 받은 후 별지 제20호서식의 신청서를 국토교통부장관에게 제출하여야 한다. 이 경우 담당 공무원은 「전자정부법」 제36조제1항에 따른 행정정보의 공동이용을 통하여 법인등기사항증명서(신청인이 법인인 경우만 해당한다)를 확인하여야 한다.

Chapter 01 | 항공법규

공항시설법

제38조(공항운영증명 등) ① 국제항공노선이 있는 공항 등 대통령령으로 정하는 공항을 운영하려는 공항운영자는 국토교통부령으로 정하는 바에 따라 공항을 안전하게 운영할 수 있는 체계를 갖추어 국토교통부장관의 증명(이하 "공항운영증명"이라 한다)을 받아야 한다.
② 국토교통부장관은 공항운영증명을 하는 경우 공항의 사용목적, 항공기의 운항 횟수 등을 고려하여 대통령령으로 정하는 바에 따라 공항운영증명의 등급을 구분하여 증명할 수 있다.
③ 공항운영증명을 받은 자가 해당 공항의 공항운영증명의 등급 등 공항운영증명의 내용을 변경하려는 경우에는 국토교통부령으로 정하는 바에 따라 국토교통부장관의 공항운영증명 변경인가를 받아야 한다.
④ 국토교통부장관은 공항의 안전운영체계를 위하여 필요한 인력, 시설, 장비 및 운영절차 등에 관한 기술기준(이하 "공항안전운영기준"이라 한다)을 정하여 고시하여야 한다.

제39조(공항운영규정) ① 공항운영증명을 받으려는 공항운영자는 공항안전운영기준에 따라 그가 운영하려는 공항의 운영규정(이하 "공항운영규정"이라 한다)을 수립하여 국토교통부장관의 인가를 받아야 하며, 이를 변경하려는 경우에도 또한 같다.
② 제1항에도 불구하고 공항운영자는 공항운영자의 자체적인 세부 운영규정 등 국토교통부령으로 정하는 경미한 사항을 변경하려는 경우에는 국토교통부장관에게 신고하여야 한다.
③ 공항운영증명을 받은 공항운영자는 공항안전운영기준이 변경되거나 공항의 안전 또는 위험의 방지 등을 위하여 국토교통부장관이 공항운영규정의 변경을 명하는 경우에는 국토교통부령으로 정하는 바에 따라 공항운영규정을 변경하여야 한다.
④ 국토교통부장관은 제1항에 따른 인가의 신청을 받은 날부터 20일 이내에 인가 여부를 신청인에게 통지하여야 한다.

제40조(공항운영의 검사등) ① 공항운영증명을 받은 공항운영자는 공항안전운영기준 및 공항운영규정에 따라 공항의 안전운영체계를 지속적으로 유지하여야 하며, 국토교통부장관은 이에 대한 준수 여부를 정기 또는 수시로 검사하여야 한다.
② 국토교통부장관은 제1항에 따른 검사 결과 공항운영자가 공항 안전운영기준 또는 공항운영규정을 위반하여 공항을 운영한 경우에는 국토교통부령으로 정하는 바에 따라 시정조치를 명할 수 있다.

공항시설법 시행령

제47조(공항운영증명을 받아야 하는 공항 등) ① 법 제38조제1항에서 "국제항공노선이 있는 공항 등 대통령령으로 정하는 공항"이란 인천·김포·김해·제주·청주·무안·양양·대구·광주공항 및 그 밖에 국토교통부장관이 정하여 고시하는 공항을 말한다.
② 국토교통부장관은 법 제38조제2항에 따라 다음 각 호에 따른 등급으로 구분하여 같은 조 제1항에 따른 공항운영증명(이하 "공항운영증명"이라 한다)을 할 수 있다.
  1. 1등급 : 「항공사업법」 제2조제9호 및 제11호에 따른 국내항공운송사업 및 국제항공운송사업에 사용되고 최근 5년 평균 연간 운항횟수가 3만회 이상인 공항(부정기편만 운항하는 공항은 제외한다)에 대한 공항운영증명
  2. 2등급 : 「항공사업법」 제2조제9호 및 제11호에 따른 국내항공운송사업 및 국제항공운송사업에 사용되고 최근 5년 평균 연간 운항횟수가 3만회 미만인 공항(부정기편만 운항하는 공항은 제외한다)에 대한 공항운영증명
  3. 3등급 : 「항공사업법」 제2조제9호에 따른 국내항공운송사업에 사용되는 공항(부정기편만 운항하는 공항은 제외한다)에 대한 공항운영증명
  4. 4등급 : 제1호부터 제3호까지에 해당하지 아니하는 공항으로서 「항공사업법」 제2조제7호에 따른 항공운송사업에 사용되는 공항에 대한 공항운영증명

> 공항시설법 시행규칙

② 국토교통부장관은 제1항에 따른 신청서를 제출받은 경우에는 해당 공항의 운영체계가 다음 각 호의 기준 및 규정에 적합한지의 여부를 심사하여 적합하다고 인정되면 별지 제21호서식의 증명서를 발급하여야 한다.
  1. 법 제38조제4항에 따른 공항안전운영기준(이하 "공항안전운영기준"이라 한다)
  2. 법 제39조제1항에 따라 인가받은 공항운영규정
③ 「군사기지 및 군사시설 보호법」에 따른 비행장을 사용하는 공항에 대하여 공항운영증명을 받으려는 공항운영자는 공항운영이 군 작전에 영향을 주지 아니하도록 하여야 하며, 법 제40조제1항에 따른 공항의 안전운영체계의 유지에 필요한 인력·장비 등을 마련하여야 한다.
④ 법 제38조제3항에 따라 공항운영증명 변경인가를 받으려는 공항운영자는 법 제39조제1항에 따른 공항운영규정 변경인가를 받거나 같은 조 제2항에 따른 공항운영규정 변경신고를 한 후 별지 제22호서식의 신청서에 그 공항의 공항운영증명의 변경내용을 확인할 수 있는 다음 각 호의 서류를 첨부하여 국토교통부장관에게 제출하여야 한다. 이 경우 담당 공무원은 「전자정부법」 제36조제1항에 따른 행정정보의 공동이용을 통하여 법인등기사항증명서(신청인이 법인인 경우만 해당한다)를 확인하여야 한다.
  1. 국제항공노선 운항여부(국제항공노선 운항의 경우에만 해당하고, 부정기편만 운항하는 공항은 제외한다)를 기재한 서류
  2. 신청일 전월의 말일을 기준으로 최근 5년간 평균 연간 운항 횟수를 기재한 서류
  3. 해당 공항에 취항하는 항공기의 규모를 기재한 서류
⑤ 국토교통부장관은 제4항에 따른 신청서를 제출받은 경우에는 해당 공항의 운영체계가 다음 각 호의 기준 및 규정에 적합한지의 여부를 심사하여 적합하다고 인정되면 별지 제21호서식의 증명서를 발급하여야 한다.
  1. 공항안전운영기준
  2. 법 제39조제1항에 따라 변경인가를 받거나 같은 조 제2항에 따라 변경신고를 한 공항운영규정
⑥ 국토교통부장관은 소속공무원 또는 「항공안전법」 제132조제2항에 따라 위촉된 항공안전 전문가로 하여금 제2항 또는 제4항에 따른 심사를 하게 하거나 자문에 응하게 할 수 있다.

제31조(공항운영규정의 수립 인가) ① 법 제39조제1항에 따라 공항운영규정의 인가를 받으려는 공항운영자는 별지 제23호서식의 신청서에 다음 각 호의 서류를 첨부하여 국토교통부장관에게 제출하여야 한다. 이 경우 담당 공무원은 「전자정부법」 제36조제1항에 따른 행정정보의 공동이용을 통하여 법인등기사항증명서(신청인이 법인인 경우만 해당한다)를 확인하여야 한다.
  1. 공항운영규정(세부 운영규정을 포함한다) 2부
  2. 공항안전운영기준에서 정하는 공항안전운영기준 이행서(Compliance Statement)
  3. 항공기의 운항 또는 항공안전에 직접적인 영향을 조래하는 공항시설의 소유 또는 그 권리에 관한 서류
  4. 활주로·유도로·계류장 등 항공기의 이륙 및 착륙을 위한 시설의 관리·운영현황(위탁운영 현황을 포함한다)에 관한 서류
  5. 공항안전운영기준에서 정하는 필수공항정보 양식
  6. 공항안전운영기준에 미달하는 사항이 있는 경우 이를 보완할 수 있는 대체시설 또는 대체운영절차를 적은 서류
② 국토교통부장관은 제1항에 따라 신청서를 제출받은 경우에는 해당 공항의 운영규정이 공항안전운영기준에 적합한지의 여부를 심사하여 적합하다고 인정되면 그 규정을 인가하여야 한다.
③ 국토교통부장관은 제1항제6호에 따른 서류를 제출한 공항운영자에 대해서는 국토교통부장관이 정하여 고시하는 항공장애물 관리 및 비행안전 확인 기준에 따라 검토한 결과에 따라 그 대체시설 또는 대체운영절차로써 공항운영의 안전이 확보될 수 있다고 인정되는 경우에만 제2항에 따른 공항운영규정의 인가를 하여야 한다.
④ 공항운영자는 법 제39조제1항에 따라 인가받은 공항운영규정을 이행하기 위하여 필요하면 항공운송사업자·항공기취급업자 등 공항의 운영과 관련된 자에게 관련 서류의 열람이나 제출 등의 협조를 요청할 수 있다. 이 경우 공항운영자로부터 관련 서류의 열람 등에 대한 협조를 요청받은 자는 특별한 사유가 없는 한 그 요청에 따라야 한다.
⑤ 법 제39조제1항에 따른 공항운영규정의 인가에 관한 심사 또는 자문에 대하여는 제30조제6항을 준용한다.

제32조(공항운영규정의 변경) ① 법 제39조제1항에 따라 인가받은 공항운영규정의 변경인가를 받으려는 공항운영자는 별지 제24호서식의 신청서에 다음 각 호의 서류를 첨부하여 국토교통부장관에게 제출하여야 한다. 이 경우 담당 공무원은 「전자정부법」 제36조제1항에 따른 행정정보의 공동이용을 통하여 법인등기사항증명서(신청인이 법인인 경우만 해당한다)를 확인하여야 한다.

Chapter 01 항공법규

공항시설법	공항시설법 시행령

제41조(공항운영증명 취소 등) ① 국토교통부장관은 공항운영증명을 받은 공항운영자가 다음 각 호의 어느 하나에 해당하는 경우 공항운영증명을 취소하거나 6개월 이내의 기간을 정하여 공항운영의 정지 또는 그 밖에 필요한 보완조치를 명할 수 있다. 다만, 제1호에 해당하는 경우에는 공항운영증명을 취소하여야 한다.
   1. 거짓이나 그 밖의 부정한 방법으로 공항운영증명을 받은 경우
   2. 「항공안전법」 제58조제2항을 위반하여 다음 각 목의 어느 하나에 해당하는 경우
      가. 사업을 시작하기 전까지 항공안전관리시스템을 마련하지 아니한 경우
      나. 승인을 받지 아니하고 항공안전관리시스템을 운용한 경우
      다. 항공안전관리시스템을 승인받은 내용과 다르게 운용한 경우
      라. 승인을 받지 아니하고 안전목표·안전조직 및 안전장애 보고체계 등 국토교통부령으로 정하는 중요 사항을 변경한 경우
   3. 제40조제2항에 따른 시정조치를 이행하지 아니한 경우
   4. 천재지변 등 정당한 사유 없이 공항안전운영기준을 위반하여 공항안전에 위험을 초래한 경우
   5. 고의 또는 중대한 과실로 항공기사고가 발생하거나 공항종사자를 관리·감독하는 상당한 주의의무를 게을리함으로써 항공기사고가 발생한 경우
② 제1항에 따른 처분의 기준 및 절차 등에 관하여 필요한 사항은 국토교통부령으로 정한다.

제42조(사업시행자등의 지위승계) ① 국토교통부장관 외의 비행장개발 사업시행자(비행장시설을 관리·운영하는 자를 포함한다)의 지위를 승계하려는 자는 국토교통부령으로 정하는 바에 따라 국토교통부장관에게 지위승계를 신고하여야 한다.
② 국토교통부장관은 제1항에 따른 신고를 받은 날부터 15일 이내에 신고수리 여부를 신고인에게 통지하여야 한다.
③ 국토교통부장관이 제2항에서 정한 기간 내에 신고수리 여부 또는 민원 처리 관련 법령에 따른 처리기간의 연장을 신고인에게 통지하지 아니하면 그 기간(민원 처리 관련 법령에 따라 처리기간이 연장 또는 재연장된 경우에는 해당 처리기간을 말한다)이 끝난 날의 다음 날에 신고를 수리한 것으로 본다.

공항시설법 시행규칙

  1. 변경 내용 및 그 내용을 증명하는 서류
  2. 신·구 내용 대비표
  3. 공항안전운영기준에 미달하는 사항이 있는 경우 이를 보완할 수 있는 대체시설 또는 대체운영절차를 적은 서류

② 국토교통부장관은 제1항에 따라 신청서를 제출받은 경우에는 공항안전운영기준에 적합한지의 여부를 심사하여 적합하다고 인정되면 그 규정을 인가하여야 한다.

③ 국토교통부장관은 제1항제3호에 따른 서류를 제출한 공항운영자에 대해서는 국토교통부장관이 정하여 고시하는 항공장애물 관리 및 비행안전 확인 기준에 따라 검토한 결과에 따라 그 대체시설 또는 대체운영절차로써 공항운영의 안전이 확보될 수 있다고 인정되는 경우에만 제2항에 따른 공항운영규정의 인가를 하여야 한다.

④ 법 제39조제2항에서 "공항운영자의 자체적인 세부 운영규정 등 국토교통부령으로 정하는 경미한 사항"이란 다음 각 호의 사항을 말한다.

  1. 세부 운영규정
  2. 공항운영규정의 목적과 범위 등 일반 사항
  3. 자체 안전점검프로그램
  4. 교육훈련프로그램
  5. 조직도 등 공항의 행정에 관한 사항

⑤ 법 제39조제2항에 따라 공항운영규정 변경신고를 하려는 공항운영자는 별지 제25호서식의 신고서에 다음 각 호의 서류를 첨부하여 국토교통부장관에게 제출하여야 한다. 이 경우 담당 공무원은 「전자정부법」제36조제1항에 따른 행정정보의 공동이용을 통하여 법인등기사항증명서(신청인이 법인인 경우만 해당한다)를 확인하여야 한다.

  1. 변경 내용 및 그 내용을 증명하는 서류
  2. 신·구 내용 대비표

⑥ 공항운영자는 법 제39조제1항에 따라 변경인가를 받거나 같은 조 제2항에 따라 신고한 공항운영규정을 이행하기 위하여 필요하면 항공운송사업자·항공기취급업자 등 공항의 운영과 관련된 자에게 관련 서류의 열람이나 제출 등의 협조를 요청할 수 있다. 이 경우 공항운영자로부터 관련 서류의 열람 등에 대한 협조를 요청받은 자는 특별한 사유가 없는 한 그 요청에 따라야 한다.

⑦ 법 제39조제1항에 따른 공항운영규정의 변경인가 또는 같은 조 제2항에 따른 변경신고에 관한 심사 또는 자문에 대하여는 제30조제6항을 준용한다.

⑧ 법 제39조제3항에 따라 공항운영규정을 변경하여야 하는 공항운영자는 공항안전운영기준이 변경된 날 또는 국토교통부장관이 공항운영규정의 변경을 명한 날부터 30일 이내에 국토교통부장관에게 공항운영규정의 변경인가를 신청하거나 그 변경한 내용을 제출하여야 한다.

제33조(공항운영의 검사등) ① 지방항공청장은 법 제40조제1항에 따라 연 1회 정기검사를 실시하되, 필요하면 수시로 검사를 실시할 수 있다.

② 지방항공청장은 법 제40조제2항에 따라 공항운영자에게 시정조치를 명하는 경우에는 시설의 설치기간 등 시정에 필요한 적정한 기간을 주어야 한다.

③ 제2항에 따른 시정조치명령을 받은 공항운영자는 그 명령을 이행하였을 때에는 지체 없이 그 시정내용을 지방항공청장에게 통보하여야 한다.

제34조(공항운영증명의 취소 등) ① 법 제41조제1항제2호라목에서 "안전목표·안전조직 및 안전장애 보고체계 등 국토교통부령으로 정하는 중요 사항"이란 「항공안전법」 제58조제2항 각 호 외의 부분 후단에 따른 사항을 말한다.

② 법 제41조에 따른 공항운영증명의 취소, 공항운영의 정지처분 등의 기준은 별표 13과 같다.

제35조(비행장개발 사업시행자등의 지위승계) 법 제42조에 따라 비행장개발 사업시행자(비행장시설을 관리·운영하는 자를 포함한다)의 지위 승계신고를 하려는 자는 별지 제26호서식의 신고서에 다음 각 호의 서류를 첨부하여 지방항공청장에게 제출하여야 한다. 이 경우 담당 공무원은 「전자정부법」 제36조제1항에 따른 행정정보의 공동이용을 통하여 법인등기사항증명서(신청인이 법인인 경우만 해당한다)를 확인하여야 한다.

  1. 승계 원인사실을 증명하는 서류
  2. 승계하는 사항과 승계의 조건을 기재한 서류

공항시설법

제4장 항행안전시설

제43조(항행안전시설의 설치) ① 항행안전시설(제6조에 따른 개발사업으로 설치하는 항행안전시설 외의 것을 말한다. 이하 이 조부터 제46조까지에서 같다)은 국토교통부장관이 설치한다.
② 국토교통부장관 외에 항행안전시설을 설치하려는 자는 국토교통부령으로 정하는 바에 따라 국토교통부장관의 허가를 받아야 한다. 이 경우 국토교통부장관은 항행안전시설의 설치를 허가할 때 해당 시설을 국가에 귀속시킬 것을 조건으로 하거나 그 시설의 설치 및 운영 등에 필요한 조건을 붙일 수 있다.
③ 국토교통부장관은 제2항 전단에 따른 허가의 신청을 받은 날부터 15일 이내에 허가 여부를 신청인에게 통지하여야 한다.
④ 제2항에 따라 국가에 귀속된 항행안전시설의 사용·수익에 관하여는 제22조를 준용한다.
⑤ 제1항 및 제2항에 따른 항행안전시설의 설치기준, 허가기준 등 항행안전시설 설치에 필요한 사항은 국토교통부령으로 정한다.

제44조(항행안전시설 설치 실시계획의 수립·승인 등) ① 제43조제1항 및 제2항에 따라 항행안전시설을 설치하려는 자(이하 "항행안전시설설치자"라 한다)는 대통령령으로 정하는 바에 따라 항행안전시설 설치를 시작하기 전에 실시계획을 수립하여야 한다.
② 제1항에 따른 실시계획에는 다음 각 호의 사항이 포함되어야 한다.
  1. 사업시행에 필요한 설계도서
  2. 자금조달계획
  3. 시행기간
  4. 그 밖에 국토교통부령으로 정하는 사항
③ 제43조제2항에 따른 항행안전시설설치자가 실시계획을 수립한 경우에는 국토교통부장관의 승인을 받아야 한다. 승인받은 사항을 변경하려는 경우에도 또한 같다.
④ 제43조제2항에 따른 항행안전시설설치자는 제3항 후단에도 불구하고 구조의 변경을 수반하지 아니하고 안전에 지장이 없는 시설물의 변경 등 국토교통부령으로 정하는 경미한 사항의 변경은 제45조에 따른 완성검사를 신청할 때 한꺼번에 신고할 수 있다.
⑤ 국토교통부장관은 제1항에 따라 실시계획을 수립하거나 제3항에 따라 실시계획을 승인한 경우에는 그 항행안전시설의 명칭, 종류, 위치 등 국토교통부령으로 정하는 사항을 고시하여야 한다.

공항시설법 시행령

제48조(항행안전시설 설치에 관한 실시계획의 수립·승인 등) ① 법 제43조제2항에 따라 항행안전시설의 설치에 관한 허가를 받은 자는 법 제44조제1항에 따른 항행안전시설 설치에 관한 실시계획을 수립하여 그 허가를 받은 날(해당 사업을 단계적으로 추진할 수 있도록 허가를 받은 경우에는 해당 단계별 허가를 받은 날을 말한다)부터 3년 이내에 법 제44조제3항에 따라 국토교통부장관에게 승인을 신청하여야 한다.
② 국토교통부장관은 부득이한 사유가 있다고 인정하는 경우에는 1년의 범위에서 제1항에 따른 실시계획의 승인 신청 기간을 연장할 수 있다.

공항시설법 시행규칙

제36조(항행안전시설 설치허가의 신청 등) ① 법 제43조제2항에 따른 항행안전시설 설치허가를 받으려는 자는 별지 제27호서식의 신청서에 제9조제1항 각 호의 서류를 첨부하여 지방항공청장(항공로용으로 사용되는 항공정보통신시설 및 항행안전무선시설의 경우에는 항공교통본부장을 말한다)에게 제출하여야 한다. 이 경우 담당 공무원은 「전자정부법」 제36조제1항에 따른 행정정보의 공동이용을 통하여 법인등기사항증명서(신청인이 법인인 경우만 해당한다)를 확인하여야 한다.
② 법 제43조제4항에 따른 항행안전시설의 설치기준은 다음 각 호와 같다.
   1. 항공등화의 설치기준 : 별표 14
   2. 항행안전무선시설의 설치기준 : 별표 15
   3. 항공정보통신시설의 설치기준 : 별표 16

[별표 14] 항공등화의 설치기준(제36조제2항제1호 관련)
1. 조종사 및 관제사의 눈이 부시지 않도록 하고, 노출된 등화설비(활주로등, 정지로등, 유도로등 등을 말한다. 이하 이 목에서 같다)는 항공기와 접촉할 때 항공기에 손상을 주지 않고 등화설비가 부서지도록 경구조물(輕構造物)로 하며, 매립된 등화설비는 항공기 바퀴와 접촉으로 인하여 항공기 및 등화설비에 손상을 주지 않도록 제작·설치할 것
2. 항공등화의 활주로등에 대한 광도비(光度比)는 다음 기준에 적합할 것

항공등화의 종류		활주로등의 평균광도와 해당 등화의 평균광도와의 비율	색상
진입등시스템	중심선 표시등 및 횡선 표시등	1.5 ~ 2.0	흰색
	측렬 표시등	0.5 ~ 1.0	붉은색
활주로시단등	시단등(始端燈)	1.0 ~ 1.5	녹색
	시단연장등	1.0 ~ 1.5	녹색
접지구역등		0.5 ~ 1.0	흰색
활주로중심선등	30m 간격의 등	0.5 ~ 1.0	흰색
	15m 간격의 등	0.25 ~ 0.5(제1종 및 제2종 활주로)	흰색
		0.5 ~ 1.0(제3종 활주로)	
활주로 종단등(終端燈)		0.25 ~ 0.5	붉은색
활주로등		1	흰색

비고 : 위 표의 제1종(category I)·제2종(category II) 및 제3종(category III) 활주로의 구분은 「국제민간항공조약」 부속서 14의 기준에 따른다.

3. 항공등화의 광도 및 색상 등이 다음 기준에 적합할 것

항공등화 종류	육상비행장					육상 헬기장	최소광도 (cd)	색상
	비계기 진입활주로	계기진입 활주로						
		비정밀	카테고리 I	카테고리 II	카테고리 III			
비행장등대	○	○	○	○	○		2,000	흰색, 녹색
진입등시스템		○	○	○	○		5,000	흰색, 붉은색
진입각지시등	○	○	○	○	○		1,500	흰색, 붉은색
활주로등	○	○	○	○	○		10,000	노란색, 흰색
활주로시단등	○	○	○	○	○		10,000	녹색
활주로중심선등				○	○		2,500	흰색, 붉은색
접지구역등				○	○		5,000	흰색
활주로종단등	○	○	○	○	○		2,500	붉은색
유도로등	○	○	○	○	○		2	파란색

Chapter 01 | 항공법규

공항시설법 시행규칙

항공등화							설치수	색상
유도로중심선등					○		20	노란색, 녹색
일시정지위치등					○		20	노란색
정지선등				○	○		20	붉은색
활주로경계등			○		○		30	노란색
풍향등	○	○	○		○	○	-	흰색
지향신호등	○	○	○	○	○		6,000	붉은색, 녹색 및 흰색
정지로등	○	○	○	○	○		30	붉은색
유도로안내등	○	○	○	○	○		10	붉은색, 노란색 및 흰색
착륙구역등						○	3	녹색

비고 : 1. "○"표는 설치가 필요한 항공등화. 다만, 활주로경계등은 카테고리 I 활주로에서 항공교통량이 많은 경우에만 설치한다.
2. "○"표의 표시가 없는 항공등화 및 열거되지 않은 항공등화는 해당 비행장의 입지조건 등을 고려하여 설치할 수 있다.
3. 그 밖에 국토교통부장관이 정하여 고시하는 설치기준에 적합할 것

[별표 15] 항행안전무선시설의 설치기준(제36조제2항제2호 관련)

1. 일반기준
가. 새로 설치하는 경우에는 가급적 이미 설치된 다른 항행안전시설에 영향을 주지 아니할 것
나. 전파가 양호하게 발사될 수 있는 위치에 설치할 것
다. 감시장치 및 예비전원장치 등을 갖출 것
라. 주 장비와 예비 장비를 갖춘 경우 주 장비에 이상이 있으면 예비 장비로 자동교체되고 그 상태를 표시할 수 있을 것
마. 유지보수 등에 필요한 인원, 시험 및 계측장치, 예비부품등을 갖출 것

2. 세부 기술기준
가. 무지향표지시설(NDB)
　1) 기능 : 항공기에 무지향표지시설의 위치를 나타낼 수 있도록 방향정보를 무지향성으로 제공해야 한다.
　2) 기술기준
　　가) 190㎑ 에서 1,750㎑ 까지의 주파수대에서 운용되어야 하고, 주파수 허용편차는 ±0.01퍼센트 이내여야 한다. 다만, 1,606.5㎑ 이상의 주파수로서 안테나의 출력이 200W 이상인 무지향표지시설인 경우의 주파수 허용편차는 ±0.005퍼센트 이내여야 한다.
　　나) 식별부호는 2 또는 3개의 문자로 구성된 국제 모르스 부호를 사용해야 하고, 분당 7개 단어에 해당하는 속도로 전송되어야 한다.
　　다) 정격 도달범위에서의 최소 전계강도는 70μV/m여야 한다.
　3) 설치위치 : 무지향표지시설은 계기착륙시설의 보조용으로 사용하려는 경우에는 중간마커 및 외측마커와 같이 활주로 중심 연장선과 평행하게 설치해야 한다.

나. 전방향표지시설(VOR)
　1) 기능 : 전방향표지시설은 항공기에 자북(磁北)을 기준으로 한 방위각 정보를 제공해야 한다.
　2) 기술기준
　　가) 반송파의 주파수대는 111.975㎒에서 117.975㎒까지의 주파수대에서 운용되어야 하고, 「국제민간항공조약」부속서 10에 따라 허용되는 경우에는 108㎒에서 111.975㎒까지의 주파수대에서 운용될 수 있다. 다만, 최고 할당 가능한 주파수는 117.950㎒여야 하며, 채널 간격은 50㎑ 간격이어야 한다.
　　나) 채널 간격이 100㎑ 또는 200㎑인 경우 무선주파수 반송파의 주파수 허용편차는 ±0.005퍼센트여야 하고, 채널 간격이 50㎑인 경우에는 ±0.002퍼센트 이내여야 한다.
　　다) 규정된 유효 도달범위에서 항공기의 수신기가 만족스럽게 운용될 수 있도록 요구되는 전방향표지시설의 공간 전계강도 또는 전력밀도는 90μV/m 또는 －107㏈W/㎡여야 한다.
　　라) 규정된 유효 도달범위에서의 무선주파수 반송파는 다음의 두 가지 신호로 진폭변조되어야 한다.
　　　(1) 30㎐에 의하여 주파수 변조되고 16±1의 변위비율을 가지는 일정한 진폭을 가진 9,960㎐의 부반송파

> ## 공항시설법 시행규칙

(가) 컨벤셔널방식 전방향표지시설(CVOR)의 경우에 주파수 변조(FM) 부반송파의 30㎐ 성분은 방위에 관계없이 고정되어야 하며, 이를 기준위상 신호라 한다.
(나) 도플러방식 전방향표지시설(DVOR)의 경우에 30㎐ 성분의 위상은 방위에 따라 변하며, 이를 가변위상 신호라 한다.
　(2) 30㎐ 진폭변조 성분
　　(가) 컨벤셔널방식 전방향표지시설(CVOR)의 경우에 이 진폭변조 성분은 회전 전계 패턴에 의하여 발생하고 위상은 방위에 따라 변하며, 이를 가변위상 신호라 한다.
　　(나) 도플러방식 전방향표지시설(DVOR)의 경우에 이 진폭변조 성분은 방위에 관계없이 일정한 위상으로 전(全) 방향으로 방사되며, 이를 기준위상 신호라 한다.
　마) 9,960㎐의 부반송파에 의한 무선주파수 반송파의 변조도는 28퍼센트에서 32퍼센트 이내여야 한다.
　바) 식별부호는 2개 또는 3개의 문자로 구성된 국제 모르스 부호를 사용해야 하고, 분당 약 7개 단어에 해당하는 속도로 1,020㎐ ±50㎐로 변조되어 송신되어야 하며, 최소한 30초마다 3회씩 동일한 간격으로 송신되어야 한다. 이 경우 이들 식별부호 중 하나는 음성 식별부호의 형태로 할 수 있으며, 전방향표지시설과 거리측정시설(DME)이 병설되는 경우 거리측정시설 식별부호는 전방향표지시설의 식별부호에 연동되어야 한다.
3) 설치위치
　가) 가능한 한 주변의 지형지물 또는 인공구조물로부터 영향을 받지 않는 곳에 설치하고, 반송파 안테나에서 반지름 300m(1,000피트)까지의 지면은 평탄성을 유지하거나 경사면이 4퍼센트 이내여야 한다.
　나) 안테나에서 반지름 150m 이내 지역의 수평면 위로 1.2도의 각도 안에는 전파장애가 되는 구조물이 없어야 한다.
　다) 지형 여건 등이 부득이한 경우 도플러방식 전방향표지시설(DVOR)은 위 가) 및 나)에 적합하지 않는 곳에 설치할 수 있으나 전방향표지시설(VOR)의 정상적인 기능에 큰 영향이 없어야 한다.
다. 거리측정시설(DME)
　1) 기능 : 거리측정시설은 지상의 기준점으로부터 항공기까지의 경사거리정보를 항공기에 제공해야 한다.
　2) 기술기준(지상에 설치되는 DME/N에 대한 것)
　　가) 960㎒에서 1,215㎒까지의 주파수대에서 수직편파로 작동되어야 하고, 질문과 응답 주파수의 채널간격은 1㎒ 단위로 할당되어야 한다.
　　나) 무선주파수의 안정도는 할당된 주파수로부터 ±0.002퍼센트 이내여야 한다.
　　다) 첨두 유효방사 전력은 사용범위 내에서 약 -83㏈W/㎡ 이상이어야 한다.
　　라) 다른 시설과 같이 설치되어 운용될 경우 기본응답 지연시간은 50㎲이어야 한다.
　3) 설치위치 : 거리측정시설을 계기착륙시설, 전방향표지시설과 병설하려는 경우에는 다음과 같이 설치해야 한다.
　　가) 전방향표지시설과 거리측정시설을 병설하려는 경우에는 다음과 같이 설치해야 한다.
　　　(1) 동축병설 : 전방향표지시설과 거리측정시설의 안테나가 동일 수직축 상에 위치해야 한다.
　　　(2) 편축병설 : 공항지역에서 공항접근용으로 사용하거나 높은 정확도가 필요한 절차용으로 사용하려는 경우 전방향표지시설과 거리측정시설 안테나의 분리간격은 30m를 초과해서는 안 된다. 다만, 거리측정시설의 정보가 별도의 시설에 의하여 제공되는 도플러방식 전방향표지시설의 경우 안테나의 간격은 30m 이상 분리할 수 있으나, 80m를 초과해서는 안 된다.
　　나) 가) 외의 목적으로 사용하려는 경우 전방향표지시설과 거리측정시설 안테나의 분리간격은 600m를 초과해서는 안 된다.
라. 계기착륙시설(ILS)·마이크로파착륙시설(MLS) 또는 트랜스폰더착륙시설(TLS)
　1). 계기착륙시설
　　가) 기능 : 계기착륙시설은 다음의 기능을 갖는다.
　　　(1) 계기착륙시설은 항공기가 착륙하는 데 필요한 방위각정보·활공각정보 및 마커위치정보를 신뢰성 있게 제공해야 한다.
　　　(2) 계기착륙시설의 구성장비는 다음과 같다. 다만, 지형적 여건 또는 운영여건에 따라서 일부장비의 설치를 하지 않거나 또는 유사한 기능을 가진 장비로 대체할 수 있다.
　　　　(가) 감시장치·원격제어 및 지시장치를 갖춘 방위각 제공시설(LLZ)

Chapter 01 | 항공법규

> 공항시설법 시행규칙

(나) 감시장치·원격제어 및 지시장치를 갖춘 활공각 제공시설(GP)
(다) 감시장치·원격제어 및 지시장치를 갖춘 마커(Marker)장비. 다만, 지형적 또는 운영 여건에 따라 거리측정시설로 대체할 수 있다.

나) 기술기준 : 계기착륙시설은 다음의 기술기준을 갖추어야 한다.
 (1) 방위각제공시설(LLZ)
  (가) 반송파의 주파수대역은 108㎒에서 111.975㎒까지의 주파수대로 동작해야 하고, 단일 무선주파수 반송파가 사용될 경우의 주파수 허용편차는 ±0.005퍼센트 이내여야 한다. 다만, 두개의 무선주파수 반송파가 사용될 경우의 주파수 허용편차는 ±0.002퍼센트 이내여야 하며, 반송파에 의하여 점유되는 공칭대역은 할당된 주파수에 대하여 대칭되어야 하고, 반송파의 주파수 간격은 5㎑ 이상 14㎑ 이내여야 한다.
  (나) 다음의 경우 외에 규정된 도달범위 안에서의 전계강도는 40μV/m(-114dBW/㎡) 이상이어야 한다.
   ① 카테고리 Ⅰ용 방위각제공시설의 경우 계기착륙시설 활공로와 방위각 코스구역 내에서의 최소 전계강도는 18.5㎞(10NM) 거리로부터 활주로 말단을 포함하는 수평면 상공 60m 지점까지 90μV/m(-107dBW/㎡) 이상이어야 한다.
   ② 카테고리 Ⅱ용 방위각제공시설의 경우 계기착륙시설 활공로와 방위각 코스구역 내에서의 최소 전계강도는 18.5킬로m(10NM)의 거리에서 100μV/m(-106dBW/㎡) 이상이어야 하고, 활주로 말단을 포함하는 수평면 상공 15m 지점까지는 200μV/m(-100dBW/㎡) 이상이어야 한다.

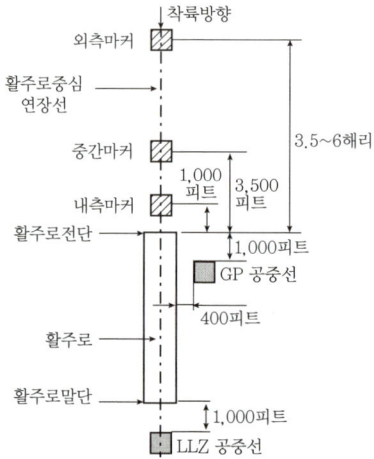

   ③ 카테고리 Ⅲ용 방위각제공시설의 경우 계기착륙시설 활공로상과 방위각제공시설 코스구역 내의 최소 전계강도는 18.5킬로m(10NM)의 거리에서 100μV/m(-106dBW/㎡) 이상이어야 하고, 활주로 말단을 포함하는 수평면 상공 6m 지점에서 200μV/m(-100dBW/㎡) 이상이어야 하며, 활주로 말단을 포함하는 수평면 상공 6m 지점과 활주로 중심선 4m 높이로 연결한 지점에서 활주로 종단방향으로 300m까지 수직 4m 높이로 연결한 지점에서의 전계강도는 100μV/m(-106dBW/㎡) 이상이어야 한다.
  (다) 식별부호는 1,020㎐±50㎐로 반송파를 진폭변조하고, 2개 또는 3개의 영문자로 구성된 국제 모르스 부호를 사용하며, 계기착륙시설에 인접된 항행시설과 구별할 필요가 있는 경우에는 문자 "Ⅰ"의 국제 모르스 부호를 첫 번째로 송신하고 설정된 시간간격에 맞게 차례대로 식별부호를 송신해야 한다.
 (2) 활공각제공시설(GP)
  (가) 반송파의 주파수대역은 328.6㎒에서 335.4㎒까지여야 하며, 단일 무선주파수 반송파가 사용될 경우의 주파수 허용편차는 ±0.005퍼센트 이내여야 한다. 다만, 두 개의 주파수 반송파가 사용되는 경우 주파수 허용편차는 ±0.002퍼센트 이내여야 하며, 반송파에 의하여 점유되는 공칭대역은 할당된 주파수에 대하여 대칭적이어야 한다. 이 경우 모든 허용 편차를 적용할 때 반송파 간의 주파수 간격은 4㎑이상 32㎑이내여야 한다.

공항시설법 시행규칙

(나) 수평 도달범위는 활공각의 중심선 양쪽 측면인 각각 8도 범위의 구간에서 최소한 18.5킬로m(10NM)까지 여야 하고, 수직 도달범위는 수평면을 기준으로 수직으로 상단 1.75θ에서 하단 0.45θ까지 항공기의 수신기가 만족스럽게 운영될 수 있도록 충분한 신호를 제공해야 하며, 고시된 활공각 교차 진입절차(intercept procedure)를 준수해야 하는 경우에는 수직 도달범위를 0.30θ까지 아래쪽으로 확장해야 한다.

(다) (나)에 규정된 활공각 성능의 전파 도달범위를 제공하기 위하여 전파 도달구역 내의 최소 전계강도는 $400\,\mu V/m(-95dBW/m^2)$여야 하며, 활공각제공시설의 카테고리별 전계강도는 다음과 같아야 한다.
　① 카테고리 Ⅰ : 활주로 말단을 포함하는 수평면 상공 30m 지점까지 제공
　② 카테고리 Ⅱ 및 카테고리 Ⅲ : 활주로 말단을 포함하는 수평면 상공 15m 지점까지 제공

(3) 마커
　(가) 마커비콘은 75㎒±0.005퍼센트의 주파수 허용편차 이내로 동작되는 수평편파여야 한다.
　(나) 마커비콘 장비는 계기착륙시설 활공로 및 방위각 코스라인 상에서 측정할 경우 다음의 거리까지 전파 도달범위가 제공되어야 한다.
　　① 내측마커(IM) : 150m±50m
　　② 중간마커(MM) : 300m±100m
　　③ 외측마커(OM) : 600m±200m
　(다) (나)에 규정된 전파 도달범위 한계에서의 전계강도는 $1.5mV/m(82dBW/m^2)$여야 하며, 전파 도달범위 내에서 전계강도는 최소한 $3.0mV/m(76dBW/m^2)$여야 한다.
　(라) 마커비콘의 식별부호로 인한 반송파의 신호에 영향을 주어서는 안 되고, 오디오 주파수의 변조는 다음과 같은 부호로 구성되어야 하며, 부호화율은 ±15퍼센트 이내여야 한다.
　　① 내측마커(IM) : 매초당 6개의 단점(Dot)을 연속 반복
　　② 중간마커(MM) : 단점(Dot)과 장점(Dash)을 연속적으로 반복하되, 장점(Dash)은 매초 2회, 단점(Dot)은 매초 6회 비율로 부호화
　　③ 외측마커(OM) : 매초당 장점(Dash)을 2회 연속 반복
　(4) 설치위치 : 계기착륙시설의 설치위치는 앞 페이지의 그림과 같다. 다만 지형 조건 등으로 그림과 같이 설치하기가 곤란한 경우에는 시설의 성능에 큰 영향을 주지 않는 범위 안에서 설치위치를 조정할 수 있다.

2) 마이크로파착륙시설
　가) 기능
　　(1) 마이크로파착륙시설은 위치정보와 다양한 지대공 데이터를 제공하는 정밀접근 및 착륙유도시설로서, 위치정보는 넓은 도달범위의 구역에 제공되고 방위각도 측정, 고도각도 측정 및 거리측정에 의하여 결정된다.
　　(2) 마이크로파착륙시설의 구성장비는 다음과 같다.
　　　(가) 감시장치·원격조정 및 지시장치를 갖춘 방위각 장비(Azimuth)
　　　(나) 감시장치·원격조정 및 지시장치를 갖춘 활공각 장비(Elevation)
　　　(다) 감시장치·원격조정 및 지시장치를 갖춘 데이터 전송장치
　　　(라) 감시장치·원격조정 및 지시장치를 갖춘 거리측정 장비(DME/P)
　　(3) 마이크로파착륙시설의 기능확장을 위한 장비는 다음과 같다.
　　　(가) 감시장치·원격조정 및 지시장치를 갖춘 후방 방위각 장비(Back Azimuth)
　　　(나) 감시장치·원격조정 및 지시장치를 갖춘 근접 활공각 장비(Flare Elevation)
　　　(다) 감시장치·원격조정 및 지시장치를 갖춘 데이터 전송장치
　나) 기술기준
　　(1) 각도 및 데이터 기능은 「국제민간항공조약」 부속서 10에 따라 5,031.0㎒에서 5,090.7㎒까지의 주파수대역에 할당된 200개의 채널 중 하나로 작동되어야 한다.
　　(2) 지상장비의 운용 무선주파수는 할당된 주파수로부터 ±10㎑ 이상 변해서는 안 되고, 주파수 안정도는 1초 간격으로 측정하였을 경우 공칭주파수로부터 ±50㎐ 이내여야 한다.
　　(3) 방위각 유도장비 : 방위각 지상장비 안테나는 수평면에서는 좁게, 수직면에서는 넓은 부채꼴 모양의 빔을 생성해야 하고, 생성된 빔은 비례 유도구역의 한계 간에서 수평으로 주사되어야 한다.

Chapter 01 | 항공법규

공항시설법 시행규칙

(4) 고도각 유도기능 : 고도각 지상장비의 안테나는 수직면에서 좁고, 수평면에서는 넓은 부채꼴 모양의 빔을 생성해야 하고, 생성된 빔은 비례 유도구역의 한계 간에서 수직으로 주사되어야 한다.

(5) 데이터 전송장치
  (가) 기본 데이터 WORD 1, 2, 3, 4 및 6은 접근 방위각 도달범위 전체구역에 송신되어야 한다.
  (나) 후방 방위각 기능이 제공되는 곳에서는 기본 데이터 WORD 4, 5 및 6은 접근 방위각 및 후방 방위각 도달범위 전체구역에 송신되어야 한다.

(6) 설치위치
  (가) 접근 방위각장비의 안테나는 활주로 정지선 후방으로 활주로 중심선 연장선상에 위치되어야 하고, 0도 코스라인을 포함하는 수직면이 마이크로파착륙시설 접근 기준점을 포함하도록 해야 하며, 안테나의 설치 위치 선정은 「국제민간항공조약」 부속서 14의 장애물 회피기준에 일치되어야 한다.
  (나) 접근 고도각장비 안테나는 활주로 측면에 위치되어야 하며, 안테나의 설치 위치 선정은 「국제민간항공조약」 부속서 14의 장애물 회피기준에 일치되어야 한다.

3) 트랜스폰더착륙시설
  가) 기능 : 트랜스폰더착륙시설은 항공기에 장착된 트랜스폰더(자동응답장치) 및 계기착륙시설 수신기를 이용하여 방위각정보·활공각정보 등 항공기의 착륙에 필요한 정보를 제공해야 한다.
  나) 기술기준
    (1) 질문하는 반송파의 송신주파수는 1,030㎒여야 한다.
    (2) 방위각 주파수의 송신주파수는 108.1㎒에서 111.975㎒까지여야 하고, 도달범위는 접근선상의 ±10도 이내에서는 18해리 이상이어야 한다.
    (3) 활공각 정보의 송신주파수는 329.15㎒에서 335.00㎒까지여야 하고, 도달범위는 지표면 위의 0.75도 에서 7도 사이에서 10해리 이상이어야 한다.
  다) 설치위치
    (1) 방위각 감지기는 활주로 전단으로부터 활주로 말단방향으로 300m(1,000피트) 떨어진 지점에서 활주로 중심선을 기준으로 좌우로 45m(150피트) 떨어진 양 지점 중 한 지점에 설치해야 한다.
    (2) 활공각 감지기는 활주로 전단으로부터 활주로 말단방향으로 300m(1,000피트) 떨어진 지점에서 활주로 중심선을 기준으로 좌우로 200m(650피트) 떨어진 양 지점 중 한 지점에 설치해야 한다.
    (3) 지형적인 여건 등으로 (가) 및 (나)에서 정한 위치에 설치할 수 없는 경우에는 그 기능에 큰 영향을 주지 않는 범위 안에서 설치위치를 조정할 수 있다.

마. 레이더시설(ASR/ARSR/SSR/ARTS/ASDE/PAR)
  1) 기능
    가) 일차감시레이더(ASR/ARSR), 이차감시레이더(SSR) 및 레이더 자료 자동처리장치(RDP/FDP/ARTS) : 항공기 관제를 안전하고 효율적으로 하기 위하여 항공기 탐지를 위한 항공기 위치, 속도, 고도, 비행계획 자료 및 운영자가 따로 요구하는 사항을 현시장치(Display)에 표시할 수 있어야 한다.
    나) 공항지상감시레이더(ASDE) : 항공교통관제를 효율적·경제적으로 수행하기 위하여 지상에서 이동하는 항공기 등의 이동물체를 탐지하여 현시장치에 표시함으로써 이동물체의 위치 등을 쉽게 파악할 수 있어야 한다.
    다) 정밀접근레이더(PAR) : 관제사가 레이더 화면을 이용하여 착륙하는 항공기에 착륙지점에서 15㎞ 이상의 범위에 대하여 방위각 및 활공각정보를 제공할 수 있어야 한다.
  2) 기술기준
    가) 일차감시레이더
      (1) 공항접근용 일차감시레이더(ASR)
        (가) 반송파의 주파수대는 L밴드 또는 S밴드여야 한다.
        (나) 수평면위로 0.5도에서 30도까지 중 수평거리 0.5해리에서 60해리까지 및 고도 7,600m(25,000피트) 안에 있을 경우 탐지할 수 있어야 한다.
        (다) 방위각 탐지 오차는 ±2도 이내여야 하고 거리 탐지 오차는 탐지 거리의 ±3% 이내여야 한다.
        (라) 수신장치 감도는 -108dBm 이상이어야 한다.

공항시설법 시행규칙

(마) 수신장치는 관제에 필요한 자료를 선택하고 명확히 관찰할 수 있도록 거리 및 구역별 수신감도조정기능(STC : Sensitivity Time Control), 이동물체만 탐지하는 기능 등을 갖추어야 한다.
(바) 현시장치(Display)에 4초 또는 5초 이내에 새로운 자료를 나타낼 수 있어야 한다.
(사) 안테나의 구동모터와 인코더(Encoder)는 이중화되어야 한다.
(아) 수신장치는 레이더 탐지범위 내의 비·구름 등의 기상상태를 탐지하는 기능을 갖추어야 한다.
(2) 항로용 일차감시레이더(ARSR)
(가) 반송파의 주파수대는 L밴드여야 하고, 도달범위는 200해리 이상이어야 한다.
(나) 수평면 위로 0.5도에서 30도까지 중 수평거리 100해리 이상 및 고도 60,000피트 안에 있을 경우 탐지할 수 있어야 한다.
(다) 현시장치(Display)에 8초에서 12초 내에 새로운 자료를 나타낼 수 있어야 한다.

나) 이차감시레이더(지상에 설치되는 장비)
(1) 이차감시레이더는 일차감시레이더와 같이 설치되어 운용될 수 있어야 한다.
(2) 지상장비에서 항공기에 질문하는 주파수는 1,030㎒±0.2㎒이고, 항공기가 응답하여 지상장비의 수신장치가 수신하는 주파수는 1,030㎒±3㎒여야 한다.
(3) 질문은 P1과 P3로 지정된 두 개의 전송된 펄스로 구성되고, 제어 펄스 P2는 처음 질문 펄스 P1에 이어서 전송되어야 한다.
(4) P1과 P2 펄스 간의 간격은 2.0㎲±0.15㎲이어야 하고, P1, P2, P3 펄스의 폭은 각각 0.8㎲±0.1㎲이어야 하며, P1, P2, P3 펄스의 상승시간은 0.05㎲에서 0.1㎲까지여야 하고, 하강시간은 0.05㎲에서 0.2㎲까지여야 한다.
(5) P1과 P3 간의 간격은 질문의 모드(Mode)를 결정하고, 질문모드에 따르는 펄스 간격은 다음과 같다.
  (가) 모드 A : 8㎲±0.2㎲로서 항공교통관제(ATC)용
  (나) 모드 C : 21㎲±0.2㎲로서 고도지시용
(6) 최대 질문 반복 주파수는 초당 450개의 질문이어야 한다.
(7) 트랜스폰더를 탑재한 항공기가 수평면 위로 0.5도에서 45도 사이의 수평거리 1해리에서 200해리 이내에 있을 경우 이를 탐지할 수 있어야 한다.
(8) 운영상 요구되는 도달범위 안에서 인접된 레이더 신호와의 간섭현상을 최소화할 수 있도록 질문기의 실효방사전력을 최저값으로 줄일 수 있어야 한다.
(9) 수신기는 부엽억제기능(SLS : Side Lobe Suppression)을 갖추어야 한다.
(10) 수신기는 트랜스폰더로부터 수신된 신호에 대하여 항적거리 또는 위치에 관계없이 수신감도가 일정하게 유지될 수 있도록 수신감도조정기능(STC)을 갖추어야 한다.
(11) 질문펄스가 정확한 형태로 전송되는지를 측정하기 위하여 가능한 한 지상에 트랜스폰더를 갖추어야 한다.

다) 레이더자료 자동처리시스템
(1) 레이더자료 자동처리시스템은 일차감시레이더와 이차감시레이더에서 수신된 신호를 비행자료와 결합하여 관제용 현시장치에 숫자·문자·기호 등으로 출력할 수 있는 기능을 갖추어야 한다.
(2) 관제용 현시장치에 인접 항공기 간의 비행자료가 중첩되어 표시될 경우 자동 또는 수동으로 비행자료를 분리할 수 있는 기능을 갖추어야 한다.
(3) 레이더자료 자동처리시스템은 다음의 경보기능을 갖추어야 한다.
  (가) 최저안전고도 경보기능
  (나) 충돌방지 경보기능
  (다) 항공기의 비상상태 경보기능(7700)
  (라) 항공기의 무선통신장애 경보기능(7600)
  (마) 항공기의 납치 경보기능(7500)
  (바) 위험지역 침입 경보기능
  (사) 이차감시레이더 부호(SSR CODE) 중복배정 경고기능
  (아) 그 밖에 공역의 특성에 따라 항공교통안전을 위하여 필요한 기능
(4) 비행자료 현시기능에는 항공기가 편명·식별부호, 도착·출발공항, 도착·출발시간 등이 표시되어야 한다.

Chapter 01 | 항공법규

공항시설법 시행규칙

(5) 항공기의 사고조사 등을 위하여 레이더자료 녹화 및 출력장치를 설치해야 하고, 녹화출력 또는 재생 시 주 장비의 동작에 영향을 주어서는 안 된다.

라) 공항지상감시레이더
  (1) 반송파의 주파수대는 Ku·K·Ka 밴드여야 한다. 다만, 공항의 여건상 X 밴드의 사용이 바람직한 경우에는 X 밴드를 사용할 수 있다.
  (2) 공항지상감시레이더는 다음의 탐지구역에 대한 감시성능을 갖추어야 한다.
    (가) 방위각 : 360도
    (나) 고도 : 비행장 지표면에서 60m까지
    (다) 범위 : 150m ~ 6,000m(해당 지역에 맞추어 조정이 가능해야 한다)
  (3) 안테나의 회전속도는 60rpm±10%여야 한다.
  (4) 공항지상감시레이더는 가능한 한 기동지역의 모든 항공기 및 차량의 이동상황에 대하여 명확하게 탐지하고 현시할 수 있어야 한다.
  (5) 공항 내 지상의 이동물체에 대한 지상 관제업무를 쉽게 수행할 수 있도록 침입방지 및 충돌방지 등에 대한 경보기능을 갖추어야 한다.
  (6) 안테나의 인코더는 이중화되어야 한다.

마) 정밀접근레이더
  (1) 활주로에 착륙하는 항공기의 상하좌우 위치를 탐지하여 관제화면에 현시할 수 있어야 한다.
  (2) 해당 안테나로부터 수평방위 20도, 수직방위 7도의 공간에서 최소한 16.7킬로m(9해리) 거리까지 전파 도달범위를 가져야 하고, 반사면적 15㎡ 이상 항공기의 위치를 탐지하여 지시할 수 있어야 한다.
  (3) 현시자료는 최소한 1초에 한 번씩 갱신되어야 한다.

3) 설치위치
  가) 일차감시레이더 및 이차감시레이더는 다음의 요건을 갖춘 위치에 설치해야 한다.
    (1) 가능한 한 주변에 장애물이 적어 넓은 가시거리를 제공할 수 있는 지역이어야 한다.
    (2) 안테나에서 반지름 450m 이내에는 가능한 한 장애물이 없어야 한다.
    (3) 가능한 한 항공기가 착륙할 때까지 탐지할 수 있는 지역이어야 한다.
  나) 공항지상감시레이더는 다음의 요건을 갖춘 위치에 설치해야 한다.
    (1) 항공기·차량 등의 이동물체를 탐지할 수 있는 가시거리가 확보되는 지역이어야 하고, 가능한 한 관제탑 옥상 또는 공항 전구역이 탐지가 되는 장소에 설치해야 한다.
    (2) 도파관에 의한 손실을 최소화할 수 있도록 안테나와 장비를 가능한 한 근접하여 설치해야 한다.
  다) 정밀접근레이더는 접지점에서 활주로 종단 방향으로 150m(500피트) 지점을 중심으로, 활주로 중심선상 좌우 ±5도 방위의 구역과 수직각도 -1도에서 +6도까지의 구역을 탐지할 수 있는 위치에 설치되어야 한다.

바. 전술항행표지시설(TACAN)
  1) 기능 : 전술항행표지시설은 자북을 기준으로 한 방위각 정보와 지상의 기준점으로부터 항공기까지의 경사거리정보를 항공기에 제공하는 기능을 갖는다.
  2) 기술기준 : 전술항행표지시설은 다음의 기술기준 외에 거리정보제공에 관하여 거리측정시설과 동일한 기술기준을 갖추어야 한다.
    가) 방위각 정보를 제공하기 위하여 15㎐ 및 135㎐의 진폭변조가 이루어져야 한다.
    나) 15㎐의 최고 진폭이 정동방향에 위치할 경우 자북 기준신호가 송신되어야 하고, 자북 기준신호로부터 40도의 간격을 갖는 보조기준신호를 송신해야 한다.
    다) 자북 기준신호는 펄스상의 두 펄스 간격이 12㎲±0.1㎲이고 펄스쌍 간의 간격이 30㎲±0.1㎲인 펄스쌍들이 1초당 180개 송신되며, 보조기준신호는 펄스쌍의 두 펄스 간격이 12㎲±0.1㎲이고 펄스쌍 간의 간격이 24㎲±0.1㎲인 펄스쌍이 1초당 720개 송신되어야 한다.
    라) 신호의 송신은 방위기준신호, 식별부호, 거리질문 응답신호, 잡음신호의 순서여야 한다.
    마) 운용범위 안의 전계강도는 거리측정시설과 같고, 도달범위는 수평면 위로 40도 이상이어야 한다.
    바) 방위각 정보의 오차는 ±2.0도 이하여야 한다.
  3) 설치위치 : 전술항행표지시설은 전파복사가 쉽고, 송신된 신호가 강하게 반사되지 않는 곳에 설치해야 한다.

공항시설법 시행규칙

사. 위성항법시설(GNSS/SBAS/GRAS/GBAS)
  1) 기능 : 위성항법시설은 위치정보제공위성 등을 활용하여 위치정보 이용자에게 항행에 필요한 정보를 제공하는 기능을 갖는다.
  2) 기술기준
    가) 위치정보제공위성(GPS 등)은 전 세계에 지리적 위치정보와 시간정보를 제공해야 한다.
    나) 위성항법광역보정시설(SBAS 또는 GRAS)은 위성통신 또는 여러개의 단거리 무선데이터통신 등을 이용하여 넓은 지역에 위치정보제공위성의 보정정보를 제공해야 한다.
    다) 위성항법지역보정시설(GBAS)은 단거리 무선데이터통신 등을 이용하여 공항에 접근하는 항공기에게 위치정보제공위성의 보정정보를 제공해야 한다.
    라) 위성항법시설은 세계지리좌표계(WGS-84) 및 국제표준시간(UTC)을 적용해야 한다.
아. 자동종속감시시설(ADS, ADS-B)
  1) 기능 : 자동종속감시시설은 다음의 기능을 갖는다.
    가) ADS는 항공기에서 전송하는 위치, 속도 및 호출부호 등의 정보를 관제용 현시장치에 실시간으로 표시하는 기능을 갖는다.
    나) ADS-B는 항공기에서 전송하는 정보를 분석하여 항공기의 위치 및 이동 상황, 항공기상정보 등을 관제용 현시장치에 실시간으로 표시하거나 불특정 다수의 항공기에 방송할 수 있는 기능을 갖는다.
  2) 기술기준 : 자동종속감시시설은 다음의 기술기준을 갖추어야 한다.
    가) ADS
      (1) ADS의 가용성(Availability)은 99.996퍼센트 이상이어야 하며, 무결성(Integrity)은 10-7 이상이어야 한다.
      (2) ADS는 요구접속·사건접속·주기접속 또는 비상모드 등의 형태로 운용되어야 한다.
    나) ADS-B
      (1) ADS-B의 통신방식(Protocol)은 1,090㎒ ES(Extended Squitter), 초단파디지털이동통신시설(VDL) 또는 범용접속데이터통신시설(UAT)을 사용할 수 있어야 한다.
      (2) 1090㎒ ES를 통하여 운용되는 ADS-B는 TIS-B(Traffic Information Service-Broadcast)의 정보를 처리할 수 있어야 한다.
자. 위성항법감시시설(GNSS Monitoring System)
  1) 기능 : 위성항법감시시설은 다음의 기능을 갖는다.
    가) 위성항법시설(GNSS) 신호의 가용성을 실시간으로 감시하거나 위치정보제공위성의 운용상태 등에 대한 정보를 제공하는 기능을 갖는다.
    나) 위성항법감시시설은 위치정보제공위성의 운용상태 등에 대한 정보를 제공하기 위하여 사용 가능한 위치정보제공위성의 수를 예측할 수 있어야 한다.
  2) 기술기준 : 위성항법감시시설은 다음의 기술기준을 갖추어야 한다.
    가) 위성항법감시시설의 가용성은 위성항법시설 신호를 실시간으로 감시하는 방식에 따라 판단하여야 한다.
    나) 위성항법감시시설 가용성의 판단기준은 「국제민간항공조약」 부속서 10에 따라 평균적 위치(Average Location)에서는 수평 및 수직 99퍼센트 이상, 극단적 위치(Worst case Location)에서는 수평 및 수직 90퍼센트 이상이어야 한다.
차. 다변측정감시시설(MLAT)
  1) 기능 : 다변측정감시시설은 2차 감시레이더(SSR) 트랜스폰더에서 수신되는 신호의 시간차를 비교·분석하는 다변측정방식으로 항공기 또는 지상이동물체의 위치를 탐지하여 관제용 현시장치에 실시간으로 표시하는 기능을 갖는다.
  2) 기술기준 : 다변측정감시시설은 다음의 기술기준을 갖추어야 한다.
    가) 다변측정감시시설은 항공기 또는 지상이동물체의 위치를 탐지하는 탐지장치와 탐지한 위치 등의 정보를 관제용 현시장치에 실시간으로 표시할 수 있도록 하는 자료처리장치로 구성되어야 한다.
    나) 탐지장치는 2차 감시레이더 트랜스폰더를 이용하여 항공기 또는 지상이동물체에서 송신되는 신호를 지상의 몇 개의 수신기로 수신하여 위치 및 호출부호 등의 정보를 자료처리장치에 제공할 수 있어야 한다.

Chapter 01 | 항공법규

공항시설법 시행규칙

　　　다) 자료처리장치는 탐지장치로부터 받은 정보를 분석하여 항공기 또는 지상이동물체의 위치 및 이동상황을 관제용 현시장치에 실시간으로 표시할 수 있어야 한다.
　카. 범용접속데이터통신시설(UAT)
　　1) 기능: 공항지역과 항공로에서 비행에 필요한 최소한의 항공정보를 1.041667Mbps의 변조율로 978㎒를 이용한 데이터링크 통신기능을 제공한다.
　　2) 기술기준
　　　가) 송신주파수는 978㎒여야 한다.
　　　나) 무선주파수 안정도는 할당된 주파수로부터 ±0.002%(20ppm) 이상 변화하지 않아야 한다.
　　　다) 항공기 또는 지상국 장치의 최대 전력은 +58dbm을 초과하지 않아야 한다.
　타. 그 밖에 국토교통부장관이 정하여 고시하는 세부 기술기준에 적합할 것

[별표 16] 항공정보통신시설의 설치기준(제36조제2항제3호 관련)
1. 일반기준
　가. 통신이 원활하게 이루어질 수 있는 위치에 설치할 것
　나. 제어장치 및 예비전원장치 등을 갖출 것
　다. 유지·보수 등에 필요한 인원, 시험 및 계측장치, 예비 부품등을 갖출 것
2. 세부 기술기준
　가. 단거리이동통신시설(VHF/UHF Radio)
　　1) 기능 : VHF/UHF 대역의 주파수를 이용하여 항공교통관제사와 항공기 조종사 간 항공기 관제 및 운항을 위한 통신기능을 제공한다.
　　2) 기술기준
　　　가) 송신장치
　　　　(1) 무선전파는 양측파대 진폭변조신호여야 하며, 전파형식은 A3E이어야 한다.
　　　　(2) VHF 반송파의 주파대수는 118.0㎒에서 136.975㎒까지여야 하고, UHF 반송파의 주파대수는 225㎒에서 400㎒까지여야 하며, 주파수의 허용편차는 채널 간격이 25㎑인 경우에는 해당 주파수의 ±0.002퍼센트 이내여야 한다. 다만, 채널 간격이 50㎑인 경우에는 해당주파수의 ±0.005퍼센트 이내여야 한다.
　　　　(3) 변조도는 통상적으로 85퍼센트 이상이어야 한다.
　　　　(4) 스퓨리어스 발사 강도의 값
　　　　　(가) 송신기의 평균전력이 25W 이하인 경우에는 25㎼ 이하여야 하며, 기본주파수의 평균전력보다 40dB 낮은 값이어야 한다.
　　　　　(나) 송신기의 평균전력이 25W를 초과하는 경우에는 1㎽ 이하여야 하며, 기본주파수의 평균전력보다 60dB 낮은 값이어야 한다.
　　　나) 수신장치
　　　　(1) VHF로 사용되는 주파수대는 118.0㎒에서 136.975㎒까지여야 하고, UHF로 사용되는 주파수대는 225㎒에서 400㎒까지여야 한다.
　　　　(2) 수신장치의 감도는 신호 대 잡음비를 6dB로 하기 위하여 필요한 수신기 입력전압을 1,000㎐의 주파수로 30퍼센트 변조시킨 후 수신장치에 입력한 경우 5㎶ 이하여야 한다.
　　　　(3) 하나의 신호선택도의 통과대역폭은 1,000㎐의 주파수로 30퍼센트 변조시킨 전압을 수신장치에 입력한 경우에 6dB 저하의 폭이 할당주파수의 ±0.005퍼센트 이상이어야 한다.
　　　다) 안테나 : 안테나의 방사특성은 수직편파여야 하며, 가능한 한 수평편파를 포함해야 한다.
　　3) 설치위치
　　　가) 단파이동통신시설((VHF/UHF Radio)의 안테나는 가능한 한 주변에 장애물이 없어야 하며, 가시거리가 넓은 지역이어야 한다.
　　　나) 송신안테나와 수신안테나는 전파 간섭의 영향이 없도록 설치해야 한다.
　나. 단파이동통신시설(HF Radio)

III. 공항시설법 · 시행령 · 시행규칙

제4장 항행안전시설

공항시설법 시행규칙

1) 기능 : HF 대역의 주파수를 이용하여 지상 운영자와 항공기 조종사에게 장거리 이동통신 기능을 제공한다.
2) 기술기준
　가) 무선전파는 단측파대(SSB) 진폭변조신호여야 하며, 전파형식은 J3E이어야 한다.
　나) HF 반송파의 주파수대는 2.8㎒에서 22㎒ 이내여야 하고, 전송되는 음성주파수는 300㎐에서 2,700㎐ 이내여야 한다.
　다) 항공기의 사고조사 등을 위하여 교신 내용 녹음장치를 설치해야 하고, 녹음 또는 재생 시 주 장비의 동작에 영향을 주지 않아야 한다.
3) 설치위치
　가) 송신 및 수신 안테나는 가능한 한 주변에 장애물이 없어야 하며, 가시거리가 넓은 지역이어야 한다.
　나) 송신안테나와 수신안테나는 전파의 간섭 등을 고려하여 설치해야 한다.

다. 초단파디지털이동통신시설(VDL)
　1) 기능 : VHF 대역의 주파수를 이용하여 지상의 사용자와 항공기 간에 음성 또는 데이터에 의한 이동통신 기능을 제공한다.
　2) 기술기준
　　가) 지상기지국 반송파의 주파수대는 118.0㎒에서 136.975㎒까지여야 하고, 채널 간격은 25㎑여야 하며, 주파수 허용편차는 ±0.0002퍼센트 이내여야 한다.
　　나) 안테나의 방사특성은 수직편파여야 한다.
　　다) 모드 1부터 모드 4까지로 구분되어 운용되어야 한다.
　　라) 디지털공항정보방송시설(D-ATIS) : 공항의 각종 항공정보를 무선데이터 통신시설을 이용하여 문자로 제공할 수 있어야 한다.
　3) 설치위치
　　가) 송신 및 수신안테나는 가능한 한 주변에 장애물이 없어야 하며, 가시거리가 넓은 지역이어야 한다.
　　나) 송신안테나와 수신안테나는 전파 간섭의 영향이 없도록 설치해야 한다.

라. 단파데이터이동통신시설(HFDL)
　1) 기능 : HF 대역의 주파수를 이용하여 지상의 사용자와 항공기 간에 데이터에 의한 장거리이동통신 기능을 제공한다.
　2) 기술기준
　　가) HFDL 지상기지국 장비는 전송·수신·데이터변조·복조·프로토콜 실행 및 주파수 선택기능을 갖추어야 한다.
　　나) HFDL 지상기지국 장비의 동기는 국제표준시의 ±25㎳ 이내여야 한다.
　　다) HFDL 반송파의 주파수대는 2.8㎒에서 22㎒까지여야 하며, 기본주파수 안정성은 10㎐ 이내여야 한다.
　3) 설치위치
　　가) 송신 및 수신안테나는 가능한 한 주변에 장애물이 없어야 하며, 가시거리가 넓은 지역이어야 한다.
　　나) 송신안테나와 수신안테나는 전파 간섭의 영향이 없도록 설치하여야 한다.

마. 모드S데이터통신시설
　1) 기능 : 지상의 사용자와 항공기 간에 모드S방식에 의한 데이터통신을 제공한다.
　2) 기술기준
　　가) 항공기에는 개별적으로 24비트의 주소체계가 할당되어야 한다.
　　나) 모드S 데이터통신은 Comm-A, Comm-B, Comm-C, Comm-D의 4가지 메시지 중 하나를 사용해야 한다.

바. 항공이동위성통신시설[AMS(R)S]
　1) 기능 : 공항지역과 항공로에서 각종 항공정보를 패킷 데이터서비스 또는 음성 서비스나 두 개의 서비스를 지원한다.
　2) 기술기준
　　가) 할당된 주파수 대역 내에서 운용하여야 하며, ITU 전파규칙에 따라 보호되어야 한다.
　　나) 모든 데이터 패킷 및 음성호출은 관련 우선순위에 따라 확인되어야 한다.
　　다) 항공기탑재장비(AES), 지상시스템(GES) 및 위성은 항공기의 비행 방향으로 1,500㎞/h(800knots) 이상의 대지속도로 이동할 경우 서비스링크 신호를 적절히 획득하고 추적할 수 있어야 한다. (2,800㎞/h(1,500knots) 이상에서 획득 및 추적할 수 있도록 권고된다)

Chapter 01 | 항공법규

공항시설법 시행규칙

사. 관제사·조종사 간 데이터링크통신시설(CPDLC)
  1) 기능 : 공항지역과 항공로에서 각종 항공정보를 관제사와 조종사 간에 데이터링크 서비스 방식으로 지원한다.
  2) 기술기준
    가) 사용자에 의해 입력된 정보를 시스템이 처리할 수 없는 상태일 때에는 이를 사용자에게 알려줄 수 있어야 한다.
    나) 국제민간항공기구의 데이터링크 통신 기술기준에서 정하는 표준화된 파라미터의 값과 약어를 사용하여야 한다.

아. 음성통신제어시설(VCCS)
  1) 기능 : 항공기관제업무용 단파이동통신시설(VHF/UHF Radio)·항공직통전화망 등의 음성회선 교환 및 제어기능을 제공할 수 있어야 한다.
  2) 기술기준
    가) 중앙처리장치는 관제탑·접근관제소·지역관제소 등에서 사용하는 공중 대 지상 VHF/UHF 무선통신과 직통전화 통신을 서로 다른 모듈(module: 특정 기능을 제공하는 독립장치나 구성요소)로 자동으로 배분할 수 있어야 한다.
    나) 직통전화 또는 무선통신 입·출력은 잘 들리도록 적절히 증폭 또는 감쇄되어 자동기록장치(Recorder)에 연결되어야 한다.
    다) 음성통신제어시설은 공중 대 지상 통신을 위한 송신 또는 수신 무선주파수의 선택과 해제를 운영석에 할당된 패널의 버튼에 의해 이루어지도록 하여야 한다.
    라) 음성통신제어시설의 전화 인터페이스 모듈은 운영자와 인근 항공관제 기관과의 음성통신을 위한 전화통신 또는 지상 대 지상 통신을 지원하여야 한다.
    마) 항공직통전화시설 : 국내외 관련 항공교통관제기관 및 항공정보제공기관 간의 항공교통업무에 필요한 각종 정보를 음성통신으로 제공할 수 있어야 한다.
    바) 녹음장치 : 항공기의 사고조사 등을 위하여 교신 내용 녹음장치를 설치해야 하고, 녹음 또는 재생 시 주 장비의 동작에 영향을 주지 않아야 한다.
  3) 설치기준
    가) 음성통신제어시설(Voice Communications Control System)은 ICAO 부속서 제11권 제6장에서 요구하는 공중 대 지상 통신, 지상 대 지상 통신이 가능하도록 설치하여야 한다.
    나) 음성통신제어시설은 항공관제통신에 필요한 내부 음성통신시설 또는 외부 음성통신시설과의 인터페이스를 위해 컴퓨터와 연동되어 작동되도록 설치하여야 한다.

자. 항공고정통신시스템(AFTN/MHS)
  1) 기능 : 각 국가의 고정된 지점에 위치한 AFTN 통신센터 및 가입자 간 항공정보(비행계획, NOTAM, 항공기상 등)를 교환하는 기능을 제공한다.
  2) 기술기준
    가) 국내외 항공정보교환은 문지기반의 형식화(IA-5)된 항공정보를 교환하여야한다.
    나) 모든 AFTN 가입자는 고유한 8자리 어드레스를 부여 받아야 하며, 사용시간은 세계표준시(UTC)를 사용하여야 한다.
    다) 모든 항공정보는 Store-and-Forward(저장 및 전송) 방식으로 처리되어야 하며, 처리된 항공정보는 30일 이상 보존되어야 한다.

차. 항공정보처리시스템(AMHS)
  1) 기능 : 항공종합통신시스템(ATN)을 이용하여 문자기반의 정보 외에 그래픽, 파일첨부 등 멀티미디어 정보전송 기능을 제공한다.
  2) 기술기준
    가) 통신 프로토콜은 ITU-T X.400을 준수하여야 한다.
    나) MTA(Message Transfer Agent), UA(User Agent), MS(Message Store), AU(Access Unit)으로 구성되어야 한다.
    다) MTA는 메시지 전달(Transfer)과 배달(Delivery)을 담당한다.
    라) UA는 메시지 생성, 전송(Submit)을 담당한다.
    마) MS는 MTA와 UA 간 메시지 전달의 매개 역할을 담당한다.
    바) AU는 MTA와 외부장치의 접속기능을 제공한다.

공항시설법 시행규칙

카. 항공관제정보교환시스템(AIDC)
　1) 기능 : 국내외 항공교통관제기관 간에 관제를 위한 정보를 제공한다.
　2) 기술기준
　　가) 전기통신에 의한 방식으로 접속하여 데이터통신을 할 수 있어야 한다.
　　나) 지점대 지점 간의 양방향 통신이 가능해야 한다.
　　다) 국제표준화기구(ISO)의 개방형 상호접속방식(OSI)의 통신표준 프로토콜을 사용해야 한다.
타. 항공종합통신시스템(ATN)
　1) 기능 : ICAO에 의해 정의된 데이터 항공 통신망을 이용하여 공중 대 지상 애플리케이션(ADS-C, CPDLC, FIS)과 지상 대 지상 애플리케이션(ATSMHS, AIDC)의 통신 기능을 제공한다.
　2) 기술기준
　　가) 국제표준화기구(ISO)의 개방형 상호접속방식(OSI)에 기반한 공용 인터페이스 또는 인터넷 프로토콜(IPS)을 지원하여야 한다.
　　나) ATN은 ES(End System, 서버, 게이트웨이 등), IS(Intermediate System, 라우터와 같은 중간 연결 장비)로 구성된다.
　　다) IS 간 통신에서는 IS-IS 프로토콜을 사용하여야 하고 IS-ES 간 통신에서는 IS-ES 통신 프로토콜을 사용하여야 한다.
파. 공항정보방송시설(ATIS)
　1) 기능 : 공항의 각종 항공정보를 음성에 의하여 반복적으로 제공할 수 있어야 한다.
　2) 기술기준
　　가) 반송파의 주파수대는 VHF의 경우 118.0㎒에서 136.975㎒까지여야 하며, UHF의 경우 225㎒에서 400㎒까지여야 한다.
　　나) 무선전파는 양측파대 진폭변조신호, 전파형식 A3E이어야 하며, 변조도는 85퍼센트±10퍼센트 이내여야 한다.
　3) 설치위치
　　가) 가능한 한 주변에 장애물이 없어야 하며, 가시거리가 넓은 지역이어야 한다.
　　나) 송신안테나는 전파의 간섭 등을 고려하여 설치해야 한다.
하. 그 밖에 국토교통부장관이 정하여 고시하는 세부 기술기준에 적합할 것

제37조(항행안전시설 설치 실시계획 승인신청서 등) ① 법 제44조제2항제4호에서 "국토교통부령으로 정하는 사항"이란 제10조제1항 각 호(제14호는 제외한다)의 사항을 말한다.
② 법 제44조제3항 전단에 따른 항행안전시설 설치 실시계획 승인을 받으려는 자는 별지 제28호서식의 신청서에 실시계획을 첨부하여 지방항공청장(항공로용으로 사용되는 항공정보통신시설 및 항행안전무선시설의 경우에는 항공교통본부장을 말한다)에게 제출하여야 한다. 이 경우 담당 공무원은 「전자정부법」 제36조제1항에 따른 행정정보의 공동이용을 통하여 법인등기사항증명서(신청인이 법인인 경우만 해당한다)와 지적도를 확인하여야 한다.
③ 법 제44조제3항 후단에 따라 항행안전시설 설치 실시계획 변경승인을 받으려는 자는 별지 제29호서식의 신청서에 다음 각 호의 서류를 첨부하여 지방항공청장(항공로용으로 사용되는 항공정보통신시설 및 항행안전무선시설의 경우에는 항공교통본부장을 말한다)에게 제출하여야 한다. 이 경우 담당 공무원은 「전자정부법」 제36조제1항에 따른 행정정보의 공동이용을 통하여 법인등기사항증명서(신청인이 법인인 경우만 해당한다)와 지적도를 확인하여야 한다.
　1. 실시계획
　2. 변경사유 및 변경내용을 설명할 수 있는 서류
　3. 관계도면(필요한 경우에 한정한다)
④ 법 제44조제4항에서 "구조의 변경을 수반하지 아니하고 안전에 지장이 없는 시설물의 변경 등 국토교통부령으로 정하는 경미한 사항"이란 다음 각 호 어느 하나에 해당하는 것을 말한다.
　1. 「건축법 시행령」 제12조제3항 각 호의 어느 하나에 해당하는 변경
　2. 5백제곱미터이하의 범위에서의 사업면적 축소
　3. 100분의 10 이하의 범위에서의 총사업비 변경
　4. 6개월 이하의 범위에서의 사업시행기간 변경. 다만, 연장하는 사업시행기간에 법 제12조에 따른 토지등의 수용 또는 사용이 필요한 경우는 제외한다.

Chapter 01 | 항공법규

공항시설법

제45조(항행안전시설의 완성검사) ① 제43조제2항에 따른 항행안전시설설치자는 해당 시설의 공사가 끝난 경우에는 사용 개시 이전에 국토교통부령으로 정하는 바에 따라 국토교통부장관의 완성검사를 받아야 한다.
② 제43조제2항에 따른 항행안전시설설치자는 제1항에 따른 완성검사를 신청하기 전에 제48조에 따른 비행검사를 받아야 한다.
③ 국토교통부장관은 제1항에 따라 완성검사를 받으려는 항행안전시설이 제44조제3항에 따른 승인 내용대로 시행되었다고 인정되는 경우에는 그 신청인에게 완성검사 확인증을 발급하여야 한다.
④ 국토교통부장관은 항행안전시설 설치에 관한 공사를 끝냈거나 제3항에 따라 완성검사확인증을 발급하였을 때에는 항행안전시설의 명칭, 종류, 위치 및 사용 개시 예정일, 항행안전시설의 운용시간, 운용주파수, 이용상 제한사항 등 국토교통부령으로 정하는 사항을 지정·고시하여야 한다.
⑤ 제3항에 따라 완성검사확인증을 발급 받기 전에는 항행안전시설 설치허가를 받아 설치한 항행안전시설을 사용해서는 아니 된다. 다만, 완성검사확인증을 발급 받기 전에 국토교통부령으로 정하는 바에 따라 국토교통부장관으로부터 사용허가를 받은 경우에는 그러하지 아니하다.

제46조(항행안전시설의 변경) ① 제43조제2항에 따른 항행안전시설설치자 및 그 시설을 관리·운영하는 자는 해당 시설에 대하여 국토교통부령으로 정하는 사항을 변경하려는 경우에는 국토교통부령으로 정하는 바에 따라 국토교통부장관의 허가를 받아야 한다.
② 국토교통부장관은 제1항에 따른 변경허가의 신청을 받은 날부터 15일 이내에 허가 여부를 신청인에게 통지하여야 한다.
③ 제1항에 따라 변경허가를 받은 자는 항행안전시설의 변경이 완료되면 제45조제1항에 따른 완성검사를 받아야 한다. 이 경우 제45조제2항부터 제4항까지의 규정을 준용한다.

제47조(항행안전시설의 관리) ① 제6조에 따른 개발사업으로 항행안전시설을 설치하는 자 및 그 시설을 관리하는 자와 제43조제1항 및 제2항에 따라 항행안전시설을 설치하는 자 및 그 시설을 관리하는 자(이하 "항행안전시설설치자 등"이라 한다)는 국토교통부령으로 정하는 항행안전시설의 관리·운용 및 사용기준(이하 "항행안전시설관리기준"이라 한다)에 따라 그 시설을 관리하여야 한다.
② 국토교통부장관은 대통령령으로 정하는 바에 따라 항행안전시설이 항행안전시설관리기준에 맞게 관리되는지를 확인하기 위하여 필요한 검사를 하여야 한다.

공항시설법 시행령

제49조(항행안전시설의 관리에 대한 검사) 국토교통부장관은 법 제47조제2항에 따라 항행안전시설이 항행안전시설관리기준에 맞게 관리되는지를 확인하기 위하여 필요한 검사를 연 1회 이상 실시하여야 한다. 다만, 휴지 중인 항행안전시설은 검사를 하지 아니할 수 있다.

공항시설법 시행규칙

⑤ 법 제44조제5항에서 "그 항행안전시설의 명칭, 종류, 위치 등 국토교통부령으로 정하는 사항"이란 다음 각 호의 사항을 말한다.
 1. 사업의 명칭   2. 사업시행지역의 위치 및 면적
 3. 사업시행자의 성명 및 주소(법인인 경우에는 법인의 명칭·주소와 대표자의 성명·주소)
 4. 사업의 목적과 규모 등 개요 5. 사업시행기간(착공 및 준공 예정일을 포함한다)
 6. 총사업비 및 재원조달계획
 7. 수용하거나 사용할 토지등의 소재지·지번·지목 및 면적, 소유권 및 소유권 외의 권리의 명세와 그 소유자 및 권리자의 성명·주소
 8. 그 밖에 필요한 사항

제38조(항행안전시설의 완성검사) ① 법 제45조제1항에 따른 항행안전시설공사의 완성검사를 받으려는 자는 별지 제30호서식의 신청서에 다음 각 호의 서류를 첨부하여 지방항공청장(항공로용으로 사용되는 항공정보통신시설 및 항행안전무선시설의 경우에는 항공교통본부장을 말한다)에게 제출하여야 한다. 이 경우 담당 공무원은 「전자정부법」 제36조제1항에 따른 행정정보의 공동이용을 통하여 법인등기사항증명서(신청인이 법인인 경우만 해당한다)를 확인하여야 한다.
 1. 완성검사조서
 2. 준공설계도서(설치허가 신청 시의 설계도서에 변경이 있는 경우만 해당한다)
 3. 준공사진
② 법 제45조제3항에 따른 완성검사확인증은 별지 제31호서식과 같다.
③ 법 제45조제4항에서 "항행안전시설의 명칭, 종류, 위치 및 사용 개시 예정일, 항행안전시설의 운용시간, 운용주파수, 이용상 제한사항 등 국토교통부령으로 정하는 사항"이란 다음 각 호의 사항을 말한다.
 1. 항공등화에 관한 다음 각 목의 사항
  가. 항공등화의 명칭·종류·위치 및 사용 개시 예정일
  나. 항공등화설치자의 성명 및 주소
  다. 등의 규격·광도·배치 및 그 밖에 항공등화의 성능에 관한 중요 사항
  라. 운용시간
  마. 그 밖에 항공등화 이용에 관하여 필요한 사항
 2. 항행안전무선시설 또는 항공정보통신시설에 관한 다음 각 목의 사항
  가. 항행안전무선시설 또는 항공정보통신시설의 명칭·종류·위치 및 사용 개시 예정일
  나. 항행안전무선시설 또는 항공정보통신시설설치자의 성명과 주소
  다. 송신주파수
  라. 안테나공급전력
  마. 코스의 방향
  바. 식별부호
  사. 정격 도달거리
  아. 운용시간
  자. 그 밖에 항행안전무선시설 또는 항공정보통신시설 이용에 관하여 필요한 사항
④ 법 제45조제3항에 따라 완성검사확인증을 발급받은 항행안전시설을 사용하려는 자는 별지 제32호서식의 신고서에 사용을 개시하려는 시설의 내용을 기재한 서류를 첨부하여 지방항공청장(항공로용으로 사용되는 항공정보통신시설 및 항행안전무선시설의 경우에는 항공교통본부장을 말한다)에게 제출하여야 한다. 이 경우 담당 공무원은 「전자정부법」제36조제1항에 따른 행정정보의 공동이용을 통하여 법인등기사항증명서(신청인이 법인인 경우만 해당한다)를 확인하여야 한다.

제39조(항행안전시설의 변경) ① 법 제46조제1항에서 "국토교통부령으로 정하는 사항"이란 다음 각 호의 사항을 말한다.
 1. 항공등화에 관한 다음 각 목의 사항
  가. 등의 규격 또는 광도
  나. 비행장 등화의 배치 및 조합
  다. 운용시간

공항시설법	공항시설법 시행령

③ 제2항에 따른 검사의 방법, 절차 등은 국토교통부장관이 정하여 고시한다.
④ 이 법에서 규정한 사항 외에 항행안전시설의 관리·운영 및 사용 등에 필요한 사항은 국토교통부령으로 정한다.

제48조(항행안전시설의 비행검사) ① 항행안전시설설치자등은 국토교통부장관이 항행안전시설의 성능을 분석할 수 있는 장비를 탑재한 항공기를 이용하여 실시하는 항행안전시설의 성능 등에 관한 검사(이하 "비행검사"라 한다)를 받아야 한다.
② 비행검사의 종류, 대상시설, 절차 및 방법 등에 관하여 필요한 사항은 국토교통부장관이 정하여 고시한다.

제49조(항행안전시설 사용의 휴지·폐지·재개) ① 국토교통부장관 외의 항행안전시설설치자등은 항행안전시설의 사용을 휴지 또는 폐지하려는 경우에는 국토교통부장관의 승인을 받아야 한다. 다만, 항공기의 항행이나 비행 안전에 영향을 초래하지 아니하는 시설 등 국토교통부령으로 정하는 시설은 그러하지 아니하다.
② 국토교통부장관 외의 항행안전시설설치자등은 휴지 또는 폐지한 항행안전시설의 사용을 재개하려는 경우에는 비행검사에 합격한 후 사용 개시 예정일 15일 이전에 국토교통부장관의 승인을 받아야 한다. 이 경우 국토교통부장관은 항행안전시설 관리기준에 따라 검사하여야 한다.
③ 국토교통부장관은 제1항 및 제2항에 따른 항행안전시설의 휴지·폐지 또는 재개에 관한 사항을 고시하여야 한다.

제50조(항행안전시설 사용료) ① 항행안전시설설치자등은 국토교통부령으로 정하는 바에 따라 항행안전시설을 사용하거나 이용하는 자에게 사용료(이하 "항행안전시설 사용료"라 한다)를 받을 수 있다.
② 국토교통부장관 외의 항행안전시설설치자등이 제1항에 따라 항행안전시설 사용료를 받으려면 그 사용료의 금액을 정하여 국토교통부장관에게 신고하여야 한다. 항행안전시설 사용료를 변경하려는 경우에도 또한 같다.
③ 국토교통부장관은 제2항에 따른 신고를 받은 날부터 10일 이내에 신고수리 여부를 신고인에게 통지하여야 한다.
④ 국토교통부장관이 제3항에서 정한 기간 내에 신고수리 여부 또는 민원 처리 관련 법령에 따른 처리기간의 연장을 신고인에게 통지하지 아니하면 그 기간(민원 처리 관련 법령에 따라 처리기간이 연장 또는 재연장된 경우에는 해당 처리기간을 말한다)이 끝난 날의 다음 날에 신고를 수리한 것으로 본다.
⑤ 항행안전시설 사용료의 징수절차, 징수방법 및 징수요율 등은 국토교통부령으로 정한다.

공항시설법 시행규칙

2. 항행안전무선시설 또는 항공정보통신시설에 관한 다음 각 목의 사항
   가. 정격 도달거리
   나. 코스
   다. 운용시간
   라. 송수신장치의 구조 또는 회로(주파수, 안테나전력, 식별부호, 그 밖에 항행안전무선시설 또는 항공정보통신시설의 전기적 특성에 영향을 주는 경우만 해당한다)
   마. 송수신장치와 전원설비

② 법 제46조제1항에 따른 항행안전시설의 변경허가를 받으려는 자는 별지 제33호서식의 신청서에 다음 각 호의 서류를 첨부하여 지방항공청장(항공로용으로 사용되는 항공정보통신시설 및 항행안전무선시설의 경우에는 항공교통본부장을 말한다)에게 제출하여야 한다.
   1. 시설의 변경 내용을 적은 서류
   2. 변경되는 시설 관련 도면
   3. 변경 사유

③ 제2항에 따라 변경허가 신청을 한 항행안전시설설치자가 해당 시설의 완성검사를 신청하는 경우에는 제38조를 준용한다.

제40조(항행안전시설의 관리) ① 법 제47조제1항에서 "국토교통부로 정하는 항행안전시설의 관리·운용 및 사용기준"이란 별표 17의 기준을 말한다.
② 법 제47조제4항에 따라 국토교통부장관은 항행안전시설(항공등화는 제외한다. 이하 이 조에서 같다)에 관한 안전관리계획을 마련하여 고시하고 항행안전시설의 설치자 또는 관리자에게 통보하여야 한다.
③ 제2항에 따라 통보를 받은 항행안전시설의 설치자 또는 관리자는 항행안전시설 안전관리계획을 실행하기 위한 시행계획을 마련하고 시행하여야 한다.

[별표 17] 항행안전시설의 관리기준(제40조제1항 관련)
1. 항공등화 관리기준
   가. 항공등화는 별표 14에 따른 설치기준에 적합하도록 유지할 것
   나. 항공등화의 기능유지를 위하여 개수·청소 등을 할 것
   다. 건축물·식물 그 밖의 물건에 의하여 항공등화의 기능이 저해될 우려가 있는 경우에는 지체 없이 해당 물건을 제거하는 등 필요한 조치를 할 것
   라. 천재지변이나 그 밖의 사고로 인하여 항공등화의 운용에 지장이 생긴 경우에는 지체 없이 그 복구를 위하여 노력하고 그 운용을 될 수 있는 대로 계속하는 등 항공기의 안전운항을 위하여 필요한 조치를 할 것
   마. 항공등화의 관리자는 다음 각 목의 사항이 기록된 항공등화에 관한 업무일지를 갖춰 두고 1년 이상 보존할 것
      1) 점검 일시 및 그 결과
      2) 해당 등화의 운용이 정지되거나 그 밖의 사고가 발생한 경우에는 그 일시 및 원인과 그에 대한 조치
      3) 국토교통부장관에게 통지 또는 보고한 사항과 그 일시
   바. 항공등대와 비행장등대는 정해진 운용시간에는 점등을 유지할 것
   사. 공항·비행장의 등화(비행장등대는 제외한다)는 야간(태양이 수평선 아래 6도보다 낮은 경우를 말한다)과 계기비행 기상상태에서 항공기가 이륙하거나 착륙하는 경우 또는 상공을 통과하는 항공기의 항행을 돕기 위하여 필요하다고 인정되는 경우에는 다음 각 목의 방법으로 점등할 것
      1) 항공기가 착륙하는 경우에는 해당 착륙 예정시각 1시간 전에 점등준비를 하고 그 착륙 예정시각보다 최소한 10분 전에 점등할 것
      2) 항공기가 이륙하는 경우에는 이륙한 후 최소한 5분간 점등을 계속할 것
   아. 항공등화를 유지·보수하는 인력에 대하여 국토교통부장관이 정하는 바에 따라 교육훈련 등을 실시할 것
   자. 그 밖에 국토교통부장관이 정하여 고시하는 관리기준에 적합하게 관리할 것
2. 항행안전무선시설 및 항공정보통신시설의 관리기준
   가. 별표 15 및 별표 16에 따른 항행안전무선시설 및 항공정보통신시설의 설치기준에 적합하도록 유지할 것

Chapter 01 | 항공법규

공항시설법	공항시설법 시행령

제51조(항행안전시설설치자등의 지위승계) ① 국토교통부장관 외의 항행안전시설설치자등의 지위를 승계하려는 자는 국토교통부령으로 정하는 바에 따라 국토교통부장관에게 지위승계를 신고하여야 한다.
② 국토교통부장관은 제1항에 따른 신고를 받은 날부터 15일 이내에 신고수리 여부를 신고인에게 통지하여야 한다.
③ 국토교통부장관이 제2항에서 정한 기간 내에 신고수리 여부 또는 민원 처리 관련 법령에 따른 처리기간의 연장을 신고인에게 통지하지 아니하면 그 기간(민원 처리 관련 법령에 따라 처리기간이 연장 또는 재연장된 경우에는 해당 처리기간을 말한다)이 끝난 날의 다음 날에 신고를 수리한 것으로 본다.

제52조(항행안전시설의 성능적합증명) ① 항행안전무선시설, 항공정보통신시설을 제작하거나 수입하는 자는 국토교통부령으로 정하는 바에 따라 국토교통부장관으로부터 그 시설이 국토교통부장관이 정하여 고시하는 항행안전시설에 관한 기술기준에 맞게 제작되었다는 증명(이하 "성능적합증명"이라 한다)을 받을 수 있다.
② 국토교통부장관은 성능적합증명을 위한 검사를 하는 경우에는 국토교통부령으로 정하는 바에 따라 항공 관련 업무를 수행하는 전문검사기관을 지정하여 검사업무를 대행하게 할 수 있다.

제53조(항공통신업무 등) ① 국토교통부장관은 항공교통업무가 효율적으로 수행되고, 항공안전에 필요한 정보·자료가 항공통신망을 통하여 편리하고 신속하게 제공·교환·관리될 수 있도록 항공통신에 관한 업무(이하 "항공통신업무"라 한다)를 수행하여야 한다.
② 항공통신업무의 종류, 운영절차 등에 관하여 필요한 사항은 국토교통부령으로 정한다.

제54조(항행안전시설 설치에 관한 준용 규정) ① 제6조에 따른 개발사업으로 설치하는 항행안전시설에 관하여는 제43조제5항, 제44조제5항, 제45조 및 제46조를 준용한다. 이 경우 "항행안전시설설치자"는 "사업시행자"로 본다.
② 제43조에 따른 항행안전시설의 설치에 관하여는 제8조 및 제11조부터 제13조까지의 규정을 준용한다. 이 경우 "제7조에 따른 실시계획"은 "제44조에 따른 실시계획"으로 보며, "사업시행자"는 "항행안전시설설치자"로 본다.

제5장 보칙

제55조(출입·검사등) ① 국토교통부장관은 이 법 시행을 위하여 필요한 경우에는 사업시행자등 또는 항행안전시설설치자등에 대하여 그 업무에 관하여 필요한 보고를 하게 하거나 자료의 제출을 명할 수 있으며, 소속 공무원으로 하

공항시설법 시행규칙

　　나. 정해진 운용시간에는 해당 시설의 성능을 정확하게 유지할 것
　　다. 항행안전무선시설 또는 항공정보통신시설의 기능 유지를 위하여 개수·청소 등을 할 것
　　라. 건축물·식물 또는 그 밖의 물건에 의하여 항행안전무선시설 또는 항공정보통신시설의 기능이 저해될 우려가 있는 경우에는 지체 없이 해당 물건을 제거하는 등 필요한 조치를 할 것
　　마. 부득이한 사유로 항행안전무선시설 또는 항공정보통신시설의 운용의 정지, 정격 도달거리와 코스의 변경, 식별부호 송신의 불량 또는 그 밖에 항행안전무선시설 또는 항공정보통신시설의 기능이 저해된 경우와 해당 항행안전무선시설 또는 항공정보통신시설의 운용을 재개하거나 기능이 복구된 경우에는 지체 없이 국토교통부장관에게 통지할 것
　　바. 천재지변이나 그 밖의 사고로 인하여 항행안전무선시설 또는 항공정보통신시설의 운용에 지장이 생긴 경우에는 지체 없이 그 복구를 위하여 노력하고 그 운용을 될 수 있는 대로 계속하는 등 항공기의 안전운항을 위하여 필요한 조치를 할 것
　　사. 항행안전무선시설 또는 항공정보통신시설에 대하여 개수나 그 밖의 공사를 하는 경우에는 항공기의 항행을 저해하지 아니하도록 필요한 조치를 할 것
　　아. 항행안전무선시설 또는 항공정보통신시설의 관리자는 다음 각 목의 사항이 기록된 항행안전무선시설 또는 항공정보통신시설에 관한 업무일지를 갖춰 두고 1년 이상 보존할 것
　　　1) 감시장치 등으로 감시한 일시 및 결과(기록 횟수는 1일 1회 이상일 것)
　　　2) 해당 시설에 관하여 운용이 정지되거나 그 밖의 사고가 발생한 경우에는 그 일시 및 원인과 그에 대한 조치
　　　3) 국토교통부장관에게 통지 또는 보고한 사항과 그 일시
3. 항행안전시설의 운용 및 사용기준
　　가. 항행안전시설을 관리하는 자는 유지·보수에 필요한 인원, 예비품 및 계측장비 등을 활용할 수 있는 방안을 마련하여 국토교통부장관이 정하여 고시하는 세부 기준에 따라 장애 발생이 최소화되도록 시설을 유지·관리할 것
　　나. 항행안전시설을 관리하는 자는 항행안전시설을 관리·운용하는 자에 대하여 국토교통부장관이 정하는 바에 따라 교육훈련을 실시하여야 하며, 국토교통부장관이 정하여 고시하는 경력과 교육실적 등을 갖춘 자가 유지보수 업무를 수행하도록 할 것
　　다. 2차 감시레이더 등의 운용을 위하여 항공기에 모드 S 트랜스폰더를 설치하는 경우에는 24비트 주소를 사용하여야 한다. 이 경우 모드 S 24비트 주소의 할당 등에 대한 사항은 국토교통부장관이 정하여 고시하는 세부기준에 적합하게 할 것
　　라. 항행안전무선시설 및 항공정보통신시설에 사용되는 주파수는 국토교통부장관이 정하여 고시하는 항공주파수운용계획에 적합하게 운용할 것
　　마. 항행안전시설의 운용 등에 적용하는 지명은 국토교통부장관이 정하여 고시하는 바에 따라 4문자 부호를 사용할 것
　　바. 항공이동통신업무에 선택호출을 적용할 경우에는 선택호출부호를 사용하여야 한다. 이 경우 선택호출부호의 관리 등에 관한 사항은 국토교통부장관이 정하여 고시하는 세부 기준에 적합하게 할 것
　　사. 항공교통업무 및 항공통신업무 수행을 위한 항공기 소유자의 호출명칭 및 3문자 부호의 배정에 관한 사항은 국토교통부장관이 정하여 고시하는 세부 기준에 적합하게 할 것

제41조(항행안전시설 사용의 휴지·폐지·재개) ① 법 제49조제1항에 따라 항행안전시설 사용의 휴지·폐지 승인을 받으려는 항행안전시설설치자등(법 제47조제1항에 따른 항행안전시설설치자등을 말한다. 이하 같다)은 별지 제14호서식의 신청서에 휴지 또는 폐지하려는 항행안전시설의 내용, 그 사유 및 기간을 적은 서류를 첨부하여 지방항공청장(항공로용으로 사용되는 항공정보통신시설 및 항행안전무선시설의 경우에는 항공교통본부장을 말한다)에게 제출하여야 한다.
② 법 제49조제2항에 따라 항행안전시설 사용의 재개 승인을 받으려는 항행안전시설설치자등은 별지 제14호서식의 신청서에 사용을 재개하려는 시설의 내용, 재개 사유 및 재개 시기를 기재한 서류를 첨부하여 지방항공청장(항공로용으로 사용되는 항공정보통신시설 및 항행안전무선시설의 경우에는 항공교통본부장을 말한다)에게 제출하여야 한다.
③ 법 제49조제3항에 따른 항행안전시설 사용의 휴지·폐지·재개 고시는 다음 각 호의 사항을 고시하는 것으로 한다.
　1. 항행안전시설의 종류 및 명칭
　2. 설치자의 성명 및 주소
　3. 항행안전시설의 위치와 소재지
　4. 휴지의 경우에는 휴지 개시일과 그 기간
　5. 폐지 또는 재개의 경우에는 그 예정일

Chapter 01 항공법규

공항시설법	공항시설법 시행령

여금 사무실이나 그 밖의 장소에 출입하여 그 업무를 검사하게 할 수 있다.
② 제1항에 따라 검사를 하는 공무원은 그 권한을 표시하는 증표를 지니고 관계인에게 보여주어야 한다.
③ 제2항에 따른 증표에 관하여 필요한 사항은 국토교통부령으로 정한다.
 	
제56조(금지행위) ① 누구든지 국토교통부장관, 사업시행자 등 또는 항행안전시설설치자등의 허가 없이 착륙대, 유도로(誘導路), 계류장(繫留場), 격납고(格納庫) 또는 항행안전시설이 설치된 지역에 출입해서는 아니 된다.
② 누구든지 활주로, 유도로 등 그 밖에 국토교통부령으로 정하는 공항시설·비행장시설 또는 항행안전시설을 파손하거나 이들의 기능을 해칠 우려가 있는 행위를 해서는 아니 된다.
③ 누구든지 항공기, 경량항공기 또는 초경량비행장치를 향하여 물건을 던지거나 그 밖에 항행에 위험을 일으킬 우려가 있는 행위를 해서는 아니 된다. 다만, 다음 각 호의 어느 하나에 해당하는 자는 「항공안전법」 제127조의 비행승인(같은 조 제2항 단서에 따라 제한된 범위에서 비행하려는 경우를 포함한다)을 받지 아니한 초경량비행장치가 공항 또는 비행장에 접근하거나 침입한 경우 해당 비행장치를 퇴치·추락·포획하는 등 항공안전에 필요한 조치를 할 수 있다.
  1. 국가 또는 지방자치단체
  2. 공항운영자
  3. 비행장시설을 관리·운영하는 자
④ 누구든지 항행안전시설과 유사한 기능을 가진 시설을 항공기 항행을 지원할 목적으로 설치·운영해서는 아니 된다.
⑤ 항공기와 조류의 충돌을 예방하기 위하여 누구든지 항공기가 이륙·착륙하는 방향의 공항 또는 비행장 주변지역 등 국토교통부령으로 정하는 범위에서 공항 주변에 새들을 유인할 가능성이 있는 오물처리장 등 국토교통부령으로 정하는 환경을 만들거나 시설을 설치해서는 아니 된다.
⑥ 누구든지 국토교통부장관, 사업시행자등, 항행안전시설설치자등 또는 이착륙장을 설치·관리하는 자의 승인 없이 해당 시설에서 다음 각 호의 어느 하나에 해당하는 행위를 해서는 아니 된다.
  1. 영업행위
  2. 시설을 무단으로 점유하는 행위
  3. 상품 및 서비스의 구매를 강요하거나 영업을 목적으로 손님을 부르는 행위
  4. 그 밖에 제1호부터 제3호까지의 행위에 준하는 행위로서 해당 시설의 이용이나 운영에 현저하게 지장을 주는 대통령령으로 정하는 행위
⑦ 국토교통부장관, 사업시행자등, 항행안전시설설치자
	제50조(금지행위) 법 제56조제6항제4호에서 "대통령령으로 정하는 행위"란 다음 각 호의 행위를 말한다.
	  1. 노숙(露宿)하는 행위
	  2. 폭언 또는 고성방가 등 소란을 피우는 행위
	  3. 광고물을 설치·부착하거나 배포하는 행위
	  4. 기부를 요청하거나 물품을 배부 또는 권유하는 행위
	  5. 공항의 시설이나 주차장의 차량을 훼손하거나 더럽히는 행위
	  6. 공항운영자가 지정한 장소 외의 장소에 쓰레기 등의 물건을 버리는 행위
	  7. 무기, 폭발물 또는 가연성 물질을 휴대하거나 운반하는 행위(공항 내의 사업자 또는 영업자 등이 그 업무 또는 영업을 위하여 하는 경우는 제외한다)
	  8. 불을 피우는 행위
	  9. 내화구조와 소화설비를 갖춘 장소 또는 야외 외의 장소에서 가연성 또는 휘발성 액체를 사용하여 항공기, 발동기, 프로펠러 등을 청소하는 행위
	  10. 공항운영자가 정한 구역 외의 장소에 가연성 액체가스 등을 보관하거나 저장하는 행위
	  11. 흡연구역 외의 장소에서 담배를 피우는 행위
	  12. 기름을 넣거나 배출하는 작업 중인 항공기로부터 30미터 이내의 장소에서 담배를 피우는 행위
	  13. 기름을 넣거나 배출하는 작업, 정비 또는 시운전 중인 항공기로부터 30미터 이내의 장소에 들어가는 행위(그 작업에 종사하는 사람은 제외한다)
	  14. 내화구조와 통풍설비를 갖춘 장소 외의 장소에서 기계질을 하는 행위
	  15. 휘발성·가연성 물질을 사용하여 격납고 또는 건물 바닥을 청소하는 행위
	  16. 기름이 묻은 걸레 등의 폐기물을 해당 폐기물에 의하여 부식되거나 훼손될 수 있는 보관용기에 담거나 버리는 행위
	  17. 「드론 활용의 촉진 및 기반조성에 관한 법률」 제2조제1항제1호에 따른 드론을 공항이나 비행장에 진입시키는 행위

공항시설법 시행규칙

제42조(항행안전시설설치자등의 지위승계) 법 제51조에 따라 항행안전시설설치자등의 지위승계를 신고하려는 자는 별지 제26호서식의 신고서에 다음 각 호의 서류를 첨부하여 지방항공청장(항공로용으로 사용되는 항공정보통신시설 및 항행안전무선시설의 경우에는 항공교통본부장을 말한다)에게 제출하여야 한다. 이 경우 담당 공무원은 「전자정부법」 제36조제1항에 따른 행정정보의 공동이용을 통하여 법인등기사항증명서(신고인이 법인인 경우만 해당한다)를 확인하여야 한다.
   1. 승계 원인사실을 증명하는 서류
   2. 승계하는 사항과 승계의 조건을 기재한 서류

제43조(항행안전시설 성능적합증명 신청) ① 법 제52조제1항에 따른 항행안전시설 성능적합증명(이하 "성능적합증명"이라 한다)을 받으려는 자는 별지 제34호서식의 신청서에 다음 각 호의 서류를 첨부하여 국토교통부장관에게 제출하여야 한다.
   1. 설계도서
   2. 부품표
   3. 제작된 시설의 성능 확보의 방법 및 절차를 적은 서류
   4. 지상·비행성능 시험방법 및 성능시험 결과서
   5. 그 밖의 참고사항
② 국토교통부장관은 성능적합증명을 위한 검사 결과가 법 제52조제1항에 따른 기술기준에 적합하면 별지 제35호서식에 따른 성능적합증명서를 발급하여야 한다.
③ 국토교통부장관은 법 제52조제2항에 따라 성능적합증명 전문검사기관을 지정하려는 경우에는 미리 다음 각 호의 사항을 정하여 고시하여야 한다.
   1. 검사기관의 지정절차
   2. 검사기관의 업무 범위
   3. 검사기관의 기술인력 및 시설장
   4. 검사기관에 대한 지도·감독
   5. 그 밖에 검사기관의 지정에 관하여 필요한 사항

제44조(항공통신업무의 종류 등) ① 법 제53조제1항에 따라 지방항공청장(항공로용으로 사용되는 항공정보통신시설 및 항행안전무선시설의 경우에는 항공교통본부장을 말한다)이 수행하는 항공통신업무의 종류와 내용은 다음 각 호와 같다.
   1. 항공고정통신업무 : 특정 지점 사이에 항공고정통신시스템(AFTN/MHS) 또는 항공정보처리시스템(AMHS) 등을 이용하여 항공정보를 제공하거나 교환하는 업무
   2. 항공이동통신업무 : 항공국과 항공기국 사이에 단파이동통신시설(HF Radio) 등을 이용하여 항공정보를 제공하거나 교환하는 업무
   3. 항공무선항행업무 : 항행안전무선시설을 이용하여 항공항행에 관한 정보를 제공하는 업무
   4. 항공방송업무 : 단거리이동통신시설(VHF/UHF Radio) 등을 이용하여 항공항행에 관한 정보를 제공하는 업무
② 제1항에 따른 항공통신업무의 종류별 세부 업무내용과 운영절차 등에 관하여 필요한 사항은 국토교통부장관이 정하여 고시한다.

제45조(검사공무원의 증표) 법 제55조제3항에 따른 증표는 별지 제36호서식과 같다.

제46조(시설출입의 허가등) 법 제56조제1항에 따른 공항시설·비행장시설의 출입허가를 받으려는 자는 별지 제37호서식의 신청서를 지방항공청장, 항공교통본부장, 사업시행자등 또는 항행안전시설설치자등에게 제출하여야 한다.

제47조(금지행위 등) ① 법 제56조제2항에서 "국토교통부령으로 정하는 공항시설·비행장시설 또는 항행안전시설"이라 함은 다음 각 호의 시설을 말한다.
   1. 착륙대, 계류장 및 격납고
   2. 항공기 급유시설 및 항공유 저장시설
② 법 제56조제3항에 따른 항행에 위험을 일으킬 우려가 있는 행위는 다음 각 호와 같다.
   1. 착륙대, 유도로 또는 계류장에 금속편·직물 또는 그 밖의 물건을 방치하는 행위

Chapter 01 | 항공법규

공항시설법	공항시설법 시행령

공항시설법

등, 이착륙장을 설치·관리하는 자, 경찰공무원(의무경찰을 포함한다) 또는 자치경찰공무원은 제6항을 위반하는 자의 행위를 제지(制止)하거나 퇴거(退去)를 명할 수 있다.

제57조(시정명령 등) 국토교통부장관은 다음 각 호의 어느 하나에 해당하는 경우에는 사업시행자등 또는 국토교통부장관 외의 항행안전시설설치자등에게 적합한 조치를 하도록 명령하거나 해당 시설을 시설관리기준 또는 항행안전시설관리기준에 따라 관리할 것을 명령할 수 있다. 이 경우 국토교통부장관은 명령을 받은 자가 국토교통부장관이 정하는 상당한 기간 내에 적합한 조치를 하지 아니하는 경우에는 해당 허가를 취소할 수 있다.
1. 정당한 사유 없이 실시계획 승인 신청서에 적힌 공사 착수 예정일부터 1년 이내에 착공하지 아니하거나 정당한 사유 없이 공사 완료 예정일까지 공사를 끝내지 아니한 경우
2. 제20조제1항에 따른 준공확인 또는 제45조제1항에 따른 완성검사 결과 공사를 끝낸 시설이 실시계획 승인 내용과 다른 경우
3. 공항시설·비행장시설 또는 항행안전시설이 시설관리기준 또는 항행안전시설관리기준에 따라 관리되지 아니한 경우
4. 허가에 붙인 조건을 위반한 경우

제58조(허가등의 취소 등) ① 국토교통부장관은 사업시행자 또는 항행안전시설설치자가 다음 각 호의 어느 하나에 해당하는 경우에는 그 사업의 시행 및 관리에 관한 허가 또는 승인을 취소하거나 그 효력의 정지, 공사의 중지 명령 등의 필요한 처분을 할 수 있다. 다만, 제1호 또는 제4호에 해당하는 경우에는 그 사업의 시행 및 관리에 관한 허가 또는 승인을 취소하여야 한다.
1. 거짓이나 그 밖의 부정한 방법으로 허가를 받은 경우
2. 제7조제3항 또는 제44조제3항을 위반하여 국토교통부장관 외의 사업시행자 또는 항행안전시설설치자가 승인을 받지 아니하고 실시계획을 수립하거나 승인받은 사항을 변경한 경우
3. 제7조제3항 또는 제44조제3항에 따라 승인 또는 변경승인을 받은 실시계획을 위반한 경우
4. 사정 변경으로 개발사업 또는 항행안전시설의 설치를 계속 시행하는 것이 불가능하다고 인정되는 경우

② 국토교통부장관은 제1항에 따른 처분 또는 명령을 하였을 때에는 대통령령으로 정하는 바에 따라 그 사실을 고시하여야 한다.
③ 제1항에 따른 처분의 세부기준 및 그 밖에 필요한 사항은 국토교통부령으로 정한다.

공항시설법 시행령

제51조(허가등의 취소에 관한 고시) 국토교통부장관은 법 제58조제1항에 따른 허가·승인의 취소 또는 허가·승인의 효력의 정지, 공사의 중지 명령 등의 필요한 처분을 하였을 때에는 법 제58조제2항에 따라 다음 각 호의 사항을 고시하여야 한다.
1. 사업의 명칭 또는 실시계획의 명칭
2. 사업시행자 또는 법 제44조제1항에 따른 항행안전시설설치자의 성명 및 주소(법인인 경우에는 법인의 명칭 및 주소와 대표자의 성명 및 주소)
3. 처분의 내용 및 사유
4. 그 밖에 국토교통부장관이 필요하다고 인정하는 사항

제52조(과징금을 부과하는 위반행위와 과징금의 금액) ① 법 제41조제1항에 따른 공항운영의 정지 명령을 갈음하여 법 제59조제1항에 따라 과징금을 부과하는 위반행위의 종류와 위반 정도 등에 따른 과징금의 금액은 별표 1과 같다.
② 법 제58조제1항에 따른 사업의 시행 및 관리에 관한 허가·승인의 효력 정지, 공사의 중지 명령을 갈음하여 법 제59조제1항에 따라 과징금을 부과하는 위반행위의 종류와 위반 정도 등에 따른 과징금의 금액은 별표 2와 같다.

제53조(과징금의 부과 및 납부) ① 국토교통부장관은 법 제59조제1항에 따라 과징금을 부과하려면 그 위반행위의 종류와 해당 과징금의 금액을 구체적으로 적어 서면으로 통지하여야 한다.
② 제1항에 따라 통지를 받은 자는 통지를 받은 날부터 20일 이내에 국토교통부장관이 정하는 수납기관에 과징금을 내야 한다.
③ 제2항에 따라 과징금을 받은 수납기관은 그 납부자에게 영수증을 발급하여야 한다.
④ 과징금의 수납기관은 제2항에 따른 과징금을 받으면 지체 없이 그 사실을 국토교통부장관에게 통보하여야 한다.

제54조(과징금의 독촉 및 징수) ① 국토교통부장관은 제53조제1항에 따라 과징금의 납부통지를 받은 자가 납부기한까지 과징금을 내지 아니하면 납부기한이 지난 날부터 7일 이내에 독촉장을 발급하여야 한다. 이 경우 납부기한은 독촉장 발급일부터 10일 이내로 하여야 한다.
② 국토교통부장관은 제1항에 따라 독촉을 받은 자가 납부기한까지 과징금을 내지 아니한 경우에는 소속 공무원으로 하여금 국세 체납처분의 예에 따라 과징금을 강제징수하게 할 수 있다.

공항시설법 시행규칙

2. 착륙대·유도로·계류장·격납고 및 사업시행자등이 화기 사용 또는 흡연을 금지한 장소에서 화기를 사용하거나 흡연을 하는 행위
3. 운항 중인 항공기에 장애가 되는 방식으로 항공기나 차량 등을 운행하는 행위
4. 지방항공청장의 승인 없이 레이저광선을 방사하는 행위
5. 지방항공청장의 승인 없이 「항공안전법」 제78조제1항제1호에 따른 관제권에서 불꽃 또는 그 밖의 물건(「총포·도검·화약류 등의 안전관리에 관한 법률 시행규칙」 제4조에 따른 장난감용 꽃불류는 제외한다)을 발사하거나 풍등(風燈)을 날리는 행위
6. 그 밖에 항행의 위험을 일으킬 우려가 있는 행위

③ 국토교통부장관은 제2항제4호에 따른 레이저광선의 방사로부터 항공기 항행의 안전을 확보하기 위하여 다음 각 호의 보호공역을 비행장 주위에 설정하여야 한다.
　1. 레이저광선 제한공역
　2. 레이저광선 위험공역
　3. 레이저광선 민감공역

④ 제3항에 따른 보호공역의 설정기준 및 레이저광선의 허용 출력한계는 별표 18과 같다.

⑤ 제2항제4호 및 제5호에 따른 승인을 받으려는 자는 다음 각 호의 구분에 따른 신청서와 첨부서류를 지방항공청장에게 제출하여야 한다. 이 경우 담당 공무원은 「전자정부법」 제36조제1항에 따른 행정정보의 공동이용을 통하여 법인등기사항증명서(신청인이 법인인 경우만 해당한다)를 확인하여야 한다.
　1. 제2항제4호의 경우 : 별지 제38호서식의 신청서와 레이저장치 구성 수량 서류(각 장치마다 레이저 장치 구성 설명서를 작성한다)
　2. 제2항제5호의 경우 : 별지 제39호서식의 신청서

⑥ 법 제56조제5항에 따라 다음 각 호의 구분에 따른 지역에서는 해당 호에 따른 환경이나 시설을 만들거나 설치하여서는 아니 된다.
　1. 공항 표점에서 3킬로m 이내의 범위의 지역 : 양돈장 및 과수원 등 국토교통부장관이 정하여 고시하는 환경이나 시설
　2. 공항 표점에서 8킬로m 이내의 범위의 지역 : 조류보호구역, 사냥금지구역 및 음식물 쓰레기 처리장 등 국토교통부장관이 정하여 고시하는 환경이나 시설

[별표 18] 레이저광선 비행보호공역의 설정기준 및 허용 출력한계(제47조제4항 관련)

1. 레이저광선 비행보호공역의 설정기준
　가. 레이저광선 제한공역
　　1) 수평범위 : 각 활주로 중심선으로부터 모든 방향으로 3,700m(2해리)까지 확장된 공역과 이 공역으로부터 활주로 중심선을 따라 양쪽 750m(2,500피트)의 폭으로 5,600m(3해리)까지 연장된 공역
　　2) 수직범위 : 1)에 따라 설정된 수평범위의 수직상방으로 지표로부터 600m(2,000피트)까지의 공역
　나. 레이저광선 위험공역
　　1) 수평범위 : 비행장 표점으로부터 반지름 18,500m(10해리)까지의 공역
　　2) 수직범위 : 1)에 따라 설정된 수평범위의 수직상방으로 지표로부터 3,050m(10,000피트)까지의 공역
　다. 레이저광선 민감공역 : 레이저광선의 방사로 현맹(flash-blindness) 또는 잔상(after-image)이 일어나지 않는 수준으로 제한되는 공역으로서 항공기의 안전운항에 영향을 줄 수 있다고 인정하여 지방항공청장 또는 사업시행자등이 지정하는 공역

2. 레이저광선 허용출력한계
　가. 레이저광선 제한공역 : 1㎠당 50나노와트(nW) 이하
　나. 레이저광선 위험공역 : 1㎠당 5마이크로와트(μW) 이하
　다. 레이저광선 민감공역 : 1㎠당 100마이크로와트(μW) 이하
　라. 가목부터 다목까지 외의 정상비행공역 : 최대허용방출량(Maximum Permissible Exposure: MPE) 이하

Chapter 01 항공법규

공항시설법

제59조(과징금의 부과) ① 국토교통부장관은 공항운영자 또는 사업시행자·항행안전시설설치자에게 제41조제1항 각 호의 어느 하나에 해당하여 공항운영의 정지를 명하여야 하거나 제58조에 따라 사업의 시행 및 관리에 관한 허가·승인의 효력 정지, 공사의 중지를 명하여야 하는 경우로서 그 처분이 해당 시설의 이용자에게 심한 불편을 주거나 그 밖에 공익을 침해할 우려가 있을 때에는 그 처분을 갈음하여 10억원 이하의 과징금을 부과·징수할 수 있다.
② 제1항에 따라 과징금을 부과하는 위반행위의 종류와 위반정도에 따른 과징금의 금액 등에 관하여 필요한 사항은 대통령령으로 정한다.
③ 국토교통부장관은 제1항에 따른 과징금을 내야 할 자가 납부기한까지 과징금을 내지 아니하면 국세 체납처분의 예에 따라 징수한다.

제60조(수수료) ① 이 법에 따른 허가, 증명 또는 검사를 받으려는 자는 국토교통부령으로 정하는 수수료를 내야 한다.
② 이 법에 따른 허가, 증명 또는 검사를 위하여 현지출장이 필요한 경우에는 그 출장에 드는 여비를 신청인이 내야 한다. 이 경우 여비의 기준은 국토교통부령으로 정한다.

제61조(권한의 위임·위탁) ① 국토교통부장관은 이 법에 따른 권한의 일부를 대통령령으로 정하는 바에 따라 국토교통부장관 소속 기관의 장, 시·도지사 또는 시장·군수·구청장에게 위임할 수 있다.
② 국토교통부장관은 제47조제1항에 따른 항행안전시설의 관리·운영 업무를 대통령령으로 정하는 바에 따라 공항운영자나 항행안전시설 관련 기관 또는 단체에 위탁할 수 있다.

제62조(청문) 국토교통부장관은 다음 각 호의 어느 하나에 해당하는 처분을 하려면 청문을 하여야 한다.
  1. 제25조제6항 또는 제57조에 따른 허가의 취소
  2. 제25조제7항 또는 제58조제1항에 따른 허가·승인의 취소
  3. 제41조제1항에 따른 공항운영증명의 취소 또는 공항운영의 정지

제63조(규제의 재검토) 국토교통부장관은 제37조제1항에 따른 유사등화의 설치 제한에 관한 사항에 대하여 2016년 1월 1일을 기준으로 3년마다(매 3년이 되는 해의 기준일과 같은 날 전까지를 말한다) 그 타당성을 검토하여 폐지, 완화 또는 유지 등의 조치를 하여야 한다.

공항시설법 시행령

제55조(권한의 위임) ① 국토교통부장관은 법 제61조에 따라 다음 각 호의 권한을 지방항공청장에게 위임한다. 다만, 국토교통부장관이 직접 시행하는 것으로 정하여 고시하는 개발사업과 관련된 제1호, 제3호, 제6호부터 제21호까지, 제23호부터 제25호까지, 제30호, 제32호 및 제33호의 권한은 제외한다.
  1. 법 제6조제1항에 따른 개발사업의 시행
  2. 법 제6조제2항에 따른 개발사업의 시행허가
  3. 법 제7조제1항에 따른 실시계획의 수립
  4. 법 제7조제3항에 따른 실시계획의 승인 및 변경 승인
  5. 법 제7조제4항에 따른 변경신고의 수리
  6. 법 제7조제5항에 따른 기술심의위원회에 대한 심의의 요청
  7. 법 제7조제6항에 따른 실시계획의 고시
  8. 법 제7조제7항에 따른 실시계획 관계 서류 사본의 통지 및 같은 조 제8항 후단에 따른 지형도면의 고시 등에 필요한 서류의 제출
  9. 법 제7조제9항에 따른 고시 및 토지등의 소유자 및 권리자에 대한 통지
  10. 법 제9조제2항 후단에 따른 관계 행정기관의 장과의 협의
  11. 법 제9조제3항에 따른 기획재정부장관과의 협의
  12. 법 제10조제1항에 따른 건축물의 건축 등 행위에 관한 허가 및 변경 허가
  13. 법 제10조제3항에 따른 신고의 수리
  14. 법 제10조제4항에 따른 원상회복 명령 및 「행정대집행법」에 따른 대집행
  15. 법 제12조제1항에 따른 수용 또는 사용
  16. 법 제13조제3항에 따른 손실보상
  17. 법 제14조에 따른 매수청구의 접수
  18. 법 제15조제1항에 따른 매수대상 여부 및 매수예상가격 등의 통지
  19. 법 제15조제2항에 따른 매수계획의 수립 및 매수
  20. 법 제16조제1항에 따른 비용의 부담 및 같은 조 제3항에 따른 비용의 징수
  21. 법 제17조제1항에 따른 부대공사의 시행
  22. 법 제18조에 따른 사업시행자와의 협의, 사업시행자를 대행한 개발사업의 시행 및 사업시행자를 대행할 제3자의 선정
  23. 법 제19조제2항에 따른 건설공사의 발주
  24. 법 제19조제3항 전단에 따른 개발사업에 직접 필요한 건설자재의 생산시설에 관한 인정 및 건설자재의 생산시설의 신설·증설 또는 이전
  25. 법 제19조제4항에 따른 원상회복
  26. 법 제20조제1항에 따른 공사준공 보고서의 접수 및 준공확인

공항시설법 시행규칙

제48조(위반행위에 대한 과태료 부과의 요청 등) 법 제56조제7항에 따른 제지(制止) 또는 퇴거(退去) 명령을 따르지 아니하는 자에 대하여 지방항공청장에게 법 제69조제1항제6호에 따른 과태료의 부과를 요청하려는 공항운영자는 별지 제40호서식의 통보서에 다음 각 호의 자료를 첨부하여 지방항공청장에게 제출하여야 한다.
  1. 법 제56조제6항 각 호의 어느 하나에 해당하는 위반행위에 대한 증거자료
  2. 법 제56조제7항에 따른 명령 및 그 명령을 따르지 아니한 사실을 기재한 서류
  3. 제1호의 위반행위로 피해를 입은 자의 진술서 또는 의견서(해당 사실이 있는 경우만 해당한다)

제49조(위반 행위에 대한 처분기준) 법 제58조제3항에 따라 사업시행자 또는 항행안전시설설치자가 법 제58조제1항 각 호를 위반한 경우의 처분기준은 별표 20과 같다.

제50조(수수료의 부과기준) ① 법 제48조에 따라 비행검사를 받으려는 자에 대한 법 제60조제1항에 따른 수수료는 별표 21과 같다.
  ② 법 제60조제2항에 따른 여비의 기준은 「공무원 여비 규정」에 따른다.

제51조(이행강제금 부과 및 징수) 법 제70조제7항에 따른 이행강제금의 부과 및 징수 절차는 「국고금관리법 시행규칙」을 준용한다. 이 경우 납입고지서에는 이의신청방법 및 이의신청기간을 함께 기재하여야 한다.

부칙

〈국토교통부령 제1264호, 2023. 10. 19.〉

이 규칙은 공포한 날부터 시행한다.

Chapter 01 | 항공법규

공항시설법

제6장 벌칙

제64조(공항운영증명에 관한 죄) 제38조를 위반하여 공항운영증명을 받지 아니하고 공항을 운영한 자는 3년 이하의 징역 또는 3천만원 이하의 벌금에 처한다.

제65조(개발사업에 따른 시설의 불법 사용 등의 죄) 다음 각 호의 어느 하나에 해당하는 자는 2천만원 이하의 벌금에 처한다.
1. 제6조제2항 또는 제43조제2항을 위반하여 허가를 받지 아니하고 시설을 설치한 자
2. 제20조제7항 또는 제45조제5항(제54조제1항에서 준용하는 경우를 포함한다)을 위반하여 시설을 사용한 자
3. 제34조제1항을 위반한 자
4. 제56조제1항부터 제4항까지의 규정을 위반한 자
5. 제57조에 따라 허가가 취소된 시설을 사용한 자

제66조(명령 등의 위반 죄) 다음 각 호의 어느 하나에 해당하는 자는 1년 이하의 징역 또는 1천만원 이하의 벌금에 처한다.
1. 제10조제1항에 따라 허가 또는 변경허가를 받아야 할 사항을 허가 또는 변경허가를 받지 아니하고 건축물의 건축 등의 행위를 하거나 거짓 또는 부정한 방법으로 허가를 받은 자
2. 정당한 사유 없이 제11조제1항(제54조제2항에서 준용하는 경우를 포함한다)에 따른 행위를 방해하거나 거부한 자
3. 제25조제8항에 따른 명령을 위반한 자
4. 정당한 사유 없이 제57조 및 제58조제1항에 따른 국토교통부장관의 명령 또는 처분을 위반한 자

제67조(업무방해 죄) 다음 각 호의 어느 하나에 해당하는 자는 500만원 이하의 벌금에 처한다.
1. 제31조제2항, 제40조제1항, 제47조제2항 및 제48조제1항에 따른 검사를 거부·방해하거나 기피한 자
2. 제55조제1항에 따른 검사 또는 출입을 거부 또는 방해하거나 보고를 거짓으로 한 자 및 기피한 자

제67조의2(제지·퇴거명령에 대한 불이행의 죄) 제56조제7항에 따른 명령에 따르지 아니한 자는 20만원 이하의 벌금이나 구류 또는 과료(科料)에 처한다.

제68조(양벌규정) 법인의 대표자나 법인 또는 개인의 대리인, 사용인, 그 밖의 종업원이 그 법인 또는 개인의 업무에 관하여 제65조부터 제67조까지 및 제67조의2의 위반행

공항시설법 시행령

27. 법 제20조제2항에 따른 보고의 접수
28. 법 제20조제3항에 따른 준공확인에 필요한 검사의 의뢰
29. 법 제20조제4항에 따른 준공확인증명서의 발급
30. 법 제20조제5항에 따른 고시
31. 법 제20조제7항 단서에 따른 준공확인 전 사용허가
32. 법 제21조제1항에 따른 투자허가
33. 법 제22조제1항에 따른 무상사용·수익허가, 같은 조 제2항에 따른 무상사용·수익허가의 취소 및 필요한 조치
34. 법 제25조제1항에 따른 이착륙장의 설치, 이착륙장 설치에 관한 허가 및 관계 중앙행정기관의 장 및 관할 시장·군수·구청장과의 사전협의
35. 법 제25조제2항에 따른 이착륙장의 관리
36. 법 제25조제6항에 따른 명령 및 허가의 취소
37. 법 제25조제7항에 따른 허가 또는 승인의 취소 등 필요한 처분
38. 법 제25조제8항에 따른 이착륙장 사용의 중지 명령
39. 법 제31조제2항 본문에 따른 검사
40. 법 제31조의2제2항에 따른 해당 업무(운전업무를 제외한다) 정지명령, 공항운영자에게 하는 운전업무의 승인 취소 및 운전업무의 정지 명령
41. 법 제32조제1항에 따른 공항시설, 비행장시설 또는 항행안전시설에 대한 사용료의 징수
42. 법 제33조제1항에 따른 공항시설 사용의 휴지 또는 폐지에 대한 승인
43. 법 제33조제2항에 따른 비행장시설의 휴지 또는 폐지에 대한 신고의 수리
44. 법 제33조제3항에 따른 공항시설 또는 비행장시설 사용의 재개(再開)에 대한 승인 및 시설설치기준 및 시설관리기준에 따른 검사
45. 법 제33조제4항에 따른 고시
46. 법 제34조의2제1항에 따른 장애물의 제한이나 제거 요구 및 같은 조 제2항에 따른 장애물의 제한이나 제거로 인한 손실보상
47. 법 제34조의2제4항에 따른 장애물 또는 토지의 매수 요구에 대한 접수
48. 법 제34조의2제5항에 따른 장애물의 제한이나 제거 명령 및 같은 조 제6항에 따른 손실보상
49. 법 제34조의2제9항에 따른 장애물의 제한이나 제거 명령
50. 법 제34조의2제10항에 따른 장애물의 제한이나 제거
51. 법 제36조제1항 및 제3항에 따른 표시등 및 표지의 설치
52. 법 제36조제4항에 따른 손실보상

공항시설법

위를 하면 행위자를 벌하는 외에 그 법인 또는 개인에게도 해당 조문의 벌금형을 과(科)한다. 다만, 법인 또는 개인이 그 위반행위를 방지하기 위하여 해당 업무에 관하여 상당한 주의와 감독을 게을리하지 아니한 경우에는 그러하지 아니하다.

제69조(과태료) ① 다음 각 호의 어느 하나에 해당하는 자에게는 500만원 이하의 과태료를 부과한다.
1. 제25조제5항을 위반하여 준공확인증명서를 받기 전에 이착륙장을 사용하거나 사용허가를 받지 아니하고 이착륙장을 사용한 자
2. 제32조제2항 또는 제50조제2항에 따라 사용료를 신고 또는 승인을 받지 아니하거나 신고 또는 승인한 사용료와 다르게 사용료를 받은 자
3. 제36조제1항·제2항·제7항에 따라 표시등 및 표지를 설치 또는 관리하지 아니한 자
4. 제39조제1항을 위반하여 인가를 받지 아니하고 공항운영규정을 변경한 공항운영자
5. 제39조제3항을 위반하여 공항운영규정을 변경하지 아니한 공항운영자
6. 제40조제1항을 위반하여 공항안전운영기준 및 공항운영규정에 따라 공항의 안전운영체계를 지속적으로 유지하지 아니한 공항운영자

② 다음 각 호의 어느 하나에 해당하는 자에게는 200만원 이하의 과태료를 부과한다.
1. 제36조제5항 또는 제6항을 위반하여 표시등 또는 표지의 설치·변경·철거에 관한 신고를 하지 아니한 자
2. 제37조제2항에 따른 명령을 위반한 자
3. 제39조제2항을 위반하여 신고를 하지 아니하고 공항운영규정을 변경한 공항운영자

③ 제1항 또는 제2항에 따른 과태료는 대통령령으로 정하는 바에 따라 국토교통부장관이 부과·징수한다.

제70조(이행강제금) ① 국토교통부장관은 제36조제8항 또는 제9항에 따라 시정명령을 받은 후 그 정한 기간 이내에 그 명령을 이행하지 아니하는 자에게는 다음 각 호의 구분에 따라 이행강제금을 부과한다.
1. 제36조제8항을 위반한 경우 : 1천만원 이하
2. 제36조제9항을 위반한 경우 : 500만원 이하

② 국토교통부장관은 제1항에 따른 이행강제금을 부과하기 전에 이행강제금을 부과·징수한다는 것을 미리 문서로 알려 주어야 한다.

③ 국토교통부장관은 제1항에 따라 이행강제금을 부과하는 경우에는 이행강제금의 금액, 부과 사유, 납부기한, 수납기관, 이의제기 방법 및 이의제기 기관 등을 명시한 문서로 하여야 한다.

공항시설법 시행령

53. 법 제36조제5항에 따른 표시등 또는 표지의 설치에 관한 협의 및 신고의 접수
54. 법 제36조제6항에 따른 표시등 또는 표지의 철거와 변경에 관한 협의 및 신고의 접수
55. 법 제36조제8항에 따른 표시등 또는 표지의 설치 명령
56. 법 제36조제9항에 따른 검사 및 시정명령
57. 법 제36조제10항에 따른 시정명령 이행에 관한 보고의 접수
58. 법 제36조제11항에 따른 시정명령의 이행 상태 등에 대한 확인
59. 법 제37조제2항에 따른 유사등화에 대한 소등 등의 명령
60. 법 제40조제1항 및 제2항에 따른 검사 및 시정조치 명령
61. 항행안전시설(항공로용으로 사용되는 항공정보통신시설 및 항행안전무선시설은 제외하되, 타목, 거목 및 너목에서는 포함한다)에 대한 다음 각 목의 권한
    가. 법 제43조제1항에 따른 항행안전시설의 설치
    나. 법 제43조제2항에 따른 항행안전시설 설치의 허가
    다. 법 제44조제1항에 따른 항행안전시설 설치에 관한 실시계획의 수립
    라. 법 제44조제3항에 따른 항행안전시설 설치에 관한 실시계획의 승인 및 변경승인
    마. 법 제44조제4항에 따른 신고의 수리
    바. 법 제44조제5항에 따른 고시
    사. 법 제45조제1항 및 제3항에 따른 완성검사 및 완성검사확인증의 발급
    아. 법 제45조제4항에 따른 지정·고시
    자. 법 제45조제5항 단서에 따른 완성검사확인증 발급 전 사용허가
    차. 법 제46조제1항에 따른 항행안전시설 변경허가
    카. 법 제47조제2항에 따른 검사
    타. 법 제48조제1항에 따른 비행검사(서울지방항공청장만 해당한다)
    파. 법 제49조제1항 및 제2항에 따른 항행안전시설의 휴지·폐지 또는 사용 재개에 관한 승인
    하. 법 제49조제3항에 따른 항행안전시설의 휴지·폐지 또는 사용 재개에 관한 고시
    거. 법 제50조제1항에 따른 항행안전시설 사용료의 징수
    너. 법 제50조제2항에 따른 항행안전시설 사용
    더. 법 제51조에 따른 지위승계 신고의 수리
    러. 법 제53조제1항에 따른 항공통신업무의 수행
62. 법 제56조제7항에 따른 제지 또는 퇴거 명령

Chapter 01 | 항공법규

공항시설법

④ 국토교통부장관은 제36조제8항 또는 제9항에 따른 최초의 시정명령이 있었던 날을 기준으로 하여 1년에 한 번씩 그 시정명령이 이행될 때까지 반복하여 제1항에 따른 이행강제금을 부과·징수할 수 있다.

⑤ 국토교통부장관은 시정명령을 받은 자가 시정명령을 이행한 경우에는 새로운 이행강제금의 부과를 중지하되, 이미 부과된 이행강제금은 징수하여야 한다.

⑥ 국토교통부장관은 제3항에 따라 이행강제금 부과처분을 받은 자가 이행강제금을 납부기한까지 내지 아니하면 국세 체납처분의 예에 따라 징수한다.

⑦ 이행강제금의 부과 및 징수 절차는 국토교통부령으로 정한다.

제7장 범칙행위에 관한 처리의 특례

제71조(통칙) ① 이 장에서 "범칙행위"란 제67조의2에 해당하는 위반행위를 뜻하며, 그 구체적인 범위는 대통령령으로 정한다.

② 이 장에서 "범칙자"란 범칙행위를 한 사람으로서 다음 각 호의 어느 하나에 해당하지 아니하는 사람을 뜻한다.
  1. 범칙행위를 한 날부터 1년 이내에 3회 이상 위반행위를 한 사람
  2. 그 밖에 죄를 범한 동기, 수단 및 결과 등을 헤아려 통고처분을 하는 것이 타당하지 아니하다고 인정되는 사람

③ 이 장에서 "범칙금"이란 범칙자가 제72조에 따른 통고처분에 따라 국고 또는 제주특별자치도의 금고에 내야 할 금전을 말한다.

제72조(통고처분) ① 경찰서장이나 제주특별자치도지사는 범칙자로 인정되는 사람에 대하여 그 이유를 명시한 범칙금납부통고서로 범칙금을 낼 것을 통고할 수 있다. 다만, 다음 각 호의 어느 하나에 해당하는 사람에 대해서는 그러하지 아니하다.
  1. 성명 또는 주소가 확실하지 아니한 사람
  2. 범칙금납부통고서 받기를 거부한 사람

② 제1항에 따라 통고할 범칙금의 액수는 범칙행위의 종류와 위반 정도에 따라 그 위반행위에 대하여 이 법에서 정하는 벌금의 범위에서 대통령령으로 정한다.

③ 제주특별자치도지사가 제1항에 따라 통고처분을 한 경우에는 관할 경찰서장에게 그 사실을 통보하여야 한다.

제73조(범칙금의 납부 등) ① 제72조에 따라 범칙금납부통고서를 받은 사람은 10일 이내에 경찰서장 또는 제주특별자치도지사가 지정하는 수납기관에 범칙금을 내야 한다.

공항시설법 시행령

63. 법 제57조에 따른 명령 또는 허가의 취소(지방항공청장에게 권한이 위임된 사항에 관한 명령 또는 허가의 취소만 해당한다)
64. 법 제58조제1항에 따른 허가 또는 승인취소 등 필요한 처분 및 같은 조 제2항에 따른 고시 (지방항공청장에게 권한이 위임된 사항에 관한 허가 또는 승인취소 등 필요한 처분 및 고시만 해당한다)
65. 법 제62조에 따른 청문의 실시(지방항공청장에게 권한이 위임된 사항에 관한 청문의 실시만 해당한다)
66. 법 제69조에 따른 과태료의 부과 및 징수(지방항공청장에게 권한이 위임된 사항에 관한 과태료 및 법 제69조제1항제3호에 따른 과태료의 부과·징수만 해당한다)
67. 법 제70조에 따른 이행강제금의 부과 및 징수

② 국토교통부장관은 법 제61조에 따라 다음 각 호의 권한을 항공교통본부장에게 위임한다.
  1. 항행안전시설(항공로용으로 사용되는 항공정보통신시설 및 항행안전무선시설만 해당한다)에 대한 다음 각 목의 권한
    가. 법 제43조제1항에 따른 항행안전시설의 설치
    나. 법 제43조제2항에 따른 항행안전시설 설치의 허가
    다. 법 제44조제1항에 따른 항행안전시설 설치에 관한 실시계획의 수립
    라. 법 제44조제3항에 따른 항행안전시설 설치에 관한 실시계획의 승인 및 변경승인
    마. 법 제44조제4항에 따른 신고의 수리
    바. 법 제44조제5항에 따른 고시
    사. 법 제45조제1항 및 제3항에 따른 완성검사 및 완성검사확인증의 발급
    아. 법 제45조제4항에 따른 지정·고시
    자. 법 제45조제5항 단서에 따른 완성검사확인증 발급 전 사용허가
    차. 법 제46조제1항에 따른 항행안전시설 변경허가
    카. 법 제47조제2항에 따른 검사
    타. 법 제49조제1항 및 제2항에 따른 항행안전시설의 휴지·폐지 또는 사용 재개에 관한 승인
    파. 법 제49조제3항에 따른 항행안전시설의 휴지·폐지 또는 사용 재개에 관한 고시
    하. 법 제51조에 따른 지위승계 신고의 수리
    거. 법 제53조제1항에 따른 항공통신업무의 수행
  2. 법 제57조에 따른 명령 또는 허가의 취소(항공교통본부장에게 권한이 위임된 사항에 관한 명령 또는 허가의 취소만 해당한다)
  3. 법 제58조제1항에 따른 허가 또는 승인취소 등 필요한 처분 및 같은 조 제2항에 따른 고시(항공교통본부장에게 권한이 위임된 사항에 관한 허가 또는 승인

공항시설법

다만, 천재지변이나 그 밖의 부득이한 사유로 그 기간 내에 범칙금을 납부할 수 없는 경우에는 그 부득이한 사유가 없어지게 된 날부터 5일 이내에 내야 한다.
② 제1항에 따른 납부기간에 범칙금을 내지 아니한 사람은 납부기간이 끝나는 날의 다음 날부터 20일 이내에 통고받은 범칙금에 그 금액의 100분의 20을 더한 금액을 내야 한다.
③ 제1항에 따른 범칙금납부통고서에 불복하는 사람은 그 납부기간 내에 경찰서장에게 이의를 제기할 수 있다.
④ 제1항 또는 제2항에 따라 범칙금을 낸 사람은 그 범칙행위에 대하여 다시 처벌받지 아니한다.

제74조(통고처분 불이행자 등의 처리) ① 경찰서장 또는 제주특별자치도지사는 다음 각 호의 어느 하나에 해당하는 사람에 대해서는 지체 없이 즉결심판을 청구하여야 한다. 다만, 즉결심판이 청구되기 전까지 통고받은 범칙금에 그 금액의 100분의 50을 더한 금액을 낸 사람에 대해서는 그러하지 아니하다.
  1. 제72조제1항 각 호의 어느 하나에 해당하는 사람
  2. 제73조제2항에 따른 납부기간 내에 범칙금을 내지 아니한 사람
  3. 제73조제3항에 따라 이의를 제기한 사람
② 제1항제2호에 따라 즉결심판이 청구된 피고인이 통고받은 범칙금에 그 금액의 100분의 50을 더한 금액을 내고 그 증명서류를 즉결심판 선고 전까지 제출하였을 때에는 경찰서장 또는 제주특별자치도지사는 그 피고인에 대한 즉결심판 청구를 취소하여야 한다.
③ 제1항 단서 또는 제2항에 따라 범칙금을 낸 사람은 그 범칙행위에 대하여 다시 처벌받지 아니한다.

─── 부칙 ───

〈법률 제19987호, 2024. 1. 9.〉

제1조(시행일) 이 법은 공포한 날부터 시행한다.

제2조(이의신청에 관한 일반적 적용례) 이의신청에 관한 개정 규정은 이 법 시행 이후 하는 처분부터 적용한다.

제3조(다른 법률의 개정) 부터 제7조까지 생략

공항시설법 시행령

취소 등 필요한 처분 및 고시만 해당한다)
  4. 법 제62조에 따른 청문의 실시(항공교통본부장에게 권한이 위임된 사항에 관한 청문의 실시만 해당한다)
③ 국토교통부장관은 법 제61조제2항에 따라 법 제47조제1항에 따른 항행안전시설의 관리·운영 업무 중 위성항법시설의 관리·운영 업무를 다음 각 호의 어느 하나에 해당하는 기관 또는 단체에 위탁한다.
  1. 「과학기술분야 정부출연연구기관 등의 설립·운영 및 육성에 관한 법률」에 따라 설립된 한국항공우주연구원
  2. 다음 각 목의 기관 또는 단체 중 인력·설비 등에 관하여 국토교통부장관이 정하여 고시하는 기준을 충족하는 기관 또는 단체
     가. 「과학기술분야 정부출연연구기관 등의 설립·운영 및 육성에 관한 법률」에 따라 설립된 정부출연연구기관
     나. 「공공기관의 운영에 관한 법률」 제4조에 따른 공공기관
     다. 「민법」 제32조에 따라 국토교통부장관의 허가를 받아 설립된 비영리법인으로서 항행안전시설의 관리·운영과 관련된 업무를 수행하는 법인
     라. 그 밖에 항행안전시설 분야의 전문성을 갖춘 기관 또는 단체
④ 국토교통부장관은 제3항에 따라 업무를 위탁하는 경우 위탁받는 기관 및 위탁업무의 내용, 그 밖에 필요한 사항을 고시해야 한다.

제56조(고유식별정보의 처리) 사업시행자등(법 제2조제11호에 따른 공항운영자로 한정한다)은 법 제56조제7항에 따른 제지 또는 퇴거 명령에 따르지 아니한 자에 대하여 국토교통부장관에게 법 제69조제1항제7호에 따른 과태료의 부과를 요청하는 사무를 수행하기 위하여 불가피한 경우 「개인정보 보호법 시행령」 제19조제1호에 따른 주민등록번호가 포함된 자료를 처리할 수 있다.

제57조(과태료의 부과기준) 법 제69조제1항 및 제2항에 따른 과태료의 부과기준은 별표 3과 같다.

제58조(범칙행위의 범위와 범칙금액) 법 제71조제1항 및 제72조제2항에 따른 범칙행위의 구체적인 범위와 범칙금액은 별표 4와 같다.

─── 부칙 ───

〈대통령령 제33913호, 2023. 12. 12., 타법개정〉

이 영은 공포한 날부터 시행한다.

Chapter 01 | 항공법규

※ 공항시설법 시행령 별표는 생략하였습니다. 해당 별표는 법제처 홈페이지 참고 바랍니다.

공항시설법 시행규칙 별표

[별표 4의2] 항공업무 수행자에 대한 처분기준(제19조의3 관련) 생략

[별표 5] 지방항공청장이 징수하는 사용료의 종류 및 산정기준(제20조제1항 관련) 생략

[별표 5의2] 공항운영자가 징수하는 사용료의 종류 및 산정기준(제20조제1항 관련) 생략

[별표 6] 비행장설치자와 협의하여 설치할 수 있는 장애물의 기준(제22조제1항제6호 관련)

1. 일반적인 기준
   가. 수평표면 또는 원추표면에서 장애물(수목을 제외한 자연 장애물 또는 비행장 설치의 고시 당시 건설 중이거나 이미 건설된 건축물·구조물을 말한다. 이하 이 호에서 같다)을 기준으로 활주로를 향한 전면 및 측면 방향으로 건축물·구조물을 설치하는 경우에는 장애물의 정상으로부터 가장 가까운 활주로의 중심선을 향하여 하방경사도가 10분의 1인 경사면이 수평표면 또는 원추표면과 만나는 경계면의 높이보다 낮은 건축물·구조물
   나. 수평표면 또는 원추표면에서 장애물을 기준으로 활주로를 향한 반대방향으로 건축물·구조물을 설치하는 경우에는 장애물 정상의 높이보다 낮은 건축물·구조물
   다. 진입표면의 활주로 중심선에 직각이고 수평이며 활주로 시단에서 60미터 떨어진 지점의 착륙대 폭(이하 "내측저변"이라 한다)으로부터 3천미터 밖에서 장애물을 기준으로 활주로를 향한 반대방향으로 건축물·구조물을 설치하는 경우에는 장애물 정상의 높이와 같거나 낮은 건축물·구조물

2. 일반적인 기준에 따른 항공장애물제한구역 내의 차폐설정 세부 적용기준
   가. 전이표면 : 차폐를 적용하지 않는다.
   나. 수평표면 및 원추표면에 대한 차폐기준은 다음과 같다.
      1) 차폐적용은 장애물(수목을 제외한 자연 장애물 또는 비행장 설치의 고시 당시 건설 중이거나 이미 건설된 건축물·구조물을 말한다. 이하 같다)의 정상에서 가장 가까운 활주로의 중심선을 향한 선(이하 "기준선"이라 한다)을 기준으로 한다.

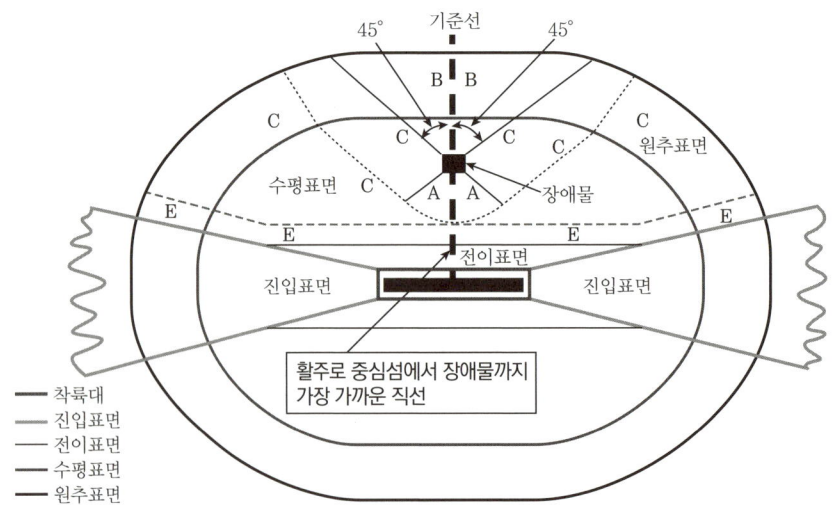

〈그림 1〉 수평표면 및 원추표면에서의 장애물 차폐 적용 평면도

      2) 전면·측면 및 후면의 구분은 장애물 정상에서 기준선의 좌측 및 우측으로 45도 선을 그어 전면(그림 1 "A"), 측면(그림 1 "C") 및 후면(그림 1 "B")으로 구분한다.

3) 차폐물로 허용할 수 있는 범위는 다음 각 호를 모두 포함해야 한다.
    가) 전면(그림 1 "A")은 장애물로부터 하방경사도 10분의 1의 경사면이 수평표면·원추표면 및 전이표면의 연장면과 만나는 아랫부분으로 한다(표 1 참조).
    나) 후면(그림 1 "B")은 장애물의 높이로 원추표면과 교차하거나 원추표면의 끝부분까지 연장한 평면의 아랫부분으로 한다(표 1 참조).
    다) 측면(그림 1 "C")은 후면의 경계선에서 하방경사도 10분의 1의 경사면이 수평표면·원추표면 및 전이표면의 연장면과 만나는 아랫부분으로 한다(표 1 참조).
    라) 전이표면 또는 진입표면의 경계부분(그림 1 "E")은 전이표면이나 진입표면 외측경계선에서 상방경사도 7분의 1의 경사면(그림 1 "E")의 아랫부분으로 한다(표 1 참조).

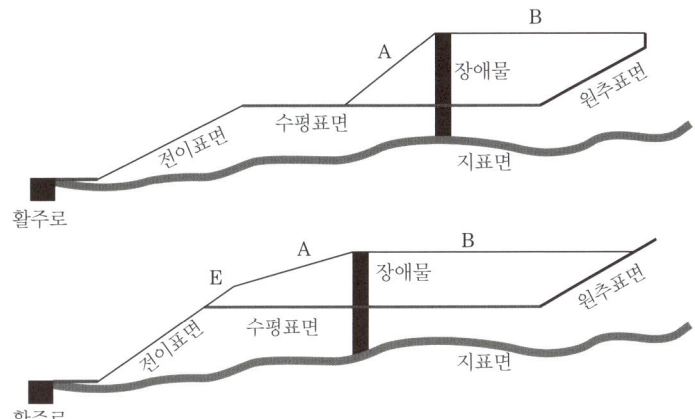

〈그림 2〉 수평표면 및 원추표면에서의 장애물 차폐 적용 측면도

구분	명칭	경사도
A	전면	장애물 기준 하방 10분의 1의 경사면
B	후면	장애물의 높이와 같은 평면
C	측면	후면의 경계선에서 하방 10분의 1의 경사면
E	전이표면 또는 진입표면의 경계부분	기존의 전이표면이나 진입표면 외측에서 상방 7분의 1의 경사면

〈표 1〉 수평표면 및 원추표면에서의 장애물 차폐

4) 철탑이나 산과 같이 장애물의 정상이 구별되는 경우에는 전면과 측면의 기준을 한 지점으로 설정할 수 있으며, 그 외에는 여러 지점을 기준점으로 설정할 수 있다.
5) 차폐를 적용하는 경우에는 국토교통부장관이 정하여 고시하는 항공학적 검토기준에 따른 항공학적 검토결과 해당 활주로에서 운용 중인 계기비행 항공기의 이착륙절차와 시계비행 항공기의 비행절차 운영 등 항공기 안전운항에 지장을 가져오지 않아야 한다.
6) 차폐의 적용의 기준이 되는 장애물은 장애물 제한표면 내부에 존재해야 한다.
다. 진입표면에 대한 차폐기준은 다음의 각 목의 요건을 모두 충족한 경우에만 차폐를 허용한다.
  1) 진입표면의 활주로 중심선에 직각이고 수평이며 활주로 시단에서 60m 떨어진 지점의 착륙대 폭으로부터 3천 미터 밖의 진입표면
  2) 진입표면의 후면(장애물의 정상에서 활주로를 향한 반대방향으로 기준선의 좌측 및 우측으로 45도 선을 그어 장애물 정상의 높이와 같거나 낮은 면을 말한다)
  3) 장애물의 후면 방향으로 수평거리 152m 이내인 경우

Chapter 01 | 항공법규

[별표 7] 항공기의 비행안전 확인 기준(제22조제3항 관련)
1. 비계기접근에 사용되는 활주로가 있는 비행장의 경우
    가. 진입표면 또는 전이표면을 침투하는 새로운 물체를 설치하거나 기존의 물체가 확장되지 않도록 할 것
    나. 수평표면 또는 원추표면을 침투하는 새로운 물체를 설치하거나 기존의 물체가 확장되지 않도록 할 것. 다만, 지방항공청장이 침투하는 장애물이 제거하기 곤란한 자연 장애물(수목은 제외한다. 이하 같다) 또는 기존의 고정물체에 의하여 차폐(遮蔽)된다고 인정하거나 항공학적 검토 결과에 따라 항공기 안전운항에 악영향을 미칠 우려가 없다고 판단되는 경우에는 그렇지 않다.
    다. 원추표면, 수평표면, 진입표면 및 전이표면을 침투하는 기존의 물체는 제거할 것. 다만, 지방항공청장이 침투하는 장애물이 제거하기 곤란한 자연 장애물 또는 기존의 고정물체에 의하여 차폐된다고 인정하거나 항공학적 검토 결과에 따라 항공기의 안전운항에 악영향을 미칠 우려가 없다고 판단되는 경우에는 그렇지 않다.
2. 비정밀접근에 사용되는 활주로가 있는 비행장의 경우
    가. 내측저변으로부터 3천m 이내의 진입표면 또는 전이표면을 침투하는 새로운 물체를 설치하거나 기존의 물체가 확장되지 않도록 할 것
    나. 진입표면의 내측저변에서 3천m 밖의 진입표면, 원추표면 또는 수평표면을 침투하는 새로운 물체를 설치하거나 기존의 물체가 확장되지 않도록 할 것. 다만, 지방항공청장이 침투하는 장애물이 제거하기 곤란한 자연 장애물 또는 기존의 고정물체에 의하여 차폐된다고 인정하거나 항공학적 검토 결과에 따라 항공기 안전운항에 악영향을 미칠 우려가 없다고 판단되는 경우에는 그렇지 않다.
    다. 원추표면, 수평표면, 진입표면 및 전이표면을 침투하는 기존의 물체는 제거할 것. 다만, 지방항공청장이 침투하는 장애물이 제거하기 곤란한 자연 장애물 또는 기존의 고정물체에 의하여 차폐된다고 인정하거나 항공학적 검토 결과에 따라 항공기 안전운항에 악영향을 미칠 우려가 없다고 판단되는 경우에는 그렇지 않다.
3. 정밀접근에 사용되는 활주로가 있는 비행장의 경우
    가. 어떠한 고정물체(기능상 착륙대 내에 위치해야 하는 구조물로서 부러지기 쉬운 구조물은 제외한다)도 내부진입표면, 내부전이표면 및 착륙복행표면을 침투하지 않도록 할 것
    나. 항공기의 착륙을 위하여 활주로를 사용하고 있는 동안에는 이동성 물체가 내부진입표면, 내부전이표면 및 착륙복행표면을 침투하지 않도록 할 것
    다. 진입표면 또는 전이표면을 침투하는 새로운 물체를 설치하거나 기존의 물체가 확장되지 않도록 할 것
    라. 수평표면 또는 원추표면을 침투하는 새로운 물체를 설치하거나 기존의 물체가 확장되지 않도록 할 것. 다만, 지방항공청장이 침투하는 장애물이 제거하기 곤란한 자연 장애물 또는 기존의 고정물체에 의하여 차폐된다고 인정하거나 항공학적 검토 결과에 따라 항공기 안전운항에 악영향을 미칠 우려가 없다고 판단되는 경우에는 그렇지 않다.
    마. 원추표면, 수평표면, 진입표면 및 전이표면을 침투하는 기존의 물체를 제거할 것. 다만, 지방항공청장이 침투하는 장애물이 제거하기 곤란한 자연 장애물 또는 기존의 고정물체에 의하여 차폐된다고 인정하거나 항공학적 검토 결과에 따라 항공기 안전운항에 악영향을 미칠 우려가 없다고 판단되는 경우에는 그렇지 않다.

[별표 8] 항공학적 검토 기준 및 방법(제23조 관련)
항공기의 비행안전 여부를 판단하기 위하여 항공학적 검토에는 다음 각 호의 사항을 포함해야 한다. 이 경우 항공학적 검토 기준 및 방법 등에 관하여 필요한 세부사항은 국토교통부장관이 정하여 고시한다.
1. 기존 또는 계획된(Proposed) 시계비행절차, 교통장주(Traffic Pattern : 비행장 상공을 도는 경로), 시계비행 보고지점에 대한 안전성
2. 기존 또는 계획된(Proposed) 계기비행절차에 대한 안전성
    가. 도착절차구역, 착륙절차구역, 출발절차구역, 선회접근구역 및 레이더 유도(Vector) 비행구역과의 안전 분리[정밀접근절차인 경우에는 충돌위험모델(CRM)에 의한 위험성을 포함한다]
    나. 최저항공로고도(MEA), 최저장애물회피고도(MOCA), 최저레이더유도고도(MVA), 최저 계기비행규칙 고도(MIA), 최저안전고도(MSA), 최저통과고도(MCA), 최저체공고도(MHA)의 영향
3. 시각(Visual Approach)의 영향
4. 공항 중장기개발계획(Airport Master Plan)에 대한 영향

5. 기존 또는 계획된 항행안전시설, 통신, 레이더 및 관제시스템 시설에 대한 물리적·전자기적 또는 가시선(Line of Sight) 간섭에 대한 영향
6. 관제탑으로부터 활주로·유도로·헬기장 또는 항공교통장주에 대한 시야 제한으로 인한 영향
7. 공항 수용 용량 영향
8. 공항 효율성 감소 영향
9. 기존 또는 계획된 활주로의 사용 가능거리에 대한 영향
10. 항공교통량에 따른 영향
    가. 1일 한 번 이상 정기적으로 사용하는 활주로인 경우, 정기 및 지속성을 지닌 것으로 판단할 것
    나. 1주일에 한 번 사용하더라도 해당 활주로에 진출입하기 위한 주 절차인 경우, 중요한 절차로 판단할 것
11. 공항의 특성과 취항 항공기의 특성에 따른 영향
12. 인구밀집지역으로 인한 항공기 소음의 영향
13. 공항 주변의 비행금지 및 제한구역 등의 영향
14. 그 밖의 사항
    가. 구조물에의 항공장애표시등 설치 여부
    나. 항공정보간행물(AIP)에의 고시 여부

[별표 13] 공항운항증명의 취소 등 행정처분기준(제34조제2항 관련) 생략

[별표 20] 위반행위에 대한 처분기준(제49조 관련) 생략

[별표 21] 항행안전시설 비행검사 수수료의 부과기준(제50조 관련) 생략

Chapter 02 | 항공관련법규

1. 항공·철도 사고조사에 관한 법률·시행령·시행규칙
2. 국제 항공법

Chapter 02 | 항공관련법규

항공·철도 사고조사에 관한 법률

항공·철도 사고조사에 관한 법률
[시행 2021. 11. 19.] [법률 제18188호, 2021. 5. 18., 일부개정]

제1장 총칙

제1조(목적) 이 법은 항공·철도사고조사위원회를 설치하여 항공사고 및 철도사고등에 대한 독립적이고 공정한 조사를 통하여 사고 원인을 정확하게 규명함으로써 항공사고 및 철도사고등의 예방과 안전 확보에 이바지함을 목적으로 한다.

제2조(정의) ① 이 법에서 사용하는 용어의 정의는 다음과 같다.
1. "항공사고"란 「항공안전법」 제2조제6호에 따른 항공기사고, 같은 조 제7호에 따른 경량항공기사고 및 같은 조 제8호에 따른 초경량비행장치사고를 말한다.
2. "항공기준사고"란 「항공안전법」 제2조제9호에 따른 항공기준사고를 말한다.
3. "항공사고등"이라 함은 제1호에 따른 항공사고 및 제2호에 따른 항공기준사고를 말한다.
4, 5. 삭제
6. "철도사고"란 철도(도시철도를 포함한다. 이하 같다)에서 철도차량 또는 열차의 운행 중에 사람의 사상이나 물자의 파손이 발생한 사고로서 다음 각 호의 어느 하나에 해당하는 사고를 말한다.
   가. 열차의 충돌 또는 탈선사고
   나. 철도차량 또는 열차에서 화재가 발생하여 운행을 중지시킨 사고
   다. 철도차량 또는 열차의 운행과 관련하여 3명 이상의 사상자가 발생한 사고
   라. 철도차량 또는 열차의 운행과 관련하여 5천만원 이상의 재산피해가 발생한 사고
7. "사고조사"란 항공사고등 및 철도사고(이하 "항공·철도사고등"이라 한다)와 관련된 정보·자료 등의 수집·분석 및 원인규명과 항공·철도안전에 관한 안전권고 등 항공·철도사고등의 예방을 목적으로 제4조에 따른 항공·철도사고조사위원회가 수행하는 과정 및 활동을 말한다.

② 이 법에서 사용하는 용어 외에는 「항공사업법」·「항공안전법」·「공항시설법」에서 정하는 바에 따른다.

제3조(적용범위 등) ① 이 법은 다음 각 호의 어느 하나에 해당하는 항공·철도사고등에 대한 사고조사에 관하여 적용한다.
1. 대한민국 영역 안에서 발생한 항공·철도사고등
2. 대한민국 영역 밖에서 발생한 항공사고등으로서 「국제민간항공조약」에 의하여 대한민국을 관할권으로 하는 항공사고등

② 제1항에도 불구하고 「항공안전법」 제2조제4호에 따른 국가기관등항공기에 대한 항공사고조사는 다음 각 호의 어느 하나에 해당하는 경우 외에는 이 법을 적용하지 아니한다.
1. 사람이 사망 또는 행방불명된 경우
2. 국가기관등항공기의 수리·개조가 불가능하게 파손된 경우
3. 국가기관등항공기의 위치를 확인할 수 없거나 국가기관등항공기에 접근이 불가능한 경우

③ 제1항에도 불구하고 「항공안전법」 제3조에 따른 항공기의 항공사고조사는 이 법을 적용하지 아니한다.

④ 항공사고등에 대한 조사와 관련하여 이 법에서 규정하지 아니한 사항은 「국제민간항공조약」과 같은 조약의 부속서(附屬書)에서 채택된 표준과 방식에 따라 실시한다.

제2장 항공·철도사고조사위원회

제4조(항공·철도사고조사위원회의 설치) ① 항공·철도사고등의 원인규명과 예방을 위한 사고조사를 독립적으로 수행하기 위하여 국토교통부에 항공·철도사고조사위원회(이하 "위원회"라 한다)를 둔다.

② 국토교통부장관은 일반적인 행정사항에 대하여는 위원회를 지휘·감독하되, 사고조사에 대하여는 관여하지 못한다.

항공·철도 사고조사에 관한 법률 시행령

항공·철도 사고조사에 관한 법률 시행령
[시행 2021. 11. 19.] [대통령령 제32125호, 2021. 11. 16., 일부개정]

제1조(목적) 이 영은 「항공·철도 사고조사에 관한 법률」에서 위임된 사항과 그 시행에 필요한 사항을 규정함을 목적으로 한다.

항공·철도 사고조사에 관한 법률 시행규칙

항공·철도 사고조사에 관한 법률 시행규칙
[시행 2021. 8. 27.] [국토교통부령 제882호, 2021. 8. 27., 타법개정]

제1조(목적) 이 규칙은 「항공·철도 사고조사에 관한 법률」 및 같은 법 시행령에서 위임된 사항과 그 시행에 필요한 사항을 규정함을 목적으로 한다.

Chapter 02 | 항공관련법규

항공·철도 사고조사에 관한 법률

제5조(위원회의 업무) 위원회는 다음 각 호의 업무를 수행한다.
1. 사고조사
2. 제25조에 따른 사고조사보고서의 작성·의결 및 공표
3. 제26조에 따른 안전권고 등
4. 사고조사에 필요한 조사·연구
5. 사고조사 관련 연구·교육기관의 지정
6. 그 밖에 항공사고조사에 관하여 규정하고 있는 「국제민간항공조약」 및 동 조약부속서에서 정한 사항

제6조(위원회의 구성) ① 위원회는 위원장 1인을 포함한 12인 이내의 위원으로 구성하되, 위원 중 대통령령으로 정하는 수의 위원은 상임으로 한다.
② 위원장 및 상임위원은 대통령이 임명하며, 비상임위원은 국토교통부장관이 위촉한다.
③ 상임위원의 직급에 관하여는 대통령령으로 정한다.

제7조(위원의 자격요건) 위원이 될 수 있는 자는 항공·철도관련 전문지식이나 경험을 가진 자로서 다음 각 호의 어느 하나에 해당하는 자로 한다.
1. 변호사의 자격을 취득한 후 10년 이상 된 자
2. 대학에서 항공·철도 또는 안전관리분야 과목을 가르치는 부교수 이상의 직에 5년 이상 있거나 있었던 자
3. 행정기관의 4급 이상 공무원으로 2년 이상 있었던 자
4. 항공·철도 또는 의료 분야 전문기관에서 10년 이상 근무한 박사학위 소지자
5. 항공종사자 자격증명을 취득하여 항공운송사업체에서 10년 이상 근무한 경력이 있는 자로서 임명·위촉일 3년 이전에 항공운송사업체에서 퇴직한 자
6. 철도시설 또는 철도운영관련 업무분야에서 10년 이상 근무한 경력이 있는 자로서 임명·위촉일 3년 이전에 퇴직한 자
7. 국가기관등항공기 또는 군·경찰·세관용 항공기와 관련된 항공업무에 10년 이상 종사한 경력이 있는 자

제8조(위원의 결격사유) 다음 각 호의 어느 하나에 해당하는 자는 위원이 될 수 없다.
1. 피성년후견인·피한정후견인 또는 파산자로서 복권되지 아니한 자
2. 금고 이상의 실형을 선고받고 그 집행이 종료(집행이 종료된 것으로 보는 경우를 포함한다)되거나 집행이 면제된 날부터 3년이 지나지 아니한 자
3. 금고 이상의 형의 집행유예를 선고받고 그 유예기간 중에 있는 자
4. 법원의 판결 또는 법률에 의하여 자격이 상실 또는 정지된 자
5. 항공운송사업자, 항공기 또는 초경량비행장치와 그 장비품의 제조·개조·정비 및 판매사업 그 밖에 항공관련 사업을 운영하는 자 또는 그 임직원
6. 철도운영자 및 철도시설관리자, 철도차량을 제작·조립 또는 수입하는 자, 철도건설관련 시공업자 또는 철도용품·장비 판매사업자 그 밖의 철도관련 사업을 운영하는 자 및 그 임직원

제9조(위원의 신분보장) ① 위원은 임기 중 직무와 관련하여 독립적으로 권한을 행사한다.
② 위원은 다음 각 호의 어느 하나에 해당하는 경우를 제외하고는 그 의사에 반하여 해임 또는 해촉되지 아니한다.
1. 제8조 각 호의 어느 하나에 해당하는 경우
2. 심신장애로 인하여 직무를 수행할 수 없다고 인정되는 경우
3. 이 법에 의한 직무상의 의무를 위반하여 위원으로서의 직무수행이 부적당하게 된 경우

제10조(위원장의 직무 등) ① 위원장은 위원회를 대표하며 위원회의 업무를 통할한다.
② 위원장이 부득이한 사유로 인하여 직무를 수행할 수 없는 때에는 위원장이 미리 지명한 위원, 상임위원, 위원 중 연장자 순으로 그 직무를 대행한다.

제11조(위원의 임기) 위원의 임기는 3년으로 하되, 연임할 수 있다.

재미있는 항공이야기

하늘에 그리는 그림 – 비행운

요즘같이 공해에 찌든 잿빛 하늘이야 쳐다보기도 싫지만, 가끔 맑은 날 가슴에 한줄기 선을 깊게 그어주는 하늘의 추억이 하나 있다. 하얀 선을 그으며 날아가는 비행기 꼬리구름의 모습이다.

어린 시절, 눈이 시리도록 파란 하늘에 그 꼬리구름이 다 없어질 때까지 고개를 뒤로 젖히고 목이 아프도록 쳐다보며 꿈을 키웠던 사람들도 많을 것이다. 이 동경의 대상이었던 하늘에 그려진 이 하얀 선은 바로 비행운(Con-densation trail)이라고 불리우는 일종의 구름이다.

비행운은 항공기가 맑고 냉습한 하늘을 날 때 그 뒤에 가끔 만들어지는 긴 줄 모양의 구름으로 엔진이 2대인 항공기에는 2줄, 엔진이 4개인 항공기에는 4줄의 구름이 나타난다. 비행운은 주로 작은 물방울이 쉽게 증발하지 않고 얼어 버릴 만큼의 높은 고도에서 발생하는데, 보통 대기온도가 영하 38도 이하인 약 8,000미터 이상의 고도에서 나타난다.

제트엔진을 장착한 항공기가 이 고도 이상에서 비행할 때 엔진에서 뿜어져 나오는 섭씨 약 625도 고온의 배기가스는 대기 중의 찬 공기와 혼합된다. 이 열을 전달받은 대기 중의 수증기는 더욱 활발히 주위의 수증기와 합쳐져 작은 물방울을 만들게 된다.

동시에 배기가스 속의 미세한 입자들은 수증기와 결합해 물방울이 더욱 잘 만들어지도록 도와준다. 이 물방울들은 대기의 저온으로 인해 곧바로 얼어버리고 이 얼음 알갱이들이 모여 구름, 즉 비행운으로 만들어 지게 되는 것이다.

따라서 이 비행운이 만들어지기 위해서는 비행중 엔진 후방 주위의 공기에 충분한 열을 공급할 수 있는 제트엔진을 장착하고 높은 고도를 비행하여야 하는 조건이 있다. 따라서 국내선을 운항하는 항공기의 경우 제트엔진을 장착하고 있지만 비행운을 만들 수 있을 만큼의 고도로 비행하지 않기 때문에 군용기의 경우에서 주로 볼 수 있다.

때문에 이 비행운이 만들어지기 위해서는 제트엔진을 장착한 비행기가 높은 고도를 비행하는 경우라야 가능한 것이다.

국내 공항에서 민간 항공기가 많이 뜨고 내리지만 비행운을 보기 드문 까닭도 이 때문이다. 높은 고도로 우리 영공을 통과하는 항공기 및 정찰용 군용기의 경우에서 주로 볼 수 있다.

잘 알지 못하는 경우, 비행운을 항공기 엔진이 내뿜는 매연이라고 오해하는 사람들도 적지 않다. 에어쇼 등에서 떼를 지어 색색의 비행운을 창공에 수놓는 것은 연막탄을 이용한 것으로 자연적으로 생겨나는 비행운과는 거리가 멀다.

하지만 비행운이 생겨나는 과학적 원리야 어떻든 푸른 하늘에 흰 줄을 그으며 저 멀리 사라지는 비행기를 바라볼 때만은 어린 시절 비행운을 보며 가졌던 동경과 낭만이 아직 그대로 남아있음을 느낄 수 있을 것이다. ✈

〈자료출처 : 대한항공 홍보실〉

Chapter 02 | 항공관련법규

항공·철도 사고조사에 관한 법률

제12조(회의 및 의결) ① 위원회의 회의는 위원장이 소집하고, 위원장은 의장이 된다.
② 위원회의 의사는 재적위원 과반수로 결정한다.

제13조(분과위원회) ① 위원회는 사고조사 내용을 효율적으로 심의하기 위하여 분과위원회를 둘 수 있다.
② 제1항에 따른 분과위원회의 의결은 위원회의 의결로 본다.
③ 분과위원회의 조직 및 운영에 관하여 필요한 사항은 대통령령으로 정한다.

제14조(자문위원) 위원회는 사고조사에 관련된 자문을 얻기 위하여 필요한 경우 항공 및 철도분야의 전문지식과 경험을 갖춘 전문가를 대통령령으로 정하는 바에 따라 자문위원으로 위촉할 수 있다.

제15조(직무종사의 제한) ① 위원회는 항공·철도사고등의 원인과 관계가 있거나 있었던 자와 밀접한 관계를 갖고 있다고 인정되는 위원에 대하여는 해당 항공·철도사고등과 관련된 회의에 참석시켜서는 아니 된다.
② 제1항의 규정에 해당되는 위원은 해당 항공·철도사고등과 관련한 위원회의 회의를 회피할 수 있다.

제16조(사무국) ① 위원회의 사무를 처리하기 위하여 위원회에 사무국을 둔다.
② 사무국은 사무국장·사고조사관 그 밖의 직원으로 구성한다.
③ 사무국장은 위원장의 명을 받아 사무국 업무를 처리한다.
④ 사무국의 조직 및 운영 등에 관하여 필요한 사항은 대통령령으로 정한다.

제3장 사고조사

제17조(항공·철도사고등의 발생 통보) ① 항공·철도사고등이 발생한 것을 알게 된 항공기의 기장, 「항공안전법」 제62조제5항 단서에 따른 그 항공기의 소유자등, 「철도안전법」 제61조제1항에 따른 철도운영자등, 항공·철도종사자, 그 밖의 관계인(이하 "항공·철도종사자등"이라 한다)은 지체 없이 그 사실을 위원회에 통보하여야 한다. 다만, 「항공안전법」 제2조제4호에 따른 국가기관등항공기의 경우에는 그와 관련된 항공업무에 종사하는 사람은 소관 행정기관의 장에게 보고하여야 하며, 그 보고를 받은 소관 행정기관의 장은 위원회에 통보하여야 한다.
② 제1항에 따른 항공·철도종사자와 관계인의 범위, 통보에 포함되어야 할 사항, 통보시기, 통보방법 및 절차 등은 국토교통부령으로 정한다.
③ 위원회는 제1항에 따라 항공·철도사고등을 통보한 자의 의사에 반하여 해당 통보자의 신분을 공개하여서는 아니 된다.

제18조(사고조사의 개시 등) 위원회는 제17조제1항에 따라 항공·철도사고등을 통보 받거나 발생한 사실을 알게 된 때에는 지체 없이 사고조사를 개시하여야 한다. 다만, 항공사고등에 대한 조사와 관련하여 이 법에서 규정하지 않은 사항은 「국제민간항공조약」의 규정과 동 조약의 부속서로서 채택된 표준과 방식에 따라 실시한다. 다만, 대한민국에서 발생한 외국항공기의 항공사고등에 대한 원활한 사고조사를 위하여 필요한 경우 해당 항공기의 소속 국가 또는 지역사고조사기구(Regional Accident Investigation Organization)와의 합의나 협정에 따라 사고조사를 그 국가 또는 지역사고조사기구에 위임할 수 있다.

제19조(사고조사의 수행 등) ① 위원회는 사고조사를 위하여 필요하다고 인정되는 때에는 위원 또는 사무국 직원으로 하여금 다음 각 호의 사항을 조치하게 할 수 있다.
    1. 항공기 또는 초경량비행장치의 소유자, 제작자, 탑승자, 항공사고등의 현장에서 구조 활동을 한 자 그 밖의 관계인(이하 "항공사고등 관계인"이라 한다)에 대한 항공사고등 관련 보고 또는 자료의 제출 요구
    2. 철도사고등과 관련된 철도운영 및 철도시설관리자, 종사자, 사고현장에서 구조활동을 하는 자 그 밖의 관계인(이하 "철도사고등 관계인"이라 한다)에 대한 철도사고와 관련한 보고 또는 자료의 제출 요구
    3. 사고현장 및 그 밖에 필요하다고 인정되는 장소에 출입하여 항공기 및 철도 시설·차량 그 밖의 항공·철도사고등과 관련이 있는 장부·서류 또는 물건(이하 "관계물건"이라 한다)의 검사
    4. 항공사고등 관계인 및 철도사고 관계인(이하 "관계인"이라 한다)의 출석 요구 및 질문

항공·철도 사고조사에 관한 법률 시행령

제2조(분과위원회의 구성 등) ① 「항공·철도 사고조사에 관한 법률」(이하 "법"이라 한다) 제4조에 따른 항공·철도사고조사위원회(이하 "위원회"라 한다)에 두는 분과위원회는 다음 각 호와 같다.
1. 항공분과위원회
2. 철도분과위원회

② 제1항제1호에 따른 항공분과위원회는 항공사고등에 대한 다음 각 호의 사항을 심의·의결한다.
1. 법 제25조제1항에 따른 사고조사보고서의 작성 등에 관한 사항
2. 법 제26조제1항에 따른 안전권고 등에 관한 사항
3. 그 밖에 항공사고등에 관한 사항으로서 위원회에서 심의를 위임한 사항

③ 제1항제2호에 따른 철도분과위원회는 철도사고에 대한 다음 각 호의 사항을 심의·의결한다.
1. 법 제25조제1항에 따른 사고조사보고서의 작성 등에 관한 사항
2. 법 제26조제1항에 따른 안전권고 등에 관한 사항
3. 그 밖에 철도사고에 관한 사항으로서 위원회에서 심의를 위임한 사항

④ 제1항 각 호에 따른 분과위원회(이하 "분과위원회"라 한다)는 분과위원회의 위원장(이하 "분과위원장"이라 한다)과 분과위원회의 상임위원(이하 "분과상임위원"이라 한다) 각 1명을 포함한 7명 이내의 위원으로 구성한다.

⑤ 각 분과위원장과 분과상임위원은 위원회의 위원장(이하 "위원장"이라 한다)과 상임위원이 각각 겸임하고, 분과위원회의 위원은 위원장이 위원회의 위원 중에서 지명한 사람으로 한다.

⑥ 분과위원장은 분과위원회를 대표하고, 분과위원회의 업무를 총괄한다.

제3조(분과위원회의 회의) ① 분과위원장은 분과위원회의 회의를 소집하며, 그 의장이 된다.
② 분과위원회의 회의는 분과위원회 재적위원 과반수의 찬성으로 의결한다.
③ 이 영에서 정한 것 외에 분과위원회의 운영 등에 관하여 필요한 사항은 위원장이 정한다.

제4조(자문위원의 위촉 등) ① 법 제14조에 따라 위원장은 해당 분야에 관하여 학식과 경험이 풍부한 사람을 자문위원으로 위촉할 수 있다.
② 위원장은 자문위원으로 하여금 사고조사에 관하여 의견을 진술하게 하거나 서면으로 의견을 제출할 것을 요청할 수 있다.
③ 자문위원의 임기는 5년으로 하되, 연임할 수 있다.

항공·철도 사고조사에 관한 법률 시행규칙

제2조 (항공·철도종사자와 관계인의 범위) 「항공·철도 사고조사에 관한 법률」(이하 "법"이라 한다) 제17조제1항에 따라 항공·철도사고등의 발생사실을 법 제4조제1항에 따른 항공·철도사고조사위원회(이하 "위원회"라 한다)에 통보해야 하는 항공·철도종사자와 관계인의 범위는 다음 각 호와 같다.
1. 경량항공기 조종사(조종사가 통보할 수 없는 경우에는 그 경량항공기의 소유자)
2. 초경량비행장치의 조종자(조종자가 통보할 수 없는 경우에는 그 초경량비행장치의 소유자)

제3조 (통보사항) 법 제17조제1항에 따라 항공·철도사고등의 발생 통보 시 포함되어야 할 사항은 다음 각 호와 같다.
1. 항공사고등
   가. 항공기사고 등의 유형
   나. 발생 일시 및 장소
   다. 기종(통보자가 알고 있는 경우만 해당한다)
   라. 발생 경위(통보자가 알고 있는 경우만 해당한다)
   마. 사상자 등 피해상황(통보자가 알고 있는 경우만 해당한다)
   바. 통보자의 성명 및 연락처
   사. 가목부터 바목까지에서 규정한 사항 외에 사고조사에 필요한 사항
2. 철도사고
   가. 철도사고의 유형

Chapter 02 | 항공관련법규

항공·철도 사고조사에 관한 법률

　5. 관계 물건의 소유자·소지자 또는 보관자에 대한 해당 물건의 보존·제출 요구 또는 제출한 물건의 유치
　6. 사고현장 및 사고와 관련 있는 장소에 대한 출입통제
② 제1항제5호에 따른 보존의 요구를 받은 자는 해당 물건을 이동시키거나 변경·훼손하여서는 아니 된다. 다만, 공공의 이익에 중대한 영향을 미친다고 판단되거나 인명구조 등 긴급한 사유가 있는 경우에는 그러하지 아니하다.
③ 위원회는 제1항제5호에 따라 유치한 관련물건이 사고조사에 더 이상 필요하지 아니할 때에는 가능한 한 조속히 유치를 해제하여야 한다.
④ 제1항에 따른 조치를 하는 자는 그 권한을 표시하는 증표를 가지고 있어야 하며, 관계인의 요구가 있는 때에는 이를 제시하여야 한다.

제20조(항공·철도사고조사단의 구성·운영) ① 위원회는 사고조사를 위하여 필요하다고 인정되는 때에는 분야별 관계 전문가를 포함한 항공·철도사고조사단을 구성·운영할 수 있다.
② 항공·철도사고조사단의 구성·운영에 관하여 필요한 사항은 대통령령으로 정한다.

제21조(국토교통부장관의 지원) ① 위원회는 사고조사를 수행하기 위하여 필요하다고 인정하는 때에는 국토교통부장관에게 사실의 조사 또는 관련 공무원의 파견, 물건의 지원 등 사고조사에 필요한 지원을 요청할 수 있다.
② 국토교통부장관은 제1항의 규정에 따라 사고조사의 지원을 요청받은 때에는 사고조사가 원활하게 진행될 수 있도록 필요한 지원을 하여야 한다.
③ 국토교통부장관은 제2항의 규정에 따라 사실의 조사를 지원하기 위하여 필요하다고 인정하는 때에는 소속 공무원으로 하여금 제19조제1항 각 호의 사항을 조치하게 할 수 있다. 이 경우 제19조제4항의 규정을 준용한다.

제22조(관계 행정기관 등의 협조) 위원회는 신속하고 정확한 조사를 수행하기 위하여 관계 행정기관의 장, 관계 지방자치단체의 장 그 밖의 공·사 단체의 장(이하 "관계기관의 장"이라 한다)에게 항공·철도사고등과 관련된 자료·정보의 제공, 관계 물건의 보존 등 그 밖의 필요한 협조를 요청할 수 있다. 이 경우 관계기관의 장은 정당한 사유가 없으면 협조하여야 한다.

제23조(시험 및 의학적 검사) ① 위원회는 사고조사와 관련하여 사상자에 대한 검시, 생존한 승무원 등에 대한 의학적 검사, 항공기·철도차량 등의 구성품 등에 대하여 검사·분석·시험 등을 할 수 있다.
② 위원회는 필요하다고 인정하는 경우에는 제1항에 따른 검시·검사·분석·시험 등의 업무를 관계 전문가·전문기관 등에 의뢰할 수 있다.

제24조(관계인 등의 의견청취) ① 위원회는 사고조사를 종결하기 전에 해당 항공·철도사고등과 관련된 관계인에게 대통령령으로 정하는 바에 따라 의견을 진술할 기회를 부여하여야 한다.
② 위원회는 사고조사를 위하여 필요하다고 인정되는 경우에는 공청회를 개최하여 관계인 또는 전문가로부터 의견을 들을 수 있다.

제25조(사고조사보고서의 작성 등) ① 위원회는 사고조사를 종결한 때에는 다음 각 호의 사항이 포함된 사고조사보고서를 작성하여야 한다.
　1. 개요
　2. 사실정보
　3. 원인분석
　4. 사고조사결과
　5. 제26조에 따른 권고 및 건의사항
② 위원회는 대통령령으로 정하는 바에 따라 제1항에 따라 작성된 사고조사보고서를 공표하고 관계기관의 장에게 송부하여야 한다.

제26조(안전권고 등) ① 위원회는 제29조제2항에 따른 조사 및 연구활동 결과 필요하다고 인정되는 경우와 사고조사과정 중 또는 사고조사결과 필요하다고 인정되는 경우에는 항공·철도사고등의 재발방지를 위한 대책을 관계 기관의 장에게 안전권고 또는 건의할 수 있다.

| 항공·철도 사고조사에 관한 법률 시행령 | 항공·철도 사고조사에 관한 법률 시행규칙 |

항공·철도 사고조사에 관한 법률 시행규칙 측:

　나. 발생 일시 및 장소
　다. 발생 경위(통보자가 알고 있는 경우만 해당한다)
　라. 사상자, 재산피해 등 피해상황(통보자가 알고 있는 경우만 해당한다)
　마. 사고수습 및 복구계획(통보자가 알고 있는 경우만 해당한다)
　바. 통보자의 성명 및 연락처
　사. 가목부터 바목까지에서 규정한 사항 외에 사고조사에 필요한 사항

제4조(통보시기) 법 제17조제1항에 따른 통보의무자는 항공·철도사고등이 발생한 사실을 알게 된 때에는 지체 없이 통보하여야 하며, 제3조에 따른 통보사항의 부족을 이유로 통보를 지연시켜서는 아니 된다.

제5조(통보방법 및 절차) ① 제17조제1항에 따른 항공·철도사고등의 발생통보는 구두, 전화, 팩스, 인터넷 홈페이지 등의 방법 중 가장 신속한 방법을 이용해야 한다.
② 제1항의 통보에 필요한 전화번호, 팩스번호, 인터넷 홈페이지 주소 등은 위원회가 정하여 고시한다.

제6조(국가기관등항공기 사고발생 통보) 법 제17조제1항 단서에 따라 소관 행정기관의 장이 국가기관등항공기의 사고발생 사실을 위원회에 통보할 경우에는 제3조부터 제5조까지를 준용한다.

제7조(증표) 법 제19조제4항에 따른 증표는 별지 서식과 같다.

항공·철도 사고조사에 관한 법률 시행령 측:

제5조(항공·철도사고조사단의 구성 등) ① 법 제20조제1항에 따른 항공·철도사고조사단(이하 "조사단"이라 한다)의 단장은 법 제16조제2항에 따른 사고조사관 또는 사고조사와 관련된 업무를 수행하는 직원 중에서 위원장이 임명한다.
② 조사단의 단장은 조사단에 관한 사무를 총괄하고, 조사단의 구성원을 지휘·감독한다.
③ 위원회는 항공사고등이 군용항공기 또는 군 항공업무[항공기에 탑승하여 행하는 항공기의 운항(항공기의 조종연습은 제외한다), 항공교통관제 및 운항관리에 한정한다]와 관련되거나 군용항공기지 안에서 발생한 경우로서 이에 대한 조사를 위하여 조사단을 구성하는 경우에는 그 사고와 관련된 분야의 전문가 중에서 국방부장관이 추천하는 사람을 조사단에 참여시켜야 한다.
④ 이 영에서 정한 것 외에 조사단의 구성 및 운영에 관하여 필요한 사항은 위원장이 정한다.

제6조(의견청취) ① 위원회는 법 제24조제1항에 따라 관계인의 의견을 들으려는 때에는 일시 및 장소를 정하여 의견청취 7일 전까지 서면으로 통지하여야 한다.
② 제1항에 따른 통지를 받은 관계인은 위원회에 출석할 수 없는 부득이한 사유가 있는 경우에는 미리 서면(전자문서를 포함한다)으로 의견을 제출할 수 있다.
③ 제1항에 따른 통지를 받은 관계인이 정당한 사유 없이 위원회에 출석하지 아니하고 서면으로도 의견을 제출하지 아니한 때에는 의견진술의 기회를 포기한 것으로 본다.

제7조(사고조사보고서의 공표) 위원회는 법 제25조제2항에 따른 사고조사보고서를 언론기관에 발표하거나 위원회의 인터넷 홈페이지 게재 또는 인쇄물의 발간 등 일반인이 쉽게 알 수 있는 방법으로 공표하여야 한다.

Chapter 02 항공관련법규

> 항공·철도 사고조사에 관한 법률

② 관계 기관의 장은 제1항에 따른 위원회의 안전권고 또는 건의에 대하여 조치계획 및 결과를 위원회에 통보하여야 한다.

제27조(사고조사의 재개) 위원회는 사고조사가 종결된 이후에 사고조사 결과가 변경될 만한 중요한 증거가 발견된 경우에는 사고조사를 다시 할 수 있다.

제28조(정보의 공개금지) ① 위원회는 사고조사 과정에서 얻은 정보가 공개됨으로써 해당 또는 장래의 정확한 사고조사에 영향을 줄 수 있거나, 국가의 안전보장 및 개인의 사생활이 침해될 우려가 있는 경우에는 이를 공개하지 아니할 수 있다. 이 경우 항공·철도사고등과 관계된 사람의 이름을 공개하여서는 아니 된다.
② 제1항에 따라 공개하지 아니할 수 있는 정보의 범위는 대통령령으로 정한다.

제29조(사고조사에 관한 연구 등) ① 위원회는 국내외 항공·철도사고등과 관련된 자료를 수집·분석·전파하기 위한 정보관리 체제를 구축하여 필요한 정보를 공유할 수 있도록 하여야 한다.
② 위원회는 사고조사 기법의 개발 및 항공·철도사고등의 예방을 위하여 조사 및 연구활동을 할 수 있다.

제4장 보 칙

제30조(다른 절차와의 분리) 사고조사는 민·형사상 책임과 관련된 사법절차, 행정처분절차 또는 행정 쟁송절차와 분리·수행되어야 한다.

제31조(비밀누설의 금지) 위원회의 위원·자문위원 또는 사무국 직원, 그 직에 있었던 자 및 위원회에 파견되거나 위원회의 위촉에 의하여 위원회의 업무를 수행하거나 수행하였던 자는 그 직무상 알게 된 비밀을 누설하여서는 아니 된다.

제32조(불이익의 금지) 이 법에 의하여 위원회에 진술·증언·자료 등의 제출 또는 답변을 한 사람은 이를 이유로 해고·전보·징계·부당한 대우 또는 그 밖에 신분이나 처우와 관련하여 불이익을 받지 아니한다.

제33조(위원회의 운영 등) ① 이 법에서 정하지 아니한 위원회의 운영 및 사고조사에 필요한 사항 등은 위원장이 따로 정한다.
② 위원회는 국토교통부령으로 정하는 바에 따라 위원회에 출석하여 발언하는 위원장·위원·자문위원 및 관계인에 대하여 수당 또는 여비를 지급할 수 있다.

제34조(벌칙적용에서의 공무원 의제) 위원회의 위원, 자문위원, 제20조제1항에 따른 분야별 관계전문가, 제23조제2항에 따른 관계전문가 또는 전문기관의 임직원 중 공무원이 아닌 자는 「형법」 제129조부터 제132조까지의 규정을 적용할 때에는 공무원으로 본다.

제5장 벌 칙

제35조(사고조사방해의 죄) 다음 각 호의 어느 하나에 해당하는 자는 3년 이하의 징역 또는 3천만원 이하의 벌금에 처한다.
1. 제19조제1항제1호 및 제2호의 규정을 위반하여 항공·철도사고등에 관하여 보고를 하지 아니하거나 허위로 보고를 한 자 또는 정당한 사유 없이 자료의 제출을 거부 또는 방해한 자
2. 제19조제1항제3호의 규정을 위반하여 사고현장 및 그 밖에 필요하다고 인정되는 장소의 출입 또는 관계 물건의 검사를 거부 또는 방해한 자
3. 제19조제1항제5호의 규정을 위반하여 관계 물건의 보존·제출 및 유치를 거부 또는 방해한 자
4. 제19조제2항의 규정을 위반하여 관계 물건을 정당한 사유 없이 보존하지 아니하거나 이를 이동·변경 또는 훼손시킨 자

제36조(비밀누설의 죄) 제31조의 규정을 위반하여 직무상 알게 된 비밀을 누설한 자는 2년 이하의 징역, 5년 이하의 자격정지 또는 2천만원 이하의 벌금에 처한다.

항공·철도 사고조사에 관한 법률 시행령

제8조(공개를 금지할 수 있는 정보의 범위) 법 제28조제2항에 따라 공개하지 아니할 수 있는 정보의 범위는 다음 각 호와 같다. 다만, 해당정보가 사고분석에 관계된 경우에는 법 제25조제1항에 따른 사고조사보고서에 그 내용을 포함시킬 수 있다.
1. 사고조사과정에서 관계인들로부터 청취한 진술
2. 항공기운항 또는 열차운행과 관계된 자들 사이에 행하여진 통신기록
3. 항공사고등 또는 철도사고와 관계된 자들에 대한 의학적인 정보 또는 사생활 정보
4. 조종실 및 열차기관실의 음성기록 및 그 녹취록
5. 조종실의 영상기록 및 그 녹취록
6. 항공교통관제실의 기록물 및 그 녹취록
7. 비행기록장치 및 열차운행기록장치 등의 정보 분석과정에서 제시된 의견

항공·철도 사고조사에 관한 법률 시행규칙

제8조(수당 등의 지급) 법 제33조제2항에 따라 위원회에 출석하는 위원장·위원·자문위원 및 관계인에 대하여 예산의 범위에서 수당 및 여비를 지급할 수 있다. 다만, 공무원이 그 소관업무와 직접적으로 관련되어 위원회에 출석하는 경우에는 그러하지 아니하다.

Chapter 02 | 항공관련법규

항공·철도 사고조사에 관한 법률

제36조의2(사고발생 통보 위반의 죄) 제17조제1항 본문을 위반하여 항공·철도사고등이 발생한 것을 알고도 정당한 사유 없이 통보를 하지 아니하거나 거짓으로 통보한 항공·철도종사자등은 500만원 이하의 벌금에 처한다.

제37조(양벌규정) 법인의 대표자나 법인 또는 개인의 대리인, 사용인, 그 밖의 종업원이 그 법인 또는 개인의 업무에 관하여 제35조 또는 제36조의2의 어느 하나에 해당하는 위반행위를 하면 그 행위자를 벌하는 외에 그 법인 또는 개인에게도 해당 조문의 벌금형을 과(科)한다. 다만, 법인 또는 개인이 그 위반행위를 방지하기 위하여 해당 업무에 관하여 상당한 주의와 감독을 게을리하지 아니한 경우에는 그러하지 아니하다.

제38조(과태료) ① 제32조를 위반하여 이 법에 따라 위원회에 진술, 증언, 자료 등의 제출 또는 답변을 한 자에 대하여 이를 이유로 해고, 전보, 징계, 부당한 대우 또는 그 밖에 신분이나 처우와 관련하여 불이익을 준 자에게는 1천만원 이하의 과태료를 부과한다.
② 다음 각 호의 어느 하나에 해당하는 자에게는 500만원 이하의 과태료를 부과한다.
　1. 제19조제1항제1호 또는 제2호를 위반하여 항공·철도사고등과 관련이 있는 자료의 제출을 정당한 사유 없이 기피하거나 지연시킨 자
　2. 제19조제1항제4호를 위반하여 정당한 사유 없이 출석을 거부하거나 질문에 대하여 거짓으로 진술한 자
③ 다음 각 호의 어느 하나에 해당하는 자에게는 300만원 이하의 과태료를 부과한다.
　1. 제19조제1항제3호를 위반하여 항공·철도사고등과 관련이 있는 관계물건의 검사를 기피한 자
　2. 제19조제1항제5호를 위반하여 관계물건의 제출 및 유치를 기피하거나 지연시킨 자
　3. 제19조제1항제6호를 위반하여 출입통제에 따르지 아니한 자
④ 제1항부터 제3항까지의 규정에 따른 과태료는 대통령령으로 정하는 바에 따라 국토교통부장관이 부과·징수한다.

부칙

〈법률 제18188호, 2021. 5. 18, 일부개정〉

이 법은 공포 후 6개월이 경과한 날부터 시행한다.

항공·철도 사고조사에 관한 법률 시행령	항공·철도 사고조사에 관한 법률 시행규칙

제9조(과태료의 부과·징수절차) ① 법 제38조제1항부터 제3항까지의 규정에 따른 과태료의 부과기준은 별표와 같다.

부칙 〈대통령령 제32125호, 2021. 11. 16.〉

이 영은 2021년 11월 19일부터 시행한다.

부칙 〈국토교통부령 제882호, 2021. 8. 27.〉

이 규칙은 공포한 날부터 시행한다. 〈단서 생략〉

Chapter 02 항공관련법규

국제 항공법

Ⅰ. 국제 항공법의 개념

1. 국제 항공법의 특성

국제 항공법은 각국 항공기의 운항 및 항공기의 운항 등으로 발생하는 법률관계를 규제하는 특수한 법의 영역을 형성하고 있으며 민법·상법 등의 일반 법규가 아닌 특별법에 속하며 독자적인 자율성을 갖는 법이라고 볼 수 있다. 항공법은 직접적으로 필요에 따라 입법된 성문법규로서, 국제 항공법은 항공법이 국제법규로서 성립된 것이며 성문의 국제조약으로서 형성되는 것이다.

국제 항공법은 항공 그 자체가 갖는 국제성이 법의 분야에 반영되고 있는 법규로서 국제적이고 보편적이어야 한다는 것이 요구되며, 항공법 부문 중에서 큰 비중을 차지하고 있다. 이와 같은 국제 항공법의 우위성은 입법면에서도 인정되고 있다. 즉, 국제적 통일법으로서 국제기구에 의해 입법되며, 이것이 각국의 국내항공법 제정에 반영되는 것이다.

2. 국제 항공법의 적용

국제 항공법은 평화 시의 항공에 대해서만 적용되며 전시의 항공에는 적용되지 않는다. 그리고 민간 항공기에만 적용되며 국가 항공기에는 적용되지 않는다. 국제민간항공조약(시카고조약) 제3조 a항은 "이 조약은 민간 항공기에 대해서만 적용되는 것이며 국가 항공기에는 적용되지 않는다"고 규정하고, 또한 이 조약 b항에서는 "군·세관·경찰의 업무에 사용되는 항공기는 국가 항공기로 인정한다"고 규정하고 있다.

그리고 국제 항공법의 적용 대상이 되는 항공기에는 "무조종사 항공기"도 포함되고 있으며 조종자 없이 비행할 수 있는 항공기는 체약국의 특별한 허가를 받고 또한 그 허가조건에 따르지 않으면 그 체약국의 영역 상공을 조종자 없이 비행할 수 없다.

3. 국제 항공법의 발달과정

가. 제1기

이 시기는 항공기의 발달이 극히 미비한 시기로서 항공기는 실험단계에 있었다. 이와 같은 상태에서 각국의 항공법은 대체로 경찰규칙의 정도에 불과하였으며, 국제적으로는 비정부 간의 사적 활동이 주가 되고 있었다.

이 당시 많은 학자 중에서도 가장 공적이 많았던 학자는 프랑스의 Fauchille 이었으며, 그가 1901년에 발표한 「공역과 항공기의 법률문제」는 최초의 체계적인 것이며 국제 항공법의 역사적 문헌이 되고 있다. 이 시기에 개최한 중요한 국제회의는, 1910년 19개국의 대표가 참가하여 파리에서 개최한 국제항공회의가 있다. 이 회의에서는 공역의 문제에 관한 국제 항공법전안이 제출되었으나 영국과 프랑스 간의 의견 대립으로 채택되지 않았다.

나. 제2기

제2기는 1919년의 파리국제항공조약으로부터 시작된다. 즉, 제1차 세계대전 종료 후 1919년 10월 13일 파리에서 국제항공조약이 체결되었으며, 이 조약에 의해 각국은 자국의 영공에 대한 국가주권이 확립되었고 세계 각국은 국제 간에 있어 항공기의 사용과 비행을 규제하는 국제항공의 체계가 확립되었다.

파리조약 제1조는 영역상의 공역에 대한 주권을 확립하였으며, 제2조에서는 부정기항공에 있어 무해항공의 자유를 인정하고 제3조는 비행금지구역의 설정에 관해 규정하였다. 이 밖에도 항공기의 국적, 감항증명 및 항공종사자의 기능증명, 비행규칙, 운송금지품 그리고 국가 항공기등에 관해 규정하였다.

파리조약은 국제민간항공을 위해 국제적인 통일 공법(公法)으로서, 제1차 세계대전 후의 국제항공운송의 발달을 촉진하는데 크게 기여하였으며, 시카고 국제민간항공조약이 체결될 때까지 국제항공의 기본법으로서, 이 기간에는 세계 각국이 항공법을 파리조약에 근거하여 제정을 하였다.

다. 제3기

제3기는 2차 세계대전 말기인 1944년 시카고 국제민간항공회의에서부터 현재까지의 기간이다. 이 시카고 회의는 1919년의 파리 국제항공회의 이후 가장 중요한 국제항공회의며, 1944년 11월 1일 미국의 초청으로 시카고에서 국제민간항공회의가 개최되었다.

이 회의에서는 제2차 세계대전 후의 국제민간항공의 질서있는 발전을 기하기 위한 상공의 자유 확립, 국제민간항공조약의 제정 및 국제민간항공기구의 설치 등이 토의되었으며 현재 국제민간항공의 기본법인 국제민간항공조약을 성립시켰다.

국제 항공법

4. 공역 이론

가. 공역의 자유설
지구상의 공간은 어떠한 국가도 영유할 수 없다는 뜻에서 공역은 자유라고 주장하는 설이다.
(1) 절대적 자유설 : 전 공역은 공간적으로나 물적으로 제한없이 완전히 자유이다.
(2) 상대적 자유설 : 전 공역은 원칙적으로 자유를 인정하나 영역상의 공역에 관해서는 하토국(下土國)의 안전상의 권리를 인정한다.

나. 공역의 주권설
공역 주권설은 공역은 하토국의 영유에 속하는 것이며 일정고도까지 주권을 인정하는 학설과 고도의 제한없이 주권을 인정하는 학설로 구분된다.

공역주권의 원칙형성은 제1차 세계대전의 결과로서 공역의 법적 성질에 관한 각국의 태도는 공역주권설에 의해 통일되었으며, 1919년의 파리 국제항공조약에 의해 명문화되었다.

Ⅱ. 항공에 관한 국제조약 및 기구

1. 국제민간항공조약(시카고조약)

가. 국제민간항공회의(시카고 회의)와 국제민간항공조약의 체결
1944년 11월 1일 미국 시카고에서 연합국 및 중립국 52개국 대표가 모여 국제민간항공회의를 개최하고 종전 후의 국제민간항공의 제반문제에 관해 토의를 하였다. 이것을 일반적으로 "시카고회의"라고 하며 이 회의에서 토의된 주요사항은 상공의 자유 확립, 국제민간항공조약의 제정 및 국제민간항공기구의 설치 등이다. 전후 국제항공의 방향을 설정하고 건전한 발전을 도모하기 위하여 개최된 시카고 회의에서는 영공주권에 관한 파리조약의 원칙을 그대로 인정하였으며, 주요한 의제중의 하나인 "상공의 자유"는 그 완전한 자유를 주장하는 미국과 제한된 자유만을 보장하자는 영국을 비롯한 유럽 국가들 간의 의견 대립으로 시카고조약에서는 상공의 자유에 관한 규정을 성립시키지 못하고 상공의 자유에 관한 규정은 부속협정인 국제항공운송협정과 국제항공업무통과협정에 위임하기로 하였다. 시카고조약에서는 부정기항공에 대한 자유만을 일정한 조건하에 각 체약국이 향유할 수 있을 뿐이고, 각국은 타국의 허가 없이는 정기항공운송을 위해 그 영역으로 취항하는 것은 물론, 영공통과의 권리도 인정받지 않았다.

시카고 회의에서 영공의 자유를 인정하는 다국간 질서가 수립되지는 않았지만, 반면에 국제민간항공을 통일적으로 규율하는 국제민간항공조약(시카고조약)이 제정되었으며, 국제항공의 안정성 확보와 국제항공질서의 감시를 목적으로 한 국제적 관리기구인 국제민간항공기구(ICAO)의 설립이 결정되었다.

나. 국제민간항공조약
1919년 파리조약, 1926년의 마드리드조약, 1928년의 아바나조약 등에서 채택된 국제민간항공에 관한 원칙을 정리해서 통합하고, 동시에 제2차 세계대전 이후의 국제항공의 건전하고 질서있는 발전을 위하여 필요한 기본원칙과 법적 질서를 확립하기 위해, 1944년 12월 7일에 시카고회의(국제민간항공회의)의 국제민간항공조약을 체결하게 되었다. 본 조약은 1947년 4월 4일에 발효되었으며, 우리나라는 1952년 12월 11일에 가입하였다.

국제민간항공조약의 목적은 조약의 전문에 있는 바와 같이 국제민간항공을 안전하고 질서있게 발달하도록 하여 국제민간항공업무가 기회 균등주의에 의하여 확립되고, 또 건전하고도 경제적으로 운영되도록 국제항공의 원칙과 기술을 발전시키는데 있다.

국제민간항공조약이 채택하고 있는 국제항공에 관한 원칙과 주요 개념을 요약하면 다음과 같다.

(1) 영공주권의 원칙

영공주권의 원칙은 1919년 파리조약에서 최초로 성문화하였으며, 시카고조약은 그러한 영공주권의 원칙을 재확인하였다. 조약의 제1조에서 "각국이 자기 나라 영역상의 공간에서 완전하고도 배타적인 권리를 가질 것을 승인한다."라고 규정하여, 체약국은 각국이 그 영공에서 완전하고 배타적인 주권을 갖고 있음을 인정하고 있다.

(2) 부정기 항공기의 무해 통과의 자유와 기술 착륙의 자유

(가) 무상 부정기 항공

정기국제항공업무에 종사하지 않는 체약국의 항공기가 사전허가가 없더라도 체약국의 영공을 통과(제1의 자유)

Chapter 02 | 항공관련법규

국제 항공법

하거나, 운송 이외의 목적을 위한 기술착륙, 즉 여객, 화물 등의 적하를 하지 않고 급유나 정비등의 기술적 필요성 때문에 착륙(제2의 자유)할 수 있다. 기술착륙의 자유라 함은 급유나 정비, 또는 승무원 교체의 목적에서 착륙하는 것을 뜻하며, 상업상 목적에서 여객이나 화물을 내려놓을 목적으로 착륙하는 것이 아니다.

(나) 유상 부정기 항공

정기국제항공업무에 종사하지 않는 체약국의 항공기가 유상으로 여객, 화물, 우편물의 운송을 할 경우에는, 원칙적으로 타 체약국의 사전허가 없이도 영공을 통과하거나 영역 내에 착륙할 수 있다.

(3) 정기항공업무

정기국제항공업무는 체약국의 특별한 허가를 받아야 하며, 그 허가조건을 준수할 경우에 한하여 그 체약국의 영공을 통과하거나 그 영역에 취항할 수가 있다.

(4) 에어 카보타지(Air Carbotage) 금지의 원칙

시카고조약 제7조는 각 체약국은 다른 체약국의 항공기가 유상 또는 전세로 자국의 영역 내에 있는 지점 간에 여객, 화물, 우편물을 적재할 때, 항공운송을 하는 것을 금지할 수 있다고 규정하고 있다. 이것이 에어 카보타지(Cabotage)의 금지규정으로서 자국내 지점간의 국내수송을 자국의 항공기만이 운항할 수 있는 것이다.

타국의 영역 내에서 그 나라의 국내운송을 하는 자유를 에어 카보타지(Air Carbotage)의 자유라고도 한다.

(5) 조약의 적용

조약 제3조 제1항에 의거 시카고조약은 민간 항공기에만 적용되는 것이며, 국가 항공기는 시카고조약 대상에서 제외된다. 국가 항공기라 함은 군용기, 세관용 항공기, 경찰용 항공기등 국가기관에 소속하거나 그와 같은 목적을 위하여 그와 동일한 기능을 가지고 사용되는 경우를 뜻한다.

국가 항공기의 범주는 다음 항목들로 구분될 수 있다.
① 세관 항공기
② 경찰 항공기
③ 군용 항공기
④ 우편배달 항공기
⑤ 국가원수의 수행 항공기
⑥ 고위관료 수행 항공기
⑦ 특별사절 수행 항공기

(6) 항공기의 휴대서류

시카고조약 제29조에서 국제항공에 종사하는 체약국의 모든 항공기는 다음의 서류를 휴대하여야 한다고 규정하였다. 조약상의 요건은 다음과 같다.
① 등록증명서 : 국적 및 등록기호, 항공기 형식, 제조사, 제조번호, 등록인의 주소, 성명 등 기재
② 감항증명서 : 기술적 안전기준에 적합하다는 증명
③ 각 승무원의 유효한 면장
④ 항공일지 : 항공기의 사용, 정비, 개조에 관한 기록부
⑤ 무선기를 장비할 때에는 항공기국의 면허장
⑥ 여객을 운송할 때에는 그 성명, 탑승지 및 목적지의 기록표 : 탑승지, 목적지를 좌석 등급별로 정리
⑦ 화물을 운송할 때에는 화물의 목록 및 세목 신고서 : 적하물의 내용, 중량, 적재지 및 적하지별 정리

(7) 사고조사

시카고조약 제26조에서 "체약국의 항공기가 다른 체약국 영역 내에서 사고를 일으켰을 경우 그 사고가 사망 혹은 중상을 수반하였을 때, 또는 항공기 혹은 항공시설의 중대한 기술적 결함을 표시하는 때에는, 그 사고가 발생한 나라는 자국의 법률이 허용하는 한도 내에서 국제민간항공기구가 권고하는 수속에 따라 사고의 사정을 조사하여야 할 의무를 갖는다."라고 규정하고 있다.

그리고 사고 항공기의 등록국에는 조사에 참석할 입회인을 파견할 기회를 주도록 하여야 하며, 또는 사고조사를 하는 국가는 항공기 등록국에 조사한 사항을 보고하여야 한다.

(8) 국제표준과 권고방식

국제민간항공조약은 항공기, 항공종사자에 대한 규칙, 표준 등의 통일을 위하여 국제표준과 권고된 방식을 채택하

국제 항공법

고 있다. 그리고 이것을 조약의 부속서로 한다는 취지를 규정하고 있다.

국제표준 및 권고방식이라 함은, 조약 제37조에 의하여 가입한 각 국가가 항공업무의 안전과 질서를 위해서 각국의 비행방식, 항로, 항공종사자 규칙 등에 여기에 대한 관련 업무를 통일하기 위해 설정되는 국제적 기준이다.

국제표준은 물질적 특성, 형상, 시설, 성능, 종사자, 절차 등에 관한 세칙으로서 그 통일적 적용이 국제항공의 안전이나 정확을 위하여 필요하다고 인정한 것이며, 체약국이 조약에 대해 준수할 것을 요하고 준수할 수 없을 경우에는 이사회에 통보하는 것을 의무로 하고 있다.

권고방식은 그 통일적 적용이 국제항공의 안전, 정확 및 능률을 위하여 바람직하다고 인정되는 사항이다. 권고방식은 국제표준과 달리 의무적이 아니고 여기에 따르도록 노력하는 것에 불과하다. 따라서 권고방식과 자국의 방식과의 차이에 대하여 ICAO에 통고할 것이 의무는 아니지만, 이러한 사항이 항공의 안전을 위하여 중대할 경우에는 그 상이점에 관하여 통고를 행할 것이 권장되고 있다.

국제표준 및 권고된 방식을 정하는 사항의 범위는 조약 제37조에 명시되어 있다. 국제민간항공기구에 의해 채택된 조약 부속서는 19개 부속서로 되어 있으며, 현재 부속서로서 채택된 국제표준 및 권고된 방식은 다음과 같다.

① 제 1부속서(Annex 1) : 항공종사자 면허(Personnel Licensing)
② 제 2부속서(Annex 2) : 항공규칙(Rules of the Air)
③ 제 3부속서(Annex 3) : 항공기상(Meteorological Service for International Air Navigation)
④ 제 4부속서(Annex 4) : 항공지도(Aeronautical Charts)
⑤ 제 5부속서(Annex 5) : 공지통신에 사용되는 측정단위(Units of Measurement to be used in Air and Ground Operations)
⑥ 제 6부속서(Annex 6) : 항공기의 운항(Operation of Aircraft)
⑦ 제 7부속서(Annex 7) : 항공기 국적 및 등록기호(Aircraft Nationality and Registration Marks)
⑧ 제 8부속서(Annex 8) : 항공기의 감항성(Airworthiness of Aircraft)
⑨ 제 9부속서(Annex 9) : 출입국의 간소화(Facilitation)
⑩ 제10부속서(Annex10) : 항공통신(Aeronautical Telecommunications)
⑪ 제11부속서(Annex11) : 항공교통업무(Air Traffic Services)
⑫ 제12부속서(Annex12) : 수색과 구조(Search and Rescue)
⑬ 제13부속서(Annex13) : 항공기 사고조사(Aircraft Accident Investigation)
⑭ 제14부속서(Annex14) : 비행장(Aerodrome)
⑮ 제15부속서(Annex15) : 항공정보업무(Aeronautical Information Services)
⑯ 제16부속서(Annex16) : 환경보호(Environmental Protection)
        Volume I   항공기 소음(Aircraft Noise)
        Volume II 항공기 기관 배출물질(Aircraft Engine Emissions)
⑰ 제17부속서(Annex17) : 보안-불법방해 행위에 대한 국제민간항공의 보호(Security- Safeguarding International Civil Aviation against Acts of Unlawful Interference)
⑱ 제18부속서(Annex18) : 위험물의 안전수송(The Safe Transport of Dangerous Goods by Air)
⑲ 제19부속서(Annex19) : 안전관리(Safety Management)_'13년 11월부로 시행

다. 양자협정(항공협정)의 성립 배경

시카고조약이 의견의 차이를 해소하지 못해 상공의 자유에 관한 문제는 완벽히 해결하지 못한 반면, 시카고조약과는 별개로 국제항공운송협정과 국제항공업무통과협정의 2개의 조약이 성립되었다.

국제항공운송협정은 다섯 가지의 하늘의 자유를 상호 승인할 것을 인정하였으며, 이것을 "5개의 자유의 협정(Five Freedoms Agreement)"이라고 한다. 다섯 가지의 하늘의 자유를 규정한 국제항공운송협정은 1945년 2월 8일에 발효되었지만, 영국을 비롯한 주요국이 참가하지 않았고 당초에 참가했던 미국도 나중에 탈퇴함으로써 실효를 잃고 말았다. 이 협정의 의의는 하늘의 자유의 개념을 명확하게 분류하고 정의하였다는 점에 있다.

국제항공운송협정은 국제항공업무통과협정에서 규정하고 있는 2개의 자유(무해항공의 자유, 기술착륙의 자유)에 3개의 자유를 합하여 정기국제항공업무에 관한 5개의 자유를 이 협정 제1조에서 규정하고 있으며, 이를 열거하면 다음과 같다.

Chapter 02 | 항공관련법규

국제 항공법

① 제1의 자유 : 체약국의 영역을 무착륙으로 횡단하는 특권(무해항공의 자유)을 의미한다. 즉, 한국의 K 항공사가 미국의 영공을 통과하는 특권을 받는 경우를 예로 들 수 있다.
② 제2의 자유 : 운수 이외의 목적으로 착륙하는 특권(기술착륙의 자유)을 의미한다. 예를 들어, 한국의 K 항공사가 미국내 지점에 운수 이외의 목적으로 즉, 급유 또는 정비등 기술상의 목적으로 착륙하는 권리를 말한다.
③ 제3의 자유 : 자국 내에서 적재한 여객 및 화물을 체약국인 타국에서 하기하는 자유이다. 즉 K 항공사의 소속국인 한국의 서울에서 승인국인 미국의 로스엔젤레스로 여객, 화물, 우편물을 유상으로 수송하는 권리를 말한다.
④ 제4의 자유 : 다른 체약국의 영역에서 자국을 향해 여객 및 화물을 적재하는 자유이다. 즉 한국의 K 항공사가 미국의 로스엔젤레스로부터 한국의 서울로 수송할 수 있는 유상 운송권을 의미한다.
⑤ 제5의 자유 : 제3국의 영역으로 향하는 여객 및 화물을 다른 체약국의 영역 내에서 적재하는 자유 또는 제3국의 영역으로부터 여객 및 화물을 다른 체약국의 영역 내에서 하기하는 자유를 의미한다.

국제항공업무통과협정은 1944년의 시카고 국제민간항공회의에서 채택되었으며, 정기항공에 관한 다수국간 협정으로서 제1 및 제2의 자유만을 인정하고 있어, 2개의 자유의 협정이라고도 한다. 즉 정기국제항공업무에 있어서 각 체약국이 타체약국에 대하여 자국의 영역을 무착륙으로 횡단하는 특권과 운수 이외의 목적으로 착륙하는 기술착륙의 특권, 즉 두 가지의 하늘의 자유를 인정하였다.

또한 이러한 특권은 시카고조약의 규정에 따라 행사하지 않으면 안 된다는 것과, 운수 이외의 목적으로 착륙할 특권을 타체약국에 허용하는 경우에도 체약국은 그 착륙지점에서 합리적인 급유, 정비, 지상조업 등 상업상 업무의 제공을 요구할 수 있도록 규정하고 있다. 국제항공업무통과협정은 1945년 1월 30일에 발효되었다.

이와 같이 시카고 회의에서는 상업항공, 즉 정기국제항공업무에 필요한 제3, 제4 및 제5의 자유에 대한 자국간 조약을 성립시키는 데 실패했으며, 이 때문에 정기국제항공업무의 개설은 2국간의 개별적인 항공협정에 의존하지 않을 수 없게 되었다.

1946년 2월에 미국과 영국은 2국간 항공협정을 처음으로 체결하였으며, 이것이 이후 각국의 2국간 항공협정체결에 있어서 표준형이 된 소위 버뮤다 협정이다. 버뮤다 협정은 시카고 표준방식을 채택해서 체계적인 형태를 갖춘 최초의 항공협정이며, 전후 각국이 체결한 항공협정의 기본모델이 되었으며 전후의 국제민간항공의 발전을 위한 초석이 되었다.

2. 국제민간항공기구(International Civil Aviation Organization : ICAO)

가. ICAO의 설립과 구성원

ICAO는 1944년 12월에 시카고 국제민간항공회의의 의제로서 국제민간항공기구의 설립이 제안되었으며, 현재는 국제연합의 산하기관의 하나이다. 국제민간항공기구는 1945년 6월 6일 "국제민간항공에 관한 잠정적 협정"에 의거 잠정적으로 발족되었으며, 국제민간항공조약이 1947년 4월 4일 발효됨에 따라 이 조약에 의거하여 정식으로 설립하게 되었다. 국제민간항공기구는 시카고조약 체약국으로 구성되며, 다음의 3종류 국가로 구분된다.
① 시카고조약 서명국으로서 비준서의 기탁을 한 국가
② 시카고조약 서명국 이외의 연합국 및 중립국으로서 시카고조약에 가입수속을 한 국가
③ ①, ② 이외의 국가들로서 일본·독일과 같은 제2차 세계대전의 패전국, 또는 한국과 같은 대전 후 독립한 국가

나. ICAO의 목적

ICAO의 설립목적은 시카고조약의 기본원칙인 기회균등을 기반으로 하여 국제항공운송의 건전한 발전을 도모하는 데 있으며, 국제민간항공의 발달 및 안전의 확인 도모, 능률적·경제적 항공운송의 실현, 항공기술의 증진, 체약국의 권리존중, 국제항공기업의 기회균등 보장 등에 그 목적을 두고 있다.

ICAO의 국제항공에 있어서 수행임무를 보면 다음과 같다(시카고조약 제44조).
① 국제민간항공의 안전 및 건전한 발전의 확보
② 평화적 목적을 위한 항공기의 설계 및 운항기술의 장려
③ 국제민간항공을 위한 항공로, 공항 및 항행안전시설 발달의 장려
④ 안전, 정확, 능률, 경제적인 항공수송에 대한 제국가 간의 요구에 대응
⑤ 불합리한 경쟁으로 인한 경제적 낭비의 방지
⑥ 체약국 권리의 반영 및 국제항공에 대한 공정한 기회부여와 보장
⑦ 체약국의 차별대우의 지양

국제 항공법

⑧ 국제항공의 비행안전의 증진 도모
⑨ 국제민간항공의 모든 부문에서의 발달의 촉진

다. ICAO 소재지

1946년 국제민간항공기구의 결의에 의하여 항구적인 소재지는「캐나다 몬트리올」에 두기로 하였으며, 현재 ICAO의 본부는 캐나다 정부와의 협약에 의해 몬트리올에 두고 있다. 그러나 1954년 소재지에 관한 조약 제45조의 규정을 개정하여 총회에서 체약국의 5분의 3 이상의 결의로 국제민간항공기구의 본부를 다른 장소로 이동할 수 있게 되었다.

3. 국제항공운송협회(International Air Transport Association : IATA)

가. IATA의 설립 및 목적

IATA는 세계 각국의 항공기업(32개국의 61개 항공회사가 참여)이 1945년 4월 19일, 쿠바의 아바나에서 세계 항공회사회의를 개최하여 제2차 대전 후의 항공수송의 비약적인 발전에 의해 예상되는 여러 가지 문제에 대처하고, 국제항공운송사업에 종사하는 항공회사 간의 협조강화를 목적으로 설립된 순수민간의 국제협력 단체이다. 국제운송협회 제1회 총회는 1945년 10월 캐나다 몬트리올에서 개최되었으며, 1945년 12월 국제민간항공운송협회에 관한 특별법을 제정하였다.

IATA의 목적은, 첫째 세계인류의 이익을 위해 안전하고 정기적이며 또한 경제적인 항공운송의 발달을 촉진함과 동시에, 이와 관련되는 제반 문제의 연구, 둘째 국제민간항공 운송에 직접적 또는 간접적으로 종사하고 있는 항공기업의 협력기관으로서 항공기업 간의 협력을 위한 모든 수단의 제공, 셋째 ICAO 및 기타 국제기구와 협력의 도모 등 세가지로 대별될 수 있다. 이 중에서도 가장 중요한 것이 항공기업 간의 협력이다.

나. IATA의 회원

IATA의 회원은 정회원과 준회원으로 구분되며, ICAO 가맹국의 국적을 가진 항공기업만이 IATA의 회원이 될 수 있다. 국제항공운송에 종사하고 있는 항공기업은 정회원, 국제항공운송 이외의 정기항공운송에 종사하고 있는 항공기업은 준회원이 될 수 있다.

IATA는 원래 정기항공기업의 단체로 발족했지만, 1945년에 개최된 캐나다 회의에서 특별법 및 정관을 개정함으로써 최근에 급속하게 발달하고 있는 부정기 항공기업도 IATA의 회원이 될 수 있게 하였다.

4. 기타 항공교통 안전에 관한 국제협약

가. 항공기 내에서 범한 범죄와 기타 행위에 관한 협약(동경협약, 1963)

국제 항공법에서 항공기 안에서 발생한 범죄에 대해 어느 나라가 관할권을 가지는 가를 결정하는 것이 필요됨에 따라 국제법학회와 형법학회에서 수차례에 걸쳐 이 문제를 논의한 결과 1963년 동경에서 개최된 ICAO 체약국 전체대표자 회의에서 채택되었다.

본 협약의 목적은 첫째, 공해상공에서 범죄가 발생했거나 어느 나라 영공인지 구분이 안 되는 곳에서 발생한 범죄에 대해 적용형법을 결정하고, 둘째, 항공기의 안전을 저해하는 기상에서의 범죄와 행위에 대한 기장의 권리와 의무를 명확히 하고, 셋째, 항공기의 안전을 저해하는 범죄와 행위가 발생한 후, 항공기가 착륙하는 지역당국의 권리와 의무를 명확히 하는 것이다.

나. 항공기의 불법납치 억제를 위한 협약(헤이그협약, 1970)

1960년대 말경 증대되는 하이재킹에 대처하기 위해 국제적인 공동노력이 시작되었으며, 1970년 12월 하이재킹을 국제적으로 처벌해야 하는 범죄로 규정한 헤이그협약을 체결하였다.

다. 국제항공안전에 대한 불법적 행위의 억제를 위한 협약(몬트리올협약, 1971)

동경협약과 헤이그협약이 전적으로 기내에서 행한 범죄의 억제에 관한 것이므로, 민간항공에 대한 여타 불법행위를 규제할 다른 협정이 필요하게 되었다. 이러한 범죄들은 헤이그협약이 체결된 다음 해인 1971년에 체결된 몬트리올협약에서 다루어졌다.

라. 국제민간항공의 공항에서 불법적 행위억제에 관한 의정서(1971년 몬트리올협약 보완, 1988)

마. 가소성 폭약의 탐지를 위한 식별조치에 관한 협약(1991년 몬트리올에서 체결, 1998년 발효)

Chapter 03 | 부록

1. 출제 예상문제
2. 과년도 기출문제

출제예상문제

제1장 항공안전법

제1절 총칙

01. 다음 중 항공안전법의 목적과 관계가 없는 것은?

㉮ 항공기의 안전한 항행을 위한 방법을 정한다.
㉯ 항공기의 효율적인 항행을 위한 방법을 정한다.
㉰ 국내 항공산업을 보호, 육성한다.
㉱ 국가, 항공사업자 및 항공종사자 등의 의무 등에 관한 사항을 정한다.

해설

항공안전법 제1조(목적) 이 법은 「국제민간항공협약」 및 같은 협약의 부속서에서 채택된 표준과 권고되는 방식에 따라 항공기, 경량항공기 또는 초경량비행장치의 안전하고 효율적인 항행을 위한 방법과 국가, 항공사업자 및 항공종사자 등의 의무 등에 관한 사항을 규정함을 목적으로 한다.

02. 항공안전법 시행규칙에 대한 다음 설명 중 맞는 것은?

㉮ 항공안전법 및 시행령에서 위임된 사항과 그 시행에 관해 필요한 사항을 규정한다.
㉯ 국제조약에서 규정된 사항을 시행하기 위해 필요한 사항을 제공한다.
㉰ 대통령령으로 발표된다.
㉱ 국회 국토교통위원회의 이름으로 발표된다.

03. 항공안전법 시행규칙이란?

㉮ 항공안전법 및 시행령에 필요한 사항을 정하고 현행 제도의 일부 미비점을 개선, 보완한다.
㉯ 법률에서 위임한 사항과 그 시행에 필요한 사항을 정한다.
㉰ 항공안전법의 목적과 항공용어의 정의를 규정한다.
㉱ 법조문의 실효성을 확보하기 위해 각종의 벌칙을 규정한다.

해설

항공안전법 시행규칙 제1조(목적) 이 규칙은 「항공안전법」 및 같은 법 시행령에서 위임된 사항과 그 시행에 필요한 사항을 규정함을 목적으로 한다.

04. 다음 중 항공안전법에서 정한 항공기의 정의를 바르게 설명한 것은?

㉮ 사람이 탑승 조종하여 민간항공에 사용하는 비행기, 비행선, 활공기, 헬리콥터 그 밖에 대통령령으로 정하는 기기
㉯ 대통령령으로 정하는 것으로서 항공에 사용할 수 있는 기기
㉰ 사람이 탑승 조종하여 항공에 사용할 수 있는 기기
㉱ 비행기, 비행선, 활공기, 헬리콥터 그 밖에 대통령령으로 정하는 것으로서 공기의 반작용으로 뜰 수 있는 기기

해설

항공안전법 제2조(정의) 제1호 "항공기"란 공기의 반작용(지표면 또는 수면에 대한 공기의 반작용은 제외)으로 뜰 수 있는 기기로서 최대이륙중량, 좌석 수 등 국토교통부령으로 정하는 기준에 해당하는 다음의 기기와 그 밖에 대통령령으로 정하는 기기를 말한다.
① 비행기
② 헬리콥터
③ 비행선
④ 활공기(滑空機)

정답 01. ㉰ 02. ㉮ 03. ㉮ 04. ㉱

05. 다음 중 항공안전법에서 정한 국가기관등항공기에 속하지 않는 것은?

㉮ 군, 경찰, 세관용 항공기
㉯ 재난, 재해 등으로 인한 수색, 구조용 항공기
㉰ 산불의 진화 및 예방용 항공기
㉱ 응급환자의 후송 등 구조, 구급활동용 항공기

해설

항공안전법 제2조(정의) 제2호 "국가기관등항공기"란 국가, 지방자치단체, 그 밖에 「공공기관의 운영에 관한 법률」에 따른 공공기관으로서 대통령령으로 정하는 공공기관("국가기관등")이 소유하거나 임차(賃借)한 항공기로서 다음의 어느 하나에 해당하는 업무를 수행하기 위하여 사용되는 항공기를 말한다. 다만, 군용·경찰용·세관용 항공기는 제외한다.
① 재난·재해 등으로 인한 수색(搜索)·구조
② 산불의 진화 및 예방
③ 응급환자의 후송 등 구조·구급활동
④ 그 밖에 공공의 안녕과 질서유지를 위하여 필요한 업무

06. 그 밖에 대통령령에 의해 항공기의 범위에 포함되는 것은?

㉮ 자체중량이 150킬로그램 미만인 1인승 비행장치
㉯ 자체중량이 200킬로그램 이상인 2인승 비행장치
㉰ 연료용량이 18리터 이상인 1인승 비행장치
㉱ 지구 대기권 내외를 비행할 수 있는 항공우주선

해설

항공안전법 시행령 제2조(항공기의 범위) 「항공안전법」 제2조제1호에서 "대통령령으로 정하는 기기"란 다음의 어느 하나에 해당하는 기기를 말한다.
① 최대이륙중량, 좌석 수, 속도 또는 자체중량 등이 국토교통부령으로 정하는 기준을 초과하는 기기
② 지구 대기권 내외를 비행할 수 있는 항공우주선

07. 사람이 탑승하는 경우 항공기의 범위에 속하는 비행기의 최대이륙중량은 얼마를 초과하여야 하는가?

㉮ 500kg ㉯ 600kg
㉰ 700kg ㉱ 800kg

08. 사람이 탑승하는 경우, 항공기의 범위에 속하는 비행기의 요건이 아닌 것은?

㉮ 최대이륙중량이 600kg을 초과할 것
㉯ 조종사 좌석을 포함한 탑승좌석 수가 1개 이상일 것
㉰ 최대 실속속도 또는 최소 정상비행속도가 45노트를 초과할 것
㉱ 발동기가 1개 이상일 것

해설

항공안전법 시행규칙 제2조(항공기의 기준) 비행기 또는 헬리콥터의 경우 최대이륙중량, 좌석 수 등 국토교통부령으로 정하는 기준이란 다음의 기준을 말한다.
① 사람이 탑승하는 경우: 다음의 기준을 모두 충족할 것
  ㉮ 최대이륙중량이 600kg(수상비행에 사용하는 경우에는 650kg)을 초과할 것
  ㉯ 조종사 좌석을 포함한 탑승좌석 수가 1개 이상일 것
  ㉰ 동력을 일으키는 기계장치("발동기")가 1개 이상일 것
② 사람이 탑승하지 아니하고 원격조종 등의 방법으로 비행하는 경우: 다음의 기준을 모두 충족할 것
  ㉮ 연료의 중량을 제외한 자체중량이 150kg을 초과할 것
  ㉯ 발동기가 1개 이상일 것

09. 항공기의 범위에 포함되는 기기의 최대이륙중량은 얼마를 초과하여야 하는가?

㉮ 400킬로그램을 초과할 것
㉯ 500킬로그램을 초과할 것
㉰ 600킬로그램을 초과할 것
㉱ 700킬로그램을 초과할 것

해설

항공안전법 시행규칙 제3조(항공기인 기기의 범위) "최대이륙중량, 좌석 수, 속도 또는 자체중량 등이 국토교통부령으로 정하는 기준을 초과하는 기기"란 다음의 어느 하나에 해당하는 것을 말한다.
① ㉮부터 ㉰까지의 기준 중 어느 하나 이상의 기준을 초과하거나 ㉱부터 ㉾까지의 제한요건 중 어느 하나 이상의 제한요건을 벗어나는 비행기, 헬리콥터, 자이로플레인 및 동력패러슈트
  ㉮ 최대이륙중량이 600kg(수상비행에 사용하는 경우에는 650kg) 이하일 것
  ㉯ 최대 실속속도 또는 최소 정상비행속도가 45노트 이하일 것
  ㉰ 조종사 좌석을 포함한 탑승 좌석이 2개 이하일 것
  ㉱ 단발(單發) 왕복발동기를 장착할 것
  ㉲ 조종석은 여압(與壓)이 되지 않을 것
  ㉳ 비행 중에 프로펠러의 각도를 조정할 수 없을 것
  ㉴ 고정된 착륙장치가 있을 것

정답 05. ㉮ 06. ㉱ 07. ㉯ 08. ㉰ 09. ㉰

② 초경량비행장치인 무인비행장치의 기준을 초과하는 무인비행장치

10. 항공안전법에서 규정하는 항공업무가 아닌 것은?

㉮ 운항관리
㉯ 무선설비의 조작
㉰ 항공기의 조종연습
㉱ 항공교통관제

해설

항공안전법 제2조(정의) 제5호 "항공업무"란 다음의 어느 하나에 해당하는 업무를 말한다.
① 항공기의 운항(무선설비의 조작 포함) 업무(항공기 조종연습은 제외)
② 항공교통관제(무선설비의 조작 포함) 업무(항공교통관제연습은 제외)
③ 항공기의 운항관리 업무
④ 정비·수리·개조("정비등")된 항공기·발동기·프로펠러("항공기등"), 장비품 또는 부품에 대하여 안전하게 운용할 수 있는 성능("감항성")이 있는지를 확인하는 업무 및 경량항공기 또는 그 장비품·부품의 정비사항을 확인하는 업무

11. 항공안전법이 규정하는 항공종사자라 함은?

㉮ 항행안전시설의 보수업무에 종사하는 자
㉯ 항공안전법 제34조 제1항의 규정에 의한 자격증명을 받은 자
㉰ 항공기의 정비업무에 종사하는 자
㉱ 항공기의 운항을 위하여 지상조업을 하는 자

12. 다음 중 항공종사자에 대하여 옳게 설명한 것은?

㉮ 항공업무에 종사하는 종사자
㉯ 항공기 정비업무에 종사하는 사람
㉰ 항공기에 탑승 조종하는 업무에 종사하는 사람
㉱ 법 제34조에 따른 항공종사자 자격증명을 받은 사람

해설

항공안전법 제2조(정의) 제14호 "항공종사자"란 제34조제1항(항공종사자 자격증명등)에 따른 항공종사자 자격증명을 받은 사람을 말한다.

13. 다음 중 항공안전법에서 규정하는 항공기사고의 범위에 해당되지 않는 것은?

㉮ 사람의 사망, 중상 또는 행방불명
㉯ 항공기의 파손 또는 구조적 손상
㉰ 항공기의 위치를 확인할 수 없거나 항공기에 접근이 불가능한 경우
㉱ 엔진 또는 객실이나 화물칸에서 화재 발생

해설

항공안전법 제2조(정의) 제6호 "항공기사고"란 사람이 비행을 목적으로 항공기에 탑승하였을 때부터 탑승한 모든 사람이 항공기에서 내릴 때까지 항공기의 운항과 관련하여 발생한 다음의 어느 하나에 해당하는 것으로서 국토교통부령으로 정하는 것을 말한다.
① 사람의 사망, 중상 또는 행방불명
② 항공기의 파손 또는 구조적 손상
③ 항공기의 위치를 확인할 수 없거나 항공기에 접근이 불가능한 경우

14. 항공기사고에 따른 사망 또는 중상에 대한 적용 기준이 아닌 것은?

㉮ 항공기에 탑승한 사람이 사망하거나 중상을 입은 경우
㉯ 항공기 발동기의 후류로 인하여 사망하거나 중상을 입은 경우
㉰ 자기 자신이나 타인에 의하여 사망하거나 중상을 입은 경우
㉱ 항공기로부터 이탈된 부품으로 인하여 사망하거나 중상을 입은 경우

해설

항공안전법 시행규칙 제6조(사망·중상 등의 적용기준) 제1호 항공기사고에 따른 사람의 사망 또는 중상에 대한 적용기준은 다음과 같다.
① 항공기에 탑승한 사람이 사망하거나 중상을 입은 경우. 다만, 자연적인 원인 또는 자기 자신이나 타인에 의하여 발생된 경우와 승객 및 승무원이 정상적으로 접근할 수 없는 장소에 숨어있는 밀항자 등에게 발생한 경우는 제외한다.
② 항공기로부터 이탈된 부품이나 그 항공기와의 직접적인 접촉 등으로 인하여 사망하거나 중상을 입은 경우
③ 항공기 발동기의 흡입 또는 후류(後流)로 인하여 사망하거나 중상을 입은 경우

정답 10. ㉰ 11. ㉯ 12. ㉱ 13. ㉱ 14. ㉰

제1장 항공안전법
제1절 총 칙

15. 다음 중 국토교통부령으로 정하는 항공기준사고의 범위에 포함되지 않는 것은?

㉮ 엔진 화재
㉯ 조종사가 비상선언을 하여야 하는 연료부족 발생
㉰ 운항 중 엔진 덮개의 풀림이나 이탈
㉱ 이륙 또는 초기 상승 중 규정된 성능에 도달실패

해설

항공안전법 제2조(정의) 제9호, 항공안전법 시행규칙 별표 2(항공기준사고의 범위)
"항공기준사고(航空機準事故)란 항공안전에 중대한 위해를 끼쳐 항공기사고로 이어질 수 있었던 것으로서 국토교통부령으로 정하는 것을 말한다.
① 항공기의 위치, 속도 및 거리가 다른 항공기와 충돌위험이 있었던 것으로 판단되는 근접비행이 발생한 경우(다른 항공기와의 거리가 500ft 미만으로 근접하였던 경우) 또는 경미한 충돌이 있었으나 안전하게 착륙한 경우
② 항공기가 초기 상승단계 이후 또는 최종 접근단계 이전의 정상적인 비행 중 지표, 수면 또는 그 밖의 장애물과의 충돌(Control Flight into Terrain)을 가까스로 회피한 경우
③ 항공기, 차량, 사람 등이 허가 없이 또는 잘못된 허가로 항공기 이륙·착륙을 위해 지정된 보호구역에 진입하여 다른 항공기와의 충돌을 가까스로 회피한 경우
④ 항공기가 다음의 장소에서 이륙하거나 이륙을 포기한 경우 또는 착륙하거나 착륙을 시도한 경우
  ㉮ 폐쇄된 활주로 또는 다른 항공기가 사용 중인 활주로
  ㉯ 허가 받지 않은 활주로
  ㉰ 유도로(헬리콥터가 허가를 받고 이륙하거나 이륙을 포기한 경우 또는 착륙하거나 착륙을 시도한 경우 제외)
⑤ 항공기가 이륙·착륙 중 활주로 시단(始端)에 못 미치거나(Undershooting) 또는 종단(終端)을 초과한 경우(Over-running) 또는 활주로 옆으로 이탈한 경우
⑥ 항공기가 이륙 또는 초기 상승 중 규정된 성능에 도달하지 못한 경우
⑦ 비행 중 운항승무원이 신체, 심리, 정신 등의 영향으로 조종업무를 정상적으로 수행할 수 없는 경우(pilot incapacitation)
⑧ 조종사가 연료량 또는 연료배분 이상으로 비상선언을 한 경우(연료의 불충분, 소진, 누유 등으로 인한 결핍 또는 사용가능한 연료를 사용할 수 없는 경우)
⑨ 항공기 시스템의 고장, 항공기 동력 또는 추진력의 손실, 기상 이상, 항공기 운용한계의 초과 등으로 조종상의 어려움(Loss of Control)이 발생했거나 발생할 수 있었던 경우
⑩ 다음에 따라 항공기에 심각한 손상이 발견된 경우
  ㉮ 항공기가 지상에서 운항 중 다른 항공기나 장애물, 차량, 장비 또는 동물과 접촉·충돌
  ㉯ 비행 중 조류(鳥類), 우박, 그 밖의 물체와 충돌 또는 기상 이상 등
  ㉰ 항공기 이륙·착륙 중 날개, 발동기 또는 동체와 지면의 접촉·충돌 또는 끌림(dragging), 다만, Tail-Skid의 경미한 접촉 등 항공기 이륙·착륙에 지장이 없는 경우는 제외한다.
  ㉱ 착륙바퀴가 완전히 펴지지 않거나 올려진 상태로 착륙한 경우

⑪ 운항승무원이 비상용 산소 또는 산소마스크를 사용해야 하는 상황이 발생한 경우
⑫ 운항 중 항공기 구조상의 결함이 발생한 경우 또는 터빈발동기의 내부 부품이 외부로 떨어져 나간 경우를 포함하여 터빈발동기의 내부 부품이 분해된 경우
⑬ 운항 중 발동기에서 화재가 발생하거나 조종실, 객실이나 화물칸에서 화재·연기가 발생한 경우(소화기를 사용하여 진화한 경우 포함)
⑭ 비행 중 비행 유도 및 항행에 필요한 예비시스템 중 2개 이상의 고장으로 항행에 지장을 준 경우
⑮ 비행 중 2개 이상의 항공기 시스템 고장이 동시에 발생하여 비행에 심각한 영향을 미치는 경우
⑯ 운항 중 비의도적으로 항공기 외부의 인양물이나 탑재물이 항공기로부터 분리된 경우 또는 비상조치를 위해 의도적으로 항공기 외부의 인양물이나 탑재물이 항공기로부터 분리한 경우

16. 국토교통부령으로 정하는 항공안전장애의 내용이 아닌 것은?

㉮ 안전운항에 지장을 줄 수 있는 물체가 활주로에 방치된 경우
㉯ 항공기가 허가 없이 비행금지구역 또는 비행제한구역에 진입한 경우
㉰ 항공기의 파손 또는 구조적인 손상이 발생한 경우
㉱ 주기 중인 항공기가 차량 또는 장비 등과 충돌한 경우

17. 다음 중 항공안전장애의 범위에 속하지 않는 것은?

㉮ 운항 중 객실이나 화물칸에서 화재, 연기가 발생한 경우
㉯ 운항 중 엔진 덮개가 풀리거나 이탈한 경우
㉰ 안전운항에 지장을 줄 수 있는 위험물이 공항 이동지역에 방치된 경우
㉱ 운항 중 승무원이 부상을 당한 경우

해설

항공안전법 제2조(정의) 제10호, 별표 20의2(항공안전장애의 범위) 참조 "항공안전장애"란 항공기사고 및 항공기준사고 외에 항공기의 운항 등과 관련하여 항공안전에 영향을 미치거나 미칠 우려가 있는 것을 말한다.

정답 15. ㉰ 16. ㉰ 17. ㉮

18. 비행장과 그 주변의 공역으로서 항공교통의 안전을 위하여 국토교통부장관이 지정한 공역을 무엇이라 하는가?

㉮ 관제구 ㉯ 관제권
㉰ 항공로 ㉱ 관제공역

해설
항공안전법 제2조(정의) 제25호 "관제권(管制圈)"이란 비행장 또는 공항과 그 주변의 공역으로서 항공교통의 안전을 위하여 국토교통부장관이 지정·공고한 공역을 말한다.

19. 다음 중 항공로는 누가 지정하는가?

㉮ 지방항공청장 ㉯ 국방부장관
㉰ 대통령 ㉱ 국토교통부장관

20. 다음 중 항공로의 설명으로 옳은 것은?

㉮ 국토교통부장관이 항공기의 항행에 적합하다고 지정한 지구의 표면상에 표시한 공간의 길
㉯ 지표면 또는 수면으로부터 200미터 이상 높이의 공역으로서 항공교통의 안전을 위하여 국토교통부장관이 지정한 공역
㉰ 비행장과 그 주변의 공역으로서 항공교통의 안전을 위하여 국토교통부장관이 지정한 공역
㉱ 항공기가 항행함에 있어서 시정 및 구름의 상황 등을 고려하여 국토교통부장관이 지정한 공역

21. 국토교통부장관이 항공기의 항행에 적합하다고 지정한 지구의 표면상에 표시한 공간의 길을 무엇이라 하는가?

㉮ 착륙대 ㉯ 진입구역
㉰ 항공로 ㉱ 관제구

해설
항공안전법 제2조(정의) 제13호 "항공로(航空路)"란 국토교통부장관이 항공기, 경량항공기 또는 초경량비행장치의 항행에 적합하다고 지정한 지구의 표면상에 표시한 공간의 길을 말한다.

22. 지표면 또는 수면으로부터 200m 이상 높이의 공역으로서 항공교통의 안전을 위하여 국토교통부장관이 지정한 공역은?

㉮ 관제권 ㉯ 관제구
㉰ 항공로 ㉱ 진입구역

23. 다음 중 관제구의 높이로 맞는 것은?

㉮ 지표면 또는 수면으로부터 150미터 이상 높이의 공역
㉯ 지표면 또는 수면으로부터 200미터 이상 높이의 공역
㉰ 지표면 또는 수면으로부터 250미터 이상 높이의 공역
㉱ 지표면 또는 수면으로부터 300미터 이상 높이의 공역

해설
항공안전법 제2조(정의) 제26호 "관제구(管制區)"란 지표면 또는 수면으로부터 200m 이상 높이의 공역으로서 항공교통의 안전을 위하여 국토교통부장관이 지정한 공역을 말한다.

24. 다음 중 경량항공기의 종류에 포함되지 않는 것은?

㉮ 타면조종형 비행기 ㉯ 경량 헬리콥터
㉰ 동력패러글라이더 ㉱ 자이로 플레인

25. 경량항공기의 기준으로 적합하지 않는 것은?

㉮ 최대 실속속도 또는 최소 정상비행속도가 45노트 이하일 것
㉯ 최대이륙중량이 600킬로그램 이하일 것
㉰ 비행 중에 프로펠러의 각도를 조정할 수 없을 것
㉱ 조종사 좌석을 제외한 탑승좌석이 2개 이하일 것

정답
18. ㉯ 19. ㉱ 20. ㉮ 21. ㉰ 22. ㉯ 23. ㉯
24. ㉰ 25. ㉱

해설

항공안전법 시행규칙 제4조(경량항공기의 기준) "최대이륙중량, 좌석 수 등 국토교통부령으로 정하는 기준에 해당하는 비행기, 헬리콥터, 자이로플레인(gyroplane) 및 동력패러슈트(powered parachute) 등"이란 초경량비행장치에 해당하지 않는 것으로서 다음의 기준을 모두 충족하는 비행기, 헬리콥터, 자이로플레인 및 동력패러슈트를 말한다.
① 최대이륙중량이 600kg(수상비행에 사용하는 경우에는 650kg) 이하일 것
② 최대 실속속도 또는 최소 정상비행속도가 45노트 이하일 것
③ 조종사 좌석을 포함한 탑승 좌석이 2개 이하일 것
④ 단발(單發) 왕복발동기를 장착할 것
⑤ 조종석은 여압(與壓)이 되지 않을 것
⑥ 비행 중에 프로펠러의 각도를 조정할 수 없을 것
⑦ 고정된 착륙장치가 있을 것. 다만, 수상비행에 사용하는 경우에는 고정된 착륙장치 외에 접을 수 있는 착륙장치를 장착할 수 있다.

26. 다음 중 초경량비행장치의 범위에 속하지 않는 것은?

㉮ 유인자유기구   ㉯ 동력패러글라이더
㉰ 동력활공기   ㉱ 회전익 비행장치

해설

항공안전법 제2조(정의) 제3호, 시행규칙 제5조(초경량비행장치의 범위 등) "초경량비행장치"란 항공기와 경량항공기 외에 공기의 반작용으로 뜰 수 있는 장치로서 자체중량, 좌석 수 등 국토교통부령으로 정하는 기준에 해당하는 동력비행장치, 행글라이더, 패러글라이더, 기구류 및 무인비행장치 등을 말한다.
① 동력비행장치
② 행글라이더
③ 패러글라이더
④ 기구류(유인/무인자유기구, 계류식기구)
⑤ 무인비행장치
⑥ 회전익비행장치
⑦ 동력패러글라이더
⑧ 낙하산류
⑨ 그 밖에 국토교통부장관이 종류, 크기, 중량, 용도 등을 고려하여 정하여 고시하는 비행장치

참고

■ 항공기/경량항공기/초경량비행장치의 구분
1. 항공기
    ① 정의 : 공기의 반작용으로 뜰 수 있는 기기로서 최대이륙중량, 좌석 수 등 국토교통부령으로 정하는 기준에 해당하는 기기와 그 밖에 대통령령으로 정하는 기기
    ② 범위
        ㉮ "최대이륙중량, 좌석 수 등 국토교통부령으로 정하는 기준에 해당하는 기기"

종류	구분	기준
비행기, 헬리콥터	사람이 탑승하는 경우	1. 최대이륙중량이 600kg(수상비행에 사용하는 경우 650kg)을 초과할 것 2. 조종사 좌석을 포함한 탑승좌석 수가 1개 이상일 것 3. 동력을 일으키는 기계장치(이하 "발동기")가 1개 이상일 것
	탑승하지 아니하는 경우	1. 연료의 중량을 제외한 자체중량이 150kg을 초과할 것 2. 발동기가 1개 이상일 것
비행선	사람이 탑승하는 경우	1. 발동기가 1개 이상일 것 2. 조종사 좌석을 포함한 탑승좌석 수가 1개 이상일 것
	탑승하지 아니하는 경우	1. 발동기가 1개 이상일 것 2. 연료를 제외한 자체중량이 180kg을 초과하거나 비행선의 길이가 20m를 초과할 것
활공기(滑空機)		자체중량이 70kg을 초과할 것

㉯ "대통령령으로 정하는 기기"

종류	기준
최대이륙중량, 좌석 수, 속도 또는 자체중량 등이 국토교통부령 등으로 정하는 기준을 초과하는 기기	1. 경량항공기 1~3까지의 기준 중 어느 하나의 기준을 초과하거나 4~7까지의 제한요건 중 어느 하나 이상의 제한요건을 벗어나는 비행기, 헬리콥터, 자이로플레인 및 동력패러슈트 2. 초경량비행장치 중 동력비행장치의 어느 하나의 기준을 초과하는 동력패러글라이더
	지구 대기권 내외를 비행할 수 있는 항공우주선

2. 경량항공기
    ① 정의 : 항공기 외에 공기의 반작용으로 뜰 수 있는 기기로서 최대이륙중량, 좌석 수 등 국토교통부령으로 정하는 기준에 해당하는 비행기, 헬리콥터, 자이로플레인(gyroplane) 및 동력패러슈트(powered parachute) 등
    ② 범위 : "최대이륙중량, 좌석 수 등 국토교통부령으로 정하는 기준"

종류	기준
• 타면조종형비행기 • 체중이동형비행기 • 경량헬리콥터 • 자이로플레인 (gyroplane) • 동력패러슈트 (powered parachute)	1. 최대이륙중량이 600kg(수상비행에 사용하는 경우 650kg) 이하일 것 2. 최대 실속속도 또는 최소 정상비행속도가 45노트 이하일 것 3. 조종사 좌석을 포함한 탑승 좌석이 2개 이하일 것 4. 단발(單發) 왕복발동기를 장착할 것 5. 조종석은 여압(與壓)이 되지 아니할 것 6. 비행 중에 프로펠러의 각도를 조정할 수 없을 것 7. 고정된 착륙장치가 있을 것. 다만, 수상비행에 사용하는 경우에는 고정된 착륙장치 외에 접을 수 있는 착륙장치를 장착할 수 있다.

3. 초경량비행장치
    ① 정의 : 항공기와 경량항공기 외에 공기의 반작용으로 뜰 수 있는 장치로서 자체중량, 좌석 수 등 국토교통부령으로 정하는 기준에 해당하는 동력비행장치, 행글라이더, 패러글라이더, 기구류 및 무인비행장치 등

정답 26. ㉰

종류	기준
동력비행장치	동력을 이용하는 것으로서 다음의 기준을 모두 충족하는 고정익비행장치 1. 탑승자, 연료 및 비상용 장비의 중량을 제외한 자체중량이 115kg 이하일 것 2. 좌석이 1개일 것
행글라이더	탑승자 및 비상용 장비의 중량을 제외한 자체중량이 70kg 이하로서 체중이동, 타면조종 등의 방법으로 조종하는 비행장치
패러글라이더	탑승자 및 비상용 장비의 중량을 제외한 자체중량이 70kg 이하로서 날개에 부착된 줄을 이용하여 조종하는 비행장치
기구류	기체의 성질·온도차 등을 이용하는 다음의 비행장치 1. 유인자유기구 또는 무인자유기구 2. 계류식(繫留式)기구
무인비행장치	사람이 탑승하지 아니하는 다음의 비행장치 1. 무인동력비행장치: 연료의 중량을 제외한 자체중량이 150kg 이하인 무인비행기, 무인헬리콥터 또는 무인멀티콥터 2. 무인비행선: 연료의 중량을 제외한 자체중량이 180kg 이하이고 길이가 20m 이하인 무인비행선
회전익 비행장치	동력비행장치의 요건을 갖춘 헬리콥터 또는 자이로플레인
동력 패러글라이더	패러글라이더에 추진력을 얻는 장치를 부착한 다음의 어느 하나에 해당하는 비행장치 1. 착륙장치가 없는 비행장치 2. 착륙장치가 있는 것으로서 동력비행장치의 요건을 갖춘 비행장치
낙하산류	항력(抗力)을 발생시켜 대기(大氣) 중을 낙하하는 사람 또는 물체의 속도를 느리게 하는 비행장치

그 밖에 국토교통부장관이 종류, 크기, 용도 등을 고려하여 정하여 고시하는 비행장치

② 범위 : "자체중량, 좌석 수 등 국토교통부령으로 정하는 기준에 해당하는 동력비행장치, 행글라이더, 패러글라이더, 기구류 및 무인비행장치 등"

27. 다음 중 초경량비행장치의 범위에 속하는 동력비행장치의 요건이 아닌 것은?

㉮ 탑승자, 연료 및 비상용장비의 중량을 제외한 자체중량이 115킬로그램 이하일 것
㉯ 단발 왕복발동기를 장착할 것
㉰ 좌석이 1개일 것
㉱ 동력을 이용하는 고정익비행장치일 것

28. 좌석이 1개인 비행장치로서 초경량비행장치의 범위에 속하는 동력비행장치의 자체중량은?

㉮ 좌석이 1개이고 탑승자, 연료 및 비상용 장비의 중량을 제외한 자체중량이 115킬로그램 이하일 것
㉯ 좌석이 1개이고 탑승자, 연료 및 비상용 장비의 중량을 제외한 자체중량이 150킬로그램 이하일 것
㉰ 좌석이 1개이고 탑승자, 연료 및 비상용 장비의 중량을 제외한 자체중량이 225킬로그램 이하일 것
㉱ 좌석이 1개이고 탑승자, 연료 및 비상용 장비의 중량을 제외한 자체중량이 250킬로그램 이하일 것

해설

항공안전법 시행규칙 제5조(초경량비행장치의 기준) 초경량비행장치의 범위에 속하는 동력비행장치란 동력을 이용하는 것으로서 다음의 기준을 모두 충족하는 고정익비행장치를 말한다.
① 탑승자, 연료 및 비상용 장비의 중량을 제외한 자체중량이 115kg 이하일 것
② 좌석이 1개일 것

29. 세관업무 또는 경찰업무에 사용하는 항공기와 관련된 항공업무에 종사하는 사람에 적용되는 법은?

㉮ 항공안전법 제51조 무선설비의 설치, 운용
㉯ 항공안전법 제53조 항공기의 연료
㉰ 항공안전법 제71조 위험물의 포장 및 용기의 검사등
㉱ 항공안전법 제73조 전자기기의 사용제한

해설

항공안전법 제3조(군용항공기등의 적용 특례)
① 군용항공기와 이에 관련된 항공업무에 종사하는 사람에 대해서는 이 법을 적용하지 아니한다.
② 세관업무 또는 경찰업무에 사용하는 항공기와 이에 관련된 항공업무에 종사하는 사람에 대하여는 이 법을 적용하지 아니한다. 다만, 공중 충돌 등 항공기사고의 예방을 위하여 제51조(무선설비의 설치, 운용 의무), 제67조(항공기의 비행규칙), 제68조제5호(긴급항공기의 지정 취소), 제79조(항공기의 비행제한 등) 및 제84조제1항(항공교통관제 업무 지시의 준수)을 적용한다.

정답 27. ㉯ 28. ㉮ 29. ㉮

제2절 항공기 등록

01. 다음 중 등록을 필요로 하는 항공기는?

㉮ 군, 경찰 또는 세관업무에 사용하는 항공기
㉯ 외국에 임대할 목적으로 도입한 항공기로서 외국 국적을 취득할 항공기
㉰ 대한민국 국민이 사용할 수 있는 권리가 있는 외국인 소유 항공기
㉱ 국내에서 제작한 항공기로서 제작자 외의 소유자가 결정되지 아니한 항공기

02. 다음 중 등록을 필요로 하지 아니하는 항공기에 해당되지 않는 것은?

㉮ 군 또는 세관에서 사용하거나 경찰업무에 사용하는 항공기
㉯ 국내에서 제작한 항공기로서 제작자 외의 소유자가 결정되지 않은 항공기
㉰ 외국에 임대할 목적으로 도입한 항공기
㉱ 국토교통부의 점검용 항공기

03. 다음 중 등록을 요하지 아니하는 항공기는?

㉮ 법 제145조 단서의 규정에 의하여 허가를 받은 항공기
㉯ 외국에 임대할 목적으로 도입한 항공기로서 외국 국적을 취득할 항공기
㉰ 국내에서 수리·개조 또는 제작한 후 수출할 항공기
㉱ 국내에서 제작되거나 외국으로부터 수입하는 항공기

04. 다음 중 등록을 필요로 하는 항공기는?

㉮ 군, 세관 또는 경찰업무에 사용하는 항공기
㉯ 외국에 임대할 목적으로 도입한 항공기로서 외국 국적을 취득할 항공기
㉰ 국내에서 제작한 항공기로서 제작자 외의 소유자가 결정되지 아니한 항공기
㉱ 외국 항공기를 임차하여 국내에서 항행할 항공기

해설

항공안전법 시행령 제4조(등록을 필요로 하지 아니하는 항공기의 범위) "대통령령으로 정하는 항공기"로서 등록을 필요로 하지 아니하는 항공기란 다음의 항공기를 말한다.
① 군 또는 세관에서 사용하거나 경찰업무에 사용하는 항공기
② 외국에 임대할 목적으로 도입한 항공기로서 외국 국적을 취득할 항공기
③ 국내에서 제작한 항공기로서 제작자 외의 소유자가 결정되지 아니한 항공기
④ 외국에 등록된 항공기를 임차하여 법 제5조(임대차 항공기의 운영에 대한 권한 및 의무 이양의 적용 특례)에 따라 운영하는 경우 그 항공기
⑤ 항공기 제작자나 항공기 관련 연구기관이 연구·개발 중인 항공기

05. 다음 중 항공기를 등록할 수 없는 경우가 아닌 것은?

㉮ 대한민국의 국민이 아닌 사람
㉯ 외국정부 또는 외국의 공공단체
㉰ 외국의 법인 또는 단체
㉱ 외국인이 대표자이거나 외국인이 임원수의 1/2 이하인 법인

06. 다음 중 항공기 등록의 제한사유가 아닌 것은?

㉮ 외국정부 또는 외국의 공공단체
㉯ 대한민국의 국민이 아닌 사람
㉰ 외국의 법인 또는 단체
㉱ 외국인 소유 항공기를 임차한 사람

07. 항공기 등록의 제한사유에 대한 설명 중 적당하지 않은 것은?

㉮ 대한민국의 국민이 아닌 사람
㉯ 외국정부 또는 외국의 공공단체
㉰ 외국의 법인이나 단체
㉱ 외국인이나 외국단체가 주식이나 지분의 3분의 1

정답 01. ㉰ 02. ㉱ 03. ㉯ 04. ㉱ 05. ㉱ 06. ㉱ 07. ㉱

이상을 소유하고 있는 법인

해설

항공안전법 제10조(항공기 등록의 제한)
① 다음의 어느 하나에 해당하는 자가 소유하거나 임차하는 항공기는 등록할 수 없다. 다만, 대한민국의 국민 또는 법인이 임차하여 사용할 수 있는 권리를 가진 항공기는 그러하지 아니하다.
㉮ 대한민국 국민이 아닌 사람
㉯ 외국정부 또는 외국의 공공단체
㉰ 외국의 법인 또는 단체
㉱ ㉮부터 ㉰까지의 어느 하나에 해당하는 자가 주식이나 지분의 1/2 이상을 소유하거나 그 사업을 사실상 지배하는 법인
㉲ 외국인이 법인 등기사항증명서상의 대표자이거나 외국인이 법인 등기사항증명서의 임원 수의 1/2 이상을 차지하는 법인
② ①의 단서에도 불구하고 외국 국적을 가진 항공기는 등록할 수 없다.

08. 다음 중 항공기의 등록원부에 기재하여야 할 등록사항과 관계가 없는 것은?

㉮ 항공기의 형식   ㉯ 항공기의 제작자
㉰ 항공기의 감항분류   ㉱ 등록기호

09. 다음 중 항공기의 등록원부에 기록하여야 하는 사항은?

㉮ 항공기의 등급   ㉯ 항공기의 감항분류
㉰ 등록기호   ㉱ 항공기의 제작연월일

해설

항공안전법 제11조(항공기 등록사항) 제1항 국토교통부장관은 항공기를 등록한 경우에는 항공기 등록원부(登錄原簿)에 다음의 사항을 기록하여야 한다.
① 항공기의 형식   ② 항공기의 제작자
③ 항공기의 제작번호   ④ 항공기의 정치장(定置場)
⑤ 소유자 또는 임차인·임대인의 성명 또는 명칭과 주소 및 국적
⑥ 등록 연월일   ⑦ 등록기호

10. 다음 중 변경등록의 신청을 하여야 할 사유는?

㉮ 소유자의 변경
㉯ 항공기의 등록번호 변경
㉰ 항공기 형식의 변경
㉱ 정치장의 변경

11. 항공기 정치장을 김포에서 제주도로 옮기려 한다면 해당 등록의 종류는?

㉮ 이전등록   ㉯ 말소등록
㉰ 변경등록   ㉱ 임차등록

12. 항공기 정치장이 변경되었을 때 해당되는 등록의 종류는?

㉮ 이전등록   ㉯ 변경등록
㉰ 임차등록   ㉱ 말소등록

13. 항공기 변경등록은 등록사항이 변경된 날부터 며칠 이내에 신청하여야 하는가?

㉮ 10일   ㉯ 15일
㉰ 20일   ㉱ 25일

해설

항공안전법 제13조(항공기 변경등록) 소유자등은 제11조제1항제4호(항공기의 정치장) 또는 제5호(소유자 또는 임차인·임대인의 성명 또는 명칭과 주소 및 국적)의 등록사항이 변경되었을 때에는 그 변경된 날부터 15일 이내에 대통령령으로 정하는 바에 따라 국토교통부장관에게 변경등록을 신청하여야 한다.

14. 다음 중 변경등록의 신청을 하지 않아도 되는 것은?

㉮ 항공기 정치장 변경시
㉯ 소유자의 주소 변경시
㉰ 항공기 저당권 변경시
㉱ 항공기 등록지의 관할 행정구역 변경시

해설

항공기의 변경등록은 신규등록을 받은 항공기의 정치장이나 등록명의인의 표시 변경[소유자의 성명(법인인 경우에는 명칭) 또는 주소의 변경]이 있었을 경우에 하게 된다. 등록 항공기에 대하여 소유자가 변경등록의 신청을 함으로써 국가의 보호 및 감독이 이루어지므로 그 실태를 명확히 파악할 공익상의 필요가 있기 때문이다.

정답 08. ㉰   09. ㉰   10. ㉱   11. ㉰   12. ㉯   13. ㉯   14. ㉰

제1장 항공안전법
제2절 항공기 등록

> **참고**
> 항공기 정치장의 변경이라 함은 항공기의 정치장을 서울비행장에서 부산비행장으로 변경하는 경우, 또는 서울비행장이 ○○비행장으로 명칭이 변경된 경우 등이다.

15. 이전등록은 그 사유가 있는 날부터 며칠 이내에 신청하여야 하는가?

㉮ 7일 이내　㉯ 10일 이내
㉰ 15일 이내　㉱ 20일 이내

> **해설**
> **항공안전법 제14조(항공기 이전등록)** 등록된 항공기의 소유권 또는 임차권을 양도·양수하려는 자는 그 사유가 있는 날부터 15일 이내에 대통령령으로 정하는 바에 따라 국토교통부장관에게 이전등록을 신청하여야 한다.

16. 사고로 인하여 항공기가 멸실된 경우 며칠 이내에 말소등록을 신청하여야 하는가?

㉮ 7일 이내　㉯ 10일 이내
㉰ 12일 이내　㉱ 15일 이내

17. 항공기 말소등록의 신청 사유로 맞는 것은?

㉮ 항공기의 일부분에 화재가 발생한 경우
㉯ 항공기를 정비 또는 보관하기 위하여 해체한 경우
㉰ 항공기의 소유자가 외국의 국적을 취득한 경우
㉱ 항공기의 존재 여부를 2개월 이상 확인할 수 없는 경우

18. 말소등록을 하여야 하는 경우가 아닌 것은?

㉮ 항공기가 멸실되었을 경우
㉯ 항공기를 개조하기 위하여 해체한 경우
㉰ 임차기간의 만료로 항공기를 사용할 수 있는 권리가 상실된 경우
㉱ 항공기의 존재 여부가 1개월 이상 불분명한 경우

> **해설**
> **항공안전법 제15조(항공기 말소등록) 제1항** 소유자등은 등록된 항공기가 다음의 어느 하나에 해당하는 경우에는 그 사유가 있는 날부터 15일 이내에 대통령령으로 정하는 바에 따라 국토교통부장관에게 말소등록을 신청하여야 한다.
> ① 항공기가 멸실(滅失)되었거나 항공기를 해체(정비등, 수송 또는 보관하기 위한 해체는 제외)한 경우
> ② 항공기의 존재 여부를 1개월(항공기사고인 경우에는 2개월) 이상 확인할 수 없는 경우
> ③ 제10조(항공기 등록의 제한)제1항 각 호의 어느 하나에 해당하는 자에게 항공기를 양도하거나 임대(외국 국적을 취득하는 경우만 해당)한 경우
> ④ 임차기간의 만료 등으로 항공기를 사용할 수 있는 권리가 상실된 경우

19. 변경등록과 말소등록은 그 사유가 있는 날로부터 며칠 이내에 신청하여야 하는가?

㉮ 10일　㉯ 15일
㉰ 20일　㉱ 25일

20. 소유자등이 말소등록의 사유가 있는 날부터 15일 이내에 국토교통부장관에게 말소등록을 신청하지 않았을 때의 조치사항은?

㉮ 국토교통부장관은 즉시 직권으로 등록을 말소하여야 한다.
㉯ 국토교통부장관은 7일 이상의 기간을 정하여 말소등록을 할 것을 최고하여야 한다.
㉰ 국토교통부장관은 말소등록을 하도록 독촉장을 발부하여야 한다.
㉱ 300만원 이하의 벌금에 처하고, 말소등록을 하도록 사용자 등에게 통보하여야 한다.

> **해설**
> **항공안전법 제15조(항공기 말소등록) 제2항** 소유자등이 말소등록을 신청하지 아니하면 국토교통부장관은 7일 이상의 기간을 정하여 말소등록을 신청할 것을 최고(催告)하여야 한다.

정답 15. ㉰　16. ㉱　17. ㉰　18. ㉯　19. ㉯　20. ㉯

Chapter 03 부록·출제예상문제

21. 다음 중 항공기 등록의 종류가 아닌 것은?

㉮ 임차등록   ㉯ 말소등록
㉰ 변경등록   ㉱ 이전등록

해설
항공기 등록의 종류를 법적효력에 따라 분류하면 다음과 같다.
① 항공안전법 제7조(신규등록) : 국적취득, 소유권 취득, 등록증명서 교부, 감항증명 신청요건
② 항공안전법 제13조(변경등록) : 항공기의 정치장, 등록명의인의 표시변경
③ 항공안전법 제14조(이전등록) : 소유권 또는 임차권의 이전·양도
④ 항공안전법 제15조(말소등록) : 항공기의 멸실 또는 해체, 존재 여부 1개월 이상 불분명, 외국인에게 양도 또는 임대, 임차기간 만료

22. 항공기 등록기호표의 부착시기는?

㉮ 항공기 등록시   ㉯ 감항증명 신청시
㉰ 항공기 등록후   ㉱ 감항증명을 받았을 때

23. 항공기 등록기호표의 부착은 누가 하는가?

㉮ 항공기 소유자
㉯ 국토교통부 담당 공무원
㉰ 항공기 제작자
㉱ 유자격 정비사

해설
항공안전법 제17조(항공기 등록기호표의 부착) 제1항 소유자등은 항공기를 등록한 경우에는 그 항공기 등록기호표를 국토교통부령으로 정하는 형식·위치 및 방법 등에 따라 항공기에 붙여야 한다.

24. 다음 중 등록기호표의 기록사항이 아닌 것은?

㉮ 국적기호   ㉯ 등록기호
㉰ 소유자 명칭   ㉱ 항공기 형식

25. 다음 등록기호표에 대한 설명 중 맞는 것은?

㉮ 등록기호표에 적어야 할 사항은 국적기호 및 등록기호와 제작연월일이다.
㉯ 등록기호표는 소유자등이 부착한다.
㉰ 등록기호표는 항공기 출입구 윗부분의 바깥쪽 보기 쉬운 곳에 부착한다.
㉱ 등록기호표는 가로 5cm, 세로 7cm의 내화금속으로 만든다.

26. 등록기호표의 부착에 대한 설명으로 틀린 것은?

㉮ 항공기 주출입구 윗부분의 안쪽 보기 쉬운 곳에 붙여야 한다.
㉯ 가로 7센티미터, 세로 5센티미터의 내화금속으로 만든다.
㉰ 등록기호표는 주익면과 미익면에 부착한다.
㉱ 국적기호 및 등록기호와 소유자등의 명칭을 기재한다.

27. 항공기에 출입구가 있는 경우 항공기 등록기호표의 부착위치는?

㉮ 출입구   ㉯ 객실 내부
㉰ 출입구 윗부분 안쪽   ㉱ 출입구 바깥쪽

28. 항공기의 등록기호표에 기재하여야 할 사항으로 옳은 것은?

㉮ 국적기호, 등록기호
㉯ 국적기호, 등록기호, 항공기의 명칭
㉰ 국적기호, 등록기호, 소유자등의 명칭
㉱ 국적기호, 등록기호, 항공기의 형식

29. 항공기에 부착하는 등록기호표의 크기는?

㉮ 가로 7센티미터, 세로 5센티미터의 직사각형
㉯ 가로 7센티미터, 세로 4센티미터의 직사각형
㉰ 가로 5센티미터, 세로 7센티미터의 직사각형
㉱ 가로 4센티미터, 세로 7센티미터의 직사각형

정답
21. ㉮ 22. ㉰ 23. ㉮ 24. ㉱ 25. ㉯ 26. ㉰
27. ㉰ 28. ㉰ 29. ㉮

> **해설**

항공안전법 시행규칙 제12조(등록기호표의 부착) ① 항공기를 소유하거나 임차하여 사용할 수 있는 권리가 있는 자("소유자등")가 항공기를 등록한 경우에는 강철 등 내화금속(耐火金屬)으로 된 등록기호표(가로 7cm, 세로 5cm의 직사각형)를 다음의 구분에 따라 보기 쉬운 곳에 붙여야 한다.
  ㉮ 항공기에 출입구가 있는 경우: 항공기 주(主)출입구 윗부분의 안쪽
  ㉯ 항공기에 출입구가 없는 경우: 항공기 동체의 외부 표면
② 등록기호표에는 국적기호 및 등록기호("등록부호")와 소유자등의 명칭을 적어야 한다.

30. 다음 중 항공기의 감항증명을 옳게 설명한 것은?

㉮ 항공기가 안전하게 비행할 수 있는 성능이 있다는 증명
㉯ 당해 항공기등의 설계가 기술상의 기준에 적합하다는 증명
㉰ 국토교통부령으로 정하는 안전성의 확보를 위한 중요한 장비품에 대하여 기술기준에 적합하다는 증명
㉱ 국제민간항공기구(ICAO)에서 정하는 기술상의 기준에 적합하다는 증명

31. 다음 중 감항성에 대해 옳게 설명한 것은?

㉮ 항공기가 비행 중에 나타나는 모든 특성
㉯ 항공기 제작을 위해 필요한 여러 가지 특성
㉰ 항공기에 발생되는 고장을 미리 발견하여 제거하는 것
㉱ 정비, 수리, 개조된 항공기가 안전하게 운용할 수 있는 성능

32. 다음 중 항공기의 안전성을 확보하기 위한 기본적인 제도는?

㉮ 성능 및 품질검사
㉯ 수리, 개조승인
㉰ 감항증명
㉱ 형식증명

> **해설**

항공안전법 제23조(감항증명 및 감항성 유지) 제1항 항공기가 감항성이 있다는 증명("감항증명")을 받으려는 자는 국토교통부령으로 정하는 바에 따라 국토교통부장관에게 감항증명을 신청하여야 한다.

> **참고**

항공기의 안전성을 확보하기 위한 기본적인 제도로서 감항증명이 있다.

33. 다음 중 예외적으로 감항증명을 받을 수 있는 항공기가 아닌 것은?

㉮ 법 제101조 단서에 따라 허가를 받은 항공기
㉯ 국내에서 제작되거나 외국으로부터 수입하는 항공기로서 대한민국의 국적을 취득하기 전에 감항증명을 위한 검사를 신청한 항공기
㉰ 국내에서 수리, 개조 또는 제작한 후 수출할 항공기
㉱ 국내에서 제작 또는 수리 후 시험비행을 하는 항공기

34. 다음 중 예외적으로 감항증명을 받을 수 있는 항공기는?

㉮ 법 제101조 단서의 규정에 의하여 허가를 받은 항공기
㉯ 외국에서 수리 또는 개조한 후 수입할 항공기
㉰ 외국에서 제작한 후 수입할 항공기
㉱ 국내에서 제작하여 대한민국의 국적을 취득한 후에 감항증명을 위한 검사를 신청한 항공기

> **해설**

항공안전법 시행규칙 제36조(예외적으로 감항증명을 받을 수 있는 항공기) 감항증명은 대한민국 국적을 가진 항공기가 아니면 받을 수 없다. 다만, 국토교통부령으로 정하는 항공기의 경우에는 그러하지 아니하며, 예외적으로 감항증명을 받을 수 있는 "국토교통부령으로 정하는 항공기"는 다음과 같다.
① 법 제101조(외국항공기의 국내 사용) 단서에 따라 허가를 받은 항공기
② 국내에서 수리·개조 또는 제작한 후 수출할 항공기
③ 국내에서 제작되거나 외국으로부터 수입하는 항공기로서 대한민국의 국적을 취득하기 전에 감항증명을 위한 검사를 신청한 항공기

정답 30. ㉮ 31. ㉱ 32. ㉰ 33. ㉱ 34. ㉮

35. 항공기를 항공에 사용할 수 있는 경우는?

㉮ 시험비행 등을 위하여 특별감항증명을 받은 경우
㉯ 항공우주산업개발 촉진법에 의한 생산증명을 받은 경우
㉰ 외국으로부터 형식증명을 받은 항공기
㉱ 외국으로부터 수입한 항공기

36. 다음 중 항공에 사용할 수 있는 항공기는?

㉮ 형식증명승인을 받은 항공기
㉯ 국토교통부장관의 허가를 받은 항공기
㉰ 형식증명은 없으나 특별감항증명을 받은 항공기
㉱ 형식증명은 받았으나 표준감항증명을 받지 않은 항공기

37. 다음 중 항공에 사용할 수 없는 항공기는?

㉮ 형식증명은 받았으나 감항증명을 받지 않은 항공기
㉯ 항공우주산업개발 촉진법에 의한 성능 및 품질검사는 받지 않았으나 표준감항증명을 받은 항공기
㉰ 시험비행 등을 위하여 특별감항증명을 받은 항공기
㉱ 형식증명은 받지 않았으나 표준감항증명을 받은 항공기

38. 특별감항증명의 대상이 되는 항공기는?

㉮ 항공기의 정비, 수리 또는 개조 후 시험비행을 하는 항공기
㉯ 국내에서 수리, 개조 또는 제작한 후 수출할 항공기
㉰ 외국항공기의 국내사용의 규정에 의하여 허가를 받은 항공기
㉱ 국적을 취득하기 전에 감항증명을 위한 검사를 신청한 항공기

39. 다음 중 특별감항증명의 대상이 아닌 것은?

㉮ 장비품 등의 시험, 조사, 연구, 개발을 위하여 행하는 시험비행
㉯ 항공기의 제작, 정비, 수리 또는 개조 후 행하는 시험비행
㉰ 항공기의 정비 또는 수리, 개조를 위한 장소까지의 공수비행
㉱ 현지 답사를 위해 일시적으로 행하는 비행

해설

항공안전법 제23조(감항증명 및 감항성 유지) 제3항, 시행규칙 제37조(특별감항증명의 대상) 참조 누구든지 다음의 어느 하나에 해당하는 감항증명을 받지 아니한 항공기를 운항하여서는 아니 된다.
① 표준감항증명 : 해당 항공기가 형식증명 또는 형식증명승인에 따라 인가된 설계에 일치하게 제작되고 안전하게 운항할 수 있다고 판단되는 경우에 발급하는 증명
② 특별감항증명 : 해당 항공기가 제한형식증명을 받았거나 항공기의 연구, 개발 등 국토교통부령으로 정하는 경우로서 항공기 제작자 또는 소유자등이 제시한 운용범위를 검토하여 안전하게 운항할 수 있다고 판단되는 경우에 발급하는 증명
㉮ 항공기 및 관련 기기의 개발과 관련된 경우
㉯ 항공기의 제작·정비·수리·개조 및 수입·수출 등과 관련한 경우
 - 제작·정비·수리 또는 개조 후 시험비행을 하는 경우
 - 정비·수리 또는 개조("정비등")를 위한 장소까지 승객·화물을 싣지 아니하고 비행하는 경우
 - 수입하거나 수출하기 위하여 승객·화물을 싣지 아니하고 비행하는 경우
 - 설계에 관한 형식증명을 변경하기 위하여 운용한계를 초과하는 시험비행을 하는 경우
㉰ 무인항공기를 운항하는 경우
㉱ 특정한 업무를 수행하기 위하여 사용되는 경우
㉲ ㉮~㉱외에 공공의 안녕과 질서유지를 위한 업무를 수행하는 경우로서 국토교통부장관이 인정하는 경우

40. 감항증명의 유효기간에 대한 설명 중 옳은 것은?

㉮ 1년으로 하며, 국토교통부장관이 정하여 고시하는 항공기는 6월의 범위 내에서 단축할 수 있다.
㉯ 국토교통부령이 정하는 기간으로 하며, 항공운송사업 외에 사용되는 항공기에 대해서는 6월의 범위 내에서 연장할 수 있다.
㉰ 1년으로 하며, 항공기의 형식 및 소유자등의 감항성 유지능력 등을 고려하여 국토교통부령이 정하는 바에 따라 그 기간을 연장할 수 있다.

정답 35. ㉮ 36. ㉰ 37. ㉮ 38. ㉮ 39. ㉱ 40. ㉰

㊃ 1년으로 하며, 항공운송사업에 사용되는 항공기에 대해서는 항공기의 사용연수·비행시간 등으로 고려하여 국토교통부장관이 정하여 고시한다.

41. 항공기 감항증명의 유효기간은?

㉠ 6개월 ㉡ 1년
㉢ 1년 6개월 ㉣ 2년

해설

항공안전법 제23조(감항증명 및 감항성 유지) 제5항 참조. 감항증명의 유효기간은 1년으로 한다. 다만, 항공기의 형식 및 소유자등의 감항성 유지능력 등을 고려하여 국토교통부령으로 정하는 바에 따라 유효기간을 연장할 수 있다.

42. 감항증명을 할 때 검사의 일부를 생략할 수 있는 경우가 아닌 것은?

㉠ 형식증명을 받은 항공기
㉡ 성능 및 품질검사를 받은 항공기
㉢ 형식증명승인을 받은 항공기
㉣ 제작증명을 받은 제작자가 제작한 항공기

43. 감항증명을 하는 경우 국토교통부령이 정하는 바에 따라 검사의 일부를 생략할 수 있는 경우가 아닌 것은?

㉠ 제작증명을 받은 제작자가 제작한 항공기
㉡ 형식증명승인을 받은 항공기
㉢ 형식증명을 받은 항공기
㉣ 외국으로부터 수입한 항공기

해설

항공안전법 제23조(감항증명 및 감항성 유지) 제5항 국토교통부장관은 감항증명을 하는 경우에는 항공기가 항공기기술기준에 적합한지를 검사한 후 국토교통부령으로 정하는 바에 따라 해당 항공기의 운용한계(運用限界)를 지정하여야 한다. 이 경우 다음의 어느 하나에 해당하는 항공기의 경우에는 국토교통부령으로 정하는 바에 따라 항공기기술기준 적합 여부 검사의 일부를 생략할 수 있다.
① 형식증명 또는 형식증명승인을 받은 항공기
② 제작증명을 받은 제작자가 제작한 항공기
③ 항공기를 수출하는 외국정부로부터 감항성이 있다는 승인을 받아 수입하는 항공기

44. 다음 중 감항증명의 유효기간을 연장할 수 있는 항공기는?

㉠ 항공운송사업에 사용되는 항공기
㉡ 국제항공운송사업에 사용되는 항공기
㉢ 국토교통부장관이 정하여 고시한 정비방법에 따라 정비등이 이루어지는 항공기
㉣ 항공기의 종류, 등급 등을 고려하여 국토교통부장관이 정하여 고시하는 항공기

해설

항공안전법 시행규칙 제41조(감항증명의 유효기간을 연장할 수 있는 항공기) 감항증명의 유효기간을 연장할 수 있는 항공기는 항공기의 감항성을 지속적으로 유지하기 위하여 국토교통부장관이 정하여 고시하는 정비방법에 따라 정비등이 이루어지는 항공기를 말한다.

45. 다음 중 항공기 등록의 행정적 효력과 관계있는 것은?

㉠ 감항증명을 받을 수 있다.
㉡ 소유권에 관해 제3자에 대한 대항요건이 된다.
㉢ 항공기를 저당하는 데 있어 기본조건이 된다.
㉣ 분쟁 발생시 소유권을 증명한다.

46. 항공기 등록의 효력 중 행정적 효력과 관계없는 것은?

㉠ 국적을 취득한다.
㉡ 분쟁 발생시 소유권을 증명한다.
㉢ 항공에 사용할 수 있다.
㉣ 감항증명을 받을 수 있다.

해설

항공기 등록의 행정적 효력은 다음과 같다.
① 국적의 취득(항공안전법 제8조)
② 등록증명서의 발급(항공안전법 제12조)
③ 등록기호표의 부착(항공안전법 제17조)
④ 감항증명을 받을 수 있는 요건(항공안전법 제23조제2항)
⑤ 항공에 사용할 수 있는 요건(항공안전법 제23조제3항)

정답 41. ㉡ 42. ㉡ 43. ㉣ 44. ㉢ 45. ㉠ 46. ㉡

47. 다음 중 항공기 등록의 민사적 효력과 관계없는 것은?

㉮ 항공기의 소유권을 공증한다.
㉯ 소유권에 관해 제3자에 대한 대항요건이 된다.
㉰ 항공에 사용할 수 있는 요건이 된다.
㉱ 항공기를 저당하는 데 있어 기본조건이 된다.

해설

항공기의 등록제도는 항공기의 소유권을 공증하는 효력을 가지며 소유권 득실변경의 제3자에 대한 대항요건이 된다. 그리고 항공기를 등록하였을 때에는 그 등록기호표를 항공기에 부착함으로써 동산저당의 기본조건인 공시적 효력을 갖게 되는 것이다.

제3절 항공기기술기준 및 형식증명 등

01. 국토교통부장관이 고시하는 항공기기술기준에 포함되어야 할 사항이 아닌 것은?

㉮ 감항기준
㉯ 환경기준
㉰ 감항성을 유지하기 위한 기준
㉱ 정비기준

해설

항공안전법 제19조(항공기기술기준) 국토교통부장관은 항공기등, 장비품 또는 부품의 안전을 확보하기 위하여 다음의 사항을 포함한 기술상의 기준("항공기기술기준")을 정하여 고시하여야 한다.
① 항공기등의 감항기준
② 항공기등의 환경기준(배출가스 배출기준 및 소음기준 포함)
③ 항공기등이 감항성을 유지하기 위한 기준
④ 항공기등, 장비품 또는 부품의 식별 표시 방법
⑤ 항공기등, 장비품 또는 부품의 인증절차

02. 감항증명시 항공기의 운용한계는 무엇에 따라 지정하여야 하는가?

㉮ 항공기의 사용연수
㉯ 항공기의 종류, 등급, 형식
㉰ 항공기의 중량
㉱ 항공기의 감항분류

해설

항공안전법 시행규칙 제39조(항공기의 운용한계 지정) 제1항 국토교통부장관 또는 지방항공청장은 감항증명을 하는 경우에는 항공기 기술기준에서 정한 항공기의 감항분류에 따라 다음의 사항에 대하여 항공기의 운용한계를 지정하여야 한다.
① 속도에 관한 사항
② 발동기 운용성능에 관한 사항
③ 중량 및 무게중심에 관한 사항
④ 고도에 관한 사항
⑤ 그 밖에 성능한계에 관한 사항

03. 항공기소유자에게 발급되는 운용한계 지정서에 포함될 사항이 아닌 것은?

㉮ 항공기의 종류 및 등급
㉯ 항공기의 국적 및 등록기호
㉰ 항공기의 제작일련번호
㉱ 감항증명번호

해설

항공안전법 시행규칙 제39조(항공기의 운용한계 지정) 제2항 관련, 별지 제18호 서식(운용한계 지정서) 참조
운용한계 지정서에 기재되는 사항은 다음과 같다.
① 항공기의 형식 또는 모델
② 항공기의 국적 및 등록기호
③ 항공기의 제작일련번호
④ 감항증명번호

04. 항공기의 감항증명을 하기 위한 항공기기술기준의 검사범위는?

㉮ 설계, 제작과정 및 완성 후의 상태와 비행성능에 대하여 검사한다.
㉯ 설계, 제작과정 및 완성 후의 비행성능에 대하여 검사한다.
㉰ 설계, 제작과정 및 완성 후의 상태에 대하여 검사한다.
㉱ 설계, 완성후의 상태와 비행성능에 대하여 검사한다.

해설

항공안전법 시행규칙 제38조(감항증명을 위한 검사범위) 국토교통

정답 47. ㉰ [제3절] 01. ㉱ 02. ㉱ 03. ㉮ 04. ㉮

제1장 항공안전법
제3절 항공기기술기준 및 형식증명 등

부장관 또는 지방항공청장은 감항증명을 위한 검사를 하는 경우에는 해당 항공기의 설계·제작과정 및 완성 후의 상태와 비행성능이 항공기기술기준에 적합하고 안전하게 운항할 수 있는지 여부를 검사하여야 한다.

05. 다음 중 항공기등의 검사관의 자격으로 틀린 것은?

㉮ 항공정비사 자격증명을 받은 사람
㉯ 국가기술자격법에 따른 항공기사 이상의 자격을 취득한 사람
㉰ 항공기술관련 학사 이상의 학위를 취득한 후 3년 이상 항공기의 설계, 제작, 정비 또는 품질업무에 종사한 경력이 있는 사람
㉱ 항공정비 기능사 이상의 자격을 취득한 사람으로서 5년 이상 경력자

해설

항공안전법 제31조(항공기등의 검사등) 제2항 국토교통부장관은 증명·승인 또는 정비조직인증을 위한 검사를 하기 위하여 다음의 어느 하나에 해당하는 사람 중에서 항공기등 및 장비품을 검사할 사람("검사관")을 임명 또는 위촉한다.
① 항공정비사 자격증명을 받은 사람
② 「국가기술자격법」에 따른 항공분야의 기사 이상의 자격을 취득한 사람
③ 항공기술 관련 분야에서 학사 이상의 학위를 취득한 후 3년 이상 항공기의 설계, 제작, 정비 또는 품질보증 업무에 종사한 경력이 있는 사람
④ 국가기관등 항공기의 설계, 제작, 정비 또는 품질보증 업무에 5년 이상 종사한 경력이 있는 사람

06. 감항증명 신청시 첨부하여야 할 서류가 아닌 것은?

㉮ 비행교범
㉯ 정비교범
㉰ 당해 항공기의 정비방식을 기재한 서류
㉱ 국토교통부장관이 필요하다고 인정하여 고시하는 감항증명과 관련된 서류

07. 감항증명 신청시 첨부하는 비행교범에 포함되어야 할 사항이 아닌 것은?

㉮ 항공기의 운용한계에 관한 사항
㉯ 항공기의 정비방식에 관한 사항
㉰ 항공기의 성능에 관한 사항
㉱ 항공기 조작방법에 관한 사항

해설

항공안전법 시행규칙 제35조(감항증명의 신청) 감항증명을 받으려는 자는 항공기 표준감항증명 신청서 또는 항공기 특별감항증명 신청서에 다음의 서류를 첨부하여 국토교통부장관 또는 지방항공청장에게 제출하여야 한다.
① 비행교범
  ㉮ 항공기의 종류·등급·형식 및 제원(諸元)에 관한 사항
  ㉯ 항공기 성능 및 운용한계에 관한 사항
  ㉰ 항공기 조작방법 등 그 밖에 국토교통부장관이 정하여 고시하는 사항
② 정비교범
  ㉮ 감항성 한계범위, 주기적 검사 방법 또는 요건, 장비품·부품등의 사용한계 등에 관한 사항
  ㉯ 항공기 계통별 설명, 분해, 세척, 검사, 수리 및 조립절차, 성능점검 등에 관한 사항
  ㉰ 지상에서의 항공기 취급, 연료·오일 등의 보충, 세척 및 윤활 등에 관한 사항
③ 그 밖에 감항증명과 관련하여 국토교통부장관이 필요하다고 인정하여 고시하는 서류

08. 다음 중 항공기의 운용한계가 아닌 것은?

㉮ 조작금지한계   ㉯ 적재한계
㉰ 대기속도한계   ㉱ 고도한계

09. 다음 중 감항증명을 행한 항공기의 운용한계에 관한 사항이 아닌 것은?

㉮ 고도한계
㉯ 항속거리한계
㉰ 동력장치 운전한계
㉱ 장비품 등의 운용방식한계

해설

항공기 기술기준 21.176(신청) (b) 구비서류
비행교범에 포함되어야 할 사항 중 항공기의 운용한계에 관한 사항은 다음과 같다.
① 적재한계   ② 대기속도한계
③ 고도한계   ④ 자동회전 착륙고도한계

정답 05. ㉱ 06. ㉰ 07. ㉯ 08. ㉮ 09. ㉯

⑤ 동력장치 운전한계
⑥ 회전익 회전속도한계
⑦ 대기온도한계
⑧ 측풍속도한계
⑨ 수상조건한계
⑩ 탑승한계
⑪ 비행방법한계
⑫ 예항방법한계
⑬ 장비품등의 운용방식한계
⑭ 기타운용한계(이착륙거리한계, 제한하중배수한계, 전기계통운용한계, 자동조종한계, 계기와 조종장치 및 기타 장치의 사용한계, 금연장소·위험물의 적재장소등 제한사항)

10. 국내에서 제작하는 항공기에 대한 감항증명 신청시기는?

㉮ 설계의 초기 또는 제작 착수전
㉯ 수리, 개조 또는 재생 작업 착수전
㉰ 검사 희망일 7일전까지
㉱ 검사를 시작하기 10일전까지

11. 감항증명을 받았던 사실이 있는 항공기의 감항증명 신청시 감항증명 신청서 제출시기는?

㉮ 검사 희망일 7일전까지
㉯ 검사 희망일 10일전까지
㉰ 검사 희망일 15일전까지
㉱ 검사 희망일 20일전까지

해설

항공기 기술기준 21.176(신청) (c) 감항증명 신청은 다음의 경우를 제외하고 검사희망일 7일전까지 하여야 한다.
① 항공기를 수입 후 수리, 개조 또는 재생을 하고자 하는 경우 수리, 개조 또는 재생 작업 착수 전에 신청
② 국외에서 감항증명을 받고자 하는 경우 15일전까지 신청하거나 사전 협의

12. 다음 중 형식증명을 받은 항공기에 대한 감항증명을 할 때 생략할 수 있는 검사는?

㉮ 설계에 대한 검사
㉯ 제작과정에 대한 검사
㉰ 설계에 대한 검사와 형식에 대한 검사
㉱ 설계에 대한 검사와 제작과정에 대한 검사

13. 형식증명승인을 받은 항공기의 감항증명을 할 때 국토교통부령이 정하는 바에 따라 생략할 수 있는 검사는?

㉮ 설계에 대한 검사
㉯ 설계에 대한 검사와 제작과정에 대한 검사
㉰ 비행성능에 대한 검사
㉱ 제작과정에 대한 검사

해설

항공안전법 시행규칙 제40조(감항증명을 위한 검사의 일부 생략)
감항증명을 할 때 생략할 수 있는 검사는 다음과 같다.
① 형식증명을 받은 항공기 : 설계에 대한 검사
② 형식증명승인을 받은 항공기 : 설계에 대한 검사와 제작과정에 대한 검사
③ 제작증명을 받은 항공기 : 제작과정에 대한 검사
④ 항공기를 수출하는 외국정부로부터 감항성이 있다는 승인을 받아 수입하는 항공기 : 비행성능에 대한 검사(신규로 생산되어 직접 도입하는 완제기(完製機)만 해당)

14. 소유자등에게 항공기, 장비품 또는 부품의 정비 등에 관한 감항성개선을 명할 때 국토교통부장관이 소유자에게 통보하여야 하는 사항이 아닌 것은?

㉮ 해당되는 항공기, 장비품 또는 부품의 종류
㉯ 해당되는 항공기, 장비품 또는 부품의 형식
㉰ 정비등을 하여야 할 시기 및 그 방법
㉱ 정비등을 수행하는데 필요한 기술자료

해설

항공안전법 시행규칙 제45조(항공기등·장비품 또는 부품에 대한 감항성개선 명령 등) 제1항 국토교통부장관은 소유자등에게 항공기등, 장비품 또는 부품에 대한 정비등에 관한 감항성개선을 명할 때에는 다음의 사항을 통보하여야 한다.
① 항공기등, 장비품 또는 부품의 형식 등 개선 대상
② 검사, 교환, 수리·개조 등을 하여야 할 시기 및 방법
③ 그 밖에 검사, 교환, 수리·개조 등을 수행하는 데 필요한 기술자료
④ ③에 따른 보고 대상 여부

15. 소음기준적합증명은 언제 받아야 하는가?

㉮ 운용한계를 지정할 때
㉯ 감항증명을 받을 때

정답 10. ㉰ 11. ㉮ 12. ㉮ 13. ㉯ 14. ㉮ 15. ㉯

㉰ 기술표준품의 형식승인을 받을 때
㉱ 항공기를 등록할 때

해설

항공안전법 제25조(소음기준적합증명) 제1항 국토교통부령으로 정하는 항공기의 소유자등은 감항증명을 받는 경우와 수리·개조 등으로 항공기의 소음치(騷音値)가 변동된 경우에는 국토교통부령으로 정하는 바에 따라 그 항공기가 소음기준에 적합한지에 대하여 국토교통부장관의 증명("소음기준적합증명")을 받아야 한다.

16. 소음기준적합증명 대상 항공기는 누가 정하여 고시하는가?

㉮ 국토교통부장관 ㉯ 항공교통본부장
㉰ 지방항공청장   ㉱ 항공기 제작자

17. 다음 중 소음기준적합증명 대상 항공기는?

㉮ 터빈발동기를 장착한 항공기
㉯ 성형발동기를 장착한 항공기
㉰ 왕복발동기를 장착한 항공기
㉱ GPU를 장착한 항공기

18. 다음 중 소음기준적합증명을 받아야 하는 항공기는?

㉮ 터빈발동기를 장착한 항공기, 국제선을 운항하는 항공기
㉯ 터빈발동기를 장착한 항공기, 국내선을 운항하는 항공기
㉰ 왕복발동기를 장착한 항공기, 국제선을 운항하는 항공기
㉱ 왕복발동기를 장착한 항공기, 국내선을 운항하는 항공기

해설

항공안전법 시행규칙 제49조(소음기준적합증명 대상 항공기) 소음기준적합증명을 받아야 하는 "국토교통부령으로 정하는 항공기"란 다음의 어느 하나에 해당하는 항공기로서 국토교통부장관이 정하여 고시하는 항공기를 말한다.
① 터빈발동기를 장착한 항공기
② 국제선을 운항하는 항공기

19. 소음기준적합증명 신청시 첨부하여야 할 서류에 해당하지 않는 것은?

㉮ 소음기준에 적합함을 입증하는 정비교범
㉯ 소음기준에 적합함을 입증하는 비행교범
㉰ 수리 또는 개조에 관한 기술사항을 적은 서류
㉱ 소음기준에 적합하다는 사실을 증명할 수 있는 서류

해설

항공안전법 시행규칙 제50조(소음기준적합증명 신청) 항공기가 소음기준에 적합한지에 대하여 국토교통부장관의 증명("소음기준적합증명")을 받으려는 자는 소음기준적합증명 신청서를 국토교통부장관 또는 지방항공청장에게 제출하여야 하며, 신청서에는 다음의 서류를 첨부하여야 한다.
① 해당 항공기가 소음기준에 적합함을 입증하는 비행교범
② 해당 항공기가 소음기준에 적합하다는 사실을 입증할 수 있는 서류(해당 항공기를 제작 또는 등록하였던 국가나 항공기 제작기술을 제공한 국가가 소음기준에 적합하다고 증명한 항공기만 해당)
③ 수리·개조 등에 관한 기술사항을 적은 서류(수리·개조 등으로 항공기의 소음치가 변경된 경우에만 해당)

20. 소음기준적합증명의 기준과 소음의 측정방법은?

㉮ 국제민간항공협약부속서 16에 의한다.
㉯ 항공기 제작자가 정한 방법에 의한다.
㉰ 지방항공청장이 정하여 고시하는 바에 따른다.
㉱ 국토교통부장관이 정하여 고시하는 바에 따른다.

해설

항공안전법 시행규칙 제51조(소음기준적합증명의 검사기준 등) 소음기준적합증명의 검사기준과 소음의 측정방법 등에 관한 세부적인 사항은 국토교통부장관이 정하여 고시한다.

21. 소음기준적합증명에 대한 설명 중 틀린 것은?

㉮ 소음기준적합증명을 받으려는 자는 소음기준적합증명 신청서를 국토교통부장관 또는 지방항공청장에게 제출하여야 한다.
㉯ 항공기의 소유자등은 감항증명을 받는 때에 소음기준적합증명을 받아야 한다.

정답 16. ㉮ 17. ㉮ 18. ㉮ 19. ㉮ 20. ㉱ 21. ㉱

㉰ 소음기준적합증명 대상 항공기는 터빈발동기를 장착한 항공기와 국제선을 운항하는 항공기로서 국토교통부장관이 정하여 고시하는 항공기를 말한다.
㉱ 소음기준적합증명의 검사기준과 소음의 측정방법 등에 관한 세부적인 사항은 지방항공청장이 정하여 고시한다.

해설

항공안전법 제25조(소음기준적합증명), 항공안전법 시행규칙 제49조, 제50조, 제51조 참조

22. 형식증명을 받지 않아도 되는 것은?

㉮ 항공기
㉯ 발동기
㉰ 자동조종장치
㉱ 프로펠러

해설

항공안전법 제20조(형식증명 등) 제1항 항공기등(항공기, 발동기, 프로펠러)의 설계에 관하여 국토교통부장관의 증명을 받으려는 자는 국토교통부령으로 정하는 바에 따라 국토교통부장관에게 증명을 신청하여야 한다. 증명받은 사항을 변경할 때에도 또한 같다.

23. 다음 중 형식증명승인을 받았다고 볼 수 있는 것은?

㉮ 항공우주산업개발촉진법 제10조에 따른 성능검사 및 품질검사를 받은 항공기
㉯ 국내의 항공기등의 제작업자가 외국으로부터 형식증명을 받은 항공기등의 제작기술을 도입하여 국내에서 제작한 항공기
㉰ 대한민국과 감항성에 관한 항공안전협정을 체결한 국가로부터 형식증명을 받은 항공기
㉱ 제작증명을 받은 제작자가 제작한 항공기

해설

항공안전법 제21조(형식증명승인) 제2항 대한민국과 항공기등의 감항성에 관한 항공안전협정을 체결한 국가로부터 형식증명을 받은 항공기 및 그 항공기에 장착된 발동기와 프로펠러의 경우에는 형식증명승인을 받은 것으로 본다.

24. 형식증명을 받고자 할 때 형식증명 신청서에 첨부할 서류가 아닌 것은?

㉮ 정비방식을 기재한 서류
㉯ 인증계획서
㉰ 발동기의 설계, 운용특성에 관한 자료
㉱ 항공기 3면도

해설

항공안전법 시행규칙 제18조(형식증명 등의 신청) 형식증명 또는 제한형식증명을 받으려는 자는 형식(제한형식)증명 신청서에 다음의 서류를 첨부하여 국토교통부장관에게 제출하여야 한다.
① 인증계획서(Certification Plan)
② 항공기 3면도
③ 발동기의 설계·운용 특성 및 운용한계에 관한 자료(발동기의 경우에만 해당)
④ 그 밖에 국토교통부장관이 정하여 고시하는 서류

25. 다음 중 형식증명을 행하기 위한 검사절차로 맞는 것은?

㉮ 해당 형식의 설계가 감항성의 기준에 적합여부를 검사한다.
㉯ 해당 형식의 항공기 제작계획서를 검사한다.
㉰ 해당 형식의 설계에 의한 항공기 제작계획서를 검사한다.
㉱ 해당 형식의 설계, 제작과정 및 완성후의 상태와 비행성능을 검사한다.

26. 다음 중 프로펠러의 형식증명을 위한 검사범위에 해당되지 않는 것은?

㉮ 해당 형식의 설계에 대한 검사
㉯ 제작과정에 대한 검사
㉰ 완성 후의 상태 및 비행성능에 대한 검사
㉱ 제작공정의 설비에 대한 검사

해설

항공안전법 시행규칙 제20조(형식증명 등을 위한 검사범위) 국토교통부장관은 형식증명 또는 제한형식증명을 위한 검사를 할 때에는 다음에 해당하는 사항을 검사하여야 한다. 다만, 형식설계를 변경하

정답 22. ㉰ 23. ㉰ 24. ㉮ 25. ㉱ 26. ㉱

는 경우에는 변경하는 사항에 대한 검사만 해당한다.
① 해당 형식의 설계에 대한 검사
② 해당 형식의 설계에 따라 제작되는 항공기등의 제작과정에 대한 검사
③ 항공기등의 완성 후의 상태 및 비행성능 등에 대한 검사

27. 다음 중 형식증명승인을 위한 검사범위로 맞는 것은?

㉮ 해당 형식의 설계가 감항성의 기준에 적합여부를 검사하여야 한다.
㉯ 해당 형식의 설계, 제작과정에 대한 검사를 하여야 한다.
㉰ 해당 형식의 설계, 제작과정 및 완성후의 상태에 대한 검사를 하여야 한다.
㉱ 해당 형식의 설계, 제작과정 및 완성후의 상태와 비행성능에 대한 검사를 하여야 한다.

해설

항공안전법 시행규칙 제27조(형식증명승인을 위한 검사범위) 제1항. 국토교통부장관은 형식증명승인을 위한 검사를 하는 경우에는 다음에 해당하는 사항을 검사하여야 한다.
① 해당 형식의 설계에 대한 검사
② 해당 설계에 따라 제작되는 항공기등의 제작과정에 대한 검사

28. 형식증명을 받은 항공기등을 제작하고자 할 때 국토교통부장관으로부터 받을 수 있는 것은?

㉮ 감항증명   ㉯ 형식증명승인
㉰ 제작증명   ㉱ 부품등제작자증명

해설

항공안전법 제22조(제작증명) 제1항 형식증명 또는 제한형식증명에 따라 인가된 설계에 일치하게 항공기등을 제작할 수 있는 기술, 설비, 인력 및 품질관리체계 등을 갖추고 있음을 증명("제작증명")받으려는 자는 국토교통부령으로 정하는 바에 따라 국토교통부장관에게 제작증명을 신청하여야 한다.

29. 제작증명서에 기재되는 사항이 아닌 것은?

㉮ 신청인의 주소   ㉯ 형식 또는 모델
㉰ 제작공장 위치   ㉱ 제작자의 성명 또는 주소

해설

항공안전법 시행규칙 제34조 관련 별지 제12호 서식(제작증명서) 참조 제작증명서에 기재되는 사항은 다음과 같다.
① 분류(Classification)
② 형식 또는 모델(Type or Model)
③ 제작자의 성명 또는 명칭(Name of Manufacturer)
④ 제작공장 위치(Location of The Manufacturing Facility)
⑤ 품질관리규정 명칭(Title of Quality Control Manual)
⑥ 관련 형식증명 또는 부가형식증명 번호

참고

■ 형식증명 등의 구분

순번	구분	내용
1	형식증명	항공기등의 설계가 항공기 기술기준에 적합하다는 증명
2	형식증명 승인	항공기등의 설계에 관하여 외국정부로부터 받은 항공기등의 형식증명이 항공기기술기준에 적합하다는 승인
3	제작증명	형식증명 또는 제한형식증명에 따라 인가된 설계에 일치하게 항공기등을 제작할 수 있는 기술, 설비, 인력 및 품질관리체계 등을 갖추고 있음을 인증하는 증명
4	기술표준품 형식승인	기술표준품(항공기등의 감항성을 확보하기 위하여 국토교통부장관이 정하여 고시하는 장비품)을 설계·제작하려는 경우, 해당 기술표준품의 설계·제작이 기술표준품의 형식승인기준에 적합하다는 승인
5	부품등 제작자증명	항공기등에 사용할 장비품 또는 부품을 제작하려는 경우, 항공기기술기준에 적합하게 장비품 또는 부품을 제작할 수 있는 인력, 설비, 기술 및 검사체계 등을 갖추고 있음을 인증하는 증명

30. 다음 중 제작증명 신청서에 첨부하여야 할 서류가 아닌 것은?

㉮ 품질관리규정
㉯ 제작설비, 인력현황
㉰ 비행교범 또는 운용방식을 기재한 서류
㉱ 품질관리체계를 설명하는 자료

해설

항공안전법 시행규칙 제32조(제작증명의 신청) 제작증명을 받으려는 자는 제작증명 신청서에 다음의 서류를 첨부하여 국토교통부장관에게 제출하여야 한다.
① 품질관리규정
② 제작하려는 항공기등의 제작 방법 및 기술 등을 설명하는 자료
③ 제작 설비 및 인력 현황
④ 품질관리 및 품질검사의 체계("품질관리체계")를 설명하는 자료
⑤ 제작하려는 항공기등의 감항성 유지 및 관리체계("제작관리체계")를 설명하는 자료

정답 27. ㉯ 28. ㉰ 29. ㉮ 30. ㉰

31. 다음 중 제작증명을 위한 검사범위가 아닌 것은?

㉮ 설계　　㉯ 제작기술
㉰ 설비, 인력　　㉱ 제작과정

해설
항공안전법 시행규칙 제33조(제작증명을 위한 검사범위) 국토교통부장관은 제작증명을 위한 검사를 하는 경우에는 해당 항공기등에 대한 제작기술, 설비, 인력, 품질관리체계, 제작관리체계 및 제작과정을 검사하여야 한다.

32. 감항증명의 유효기간 내에 항공기를 수리·개조하고자 하는 경우 누구의 승인을 받아야 하는가?

㉮ 국토교통부장관　　㉯ 항공정비사
㉰ 공장검사원　　㉱ 항공기사

33. 감항증명을 받은 항공기의 소유자등은 해당 항공기를 국토교통부령으로 정하는 범위 안에서 수리하거나 개조하려면 누구의 승인을 받아야 하는가?

㉮ 항공공장검사원　　㉯ 국토교통부장관
㉰ 항공정비사　　㉱ 검사주임

34. 감항증명의 유효기간 내에 항공기를 수리 또는 개조하고자 하는 경우의 설명으로 맞는 것은?

㉮ 항공정비사의 확인을 받아야 한다.
㉯ 국토교통부장관의 승인을 받아야 한다.
㉰ 안전에 이상이 있을 경우에만 국토교통부장관에게 보고한다.
㉱ 국토교통부장관에게 보고하여야 한다.

해설
항공안전법 제30조(수리·개조승인) 제1항 감항증명을 받은 항공기의 소유자등은 해당 항공기등, 장비품 또는 부품을 국토교통부령으로 정하는 범위에서 수리하거나 개조하려면 국토교통부령으로 정하는 바에 따라 그 수리·개조가 항공기기술기준에 적합한지에 대하여 국토교통부장관의 승인("수리·개조승인")을 받아야 한다.

35. 정비조직인증을 받은 업무범위를 초과하여 항공기를 수리·개조한 경우에는?

㉮ 국토교통부장관의 검사를 받아야 한다.
㉯ 국토교통부장관의 승인을 받아야 한다.
㉰ 항공정비사 자격증명을 가진 자에 의하여 확인을 받아야 한다.
㉱ 국도교통부장관에게 신고하여야 한다.

36. 감항증명을 받은 항공기를 수리, 개조하는 경우 국토교통부장관의 수리·개조승인을 받아야 하는 경우는?

㉮ 정비조직인증을 받은 업무범위 안에서 항공기를 수리·개조하는 경우
㉯ 정비조직인증을 받은 업무범위를 초과하여 항공기를 수리·개조하는 경우
㉰ 형식승인을 얻지 않은 기술표준품을 사용하여 항공기를 수리·개조하는 경우
㉱ 수리·개조승인을 받지 않은 장비품 또는 부품을 사용하여 항공기를 수리·개조하는 경우

해설
항공안전법 시행규칙 제65조(항공기등 또는 부품등의 수리·개조승인의 범위) 국토교통부장관의 수리·개조승인을 받아야 하는 항공기등 또는 부품등의 수리·개조의 범위는 항공기의 소유자등이 정비조직인증을 받아 항공기등 또는 부품등을 수리·개조하거나 정비조직인증을 받은 자에게 위탁하는 경우로서 그 정비조직인증을 받은 업무범위를 초과하여 항공기등 또는 부품등을 수리·개조하는 경우를 말한다.

37. 감항증명을 받은 항공기에 대하여 기술표준품 형식승인을 받은 자가 제작한 기술표준품을 그가 수리·개조하였을 때 다음 중 해당되지 않는 것은?

㉮ 해당 항공기의 감항성을 확보한다.
㉯ 수리·개조승인을 받은 것으로 본다.
㉰ 해당 항공기의 감항증명의 유효기간에 의하여 규제된다.
㉱ 해당 항공기의 감항성 유무에 관한 보고를 국토교통부장관에게 한다.

정답 31. ㉮　32. ㉮　33. ㉯　34. ㉯　35. ㉯　36. ㉯　37. ㉱

38. 다음 중 수리·개조승인을 받아야 하는 경우는?

㉮ 제작회사에서 수리한 발동기를 항공기에 장비하는 경우
㉯ 부품등제작자증명을 받은 자가 제작한 장비품을 그가 수리하는 경우
㉰ 기술표준품형식승인을 받은 자가 제작한 기술표준품을 그가 수리하는 경우
㉱ 정비조직인증을 받은 자가 항공기등을 수리하고 기술기준에 적합하다고 확인된 항공기

39. 감항증명을 받은 항공기를 수리 또는 개조하는 경우 다음 중 수리·개조승인을 받아야 하는 경우는?

㉮ 기술표준품형식승인을 받은 자가 제작한 기술표준품을 사용하여 승인을 받은 자가 행하는 수리·개조작업
㉯ 정비조직인증을 받은 자가 수리·개조하고 기술기준에 적합하다고 확인된 항공기
㉰ 감항성에 영향을 미치는 수리작업
㉱ 부품등제작자증명을 받은 자가 제작한 부품을 사용하여 증명을 받은 자가 행하는 수리·개조작업

해설

항공안전법 제30조(수리·개조승인) 제3항 다음의 어느 하나에 해당하는 경우로서 항공기기술기준에 적합한 경우에는 수리·개조승인을 받은 것으로 본다.
① 기술표준품형식승인을 받은 자가 제작한 기술표준품을 그가 수리·개조하는 경우
② 부품등제작자증명을 받은 자가 제작한 장비품 또는 부품을 그가 수리·개조하는 경우
③ 정비조직인증을 받은 자가 항공기등, 장비품 또는 부품을 수리·개조하는 경우

40. 수리·개조승인 신청서는 작업을 시작하기 며칠 전까지 제출하여야 하는가?

㉮ 7일　　㉯ 10일
㉰ 15일　　㉱ 20일

41. 항공기사고 등으로 인하여 긴급한 수리 또는 개조를 하여야 하는 경우에는 수리·개조승인 신청서를 언제까지 제출하면 되는가?

㉮ 작업을 시작하기 5일 전까지
㉯ 작업을 시작하기 3일 전까지
㉰ 작업을 시작하기 전에
㉱ 작업을 시작한 후에

42. 수리·개조승인 신청시 첨부하여야 할 서류는?

㉮ 정비교범
㉯ 수리계획서 또는 개조계획서
㉰ 수리 또는 개조 방법과 기술
㉱ 수리 또는 개조규격서

43. 수리·개조승인의 신청에 대한 설명 중 틀린 것은?

㉮ 수리·개조승인 신청서에는 비행교범 및 수리 또는 개조에 관한 기술사항을 첨부하여 제출하여야 한다.
㉯ 수리·개조승인 신청서는 작업착수 10일 전까지 제출하여야 한다.
㉰ 수리·개조승인 신청서는 지방항공청장에게 제출하여야 한다.
㉱ 긴급한 수리 또는 개조를 요하는 경우에는 작업착수 전에 수리·개조승인 신청서를 제출할 수 있다.

해설

항공안전법 시행규칙 제66조(수리·개조승인의 신청) 항공기등 또는 부품등의 수리·개조승인을 받으려는 자는 수리·개조승인 신청서에 다음의 내용을 포함한 수리계획서 또는 개조계획서를 첨부하여 작업을 시작하기 10일 전까지 지방항공청장에게 제출하여야 한다. 다만, 항공기사고 등으로 인하여 긴급한 수리·개조를 하여야 하는 경우에는 작업을 시작하기 전까지 신청서를 제출할 수 있다.
① 수리·개조 신청사유 및 작업 일정
② 작업을 수행하려는 인증된 정비조직의 업무범위
③ 수리·개조에 필요한 인력, 장비, 시설 및 자재 목록
④ 해당 항공기등 또는 부품등의 도면과 도면 목록
⑤ 수리·개조 작업지시서

정답 38. ㉮ 39. ㉰ 40. ㉯ 41. ㉰ 42. ㉯ 43. ㉮

Chapter 03 | 부록 · 출제예상문제

참고
■ 신청서 제출시기와 보고·신청시기 구분

순번	구 분	제출·보고 및 신청시기
1	변경등록	사유가 발생한 날부터 15일 이내
2	이전등록 (증여 또는 상속의 경우 30일 이내)	
3	말소등록	
4	감항증명	검사희망일 7일 전까지
5	수리·개조 승인	작업을 시작하기 10일 전까지

44. 항공기등의 수리·개조승인의 검사범위는?

㉮ 비행성능에 대한 검사
㉯ 작업 완료후의 상태에 대한 검사
㉰ 수리 또는 개조의 과정에 대한 검사
㉱ 수리계획서 또는 개조계획서 검사

45. 항공기등의 수리·개조승인의 범위가 아닌 것은?

㉮ 수리승인 신청 시 수리계획서가 기술기준에 적합하게 이행 될 수 있을지 여부를 확인한 후 승인한다.
㉯ 개조승인 신청 시 개조계획서가 항공기기술기준에 적합한 지 여부를 확인한 후 승인한다.
㉰ 수리계획서 또는 개조계획서 만으로 확인이 곤란하다고 판단되는 때에는 항공기등의 수리·개조결과서를 제출해야 한다.
㉱ 수리계획서 또는 개조계획서 만으로 확인이 곤란한 경우에는 수리·개조가 시행되는 현장에서 확인 후 승인할 수 있다.

해설
항공안전법 시행규칙 제67조(항공기등 또는 부품등의 수리·개조승인) 제1항 지방항공청장은 수리·개조승인의 신청을 받은 경우에는 수리계획서 또는 개조계획서를 통하여 수리·개조가 항공기기술기준에 적합한지 여부를 확인한 후 승인하여야 한다. 다만, 신청인이 제출한 수리계획서 또는 개조계획서만으로 확인이 곤란한 경우에는 수리·개조가 시행되는 현장에서 확인한 후 승인할 수 있다.

46. 설계 제작하려는 경우 국토교통부장관의 형식승인을 받아야 하는 항공기 기술표준품은?

㉮ 모든 장비품
㉯ 항공기 부품
㉰ 항공기 부품 및 장비품
㉱ 국토교통부장관이 고시하는 장비품

47. 다음 중 국토교통부장관으로부터 기술표준품에 대한 형식승인을 받은 것으로 보는 것은?

㉮ 기술표준품의 형식승인에 관한 협정을 체결한 국가로부터 형식승인을 받은 기술표준품
㉯ 수리·개조승인을 받은 자가 수리한 항공기에 포함되어 있는 기술표준품
㉰ 부품등제작자증명을 받은 항공기에 포함되어 있는 기술표준품
㉱ 제작증명을 받은 자가 제작한 항공기에 포함되어 있는 기술표준품

해설
항공안전법 제27조(기술표준품 형식승인) 제1항 항공기등의 감항성을 확보하기 위하여 국토교통부장관이 정하여 고시하는 장비품("기술표준품")을 설계·제작하려는 자는 국토교통부장관이 정하여 고시하는 기술표준품의 형식승인기준에 따라 해당 기술표준품의 설계·제작에 대하여 국토교통부장관의 승인("형식승인")을 받아야 한다. 다만, 대한민국과 기술표준품의 형식승인에 관한 항공안전협정을 체결한 국가로부터 형식승인을 받은 기술표준품으로서 국토교통부령으로 정하는 기술표준품은 기술표준품형식승인을 받은 것으로 본다.

48. 기술표준품의 설계, 제작에 대한 기술표준품 형식승인을 신청할 때 필요한 서류가 아닌 것은?

㉮ 품질관리규정
㉯ 제품식별서
㉰ 제조규격서, 제품사양서
㉱ 적합성 입증 계획서 또는 확인서

해설
항공안전법 시행규칙 제55조(기술표준품형식승인의 신청) 기술표

정답 44. ㉱ 45. ㉰ 46. ㉱ 47. ㉮ 48. ㉯

준품형식승인을 받으려는 자는 기술표준품형식승인 신청서에 다음의 서류를 첨부하여 국토교통부장관에게 제출하여야 한다.
① 기술표준품형식승인기준에 대한 적합성 입증 계획서 또는 확인서
② 기술표준품의 설계도면, 설계도면 목록 및 부품 목록
③ 기술표준품의 제조규격서 및 제품사양서
④ 기술표준품의 품질관리규정
⑤ 해당 기술표준품의 감항성 유지 및 관리체계("기술표준품관리체계")를 설명하는 자료
⑥ 그 밖에 참고사항을 적은 서류

49. 다음 중 대한민국과 기술표준품의 형식승인에 관한 항공안전협정을 체결한 국가로부터 형식승인을 받은 기술표준품으로서 형식승인을 받은 것으로 보는 기술표준품이 아닌 것은?

㉮ 감항증명을 받은 항공기에 포함되어 있는 기술표준품
㉯ 제작증명을 받은 항공기에 포함되어 있는 기술표준품
㉰ 형식증명을 받은 항공기에 포함되어 있는 기술표준품
㉱ 형식증명승인을 받은 항공기에 포함되어 있는 기술표준품

해설

항공안전법 시행규칙 제56조(형식승인이 면제되는 기술표준품) 대한민국과 기술표준품의 형식승인에 관한 항공안전협정을 체결한 국가로부터 형식승인을 받은 기술표준품으로서 기술표준품형식승인을 받은 것으로 보는 "국토교통부령으로 정하는 기술표준품"이란 다음의 기술표준품을 말한다.
① 형식증명 또는 제한형식증명을 받은 항공기에 포함되어 있는 기술표준품
② 형식증명승인을 받은 항공기에 포함되어 있는 기술표준품
③ 감항증명을 받은 항공기에 포함되어 있는 기술표준품

참고

■ 각종 증명·승인 시 검사의 일부를 생략할 수 있는 경우와 승인을 받은 것으로 보는 경우 구분

순번	구 분	검사의 일부를 생략할 수 있는 경우	생략할 수 있는 검사
1	감항증명	형식증명을 받은 항공기	설계
		형식증명승인을 받은 항공기	설계, 제작과정
		제작증명을 받은 제작자가 제작한 항공기	제작과정
		항공기를 수출하는 외국정부로부터 감항성이 있다는 승인을 받아 수입하는 항공기	비행성능 (신규생산 완제기만 해당)

| 2 | 형식증명승인 | 대한민국과 항공기등의 감항성에 관한 항공안전협정을 체결한 국가로부터 형식증명을 받은 항공기 | 제출서류의 확인으로 대체 |

순번	구 분	승인을 받은 것으로 보는 경우
1	기술표준품형식승인	대한민국과 기술표준품의 형식승인에 관한 협정을 체결한 국가로부터 형식승인을 받은 다음의 기술표준품 1. 형식증명을 받은 항공기에 포함되어 있는 기술표준품 2. 형식증명승인을 받은 항공기에 포함되어 있는 기술표준품 3. 감항증명을 받은 항공기에 포함되어 있는 기술표준품
2	수리·개조 승인	1. 기술표준품형식승인을 받은 자가 제작한 기술표준품을 그가 수리·개조하는 경우 2. 부품등제작자증명을 받은 자가 제작한 장비품 또는 부품을 그가 수리·개조하는 경우 3. 정비조직인증을 받은 자가 항공기등 또는 장비품·부품을 수리·개조하는 경우

50. 기술표준품에 대한 형식승인의 검사범위가 아닌 것은?

㉮ 설계, 제작과정에 적용되는 품질관리체계
㉯ 기술표준품관리체계
㉰ 기술표준품형식승인기준에 적합하게 설계되었는지의 여부
㉱ 기술표준품형식승인기준에 적합하게 제작되었는지의 여부

해설

항공안전법 시행규칙 제57조(기술표준품형식승인의 검사 범위 등) 제1항 국토교통부장관은 기술표준품형식승인을 위한 검사를 하는 경우에는 다음의 사항을 검사하여야 한다.
① 기술표준품이 기술표준품형식승인기준에 적합하게 설계되었는지 여부
② 기술표준품의 설계·제작과정에 적용되는 품질관리체계
③ 기술표준품관리체계

참고

■ 각종 증명 및 승인시의 검사범위 구분

순번	구 분	검 사 범 위
1	감항증명	해당 항공기의 설계·제작과정, 완성 후의 상태 및 비행성능
2	형식증명	해당 형식의 설계, 제작과정, 완성 후의 상태 및 비행성능

 49. ㉯ 50. ㉱

3	형식증명 승인	해당 형식의 설계 및 제작과정
4	제작증명	해당 항공기등에 대한 제작기술, 설비, 인력, 품질관리체계, 제작관리체계 및 제작과정
5	기술표준품 형식승인	1. 기술표준품이 기술기준에 적합하게 설계되었는지 여부 2. 설계·제작과정에 적용되는 품질관리체계 3. 기술표준품관리체계
6	부품등 제작자증명	해당 부품등이 항공기기술기준에 적합하게 설계되었는지의 여부, 품질관리체계, 제작과정 및 부품등관리체계

51. 기술표준품 형식승인 검사를 할 때 품질관리체계에 포함되어야 하는 내용이 아닌 것은?

㉮ 기술표준품을 제작할 수 있는 기술
㉯ 기술표준품을 제작할 수 있는 조직
㉰ 기술표준품을 제작할 수 있는 설비
㉱ 기술표준품을 제작할 수 있는 인력

해설

항공안전법 시행규칙 제57조(기술표준품형식승인의 검사범위 등) 제1항 국토교통부장관은 기술표준품형식승인 위한 검사를 하는 경우 기술표준품의 설계·제작과정에 적용되는 품질관리체계에 대하여 검사를 하는 경우에는 해당 기술표준품을 제작할 수 있는 기술·설비 및 인력 등에 관한 내용을 포함하여 검사하여야 한다.

52. 부품등제작자증명 신청시 필요 없는 것은?

㉮ 품질관리규정
㉯ 제작번호 및 제작연도
㉰ 적합성 입증 계획서
㉱ 장비품 및 부품의 식별서

해설

항공안전법 시행규칙 제61조(부품등제작자증명의 신청) 제2항 부품등제작자증명 신청서에는 다음의 서류를 첨부하여야 한다.
① 장비품 및 부품("부품등")의 식별서
② 항공기기술기준에 대한 적합성 입증 계획서 또는 확인서
③ 부품등의 설계도면·설계도면 목록 및 부품등의 목록
④ 부품등의 제조규격서 및 제품사양서
⑤ 부품등의 품질관리규정
⑥ 해당 부품등의 감항성 유지 및 관리체계("부품등관리체계")를 설명하는 자료
⑦ 그 밖에 참고사항을 적은 서류

53. 부품등제작자증명의 검사범위가 아닌 것은?

㉮ 설계적합성   ㉯ 제작적합성
㉰ 품질관리체계   ㉱ 부품등관리체계

해설

항공안전법 시행규칙 제62조(부품등제작자증명의 검사 범위 등) 제1항 국토교통부장관은 부품등제작자증명을 위한 검사를 하는 경우에는 해당 부품등이 항공기기술기준에 적합하게 설계되었는지의 여부, 품질관리체계, 제작과정 및 부품등관리체계에 대한 검사를 하여야 한다.

54. 다음 중 항공기에 사용할 장비품 또는 부품을 제작하고자 하는 경우 국토교통부장관의 부품등제작자증명을 받아야 하는 경우는?

㉮ 형식증명 당시 장착되었던 장비품 또는 부품의 제작자가 제작하는 동종의 장비품 또는 부품
㉯ 제작증명을 받아 제작하는 기술표준품
㉰ 기술표준품형식승인을 받아 제작하는 기술표준품
㉱ 산업표준화법에 따라 인증받은 항공분야 장비품 또는 부품

55. 감항증명이 있는 항공기를 수리·개조(법 제30조제1항에 따른 수리, 개조는 제외)하였을 경우에는?

㉮ 국토교통부장관의 검사를 받아야 한다.
㉯ 항공정비사가 확인을 하고 그 결과를 국토교통부장관에게 보고하여야 한다.
㉰ 항공정비사로부터 감항성을 확인받아야 한다.
㉱ 항공기의 안전성을 확보하기 위해 시험비행을 하여야 한다.

56. 소유자가 항공기를 정비(국토교통부령으로 정하는 경미한 정비는 제외)한 경우 올바른 조치는?

㉮ 아무런 조치를 취할 필요가 없다.
㉯ 항공정비사의 확인을 받아야 한다.

정답 51.㉯ 52.㉯ 53.㉯ 54.㉮ 55.㉰ 56.㉯

㉰ 감항증명의 기술기준에 적합한지 국토교통부장관의 검사를 받아야 한다.
㉱ 국토교통부장관에게 보고한다.

해설

항공안전법 제32조(항공기등의 정비등의 확인) 소유자등은 항공기등, 장비품 또는 부품에 대하여 정비등(국토교통부령으로 정하는 경미한 정비 및 제30조제1항에 따른 수리·개조는 제외)을 한 경우에 항공정비사 자격증명을 받은 사람으로 국토교통부령으로 정하는 자격요건을 갖춘 사람으로부터 그 항공기등, 장비품 또는 부품에 대하여 국토교통부령으로 정하는 방법에 따라 감항성을 확인받지 아니하면 이를 운항 또는 항공기등에 사용해서는 아니 된다. 다만, 감항성을 확인받기 곤란한 대한민국 외의 지역에서 항공기등, 장비품 또는 부품에 대하여 정비등을 하는 경우로서 국토교통부령으로 정하는 자격요건을 갖춘 자로부터 그 항공기등, 장비품 또는 부품에 대하여 감항성을 확인받은 경우에는 이를 운항 또는 항공기등에 사용할 수 있다.

참고

■ 수리·개조승인과 항공기등의 정비등의 승인(확인)자 구분

순번	구분	승인 또는 확인자
1	(항공안전법 제30조제1항) 감항증명을 받은 항공기의 소유자등이 해당 항공기등, 장비품 또는 부품을 국토교통부령으로 정하는 범위에서 수리하거나 개조하려는 경우	국토교통부장관의 승인 ("수리·개조승인")
2	(항공안전법 제32조) 항공기등, 장비품 또는 부품에 대하여 정비등(국토교통부령으로 정하는 경미한 정비 및 제30조제1항에 따른 수리·개조는 제외)을 한 경우	항공정비사 자격증명을 받은 사람으로서 국토교통부령으로 정하는 자격요건을 갖춘 사람의 확인

57. 다음 중 "국토교통부령으로 정하는 경미한 정비"란?

㉮ 복잡한 결합작용을 필요로 하는 규격장비품 또는 부품의 교환작업
㉯ 복잡하고 특수한 장비를 필요로 하는 작업
㉰ 간단한 보수를 하는 예방작업으로서 리깅 또는 간극의 조정작업
㉱ 법 제22조의 확인을 하는 경우

해설

항공안전법 시행규칙 제68조(경미한 정비의 범위) "국토교통부령으로 정하는 경미한 정비"란 다음의 작업을 말한다.
① 간단한 보수를 하는 예방작업으로서 리깅(Rigging) 또는 간극의 조정작업 등 복잡한 결합작용을 필요로 하지 않는 규격장비품 또는 부품의 교환작업
② 감항성에 미치는 영향이 경미한 범위의 수리작업으로서 그 작업의 완료 상태를 확인하는 데에 동력장치의 작동 점검과 같은 복잡한 점검을 필요로 하지 아니하는 작업
③ 그 밖에 윤활유 보충 등 비행전후에 실시하는 단순하고 간단한 점검 작업

58. 감항증명이 있는 항공기를 수리·개조(경미한 정비 및 법 제30조 제1항에 따른 수리, 개조는 제외)하였을 경우 감항성을 확인할 수 있는 경험요건은?

㉮ 최근 12개월 이내에 6개월 이상의 정비경험
㉯ 최근 12개월 이내에 3개월 이상의 정비경험
㉰ 최근 24개월 이내에 12개월 이상의 정비경험
㉱ 최근 24개월 이내에 6개월 이상의 정비경험

해설

항공안전법 시행규칙 제69조(항공기등의 정비등을 확인하는 사람) 항공정비사 자격증명을 받은 사람으로 "국토교통부령으로 정하는 자격요건을 갖춘 사람"이란 다음의 어느 하나에 해당하는 사람을 말한다.
① 항공운송사업자 또는 항공기사용사업자에 소속된 사람 : 국토교통부장관 또는 지방항공청장이 인가한 정비규정에서 정한 자격을 갖춘 사람으로서 동일한 항공기 종류 또는 동일한 정비분야에 대해 최근 24개월 이내에 6개월 이상의 정비경험이 있는 사람
② 정비조직인증을 받은 항공기정비업자에 소속된 사람 : 정비조직절차교범에서 정한 자격을 갖춘 사람으로서 동일한 항공기 종류 또는 동일한 정비분야에 대해 최근 24개월 이내에 6개월 이상의 정비경험이 있는 사람
③ 자가용항공기를 정비하는 사람 : 해당 항공기 형식에 대하여 제작사가 정한 교육기준 및 방법에 따라 교육을 이수하고 일한 항공기 종류 또는 동일한 정비분야에 대해 최근 24개월 이내에 6개월 이상의 정비경험이 있는 사람
④ 제작사가 정한 교육기준 및 방법에 따라 교육을 이수한 사람 또는 이와 동등한 교육을 이수하여 국토교통부장관 또는 지방항공청장으로부터 승인을 받은 사람

59. 다음 중 국외 정비확인자의 자격 조건으로 맞는 것은?

㉮ 외국정부로부터 자격증명을 받은 사람
㉯ 정비조직인증을 받은 외국의 항공기정비업자
㉰ 외국정부가 인정한 항공기의 수리사업자로서 항공정비사 자격증명을 받은 사람과 같은 이상의 능력이 있다고 국토교통부장관이 인정한 사람

정답 57. ㉰ 58. ㉱ 59. ㉱

㉑ 외국정부가 인정한 항공기 정비사업자에 소속된 사람으로서 항공정비사 자격증명을 받은 사람과 동등하거나 그 이상의 능력이 있다고 국토교통부장관이 인정한 사람

해설

항공안전법 시행규칙 제71조(국외 정비확인자의 자격인정) 감항성을 확인받기 곤란한 대한민국 외의 지역에서 항공기등, 장비품 또는 부품에 대하여 정비등을 하는 경우 감항성을 확인받을 수 있는 "국토교통부령으로 정하는 자격요건을 갖춘 자"란 다음의 어느 하나에 해당하는 사람("국외 정비확인자")으로서 국토교통부장관의 인정을 받은 사람을 말한다.
① 외국정부가 발행한 항공정비사 자격증명을 가진 사람
② 외국정부가 인정한 항공기정비사업자에 소속된 사람으로서 항공정비사 자격증명을 받은 사람과 동등하거나 그 이상의 능력이 있는 사람

60. 국외 정비확인자 인정의 유효기간은?

㉮ 1년
㉯ 2년
㉰ 3년
㉱ 국토교통부장관이 정하는 기간

해설

항공안전법 시행규칙 제73조(국외 정비확인자 인정서의 발급) 제3항 국외 정비확인자 인정의 유효기간은 1년으로 한다.

61. 다음 중 신고를 필요로 아니하는 초경량비행장치의 범위에 들지 않는 것은?

㉮ 유인자유기구
㉯ 낙하산류
㉰ 동력을 이용하지 아니하는 비행장치
㉱ 군사목적으로 사용되는 초경량비행장치

62. 다음 중 신고를 필요로 하지 아니하는 초경량비행장치가 아닌 것은?

㉮ 동력을 이용하지 아니하는 비행장치
㉯ 계류식 기구류(사람이 탑승하는 것은 제외)
㉰ 군사목적 외에 사용되는 초경량비행장치

㉱ 낙하산류

해설

항공안전법 시행령 제22조(신고를 필요로 하지 아니하는 초경량비행장치의 범위) 신고를 필요로 하지 아니하는 "대통령령으로 정하는 초경량비행장치"란 다음의 어느 하나에 해당하는 것으로서 「항공사업법」에 따른 항공기대여업·항공레저스포츠사업 또는 초경량비행장치사용사업에 사용되지 아니하는 것을 말한다.
① 동력을 이용하지 아니하는 비행장치
② 계류식(繫留式) 기구류(사람이 탑승하는 것은 제외) 및 계류식 무인비행장치
③ 낙하산류
④ 군사목적으로 사용되는 초경량비행장치
⑤ 무인비행기 및 무인회전익비행장치 중에서 연료의 무게를 제외한 자체무게(배터리 무게 포함)가 12kg 이하인 것
⑥ 무인비행선 중에서 연료의 무게를 제외한 자체무게가 12kg 이하이고, 길이가 7m 이하인 것
⑦ 연구기관 등이 시험·조사·연구 또는 개발을 위하여 제작한 초경량비행장치
⑧ 제작자 등이 판매를 목적으로 제작하였으나 판매되지 아니한 것으로서 비행에 사용되지 아니하는 초경량비행장치

참고

■ 각종 증명, 승인 시 첨부서류 구분

순번	구분	신청서에 첨부할 서류
1	감항증명	1. 비행교범 2. 정비교범 3. 그 밖에 감항증명과 관련하여 국토교통부장관이 필요하다고 인정하여 고시하는 서류
2	소음기준 적합증명	1. 소음기준에 적합함을 입증하는 비행교범 2. 소음기준에 적합하다는 사실을 입증할 수 있는 서류 3. 수리·개조 등에 관한 기술사항을 적은 서류
3	형식증명	1. 인증계획서(Certification Plan) 2. 항공기 3면도 3. 발동기의 설계·운용 특성 및 운용한계에 관한 자료 (발동기의 경우만 해당) 4. 그 밖의 국토교통부장관이 정하여 고시하는 서류
4	제작증명	1. 품질관리규정 2. 제작 방법 및 기술 등을 설명하는 자료 3. 제작 설비 및 인력현황 4. 품질관리 및 품질검사의 체계("품질관리체계")를 설명하는 자료 5. 감항성 유지 및 관리체계("제작관리체계")를 설명하는 자료
5	수리·개조 승인	수리계획서 또는 개조계획서
6	기술표준품 형식승인	1. 적합성 입증 계획서 또는 확인서 2. 설계도면, 설계도면 목록 및 부품 목록 3. 제조규격서 및 제품사양서 4. 품질관리규정 5. 감항성 유지 및 관리체계 ("기술표준품관리체계")를 설명하는 자료 6. 그 밖에 참고사항을 적은 서류

정답 60. ㉮ 61. ㉮ 62. ㉰

제4절 항공종사자 등

01. 항공정비사 자격증명 시험의 응시 연령은?

㉮ 만 17세　　㉯ 만 18세
㉰ 만 19세　　㉱ 만 21세

02. 항공종사자 자격증명 응시자격 중 연령이 만 21세 이상이어야 하는 자는?

㉮ 항공정비사　　㉯ 사업용 조종사
㉰ 항공기관사　　㉱ 운송용 조종사

03. 항공종사자 자격증명 응시 연령 중 맞는 것은?

㉮ 항공정비사 만 17세
㉯ 운항관리사 만 21세
㉰ 항공교통관제사 만 20세
㉱ 자가용 조종사 만 18세

04. 항공종사자 자격증명 응시연령에 대한 다음 설명 중 틀린 것은?

㉮ 자가용 활공기 조종사의 경우 16세
㉯ 자가용 조종사의 경우 16세
㉰ 항공정비사의 경우 18세
㉱ 항공기관사의 경우 18세

05. 항공정비사 자격증명 취소처분을 받고 다시 취득할 수 있을 때까지의 유효기간은?

㉮ 1년　　㉯ 2년
㉰ 3년　　㉱ 4년

해설

항공안전법 제34조(항공종사자 자격증명등) 제2항 다음의 어느 하나에 해당하는 사람은 자격증명을 받을 수 없다.

① 다음의 나이 미만인 사람

순번	자격증명의 종류	나이
1	자가용 활공기 조종사	16세
2	자가용 조종사, 경량항공기 조종사	17세
3	사업용 조종사, 부조종사, 항공사, 항공기관사, 항공교통관제사, 항공정비사	18세
4	운송용 조종사, 운항관리사	21세

② 자격증명 취소처분을 받고 그 취소일부터 2년이 지나지 아니한 사람

06. 항공종사자의 자격증명과 관계없는 것은?

㉮ 자가용 조종사　　㉯ 부조종사
㉰ 항공통신사　　㉱ 항공사

07. 다음 중 항공종사자 자격증명의 종류가 아닌 것은?

㉮ 운항관리사　　㉯ 항공정비사
㉰ 객실승무원　　㉱ 부조종사

해설

항공안전법 제35조(자격증명의 종류) 자격증명의 종류는 다음과 같이 구분한다.
① 운송용 조종사　　② 사업용 조종사
③ 자가용 조종사　　④ 부조종사
⑤ 항공사　　⑥ 항공기관사
⑦ 항공교통관제사　　⑧ 항공정비사
⑨ 운항관리사

08. 다음 중 무상으로 운항하는 항공기를 보수를 받고 조종하는 행위를 하는 항공종사자는?

㉮ 자가용 조종사
㉯ 운송용 조종사
㉰ 사업용 조종사
㉱ 시험비행 조종사

[제4절] 01. ㉯　02. ㉱　03. ㉱　04. ㉯　05. ㉯
정답 06. ㉰　07. ㉰　08. ㉰

해설

항공안전법 제36조(업무범위) 별표. 자격증명별 업무범위

자격	업무범위
운송용 조종사	1. 사업용 조종사의 자격을 가진 사람이 할 수 있는 행위 2. 항공운송사업의 목적을 위하여 사용하는 항공기를 조종하는 행위
사업용 조종사	1. 자가용 조종사의 자격을 가진 사람이 할 수 있는 행위 2. 무상으로 운항하는 항공기를 보수를 받고 조종하는 행위 3. 항공기사용사업에 사용하는 항공기를 조종하는 행위 4. 항공운송사업에 사용하는 항공기(1명의 조종사가 필요한 항공기만 해당한다)를 조종하는 행위 5. 기장 외의 조종사로서 항공운송사업에 사용하는 항공기를 조종하는 행위
자가용 조종사	무상으로 운항하는 항공기를 보수를 받지 아니하고 조종하는 행위

09. 항공기에 탑승하여 조종장치의 조작을 제외한 발동기 및 기체를 취급하는 행위를 하는 항공종사자는?

㉮ 자가용 조종사　㉯ 운항관리사
㉰ 항공기관사　㉱ 항공사

10. 다음 중 항공기관사의 업무범위는?

㉮ 항공기에 탑승하여 항공기의 운항에 필요한 자료를 산출하는 행위
㉯ 항공기에 탑승하여 발동기 및 기체를 취급하는 행위
㉰ 항공기에 탑승하여 비행계획의 작성 및 변경을 하는 행위
㉱ 항공기에 탑승하여 운항에 필요한 사항을 확인하는 행위

11. 다음 중 항공사의 업무범위는?

㉮ 항공운송사업에 사용되는 항공기의 운항에 필요한 확인을 하는 행위
㉯ 항공기에 탑승하여 그 위치 및 항로의 측정과 항공상의 자료를 산출하는 행위
㉰ 항공기에 탑승하여 발동기 및 기체를 취급하는 행

위(조종장치의 조작을 제외한다)
㉱ 항공기에 탑승하여 무선장치의 조작을 하는 행위

해설

항공안전법 제36조(업무범위) 별표. 자격증명별 업무범위

자격	업무범위
항공사	항공기에 탑승하여 그 위치 및 항로의 측정과 항공상의 자료를 산출하는 행위
항공교통 관제사	항공교통의 안전, 신속 및 질서를 유지하기 위하여 항공기 운항을 관제하는 행위
항공기관사	항공기에 탑승하여 발동기 및 기체를 취급하는 행위(조종장치의 조작은 제외)

12. 다음 중 항공정비사의 업무범위는?

㉮ 항공운송사업에 사용되는 항공기를 정비하는 행위
㉯ 정비등을 한 항공기등, 장비품 또는 부품에 대하여 법 제32조에 따라 감항성을 확인하는 행위
㉰ 정비한 항공기에 대하여 법 제32조에 따라 확인을 하는 행위
㉱ 항공기에 탑승하여 그 위치 및 항로의 측정과 항공상의 자료를 산출하는 행위

13. 다음 중 운항관리사의 업무범위가 아닌 것은?

㉮ 항공기 운항상의 자료 산출
㉯ 비행계획의 작성 및 변경
㉰ 항공기 연료 소비량의 산출
㉱ 항공기 운항의 통제 및 감시

14. 다음 중 항공정비사의 업무범위를 옳게 설명한 것은?

㉮ 정비등을 한 항공기등에 대하여 법 제32조에 따른 확인을 하는 행위
㉯ 정비등을 한 항공기(국토교통부령으로 정하는 경미한 정비는 제외)에 대하여 법 제32조에 따른 확인을 하는 행위

정답 09. ㉰　10. ㉯　11. ㉯　12. ㉯　13. ㉮　14. ㉯

㉰ 정비등을 한 항공기(경미한 정비 및 법 제30조 제1항에 따른 수리, 개조는 제외)에 대하여 법 제32조에 따른 확인을 하는 행위
㉱ 정비한 항공기(국토교통부령으로 정하는 경미한 정비는 제외)에 대하여 법 제32조에 따른 확인을 하는 행위

15. 다음 중 항공기에 탑승하지 않고 항공업무를 수행하는 항공종사자는?

㉮ 조종사　　　㉯ 항공사
㉰ 운항관리사　㉱ 항공기관사

해설

항공안전법 제36조(업무범위) 별표. 자격증명별 업무범위

자격	업무범위
항공정비사	1. 제32조제1항에 따라 정비등을 한 항공기등, 장비품 또는 부품에 대하여 감항성을 확인하는 행위 2. 제108조제4항에 따라 정비를 한 경량항공기 또는 그 장비품·부품에 대하여 안전하게 운용할 수 있음을 확인하는 행위
운항관리사	항공운송사업에 사용되는 항공기 또는 국외운항항공기의 운항에 필요한 다음의 사항을 확인하는 행위 1. 비행계획의 작성 및 변경 2. 항공기 연료 소비량의 산출 3. 항공기 운항의 통제 및 감시

16. 자격증명을 한정하는 경우에 항공기의 종류, 등급 및 형식을 한정할 수 없는 항공종사자는?

㉮ 항공정비사　㉯ 부조종사
㉰ 항공기관사　㉱ 사업용 조종사

17. 다음 중 조종, 조작 또는 정비할 수 있는 항공기의 등급을 한정하지 않는 항공종사자는?

㉮ 운송용 조종사　㉯ 자가용 조종사
㉰ 항공기관사　　㉱ 항공정비사

18. 항공정비사의 자격증명을 한정하는 경우에 종사할 수 있는 자격증명의 한정은?

㉮ 항공기의 종류 및 정비분야에 의한다.
㉯ 항공기의 종류, 등급 또는 형식에 의한다.
㉰ 자격증명별 업무범위에 의한다.
㉱ 항공종사자 자격증명에 의한다.

19. 다음 중 자격증명을 한정하는 경우에 종사할 수 있는 항공기 종류 및 분야를 한정할 수 있는 항공종사자는?

㉮ 항공기관사　㉯ 항공정비사
㉰ 항공사　　　㉱ 부조종사

해설

항공안전법 제37조(자격증명의 한정) 제1항 국토교통부장관은 다음의 구분에 따라 자격증명에 대한 한정을 할 수 있다.

자격증명의 종류	한정 범위
운송용 조종사, 사업용 조종사, 자가용 조종사, 부조종사 또는 항공기관사	항공기의 종류, 등급 또는 형식
경량항공기 조종사	경량항공기의 종류
항공정비사	항공기·경량항공기 종류 및 정비분야

20. 자격증명을 한정하는 경우 한정하는 항공기의 종류는?

㉮ 육상단발·다발, 수상단발·다발
㉯ 비행기, 헬리콥터, 비행선, 활공기, 항공우주선
㉰ B-747, DC-10, MD-11
㉱ 상급 및 중급항공기

21. 다음 중 항공기의 종류에 해당하지 않는 것은?

㉮ 비행선　㉯ 활공기
㉰ 수상기　㉱ 비행기

정답 15. ㉰　16. ㉮　17. ㉱　18. ㉮　19. ㉯　20. ㉯　21. ㉰

22. 자격증명의 한정 중 항공기등급에 해당하는 것은?

㉮ A-300, B747, DC-10
㉯ 육상단발, 육상다발, 수상단발, 수상다발
㉰ 상급, 중급, 초급
㉱ 비행기, 헬리콥터, 비행선, 활공기

23. 활공기 등급의 구분으로 옳은 것은?

㉮ 상급 및 중급 활공기
㉯ 초급 및 중급 활공기
㉰ 초급 및 상급 활공기
㉱ 특수 및 상급 활공기

24. 활공기의 종류로 맞는 것은?

㉮ 특수 활공기, 상급 활공기, 중급 활공기, 하급 활공기
㉯ 특수 활공기, 상급 활공기, 중급 활공기, 초급 활공기
㉰ 특수 활공기, 고급 활공기, 중급 활공기, 초급 활공기
㉱ 특수 활공기, 고급 활공기, 중급 활공기, 하급 활공기

25. 다음 중 활공기의 종류가 아닌 것은?

㉮ 초급　　㉯ 특별
㉰ 특수　　㉱ 상급

해설
항공안전법 시행규칙 제81조(자격증명의 한정) 제2항, 제3항 한정하는 항공기의 종류·등급은 다음과 같이 구분한다.

항목		구분
항공기 종류		비행기, 헬리콥터, 비행선, 활공기, 항공우주선
항공기 등급	육상항공기	육상단발, 육상다발
	수상항공기	수상단발, 수상다발
	활공기	상급(특수 또는 상급 활공기인 경우), 중급(중급 또는 초급 활공기인 경우)

26. 다음 중 항공기의 형식에 해당되는 것은?

㉮ 육상단발·다발, 수상단발·다발
㉯ 비행기, 헬리콥터, 비행선, 활공기, 항공우주선
㉰ B-747, DC-10, MD-11
㉱ 상급 및 중급항공기

해설
항공기의 형식이란 항공기의 기본적인 설계에서 정하는 것이며, 형식증명을 받은 설계에 의해 제작된 항공기의 형식을 말하는 것이다. 예를 들면 보잉 707, 보잉 747, DC-10 등이다.

27. 다음 항공기의 종류, 등급, 형식에 대한 설명 중 틀린 것은?

㉮ 항공기의 종류 : 비행기, 헬리콥터, 비행선, 활공기, 항공우주선으로 구분
㉯ 항공기의 등급 : 육상기의 경우에는 육상단발 및 육상다발로 구분
㉰ 항공기의 등급 : 활공기의 경우에는 특수 및 상급 활공기로 구분
㉱ 항공기의 형식 : B-747, DC-10, A-300 등

28. 다음 중 자격증명에 있어서 항공기의 종류, 등급 또는 형식을 한정하는 경우 한정하는 항공기의 형식이 아닌 것은?

㉮ 조종사의 경우에는 비행교범에 2명 이상의 조종사가 필요한 것으로 되어 있는 항공기
㉯ 조종사의 경우에는 국토교통부장관이 지정하는 형식의 항공기
㉰ 항공기관사의 경우에는 모든 형식의 항공기
㉱ 항공정비사의 경우에는 최대이륙중량 15,000kg을 초과하는 항공기

정답 22. ㉯　23. ㉮　24. ㉯　25. ㉯　26. ㉰　27. ㉰　28. ㉱

29. 다음 중 항공기관사 자격증명의 형식한정은?

㉮ 국토교통부장관이 지정하는 형식의 항공기
㉯ 모든 형식의 항공기
㉰ 최대이륙중량 5,700kg 이상의 항공기
㉱ 최대이륙중량 15,000kg을 초과하는 항공기

30. 자격증명에 있어서 모든 형식의 항공기별로 형식을 한정해야 하는 항공종사자는?

㉮ 조종사
㉯ 항공기관사
㉰ 항공정비사
㉱ 경량항공기 조종사

해설

항공안전법 시행규칙 제81조(자격증명의 한정) 제4항 한정하는 항공기의 형식은 다음과 같이 구분한다.

자격증명	한정하는 항공기 형식
조종사의 경우	다음에 해당하는 형식의 항공기 1. 비행교범에 2명 이상의 조종사가 필요한 것으로 되어 있는 항공기 2. 1외에 국토교통부장관이 지정하는 형식의 항공기
항공기관사의 경우	모든 형식의 항공기

31. 항공정비사의 정비분야 범위에 포함되지 않는 것은?

㉮ 기체 관련분야
㉯ 발동기 관련분야
㉰ 프로펠러 관련분야
㉱ 장비품 관련분야

32. 항공정비사의 업무범위를 한정하는 경우 한정하는 자격증명의 정비분야는?

㉮ 기체 관련분야
㉯ 프로펠러 관련분야
㉰ 전자·전기·계기 관련 분야
㉱ 터빈발동기 관련분야

해설

항공안전법 시행규칙 제81조(자격증명의 한정) 제6항 국토교통부장관이 한정하는 항공정비사의 자격증명의 정비분야는 전자·전기·계기 관련 분야로 한다.

33. 항공정비사 자격증명의 효력에 대한 설명 중 옳은 것은?

㉮ 비행기에 대한 한정을 받으면 헬리콥터에 대한 한정을 받은 것으로 본다.
㉯ 비행기에 대한 한정을 받으면 활공기에 대한 한정을 받은 것으로 본다.
㉰ 헬리콥터에 대한 한정을 받으면 활공기에 대한 한정을 받은 것으로 본다.
㉱ 헬리콥터에 대한 한정을 받으면 비행기에 대한 한정을 받은 것으로 본다.

해설

항공안전법 시행규칙 제90조(조종사 등이 받은 자격증명의 효력) 제3항 항공정비사의 자격이 있는 사람이 비행기 한정을 받은 경우에는 활공기에 대한 한정을 함께 받은 것으로 본다.

34. 다음 중 항공종사자 자격심사에서 일부 또는 전부를 면제받을 수 있는 경우가 아닌 것은?

㉮ 외국정부의 자격증명 소지자
㉯ 교육기관에서 훈련을 받은 자
㉰ 정비경력 등 실무경험이 있는 자
㉱ 국가기술자격법에 의한 항공기술 분야의 자격을 가진 자

35. 다음 중 항공종사자 자격증명시험 및 심사의 일부 또는 전부를 면제할 수 있는 경우가 아닌 것은?

㉮ 국토교통부장관이 지정한 전문교육기관의 교육과정을 이수한 사람
㉯ 외국정부로부터 자격증명을 받은 사람
㉰ 정비경력 등 실무경험이 있는 사람
㉱ 국가기술자격법에 따른 자격을 가진 사람

정답 29. ㉯ 30. ㉯ 31. ㉱ 32. ㉰ 33. ㉯ 34. ㉯ 35. ㉱

36. 다음 중 항공종사자 자격증명시험 및 한정심사의 일부 또는 전부 면제대상자가 아닌 것은?

㉮ 외국정부로부터 자격증명을 받은 사람
㉯ 국토교통부장관이 지정한 전문교육기관의 교육과정을 이수한 사람
㉰ 군기술학교에서 교육을 받고 당해 항공업무 분야에서 3년 이상의 실무경험이 있는 사람
㉱ 국가기술자격법에 의한 항공기사 자격을 취득한 사람

해설

항공안전법 제38조(시험의 실시 및 면제) 제3항 국토교통부장관은 다음의 어느 하나에 해당하는 사람에게는 국토교통부령으로 정하는 바에 따라 시험 및 심사의 전부 또는 일부를 면제할 수 있다.
① 외국정부로부터 자격증명을 받은 사람
② 제48조의3(전문교육기관의 지정)에 따른 전문교육기관의 교육과정을 이수한 사람
③ 항공기·경량항공기 탑승경력 및 정비경력 등 실무경험이 있는 사람
④ 「국가기술자격법」에 따른 항공기술분야의 자격을 가진 사람

37. 다음 중 항공정비사 자격증명 시험에 응시할 수 없는 사람은?

㉮ 4년 이상의 항공기 정비 경력이 있는 사람
㉯ 대학을 졸업한 사람으로서 외국정부가 발행한 항공기 종류 한정 자격증명을 소지한 사람
㉰ 전문대학을 졸업한 사람으로서 국토교통부장관이 지정한 전문교육기관에서 항공기 정비에 필요한 과정을 이수한 사람
㉱ 항공기술요원을 양성하는 교육기관에서 필요한 교육을 이수한 사람

38. 다음 중 항공기 종류 한정이 필요한 항공정비사 자격증명시험의 응시경력으로 맞는 것은?

㉮ 자격증을 받으려는 정비업무 분야에서 4년 이상의 정비와 개조의 업무경력이 있는 사람
㉯ 자격증명을 받으려는 정비업무 분야에서 3년 이상의 정비와 개조의 업무경력과 1년 이상의 검사경력이 있는 사람
㉰ 6개월 이상의 정비업무경력을 포함하여 4년 이상의 항공기 정비 업무경력이 있는 사람
㉱ 국토교통부장관이 지정한 전문교육기관에서 항공기 정비에 필요한 과정을 1년 이상 이수한 사람

39. 정비분야 한정이 필요한 항공정비사 자격증명시험에 응시할 수 있는 사람은?

㉮ 전자·전기·계기 관련 분야에서 3년 이상의 정비실무경력이 있는 사람
㉯ 전자·전기·계기 관련 분야에서 4년 이상의 정비 또는 개조실무경력이 있는 사람
㉰ 전자·전기·계기 관련 분야에서 4년 이상의 정비실무경력이 있는 사람
㉱ 전문교육기관에서 항공기 전자·전기·계기의 정비에 필요한 과정을 이수하고 관련 분야에서 정비실무경력이 1년 이상인 사람

해설

항공안전법 시행규칙 제75조(응시자격) 관련 별표 4. 응시경력, 제1호가목 항공종사자 자격증명시험 참조

자격증명의 종류	비행경력 또는 그 밖의 경력
항공정비사	1. 항공기 종류 한정이 필요한 항공정비사 자격증명을 신청하는 경우 가. 자격증명을 받으려는 해당 항공기 종류에 대한 6개월 이상의 정비업무경력을 포함하여 4년 이상의 항공기 정비업무경력이 있는 사람 나. 「고등교육법」에 따른 대학·전문대학 또는 「학점인정 등에 관한 법률」에 따라 학습하는 곳에서 항공정비사 학과시험의 범위를 포함하는 각 과목을 모두 이수하고, 자격증명을 받으려는 항공기와 동등한 수준 이상의 것에 대하여 교육과정 이수 후의 정비실무경력이 6개월 이상이거나 교육과정 이수 전의 정비실무경력이 1년 이상인 사람 다. 국토교통부장관이 지정한 전문교육기관에서 해당 항공기 종류에 필요한 과정을 이수한 사람 라. 외국정부가 발급한 해당 항공기 종류 한정 자격증명을 받은 사람 2. 정비분야 한정이 필요한 항공정비사 자격증명을 신청하는 경우에는 다음의 어느 하나에 해당하는 사람 가. 항공기 전자·전기·계기 관련 분야에서 4년 이상의 정비실무경력이 있는 사람 나. 국토교통부장관이 지정한 전문교육기관에서 항공기 전자·전기·계기의 정비에 필요한 과정을 이수한 사람으로서 항공기 전자·전기·계기 관련 분야에서 정비실무경력이 2년 이상인 사람

정답 36. ㉰ 37. ㉱ 38. ㉰ 39. ㉰

40. 항공정비사 자격증명 학과시험의 과목이 아닌 것은?

㉮ 항공법규
㉯ 정비일반
㉰ 항공유압
㉱ 전자·전기·계기

41. 항공종사자 자격증명 학과시험의 일부 과목 또는 전 과목에 합격한 사람의 그 합격의 유효기간은?

㉮ 학과시험 시행일부터 1년
㉯ 학과시험 시행일부터 2년
㉰ 학과시험 결과의 통보가 있는 날부터 1년
㉱ 학과시험 결과의 통보가 있는 날부터 2년

해설

항공안전법 시행규칙 제85조(과목합격의 유효) 자격증명시험 또는 한정심사의 학과시험의 일부 과목 또는 전 과목에 합격한 사람이 같은 종류의 항공기에 대하여 자격증명시험 또는 한정심사에 응시하는 경우에는 통보가 있는 날부터 2년 이내에 실시(시험 또는 심사 접수 마감일 기준)하는 자격증명시험 또는 한정심사에서 그 합격을 유효한 것으로 한다.

42. 외국정부로부터 항공종사자 자격증명을 받은 사람의 자격증명시험 면제범위에 대한 설명 중 틀린 것은?

㉮ 새로운 형식의 항공기를 도입한 경우 외국인 교관요원 : 학과시험 및 실기시험 면제
㉯ 새로운 형식의 항공기를 도입한 경우 외국인 조종사 : 학과시험(항공법규 제외) 및 실기시험 면제
㉰ 조종사의 부족을 충원하기 위하여 채용된 외국인 조종사 : 학과시험(항공법규 제외) 면제
㉱ 외국정부로부터 자격증명을 받은 자 : 학과시험(항공법규 제외) 면제

해설

항공안전법 시행규칙 제88조(자격증명시험의 면제) 외국정부로부터 자격증명을 받은 사람에게는 다음의 구분에 따라 시험의 일부 또는 전부를 면제한다.

순번	면제대상	면제범위
1	다음의 어느 하나에 해당하는 항공업무를 일시적으로 수행하려는 사람 가. 새로운 형식의 항공기 또는 장비를 도입하여 시험비행 또는 훈련을 실시할 경우의 교관요원 또는 운용요원 나. 대한민국에 등록된 항공기 또는 장비를 이용하여 교육훈련을 받으려는 사람 다. 대한민국에 등록된 항공기를 수출하거나 수입하는 경우 국외 또는 국내로 승객·화물을 싣지 아니하고 비행하려는 조종사	학과시험 및 실기시험 면제
2	일시적인 조종사의 부족을 충원하기 위하여 채용된 외국인 조종사	학과시험(항공법규 제외) 면제
3	모의비행장치 교관요원으로 종사하려는 사람	학과시험(항공법규 제외) 면제
4	순번 1~3까지의 규정 외의 경우	학과시험(항공법규 제외) 면제

43. 다음 중 항공정비사 자격증명시험에 응시하는 경우에 실기시험의 일부를 면제할 수 있는 대상자는?

㉮ 국토교통부장관이 지정한 전문교육기관에서 항공정비사에 필요한 과정을 이수한 사람
㉯ 3년 이상의 항공기 정비·개조 경력이 있는 사람
㉰ 고등교육법에 의한 대학 또는 전문대학에서 항공정비사에 필요한 과정을 2년 이상 이수하고 6개월 이상의 정비경력이 있는 사람
㉱ 고등교육법에 의한 대학 또는 전문대학을 졸업한 사람으로서 항공기술요원을 양성하는 교육기관에서 필요한 교육을 이수하고, 6개월 이상의 항공기정비 경력이 있는 사람

44. 다음 중 항공정비사 자격증명 시험에 응시하는 경우 실기시험의 일부를 면제할 수 있는 경우는?

㉮ 해당 종류 또는 정비업무와 관련하여 4년 이상의 정비실무 경력이 있는 자
㉯ 항공정비기능장 또는 항공기사 자격을 취득한 후 항공기 정비업무에 1년 이상 종사한 경력이 있는 자
㉰ 외국정부가 발행한 항공정비사 자격증명을 받은 자
㉱ 국토교통부장관이 지정한 전문교육기관에서 항공정비사에 필요한 과정을 이수한 자

정답 40. ㉰ 41. ㉱ 42. ㉯ 43. ㉮ 44. ㉱

해설

항공안전법 시행규칙 제88조(자격증명시험의 면제) 제2항 관련, 별표7 자격증명시험 일부 면제 참조
다음에 해당하는 사람이 해당 자격증명시험에 응시하는 경우에는 실기시험의 일부를 면제한다.

자격증명의 종류	면제 대상	일부면제 범위
항공 정비사	1. 해당 종류 또는 정비업무 범위와 관련하여 5년 이상의 정비실무경력이 있는 사람 2. 국토교통부장관이 지정한 전문교육기관에서 항공정비사에게 필요한 과정을 이수한 사람	실기시험 중 구술 시험만 실시

45. 국가기술자격법에 따른 자격을 취득한 사람이 항공정비사 종류별 자격증명시험에 응시하는 경우 항공법규를 제외한 학과시험을 면제하는 경우가 아닌 것은?

㉮ 항공기술사자격을 가진 사람
㉯ 항공정비기능장 또는 항공기사 자격 취득 후 항공기 정비업무에 1년 이상 종사한 경력이 있는 사람
㉰ 항공산업기사 자격 취득 후 항공기 정비업무에 2년 이상 종사한 경력이 있는 사람
㉱ 항공정비기능사 자격 취득 후 항공기 정비업무에 3년 이상 종사한 경력이 있는 사람

46. 다음 중 항공정비사 자격시험에 응시하는 경우 항공법규 외의 학과시험이 면제되는 자격요건이 아닌 것은?

㉮ 항공기술사 자격을 가진 경우
㉯ 항공정비기능장 자격을 가진 경우
㉰ 항공기사 자격을 취득한 후 항공기 정비업무에 1년 이상 종사한 경력이 있는 경우
㉱ 항공산업기사 자격을 취득한 후 항공기 정비업무에 2년 이상 종사한 경력이 있는 경우

47. 항공정비사 자격증명시험의 면제에 대한 다음 설명 중 틀린 것은?

㉮ 국토교통부장관이 지정한 전문교육기관에서 항공정비사에 필요한 과정을 이수한 사람은 실기시험의 일부를 면제한다.
㉯ 정비 실무경력 10년 이상인 사람이 항공정비사 자격증명 시험에 응시하는 경우 항공법규를 제외한 학과시험을 면제한다.
㉰ 항공기술사 자격을 취득한 사람이 항공정비사 자격증명시험에 응시하는 경우 항공법규를 제외한 학과시험을 면제한다.
㉱ 5년 이상 항공정비에 관한 실무경력이 있는 사람이 항공정비사 자격증명시험에 응시하는 경우 실기시험의 일부를 면제한다.

해설

항공안전법 시행규칙 제88조(자격증명시험의 면제) 제3항 「국가기술자격법」에 따른 항공기술사·항공정비기능장·항공기사 또는 항공산업기사의 자격을 가진 사람이 항공정비사 종류별 자격시험에 응시하는 경우에는 다음의 구분에 따라 시험을 면제한다.

구 분	면제대상 및 면제범위
항공기술사 자격을 가진 사람	학과시험(항공법규 제외) 면제
항공정비기능장 또는 항공기사 자격을 가진 사람	자격 취득 후 항공기 정비업무에 1년 이상 종사한 경력이 있는 경우에만 학과시험(항공법규 제외) 면제
항공산업기사 자격을 가진 사람	자격 취득 후 항공기 정비업무에 2년 이상 종사한 경력이 있는 경우에만 학과시험(항공법규 제외) 면제

48. 항공신체검사증명의 유효기간이 틀린 것은?

㉮ 사업용 조종사 12개월
㉯ 운송용 조종사 24개월
㉰ 항공기관사 12개월
㉱ 항공사 12개월

정답 45. ㉱ 46. ㉯ 47. ㉯ 48. ㉯

49. 만 40세 이상 50세 미만인 항공교통관제사의 항공신체검사증명의 유효기간은?

㉮ 6개월 ㉯ 12개월
㉰ 18개월 ㉱ 24개월

해설

항공안전법 시행규칙 제92조(항공신체검사증명의 기준 및 유효기간 등) 제1항 관련, 별표 8(항공신체검사증명의 종류와 그 유효기간)

자격증명의 종류	항공신체검사 증명의 종류	유효기간		
		40세 미만	40세 이상 50세 미만	50세 이상
운송용 조종사 사업용 조종사(활공기 조종사 제외) 부조종사	제1종	12개월. 다만, 다음 각 호의 사람은 6개월로 한다. 1. 항공운송사업에 종사하는 60세 이상인 사람 2. 항공기사용사업에 종사하는 60세 이상인 사람 3. 1명의 조종사로 승객을 수송하는 항공운송사업에 종사하는 40세 이상인 사람		
항공기관사, 항공사	제2종	12개월		
자가용 조종사 사업용 활공기 조종사 조종연습생 경량항공기 조종사	제2종(경량항공기 조종사의 경우에는 제2종 또는 자동차운전면허증)	60개월	24개월	12개월
항공교통관제사 항공교통관제연습생	제3종	48개월	24개월	12개월

비고 : 유효기간의 시작일은 항공신체검사를 받는 날로 하며, 종료일이 매달 말일이 아닌 경우에는 그 종료일이 속하는 달의 말일에 항공신체검사증명의 유효기간이 종료하는 것으로 본다.

50. 항공종사자가 항공안전법을 위반하여 벌금 이상의 형을 선고받은 경우 행정처분은?

㉮ 자격증명등을 취소하거나, 1년 이내의 기간을 정하여 자격증명등의 효력을 정지시킨다.
㉯ 자격증명등을 취소하거나, 2년 이내의 기간을 정하여 자격증명등의 효력을 정지시킨다.
㉰ 2년 이내의 기간을 정하여 항공업무의 정지를 명할 수 있다.
㉱ 자격증명등을 취소시킨다.

51. 다음 중 반드시 해당 항공종사자 자격증명을 취소하여야 하는 경우는?

㉮ 항공안전법을 위반하여 벌금 이상의 형을 선고받은 경우
㉯ 항공안전법 또는 항공안전법에 의한 명령을 위반한 경우
㉰ 부정한 방법으로 자격증명등을 받은 경우
㉱ 항공종사자로서의 직무를 행함에 있어서 고의 또는 중대한 과실이 있는 경우

52. 항공종사자가 항공신체검사기준에 맞지 아니하게 되어 항공업무의 수행에 부적합하다고 인정되는 경우의 행정처분은?

㉮ 항공신체검사증명을 취소하거나 1년 이내의 기간을 정하여 효력의 정지를 명할 수 있다.
㉯ 항공신체검사증명을 취소하거나 2년 이내의 기간을 정하여 효력의 정지를 명할 수 있다.
㉰ 항공신체검사증명을 취소한다.
㉱ 1년 이내의 기간을 정하여 항공신체검사증명의 효력의 정지를 명할 수 있다.

해설

항공안전법 제43조(자격증명·항공신체검사증명의 취소 등) 제2항
국토교통부장관은 항공종사자가 다음에 해당하는 경우에는 그 자격증명등을 취소하거나 1년 이내의 기간을 정하여 자격증명등의 효력 정지를 명할 수 있다. 다만, 거짓이나 그 밖의 부정한 방법으로 자격증명등을 받은 경우에는 자격증명등을 취소하여야 한다.
① 거짓이나 그 밖의 부정한 방법으로 자격증명등을 받은 경우
② 자격증명의 종류별 항공신체검사증명의 기준에 맞지 아니하게 되어 항공업무를 수행하기에 부적합하다고 인정되는 경우
③부터 ㉛까지는 생략함, 해당 법규 참조

53. 자격증명의 한정을 받은 항공종사자가 한정된 항공기의 종류, 등급 또는 형식 외의 항공기나 한정된 정비업무 외의 항공업무에 종사하여, 2차 위반시 행정처분은?

㉮ 효력정지 180일 ㉯ 효력정지 90일
㉰ 효력정지 60일 ㉱ 효력정지 30일

정답 49. ㉱ 50. ㉮ 51. ㉰ 52. ㉮ 53. ㉰

54. 항공종사자가 자격증명서 및 항공신체검사증명서를 휴대하지 않고 항공업무를 수행한 경우, 1차 위반시 효력정지 기간은?

㉮ 7일　　㉯ 10일
㉰ 20일　　㉱ 30일

해설

항공안전법 시행규칙 제97조(자격증명·항공신체검사증명의 취소 등) 관련, 별표 10(항공종사자 등에 대한 행정처분기준) 참조

위반행위 또는 사유	처분내용
자격증명의 한정을 받은 항공종사자가 한정된 항공기의 종류·등급 또는 형식 외의 항공기나 한정된 정비업무 외의 항공업무에 종사한 경우	1차 위반 : 효력정지 30일 2차 위반 : 효력정지 60일 3차 위반 : 효력정지 180일
항공종사자가 자격증명서 및 항공신체검사증명서 또는 국토교통부령으로 정하는 자격증명서를 지니지 아니하고 항공업무를 수행한 경우	1차 위반 : 효력정지 10일 2차 위반 : 효력정지 30일 3차 위반 : 효력정지 90일

제5절　항공기의 운항

01. 우리나라 수도 서울의 상공을 통제공역으로 지정하는 경우는?

㉮ 대통령이 정한다.
㉯ 국토교통부장관이 정한다.
㉰ 국방부장관이 정한다.
㉱ 서울특별시장이 정한다.

02. 다음 중 항공교통의 안전을 위하여 항공기의 비행을 금지 또는 제한할 필요가 있는 공역은?

㉮ 관제공역　　㉯ 비관제공역
㉰ 통제공역　　㉱ 주의공역

03. 다음 중 공역의 종류가 아닌 것은?

㉮ 비관제공역　　㉯ 금지공역
㉰ 통제공역　　㉱ 주의공역

04. 공역의 종류에 대한 다음 설명 중 틀린 것은?

㉮ 관제공역 : 항공교통의 안전을 위하여 항공기의 비행순서·시기 및 방법 등에 관하여 국토교통부장관의 지시를 받아야 할 필요가 있는 공역
㉯ 비관제공역 : 관제공역 외의 공역으로서 조종사에게 비행에 필요한 조언·비행정보 등을 제공할 필요가 있는 공역
㉰ 통제공역 : 항공기의 안전을 보호하거나 기타의 이유로 비행허가를 받지 아니한 항공기의 비행을 제한하는 공역
㉱ 주의공역 : 항공기의 조종사가 비행시 특별한 주의·경계·식별 등이 필요한 공역

해설

항공안전법 제78조(공역 등의 지정) 제1항 국토교통부장관은 공역을 체계적이고 효율적으로 관리하기 위하여 필요하다고 인정할 때에는 비행정보구역을 다음의 공역으로 구분하여 지정·공고할 수 있다.

구 분	내 용
관제공역	항공교통의 안전을 위하여 항공기의 비행 순서·시기 및 방법 등에 관하여 국토교통부장관 또는 항공교통업무증명을 받은 자의 지시를 받아야 할 필요가 있는 공역으로서 관제권 및 관제구를 포함하는 공역
비관제공역	관제공역 외의 공역으로서 항공기의 조종사에게 비행에 필요한 조언·비행정보 등을 제공할 필요가 있는 공역
통제공역	항공교통의 안전을 위하여 항공기의 비행을 금지하거나 제한할 필요가 있는 공역
주의공역	항공기의 조종사가 비행 시 특별한 주의·경계·식별 등이 필요한 공역

05. 다음 중 비행금지구역은?

㉮ 위험공역　　㉯ 통제공역
㉰ 비관제공역　　㉱ 주의공역

정답 54. ㉯　[제5절] 01. ㉯　02. ㉰　03. ㉯　04. ㉰　05. ㉯

06. 다음 중 주의공역에 포함되지 않는 공역은?

㉮ 훈련구역 ㉯ 군작전구역
㉰ 위험구역 ㉱ 통제구역

해설

항공안전법 시행규칙 제221조(공역의 구분·관리 등) 제1항 관련, 별표 23 제2호 공역의 사용목적에 따른 구분 참조
국토교통부장관이 세분하여 지정·공고하는 공역의 종류 중 통제공역 및 주의공역은 다음과 같다.

구분		내용
통제공역	비행금지구역	안전, 국방상 그 밖의 이유로 항공기의 비행을 금지하는 공역
	비행제한구역	항공사격·대공사격 등으로 인한 위험으로부터 항공기의 안전을 보호하거나 그 밖의 이유로 비행허가를 받지 않은 항공기의 비행을 제한하는 공역
	초경량비행장치 비행제한구역	초경량비행장치의 비행안전을 확보하기 위하여 초경량비행장치의 비행활동에 대한 제한이 필요한 공역
주의공역	훈련구역	민간항공기의 훈련공역으로서 계기비행 항공기로부터 분리를 유지할 필요가 있는 공역
	군작전구역	군사작전을 위하여 설정된 공역으로서 계기비행 항공기로부터 분리를 유지할 필요가 있는 공역
	위험구역	항공기의 비행시 항공기 또는 지상시설물에 대한 위험이 예상되는 공역
	경계구역	대규모 조종사의 훈련이나 비정상 형태의 항공활동이 수행되는 공역

07. 항공기를 운항하기 위하여 반드시 표시하여야 할 사항과 관계없는 것은?

㉮ 국적기호
㉯ 등록기호
㉰ 당해국의 국기
㉱ 소유자등의 성명 또는 명칭

해설

항공안전법 제18조(항공기 국적 등의 표시) 제1항 누구든지 국적, 등록기호 및 소유자등의 성명 또는 명칭을 표시하지 아니한 항공기를 운항해서는 안된다. 다만, 신규로 제작한 항공기등 국토교통부령으로 정하는 항공기의 경우에는 그러하지 아니하다.

08. 우리나라의 국적기호는?

㉮ HL ㉯ KOR
㉰ KAL ㉱ HB

09. 우리나라의 국적기호를 HL로 정한 것은?

㉮ ICAO가 선정한 것이다.
㉯ 우리나라 국회가 선정하여 각 체약국에 통보한 것이다.
㉰ 무선국의 호출부호 중에서 선정한 것이다.
㉱ 각국이 선정하여 ICAO에 통보한 것이다.

해설

우리나라의 국적기호는 HL로 표시하며, 이 국적기호는 국제전기통신조약에 의하여 각국에 할당된 무선국의 호출부호 중에서 선정한 것이다.

참고

■ 세계 항공기의 국적기호
(※ 한국을 제외한 기타 국가의 국적기호는 알파벳순 임)

국적	국적기호	국적	국적기호	국적	국적기호
한국	HL	미국	N	인도	VT
중국	B	덴마크	OY	뉴질랜드	ZK
독일	D	북한	P	이스라엘	4X
프랑스	F	브라질	PP/PT	케냐	5Y
영국	G	스웨덴	SE	쿠웨이트	9K
스위스	HB	그리스	SX	말레이시아	9M
일본	JA	홍콩	VR-H	싱가포르	9V

10. 항공기의 등록기호 표시방법 중 맞는 것은?

㉮ 장식체가 아닌 로마자 대문자 4자리로 표시한다.
㉯ 장식체가 아닌 로마자 4자리로 표시한다.
㉰ 장식체가 아닌 아라비아 대문자와 숫자를 조합한 4자리로 표시한다.
㉱ 장식체가 아닌 로마자 대문자와 숫자를 조합한 4자리로 표시한다.

정답 06. ㉱ 07. ㉰ 08. ㉮ 09. ㉰ 10. ㉱

Chapter 03 부록·출제예상문제

11. 등록부호의 표시방법에 대한 설명 중 맞는 것은?

㉮ 국적기호는 장식체가 아닌 로마자의 대문자 HL로 표시하여야 한다.
㉯ 등록기호는 장식체의 4개의 아라비아 숫자로 표시하여야 한다.
㉰ 국적기호는 등록기호의 뒤에 이어서 표시하여야 한다.
㉱ 등록기호의 구성에 관하여 필요한 세부사항은 항공사에서 정한다.

12. 항공기의 국적기호 및 등록기호 표시 방법 중 틀린 것은?

㉮ 국적 등의 표시는 국적기호, 등록기호 순으로 표시한다.
㉯ 국적기호는 장식체가 아닌 로마자의 대문자 HL로 표시해야 한다.
㉰ 등록기호는 장식체의 4개의 아라비아 숫자로 표시해야 한다.
㉱ 등록기호의 첫 글자가 문자인 경우 국적기호와 등록기호 사이에 붙임표를 삽입하여야 한다.

[해설]

항공안전법 시행규칙 제13조(국적 등의 표시)
① 국적 등의 표시는 국적기호, 등록기호 순으로 표시하고, 장식체를 사용해서는 아니 되며, 국적기호는 로마자의 대문자 "HL"로 표시하여야 한다.
② 등록기호의 첫 글자가 문자인 경우 국적기호와 등록기호("등록부호") 사이에 붙임표(-)를 삽입하여야 한다.
③ 항공기에 표시하는 등록부호는 지워지지 아니하고 배경과 선명하게 대조되는 색으로 표시하여야 한다.
④ 등록기호의 구성 등에 필요한 세부사항은 국토교통부장관이 정하여 고시한다.
[참조] 항공기 및 경량항공기 등록기호 지정요령 제2조(등록기호의 구성) 등록기호는 항공기 종류, 발동기 장착수량의 구분 및 일련번호를 표시하는 로마자 대문자와 숫자를 조합한 4자리로 구성한다.

13. 비행기와 활공기의 경우 등록부호를 표시하는 장소가 아닌 것은?

㉮ 보조 날개   ㉯ 동체
㉰ 주 날개   ㉱ 꼬리 날개

14. 비행기와 활공기의 등록부호 표시위치 및 방법에 대한 설명 중 틀린 것은?

㉮ 주날개와 꼬리날개 또는 주날개와 동체에 표시하여야 한다.
㉯ 주날개에 표시하는 경우에는 오른쪽 날개 아랫면과 왼쪽 날개 윗면에 표시한다.
㉰ 주날개의 앞끝과 뒷끝에서 같은 거리에 위치하도록 표시한다.
㉱ 기호는 보조날개와 플랩에 걸쳐서는 아니 된다.

15. 헬리콥터의 경우 등록부호의 표시위치는?

㉮ 동체 앞면과 옆면에 표시한다.
㉯ 동체 윗면과 아랫면에 표시한다.
㉰ 동체 윗면과 옆면에 표시한다.
㉱ 동체 아랫면과 옆면에 표시한다.

16. 항공기 등록부호의 표시위치 및 표시방법에 대한 설명 중 틀린 것은?

㉮ 비행기와 활공기의 경우 주날개에 표시하는 경우에는 오른쪽 날개 윗면과 왼쪽 날개 아랫면에 표시한다.
㉯ 헬리콥터의 경우 동체 아랫면에 표시하는 경우에는 동체의 최대 횡단면 부근에, 등록부호의 윗부분이 동체 좌측을 향하게 표시한다.
㉰ 비행선의 경우 선체에 표시하는 경우에는 대칭축과 직교하는 최대 횡단면 부근의 윗면과 양 옆면에 표시한다.
㉱ 비행선의 경우 수직안정판에 표시하는 경우에는 수직안정판의 양쪽면 아랫부분에 수직으로 표시한다.

[해설]

항공안전법 시행규칙 제14조(등록부호의 표시위치 등) 등록부호의 표시위치 및 방법은 다음의 구분에 따른다.
① 비행기와 활공기의 경우 : 주 날개와 꼬리 날개 또는 주 날개와 동체에 표시

정답 11. ㉮ 12. ㉰ 13. ㉮ 14. ㉯ 15. ㉱ 16. ㉱

표시위치	표시방법
주 날개	오른쪽 날개 윗면과 왼쪽 날개 아랫면에 주 날개의 앞 끝과 뒤 끝에서 같은 거리에 위치하도록 하고, 등록부호의 윗 부분이 주 날개의 앞 끝을 향하게 표시(다만, 각 기호는 보조 날개와 플랩에 걸쳐서는 아니 된다).
꼬리 날개	수직 꼬리 날개의 양쪽 면에, 꼬리 날개의 앞 끝과 뒤 끝에서 5cm 이상 떨어지도록 수평 또는 수직으로 표시
동체	주 날개와 꼬리 날개 사이에 있는 동체의 양쪽 면의 수평안정판 바로 앞에 수평 또는 수직으로 표시

② 헬리콥터의 경우 : 동체 아랫면과 동체 옆면에 표시

표시위치	표시방법
동체아랫면	동체의 최대 횡단면 부근에 등록부호의 윗부분이 동체 좌측을 향하게 표시
동체옆면	주 회전익 축과 보조 회전익 축 사이의 동체 또는 동력장치가 있는 부근의 양 측면에 수평 또는 수직으로 표시

③ 비행선의 경우 : 선체 또는 수평안정판과 수직안정판에 표시

표시위치	표시방법
선체	대칭축과 직각으로 교차하는 최대 횡단면 부근의 윗면과 양 옆면에 표시
수평안정판	오른쪽 윗면과 왼쪽 아랫면에 등록부호의 윗부분이 수평안정판의 앞 끝을 향하게 표시
수직안정판	수직안정판의 양쪽면 아랫부분에 수평으로 표시

17. 비행기와 활공기의 주 날개에 등록부호를 표시하는 경우 각 문자와 숫자의 높이는?

㉮ 50cm 이상 ㉯ 40cm 이상
㉰ 35cm 이상 ㉱ 30cm 이상

18. 비행기의 경우 수직 꼬리날개 또는 동체에 등록부호를 표시할 때 각 문자와 숫자의 높이는?

㉮ 20cm 이상 ㉯ 30cm 이상
㉰ 40cm 이상 ㉱ 50cm 이상

19. 헬리콥터의 동체 아랫면과 옆면에 표시하는 등록부호의 문자와 숫자의 크기는?

㉮ 30cm, 30cm ㉯ 30cm, 50cm
㉰ 50cm, 30cm ㉱ 50cm, 50cm

20. 등록부호에 사용하는 각 문자와 숫자의 높이로 잘못된 것은?

㉮ 비행기와 활공기 : 주 날개에 표시하는 경우에는 50cm 이상
㉯ 비행기와 활공기 : 수직 꼬리날개 또는 동체에 표시하는 경우에는 30cm 이상
㉰ 헬리콥터 : 동체 옆면에 표시하는 경우에는 50cm 이상
㉱ 비행선 : 선체에 표시하는 경우에는 50cm 이상

> **해설**
>
> 항공안전법 시행규칙 제15조(등록부호의 높이) 등록부호에 사용하는 각 문자와 숫자의 높이는 같아야 하고, 항공기의 종류와 위치에 따른 높이는 다음의 구분에 따른다.
>
> | 항공기 종류 | 표시위치 | 등록부호의 높이 |
> |---|---|---|
> | 비행기, 활공기 | 주 날개 | 50cm 이상 |
> | | 수직 꼬리날개 또는 동체 | 30cm 이상 |
> | 헬리콥터 | 동체 아랫면 | 50cm 이상 |
> | | 동체 옆면 | 30cm 이상 |
> | 비행선 | 선 체 | 50cm 이상 |
> | | 수평안정판과 수직안정판 | 15cm 이상 |

21. 등록부호에 사용하는 각 문자와 숫자의 크기에 대한 설명 중 잘못된 것은?

㉮ 문자의 폭은 문자 높이의 3분의 2로 한다.
㉯ 숫자의 폭은 문자 높이의 2분의 1로 한다.
㉰ 선의 굵기는 문자 및 숫자의 높이의 6분의 1로 한다.
㉱ 문자의 간격은 문자의 폭의 4분의 1 이상 2분의 1 이하로 한다.

> **해설**
>
> 항공안전법 시행규칙 제16조(등록부호의 폭·선 등) 등록부호에 사용하는 각 문자와 숫자의 폭, 선의 굵기 및 간격은 다음과 같다.
> ① 폭과 붙임표(-)의 길이 : 문자 및 숫자 높이의 2/3(다만, 영문자 I 와 아라비아 숫자 1은 제외)
> ② 선의 굵기 : 문자 및 숫자의 높이의 1/6
> ③ 문자의 간격 : 문자의 폭의 1/4 이상, 1/2 이하

정답 17. ㉮ 18. ㉯ 19. ㉰ 20. ㉰ 21. ㉯

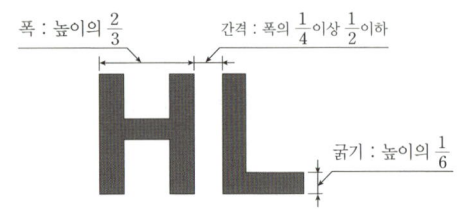

22. 다음 중 항공운송사업에 사용되는 항공기가 국내에서 운항시 설치하지 않아도 되는 무선설비는?

㉮ 초단파(VHF) 또는 극초단파(UHF) 무선전화 송수신기
㉯ 계기착륙시설(ILS) 수신기
㉰ 거리측정시설(DME) 수신기
㉱ 기상레이더

23. 항공운송사업에 사용되는 항공기 외의 항공기가 시계비행방식에 의한 비행을 하는 경우 설치하지 않아도 되는 무선설비는 무엇인가?

㉮ 2차감시 항공교통관제 레이더용 트랜스폰더(SSR transponder)
㉯ 초단파(VHF)무선전화 송수신기
㉰ 거리측정시설(DME) 수신기
㉱ 비상위치지시용 무선표지설비(ELT)

24. 항공운송사업에 사용되는 항공기 외의 항공기가 시계비행방식에 의한 비행을 하는 경우 설치하여야 하는 무선설비가 아닌 것은?

㉮ SSR transponder
㉯ VOR 수신기
㉰ VHF 또는 UHF 무선전화 송수신기
㉱ ELT

25. 항공운송사업에 사용되는 항공기 외의 항공기가 시계비행방식에 의한 비행을 하는 경우 설치하여야 하는 무선설비는 어느 것인가?

㉮ 2차감시 항공교통관제 레이더용 트랜스폰더
㉯ 자동방향탐지기(ADF)
㉰ 계기착륙시설(ILS) 수신기
㉱ 전방향표지시설(VOR) 수신기

26. 항공운송사업에 사용되는 최대이륙중량 5,700kg 미만의 항공기와 헬리콥터의 경우 설치하지 않아도 되는 무선설비는?

㉮ SSR transponder
㉯ ILS 수신기
㉰ VHF 또는 UHF 무선전화 송수신기
㉱ DME 수신기

27. 항공운송사업에 사용되는 최대이륙중량 5,700kg 미만의 항공기가 시계비행방식에 의한 비행을 하는 경우 설치하여야 하는 무선설비가 아닌 것은?

㉮ 2차감시 항공교통관제 레이더용 트랜스폰더(SSR transponder)
㉯ 자동방향탐지기(ADF)
㉰ 초단파(VHF) 또는 극초단파(UHF) 무선전화 송수신기
㉱ 계기착륙시설(ILS) 수신기

해설

항공안전법 시행규칙 제107조(무선설비) 제1항 항공기에 설치·운용하여야 하는 무선설비는 다음과 같다. 다만, 항공운송사업에 사용되는 항공기 외의 항공기가 계기비행방식 외의 방식("시계비행방식")에 의한 비행을 하는 경우에는 다음 표의 순번 3부터 6까지의 무선설비(표의 [   ] 부분)를 설치·운용하지 아니할 수 있다.

정답 22. ㉱ 23. ㉰ 24. ㉯ 25. ㉮ 26. ㉯ 27. ㉱

순번	무선설비	설치 수량	비 고
1	초단파(VHF) 또는 극초단파(UHF) 무선전화 송수신기	각 2대	비행중 항공교통관제기관과의 교신용
2	2차감시 항공교통관제 레이더용 트랜스폰더 (SSR transponder)	1대	기압고도에 관한 정보 제공용
3	자동방향탐지기(ADF)	1대	무지향표지시설(NDB) 신호로만 계기접근절차가 구성되어 있는 공항에 운항하는 경우
4	계기착륙시설(ILS) 수신기	1대	최대이륙중량 5,700kg 미만의 항공기와 헬리콥터 및 무인항공기는 제외
5	전방향표지시설(VOR) 수신기	1대	무인항공기는 제외
6	거리측정시설(DME) 수신기	1대	무인항공기는 제외
7	기상레이더 또는 악기상 탐지장비	1대	항공안전법 시행규칙 제110조 참조
8	비상위치지시용 무선표지설비(ELT)	1대 또는 2대	항공안전법 시행규칙 제110조 참조

28. 다음 중 항공일지의 종류가 아닌 것은?

㉮ 탑재용 항공일지
㉯ 지상비치용 기체 항공일지
㉰ 지상비치용 발동기 항공일지
㉱ 지상비치용 프로펠러 항공일지

해설

항공안전법 시행규칙 제108조(항공일지) 제1항 항공기를 운항하려는 자 또는 소유자등은 탑재용 항공일지, 지상비치용 발동기 항공일지 및 지상비치용 프로펠러 항공일지를 갖추어 두어야 한다. 다만, 활공기의 소유자등은 활공기용 항공일지를 갖춰 두어야 한다.

29. 탑재용 항공일지에 적어야 하는 사항이 아닌 것은?

㉮ 감항분류 및 감항증명번호
㉯ 수리, 개조 또는 정비의 실시에 관한 사항
㉰ 최근의 수리, 개조 후의 총비행시간
㉱ 발동기 및 프로펠러의 형식

30. 다음 중 탑재용 항공일지의 기재사항이 아닌 것은?

㉮ 항공기 등록부호 및 등록 연월일
㉯ 항공기 제작자, 제작번호 및 제작연월일
㉰ 구급용구의 탑재위치 및 수량
㉱ 제작 후의 총비행시간

31. 항공안전법에 의한 탑재용 항공일지에 기록하는 수리, 개조 또는 정비의 실시에 관한 기록 중 옳지 않은 것은?

㉮ 실시 연월일 및 장소
㉯ 실시 이유, 수리, 개조 또는 정비의 위치
㉰ 교환 부품명
㉱ 확인자의 자격증명번호

해설

항공안전법 시행규칙 제108조(항공일지) 제2항 제1호 항공기의 소유자등은 항공기를 항공에 사용하거나 개조 또는 정비한 경우에는 지체 없이 항공일지에 적어야 한다. 탑재용 항공일지에 적어야 하는 사항은 다음과 같다.
① 항공기의 등록부호 및 등록 연월일
② 항공기의 종류·형식 및 형식증명번호
③ 감항분류 및 감항증명번호
④ 항공기의 제작자·제작번호 및 제작 연월일
⑤ 발동기 및 프로펠러의 형식
⑥ 비행에 관한 기록
⑦ 제작 후의 총비행시간과 최근의 오버홀 후의 총비행시간
⑧ 발동기 및 프로펠러의 장비교환에 관한 기록
⑨ 수리·개조 또는 정비의 실시에 관한 기록
  ㉮ 실시 연월일 및 장소
  ㉯ 실시 이유, 수리·개조 또는 정비의 위치와 교환 부품명
  ㉰ 확인 연월일 및 확인자의 서명 또는 날인

32. 항공운송사업에 사용되는 모든 비행기에 갖추어야 할 사고예방장치는?

㉮ 공중충돌경고장치   ㉯ 기압저하경보장치
㉰ 비행자료기록장치   ㉱ 조종실음성기록장치

정답 28. ㉯ 29. ㉰ 30. ㉰ 31. ㉱ 32. ㉮

33. 최대이륙중량이 5,700kg을 초과하거나 승객 9명을 초과하여 수송할 수 있는 터빈발동기를 장착한 비행기에 장착하여야 하는 사고예방장치는?

㉮ 조종실음성기록장치(CVR)
㉯ 비행자료기록장치(FDR)
㉰ 지상접근경고장치(GPWS)
㉱ 공중충돌경고장치(ACAS)

34. 항공운송사업에 사용되는 터빈발동기를 장착한 비행기에 사고예방 또는 사고조사를 위하여 장착하여야 하는 장치는?

㉮ 지상접근경고장치
㉯ 전방돌풍경고장치
㉰ 비행기록장치
㉱ 위치추적장치

35. 항공기 운항 중 비행자료기록장치(FDR) 및 조종실음성기록장치(CVR)를 갖추어야 하는 항공기는?

㉮ 항공운송사업에 사용되는 모든 비행기
㉯ 항공운송사업에 사용되는 최대이륙중량 5,700kg 이상의 비행기
㉰ 항공운송사업에 사용되는 승객 30인을 초과하여 수송할 수 있는 비행기
㉱ 항공운송사업에 사용되는 터빈발동기를 장착한 비행기

36. 전방돌풍경고장치를 의무적으로 장착해야 될 항공기의 최대이륙중량 기준은 얼마인가?

㉮ 15,000kg
㉯ 7,600kg
㉰ 5,700kg
㉱ 4,600kg

37. 최대이륙중량이 5,700kg을 초과하거나 승객 9인을 초과하여 수송할 수 있는 터빈발동기를 장착한 항공운송사업에 사용되는 비행기에 갖추어야 하는 장치는?

㉮ 비행자료기록장치
㉯ 지상접근경고장치
㉰ 공중충돌경고장치
㉱ 전방돌풍경고장치

해설

항공안전법 시행규칙 제109조(사고예방장치 등) 참조 사고예방 및 사고조사를 위하여 항공기에 갖추어야 할 장치는 다음과 같다.

순 번	사고예방장치	대상 항공기
1	공중충돌경고장치(ACAS)	항공운송사업에 사용되는 모든 비행기
2	지상접근경고장치(GPWS)	최대이륙중량이 5,700kg을 초과하거나 승객 9명을 초과하여 수송할 수 있는 터빈발동기를 장착한 비행기
		최대이륙중량이 5,700kg 이하이고 승객 5명 초과 9명 이하를 수송할 수 있는 터빈발동기를 장착한 비행기
		최대이륙중량이 5,700kg을 초과하거나 승객 9명을 초과하여 수송할 수 있는 왕복발동기를 장착한 모든 비행기
		최대이륙중량이 3,175kg을 초과하거나 승객 9명을 초과하여 수송할 수 있는 헬리콥터로서 계기비행방식에 따라 운항하는 헬리콥터
3	비행기록장치	항공운송사업에 사용되는 터빈발동기를 장착한 비행기
		최대이륙중량이 27,000kg을 초과하는 비행기
		승객 5명을 초과하여 수송할 수 있고 최대이륙중량이 5,700kg을 초과하는 비행기 중에서 항공운송사업 외의 용도로 사용되는 터빈발동기를 장착한 비행기
		헬리콥터
		그 밖에 항공기의 최대이륙중량 및 제작 시기 등을 고려하여 국토교통부장관이 필요하다고 인정하여 고시하는 항공기
4	전방돌풍경고장치	최대이륙중량이 5,700kg을 초과하거나 승객 9명을 초과하여 수송할 수 있는 터빈발동기(터보프롭발동기 제외)를 장착한 항공운송사업에 사용되는 비행기
5	위치추적장치	최대이륙중량 27,000kg을 초과하고 승객 19명을 초과하여 수송할 수 있는 항공운송사업에 사용되는 비행기로서 15분 이상 해당 항공교통관제기관의 감시가 곤란한 지역을 비행하는 경우

38. 항공기에 장비하여야 할 구급용구가 아닌 것은?

㉮ 비상신호등
㉯ 구명동의
㉰ 음성신호발생기
㉱ 낙하산

정답 33. ㉱ 34. ㉰ 35. ㉱ 36. ㉰ 37. ㉱ 38. ㉱

제1장 항공안전법
제5절 항공기의 운항

39. 다음 중 항공기에 장비하여야 할 구급용구가 아닌 것은?(단, 시험비행은 제외)

㉮ 산소공급장치, 낙하산
㉯ 불꽃조난신호장비, 음성신호발생기
㉰ 방수휴대등, 비상신호등
㉱ 구명보트, 구명동의

40. 수색구조가 특별히 어려운 산악지역, 외딴지역 및 국토교통부장관이 정한 해상 등을 횡단비행하는 비행기에 장비하여야 할 구급용구는?

㉮ 구명동의 또는 이에 상당하는 개인 부양장비, 구급용구
㉯ 불꽃조난신호장비, 구명장비
㉰ 음성신호발생기, 구명장비
㉱ 비상신호등 및 휴대등, 구명장비

41. 수상비행기 소유자등이 갖추어야 할 구급용구에 해당되지 않는 것은?

㉮ 음성신호발생기　　㉯ 불꽃조난신호장비
㉰ 해상용 닻　　㉱ 일상용 닻

해설

항공안전법 시행규칙 제110조(구급용구 등) 관련, 별표 15 항공기에 장비하여야 할 구급용구 등 제1호 참조

구 분	품 목	수 량	
		항공운송사업 및 항공기 사용사업에 사용하는 경우	그 밖의 경우
수색구조가 특별히 어려운 산악지역, 외딴지역 및 국토교통부장관이 정한 해상 등을 횡단비행하는 비행기(헬리콥터 포함)	• 불꽃조난신호장비 • 구명장비	1기 이상 1기 이상	1기 이상 1기 이상
수상비행기 (수륙 양용 비행기를 포함한다)	• 구명동의 또는 이에 상당하는 개인 부양장비 • 음성신호발생기 • 해상용 닻 • 일상용 닻	탑승자 한 명당 1개 1기 1개 1개	탑승자 한 명당 1개 1기 1개(해상이동에 필요한 경우만 해당) 1개

42. 다음 중 항공기 객실에 갖춰 두어야 하는 소화기의 수가 잘못된 것은?

㉮ 승객 좌석수 6석부터 60석까지 : 2
㉯ 승객 좌석수 61부터 200석까지 : 3
㉰ 승객 좌석수 201석부터 300석까지 : 4
㉱ 승객 좌석수 401석부터 500석까지 : 6

43. 승객 좌석수 150석인 항공기 객실에 비치하여야 하는 소화기의 수량은?

㉮ 2개　　㉯ 3개
㉰ 4개　　㉱ 5개

44. 승객 좌석수가 201석부터 300석까지인 항공기 객실에 비치하여야 할 소화기의 수량은?

㉮ 3개　　㉯ 4개
㉰ 5개　　㉱ 6개

45. 항공운송사업용 항공기에 비치해야 할 도끼의 수는?

㉮ 1개　　㉯ 2개
㉰ 3개　　㉱ 4개

46. 승객 좌석수가 100석부터 199석까지인 항공운송사업용 여객기에 갖춰 두어야 할 메가폰은?

㉮ 1개　　㉯ 2개
㉰ 3개　　㉱ 4개

정답 39. ㉮　40. ㉯　41. ㉯　42. ㉮　43. ㉯　44. ㉯　45. ㉮　46. ㉯

47. 승객의 좌석수가 250석일 때 비치해야 될 메가폰 수는?

㉮ 1개 ㉯ 2개
㉰ 3개 ㉱ 4개

해설

항공안전법 시행규칙 110조(구급용구 등) 관련, 별표 15(항공기에 장비하여야 할 구급용구 등) 참조
① 항공기 객실에는 다음 표의 소화기를 갖춰 두어야 한다.

승객 좌석 수	소화기의 수량	승객 좌석 수	소화기의 수량
6석부터 30석까지	1	301석부터 400석까지	5
31석부터 60석까지	2	401석부터 500석까지	6
61석부터 200석까지	3	501석부터 600석까지	7
201석부터 300석까지	4	601석 이상	8

② 항공운송사업용 및 항공기사용사업용 항공기에는 사고 시 사용할 도끼 1개를 갖춰 두어야 한다.
③ 항공운송사업용 여객기에는 다음 표의 손확성기(메가폰)을 갖춰 두어야 한다.

승객 좌석 수	손확성기의 수	승객 좌석 수	손확성기의 수
61석부터 99석까지	1	200석 이상	3
100석부터 199석까지	2		

48. 승객 좌석수가 159석인 항공기에 탑재해야 할 구급의료용품의 수는?

㉮ 1조 ㉯ 2조
㉰ 3조 ㉱ 4조

해설

항공안전법 시행규칙 제110조(구급용구 등) 관련, 별표 15(항공기에 장비하여야 할 구급용구 등) 모든 항공기에는 다음의 구급의료용품(First-aid Kit)을 탑재해야 한다.

승객 좌석 수	구급의료용품의 수	승객 좌석 수	구급의료용품의 수
0석부터 100석까지	1조	301석부터 400석까지	4조
101석부터 200석까지	2조	401석부터 500석까지	5조
201석부터 300석까지	3조	501석 이상	6조

49. 항공기에 타고 있는 모든 사람이 사용할 수 있는 수의 낙하산을 갖춰 두어야 하는 경우는?

㉮ 고고도비행, 운중비행 기타 특별비행을 하는 항공기
㉯ 시험비행 또는 곡예비행을 하는 항공기
㉰ 장거리 해상을 비행하는 항공기
㉱ 지상무선시실이 없는 지역의 상공을 야간에 비행하는 항공기

해설

항공안전법 시행규칙 제112조(낙하산의 장비) 다음의 항공기에는 항공기에 타고 있는 모든 사람이 사용할 수 있는 수의 낙하산을 갖춰 두어야 한다.
① 특별감항증명을 받은 항공기(제작 후 최초로 시험비행을 하는 항공기 또는 국토교통부장관이 지정하는 항공기만 해당)
② 국토교통부장관의 허가를 받아 곡예비행을 하는 항공기(헬리콥터는 제외)

50. 다음 중 항공기에 비치해야 할 서류는 어느 것인가?

㉮ 항공일지
㉯ 항공정비일지
㉰ 항공기 수리·개조일지
㉱ 항공기 구급용구일지

51. 다음 중 항공기에 탑재해야 할 서류가 아닌 것은?

㉮ 항공기 등록증명서 ㉯ 감항증명서
㉰ 형식증명서 ㉱ 항공일지

52. 다음 중 항공기에 탑재해야 할 서류가 아닌 것은?

㉮ 항공기 등록증명서 ㉯ 탑재용 항공일지
㉰ 운항규정 ㉱ 정비규정

정답 47. ㉰ 48. ㉯ 49. ㉯ 50. ㉮ 51. ㉰ 52. ㉱

53. 항공에 사용하는 항공기가 비치해야 하는 서류에 포함되지 않는 것은?

㉮ 항공기 등록증명서
㉯ 감항증명서
㉰ 항공일지
㉱ 운항승무원의 자격증명 사본

54. 다음 중 항공기에 탑재해야 할 서류와 관계없는 것은?

㉮ 비행계획서   ㉯ 감항증명서
㉰ 운용한계 지정서   ㉱ 항공기 등록증명서

55. 항공기 등록증명서, 감항증명서, 탑재용 항공일지 등 국토교통부령으로 정하는 서류를 탑재하지 않아도 되는 항공기는?

㉮ 비행선   ㉯ 활공기
㉰ 헬리콥터   ㉱ 동력비행장치

56. 항공에 사용하는 항공기에 탑재하여야 할 항공일지는?

㉮ 발동기 항공일지
㉯ 프로펠러 항공일지
㉰ 탑재용 항공일지
㉱ 기체 항공일지

해설

항공안전법 시행규칙 제113조(항공기에 탑재하는 서류) 항공기(활공기 및 특별감항증명을 받은 항공기 제외)에는 다음의 서류를 탑재하여야 한다.
① 항공기 등록증명서
② 감항증명서
③ 탑재용 항공일지
④ 운용한계 지정서 및 비행교범
⑤ 운항규정
⑥ 항공운송사업의 운항증명서 사본 및 운영기준 사본
⑦ 소음기준적합증명서
⑧ 각 운항승무원의 유효한 자격증명서 및 조종사의 비행기록에 관한 자료
⑨ 무선국 허가증명서
⑩ 탑승 여객의 성명, 탑승지 및 목적지가 표시된 명부(항공운송사업용 항공기만 해당)
⑪ 해당 항공운송사업자가 발행하는 수송화물의 화물목록과 화물운송장에 명시되어 있는 세부 화물신고서류(항공운송사업용 항공기만 해당)
⑫ 해당 국가의 항공당국 간에 체결한 항공기등의 감독 의무에 관한 이전협정서요약서 사본(임대차 항공기의 경우만 해당)
⑬ 비행 전 및 각 비행 단계에서 운항승무원이 사용해야 할 점검표
⑭ 그 밖에 국토교통부장관이 정하여 고시하는 서류

57. 다음 중 방사선투사량계기를 갖추어야 할 항공기는?

㉮ 평균해면으로부터 9,600m를 초과하는 고도로 운항하려는 항공운송사업용 항공기 또는 국외를 운항하는 비행기
㉯ 평균해면으로부터 9,600m를 초과하는 고도로 운항하려는 항공운송사업용 항공기
㉰ 평균해면으로부터 15,000m를 초과하는 고도로 운항하려는 항공운송사업용 항공기 또는 국외를 운항하는 비행기
㉱ 평균해면으로부터 15,000m를 초과하는 고도로 운항하려는 항공운송사업용 항공기

해설

항공안전법 시행규칙 제116조(방사선투사량계기) 제1항 항공운송사업용 항공기 또는 국외를 운항하는 비행기가 평균해면으로부터 1만5천m(4만9천ft)를 초과하는 고도로 운항하려는 경우에는 방사선투사량계기(Radiation indicator) 1기를 갖추어야 한다.

58. 시계비행방식에 의한 비행을 하는 항공기에 갖추어야 할 항공계기는?

㉮ 정밀기압고도계
㉯ 선회계
㉰ 승강계
㉱ 외기온도계

정답 53. ㉱ 54. ㉮ 55. ㉯ 56. ㉰ 57. ㉰ 58. ㉮

59. 시계비행방식에 의한 비행을 하는 항공기에 갖추어야 할 항공계기에 속하지 않는 것은?

㉮ 나침반
㉯ 속도계
㉰ 정밀기압고도계
㉱ 승강계

해설

항공안전법 시행규칙 제117조(항공계기장치 등) 제1항 관련, 별표 16(항공계기등의 기준) 시계비행방식에 의한 비행을 하는 항공기에 갖추어야 할 항공계기는 다음과 같다.
① 나침반(Magnetic Compass)
② 시계(시, 분, 초의 표시)
③ 정밀기압고도계(항공운송사업용 비행기의 경우)
④ 기압고도계(항공운송사업용 외의 비행기의 경우)
⑤ 속도계(Airspeed Indicator)

60. 여압장치가 있는 비행기의 경우 기압저하경보장치 없이 비행해서는 안되는 비행고도는?

㉮ 376hPa 미만의 비행고도
㉯ 376hPa 이상의 비행고도
㉰ 620hPa 미만의 비행고도
㉱ 620hPa 이상의 비행고도

61. 다음 중 기압저하경보장치를 갖추어야 하는 비행기는?

㉮ 여압장치가 없는 비행기가 기내의 대기압이 620hPa 미만인 비행고도로 비행하려는 경우
㉯ 여압장치가 없는 비행기가 기내의 대기압이 376hPa 미만인 비행고도로 비행하려는 경우
㉰ 여압장치가 있는 비행기가 기내의 대기압이 620hPa 미만인 비행고도로 비행하려는 경우
㉱ 여압장치가 있는 비행기가 기내의 대기압이 376hPa 미만인 비행고도로 비행하려는 경우

해설

항공안전법 시행규칙 제114조(산소 저장 및 분배장치 등) 제2항 여압장치가 있는 비행기로서 기내의 대기압이 376헥토파스칼(hPa) 미만인 비행고도로 비행하려는 비행기에는 기내의 압력이 떨어질 경우 운항승무원에게 이를 경고할 수 있는 기압저하경보장치 1기를 장착하여야 한다.

62. 항공운송사업용 비행기가 시계비행을 할 경우 추가하여야 할 연료의 양은?

㉮ 순항속도로 30분간 더 비행할 수 있는 양
㉯ 순항속도로 45분간 더 비행할 수 있는 양
㉰ 순항속도로 60분간 더 비행할 수 있는 양
㉱ 순항속도로 90분간 더 비행할 수 있는 양

63. 프로펠러 항공기가 계기비행으로 교체비행장이 요구되는 경우 항공기에 실어야 할 연료의 양은?

㉮ 교체비행장으로부터 순항속도로 45분간 더 비행할 수 있는 연료의 양
㉯ 교체비행장으로부터 순항속도로 60분간 더 비행할 수 있는 연료의 양
㉰ 교체비행장의 상공에서 30분간 체공하는데 필요한 연료의 양
㉱ 이상사태 발생시 연료소모가 증가할 것에 대비하여 국토교통부장관이 정한 추가의 연료의 양

64. 항공운송사업 및 항공기사용사업용 헬리콥터가 시계비행을 할 경우 실어야 할 연료의 양이 아닌 것은?

㉮ 최초 착륙예정 비행장까지 비행에 필요한 양
㉯ 최초 착륙예정 비행장의 상공에서 체공속도로 2시간 동안 체공하는데 필요한 양
㉰ 최대항속속도로 20분간 더 비행할 수 있는 양
㉱ 이상사태 발생 시 연료 소모가 증가할 것에 대비하기 위하여 운항기술기준에서 정한 연료의 양

65. 항공운송사업 및 항공기사용사업용 헬리콥터가 계기비행으로 적당한 교체비행장이 없을 경우, 최초 착륙예정 비행장까지 비행에 필요한 양 이외에 추가로 필요한 연료의 양은?

정답 59. ㉱ 60. ㉮ 61. ㉱ 62. ㉯ 63. ㉮ 64. ㉯ 65. ㉱

㉮ 최대항속속도로 20분간 더 비행할 수 있는 양

㉯ 최초 착륙예정 비행장에 표준기온으로 450m(1,500ft)의 상공에서 30분간 체공하는데 필요한 양에 그 비행장에 접근하여 착륙하는데 필요한 양을 더한 양

㉰ 30분간 체공하는데 필요한 양에 그 비행장에 접근하여 착륙하는데 필요한 양을 더한 양

㉱ 최초 착륙예정 비행장의 상공에서 체공속도로 2시간 동안 체공하는데 필요한 양

해설

항공안전법 시행규칙 제119조(항공기의 연료와 오일) 관련, 별표 17(항공기에 실어야 할 연료 및 오일의 양) 항공기에 실어야 하는 연료와 오일의 양은 다음과 같다.

① 항공운송사업용 및 항공기사용사업용 비행기의 경우

구 분	연료 및 오일의 양 (왕복발동기 장착 항공기의 경우)

계기비행으로 교체비행장이 요구될 경우	1. 이륙 전에 소모가 예상되는 연료(taxi fuel)의 양
	2. 이륙부터 최초 착륙예정 비행장에 착륙할 때 까지 필요한 연료(trip fuel)의 양
	3. 이상사태 발생 시 연료 소모가 증가할 것에 대비하기 위한 것으로 운항기술기준에서 정한 연료의 양
	4. 다음의 어느 하나에 해당하는 연료의 양
	  가. 1개의 교체비행장이 요구되는 경우: 다음의 양을 더한 양
	    1) 최초 착륙예정 비행장에서 한 번의 실패접근에 필요한 양
	    2) 교체비행장까지 상승비행, 순항비행, 강하비행, 접근비행 및 착륙에 필요한 양
	  나. 2개 이상의 교체비행장이 요구되는 경우: 각각의 교체비행장에 대하여 가목에 따라 산정된 양 중 가장 많은 양
	5. 교체비행장에 도착 시 예상되는 비행기의 중량 상태에서 순항속도 및 순항고도로 45분간 더 비행할 수 있는 연료(final reserve fuel)의 양
	6. 그 밖에 비행기의 비행성능 등을 고려하여 운항기술기준에서 정한 추가 연료의 양

계기비행으로 교체비행장이 요구되지 않을 경우	1. 이륙 전에 소모가 예상되는 연료의 양
	2. 이륙부터 최초 착륙예정 비행장에 착륙할 때 까지 필요한 연료의 양
	3. 이상사태 발생 시 연료소모가 증가할 것에 대비하기 위한 것으로서 운항기술기준에서 정한 연료의 양
	4. 다음의 어느 하나에 해당하는 연료의 양
	  가. 제186조제3항제1호에 해당하는 경우: 표준대기상태에서 최초 착륙예정 비행장의 450m(1,500ft)의 상공에서 체공속도로 15분간 더 비행할 수 있는 양
	  나. 제186조제3항제2호에 해당하는 경우: 다음의 어느 하나에 해당하는 양 중 더 적은 양
	    1) 제5호에 따른 연료의 양을 포함하여 순항속도로 45분간 더 비행할 수 있는 양에 순항고도로 계획된 비행시간의 15%의 시간을 더 비행할 수 있는 양을 더한 양
	    2) 순항속도로 2시간을 더 비행할 수 있는 양
	5. 최초 착륙예정 비행장에 도착 시 예상되는 비행기 중량 상태에서 순항속도 및 순항고도로 45분간 더 비행할 수 있는 연료의 양
	6. 그 밖에 비행기의 비행성능 등을 고려하여 운항기술기준에서 정한 추가 연료의 양

시계비행을 할 경우	1. 최초 착륙예정 비행장까지 비행에 필요한 양 2. 순항속도로 45분간 더 비행할 수 있는 양

② 항공운송사업용 및 항공기사용사업용 헬리콥터의 경우

구 분	연료 및 오일의 양
시계비행을 할 경우	1. 최초 착륙예정 비행장까지 비행에 필요한 양 2. 최대항속속도로 20분간 더 비행할 수 있는 양 3. 이상사태 발생 시 연료 소모가 증가할 것에 대비하기 위한 것으로 운항기술기준에서 정한 연료의 양
계기비행으로 교체비행장이 요구될 경우	1. 최초 착륙예정 비행장까지 비행하여 한 번의 접근과 실패접근을 하는데 필요한 양 2. 교체비행장까지 비행하는 데 필요한 양 3. 표준대기 상태에서 교체비행장의 450m(1,500ft)의 상공에서 30분간 체공하는데 필요한 양에 그 비행장에 접근하여 착륙하는 데 필요한 양을 더한 양 4. 이상사태 발생 시 연료 소모가 증가할 것에 대비하기 위한 것으로서 운항기술기준에서 정한 연료의 양
계기비행으로 적당한 교체 비행장이 없을 경우	1. 최초 착륙예정 비행장까지 비행에 필요한 양 2. 최초 착륙예정 비행장의 상공에서 체공속도로 2시간 동안 체공하는데 필요한 양

66. 항공기를 야간에 비행장에 정류 또는 정박시키는 경우에 있어, 야간의 의미는?

㉮ 해가 지기 30분 전부터 해가 뜨고 30분 후까지
㉯ 해가 지기 1시간 전부터 해가 뜨고 1시간 후까지
㉰ 해가 진 뒤부터 해가 뜨기 전까지
㉱ 해가 지기 10분 전부터 해가 뜨고 10분 후까지

67. 항공기가 야간에 비행장에 정박해 있을 때 무엇으로 위치를 나타내야 하는가?

㉮ 등불   ㉯ 충돌방지등
㉰ 무선설비   ㉱ 수기

해설

항공안전법 제54조(항공기의 등불) 항공기를 운항하거나 야간(해가 진 뒤부터 해가 뜨기 전까지를 말한다.)에 비행장에 정류 또는 정박(碇泊)시키는 사람은 국토교통부령으로 정하는 바에 따라 등불로 항공기의 위치를 나타내야 한다.

68. 다음 중 야간에 항행하는 항공기의 위치를 나타내기 위한 등불이 아닌 것은?

㉮ 좌현등   ㉯ 우현등
㉰ 기수등   ㉱ 충돌방지등

정답 66. ㉰ 67. ㉮ 68. ㉰

69. 항공기가 야간에 항행하는 경우 당해 항공기의 위치를 나타내기 위하여 필요한 등불은?

㉮ 충돌방지등, 기수등, 우현등, 좌현등
㉯ 충돌방지등, 우현등, 좌현등, 미등
㉰ 충돌방지등, 기수등, 착륙등, 미등
㉱ 충돌방지등, 우현등, 좌현등, 착륙등

해설
항공안전법 시행규칙 제120조(항공기의 등불)
① 항공기가 야간에 공중·지상 또는 수상을 항행하는 경우와 비행장의 이동지역 안에서 이동하거나 엔진이 작동 중인 경우에는 우현등, 좌현등 및 미등("항행등")과 충돌방지등에 의하여 그 항공기의 위치를 나타내어야 한다.
② 항공기를 야간에 사용되는 비행장에 정류 또는 정박시키는 경우에는 해당 항공기의 항행등을 이용하여 항공기의 위치를 나타내야 한다. 다만, 비행장에 항공기를 조명하는 시설이 있는 경우에는 그러하지 아니하다.

70. 항공기 항법등의 색깔은?

㉮ 우현등 : 적색, 좌현등 : 녹색, 미등 : 백색
㉯ 우현등 : 녹색, 좌현등 : 적색, 미등 : 백색
㉰ 우현등 : 백색, 좌현등 : 녹색, 미등 : 적색
㉱ 우현등 : 적색, 좌현등 : 백색, 미등 : 녹색

71. 야간에 조명이 없는 야외 주기장에 비행기를 정류시킬 때 켜야 하는 표시등은?

㉮ 항행등
㉯ 섬광등
㉰ 유도등
㉱ 정지등

72. 항공기를 야간에 비행장에 주기 또는 정박시키는 경우 위치를 나타내기 위한 항공기의 등불 표시는?

㉮ 기수등, 우현등, 좌현등
㉯ 기수등, 우현등, 미등
㉰ 좌현등, 우현등, 미등
㉱ 기수등, 좌현등, 미등

73. 다음 중 야간에 비행장에 정류하는 항공기의 등불표시는?

㉮ 기수등, 우현등 및 좌현등
㉯ 기수등, 우현등 및 미등
㉰ 기수등, 좌현등 및 미등
㉱ 좌현등, 우현등 및 미등

74. 항공기사고, 항공기준사고 또는 항공안전장애를 발생시켰거나 발생한 것을 알게 된 경우 국토교통부장관에게 보고하여야 할 관계인이 아닌 자는?

㉮ 항공기 조종사
㉯ 항공정비사
㉰ 항공교통관제사
㉱ 항행안전시설 관리자

해설
항공안전법 시행규칙 제134조(항공안전 의무보고의 절차 등) 제3항
항공기사고, 항공기준사고 또는 의무보고 대상 항공안전장애를 발생시켰거나 발생한 것을 알게 된 항공종사자 등 관계인은 국토교통부장관에게 그 사실을 보고하여야 하며, 보고하여야 하는 항공종사자 등 관계인의 범위는 다음 각 호와 같다.
① 항공기 기장(항공기 기장이 보고할 수 없는 경우에는 그 항공기의 소유자등)
② 항공정비사(항공정비사가 보고할 수 없는 경우에는 그 항공정비사가 소속된 기관·법인 등의 대표자)
③ 항공교통관제사(항공교통관제사가 보고할 수 없는 경우 그 관제사가 소속된 항공교통관제기관의 장)
④ 공항시설을 관리·유지하는 자
⑤ 항행안전시설을 설치·관리하는 자
⑥ 위험물취급자
⑦ 항공기취급업자 중 탑재관리, 동력지원, 항공기 유도업무를 수행하는 자

75. 비행중 의무보고 대상 항공안전장애를 발생시켰거나 의무보고 대상 항공안전장애가 발생한 것을 알게 된 경우에는?

㉮ 국토교통부장관에게 즉시 보고하여야 한다.
㉯ 국토교통부장관에게 72시간 이내에 보고하여야 한다.
㉰ 국토교통부장관에게 10일 이내에 보고하여야 한다.
㉱ 국토교통부장관에게 보고할 수 있다.

정답 69. ㉯ 70. ㉯ 71. ㉮ 72. ㉰ 73. ㉱ 74. ㉮ 75. ㉯

76. 다음 항공안전장애 중 발생한 것을 알았을 경우 즉시 보고하여야 하는 경우는?

㉮ 항공기가 지상에서 운항 중 다른 항공기와 충돌한 경우
㉯ 운항 중 발동기의 연소 정지가 발생한 경우
㉰ 항공기 급유 중 인위적으로 제거하여야 하는 다량의 기름이 유출된 경우
㉱ 항공등화시설의 운영이 중단된 경우

해설

항공안전법 시행규칙 제134조(항공안전 의무보고의 절차 등) 제4항
보고서의 제출시기는 다음과 같다.
① 항공기사고 및 항공기준사고 : 즉시
② 항공안전장애
  ㉮ 별표 20의2 제1호부터 제4호까지, 제6호 및 제7호에 해당하는 의무보고 대상 항공안전장애 : 72시간 이내. 다만, 제6호가목·나목 및 마목에 해당하는 사항은 즉시 보고
  ㉯ 별표 20의2 제5호에 해당하는 의무보고 대상 항공안전장애 : 96시간 이내

77. 항공안전 자율보고에 대한 설명 중 틀린 것은?

㉮ 항공안전위해요인이 발생한 것을 안 사람 또는 발생될 것이 예상된다고 판단하는 사람은 국토교통부장관에게 보고할 수 있다.
㉯ 항공안전자율보고서 또는 국토교통부장관이 정하여 고시하는 전자적인 보고방법에 따라 국토교통부장관 또는 지방항공청장에게 보고할 수 있다.
㉰ 항공안전 자율보고를 한 사람의 의사에 반하여 보고자의 신분을 공개해서는 안된다.
㉱ 항공안전위해요인을 발생시킨 사람이 10일 이내에 보고를 한 경우에는 처벌을 해서는 안된다.

78. 항공안전위해요인을 발생시킨 경우 발생한 날부터 며칠 이내에 국토교통부장관에게 보고한 경우 처분을 해서는 안되는가?

㉮ 7일   ㉯ 10일
㉰ 15일   ㉱ 20일

79. 자율보고대상 항공안전장애 또는 항공안전위해요인을 발생시켰거나 발생한 것을 안 사람 또는 발생될 것이 예상된다고 판단하는 사람은?

㉮ 국토교통부장관에게 그 사실을 보고할 수 있다.
㉯ 발생일로부터 72시간 이내에 국토교통부장관에게 그 사실을 보고할 수 있다.
㉰ 발생일로부터 10일 이내에 국토교통부장관에게 보고하여야 한다.
㉱ 발생일로부터 10일 이내에 지방항공청장에게 보고하여야 한다.

해설

항공안전법 제61조(항공안전 자율보고)
① 누구든지 의무보고 대상 항공안전장애 외의 항공안전장애(자율보고대상 항공안전장애)를 발생시켰거나 발생한 것을 알게 된 경우 또는 항공안전위해요인이 발생한 것을 알게 되거나 발생이 의심되는 경우에는 국토교통부령으로 정하는 바에 따라 그 사실을 국토교통부장관에게 보고할 수 있다.
② 국토교통부장관은 보고(항공안전 자율보고)를 통하여 접수한 내용을 이 법에 따른 경우를 제외하고는 제3자에게 제공하거나 일반에게 공개해서는 아니 된다.
③ 국토교통부장관은 자율보고대상 항공안전장애 또는 항공안전위해요인을 발생시킨 사람이 그 발생일부터 10일 이내에 항공안전 자율보고를 한 경우에는 고의 또는 중대한 과실로 발생시킨 경우에 해당하지 아니하면 이 법 및 「공항시설법」에 따른 처분을 하여서는 아니 된다.

80. 항공안전위해요인을 보고하려는 경우 항공안전 자율보고서는 누구에게 제출하여야 하는가?

㉮ 국토교통부 항공안전장애보고위원회
㉯ 한국교통안전공단
㉰ 항공교통관제소
㉱ 지방항공청

해설

항공안전법 시행규칙 제135조(항공안전 자율보고의 절차 등) 항공안전 자율보고를 하려는 사람은 항공안전 자율보고서 또는 국토교통부장관이 정하여 고시하는 전자적인 보고방법에 따라 교통안전공단의 이사장에게 보고할 수 있다.

정답 76. ㉱ 77. ㉱ 78. ㉯ 79. ㉮ 80. ㉯

참고
■ 항공기사고 등의 구분

순번	구분	내용	보고 시기	보고서 제출	보고 구분
1	항공기 사고	사람이 비행을 목적으로 항공기에 탑승하였을 때부터 탑승한 모든 사람이 항공기에서 내릴 때까지 항공기의 운항과 관련하여 발생한 다음의 어느 하나에 해당하는 것 가. 사람의 사망·중상 또는 행방불명 나. 항공기의 파손 또는 구조적 손상 다. 항공기의 위치를 확인할 수 없거나 항공기에 접근이 불가능한 경우	즉시	국토교통부장관 또는 지방항공청장	항공 안전 의무 보고
2	항공기 준사고	항공안전에 중대한 위해를 끼쳐 항공기사고로 이어질 수 있었던 것으로서 국토교통부령으로 정하는 것	즉시	국토교통부장관 또는 지방항공청장	항공 안전 의무 보고
3	의무 보고 대상 항공 안전 장애	항공기사고, 항공기준사고 외에 항공기의 운항등과 관련하여 항공안전에 영향을 미치거나 미칠 우려가 있는 것 (항행안전무선시설 또는 항공정보통신시설의 운영이 중단된 경우에는 즉시 보고, 항공기 화재 및 고장의 경우 96시간 이내)	72시간 이내	국토교통부장관 또는 지방항공청장	항공 안전 의무 보고
4	자율보고대상 항공안전장애 또는 항공안전위해요인 (발생일로부터 10일 이내에 항공안전 자율보고를 한 경우에는 처분을 하여서는 아니 된다)			보고할 수 있다.	교통안전공단 이사장	항공 안전 자율 보고

81. 항공기 기장의 직무와 권한에 관한 설명 중 틀린 것은?

㉮ 해당 항공기의 승무원을 지휘, 감독한다.
㉯ 항공기 안에 있는 여객에 대하여 안전에 필요한 사항을 명할 수 있다.
㉰ 규정에 의한 사고가 발생한 때에는 국토교통부장관에게 보고하여야 한다.
㉱ 항공기 내에서 발생한 범죄에 대하여 사법권을 갖는다.

82. 항공기의 운항에 필요한 준비가 끝난 것을 확인하지 않고 항공기를 출발시켜 사고가 발생했다면 누구의 책임인가?

㉮ 확인 정비사 ㉯ 기장
㉰ 정비 감독자 ㉱ 항공기 소유자

83. 항공기사고가 발생한 경우 국토교통부장관에게 그 사실을 보고하여야 할 의무가 있는 자는?

㉮ 사고 항공기의 기장 또는 해당 항공기의 소유자등
㉯ 해당 항공기의 정비사
㉰ 사고 항공기의 기장
㉱ 해당 항공기의 소유자등

해설

항공안전법 제62조(기장의 권한 등)
① 항공기의 운항 안전에 대하여 책임을 지는 사람("기장")은 그 항공기의 승무원을 지휘·감독한다.
② 기장은 국토교통부령으로 정하는 바에 따라 항공기의 운항에 필요한 준비가 끝난 것을 확인한 후가 아니면 항공기를 출발시켜서는 아니 된다.
③ 기장은 항공기 또는 여객에 위난(危難)이 발생하였거나 발생할 우려가 있다고 인정될 때에는 항공기에 있는 여객에게 피난방법과 그 밖에 안전에 관하여 필요한 사항을 명할 수 있다.
④ 기장은 항행 중 그 항공기에 위난이 발생하였을 때에는 여객을 구조하고, 지상 또는 수상(水上)에 있는 사람이나 물건에 대한 위난 방지에 필요한 수단을 마련하여야 하며, 여객과 그 밖에 항공기에 있는 사람을 그 항공기에서 나가게 한 후가 아니면 항공기를 떠나서는 아니 된다.
⑤ 기장은 항공기사고, 항공기준사고 또는 의무보고 대상 항공안전 장애가 발생하였을 때에는 국토교통부령으로 정하는 바에 따라 국토교통부장관에게 그 사실을 보고하여야 한다. 다만, 기장이 보고할 수 없는 경우에는 그 항공기의 소유자등이 보고를 하여야 한다.

84. 기장은 항공기에 관한 사고가 발생한 때에는 국토교통부장관에게 그 사실을 보고해야 한다. 다음 중 보고하지 않아도 되는 경우는?

㉮ 사람의 사망, 중상 또는 행방불명
㉯ 항공기의 파손 또는 구조적 손상
㉰ 항공기의 위치를 확인할 수 없거나 항공기에 접근이 불가능한 경우
㉱ 무선설비로 다른 항공기의 추락, 충돌 또는 화재 사실을 알았을 때

정답 81. ㉱ 82. ㉯ 83. ㉮ 84. ㉱

85. 기장이 무선설비로 다른 항공기에서 항공기사고가 발생한 것을 알았을 때 취해야 할 조치사항으로 맞는 것은?

㉮ 즉시 국토교통부장관에게 그 사실을 보고하여야 한다.
㉯ 무선설비로 지방항공청장에게 보고하여야 한다.
㉰ 무선설비로 운항관리자에게 보고하여야 한다.
㉱ 보고할 필요가 없다.

해설

항공안전법 제62조(기장의 권한 등) 제6항 기장은 다른 항공기에서 항공기사고, 항공기준사고 또는 의무보고 대상 항공안전장애가 발생한 것을 알았을 때에는 국토교통부령으로 정하는 바에 따라 국토교통부장관에게 그 사실을 보고하여야 한다. 다만, 무선설비를 통하여 그 사실을 안 경우에는 그러하지 아니하다.

86. 다음 중 항공기 출발 전 기장이 확인하여야 할 사항이 아닌 것은?

㉮ 해당 항공기와 그 장비품의 정비 및 정비 결과
㉯ 해당 항공기의 운항에 필요한 기상정보
㉰ 연료 및 오일의 탑재량과 그 품질
㉱ 비행계획서의 작성 및 변경

87. 항공기 출발 전 기장이 항공기와 그 장비품의 정비 및 정비결과를 확인하는 경우 점검하여야 할 사항이 아닌 것은?

㉮ 항공일지 및 정비에 관한 기록의 점검
㉯ 연료 및 윤활유의 탑재량과 그 품질에 대한 점검
㉰ 항공기의 외부점검
㉱ 발동기의 지상 시운전 점검

해설

항공안전법 시행규칙 제136조(출발 전의 확인) 제1항 항공기를 출발시키기 전에 기장이 확인하여야 할 사항은 다음과 같다.
① 해당 항공기의 감항성 및 등록 여부와 감항증명서 및 등록증명서의 탑재
② 해당 항공기의 운항을 고려한 이륙중량, 착륙중량, 중심위치 및 중량분포
③ 예상되는 비행조건을 고려한 의무무선설비 및 항공계기등의 장착
④ 해당 항공기의 운항에 필요한 기상정보 및 항공정보
⑤ 연료 및 오일의 탑재량과 그 품질
⑥ 위험물을 포함한 적재물의 적절한 분배 여부 및 안전성
⑦ 해당 항공기와 그 장비품의 정비 및 정비 결과
  ㉮ 항공일지 및 정비에 관한 기록의 점검
  ㉯ 항공기의 외부 점검
  ㉰ 발동기의 지상 시운전 점검
  ㉱ 그 밖에 항공기의 작동사항 점검
⑧ 그 밖에 항공기의 안전운항을 위하여 국토교통부장관이 필요하다고 인정하여 고시하는 사항

88. 항공운송사업에 사용되는 항공기의 기장은 항공기를 출발시키거나 그 비행계획을 변경하고자 하는 경우에 누구의 승인을 받아야 하는가?

㉮ 국토교통부장관   ㉯ 지방항공청장
㉰ 운항관리사   ㉱ 항공교통관제사

89. 항공운송사업에 사용되는 항공기를 출발시키거나 그 비행계획을 변경하고자 하는 경우에는?

㉮ 운항관리사의 승인은 필요하지 않다.
㉯ 운항관리사의 승인만 있으면 된다.
㉰ 해당 항공기의 기장과 운항관리사의 의견이 일치해야 한다.
㉱ 해당 항공기의 기장이 결정한다.

해설

항공안전법 제65조(운항관리사) 제2항 운항관리사를 두어야 하는 자가 운항하는 항공기의 기장은 항공기를 출발시키거나 비행계획을 변경하려는 경우에는 운항관리사의 승인을 받아야 한다.
[참조] 따라서, 항공기의 성능이나 기상상황 등으로 판단하여 기장이 출발할 것을 결심하여도 운항관리사가 그 출발을 승인하지 않은 경우에는 출발을 하지 못한다. 그러나 반대로 운항관리사가 기장에게 출발을 강요할 수는 없으므로 항공기는 양자의 의견이 일치하지 않는 한 출발을 하지 못한다.

90. 다음 중 비행장이 아닌 곳에서 이착륙이 가능한 항공기는?

㉮ 헬리콥터   ㉯ 항공우주선
㉰ 활공기   ㉱ 경량항공기

정답 85. ㉱ 86. ㉱ 87. ㉯ 88. ㉰ 89. ㉰ 90. ㉰

해설

항공안전법 제66조(항공기 이륙·착륙의 장소) 누구든지 항공기(활공기와 비행선은 제외)를 비행장이 아닌 곳에서 이륙하거나 착륙하여서는 아니 된다. 다만 다음의 경우에는 그러하지 아니하다.
① 안전과 관련한 비상상황 등 불가피한 사유가 있는 경우로서 국토교통부장관의 허가를 받은 경우
② 국토교통부장관이 발급한 운영기준에 따르는 경우

91. 다음 중 국토교통부령으로 정하는 "긴급한 업무"의 항공기가 아닌 것은?

㉮ 재난, 재해 등으로 인한 수색, 구조 항공기
㉯ 응급환자의 수송 등 구조, 구급활동 항공기
㉰ 자연 재해 발생 시의 긴급복구 항공기
㉱ 긴급 구호물자 수송 항공기

92. 다음 중 긴급한 업무를 수행하기 위하여 운항하는 항공기에 포함되지 않는 것은?

㉮ 재난, 재해 등으로 인한 수색, 구조
㉯ 응급환자의 수송
㉰ 범인체포 수송
㉱ 화재의 진화

해설

항공안전법 시행규칙 제207조(긴급항공기의 지정) 제1항 "응급환자의 수송 등 국토교통부령으로 정하는 긴급한 업무"란 다음의 어느 하나에 해당하는 업무를 말한다.
① 재난·재해 등으로 인한 수색·구조
② 응급환자의 수송 등 구조·구급활동
③ 화재의 진화
④ 화재의 예방을 위한 감시활동
⑤ 응급환자를 위한 장기(臟器) 이송
⑥ 그 밖에 자연재해 발생 시의 긴급복구

93. 긴급항공기 지정 취소처분을 받은 자는 취소처분을 받은 날부터 얼마 이내에는 긴급항공기의 지정을 받을 수 없는가?

㉮ 6개월   ㉯ 1년
㉰ 2년   ㉱ 3년

해설

항공안전법 제69조(긴급항공기의 지정 등) 제5항. 긴급항공기의 지정 취소처분을 받은 자는 취소처분을 받은 날부터 2년 이내에는 긴급항공기의 지정을 받을 수 없다.

94. 비행장 안의 이동지역에서 항공기의 지상이동 시 준수하여야 할 사항과 관계없는 것은?

㉮ 정면 또는 이와 유사하게 접근하는 항공기 상호간에는 각각 오른쪽으로 진로를 바꿀 것
㉯ 교차하거나 이와 유사하게 접근하는 항공기 상호간에는 다른 항공기를 우측으로 보는 항공기가 진로를 양보할 것
㉰ 신속히 활주로로 이동하여 보고를 하고 이륙할 것
㉱ 관제탑의 지시가 없는 경우에는 활주로진입전대기지점에서 정지, 대기할 것

해설

항공안전법 시행규칙 제162조(항공기의 지상이동) 비행장 안의 이동지역에서 이동하는 항공기는 충돌예방을 위하여 다음의 기준에 따라야 한다.
① 정면 또는 이와 유사하게 접근하는 항공기 상호간에는 모두 정지하거나 가능한 경우에는 충분한 간격이 유지되도록 각각 오른쪽으로 진로를 바꿀 것
② 교차하거나 이와 유사하게 접근하는 항공기 상호간에는 다른 항공기를 우측으로 보는 항공기가 진로를 양보할 것
③ 앞지르기하는 항공기는 다른 항공기의 통행에 지장을 주지 않도록 충분한 분리 간격을 유지할 것
④ 기동지역에서 지상이동하는 항공기는 관제탑의 지시가 없는 경우에는 활주로진입전대기지점(Runway Holding Position)에서 정지·대기할 것
⑤ 기동지역에서 지상이동하는 항공기는 정지선등(Stop Bar Lights)이 켜져 있는 경우에는 정지·대기하고, 정지선등이 꺼질 때에 이동할 것

95. 다음 중 교차하거나 그와 유사하게 접근하는 항공기 상호간에 통행의 우선순위가 가장 빠른 것은?

㉮ 비행선   ㉯ 기구류
㉰ 헬리콥터   ㉱ 활공기

정답 91. ㉱ 92. ㉰ 93. ㉰ 94. ㉰ 95. ㉯

96. 충돌방지를 위하여 교차하거나 그와 유사하게 접근하는 항공기 상호간 통행의 우선순위로 맞는 것은?

㉮ 기구류 - 비행선 - 활공기 - 동력항공기
㉯ 기구류 - 활공기 - 비행선 - 동력항공기
㉰ 비행선 - 활공기 - 기구류 - 동력항공기
㉱ 비행선 - 기구류 - 활공기 - 동력항공기

97. 충돌방지를 위한 항공기 상호간에 통행의 우선순위에 대한 설명 중 잘못된 것은?

㉮ 비행기, 헬리콥터는 비행선, 기구류 및 활공기에 진로를 양보할 것
㉯ 비행기, 헬리콥터, 비행선은 항공기 또는 물건을 예항하는 다른 항공기에 진로를 양보할 것
㉰ 비행선은 기구류 및 활공기에 진로를 양보할 것
㉱ 기구류는 활공기에 진로를 양보할 것

98. 비행 중 교차하거나 그와 유사하게 접근하는 동순위의 항공기 상호간에 있어서 진로의 양보는?

㉮ 다른 항공기를 상방으로 보는 항공기가 진로를 양보한다.
㉯ 다른 항공기를 하방으로 보는 항공기가 진로를 양보한다.
㉰ 다른 항공기를 우측으로 보는 항공기가 진로를 양보한다.
㉱ 다른 항공기를 좌측으로 보는 항공기가 진로를 양보한다.

[해설]

항공안전법 시행규칙 제166조(통행의 우선순위) 교차하거나 그와 유사하게 접근하는 고도의 항공기 상호간에는 다음에 따라 진로를 양보해야 한다.
① 비행기·헬리콥터는 비행선, 활공기 및 기구류에 진로를 양보할 것
② 비행기·헬리콥터·비행선은 항공기 또는 물건을 예항(曳航)하는 다른 항공기에 진로를 양보할 것
③ 비행선은 활공기 및 기구류에 진로를 양보할 것
④ 활공기는 기구류에 진로를 양보할 것
⑤ ①부터 ④까지의 경우를 제외하고는 다른 항공기를 우측으로 보는 항공기가 진로를 양보할 것

99. 정면 또는 이와 유사하게 접근하는 항공기 상호간에 있어서는 서로 기수를 어느 쪽으로 돌려야 하는가?

㉮ 우측으로 돌린다.   ㉯ 좌측으로 돌린다.
㉰ 상방으로 돌린다.   ㉱ 하방으로 돌린다.

100. 전방에 비행중인 항공기를 추월할 때 추월방향은?

㉮ 우측으로 추월한다.   ㉯ 좌측으로 추월한다.
㉰ 위쪽으로 추월한다.   ㉱ 아래쪽으로 추월한다.

101. 후방 좌우 70도 미만의 각도에서 전방의 항공기를 추월하고자 하는 항공기는?

㉮ 추월당하는 항공기의 위쪽을 통과하여야 한다.
㉯ 추월당하는 항공기의 아래쪽을 통과하여야 한다.
㉰ 추월당하는 항공기의 오른쪽을 통과하여야 한다.
㉱ 추월당하는 항공기의 왼쪽을 통과하여야 한다.

[해설]

항공안전법 시행규칙 제167조(진로와 속도 등) 제3항, 제4항
① 두 항공기가 충돌할 위험이 있을 정도로 정면 또는 이와 유사하게 접근하는 경우에는 서로 기수(機首)를 오른쪽으로 돌려야 한다.
② 다른 항공기의 후방 좌·우 70도 미만의 각도에서 그 항공기를 앞지르기(상승 또는 강하에 의한 앞지르기를 포함한다)하려는 항공기는 앞지르기당하는 항공기의 오른쪽을 통과해야 한다. 이 경우 앞지르기하는 항공기는 앞지르기당하는 항공기와 간격을 유지하며, 앞지르기당하는 항공기의 진로를 방해해서는 안 된다.

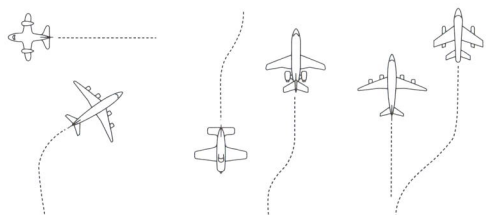

<상호 교차하는 경우> <정면으로 접근하는 경우> <추월하는 경우>

[정답] 96. ㉯ 97. ㉱ 98. ㉰ 99. ㉮ 100. ㉮ 101. ㉰

102. 항공기가 활공기를 예항하는 경우 안전상의 기준이 아닌 것은?

㉮ 야간에 예항을 하지 말 것
㉯ 예항줄 길이의 80%에 상당하는 고도 이상의 고도에서 예항줄을 이탈시킬 것
㉰ 예항줄의 길이는 80m 내지 120m로 할 것
㉱ 항공기에는 연락원을 탑승시킬 것

해설

항공안전법 시행규칙 제171조(활공기 등의 예항) 항공기가 활공기를 예항하는 경우에는 다음의 기준에 따라야 한다.
① 항공기에 연락원을 탑승시킬 것(조종자를 포함하여 2명 이상이 탈 수 있는 항공기의 경우만 해당하며, 그 항공기와 활공기 간에 무선통신으로 연락이 가능한 경우는 제외)
② 예항하기 전에 항공기와 활공기의 탑승자 사이에 다음에 관하여 상의할 것
  ㉮ 출발 및 예항의 방법
  ㉯ 예항줄 이탈의 시기·장소 및 방법
  ㉰ 연락신호 및 그 의미
  ㉱ 그 밖에 안전을 위하여 필요한 사항
③ 예항줄의 길이는 40m 이상 80m 이하로 할 것
④ 지상연락원을 배치할 것
⑤ 예항줄 길이의 80%에 상당하는 고도 이상의 고도에서 예항줄을 이탈시킬 것
⑥ 구름 속에서나 야간에는 예항을 하지 말 것(지방항공청장의 허가를 받은 경우는 제외)

103. 무선통신이 두절된 상태에서 비행 중 관제탑으로부터 연속 녹색신호를 받았다. 이것은 무엇을 의미하는가?

㉮ 착륙을 취소하라   ㉯ 선회하며 대기하라
㉰ 착륙하라   ㉱ 진로를 양보하라

104. 지상 활주중인 항공기가 관제탑에서 연속되는 붉은색 신호를 받았다. 이것을 본 직후에 취해야 할 행동은?

㉮ 정지한다.
㉯ 즉시 이륙한다.
㉰ 착륙지역에서 벗어난다.
㉱ 이륙을 준비한다.

105. 관제탑과 항공기와의 무선통신이 두절된 경우 관제탑에서 비행중인 항공기에 보내는 깜박이는 흰색신호의 의미는?

㉮ 착륙하지 말 것
㉯ 진로를 양보하고 계속 선회할 것
㉰ 착륙을 준비할 것
㉱ 착륙하여 계류장으로 갈 것

106. 관제탑과 항공기간의 무선통신이 두절된 경우 빛총신호의 종류와 그 의미가 잘못된 것은?

㉮ 비행중인 항공기에 보내는 연속되는 녹색신호 – 착륙을 허가함
㉯ 비행중인 항공기에 보내는 연속되는 적색신호 – 착륙하지 말 것
㉰ 지상에 있는 항공기에 보내는 연속되는 녹색신호 – 이륙을 허가함
㉱ 지상에 있는 항공기에 보내는 연속되는 적색신호 – 정지할 것

해설

항공안전법 시행규칙 제194조 관련, 별표 26(신호)의 제5호 가목(빛총신호)
무선통신 두절시 빛총신호의 종류 및 의미는 다음 표와 같다.

신호의 종류	의미		
	비행중인 항공기	지상에 있는 항공기	차량·장비 및 사람
연속되는 녹색	착륙을 허가함	이륙을 허가함	–
연속되는 붉은색	다른 항공기에 진로를 양보하고 계속 선회할 것	정지할 것	정지할 것
깜박이는 녹색	착륙을 준비할 것	지상이동을 허가함	통과하거나 진행할 것
깜박이는 붉은색	비행장이 불안전하니 착륙하지 말 것	사용중인 착륙지역으로부터 벗어날 것	활주로 또는 유도로에서 벗어날 것
깜박이는 흰색	착륙하여 계류장으로 갈 것	비행장 안의 출발지점으로 돌아갈 것	–

정답 102. ㉰ 103. ㉰ 104. ㉮ 105. ㉱ 106. ㉯

107. 다음 중 긴급항공기 지정신청서에 적어야 할 사항이 아닌 것은?

㉮ 항공기의 형식 및 등록부호
㉯ 긴급한 업무의 종류
㉰ 항공기 장착장비 및 정비방식
㉱ 긴급한 업무수행에 관한 업무규정

해설

항공안전법 시행규칙 제207조(긴급항공기의 지정) 제3항 긴급항공기 지정을 받으려는 자는 다음의 사항을 적은 긴급항공기 지정신청서를 지방항공청장에게 제출하여야 한다.
① 성명 및 주소
② 항공기의 형식 및 등록부호
③ 긴급한 업무의 종류
④ 긴급한 업무 수행에 관한 업무규정 및 항공기 장착장비
⑤ 조종사 및 긴급한 업무를 수행하는 사람에 대한 교육훈련 내용
⑥ 그 밖에 참고가 될 사항

108. 항공기에 의하여 폭발성이나 연소성이 높은 물건 등을 운송하고자 하는 경우 누구의 허가를 받아야 하는가?

㉮ 국토교통부장관   ㉯ 항공교통본부장
㉰ 지방항공청장   ㉱ 기장

109. 항공기에 의하여 운송하고자 하는 경우, 국토교통부장관의 허가를 받아야 하는 품목이 아닌 것은?

㉮ 가연성 물질류
㉯ 비밀문서 및 불온문서
㉰ 인화성 액체
㉱ 산화성 물질류

해설

항공안전법 제70조(위험물 운송 등) 제1항, 시행규칙 제209조(위험물 운송허가등)
① 항공기를 이용하여 폭발성이나 연소성이 높은 물건 등 국토교통부령으로 정하는 위험물("위험물")을 운송하고자 하는 자는 국토교통부령으로 정하는 바에 따라 국토교통부장관의 허가를 받아야 한다.
② "국토교통부령으로 정하는 위험물"이란 다음과 같다.
 ㉮ 폭발성 물질
 ㉯ 가스류
 ㉰ 인화성 액체
 ㉱ 가연성 물질류
 ㉲ 산화성 물질류
 ㉳ 독물류
 ㉴ 방사성 물질류
 ㉵ 부식성 물질류
 ㉶ 그 밖에 국토교통부장관이 정하여 고시하는 물질류

110. 다음 중 운항 중에 전자기기의 사용을 제한할 수 있는 항공기는?

㉮ 시계비행방식으로 비행중인 항공기
㉯ 계기비행방식으로 비행중인 항공기
㉰ 응급환자를 후송중인 항공기
㉱ 화재진압 임무중인 항공기

111. 운항 중에 사용이 제한되는 전자기기는?

㉮ 휴대용 음성녹음기   ㉯ 보청기
㉰ 전기면도기   ㉱ 개인 휴대전화기

해설

항공안전법 시행규칙 제214조(전자기기의 사용제한) 운항 중에 전자기기의 사용을 제한할 수 있는 항공기와 사용이 제한되는 전자기기의 품목은 다음과 같다.
① 다음의 어느 하나에 해당하는 항공기
 ㉮ 항공운송사업용으로 비행 중인 항공기
 ㉯ 계기비행방식으로 비행 중인 항공기
② 다음 품목 외의 전자기기
 ㉮ 휴대용 음성녹음기
 ㉯ 보청기
 ㉰ 심장박동기
 ㉱ 전기면도기
 ㉲ 그 밖에 항공운송사업자 또는 기장이 항공기 제작회사의 권고 등에 따라 해당 항공기에 전자파 영향을 주지 아니한다고 인정한 휴대용 전자기기

112. 다음 중 항공교통업무의 목적이 아닌 것은?

㉮ 항공기 간의 충돌방지
㉯ 항공기와 장애물 간의 충돌방지
㉰ 항공교통의 질서유지 및 촉진
㉱ 전파에 의한 항공기 항행의 지원

정답 107. ㉰ 108. ㉮ 109. ㉯ 110. ㉯ 111. ㉱ 112. ㉱

해설

항공안전법 시행규칙 제228조(항공교통업무의 목적 등) 제1항 항공교통업무는 다음 사항을 주된 목적으로 한다.
① 항공기 간의 충돌방지
② 기동지역 안에서 항공기와 장애물 간의 충돌방지
③ 항공교통흐름의 질서유지 및 촉진
④ 항공기의 안전하고 효율적인 운항을 위하여 필요한 조언 및 정보의 제공
⑤ 수색·구조를 필요로 하는 항공기에 대한 관계기관에의 정보 제공 및 협조

113. 여객운송에 사용되는 항공기에 탑승시켜야 할 항공종사자는?

㉮ 기장과 기장 외의 조종사
㉯ 항공기관사
㉰ 항공사
㉱ 운항관리사

114. 다음 중 항행의 안전을 위해 기장과 기장 외의 조종사를 탑승시켜야 하는 경우는?

㉮ 구조상 조종사 단독으로는 발동기와 기체의 취급을 할 수 없는 항공기
㉯ 비행교범에 따라 항공기의 운항을 위하여 2명 이상의 조종사가 필요한 항공기
㉰ 무착륙으로 550km 이상의 구간을 비행하는 항공기
㉱ 최대이륙중량 35,000kg 이상의 항공기

115. 다음 중 조종사 외에 항공기관사를 탑승시켜야 할 항공기는?

㉮ 4기 이상의 발동기를 가지고, 최대이륙중량이 35,000kg 이상인 항공기
㉯ 착륙하지 아니하고 550km 이상의 구간을 비행하는 항공기
㉰ 구조상 조종사 단독으로 발동기 및 기체를 완전히 취급할 수 없는 항공기
㉱ 여객운송에 사용되는 항공기

116. 항공기에 탑승시켜야 할 항공종사자에 대한 설명 중 틀린 것은?

㉮ 착륙하지 아니하고 550km 이상의 구간을 비행하는 항공기 - 항공사
㉯ 구조상 조종사 단독으로는 발동기 및 기체를 완전히 취급할 수 없는 항공기 - 항공기관사
㉰ 항공안전법 제51조에 따라 무선설비를 갖추고 비행하는 항공기 - 무선종사자 기술자격증을 가진 조종사
㉱ 여객운송에 사용되는 항공기 - 운항관리사

117. 다음 중 조종사 외에 항공사를 탑승시켜야 할 경우는?

㉮ 여객운송에 사용되는 항공기로서 비행시간이 5시간을 초과하는 항공기
㉯ 착륙하지 아니하고 550km 이상의 구간을 비행하는 항공기
㉰ 구조상 조종사 단독으로는 발동기 및 기체를 완전히 취급할 수 없는 항공기
㉱ 여객운송에 사용되는 항공기로서 계기비행방식에 의하여 비행하는 항공기

해설

항공안전법 시행규칙 제218조(승무원 등의 탑승 등) 제1항 제1호
항공기에 태워야 할 승무원은 항공기의 구분에 따라 다음 표에서 정하는 운항승무원으로 한다.

항 공 기	탑승시켜야 할 운항승무원
비행교범에 따라 항공기 운항을 위하여 2명 이상의 조종사가 필요한 항공기	조종사 (기장과 기장 외의 조종사)
여객운송에 사용되는 항공기	
인명구조, 산불진화 등 특수임무를 수행하는 쌍발 헬리콥터	
구조상 단독으로 발동기 및 기체를 완전히 취급할 수 없는 항공기	조종사 및 항공기관사
법 제51조에 따라 무선설비를 갖추고 비행하는 항공기	무선종사자 기술자격증을 가진 조종사 1명
착륙하지 아니하고 550km 이상의 구간을 비행하는 항공기	조종사 및 항공사

정답 113. ㉮ 114. ㉯ 115. ㉰ 116. ㉱ 117. ㉯

118. 여객운송에 사용되는 항공기로 승객을 운송하는 경우, 장착좌석수가 51석 이상 100석 이하일 때 항공종사자 외에 객실에 탑승시켜야 할 객실승무원 수는?

㉮ 1명
㉯ 2명
㉰ 3명
㉱ 4명

해설

항공안전법 시행규칙 제218조(승무원 등의 탑승 등) 제1항 제2호 여객운송에 사용되는 항공기로 승객을 운송하는 경우에는 항공기에 장착된 승객의 좌석 수에 따라 그 항공기의 객실에 다음 표에서 정하는 수 이상의 객실승무원을 태워야 한다.

장착된 좌석 수	객실승무원 수
20석 이상 50석 이하	1명
51석 이상 100석 이하	2명
101석 이상 150석 이하	3명
151석 이상 200석 이하	4명
201석 이상	5명에 좌석 수 50석을 추가할 때 마다 1명씩 추가

119. 항공기 안전운항을 위하여 국토교통부장관이 고시하는 운항기술기준에 포함되는 사항이 아닌 것은?

㉮ 항공기 운항
㉯ 항공종사자의 훈련
㉰ 항공기 계기 및 장비
㉱ 항공운송사업의 운항증명 및 관리

해설

항공안전법 제77조(항공기 안전운항을 위한 운항기술기준) 국토교통부장관은 항공기 안전운항을 확보하기 위하여 이 법과 「국제민간항공협약」및 같은 협약 부속서에서 정한 범위에서 다음의 사항이 포함된 운항기술기준을 정하여 고시할 수 있다.
① 자격증명
② 항공훈련기관
③ 항공기 등록 및 등록부호 표시
④ 항공기 감항성
⑤ 정비조직인증기준
⑥ 항공기 계기 및 장비
⑦ 항공기 운항
⑧ 항공운송사업의 운항증명 및 관리
⑨ 그 밖에 안전운항을 위하여 필요한 사항으로서 국토교통부령으로 정하는 사항

제6절 항공운송사업등

01. 항공운송사업자가 운항을 시작하기 전에 국토교통부장관으로부터 인력, 장비, 시설, 운항관리지원 및 정비관리지원 등 안전운항체계에 대하여 받아야 하는 것은?

㉮ 운항증명
㉯ 항공운송사업면허
㉰ 운항개시증명
㉱ 항공운송사업증명

해설

항공안전법 제90조(항공운송사업의 운항증명) 제1항. 항공운송사업자는 운항을 시작하기 전까지 국토교통부령으로 정하는 기준에 따라 인력, 장비, 시설, 운항관리지원 및 정비관리지원 등 안전운항체계에 대하여 국토교통부장관의 검사를 받은 후 운항증명을 받아야 한다.

02. 국토교통부장관 또는 지방항공청장은 운항증명 신청이 있을 때 며칠 이내로 운항증명 검사계획을 수립하여 신청인에게 통보하여야 하는가?

㉮ 7일
㉯ 10일
㉰ 12일
㉱ 15일

해설

항공안전법 시행규칙 제257조(운항증명의 신청 등) 제2항 국토교통부장관 또는 지방항공청장은 운항증명의 신청을 받으면 10일 이내에 운항증명검사계획을 수립하여 신청인에게 통보하여야 한다.

03. 국내 및 국제항공운송사업자의 운항증명을 하기 위한 검사의 구분은?

㉮ 상태검사, 서류검사
㉯ 현장검사, 서류검사
㉰ 상태검사, 현장검사
㉱ 현장검사, 시설검사

정답 118. ㉯ 119. ㉱ [제6절] 01. ㉮ 02. ㉯ 03. ㉯

04. 운항증명의 서류검사 기준이 아닌 것은?

㉮ 조직, 인력의 구성, 업무분장 및 책임
㉯ 종사자 훈련 교과목 운영계획
㉰ 항공법규 준수의 이행 서류
㉱ 항공종사자 자격증명 검사

05. 운항증명을 위한 검사기준 중 현장검사 기준이 아닌 것은?

㉮ 지상의 고정 및 이동 시설, 장비 검사
㉯ 운항통제조직의 운영
㉰ 종사자 훈련 교과목 운영
㉱ 기록 유지관리 검사

06. 운항증명을 위한 현장검사 중 정비검사 시스템의 운영검사 기준은?

㉮ 통제, 감독 및 임무배정 등이 안전운항을 위하여 적절하게 부여되어 있을 것
㉯ 정비방법, 기준 및 검사절차 등이 적합하게 갖추어져 있을 것
㉰ 지상시설, 장비, 인력 및 훈련 프로그램 등이 적합하게 갖추어져 있을 것
㉱ 정비사의 자격증명 소지 등 자격관리가 적절히 이루어지고 있을 것

[해설]
항공안전법 시행규칙 제258조(운항증명을 위한 검사기준), 별표 33 참조 국내항공운송사업자와 국제항공운송사업자의 운항증명을 하기 위한 검사는 서류검사와 현장검사로 구분하여 실시하며, 그 검사기준은 다음과 같다.

서류검사 기준	현장검사 기준
1. 제출한 사업계획서 내용의 추진일정	1. 지상의 고정 및 이동시설·장비 검사
2. 조직·인력의 구성, 업무분장 및 책임	2. 운항통제조직의 운영
3. 항공법규 준수의 이행 서류 및 이를 증명하는 서류	3. 정비검사시스템의 운영 : 정비방법·기준 및 검사절차 등이 적합하게 갖추어져 있을 것
4. 항공기 또는 운항·정비와 관련된 시설·장비 등의 구매·약 또는 임차 서류	4. 항공종사자 자격증명 검사
5. 종사자 훈련 교과목 운영계획	5. 훈련프로그램 평가
6. 교범	6. 비상탈출 시현
7. 승객 브리핑카드	7. 비상착수 시현
8. 급유·재급유·배유절차	8. 기록 유지·관리 검사
9. 비상구열 좌석 절차	9. 항공기 운항검사
10. 약물 및 주류등 통제절차	10. 객실승무원 직무능력 평가
11. 운영기준에 포함될 자료	11. 항공기 적합성 검사
12. 비상탈출 시현계획	12. 주요 간부직원에 대한 직무지식에 관한 인터뷰
13. 항공기 운항 검사계획	
14. 환경영향평가서	
15. 훈련계약에 관한 사항	
16. 정비규정	
17. 그 밖에 국토교통부장관이 정하는 사항	

07. 항공기 안전운항을 확보하기 위한 운영기준 변경시 언제부터 적용되는가?

㉮ 변경 후 바로
㉯ 7일 이후
㉰ 30일 이후
㉱ 국토교통부장관이 고시한 날

[해설]
항공안전법 시행규칙 제261조(운영기준의 변경 등) 제2항 변경된 운영기준은 안전운항을 위하여 긴급히 요구되거나 운항증명 소지자가 이의를 제기하는 경우가 아니면 발급받은 날부터 30일 이후에 적용된다.

08. 항공기의 운항 및 정비에 관한 운항규정 및 정비규정은 누가 제정하는가?

㉮ 국토교통부장관
㉯ 항공기 제작사
㉰ 항공사 사장
㉱ 지방항공청장

09. 항공운송사업자가 인가를 받은 운항규정 또는 정비규정을 변경하려는 경우의 규정으로 맞는 것은?

㉮ 국토교통부장관의 허가를 받아야 한다.
㉯ 국토교통부장관의 인가를 받아야 한다.
㉰ 국토교통부장관의 승인을 받아야 한다.
㉱ 국토교통부장관에게 신고하여야 한다.

정답 04. ㉱ 05. ㉰ 06. ㉯ 07. ㉰ 08. ㉰ 09. ㉱

해설

항공안전법 제93조(항공운송사업자의 운항규정 및 정비규정)

① 항공운송사업자는 운항을 시작하기 전까지 국토교통부령으로 정하는 바에 따라 항공기의 운항에 관한 운항규정 및 정비에 관한 정비규정을 마련하여 국토교통부장관의 인가를 받아야 한다. 다만, 운항규정 및 정비규정을 운항증명에 포함하여 운항증명을 받은 경우에는 그러하지 아니하다.

② 항공운송사업자는 인가를 받은 운항규정 또는 정비규정을 변경하려는 경우에는 국토교통부령으로 정하는 바에 따라 국토교통부장관에게 신고하여야 한다. 다만, 최소장비목록, 승무원 훈련 프로그램 등 국토교통부령으로 정하는 중요사항을 변경하려는 경우에는 국토교통부장관의 인가를 받아야 한다.

10. 다음 중 운항규정에 포함되어야 할 사항이 아닌 것은?

㉮ 항공기 운항정보 ㉯ 훈련
㉰ 최저장비목록 ㉱ 지역, 노선 및 비행장

11. 다음 중 정비규정의 내용이 아닌 것은?

㉮ 정비일지의 종류 및 양식
㉯ 훈련방법
㉰ 정비를 하려는 범위
㉱ 정비방법 및 절차

12. 다음 중 정비규정의 기재사항이 아닌 것은?

㉮ 항공기의 감항성을 유지하기 위한 정비 및 검사 프로그램
㉯ 중량 및 평형 계측 절차
㉰ 정비에 종사하는 자의 훈련방법
㉱ 항공기의 조작 및 점검방법

13. 다음 중 정비규정에 포함되어야 할 사항이 아닌 것은?

㉮ 감항성을 유지하기 위한 정비프로그램
㉯ 품질관리방법 및 절차
㉰ 신뢰성 관리절차
㉱ 항공기의 운용방법 및 한계

해설

항공안전법 시행규칙 제266조(운항규정과 정비규정의 인가 등) 제2항 관련 별표 36, 별표 37 참조 운항규정과 정비규정에 포함되어야 할 사항은 다음과 같다.

운항규정	정비규정
1. 비행기를 이용하여 항공운송사업 또는 항공기사용사업을 하려고 하는 자 가. 일반사항(General) 나. 항공기 운항정보 다. 지역, 노선 및 비행장 라. 훈련(Training) 2. 헬리콥터를 이용하여 항공운송사업 또는 항공기사용사업을 하려고 하는 자 가. 일반사항(General) 나. 항공기 운항정보 다. 노선 및 비행장 라. 훈련(Training)	1. 일반사항 2. 항공기를 정비하는 자의 직무와 정비조직 3. 정비에 종사하는 사람의 훈련방법 4. 정비시설에 관한 사항 5. 항공기의 감항성을 유지하기 위한 정비프로그램 6. 항공기 검사프로그램 7. 항공기등의 품질관리 절차 8. 항공기등의 기술관리 절차 9. 항공기등, 장비품 및 부품의 정비방법 및 절차 10. 정비 매뉴얼, 기술문서 및 정비기록물의 관리방법 11. 자재, 장비 및 공구관리에 관한 사항 12. 안전 및 보안에 관한 사항 13. 그 밖에 항공운송사업자 또는 항공기사용사업자가 필요하다고 판단하는 사항

14. 항공기정비업 등록자가 국토교통부령으로 정하는 정비등을 하고자 하는 경우 받아야 하는 것은?

㉮ 정비조직인증 ㉯ 안전성인증
㉰ 수리, 개조승인 ㉱ 형식승인

15. 항공기, 장비품 또는 부품에 대하여 국토교통부령이 정하는 정비등을 하고자 하는 경우 국토교통부장관의 정비조직인증을 받아야 하는 자는?

㉮ 국제항공운송사업자
㉯ 소형항공운송사업자
㉰ 항공기사용사업자
㉱ 항공기정비업자

해설

항공안전법 제97조(정비조직인증 등) 제1항 대한민국 국적을 취득한 항공기와 이에 사용되는 발동기, 프로펠러, 장비품 또는 부품의 정비등의 업무 등 국토교통부령으로 정하는 업무를 하려는 항공기정비업자 또는 외국의 항공기정비업자는 그 업무를 시작하기 전까지 국토교통부장관이 정하여 고시하는 인력, 설비 및 검사체계 등에 관한 기준("정비조직인증기준")에 적합한 인력, 설비 등을 갖추어 국토교통부장관의 인증("정비조직인증")을 받아야 한다. 다만, 대한민

정답 10. ㉰ 11. ㉮ 12. ㉱ 13. ㉱ 14. ㉮ 15. ㉱

국과 정비조직인증에 관한 항공안전협정을 체결한 국가로부터 정비조직인증을 받은 자는 국토교통부장관의 정비조직인증을 받은 것으로 본다.

에 관하여 상당한 주의의무를 게을리 함으로써 항공기사고가 발생한 경우
⑤ 이 조에 따른 효력정지기간에 업무를 한 경우

16. 소유자등이 항공기, 장비품 또는 부품에 대한 정비를 위탁하려고 하는 경우, 누구에게 위탁하여야 하는가?

㉮ 제작증명을 받은 제작자
㉯ 정비조직인증을 받은 자
㉰ 항공기, 장비품 또는 부품의 수리, 개조승인을 받은 자
㉱ 부품등제작자증명을 받은 자

해설

항공안전법 제32조(항공기등의 정비등의 확인) 제2항 소유자등은 항공기등, 장비품 또는 부품에 대한 정비등을 위탁하려는 경우에는 정비조직인증을 받은 자 또는 그 항공기등, 장비품 또는 부품을 제작한 자에게 위탁하여야 한다.

17. 다음 중 정비조직인증을 취소하여야 하는 경우는?

㉮ 부정한 방법으로 정비조직인증을 받은 경우
㉯ 정당한 사유없이 정비조직인증기준을 위반한 경우
㉰ 고의 또는 중대한 과실에 의하여 항공기사고가 발생한 경우
㉱ 승인을 받지 아니하고 국토교통부령으로 정하는 중요사항을 변경한 경우

해설

항공안전법 제98조(정비조직인증의 취소 등) 제1항 국토교통부장관은 정비조직인증을 받은 자가 다음의 어느 하나에 해당하면 정비조직인증을 취소하거나 6개월 이내의 기간을 정하여 그 효력의 정지를 명할 수 있다. 다만, ①이나 ⑤에 해당하는 경우에는 그 정비조직인증을 취소하여야 한다.
① 거짓이나 그 밖의 부정한 방법으로 정비조직인증을 받은 경우
② 다음의 어느 하나에 해당하는 경우
  ㉮ 업무를 시작하기 전까지 항공안전관리시스템을 마련하지 아니한 경우
  ㉯ 승인을 받지 아니하고 항공안전관리시스템을 운용한 경우
  ㉰ 항공안전관리시스템을 승인받은 내용과 다르게 운용한 경우
  ㉱ 승인을 받지 아니하고 국토교통부령으로 정하는 중요 사항을 변경한 경우
③ 정당한 사유없이 정비조직인증기준을 위반한 경우
④ 고의 또는 중대한 과실에 의하거나 항공종사자에 대한 관리·감독

18. 정비조직인증을 받은 자의 과징금 부과 처분에 대한 설명으로 맞는 것은?

㉮ 효력정지처분에 갈음하여 50억원 이하의 과징금을 부과할 수 있다.
㉯ 중대한 규정 위반시에는 효력정지처분과 더불어 과징금을 부과할 수 있다.
㉰ 업무정지가 공익을 해칠 우려가 있는 경우에는 효력정지처분에 갈음하여 과징금을 부과할 수 있다.
㉱ 과징금을 기간 이내에 납부하지 않으면 국토교통부령에 의하여 이를 징수한다.

해설

항공안전법 제99조(정비조직인증을 받은 자에 대한 과징금의 부과) 제1항, 제3항
① 국토교통부장관은 정비조직인증을 받은 자에게 정비등의 업무정지를 명하여야 하는 경우로서 그 효력을 정지하는 경우 그 업무의 이용자 등에게 심한 불편을 주거나 공익을 해칠 우려가 있는 경우에는 효력정지처분을 갈음하여 5억원 이하의 과징금을 부과할 수 있다.
② 국토교통부장관은 과징금을 내야할 자가 납부기한까지 과징금을 내지 아니하면 국세 체납처분의 예에 따라 징수한다.

19. 정비조직의 인증을 받으려는 경우 정비조직인증 신청서에 첨부하여야 할 서류는?

㉮ 정비규정　　㉯ 정비관리교범
㉰ 정비프로그램　㉱ 정비조직절차교범

20. 정비조직인증 신청시 정비조직절차교범에 기재하여야 할 사항이 아닌 것은?

㉮ 수행하려는 업무의 범위
㉯ 정비방법 및 절차
㉰ 기술관리 및 품질관리 방법 및 절차
㉱ 정비에 종사하는 자의 훈련방법

정답 16. ㉯　17. ㉮　18. ㉰　19. ㉱　20. ㉱

해설

항공안전법 시행규칙 제271조(정비조직인증의 신청) 정비조직인증을 받으려는 자는 정비조직인증 신청서에 정비조직절차교범을 첨부하여 지방항공청장에게 제출하여야 하며, 정비조직절차교범에는 다음의 사항을 적어야 한다.
① 수행하려는 업무의 범위
② 항공기등·부품등에 대한 정비방법 및 그 절차
③ 항공기등·부품등의 정비에 관한 기술관리 및 품질관리의 방법과 절차
④ 그 밖에 시설·장비 등 국토교통부장관이 정하여 고시하는 사항

제7절 외국항공기

01. 다음 중 외국의 국적을 가진 항공기의 사용자가 항행을 하고자 하는 경우 국토교통부장관의 허가를 받아야 하는 사항이 아닌 것은?

㉮ 영공 밖에서 이륙하여 대한민국에 착륙하는 항행
㉯ 대한민국에서 이륙하여 영공 밖에 착륙하는 항행
㉰ 영공 밖에서 이륙하여 대한민국 밖에 착륙하는 항행
㉱ 영공 밖에서 이륙하여 대한민국에 착륙하지 아니하고 영공을 통과하여 영공 밖에 착륙하는 항행

해설

항공안전법 제100조(외국항공기의 항행) 제1항 외국 국적을 가진 항공기의 사용자는 다음에 해당하는 항행을 하려면 국토교통부장관의 허가를 받아야 한다.
① 영공 밖에서 이륙하여 대한민국에 착륙하는 항행
② 대한민국에서 이륙하여 영공 밖에 착륙하는 항행
③ 영공 밖에서 이륙하여 대한민국에 착륙하지 아니하고 영공을 통과하여 영공 밖에 착륙하는 항행

02. 다음 중 외국항공기의 운항허가신청서에 기재하여야 할 사항이 아닌 것은?

㉮ 신청인 성명, 주소 및 국적
㉯ 항공기의 등록부호, 형식 및 식별부호
㉰ 최저비행고도
㉱ 운항의 목적

해설

항공안전법 시행규칙 제274조(외국항공기의 항행허가 신청) 외국 국적을 가진 항공기로 항공안전법 제100조제1항제1호 및 제2호에 따른 항행을 하려는 자는 그 운항 예정일 2일 전까지 외국항공기 항행허가 신청서를 지방항공청장에게 제출하여야 하고, 통과항행을 하려는 자는 영공통과 허가신청서를 항공교통본부장에게 제출하여야 한다. 별지 제100호서식의 외국항공기 항행허가 신청서에 기재하여야 할 사항은 다음과 같다.
① 신청인의 성명·주소 및 국적
② 항공기의 등록부호·형식 및 식별부호
③ 항행의 경로(기항지를 명기할 것) 및 일시
④ 이륙·착륙하려는 국내 비행장등의 명칭·위치 및 그 일시
⑤ 항행의 목적
⑥ 운항승무원의 성명 및 자격
⑦ 여객의 성명·국적 및 여행의 목적
⑧ 화물의 명세

03. 다음 중 국가항공기가 아닌 것은?

㉮ 군용기
㉯ 국가원수가 전세로 사용하는 민간항공기
㉰ 세관이 소유하는 업무용 항공기
㉱ 국토교통부가 소유하는 점검용 항공기

해설

항공안전법 제100조(외국항공기의 항행) 제2항 외국의 군, 세관 또는 경찰의 업무에 사용되는 항공기는 제100조 제1항을 적용할 때에는 해당 국가가 사용하는 항공기로 본다.
[참조] 따라서, "국가항공기"란 군, 세관, 경찰업무에 사용되는 항공기를 말하며 민간항공기라도 국가원수나 외교사절이 전세로 사용하는 경우에는 국가가 사용하는 항공기로 본다.

04. 외국정부가 행한 증명 및 면허에 관하여 국토교통부장관이 행한 것으로 볼 수 없는 것은?

㉮ 항공기 등록증명서 ㉯ 감항증명서
㉰ 정비조직인증서 ㉱ 항공종사자자격증명서

05. 외국정부가 행한 것을 국토교통부장관이 한 것으로 보는 것이 아닌 것은?

㉮ 항공기 등록증명 ㉯ 감항증명
㉰ 항공종사자자격증명 ㉱ 형식증명

정답 [제7절] 01. ㉱ 02. ㉰ 03. ㉱ 04. ㉰ 05. ㉱

해설

항공안전법 시행규칙 제278조(증명서등의 인정) 「국제민간항공협약」의 부속서로서 채택된 표준방식 및 절차를 채용하는 협약 체결국 외국정부가 행한 다음의 증명·면허와 그 밖의 행위는 국토교통부장관이 한 것으로 본다.
① 항공기 등록증명
② 감항증명
③ 항공종사자의 자격증명
④ 항공신체검사증명
⑤ 계기비행증명
⑥ 항공영어구술능력증명

제8절 보 칙

01. 다음 중 국토교통부장관이 그 업무에 관한 보고 또는 서류의 제출을 하게 할 수 있는 사람이 아닌 것은?

㉮ 비행장, 공항시설 또는 항행안전시설의 설치자 및 관리자
㉯ 항공종사자
㉰ 지상조업 또는 위험물을 취급하는 자
㉱ 항공기 또는 장비품의 제작 또는 정비등을 하는 자

02. 다음 중 국토교통부장관이 업무보고 요구를 할 수 있는 대상이 아닌 자는?

㉮ 항공기를 정비하는 자
㉯ 공항시설 설치자 및 관리자
㉰ 공항구역 출입 직원
㉱ 항공종사자

해설

항공안전법 제132조(항공안전 활동) 제1항 국토교통부장관은 항공안전의 확보를 위하여 다음에 해당하는 자에게 그 업무에 관한 보고를 하게 하거나 서류를 제출하게 할 수 있다.
① 항공기등, 장비품 또는 부품의 제작 또는 정비등을 하는 자
② 비행장, 이착륙장, 공항, 공항시설 또는 항행안전시설의 설치자 및 관리자
③ 항공종사자, 경량항공기 조종사 및 초경량비행장치 조종자
④ 항공교통업무증명을 받은 자
⑤ 항공운송사업자, 항공기사용사업자, 항공기정비업자, 초경량비행장치사용사업자, 항공기대여업자, 항공레저스포츠사업자, 경량항공기 소유자등 및 초경량비행장치 소유자등
⑥ 전문교육기관, 위험물전문교육기관, 경량항공기 전문교육기관, 초경량비행장치 전문교육기관의 설치자 및 관리자
⑦ 그 밖에 항공기, 경량항공기 또는 초경량비행장치를 계속하여 사용하는 자

03. 국내항공운송사업자, 국제항공운송사업자 또는 소형항공운송사업자가 취항하고 있는 공항에 대한 정기안전성 검사 시 검사항목이 아닌 것은?

㉮ 항공기운항, 정비 및 지원에 관련된 업무, 조직 및 교육훈련
㉯ 항공기 부품과 예비품의 보관 및 급유시설
㉰ 항공기 운항허가 및 비상지원절차
㉱ 항공기정비 방법 및 절차

04. 항공운송사업자가 취항하고 있는 공항에 대한 정기적인 안전성검사는 누가 실시하는가?

㉮ 국토교통부장관
㉯ 항공교통본부장
㉰ 공항공사사장
㉱ 교통안전공단 이사장

해설

항공안전법 시행규칙 제315조(정기안전성 검사) 제1항 국토교통부장관 또는 지방항공청장은 다음의 사항에 관하여 항공운송사업자가 취항하고 있는 공항에 대하여 정기적인 안전성검사를 실시하여야 한다.
① 항공기운항·정비 및 지원에 관련된 업무·조직 및 교육훈련
② 항공기부품과 예비품의 보관 및 급유시설
③ 비상계획 및 항공보안사항
④ 항공기 운항허가 및 비상지원절차
⑤ 지상조업과 위험물 취급 및 처리
⑥ 공항시설
⑦ 그 밖에 국토교통부장관이 항공기 안전운항에 필요하다고 인정하는 사항

05. 항공기 검사기관의 검사규정에 포함되지 않아도 되는 것은?

㉮ 검사업무를 수행하는 사람의 업무범위 및 책임
㉯ 시설 및 장비의 운용, 관리
㉰ 검사업무의 체제 및 절차
㉱ 검사업무를 수행하는 사람의 자격관리

해설

항공안전법 시행령 제27조(전문검사기관의 검사규정) 전문검사기관은 항공기등, 장비품 또는 부품의 증명 또는 승인을 위한 검사에 필요한 업무규정("검사규정")을 정하여 국토교통부장관의 인가를 받아야 하며, 검사규정에는 다음의 사항이 포함되어야 한다.

정답 [제8절] 01. ㉰ 02. ㉰ 03. ㉱ 04. ㉮ 05. ㉱

① 증명 또는 검사 업무를 수행하는 기구의 조직 및 인력
② 증명 또는 검사 업무를 수행하는 사람의 업무 범위 및 책임
③ 증명 또는 검사 업무의 체계 및 절차
④ 각종 증명의 발급 및 대장의 관리
⑤ 증명 또는 승인을 위한 검사업무를 수행하는 사람에 대한 교육훈련
⑥ 기술도서 및 자료의 관리·유지
⑦ 시설 및 장비의 운용·관리
⑧ 증명 또는 승인을 위한 검사 결과의 보고에 관한 사항

06. 다음 중 국토교통부장관이 지방항공청장에게 위임한 권한은?

㉮ 법 제23조제9항에 따른 항공기의 감항성 유지 여부에 대한 수시 검사
㉯ 법 제30조에 따른 국가기관등항공기의 수리, 개조 승인
㉰ 법 제61조에 따른 항공안전 자율보고의 접수 및 처리
㉱ 법 제89조제2항에 따른 항공지도의 발간

07. 다음 중 국토교통부장관이 지방항공청장에게 위임하는 권한이 아닌 것은?

㉮ 법 제23조제3항제1호에 따른 표준감항증명에 관한 사항
㉯ 법 제25조에 따른 소음기준적합증명에 관한 사항
㉰ 법 제30조에 따른 수리, 개조승인에 관한 사항
㉱ 법 제30조에 따른 국가기관등항공기의 수리, 개조 승인

해설

항공안전법 시행령 제26조(권한의 위임·위탁) 제1항 참조

08. 다음 중 국토교통부장관이 교통안전공단에 위탁하지 않은 업무는?

㉮ 항공종사자 자격시험업무 및 자격증명 한정심사 업무
㉯ 계기비행증명업무 및 조종교육증명업무
㉰ 항공안전 자율보고의 접수, 분석 및 전파에 관한 업무
㉱ 항공신체검사증명에 관한 업무

해설

항공안전법 시행령 제26조(권한의 위임·위탁) 제6항 국토교통부장관은 다음의 업무를 교통안전공단에 위탁한다.
① 자격증명 시험업무 및 자격증명 한정심사업무와 자격증명서의 발급에 관한 업무
② 계기비행증명업무 및 조종교육증명업무와 증명서의 발급에 관한 업무
③ 항공영어구술능력증명서의 발급에 관한 업무
④ 항공교육훈련통합관리시스템에 관한 업무
⑤ 항공안전 자율보고의 접수·분석 및 전파에 관한 업무
⑥ 경량항공기 조종사 자격증명시험업무와 자격증명서 발급에 관한 업무
⑦ 경량항공기 조종교육증명업무와 증명서의 발급, 경량항공기 조종교육증명을 받은 자에 대한 교육에 관한 업무
⑧ 초경량비행장치 조종자 증명에 관한 업무

09. 다음 사항 중 청문회를 열지 않아도 되는 것은?

㉮ 항공신체검사증명의 취소
㉯ 소음기준적합증명의 취소
㉰ 운항증명의 취소
㉱ 항공기 등록의 취소

10. 다음 중 처분을 하고자 하는 경우 청문을 실시하지 않아도 되는 것은?

㉮ 항공종사자자격증명의 취소
㉯ 항공신체검사증명의 취소
㉰ 긴급항공기 지정의 취소
㉱ 정비조직인증의 취소

해설

항공안전법 제134조(청문) 국토교통부장관은 다음의 처분을 하려면 청문을 하여야 한다.
① 형식증명 또는 부가형식증명의 취소
② 형식증명승인 또는 부가형식증명승인의 취소
③ 제작증명의 취소
④ 감항증명의 취소
⑤ 감항승인의 취소
⑥ 소음기준적합증명의 취소
⑦ 기술표준품형식승인의 취소
⑧ 부품등제작자증명의 취소
⑨ 자격증명등 또는 항공신체검사증명의 취소 또는 효력정지
⑩ 계기비행증명 또는 조종교육증명의 취소

정답 06. ㉮ 07. ㉱ 08. ㉱ 09. ㉱ 10. ㉰

⑪ 항공영어구술능력증명의 취소
⑫ 전문교육기관 지정의 취소
⑬ 항공전문의사 지정의 취소 또는 효력정지
⑭ 자격인정의 취소
⑮ 포장·용기검사기관 지정의 취소
⑯ 위험물전문교육기관 지정의 취소
⑰ 항공교통업무증명의 취소
⑱ 운항증명의 취소
⑲ 정비조직인증의 취소
⑳ 운항증명승인의 취소
㉑ 자격증명등 또는 항공신체검사증명의 취소
㉒ 조종교육증명의 취소
㉓ 경량항공기 전문교육기관 지정의 취소
㉔ 초경량비행장치 조종자 증명의 취소
㉕ 초경량비행장치 전문교육기관 지정의 취소

제9절 벌칙

01. 항행 중에 항공기를 추락 또는 전복시키거나 파괴한 사람에 대한 처벌은?

㉮ 사형, 무기징역 또는 7년 이상의 징역에 처한다.
㉯ 사형, 무기징역 또는 5년 이상의 징역에 처한다.
㉰ 사형 또는 7년 이상의 징역이나 금고에 처한다.
㉱ 사형 또는 5년 이상의 징역이나 금고에 처한다.

해설

항공안전법 제138조(항행 중 항공기 위험 발생의 죄) 제1항 사람이 현존하는 항공기, 경량항공기 또는 초경량비행장치를 항행중에 추락 또는 전복(顚覆)시키거나 파괴한 사람은 사형, 무기징역 또는 5년 이상의 징역에 처한다.

02. 안전성검사를 거부, 방해 또는 기피한 자에 대한 처벌은?

㉮ 3천만원 이하의 벌금
㉯ 1천만원 이하의 벌금
㉰ 500만원 이하의 벌금
㉱ 300만원 이하의 벌금

해설

항공안전법 제163조(검사 거부 등의 죄) 제132조(항공안전 활동) 제2항 및 제3항에 따른 검사 또는 출입을 거부·방해하거나 기피한 자는 500만원 이하의 벌금에 처한다.

03. 항공정비사가 업무상 과실로 항공기를 파손하였을 경우 형벌은?

㉮ 1년 이하의 징역 또는 2천만원 이하의 벌금
㉯ 2년 이하의 징역 또는 2천만원 이하의 벌금
㉰ 3년 이하의 징역 또는 5천만원 이하의 벌금
㉱ 4년 이하의 징역 또는 5천만원 이하의 벌금

해설

항공안전법 제160조(과실에 따른 항공상 위험 발생 등의 죄)
① 과실로 항공기·경량항공기·초경량비행장치·비행장·이착륙장·공항시설 또는 항행안전시설을 파손하거나, 그 밖의 방법으로 항공상의 위험을 발생시키거나 항행 중인 항공기를 추락 또는 전복시키거나 파괴한 사람은 1년 이하의 징역 또는 1천만원 이하의 벌금에 처한다.
② 업무상 과실 또는 중대한 과실로 ①의 죄를 지은 경우에는 3년 이하의 징역 또는 5천만원 이하의 벌금에 처한다.

04. 수리·개조승인 또는 감항증명을 받지 않은 항공기를 항공에 사용하는 자에 대한 처벌은?

㉮ 3년 이하의 징역 또는 5천만원 이하의 벌금
㉯ 2년 이하의 징역 또는 5천만원 이하의 벌금
㉰ 3년 이하의 징역 또는 3천만원 이하의 벌금
㉱ 2년 이하의 징역 또는 3천만원 이하의 벌금

05. 정비를 한 항공기에 대하여 감항성을 확인받지 아니하고 운항한 자의 처벌은?

㉮ 3년 이하 징역, 5천만원 이하 벌금
㉯ 2년 이하 징역, 5천만원 이하 벌금
㉰ 1년 이하 징역, 1천만원 이하 벌금
㉱ 1년 이하 징역, 2천만원 이하 벌금

정답 [제9절] 01. ㉯ 02. ㉰ 03. ㉰ 04. ㉮ 05. ㉮

06. 감항증명을 받지 아니하거나 감항증명이 취소된 항공기를 운항한 자의 처벌은?

㉮ 2년 이하의 징역 또는 5,000만원 이하의 벌금에 처한다.
㉯ 2년 이하의 징역 또는 3,000만원 이하의 벌금에 처한다.
㉰ 3년 이하의 징역 또는 5,000만원 이하의 벌금에 처한다.
㉱ 3년 이하의 징역 또는 3,000만원 이하의 벌금에 처한다.

해설

항공안전법 제144조(감항증명을 받지 아니한 항공기 사용 등의 죄) 다음에 해당하는 자는 3년 이하의 징역 또는 5천만원 이하의 벌금에 처한다.
① 감항증명 또는 소음기준적합증명을 받지 아니하거나 감항증명 또는 소음기준적합증명이 취소 또는 정지된 항공기를 운항한 자
② 기술표준품형식승인을 받지 아니한 기술표준품을 제작·판매하거나 항공기등에 사용한 자
③ 부품등제작자증명을 받지 아니한 장비품 또는 부품을 제작·판매하거나 항공기등 또는 장비품에 사용한 자
④ 수리·개조승인을 받지 아니한 항공기등, 장비품 또는 부품을 운항 또는 항공기등에 사용한 자
⑤ 정비등을 한 항공기등, 장비품 또는 부품에 대하여 감항성을 확인받지 아니하고 운항 또는 항공기등에 사용한 자

07. 항공종사자의 자격이 없는 자를 항공기에 승무시키거나 항공안전법에 의하여 승무시켜야 할 항공종사자를 승무시키지 아니한 소유자등에 대한 처벌은?

㉮ 1년 이하의 징역 또는 1천만원 이하의 벌금
㉯ 1년 이하의 징역 또는 3천만원 이하의 벌금
㉰ 2년 이하의 징역 또는 1천만원 이하의 벌금
㉱ 2년 이하의 징역 또는 3천만원 이하의 벌금

해설

항공안전법 제151조(승무원을 승무시키지 아니한 죄) 항공종사자의 자격이 없는 사람을 항공기에 승무(乘務)시키거나 이 법에 따라 항공기에 승무시켜야 할 승무원을 승무시키지 아니한 소유자등은 1년 이하의 징역 또는 1천만원 이하의 벌금에 처한다.

08. 항공종사자 자격증명을 받지 않고 항공업무에 종사한 때의 처벌로 옳은 것은?

㉮ 2년 이하의 징역 또는 1천만원 이하의 벌금
㉯ 2년 이하의 징역 또는 2천만원 이하의 벌금
㉰ 3년 이하의 징역 또는 3천만원 이하의 벌금
㉱ 4년 이하의 징역 또는 3천만원 이하의 벌금

09. 무자격 정비사가 항공기를 정비했을 때의 처벌은?

㉮ 1년 이하의 징역 또는 1천만원 이하의 벌금
㉯ 1년 이하의 징역 또는 2천만원 이하의 벌금
㉰ 2년 이하의 징역 또는 1천만원 이하의 벌금
㉱ 2년 이하의 징역 또는 2천만원 이하의 벌금

해설

항공안전법 제148조(무자격자의 항공업무 종사 등의 죄) 다음에 해당하는 사람은 2년 이하의 징역 또는 2천만원 이하의 벌금에 처한다.
① 자격증명을 받지 아니하고 항공업무에 종사한 사람
② 그가 받은 자격증명의 종류에 따른 업무범위 외의 업무에 종사한 사람
③ 효력정지명령을 위반한 사람
④ 항공영어구술능력증명을 받지 아니하고 해당하는 업무에 종사한 사람

10. 기장이 보고의무 등의 위반에 관한 죄를 범했을 때의 처벌은?

㉮ 2년 이하의 징역에 처한다.
㉯ 1천만원 이하의 벌금에 처하다.
㉰ 1년 이하의 징역에 처한다.
㉱ 5백만원 이하의 벌금에 처한다.

해설

항공안전법 제158조(기장 등의 보고의무 등의 위반에 관한 죄) 다음에 해당하는 자는 500만원 이하의 벌금에 처한다.
① 항공기사고·항공기준사고 또는 항공안전장애에 관한 보고를 하지 아니한 자
② 항공기사고·항공기준사고 또는 항공안전장애에 관한 보고를 하지 아니하거나 거짓으로 한 자
③ 승인을 받지 아니하고 항공기를 출발시키거나 비행계획을 변경한 자

정답 06. ㉰ 07. ㉮ 08. ㉯ 09. ㉱ 10. ㉱

Chapter 03 부록 · 출제예상문제

출제예상문제 — 제2장 항공사업법

제1절 총칙

01. 항공사업법에 따른 항공운송사업의 종류에 포함되지 않는 것은?

㉮ 소형항공운송사업   ㉯ 대형항공운송사업
㉰ 국내항공운송사업   ㉱ 국제항공운송사업

02. 다음 중 타인의 수요에 맞추어 항공기를 사용하여 유상으로 여객이나 화물을 운송하는 사업은?

㉮ 항공운송사업
㉯ 정기항공운송사업
㉰ 항공기사용사업
㉱ 항공기취급업

해설

항공사업법 제2조(정의) 제7, 9, 11, 13호 "항공운송사업"이란 국내항공운송사업, 국제항공운송사업 및 소형항공운송사업을 말한다.
① "국내항공운송사업"이란 타인의 수요에 맞추어 항공기를 사용하여 유상으로 여객이나 화물을 운송하는 사업으로서 국토교통부령으로 정하는 일정 규모 이상의 항공기를 이용하여 다음의 어느 하나에 해당하는 운항을 하는 사업을 말한다.
  ㉮ 국내 정기편 운항
  ㉯ 국내 부정기편 운항
② "국제항공운송사업"이란 타인의 수요에 맞추어 항공기를 사용하여 유상으로 여객이나 화물을 운송하는 사업으로서 국토교통부령으로 정하는 일정 규모 이상의 항공기를 이용하여 다음의 어느 하나에 해당하는 운항을 하는 사업을 말한다.
  ㉮ 국제 정기편 운항
  ㉯ 국제 부정기편 운항
③ "소형항공운송사업"이란 타인의 수요에 맞추어 항공기를 사용하여 유상으로 여객이나 화물을 운송하는 사업으로서 국내항공운송사업 및 국제항공운송사업 외의 항공운송사업을 말한다.

03. 다음 중 부정기편 운항이 아닌 것은?

㉮ 지점간 운항
㉯ 전세운송
㉰ 화물운송
㉱ 관광비행

04. 다음 중 부정기편 운항의 내용이 아닌 것은?

㉮ 관광을 목적으로 한 지점을 이륙하여 중간에 착륙하지 않고 정해진 노선을 따라 출발지점에 착륙하기 위해 운항하는 것
㉯ 타인의 수요에 맞추어 한 지점과 다른 지점 사이에 노선을 정하고 비정기적으로 운항하는 것
㉰ 노선을 정하지 아니하고 사업자와 항공기를 독점하여 이용하려는 이용자 간의 1개의 항공운송계약에 따라 운항하는 것
㉱ 한 지점과 다른 지점 사이에 노선을 정하여 운항하는 것

해설

항공사업법 시행규칙 제3조(부정기편 운항의 구분) 국내 및 국제 부정기편 운항은 다음과 같이 구분한다.
① 지점간운항 : 한 지점과 다른 지점 사이에 노선을 정하여 운항하는 것
② 관광비행 : 관광을 목적으로 한 지점을 이륙하여 중간에 착륙하지 아니하고 정해진 노선을 따라 출발지점에 착륙하기 위해 운항하는 것
③ 전세운송 : 노선을 정하지 아니하고 사업자와 항공기를 독점하여 이용하려는 이용자 간의 1개의 항공운송계약에 따라 운항하는 것

정답 01. ㉯ 02. ㉮ 03. ㉰ 04. ㉯

05. 다음 중 항공기사용사업이란?

㉮ 타인의 수요에 응하여 항공기를 사용하여 무상으로 여객 또는 화물 운송 외의 업무를 행하는 사업
㉯ 타인의 수요에 응하여 항공기를 사용하여 유상으로 여객 또는 화물 운송 외의 업무를 행하는 사업
㉰ 타인의 수요에 응하여 항공기를 사용하여 무상으로 여객 또는 화물을 운송하는 사업
㉱ 타인의 수요에 응하여 항공기를 사용하여 유상으로 여객 또는 화물을 운송하는 사업

06. 다음 중 항공기사용사업의 대상이 아닌 것은?

㉮ 여객 및 화물의 운송
㉯ 비행훈련
㉰ 비료 또는 농약 살포
㉱ 공중 사진촬영

[해설]

항공사업법 제2조(정의) 제15호 시행규칙 제4조(항공기사용사업의 사업범위). "항공기사용사업"이란 항공운송사업 외의 사업으로서 타인의 수요에 맞추어 항공기를 사용하여 유상으로 농약살포, 건설자재 등의 운반, 사진촬영 또는 항공기를 이용한 비행훈련 등 국토교통부령으로 정하는 다음의 업무를 하는 사업을 말한다.
① 비료 또는 농약 살포, 씨앗 뿌리기 등 농업 지원
② 해양오염 방지약제 살포
③ 광고용 현수막 견인 등 공중광고
④ 사진촬영, 육상 및 해상 측량 또는 탐사
⑤ 산불 등 화재진압
⑥ 수색 및 구조(응급구호 및 환자 이송 포함)
⑦ 헬리콥터를 이용한 건설자재 등의 운반(헬리콥터 외부에 건설자재 등을 매달고 운반하는 경우만 해당)
⑧ 산림, 관로(管路), 전선(電線) 등의 순찰 또는 관측
⑨ 항공기를 이용한 비행훈련(「고등교육법」제2조에 따른 학교가 실시하는 비행훈련의 경우는 제외)
⑩ 항공기를 이용한 고공낙하
⑪ 글라이더 견인
⑫ 그 밖에 특정 목적을 위하여 하는 것으로서 국토교통부장관 또는 지방항공청장이 인정하는 업무

07. 항공기에 대한 급유, 수하물의 하역과 그 밖에 국토교통부령으로 정하는 지상조업을 하는 사업은?

㉮ 항공운수사업   ㉯ 항공기사용사업
㉰ 항공운송주선업   ㉱ 항공기취급업

08. 다음 중 항공기취급업에 속하지 않는 것은?

㉮ 항공기급유업
㉯ 항공기하역업
㉰ 지상조업사업
㉱ 화물이동사업

[해설]

항공사업법 제2조(정의) 제19호 시행규칙 제5조(항공기취급업의 구분). "항공기취급업"이란 타인의 수요에 맞추어 항공기에 대한 급유, 항공화물 또는 수하물의 하역과 그 밖에 국토교통부령으로 정하는 지상조업(地上操業)을 하는 사업을 말한다.
① 항공기급유업 : 항공기에 연료 및 윤활유를 주유하는 사업
② 항공기하역업 : 화물이나 수하물(手荷物)을 항공기에 싣거나 항공기로부터 내려서 정리하는 사업
③ 지상조업사업 : 항공기 입항·출항에 필요한 유도, 항공기 탑재 관리 및 동력 지원, 항공기 운항정보 지원, 승객 및 승무원의 탑승 또는 출입국 관련 업무, 장비 대여 또는 항공기의 청소 등을 하는 사업

09. 다음 중 항공기정비업에 대한 설명 중 옳은 것은?

㉮ 항공기등, 장비품 또는 부품에 대한 정비를 하는 사업
㉯ 항공기등, 장비품 또는 부품에 대한 정비 또는 수리를 하는 사업
㉰ 항공기등, 장비품 또는 부품에 대한 정비 또는 개조를 하는 사업
㉱ 항공기등, 장비품 또는 부품에 대한 정비, 수리 또는 개조를 하는 사업

[해설]

항공사업법 제2조(정의) 제17호. "항공기정비업"이란 다른 사람의 수요에 맞추어 다음의 어느 하나에 해당하는 업무를 하는 사업을 말한다.
① 항공기, 발동기, 프로펠러, 장비품 또는 부품을 정비·수리 또는 개조하는 업무
② ①의 업무에 대한 기술관리 및 품질관리 등을 지원하는 업무

정답 05. ㉯ 06. ㉮ 07. ㉱ 08. ㉱ 09. ㉱

제2절 항공운송사업등

01. 다음 중 그 사업을 경영하고자 하는 경우 국토교통부장관의 면허를 받아야 하는 것은?

㉮ 국내항공운송사업 ㉯ 소형항공운송사업
㉰ 항공기사용사업 ㉱ 항공운송 총대리점업

해설

항공사업법 제7조(국내항공운송사업과 국제항공운송사업) 제1항 국내항공운송사업 또는 국제항공운송사업을 경영하려는 자는 국토교통부장관의 면허를 받아야 한다. 다만, 국제항공운송사업의 면허를 받은 경우에는 국내항공운송사업의 면허를 받은 것으로 본다.

02. 소형항공운송사업을 경영하고자 하는 자의 요건은?

㉮ 국토교통부장관의 인가를 받아야 한다.
㉯ 국토교통부장관에게 등록하여야 한다.
㉰ 국토교통부장관의 승인을 받아야 한다.
㉱ 국토교통부장관에게 신고하여야 한다.

03. 고정익항공기를 이용하는 소형항공운송사업 등록 신청시 필요한 정비사의 수는?

㉮ 항공기 1대당 1명 이상
㉯ 항공기 2대당 1명 이상
㉰ 항공정비사 자격이 있는 사람으로서 항공기 2대당 1명 이상
㉱ 항공정비사 자격이 있는 사람으로서 항공기 1대당 1명 이상

해설

항공사업법 제10조(소형항공운송사업) 제1항, 시행령 제15조 관련 별표 2(소형항공운송사업 등록요건) 참조 소형항공운송사업을 경영하려는 자는 국토교통부령으로 정하는 바에 따라 국토교통부장관에게 등록하여야 하며, 등록요건 중 기술인력에 대한 기준은 다음과 같다.

구 분	기 준
기술인력 1. 조종사	운송용 조종사의 자격이 있는 사람으로서 보유 항공기 1대당 1명 이상
2. 정비사	항공정비사 자격이 있는 사람으로서 항공기 1대당 1명 이상

04. 항공기사용사업을 경영하고자 하는 자는?

㉮ 국토교통부장관의 면허를 받아야 한다.
㉯ 국토교통부장관에게 등록하여야 한다.
㉰ 국토교통부장관의 승인을 얻어야 한다.
㉱ 국토교통부장관에게 신고하여야 한다.

05. 항공기사용사업의 등록을 위해 필요한 정비사의 수는?

㉮ 당해 기종 항공기 정비사 자격이 있는 자로서 항공기 1대당 1명 이상
㉯ 당해 기종 항공기 정비사 자격이 있는 자로서 항공기 1대당 2명 이상
㉰ 항공기 1대당 1명 이상, 다만, 동일 기종인 경우에는 2대당 1명 이상
㉱ 항공기 1대당 2명 이상, 다만, 동일 기종인 경우에는 1대당 1명 이상

해설

항공사업법 제30조(항공기사용사업의 등록) 제1항, 시행령 제20조 관련 별표 4(항공기사용사업 등록요건) 참조 항공기사용사업을 경영하려는 자는 국토교통부령으로 정하는 바에 따라 운항개시예정일 등을 적은 신청서에 사업계획서와 그 밖에 국토교통부령으로 정하는 서류를 첨부하여 국토교통부장관에게 등록하여야 하며, 등록요건 중 기술인력에 대한 기준은 다음과 같다.

구 분	기 준
1. 조종사	항공기 1대당 1명 이상
2. 정비사	항공기 1대당(같은 기종인 경우 2대당) 1명 이상

참고

■ 항공운송사업등의 경영요건 비교

순번	사업항목	경영요건
1	국내 또는 국제항공운송사업	국토교통부장관의 면허
2	소형항공운송사업	국토교통부장관에게 등록
3	항공기사용사업	
4	항공기정비업	
5	항공기취급업	
6	항공기대여업	
7	항공레저스포츠사업	

정답 [제2절] 01. ㉮ 02. ㉯ 03. ㉱ 04. ㉯ 05. ㉰

8	상업서류송달업	
9	항공운송총대리점업	국토교통부장관에게 신고
10	도심공항터미널업	

해설

항공사업법 제58조(군수품 수송의 금지), 시행규칙 제58조(수송 금지 군수품) 외국 국적을 가진 항공기로 국토교통부령으로 정하는 군수품을 수송해서는 아니 된다. 다만, 국토교통부령으로 정하는 바에 따라 국토교통부장관의 허가를 받은 경우에는 그러하지 아니한다. 수송해서는 아니되는 "국토교통부령으로 정하는 군수품"이란 병기와 탄약을 말한다.

06. 항공기취급업 또는 항공기정비업 등록신청서의 내용이 명확하지 아니하거나 첨부서류가 미비한 경우 지방항공청장은 며칠 이내에 보완을 요구하여야 하는가?

㉮ 5일 ㉯ 7일
㉰ 10일 ㉱ 15일

해설

항공사업법 시행규칙 제41조(항공기정비업의 등록 신청) 제2항, 제43조(항공기취급업의 등록 신청) 제2항 지방항공청장은 등록신청서의 내용이 명확하지 아니하거나 첨부서류가 미비한 경우에는 7일 이내에 그 보완을 요구하여야 한다.

02. 다음 중 외국인 국제항공운송사업의 허가신청서에 첨부하여야 할 서류가 아닌 것은?

㉮ 「국제민간항공협약」 부속서 6에 따라 해당 정부가 발행한 운항증명 및 운영기준
㉯ 최근의 손익계산서와 대차대조표
㉰ 사업경영 자금의 내역과 조달방법
㉱ 운항규정 및 정비규정

해설

항공사업법 시행규칙 제55조(외국인 국제항공운송사업의 허가 신청) 외국인 국제항공운송사업을 하려는 자는 그 운항 개시예정일 60일 전까지 외국인 국제항공운송사업 허가신청서에 다음의 서류를 첨부하여 국토교통부장관에게 제출하여야 한다.
① 자본금과 그 출자자의 국적별 및 국가·공공단체·법인·개인별 출자액의 비율에 관한 명세서
② 신청인이 신청 당시 경영하고 있는 항공운송사업의 개요를 적은 서류(항공운송사업을 경영하고 있는 경우만 해당)
③ 사업계획서
④ 신청인이 해당 노선에 대하여 본국에서 받은 항공운송사업 면허증 사본 또는 이를 갈음하는 서류
⑤ 법인의 정관 및 그 번역문(법인인 경우만 해당)
⑥ 최근의 손익계산서와 대차대조표
⑦ 운송약관 및 그 번역문
⑧ 「항공안전법 시행규칙」 제279조제1항의 제출서류
  ㉮ 「국제민간항공협약」부속서 6(항공기운항)에 따라 해당 정부가 발행한 운항증명 및 운영기준
  ㉯ 「국제민간항공협약」부속서 6에 따라 해당 정부로부터 인가받은 운항규정 및 정비규정
  ㉰ 항공기 운영국가의 항공당국이 인정한 항공기 임대차 계약서(해당 사실이 있는 경우만 해당)
  ㉱ 외국항공기의 소유자등 안전성 검토를 위한 질의서
⑨ 「항공보안법」 제10조에 따른 자체 보안계획서
⑩ 그 밖에 국토교통부장관이 정하는 사항

07. 항공기정비업의 등록취소처분을 받은 후 얼마가 지나지 아니한 자는 항공기정비업의 등록을 할 수 없는가?

㉮ 1년 ㉯ 1년 6개월
㉰ 2년 ㉱ 2년 6개월

해설

항공사업법 제42조(항공기정비업의 등록) 제3항 제2호 항공기정비업 등록의 취소처분을 받은 후 2년이 지나지 아니한 자는 항공기정비업의 등록을 할 수 없다.

제3절 외국인 국제항공운송사업

01. 다음 중 외국의 국적을 가진 항공기로 수송해서는 아니되는 군수품은?

㉮ 군용기의 부품
㉯ 군용 의약품
㉰ 병기와 탄약
㉱ 전쟁에 사용되는 물품 전체

정답 06. ㉯ 07. ㉰ [제3절] 01. ㉰ 02. ㉰

출제예상문제 — 제3장 공항시설법

제1절 총칙

01. 다음 중 비행장이란?

㉮ 항공기의 이·착륙을 위하여 사용되는 육지 또는 수면
㉯ 항공기가 이·착륙하는 활주로와 유도로
㉰ 항공기를 계류시킬 수 있는 곳
㉱ 항공기에 승객을 탑승시킬 수 있는 곳

02. 항공기의 이륙 및 착륙을 위하여 사용되는 육지 또는 수면의 일정한 구역을 무엇이라 하는가?

㉮ 공항 ㉯ 비행장
㉰ 활주로 ㉱ 착륙대

해설
공항시설법 제2조(정의) 제2호 "비행장"이란 항공기·경량항공기·초경량비행장치의 이륙[이수(離水) 포함]·착륙[착수(着水) 포함]을 위하여 사용되는 육지 또는 수면(水面)의 일정한 구역으로서 대통령령으로 정하는 것을 말한다.

03. 공항의 명칭, 위치 및 구역은 누가 지정하여 고시하는가?

㉮ 대통령 ㉯ 국토교통부장관
㉰ 지방항공청장 ㉱ 교통안전공단

해설
공항시설법 제2조(정의), 제3호 "공항"이란 공항시설을 갖춘 공공용 비행장으로서 국토교통부장관이 그 명칭·위치 및 구역을 지정·고시한 것을 말한다.

04. 다음 중 공항시설에 포함되지 않는 것은?

㉮ 공항구역에 있는 시설과 밖에 있는 시설 중 국토교통부령으로 정하는 시설
㉯ 항공기의 이륙, 착륙 및 항행을 위한 시설
㉰ 항공 여객 및 화물의 운송을 위한 시설
㉱ 부대시설 및 지원시설

해설
공항시설법 제2조(정의) 제7호 "공항시설"이란 공항구역에 있는 시설과 공항구역 밖에 있는 시설 중 대통령령으로 정하는 시설로서 국토교통부장관이 지정한 다음의 시설을 말한다.
① 항공기의 이륙·착륙 및 항행을 위한 시설과 그 부대시설 및 지원시설
② 항공 여객 및 화물의 운송을 위한 시설과 그 부대시설 및 지원시설

05. 다음 공항시설 중 기본시설인 것은?

㉮ 항공기 및 지상조업장비의 점검·정비등을 위한 시설
㉯ 상·하수도시설 및 전력·통신·냉난방시설
㉰ 항공기 급유 및 유류저장·관리시설
㉱ 이용객 홍보시설 및 안내시설

06. 다음 공항시설 중 대통령령으로 정하는 기본시설이 아닌 것은?

㉮ 활주로, 유도로, 계류장
㉯ 소방시설
㉰ 항행안전시설
㉱ 기상관측시설

정답 [제1절] 01. ㉮ 02. ㉯ 03. ㉯ 04. ㉮ 05. ㉱ 06. ㉯

07. 다음 중 대통령령이 정하는 공항의 지원시설은?

㉮ 이용객 홍보 및 안내시설
㉯ 여객터미널, 화물터미널 등 여객시설 및 화물처리시설
㉰ 항공기 및 지상조업장비의 점검·정비등을 위한 시설
㉱ 관제소·송수신소·통신소 등의 통신시설

08. 대통령령이 정하는 공항시설 중 지원시설이 아닌 것은?

㉮ 공항 이용객 편의시설 및 공항근무자 후생복지시설
㉯ 항공기 및 지상조업장비의 점검·정비등을 위한 시설
㉰ 여객터미널·화물터미널 등 여객 및 화물처리시설
㉱ 공항의 운영 및 유지보수를 위한 공항 운영관리시설

해설

공항시설법 시행령 제2조(공항시설의 구분) 제1호, 제2호 공항시설 중 기본시설 및 지원시설은 다음과 같다.

기본시설	지원시설
1. 활주로, 유도로, 계류장, 착륙대 등 항공기의 이착륙시설 2. 여객터미널, 화물터미널 등 여객시설 및 화물처리시설 3. 항행안전시설 4. 관제소, 송수신소, 통신소 등의 통신시설 5. 기상관측시설 6. 공항 이용객을 위한 주차시설 및 경비·보안시설 7. 이용객에 대한 홍보시설 및 안내시설	1. 항공기 및 지상조업장비의 점검·정비등을 위한 시설 2. 운항관리시설, 의료시설, 교육훈련시설, 소방시설 및 기내식 제조 공급 등을 위한 시설 3. 공항의 운영 및 유지·보수를 위한 공항 운영·관리시설 4. 공항 이용객 편의시설 및 공항근무자 후생복지시설 5. 공항 이용객을 위한 업무·숙박·판매·위락·운동·전시 및 관람집회 시설 6. 공항교통시설 및 조경시설, 방음벽, 공해배출 방지시설 등 환경보호시설 7. 공항과 관련된 상·하수도 시설 및 전력·통신·냉난방 시설 8. 항공기 급유시설 및 유류의 저장·관리 시설 9. 항공화물을 보관하기 위한 창고시설 10. 공항의 운영·관리와 항공운송사업 및 이와 관련된 사업에 필요한 건축물에 부속되는 시설 11. 공항과 관련된「신에너지 및 재생에너지 설비」

09. 다음 중 착륙대에 대하여 바르게 설명한 것은?

㉮ 항공기의 이·착륙을 위해 설치된 장소
㉯ 특정한 방향을 향해 설치된 비행장 내의 일정구역
㉰ 활주로와 항공기가 활주로를 이탈하는 경우 항공기와 탑승자의 피해를 감소시키기 위하여 활주로 주변에 설치하는 안전지대
㉱ 활주로 양끝에서 각각 80m까지 연장한 길이와 국토교통부령이 정하는 폭으로 이루어지는 직사각형의 지표면 또는 수면

해설

공항시설법 제2조(정의) 제13호 "착륙대(着陸帶)"란 활주로와 항공기가 활주로를 이탈하는 경우 항공기와 탑승자의 피해를 줄이기 위하여 활주로 주변에 설치하는 안전지대로서 국토교통부령으로 정하는 크기로 이루어지는 활주로 중심선에 중심을 두는 직사각형의 지표면 또는 수면을 말한다.

10. 다음 중 장애물 제한표면의 종류에 속하지 않는 것은?

㉮ 수평표면
㉯ 원추표면 및 내부원추표면
㉰ 진입표면 및 내부진입표면
㉱ 전이표면 및 내부전이표면

11. 다음 중 비행장에 설정하여야 하는 장애물 제한표면과 관계없는 것은?

㉮ 수평표면   ㉯ 전이표면
㉰ 기초표면   ㉱ 진입표면

해설

공항시설법 제2조(정의) 제14호, 시행령 제5조(장애물 제한표면의 구분) "장애물 제한표면"이란 항공기의 안전운항을 위하여 공항 또는 비행장 주변에 장애물의 설치 등이 제한되는 표면으로서 대통령령으로 정하는 구역을 말한다.
① 수평표면
② 원추표면
③ 진입표면 및 내부진입표면
④ 전이(轉移)표면 및 내부전이표면
⑤ 착륙복행(着陸復行)표면

정답 07. ㉱ 08. ㉰ 09. ㉰ 10. ㉯ 11. ㉰

12. 장애물 제한표면 중 활주로 시단 또는 착륙대 끝의 앞에 있는 경사도를 갖는 표면을 무엇이라 하는가?

㉮ 수평표면 ㉯ 원추표면
㉰ 진입표면 ㉱ 전이표면

해설

공항시설법 시행규칙 제4조 관련, 별표 2(장애물 제한표면의 기준) 제3호 "진입표면"이란 활주로 시단 또는 착륙대 끝의 앞에 있는 경사도를 갖는 표면을 말한다.

13. 항행안전시설에 대한 다음 설명 중 맞는 것은?

㉮ 유선통신, 무선통신, 인공위성, 불빛, 색채 또는 전파를 이용하여 항공기의 항행을 돕기 위한 시설
㉯ 유선통신, 무선통신, 인공위성, 불빛 또는 전파를 이용하여 항공기의 항행을 돕기 위한 시설
㉰ 야간이나 계기비행 기상상태에서 항공기의 이륙 또는 착륙을 돕기 위한 시설
㉱ 야간이나 계기비행 기상상태에서 항공기의 항행을 돕기 위한 시설

14. 다음 중 항행안전시설이 아닌 것은?

㉮ 항공기의 항행을 원조하는 항공교통 관제탑
㉯ 유선통신, 무선통신에 의해 항공기의 항행을 원조하는 시설
㉰ 불빛에 의해 항공기의 항행을 원조하는 시설
㉱ 색채에 의해 항공기의 항행을 원조하는 시설

15. 공항시설법이 정하는 항행안전시설이 아닌 것은?

㉮ 항행안전무선시설 ㉯ 항공등화
㉰ 항공정보통신시설 ㉱ 항공장애주간표지

해설

공항시설법 제2조(정의) 제15호, 제16호, 제17호, 제18호 "항행안전시설"이란 유선통신, 무선통신, 인공위성, 불빛, 색채 또는 전파(電波)를 이용하여 항공기의 항행을 돕기 위한 시설로서 국토교통부령으로 정하는 다음의 시설을 말한다.

① 항공등화 : 불빛, 색채 또는 형상(形象)을 이용하여 항공기의 항행을 돕기 위한 시설
② 항행안전무선시설 : 전파를 이용하여 항공기의 항행을 돕기 위한 시설
③ 항공정보통신시설 : 전기통신을 이용하여 항공교통업무에 필요한 정보를 제공·교환하기 위한 시설

16. 다음 중 항행안전시설이 아닌 것은?

㉮ 무지향표지시설(NDB)
㉯ 자동방향탐지시설(ADF)
㉰ 레이더(Radar) 시설
㉱ 항공등화

17. 다음 중 항행안전무선시설이 아닌 것은?

㉮ 무지향표지시설(NDB)
㉯ 계기착륙시설(ILS)
㉰ 자동방향탐지시설(ADF)
㉱ 레이더시설(RADAR)

18. 다음 중 항행안전무선시설이 아닌 것은?

㉮ NDB ㉯ DME
㉰ ILS ㉱ ADF

해설

공항시설법 제2조(정의) 제17호, 시행규칙 제7조(항행안전무선시설) "항행안전무선시설"이란 전파를 이용하여 항공기의 항행을 돕기 위한 시설로서 국토교통부령으로 정하는 시설을 말한다.
① 거리측정시설(DME)
② 계기착륙시설(ILS/MLS/TLS)
③ 다변측정감시시설(MLAT)
④ 레이더시설(ASR/ARSR/SSR/ARTS/ASDE/PAR)
⑤ 무지향표지시설(NDB)
⑥ 범용접속데이터통신시설(UAT)
⑦ 위성항법감시시설(GNSS Monitoring System)
⑧ 위성항법시설(GNSS/SBAS/GRAS/GBAS)
⑨ 자동종속감시시설(ADS, ADS-B, ADS-C)
⑩ 전방향표지시설(VOR)
⑪ 전술항행표지시설(TACAN)

정답 12. ㉰ 13. ㉮ 14. ㉮ 15. ㉱ 16. ㉯ 17. ㉰ 18. ㉱

제3장 공항시설법
제2절 공항 및 비행장의 관리·운영

19. 다음 중 항공등화의 종류가 아닌 것은?

㉮ 비행장등대   ㉯ 진입등시스템
㉰ 신호항공등대   ㉱ 비행장식별등대

[해설]
공항시설법 시행규칙 제6조(항공등화) 참조

20. 항행 중인 항공기에 비행장의 위치를 알려주기 위하여 비행장 또는 그 주변에 설치하는 항공등화는?

㉮ 비행장식별등대   ㉯ 비행장등대
㉰ 활주로등   ㉱ 목표지점등

[해설]
공항시설법 시행규칙 제6조(항공등화) 제1호 "비행장등대(Aerodrome Beacon)"란 항행 중인 항공기에 공항·비행장의 위치를 알려주기 위해 공항·비행장 또는 그 주변에 설치하는 등화를 말한다.

21. 항공교통의 안전을 위하여 항공기등에 필요한 신호를 보내기 위하여 사용하는 등화는?

㉮ 이륙목표등
㉯ 지향신호등
㉰ 착륙방향 지시등
㉱ 유도로 안내등

[해설]
공항시설법 시행규칙 제6조(항공등화) 제21호 "지향신호등(Signalling Lamp, Light Gun)"이란 항공교통의 안전을 위해 항공기등에 필요한 신호를 보내기 위해 사용하는 등화를 말한다.

[참고]
■ 항행안전시설의 구분

항행안전시설	항공등화	불빛, 색채 또는 형상(形象)을 이용하여 항공기의 항행을 돕기 위한 시설
	항행안전무선시설	전파를 이용하여 항공기의 항행을 돕기 위한 시설
	항공정보통신시설	전기통신을 이용하여 항공교통업무에 필요한 정보를 제공·교환하기 위한 시설

22. 육상비행장에 있어서 착륙대의 등급은 무엇에 따라 구분하는가?

㉮ 착륙대의 길이   ㉯ 착륙대의 길이와 폭
㉰ 활주로의 길이   ㉱ 활주로의 길이와 폭

[해설]
공항시설법 시행규칙 제2조(활주로의 크기) 관련, 별표 1(공항시설 및 비행장 설치기준) 육상비행장의 경우에는 활주로의 길이를, 수상비행장의 경우에는 착륙대의 길이를 기준으로 하여 착륙대의 등급을 분류한다.

제2절 공항 및 비행장의 관리·운영

01. 장애물 제한표면 밖의 지역에서 지표면이나 수면으로부터 몇 미터 이상 되는 구조물을 설치하려는 경우 표시등 및 표지를 설치하여야 하는가?

㉮ 50m   ㉯ 60m
㉰ 80m   ㉱ 100m

[해설]
공항시설법 제36조(항공장애 표시등의 설치 등) 제2항 장애물 제한표면 밖의 지역에서 지표면이나 수면으로부터 60m 이상 되는 구조물을 설치하는 자는 국토교통부령으로 정하는 표시등 및 표지의 설치 위치 및 방법 등에 따라 항공장애 표시등("표시등") 및 항공장애 주간표지("표지")를 설치하여야 한다.

02. 다음 중 항행에 위험을 일으킬 우려가 있는 행위가 아닌 것은?

㉮ 계류장에 금속편, 직물 또는 그 밖의 물건을 방치하는 행위
㉯ 격납고에 금속편, 직물 또는 그 밖의 물건을 방치하는 행위
㉰ 착륙대, 유도로에 금속편, 직물 또는 그 밖의 물건을 방치하는 행위
㉱ 비행장 안으로 물건을 투척하는 행위

[정답] 19. ㉰ 20. ㉯ 21. ㉯ 22. ㉰ [제2절] 01. ㉯ 02. ㉯

03. 다음 중 비행장 내 금지행위로 옳지 않은 것은?

㉮ 비행장 주변에 레이저광선의 방사
㉯ 착륙대, 유도로 또는 계류장에 금속편, 직물 또는 기타의 물건을 방치하는 행위
㉰ 비행장 안에서 정치된 항공기 근처로 항공기나 차량 등을 운행하는 행위
㉱ 착륙대, 유도로, 계류장 또는 격납고에서 함부로 화기를 사용하는 행위

04. 다음 중 금속편, 직물 등을 보관할 수 있는 곳은?

㉮ 격납고   ㉯ 유도로
㉰ 계류장   ㉱ 착륙대

해설

공항시설법 제56조(금지행위) 제3항, 시행규칙 제47조(금지행위 등) 제2항 누구든지 항공기, 경량항공기 또는 초경량비행장치를 향하여 물건을 던지거나 그 밖에 항행에 위험을 일으킬 우려가 있는 행위를 해서는 아니 되며, 항행에 위험을 일으킬 우려가 있는 행위란 다음과 같다.
① 착륙대, 유도로 또는 계류장에 금속편·직물 또는 그 밖의 물건을 방치하는 행위
② 착륙대·유도로·계류장·격납고 및 사업시행자등이 화기 사용 또는 흡연을 금지한 장소에서 화기를 사용하거나 흡연을 하는 행위
③ 운항중인 항공기에 장애가 되는 방식으로 항공기나 차량 등을 운행하는 행위
④ 지방항공청장의 승인없이 레이저광선을 방사하는 행위
⑤ 지방항공청장의 승인없이 관제권에서 불꽃 또는 그 밖의 물건을 발사하거나 풍등(風燈)을 날리는 행위(단, 장난감용 꽃불류는 제외)
⑥ 그 밖에 항행의 위험을 일으킬 우려가 있는 행위

05. 법이 정하는 비행장의 출입금지 구역으로 맞는 것은?

㉮ 착륙대, 유도로, 계류장, 격납고, 항행안전시설 설치지역
㉯ 급유시설, 활주로, 격납고, 유도로, 항행안전시설 설치지역
㉰ 운항실, 관제실, 활주로, 계류장, 항행안전시설 설치지역
㉱ 급유시설, 유도로, 격납고, 활주로, 항행안전시설 설치지역

06. 다음 중 국토부장관, 사업시행자등 또는 항행안전시설 설치자등의 허가없이 출입하여서는 안되는 곳은?

㉮ 활주로, 유도로, 계류장, 관제탑
㉯ 착륙대, 유도로, 계류장, 격납고
㉰ 활주로, 유도로, 계류장, 급유시설
㉱ 착륙대, 격납고, 급유시설, 항행안전시설 설치지역

해설

공항시설법 제56조(금지행위) 제1항 누구든지 국토교통부장관, 사업시행자등 또는 항행안전시설설치자등의 허가 없이 착륙대, 유도로(誘導路), 계류장(繫留場), 격납고(格納庫) 또는 항행안전시설이 설치된 지역에 출입해서는 아니 된다.

07. 다음 중 항공기의 무선시설을 조작하여서는 안 되는 경우는?

㉮ 발동기가 운전중이거나 또는 가열상태에 있는 경우
㉯ 여객이 항공기 내에 있는 경우
㉰ 당해 항공기가 격납고 내에 있는 경우
㉱ 당해 항공기가 정비 또는 시운전 중에 있는 경우

08. 격납고 내에 있는 항공기의 무선시설을 조작할 경우 누구의 승인을 받아야 하는가?

㉮ 국토교통부장관
㉯ 지방항공청장
㉰ 검사주임
㉱ 무선설비 자격증이 있는 사람

해설

공항시설법 시행규칙 제19조제1항 관련, 별표 4(공항시설·비행장시설 관리기준) 제13호 격납고 내에 있는 항공기의 무선시설을 조작하지 말 것. 다만, 지방항공청장의 승인을 얻은 경우에는 그렇지 않다.

정답 03. ㉰ 04. ㉮ 05. ㉮ 06. ㉯ 07. ㉰ 08. ㉯

제3장 공항시설법
제2절 공항 및 비행장의 관리·운영

09. 다음 중 항공기의 급유 또는 배유를 하지 말아야 하는 경우가 아닌 것은?

㉮ 발동기가 운전중이거나 또는 가열상태에 있을 경우
㉯ 항공기가 격납고 기타 폐쇄된 장소 내에 있을 경우
㉰ 당해 항공기로부터 30m 이내의 장소에 사람이 모여 있을 경우
㉱ 항공기가 격납고 기타의 건물의 외측 15m 이내에 있을 경우

10. 항공기가 격납고 기타 건물의 외측으로부터 몇 미터 이내에 있을 경우 급유 또는 배유를 하여서는 안 되는가?

㉮ 10m   ㉯ 15m
㉰ 20m   ㉱ 25m

[해설]
공항시설법 시행규칙 제19조제1항 관련, 별표 4(공항시설·비행장시설 관리기준) 제14호 다음의 경우에는 항공기의 급유 또는 배유를 하지말 것
① 발동기가 운전중이거나 또는 가열상태에 있을 경우
② 항공기가 격납고 기타 폐쇄된 장소 내에 있을 경우
③ 항공기가 격납고 기타의 건물의 외측 15m 이내에 있을 경우
④ 필요한 위험 예방조치가 강구되었을 경우를 제외하고 여객이 항공기 내에 있을 경우

11. 공항 안에서 지상조업에 사용되는 차량 및 장비는 누구에게 등록하여야 하는가?

㉮ 지방항공청장   ㉯ 교통안전공단 이사장
㉰ 공항운영자   ㉱ 국토교통부장관

12. 공항 안에서 지상조업에 사용되는 차량 및 장비의 안전도 등에 관한 검사는 누가 해야 하는가?

㉮ 지방항공청장   ㉯ 항공정비사
㉰ 공항관리, 운영자   ㉱ 국토교통부장관

13. 공항 보호구역에서 지상조업, 항공기의 견인 등에 사용되는 차량 및 장비는 누구에게 등록해야 하는가?

㉮ 지방항공청장   ㉯ 국토교통부장관
㉰ 검사기관   ㉱ 공항운영자

[해설]
공항시설법 시행규칙 제19조제1항 관련, 별표 4(공항시설·비행장시설 관리기준) 제16호
① 보호구역에서 지상조업, 항공기의 견인 등에 사용되는 차량 및 장비는 공항운영자에게 등록해야 한다.
② 등록된 차량 및 장비는 공항관리·운영기관이 정하는 바에 의하여 안전도 등에 관한 검사를 받아야 한다.

14. 공항 안에서 차량 운전을 하기 위해서는?

㉮ 대형, 특수운전 면허증을 소지하여야 한다.
㉯ 공항관리, 운영기관의 소속 직원이어야 한다.
㉰ 공항운영자의 승인을 받은 자이어야 한다.
㉱ 항공종사자 자격증 소지자이어야 한다.

15. 공항 안에서 차량의 사용 및 취급에 대한 다음 설명 중 틀린 것은?

㉮ 보호구역 내에서는 공항운영자가 승인한 자 외는 차량을 운전해서는 안된다.
㉯ 격납고 내에서는 배기에 대한 방화장치가 있는 차량을 운전해서는 안된다.
㉰ 공항에서 차량을 주차하는 경우에는 공항운영자가 정한 주차구역 내에 주차하여야 한다.
㉱ 차량의 수선 및 청소는 공항운영자가 정하는 장소에서 해야 한다.

16. 공항 내 차량 운전 관할은?

㉮ 지방항공청장   ㉯ 국토교통부장관
㉰ 한국도로공사   ㉱ 공항운영자

[정답] 09. ㉰ 10. ㉯ 11. ㉰ 12. ㉰ 13. ㉱ 14. ㉰ 15. ㉯ 16. ㉱

17. 공항구역 내에서 차량운전에 관한 것 중 틀린 것은?

㉮ 일반 면허만을 가지고 운전할 수 있다.
㉯ 격납고 내에서는 배기방화 장치가 있는 트랙터 외는 차량을 운전할 수 없다.
㉰ 공항 내의 주차 시는 주차구역 내 규칙에 따라야 한다.
㉱ 정기출입 버스는 승인된 장소에서만 승하차가 가능하다.

18. 공항 안에서 배기에 대한 방화장치가 장착된 차량 이외에는 운행해서는 안되는 곳은?

㉮ 주기장 ㉯ 유도로
㉰ 보호구역 ㉱ 격납고 내

해설

공항시설법 시행규칙 제19조제1항 관련, 별표 4(공항시설·비행장시설 관리기준) 제17호. 공항구역에서 차량 또는 장비의 사용 및 취급에 대하여는 다음 각 호에 따를 것. 다만, 긴급한 경우에는 예외로 한다.
① 보호구역 내에서는 공항운영자가 승인한 자 이외의 자는 차량 등을 운전하지 아니할 것
② 격납고 내에 있어서는 배기에 대한 방화장치가 있는 트랙터를 제외하고는 차량 등을 운전하지 아니할 것
③ 공항에서 차량 등을 주차하는 경우에는 공항운영자가 정한 주차구역 안에서 공항운영자가 정한 규칙에 따라 이를 주차할 것
④ 차량 등의 수선 및 청소는 공항운영자가 정하는 장소 이외의 장소에서 행하지 아니할 것
⑤ 공항구역에 정기로 출입하는 버스 및 택시 등은 공항운영자가 승인한 장소 이외의 장소에서 승객을 승강시키지 아니할 것

19. 급유 또는 배유작업 중인 항공기로부터 몇 m 이내의 장소에서 담배를 피워서는 안되는가?

㉮ 항공기로부터 25m 이내의 장소
㉯ 항공기로부터 30m 이내의 장소
㉰ 항공기로부터 35m 이내의 장소
㉱ 항공기로부터 40m 이내의 장소

20. 급유 또는 배유작업, 정비 또는 시운전중인 항공기로부터 몇 m이내의 장소에서 들어가서는 안되는가?

㉮ 항공기로부터 20m 이내의 장소
㉯ 항공기로부터 30m 이내의 장소
㉰ 항공기로부터 40m 이내의 장소
㉱ 항공기로부터 50m 이내의 장소

21. 다음 중 공항에서의 금지행위가 아닌 것은?

㉮ 통풍설비가 있는 장소에서 도프도료의 도포작업을 행하는 것
㉯ 휘발성 가연물을 사용하여 건물의 마루를 청소하는 것
㉰ 기름이 묻은 걸레를 부식되지 않는 재질의 보관용기 이외에 버리는 것
㉱ 소화설비가 있는 내화성작업소 이외의 장소에서 가연성액체를 사용하여 항공기를 청소하는 것

해설

공항시설법 시행령 제50조(금지행위)
① 노숙(露宿)하는 행위
② 폭언 또는 고성방가 등 소란을 피우는 행위
③ 광고물을 설치·부착하거나 배포하는 행위
④ 기부를 요청하거나 물품을 배부 또는 권유하는 행위
⑤ 공항의 시설이나 주차장의 차량을 훼손하거나 더럽히는 행위
⑥ 공항운영자가 지정한 장소 외의 장소에 쓰레기 등의 물건을 버리는 행위
⑦ 무기, 폭발물 또는 가연성 물질을 휴대하거나 운반하는 행위(공항 내의 사업자 또는 영업자 등이 그 업무 또는 영업을 위하여 하는 경우 제외)
⑧ 불을 피우는 행위
⑨ 내화구조와 소화설비를 갖춘 장소 또는 야외 외의 장소에서 가연성 또는 휘발성 액체를 사용하여 항공기, 발동기, 프로펠러 등을 청소하는 행위
⑩ 공항운영자가 정한 구역 외의 장소에 가연성 액체가스 등을 보관하거나 저장하는 행위
⑪ 흡연구역 외의 장소에서 담배를 피우는 행위
⑫ 기름을 넣거나 배출하는 작업 중인 항공기로부터 30m 이내의 장소에서 담배를 피우는 행위
⑬ 기름을 넣거나 배출하는 작업, 정비 또는 시운전 중인 항공기로부터 30m 이내의 장소에 들어가는 행위(그 작업에 종사하는 사람은 제외한다)
⑭ 내화구조와 통풍설비를 갖춘 장소 외의 장소에서 기계칠을 하는 행위
⑮ 휘발성·가연성 물질을 사용하여 격납고 또는 건물 바닥을 청소하는 행위
⑯ 기름이 묻은 걸레 등의 폐기물을 해당 폐기물에 의하여 부식되거나 훼손될 수 있는 보관용기에 담거나 버리는 행위

정답 17. ㉮ 18. ㉱ 19. ㉯ 20. ㉯ 21. ㉮

출제예상문제

제4장 항공·철도 사고조사에 관한 법률

01. 항공기 사고조사의 기본 취지는 무엇인가?

㉮ 사고 항공기의 잔해를 재사용하기 위하여
㉯ 유사사고의 재발 방지를 위하여
㉰ 항공시설의 설치와 관리를 효율적으로 하기 위하여
㉱ 항공기 항행의 안전을 도모하기 위하여

02. 사고조사 위원회의 목적이 아닌 것은?

㉮ 사고원인의 규명
㉯ 항공사고의 재발 방지
㉰ 항공기 항행의 안전 확보
㉱ 사고항공기에 대한 고장 탐구

해설

항공·철도 사고조사에 관한 법률 제1조(목적) 이 법은 항공·철도사고조사위원회를 설치하여 항공사고 및 철도사고등에 대한 독립적이고 공정한 조사를 통하여 사고 원인을 명확하게 규명함으로써 항공사고 및 철도사고등의 예방과 안전 확보에 이바지함을 목적으로 한다.

03. 항공·철도 사고 조사위원회에 대한 내용 중 틀린 것은?

㉮ 항공기, 철도사고등의 원인규명과 예방을 위한 사고조사를 독립적으로 수행한다.
㉯ 항공기, 철도 사고 조사위원회는 국토교통부에 둔다.
㉰ 국토교통부장관은 일반적인 행정사항에 대하여 위원회를 지휘, 감독한다.
㉱ 국토교통부장관은 사고조사에 관여할 수 있다.

04. 항공사고조사위원회는 어디에 설치되어 있는가?

㉮ 국무총리실에 설치되어 있다.
㉯ 국토교통부에 설치되어 있다.
㉰ 서울지방항공청에 설치되어 있다.
㉱ 행정안전부의 재난안전대책본부에 설치되어 있다.

해설

항공·철도사고조사에 관한 법률 제4조(항공·철도사고조사위원회의 설치)
① 항공·철도사고등의 원인규명과 예방을 위한 사고조사를 독립적으로 수행하기 위하여 국토교통부에 항공·철도사고조사위원회를 둔다.
② 국토교통부장관은 일반적인 행정사항에 대하여는 위원회를 지휘·감독하되, 사고조사에 대하여는 관여하지 못한다.

05. 항공·철도사고조사위원회의 수행 업무가 아닌 것은?

㉮ 사고조사보고서의 작성·의결 및 공표
㉯ 재발방지를 위한 안전권고
㉰ 사고조사결과 교육
㉱ 사고조사에 필요한 조사·연구

해설

항공·철도 사고조사에 관한 법률 제5조(위원회의 업무) 위원회는 다음 각 호의 업무를 수행한다.
① 사고조사
② 사고조사보고서의 작성·의결 및 공표
③ 안전권고 등
④ 사고조사에 필요한 조사·연구
⑤ 사고조사 관련 연구·교육기관의 지정
⑥ 그 밖에 항공사고조사에 관하여 규정하고 있는 「국제민간항공조약」및 동 조약부속서에서 정한 사항

정답 01. ㉯ 02. ㉱ 03. ㉱ 04. ㉯ 05. ㉰

06. 항공사고조사위원회에 대한 설명 중 틀린 것은?

㉮ 사고조사단의 구성, 운영에 관하여 필요한 사항은 대통령령으로 정한다.
㉯ 위원의 임기는 5년이다.
㉰ 12명 이내의 위원으로 구성되어 있다.
㉱ 위원장은 독립된 권한을 행사할 수 있다.

해설
항공·철도사고조사에 관한 법률 제11조(위원의 임기). 위원의 임기는 3년으로 하되, 연임할 수 있다.

07. 국가기관등항공기에 대한 항공사고조사에 있어서 항공·철도 사고조사에 관한 법률을 적용하지 않는 경우는?

㉮ 사람이 사망 또는 행방불명된 경우
㉯ 수리·개조가 불가능하게 파손된 경우
㉰ 항공기의 중대한 손상, 파손 또는 구조상의 결함의 경우
㉱ 위치를 확인할 수 없거나 접근이 불가능한 경우

해설
항공·철도 사고조사에 관한 법률 제3조(적용범위 등) 제2항 국가기관등항공기에 대한 항공사고조사에 있어서는 다음에 해당하는 경우 외에는 이 법을 적용하지 아니한다.
① 사람이 사망 또는 행방불명된 경우
② 국가기관등항공기의 수리·개조가 불가능하게 파손된 경우
③ 국가기관등항공기의 위치를 확인할 수 없거나 국가기관등항공기에 접근이 불가능한 경우

08. 항공사고와 관계가 있는 물건의 보존, 제출 및 유치를 거부 또는 방해한 자에 대한 처벌은?

㉮ 2년 이하의 징역 또는 2천만원 이하의 벌금
㉯ 2년 이하의 징역 또는 3천만원 이하의 벌금
㉰ 3년 이하의 징역 또는 2천만원 이하의 벌금
㉱ 3년 이하의 징역 또는 3천만원 이하의 벌금

09. 항공사고와 관계가 있는 항공기 정비 서류의 제출을 거부한 자에 대한 처벌은?

㉮ 1년 이하의 징역 또는 2천만원 이하의 벌금
㉯ 2년 이하의 징역 또는 3천만원 이하의 벌금
㉰ 3년 이하의 징역 또는 3천만원 이하의 벌금
㉱ 4년 이하의 징역 또는 3천만원 이하의 벌금

해설
항공·철도 사고조사에 관한 법률 제35조(사고조사방해의 죄) 다음에 해당하는 자는 3년 이하의 징역 또는 3천만원 이하의 벌금에 처한다.
① 항공·철도사고등에 관하여 보고를 하지 아니하거나 허위로 보고를 한 자 또는 정당한 사유없이 자료의 제출을 거부 또는 방해한 자
② 사고현장 및 그 밖에 필요하다고 인정되는 장소의 출입 또는 관계 물건의 검사를 거부 또는 방해한 자
③ 관계 물건의 보존·제출 및 유치를 거부 또는 방해한 자
④ 관계 물건을 정당한 사유없이 보존하지 아니하거나 이를 이동·변경 또는 훼손시킨 자

정답 06. ㉯ 07. ㉰ 08. ㉱ 09. ㉰

출제예상문제

제5장 국제 항공법

01. 다음 중 각국이 자국의 영역상의 공간에 있어서 완전하고 배타적인 주권을 행사할 수 있는 것을 국제적으로 인정하는 법은?

㉮ 버뮤다 항공협정
㉯ 시카고 국제민간항공협약
㉰ 국제항공운송협정
㉱ 국제항공업무통과협정

[해설]
국제민간항공협약 제1조(주권)는 「체약국은 각국이 그 영역상의 공간에 있어서 완전하고 배타적인 주권을 갖는 것을 승인한다」라고 규정하여 일국의 영역에 있어 완전하고 배타적인 주권을 보유할 것을 인정하고 있다.

02. 시카고 국제민간항공협약에 대한 다음 설명 중 틀린 것은?

㉮ 국제민간항공협약은 1944년 제정되었다.
㉯ 국제민간항공기구(ICAO)의 소재지는 캐나다 몬트리올이다.
㉰ 완벽한 항공의 자유를 확립하는 것을 목적으로 하였다.
㉱ 국제항공에 있어 항공시설 및 관리방식의 통일화와 그 표준에 관한 규정을 설정하고 있다.

03. 국제민간항공협약(시카고조약)에 대한 설명으로 틀린 것은?

㉮ 1947년 발효되었다.
㉯ 완전한 상공의 자유를 확립하였다.
㉰ 완전하고 배타적인 주권을 인정하고 있다.
㉱ 국제민간항공협약을 보완하는 협정으로 국제항공업무통과협정등이 있다.

[해설]
1944년 11월 "시카고회의"에서 국제민간항공의 기본법인 국제민간항공협약을 성립시켰으며, 이 조약의 보완적 협정으로서는 국제항공업무통과협정·국제항공운송협정 및 국제민간항공에 관한 잠정적 협정과 2개국간 항공협정의 표준양식 등이 있다. 국제민간항공협약 (시카고조약)은 상공의 국제화를 실현하고자 하는 "상공의 자유" 확립을 목적으로 개최하였으나, 미국의 자유주의와 영국의 보호주의의 의견대립으로 시카고회의에서는 "상공의 자유"에 관한 규정을 성립시키지 못하고 "상공의 자유"에 관한 문제는 "시카고조약"의 부속협정인 국제항공운송협정과 국제항공업무통과협정에 위임을 하였다. 국제민간항공기구(International Civil Aviation Organization : ICAO)는 1945년 6월 6일, "국제민간항공에 관한 잠정적 협정"에 의거 잠정적으로 국제민간항공기구가 발족되었으나, 국제민간항공협약이 1947년 4월 4일 발효됨에 따라 이 조약에 의거하여 정식으로 설립하게 되었다.

04. 국제민간항공협약 중에서 옳은 것은?

㉮ ICAO 회원국의 군용기는 무해항공의 자유를 인정한다.
㉯ 정기 국제항공업무에 종사하는 ICAO 회원국의 항공기는 상호 간에 있어서 기술착륙의 자유를 인정하고 있다.
㉰ 정기 국제항공업무에 종사하는 ICAO 회원국 항공기는 상호 간에 있어 여객, 화물을 사전에 허가 없이 운반하는 자유를 인정한다.
㉱ ICAO 회원국의 군용기는 특별협정에 의해서만 상대국의 영역 내에 착륙할 수 있다.

05. 국제민간항공협약에서 규정한 국가항공기가 아닌 것은?

㉮ 군 항공기
㉯ 세관 항공기
㉰ 산림청 항공기
㉱ 경찰 항공기

정답 01. ㉯ 02. ㉰ 03. ㉯ 04. ㉱ 05. ㉰

Chapter 03 | 부록 · 출제예상문제

해설

1. **국제민간항공협약 제3조(민간항공기 및 국가항공기)**
   ① 본 협약은 민간 항공기에 한하여 적용하고 국가의 항공기에는 적용하지 아니한다.
   ② 군, 세관과 경찰업무에 사용하는 항공기는 국가의 항공기로 간주한다.
   ③ 어떠한 체약국의 국가 항공기도 특별협정 또는 기타방법에 의한 허가를 받고 또한 그 조건에 따르지 아니하고는 타국의 영역외 상공을 비행하거나 또는 그 영역에 착륙하여서는 아니 된다.
   ④ 체약국은 자국의 국가항공기에 관한 규칙을 제정하는 때에는 민간항공기의 항행의 안전을 위하여 타당한 고려를 할 것을 약속한다.

2. **국제민간항공협약 제5조(부정기비행의 권리)** 각 체약국은, 타 체약국의 모든 항공기로서 정기 국제항공업무에 종사하지 아니하는 항공기가 사전의 허가를 받을 필요 없이 피비행국의 착륙요구권에 따를 것을 조건으로, 체약국의 영역 내에의 비행 또는 그 영역을 무착륙으로 횡단비행하는 권리와 또 운수 이외의 목적으로서 착륙하는 권리를 본 협약의 조항을 준수하는 것을 조건으로 향유하는 것에 동의한다. 단 각 체약국은 비행의 안전을 위하여, 접근하기 곤란하거나 또는 적당한 항공 보안시설이 없는 지역의 상공의 비행을 희망하는 항공기에 대하여 소정의 항로를 비행할 것 또는 이러한 비행을 위하여 특별한 허가를 받을 것을 요구하는 권리를 보류한다. 전기의 항공기는 정기 국제항공업무로서가 아니고 유상 또는 대체로서 여객화물 또는 우편물의 운수에 종사하는 경우에도 제7조의 규정에 의할 것을 조건으로, 여객, 화물, 또는 우편물의 적재와 하재를 하는 권리를 향유한다. 단 적재 또는 하재가 실행되는 국가는 그가 필요하다고 인정하는 규칙, 조건 또는 제한을 설정하는 권리를 향유한다.

3. **국제민간항공협약 제6조(정기 항공업무)** 정기 국제항공업무는 체약국의 특별한 허가 또는 타의 인가를 받고 그 허가 또는 인가의 조건에 따르는 경우를 제외하고 그 체약국의 영역의 상공을 비행하거나 또는 그 영역에 진입할 수 없다.

4. **국제민간항공협약 제7조(국내영업)** 각 체약국은, 자국영역내에서 유상 또는 대체의 목적으로 타지점으로 향하는 여객, 우편물, 화물을 적재하는 허가를 타체약국의 항공기에 대하여 거부하는 권리를 향유한다. 각 체약국은 타국 또는 타국의 항공기업에 대하여 배타적인 기초위에 전기의 특권을 특별히 부여하는 협약을 하지 아니하고 또 타국으로부터 전기의 배타적인 특권을 취득하지도 아니할 것을 약속한다.

06. 항공기에 사고가 발생했을 경우 사고조사의 책임은?

㉮ 항공기 제작국에 속한다.
㉯ 사고가 발생한 지역을 관할하는 국가에 속한다.
㉰ 국제민간항공기구(ICAO)에 속한다.
㉱ 항공기 등록국에 속한다.

07. 우리나라에서 외국 항공기의 사고 발생시 사고조사는?

㉮ 국제민간항공기구가 정하는 법령에 의거하여 사고조사를 한다.
㉯ 우리나라 법령이 허용하는 범위 안에서 국제민간항공기구가 권고하는 수속에 따라 사고조사를 한다.
㉰ 2개국 협정에서 규정한 조항에 의거하여 사고조사를 한다.
㉱ 우리나라 법대로 사고조사를 한다.

08. 각 체약국은 자국의 영역 내에서 발생한 다른 체약국 항공기의 사고조사를 어떻게 하는가?

㉮ 체약국은 자국의 법령에 의해 사고조사를 한다.
㉯ 체약국은 자국의 법령이 허용되는 범위 내에서 ICAO가 권고하는 수속에 따라 사고를 조사한다.
㉰ 체약국은 당해 체약국과 공동으로 그 사고를 조사한다.
㉱ 자국의 감독하에 당해 항공기의 등록국 또는 그 소유자가 사고를 조사한다.

해설

국제민간항공협약 제26조(사고의 조사) 체약국의 항공기가 다른 체약국의 영역에서 사고가 발생하였을 경우에 있어 그 사고가 사망 혹은 중상을 수반할 때 또는 항공기 혹은 항공시설의 중대한 기술적 결함을 제시할 때 그 사고가 발생한 나라는 자국의 법령이 허가하는 한 국제민간항공기구가 권고하는 수속에 따라 사고의 사정의 조사를 행하는 것으로 한다.

09. 다음 중 국제 항공에 종사하는 모든 항공기가 휴대하여야 할 서류와 관계없는 것은?

㉮ 등록증명서   ㉯ 감항증명서
㉰ 운항규정   ㉱ 항공일지

정답 06.㉯ 07.㉯ 08.㉯ 09.㉰

10. 국제항공에 종사하는 모든 항공기가 휴대할 서류와 관계없는 것은?

㉮ 감항증명서, 등록증명서, 승무원의 면허장
㉯ 항공일지, 항공기국의 면허장
㉰ 여객의 명단, 출발지 및 목적지의 기록표
㉱ 항공기의 운용한계지정서

[해설]

국제민간항공협약 제29조(항공기가 휴대할 서류) 국제항공에 종사하는 체약국의 모든 항공기는 이 조약에서 정하는 요건에 합치되는 다음의 서류를 휴대하여야 한다.
① 등록증명서
② 감항증명서
③ 각 승무원의 적당한 면장
④ 항공일지
⑤ 무선기를 장비할 때에는 항공기국의 면허장
⑥ 여객을 운송할 때에는 그 성명, 탑승지 및 목적지의 기록표
⑦ 화물을 운송할 때에는 적재목록 및 화물의 세목신고서

11. 다음 중 항공협정을 기초로 하여 운영되는 정기국제항공업무가 보유하는 특권과 관계가 없는 것은 어느 것인가?

㉮ 상대 체약국의 영역을 무착륙으로 횡단비행하는 특권
㉯ 운수 이외의 목적으로 상대 체약국의 영역에 착륙하는 특권
㉰ 여객, 화물의 적재 및 하기를 하기 위해 상대 체약국의 영역 내에 착륙하는 특권
㉱ 상대 체약국의 영역 내에서 2지점간의 구역을 여객 및 화물의 운송을 하는 특권

12. 기술착륙의 자유란?

㉮ 제1의 자유   ㉯ 제2의 자유
㉰ 제3의 자유   ㉱ 제5의 자유

[해설]

정기국제항공은 항공협정을 기초로 하여 운영되고 있다.
국제항공운송협정은 국제항공업무통과협정에서 규정하고 있는 2개의 자유(무해항공의 자유, 기술착륙의 자유)에 3개의 자유를 합하여 정기국제항공업무에 관한 5개의 자유를 이 협정 제1조에서 규정하고 있으며, 이를 열거하면 다음과 같다.

① 제1의 자유 : 체약국의 영역을 무착륙으로 횡단하는 특권(무해항공의 자유)
② 제2의 자유 : 운수 이외의 목적으로 착륙하는 특권(기술착륙의 자유)
③ 제3의 자유 : 자국 내에서 적재한 여객 및 화물을 체약국인 타국에서 하기하는 자유
④ 제4의 자유 : 다른 체약국의 영역에서 자국을 향해 여객 및 화물을 적재하는 자유
⑤ 제5의 자유 : 제3국의 영역으로 향하는 여객 및 화물을 다른 체약국의 영역 내에서 적재하는 자유 또는 제3국의 영역으로부터 여객 및 화물을 다른 체약국의 영역 내에서 하기하는 자유 그리고, 제5의 자유 이외에 제6의 자유가 있으며, 이것은 타국의 영역 내에서 그 나라의 국내운송을 하는 자유를 말한다. 이 제6의 자유는 Air Cabotage의 자유라고도 한다.

13. 정기국제항공에 있어 운송권의 자유는?

㉮ 제1의 자유
㉯ 제2의 자유
㉰ 제2의 자유와 제3의 자유
㉱ 제3의 자유와 제4의 자유

[해설]

국제항공운송협정의 제3과 제4의 자유를 기본 운송권이라고 하며, 제5의 자유를 제2차적 운송권이라고 한다. 이상의 제3, 4, 5의 자유인 운송권(traffic right)은 제1과 제2의 자유인 운항권 또는 경유권(transit right)과 구별된다.

14. 다음 중 국제항공업무통과협정과 관계있는 것은?

㉮ 제1의 자유와 제2의 자유
㉯ 제2의 자유와 제3의 자유
㉰ 제3의 자유와 제4의 자유
㉱ 제4의 자유와 제5의 자유

[해설]

국제항공업무통과협정 제1조 제1항은 다음과 같이 규정하고 있다. 각 체약국은 정기국제항공업무에 관해 다른 체약국에 대해서 다음과 같은 "상공의 자유"를 허가한다.
① 자국의 영역을 무착륙으로 횡단비행하는 특권(제1의 자유 또는 상공통과의 자유라고도 한다)
② 운수 이외의 목적으로 착륙하는 특권(제2의 자유 또는 기술착륙의 자유라고도 한다)
이 항의 특권은 군사상의 목적에 사용하는 공항에 관해서는 적용되지 않는다.

정답 10. ㉱ 11. ㉱ 12. ㉯ 13. ㉱ 14. ㉮

Chapter 03 | 부록 · 출제예상문제

15. 국제항공운송협회(IATA)의 정회원 자격은?

㉮ ICAO 가맹국의 국제항공업무를 담당하는 회사
㉯ ICAO 가맹국의 국내항공업무를 담당하는 회사
㉰ ICAO 가맹국의 정기항공업무를 담당하는 회사
㉱ 아무 회사나 다 된다.

해설

국제항공운송협회(IATA)는 정회원과 준회원으로 구성되어 있다. 정회원은 국제민간항공기구(ICAO)의 가맹국의 항공기업으로서 국제항공업무를 담당하는 회사라야 하며, 준회원은 국제항공운송 이외의 정기항공업무를 운영하고 있는 항공기업으로서 국제민간항공기구의 가맹에 속하는 회사라야 한다.
국제항공운송협회(IATA)는 원래 정기항공기업의 단체로써 발족을 하였으나 근년에 있어 급속히 발달하고 있는 부정기 항공기업도 1975년 캐나다 특별법의 개정 및 이에 따르는 정관의 개정에 의해 국제항공운송협회의 회원이 될 수 있게 되었다.

16. 국제 민간항공의 운임을 결정하는 기구는?

㉮ 국제민간항공기구(ICAO)
㉯ 국제항공운송협회(IATA)
㉰ 국제항공위원회(CINA)
㉱ 항공운수협회

해설

국제항공운송협회(IATA)의 중요한 임무가 국제항공의 운임을 결정하는 것이며, 1945년 버뮤다협정에서 영미양국은 국제항공운송협회의 운임결정 기능을 승인하고, 국제항공운송협회에서 결정한 운임을 원칙적으로 협정업무의 적용운임으로 인정하도록 하였다.
국제항공 운임의 결정은 먼저 국제항공운송협회의 운임결정 기구인 운송회의에서 취급하며, 이 회의에서 결정한 운임을 각 항공기업이 각각 소속국의 정부에 제출하여 승인을 받도록 하였다.

17. 국제 민간항공의 위험물 수송 등을 결정하는 기구는?

㉮ 국제민간항공기구(ICAO)
㉯ 국제항공운송협회(IATA)
㉰ 국제항공위원회(CINA)
㉱ 항공운수협회

18. 국제항공운송협회(IATA)의 설립 목적과 관계없는 것은?

㉮ 안전한 항공운송의 발달 촉진
㉯ 항공기업간의 협력
㉰ 국제기관과의 협력 도모
㉱ 국가 항공기의 관리

해설

국제항공운송협회의 정관 제3조에 게재되어 있는 주요 목적은 다음과 같다
① 세계 인류의 이익을 위해 안전하고 정기적이며, 또한 경제적인 항공운송을 조성하며 항공사업을 조장하고, 또한 이에 관련하는 제반문제를 연구한다.
② 국제항공업무에 직접 간접으로 종사하고 있는 항공기업간의 협력을 위해 모든 수단을 제공한다.
③ 국제민간항공기구 및 기타의 국제기구에 협력한다.

19. Air cabotage의 금지란 다음 중 어느 것인가?

㉮ 외국항공기에 대하여 자국 내의 지점간에 있어 여객, 화물의 운송을 금지하는 것
㉯ 외국항공기에 대해 자국으로부터 제3국을 향해 여객화물을 적재하는 것을 금지
㉰ 외국항공기에 대해 운수 이외의 목적으로 착륙함을 금지하는 것
㉱ 외국항공기에 대해 자국의 영공을 무착륙으로 횡단비행을 하는 것을 금지

해설

국제민간항공협약 제7조는 외국항공기에 대하여 자기나라 안에서의 두 지점 사이를 여객이나 화물 및 우편을 유상 또는 전세로 운송하는 행위를 금지하고 있는데, 이것을 에어 카보타지(air cabotage) 금지의 원칙이라 한다. 현재 세계 각국은 Cabotage 운송을 금지하고 순수한 국내 2지점간의 운송은 자국의 항공회사에 한정하여 허가하고 있다.

20. 국제민간항공기구(ICAO)의 소재지는?

㉮ 스위스 제네바   ㉯ 프랑스 파리
㉰ 캐나다 몬트리올   ㉱ 미국 뉴욕

정답 15. ㉮ 16. ㉯ 17. ㉮ 18. ㉱ 19. ㉮ 20. ㉰

제5장 국제 항공법

해설

1946년 국제민간항공기구의 결의에 의하여 항구적인 소재지는 캐나다 몬트리올에 두기로 하였다. 그러나 1954년 소재지에 관한 조약 제45조의 규정을 개정하고 국제민간항공기구의 항구적 소재지를 다른 장소로 이동할 수 있다고 규정하였다.

21. 다음 중 항공종사자의 면허에 관한 기준을 정하고 있는 국제민간항공협약 부속서는?

㉮ 제1부속서　　㉯ 제7부속서
㉰ 제8부속서　　㉱ 제16부속서

22. 국제민간항공협약 부속서 중에서 항공기의 국적 및 등록기호에 대한 기준을 정하고 있는 부속서는?

㉮ 부속서 6　　㉯ 부속서 7
㉰ 부속서 8　　㉱ 부속서 10

23. 다음 중 항공기의 감항성에 관한 국제민간항공협약 부속서는?

㉮ 부속서 1　　㉯ 부속서 7
㉰ 부속서 8　　㉱ 부속서 16

24. 다음 중 항공기 사고에 관한 조사, 보고, 통지 등의 통일방식에 관한 기준을 정하고 있는 국제민간항공협약 부속서는?

㉮ 부속서 13　　㉯ 부속서 14
㉰ 부속서 15　　㉱ 부속서 16

25. 다음 중 국제민간항공협약 부속서의 내용으로 옳지 않은 것은?

㉮ 부속서 1 : 항공종사자 면허
㉯ 부속서 6 : 항공기 사고조사
㉰ 부속서 8 : 항공기의 감항성
㉱ 부속서 16 : 항공기 소음

26. 국제민간항공협약 부속서는 몇 개의 부속서로 이루어져 있는가?

㉮ 14개　　㉯ 16개
㉰ 19개　　㉱ 21개

27. 다음 중 국제민간항공협약에서 정하는 것은?

㉮ 권고 방식　　㉯ 기술 교범
㉰ 표준 방식　　㉱ 강제 규칙

28. 국제민간항공협약 부속서에서 물리적 특성, 형태, 재료, 성능, 인원 또는 절차에 대한 세칙으로 체약국이 준수해야 할 의무는?

㉮ 권고 방식　　㉯ 표준
㉰ 취득정보　　㉱ 기술교범

해설

국제 표준 및 권고된 방식을 정하는 범위는 국제민간항공협약 제37조에 열거되어 있으며, 국제민간항공협약 부속서로서 채택된 방식은 다음과 같다.

부속서 번호	부속 서 명
제1부속서(Annex 1)	항공종사자 면허
제2부속서(Annex 2)	항공규칙
제3부속서(Annex 3)	항공기상
제4부속서(Annex 4)	항공지도
제5부속서(Annex 5)	공지통신에 사용되는 측정단위
제6부속서(Annex 6)	항공기의 운항
제7부속서(Annex 7)	항공기 국적 및 등록기호
제8부속서(Annex 8)	항공기의 감항성
제9부속서(Annex 9)	출입국의 간소화
제10부속서(Annex 10)	항공통신
제11부속서(Annex 11)	항공교통업무
제12부속서(Annex 12)	수색과 구조
제13부속서(Annex 13)	항공기 사고조사
제14부속서(Annex 14)	비행장
제15부속서(Annex 15)	항공정보업무
제16부속서(Annex 16) Volume I Volume II	환경보호 항공기 소음 항공기 기관 배출물질
제17부속서(Annex 17)	보안-불법방해 행위에 대한 국제민간항공의 보호
제18부속서(Annex 18)	위험물의 안전수송
제19부속서(Annex 19)	안전관리

정답 21. ㉮　22. ㉯　23. ㉰　24. ㉮　25. ㉯　26. ㉰
27. ㉮　28. ㉯

Chapter 03 | 부록 · 과년도기출문제

과년도기출문제

▶ 본 과년도 기출문제는 개편된 항공법규(항공안전법, 항공사업법, 공항시설법)에 맞도록 전부 수정/보완되었습니다.
▶ 본 과년도 기출문제는 수험생의 기억에 의하여 재작성한 것이므로 실제 문제와는 다소 차이가 있을 수 있습니다. 편집자주

기출문제 01

01. 항공안전법의 목적이 아닌 것은?

㉮ 항공회사 설립을 돕고 발전을 위함
㉯ 항공기 항행의 안전을 도모
㉰ 생명과 재산 보호
㉱ 항공기술 발전에 이바지

해설

항공안전법 제1조(목적) 참조

참고

현재 이 조항은 '이 법은 「국제민간항공협약」 및 같은 협약의 부속서에서 채택된 표준과 권고되는 방식에 따라 항공기, 경량항공기 또는 초경량비행장치의 안전하고 효율적인 항행을 위한 방법과 국가, 항공사업자 및 항공종사자 등의 의무 등에 관한 사항을 규정함을 목적으로 한다.'로 변경되었다.

02. 항공안전법에 의한 항공기의 정의를 옳게 설명한 것은?

㉮ 민간항공에 사용되는 대형 항공기를 말한다.
㉯ 공기의 반작용으로 뜰 수 있는 기기를 말한다.
㉰ 민간항공에 사용하는 비행선과 활공기를 제외한 모든 것
㉱ 비행기, 비행선, 활공기, 헬리콥터를 말한다.

해설

항공안전법 제2조(정의), 제1호 참조

03. 항공기취급업이 아닌 것은?

㉮ 항공기하역업
㉯ 항공기급유업
㉰ 항공기정비업
㉱ 지상조업사업

해설

항공사업법 시행규칙 제5조(항공기취급업의 구분) 참조

04. 항공안전 자율보고의 접수, 분석 및 전파는 누가 하는가?

㉮ 국토교통부장관
㉯ 지방항공청
㉰ 한국교통안전공단
㉱ 교통관제소

해설

항공안전법 제135조(권한의 위임·위탁) 참조

05. 예외적으로 감항증명을 받을 수 없는 항공기는?

㉮ 자가용으로 사용하려는 항공기
㉯ 법 제101조 단서에 따라 허가를 받은 항공기
㉰ 국내에서 수리, 개조 또는 제작한 후 수출할 항공기
㉱ 수입할 항공기의 국적 취득 전 감항검사 신청을 한 항공기

해설

항공안전법 시행규칙 제36조(예외적으로 감항증명을 받을 수 있는 항공기) 참조

정답 [기출문제 01] 01. ㉮ 02. ㉯ 03. ㉰ 04. ㉰ 05. ㉮

06. 비행기에 소지하여 탑승해도 되는 것은?

㉮ 소금 ㉯ 산화성물질
㉰ 고압가스 ㉱ 총포류

해설
항공안전법 시행규칙 제209조(위험물 운송허가등) 참조

07. 다음 중 반드시 자격증명을 취소할 수 있는 경우는?

㉮ 벌금 이상의 형을 선고 받았을 때
㉯ 자격증명의 정지기간 중에 항공업무에 종사한 때
㉰ 고의 또는 중대한 과실을 범했을 때
㉱ 법에 의한 명령에 위반한 때

해설
항공안전법 제43조(자격증명·항공신체검사증명의 취소 등)

08. 감항증명을 받은 항공기를 국토교통부령이 정하는 범위 안에서 수리 또는 개조한 경우에 대해 바른 것은?

㉮ 국토교통부장관의 승인을 받아야 사용할 수 있다.
㉯ 정비사의 확인을 받아야 한다.
㉰ 안전에 이상이 있을 때만 국토교통부장관에게 보고한다.
㉱ 무조건 국토교통부장관에게 보고한다.

해설
항공안전법 제30조(수리·개조승인) 제1항 참조

09. 다음 중 공항시설이 아닌 것은?

㉮ 유도로, 착륙대
㉯ 주차시설
㉰ 교통안전공단
㉱ 이용객 홍보 및 안내시설

해설
공항시설법 시행령 제3조(공항시설의 구분) 참조

10. 다음 중 운항 중에 전자기기를 사용할 수 없는 비행기는?

㉮ 항공운송사업용으로 계기비행 중인 비행기
㉯ 최대이륙중량 5,700kg 이상의 항공기
㉰ 승객 30명을 초과하는 비행기
㉱ 터빈 발동기를 장착한 비행기

해설
항공안전법 시행규칙 제214조(전자기기의 사용제한) 참조

11. 항공기의 운항에 필요한 준비를 확인하지 않고 출발시켜 사고가 발생했다면 누구의 책임인가?

㉮ 확인 정비사 ㉯ 검사원
㉰ 기장 ㉱ 항공기 소유자

해설
항공안전법 제62조(기장의 권한 등) 참조

12. 정비규정을 변경 시 국토교통부장관에게?

㉮ 신고하여야 한다.
㉯ 허가를 받아야 한다.
㉰ 등록하여야 한다.
㉱ 제출하여야 한다.

해설
항공안전법 제93조(항공운송사업자의 운항규정 및 정비규정) 참조

13. 감항증명을 받은 항공기를 정비 또는 수리, 개조한 경우에는 누구의 확인을 받아야 하는가?

㉮ 항공정비사 ㉯ 품질관리부서 검사원
㉰ 지방항공청장 ㉱ 국토교통부장관

해설
항공안전법 제32조(항공기등의 정비등의 확인) 참조

정답 06. ㉮ 07. ㉯ 08. ㉮ 09. ㉰ 10. ㉮ 11. ㉰
12. ㉮ 13. ㉮

Chapter 03 | 부록 · 과년도기출문제

14. 항공에 사용하기 위해 모든 항공기에 탑재해야 할 서류가 아닌 것은?

㉮ 감항증명서 ㉯ 탑재용 항공일지
㉰ 정비규정   ㉱ 항공기 등록증명서

해설
항공안전법 시행규칙 제113조(항공기에 탑재하는 서류) 참조

15. 다음 중 형식증명을 받지 않아도 되는 것은?

㉮ 항공기   ㉯ 터빈 엔진
㉰ 주요 장비 ㉱ 프로펠러

해설
항공안전법 제20조(형식증명 등) 제1항 참조

16. 공항시설 중 기본시설이 아닌 것은?

㉮ 여객 및 화물처리 시설
㉯ 정비점검 시설
㉰ 항공기의 이착륙시설
㉱ 기상관측 시설

해설
공항시설법 시행령 제3조(공항시설의 구분) 참조

17. 다음 중 항공기취급업의 종류가 아닌 것은?

㉮ 항공기급유업 ㉯ 화물이동사업
㉰ 지상조업사업 ㉱ 항공기하역업

해설
항공사업법 시행규칙 제5조(항공기취급업의 구분) 참조

18. 항공기 사고조사 및 예방장치가 아닌 것은?

㉮ 공중충돌 경고장치 ㉯ 지상접근 경고장치
㉰ 비행자료 기록장치 ㉱ 프로펠러 자동기록장치

해설
항공안전법 시행규칙 제109조(사고예방장치 등) 참조

19. 급유 또는 배유작업 시 항공기로부터 몇 m 이내의 장소에서 흡연이 금지되는가?

㉮ 10m ㉯ 15m
㉰ 30m ㉱ 50m

해설
공항시설법 시행령 제50조(금지행위) 참조

20. 공항 내 차량 운전 관할은?

㉮ 지방항공청장 ㉯ 국토교통부장관
㉰ 한국도로공사 ㉱ 공항관리공단

해설
공항시설법 시행규칙 제19조 제1항 관련, 별표4(공항시설·비행장시설 관리기준) 참조

21. 공항구역 내에서 차량운전에 관한 것 중 틀린 것은?

㉮ 일반 면허만을 가지고 운전할 수 있다.
㉯ 격납고 내에서는 배기 방화장치가 있는 트랙터 외는 차량을 운전할 수 없다.
㉰ 공항 내의 주차 시는 주차구역 내 규칙에 따라야 한다.
㉱ 정기출입 버스는 승인된 장소에서만 승하차가 가능하다.

해설
공항시설법 시행규칙 제19조 제1항 관련, 별표4(공항시설·비행장시설 관리기준) 참조

정답 14. ㉰ 15. ㉰ 16. ㉯ 17. ㉯ 18. ㉱ 19. ㉰ 20. ㉱ 21. ㉮

22. 공항 내 사용되는 자동차를 등록할 때 누구의 승인을 받아야 하는가?

㉮ 지방항공청장 ㉯ 국토교통부장관
㉰ 검사주임 ㉱ 공항관리공단

해설

공항시설법 시행규칙 제19조 제1항 관련, 별표4(공항시설·비행장 시설 관리기준) 참조

23. 기술착륙의 자유란?

㉮ 제1의 자유 ㉯ 제2의 자유
㉰ 제3의 자유 ㉱ 제5의 자유

해설

운수 이외의 목적으로 착륙하는 특권을 제2의 자유 또는 기술착륙의 자유라고 한다.

24. ICAO의 소재지는?

㉮ 캐나다 몬트리올 ㉯ 스위스 제네바
㉰ 미국 시카고 ㉱ 프랑스 파리

25. 국제항공에 종사하는 체약국의 모든 민간항공기가 휴대하여야할 서류가 아닌 것은?

㉮ 등록증명서
㉯ 감항증명서
㉰ 항공일지
㉱ 형식증명서

해설

국제민간항공협약 제29조(항공기가 휴대할 서류)에 의하여 등록증명서, 감항증명서, 각 승무원의 적당한 면장, 항공일지, 무선기를 장비할 때에는 항공기국의 면허장, 여객을 운송할 때에는 그 성명, 탑승지 및 목적지의 기록표, 화물을 운송할 때에는 적재목록 및 화물의 세목신고서를 휴대하여야 한다.

기출문제 02

01. 다음 중 항공기의 범위에 속하는 기기의 기준으로 맞는 것은?

㉮ 최대이륙중량이 500킬로그램을 초과하는 비행장치
㉯ 비행 중에 프로펠러의 각도를 조종할 수 있는 비행장치
㉰ 최대 실속속도 또는 최소 정상비행속도가 40노트를 초과하는 비행장치
㉱ 조종사 좌석을 포함한 탑승 좌석이 2개 이상인 비행장치

해설

항공안전법 시행규칙 제3조(항공기인 기기의 범위) 참조

02. 다음 중 항공안전법에서 규정하는 항공업무에 속하지 않는 것은?

㉮ 항공기의 조종연습
㉯ 무인항공기의 운항
㉰ 무선설비의 조작
㉱ 정비 또는 개조한 항공기에 대한 확인

해설

항공안전법 제2조(정의), 제5호 참조

03. 다음 중 대통령령이 정하는 공항의 기본시설은?

㉮ 항공기 급유 및 유류저장, 관리시설
㉯ 공항이용객 주차시설 및 경비보안 시설
㉰ 공항의 운영 및 유지 보수를 위한 공항운영, 관리시설
㉱ 항공기 점검, 정비등을 위한 시설

해설

공항시설법 시행령 제3조(공항시설의 구분) 참조

정답
22. ㉱ 23. ㉯ 24. ㉮ 25. ㉱
[기출문제 02] 01. ㉯ 02. ㉮ 03. ㉯

04. 다음 중 항행안전시설이 아닌 것은?

㉮ 항행안전무선시설 ㉯ 항공등화
㉰ 항공정보통신시설 ㉱ 항공장애주간표지

해설
공항시설법 시행규칙 제5조(항행안전시설) 참조

05. 다음 중 말소등록을 신청하여야 하는 경우가 아닌 것은?

㉮ 항공기의 존재여부가 1개월 이상 불분명한 경우
㉯ 항공기를 보관하기 위하여 해체한 경우
㉰ 대한민국의 국민이 아닌 자에게 항공기를 임대한 경우
㉱ 임차기간의 만료로 항공기를 사용할 수 있는 권리가 상실된 경우

해설
항공안전법 제15조(항공기 말소등록) 참조

06. 항공기 등록기호표의 부착시기는?

㉮ 항공기를 등록할 때
㉯ 항공기를 등록한 후
㉰ 감항증명을 신청할 때
㉱ 감항증명을 받은 후

해설
항공안전법 제17조(항공기 등록기호표의 부착) 참조

07. 소음기준적합증명은 언제 받아야 하는가?

㉮ 운용한계를 지정할 때
㉯ 감항증명을 받을 때
㉰ 형식증명을 받을 때
㉱ 항공기를 등록할 때

해설
항공안전법 제25조(소음기준적합증명) 참조

08. 다음 중 예외적으로 감항증명을 받을 수 있는 항공기가 아닌 것은?

㉮ 국내에서 수리, 개조 또는 제작한 후 수출할 항공기
㉯ 국내에서 수리, 개조 또는 제작한 후 시험비행을 하는 항공기
㉰ 법 제101조 단서의 규정에 의하여 허가를 받은 항공기
㉱ 외국으로부터 수입하는 항공기로서 대한민국의 국적을 취득하기 전에 감항증명을 신청한 항공기

해설
항공안전법 시행규칙 제36조(예외적으로 감항증명을 받을 수 있는 항공기) 참조

09. 형식증명을 위한 검사범위는?

㉮ 당해 형식의 설계가 기술기준에 적합한지 검사한다.
㉯ 당해 형식의 설계 및 제작과정을 검사한다.
㉰ 당해 형식의 설계, 제작과정 및 완성후의 상태를 검사한다.
㉱ 당해 형식의 설계, 제작과정 및 완성후의 상태와 비행성능을 검사한다.

해설
항공안전법 시행규칙 제20조(형식증명 등을 위한 검사범위) 참조

10. 다음 중 자격증명을 취소하여야 하는 경우는?

㉮ 항공안전법에 위반하여 벌금 이상의 형의 선고를 받을 때
㉯ 부정한 방법으로 자격증명을 받은 때
㉰ 항공종사자로서의 직무를 행함에 있어서 고의 또는 중대한 과실이 있는 때
㉱ 항공안전법 또는 항공안전법에 의한 명령에 위반한 때

해설
항공안전법 제43조(자격증명·항공신체검사증명의 취소 등)

정답 04. ㉱ 05. ㉯ 06. ㉯ 07. ㉯ 08. ㉯ 09. ㉱ 10. ㉯

11. 항공기를 운항하기 위하여 표시하여야 할 사항이 아닌 것은?

㉮ 국적기호
㉯ 등록기호
㉰ 당해국의 국기
㉱ 소유자의 성명 또는 명칭

해설

항공안전법 제18조(항공기 국적 등의 표시) 제1항 참조

12. 사고예방 및 사고조사를 위하여 항공운송사업에 사용되는 모든 비행기에 갖추어야 할 장치는?

㉮ 비행자료기록장치(FDR)
㉯ 조종실음성기록장치(CVR)
㉰ 공중충돌경고장치(ACAS)
㉱ 지상접근경고장치(GPWS)

해설

항공안전법 시행규칙 제109조(사고예방장치 등) 참조

13. 다음 중 긴급한 업무로 운항하는 항공기가 아닌 것은?

㉮ 재난, 재해 등으로 인한 수색, 구조
㉯ 범인 수송
㉰ 화재 진화
㉱ 응급환자 수송

해설

항공안전법 시행규칙 제207조(긴급항공기의 지정) 제1항 참조

14. 다음 중 허가없이 출입해서는 안되는 곳은?

㉮ 착륙대, 유도로, 계류장, 격납고, 항행안전시설 설치지역
㉯ 활주로, 착륙대, 유도로, 관제탑, 항행안전시설 설치지역
㉰ 활주로, 유도로, 계류장, 급유시설, 항행안전시설 설치지역
㉱ 착륙대, 유도로, 계류장, 급유시설, 항행안전시설 설치지역

해설

공항시설법 제56조(금지행위) 제1항 참조

15. 소음기준적합증명 대상 항공기는?

㉮ 터빈발동기를 장착한 항공기, 국제선을 운항하는 항공기
㉯ 터빈발동기를 장착한 항공기, 국내선을 운항하는 항공기
㉰ 왕복발동기를 장착한 항공기, 국제선을 운항하는 항공기
㉱ 왕복발동기를 장착한 항공기, 국내선을 운항하는 항공기

해설

항공안전법 시행규칙 제49조(소음기준적합증명 대상 항공기) 참조

16. 다음 중 정비규정에 포함되어야 할 사항이 아닌 것은?

㉮ 항공기의 운용방법 및 한계
㉯ 정비시설에 관한 사항
㉰ 정비에 종사하는 사람의 훈련방법
㉱ 정비를 하려는 범위

해설

항공안전법 시행규칙 제266조 관련, 별표 37(정비규정에 포함되어야 할 사항) 참조

17. 무자격자가 항공업무에 종사한 경우의 처벌은?

㉮ 1년 이하의 징역 또는 1천만원 이하의 벌금
㉯ 1년 이하의 징역 또는 2천만원 이하의 벌금
㉰ 2년 이하의 징역 또는 1천만원 이하의 벌금
㉱ 2년 이하의 징역 또는 2천만원 이하의 벌금

해설

항공안전법 제148조(무자격자의 항공업무 종사 등의 죄) 참조

정답 11. ㉰ 12. ㉰ 13. ㉯ 14. ㉮ 15. ㉮ 16. ㉮ 17. ㉱

18. 야간에 항공기를 비행장에 주기 또는 정박시키는 경우 항공기의 위치를 나타내기 위한 등불은?

㉮ 항행등
㉯ 항법등
㉰ 충돌방지등
㉱ 우현등, 좌현등

해설
항공안전법 시행규칙 제120조(항공기의 등불) 참조

19. 다음 중 국토교통부장관이 지방항공청장에게 위임하는 권한은?

㉮ 형식증명에 관한 사항
㉯ 국가기관등 항공기의 수리, 개조 승인
㉰ 감항증명에 관한 사항
㉱ 항공신체검사증명에 관한 사항

해설
항공안전법 시행령 제26조(권한의 위임·위탁) 제1항 참조

20. 다음 중 항공안전법에서 규정하는 항공기사고의 범위에 해당되지 않는 것은?

㉮ 사람의 사망, 중상 또는 행방불명
㉯ 항공기의 파손 또는 구조적 손상
㉰ 항공기의 위치를 확인할 수 없거나 항공기에 접근이 불가능한 경우
㉱ 엔진 또는 객실이나 화물칸에서 화재 발생

해설
항공안전법 제2조(정의) 제6호 참조

21. 기술표준품의 형식승인을 위한 검사범위가 아닌 것은?

㉮ 설계적합성
㉯ 제작관리체계
㉰ 품질관리체계
㉱ 기술표준품관리체계

해설
항공안전법 시행규칙 제57조(기술표준품형식승인의 검사 범위 등) 참조

22. 정비조직인증을 받고자 하는 경우 정비조직인증 신청서에 정비조직 절차교범을 첨부하여 제출하여야 한다. 다음 중 정비조직 절차교범에 기재하여야 할 사항이 아닌 것은?

㉮ 정비에 종사하는 자의 훈련방법
㉯ 수행하고자 하는 업무의 범위
㉰ 정비방법 및 절차
㉱ 기술관리 및 품질관리의 방법과 절차

해설
항공안전법 시행규칙 제271조(정비조직인증의 신청) 참조

23. 다음 중 운항중에 사용이 제한되는 전자기기는?

㉮ 개인 휴대전화기
㉯ 휴대용 음성녹음기
㉰ 전기면도기
㉱ 보청기

해설
항공안전법 시행규칙 제214조(전자기기의 사용제한) 참조

24. 항공기 소유자등이 항공기, 장비품 또는 부품에 대한 정비를 위탁하려고 하는 경우 누구에게 위탁하여야 하는가?

㉮ 제작증명을 받은 자
㉯ 정비조직인증을 받은 자
㉰ 항공기, 장비품 또는 부품의 수리, 개조승인을 받은 자
㉱ 부품등제작자증명을 받은 자

해설
항공안전법 제32조(항공기등의 정비등의 확인) 제2항 참조

정답 18. ㉮ 19. ㉰ 20. ㉱ 21. ㉯ 22. ㉮ 23. ㉮ 24. ㉯

25. 격납고 내에 있는 항공기의 무선설비를 조작하고자 하는 경우 누구의 승인을 받아야 하는가?

㉮ 국토교통부장관
㉯ 무선설비 자격증 소지자
㉰ 항공교통관제소장
㉱ 지방항공청장

해설
공항시설법 시행규칙 제19조 제1항 관련, 별표 4(공항시설·비행장시설 관리기준) 참조

기출문제 03

01. 다음 중 항공안전법의 목적과 관계가 없는 것은?

㉮ 항공기술 발전에 이바지한다.
㉯ 항공기가 안전하게 항행하기 위한 방법을 정한다.
㉰ 국내 항공산업을 보호, 육성한다.
㉱ 생명과 재산을 보호한다.

해설
항공안전법 제1조(목적) 참조

참고
현재 이 조항은 '이 법은 「국제민간항공협약」 및 같은 협약의 부속서에서 채택된 표준과 권고되는 방식에 따라 항공기, 경량항공기 또는 초경량비행장치의 안전하고 효율적인 항행을 위한 방법과 국가, 항공사업자 및 항공종사자 등의 의무 등에 관한 사항을 규정함을 목적으로 한다.'로 변경되었다.

02. 다음 중 공항시설법이 정하는 공항시설이 아닌 것은?

㉮ 항공기의 이륙 및 착륙시설
㉯ 여객 및 화물 운송을 위한 시설
㉰ 공항의 부대시설 및 지원시설
㉱ 대통령이 지정한 시설

해설
공항시설법 제2조(정의) 제7호 참조

03. 다음 중 항공안전법에서 정하는 항공기사고의 범위에 속하지 않는 것은?

㉮ 사람의 사망, 중상 또는 행방불명
㉯ 비행 중 운항승무원의 조종능력 상실
㉰ 항공기의 파손 또는 구조적 손상
㉱ 항공기의 위치를 확인할 수 없거나 항공기에 접근이 불가능한 경우

해설
항공안전법 제2조(정의) 제6호 참조

04. 다음 중 항행안전무선시설이 아닌 것은?

㉮ 무지향표지시설(NDB)
㉯ 계기착륙시설(ILS)
㉰ 자동방향탐지시설(ADF)
㉱ 레이더시설(RADAR)

해설
공항시설법 시행규칙 제7조(항행안전무선시설) 참조

05. 다음 중 항공기취급업에 속하지 않는 것은?

㉮ 항공기급유업   ㉯ 항공기하역업
㉰ 지상조업사업   ㉱ 화물운송사업

해설
항공사업법 시행규칙 제5조(항공기취급업의 구분) 참조

06. 감항증명을 위한 검사시 국토교통부령이 정하는 바에 따라 검사의 일부를 생략할 수 있는 경우가 아닌 것은?

㉮ 형식증명을 받은 항공기
㉯ 성능 및 품질검사를 받은 항공기
㉰ 형식증명승인을 받은 항공기
㉱ 제작증명을 받은 제작자가 제작한 항공기

정답 25. ㉱ [기출문제 03] 01. ㉰ 02. ㉱ 03. ㉯ 04. ㉰ 05. ㉱ 06. ㉯

해설

항공안전법 제23조(감항증명 및 감항성 유지) 참조

07. 다음 중 등록을 필요로 하는 항공기는?

㉮ 군 또는 세관에서 사용하거나 경찰업무에 사용하는 항공기
㉯ 대한민국 국민이 사용할 수 있는 권리가 있는 외국인 소유 항공기
㉰ 외국에 임대할 목적으로 도입한 항공기로서 외국 국적을 취득할 항공기
㉱ 국내에서 제작한 항공기로서 제작자 외의 소유자가 결정되지 아니한 항공기

해설

항공안전법 시행령 제4조(등록을 필요로 하지 아니하는 항공기의 범위) 참조

08. 다음 중 항공기 등록의 종류가 아닌 것은?

㉮ 임차등록 ㉯ 말소등록
㉰ 변경등록 ㉱ 이전등록

해설

항공안전법 제7조(신규등록), 항공안전법 제13조(변경등록), 항공안전법 제14조(이전등록), 항공안전법 제15조(말소등록) 참조

09. 국토교통부장관이 고시하는 항공기기술기준에 포함되어야 할 사항이 아닌 것은?

㉮ 감항기준 ㉯ 식별표시 방법
㉰ 성능 및 운용한계 ㉱ 인증절차

해설

항공안전법 제19조(항공기기술기준) 참조

10. 항공기의 국적기호 및 등록기호 표시 방법 중 틀린 것은?

㉮ 등록기호는 국적기호의 뒤에 이어서 표시해야 한다.
㉯ 국적기호는 장식체가 아닌 로마자의 대문자 HL로 표시해야 한다.
㉰ 등록기호는 장식체의 4개의 아라비아 숫자로 표시해야 한다.
㉱ 국적기호 및 등록기호는 지워지지 아니하고 배경과 선명하게 대조되는 색으로 표시해야 한다.

해설

항공안전법 시행규칙 제13조(국적 등의 표시) 참조

11. 항공운송사업에 사용되는 항공기 외의 항공기가 시계비행방식에 의한 비행을 하는 경우 설치하여야 하는 무선설비가 아닌 것은?

㉮ SSR transponder
㉯ VOR 수신기
㉰ VHF 또는 UHF 무선전화 송수신기
㉱ ELT

해설

항공안전법 시행규칙 제107조(무선설비) 제1항 참조

12. 다음 중 소음기준적합증명 대상 항공기는?

㉮ 터빈발동기를 장착한 항공기
㉯ 피스톤발동기를 장착한 최대이륙중량 15,000kg을 초과하는 항공기
㉰ 최대이륙중량 15,000kg을 초과하는 항공기
㉱ 항공운송사업용 항공기

해설

항공안전법 시행규칙 제49조(소음기준적합증명 대상 항공기) 참조

13. 다음 중 항공기에 탑재해야 할 서류가 아닌 것은?

㉮ 항공기 등록증명서 ㉯ 감항증명서
㉰ 형식증명서 ㉱ 항공일지

정답 07. ㉯ 8. ㉮ 9. ㉱ 10. ㉰ 11. ㉮ 12. ㉮ 13. ㉰

> **해설**

항공안전법 시행규칙 제113조(항공기에 탑재하는 서류) 참조

14. 항공기가 야간에 항행하는 경우 당해 항공기의 위치를 나타내기 위하여 필요한 등불은?

㉮ 충돌방지등, 기수등, 우현등, 좌현등
㉯ 충돌방지등, 우현등, 좌현등, 미등
㉰ 충돌방지등, 기수등, 착륙등, 미등
㉱ 충돌방지등, 우현등, 좌현등, 착륙등

> **해설**

항공안전법 시행규칙 제120조(항공기의 등불) 참조

15. 다음 중 기장이 국토교통부장관에게 보고하여야 할 항공기에 관한 사고가 아닌 것은?

㉮ 항공기의 파손 또는 구조상 손상
㉯ 비행장 및 항행안전시설의 기능장애
㉰ 사람의 사망, 중상 또는 행방불명
㉱ 항공기의 위치를 확인할 수 없거나 항공기에 접근이 불가능한 경우

> **해설**

항공안전법 제2조(정의) 제6호 참조

16. 다음 중 국토교통부령으로 정하는 의무보고 대상 항공안전장애의 범위에 속하지 않는 것은?

㉮ 비행 중 엔진 덮개의 풀림이나 이탈
㉯ 비행 중 엔진의 연소정지로 인한 엔진의 정지
㉰ 조종사가 비상선언(Emergency call)을 하여야 하는 연료의 부족 발생
㉱ 비행 중 의도하지 아니한 착륙장치의 내림이나 올림

> **해설**

항공안전법 시행규칙 제134조 관련, 별표 20의2(의무보고 대상 항공안전장애의 범위) 참조

17. 다음 중 허가없이 출입하여서는 안되는 곳은?

㉮ 활주로, 유도로, 계류장, 관제탑
㉯ 착륙대, 유도로, 계류장, 격납고
㉰ 활주로, 유도로, 계류장, 급유시설
㉱ 착륙대, 격납고, 급유시설, 항행안전시설 지역

> **해설**

공항시설법 제56조(금지행위) 제1항 참조

18. 다음 중 국토교통부장관이 교통안전공단에 위탁하지 않은 업무는?

㉮ 항공종사자 자격증명시험 및 자격증명서의 교부에 관한 업무
㉯ 계기비행증명 및 조종교육증명 업무
㉰ 항공신체검사증명에 관한 업무
㉱ 항공안전 자율보고의 접수, 분석 및 전파에 관한 업무

> **해설**

항공안전법 시행령 제26조(권한의 위임·위탁) 제5항 참조

19. 항공사고조사위원회의 역할은?

㉮ 항공사고를 발생시킨 자의 행정 처분
㉯ 유사사고의 재발 방지
㉰ 항공시설의 설치와 관리의 효율화
㉱ 항공기 항행의 안전 도모

> **해설**

항공·철도 사고조사에 관한 법률 제4조(항공·철도사고조사위원회의 설치) 참조

20. 항공사고와 관계가 있는 물건의 보존, 제출 요구 또는 유치를 거부 또는 방해한 자에 대한 처벌은?

㉮ 2년 이하의 징역 또는 2천만원 이하의 벌금
㉯ 2년 이하의 징역 또는 3천만원 이하의 벌금

정답 14. ㉯ 15. ㉯ 16. ㉰ 17. ㉯ 18. ㉰ 19. ㉯ 20. ㉱

㉰ 3년 이하의 징역 또는 2천만원 이하의 벌금
㉱ 3년 이하의 징역 또는 3천만원 이하의 벌금

해설

항공·철도 사고조사에 관한 법률 제35조(사고조사방해의 죄) 참조

21. 다음 중 항공기의 급유 또는 배유작업을 하지 말아야 할 경우가 아닌 것은?

㉮ 항공기가 격납고 기타 건물의 외측 30m 이내에 있을 경우
㉯ 필요한 예방조치가 강구된 경우를 제외하고 여객이 항공기 내에 있을 경우
㉰ 발동기가 운전중이거나 또는 가열상태에 있을 경우
㉱ 항공기가 격납고 기타 폐쇄된 장소 내에 있을 경우

해설

공항시설법 시행규칙 제19조 제1항 관련, 별표 4(공항시설·비행장 시설 관리기준) 참조

22. 격납고 안에 있는 항공기의 무선시설을 조작할 경우 누구의 승인을 받아야 하는가?

㉮ 국토교통부장관
㉯ 지방항공청장
㉰ 검사주임
㉱ 무선설비 자격증이 있는 사람

해설

공항시설법 시행규칙 제19조 제1항 관련, 별표 4(공항시설·비행장 시설 관리기준) 참조

23. 항공기에 장비하여야 할 구급용구 등에 대한 설명 중 틀린 것은?

㉮ 승객 좌석수가 200석인 항공기 객실에는 소화기 3개를 비치한다.
㉯ 승객 좌석수가 300석인 항공운송사업용 여객기에는 메가폰 2개를 비치한다.
㉰ 승객 좌석수가 100석인 항공기 객실에는 구급의료용품 1조를 비치한다.
㉱ 항공운송사업용 항공기에는 사고시 사용할 도끼 1개를 비치한다.

해설

항공안전법 시행규칙 110조 관련, 별표 15(항공기에 장비하여야 할 구급용구 등) 참조

24. 다음 중 비행기의 감항분류와 그 기호가 잘못 연결된 것은?

㉮ N - 보통   ㉯ U - 실용
㉰ C - 수송   ㉱ A - 곡기

해설

항공기 기술기준 Part 23 "감항분류가 보통(N), 실용(U), 곡기(A), 커뮤터(C)류인 비행기에 대한 기술기준" 및 Part 25 "감항분류가 수송(T)류인 비행기에 대한 기술기준" 참조

감항분류	기호	적 요
보통	N	조종사 좌석을 제외한 좌석이 9인승 이하이고 최대인가 이륙중량이 5,670kg(12,500lb) 이하이며 곡예비행을 하지 않도록 설계된 비행기
실용	U	조종사 좌석을 제외한 좌석이 9인승 이하이고 최대인가 이륙중량이 5,670kg(12,500lb) 이하이며 제한된 곡기 비행을 할 수 있게 설계된 비행기
곡기	A	조종사 좌석을 제외한 좌석이 9인승 이하이고 최대인가 이륙중량이 5,670kg(12,500lb) 이하로서, 요구되는 비행시험결과 제한이 필요하다고 입증된 경우를 제외하고는 제한사항 없이 사용하도록 설계된 비행기
커뮤터	C	조종사 좌석을 제외한 좌석이 19인승 이하이며, 최대인가 이륙중량이 8,618kg(19,000lb) 이하인 다발 프로펠러 비행기
수송	T	최대이륙중량이 5,700kg을 초과하는 수송류 비행기

25. 국제민간항공기구(ICAO)에 관한 설명 중 틀린 것은?

㉮ 1944년 시카고 국제민간항공회의 의제로서 국제민간항공기구의 설립이 제안되었다.
㉯ 1946년 "국제민간항공에 관한 잠정적 협정"에 의거 정식으로 설립되었다.

정답 21. ㉮ 22. ㉯ 23. ㉯ 24. ㉰ 25. ㉯

㉰ 국제민간항공기구의 소재지는 캐나다 몬트리올이다.
㉱ 국제민간항공기구는 국제민간항공의 안전 및 건전한 발전의 확보를 목적으로 한다.

해설

국제민간항공기구는 1945년 6월 6일, "국제민간항공에 관한 잠정적 협정"에 의거 잠정적으로 국제민간항공기구가 발족되었으나, 국제민간항공협약이 1947년 4월 4일 발효됨에 따라 이 조약에 의거하여 정식으로 설립하게 되었다.

기출문제 04

01. 다음 중 항공안전법의 목적과 관계가 없는 것은?

㉮ 항공기술 발전에 이바지한다.
㉯ 항공기 항행의 안전을 도모한다.
㉰ 국내항공산업을 보호, 육성한다.
㉱ 생명과 재산을 보호한다.

해설

항공안전법 제1조(목적) 참조

참고

현재 이 조항은 '이 법은 「국제민간항공협약」 및 같은 협약의 부속서에서 채택된 표준과 권고되는 방식에 따라 항공기, 경량항공기 또는 초경량비행장치의 안전하고 효율적인 항행을 위한 방법과 국가, 항공사업자 및 항공종사자 등의 의무 등에 관한 사항을 규정함을 목적으로 한다.'로 변경되었다.

02. 항공안전법 시행규칙에 대한 다음 설명 중 맞는 것은?

㉮ 항공안전법 및 시행령에서 위임된 사항과 그 시행에 관해 필요한 사항을 규정한다.
㉯ 국제조약에서 규정된 사항을 시행하기 위해 필요한 사항을 제공한다.
㉰ 대통령령으로 발표된다.
㉱ 국회 국토교통위원회의 이름으로 발표된다.

해설

항공안전법 시행규칙 제1조(목적) 참조

03. 다음 중 항공안전법에서 정한 항공기의 정의를 바르게 설명한 것은?

㉮ 사람이 탑승 조종하여 민간항공에 사용하는 비행기, 비행선, 활공기, 헬리콥터 기타 대통령이 정하는 기기
㉯ 대통령령으로 정하는 것으로서 항공에 사용할 수 있는 기기
㉰ 사람이 탑승 조종하여 항공에 사용할 수 있는 기기
㉱ 공기의 반작용으로 뜰 수 있는 기기로서 국토교통부령으로 정하는 기준에 해당하는 비행기, 헬리콥터, 비행선, 활공기

해설

항공안전법 제2조(정의), 제1호 참조

04. 다음 중 항행안전무선시설이 아닌 것은?

㉮ NDB   ㉯ DME
㉰ ILS   ㉱ VDL

해설

공항시설법 시행규칙 제7조(항행안전무선시설) 참조

05. 국토교통부령이 정하는 초경량비행장치에 속하는 동력비행장치의 기준으로 맞는 것은?

㉮ 좌석이 1개인 고정익비행장치로서 자체중량이 115kg 이하일 것
㉯ 고정익비행장치로서 자체중량이 150kg 이하일 것
㉰ 조종사 좌석을 포함한 탑승좌석 수가 1개 이상일 것
㉱ 단발 왕복발동기를 장착할 것

해설

항공안전법 시행규칙 제5조(초경량비행장치의 기준) 참조

정답 01. ㉰ 02. ㉮ 03. ㉱ 04. ㉱ 05. ㉮

Chapter 03 부록 · 과년도기출문제

06. 타인의 수요에 맞추어 항공기를 사용하여 유상으로 여객 또는 화물을 운송하는 사업은?

㉮ 항공운송사업　㉯ 정기항공운송사업
㉰ 항공기사용사업　㉱ 항공기취급업

해설
항공사업법 제2조(정의) 제7호, 제9호 참조

07. 다음 중 부정기편 운항이 아닌 것은?

㉮ 지점간운항　㉯ 전세운송
㉰ 화물운송　㉱ 관광비행

해설
항공사업법 시행규칙 제3조(부정기편 운항의 구분) 참조

08. 다음 중 등록을 필요로 하지 아니하는 항공기에 해당되지 않는 것은?

㉮ 군 또는 세관에서 사용하거나 경찰업무에 사용하는 항공기
㉯ 국내에서 제작한 항공기로서 제작자 외의 소유자가 결정되지 않은 항공기
㉰ 외국에 임대할 목적으로 도입한 항공기
㉱ 국토교통부의 점검용 항공기

해설
항공안전법 시행령 제4조(등록을 필요로 하지 아니하는 항공기의 범위) 참조

09. 다음 중 변경등록의 신청을 하여야 할 사유는?

㉮ 소유자의 변경
㉯ 항공기의 등록번호 변경
㉰ 항공기 형식의 변경
㉱ 정치장의 변경

해설
항공안전법 제13조(항공기 변경등록) 참조

10. 항공기 등록기호표의 부착은 누가 하는가?

㉮ 항공기 소유자
㉯ 국토교통부 담당 공무원
㉰ 항공기 제작자
㉱ 유자격 정비사

해설
항공안전법 제17조(항공기 등록기호표의 부착) 참조

11. 등록기호표의 부착에 대한 설명으로 틀린 것은?

㉮ 항공기 주출입구 윗부분의 안쪽 보기 쉬운 곳에 붙여야 한다.
㉯ 가로 7센티미터, 세로 5센티미터의 내화금속으로 만든다.
㉰ 등록기호표는 주익면과 미익면에 부착한다.
㉱ 국적기호 및 등록기호와 소유자등의 명칭을 기재한다.

해설
항공안전법 시행규칙 제12조(등록기호표의 부착) 참조

12. 다음 중 항공기를 항공에 사용할 수 있는 경우는?

㉮ 특별감항증명을 받은 경우
㉯ 항공우주산업개발촉진법에 의한 생산증명을 받은 경우
㉰ 외국으로부터 형식증명을 받은 항공기
㉱ 외국으로부터 수입한 항공기

해설
항공안전법 제23조(감항증명 및 감항성 유지) 참조

13. 감항증명을 함에 있어서 국토교통부령으로 정하는 바에 따라 검사의 일부를 생략할 수 있는 경우가 아닌 것은?

정답 06. ㉮　07. ㉰　08. ㉱　09. ㉱　10. ㉮　11. ㉰
12. ㉮　13. ㉱

㉮ 제작증명을 받은 제작자가 제작한 항공기
㉯ 형식증명승인을 얻은 항공기
㉰ 형식증명을 받은 항공기
㉱ 외국으로부터 수입한 항공기

해설

항공안전법 제23조(감항증명 및 감항성 유지) 참조

14. 다음 중 감항증명의 유효기간을 연장할 수 있는 항공기는?

㉮ 항공운송사업에 사용되는 항공기
㉯ 국제항공운송사업에 사용되는 항공기
㉰ 국토교통부장관이 정하여 고시하는 정비방법에 따라 정비등이 이루어지는 항공기
㉱ 항공기의 종류, 등급 등을 고려하여 국토교통부장관이 정하여 고시하는 항공기

해설

항공안전법 시행규칙 제41조(감항증명의 유효기간을 연장할 수 있는 항공기) 참조

15. 소음기준적합증명은 언제 받아야 하는가?

㉮ 운용한계를 지정할 때
㉯ 감항증명을 받을 때
㉰ 기술표준품의 형식승인을 받을 때
㉱ 항공기를 등록할 때

해설

항공안전법 제25조(소음기준적합증명) 참조

16. 소음기준적합증명의 기준과 소음의 측정방법은?

㉮ 국제민간항공협약부속서 16에 의한다.
㉯ 항공기 제작자가 정한 방법에 의한다.
㉰ 지방항공청장이 정하여 고시하는 방법에 따른다.
㉱ 국토교통부장관이 정하여 고시하는 방법에 따른다.

해설

항공안전법 시행규칙 제51조(소음기준적합증명의 검사기준 등) 참조

17. 항공에 사용하는 항공기에 탑재하여야 할 항공일지는?

㉮ 발동기 항공일지   ㉯ 프로펠러 항공일지
㉰ 탑재용 항공일지   ㉱ 기체 항공일지

해설

항공안전법 시행규칙 제108조(항공일지) 제1항 참조

18. 항공운송사업 및 사용사업용 항공기 중 계기비행으로 교체비행장이 요구되는 왕복 발동기 항공기에 실어야 할 연료와 오일의 양은?

㉮ 순항속도로 45분간 더 비행할 수 있는 양
㉯ 순항속도로 60분간 더 비행할 수 있는 양
㉰ 최초착륙 예정비행장까지 비행에 필요한 양에 해당 예정비행장의 교체비행장 중 소모량이 가장 많은 비행장까지 비행을 마친 후, 다시 순항속도로 45분간 더 비행할 수 있는 양을 더한 양
㉱ 최초착륙 예정비행장까지 비행에 필요한 양에 해당 예정비행장의 교체비행장 중 소모량이 가장 많은 비행장까지 비행을 마친 후, 다시 순항속도로 60분간 더 비행할 수 있는 양을 더한 양

해설

항공안전법 시행규칙 제119조 관련, 별표 17(항공기에 실어야 할 연료와 오일의 양) 참조

19. 항공기가 야간에 항행하는 경우 당해 항공기의 위치를 나타내기 위하여 필요한 등불은?

㉮ 충돌방지등, 기수등, 우현등, 좌현등
㉯ 충돌방지등, 우현등, 좌현등, 미등
㉰ 충돌방지등, 기수등, 착륙등, 미등
㉱ 충돌방지등, 우현등, 좌현등, 착륙등

해설

항공안전법 시행규칙 제120조(항공기의 등불) 참조

정답 14. ㉰ 15. ㉯ 16. ㉱ 17. ㉰ 18. ㉰ 19. ㉯

20. 다음 중 허가없이 출입하여서는 안되는 곳은?

㉮ 활주로, 유도로, 계류장, 관제탑
㉯ 착륙대, 유도로, 계류장, 격납고
㉰ 활주로, 유도로, 계류장, 급유시설
㉱ 착륙대, 격납고, 급유시설, 항행안전시설 설치지역

해설
공항시설법 제56조(금지행위) 제1항 참조

21. 무자격 정비사가 항공기를 정비하였을 경우의 처벌은?

㉮ 1년 이하의 징역 또는 1천만원 이하의 벌금
㉯ 1년 이하의 징역 또는 2천만원 이하의 벌금
㉰ 2년 이하의 징역 또는 1천만원 이하의 벌금
㉱ 2년 이하의 징역 또는 2천만원 이하의 벌금

해설
항공안전법 제148조(무자격자의 항공업무 종사 등의 죄) 참조

22. 기장이 보고의무 등의 위반에 관한 죄를 범했을 경우에는?

㉮ 2년 이하의 징역에 처한다.
㉯ 1천만원 이하의 벌금에 처하다.
㉰ 1년 이하의 징역에 처한다.
㉱ 5백만원 이하의 벌금에 처한다.

해설
항공안전법 제158조(기장 등의 보고의무 등의 위반에 관한 죄) 참조

23. 공항구역에서 차량의 사용 및 취급에 대한 다음 설명 중 틀린 것은?

㉮ 공항운영자가 승인한 자 이외에는 보호구역 내에서 차량을 운전할 수 없다.
㉯ 배기에 대한 방화장치가 있는 트랙터를 제외하고는 격납고 내에서 차량을 운전할 수 있다.
㉰ 자동차량의 수선 및 청소는 공항운영자가 정하는 장소에서 해야 한다.
㉱ 정기로 출입하는 버스는 공항운영자가 승인한 장소에서 승객을 승강시켜야 한다.

해설
공항시설법 시행규칙 제19조 제1항 관련, 별표4(공항시설·비행장시설 관리기준) 참조

24. 항공기가 격납고 기타 건물의 외측으로부터 몇 미터 이내에 있을 경우 급유 또는 배유를 해서는 안되는가?

㉮ 10m   ㉯ 15m
㉰ 20m   ㉱ 25m

해설
공항시설법 시행규칙 제19조 제1항 관련, 별표 4(공항시설·비행장시설 관리기준) 참조

25. 국제민간항공협약(시카고조약)에 대한 설명으로 틀린 것은?

㉮ 1947년 발효되었다.
㉯ 완전한 상공의 자유를 확립하였다.
㉰ 완전하고 배타적인 주권을 인정하고 있다.
㉱ 국제민간항공협약을 보완하는 협정으로 국제항공업무통과협정등이 있다.

해설
국제민간항공협약(시카고조약)은 상공의 국제화를 실현하고자 하는 "상공의 자유" 확립을 목적으로 개최하였으나 "상공의 자유"에 관한 규정을 성립시키지 못하고 "시카고조약"의 부속협정인 국제항공운송협정과 국제항공업무통과협정에 위임을 하였다.

기출문제 05

01. 다음 중 항공안전법에서 정한 항공기의 범위에 속하지 않는 것은?

정답 20. ㉯ 21. ㉱ 22. ㉱ 23. ㉯ 24. ㉯ 25. ㉯
[기출문제 05] 01. ㉰

㉮ 비행선　　㉯ 활공기
㉰ 수상기　　㉱ 비행기

해설
항공안전법 제2조(정의) 제1호 참조

02. 타인의 수요에 맞추어 항공기를 사용하여 유상으로 여객이나 화물을 운송하는 사업은?

㉮ 항공운송사업　　㉯ 정기항공운송사업
㉰ 항공기사용사업　　㉱ 항공기취급업

해설
항공사업법 제2조(정의) 제7호, 제9호 참조

03. 항공안전법에서 규정하는 항공업무가 아닌 것은?

㉮ 운항관리　　㉯ 무선시설의 조작
㉰ 항공기의 조종연습　　㉱ 항공교통관제

해설
항공안전법 제2조(정의), 제5호 참조

04. 다음 중 부정기편 운항이 아닌 것은?

㉮ 지점간운항　　㉯ 전세운송
㉰ 화물운송　　㉱ 관광비행

해설
항공사업법 시행규칙 제3조(부정기편 운항의 구분) 참조

05. 다음 시설 중 공항의 기본시설이 아닌 것은?

㉮ 활주로, 유도로, 계류장
㉯ 급유시설
㉰ 항공통신시설
㉱ 여객청사/화물청사

해설
공항시설법 시행령 제3조(공항시설의 구분) 참조

06. 다음 중 항행안전무선시설이 아닌 것은?

㉮ NDB　　㉯ DME
㉰ ILS　　㉱ ADF

해설
공항시설법 시행규칙 제7조(항행안전무선시설) 참조

07. 다음 공항시설 중 기본시설이 아닌 것은?

㉮ 기상관측시설
㉯ 항공기 유류저장, 관리시설
㉰ 여객 및 화물처리시설
㉱ 공항 이용객 주차시설

해설
공항시설법 시행령 제3조(공항시설의 구분) 참조

08. 착륙대에 대한 설명 중 맞는 것은?

㉮ 활주로 중심선에 중심을 두는 직사각형의 지표면 또는 수면
㉯ 활주로 중심선의 연장선에 중심을 두는 사다리꼴형 지표면 또는 수면
㉰ 활주로 시단의 바로 앞에 있는 직사각형의 지표면 또는 수면
㉱ 활주로 말단의 바로 뒤에 있는 직사각형의 지표면 또는 수면

해설
공항시설법 제2조(정의), 제13호 참조

09. 다음 중 항행안전무선시설이 아닌 것은?

㉮ NDB　　㉯ DME
㉰ VOR　　㉱ GPS

해설
공항시설법 시행규칙 제7조(항행안전무선시설) 참조

정답　02. ㉮　03. ㉰　04. ㉰　05. ㉯　06. ㉱　07. ㉯
08. ㉮　09. ㉱

10. 타인의 수요에 맞추어 항공기를 사용하여 유상으로 여객 또는 화물을 운송하는 사업은?

㉮ 항공운송사업
㉯ 항공기취급업
㉰ 항공기사용사업
㉱ 정기항공운송사업

해설
항공사업법 제2조(정의) 제7호, 제9호 참조

11. 다음 중 부정기편 운항이 아닌 것은?

㉮ 지점간운항
㉯ 전세운송
㉰ 관광비행
㉱ 상업서류운송

해설
항공사업법 시행규칙 제3조(부정기편 운항의 구분) 참조

12. 다음 중 항공기정비업에 대한 설명 중 옳은 것은?

㉮ 항공기등, 장비품 또는 부품에 대하여 정비를 하는 사업
㉯ 항공기등, 장비품 또는 부품에 대하여 정비 또는 수리를 하는 사업
㉰ 항공기등, 장비품 또는 부품에 대하여 정비 또는 개조를 하는 사업
㉱ 항공기등, 장비품 또는 부품에 대하여 정비, 수리 또는 개조를 하는 사업

해설
항공사업법 제2조(정의), 제17호 참조

13. 항공기 정치장을 김포에서 제주도로 옮기려 한다면 해당 등록의 종류는?

㉮ 이전등록
㉯ 말소등록
㉰ 변경등록
㉱ 임차등록

해설
항공안전법 제13조(항공기 변경등록) 참조

14. 다음 중 말소등록의 신청사유가 아닌 것은?

㉮ 항공기를 수송 또는 보관하기 위하여 해체한 경우
㉯ 항공기의 존재 여부를 1개월 이상 확인할 수 없는 경우
㉰ 외국인에게 항공기를 임대하여 외국국적을 취득한 경우
㉱ 임차기간의 만료 등으로 항공기를 사용할 수 있는 권리가 상실된 경우

해설
항공안전법 제15조(항공기 말소등록) 참조

15. 말소등록의 사유가 발생하여도 소유자가 말소등록의 신청을 하지 않는 경우 국토교통부장관은 며칠 이상의 기간을 정하여 말소등록을 할 것을 최고하여야 하는가?

㉮ 3일
㉯ 5일
㉰ 7일
㉱ 9일

해설
항공안전법 제15조(항공기 말소등록) 제2항 참조

16. 항공기 등록기호표의 부착시기는?

㉮ 항공기 등록시
㉯ 감항증명 신청시
㉰ 항공기 등록후
㉱ 감항증명을 받았을 때

해설
항공안전법 제17조(항공기 등록기호표의 부착) 참조

17. 항공기에 출입구가 있는 경우, 항공기 등록기호표의 부착위치는?

㉮ 주출입구
㉯ 객실 내부
㉰ 주출입구 윗부분 안쪽
㉱ 주출입구 바깥쪽

정답
10. ㉮ 11. ㉱ 12. ㉱ 13. ㉰ 14. ㉮ 15. ㉰
16. ㉰ 17. ㉰

해설
항공안전법 시행규칙 제12조(등록기호표의 부착) 참조

18. 다음 중 감항증명의 유효기간을 연장할 수 있는 항공기는?

㉮ 항공운송사업에 사용되는 항공기
㉯ 항공기사용사업에 사용되는 항공기
㉰ 항공기취급업에 사용되는 항공기
㉱ 국토교통부장관이 정하여 고시하는 기준에 따라 정비등이 이루어지는 항공기

해설
항공안전법 시행규칙 제41조(감항증명의 유효기간을 연장할 수 있는 항공기) 참조

19. 소음기준적합증명 신청 시 첨부하여야 할 서류가 아닌 것은?

㉮ 비행교범
㉯ 정비교범
㉰ 소음기준적합 증명 서류
㉱ 수리 또는 개조에 관한 기술사항 기재 서류

해설
항공안전법 시행규칙 제50조(소음기준석합증녕 신청) 참소

20. 항공기등의 수리·개조승인의 신청 및 승인의 범위에 대한 설명 중 틀린 것은?

㉮ 수리 또는 개조승인을 받고자 하는 자는 수리·개조승인 신청서에 수리계획서 또는 개조계획서를 첨부하여 국토교통부장관에게 제출하여야 한다.
㉯ 수리·개조승인신청서는 작업착수 10일전까지 제출하여야 하며, 항공기 사고 등으로 인하여 긴급한 수리 또는 개조를 요하는 경우에는 작업을 시작하기 전에 이를 제출할 수 있다.
㉰ 수리 또는 개조승인의 신청을 받은 경우에는 수리계획서 또는 개조계획서가 항공기기술기준에 적합한지 여부를 확인한 후 승인하여야 한다.
㉱ 수리계획서 또는 개조계획서 만으로 확인이 곤란하다고 판단되는 때에는 수리, 개조가 시행되는 현장에서 확인 후 승인할 수 있다.

해설
항공안전법 시행규칙 제65조(항공기등 또는 부품등의 수리·개조승인의 범위), 제66조(수리·개조승인의 신청) 참조

21. 다음 중 항공정비사 자격증명시험에 응시할 수 없는 자는?

㉮ 4년 이상의 항공기정비 업무경력이 있는 자
㉯ 2년 이상의 정비와 개조의 실무경력과 2년 이상의 검사경력이 있는 자
㉰ 전문교육기관에서 해당 항공기 종류에 필요한 과정을 이수한 자
㉱ 외국정부가 발급한 해당 항공기 종류 한정 자격증명을 받은 자

해설
항공안전법 시행규칙 제75조 관련, 별표 4(항공종사자·경량항공기 조종사 자격증명 응시경력) 참조

22. 외국정부로부터 항공종사자 자격증명을 받은 자의 자격증명 시험 면제 범위에 대한 설명 중 틀린 것은?

㉮ 새로운 형식의 항공기를 도입한 경우 외국인 교관 요원 : 학과시험 및 실기시험 면제
㉯ 새로운 형식의 항공기를 도입한 경우 외국인 조종사 : 학과시험(항공법규 제외) 및 실기시험 면제
㉰ 일시적인 조종사의 부족을 충원하기 위하여 채용된 외국인 조종사 : 학과시험(항공법규 제외) 및 면제
㉱ 외국정부로부터 자격증명을 받은 자 : 학과시험(항공법규 제외) 면제

해설
항공안전법 시행규칙 제88조(자격증명시험의 면제) 참조

정답 18. ㉱ 19. ㉯ 20. ㉮ 21. ㉯ 22. ㉯

23. 항공정비사 자격증명시험에 응시하는 경우, 실기시험의 일부를 면제(구술만 실시)할 수 있는 경우는?

㉮ 4년 이상 항공정비에 관한 업무경력이 있는 자
㉯ 외국정부가 발행한 항공정비사 자격증명을 받은 자
㉰ 국가기술자격법에 의한 항공기술사 자격을 취득한 자
㉱ 국토교통부장관이 지정한 전문교육기관에서 정비분야의 과정을 이수한 자

해설
항공안전법 시행규칙 제88조 관련, 별표 7(자격증명시험 및 한정심사의 일부 면제) 참조

24. 공항 안에서 차량의 사용 및 취급에 대한 다음 설명 중 틀린 것은?

㉮ 공항운영자가 승인한 자 외는 보호구역 내에서 차량을 운전할 수 없다.
㉯ 배기에 대한 방화장치가 있는 트랙터는 격납고 내에서 운전해서는 안된다.
㉰ 차량을 주차하는 경우에는 주차구역 내에서 공항운영자가 정한 규칙에 따라 주차하여야 한다.
㉱ 정기출입 버스는 공항운영자가 승인한 장소에서만 승하차가 가능하다.

해설
공항시설법 시행규칙 제19조 제1항 관련, 별표4(공항시설·비행장시설 관리기준) 참조

25. 국제항공운송협회(IATA)의 설립 목적과 관계없는 것은?

㉮ 안전하고 정기적이며 또한 경제적인 항공운송의 발달 촉진
㉯ 국제항공 운송기술의 증진
㉰ 국제민간 항공운송에 종사하고 있는 항공기업 간의 협력을 위한 수단 제공
㉱ 국제민간항공기구(ICAO) 및 기타 국제기구와 협력 도모

기출문제 06

01. 항공안전법의 목적과 관계없는 것은?

㉮ 항공기술 발전에 이바지한다.
㉯ 항공기의 안전한 항행을 위한 방법을 정하다.
㉰ 각국의 항공사에 대응할 국내 항공산업을 보호하기 위한 것이다.
㉱ 생명과 재산을 보호한다.

해설
항공안전법 제1조(목적) 참조

참고
현재 이 조항은 '이 법은「국제민간항공협약」및 같은 협약의 부속서에서 채택된 표준과 권고되는 방식에 따라 항공기, 경량항공기 또는 초경량비행장치의 안전하고 효율적인 항행을 위한 방법과 국가, 항공사업자 및 항공종사자 등의 의무 등에 관한 사항을 규정함을 목적으로 한다.'로 변경되었다.

02. 항공안전법 시행령의 목적은?

㉮ 항공안전법에서 규정한 대통령의 권한을 명시한다.
㉯ 항공안전법의 내용 중 표준 등의 세부사항을 규정한다.
㉰ 항공안전법에서 규정한 것 중에서 미비된 것을 규정한다.
㉱ 항공안전법의 위임사항 및 시행에 필요한 사항을 규정한다.

해설
항공안전법 시행령 제1조(목적) 참조

03. 항공안전법 시행규칙의 목적에 대한 설명 중 맞는 것은?

㉮ 대통령령으로 발표된다.
㉯ 국토교통위원회의 이름으로 발표된다.
㉰ 국제조약에서 규정된 사항을 시행하기 위해 필요

정답
23. ㉱ 24. ㉯ 25. ㉯
[기출문제06] 01. ㉰ 02. ㉱ 03. ㉱

사항을 규정한다.
㉣ 항공안전법 및 시행령에서 위임된 사항과 그 시행에 필요사항을 규정한다.

해설

항공안전법 시행규칙 제1조(목적) 참조

04. 항공법규에서 사용하는 용어의 정의를 틀리게 설명한 것은?

㉮ "항공등화"란 전파에 의하여 항공기의 항행을 돕기 위한 항행안전시설을 말한다.
㉯ "항공종사자"란 항공안전법 규정에 의한 항공종사자 자격증명을 받은 사람을 말한다.
㉰ "비행장"이란 항공기의 이륙(이수), 착륙(착수)을 위하여 사용되는 육지 또는 수면을 말한다.
㉱ "항공로"란 국토교통부장관이 항공기의 항행에 적합하다고 지정한 지구의 표면상에 표시한 공간의 길을 말한다.

해설

항공안전법, 공항시설법 제2조(정의) 참조

05. 다음 중 항공법규에서 규정하는 항공업무가 아닌 것은?

㉮ 항공교통관제
㉯ 항공기의 조종연습
㉰ 운항관리 및 무선설비의 조작
㉱ 정비 또는 개조한 항공기에 대한 안전성 여부 확인 행위

해설

항공안전법 제2조(정의), 제5호 참조

06. 항공기의 이륙, 착륙 및 여객, 화물운송을 위한 시설과 그 부대시설 및 지원시설을 말하는 것은?

㉮ 항공시설
㉯ 공항시설
㉰ 비행장시설
㉱ 여객화물 운송시설

해설

공항시설법 제2조(정의) 제7호 참조

07. 항공기 등록의 제한 사유에 대한 것이다. 해당되지 않는 것은?

㉮ 대한민국의 국민이 아닌 사람
㉯ 외국정부 또는 외국의 공공단체
㉰ 외국인이 대표자이거나 외국인이 임원수의 2분의 1 이상인 법인
㉱ 외국의 법인 또는 단체가 주식이나 지분의 3분의 1 이하를 소유하고 있는 법인

해설

항공안전법 제10조(항공기 등록의 제한) 참조

08. 항행안전시설에 해당되지 않는 것은?

㉮ 자동항법장치(INS)
㉯ 거리측정시설(DME)
㉰ 계기착륙시설(ILS/MLS)
㉱ 무지향표지시설(NDB)

해설

공항시설법 시행규칙 제5조(항행안전시설), 제7조(항행안전무선시설) 참조

09. 대한민국의 국적을 가진 항공기로서 항공기를 항공에 사용할 수 있는 경우는?

㉮ 국빈을 모시는 비행
㉯ 외국과의 합의에 의한 비행
㉰ 특별감항증명을 받은 경우
㉱ 허가를 받지 아니하고 실시하는 수리 또는 개조를 위한 장소까지의 공수비행

해설

항공안전법 제23조(감항증명 및 감항성 유지) 제3항 참조

정답 04. ㉮ 05. ㉯ 06. ㉯ 07. ㉱ 08. ㉮ 09. ㉰

10. 항공기취급업에 포함되지 않는 것은?

㉮ 지상조업사업 ㉯ 항공기 급유업
㉰ 항공기 하역업 ㉱ 항공기 전세운송사업

해설
항공사업법 시행규칙 제5조(항공기취급업의 구분) 참조

11. 다음 중 국적 및 등록기호의 표시에 관한 설명 중 틀린 것은?

㉮ 등록기호표는 강철 등 내화금속으로 되어 있어야 한다.
㉯ 등록기호표는 가로 7센티미터, 세로 5센티미터의 직사각형이다.
㉰ 등록기호표는 항공기 주출입구 윗부분 안쪽 보기 쉬운 곳에 붙여야 한다.
㉱ 등록기호표에는 국적기호 또는 등록기호, 소유자의 명칭 중 하나만 표시한다.

해설
항공안전법 시행규칙 제12조(등록기호표의 부착) 참조

12. 항공안전법에 의한 항공기 등록기호표의 부착은 누가 하는가?

㉮ 유자격 정비사   ㉯ 항공기 제작자
㉰ 항공기 소유자등 ㉱ 국토교통부 담당 공무원

해설
항공안전법 제17조(항공기 등록기호표의 부착) 참조

13. 항공기소유자에게 교부되는 운용한계 지정서에 포함될 사항이 아닌 것은?

㉮ 항공기의 등급 ㉯ 감항증명번호
㉰ 항공기의 국적 ㉱ 항공기의 제작일련번호

해설
항공안전법 시행규칙 별지 제18호 서식(운용한계 지정서) 참조

14. 다음 중 소음기준적합증명을 받아야 할 시기로 옳은 것은?

㉮ 감항증명을 받을 때 ㉯ 형식증명을 받을 때
㉰ 항공기 등록을 할 때 ㉱ 변경등록을 할 때

해설
항공안전법 제25조(소음기준적합증명) 참조

15. 소음기준적합증명 대상 항공기는?

㉮ 왕복발동기를 장착한 항공기, 국내선을 운항하는 항공기
㉯ 터빈발동기를 장착한 항공기, 국내선을 운항하는 항공기
㉰ 왕복발동기를 장착한 항공기, 국제선을 운항하는 항공기
㉱ 터빈발동기를 장착한 항공기, 국제선을 운항하는 항공기

해설
항공안전법 시행규칙 제49조(소음기준적합증명 대상 항공기) 참조

16. 수리, 개조승인은 다음 중 어느 증명의 상실된 효력을 회복하기 위한 제도인가?

㉮ 감항증명   ㉯ 형식증명
㉰ 소음기준적합증명 ㉱ 수리, 개조능력

해설
항공안전법 제30조(수리·개조승인) 참조

17. 자격증명을 받고자 하는 응시자격 중 연령이 만 21세 이상이어야 하는 자격증은?

㉮ 항공정비사   ㉯ 사업용 조종사
㉰ 항공기관사   ㉱ 운송용 조종사

해설
항공안전법 제34조(항공종사자 자격증명등) 제2항 참조

정답
10. ㉱ 11. ㉱ 12. ㉰ 13. ㉮ 14. ㉮ 15. ㉱
16. ㉮ 17. ㉱

18. 항공정비사의 자격증명을 받을 수 있는 최소 연령은?

㉮ 16세 ㉯ 17세
㉰ 18세 ㉱ 21세

해설
항공안전법 제34조(항공종사자 자격증명등) 제2항 참조

19. 항공기관사가 하는 업무범위는?

㉮ 항공기에 탑승하여 목적지 공항에서 비행 전, 후 점검을 하는 행위
㉯ 항공기에 탑승하여 운항 중 객실에서 발생하는 이상상태를 해소하는 행위
㉰ 항공기에 탑승하여 그 위치 및 경로의 측정과 항공상의 자료를 산출하는 행위
㉱ 항공기에 탑승하여 조종장치의 조작을 제외한 발동기 및 기체를 취급하는 행위

해설
항공안전법 제36조(업무범위) 참조

20. 항공기의 등급에 해당되는 것은?

㉮ 보통, 실용, 곡기
㉯ B747, A300, MD-11
㉰ 제1종, 제2종, 제3종
㉱ 육상단발, 육상다발, 수상단발, 수상다발

해설
항공안전법 시행규칙 제81조(자격증명의 한정) 참조

21. 항공기 등록부호 표시에 관한 설명으로 틀린 것은?

㉮ 등록기호는 국적기호 뒤에 표시
㉯ 등록부호는 지워지지 아니하고 배경과 선명하게 대조되는 색으로 표시
㉰ 등록기호는 장식체의 4개의 아라비아 숫자로 표시
㉱ 국적기호는 장식체가 아닌 로마자의 대문자 HL로 표시

해설
항공안전법 시행규칙 제13조(국적 등의 표시) 참조

22. 등록부호에 사용되는 각 문자와 숫자의 폭, 선의 굵기 및 간격에 대한 설명 중 틀린 것은?

㉮ 선의 굵기는 문자 및 숫자의 높이의 6분의 1
㉯ 간격은 문자의 폭의 4분의 1 이상 2분의 1 이하
㉰ 문자와 숫자의 폭은 문자 높이의 3분의 2. 다만, 아라비아 숫자 중 1은 그러하지 아니하다.
㉱ 간격은 문자의 폭의 4분의 1 이상 2분의 1 이하. 다만, 아라비아 숫자의 경우에는 높이의 6분의 1 이하

해설
항공안전법 시행규칙 제16조(등록부호의 폭·선 등) 참조

23. 항공기의 급유 또는 배유를 할 수 없는 경우는?

㉮ 3점 접지를 했을 경우
㉯ 항공기가 RAMP 안으로 들어와 있는 경우
㉰ 발동기가 운전 중이거나 또는 가열상태에 있을 경우
㉱ 항공기가 격납고 및 건물 외측 30미터에 있을 경우

해설
공항시설법 시행규칙 제19조 제1항 관련, 별표 4(공항시설·비행장 시설 관리기준) 참조

24. 국제민간항공기구(ICAO)의 소재지는?

㉮ 미국 시카고
㉯ 스위스 제네바
㉰ 캐나다 몬트리올
㉱ 아르헨티나 브에노스 아이레스

정답 18. ㉰ 19. ㉱ 20. ㉱ 21. ㉰ 22. ㉱ 23. ㉰ 24. ㉰

25. 항공기 사고조사에 관하여 규정하고 있는 조약 부속서는?

㉮ Annex 1 ㉯ Annex 8
㉰ Annex 11 ㉱ Annex 13

기출문제 07

01. 다음 중 항공안전법의 목적과 관계가 없는 것은?

㉮ 항공기술 발전에 이바지한다.
㉯ 항공기 항행의 안전을 도모한다.
㉰ 국내 항공산업을 보호, 육성한다.
㉱ 생명과 재산을 보호한다.

해설
항공안전법 제1조(목적) 참조

참고
현재 이 조항은 '이 법은 「국제민간항공협약」 및 같은 협약의 부속서에서 채택된 표준과 권고되는 방식에 따라 항공기, 경량항공기 또는 초경량비행장치의 안전하고 효율적인 항행을 위한 방법과 국가, 항공사업자 및 항공종사자 등의 의무 등에 관한 사항을 규정함을 목적으로 한다.'로 변경되었다.

02. 착륙대에 대하여 바르게 설명한 것은?

㉮ 항공기가 활주로를 이탈하는 경우 항공기와 탑승자의 피해를 감소시키기 위하여 활주로 주변에 설치하는 안전지대
㉯ 항공기의 이륙(이수), 착륙(착수)을 위하여 사용되는 육지 또는 수면의 일정한 구역
㉰ 항공기의 안전운항을 위하여 비행장 주변에 장애물의 설치 등이 제한되는 표면
㉱ 항공교통의 안전을 위하여 국토교통부장관이 지정한 구역

해설
공항시설법 제2조(정의), 제13호 참조

03. 좌석이 1개인 비행장치로서 초경량비행장치의 범위에 속하는 동력비행장치의 자체중량은?

㉮ 자체중량 225kg 이하
㉯ 자체중량 175kg 이하
㉰ 자체중량 115kg 이하
㉱ 자체중량 100kg 이하

해설
항공안전법 시행규칙 제5조(초경량비행장치의 기준) 참조

04. 공항시설 중 기본시설로 맞는 것은?

㉮ 유류저장, 관리시설
㉯ 기상관측시설
㉰ 공항이용객 편의시설
㉱ 운항관리, 소방시설

해설
공항시설법 시행령 제3조(공항시설의 구분) 참조

05. 항행안전시설이 아닌 것은?

㉮ NDB ㉯ VOR
㉰ DME ㉱ ADF

해설
공항시설법 시행규칙 제5조(항행안전시설), 제7조(항행안전무선시설) 참조

06. 항행안전시설로서 전파를 이용하여 항공기의 항행을 돕는 것이 아닌 것은?

㉮ NDB ㉯ VDL
㉰ VOR ㉱ DME

해설
공항시설법 시행규칙 제7조(항행안전무선시설) 참조

정답 25. ㉱ [기출문제 07] 01. ㉰ 02. ㉮ 03. ㉰ 04. ㉯
05. ㉱ 06. ㉯

07. 항공기 등록기호표는 누가 부착하는가?

㉮ 국토교통부 담당 공무원
㉯ 유자격 정비사
㉰ 항공기 소유자
㉱ 항공기 제작자

해설
항공안전법 제17조(항공기 등록기호표의 부착) 참조

08. 다음 중 항공기 등록의 종류가 아닌 것은?

㉮ 임차등록 ㉯ 말소등록
㉰ 변경등록 ㉱ 이전등록

해설
항공안전법 제7조(신규등록), 항공안전법 제13조(변경등록), 항공안전법 제14조(이전등록), 항공안전법 제15조(말소등록) 참조

09. 말소등록의 사유로 맞는 것은?

㉮ 항공기를 보관하기 위하여 해체한 경우
㉯ 외국인에게 항공기를 양도한 경우
㉰ 항공기의 소유권을 이전한 경우
㉱ 항공기의 정치장을 변경한 경우

해설
항공안전법 제15조(항공기 말소등록) 참조

10. 예외적으로 감항증명을 받을 수 있는 항공기가 아닌 것은?

㉮ 국내에서 수리, 개조 또는 제작한 후 수출할 항공기
㉯ 외국인 국제항공운송사업자가 당해 사업에 사용하는 항공기
㉰ 외국국적을 가진 항공기의 국내 사용 항공기로서 국토교통부장관의 허가를 받은 항공기
㉱ 외국으로부터 수입하는 항공기로서 대한민국의 국적을 취득하기 전에 감항증명을 위한 검사를 신청한 항공기

해설
항공안전법 시행규칙 제36조(예외적으로 감항증명을 받을 수 있는 항공기) 참조

11. 다음 중 특별감항증명의 대상이 아닌 것은?

㉮ 장비품 등의 시험, 조사, 연구, 개발을 위하여 행하는 시험비행
㉯ 항공기의 제작, 정비, 수리 또는 개조 후 행하는 시험비행
㉰ 항공기의 정비 또는 수리, 개조를 위한 장소까지의 공수비행
㉱ 현지답사를 위해 일시적으로 행하는 비행

해설
항공안전법 시행규칙 제37조(특별감항증명의 대상) 참조

12. 격납고 안에 있는 항공기의 무선 시설을 조작할 경우 누구의 승인을 받아야 하는가?

㉮ 국토교통부장관
㉯ 지방항공청장
㉰ 공항관리공단 이사장
㉱ 검사주임

해설
공항시설법 시행규칙 제19조 제1항 관련, 별표 4(공항시설·비행장 시설 관리기준) 참조

13. 항공기, 장비품 또는 부품에 대하여 정비등에 관한 감항성개선을 명할 때 국토교통부장관이 소유자에게 통보하여야 하는 사항이 아닌 것은?

㉮ 해당되는 항공기, 장비품 또는 부품의 종류
㉯ 해당되는 항공기, 장비품 또는 부품의 형식
㉰ 정비등을 하여야 할 시기 및 그 방법
㉱ 정비등을 수행하는데 필요한 기술자료

정답 07. ㉰ 08. ㉮ 09. ㉯ 10. ㉰ 11. ㉱ 12. ㉯ 13. ㉮

해설

항공안전법 시행규칙 제45조(항공기등·장비품 또는 부품에 대한 감항성개선 명령 등) 제1항 참조

14. 제작증명을 위한 검사 범위가 아닌 것은?

㉮ 설계 ㉯ 제작기술
㉰ 설비, 인력 ㉱ 품질관리체계

해설

항공안전법 시행규칙 제33조(제작증명을 위한 검사 범위) 참조

15. 항공사고와 관계가 있는 물건의 보존, 제출 요구 또는 유치를 거부 또는 방해한 자에 대한 처벌은?

㉮ 1년 이하의 징역 또는 1천만원 이하의 벌금
㉯ 2년 이하의 징역 또는 1천만원 이하의 벌금
㉰ 2년 이하의 징역 또는 2천만원 이하의 벌금
㉱ 3년 이하의 징역 또는 3천만원 이하의 벌금

해설

항공·철도 사고조사에 관한 법률 제35조(사고조사방해의 죄) 참조

16. 항공기 수리, 개조 승인이 요구되는 경우는?

㉮ 규정에 의한 정비조직인증을 받은 자의 업무범위를 초과하여 수리, 개조하는 경우
㉯ 규정에 의한 정비조직인증을 받은 자가 항공기등 또는 장비품, 부품을 수리, 개조하는 경우
㉰ 규정에 의한 정비조직인증을 받은 자에게 수리, 개조를 위탁하는 경우
㉱ 규정에 의해 부품등제작자증명을 받은 자가 수리, 개조하는 경우

해설

항공안전법 시행규칙 제65조(항공기등 또는 부품등의 수리·개조승인의 범위) 참조

17. 다음 중 설계 제작 시 형식승인을 받아야 하는 항공기 기술표준품은?

㉮ 모든 장비품
㉯ 항공기 부품
㉰ 항공기 부품 및 장비품
㉱ 국토교통부장관이 고시하는 장비품

해설

항공안전법 제27조(기술표준품 형식승인) 참조

18. 항공안전법 제32조(항공기등의 정비등의 확인)에서 말하는 경미한 정비에 대한 설명 중 맞는 것은?

㉮ 감항성에 영향을 미치는 수리, 개조 작업
㉯ 감항성에 영향을 미치는 내부 부분품의 분해작업
㉰ 간단한 보수작업을 하는 예방작업으로서 긴도조절(리깅) 또는 간격의 조정작업
㉱ 복잡한 결합작용(늘림, 이음, 용접)등이 필요한 규격 장비품 또는 부품의 교환작업

해설

항공안전법 시행규칙 제68조(경미한 정비의 범위) 참조

19. 국외 정비확인자 인정의 유효기간은?

㉮ 6개월 ㉯ 1년
㉰ 2년 ㉱ 3년

해설

항공안전법 시행규칙 제73조(국외 정비확인자 인정서의 발급) 참조

20. 항공종사자 자격증명 응시연령에 대한 다음 설명 중 틀린 것은?

㉮ 자가용 활공기 조종사의 경우 16세
㉯ 자가용 조종사의 경우 16세
㉰ 항공정비사의 경우 18세
㉱ 항공기관사의 경우 18세

정답 14. ㉮ 15. ㉱ 16. ㉮ 17. ㉱ 18. ㉰ 19. ㉯ 20. ㉯

해설
항공안전법 제34조(항공종사자 자격증명등) 제2항 참조

21. 항공기관사의 업무범위는?
㉮ 항공기에 탑승하여 목적지 공항에서 비행 전, 후 점검을 하는 행위
㉯ 운항 중 객실에서 발생하는 이상 상태에 대해 점검하는 행위
㉰ 항공기에 탑승하여 그 위치 및 항로 측정과 항공상의 자료 산출
㉱ 항공기에 탑승하여 조종장치의 조작을 제외한 발동기 및 기체 취급

해설
항공안전법 제36조(업무범위) 참조

22. 긴급항공기로 지정을 받을 수 있는 항공기가 아닌 것은?
㉮ 화재진화
㉯ VIP 수송
㉰ 재난, 재해로 인한 수색 또는 구조
㉱ 응급환자 후송 등 구조, 구급활동

해설
항공안전법 시행규칙 제207조(긴급항공기의 지정) 제1항 참조

23. 공항 안에서 지상조업에 사용되는 차량 및 장비는 어디에 등록하여야 하는가?
㉮ 건설교통부
㉯ 지방항공청
㉰ 교통안전공단
㉱ 공항관리, 운영기관

해설
공항시설법 시행규칙 제19조 제1항 관련, 별표4(공항시설·비행장시설 관리기준) 참조

24. 다음 중 공항에서의 금지행위가 아닌 것은?
㉮ 내화성작업소 이외의 장소에서 휘발성액체 사용
㉯ 통풍이 되는 곳에서의 도포, 도료행위
㉰ 기름걸레를 금속용기 외에 방치
㉱ 격납고 내에서 휘발성 물질로 바닥 청소

해설
공항시설법 시행령 제50조(금지행위) 참조

25. 항공·철도 사고 조사위원회에 대한 내용 중 틀린 것은?
㉮ 항공기, 철도사고등의 원인규명과 예방을 위한 사고조사를 독립적으로 수행한다.
㉯ 항공기, 철도 사고 조사위원회는 국토교통부에 둔다.
㉰ 국토교통부장관은 일반적인 행정사항에 대하여 위원회를 지휘, 감독한다.
㉱ 국토교통부장관은 사고조사에 관여할 수 있다.

해설
항공·철도 사고조사에 관한 법률 제4조(항공·철도사고조사위원회의 설치) 참조

기출문제 08

01. 항공종사자의 정의로 맞는 것은?
㉮ 항공사에 근무하는 자
㉯ 항공안전법 제36조에 의하여 항공업무에 종사하는 자
㉰ 항공안전법 제34조제1항의 규정에 의한 항공종사자 자격증명을 받은 자
㉱ 항공기의 운항을 위하여 지상업무에 종사하는 자

해설
항공안전법 제2조(정의), 제14호 참조

정답 21. ㉱ 22. ㉯ 23. ㉱ 24. ㉯ 25. ㉱
[기출문제 08] 01. ㉰

Chapter 03 부록 · 과년도기출문제

02. 사고로 인해 항공기가 멸실된 경우 말소등록은 사유가 있는 날부터 며칠 이내에 해야 하는가?

㉮ 10일 ㉯ 12일
㉰ 15일 ㉱ 20일

해설
항공안전법 제15조(항공기 말소등록) 참조

03. 다음 중 설계, 제작하려는 경우 형식승인을 받아야 하는 것은?

㉮ 모든 장비품
㉯ 사고한계 부품
㉰ 제작사에서 만든 부품
㉱ 국토교통부장관이 고시하는 장비품

해설
항공안전법 제20조(기술표준품 형식승인) 참조

04. 감항증명 시 국토교통부령으로 정하는 바에 따라 검사의 일부를 생략할 수 있는 경우가 아닌 것은?

㉮ 형식증명을 받은 항공기
㉯ 부가형식증명을 받은 항공기
㉰ 형식증명승인을 받은 항공기
㉱ 제작증명을 받은 제작자가 제작한 항공기

해설
항공안전법 제23조(감항증명 및 감항성 유지) 참조

05. 항공기등의 수리, 개조 승인의 범위가 아닌 것은?

㉮ 수리승인 신청 시 수리계획서가 기술기준에 적합하게 이행 될 수 있을지 여부를 확인한 후 승인한다.
㉯ 개조승인 신청 시 개조계획서가 기술기준에 적합하게 이행 될 수 있을지 여부를 확인한 후 승인한다.
㉰ 수리계획서 또는 개조계획서 만으로 확인이 곤란하다고 판단되는 때에는 항공기등의 수리, 개조결과서를 제출해야 한다.
㉱ 수리계획서 또는 개조계획서 만으로 확인이 곤란한 경우에는 수리, 개조가 시행되는 현장에서 확인한 후 승인할 수 있다.

해설
항공안전법 시행규칙 제67조(항공기등 또는 부품등의 수리·개조승인) 참조

06. 다음 중 항공기등 및 장비품의 검사관으로 임명 또는 위촉될 수 있는 자는?

㉮ 항공정비사 자격증명을 받은 자
㉯ 항공공장정비사 자격증명을 받은 자
㉰ 항공기술관련 학사 이상의 학위를 취득한 후 2년 이상 항공기의 설계, 제작, 품질보증 업무에 종사한 경력이 있는 자
㉱ 3년 이상 항공기의 설계, 제작, 품질보증 업무에 종사한 경력이 있는 자

해설
항공안전법 제31조(항공기등의 검사등) 참조

07. 다음 중 조작 또는 정비할 수 있는 분야가 한정되어 있는 자격증명은?

㉮ 항공정비사   ㉯ 항공기관사
㉰ 항공교통관제사 ㉱ 운항관리사

해설
항공안전법 제37조(자격증명의 한정) 제1항 참조

08. 항공교통의 안전을 위하여 항공기의 비행이 금지되거나 제한되는 공역은?

㉮ 관제공역   ㉯ 비관제공역
㉰ 주의공역   ㉱ 통제공역

해설
항공안전법 제78조(공역 등의 지정) 참조

정답 02. ㉰ 03. ㉱ 04. ㉯ 05. ㉰ 06. ㉮ 07. ㉮ 08. ㉱

09. 항공기의 소유자등이 갖추어야 할 항공일지가 아닌 것은?

㉮ 기체 항공일지　㉯ 발동기 항공일지
㉰ 프로펠러 항공일지　㉱ 탑재용 항공일지

해설
항공안전법 시행규칙 제108조(항공일지) 제1항 참조

10. 항공기에 장비하여야 할 구급용구에 대한 설명 중 틀린 것은?

㉮ 승객이 200명일 때 소화기 3개
㉯ 승객 500명일 때 소화기 5개
㉰ 항공운송사업용 및 항공기사용사업용 항공기에는 도끼 1개
㉱ 항공운송사업용 여객기의 승객이 200명 이상일 때 메가폰 3개

해설
항공안전법 시행규칙 110조 관련, 별표 15(항공기에 장비하여야 할 구급용구 등) 참조

11. 다음 중 긴급항공기 지정신청서에 기재하여야 할 사항이 아닌 것은?

㉮ 항공기의 형식 및 등록부호
㉯ 긴급한 업무의 종류
㉰ 장비내역 및 정비방식
㉱ 긴급한 업무수행에 관한 업무규정

해설
항공안전법 시행규칙 제207조(긴급항공기의 지정) 참조

12. 항공기사용사업용 헬리콥터가 교체공항이 없을 때 착륙예정 비행장에서 2시간 동안 체공하는데 필요한 양 이외에 채워야 할 연료의 양은?

㉮ 순항속도로 20분간 더 비행할 수 있는 연료의 양
㉯ 국토교통부장관이 정한 추가 연료의 양
㉰ 최초 착륙예정 비행장까지 비행에 필요한 연료의 양
㉱ 최초 착륙예정 비행장까지 비행예정시간의 10%를 더한 연료의 양

해설
항공안전법 시행규칙 제119조 관련, 별표 17(항공기에 실어야 할 연료와 오일의 양) 참조

13. 항공기가 비행장 안의 이동지역에서 이동할 때 따라야 하는 기준이 아닌 것은?

㉮ 추월하는 항공기는 다른 항공기의 통행에 지장을 주지 아니하도록 충분한 간격을 유지한다.
㉯ 기동지역에서 지상 이동하는 항공기는 정지선등이 꺼져 있는 경우에 이동할 것
㉰ 교차하거나 이와 유사하게 접근하는 항공기 상호 간에는 다른 항공기를 좌측으로 보는 항공기가 진로를 양보할 것
㉱ 기동지역에서 지상 이동하는 항공기는 관제탑의 지시가 없는 경우에는 활주로진입전 대기지점에서 정지 대기할 것

해설
항공안전법 시행규칙 제162조(항공기의 지상이동) 참조

14. 공항에 대한 정기 안전성 검사의 범위가 아닌 것은?

㉮ 항공기 운항, 정비에 관련된 업무, 조직 및 교육훈련
㉯ 항공기 부품과 예비품의 보관시설
㉰ 항공기 및 그 부품의 정비시설
㉱ 비상계획 및 항공보안사항

해설
항공안전법 시행규칙 제315조(정기안전성 검사) 제1항 참조

정답 09. ㉮　10. ㉯　11. ㉰　12. ㉰　13. ㉱　14. ㉰

15. 다음 중 운항 중에 전자기기의 사용이 제한되지 않는 항공기는?

㉮ 항공운송사업용으로 비행 중인 민항기
㉯ 시계비행방식으로 비행 중인 민항기
㉰ 계기비행방식으로 비행 중인 산림청항공기
㉱ 항공운송사업용으로 비행 중인 헬리콥터

해설
항공안전법 시행규칙 제214조(전자기기의 사용제한) 참조

16. 다음 중 정비규정에 포함되어야 할 사항이 아닌 것은?

㉮ 중량 및 평형 계측절차
㉯ 정비에 종사하는 사람의 훈련방법
㉰ 중량 및 균형관리
㉱ 정비 및 검사프로그램

해설
항공안전법 시행규칙 제266조 관련, 별표 37(정비규정에 포함되어야 할 사항) 참조

17. 장애물 제한표면 밖의 지역에서 지표면이나 수면으로부터 몇 미터 이상 되는 구조물을 설치하려는 경우 표시등 및 표지를 설치하여야 하는가?

㉮ 50m ㉯ 60m
㉰ 80m ㉱ 100m

해설
공항시설법 제36조(항공장애 표시등의 설치 등) 제2항 참조

18. 외국 국적의 항공기가 국토교통부장관의 허가를 받아 항행하는 경우가 아닌 것은?

㉮ 대한민국 밖에서 이륙하여 대한민국 밖에 착륙하는 항행
㉯ 대한민국 밖에서 이륙하여 대한민국 안에 착륙하는 항행
㉰ 대한민국 안에서 이륙하여 대한민국 밖에 착륙하는 항행
㉱ 대한민국 밖에서 이륙하여 대한민국에 착륙함이 없이 대한민국을 통과하여 대한민국 밖에 착륙하는 항행

해설
항공안전법 제100조(외국항공기의 항행) 제1항 참조

19. 항공사고와 관계가 있는 물건을 정당한 사유없이 보존하지 않거나, 보존, 제출 및 유치를 거부 또는 방해한 자에 대한 처벌은?

㉮ 3년 이하의 징역이나 2천만원 이하의 벌금
㉯ 3년 이하의 징역이나 3천만원 이하의 벌금
㉰ 5년 이하의 징역이나 3천만원 이하의 벌금
㉱ 5년 이하의 징역이나 5천만원 이하의 벌금

해설
항공·철도 사고조사에 관한 법률 제35조(사고조사방해의 죄) 참조

20. 항공사고조사위원회에 대한 설명 중 틀린 것은?

㉮ 사고조사단의 구성, 운영에 관하여 필요한 사항은 대통령령으로 정한다.
㉯ 위원의 임기는 5년이다.
㉰ 12명 이내의 위원으로 구성되어 있다.
㉱ 위원장은 독립된 권한을 행사할 수 있다.

해설
항공·철도사고조사에 관한 법률 제11조(위원의 임기) 위원의 임기는 3년으로 하되, 연임할 수 있다.

21. 공항 내의 차량의 사용 및 취급에 대한 사항 중 틀린 것은?

㉮ 차량의 수선 및 청소는 정하는 위치, 장소에서만 해야 한다.
㉯ 공항관리, 운영기관 승인자만 차량을 사용할 수 있다.
㉰ 격납고 내에서는 방화장치가 있는 트랙터 외에는 사용할 수 없다.

정답 15. ㉯ 16. ㉰ 17. ㉯ 18. ㉮ 19. ㉯ 20. ㉯ 21. ㉱

㉣ 경찰서장이 승인한 곳에서만 주차를 할 수 있다.

해설

공항시설법 시행규칙 제19조 제1항 관련, 별표4(공항시설·비행장시설 관리기준) 참조

22. 다음 중 공항에서 금지되는 행위가 아닌 것은?

㉮ 활주로에 금속성 물체를 무단 방치하는 행위
㉯ 내화성 구역에서 항공기 청소를 하는 행위
㉰ 지정된 장소 이외의 장소에 쓰레기를 버리는 행위
㉱ 기름이 묻은 걸레를 금속성 용기 이외에 버리는 행위

해설

공항시설법 시행규칙 제19조 관련 별표 4(공항시설·비행장시설 관리기준) 참조

23. 격납고 내에 있는 항공기의 무선시설을 조작하고자 하는 경우 맞는 것은?

㉮ 지방항공청장의 승인을 받아야 한다.
㉯ 점검 시에는 누구나 할 수 있다.
㉰ 항공정비사 자격증명이 있어야 한다.
㉱ 무선설비 자격증이 있어야 한다.

해설

공항시설법 시행규칙 제19조 제1항 관련, 별표 4(공항시설·비행장시설 관리기준) 참조

24. 국제 민간항공의 운송 절차, 운임의 결정 및 항공운송대리점에 관한 규정을 결정하는 기관은?

㉮ IATA
㉯ ICAO
㉰ FAA
㉱ 미국운송협회

25. 국제민간항공 체약국의 항공기가 다른 체약국의 영역에서 사고가 발생했을 때 사고조사의 책임은?

㉮ 항공기 등록국
㉯ 사고 발생국가
㉰ 항공기 제작국
㉱ 국제민간항공기구

해설

국제민간항공협약 제26조(사고의 조사) 체약국의 항공기가 다른 체약국의 영역에서 사고가 발생하였을 경우 그 사고가 발생한 나라는 자국의 법령이 허가하는 한 국제민간항공기구가 권고하는 수속에 따라 사고의 사정의 조사를 행하는 것으로 한다.

기출문제 09

01. 제주에서 김해로 항공기 정치장이 변경되었을 때 신청해야 하는 등록은?

㉮ 이전등록
㉯ 변경등록
㉰ 임차등록
㉱ 말소등록

해설

항공안전법 제13조(항공기 변경등록) 참조

02. 변경등록, 이전등록의 신청은 사유가 있는 날부터 며칠 이내에 해야 하는가?

㉮ 7일
㉯ 10일
㉰ 15일
㉱ 20일

해설

항공안전법 제13조(항공기 변경등록), 제14조(항공기 이전등록) 참조

03. 다음 중 국토교통부령이 정하는 "긴급한 업무"의 항공기가 아닌 것은?

㉮ 재난, 재해 등으로 인한 수색, 구조 항공기
㉯ 응급환자의 소송 등 구조, 구급활동 항공기
㉰ 자연재해 발생시의 긴급복구 항공기
㉱ 긴급 구호물자 수송 항공기

해설

항공안전법 시행규칙 제207조(긴급항공기의 지정) 제1항 참조

정답 22. ㉯ 23. ㉮ 24. ㉮ 25. ㉯ [기출문제 09] 01. ㉯ 02. ㉰ 03. ㉱

04. 항공정비사가 받은 자격증명의 효력에 대한 설명 중 맞는 것은?

㉮ 비행기에 대한 자격증명을 취득하면 모든 종류의 항공기에 대한 자격증명을 받은 것으로 본다.
㉯ 비행기에 대한 자격증명을 취득하면 헬리콥터에 대한 자격증명을 받은 것으로 본다.
㉰ 비행기에 대한 자격증명을 취득하면 활공기에 대한 자격증명을 받은 것으로 본다.
㉱ 비행기에 대한 자격증명을 취득하면 비행선에 대한 자격증명을 받은 것으로 본다.

해설
항공안전법 시행규칙 제90조(조종사 등이 받은 자격증명의 효력) 참조

05. 항공기 등록부호의 표시 방법에 대한 설명 중 틀린 것은?

㉮ 국적기호는 로마자의 대문자 HL로 표시한다.
㉯ 등록기호의 첫 글자가 문자인 경우 국적기호와 등록기호 사이에 붙임표를 삽입한다.
㉰ 등록기호는 국적기호의 앞에 표시한다.
㉱ 등록기호는 지워지지 않고 배경과 선명하게 대조되도록 표시한다.

해설
항공안전법 시행규칙 제13조(국적 등의 표시) 참조

06. 감항증명의 유효기간 내에 항공기를 수리 또는 개조하고자 하는 경우의 설명으로 맞는 것은?

㉮ 항공정비사의 확인을 받아야 한다.
㉯ 국토교통부장관의 승인을 받아야 한다.
㉰ 안전에 이상이 있을 경우에만 국토교통부장관에게 보고한다.
㉱ 국토교통부장관에게 보고하여야 한다.

해설
항공안전법 제30조(수리·개조승인) 제1항 참조

07. 감항증명의 항공기기술기준 검사범위가 아닌 것은?

㉮ 항공기 정비과정   ㉯ 설계, 제작과정
㉰ 완성후의 상태   ㉱ 비행성능

해설
항공안전법 시행규칙 제38조(감항증명을 위한 검사범위) 참조

08. 다음 중 수리, 개조 승인을 받아야 하는 경우는?

㉮ 정비조직인증을 받은 업무범위 내에서 수리, 개조를 하였을 경우
㉯ 정비조직인증을 받은 업무범위를 초과하여 수리, 개조를 하였을 경우
㉰ 정비조직인증을 받아 수리, 개조를 하였을 경우
㉱ 정비조직인증을 받은 자에게 위탁하여 수리, 개조를 하였을 경우

해설
항공안전법 시행규칙 제65조(항공기등 또는 부품등의 수리·개조승인의 범위) 참조

09. 다음 중 형식증명을 받지 않아도 되는 것은?

㉮ 항공기   ㉯ 발동기
㉰ 자동조종장치   ㉱ 프로펠러

해설
항공안전법 제20조(형식증명 등) 제1항 참조

10. 구조상 조종사 단독으로는 발동기 및 기체를 완전히 취급할 수 없는 항공기에 조종사 외에 탑승시켜야 할 항공종사자는?

㉮ 기장 외 항공종사자   ㉯ 항공기의 부조종사
㉰ 항공기관사   ㉱ 항공사

해설
항공안전법 제36조(업무범위) 참조

정답 04. ㉰ 05. ㉰ 06. ㉯ 07. ㉮ 08. ㉯ 09. ㉰ 10. ㉰

11. 우리나라의 국적기호는?

㉮ HL ㉯ KOR
㉰ KAL ㉱ ZK

해설

우리나라의 국적기호는 HL로 표시하며, 이 국적기호는 국제전기통신조약에 의하여 각국에 할당된 무선국의 호출부호 중에서 선정한 것이다.

12. 다음 중 종사할 수 있는 항공기 종류 및 분야를 한정하는 항공종사자는?

㉮ 항공기관사 ㉯ 부조종사
㉰ 운송용 조종사 ㉱ 항공정비사

해설

항공안전법 제37조(자격증명의 한정) 제1항 참조

13. 수리 또는 개조의 승인 신청시 첨부하여야 할 서류는?

㉮ 수리 또는 개조의 방법과 기술등을 설명하는 자료
㉯ 수리 또는 개조설비, 인력현황
㉰ 수리 또는 개조규정
㉱ 수리 또는 개조계획서

해설

항공안전법 시행규칙 제66조(수리·개조승인의 신청) 참조

14. 다음 중 정비규정에 포함되어야 할 사항이 아닌 것은?

㉮ 직무능력 평가
㉯ 정비에 종사하는 자의 훈련방법
㉰ 항공기등의 품질관리 절차
㉱ 항공기를 정비하는 자의 직무와 정비조직

해설

항공안전법 시행규칙 제266조 관련, 별표 37(정비규정에 포함되어야 할 사항) 참조

15. 감항증명을 받았던 사실이 있는 항공기의 감항증명 신청서 제출 시기는?

㉮ 검사 희망일 5일전까지
㉯ 검사 희망일 7일전까지
㉰ 검사 희망일 10일전까지
㉱ 검사 희망일 12일전까지

해설

항공기 기술기준 21.176(신청), (c) 감항증명 신청은 다음의 경우를 제외하고 검사희망일 7일전까지 하여야 한다.
① 항공기를 수입 후 수리, 개조 또는 재생을 하고자 하는 경우 수리, 개조 또는 재생 작업 착수 전에 신청
② 국외에서 감항증명을 받고자 하는 경우 15일전까지 신청하거나 사전 협의

16. 소음기준적합증명은 언제 받아야 하는가?

㉮ 운용한계를 지정할 때
㉯ 감항증명을 받을 때
㉰ 기술표준품의 형식승인을 받을 때
㉱ 항공기를 등록할 때

해설

항공안전법 제25조(소음기준적합증명) 참조

17. 다음 중 외국인 국제항공운송사업의 허가신청서에 첨부할 서류가 아닌 것은?

㉮ 「국제민간항공협약」부속서 6에 따라 해당 정부가 발행한 운항증명 및 운영기준
㉯ 최근의 손익계산서와 대차대조표
㉰ 운송약관 및 그 번역본
㉱ 사업경영 자금의 내역과 조달방법

해설

항공사업법 시행규칙 제55조(외국인 국제항공운송사업의 허가 신청 등) 참조

정답 11. ㉮ 12. ㉱ 13. ㉱ 14. ㉮ 15. ㉯ 16. ㉯ 17. ㉱

18. 국토교통부장관은 운항증명 신청이 있는 때에는 며칠 이내에 운항증명검사계획을 수립하여 신청인에게 통보하여야 하는가?

㉮ 5일
㉯ 7일
㉰ 10일
㉱ 15일

해설

항공안전법 시행규칙 제257조(운항증명의 신청 등) 제2항 참조

19. 항공운송사업자가 취항하고 있는 공항에 대한 정기적인 안전성검사 항목이 아닌 것은?

㉮ 공항 내 비행절차
㉯ 비상계획 및 항공보안사항
㉰ 항공기부품과 예비품의 보관 및 급유시설
㉱ 항공기운항, 정비 및 지원에 관련된 업무, 조직 및 교육훈련

해설

항공안전법 시행규칙 제315조(정기안전성 검사) 제1항 참조

20. 정비조직인증을 받은 자의 과징금 부과에 대한 설명으로 맞는 것은?

㉮ 효력정지처분에 갈음하여 50억원 이하의 과징금을 부과할 수 있다.
㉯ 중대한 규정 위반시에는 효력정지처분과 더불어 과징금을 부과한다.
㉰ 부득이하게 효력정지를 할 수 없을 때에는 과징금으로 대처한다.
㉱ 과징금을 기간 이내에 납부하지 않으면 국토교통부령에 의하여 이를 징수한다.

해설

항공안전법 제99조(정비조직인증을 받은 자에 대한 과징금의 부과) 참조

21. 다음 중 국토교통부장관이 정하는 경미한 정비란?

㉮ 간단한 보수를 하는 예방작업으로서 복잡한 결합작용을 필요로 하지 않는 교환작업의 경우
㉯ 감항성에 미치는 영향이 경미한 범위의 수리작업으로서 그 작업의 완료 상태를 확인함에 있어 복잡한 점검이 필요한 경우
㉰ 감항성에 미치는 영향이 경미한 범위의 수리작업으로서 그 작업의 완료상태를 확인함에 있어 동력장치의 작동점검이 필요한 경우
㉱ 리깅 또는 간극의 조정작업 등 복잡한 결합작용을 필요로 하는 부품의 교환작업의 경우

해설

항공안전법 시행규칙 제68조(경미한 정비의 범위) 참조

22. 항공시설에 대한 금지행위가 아닌 것은?

㉮ 계류장에 금속편, 직물 또는 기타의 물건을 방치하는 행위
㉯ 격납고에 금속편, 직물 또는 기타의 물건을 방치하는 행위
㉰ 착륙대, 유도로에 금속편, 직물 또는 기타의 물건을 방치하는 행위
㉱ 비행장 안으로 물건을 투척하는 행위

해설

공항시설법 시행령 제50조(금지행위) 참조

23. 운항증명의 검사 기준서류가 아닌 것은?

㉮ 조직·인력의 구성, 업무분장 및 책임
㉯ 종사자 훈련 교과목 운영 계획
㉰ 지상의 고정 및 이동 시설, 장비
㉱ 항공법규 준수의 이행 서류

해설

항공안전법 시행규칙 제258조 관련, 별표 33(운항증명의 검사기준) 참조

정답 18. ㉰ 19. ㉮ 20. ㉮ 21. ㉮ 22. ㉯ 23. ㉰

24. 격납고 안에서 무선설비 조작을 하기 위해서는?

㉮ 공항관리, 운영기관의 승인을 얻어야 한다.
㉯ 지방항공청장의 승인을 얻어야 한다.
㉰ 공항공사의 사장이 정한 구역 내에서 조작하여야 한다.
㉱ 무선설비 자격증이 있어야 한다.

해설
공항시설법 시행규칙 제19조 제1항 관련, 별표 4(공항시설·비행장시설 관리기준) 참조

25. 공항 내의 금지행위로 옳지 않은 것은?

㉮ 비행장 주변 레이저 발사
㉯ 착륙대, 유도로 또는 계류장에 금속편, 직물 또는 기타의 물건을 방치하는 것
㉰ 공항 안에서 정치된 항공기 근처로 항공기를 운행하는 것
㉱ 착륙대, 유도로, 계류장 또는 격납고에서 함부로 화기를 사용하는 행위

해설
공항시설법 시행령 제50조(금지행위) 참조

기출문제 10

01. 그 밖에 대통령령으로 정하는 항공기의 범위에 포함되는 것은?

㉮ 자체중량이 150킬로그램을 초과하는 1인승 비행장치
㉯ 자체중량이 200킬로그램을 초과하는 2인승 비행장치
㉰ 자체중량, 속도, 좌석수 등이 국토교통부령으로 정하는 범위를 초과하는 비행장치
㉱ 지구 대기권 내외를 비행할 수 있는 항공우주선

해설
항공안전법 시행령 제2조(항공기의 범위) 참조

02. 다음 중 항공기준사고의 범위에 포함되지 않는 것은?

㉮ 다른 항공기와 충돌위험이 있었던 것으로 판단되는 근접비행이 발생한 경우
㉯ 조종사가 연료량으로 인해 비상선언을 한 경우
㉰ 운항 중 발동기 화재가 발생한 경우
㉱ 운항 중 엔진 덮개가 풀리거나 이탈한 경우

해설
항공안전법 시행규칙 제9조 관련, 별표 2(항공기준사고의 범위) 참조

03. 다음 중 말소등록을 해야 하는 경우는?

㉮ 항공기사고 등으로 항공기의 위치를 1개월 이내에 확인할 수 없다.
㉯ 보관을 위해 항공기를 해체하였다.
㉰ 임차기간이 만료되었다.
㉱ 대한민국 국민이 아닌 자에게 항공기를 양도하였다. (단, 대한민국 국적은 유지함)

해설
항공안전법 제15조(항공기 말소등록) 참조

04. 소유자등이 항공기의 등록을 신청한 경우에 국토교통부장관이 항공기 등록원부에 기록해야 할 사항이 아닌 것은?

㉮ 항공기의 형식   ㉯ 제작 연월일
㉰ 항공기의 정치장   ㉱ 등록기호

해설
항공안전법 제11조(항공기 등록사항) 참조

05. 항공기 등록기호표의 부착은 누가 하는가?

㉮ 유자격 정비사   ㉯ 항공기 제작자
㉰ 항공기 소유자등   ㉱ 국토교통부 공무원

정답
24. ㉯ 25. ㉰ [기출문제 10] 01. ㉱ 02. ㉱ 03. ㉰
04. ㉯ 05. ㉰

해설
항공안전법 제17조(항공기 등록기호표의 부착) 참조

06. 다음 중 항공기취급업의 종류가 아닌 것은?

㉮ 항공기급유업   ㉯ 항공기하역업
㉰ 화물운송사업   ㉱ 지상조업사업

해설
항공사업법 시행규칙 제5조(항공기취급업의 구분) 참조

07. 항공기의 감항성이란?

㉮ 항공기가 안전하게 비행할 수 있는 성능
㉯ 기술기준을 충족한다는 것
㉰ ICAO 기준을 충족한다는 것
㉱ 항공기가 비행 중에 나타내는 성능

해설
항공안전법 제2조(정의) 제5호라목 참조

08. 특별감항증명의 대상이 아닌 것은?

㉮ 항공기의 생산업체 또는 연구기관이 시험, 조사, 연구를 위하여 시험비행을 하는 경우
㉯ 항공기의 제작, 정비, 수리 또는 개조 후 시험비행을 하는 경우
㉰ 운용한계를 초과하지 않는 시험비행을 하는 경우
㉱ 항공기를 수입하기 위하여 승객이나 화물을 싣지 아니하고 비행을 하는 경우

해설
항공안전법 시행규칙 제37조(특별감항증명의 대상) 참조

09. 다음 중 수리, 개조승인의 검사관이 될 수 없는 자는?

㉮ 항공정비사 자격증명을 받은 사람
㉯ 국가기술자격법에 따른 항공산업기사 이상의 자격을 취득한 사람
㉰ 항공기술 관련 학사 이상의 학위를 취득한 후 3년 이상 항공기의 설계, 제작, 정비 또는 품질보증업무에 종사한 경력이 있는 사람
㉱ 국가기관등항공기의 설계, 제작, 정비 또는 품질보증 업무에 5년 이상 종사한 경력이 있는 사람

해설
항공안전법 제31조(항공기등의 검사등) 참조

10. 항공기의 소음기준적합증명은 언제 받아야 하는가?

㉮ 감항증명을 받을 때
㉯ 형식승인을 받을 때
㉰ 운용한계를 지정할 때
㉱ 항공기를 등록할 때

해설
항공안전법 제25조(소음기준적합증명) 참조

11. 부품등제작자증명 신청시 필요 없는 것은?

㉮ 품질관리규정
㉯ 적합성 입증 계획서 또는 확인서
㉰ 제작자, 제작번호 및 제작연월일
㉱ 장비품 또는 부품의 식별서

해설
항공안전법 시행규칙 제61조(부품등제작자증명의 신청) 참조

12. 항공운송사업용 비행기가 시계비행을 할 경우 최초 착륙예정 비행장까지 비행에 필요한 양에 추가로 필요한 연료량은?

㉮ 순항속도로 15분간 더 비행할 수 있는 양
㉯ 순항속도로 30분간 더 비행할 수 있는 양
㉰ 순항속도로 45분간 더 비행할 수 있는 양
㉱ 순항속도로 60분간 더 비행할 수 있는 양

정답 06. ㉰ 07. ㉮ 08. ㉰ 09. ㉯ 10. ㉮ 11. ㉰ 12. ㉰

해설

항공안전법 시행규칙 제119조 관련, 별표 17(항공기에 실어야 할 연료와 오일의 양) 참조

13. 시계비행시 갖추어야 할 항공계기가 아닌 것은?

㉮ 승강계 ㉯ 시계
㉰ 나침반 ㉱ 정밀기압고도계

해설

항공안전법 시행규칙 제117조 관련, 별표 16(항공계기등의 기준) 참조

14. 항공정비사 자격증명시험의 응시연령은?

㉮ 17세 ㉯ 18세
㉰ 19세 ㉱ 21세

해설

항공안전법 제34조(항공종사자 자격증명등) 제2항 참조

15. 항공운송사업자가 운항을 시작하기 전에 국토교통부장관으로부터 인력, 장비, 시설, 운항 관리지원 및 정비관리지원 등 안전운항체계에 대하여 받아야 하는 것은?

㉮ 운항증명 ㉯ 항공운송사업면허
㉰ 운항개시증명 ㉱ 항공운송사업증명

해설

항공안전법 제90조(항공운송사업의 운항증명) 제1항 참조

16. 항공기정비업 등록자가 국토교통부령으로 정하는 정비등을 하려고 할 때 받아야 하는 것은?

㉮ 정비조직인증 ㉯ 안전성인증
㉰ 수리, 개조승인 ㉱ 형식승인

해설

항공안전법 제97조(정비조직인증 등) 참조

17. 경미한 정비에 대한 설명으로 맞는 것은?

㉮ 감항성에 미치는 영향이 경미한 개조작업
㉯ 복잡한 결합작용을 필요로 하는 규격장비품의 교환작업
㉰ 감항성에 미치는 영향이 경미한 수리작업으로서 동력장치의 작동점검이 필요한 작업
㉱ 간단한 보수를 하는 예방작업으로 리깅(Rigging) 또는 간극의 조정작업

해설

항공안전법 시행규칙 제68조(경미한 정비의 범위) 참조

18. 감항증명 등의 항공관련업무를 수행하는 전문검사기관은 누가 지정, 고시하는가?

㉮ 대통령 ㉯ 국토교통부장관
㉰ 지방항공청장 ㉱ 한국교통안전공단

해설

항공안전법 제135조(권한의 위임·위탁) 제2항 참조

19. 항공기 사고조사에 기준을 정하고 있는 국제민간항공협약 부속서는?

㉮ 제6부속서 ㉯ 제8부속서
㉰ 제11부속서 ㉱ 제13부속서

20. 정비조직 인증을 받은 후 규정 위반 시 행정적 처리로 옳은 것은?

㉮ 과징금은 50억원을 초과하면 안된다.
㉯ 중대한 규정 위반시 효력정지와 과징금을 부과할 수 있다.
㉰ 공익상 필요시 효력정지처분을 갈음하여 과징금으로 대체 할 수 있다.
㉱ 과징금 납부 기간을 어길 시 국토교통부령에 따라 징수한다.

정답 13. ㉮ 14. ㉯ 15. ㉮ 16. ㉮ 17. ㉱ 18. ㉯
19. ㉱ 20. ㉰

해설

항공안전법 제99조(정비조직인증을 받은 자에 대한 과징금의 부과) 참조

21. 항공안전법에 의한 항공정비시설의 검사 또는 출입을 거부하거나 기피한 자에 대한 처벌은?

㉮ 200만원 이하의 벌금
㉯ 300만원 이하의 벌금
㉰ 400만원 이하의 벌금
㉱ 500만원 이하의 벌금

해설

항공안전법 제163조(검사 거부 등의 죄) 참조

22. 자격증명을 받지 아니하고 항공업무에 종사한 사람에 대한 처벌은?

㉮ 1년 이하의 징역 또는 1천만원 이하의 벌금
㉯ 1년 이하의 징역 또는 2천만원 이하의 벌금
㉰ 2년 이하의 징역 또는 1천만원 이하의 벌금
㉱ 2년 이하의 징역 또는 2천만원 이하의 벌금

해설

항공안전법 제148조(무자격자의 항공업무 종사 등의 죄) 참조

23. ICAO 체약국에서 항공기사고 발생 시 사고조사를 수행할 책임은 어느 국가에 있는가?

㉮ 사고발생 국가
㉯ 항공기 운용국가
㉰ 항공기 제작국가
㉱ 항공기 등록국가

해설

국제민간항공협약 제26조(사고의 조사) 체약국의 항공기가 다른 체약국의 영역에서 사고가 발생하였을 경우 그 사고가 발생한 나라는 자국의 법령이 허가하는 한 국제민간항공기구가 권고하는 수속에 따라 사고의 사정의 조사를 행하는 것으로 한다.

24. 지방항공청장, 항공교통본부장 또는 공항운영자가 관리, 운영하는 공항시설이 아닌 것은?

㉮ 화물 터미널
㉯ 항행안전시설
㉰ 공항 주차시설
㉱ 항행안전본부 시설

해설

공항시설법 시행령 제3조(공항시설의 구분) 참조

25. 국제항공운송협회(IATA)의 설립목적이 아닌 것은?

㉮ 국제항공사업 기회 균등 보장
㉯ 국제민간항공기구 협력
㉰ 안전한 항공운항 발달 촉진
㉱ 국제민간항공 및 기타 국제기관 협력

기출문제 11

01. 다음 중 항공안전법의 목적이 아닌 것은?

㉮ 항공산업의 보호, 육성
㉯ 항공기가 안전하게 비행하기 위한 방법을 정함
㉰ 생명과 재산 보호
㉱ 항공기술 발전에 이바지함

해설

항공안전법 제1조(목적) 참조

참고

현재 이 조항은 '이 법은「국제민간항공협약」및 같은 협약의 부속서에서 채택된 표준과 권고되는 방식에 따라 항공기, 경량항공기 또는 초경량비행장치의 안전하고 효율적인 항행을 위한 방법과 국가, 항공사업자 및 항공종사자 등의 의무 등에 관한 사항을 규정함을 목적으로 한다.'로 변경되었다.

02. 공항시설법이 정하는 항행안전시설이 아닌 것은?

㉮ 항행안전무선시설
㉯ 항공등화
㉰ 항공정보통신시설
㉱ 항공장애 주간표지

정답 21. ㉱ 22. ㉱ 23. ㉮ 24. ㉱ 25. ㉮
[기출문제 11] 01. ㉮ 02. ㉱

해설

공항시설법 시행규칙 제5조(항행안전시설) 참조

03. 다음 중 항공기취급업이 아닌 것은?

㉮ 항공기급유업   ㉯ 항공기하역업
㉰ 항공기운송업   ㉱ 지상조업사업

해설

항공사업법 시행규칙 제5조(항공기취급업의 구분) 참조

04. 다음 중 항공기 등록의 종류가 아닌 것은?

㉮ 임차등록   ㉯ 이전등록
㉰ 변경등록   ㉱ 말소등록

해설

항공안전법 제7조(신규등록), 항공안전법 제13조(변경등록), 항공안전법 제14조(이전등록), 항공안전법 제15조(말소등록) 참조

05. 다음 중 소유하거나 임차한 항공기를 등록할 수 있는 경우는?

㉮ 외국정부 또는 외국의 공공단체
㉯ 외국의 법인 또는 단체
㉰ 외국의 국적을 가진 항공기를 임차한 법인 또는 단체
㉱ 외국인이 주식이나 지분의 2분의 1 이상을 소유하고 있는 법인

해설

항공안전법 제10조(항공기 등록의 제한) 참조

06. 이전등록은 그 사유가 있는 날부터 며칠 이내에 신청하여야 하는가?

㉮ 7일   ㉯ 10일
㉰ 15일   ㉱ 20일

해설

항공안전법 제14조(항공기 이전등록) 참조

07. 감항증명을 할 때 검사의 일부를 생략할 수 있는 항공기가 아닌 것은?

㉮ 형식증명을 받은 항공기
㉯ 형식증명승인을 받은 항공기
㉰ 제작증명을 받은 제작자가 제작한 항공기
㉱ 형식승인을 받은 항공기

해설

항공안전법 제23조(감항증명 및 감항성 유지) 참조

08. 형식증명을 받은 항공기등을 제작하고자 할 때 국토교통부장관으로부터 받을 수 있는 것은?

㉮ 감항증명
㉯ 제작증명
㉰ 형식증명승인
㉱ 부품등제작자증명

해설

항공안전법 제22조(제작증명) 제1항 참조

09. 다음 중 감항증명을 받은 항공기의 수리, 개조승인이 요구되는 경우는?

㉮ 규정에 의한 정비조직인증을 받은 업무범위를 초과하여 수리, 개조하는 경우
㉯ 규정에 의한 정비조직인증을 받은 자가 항공기등 또는 장비품, 부품을 수리, 개조하는 경우
㉰ 규정에 의한 정비조직인증을 받은 자에게 수리, 개조를 위탁하는 경우
㉱ 규정에 의해 부품등제작자증명을 받은 자가 제작한 장비품 또는 부품을 증명을 받은 자가 수리, 개조하는 경우

해설

항공안전법 시행규칙 제65조(항공기등 또는 부품등의 수리·개조승인의 범위) 참조

정답 03. ㉰   04. ㉮   05. ㉰   06. ㉰   07. ㉱   08. ㉯   09. ㉮

10. 항공기 등록기호표는 언제 부착하는가?

㉮ 항공기를 등록할 때
㉯ 항공기를 등록한 후에
㉰ 감항증명 신청시
㉱ 감항증명을 받을 때

해설
항공안전법 제17조(항공기 등록기호표의 부착) 참조

11. 항공운송사업용 및 항공기사용사업용 헬리콥터가 계기비행으로 교체비행장이 요구될 경우 실어야 할 연료의 양은?

㉮ 최초의 착륙예정 비행장까지 비행예정시간의 10퍼센트의 시간을 비행할 수 있는 양
㉯ 최초 착륙예정 비행장의 상공에서 체공속도로 2시간 동안 체공하는데 필요한 양
㉰ 표준대기 상태에서 교체비행의 450미터(1,500피트)의 상공에서 30분간 체공하는데 필요한 양에 그 비행장에 접근하여 착륙하는 데 필요한 양을 더한 양
㉱ 최대항속속도로 20분간 더 비행할 수 있는 양

해설
항공안전법 시행규칙 제119조 관련, 별표 17(항공기에 실어야 할 연료와 오일의 양) 참조

12. 다음 중 형식증명을 위한 검사범위에 해당되지 않는 것은?

㉮ 해당 형식의 설계에 대한 검사
㉯ 제작과정에 대한 검사
㉰ 완성 후의 상태 및 비행성능에 대한 검사
㉱ 제작공정의 설비에 대한 검사

해설
항공안전법 시행규칙 제20조(형식증명 등을 위한 검사범위) 참조

13. 항공정비사의 자격증명을 한정하는 경우 한정하는 정비분야의 범위는?

㉮ 기체 관련 분야
㉯ 왕복발동기 관련 분야
㉰ 전자·전기·계기 관련 분야
㉱ 프로펠러 관련 분야

해설
항공안전법 시행규칙 제81조(자격증명의 한정) 제6항 참조

14. 다음 중 항공교통의 안전을 위하여 항공기의 비행을 금지하거나 제한할 필요가 있는 공역은?

㉮ 관제공역   ㉯ 비관제공역
㉰ 통제공역   ㉱ 주의공역

해설
항공안전법 제78조(공역 등의 지정) 참조

15. 다음 중 항공기에 탑재해야 할 서류가 아닌 것은?

㉮ 항공기 등록증명서   ㉯ 감항증명서
㉰ 형식증명서   ㉱ 탑재용 항공일지

해설
항공안전법 시행규칙 제113조(항공기에 탑재하는 서류) 참조

16. 정비조직인증을 받은 업무범위를 초과하여 항공기를 수리, 개조한 경우에는?

㉮ 국토교통부장관의 검사를 받아야 한다.
㉯ 국토교통부장관의 승인을 받아야 한다.
㉰ 항공정비사 자격증명을 가진 자에 의하여 확인을 받아야 한다.
㉱ 국토교통부장관에게 신고하여야 한다.

해설
항공안전법 제30조(수리·개조승인), 시행규칙 제65조(항공기등 또는 부품등의 수리·개조승인의 범위) 참조

정답 10. ㉯ 11. ㉰ 12. ㉱ 13. ㉰ 14. ㉰ 15. ㉰ 16. ㉯

17. 정비규정에 포함되어야 할 사항 중 틀린 것은?

㉮ 항공기등의 기술관리 절차
㉯ 항공기 운항정보
㉰ 감항성을 유지하기 위한 정비 및 검사 프로그램
㉱ 항공기등 및 부품등의 정비방법 및 절차

해설
항공안전법 시행규칙 제266조 관련, 별표 37(정비규정에 포함되어야 할 사항) 참조

18. 다음 중 항공일지의 종류가 아닌 것은?

㉮ 지상비치용 기체 항공일지
㉯ 지상비치용 발동기 항공일지
㉰ 지상비치용 프로펠러 항공일지
㉱ 탑재용 항공일지

해설
항공안전법 시행규칙 제108조(항공일지) 제1항 참조

19. 운영기준 변경시 언제부터 적용되는가?

㉮ 변경 후 바로
㉯ 국토교통부장관이 고시한 날
㉰ 30일 후
㉱ 70일 후

해설
항공안전법 시행규칙 제261조(운영기준의 변경 등) 제2항 참조

20. 외국항공기 항행허가 신청서에 기재하여야 할 사항이 아닌 것은?

㉮ 항공기의 등록부호, 형식 및 식별부호
㉯ 항행의 목적
㉰ 여객의 성명, 국적 및 여행의 목적
㉱ 목적 비행장 및 총예상 소요비행시간

해설
항공안전법 시행규칙 제274조 관련, 별지 제100호서식의 외국항공기 항행허가 신청서 참조

21. 무자격자가 항공업무에 종사한 경우 처벌은?

㉮ 2년 이하의 징역 또는 2천만원 이하의 벌금
㉯ 2년 이하의 징역 또는 1천만원 이하의 벌금
㉰ 1년 이하의 징역 또는 2천만원 이하의 벌금
㉱ 1년 이하의 징역 또는 1천만원 이하의 벌금

해설
항공안전법 제148조(무자격자의 항공업무 종사 등의 죄) 참조

22. 항공기 사고조사의 업무를 담당하는 곳은?

㉮ 항공사고조사위원회   ㉯ 국토교통부
㉰ 항공안전위원회   ㉱ 항공운항본부

해설
항공·철도사고조사에 관한 법률 제4조(항공·철도사고조사위원회의 설치) 참조

23. 항공·철도 사고조사에 관한 법률의 목적은?

㉮ 항공사고를 발생시킨 자의 행정 처분
㉯ 유사사고의 재발 방지
㉰ 항공시설의 설치와 관리의 효율화
㉱ 항공기 항행의 안전 도모

해설
항공·철도사고조사에 관한 법률 제1조(목적) 참조

24. 격납고 내에 있는 항공기의 무선설비를 조작하기 위해서는?

㉮ 점검시에는 누구나 할 수 있다.
㉯ 무선설비 자격증이 있어야 한다.
㉰ 공항운영, 관리기관의 승인을 받아야 한다.
㉱ 지방항공청장의 승인을 받아야 한다.

해설
공항시설법 시행규칙 제19조 제1항 관련, 별표 4(공항시설·비행장 시설 관리기준) 참조

정답 17. ㉯ 18. ㉮ 19. ㉰ 20. ㉱ 21. ㉮ 22. ㉮ 23. ㉯ 24. ㉱

25. 국제민간항공협약 부속서는 몇 개의 부속서로 되어 있는가?

㉮ 13개 ㉯ 16개
㉰ 19개 ㉱ 21개

기출문제 12

01. 초경량비행장치의 범위에 속하지 않는 것은?

㉮ 행글라이더 ㉯ 동력패러글라이더
㉰ 동력활공기 ㉱ 유인자유기구

해설
항공안전법 시행규칙 제5조(초경량비행장치의 기준) 참조

02. 다음 시설 중 공항의 기본시설이 아닌 것은?

㉮ 항공기 정비시설 ㉯ 활주로, 유도로, 계류장
㉰ 항행안전시설 ㉱ 기상관측시설

해설
공항시설법 시행령 제3조(공항시설의 구분) 참조

03. 말소등록은 그 사유가 있는 날로부터 며칠 이내에 신청하여야 하는가?

㉮ 7일 ㉯ 10일
㉰ 15일 ㉱ 20일

해설
항공안전법 제15조(항공기 말소등록) 참조

04. 국토교통부령으로 정하는 의무보고 대상 항공안전장애의 범위에 포함되지 않는 것은?

㉮ 운항 중 엔진 덮개가 풀리거나 이탈한 경우
㉯ 항행안전무선시설의 운영이 중단된 경우
㉰ 공중충돌경고장치 회피기동(ACAS RA)이 발생한 경우
㉱ 항공기가 지상에서 운항 중 다른 항공기나 장애물과 접촉 또는 충돌하여 감항성이 손상된 경우

해설
항공안전법 시행규칙 제134조 관련, 별표 20의2(의무보고 대상 항공안전장애의 범위) 참조

05. 다음 중 운용한계 지정서에 포함될 사항이 아닌 것은?

㉮ 항공기의 등급
㉯ 항공기의 국적 및 등록기호
㉰ 항공기의 제작일련번호
㉱ 감항증명 번호

해설
항공안전법 시행규칙 별지 제18호 서식(운용한계 지정서) 참조

06. 수리, 개조의 승인 신청시 수리 또는 개조계획서는 작업을 시작하기 며칠 전까지 제출하여야 하는가?

㉮ 5일 전까지 ㉯ 7일 전까지
㉰ 10일 전까지 ㉱ 15일 전까지

해설
항공안전법 시행규칙 제66조(수리·개조승인의 신청) 참조

07. 다음 중 형식승인을 받아야 하는 기술표준품은?

㉮ 감항증명을 받은 항공기에 포함되어 있는 기술표준품
㉯ 제작증명을 받은 항공기에 포함되어 있는 기술표준품
㉰ 형식증명을 받은 항공기에 포함되어 있는 기술표준품
㉱ 형식증명승인을 받은 항공기에 포함되어 있는 기술표준품

정답
25. ㉰ [기출문제 12] 01. ㉰ 02. ㉮ 03. ㉰ 04. ㉱
05. ㉮ 06. ㉰ 07. ㉯

해설

항공안전법 시행규칙 제56조(형식승인이 면제되는 기술표준품) 참조

08. 헬리콥터가 계기비행으로 적당한 교체비행장이 없을 경우 비행장 상공에서 2시간 동안 체공하는 데 필요한 양 이외에 추가로 필요한 연료 탑재량은?

㉮ 이상사태 발생시에 대비하여 국토교통부장관이 정한 추가의 양
㉯ 최초 착륙예정 비행장까지 비행 예정시간에 10%의 시간을 더 비행할 수 있는 양
㉰ 최초 착륙예정 비행장까지 비행에 필요한 양
㉱ 최대 항속속도로 20분간 더 비행할 수 있는 양

해설

항공안전법 시행규칙 제119조 관련, 별표 17(항공기에 실어야 할 연료와 오일의 양) 참조

09. 수상비행기가 갖추어야 할 구급용구가 아닌 것은?

㉮ 구명동의
㉯ 불꽃조난 신호장비
㉰ 음성신호발생기
㉱ 해상용 닻

해설

항공안전법 시행규칙 제110조 관련, 별표 15(항공기에 장비하여야 할 구급용구 등) 제1호 참조

10. 다음 중 활공기의 소유자가 갖추어야 할 서류는?

㉮ 활공기용 항공일지
㉯ 탑재용 항공일지
㉰ 지상비치용 발동기 항공일지
㉱ 지상비치용 프로펠러 항공일지

해설

항공안전법 시행규칙 제108조(항공일지) 제1항 참조

11. 국토교통부장관이 정하여 고시하는 운항기술기준에 포함되는 사항이 아닌 것은?

㉮ 항공기 계기 및 장비   ㉯ 자격증명
㉰ 항공종사자의 훈련   ㉱ 정비조직인증기준

해설

항공안전법 제77조(항공기의 안전운항을 위한 운항기술기준) 참조

12. 국내항공운송사업 또는 국제항공운송사업자의 운항증명을 위한 검사의 구분은?

㉮ 상태검사, 서류검사   ㉯ 현장검사, 서류검사
㉰ 상태검사, 현장검사   ㉱ 현장검사, 시설검사

해설

항공안전법 시행규칙 제258조(운항증명을 위한 검사기준) 참조

13. 정비규정에 포함되어야 할 사항 중 틀린 것은?

㉮ 정비사의 직무능력 평가
㉯ 정비에 종사하는 자의 훈련방법
㉰ 항공기등의 품질관리 절차
㉱ 항공기등의 기술관리 절차

해설

항공안전법 시행규칙 제266조 관련, 별표 37(정비규정에 포함되어야 할 사항) 참조

14. 운항 중인 항공기 내에서 전자기기의 사용을 제한하는 이유는?

㉮ 다른 승객에 대한 소음 방지
㉯ 사업 목적으로 사용하는 것 방지
㉰ 전자파에 의한 승객 건강을 해치기 때문
㉱ 항행 및 통신항법 장비에 대한 전자파 간섭 등의 영향 방지

해설

항공안전법 제73조(전자기기의 사용제한) 참조

정답 08. ㉰ 09. ㉯ 10. ㉮ 11. ㉰ 12. ㉯ 13. ㉮ 14. ㉱

15. 다음 중 정비조직인증을 취소하여야 하는 경우는?

㉮ 정비조직인증 기준을 위반한 경우
㉯ 고의 또는 중대한 과실에 의하여 항공기 사고가 발생한 경우
㉰ 승인을 받지 아니하고 항공안전관리시스템을 운용한 경우
㉱ 부정한 방법으로 정비조직인증을 받은 경우

해설
항공안전법 제98조(정비조직인증의 취소 등) 참조

16. 항공기준사고 등에 관한 보고를 하지 않았을 경우 벌금은?

㉮ 200만원 이하
㉯ 300만원 이하
㉰ 400만원 이하
㉱ 500만원 이하

해설
항공안전법 제158조(기장 등의 보고의무 등의 위반에 관한 죄) 참조

17. 국토교통부장관이 권한을 위임할 수 있는 사항이 아닌 것은?

㉮ 감항증명
㉯ 소음기준적합증명에 관한 사항
㉰ 수리, 개조승인에 관한 사항
㉱ 형식증명의 검사범위에 관한 사항

해설
항공안전법 시행령 제26조(권한의 위임·위탁) 참조

18. 최소장비목록(MEL) 제정권자는?

㉮ 항공기 제작사
㉯ 전문검사기관
㉰ 국토교통부장관
㉱ 지방항공청장

해설
운항기술기준 1.1.1.4 용어의 정의 "최소장비목록(Minimum equipment list(MEL)"은 항공기 제작사가 해당 항공기 형식에 대하여 제정하고 설계국이 인가한 표준최소장비목록에 부합되거나 또는 더 엄격한 기준에 따라 운송사업자가 작성하여 항공안전본부장의 인가를 받은 것을 말한다.

19. 공항 안에서 운항하는 차량은 어디에 등록하여야 하는가?

㉮ 지방항공청   ㉯ 공항관리, 운영기관
㉰ 교통안전공단   ㉱ 국토교통부

해설
공항시설법 시행규칙 제19조 제1항 관련, 별표4(공항시설·비행장시설 관리기준) 참조

20. 다음 중 공항에서의 금지행위가 아닌 것은?

㉮ 휘발성 가연물을 사용하여 건물의 마루를 청소하는 것
㉯ 통풍설비가 없는 장소에서 도포도료의 도포작업을 하는 것
㉰ 정차된 항공기 옆으로 지나다니는 것
㉱ 금속성 용기 이외에 기름이 묻은 걸레를 버리는 것

해설
공항시설법 시행령 제50조(금지행위) 참조

21. 항공기 등록시 필요한 서류가 아닌 것은?

㉮ 등록원인 증명 서류
㉯ 감항증명서
㉰ 등록면허세 납부증명서
㉱ 항공기 취득가격 증명서

해설
항공기 등록규칙 제22조(등록신청에 필요한 서류) 참조

정답 15. ㉱ 16. ㉱ 17. ㉱ 18. ㉮ 19. ㉯ 20. ㉰ 21. ㉯

22. 국제민간항공기구에 관한 설명 중 틀린 것은?

㉮ 1944년 시카고 국제민간항공회의의 의제로서 국제민간항공기구의 설립이 제안되었다.
㉯ 1946년 국제민간항공에 관한 잠정적 협정에 의거 정식으로 설립되었다.
㉰ 국제민간항공기구의 소재지는 캐나다 몬트리올이다.
㉱ 국제민간항공기구는 국제민간항공의 안전 및 건전한 발전의 확보를 목적으로 한다.

해설

국제민간항공기구는 1945년 6월 6일, "국제민간항공에 관한 잠정적 협정"에 의거 잠정적으로 국제민간항공기구가 발족되었으나, 국제민간항공협약이 1947년 4월 4일 발효됨에 따라 이 조약에 의거하여 정식으로 설립하게 되었다.

23. 항공종사자의 면허에 관한 국제민간항공협약 부속서는?

㉮ 제1부속서   ㉯ 제7부속서
㉰ 제8부속서   ㉱ 제13부속서

24. 국제항공운송협회(IATA)의 목적과 관계없는 것은?

㉮ 안전한 항공운송의 발달 촉진
㉯ 국가항공기의 관리
㉰ 항공기업 간의 협력을 위한 수단 제공
㉱ 국제민간항공기구 및 기타 국제기관과의 협력 도모

25. 사고조사 위원회의 목적이 아닌 것은?

㉮ 사고원인의 규명
㉯ 항공사고의 재발 방지
㉰ 항공기 항행의 안전 확보
㉱ 사고항공기에 대한 고장 탐구

해설

항공·철도사고조사에 관한 법률 제1조(목적) 참조

기출문제 13

01. 항공안전법의 목적이 아닌 것은?

㉮ 항공산업의 발전   ㉯ 안전항행 방법 정의
㉰ 생명과 재산 보호   ㉱ 항공기술 발전에 이바지

해설

항공안전법 제1조(목적) 참조

참고

현재 이 조항은 '이 법은 「국제민간항공협약」 및 같은 협약의 부속서에서 채택된 표준과 권고되는 방식에 따라 항공기, 경량항공기 또는 초경량비행장치의 안전하고 효율적인 항행을 위한 방법과 국가, 항공사업자 및 항공종사자 등의 의무 등에 관한 사항을 규정함을 목적으로 한다.'로 변경되었다.

02. 다음 중 항공업무에 속하지 않는 것은?

㉮ 항공교통관제   ㉯ 운항 관리
㉰ 조종연습   ㉱ 무선설비의 조작

해설

항공안전법 제2조(정의), 제5호 참조

03. 다음 중 항행안전시설이 아닌 것은?

㉮ 무지향표지시설(NDB)
㉯ 자동방향탐지시설(ADF)
㉰ 레이더(Radar) 시설
㉱ 항공등화

해설

공항시설법 시행규칙 제5조(항행안전시설), 제7조(항행안전무선시설) 참조

04. 다음 중 항공기 등록의 종류가 아닌 것은?

㉮ 이전등록   ㉯ 변경등록
㉰ 말소등록   ㉱ 임차등록

정답

22. ㉯   23. ㉮   24. ㉯   25. ㉱   [기출문제 13] 01. ㉮
02. ㉰   03. ㉯   04. ㉱

해설
항공안전법 제7조(신규등록), 항공안전법 제13조(변경등록), 항공안전법 제14조(이전등록), 항공안전법 제15조(말소등록) 참조

05. 감항증명 신청서는 누구에게 제출해야 하는가?

㉮ 국토교통부장관
㉯ 지방항공청장
㉰ 국토교통부장관 또는 지방항공청장
㉱ 해당 자치단체장

해설
항공안전법 시행규칙 제35조(감항증명의 신청) 참조

06. 소음기준적합증명은 언제 받아야 하는가?

㉮ 항공기를 등록할 때
㉯ 운용한계를 지정할 때
㉰ 감항증명을 받을 때
㉱ 기술표준품의 형식승인을 받을 때

해설
항공안전법 제25조(소음기준적합증명) 참조

07. 수리 또는 개조시 국토교통부장관의 승인을 받아야 하는 경우는?

㉮ 정비조직인증을 받은 업무범위 안에서 항공기를 수리, 개조하는 경우
㉯ 정비조직인증을 받은 업무범위를 초과하여 항공기를 수리, 개조하는 경우
㉰ 형식승인을 얻지 않은 기술표준품을 사용하여 항공기를 수리, 개조하는 경우
㉱ 수리, 개조승인을 받지 않은 장비품 또는 부품을 사용하여 항공기를 수리, 개조하는 경우

해설
항공안전법 시행규칙 제65조(항공기등 또는 부품등의 수리·개조승인의 범위) 참조

08. 수리, 개조승인 신청서는 작업을 시작하기 며칠 전까지 제출하여야 하는가?

㉮ 7일   ㉯ 10일
㉰ 15일 ㉱ 30일

해설
항공안전법 시행규칙 제66조(수리·개조승인의 신청) 참조

09. 국외 정비확인자 인정의 유효기간은?

㉮ 6개월   ㉯ 1년
㉰ 1년 6개월 ㉱ 2년

해설
항공안전법 시행규칙 제73조(국외 정비확인자 인정서의 발급) 참조

10. 항공정비사의 업무범위로 맞는 것은?

㉮ 정비한 항공기등에 대한 확인
㉯ 정비 또는 수리한 항공기등에 대한 확인
㉰ 정비, 수리 또는 개조한 항공기등에 대한 확인
㉱ 수리 또는 개조한 항공기등에 대한 확인

해설
항공안전법 제36조(업무범위) 참조

11. 항공운송사업용 항공기에 비치해야 할 도끼의 수는?

㉮ 1개   ㉯ 2개
㉰ 3개   ㉱ 4개

해설
항공안전법 시행규칙 110조 관련, 별표 15(항공기에 장비하여야 할 구급용구 등) 참조

정답 05. ㉰ 06. ㉰ 07. ㉯ 08. ㉯ 09. ㉯ 10. ㉰ 11. ㉮

12. 자격증명의 업무범위에 대한 설명 중 틀린 것은?

㉮ 국토교통부령으로 정하는 항공기의 경우 국토교통부장관이 허가한 경우에는 적용하지 않는다.
㉯ 새로운 종류의 항공기를 시험 비행하는 경우 국토교통부장관이 허가한 경우에는 적용하지 않는다.
㉰ 새로운 등급 또는 형식의 항공기를 시험 비행하는 경우 국토교통부장관이 허가한 경우에는 적용하지 않는다.
㉱ 항공기의 개조 후 시험비행을 하는 경우 국토교통부장관이 허가한 경우에는 적용하지 않는다.

해설
항공안전법 제36조(업무범위) 제3항 참조

13. 다음 중 항공정비사 자격증명시험에 응시할 수 있는 자격은?

㉮ 3년 이상의 항공기정비 실무 경력
㉯ 외국정부가 발행한 자격증명 소지
㉰ 국토교통부장관이 지정한 전문교육기관에서 해당 항공기 종류에 필요한 과정을 이수
㉱ 교통안전공단에서 지정한 전문교육기관에서 항공기정비에 필요한 과정을 이수

해설
항공안전법 시행규칙 제75조 관련, 별표 4(항공종사자·경량항공기조종사 자격증명 응시경력) 참조

14. 자격증명의 한정을 받은 항공종사자가 한정된 항공기의 종류, 등급 또는 형식 외의 항공기나 한정된 정비 업무 외의 항공업무에 2차 위반하여 종사한 경우 행정처분은?

㉮ 효력정지 30일
㉯ 효력정지 60일
㉰ 효력정지 90일
㉱ 효력정지 180일

해설
항공안전법 시행규칙 제97조 관련, 별표 10(항공종사자 등에 대한 행정처분기준) 참조

15. 수색구조가 특별히 어려운 산악지역, 외딴 지역 등을 횡단 비행하는 비행기가 갖추어야 할 구급용구는?

㉮ 불꽃조난신호장비   ㉯ 구급의료용구
㉰ 구명보트   ㉱ 음성신호발생기

해설
항공안전법 시행규칙 제110조 관련, 별표 15(항공기에 장비하여야 할 구급용구 등) 제1호 참조

16. 시계비행 항공기에 갖추어야 할 항공계기등이 아닌 것은?

㉮ 기압고도계   ㉯ 속도계
㉰ 온도계   ㉱ 시계

해설
항공안전법 시행규칙 제117조 관련, 별표 16(항공계기등의 기준) 참조

17. 항공운송사업용 헬리콥터가 시계비행을 할 경우 필요한 연료의 양이 아닌 것은?

㉮ 최초 착륙예정 비행장까지 비행에 필요한 양
㉯ 최대항속속도로 20분간 더 비행할 수 있는 양
㉰ 운항기술기준에서 정한 추가 연료의 양
㉱ 소유자가 정한 추가의 양

해설
항공안전법 시행규칙 제119조 관련, 별표 17(항공기에 실어야 할 연료와 오일의 양) 참조

18. 장애가 발생한 날부터 며칠 이내에 항공안전 자율보고서를 제출하여야 하는가?

㉮ 7일   ㉯ 10일
㉰ 15일   ㉱ 30일

해설
항공안전법 제61조(항공안전 자율보고) 제4항 참조

정답 12. ㉱ 13. ㉰ 14. ㉯ 15. ㉮ 16. ㉰ 17. ㉱ 18. ㉯

19. 항공기의 운항에 필요한 준비가 끝난 것을 확인하지 않고 항공기를 출발시켜 사고가 발생하였다면 누구의 책임인가?

㉮ 확인 정비사
㉯ 기장
㉰ 항공교통관제사
㉱ 항공기 소유자

해설
항공안전법 제62조(기장의 권한 등) 참조

20. 운항증명 신청 시에 제출해야 할 서류가 아닌 것은?

㉮ 부동산을 사용할 수 있음을 증명하는 서류
㉯ 지속감항정비 프로그램
㉰ 비상탈출절차교범
㉱ 최소장비목록 및 외형변경목록

해설
항공안전법 시행규칙 제257조 관련, 별표 32(운항증명 신청 시에 제출할 서류) 참조

21. 정비규정에 포함되어야 할 사항이 아닌 것은?

㉮ 정비종사자의 훈련방법
㉯ 중량 및 평형 계측절차
㉰ 항공기등의 품질관리 절차
㉱ 직무 적성검사

해설
항공안전법 시행규칙 제266조 관련, 별표 37(정비규정에 포함되어야 할 사항) 참조

22. 자격증명의 한정을 받은 항공종사자가 한정된 항공기의 종류, 등급 또는 형식 외의 항공기나 한정된 정비업무 외의 항공업무에 종사한 경우 2차 위반시 행정처분은?

㉮ 효력정지 180일
㉯ 효력정지 90일
㉰ 효력정지 60일
㉱ 효력정지 30일

해설
항공안전법 시행규칙 제97조 관련, 별표 10(항공종사자 등에 대한 행정처분기준) 참조

23. 다음 중 급유 또는 배유를 할 수 있는 경우는?

㉮ 발동기가 운전 중이거나 가열상태에 있는 경우
㉯ 항공기가 격납고 기타 폐쇄된 장소 내에 있을 경우
㉰ 안전이 강구된 항공기에 승객이 탑승 중 건물에서 25미터 떨어진 경우
㉱ 항공기가 건물의 외측 15미터 이내에 있을 경우

해설
공항시설법 시행규칙 제19조 제1항 관련, 별표 4(공항시설·비행장시설 관리기준) 참조

24. 공항에서의 금지행위가 아닌 것은?

㉮ 통풍설비가 없는 장소에서의 도포작업
㉯ 휘발성 가연물을 사용한 건물 마루의 청소
㉰ 금지된 장소에서의 흡연
㉱ 정차되어 있는 항공기 주변에서의 운전행위

해설
공항시설법 시행령 제50조(금지행위) 참조

25. 국제민간항공에 종사하는 항공기 사고조사의 책임국은?

㉮ 항공기 등록국
㉯ 사고발생지역 국가
㉰ 항공기 제작국
㉱ 항공기 운영국

해설
국제민간항공협약 제26조(사고의 조사) 체약국의 항공기가 다른 체약국의 영역에서 사고가 발생하였을 경우 그 사고가 발생한 나라는 자국의 법령이 허가하는 한 국제민간항공기구가 권고하는 수속에 따라 사고의 사정의 조사를 행하는 것으로 한다.

정답 19. ㉯ 20. ㉮ 21. ㉱ 22. ㉰ 23. ㉰ 24. ㉱ 25. ㉯

기출문제 14

01. 다음 중 항공안전법의 목적과 관계가 없는 것은?

㉮ 항공기술 발전에 이바지함
㉯ 항공기의 항행안전 도모
㉰ 국내 항공산업의 보호와 육성
㉱ 생명과 재산 보호

해설

항공안전법 제1조(목적) 참조

참고

현재 이 조항은 '이 법은 「국제민간항공협약」 및 같은 협약의 부속서에서 채택된 표준과 권고되는 방식에 따라 항공기, 경량항공기 또는 초경량비행장치의 안전하고 효율적인 항행을 위한 방법과 국가, 항공사업자 및 항공종사자 등의 의무 등에 관한 사항을 규정함을 목적으로 한다.'로 변경되었다.

02. 항공법규에서 규정한 용어의 정의 중 틀린 것은?

㉮ 항공종사자란 항공업무에 종사하는 종사자를 말한다.
㉯ 객실승무원이란 항공기에 탑승하여 비상시 승객을 탈출시키는 등 안전업무를 수행하는 사람을 말한다.
㉰ 비행장이란 항공기의 이착륙을 위하여 사용되는 육지 또는 수면의 일정한 구역으로서 대통령령으로 정하는 것을 말한다.
㉱ 공항이란 공항시설을 갖춘 공공용 비행장으로서 국토교통부장관이 그 명칭, 위치 및 구역을 지정, 고시한 것을 말한다.

해설

항공안전법, 공항시설법 제2조(정의) 참조

03. 대통령령으로 정하는 기본시설이 아닌 것은?

㉮ 항행안전시설   ㉯ 항공기 급유시설
㉰ 기상관측시설   ㉱ 화물처리시설

해설

공항시설법 시행령 제3조(공항시설의 구분) 참조

04. 다음 중 항공기 등록의 제한사유가 아닌 것은?

㉮ 대한민국의 국민이 아닌 자
㉯ 외국인이 주식의 1/2 이상을 소유하는 법인
㉰ 외국의 공공단체 또는 법인
㉱ 외국인 소유 항공기를 임차한 자

해설

항공안전법 제10조(항공기 등록의 제한) 참조

05. 항공기 등록의 종류가 아닌 것은?

㉮ 변경등록   ㉯ 임차등록
㉰ 이전등록   ㉱ 말소등록

해설

항공안전법 제7조(신규등록), 항공안전법 제13조(변경등록), 항공안전법 제14조(이전등록), 항공안전법 제15조(말소등록) 참조

06. 다음 중 변경등록을 하여야 하는 경우는?

㉮ 항공기 소유자의 변경
㉯ 정치장의 변경
㉰ 항공기 등록번호의 변경
㉱ 항공기 형식의 변경

해설

항공안전법 제13조(항공기 변경등록) 참조

07. 감항증명은 검사 희망일 며칠 전까지 신청하여야 하는가?

㉮ 7일 전까지   ㉯ 10일 전까지
㉰ 15일 전까지   ㉱ 20일 전까지

해설

항공기 기술기준 21.176(신청), 감항증명 신청은 다음의 경우를 제외하고 검사희망일 7일전까지 하여야 한다.
① 항공기를 수입 후 수리, 개조 또는 재생을 하고자 하는 경우 수리, 개조 또는 재생 작업 착수 전에 신청

정답 01. ㉰ 02. ㉮ 03. ㉯ 04. ㉱ 05. ㉯ 06. ㉯ 07. ㉮

② 국외에서 감항증명을 받고자 하는 경우 15일전까지 신청하거나 사전 협의

08. 감항증명은 누구에게 신청하여야 하는가?

㉮ 국토교통부장관 ㉯ 항공안전본부장
㉰ 항공교통관제소장 ㉱ 해당 자치단체장

해설
항공안전법 제23조(감항증명 및 감항성 유지) 제1항 참조

09. 항공기 검사관의 자격요건으로 맞는 것은?

㉮ 항공정비사 자격증명이 있는 사람
㉯ 항공산업기사 자격증명을 취득한 후 3년 이상 항공기 정비업무에 종사한 경력이 있는 사람
㉰ 항공기술 관련 학사 이상의 학위를 취득한 후 2년 이상 항공기 정비업무에 종사한 경력이 있는 사람
㉱ 국가기관등항공기의 설계, 제작, 정비 또는 품질보증 업무에 3년 이상 종사한 경력이 있는 사람

해설
항공안전법 제31조(항공기등의 검사등) 참조

10. 다음 중 항공에 사용할 수 있는 항공기는?

㉮ 국내에서 수리, 개조 또는 제작한 후 수출할 항공기
㉯ 현지답사를 위해 일시적으로 비행하는 항공기
㉰ 형식증명을 변경하기 위하여 운용한계를 초과하지 않는 비행을 하는 항공기
㉱ 특별감항증명을 받은 항공기

해설
항공안전법 제23조(감항증명 및 감항성 유지) 참조

11. 다음 중 항공정비사 자격증명시험에 응시하는 경우에 실기시험의 일부를 면제할 수 있는 대상자는?

㉮ 국토교통부장관이 지정한 전문교육기관에서 항공정비사에 필요한 과정을 이수한 사람
㉯ 3년 이상의 항공기 정비·개조 경력이 있는 사람
㉰ 고등교육법에 의한 대학 또는 전문대학에서 항공정비사에 필요한 과정을 2년 이상 이수하고 6개월 이상의 정비경력이 있는 사람
㉱ 고등교육법에 의한 대학 또는 전문대학을 졸업한 사람으로서 항공기술요원을 양성하는 교육기관에서 필요한 교육을 이수하고, 6개월 이상의 항공기정비 경력이 있는 사람

해설
항공안전법 시행규칙 제88조 제2항 관련, 별표7(자격증명시험 및 한정심사의 일부 면제) 참조

12. 소음기준적합증명은 언제 받아야 하는가?

㉮ 운용한계 지정시
㉯ 감항증명을 받을 때
㉰ 항공기의 수리, 개조시
㉱ 항공기를 등록할 때

해설
항공안전법 제25조(소음기준적합증명) 참조

13. 다음 중 항공기의 종류에 해당되지 않는 것은?

㉮ 비행선 ㉯ 활공기
㉰ 수상비행선 ㉱ 항공우주선

해설
항공안전법 시행규칙 제81조(자격증명의 한정) 참조

14. 항공정비사 자격증명에 대한 한정은?

㉮ 항공기의 종류에 의한다.
㉯ 항공기 종류 및 정비분야에 의한다.
㉰ 항공기등급 및 정비분야에 의한다.
㉱ 항공기 종류, 등급 또는 형식에 의한다.

정답 08. ㉮ 09. ㉮ 10. ㉱ 11. ㉮ 12. ㉯ 13. ㉰ 14. ㉯

해설

항공안전법 제37조(자격증명의 한정) 제1항 참조

15. 항공기에 장비하여야 할 구급용구에 대한 설명 중 잘못된 것은?

㉮ 승객좌석수 201석부터 300석까지의 객실에는 4개의 소화기를 갖추어야 한다.
㉯ 항공운송사업용 및 항공기사용사업용 항공기에는 도끼를 갖추어야 한다.
㉰ 승객좌석수 200석 이상의 항공운송사업용 여객기에는 2개의 메가폰을 갖추어야 한다.
㉱ 승객좌석수 201석부터 300석까지의 모든 항공기에는 3조의 구급의료용품을 갖추어야 한다.

해설

항공안전법 시행규칙 110조 관련, 별표 15(항공기에 장비하여야 할 구급용구 등) 참조

16. 항공운송사업에 사용하는 왕복발동기 항공기가 시계 비행시 최초 착륙예정 비행장까지 비행에 필요한 연료의 양에 추가로 실어야 할 연료는?

㉮ 순항속도로 30분간 더 비행할 수 있는 양
㉯ 순항속도로 45분간 더 비행할 수 있는 양
㉰ 순항속도로 60분간 더 비행할 수 있는 양
㉱ 순항속도로 90분간 더 비행할 수 있는 양

해설

항공안전법 시행규칙 제119조 관련, 별표 17(항공기에 실어야 할 연료와 오일의 양) 참조

17. 항공기의 운항 준비가 끝난 것을 확인하지 않고 항공기를 출발시켜 사고가 발생했다면 누구의 책임인가?

㉮ 기장   ㉯ 확인 정비사
㉰ 항공기 소유자   ㉱ 운항관리사

해설

항공안전법 제62조(기장의 권한 등) 참조

18. 항공기로 활공기를 예항하는 방법 중 맞는 것은?

㉮ 항공기와 활공기 간에 무선통신으로 연락이 가능한 경우에는 항공기에 연락원을 탑승시킬 것
㉯ 예항줄의 길이는 40m 이상 60m 이하로 할 것
㉰ 야간에 예항을 하려는 경우에는 지방항공청장의 허가를 받을 것
㉱ 예항줄 길이의 80%에 상당하는 고도 이하의 고도에서 예항줄을 이탈시킬 것

해설

항공안전법 시행규칙 제171조(활공기 등의 예항) 참조

19. 항공기가 도착비행장에 착륙 시 관할 항공교통업무기관에 보고하여야 할 사항은?

㉮ 항공기 소유자의 성명 또는 명칭 및 주소
㉯ 최대이륙중량
㉰ 항공기의 식별부호
㉱ 감항증명 번호

해설

항공안전법 시행규칙 제188조(비행계획의 종류) 참조

20. 아래 그림과 같은 항공기 운항승무원에 대한 유도원의 유도신호의 의미는?

㉮ 시동 걸기   ㉯ 파킹 브레이크
㉰ 서행   ㉱ 초크 삽입

해설

항공안전법 시행규칙 제194조 관련, 별표 26(신호) 제6호 참조

정답 15. ㉰ 16. ㉯ 17. ㉮ 18. ㉰ 19. ㉰ 20. ㉱

21. 다음 중 운항기술기준에 포함되어야 할 사항이 아닌 것은?

㉮ 항공종사자의 훈련
㉯ 항공종사자의 자격증명
㉰ 항공기 감항성
㉱ 항공기 계기 및 장비

해설
항공안전법 제77조(항공기의 안전운항을 위한 운항기술기준) 참조

22. 항공정비사 자격증명이 없는 자가 항공기를 정비했을 때의 처벌은?

㉮ 1년 이하의 징역 또는 1천만원 이하의 벌금
㉯ 1년 이하의 징역 또는 2천만원 이하의 벌금
㉰ 2년 이하의 징역 또는 1천만원 이하의 벌금
㉱ 2년 이하의 징역 또는 2천만원 이하의 벌금

해설
항공안전법 제148조(무자격자의 항공업무 종사 등의 죄) 참조

23. 다음 중 공항 안에서의 차량사용 및 취급에 관하여 틀린 것은?(긴급한 경우 제외)

㉮ 격납고 내에서는 자동제동장치가 장착된 차량을 운행할 수 있다.
㉯ 자동차량의 청소 및 수리는 공항관리기관이 정한 장소 이외에서는 할 수 없다.
㉰ 공항 안에 정기로 출입하는 버스는 공항운영기관이 승인한 장소에서만 승객을 승강시켜야 한다.
㉱ 항공보안법에 의한 보호구역 내에서는 운영기관이 승인한 자만 운전하여야 한다.

해설
공항시설법 시행규칙 제19조 제1항 관련, 별표4(공항시설·비행장시설 관리기준) 참조

24. 정기국제항공에 있어 운송권의 자유는?

㉮ 제1의 자유
㉯ 제2의 자유
㉰ 제2의 자유와 제3의 자유
㉱ 제3의 자유와 제4의 자유

해설
국제항공운송협정의 제3과 제4의 자유를 기본 운송권이라고 하며, 제5의 자유를 제2차적 운송권이라고 한다.

25. 다음 중 항공기 소음에 관한 국제민간항공협약 부속서는?

㉮ 부속서 8   ㉯ 부속서 12
㉰ 부속서 16   ㉱ 부속서 18

기출문제 15

01. 다음 중 항공법규에서 정하는 항행안전시설이 아닌 것은?

㉮ 항행안전무선시설
㉯ 항공등화
㉰ 항공정보통신시설
㉱ 주간장애표지시설

해설
공항시설법 시행규칙 제5조(항행안전시설) 참조

02. 초경량비행장치의 범위에 속하지 않는 것은?

㉮ 행글라이더   ㉯ 패러글라이더
㉰ 동력 활공기   ㉱ 무인비행장치

해설
항공안전법 시행규칙 제5조(초경량비행장치의 기준) 참조

정답 21. ㉮ 22. ㉱ 23. ㉮ 24. ㉱ 25. ㉰
[기출문제 15] 01. ㉱ 02. ㉰

03. 다음 중 항공기 등록의 종류가 아닌 것은?

㉮ 신규등록 ㉯ 변경등록
㉰ 임차등록 ㉱ 이전등록

해설

항공안전법 제7조(신규등록), 항공안전법 제13조(변경등록), 항공안전법 제14조(이전등록), 항공안전법 제15조(말소등록) 참조

04. 감항증명에 대한 설명 중 틀린 것은?

㉮ 감항증명을 받은 경우 유효기간 이내에는 감항성 유지에 대한 검사를 받지 않는다.
㉯ 국토교통부장관이 승인한 경우를 제외하고는 대한민국 국적을 가진 항공기만 감항증명을 받을 수 있다.
㉰ 유효기간은 1년이며, 국토교통부장관이 정하여 고시하는 정비방법에 따라 정비등이 이루어지는 경우 연장이 가능하다.
㉱ 안정성검사 결과 안전성확보가 곤란하다고 인정하는 경우에는 감항증명의 효력을 정지시키거나 유효기간을 단축시킬 수 있다.

해설

항공안전법 제23조(감항증명 및 감항성 유지) 참조

05. 항공기 감항증명 시 운용한계는 무엇에 의하여 지정하는가?

㉮ 항공기의 종류, 등급, 형식
㉯ 항공기의 중량
㉰ 항공기의 사용연수
㉱ 항공기의 감항분류

해설

항공안전법 시행규칙 제39조(항공기의 운용한계 지정) 참조

06. 항공기등의 형식증명을 위한 검사 시 검사 범위는?

㉮ 해당 형식의 설계, 제작과정 및 완성 후의 상태와 비행성능
㉯ 해당 형식의 설계, 제작과정 및 완성 후의 비행성능
㉰ 해당 형식의 설계, 제작과정 및 완성 후의 상태
㉱ 해당 형식의 설계, 완성후의 상태와 비행성능

해설

항공안전법 시행규칙 제20조(형식증명 등을 위한 검사범위) 참조

07. 다음 중 형식증명의 대상이 아닌 것은?

㉮ 항공기 ㉯ 장비품
㉰ 발동기 ㉱ 프로펠러

해설

항공안전법 제20조(형식증명 등) 제1항 참조

08. 수리, 개조승인을 위한 검사의 범위가 아닌 것은?

㉮ 수리계획서의 수리가 기술기준에 적합하게 이행될 수 있을지의 여부
㉯ 개조계획서의 개조가 기술기준에 적합하게 이행될 수 있을지의 여부
㉰ 수리, 개조의 과정 및 완성 후의 상태
㉱ 수리, 개조결과서 확인

해설

항공안전법 시행규칙 제67조(항공기등 또는 부품등의 수리·개조승인) 참조

09. 국외 정비확인자 인정의 유효기간은?

㉮ 1년
㉯ 2년
㉰ 3년
㉱ 국토교통부장관이 정하는 기간

해설

항공안전법 시행규칙 제73조(국외 정비확인자 인정서의 발급) 참조

정답 03. ㉰ 04. ㉮ 05. ㉱ 06. ㉮ 07. ㉯ 08. ㉱ 09. ㉮

10. 항공정비사 자격증명시험의 응시제한 연령은?

㉮ 17세 ㉯ 18세
㉰ 20세 ㉱ 21세

해설
항공안전법 제34조(항공종사자 자격증명등) 제2항 참조

11. 항공정비사의 업무범위는?

㉮ 정비한 항공기등에 대한 확인
㉯ 정비, 수리 또는 개조한 항공기등에 대한 확인
㉰ 정비 또는 수리한 항공기등에 대한 확인
㉱ 수리 또는 개조한 항공기등에 대한 확인

해설
항공안전법 제36조(업무범위) 참조

12. 지상비치용 발동기 항공일지에 기록하여야 할 사항이 아닌 것은?

㉮ 제작자, 제작연월일
㉯ 감항증명 번호
㉰ 수리, 개조 또는 정비관련 사항
㉱ 사용연월일 및 시간

해설
항공안전법 시행규칙 제108조(항공일지) 제2항 참조

13. 다음 중 불꽃조난신호장비를 갖추어야 하는 항공기는?

㉮ 수상비행기
㉯ 수색구조가 어려운 산악지역이나 외딴지역을 비행하는 비행기
㉰ 착륙에 적합한 해안으로부터 93km 이상의 해상을 비행하는 비행기
㉱ 해안으로부터 활공거리를 벗어난 해상을 비행하는 육상단발 비행기

해설
항공안전법 시행규칙 제110조 관련, 별표 15(항공기에 장비하여야 할 구급용구 등) 제1호 참조

14. 다음 중 조종실음성기록장치(CVR) 및 비행자료기록장치(FDR)를 갖추어야 하는 항공기는?

㉮ 항공운송사업에 사용되는 모든 비행기
㉯ 항공운송사업에 사용되는 최대이륙중량 5,700kg 이상의 항공운송사업에 사용되는 비행기
㉰ 항공운송사업에 사용되는 승객 30인을 초과하여 수송할 수 있는 비행기
㉱ 항공운송사업에 사용되는 터빈발동기를 장착한 비행기

해설
항공안전법 시행규칙 제109조(사고예방장치 등) 참조

15. 항공운송사업용 헬리콥터가 시계비행을 할 경우 실어야 할 연료의 양이 아닌 것은?

㉮ 최초 착륙예정 비행장까지 비행에 필요한 양
㉯ 최초의 착륙예정 비행장까지 비행예정시간의 10%의 시간을 비행할 수 있는 양
㉰ 최대항속속도로 20분간 더 비행할 수 있는 양
㉱ 이상사태 발생 시 연료의 소모가 증가할 것에 대비하여 운항기술기준에서 정한 추가의 양

해설
항공안전법 시행규칙 제119조 관련, 별표 17(항공기에 실어야 할 연료와 오일의 양) 참조

16. 항공안전위해요인을 발생시킨 사람이 며칠 이내에 보고를 한 경우 처벌을 면할 수 있는가?

㉮ 5일 ㉯ 7일
㉰ 10일 ㉱ 15일

정답 10. ㉯ 11. ㉯ 12. ㉯ 13. ㉯ 14. ㉱ 15. ㉯ 16. ㉰

해설
항공안전법 제61조(항공안전 자율보고) 제4항 참조

17. 다음 중 항공기 내에서 여객이 지닌 전자기기의 사용을 제한할 수 있는 권한을 가진 자는?

㉮ 기장
㉯ 운항 승무원
㉰ 항공운송사업자
㉱ 국토교통부장관

해설
항공안전법 제73조(전자기기의 사용제한) 참조

18. 지표면이나 수면으로부터 몇 미터 이상 되는 구조물의 경우 항공장애 표시등 및 항공장애 주간표지를 설치하여야 하는가?

㉮ 50미터
㉯ 60미터
㉰ 80미터
㉱ 100미터

해설
공항시설법 제36조(항공장애 표시등의 설치 등) 제2항 참조

19. 다음 중 공항 내에서의 금지행위가 아닌 것은?

㉮ 격납고에 금속편, 직물 또는 그 밖의 물건을 방치하는 행위
㉯ 계류장에 금속편, 직물 또는 그 밖의 물건을 방치하는 행위
㉰ 착륙대, 유도로에 금속편, 직물 또는 그 밖의 물건을 방치하는 행위
㉱ 착륙대, 유도로에서 화기를 사용하는 행위

해설
공항시설법 시행령 제50조(금지행위) 참조

20. 외국인 국제항공운송사업을 하려는 자는 운항 개시 예정일 며칠 전까지 허가신청서를 제출하여야 하는가?

㉮ 30일
㉯ 60일
㉰ 90일
㉱ 120일

해설
항공사업법 시행규칙 제55조(외국인 국제항공운송사업의 허가 신청) 참조

21. 항공기 전문검사기관의 검사규정에 포함되어야 할 사항이 아닌 것은?

㉮ 항공기 및 장비품의 운용, 관리
㉯ 증명 또는 검사업무의 체제 및 절차
㉰ 증명의 발급 및 대장의 관리
㉱ 기술도서 및 자료의 관리, 유지

해설
항공안전법 시행령 제27조(전문기검사기관의 검사규정) 참조

22. 주류등을 섭취한 후 항공업무에 종사한 경우의 벌칙은?

㉮ 2년 이하의 징역 또는 2천만원 이하의 벌금
㉯ 2년 이하의 징역 또는 3천만원 이하의 벌금
㉰ 3년 이하의 징역 또는 3천만원 이하의 벌금
㉱ 3년 이하의 징역 또는 4천만원 이하의 벌금

해설
항공안전법 제146조(주류등의 섭취·사용 등의 죄) 참조

23. 다음 중 항공기의 급유 또는 배유를 할 수 있는 경우는?

㉮ 항공기가 격납고 내부에 있을 경우
㉯ 발동기가 운전 중인 경우
㉰ 항공기가 건물에서 25m 떨어진 경우
㉱ 승객이 탑승하고 있을 경우

해설
공항시설법 시행규칙 제19조 제1항 관련, 별표 4(공항시설·비행장시설 관리기준) 참조

정답 17. ㉱ 18. ㉰ 19. ㉮ 20. ㉯ 21. ㉮ 22. ㉰ 23. ㉰

24. 항공기에 사고가 발생했을 경우 사고조사의 책임은?

㉮ 항공기 제작국
㉯ 사고 발생지역 국가
㉰ 국제민간항공기구(ICAO)
㉱ 항공기 등록국

해설
국제민간항공협약 제26조(사고의 조사) 체약국의 항공기가 다른 체약국의 영역에서 사고가 발생하였을 경우 그 사고가 발생한 나라는 자국의 법령이 허가하는 한 국제민간항공기구가 권고하는 수속에 따라 사고의 사정의 조사를 행하는 것으로 한다.

25. 국제민간항공협약 부속서의 권 수는?

㉮ 12권 ㉯ 14권
㉰ 16권 ㉱ 19권

기출문제 16

01. 항공기의 등록에 대한 설명 중 틀린 것은?

㉮ 등록된 항공기는 대한민국의 국적을 취득한다.
㉯ 세관이나 경찰업무에 사용하는 항공기는 등록할 필요가 없다.
㉰ 항공기에 대한 임차권은 등록하여야 제3자에게 효력이 있다.
㉱ 국토교통부장관의 허가를 필요로 한다.

해설
항공안전법 제7조(항공기 등록), 제8조(항공기 국적의 취득), 제9조(항공기 소유권 등) 참조

02. 다음 중 항공기취급업의 구분이 바르지 못한 것은?

㉮ 항공기급유업 ㉯ 지상조업사업
㉰ 항공기정비업 ㉱ 항공기하역업

해설
항공사업법 시행규칙 제5조(항공기취급업의 구분) 참조

03. 감항증명의 유효기간을 연장할 수 있는 경우는?

㉮ 항공기 형식 및 소유자등의 감항성 유지능력 등을 고려하여 국토교통부령으로 정하는 바에 따라 유효기간을 연장할 수 있다.
㉯ 정비조직인증을 받은 자의 정비능력을 고려하여 기종별 소음등급에 따라 유효기간을 연장할 수 있다.
㉰ 정비조직인증을 받은 자에게 정비등을 위탁하는 경우 유효기간을 연장할 수 있다.
㉱ 항공기의 감항성을 지속적으로 유지하기 위하여 국토부장관이 정하여 고시하는 정비방법에 따라 정비등이 이루어지는 경우 유효기간을 연장할 수 있다.

해설
항공안전법 제23조(감항증명 및 감항성 유지) 참조

04. 다음 중 대한민국 국적으로 등록할 수 있는 항공기는?

㉮ 외국에서 우리나라 국민이 제작한 항공기
㉯ 외국에서 우리나라 국민이 수리한 항공기
㉰ 외국인 국제항공운송사업자가 국내에서 해당 사업에 사용하는 항공기
㉱ 외국 항공기의 국내 사용 단서에 따라 국토교통부장관의 허가를 받은 항공기

해설
항공안전법 제10조(항공기 등록의 제한) 참조

05. 다음 중 항공기등급에 해당하는 것은?

정답 24. ㉯ 25. ㉱ [기출문제 16] 01. ㉱ 02. ㉰ 03. ㉱ 04. ㉮ 05. ㉰

㉮ 비행기, 비행선, 활공기
㉯ A-300, B-747
㉰ 육상단발, 수상다발
㉱ 보통, 실용, 수송

해설
항공안전법 시행규칙 제81조(자격증명의 한정) 참조

06. 다음 중 모든 항공기에 대하여 형식한정을 받아야 하는 항공 종사자는?

㉮ 조종사　　㉯ 운항관리사
㉰ 항공정비사　㉱ 항공기관사

해설
항공안전법 시행규칙 제81조(자격증명의 한정) 참조

07. 항공기의 수리, 개조 승인을 위한 검사관에 위촉될 수 없는 사람은?

㉮ 항공정비사 자격증명을 받은 사람
㉯ 국가기술자격법에 의한 항공기사 이상의 자격을 취득한 사람
㉰ 국가기관등에서 항공기의 설계, 제작, 정비업무에 3년 이상 종사한 경력이 있는 사람
㉱ 항공기술 관련 학사 이상의 학위를 취득한 후 항공기의 설계, 제작, 정비업무에 3년 이상 경력이 있는 사람

해설
항공안전법 제31조(항공기등의 검사등) 참조

08. 항공기등의 수리 및 개조승인의 범위는?

㉮ 수리 또는 개조과정 및 완성 후의 상태
㉯ 수리 또는 개조과정 및 완성 후의 상태와 비행 성능
㉰ 수리 또는 개조과정 및 완성 후의 비행성능
㉱ 계획서를 통한 수리 또는 개조의 항공기기술기준 적합 여부 확인

해설
항공안전법 시행규칙 제67조(항공기등 또는 부품등의 수리·개조승인) 참조

09. 항공기 기술표준품에 대한 형식승인을 받고자 하는 경우 기술표준품형식승인 신청서에 첨부하여야 할 서류가 아닌 것은?

㉮ 기술표준품 관리체계를 설명하는 자료
㉯ 감항성 확인서
㉰ 제조규격서 및 제품사양서
㉱ 기술표준품의 품질관리규정

해설
항공안전법 시행규칙 제55조(기술표준품형식승인의 신청) 참조

10. 다음 중 항공종사자 자격증명시험 및 한정심사의 일부 또는 전부 면제대상자가 아닌 것은?

㉮ 외국정부로부터 자격증명을 받은 자
㉯ 국토교통부장관이 지정한 전문교육기관의 교육과정을 이수한 자
㉰ 군기술학교에서 교육을 받고 당해 항공업무 분야에서 3년 이상의 실무경험이 있는 자
㉱ 국가기술자격법에 의한 항공기사 자격을 취득한 자

해설
항공안전법 제38조(시험의 실시 및 면제) 제3항 참조

11. 다음 중 국토교통부령으로 정하는 긴급한 업무의 항공기가 아닌 것은?

㉮ 재난, 재해 등으로 인한 수색, 구조 항공기
㉯ 긴급 구호물자 수송 항공기
㉰ 자연 재해시의 긴급복구 항공기
㉱ 응급환자의 후송 등 구조, 구급활동 항공기

해설
항공안전법 시행규칙 제207조(긴급항공기의 지정) 제1항 참조

정답 06. ㉱　07. ㉰　08. ㉱　09. ㉯　10. ㉰　11. ㉯

12. 운항을 시작하기 전에 항공운송사업자가 국토교통부장관으로부터 인력, 장비, 시설 및 운항관리지원 등 안전운항체계에 대하여 받아야 하는 증명은?

㉮ 운항증명
㉯ 항공운송사업면허
㉰ 운항개시증명
㉱ 정기항공운송사업증명

해설

항공안전법 제90조(항공운송사업의 운항증명) 제1항 참조

13. 다음 중 정비규정에 포함되어야 할 사항이 아닌 것은?

㉮ 항공기 운항정보
㉯ 항공기등의 품질관리 절차
㉰ 항공기 감항성을 유지하기 위한 정비 및 검사 프로그램
㉱ 항공기등 및 부품등의 정비방법 및 절차

해설

항공안전법 시행규칙 제266조 관련, 별표 37(정비규정에 포함되어야 할 사항) 참조

14. 항공법 및 관련 규정에 따라 지방항공청장에게 신고를 하지 않고 조종할 수 있는 것은?

㉮ 중급 또는 초급 활공기
㉯ 무인비행장치
㉰ 헬리콥터
㉱ 초경량비행장치

해설

항공안전법 시행규칙 제79조(항공기의 지정) 참조

15. 탑재용 항공일지의 수리, 개조 또는 정비의 실시에 관한 기록 사항이 아닌 것은?

㉮ 실시 이유
㉯ 실시 연월일 및 장소
㉰ 비행중 발생한 항공기의 결함
㉱ 수리, 개조 또는 정비한 항공기의 확인 연월일

해설

항공안전법 시행규칙 제108조(항공일지) 제2항 참조

16. 항공운송사업용 비행기가 시계비행을 할 경우 최초 착륙예정 비행장까지 비행에 필요한 연료의 양에 순항속도로 몇 분간 더 비행할 수 있는 연료를 실어야 하는가?

㉮ 30분   ㉯ 45분
㉰ 60분   ㉱ 90분

해설

항공안전법 시행규칙 제119조 관련, 별표 17(항공기에 실어야 할 연료와 오일의 양) 참조

17. 다음 중 전자기기의 사용을 제한하지 않는 항공기는?

㉮ 시계비행방식으로 비행 중인 항공기
㉯ 항공운송사업용으로 비행 중인 헬리콥터
㉰ 계기비행방식으로 비행 중인 비행기
㉱ 계기비행방식으로 비행 중인 헬리콥터

해설

항공안전법 시행규칙 제214조(전자기기의 사용제한) 참조

18. 항공기의 안전운항을 위하여 국토교통부장관이 고시하는 운항기술기준에 포함되어야 할 사항이 아닌 것은?

㉮ 항공기의 감항성
㉯ 항공기 등록 및 등록부호 표시
㉰ 형식증명 및 수리개조능력 인정
㉱ 항공훈련기관

정답 12. ㉮ 13. ㉮ 14. ㉮ 15. ㉰ 16. ㉯ 17. ㉮ 18. ㉰

해설

항공안전법 제77조(항공기의 안전운항을 위한 운항기술기준) 참조

19. 항행 중인 항공기를 추락 또는 전복시키거나 파괴한 사람에 대한 처벌은?

㉮ 사형, 무기징역 또는 5년 이상의 징역에 처한다.
㉯ 사형, 무기징역 또는 7년 이상의 징역에 처한다.
㉰ 사형 또는 7년 이상의 징역이나 금고에 처한다.
㉱ 사형 또는 5년 이상의 징역이나 금고에 처한다.

해설

항공안전법 제138조(항행 중 항공기 위험 발생의 죄) 제1항 참조

20. 국제항공운송사업자가 운항증명을 받으려는 경우 운항증명 신청서를 제출해야 하는 기일은?

㉮ 운항개시 예정일 30일 전까지
㉯ 운항개시 예정일 60일 전까지
㉰ 운항개시 예정일 90일 전까지
㉱ 운항개시 예정일 120일 전까지

해설

항공안전법 시행규칙 제257조(운항증명의 신청 등) 참조

21. 국내 또는 국제항공운송사업자가 사업계획으로 업무를 변경하려는 경우 해야 하는 것은? (다만, 국토교통부령으로 정하는 경미한 사항은 제외)

㉮ 국토교통부장관의 인가
㉯ 국토교통부장관에게 신고
㉰ 국토교통부장관에게 등록
㉱ 국토교통부장관에게 제출

해설

항공사업법 제12조(사업계획의 변경 등) 참조

22. 항공사고조사위원회는 어디에 설치되어 있는가?

㉮ 국무총리실에 설치되어 있다.
㉯ 국토교통부에 설치되어 있다.
㉰ 서울지방항공청에 설치되어 있다.
㉱ 행정안전부의 재난안전대책본부에 설치되어 있다.

해설

항공·철도사고조사에 관한 법률 제4조(항공·철도사고조사위원회의 설치) 참조

23. 항공기 소음에 대한 국제민간항공협약 부속서는?

㉮ 부속서 5   ㉯ 부속서 9
㉰ 부속서 14   ㉱ 부속서 16

24. 국제민간항공협약에 따라 항공기 사고시 사고조사를 전담하는 국가는?

㉮ 항공기 운영국가
㉯ 항공기 등록국가
㉰ 항공기 제작국가
㉱ 항공기 사고가 발생한 국가

해설

국제민간항공협약 제26조(사고의 조사) 체약국의 항공기가 나른 체약국의 영역에서 사고가 발생하였을 경우 그 사고가 발생한 나라는 자국의 법령이 허가하는 한 국제민간항공기구가 권고하는 수속에 따라 사고의 사정의 조사를 행하는 것으로 한다.

25. 워싱턴에서 여객 및 화물을 적재하여 자국인 우리나라로 비행하여 하기하는 자유는?

㉮ 제2의 자유   ㉯ 제3의 자유
㉰ 제4의 자유   ㉱ 제5의 자유

정답 19. ㉮ 20. ㉰ 21. ㉮ 22. ㉯ 23. ㉱ 24. ㉱ 25. ㉰

기출문제 17

01. 항공안전법의 목적과 관계없는 것은?
㉮ 항공운송사업의 통제
㉯ 항공기 항행의 안전도모
㉰ 생명과 재산 보호
㉱ 항공기술 발전에 이바지

해설
항공안전법 제1조(목적) 참조

참고
현재 이 조항은 '이 법은 「국제민간항공협약」 및 같은 협약의 부속서에서 채택된 표준과 권고되는 방식에 따라 항공기, 경량항공기 또는 초경량비행장치의 안전하고 효율적인 항행을 위한 방법과 국가, 항공사업자 및 항공종사자 등의 의무 등에 관한 사항을 규정함을 목적으로 한다.'로 변경되었다.

02. 항공법에서 규정하는 항공기의 이륙·착륙 및 여객·화물의 운송을 위한 시설과 그 부대시설 및 지원시설을 무엇이라고 하는가?
㉮ 공항시설
㉯ 공항
㉰ 비행장
㉱ 화물터미널

해설
공항시설법 제2조(정의) 제7호 참조

03. 다음 중 공항의 기본시설이 아닌 것은?
㉮ 활주로, 유도로, 계류장, 착륙대
㉯ 공항운영, 관리시설
㉰ 기상관측시설
㉱ 항행안전시설

해설
공항시설법 시행령 제3조(공항시설의 구분) 참조

04. 공항시설법이 정하는 항행안전시설이 아닌 것은?
㉮ 항행안전무선시설
㉯ 항공등화
㉰ 항공정보통신시설
㉱ 항공장애 주간표지

해설
공항시설법 시행규칙 제5조(항행안전시설) 참조

05. 다음 중 항공기등의 검사관으로 임명 또는 위촉될 수 있는 자는?
㉮ 항공정비사 자격증명을 받은 자
㉯ 5년 이상 항공기 정비업무 경력이 있는 자
㉰ 항공산업기사 자격을 취득한 자
㉱ 국가기관등항공기의 3년 이상 항공기 설계업무 경력이 있는 자

해설
항공안전법 제31조(항공기등의 검사등) 참조

06. 소음기준적합증명은 언제 받아야 하는가?
㉮ 운용한계를 지정할 때
㉯ 항공기를 등록할 때
㉰ 수리개조승인을 받을 때
㉱ 감항증명을 받을 때

해설
항공안전법 제25조(소음기준적합증명) 참조

07. 수리 또는 개조시 국토교통부장관의 승인을 받아야 하는 경우는?
㉮ 정비조직인증을 받은 업무범위 안에서 항공기를 수리, 개조하는 경우
㉯ 정비조직인증을 받은 업무범위를 초과하여 항공기를 수리, 개조하는 경우
㉰ 형식승인을 얻지 않은 기술표준품을 사용하여 항공기를 수리, 개조하는 경우
㉱ 수리, 개조승인을 받지 않은 장비품 또는 부품을 사용하여 항공기를 수리, 개조하는 경우

[기출문제 17] 정답
01. ㉮ 02. ㉮ 03. ㉯ 04. ㉱ 05. ㉮ 06. ㉱ 07. ㉯

해설
항공안전법 시행규칙 제65조(항공기등 또는 부품등의 수리·개조승인의 범위) 참조

08. 수리 또는 개조의 승인 신청시 첨부하여야 할 서류는?

㉮ 수리 또는 개조의 방법과 기술등을 설명하는 자료
㉯ 수리 또는 개조설비, 인력현황
㉰ 수리 또는 개조규정
㉱ 수리 또는 개조계획서

해설
항공안전법 시행규칙 제66조(수리·개조승인의 신청) 참조

09. 다음 중 국외 정비확인자의 자격 조건으로 맞는 것은?

㉮ 외국정부로부터 자격증명을 받은 사람
㉯ 법 제138조의 규정에 의한 정비조직인증을 받은 외국의 항공기정비업자
㉰ 외국정부가 인정한 항공기의 수리사업자로서 항공정비사 자격증명을 받은 사람과 같은 이상의 능력이 있다고 국토교통부장관이 인정한 사람
㉱ 외국정부가 인정한 항공기 정비사업자에 소속된 사람으로서 항공정비사 자격증명을 받은 사람과 동등하거나 그 이상의 능력이 있다고 국토교통부장관이 인정한 사람

해설
항공안전법 시행규칙 제71조(국외 정비확인자의 자격인정) 참조

10. 항공정비사의 업무범위로 맞는 것은?

㉮ 정비한 항공기등에 대한 확인
㉯ 정비 또는 수리한 항공기등에 대한 확인
㉰ 정비, 수리 또는 개조한 항공기등에 대한 확인
㉱ 수리 또는 개조한 항공기등에 대한 확인

해설
항공안전법 제36조(업무범위) 참조

11. 항공기관사의 업무범위는?

㉮ 항공기에 탑승하여 그 위치 및 항로의 측정과 항공상의 자료를 산출하는 행위
㉯ 항공기에 탑승하여 운항에 필요한 사항을 확인하는 행위
㉰ 항공기에 탑승하여 비행계획의 작성 및 변경을 하는 행위
㉱ 항공기에 탑승하여 조종장치의 조작을 제외한 발동기 및 기체를 취급하는 행위

해설
항공안전법 제36조(업무범위) 참조

12. 다음 중 항공교통의 안전을 위하여 항공기의 비행을 금지 또는 제한할 필요가 있는 공역은?

㉮ 관제공역 ㉯ 비관제공역
㉰ 통제공역 ㉱ 주의공역

해설
항공안전법 제78조(공역 등의 지정) 참조

13. 항공기의 국적기호 및 등록기호 표시 방법 중 틀린 것은?

㉮ 등록기호는 국적기호의 뒤에 이어서 표시해야 한다.
㉯ 국적기호는 장식체가 아닌 로마자의 대문자 HL로 표시해야 한다.
㉰ 등록기호의 첫 글자가 숫자인 경우 국적기호와 등록기호 사이에 붙임표를 삽입하여야 한다.
㉱ 등록부호는 지워지지 아니하고 배경과 선명하게 대조되도록 표시해야 한다.

해설
항공안전법 시행규칙 제13조(국적 등의 표시) 참조

정답 08. ㉱ 09. ㉱ 10. ㉰ 11. ㉱ 12. ㉰ 13. ㉰

14. 항공기에 장비하여야 할 구급용구에 대한 설명 중 틀린 것은?

㉮ 승객이 200명일 때 소화기 3개
㉯ 승객이 500명일 때 소화기 5개
㉰ 항공운송사업용 및 항공기사용사업용 항공기에는 도끼 1개
㉱ 항공운송사업용 여객기의 승객이 200명 이상일 때 메가폰 3개

해설
항공안전법 시행규칙 113조 관련, 별표 15(항공기에 장비하여야 할 구급용구 등) 참조

15. 항공운송사업 및 항공기 사용사업용항공기 중 계기비행으로 교체비행장이 요구되는 프로펠러 추진 발동기 항공기에 실어야 할 연료 및 오일의 양은?

㉮ 순항속도로 45분간 더 비행할 수 있는 양
㉯ 순항속도로 60분간 더 비행할 수 있는 양
㉰ 최초착륙 예정비행장까지 비행에 필요한 양에 해당 예정비행장의 교체비행장 중 소모량이 가장 많은 비행장까지 비행을 마친 후, 다시 순항속도로 45분간 더 비행할 수 있는 양을 더한 양
㉱ 최초착륙 예정비행장까지 비행에 필요한 양에 해당 예정비행장의 교체비행장 중 소모량이 가장 많은 비행장까지 비행을 마친 후, 다시 순항속도로 60분간 더 비행할 수 있는 양을 더한 양

해설
항공안전법 시행규칙 제119조 관련, 별표 17(항공기에 실어야 할 연료와 오일의 양) 참조

16. 항공기가 비행장 안의 이동지역에서 이동할 때 따라야 하는 기준이 아닌 것은?

㉮ 추월하는 항공기는 다른 항공기의 통행에 지장을 주지 아니하도록 충분한 간격을 유지할 것
㉯ 기동지역에서 지상 이동하는 항공기는 정지선등이 꺼져 있는 경우에 이동할 것
㉰ 기동지역에서 지상이동하는 항공기는 관제탑의 지시가 없는 경우에는 활주로진입전 대기지점에서 정지 대기할 것
㉱ 교차하거나 이와 유사하게 접근하는 항공기 상호간에는 다른 항공기를 좌측으로 보는 항공기가 진로를 양보할 것

해설
항공안전법 시행규칙 제162조(항공기의 지상이동) 참조

17. 국토교통부장관이 정하여 고시하는 운항기술기준에 포함되는 사항이 아닌 것은?

㉮ 항공기 계기 및 장비 ㉯ 자격증명
㉰ 항공종사자의 훈련   ㉱ 항공기 감항성

해설
항공안전법 제77조(항공기의 안전운항을 위한 운항기술기준) 참조

18. 정비규정에 포함되어야 할 사항 중 틀린 것은?

㉮ 항공기등의 품질관리 절차
㉯ 항공기 운항정보
㉰ 감항성을 유지하기 위한 정비 및 검사 프로그램
㉱ 항공기등 및 부품등의 정비방법 및 절차

해설
항공안전법 시행규칙 제266조 관련, 별표 37(정비규정에 포함되어야 할 사항) 참조

19. 외국 국적의 항공기가 국토교통부 장관의 허가를 받아 항행하는 경우가 아닌 것은?

㉮ 대한민국 밖에서 이륙하여 대한민국 밖에 착륙하는 항행
㉯ 영공 밖에서 이륙하여 대한민국 안에 착륙하는 항행
㉰ 대한민국 안에서 이륙하여 영공 밖에 착륙하는 항행

정답 14. ㉯ 15. ㉰ 16. ㉱ 17. ㉯ 18. ㉯ 19. ㉮

㉱ 영공 밖에서 이륙하여 대한민국에 착륙함이 없이 영공을 통과하여 영공 밖에 착륙하는 항행

해설

항공안전법 제100조(외국항공기의 항행) 제1항 참조

20. 무자격자가 항공업무에 종사한 경우 처벌은?

㉮ 2년 이하의 징역 또는 2천만원 이하의 벌금
㉯ 2년 이하의 징역 또는 1천만원 이하의 벌금
㉰ 1년 이하의 징역 또는 2천만원 이하의 벌금
㉱ 1년 이하의 징역 또는 1천만원 이하의 벌금

해설

항공안전법 제148조(무자격자의 항공업무 종사 등의 죄) 참조

21. 다음 중 공항에서 금지되는 행위가 아닌 것은?

㉮ 활주로에 금속성 물체를 무단 방치하는 행위
㉯ 내화성 구역에서 항공기 청소를 하는 행위
㉰ 지정된 장소 이외의 장소에 쓰레기를 버리는 행위
㉱ 기름이 묻은 걸레를 금속성 용기 이외에 버리는 행위

해설

공항시설법 시행규칙 제19조 관련 별표 4(공항시설·비행장시설 관리기준) 참조

22. 격납고 안에 있는 항공기의 무선시설을 조작하고자 하는 경우 누구의 승인을 받아야 하는가?

㉮ 국토교통부장관
㉯ 지방항공청장
㉰ 검사주임
㉱ 무선설비 자격증이 있는 사람

해설

공항시설법 시행규칙 제19조 제1항 관련, 별표 4(공항시설·비행장시설 관리기준) 참조

23. 항공·철도 사고조사위원회에 대한 설명 중 틀린 것은?

㉮ 사고조사에 필요한 조사 및 연구를 한다.
㉯ 사고조사 관련 연구 및 교육기관을 지정한다.
㉰ 항공기 사고조사를 한다.
㉱ 사고조사가 종료된 후 사고조사 결과가 변경될 만한 중요한 증거가 발견된 경우에도 사고조사를 다시 할 수는 없다.

해설

항공·철도사고조사에 관한 법률 제27조(사고조사의 재개) 위원회는 사고조사가 종결된 이후에 사고조사 결과가 변경될 만한 중요한 증거가 발견된 경우에는 사고조사를 다시 할 수 있다.

24. 국제 민간항공의 운송 절차, 운임의 결정 및 항공운송대리점에 관한 규정을 결정하는 기관은?

㉮ IATA   ㉯ ICAO
㉰ FAA   ㉱ 미국운송협회

25. 국제민간항공협약 부속서는 몇 개의 부속서로 이루어져 있는가?

㉮ 14개   ㉯ 16개
㉰ 19개   ㉱ 21개

기출문제 18

01. 비행중 의무보고 대상 항공안전장애를 발생시켰거나 발견한 자는 얼마 이내에 국토교통부장관에게 그 사실을 보고하여야 하는가?

㉮ 즉시   ㉯ 24시간 이내
㉰ 72시간 이내 ㉱ 10일 이내

정답 20. ㉮ 21. ㉯ 22. ㉯ 23. ㉱ 24. ㉮ 25. ㉰
[기출문제 18] 01. ㉰

해설

항공안전법 시행규칙 제134조(항공안전 의무보고의 절차 등) 참조

02. 소음기준적합증명은 언제 받아야 하는가?

㉮ 감항증명을 받을 때
㉯ 항공기를 등록할 때
㉰ 수리, 개조승인을 받을 때
㉱ 운용한계를 지정할 때

해설

항공안전법 제25조(소음기준적합증명) 참조

03. 이전등록은 그 사유가 있는 날부터 며칠 이내에 신청하여야 하는가?

㉮ 7일 이내   ㉯ 10일 이내
㉰ 15일 이내 ㉱ 20일 이내

해설

항공안전법 제14조(항공기 이전등록) 참조

04. 급유 또는 배유작업 중인 항공기로부터 몇 m 이내에서 담배를 피워서는 안되는가?

㉮ 25m   ㉯ 30m
㉰ 35m   ㉱ 40m

해설

공항시설법 시행령 제50조(금지행위) 참조

05. 항공·철도사고조사위원회의 수행 업무가 아닌 것은?

㉮ 사고조사보고서의 작성·의결 및 공표
㉯ 재발방지를 위한 안전권고
㉰ 사고조사결과 교육
㉱ 사고조사에 필요한 조사·연구

해설

항공·철도 사고조사에 관한 법률 제5조(위원회의 업무) 참조

06. 항공기에 탑재해야 할 서류가 아닌 것은?

㉮ 항공기 등록증명서   ㉯ 무선국 허가증명서
㉰ 화물적재분포도   ㉱ 운용한계지정서

해설

항공안전법 시행규칙 제113조(항공기에 탑재하는 서류) 참조

07. 다음 중 항공안전법의 목적과 관계없는 것은?

㉮ 항공운송사업의 통제
㉯ 항공기 항행의 안전도모
㉰ 생명과 재산 보호
㉱ 항공기술 발전에 이바지

해설

항공안전법 제1조(목적) 참조

참고

현재 이 조항은 '이 법은 「국제민간항공협약」 및 같은 협약의 부속서에서 채택된 표준과 권고되는 방식에 따라 항공기, 경량항공기 또는 초경량비행장치의 안전하고 효율적인 항행을 위한 방법과 국가, 항공사업자 및 항공종사자 등의 의무 등에 관한 사항을 규정함을 목적으로 한다.'로 변경되었다.

08. 국제항공운송협회(IATA)의 설립 목적과 관계없는 것은?

㉮ 안전한 항공운송의 발달 촉진
㉯ 각 체약국간 이득 적정 분배
㉰ 국제기관과의 협력 도모
㉱ 항공기업 간의 협력

해설

국제항공운송협회의 정관 제3조 참조

정답 02. ㉮ 03. ㉰ 04. ㉯ 05. ㉰ 06. ㉰ 07. ㉮ 08. ㉯

09. 항공기 감항유별 기호가 옳지 않은 것은?

㉮ N : 보통
㉯ U : 실용
㉰ K : 곡기
㉱ T : 수송

해설

항공기 기술기준 Part 23 "감항분류가 보통(N), 실용(U), 곡기(A), 커뮤터(C)류인 비행기에 대한 기술기준" 및 Part 25 "감항분류가 수송(T)류인 비행기에 대한 기술기준" 참조

10. 다음 중 항공일지의 종류가 아닌 것은?

㉮ 탑재용 항공일지
㉯ 탑재용 발동기일지
㉰ 지상비치용 발동기 항공일지
㉱ 지상비치용 프로펠러 항공일지

해설

항공안전법 시행규칙 제108조(항공일지) 제1항 참조

11. 다음 중 중상의 범위에 포함되지 않는 것은?

㉮ 부상을 입은 날부터 7일 이내에 24시간을 초과하는 입원치료를 요하는 부상
㉯ 심한 출혈, 신경, 근육 또는 힘줄의 손상
㉰ 골절
㉱ 내장의 손상

해설

항공안전법 시행규칙 제7조(사망·중상의 범위) 참조

12. 항공운송사업자 최소장비목록, 승무원 훈련프로그램 등 국토교통부령으로 정하는 사항을 제정하거나 변경하려는 경우에는?

㉮ 국토교통부장관의 인가를 받아야 한다.
㉯ 국토교통부장관의 승인을 받아야 한다.
㉰ 국토교통부장관에게 신고하여야 한다.
㉱ 국토교통부장관에게 제출하여야 한다.

해설

항공안전법 제93조(항공운송사업자의 운항규정 및 정비규정) 제2항 참조

13. 다음 중 항공안전법에서 정한 국가기관등항공기에 속하는 것은?

㉮ 해군 초계기
㉯ 경찰청 항공기
㉰ 산림청 헬기
㉱ 세관 업무용 항공기

해설

항공안전법 제2조(정의) 제2호 참조

14. 다음 중 국토교통부장관의 허가를 받아 설치하는 비행장이 아닌 것은?

㉮ 육상비행장
㉯ 수상비행장
㉰ 수상헬기장
㉱ 옥상헬기장(선상헬기장 제외)

해설

공항시설법 시행령 제2조(비행장의 구분) 참조

15. 다음 중 비행장에서의 금지행위가 아닌 것은?

㉮ 격납고에 금속편, 직물 또는 기타의 물건을 방치하는 행위
㉯ 비행장 안에서 항공기를 향하여 물건을 던지는 행위
㉰ 허가없이 착륙대, 유도로에 출입하는 행위
㉱ 활주로, 유도로를 파손하거나 이들의 기능을 해칠 우려가 있는 행위

해설

공항시설법 제56조(금지행위), 시행규칙 제47조(금지행위 등) 참조

16. 긴급항공기를 운항한 자가 운항이 끝난 후 24시간 이내에 제출하여야 할 사항이 아닌 것은?

㉮ 조종사 성명과 자격
㉯ 조종사 외의 탑승자 인적사항

정답 09. ㉰ 10. ㉯ 11. ㉮ 12. ㉮ 13. ㉰ 14. ㉱
15. ㉮ 16. ㉰

㉰ 긴급한 업무의 종류
㉱ 항공기의 형식 및 등록부호

해설
항공안전법 시행규칙 제208조(긴급항공기의 운항절차) 제2항 참조

17. 항공기급유업을 등록하기 위하여 필요한 장비는?

㉮ 터그카　　㉯ 서비스카
㉰ GPU　　　㉱ 스텝카

해설
항공사업법 시행령 제21조 관련, 별표 7(항공기취급업 등록요건) 참조

18. 항공작전기지에서 근무하는 군인이 자격증명이 없더라도 국방부장관으로부터 자격인정을 받아 수행할 수 있는 업무는?

㉮ 조종　　　　㉯ 관제
㉰ 항공정비　　㉱ 급유 및 배유

해설
항공안전법 제34조(항공종사자 자격증명등) 제3항 참조

19. 헬리콥터가 수색구조가 특별히 어려운 산악지역, 외딴지역 및 국토교통부장관이 정한 해상 등을 횡단 비행하는 경우 갖추어야 할 구급용구는?

㉮ 구명동의　　　　㉯ 불꽃조난신호장비
㉰ 도끼　　　　　　㉱ 구급의료용품

해설
항공안전법 시행규칙 제110조(구급용구 등) 관련, 별표 15 항공기에 장비하여야 할 구급용구 등 제1호 참조

20. 육상비행장에서 수평표면의 원호 중심은 활주로중심선 끝으로부터 몇 미터 연장된 지점에 있는가?

㉮ 50m　　㉯ 60m
㉰ 80m　　㉱ 100m

해설
공항시설법 시행규칙 제4조 관련, 별표 2(장애물 제한표면의 기준) 제2호나목 참조

21. 항행안전시설 휴지 등을 고시할 때 고시하여야 할 사항이 아닌 것은?

㉮ 설치자 성명 및 주소
㉯ 항행안전시설 종류 및 명칭
㉰ 휴지의 경우 휴지기간
㉱ 폐지 또는 재개의 경우 그 개시일

해설
공항시설법 시행규칙 제41조(항행안전시설 사용의 휴지·폐지·재개) 참조

22. 다음 중 공항에서의 금지행위가 아닌 것은?

㉮ 급유 또는 배유작업 중의 항공기로부터 30미터 이내의 장소에서 담배를 피우는 것
㉯ 격납고 바닥을 세제로 청소하는 것
㉰ 내화 및 통풍설비가 있는 실 이외의 장소에서 도프도료의 도포작업을 행하는 것
㉱ 내화성작업소 이외의 장소에서 가연성액체를 사용하여 항공기를 세척하는 것

해설
공항시설법 시행령 제50조(금지행위) 참조

23. 정비조직인증을 받은 업무범위를 초과하여 항공기를 수리, 개조한 경우에는?

㉮ 국토교통부장관의 검사를 받아야 한다.
㉯ 국토교통부장관의 승인을 받아야 한다.
㉰ 항공정비사 자격증명을 가진 자에 의하여 확인을 받아야 한다.
㉱ 국토교통부장관에게 신고하여야 한다.

정답 17. ㉯　18. ㉱　19. ㉯　20. ㉰　21. ㉱　22. ㉯　23. ㉯

해설

항공안전법 제30조(수리·개조승인), 시행규칙 제65조(항공기등 또는 부품등의 수리·개조승인의 범위) 참조

24. 항공운송사업용 비행기가 시계비행을 할 경우 추가하여야 할 연료의 양은?

㉮ 순항속도로 30분간 더 비행할 수 있는 연료의 양
㉯ 순항속도로 45분간 더 비행할 수 있는 연료의 양
㉰ 순항속도로 60분간 더 비행할 수 있는 연료의 양
㉱ 순항속도로 90분간 더 비행할 수 있는 연료의 양

해설

항공안전법 시행규칙 제119조 관련, 별표 17(항공기에 실어야 할 연료와 오일의 양) 참조

25. 다음 중 항공기등의 검사관의 자격으로 틀린 것은?

㉮ 항공정비사 자격증명을 받은 사람
㉯ 국가기술자격법에 따른 항공기사 이상의 자격을 취득한 사람
㉰ 항공기술관련 학사 이상의 학위를 취득한 후 3년 이상 항공기의 설계, 제작, 정비 또는 품질업무에 종사한 경력이 있는 사람
㉱ 항공정비 기능사 이상의 자격을 취득한 사람으로서 5년 이상 경력자

해설

항공안전법 제31조(항공기등의 검사등) 참조

기출문제 19

01. 외국인 국제항공운송사업을 하려는 자는 운항 개시 예정일 며칠 전까지 허가신청서를 제출하여야 하는가?

㉮ 30일
㉯ 60일
㉰ 90일
㉱ 120일

해설

항공사업법 시행규칙 제55조(외국인 국제항공운송사업의 허가 신청) 참조

02. 다음 중 긴급한 업무를 수행하는 항공기가 아닌 것은?

㉮ 화재감시 헬기
㉯ 재난구조 비행기
㉰ 범인추적 헬기
㉱ 긴급복구 자재 수송 헬기

해설

항공안전법 시행규칙 제207조(긴급항공기의 지정) 제1항 참조

03. 다음 중 급유작업을 할 수 있는 경우는?

㉮ 항공기가 건물의 외측 15[m] 이내에 있을 경우
㉯ 항공기가 격납고 기타 폐쇄된 장소 내에 있을 경우
㉰ 안전조치가 취해진 항공기 내에 승객이 있을 경우
㉱ 발동기가 운전 중이거나 가열상태에 있는 경우

해설

공항시설법 시행규칙 제19조 관련 별표 4(공항시설·비행장시설 관리기준) 참조

04. 항공운송사업용 헬리콥터가 착륙예정 비행장의 기상상태가 도착 예정시간에 양호할 것이 확실한 경우, 비행장 상공에서 몇 분간 체공하는 데 필요한 연료의 양을 채워야 하는가?

㉮ 20분
㉯ 30분
㉰ 45분
㉱ 60분

해설

항공안전법 시행규칙 제119조 관련, 별표 17(항공기에 실어야 할 연료와 오일의 양) 참조

정답 24. ㉯ 25. ㉱ [기출문제 19] 01. ㉯ 02. ㉰ 03. ㉰ 04. ㉯

05. 국제민간항공협약에서 규정한 국가항공기가 아닌 것은?

㉮ 군 항공기
㉯ 산림청 항공기
㉰ 세관 항공기
㉱ 경찰 항공기

해설

국제민간항공협약 제3조(민간항공기 및 국가항공기) 제1항, 제2항
① 이 조약은 민간항공기에만 적용하는 것이며 국가항공기에는 적용하지 않는다.
② 군, 세관 및 경찰의 업무에 사용하는 항공기는 국가항공기로 간주한다.

06. 항공기를 이용하여 운송하고자 하는 경우, 국토교통부장관의 허가를 받아야 하는 품목이 아닌 것은?

㉮ 가소성 물질
㉯ 인화성 액체
㉰ 산화성 물질류
㉱ 방사성 물질류

해설

항공안전법 시행규칙 제209조(위험물의 운송허가등) 참조

07. 다음 중 국토교통부장관에게 업무보고를 해야 하는 사람이 아닌 것은?

㉮ 항공정비사
㉯ 항행안전시설 관리직원
㉰ 출입사무소 관리소장
㉱ 소형항공운송사업자

해설

항공안전법 제132조(항공안전 활동) 제1항 참조

08. 다음 중 항공기의 종류에 해당되지 않는 것은?

㉮ 비행기
㉯ 비행선
㉰ 수상기
㉱ 항공우주선

해설

항공안전법 시행규칙 제81조(자격증명의 한정) 참조

09. 감항증명 신청시 첨부하여야 할 서류가 아닌 것은?

㉮ 비행교범
㉯ 정비교범
㉰ 당해 항공기의 정비방식을 기재한 서류
㉱ 국토교통부장관이 필요하다고 인정하여 고시하는 서류

해설

항공안전법 시행규칙 제35조(감항증명의 신청) 참조

10. 공항 안에서 차량의 사용 및 취급에 대한 다음 설명 중 틀린 것은?

㉮ 공항관리·운영기관이 승인한 자 외는 보호구역 내에서 차량을 운전할 수 없다.
㉯ 배기에 대한 방화장치가 있는 차량은 모두 격납고 내에서 운전할 수 있다.
㉰ 차량을 주차하는 경우에는 주차구역 내에서 공항운영자가 정한 규칙에 따라 주차하여야 한다.
㉱ 정기출입 버스는 공항관리·운영기관이 승인한 장소에서만 승하차가 가능하다.

해설

공항시설법 시행규칙 제19조 제1항 관련, 별표4(공항시설·비행장시설 관리기준) 참조

11. 다음 등록기호표에 대한 설명 중 맞는 것은?

㉮ 등록기호표에 적어야 할 사항은 국적기호 및 등록기호와 제작연월일이다.
㉯ 등록기호표는 강철 등과 같은 내화금속으로 만든다.
㉰ 등록기호표는 항공기 출입구 윗부분의 바깥쪽 보기 쉬운 곳에 부착한다.
㉱ 등록기호표의 크기는 가로 5cm, 세로 7cm의 직사각형이다.

정답 05. ㉯ 06. ㉮ 07. ㉰ 08. ㉰ 09. ㉰ 10. ㉯ 11. ㉯

해설
항공안전법 시행규칙 제12조(등록기호표의 부착) 참조

12. 항공정비사 자격증명에 대한 한정은?

㉮ 항공기의 종류에 의한다.
㉯ 항공기 종류 및 정비분야에 의한다.
㉰ 항공기등급 및 정비분야에 의한다.
㉱ 항공기 종류, 등급 또는 형식에 의한다.

해설
항공안전법 제37조(자격증명의 한정) 제1항 참조

13. 워싱턴에서 여객 및 화물을 적재하여 자국인 우리나라로 비행하여 하기하는 자유는?

㉮ 제2의 자유 ㉯ 제3의 자유
㉰ 제4의 자유 ㉱ 제5의 자유

14. 항공종사자 자격증명 응시연령에 관한 설명 중 맞는 것은?

㉮ 자가용 조종사의 자격은 만 18세, 다만 자가용 활공기 조종사의 경우에는 만 16세로 한다.
㉯ 사업용 조종사, 항공사, 항공기관사 및 항공정비사의 자격은 만 20세
㉰ 운송용 조종사 및 운항관리사의 자격은 만 21세
㉱ 부조종사 및 항공사의 자격은 만 20세

해설
항공안전법 제34조(항공종사자 자격증명등) 제2항 참조

15. 다음 중 소음기준적합증명 대상 항공기는?

㉮ 국제민간항공협약 부속서 16에 규정한 항공기
㉯ 항공운송사업에 사용되는 터빈발동기를 장착한 항공기
㉰ 최대이륙중량 5,700kg을 초과하는 항공기
㉱ 터빈발동기를 장착한 항공기로서 국토교통부장관이 정하여 고시하는 항공기

해설
항공안전법 시행규칙 제49조(소음기준적합증명 대상 항공기) 참조

16. 다음 중 항공에 사용하는 항공기에 탑재해야 할 서류가 아닌 것은?

㉮ 형식증명서   ㉯ 감항증명서
㉰ 항공기 등록증명서 ㉱ 탑재용 항공일지

해설
항공안전법 시행규칙 제113조(항공기에 탑재하는 서류) 참조

17. 항공기가 야간에 공중과 지상을 항행하는 경우 당해 항공기의 위치를 나타내기 위해 필요한 항공기의 등불은?

㉮ 우현등, 좌현등, 회전지시등
㉯ 우현등, 좌현등, 충돌방지등
㉰ 우현등, 좌현등, 미등
㉱ 우현등, 좌현등, 미등, 충돌방지등

해설
항공안전법 시행규칙 제120조(항공기의 등불) 참조

18. 지표면이나 수면으로부터 몇 미터 이상 되는 구조물을 설치하려는 경우 항공장애 표시등을 설치하여야 하는가?

㉮ 50m   ㉯ 60m
㉰ 80m   ㉱ 100m

해설
공항시설법 제36조(항공장애 표시등의 설치 등) 제2항 참조

정답 12. ㉯ 13. ㉰ 14. ㉰ 15. ㉱ 16. ㉮ 17. ㉱ 18. ㉯

Chapter 03 | 부록 · 과년도기출문제

19. 대통령령으로 정하는 공항의 시설 중 지원시설은?

㉮ 도심공항터미널
㉯ 화물처리시설
㉰ 기상관측시설
㉱ 항공기 급유시설

해설
공항시설법 시행령 제3조(공항시설의 구분) 참조

20. 감항증명을 받은 항공기의 소유자등이 당해 항공기를 국토교통부령이 정하는 범위 안에서 수리 또는 개조하고자 하는 경우 누구의 승인을 받아야 하는가?

㉮ 검사주임
㉯ 항공공장검사원
㉰ 국토교통부장관
㉱ 지방항공청장

해설
항공안전법 제30조(수리·개조승인) 제1항 참조

21. 다음 중 항공기 등록의 제한사유가 아닌 것은?

㉮ 외국정부 또는 외국의 공공단체
㉯ 대한민국의 국민이 아닌 사람
㉰ 외국의 법인 또는 단체
㉱ 외국인 소유 항공기를 임차한 사람

해설
항공안전법 제10조(항공기 등록의 제한) 참조

22. 만 40세 이상 50세 미만인 운송용조종사의 항공신체검사증명의 유효기간은?

㉮ 6개월
㉯ 12개월
㉰ 18개월
㉱ 24개월

해설
항공안전법 시행규칙 제92조 제1항 관련, 별표 8(항공신체검사증명의 종류와 그 유효기간) 참조

23. 다음 중 항공기등의 검사관으로 임명 또는 위촉될 수 있는 자는?

㉮ 항공정비사 자격증명을 받은 자
㉯ 5년 이상 항공기의 설계, 제작 또는 정비업무에 종사한 경력이 있는 자
㉰ 항공산업기사 자격을 취득한 자
㉱ 3년 이상 항공기 설계업무 경력이 있는 자

해설
항공안전법 제31조(항공기등의 검사등) 참조

24. 항공정비사의 업무범위는?

㉮ 정비한 항공기등에 대한 확인
㉯ 정비, 수리 또는 개조한 항공기등에 대한 확인
㉰ 정비 또는 수리한 항공기등에 대한 확인
㉱ 수리 또는 개조한 항공기등에 대한 확인

해설
항공안전법 제36조(업무범위) 참조

25. 자격증명을 받지 아니하고 항공업무에 종사한 사람에 대한 처벌은?

㉮ 1년 이하의 징역 또는 1천만원 이하의 벌금
㉯ 1년 이하의 징역 또는 2천만원 이하의 벌금
㉰ 2년 이하의 징역 또는 1천만원 이하의 벌금
㉱ 2년 이하의 징역 또는 2천만원 이하의 벌금

해설
항공안전법 제148조(무자격자의 항공업무 종사 등의 죄) 참조

정답 19. ㉱ 20. ㉰ 21. ㉱ 22. ㉯ 23. ㉮ 24. ㉯ 25. ㉱

기출문제 20

01. 예외적으로 감항증명을 받을 수 없는 항공기는?

㉮ 자가용으로 사용하려는 항공기
㉯ 법 제101조 단서에 따라 허가를 받은 항공기
㉰ 국내에서 수리, 개조 또는 제작한 후 수출할 항공기
㉱ 수입할 항공기의 국적 취득 전 감항증명을 신청한 항공기

해설
항공안전법 시행규칙 제36조(예외적으로 감항증명을 받을 수 있는 항공기) 참조

02. 항공사고가 발생한 경우 원인규명과 예방을 위한 사고조사를 수행하는 곳은?

㉮ 지방항공청
㉯ 재난관리본부
㉰ 항공·철도 사고조사위원회
㉱ 교통안전공단

해설
항공·철도사고조사에 관한 법률 제4조(항공·철도사고조사위원회의 설치) 참조

03. 감항증명의 유효기간은?

㉮ 1년으로 하며, 국토교통부장관이 정하여 고시하는 항공기는 6월의 범위 내에서 단축할 수 있다.
㉯ 국토교통부령이 정하는 기간으로 하며, 항공운송사업 외에 사용되는 항공기에 대해서는 6월의 범위 내에서 연장할 수 있다.
㉰ 1년으로 하며, 항공운송사업에 사용되는 항공기에 대해서는 항공기의 사용연수·비행시간 등으로 고려하여 국토교통부장관이 정하여 고시한다.
㉱ 1년으로 하며, 국토부장관이 정하여 고시하는 정비방법에 따라 정비등이 이루어지는 경우 그 기간을 연장할 수 있다.

해설
항공기 기술기준 21.181(감항증명 유효기간) 참조

04. 소음기준적합증명은 언제 받아야 하는가?

㉮ 운용한계를 지정할 때
㉯ 감항증명을 받을 때
㉰ 기술표준품의 형식승인을 받을 때
㉱ 항공기를 등록할 때

해설
항공안전법 제25조(소음기준적합증명) 참조

05. 무자격 정비사가 항공기를 정비하였을 경우의 처벌은?

㉮ 1년 이하의 징역 또는 1천만원 이하의 벌금
㉯ 1년 이하의 징역 또는 2천만원 이하의 벌금
㉰ 2년 이하의 징역 또는 1천만원 이하의 벌금
㉱ 2년 이하의 징역 또는 2천만원 이하의 벌금

해설
항공안전법 제148조(무자격자의 항공업무 종사 등의 죄) 참조

06. 다음 중 항공기정비업에 대한 설명 중 옳은 것은?

㉮ 항공기등, 장비품 또는 부품을 정비하는 사업
㉯ 항공기등, 장비품 또는 부품을 정비 또는 수리하는 사업
㉰ 항공기등, 장비품 또는 부품을 정비 또는 개조하는 사업
㉱ 항공기등, 장비품 또는 부품을 정비, 수리 또는 개조하는 사업

해설
항공사업법 제2조(정의), 제17호 참조

[기출문제 20] 01. ㉮ 02. ㉰ 03. ㉱ 04. ㉯ 05. ㉱
정답 06. ㉱

07. 다음 중 항공정비사 자격증명시험에 응시할 수 없는 자는?

㉮ 4년 이상의 항공기정비 업무경력이 있는 자
㉯ 2년 이상의 정비와 개조의 실무경력과 2년 이상의 검사경력이 있는 자
㉰ 전문교육기관에서 해당 항공기 종류에 필요한 과정을 이수한 자
㉱ 외국정부가 발급한 해당 항공기 종류 한정 자격증명을 받은 자

해설

항공안전법 시행규칙 제75조 관련, 별표 4(항공종사자·경량항공기조종사 자격증명 응시경력) 참조

08. 감항성에 영향을 미치는 수리, 개조를 한 경우 승인을 위한 검사를 할 수 있는 자격으로 맞는 것은?

㉮ 항공정비사 자격증명을 받은 사람
㉯ 항공기사 이상의 자격을 취득한 후 1년 이상 항공기의 설계, 제작, 정비 또는 품질업무에 종사한 경력이 있는 사람
㉰ 항공기술관련 학사 이상의 학위를 취득한 후 5년 이상 항공기의 설계, 제작, 정비 또는 품질업무에 종사한 경력이 있는 사람
㉱ 국가기관등항공기의 설계, 제작, 정비 또는 품질보증 업무에 3년 이상 종사한 경력이 있는 사람

해설

항공안전법 제31조(항공기등의 검사등) 참조

09. 다음 중 항공기의 급유 또는 배유작업이 가능한 경우는?

㉮ 항공기가 건물의 외측 15미터 이내에 있을 경우
㉯ 항공기가 격납고 기타 폐쇄된 장소 내에 있을 경우
㉰ 위험 예방조치가 강구된 항공기 내에 여객이 있을 경우
㉱ 발동기가 운전 중이거나 가열상태에 있을 경우

해설

공항시설법 시행규칙 제19조 제1항 관련, 별표 4(공항시설·비행장시설 관리기준) 참조

10. 다음 중 예외적으로 감항증명을 받을 수 없는 항공기는?

㉮ 법 제101조 단서에 따라 허가를 받은 항공기
㉯ 국내에서 제작되거나 외국으로부터 수입하는 항공기로서 대한민국의 국적을 취득하기 전에 감항증명을 신청한 항공기
㉰ 국내에서 수리, 개조 또는 제작한 후 수출할 항공기
㉱ 국내에서 제작 또는 수리 후 시험비행을 하는 항공기

해설

항공안전법 시행규칙 제36조(예외적으로 감항증명을 받을 수 있는 항공기) 참조

11. 정면으로 또는 이와 유사하게 접근하는 동순위 항공기 상호간에 있어서는 서로 기수를 어느 쪽으로 돌려야 하는가?

㉮ 오른쪽
㉯ 왼쪽
㉰ 먼저 본 항공기가 위로
㉱ 먼저 본 항공기가 아래로

해설

항공안전법 시행규칙 제167조(진로와 속도 등) 참조

12. 항공기 전문검사기관이 제정하여 국토교통부장관의 인가를 받아야 하는 것은?

㉮ 검사규정
㉯ 정비규정
㉰ 설비인력 및 장비규정
㉱ 운항기준

해설

항공안전법 시행령 제27조(전문검사기관의 검사규정) 참조

정답 07. ㉯ 08. ㉮ 09. ㉰ 10. ㉱ 11. ㉮ 12. ㉮

13. 공항에서 금지하는 사항이 아닌 것은?

㉮ 지정구역 이외의 장소에 가연성의 액체가스를 보관하는 것
㉯ 쓰레기를 지정한 장소에 버리는 것
㉰ 승인을 받지 않고 불을 피우는 것
㉱ 격납고 내에서 휘발성 물질로 바닥을 청소하는 것

해설
공항시설법 시행규칙 제19조 관련 별표 4(공항시설·비행장시설 관리기준) 참조

14. 외국인이 국내에서 여객 또는 화물을 운송하는 사업을 하려면?

㉮ 국토교통부장관의 허가를 받아야 한다.
㉯ 국토교통부장관에게 등록하여야 한다.
㉰ 지방항공청장의 허가를 받아야 한다.
㉱ 지방항공청장에게 등록하여야 한다.

해설
항공사업법 제54조(외국인 국제항공운송사업의 허가) 참조

15. 다음 중 항공종사자 자격증명을 받을 수 없는 사람은?

㉮ 자격증명 취소처분을 받고 그 취소일부터 2년이 지나지 아니한 사람
㉯ 금치산자, 한정치산자 또는 파산선고를 받고 복권되지 아니한 사람
㉰ 금고 이상의 실형을 선고받고 그 집행이 끝난 날 또는 집행을 받지 아니하기로 확정된 날부터 2년이 지나지 아니한 사람
㉱ 법을 위반하여 벌금 이상의 형을 선고받은 사람

해설
항공안전법 제34조(항공종사자 자격증명등) 제2항 참조

16. 항공기를 이용하여 운송하고자 하는 경우 국토교통부장관의 허가를 받아야 하는 위험물이 아닌 것은?

㉮ 가스류 물질   ㉯ 산화성 물질
㉰ 폭발성 물질   ㉱ 인화성 고체물질

해설
항공안전법 시행규칙 제209조(위험물 운송허가등) 참조

17. 항공기취급업 중 항공기급유업을 등록하기 위하여 필요한 장비는?

㉮ 서비스카   ㉯ 터그카
㉰ 스링   ㉱ 스텝카

해설
항공사업법 시행령 제21조 관련, 별표 7(항공기취급업 등록요건) 참조

18. 태평양을 횡단 비행하는 항공운송사업용 항공기에 갖추어야 할 구급용구 등이 아닌 것은?

㉮ 도끼
㉯ 구명동의
㉰ 음성신호발생기
㉱ 불꽃조난신호장비

해설
항공안전법 시행규칙 제110조(구급용구 등) 관련, 별표 15 항공기에 상비하여야 할 구급용구 등 제1호 참조

19. 최소장비목록(MEL) 제정권자는?

㉮ 항공기 제작사   ㉯ 전문검사기관
㉰ 국토교통부장관   ㉱ 지방항공청장

해설
운항기술기준 1.1.1.4 용어의 정의. "최소장비목록(Minimum equipment list (MEL)"은 항공기 제작사가 해당 항공기 형식에 대하여 제정하고 설계국이 인가한 표준최소장비목록에 부합되거나 또는 더 엄격한 기준에 따라 운송사업자가 작성하여 항공안전본부장의 인가를 받은 것을 말한다.

정답 13. ㉯ 14. ㉮ 15. ㉮ 16. ㉱ 17. ㉮ 18. ㉰ 19. ㉮

20. 다음 중 국토교통부장관에게 보고하여야 할 의무보고 대상 항공안전장애의 범위에 속하지 않는 것은?

㉮ 운항 중 엔진 덮개의 풀림이나 이탈
㉯ 운항 중 항공기 구조상의 결함 발생
㉰ 운항 중 비상조치를 하게 하는 항공기 구성품 또는 시스템의 고장
㉱ 비행 중 정상적인 조종을 할 수 없는 정도의 레이저 광선에 노출

해설

공안전법 시행규칙 제134조 관련, 별표 20의2(의무보고 대상 항공안전장애의 범위) 참조

21. 항공기 검사기관의 항공기등의 검사에 필요한 업무규정에 포함되어야 할 사항이 아닌 것은?

㉮ 검사업무를 수행하는 기구의 조직 및 인력
㉯ 검사업무를 수행하는 자의 업무범위 및 책임
㉰ 검사업무를 수행하는 자의 교육훈련 방법
㉱ 증명 또는 검사업무의 체제 및 절차

해설

항공안전법 시행령 제25조(전문기검사기관의 검사규정) 참조

22. 다음 중 국적 및 등록기호의 표시에 관한 설명 중 틀린 것은?

㉮ 등록기호표는 강철 등 내화금속으로 되어 있어야 한다.
㉯ 등록기호표는 가로 7센티미터, 세로 5센티미터의 직사각형이다.
㉰ 등록기호표는 항공기 출입구 윗부분 안쪽 보기 쉬운 곳에 붙여야 한다.
㉱ 등록기호표에는 국적기호 또는 등록기호, 소유자의 명칭 중 하나만 표시한다.

해설

항공안전법 시행규칙 제12조(등록기호표의 부착) 참조

23. 항공운송사업용 비행기가 시계비행을 할 경우 최초 착륙예정 비행장까지 비행에 필요한 연료의 양에 순항속도로 필요한 연료량은?

㉮ 15분간 더 비행할 수 있는 연료의 양
㉯ 40분간 더 비행할 수 있는 연료의 양
㉰ 45분간 더 비행할 수 있는 연료의 양
㉱ 60분간 더 비행할 수 있는 연료의 양

해설

항공안전법 시행규칙 제119조 관련, 별표 17(항공기에 실어야 할 연료와 오일의 양) 참조

24. 정비규정에 포함되어야 할 사항 중 틀린 것은?

㉮ 정비사의 직무능력 평가
㉯ 정비에 종사하는 자의 훈련방법
㉰ 항공기체, 추진계통의 신뢰성관리 절차
㉱ 항공기 및 부품등의 정비에 관한 품질관리 방법 및 절차

해설

항공안전법 시행규칙 제266조 관련, 별표 37(정비규정에 포함되어야 할 사항) 참조

25. 다음 중 모든 항공기에 대하여 형식한정을 받아야 하는 항공종사자는?

㉮ 조종사
㉯ 운항관리사
㉰ 항공정비사
㉱ 항공기관사

해설

항공안전법 시행규칙 제81조(자격증명의 한정) 참조

정답 20. ㉯ 21. ㉰ 22. ㉱ 23. ㉰ 24. ㉮ 25. ㉱

기출문제 21

01. 항공안전법의 목적이 아닌 것은?

㉮ 항공기 항행의 안전을 도모한다.
㉯ 생명과 재산을 보호한다.
㉰ 항공기 제작산업의 발전을 도모한다.
㉱ 항공기술 발전에 이바지한다.

해설
항공안전법 제1조(목적) 참조

참고
현재 이 조항은 '이 법은「국제민간항공협약」및 같은 협약의 부속서에서 채택된 표준과 권고되는 방식에 따라 항공기, 경량항공기 또는 초경량비행장치의 안전하고 효율적인 항행을 위한 방법과 국가, 항공사업자 및 항공종사자 등의 의무 등에 관한 사항을 규정함을 목적으로 한다.'로 변경되었다.

02. 항공기가 비행장 안의 이동지역에서 이동할 때 따라야 하는 기준이 아닌 것은?

㉮ 추월하는 항공기는 다른 항공기의 통행에 지장을 주지 아니하도록 충분한 간격을 유지할 것
㉯ 기동지역에서 지상 이동하는 항공기는 정지선등이 꺼져 있는 경우에 이동할 것
㉰ 기동지역에서 지상 이동하는 항공기는 관제탑의 지시가 없는 경우에는 활주로진입전 대기지점에서 정지 대기할 것
㉱ 교차하거나 이와 유사하게 접근하는 항공기 상호간에는 다른 항공기를 좌측으로 보는 항공기가 진로를 양보할 것

해설
항공안전법 시행규칙 제162조(항공기의 지상이동) 참조

03. 수상비행기 소유자등이 갖추어야 할 구급용구에 해당되지 않는 것은?

㉮ 음성신호발생기   ㉯ 불꽃조난신호장비
㉰ 해상용 닻   ㉱ 일상용 닻

해설
항공안전법 시행규칙 제110조(구급용구 등) 관련, 별표 15 항공기에 장비하여야 할 구급용구 등 제1호 참조

04. 국제민간항공협약에서 규정한 국가항공기가 아닌 것은?

㉮ 군 항공기   ㉯ 세관 항공기
㉰ 산림청 항공기   ㉱ 경찰 항공기

해설
국제민간항공협약 제3조(민간항공기 및 국가항공기) 제1항, 제2항
① 이 조약은 민간항공기에만 적용하는 것이며 국가항공기에는 적용하지 않는다.
② 군, 세관 및 경찰의 업무에 사용하는 항공기는 국가항공기로 간주한다.

05. 변경등록과 말소등록은 그 사유가 있는 날로부터 며칠 이내에 신청하여야 하는가?

㉮ 10일   ㉯ 15일
㉰ 20일   ㉱ 25일

해설
항공안전법 제13조(항공기 변경등록), 제15조(항공기 말소등록) 참조

06. 항공기 등록기호표의 부착시기는?

㉮ 항공기를 등록한 때
㉯ 감항증명을 신청할 때
㉰ 형식증명을 신청할 때
㉱ 감항증명을 받았을 때

해설
항공안전법 제17조(항공기 등록기호표의 부착) 참조

[기출문제 21] 정답 01. ㉰ 02. ㉱ 03. ㉯ 04. ㉰ 05. ㉯ 06. ㉮

Chapter 03 | 부록 · 과년도기출문제

07. 안전성검사를 거부, 방해 또는 기피한 자에 대한 처벌은?

㉮ 3천만원 이하의 벌금
㉯ 1천만원 이하의 벌금
㉰ 500만원 이하의 벌금
㉱ 300만원 이하의 벌금

해설
항공안전법 제163조(검사 거부 등의 죄) 참조

08. 정비조직인증을 받은 후 규정 위반 시 행정적 처리로 옳은 것은?

㉮ 과징금은 50억원을 초과하면 안된다.
㉯ 중대한 규정 위반 시 효력정지처분과 더불어 과징금을 부가할 수 있다.
㉰ 효력정지처분을 갈음하여 과징금을 부과할 수 있다.
㉱ 과징금 납부기간을 어길 시 국토교통부령에 따라 징수한다.

해설
항공안전법 제99조(정비조직인증을 받은 자에 대한 과징금의 부과) 참조

09. 위험물의 운송에 사용되는 포장 및 용기를 제조 수입하여 판매하려는 자는 포장 및 용기의 안전성에 대하여 누구의 검사를 받아야 하는가?

㉮ 국토교통부장관
㉯ 지방항공청장
㉰ 한국교통안전공단 이사장
㉱ 검사주임

해설
항공안전법 제71조(위험물 포장 및 용기의 검사등) 참조

10. 자격증명을 한정하는 경우 한정하는 항공기의 종류는?

㉮ 육상단발, 육상다발, 수상다발, 수상단발
㉯ 비행기, 헬리콥터, 비행선, 활공기, 항공우주선
㉰ B-747, DC-10, MD-11
㉱ 상급 및 중급항공기

해설
항공안전법 시행규칙 제81조(자격증명의 한정) 참조

11. 긴급항공기로 지정받을 수 없는 것은?

㉮ 화재 진화 항공기
㉯ 응급환자 후송 항공기
㉰ 해난 신고로 인한 수색 및 구조 항공기
㉱ 재난, 재해 등으로 인한 수색 및 구조 항공기

해설
항공안전법 시행규칙 제207조(긴급항공기의 지정) 제1항 참조

12. 항공운송사업용 비행기가 시계비행을 할 경우 최초 착륙예정 비행장까지 비행에 필요한 연료의 양에 순항속도로 필요한 추가 연료량은?

㉮ 15분간 더 비행할 수 있는 연료의 양
㉯ 40분간 더 비행할 수 있는 연료의 양
㉰ 45분간 더 비행할 수 있는 연료의 양
㉱ 60분간 더 비행할 수 있는 연료의 양

해설
항공안전법 시행규칙 제122조 관련, 별표 17(항공기에 실어야 할 연료 및 오일의 양) 참조

13. 다음 중 공항에서 금지되는 행위가 아닌 것은?

㉮ 급유작업 중인 항공기로부터 30m 이내의 장소에서 담배를 피우는 행위
㉯ 항공정비사가 정비 또는 시운전중의 항공기로부터 30m 이내로 들어오는 행위
㉰ 격납고 기타의 건물의 마루를 청소하는 경우에 휘발성 가연물을 사용

정답 07. ㉰ 08. ㉰ 09. ㉮ 10. ㉯ 11. ㉰ 12. ㉰ 13. ㉯

㉣ 기름이 묻은 걸레를 부식되거나 파손되지 않는 재료로 된 보관용기 이외에 버리는 행위

해설
공항시설법 시행규칙 제19조 관련 별표 4(공항시설·비행장시설 관리기준) 참조

14. 외국인 국제항공운송사업을 하려는 자는 운항개시 예정일 며칠 전까지 허가신청서를 제출하여야 하는가?

㉮ 30일 　　　㉯ 60일
㉰ 90일 　　　㉱ 120일

해설
항공사업법 시행규칙 제55조(외국인 국제항공운송사업의 허가 신청) 참조

15. 다음 중 소유하거나 임차한 항공기를 등록할 수 있는 경우는?

㉮ 외국정부 또는 외국의 공공단체
㉯ 외국의 법인 또는 단체
㉰ 외국의 국적을 가진 항공기를 임차한 법인 또는 단체
㉱ 외국인이 주식이나 지분의 2분의 1이상을 소유하고 있는 법인

해설
항공안전법 제10조(항공기 등록의 제한) 참조

16. 항공기에 탑재하는 서류 중 국토교통부령으로 정하는 서류가 아닌 것은?

㉮ 소음기준적합증명서
㉯ 승무원신체검사증명서
㉰ 운항규정
㉱ 운용한계지정서 및 비행교범

해설
항공안전법 시행규칙 제113조(항공기에 탑재하는 서류) 참조

17. 다음 중 국토교통부령으로 정하는 경미한 정비가 아닌 것은?

㉮ 복잡하고 특수한 장비를 필요로 하는 작업
㉯ 감항성에 미치는 영향이 경미한 범위의 수리작업
㉰ 복잡한 결합작용을 필요로 하지 아니하는 규격장비품 또는 부품의 교환작업
㉱ 간단한 보수를 하는 예방작업으로서 리깅 또는 간극의 조정작업

해설
항공안전법 시행규칙 제68조(경미한 정비의 범위) 참조

18. 다음 중 감항증명을 받은 항공기의 수리, 개조 승인이 요구되는 경우는?

㉮ 규정에 의한 정비조직인증을 받은 업무범위를 초과하여 수리, 개조하는 경우
㉯ 규정에 의한 정비조직인증을 받은 자가 항공기등 또는 장비품, 부품을 수리, 개조하는 경우
㉰ 규정에 의한 정비조직인증을 받은 자에게 수리, 개조를 위탁하는 경우
㉱ 규정에 의한 부품을 증명을 받은 자가 수리, 개조하는 경우

해설
항공안전법 시행규칙 제65조(항공기등 또는 부품등의 수리·개조승인의 범위) 참조

19. 항공기를 이용하여 운송하고자 하는 경우, 국토교통부장관의 허가를 받아야 하는 품목이 아닌 것은?

㉮ 가소성 물질 　　㉯ 인화성 액체
㉰ 산화성 물질류 　㉱ 방사성 물질류

해설
항공안전법 시행규칙 제209조(위험물 운송허가등) 참조

정답 14. ㉯　15. ㉰　16. ㉯　17. ㉮　18. ㉮　19. ㉮

20. 부품등제작자증명 신청 시 필요 없는 것은?

㉮ 품질관리규정
㉯ 적합성 입증 계획서 또는 확인서
㉰ 제작자, 제작번호 및 제작연월일
㉱ 장비품 또는 부품의 식별서

해설

항공안전법 시행규칙 제61조(부품등제작자증명의 신청) 참조

21. 토잉 트랙터, 지상발전기(GPU), 엔진시동지원장치(ASU) 및 스텝카 등을 사용하여 수행하는 사업은?

㉮ 항공기급유업　　㉯ 항공기하역업
㉰ 항공기정비업　　㉱ 지상조업사업

해설

항공사업법 시행령 제21조 관련, 별표 7(항공기취급업 등록요건) 참조

22. 항공, 철도 사고조사 위원회의 업무가 아닌 것은?

㉮ 규정에 의한 안전권고
㉯ 사고조사에 필요한 조사, 연구
㉰ 규정에 의한 사고조사 결과의 교육
㉱ 규정에 의한 사고조사보고서의 작성, 의결 및 공표

해설

항공·철도 사고조사에 관한 법률 제5조(위원회의 업무) 참조

23. 다음 중 설계, 제작하려는 경우 형식승인을 받아야 하는 것은?

㉮ 모든 장비품
㉯ 사고한계 부품
㉰ 제작사에서 만든 부품
㉱ 국토교통부장관이 고시하는 장비품

해설

항공안전법 제27조(기술표준품 형식승인) 참조

24. 다음 중 급유 또는 배유를 할 수 있는 경우는?

㉮ 항공기가 격납고 기타 폐쇄된 장소 내에 있을 경우
㉯ 발동기가 운전 중이거나 가열상태에 있는 경우
㉰ 항공기가 건물의 외측 20m 이상 떨어져 있는 경우
㉱ 필요한 위험 예방조치가 강구되었을 경우를 제외하고 여객이 항공기 내에 있을 경우

해설

공항시설법 시행규칙 제19조 제1항 관련, 별표 4(공항시설·비행장시설 관리기준) 참조

25. 다음 중 공항 내에서 항공의 위험을 일으킬 우려가 있는 행위가 아닌 것은?

㉮ 착륙대, 유도로 또는 계류장에 금속편, 직물 또는 그 밖의 물건을 방치하는 행위
㉯ 격납고 내에 금속편, 직물 또는 그 밖의 물건을 방치하는 행위
㉰ 착륙대, 유도로, 계류장에서 화기를 사용하는 행위
㉱ 운항중인 항공기에 장애가 되는 방식으로 항공기나 차량 등을 운행하는 행위

해설

공항시설법 제56조(금지행위), 시행규칙 제47조(금지행위 등) 참조

기출문제 22

01. 항공기의 정치장이 부산에서 서울로 옮겨졌을 때 해야 할 등록은?

㉮ 이전등록　　㉯ 변경등록
㉰ 말소등록　　㉱ 신규등록

해설

항공안전법 제13조(항공기 변경등록) 참조

정답 20. ㉰ 21. ㉱ 22. ㉰ 23. ㉱ 24. ㉰ 25. ㉯
[기출문제 22] 01. ㉯

02. 항공기의 수리, 개조 승인을 위한 검사관에 위촉될 수 없는 사람은?

㉮ 항공정비사 자격증명을 받은 사람
㉯ 국가기술자격법에 의한 항공기사 이상의 자격을 취득한 사람
㉰ 국가기관등에서 항공기의 설계, 제작, 정비업무에 3년 이상 종사한 경력이 있는 사람
㉱ 항공기술 관련 학사 이상의 학위를 취득한 후 항공기의 설계, 제작, 정비업무에 3년 이상 경력이 있는 사람

해설
항공안전법 제31조(항공기등의 검사등) 참조

03. 항공안전법에서 정하는 항공기의 종류는?

㉮ 여객용 항공기, 화물용 항공기
㉯ 육상단발, 육상다발, 수상단발, 수상다발
㉰ 수상기, 특수 활공기, 초급 활공기, 중급 활공기
㉱ 비행기, 헬리콥터, 비행선, 활공기, 항공우주선

해설
항공안전법 시행규칙 제81조(자격증명의 한정) 참조

04. 다음 중 소음기준적합증명에 대한 설명으로 틀린 것은?

㉮ 국제선을 운항하는 항공기는 소음기준적합증명을 받아야 한다.
㉯ 소음기준적합증명은 감항증명을 받을 때 받는다.
㉰ 소음기준적합증명을 받으려는 자는 신청서를 국토교통부장관 또는 지방항공청장에게 제출한다.
㉱ 항공기의 감항증명을 반납해야 하는 경우 소음기준적합증명도 반납해야 한다.

해설
항공안전법 제25조(소음기준적합증명), 항공안전법 시행규칙 제49조(소음기준적합증명 대상 항공기), 제54조(소음기준적합증명서의 반납) 참조

05. 긴급항공기의 지정취소처분을 받은 자는 얼마가 지나야 다시 긴급항공기의 지정을 받을 수 있는가?

㉮ 최소 6개월 후   ㉯ 최소 1년 후
㉰ 최소 1년 6개월 후 ㉱ 최소 2년 후

해설
항공안전법 제69조(긴급항공기의 지정 등) 제5항 참조

06. 항공업무 정지를 받은 자가 항공업무에 종사한 경우의 벌칙은?

㉮ 1년 이하의 징역 또는 1천만원 이하의 벌금
㉯ 2년 이하의 징역 또는 2천만원 이하의 벌금
㉰ 3년 이하의 징역 또는 3천만원 이하의 벌금
㉱ 3년 이하의 징역 또는 5천만원 이하의 벌금

해설
항공안전법 제148조(무자격자의 항공업무 종사 등의 죄) 참조

07. 다음 중 급유 또는 배유를 할 수 있는 경우는?

㉮ 항공기가 격납고 기타 폐쇄된 장소 내에 있을 경우
㉯ 발동기가 운전 중이거나 가열상태에 있는 경우
㉰ 항공기가 건물의 기타의 외측 20m에 있을 경우
㉱ 필요한 위험 예방조치가 강구되었을 경우를 제외하고 여객이 항공기 내에 있을 경우

해설
공항시설법 시행규칙 제19조 제1항 관련, 별표 4(공항시설·비행장시설 관리기준) 참조

08. 항공기 소유자등이 갖추어야 할 항공일지가 아닌 것은?

㉮ 기체 항공일지   ㉯ 발동기 항공일지
㉰ 프로펠러 항공일지 ㉱ 탑재용 항공일지

해설
항공안전법 시행규칙 제108조(항공일지) 제1항 참조

정답 02. ㉰ 03. ㉱ 04. ㉱ 05. ㉱ 06. ㉯ 07. ㉰ 08. ㉮

09. 항공기의 항행안전을 확보하기 위한 "항공기 기술기준"은 누가 정하여 고시하는가?

㉮ 국토교통부장관
㉯ 한국교통안전공단 이사장
㉰ 항공기제작사 사장
㉱ 교육과학기술부장관

해설
항공안전법 제19조(항공기기술기준) 참조

10. 다음 중 제작증명 신청서에 첨부하여야 할 서류가 아닌 것은?

㉮ 비행교범 또는 운용방식을 기재한 서류
㉯ 제작설비 및 인력현황
㉰ 제작하려는 항공기의 감항성 유지 및 관리체계
㉱ 제작하려는 항공기의 제작방법 및 기술 등을 설명하는 자료

해설
항공안전법 시행규칙 제32조(제작증명의 신청) 참조

11. 부품등제작자증명 신청서에 첨부하여야 할 서류가 아닌 것은?

㉮ 적합성 입증 계획서 또는 확인서
㉯ 제조규격서 및 제품사양서
㉰ 장비품 및 부품의 설계서
㉱ 그 밖에 참고사항 및 해당 부품등의 감항성 유지 및 관리체계를 설명하는 자료

해설
항공안전법 시행규칙 제61조(부품등제작자증명의 신청) 참조

12. 항공기를 야간에 사용되는 비행장에 주기 또는 정박시키는 경우에 무엇으로 항공기 위치를 나타내어야 하는가?(비행장에 조명시설이 없을 경우)

㉮ 표지판
㉯ 무선시설
㉰ 우현등, 좌현등 및 미등
㉱ 충돌방지등

해설
항공안전법 시행규칙 제120조(항공기의 등불) 참조

13. 공항 내의 차량 취급 및 사용에 대한 것으로 틀린 것은?

㉮ 차량의 수선 및 청소는 공항운영자가 정해준 곳에서만 가능하다.
㉯ 보호구역 내에서는 공항운영자가 승인한 자만이 운전이 가능하다.
㉰ 격납고 내에서는 배기에 대한 방화장치가 있는 트랙터를 제외하고는 차량을 운전해서는 안된다.
㉱ 공항에서 자동차량을 주차하는 경우에는 지방항공청장이 지정한 곳에서만 주차가 가능하다.

해설
공항시설법 시행규칙 제19조 제1항 관련, 별표4(공항시설·비행장시설 관리기준) 참조

14. 다음 중 외국인 국제항공운송사업의 허가신청서에 첨부하여야 할 서류가 아닌 것은?

㉮ 국제민간항공협약 부속서 6에 따라 해당 정부가 발행한 운항증명 및 운영기준
㉯ 최근의 손익계산서와 대차대조표
㉰ 사업경영 자금의 내역과 조달방법
㉱ 운항규정 및 정비규정

해설
항공사업법 시행규칙 제55조(외국인 국제항공운송사업의 허가 신청 등) 참조

15. 항공기의 등록원부에 기재해야 할 사항이 아닌 것은?

㉮ 항공기의 형식

정답 09. ㉮ 10. ㉮ 11. ㉰ 12. ㉰ 13. ㉱ 14. ㉰ 15. ㉰

㉯ 항공기의 등록기호
㉰ 항공기의 부품일련번호
㉱ 소유자 또는 임차인의 성명, 명칭과 주소

해설

항공안전법 제11조(항공기 등록사항) 참조

16. 예외적으로 감항증명을 받을 수 있는 항공기가 아닌 것은?

㉮ 국내에서 수리, 개조 또는 제작한 후 수출할 항공기
㉯ 국내에서 수리, 개조 또는 제작한 후 시험비행을 할 항공기
㉰ 국내에서 제작하거나 외국에서 수입하려는 항공기로서 대한민국 국적을 취득하기 전에 감항증명을 신청한 항공기
㉱ 법 제101조 단서에 따라 허가를 받은 항공기

해설

항공안전법 시행규칙 제36조(예외적으로 감항증명을 받을 수 있는 항공기) 참조

17. 항공종사자의 자격증명의 종류에 포함되지 않는 것은?

㉮ 항공사   ㉯ 항공교통관제사
㉰ 화물적재관리사   ㉱ 항공정비사

해설

항공안전법 제35조(자격증명의 종류) 참조

18. 다음 중 국토교통부장관에게 업무보고를 해야 하는 사람이 아닌 것은?

㉮ 항공정비사
㉯ 항행안전시설 관리직원
㉰ 공항출입사무소 관리소장
㉱ 소형항공운송사업자

해설

항공안전법 제132조(항공안전 활동) 제1항 참조

19. 외국 국적의 항공기가 국토교통부장관의 허가를 받아 항행하는 경우가 아닌 것은?

㉮ 대한민국 밖에서 이륙하여 대한민국 밖에 착륙하는 항행
㉯ 대한민국 밖에서 이륙하여 대한민국 안에 착륙하는 항행
㉰ 대한민국 안에서 이륙하여 대한민국 밖에 착륙하는 항행
㉱ 대한민국 밖에서 이륙하여 대한민국에 착륙함이 없이 대한민국을 통과하여 대한민국 밖에 착륙하는 항행

해설

항공안전법 제100조(외국항공기의 항행) 제1항 참조

20. 세관업무와 경찰업무에 사용하는 항공기와 이에 관련된 항공업무에 종사하는 사람에 대하여 적용되는 항공안전법은?

㉮ 제53조 항공기의 연료 등
㉯ 제70조 위험물 운송 등
㉰ 제51조 무선설비의 설치 및 운용 등
㉱ 제52조 항공계기등의 설치, 탑재 및 운용 등

해설

항공안전법 제3조(군용항공기등의 적용 특례) 참조

21. 탑재용 항공일지의 수리, 개조 또는 정비의 실시에 관한 기록 사항이 아닌 것은?

㉮ 실시연월일
㉯ 실시이유, 수리·개조, 정비의 위치
㉰ 교환할 부품의 위치
㉱ 확인연월일, 확인자 성명 또는 날인

해설

항공안전법 시행규칙 제108조(항공일지) 제2항 참조

정답 16. ㉯ 17. ㉰ 18. ㉰ 19. ㉮ 20. ㉰ 21. ㉰

22. 국토교통장관이 정하여 고시하는 운항기술기준에 포함되는 사항이 아닌 것은?

㉮ 항공기 계기 및 장비 ㉯ 항공기 정비
㉰ 자격증명 ㉱ 항공훈련기관

해설
항공안전법 제77조(항공기의 안전운항을 위한 운항기술기준) 참조

23. 항공등화시설의 변경사항 중 국토교통부장관의 허가를 받지 않아도 되는 것은?

㉮ 운용시간의 변경
㉯ 관리책임자의 변경
㉰ 등의 규격 또는 광도의 변경
㉱ 등화의 배치 및 조합의 변경

해설
공항시설법 시행규칙 제39조(항행안전시설의 변경) 제1항 참조

24. 급유 또는 배유 중인 항공기로부터 몇 m 이내에서 담배를 피워서는 안되는가?

㉮ 25m 이내 ㉯ 30m 이내
㉰ 35m 이내 ㉱ 40m 이내

해설
공항시설법 시행령 제50조(금지행위) 참조

25. 항공기의 항행안전을 확보하기 위한 기술상의 기준에 적합한지의 여부를 검사하여야 하는 항공기가 아닌 것은?

㉮ 항공안전법에 의한 소음기준적합증명을 받는 항공기
㉯ 항공안전법에 의한 형식증명을 받는 항공기
㉰ 항공안전법에 의한 감항증명을 받는 항공기
㉱ 항공안전법에 의한 수리, 개조승인을 받는 항공기

해설
항공안전법 제25조(소음기준적합증명) 참조

기출문제 23

01. 국토교통부장관이 감항증명의 취소 처분을 하기 전에 필히 실시하여야 하는 절차는?

㉮ 의견 청취 ㉯ 통보
㉰ 청문 ㉱ 공청회

해설
항공안전법 제134조(청문) 참조

02. 운항증명을 위한 검사기준 중 현장검사 기준이 아닌 것은?

㉮ 지상의 고정 및 이동 시설·장비 검사
㉯ 조직 및 인력의 구성, 업무분장 및 책임
㉰ 정비검사 시스템의 운영
㉱ 운항통제조직의 운영

해설
항공안전법 시행규칙 제258조 관련, 별표 33(운항증명의 검사기준) 참조

03. 다음 중 공항에서의 금지행위가 아닌 것은?

㉮ 급유 또는 배유작업 중의 항공기로부터 30미터 이내의 장소에서 담배를 피우는 것
㉯ 격납고 바닥을 액체세제로 청소하는 것
㉰ 내화 및 통풍설비가 있는 실 이외의 장소에서 도프도료의 도포작업을 행하는 것
㉱ 내화성작업소 이외의 장소에서 가연성액체를 사용하여 항공기를 세척하는 것

해설
공항시설법 시행령 제50조(금지행위) 참조

정답
22. ㉱ 23. ㉯ 24. ㉯ 25. ㉮
[기출문제 23] 01. ㉰ 02. ㉯ 03. ㉯

04. 국토교통부장관이 정하여 고시하는 운항기술 기준에 포함되는 사항이 아닌 것은?

㉮ 항공기 계기 및 장비
㉯ 자격증명
㉰ 항공훈련기관
㉱ 항공기 정비

해설

항공안전법 제77조(항공기의 안전운항을 위한 운항기술기준) 참조

05. 항공등화시설의 변경 사항 중 허가를 받지 않아도 되는 것은?

㉮ 운용시간의 변경
㉯ 관리책임자의 변경
㉰ 등화의 배치 및 조합의 변경
㉱ 등의 규격 또는 광도의 변경

해설

공항시설법 시행규칙 제39조(항행안전시설의 변경) 제1항 참조

06. 항공운송사업용 외의 프로펠러 항공기가 계기 비행으로 교체 비행장이 요구되는 경우 항공기에 실어야 할 연료의 양은?

㉮ 교체 비행장으로부터 45분간 더 비행할 수 있는 연료의 양
㉯ 교체 비행장으로부터 60분간 더 비행할 수 있는 연료의 양
㉰ 교체 비행장의 상공에서 30분간 체공하는데 필요한 연료의 양
㉱ 이상사태 발생시 연료소모가 증가할 것에 대비하여 국토교통부장관이 정한 추가의 연료의 양

해설

항공안전법 시행규칙 제119조 관련, 별표 17(항공기에 실어야 할 연료와 오일의 양) 참조

07. 다음 중 등록을 필요로 하지 아니하는 항공기는?

㉮ 법 제145조 단서의 규정에 의하여 허가를 받은 항공기
㉯ 국내에서 제작되거나 외국으로부터 수입하는 항공기
㉰ 국내에서 수리·개조 또는 제작한 후 수출할 항공기
㉱ 외국에 임대할 목적으로 도입한 항공기로서 외국 국적을 취득할 항공기

해설

항공안전법 시행령 제4조(등록을 필요로 하지 아니하는 항공기의 범위) 참조

08. 다음 중 형식증명승인을 받았다고 볼 수 있는 것은?

㉮ 대한민국과 감항성에 관한 항공안전협정을 체결한 국가로부터 형식증명을 받은 항공기
㉯ 항공안전법에 따른 형식증명을 받은 항공기
㉰ 항공안전법에 따른 감항증명을 받은 항공기
㉱ 항공안전법에 따른 수리, 개조승인을 받은 항공기

해설

항공안전법 제21조(형식증명승인) 제2항 참조

09. 항공기취급업 또는 항공기정비업 등록신청서의 내용이 명확하지 아니하거나 첨부서류가 미비한 경우 담당부서는 며칠 이내에 그 보완을 요구하여야 하는가?

㉮ 3일
㉯ 5일
㉰ 7일
㉱ 10일

해설

항공사업법 시행규칙 제41조(항공기정비업의 등록), 제43조(항공기취급업의 등록) 참조

정답 04. ㉱ 05. ㉯ 06. ㉮ 07. ㉱ 08. ㉮ 09. ㉰

10. 항공기에 장비하여야 할 구급용구 등에 대한 설명 중 틀린 것은?

㉮ 좌석수가 200석인 항공기 객실에는 소화기 3개를 비치한다.
㉯ 좌석수가 300석인 항공운송사업용 여객기에는 메가폰 2개를 비치한다.
㉰ 좌석수가 400석인 항공기 객실에는 소화기 5개를 비치한다.
㉱ 항공운송사업용 항공기에는 사고시 사용할 도끼 1개를 비치한다.

해설
항공안전법 시행규칙 110조 관련, 별표 15(항공기에 장비하여야 할 구급용구 등) 참조

11. 외국 항공기를 국내에서 사용하기 위해서는 어떻게 하여야 하는가?

㉮ 국토교통부장관의 허가를 받아야 한다.
㉯ 국토교통부장관의 승인을 받아야 한다.
㉰ 지방항공청장의 허가를 받아야 한다.
㉱ 지방항공청장의 승인을 받아야 한다.

해설
항공안전법 제101조(외국항공기의 국내사용) 참조

12. 다음 중 기술착륙의 자유란?

㉮ 제1의 자유   ㉯ 제2의 자유
㉰ 제3의 자유   ㉱ 제5의 자유

해설
운수 이외의 목적으로 착륙하는 특권을 제2의 자유 또는 기술착륙의 자유라고 한다.

13. 다음 중 소음기준적합증명에 대한 설명으로 틀린 것은?

㉮ 국제선을 운항하는 항공기는 소음기준적합증명을 받아야 한다.
㉯ 소음기준적합증명은 감항증명을 받을 때 받는다.
㉰ 소음기준적합증명을 받으려는 자는 신청서를 국토교통부장관 또는 지방항공청장에게 제출한다.
㉱ 항공기의 감항증명을 반납해야 하는 경우 소음기준적합증명도 반납해야 한다.

해설
항공안전법 제25조(소음기준적합증명), 항공안전법 시행규칙 제49조(소음기준적합증명 대상 항공기), 제54조(소음기준적합증명서의 반납) 참조

14. 다음 공항시설 중 대통령령으로 정하는 기본시설이 아닌 것은?

㉮ 활주로, 유도로, 계류장
㉯ 소방시설
㉰ 항행안전시설
㉱ 기상관측시설

해설
공항시설법 시행령 제3조(공항시설의 구분) 참조

15. 다음 중 항공안전법에서 규정하는 항공기사고가 아닌 것은?

㉮ 항공기 파손   ㉯ 탑승객 사망
㉰ 항공기 실종   ㉱ 탑승객 부상

해설
항공안전법 제2조(정의) 제6호. "항공기사고" 참조

16. 다음 중 소유하거나 임차한 항공기를 등록할 수 있는 자는?

㉮ 외국정부 또는 외국의 공공단체
㉯ 외국의 법인 또는 단체
㉰ 외국인 소유 항공기를 임차한 법인 또는 단체
㉱ 외국인이 주식이나 지분의 2분의 1 이상을 소유하고 있는 법인

정답 10. ㉯ 11. ㉮ 12. ㉯ 13. ㉱ 14. ㉯ 15. ㉱ 16. ㉰

해설
항공안전법 제10조(항공기 등록의 제한) 참조

17. 세관업무나 경찰업무에 사용하는 항공기와 이에 종사하는 사람에 대하여 적용되는 항공안전법은?

㉮ 제51조 무선설비 설치 및 운용 등
㉯ 제52조 항공계기등의 설치, 탑재 및 운용 등
㉰ 제53조 항공기의 연료 등
㉱ 제70조 위험물 운송 등

해설
항공안전법 제3조(군용항공기등의 적용 특례) 참조

18. 외국 국적의 항공기가 국토교통부장관의 허가를 받아 항행하는 경우가 아닌 것은?

㉮ 영공 밖에서 이륙하여 영공을 통과하지 아니하고 영공 밖에 착륙하는 항행
㉯ 영공 밖에서 이륙하여 대한민국 안에 착륙하는 항행
㉰ 대한민국 안에서 이륙하여 영공 밖에 착륙하는 항행
㉱ 영공 밖에서 이륙하여 영공을 통과하여 영공 밖에 착륙하는 항행

해설
항공안전법 제100조(외국항공기의 항행) 제1항 참조

19. 다음 중 항공안전법에서 정하는 항공기의 종류는?

㉮ 여객용 항공기, 화물용 항공기
㉯ 육상단발, 육상다발, 수상단발, 수상다발
㉰ 특수 활공기, 초급 활공기, 중급 활공기
㉱ 비행기, 헬리콥터, 비행선, 활공기 및 항공우주선

해설
항공안전법 시행규칙 제81조(자격증명의 한정) 참조

20. 위험물의 운송에 사용되는 포장 및 용기를 제조하여 판매하려는 경우 어디에서 포장 및 용기의 안전성에 대한 검사를 받아야 하는가?

㉮ 전문검사기관
㉯ 포장, 용기 검사기관
㉰ 품질검사 전문기관
㉱ 기술품질원

해설
항공안전법 제71조(위험물 포장 및 용기의 검사등) 참조

21. 항공기가 비행장 안의 이동지역에서 이동할 때 따라야 하는 기준이 아닌 것은?

㉮ 추월하는 항공기는 다른 항공기의 통행에 지장을 주지 아니하도록 충분한 간격을 유지할 것
㉯ 기동지역에서 지상 이동하는 항공기는 정지선등이 꺼져 있는 경우에 이동할 것
㉰ 기동지역에서 지상이동하는 항공기는 관제탑의 지시가 없는 경우에는 활주로진입전 대기지점에서 정지 대기할 것
㉱ 교차하거나 이와 유사하게 접근하는 항공기 상호간에는 다른 항공기를 좌측으로 보는 항공기가 진로를 양보할 것

해설
항공안전법 시행규칙 제162조(항공기의 지상이동) 참조

22. 수리, 개조승인 신청시 첨부하는 수리계획서 또는 개조계획서에 포함하여야 할 사항이 아닌 것은?

㉮ 인력 및 장비
㉯ 작업지시서
㉰ 품질관리절차
㉱ 인증된 정비조직의 업무범위

해설
항공안전법 시행규칙 제66조(수리·개조승인의 신청) 참조

정답 17. ㉮ 18. ㉮ 19. ㉱ 20. ㉯ 21. ㉱ 22. ㉰

23. 효력정지 명령을 받은 사람이 업무범위를 위반하여 항공업무에 조사한 경우 처벌은?

㉮ 2년 이하의 징역 또는 2,000만원 이하의 벌금
㉯ 1년 이하의 징역 또는 2,000만원 이하의 벌금
㉰ 2,000만원 이하의 벌금
㉱ 1,000만원 이하의 벌금

해설
항공안전법 제148조(무자격자의 항공업무 종사 등의 죄) 참조

24. 다음 중 안전운항을 위하여 국토교통부장관이 고시하는 운항기술기준에 포함되는 사항이 아닌 것은?

㉮ 항공기 운항
㉯ 요금인가 기준
㉰ 항공운송사업의 운항증명
㉱ 항공기 감항성

해설
항공안전법 제77조(항공기의 안전운항을 위한 운항기술기준) 참조

25. 항공기 등록기호표의 크기는?

㉮ 가로 7센티미터, 세로 5센티미터의 직사각형
㉯ 가로 9센티미터, 세로 7센티미터의 직사각형
㉰ 가로 5센티미터, 세로 7센티미터의 직사각형
㉱ 가로 7센티미터, 세로 9센티미터의 직사각형

해설
항공안전법 시행규칙 제12조(등록기호표의 부착) 참조

기출문제 24

01. 항공안전법 시행규칙에 대한 다음 설명 중 맞는 것은?

㉮ 항공안전법 및 시행령에서 위임된 사항과 그 시행에 관해 필요한 사항을 규정한다.
㉯ 국제조약에서 규정된 사항을 시행하기 위해 필요한 사항을 제공한다.
㉰ 대통령령으로 발표된다.
㉱ 국회 국토교통위원회의 이름으로 발표된다.

해설
항공안전법 시행규칙 제1조(목적) 참조

02. 다음 중 항공안전법에서 정한 국가기관등항공기에 속하지 않는 것은?

㉮ 군, 경찰, 세관용 항공기
㉯ 재난, 재해 등으로 인한 수색, 구조용 항공기
㉰ 산불의 진화 및 예방용 항공기
㉱ 응급환자의 후송 등 구조, 구급활동용 항공기

해설
항공안전법 제2조(정의) 제4호 참조

03. 우리나라 항공기의 국적기호는?

㉮ OZ   ㉯ KR
㉰ HL   ㉱ ZK

04. 다음 중 항공기 등록의 제한사유가 아닌 것은?

㉮ 대한민국의 국민이 아닌 사람
㉯ 외국인이 주식의 1/2 이상을 소유하는 법인
㉰ 외국의 공공단체 또는 법인
㉱ 외국인 소유 항공기를 임차한 사람

해설
항공안전법 제10조(항공기 등록의 제한) 참조

정답 23. ㉮ 24. ㉯ 25. ㉮ [기출문제 24] 01. ㉮ 02. ㉮ 03. ㉰ 04. ㉱

05. 다음 중 항공기의 말소등록을 신청하여야 하는 경우는?

㉮ 항공기를 보관하기 위하여 해체한 경우
㉯ 외국인에게 항공기를 양도한 경우
㉰ 항공기의 소유권을 이전한 경우
㉱ 항공기의 정치장을 변경한 경우

해설

항공안전법 제15조(항공기 말소등록) 참조

06. 소음기준적합증명은 언제 받아야 하는가?

㉮ 운용한계를 지정할 때
㉯ 감항증명을 받을 때
㉰ 기술표준품의 형식승인을 받을 때
㉱ 항공기를 등록할 때

해설

항공안전법 제25조(소음기준적합증명) 참조

07. 감항증명을 받은 항공기의 소유자등이 당해 항공기를 국토교통부령이 정하는 범위 안에서 수리 또는 개조하고자 하는 경우 누구의 승인을 받아야 하는가?

㉮ 검사주임   ㉯ 항공공장검사원
㉰ 국토교통부장관   ㉱ 지방항공청장

해설

항공안전법 제30조(수리·개조승인) 제1항 참조

08. 수리 또는 개조승인 신청시 첨부하여야 할 서류는?

㉮ 수리 또는 개조의 방법과 기술등을 설명하는 자료
㉯ 수리 또는 개조설비, 인력현황
㉰ 수리 또는 개조규정
㉱ 수리 또는 개조계획서

해설

항공안전법 시행규칙 제66조(수리·개조승인의 신청) 참조

09. 다음 중 국외 정비확인자의 자격 조건으로 맞는 것은?

㉮ 외국정부로부터 자격증명을 받은 사람
㉯ 외국정부가 인정한 항공기 정비사업자에 소속된 사람으로서 항공정비사 자격증명을 받은 사람과 같은 이상의 능력이 있다고 국토교통부장관이 인정한 사람
㉰ 외국정부가 인정한 항공기의 수리사업자로서 항공정비사 자격증명을 받은 사람과 같은 이상의 능력이 있다고 국토교통부장관이 인정한 사람
㉱ 정비조직인증을 받은 외국의 항공기정비업자

해설

항공안전법 시행규칙 제71조(국외 정비확인자의 자격인정) 참조

10. 등록부호에 사용하는 각 문자와 숫자의 크기에 대한 설명 중 잘못된 것은?

㉮ 모든 영문자와 아라비아 숫자의 폭은 문자 및 숫자의 높이의 3분의 2로 한다.
㉯ 폭은 문자 높이의 3분의 2로 한다.
㉰ 선의 굵기는 문자 및 숫자의 높이의 6분의 1로 한다.
㉱ 간격은 각 문자의 폭의 4분의 1 이상 2분의 1 이하로 한다.

해설

항공안전법 시행규칙 제16조(등록부호의 폭·선 등) 참조

11. 다음 중 항공일지의 종류가 아닌 것은?

㉮ 탑재용 항공일지
㉯ 탑재용 발동기일지
㉰ 지상비치용 발동기 항공일지
㉱ 지상비치용 프로펠러 항공일지

해설

항공안전법 시행규칙 제108조(항공일지) 제1항 참조

정답 05. ㉯ 06. ㉯ 07. ㉰ 08. ㉱ 09. ㉯ 10. ㉮ 11. ㉯

12. 격납고 안에 있는 항공기의 무선시설을 조작할 경우 누구의 승인을 받아야 하는가?

㉮ 국토교통부장관
㉯ 지방항공청장
㉰ 검사주임
㉱ 무선설비 자격증이 있는 사람

해설
공항시설법 시행규칙 제19조 제1항 관련, 별표 4(공항시설·비행장시설 관리기준) 참조

13. 항공안전법에 의한 탑재용 항공일지에 적어야 하는 수리, 개조 또는 정비의 실시에 관한 기록 중 옳지 않은 것은?

㉮ 실시 연월일 및 장소
㉯ 실시 이유, 수리·개조 또는 정비의 위치
㉰ 교환 부품명
㉱ 확인자의 자격증명번호

해설
항공안전법 시행규칙 제108조(항공일지) 제2항 참조

14. 긴급항공기 지정 취소처분을 받은 자는 취소처분을 받은 날부터 얼마 이내에는 긴급항공기의 지정을 받을 수 없는가?

㉮ 6개월　　㉯ 1년
㉰ 2년　　　㉱ 3년

해설
항공안전법 제69조(긴급항공기의 지정 등) 제5항 참조

15. 항공기취급업 또는 항공기정비업 등록신청서의 내용이 명확하지 아니하거나 첨부서류가 미비한 경우 지방항공청장은 며칠 이내에 그 보완을 요구하여야 하는가?

㉮ 3일　　㉯ 5일
㉰ 7일　　㉱ 10일

해설
항공사업법 시행규칙 제41조(항공기정비업의 등록), 제43조(항공기취급업의 등록) 참조

16. 급유 또는 배유작업 중인 항공기로부터 몇 m 이내의 장소에서 담배를 피워서는 안되는가?

㉮ 25m　　㉯ 30m
㉰ 35m　　㉱ 40m

해설
공항시설법 시행령 제50조(금지행위) 참조

17. 외국 국적의 항공기가 항행하려는 경우 국토교통부장관의 허가를 받아야 하는 경우가 아닌 것은?

㉮ 대한민국 밖에서 이륙하여 대한민국 밖에 착륙하는 항행
㉯ 대한민국 밖에서 이륙하여 대한민국 안에 착륙하는 항행
㉰ 대한민국 안에서 이륙하여 대한민국 밖에 착륙하는 항행
㉱ 대한민국 밖에서 이륙하여 대한민국에 착륙함이 없이 대한민국을 통과하여 대한민국 밖에 착륙하는 항행

해설
항공안전법 제100조(외국항공기의 항행) 제1항 참조

18. 항공기 사고에 관한 조사, 보고, 통지 등의 기준을 정하고 있는 국제민간항공협약 부속서는?

㉮ 부속서 13　　㉯ 부속서 14
㉰ 부속서 15　　㉱ 부속서 16

정답 12. ㉯ 13. ㉱ 14. ㉰ 15. ㉰ 16. ㉯ 17. ㉮ 18. ㉮

19. 다음 중 국토교통부령으로 정하는 긴급한 업무의 항공기가 아닌 것은?

㉮ 재난, 재해 등으로 인한 수색, 구조 항공기
㉯ 긴급 구호물자 수송 항공기
㉰ 자연 재해시의 긴급복구 항공기
㉱ 응급환자의 후송 등 구조, 구급활동 항공기

해설
항공안전법 시행규칙 제207조(긴급항공기의 지정) 제1항 참조

20. 계기비행방식에 의한 비행을 하는 항공운송사업용 비행기에 갖추어야 할 항공계기가 아닌 것은?

㉮ 기압고도계
㉯ 나침반
㉰ 시계
㉱ 선회 및 경사지시계

해설
항공안전법 시행규칙 제117조 관련, 별표 16(항공계기등의 기준) 참조

21. 헬리콥터 등록부호의 표시에 사용하는 각 문자와 숫자의 높이는?

㉮ 동체 아랫면 50cm 이상, 동체 옆면 20 cm 이상
㉯ 동체 아랫면 50cm 이상, 동체 옆면 30 cm 이상
㉰ 동체 아랫면 20cm 이상, 동체 옆면 50 cm 이상
㉱ 동체 아랫면 30cm 이상, 동체 옆면 50 cm 이상

해설
항공안전법 시행규칙 제15조(등록부호의 높이) 참조

22. 항공기의 수리, 개조 승인을 위한 검사관에 위촉될 수 없는 사람은?

㉮ 항공정비사 자격증명을 받은 사람
㉯ 국가기술자격법에 의한 항공기사 이상의 자격을 취득한 사람
㉰ 국가기관등에서 항공기의 설계, 제작, 정비업무에 3년 이상 종사한 경력이 있는 사람
㉱ 항공기술 관련 학사 이상의 학위를 취득한 후 항공업무에 3년 이상 경력이 있는 사람

해설
항공안전법 제31조(항공기등의 검사등) 참조

23. 다음 중 대통령령이 정하는 공항시설의 기본시설에 해당하는 것은?

㉮ 항공기점검 및 정비등을 위한 시설
㉯ 여객 및 화물처리시설
㉰ 도심공항터미널
㉱ 항공기 급유 및 유류저장시설

해설
공항시설법 시행령 제3조(공항시설의 구분) 참조

24. 항공업무 정지를 받은 사람이 항공업무에 종사한 경우 처벌은?

㉮ 1년 이하의 징역 또는 1천만원 이하의 벌금
㉯ 1년 이하의 징역 또는 2천만원 이하의 벌금
㉰ 2년 이하의 징역 또는 1천만원 이하의 벌금
㉱ 2년 이하의 징역 또는 2천만원 이하의 벌금

해설
항공안전법 제148조(무자격자의 항공업무 종사 등의 죄) 참조

25. 다음 중 항행안전무선시설이 아닌 것은?

㉮ 무지향표지시설(NDB)
㉯ 계기착륙시설(ILS)
㉰ 자동방향탐지시설(ADF)
㉱ 레이더시설(RADAR)

해설
공항시설법 시행규칙 제7조(항행안전무선시설) 참조

정답 19. ㉯ 20. ㉮ 21. ㉯ 22. ㉰ 23. ㉯ 24. ㉱ 25. ㉰

Chapter 03 | 부록 · 과년도 기출문제

기출문제 25

01. 항공기가 활주로를 이탈하는 경우 항공기와 탑승자의 피해를 줄이기 위하여 활주로와 활주로 주변에 설치하는 안전지대를 무엇이라 하는가?

- ㉮ 안전대
- ㉯ 착륙대
- ㉰ 안전구역
- ㉱ 진입구역

해설

공항시설법 제2조(정의), 제13호 참조

02. 항공기의 급유 또는 배유 중일 때 위배되는 것은?

- ㉮ 항공기의 무선설비 조작
- ㉯ 항공기로부터 35m에서 흡연
- ㉰ 정전, 화학방전을 일으키지 않는 물건 사용
- ㉱ 안전조치가 되어있는 상태에서 승객의 탑승

해설

공항시설법 시행규칙 제19조제1항 관련, 별표 4(공항시설·비행장 시설 관리기준) 제14호 참조

03. 공항의 명칭, 위치 및 구역은 누가 지정, 고시하는가?

- ㉮ 대통령
- ㉯ 국토교통부장관
- ㉰ 지방항공청장
- ㉱ 교통안전공단

해설

공항시설법 제2조(정의), 제3호 참조

04. 항공안전법 시행령의 목적은?

- ㉮ 항공안전법에서 규정한 대통령의 권한을 명시한다.
- ㉯ 항공안전법의 내용 중 표준 등의 세부사항을 규정한다.
- ㉰ 항공안전법에서 규정한 것 중에서 미비된 것을 규정한다.
- ㉱ 항공안전법의 위임사항 및 시행에 필요한 사항을 규정한다.

해설

항공안전법 시행령 제1조(목적) 참조

05. 다음 중에서 옳은 것은?

- ㉮ ICAO 회원국의 군용기는 무해항공의 자유를 인정한다.
- ㉯ 정기 국제항공업무에 종사하는 ICAO 회원국의 항공기는 상호 간에 있어서 기술착륙의 자유를 인정하고 있다.
- ㉰ 정기 국제항공업무에 종사하는 ICAO 회원국 항공기는 상호 간에 있어 여객, 화물을 사전에 허가 없이 운반하는 자유를 인정한다.
- ㉱ ICAO 회원국의 군용기는 특별협정에 의해서만 상대국의 영역 내에 착륙할 수 있다.

해설

국제민간항공협약 항공안전법 시행령 제1조(목적) 참조

06. 다음 중 특별감항증명의 대상이 아닌 것은?

- ㉮ 장비품 등의 시험, 조사, 연구, 개발을 위하여 행하는 시험비행
- ㉯ 항공기의 제작, 정비, 수리 또는 개조 후 행하는 시험비행
- ㉰ 항공기의 정비 또는 수리, 개조를 위한 장소까지의 공수비행
- ㉱ 현지답사를 위해 일시적으로 행하는 비행

해설

항공안전법 시행규칙 제37조(특별감항증명의 대상) 참조

07. 임계발동기란?

- ㉮ 해당 발동기가 정지하였을 때 항공기의 성능 또는 조종특성에 가장 심각한 영향을 미치는 발동기

정답 [기출문제 25] 01. ㉯ 02. ㉮ 03. ㉯ 04. ㉱ 05. ㉱ 06. ㉱ 07. ㉮

㉯ 해당 발동기가 정지하였을 때 항공기의 성능 또는 조종특성에 영향을 미치지 않는 발동기
㉰ 항공기의 성능 또는 조종특성에 영향을 미치는 발동기
㉱ 정상비행시 가장 성능이 좋은 발동기

해설

항공기 기술기준 1.3 제2조(정의) 임계엔진(Critical power unit)이란 어느 하나의 엔진이 고장난 경우 항공기의 성능 또는 조종특성에 가장 심각하게 영향을 미치는 엔진을 말한다.

08. 외국에서 형식증명을 받은 새로운 형식의 항공기를 도입하여 국내에서 사용하려는 경우 받아야 하는 것은?

㉮ 감항증명 ㉯ 형식증명
㉰ 제작증명 ㉱ 소음기준적합증명

해설

항공안전법 제23조(감항증명 및 감항성 유지) 제3항 참조

09. 다음 중 등록을 하여야 하는 항공기는?

㉮ 군용으로 사용하는 항공기
㉯ 세관업무용으로 사용하는 항공기
㉰ 산림화재를 진압하기 위하여 사용하는 항공기
㉱ 경찰업무용으로 사용하는 항공기

해설

항공안전법 시행령 제4조(등록을 필요로 하지 아니하는 항공기의 범위) 참조

10. 항공기사고에 따른 사망 또는 중상에 대한 적용기준이 아닌 것은?

㉮ 항공기에 탑승한 사람이 사망하거나 중상을 입은 경우
㉯ 항공기 발동기의 후류로 인하여 사망하거나 중상을 입은 경우
㉰ 자기 자신이나 타인에 의하여 사망하거나 중상을 입은 경우
㉱ 항공기로부터 이탈된 부품으로 인하여 사망하거나 중상을 입은 경우

해설

항공안전법 시행규칙 제6조(사망·중상 등의 적용기준) 제1호 참조

11. 감항증명을 받은 항공기를 수리 또는 개조하는 경우 국토교통부장관의 수리, 개조 승인을 받아야 하는 경우는?

㉮ 정비조직인증을 받은 업무범위 안에서 항공기를 수리, 개조하는 경우
㉯ 정비조직인증을 받은 업무범위를 초과하여 항공기를 수리, 개조하는 경우
㉰ 형식승인을 받지 않은 기술표준품을 사용하여 항공기를 수리, 개조하는 경우
㉱ 수리, 개조승인을 받지 않은 장비품 또는 부품을 사용하여 항공기를 수리, 개조하는 경우

해설

항공안전법 시행규칙 제65조(항공기등 또는 부품등의 수리·개조승인의 범위) 참조

12. 제작증명서에 기재되는 사항이 아닌 것은?

㉮ 신청인의 주소
㉯ 형식 또는 모델
㉰ 제작공장 위치
㉱ 제작자의 성명 또는 주소

해설

항공안전법 시행규칙 제34조 관련 별지 제12호 서식(제작증명서)
참조 제작증명서에 기재되는 사항은 다음과 같다.
① 분류(Classification)
② 형식 또는 모델(Type or Model)
③ 제작자의 성명 또는 명칭(Name of Manufacturer)
④ 제작공장 위치(Location of The Manufacturing Facility)
⑤ 품질관리규정 명칭(Title of Quality Control Manual)
⑥ 관련 형식증명 또는 부가형식증명 번호

정답 08. ㉮ 09. ㉰ 10. ㉰ 11. ㉯ 12. ㉮

13. 항공사업법에 따른 항공운송사업의 종류에 포함되지 않는 것은?

㉮ 소형항공운송사업
㉯ 부정기항공운송사업
㉰ 국내항공운송사업
㉱ 국제항공운송사업

해설
항공사업법 제2조(정의) 제7호 관련. "항공운송사업"이란 국내항공운송사업, 국제항공운송사업 및 소형항공운송사업을 말한다.

14. 변경등록의 신청은 사유가 있는 날부터 며칠 이내에 해야 하는가?

㉮ 7일
㉯ 10일
㉰ 15일
㉱ 20일

해설
항공안전법 제13조(항공기 변경등록), 제14조(항공기 이전등록) 참조

15. 국토교통부장관이 항공기등, 장비품 또는 부품의 안전을 확보하기 위하여 고시하는 항공기기술기준에 포함되어야 할 사항이 아닌 것은?

㉮ 항공기등이 감항성을 유지하기 위한 기준
㉯ 항공기등의 인증절차
㉰ 항공기등의 환경기준
㉱ 항공기등의 정비조직 인증기준

해설
항공안전법 제19조(항공기기술기준) 참조

16. 감항증명이 있는 항공기를 수리·개조(경미한 정비 및 법 제30조제1항에 따른 수리, 개조는 제외)하였을 경우 감항성을 확인할 수 있는 경험요건은?

㉮ 최근 12개월 이내에 6개월 이상의 정비경험
㉯ 최근 12개월 이내에 3개월 이상의 정비경험
㉰ 최근 24개월 이내에 12개월 이상의 정비경험
㉱ 최근 24개월 이내에 6개월 이상의 정비경험

해설
항공안전법 시행규칙 제69조(항공기등의 정비등을 확인하는 사람) 참조

17. 다음 중 감항증명의 유효기간을 연장할 수 있는 항공기는?

㉮ 항공운송사업에 사용되는 항공기
㉯ 항공기사용사업에 사용되는 항공기
㉰ 항공기취급업에 사용되는 항공기
㉱ 국토교통부장관이 정하여 고시하는 기준에 따라 정비등이 이루어지는 항공기

해설
항공안전법 시행규칙 제41조(감항증명의 유효기간을 연장할 수 있는 항공기) 참조

18. 다음 중 항공기에 탑재해야 할 서류가 아닌 것은?

㉮ 운용한계지정서 및 비행교범
㉯ 운항규정
㉰ 형식증명서
㉱ 소음기준적합증명서

해설
항공안전법 시행규칙 제113조(항공기에 탑재하는 서류) 참조

19. 항공안전법에 의한 탑재용 항공일지에 적어야 하는 수리, 개조 또는 정비의 실시에 관한 기록 중 옳지 않은 것은?

㉮ 실시 연월일 및 장소
㉯ 실시 이유, 수리, 개조 또는 정비의 위치
㉰ 교환 부품명
㉱ 확인자의 자격증명번호

해설
항공안전법 시행규칙 제108조(항공일지) 제2항 참조

정답 13. ㉯ 14. ㉰ 15. ㉱ 16. ㉱ 17. ㉱ 18. ㉰ 19. ㉱

20. 사고예방 및 사고조사를 위해 비행기록장치를 장착해야 하는 경우는?

㉮ 항공운송사업에 사용되는 터빈발동기를 장착한 비행기
㉯ 최대이륙중량 15,000kg 이상의 비행기
㉰ 승객 30명 이상의 터빈발동기를 장착한 비행기
㉱ 승객 9인 이상의 운송용 터빈발동기를 장착한 비행기

해설
항공안전법 시행규칙 제109조(사고예방장치 등) 참조

21. 다음 중 항행안전시설이 아닌 것은?

㉮ NDB   ㉯ VOR
㉰ ADF   ㉱ DME

해설
공항시설법 시행규칙 제7조(항행안전무선시설) 참조

22. 항공기 등록부호의 표시방법에 대한 설명이 아닌 것은?

㉮ 국적기호는 로마자 대문자로 표시한다.
㉯ 국적기호는 등록기호 앞에 있다.
㉰ 등록기호는 영어로 표시한다.
㉱ 등록기호는 지워지지 아니하고 배경과 선명하게 대조되는 색으로 표시한다.

해설
항공안전법 시행규칙 제13조(국적 등의 표시) 참조

23. 운송용 조종사 및 운항관리사의 자격증명 시험 응시가능 나이는?

㉮ 17세   ㉯ 18세
㉰ 21세   ㉱ 23세

해설
항공안전법 제34조(항공종사자 자격증명등) 제2항 참조

24. 전방에서 비행 중인 항공기를 추월하는 요령은?

㉮ 전방 항공기의 우측으로 추월한다.
㉯ 전방 항공기의 좌측으로 추월한다.
㉰ 전방 항공기의 하방으로 추월한다.
㉱ 전방 항공기의 상방으로 추월한다.

해설
항공안전법 시행규칙 제167조(진로와 속도 등) 참조

25. 야간에 비행장에 주기시키는 항공기의 등불표시는?

㉮ 우현등, 좌현등, 미등
㉯ 우현등, 좌현등, 충돌방지등
㉰ 기수등, 우현등, 좌현등
㉱ 우현등, 좌현등, 미등, 충돌방지등

해설
항공안전법 시행규칙 제120조(항공기의 등불) 참조

기출문제 26

01. 등록기호표에 포함되지 않는 것은?

㉮ 국적기호   ㉯ 등록기호
㉰ 항공기 기종 ㉱ 소유자 명칭

해설
항공안전법 시행규칙 제12조(등록기호표의 부착) 참조

02. 시계비행을 하는 항공기에 장착하여야 할 항공계기로 구성된 것은?

㉮ 기압고도계, 나침반, 시계, 정밀기압고도계, 속도계
㉯ 나침반, 시계, 선회계, 정밀기압고도계, 속도계

정답
20. ㉮ 21. ㉰ 22. ㉰ 23. ㉰ 24. ㉮ 25. ㉮
[기출문제 26] 01. ㉰ 02. ㉮

Chapter 03 | 부록 · 과년도기출문제

㉠ 시계, 선회계, 정밀기압고도계, 속도계, 승강계
㉣ 기압고도계, 나침반, 시계, 정밀기압고도계, 선회계

해설
항공안전법 시행규칙 제117조 관련, 별표 16(항공계기등의 기준) 참조

03. 항공정비사 자격증명의 효력이 일시 정지된 사람이 정비를 했다면 그 처벌은?

㉮ 1년 이하의 징역　㉯ 2년 이하의 징역
㉰ 3년 이하의 징역　㉱ 5년 이하의 징역

해설
항공안전법 제148조(무자격자의 항공업무 종사 등의 죄) 참조

04. 다음 중 운항기술기준에 포함되어야 할 사항이 아닌 것은?

㉮ 항공기 비상 시 조치사항
㉯ 항공기 계기 및 장비
㉰ 항공기 운항
㉱ 항공종사자의 자격증명

해설
항공안전법 제77조(항공기의 안전운항을 위한 운항기술기준) 참조

05. 공항의 보호구역 내에서 차량을 운전하고자 하는 경우 누구에게 등록하여야 하는가?

㉮ 국토교통부장관　㉯ 교통안전공단 이사장
㉰ 한국공항공사 사장　㉱ 관할 경찰관

해설
공항시설법 시행규칙 제19조 제1항 관련, 별표4(공항시설·비행장시설 관리기준) 참조

06. 다음 중 등록을 요하지 아니하는 항공기가 아닌 것은?

㉮ 외국에 임대할 목적으로 도입한 항공기로서 외국 국적을 취득할 항공기
㉯ 국내에서 제작한 항공기로서 제작자 외의 소유자가 결정되지 아니한 항공기
㉰ 외국에 등록된 항공기를 임차하여 운영하는 경우의 당해 항공기
㉱ 대한민국 국민이 사용할 수 있는 권리가 있는 외국인 소유 항공기

해설
항공안전법 시행령 제4조(등록을 필요로 하지 아니하는 항공기의 범위) 참조

07. 항공기가 격납고 기타 건물의 외측으로부터 몇 미터 이내에 있을 경우 급유 또는 배유를 해서는 안되는가?

㉮ 10m　㉯ 15m
㉰ 20m　㉱ 25m

해설
공항시설법 시행규칙 제19조 제1항 관련, 별표 4(공항시설·비행장시설 관리기준) 참조

08. 격납고 내에 있는 항공기의 무선시설을 조작하려고 하는 경우 누구의 승인을 받아야 하는가?

㉮ 국토교통부장관　㉯ 지방항공청장
㉰ 공항관리, 운영기관　㉱ 무선설비 자격증 소지자

해설
공항시설법 시행규칙 제19조 제1항 관련, 별표 4(공항시설·비행장시설 관리기준) 참조

09. 임계엔진이란?

㉮ 해당 엔진이 정지하였을 때 항공기의 성능 또는 조종특성에 가장 심각한 영향을 미치는 엔진

정답 03. ㉯　04. ㉮　05. ㉰　06. ㉱　07. ㉯　08. ㉯　09. ㉮

㉯ 해당 엔진이 정지하였을 때 항공기의 성능 또는 조종특성에 영향을 미치지 않는 엔진
㉰ 항공기의 성능 또는 조종특성에 영향을 미치는 엔진
㉱ 정상비행시 가장 성능이 좋은 엔진

해설

항공기 기술기준 1.3 제2조(정의) 임계엔진(Critical power unit)이란 어느 하나의 엔진이 고장난 경우 항공기의 성능 또는 조종특성에 가장 심각하게 영향을 미치는 엔진을 말한다.

10. 항공기 사고조사에 관한 국제민간항공협약 부속서는?

㉮ 부속서 7   ㉯ 부속서 8
㉰ 부속서 13 ㉱ 부속서 14

11. 항공기로 운송하고자 하는 경우 국토교통부장관의 허가를 받아야 하는 것이 아닌 것은?

㉮ 비밀문서   ㉯ 폭발성 물질
㉰ 가스류   ㉱ 독물류

해설

항공안전법 시행규칙 제209조(위험물 운송허가등) 참조

12. 다음 중 국토교통부장관의 수리, 개조승인을 받아야 하는 경우는?

㉮ 기술표준품형식승인을 받은 자가 제작한 기술표준품을 그가 수리, 개조하는 경우
㉯ 부품등제작자증명을 받은 자가 제작한 장비품 또는 부품을 그가 수리, 개조하는 경우
㉰ 제작증명을 받은 자가 제작한 항공기를 그가 수리, 개조하는 경우
㉱ 정비조직인증을 받은 자가 항공기, 장비품 또는 부품을 수리, 개조하는 경우

해설

항공안전법 제30조(수리·개조승인) 제3항 참조

13. 항공정비사의 업무범위는?

㉮ 국토교통부령으로 정하는 범위의 수리를 한 항공기에 대하여 감항성을 확인하는 행위
㉯ 정비한 항공기에 대하여 감항성을 확인하는 행위
㉰ 개조한 항공기에 대하여 감항성을 확인하는 행위
㉱ 정비, 수리 또는 개조한 항공기에 대하여 감항성을 확인하는 행위

해설

항공안전법 제36조(업무범위) 참조

14. 다음 중 국토교통부령으로 정하는 경미한 정비에 속하지 않는 것은?

㉮ 긴도 조절(리깅) 또는 간극의 조정작업
㉯ 복잡한 결함작용을 필요로 하지 않는 규격 장비품 또는 부품의 교환작업
㉰ 감항성에 미치는 영향이 경미한 범위의 개조작업
㉱ 간단한 보수를 하는 예방작업

해설

항공안전법 시행규칙 제68조(경미한 정비의 범위) 참조

15. 폭발성이나 연소성이 높은 물건 등을 항공기로 운송하고자 하는 경우 누구의 허가를 받아야 하는가?

㉮ 국토교통부장관   ㉯ 항공교통본부장
㉰ 지방항공청장   ㉱ 기장

해설

항공안전법 제70조(위험물 운송 등) 참조

16. 다음 중 항공기 객실에 비치하여야 하는 소화기 수가 잘못된 것은?

㉮ 승객 좌석수 6석부터 60석까지 : 2
㉯ 승객 좌석수 61부터 200석까지 : 3

정답 10. ㉰ 11. ㉮ 12. ㉰ 13. ㉱ 14. ㉰ 15. ㉮ 16. ㉮

㉰ 승객 좌석수 201석부터 300석까지 : 4
㉱ 승객 좌석수 401석부터 500석까지 : 6

해설
항공안전법 시행규칙 110조 관련, 별표 15(항공기에 장비하여야 할 구급용구 등) 참조

17. 항공정비사 자격증명 정지시 항공기 정비업무에 종사한 경우 처벌은?

㉮ 1년 이하의 징역 또는 1천만원 이하의 벌금
㉯ 1년 이하의 징역 또는 2천만원 이하의 벌금
㉰ 2년 이하의 징역 또는 1천만원 이하의 벌금
㉱ 2년 이하의 징역 또는 2천만원 이하의 벌금

해설
항공안전법 제148조(무자격자의 항공업무 종사 등의 죄) 참조

18. 형식증명승인을 받은 항공기에 대하여 감항증명을 할 때 국토교통부령이 정하는 바에 따라 생략할 수 있는 검사는?

㉮ 설계에 대한 검사와 제작과정에 대한 검사
㉯ 설계에 대한 검사
㉰ 비행성능에 대한 검사
㉱ 제작과정에 대한 검사

해설
항공안전법 시행규칙 제40조(감항증명을 위한 검사의 일부 생략) 참조

19. 소음기준적합증명 대상 항공기는?

㉮ 국제민간항공협약 부속서 16에 규정한 항공기
㉯ 터빈발동기를 장착한 항공기
㉰ 최대이륙중량 5,700kg을 초과하는 항공기
㉱ 터빈발동기를 장착한 항공기로서 국토교통부장관이 정하여 고시하는 항공기

해설
항공안전법 시행규칙 제49조(소음기준적합증명 대상 항공기) 참조

20. 소음기준적합증명은 언제 받아야 하는가?

㉮ 운용한계를 지정할 때
㉯ 감항증명을 받을 때
㉰ 기술표준품의 형식승인을 받을 때
㉱ 항공기를 등록할 때

해설
항공안전법 제25조(소음기준적합증명) 참조

21. 형식증명에 대한 설명 중 틀린 것은?

㉮ 항공기·발동기 또는 프로펠러를 제작하려는 자는 그 항공기등의 설계에 관하여 국토교통부장관의 형식증명을 받을 수 있다.
㉯ 국토교통부장관은 항공기기술기준에 적합한지의 여부를 검사하여 이에 적합하다고 인정되는 경우에는 형식증명서를 발급한다.
㉰ 형식증명서를 양도·양수하려는 자는 국토교통부장관에게 양도사실을 보고하고 형식증명서 재발급을 신청하여야 한다.
㉱ 형식증명은 대한민국의 국적을 가진 항공기가 아니면 이를 받을 수 없다. 다만 국토교통부령이 정하는 항공기의 경우에는 그러하지 아니하다.

해설
항공안전법 제20조(형식증명 등) 참조

22. 다음 중 형식증명을 위한 검사범위로 맞는 것은?

㉮ 설계
㉯ 설계, 제작과정
㉰ 설계, 제작과정, 완성후의 상태
㉱ 설계, 제작과정, 완성후의 상태, 비행성능

해설
항공안전법 시행규칙 제20조(형식증명 등을 위한 검사범위) 참조

정답 17. ㉱ 18. ㉮ 19. ㉱ 20. ㉯ 21. ㉱ 22. ㉱

23. 정비조직인증을 받은 업무범위를 초과하여 항공기를 수리, 개조한 경우에는?

㉮ 국토교통부장관의 검사를 받아야 한다.
㉯ 국토교통부장관의 승인을 받아야 한다.
㉰ 항공정비사 자격증명을 가진 자에 의하여 확인을 받아야 한다.
㉱ 국토교통부장관에게 신고하여야 한다.

해설

항공안전법 제30조(수리·개조승인), 시행규칙 제65조(항공기등 또는 부품등의 수리·개조승인의 범위) 참조

24. 수리·개조 승인에 대한 설명 중 틀린 것은?

㉮ 수리·개조승인 신청시에는 수리계획서 또는 개조계획서를 첨부해야 한다.
㉯ 수리·개조승인 신청시에는 전회의 수리·개조 실적서를 첨부해야 한다.
㉰ 원칙적으로 수리·개조 계획서는 작업 착수 10일 전까지 제출해야 한다.
㉱ 긴급한 수리·개조시에는 작업 착수 전에 제출할 수 있다.

해설

항공안전법 시행규칙 제66조(수리·개조승인의 신청) 참조

25. 감항증명이 있는 항공기를 수리·개조(법 제30조제1항에 따른 수리, 개조는 제외)하였을 경우에는?

㉮ 국토교통부장관의 검사를 받아야 한다.
㉯ 항공정비사가 확인을 하고 그 결과를 국토교통부장관에게 보고하여야 한다.
㉰ 항공정비사 자격증명을 받은 사람으로부터 감항성을 확인받아야 한다.
㉱ 항공기의 안전성을 확보하기 위해 시험비행을 하여야 한다.

해설

항공안전법 제32조(항공기등의 정비등의 확인) 참조

기출문제 27

01. 다음 중 "국토교통부령으로 정하는 경미한 정비"란?

㉮ 복잡한 결합작용을 필요로 하는 규격장비품 또는 부품의 교환작업
㉯ 복잡하고 특수한 장비를 필요로 하는 작업
㉰ 간단한 보수를 하는 예방작업으로서 리깅(Rigging) 또는 간극의 조정작업
㉱ 법 제22조의 확인을 하는 경우

해설

항공안전법 시행규칙 제68조(경미한 정비의 범위) 참조

02. 대한민국 외의 지역에서 항공기를 정비하는 경우 국토교통부령으로 정하는 자격요건을 갖춘 자로 맞는 것은?

㉮ 외국정부가 발급한 항공정비사 자격증명을 가진 자
㉯ 외국정부가 인정한 항공기 정비사업자에 소속된 사람
㉰ 외국정부가 인정한 항공기의 수리사업자로서 우리나라에서 자격증명을 받은 자와 동등 이상의 능력이 있다고 국토교통부장관이 인정하는 자
㉱ 정비조직인증을 받은 외국의 항공기정비업자

해설

항공안전법 시행규칙 제71조(국외 정비확인자의 자격인정) 참조

03. 다음 중 신고를 필요로 하지 아니하는 초경량비행장치의 범위에 들지 않는 것은?

㉮ 유인자유기구
㉯ 낙하산류
㉰ 동력을 이용하지 아니하는 비행장치
㉱ 군사목적으로 사용되는 초경량비행장치

정답 23. ㉯ 24. ㉯ 25. ㉰ [기출문제 27] 01. ㉰ 02. ㉮ 03. ㉮

해설
항공안전법 시행령 제24조(신고를 필요로 하지 아니하는 초경량비행장치의 범위) 참조

04. 다음 중 항공정비사의 업무범위는?

㉮ 정비등을 한 항공기등에 대하여 제32조의 규정에 의한 감항성을 확인하는 행위
㉯ 국토교통부령으로 정하는 범위의 수리를 제외한 정비한 항공기등에 대하여 제32조의 규정에 의한 감항성을 확인하는 행위
㉰ 국토교통부령으로 정하는 범위의 수리를 한 항공기등에 대하여 제32조의 규정에 의한 감항성을 확인하는 행위
㉱ 국토교통부령으로 정하는 경미한 보수를 한 항공기등에 대하여 제32조의 규정에 의한 감항성을 확인하는 행위

해설
항공안전법 제36조(업무범위) 참조

05. 항공기 등록기호표의 부착에 대한 설명으로 틀린 것은?

㉮ 항공기에 출입구가 있는 경우 주출입구 윗부분의 안쪽 보기 쉬운 곳에 붙여야 한다.
㉯ 가로 7cm, 세로 5cm의 내화금속으로 만든다.
㉰ 등록기호표는 주익면과 미익면에 부착한다.
㉱ 국적기호 및 등록기호와 소유자등의 명칭을 기재한다.

해설
항공안전법 시행규칙 제12조(등록기호표의 부착) 참조

06. 다음 중 항공신체검사증명의 종류 및 유효기간이 잘못된 것은?

㉮ 항공기관사 - 제2종 - 12개월
㉯ 항공사 - 제2종 - 12개월
㉰ 자가용 조종사 - 제2종 - 24개월(40세 이상 50세 미만인 경우)
㉱ 항공교통관제사 - 제2종 - 24개월(40세 이상 50세 미만인 경우)

해설
항공안전법 시행규칙 제92조 제1항 관련, 별표 8(항공신체검사증명의 종류와 그 유효기간) 참조

07. 정비조직인증을 받은 업무범위를 초과하여 항공기를 수리, 개조한 경우에는?

㉮ 국토교통부장관의 검사를 받아야 한다.
㉯ 국토교통부장관의 승인을 받아야 한다.
㉰ 항공정비사 자격증명을 가진 자에 의하여 확인을 받아야 한다.
㉱ 국토교통부장관에게 신고하여야 한다.

해설
항공안전법 제30조(수리·개조승인), 시행규칙 제65조(항공기등 또는 부품등의 수리·개조승인의 범위) 참조

08. 국외 정비확인자의 자격조건으로 맞는 것은?

㉮ 외국정부가 인정한 항공기 정비사업자에 소속된 사람
㉯ 정비조직인증을 받은 외국의 항공기 정비업자
㉰ 외국정부가 발행한 항공기개조 자격증명을 가진 사람
㉱ 외국정부가 발행한 항공정비사 자격증명을 가진 사람

해설
항공안전법 시행규칙 제71조(국외 정비확인자의 자격인정) 참조

09. 국외 정비확인자 인정의 유효기간은?

㉮ 1년
㉯ 2년
㉰ 3년
㉱ 국토교통부장관이 정하는 기간

정답 04. ㉮ 05. ㉰ 06. ㉱ 07. ㉯ 08. ㉱ 09. ㉮

해설

항공안전법 시행규칙 제73조(국외 정비확인자 인정서의 발급) 참조

10. 항공정비사 자격증명 시험의 응시 연령은?

㉮ 만 17세 ㉯ 만 18세
㉰ 만 19세 ㉱ 만 21세

해설

항공안전법 제34조(항공종사자 자격증명등) 제2항 참조

11. 다음 중 조종, 조작 또는 정비할 수 있는 항공기의 등급을 한정하지 않는 항공종사자는?

㉮ 자가용 조종사 ㉯ 운송용 조종사
㉰ 항공정비사 ㉱ 항공기관사

해설

항공안전법 제37조(자격증명의 한정) 제1항 참조

12. 다음 중 항공기관사 자격증명의 형식한정은?

㉮ 최대이륙중량 5,700kg 이상의 항공기
㉯ 모든 형식의 항공기
㉰ 국토교통부장관이 지정하는 형식의 항공기
㉱ 최대이륙중량 15,000kg을 초과하는 항공기

해설

항공안전법 시행규칙 제81조(자격증명의 한정) 참조

13. 항공정비사 자격증명 시험에 응시하는 경우 실기시험의 일부를 면제하여 구술시험만 실시하는 경우는?

㉮ 해당 종류 또는 정비업무와 관련하여 3년 이상의 정비업무경력이 있는 사람
㉯ 「국가기술자격법」에 의한 항공기술사의 자격을 취득한 사람
㉰ 외국정부가 발행한 항공정비사 자격증명을 받은 사람
㉱ 국토교통부장관이 지정한 전문교육기관에서 정비분야의 과정을 이수한 사람

해설

항공안전법 시행규칙 제88조 관련, 별표 7(자격증명시험 및 한정심사의 일부 면제) 참조

14. 항공종사자가 자격증명서 및 항공신체검사증명서를 휴대하지 않고 항공업무에 종사한 경우, 1차 위반 시 효력정지 기간은?

㉮ 7일 ㉯ 10일
㉰ 20일 ㉱ 30일

해설

항공안전법 시행규칙 제97조 관련, 별표 10(항공종사자 등에 대한 행정처분기준) 참조

15. 항공기를 운항하기 위하여 반드시 표시하여야 할 사항과 관계없는 것은?

㉮ 국적기호
㉯ 등록기호
㉰ 당해국의 국기
㉱ 소유자등의 성명 또는 명칭

해설

항공안전법 제18조(항공기 국적 등의 표시) 제1항 참조

16. 승객 좌석수가 200석인 항공운송사업용 항공기의 객실에 비치하여야 할 소화기와 도끼를 합친 수량은?

㉮ 3개 ㉯ 4개
㉰ 5개 ㉱ 6개

해설

항공안전법 시행규칙 110조 관련, 별표 15(항공기에 장비하여야 할 구급용구 등) 참조

정답 10. ㉯ 11. ㉰ 12. ㉯ 13. ㉱ 14. ㉯ 15. ㉰ 16. ㉯

17. 등록부호의 표시방법에 대한 설명 중 맞는 것은?

㉮ 국적기호는 장식체가 아닌 로마자의 대문자 HL로 표시하여야 한다.
㉯ 등록기호는 장식체의 4개의 아라비아 숫자로 표시하여야 한다.
㉰ 국적기호는 등록기호의 뒤에 이어서 표시하여야 한다.
㉱ 등록기호의 첫 글자가 숫자인 경우 국적기호와 등록기호 사이에 붙임표를 삽입하여야 한다.

해설
항공안전법 시행규칙 제13조(국적 등의 표시) 참조

18. 등록부호에 사용하는 각 문자와 숫자의 높이에 대한 설명 중 잘못된 것은?

㉮ 비행기와 활공기의 주 날개에 표시하는 경우에는 50cm 이상
㉯ 비행기와 활공기의 수직 꼬리날개에 표시하는 경우에는 30cm 이상
㉰ 헬리콥터의 동체 아랫면에 표시하는 경우에는 30cm 이상
㉱ 헬리콥터의 동체 옆면에 표시하는 경우에는 30cm 이상

해설
항공안전법 시행규칙 제15조(등록부호의 높이) 참조

19. 수색구조가 특별히 어려운 산악지역 및 국토교통부장관이 정한 해상 등을 횡단비행하는 비행기가 장비하여야 할 구급용구는?

㉮ 구명동의 또는 이에 상당하는 구급용구, 구명장비
㉯ 불꽃조난신호장비, 구명장비
㉰ 음성신호발생기, 구명장비
㉱ 비상신호등 및 휴대등, 구명장비

해설
항공안전법 시행규칙 제110조 관련, 별표 15(항공기에 장비하여야 할 구급용구 등) 제1호 참조

20. 항공운송사업용 여객기의 승객 좌석수가 150석 일 때 비치하여야 할 메가폰의 수는?

㉮ 1개 ㉯ 2개
㉰ 3개 ㉱ 4개

해설
항공안전법 시행규칙 110조 관련, 별표 15(항공기에 장비하여야 할 구급용구 등) 참조

21. 격납고 내에 있는 항공기의 무선시설을 조작하고자 하는 경우 누구의 승인을 받아야 하는가?

㉮ 국토교통부장관
㉯ 무선설비 자격증이 있는 사람
㉰ 검사주임
㉱ 지방항공청장

해설
공항시설법 시행규칙 제19조 제1항 관련, 별표 4(공항시설·비행장시설 관리기준) 참조

22. 공역을 사용목적에 따라 구분할 때, 주의공역에 해당되지 않는 것은?

㉮ 훈련공역 ㉯ 군작전공역
㉰ 위험공역 ㉱ 제한공역

해설
항공안전법 시행규칙 제221조 관련, 별표 23(공역의 구분) 참조

23. 승객 좌석수 200석 이상인 항공운송사업용 여객기에 비치하여야 할 도끼와 메가폰을 합한 수량은?

㉮ 3개 ㉯ 4개
㉰ 5개 ㉱ 6개

해설
항공안전법 시행규칙 110조 관련, 별표 15(항공기에 장비하여야 할 구급용구 등) 참조

정답 17. ㉮ 18. ㉰ 19. ㉮ 20. ㉯ 21. ㉱ 22. ㉱ 23. ㉯

24. 항공운송사업에 사용되는 항공기 외의 항공기가 시계비행방식에 의한 비행을 하는 경우 설치하지 않아도 되는 무선설비는?

㉮ 자동방향탐지기, 계기착륙시설 수신기, 전방향표지시설 수신기, 거리측정시설 수신기
㉯ 악기상 탐지장비, 계기착륙시설 수신기, 초단파 무선전화 송수신기, 비상위치지시용 무선표지설비
㉰ 계기착륙시설 수신기, 전방향표지시설 수신기, 거리측정시설 수신기, 비상위치지시용 무선표지설비
㉱ 전방향 표지시설, 기상 레이더, 레이더용 트랜스폰더, 기상 레이더, 악기상 탐지장비

해설

항공안전법 시행규칙 제107조(무선설비) 제1항 참조

25. 다음 중 국토교통부령이 정하는 의무보고 대상 항공안전장애 보고의 범위에 해당되지 않는 것은?

㉮ 안전운항에 지장을 줄 수 있는 물체가 활주로에 방치된 경우
㉯ 항공기가 허가없이 이륙, 착륙을 위해 지정된 보호구역에 진입하여 다른 항공기와 충돌할 뻔 한 경우
㉰ 운항 중 항공기와 관제기관 간 양방향 무선통신이 두절되어 적시에 교신을 수행하지 못한 경우
㉱ 주기 중인 항공기가 차량과 충돌한 경우

해설

항공안전법 시행규칙 제134조 관련, 별표 20의2(의무보고 대상 항공안전장애의 범위) 참조

기출문제 28

01. 다음 중 국토교통부장관에게 보고하여야 할 항공안전장애의 범위에 속하지 않는 것은?

㉮ 운항 중 엔진 덮개의 풀림이나 이탈
㉯ 비행 중 비상상황이 발생하여 산소마스크를 사용한 경우
㉰ 운항 중 비상조치를 하게 하는 항공기 구성품 또는 시스템의 고장
㉱ 운항 중 대수리가 요구되는 항공기 구조 손상이 발생한 경우

해설

항공안전법 시행규칙 제10조 관련, 별표 3(항공안전장애의 범위) 참조

02. 국제민간항공협약 annex는 몇 개로 되어 있는가?

㉮ 16개   ㉯ 17개
㉰ 18개   ㉱ 19개

03. 다음 중 긴급항공기 지정신청서에 기재하여야 할 사항이 아닌 것은?

㉮ 항공기의 형식 및 등록부호
㉯ 긴급한 업무의 종류
㉰ 장비내역 및 정비방식
㉱ 긴급한 업무수행에 관한 업무규정

해설

항공안전법 시행규칙 제207조(긴급항공기의 지정) 참조

04. 긴급항공기의 지정 취소처분을 받은 자는 취소처분을 받은 날부터 얼마 이내에는 긴급항공기의 지정을 받을 수 없는가?

㉮ 6개월   ㉯ 1년
㉰ 2년   ㉱ 3년

해설

항공안전법 제69조(긴급항공기의 지정 등) 제5항 참조

정답 24. ㉮ 25. ㉯
[기출문제28] 01. ㉯ 02. ㉱ 03. ㉰ 4. ㉰

05. 항공기취급업 또는 항공기정비업 등록신청서의 내용이 명확하지 아니하거나 첨부서류가 미비한 경우 지방항공청장은 며칠 이내에 그 보완을 요구하여야 하는가?

㉮ 3일
㉯ 5일
㉰ 7일
㉱ 10일

해설
항공사업법 시행규칙 제41조(항공기정비업의 등록), 제43조(항공기취급업의 등록) 참조

06. 항공기정비업의 등록취소 처분을 받고 그 취소일부터 몇 년이 경과되지 아니한 자는 항공기정비업의 등록을 할 수 없는가?

㉮ 1년
㉯ 2년
㉰ 3년
㉱ 4년

해설
항공사업법 제42조(항공기정비업의 등록) 참조

07. 항공기 검사기관의 항공기등의 검사에 필요한 업무규정에 포함되어야 할 사항이 아닌 것은?

㉮ 검사업무를 수행하는 기구의 조직 및 인력
㉯ 검사업무를 수행하는 자의 업무범위 및 책임
㉰ 검사업무를 수행하는 자의 교육훈련 방법
㉱ 증명 또는 검사업무의 체제 및 절차

해설
항공안전법 시행령 제27조(전문기검사기관의 검사규정) 참조

08. 국내 또는 국제항공운송사업자가 취항하고 있는 공항에 대한 정기적인 안전성검사는 누가 실시하는가?

㉮ 국토교통부장관
㉯ 항공교통본부장
㉰ 공항공사사장
㉱ 교통안전공단 이사장

해설
항공안전법 시행규칙 제315조(정기안전성 검사) 제1항 참조

09. 국토교통부령이 정하는 바에 따라 공항에 대한 정기 안전성검사를 실시하는 공무원이 지녀야 하는 증표는?

㉮ 출입증
㉯ 공무원증
㉰ 항공안전감독관증
㉱ 검사관증

해설
항공안전법 시행규칙 제315조(정기안전성검사) 제2항 참조

10. 수리·개조승인 또는 감항증명을 받지 않은 항공기를 운항한 자에 대한 처벌은?

㉮ 3년 이하의 징역 또는 5천만원 이하의 벌금
㉯ 2년 이하의 징역 또는 5천만원 이하의 벌금
㉰ 3년 이하의 징역 또는 3천만원 이하의 벌금
㉱ 2년 이하의 징역 또는 3천만원 이하의 벌금

해설
항공안전법 제144조(감항증명을 받지 아니한 항공기 사용 등의 죄) 참조

11. 다음 중 형식승인을 받아야 하는 기술표준품은?

㉮ 감항증명을 받은 항공기에 포함되어 있는 기술표준품
㉯ 제작증명을 받은 항공기에 포함되어 있는 기술표준품
㉰ 형식증명을 받은 항공기에 포함되어 있는 기술표준품
㉱ 형식증명승인을 받은 항공기에 포함되어 있는 기술표준품

해설
항공안전법 시행규칙 제56조(형식승인이 면제되는 기술표준품) 참조

정답 05. ㉰ 06. ㉯ 07. ㉰ 08. ㉮ 9. ㉰ 10. ㉮ 11. ㉯

12. 항공일지의 종류가 아닌 것은?

㉮ 탑재용 항공일지
㉯ 지상비치용 기체 항공일지
㉰ 지상비치용 발동기 항공일지
㉱ 지상비치용 프로펠러 항공일지

해설

항공안전법 시행규칙 제108조(항공일지) 제1항 참조

13. 항공안전법에 의한 탑재용 항공일지에 수리, 개조 또는 정비의 실시에 관한 다음의 사항 등을 기재하여야 한다. 해당이 되지 않는 것은?

㉮ 수리부품의 제작 연월일
㉯ 실시 연월일 및 장소
㉰ 실시이유, 수리·개조 또는 정비의 위치
㉱ 확인 연월일 및 확인자의 서명 또는 날인

해설

항공안전법 시행규칙 제108조(항공일지) 제2항 참조

14. 외국국적 항공기의 탑재용 항공일지 기재사항이 아닌 것은?

㉮ 승무원의 성명 및 임무
㉯ 발동기 및 프로펠러의 형식
㉰ 항공기의 비행안전에 영향을 미치는 사항
㉱ 항공기의 등록부호, 등록증번호, 등록 연월일

해설

항공안전법 시행규칙 제108조(항공일지) 참조

15. 정비규정에 포함되어야 할 사항 중 틀린 것은?

㉮ 정비사의 직무능력 평가
㉯ 정비에 종사하는 자의 훈련방법
㉰ 항공기등의 품질관리 절차
㉱ 항공기등의 기술관리 절차

해설

항공안전법 시행규칙 제266조 관련, 별표 37(정비규정에 포함되어야 할 사항) 참조

16. 정비조직인증을 받은 업무범위를 초과하여 항공기를 수리, 개조한 경우에는?

㉮ 국토교통부장관의 검사를 받아야 한다.
㉯ 국토교통부장관의 승인을 받아야 한다.
㉰ 항공정비사 자격증명을 가진 자에 의하여 확인을 받아야 한다.
㉱ 국토교통부장관에게 신고하여야 한다.

해설

항공안전법 제30조(수리·개조승인), 시행규칙 제65조(항공기등 또는 부품등의 수리·개조승인의 범위) 참조

17. 항공정비사의 업무범위로 맞는 것은?

㉮ 정비한 항공기등에 대한 확인
㉯ 정비 또는 수리한 항공기등에 대한 확인
㉰ 정비, 수리 또는 개조한 항공기등에 대한 확인
㉱ 수리 또는 개조한 항공기등에 대한 확인

해설

항공안전법 제36조(업무범위) 참조

18. 다음 중 급유 또는 배유를 할 수 있는 경우는?

㉮ 발동기가 운전 중이거나 가열상태에 있는 경우
㉯ 항공기가 격납고 기타 폐쇄된 장소 내에 있을 경우
㉰ 안전이 강구된 항공기에 승객이 탑승 중 건물에서 25미터 떨어진 경우
㉱ 항공기가 건물의 외측 15미터 이내에 있을 경우

해설

공항시설법 시행규칙 제19조 제1항 관련, 별표 4(공항시설·비행장시설 관리기준) 참조

정답 12. ㉯ 13. ㉮ 14. ㉯ 15. ㉮ 16. ㉯ 17. ㉰ 18. ㉰

Chapter 03 | 부록 · 과년도기출문제

19. 사고조사 위원회의 목적이 아닌 것은?

㉮ 사고원인의 규명
㉯ 항공사고의 재발 방지
㉰ 항공기 항행의 안전 확보
㉱ 사고항공기에 대한 고장 탐구

해설
항공·철도사고조사에 관한 법률 제1조(목적) 참조

20. 다음 중 공항에서의 금지행위가 아닌 것은?

㉮ 휘발성 가연물을 사용하여 건물의 마루를 청소하는 것
㉯ 통풍설비가 없는 장소에서 도포도료의 도프작업을 하는 것
㉰ 정차된 항공기 옆으로 지나다니는 것
㉱ 금속성 용기 이외에 기름이 묻은 걸레를 버리는 것

해설
공항시설법 시행규칙 제19조 관련 별표 4(공항시설·비행장시설 관리기준) 참조

21. 항공기 등록기호표는 언제 부착하는가?

㉮ 항공기를 등록할 때
㉯ 항공기를 등록한 후에
㉰ 감항증명 신청시
㉱ 감항증명을 받을 때

해설
항공안전법 제17조(항공기 등록기호표의 부착) 참조

22. 자격증명의 한정을 받은 항공종사자가 한정된 항공기의 종류, 등급 또는 형식 외의 항공기나 한정된 정비업무 외의 항공업무에 종사한 경우 2차 위반시 행정처분은?

㉮ 효력정지 180일   ㉯ 효력정지 90일
㉰ 효력정지 60일   ㉱ 효력정지 30일

해설
항공안전법 시행규칙 제97조 관련, 별표 10(항공종사자 등에 대한 행정처분기준) 참조

23. 다음 중 소유하거나 임차한 항공기를 등록할 수 있는 경우는?

㉮ 외국정부 또는 외국의 공공단체
㉯ 외국의 법인 또는 단체
㉰ 외국의 국적을 가진 항공기를 임차한 법인 또는 단체
㉱ 외국인이 주식이나 지분의 2분의 1 이상을 소유하고 있는 법인

해설
항공안전법 제10조(항공기 등록의 제한) 참조

24. 자격증명을 받지 아니하고 항공업무에 종사한 사람에 대한 처벌은?

㉮ 1년 이하의 징역 또는 1천만원 이하의 벌금
㉯ 1년 이하의 징역 또는 2천만원 이하의 벌금
㉰ 2년 이하의 징역 또는 1천만원 이하의 벌금
㉱ 2년 이하의 징역 또는 2천만원 이하의 벌금

해설
항공안전법 제148조(무자격자의 항공업무 종사 등의 죄) 참조

25. ICAO 체약국에서 항공기사고 발생 시 사고조사를 수행할 책임은 어느 국가에 있는가?

㉮ 사고발생 국가   ㉯ 항공기 운용국가
㉰ 항공기 제작국가   ㉱ 항공기 등록국가

해설
국제민간항공협약 제26조(사고의 조사) 체약국의 항공기가 다른 체약국의 영역에서 사고가 발생하였을 경우 그 사고가 발생한 나라는 자국의 법령이 허가하는 한 국제민간항공기구가 권고하는 수속에 따라 사고의 사정의 조사를 행하는 것으로 한다.

정답 19. ㉱ 20. ㉰ 21. ㉯ 22. ㉰ 23. ㉰ 24. ㉱ 25. ㉮

기출문제 29
2018년 2월 8일 시행 항공정비사

01. 항공운송사업 및 항공기사용사업용 외의 비행기가 계기비행으로 교체비행장이 요구되지 않을 경우 최초 착륙예정 비행장까지 비행에 필요한 연료량 외에 추가로 실어야 할 연료의 양은?

㉮ 최대항속속도로 20분간 더 비행할 수 있는 양
㉯ 순항고도로 45분간 더 비행할 수 있는 양
㉰ 30분간 체공하는데 필요한 양에 그 비행장에 접근하여 착륙하는데 필요한 양을 더한 양
㉱ 최초 착륙예정 비행장의 상공에서 체공속도로 2시간 동안 체공하는데 필요한 양

해설
항공안전법 시행규칙 제119조(항공기의 연료와 오일) 관련, 별표 17(항공기에 실어야 할 연료 및 오일의 양) 참조

02. 항공운송사업 및 항공기사용사업용 비행기가 시계비행을 할 경우 최초 착륙예정 비행장까지 비행에 필요한 연료량 외에 추가로 실어야 할 연료의 양은?

㉮ 순항고도로 30분간 더 비행할 수 있는 양
㉯ 순항고도로 45분간 더 비행할 수 있는 양
㉰ 순항속도로 30분간 더 비행할 수 있는 양
㉱ 순항속도로 45분간 더 비행할 수 있는 양

해설
항공안전법 시행규칙 제119조(항공기의 연료와 오일) 관련, 별표 17(항공기에 실어야 할 연료 및 오일의 양) 참조

03. 외국항공기를 국내에서 운항하려는 경우 외국항공기 국내사용허가 신청서를 며칠 전까지 지방항공청장에게 제출하여야 하는가?

㉮ 운항개시 예정일 전까지
㉯ 운항개시 예정일 2일 전까지
㉰ 운항개시 예정일 7일 전까지
㉱ 운항개시 예정일 15일 전까지

해설
항공안전법 시행규칙 제276조(외국항공기의 국내사용허가 신청) 참조

04. 최소장비목록(MEL)의 제정권자는?

㉮ 항공기 제작사 ㉯ 국토교통부장관
㉰ 지방항공청장 ㉱ 항공교통본부장

05. 수리 또는 개조의 승인 신청시 첨부하여야 할 서류는?

㉮ 수리 또는 개조의 방법과 기술등을 설명하는 자료
㉯ 수리 또는 개조설비, 인력현황
㉰ 수리 또는 개조규정
㉱ 수리 또는 개조계획서

해설
항공안전법 시행규칙 제66조(수리·개조승인의 신청) 참조

06. 공항의 기본시설이 아닌 것은?

㉮ 정비점검 시설
㉯ 기상관측시설, 주차시설
㉰ 항공기의 이착륙시설
㉱ 공항 홍보 및 안내시설

해설
공항시설법 시행령 제3조(공항시설의 구분) 참조

07. 다음 중 정비조직인증을 취소하여야 하는 경우는?

㉮ 승인을 받지 아니하고 국토교통부령으로 정하는 중요사항을 변경한 경우
㉯ 정당한 사유없이 정비조직인증기준을 위반한 경우

[기출문제 29] 01. ㉯ 02. ㉱ 03. ㉯ 04. ㉮ 05. ㉱
정답 06. ㉮ 07. ㉱

Chapter 03 | 부록 · 과년도기출문제

㉰ 고의 또는 중대한 과실에 의하여 항공기사고가 발생한 경우
㉱ 부정한 방법으로 정비조직인증을 받은 경우

해설
항공안전법 제98조(정비조직인증의 취소 등) 제1항 참조

08. 항공기의 등록원부에 기재하는 사항이 아닌 것은?

㉮ 항공기의 형식
㉯ 항공기의 제작자
㉰ 항공기의 등록연월일
㉱ 항공기의 감항증명번호

해설
항공안전법 제11조(항공기 등록사항) 제1항 참조

09. 항공기취급업을 하려는 자는 누구에게 등록하여야 하는가?

㉮ 국토교통부장관
㉯ 지방항공청장
㉰ 공항관리공단
㉱ 해당 시도지사

해설
항공사업법 제44조(항공기취급업의 등록) 제1항 참조

10. 항행안전시설에 대한 다음 설명 중 맞는 것은?

㉮ 유선통신, 무선통신, 인공위성, 불빛, 색채 또는 전파를 이용하여 항공기의 항행을 돕기 위한 시설
㉯ 유선통신, 무선통신, 인공위성, 불빛 또는 전파를 이용하여 항공기의 항행을 돕기 위한 시설
㉰ 야간이나 계기비행 기상상태에서 항공기의 이륙 또는 착륙을 돕기 위한 시설
㉱ 야간이나 계기비행 기상상태에서 항공기의 항행을 돕기 위한 시설

해설
공항시설법 제2조(정의) 제15호 참조

11. 긴급항공기로 지정받을 수 있는 항공기가 아닌 것은?

㉮ 화재진화용 항공기
㉯ 수색구조용 항공기
㉰ 범인검거용 항공기
㉱ 응급환자수송 항공기

해설
항공안전법 시행규칙 제207조(긴급항공기의 지정) 제1항 참조

12. 자격증명을 항공기의 종류 및 등급으로 한정하는 경우 해당하지 않는 것은?

㉮ 활공기
㉯ 비행기
㉰ 유인기구
㉱ 항공우주선

해설
항공안전법 시행규칙 제81조(자격증명의 한정) 제2항 참조

13. 사고로 인해 항공기가 멸실된 경우 말소등록은 사유가 있는 날부터 며칠 이내에 해야 하는가?

㉮ 7일
㉯ 10일
㉰ 12일
㉱ 15일

해설
항공안전법 제15조(항공기 말소등록) 참조

14. 항공기의 국적기호 및 등록기호 표시 방법 중 틀린 것은?

㉮ 국적 등의 표시는 국적기호, 등록기호 순으로 표시한다.
㉯ 국적기호는 장식체가 아닌 로마자의 대문자 HL로 표시해야 한다.
㉰ 등록기호의 첫 글자는 숫자로 표시해야 한다.
㉱ 등록기호의 구성 등에 필요한 세부사항은 국토교통부장관이 정하여 고시한다.

해설
항공안전법 시행규칙 제13조(국적 등의 표시) 참조

정답 08. ㉱ 09. ㉮ 10. ㉮ 11. ㉰ 12. ㉰ 13. ㉱ 14. ㉰

15. 계기비행을 하는 항공기에 갖추어야 할 항공계기가 아닌 것은?

㉮ 시계
㉯ 나침반
㉰ 정밀기압고도계
㉱ 속도계

해설

항공안전법 시행규칙 제117조 관련, 별표 16(항공계기등의 기준) 참조

16. 형식증명을 받은 항공기등을 제작하려는 자는 국토교통부장관으로부터 항공기기술기준에 적합하게 항공기등을 제작할 수 있는 ( ), ( ), ( ) 및 ( ) 등을 갖추고 있음을 인증하는 제작증명을 받을 수 있다. 빈칸에 알맞은 말은?

㉮ 설계, 제작과정, 인력, 제작관리체계
㉯ 설계, 설비, 인력, 제작관리체계
㉰ 기술, 설비, 인력, 품질관리체계
㉱ 기술, 제작과정, 인력, 품질관리체계

해설

항공안전법 제22조(제작증명) 참조

17. 국토교통부령으로 정하는 경미한 정비의 범위는?

㉮ 복잡한 결합작용을 필요로 하는 규격장비품 또는 부품의 교환작업
㉯ 복잡하고 특수한 장비를 필요로 하는 작업
㉰ 간단한 보수를 하는 예방작업으로서 리깅 또는 간극의 조정작업
㉱ 항공안전법 제32조의 확인을 하는 경우

해설

항공안전법 시행규칙 제68조(경미한 정비의 범위) 참조

18. 항공기 안전운항을 위하여 국토교통부장관이 고시하는 운항기술기준에 포함되는 사항이 아닌 것은?

㉮ 항공기 운항
㉯ 항공종사자의 훈련
㉰ 항공기 계기 및 장비
㉱ 항공운송사업의 운항증명 및 관리

해설

항공안전법 제77조(항공기 안전운항을 위한 운항기술기준) 참조

19. 급유 또는 배유작업 시 항공기로부터 몇 m 이내의 장소에서 흡연이 금지되는가?

㉮ 10m ㉯ 15m
㉰ 30m ㉱ 50m

해설

공항시설법 시행령 제50조(금지행위) 참조

20. 승객 좌석수가 200석인 항공운송사업용 항공기의 객실에 비치하여야 할 소화기의 수량은?

㉮ 2개 ㉯ 3개
㉰ 4개 ㉱ 5개

해설

항공안전법 시행규칙 110조 관련, 별표 15(항공기에 장비하여야 할 구급용구 등) 참조

21. 다음 중 항행안전무선시설이 아닌 것은?

㉮ VOR ㉯ DME
㉰ ILS ㉱ ADF

해설

공항시설법 제2조(정의) 제17호, 시행규칙 제7조(항행안전무선시설). "항행안전무선시설"이란 전파를 이용하여 항공기의 항행을 돕기 위한 시설로서 국토교통부령으로 정하는 시설을 말한다.

정답 15. ㉱ 16. ㉰ 17. ㉰ 18. ㉯ 19. ㉰ 20. ㉯ 21. ㉱

22. 항공안전법 시행규칙의 목적은?

㉮ 항공안전법 및 시행령에서 위임된 사항과 그 시행에 필요한 사항을 규정한다.
㉯ 항공안전법에서 위임된 사항과 그 시행에 필요한 사항을 규정한다.
㉰ 항공안전법의 목적과 항공용어의 정의를 규정한다.
㉱ 항공안전법의 실효성을 확보하기 위해 각종의 벌칙을 규정한다.

해설
항공안전법 시행규칙 제1조(목적) 이 규칙은 「항공안전법」 및 같은 법 시행령에서 위임된 사항과 그 시행에 필요한 사항을 규정함을 목적으로 한다.

23. 다음 중 급유를 해서는 안되는 경우는?

㉮ 필요한 위험예방조치가 강구되었을 때 여객이 항공기 내에 있을 경우
㉯ 항공기가 계류장에 있을 경우
㉰ 항공기가 격납고 내에 있을 경우
㉱ 항공기가 유도로에 있을 경우

해설
공항시설법 시행규칙 제19조 관련 별표 4(공항시설·비행장시설 관리기준) 참조

24. 안전공단직원이 항공기를 검사, 확인하려고 할 때 정비사가 이를 거부하거나 불응한 경우 벌금은?

㉮ 200만원   ㉯ 300만원
㉰ 500만원   ㉱ 1,000만원

25. 국제민간항공협약 부속서는 몇 개의 부속서로 되어 있는가?

㉮ 13개   ㉯ 16개
㉰ 19개   ㉱ 21개

기출문제 30
2018년 3월 20일 시행 항공정비사

01. 항공기 등록기호표는 누가 항공기에 붙여야 하는가?

㉮ 국토교통부 담당 공무원
㉯ 항공기 소유자
㉰ 감항성 관리자
㉱ 항공기 제작사

해설
항공안전법 제17조(항공기 등록기호표의 부착) 참조

02. 말소등록은 그 사유가 있는 날부터 며칠 이내에 신청하여야 하는가?

㉮ 7일 이내
㉯ 10일 이내
㉰ 15일 이내
㉱ 20일 이내

해설
항공안전법 제15조(항공기 말소등록) 참조

03. 국토교통부령으로 정하는 '경미한 정비'의 범위에 포함되는 것은?

㉮ 간단한 보수를 하는 예방작업으로서 리깅 또는 간극의 조정작업
㉯ 결합작용을 필요로 하는 규격장비품 또는 부품의 교환작업
㉰ 감항성에 미치는 영향이 경미한 범위의 개조작업
㉱ 비행전후에 실시하는 점검작업

해설
항공안전법 시행규칙 제68조(경미한 정비의 범위) 참조

정답 22. ㉮ 23. ㉱ 24. ㉰ 25. ㉰
[기출문제 30] 01. ㉯ 02. ㉰ 03. ㉮

04. 소음기준적합증명은 언제 받아야 하는가?

㉮ 운용한계를 지정할 때
㉯ 감항증명을 받을 때
㉰ 형식증명을 받을 때
㉱ 항공기를 등록할 때

해설

항공안전법 제25조(소음기준적합증명) 참조

05. 공항시설 중 지원시설이 아닌 것은?

㉮ 소방시설
㉯ 이용객에 대한 홍보시설
㉰ 항공기 급유시설
㉱ 기내식 제조공급시설

해설

항공안전법 시행규칙 제68조(경미한 정비의 범위) 참조

06. 항공사고조사위원회는 어디에 설치되어 있는가?

㉮ 국무총리실에 설치되어 있다.
㉯ 국토교통부에 설치되어 있다.
㉰ 서울지방항공청에 설치되어 있다.
㉱ 행정안전부의 재난안전대책본부에 설치되어 있다.

해설

항공·철도사고조사에 관한 법률 제4조(항공·철도사고조사위원회의 설치) 참조

07. 다음 중 세관업무 또는 경찰업무에 사용하는 항공기에 적용되는 법은?

㉮ 제51조 무선설비의 설치, 운용
㉯ 제53조 항공기의 연료
㉰ 제71조 위험물의 포장 및 용기의 검사등
㉱ 제73조 전자기기의 사용제한

해설

항공안전법 제3조(군용항공기등의 적용 특례) 제2항 참조

08. 다음 중 금속편, 직물 등을 보관할 수 있는 곳은?

㉮ 격납고
㉯ 유도로
㉰ 계류장
㉱ 착륙대

해설

공항시설법 시행규칙 제47조(금지행위 등) 참조

09. 소음기준적합증명 대상 항공기는?

㉮ 터빈발동기를 장착한 항공기, 국제선을 운항하는 항공기
㉯ 터빈발동기를 장착한 항공기, 국내선을 운항하는 항공기
㉰ 왕복발동기를 장착한 항공기, 국제선을 운항하는 항공기
㉱ 왕복발동기를 장착한 항공기, 국내선을 운항하는 항공기

해설

항공안전법 시행규칙 제49조(소음기준적합증명 대상 항공기) 참조

10. 감항증명을 받은 항공기를 국토교통부령이 정하는 범위 안에서 수리 또는 개조한 경우에는?

㉮ 국토교통부장관의 승인을 받아야 사용할 수 있다.
㉯ 항공정비사의 확인을 받아야 한다.
㉰ 안전에 이상이 있을 때만 국토교통부장관에게 보고한다.
㉱ 무조건 국토교통부장관에게 보고한다.

해설

항공안전법 제30조(수리·개조승인) 제1항 참조

정답 04. ㉯ 05. ㉱ 06. ㉯ 07. ㉮ 08. ㉮ 09. ㉮ 10. ㉮

11. 형식증명을 위한 검사범위는?

㉮ 당해 형식의 설계가 기술기준에 적합한지 검사한다.
㉯ 당해 형식의 설계 및 제작과정을 검사한다.
㉰ 당해 형식의 설계, 제작과정 및 완성후의 상태를 검사한다.
㉱ 당해 형식의 설계, 제작과정 및 완성후의 상태와 비행성능을 검사한다.

해설
항공안전법 시행규칙 제20조(형식증명을 위한 검사범위) 참조

12. 국토교통부장관이 고시하는 항공기기술기준에 포함되어야 할 사항이 아닌 것은?

㉮ 감항기준   ㉯ 식별표시 방법
㉰ 성능 및 운용한계   ㉱ 인증절차

해설
항공안전법 제19조(항공기기술기준) 참조

13. 등록부호에 사용하는 각 문자와 숫자의 크기에 대한 설명 중 잘못된 것은?

㉮ 문자의 폭은 문자 높이의 3분의 2로 한다.
㉯ 숫자의 폭은 문자 높이의 2분의 1로 한다.
㉰ 선의 굵기는 문자 및 숫자의 높이의 6분의 1로 한다.
㉱ 문자의 간격은 문자의 폭의 4분의 1 이상 2분의 1 이하로 한다.

해설
항공안전법 시행규칙 제16조(등록부호의 폭·선 등) 참조

14. 다음 중 항공기정비업에 대한 설명 중 옳은 것은?

㉮ 항공기등, 장비품 또는 부품에 대하여 정비를 하는 사업
㉯ 항공기등, 장비품 또는 부품에 대하여 정비 또는 수리를 하는 사업
㉰ 항공기등, 장비품 또는 부품에 대하여 정비 또는 개조를 하는 사업
㉱ 항공기등, 장비품 또는 부품에 대하여 정비, 수리 또는 개조를 하는 사업

해설
항공사업법 제2조(정의), 제17호 참조

15. 다음 중 국적 및 등록기호의 표시에 관한 설명 중 틀린 것은?

㉮ 등록기호표는 강철 등 내화금속으로 되어 있어야 한다.
㉯ 등록기호표는 가로 7센티미터, 세로 5센티미터의 직사각형이다.
㉰ 등록기호표는 항공기 주출입구 윗부분 안쪽 보기 쉬운 곳에 붙여야 한다.
㉱ 등록기호표에는 국적기호 또는 등록기호, 소유자의 명칭 중 하나만 표시한다.

해설
항공안전법 시행규칙 제12조(등록기호표의 부착) 참조

16. 다음 중 항공기등 및 장비품의 검사관으로 임명 또는 위촉될 수 있는 자는?

㉮ 항공정비사 자격증명을 받은 자
㉯ 항공공장정비사 자격증명을 받은 자
㉰ 항공기술관련 학사 이상의 학위를 취득한 후 2년 이상 항공기의 설계, 제작, 품질보증 업무에 종사한 경력이 있는 자
㉱ 3년 이상 항공기의 설계, 제작, 품질보증 업무에 종사한 경력이 있는 자

해설
항공안전법 제31조(항공기등의 검사등) 참조

정답 11. ㉱ 12. ㉰ 13. ㉯ 14. ㉱ 15. ㉱ 16. ㉮

기출문제 30
2018년 3월 20일 시행 항공정비사

17. 수리 또는 개조의 승인 신청시 첨부하여야 할 서류는?

㉮ 수리 또는 개조의 방법과 기술등을 설명하는 자료
㉯ 수리 또는 개조설비, 인력현황
㉰ 수리 또는 개조규정
㉱ 수리 또는 개조계획서

해설
항공안전법 시행규칙 제66조(수리·개조승인의 신청) 참조

18. 운영기준 변경시 언제부터 적용되는가?

㉮ 변경 후 바로
㉯ 국토교통부장관이 고시한 날
㉰ 30일 후
㉱ 70일 후

해설
항공안전법 시행규칙 제261조(운영기준의 변경 등) 제2항 참조

19. 항공정비사 자격증명에 대한 한정은?

㉮ 항공기의 종류에 의한다.
㉯ 항공기 종류 및 정비분야에 의한다.
㉰ 항공기등급 및 정비분야에 의한다.
㉱ 항공기 종류, 등급 또는 형식에 의한다.

해설
항공안전법 제37조(자격증명의 한정) 제1항 참조

20. 다음 중 급유 또는 배유를 할 수 있는 경우는?

㉮ 발동기가 운전 중이거나 가열상태에 있는 경우
㉯ 항공기가 격납고 기타 폐쇄된 장소 내에 있을 경우
㉰ 안전이 강구된 항공기에 승객이 탑승 중 건물에서 25미터 떨어진 경우
㉱ 항공기가 건물의 외측 15미터 이내에 있을 경우

해설
공항시설법 시행규칙 제19조 제1항 관련, 별표 4(공항시설·비행장시설 관리기준) 참조

21. 다음 중 형식증명의 대상이 아닌 것은?

㉮ 항공기   ㉯ 장비품
㉰ 발동기   ㉱ 프로펠러

해설
항공안전법 제20조(형식증명) 제1항 참조

22. 다음 중 긴급한 업무를 수행하는 항공기가 아닌 것은?

㉮ 화재감시 헬기
㉯ 재난구조 비행기
㉰ 범인추적 헬기
㉱ 긴급복구 자재 수송 헬기

해설
항공안전법 시행규칙 제207조(긴급항공기의 지정) 제1항 참조

23. 항공기가 야간에 공중과 지상을 항행하는 경우 당해 항공기의 위치를 나타내기 위해 필요한 항공기의 등불은?

㉮ 우현등, 좌현등, 회전지시등
㉯ 우현등, 좌현등, 충돌방지등
㉰ 우현등, 좌현등, 미등
㉱ 우현등, 좌현등, 미등, 충돌방지등

해설
항공안전법 시행규칙 제120조(항공기의 등불) 참조

24. 부품등제작자증명 신청 시 필요 없는 것은?

㉮ 품질관리규정
㉯ 적합성 입증 계획서 또는 확인서
㉰ 제작자, 제작번호 및 제작연월일
㉱ 장비품 또는 부품의 식별서

정답
17. ㉱ 18. ㉯ 19. ㉯ 20. ㉰ 21. ㉯ 22. ㉰
23. ㉱ 24. ㉰

해설
항공안전법 시행규칙 제61조(부품등제작자증명의 신청) 참조

25. 항공기에 장비하여야 할 구급용구 등에 대한 설명 중 틀린 것은?

㉮ 좌석수가 200석인 항공기 객실에는 소화기 3개를 비치한다.
㉯ 좌석수가 300석인 항공운송사업용 여객기에는 메가폰 2개를 비치한다.
㉰ 좌석수가 400석인 항공기 객실에는 소화기 5개를 비치한다.
㉱ 항공운송사업용 항공기에는 사고시 사용할 도끼 1개를 비치한다.

해설
항공안전법 시행규칙 110조 관련, 별표 15(항공기에 장비하여야 할 구급용구 등) 참조

기출문제 31
2018년 5월 10일 시행 항공정비사

01. 변경등록과 말소등록은 그 사유가 있는 날로부터 며칠 이내에 신청하여야 하는가?

㉮ 10일 ㉯ 15일
㉰ 20일 ㉱ 25일

해설
항공안전법 제13조(항공기 변경등록), 제15조(항공기 말소등록) 참조

02. 항공정비사 자격증명 시험에 응시할 수 있는 연령은?

㉮ 만 17세 ㉯ 만 18세
㉰ 만 19세 ㉱ 만 21세

해설
항공안전법 제34조(항공종사자 자격증명등) 제2항 참조

03. 다음 중 장비, 금속편 및 직물 등을 보관할 수 있는 곳은?

㉮ 격납고 ㉯ 유도로
㉰ 계류장 ㉱ 착륙대

해설
공항시설법 제56조(금지행위) 제3항 참조

04. 항공기를 사용하여 유상으로 농약살포, 건설자재 등의 운반 또는 사진촬영 등을 하는 업무를 하는 사업은?

㉮ 항공기사용사업
㉯ 소형항공운송사업
㉰ 항공기취급업
㉱ 항공기대여업

해설
항공사업법 제2조(정의) 참조

05. 우리나라의 국적기호는?

㉮ HL ㉯ KOR
㉰ KAL ㉱ HB

06. 항공기로 활공기를 예항하는 방법 중 틀린 것은?

㉮ 항공기에 연락원을 탑승시킬 것
㉯ 예항줄의 길이는 40m 이상 80m 이하로 할 것
㉰ 야간에 예항을 하려는 경우에는 지방항공청장의 허가를 받을 것
㉱ 예항줄 길이의 50%에 상당하는 고도 이상의 고도에서 예항줄을 이탈시킬 것

해설
항공안전법 시행규칙 제171조(활공기 등의 예항) 참조

정답 25. ㉯ [기출문제 31] 01. ㉯ 02. ㉯ 03. ㉮ 04. ㉮ 05. ㉮ 06. ㉱

07. 수리, 개조의 승인 신청시 수리 또는 개조승인 신청서는 작업을 시작하기 며칠 전까지 제출하여야 하는가?

㉮ 5일 전까지
㉯ 7일 전까지
㉰ 10일 전까지
㉱ 15일 전까지

해설
항공안전법 시행규칙 제66조(수리·개조승인의 신청) 참조

08. 다음 중 제작증명 신청서에 첨부하여야 할 서류가 아닌 것은?

㉮ 품질관리규정
㉯ 제작설비, 인력현황
㉰ 비행교범 또는 운용방식을 기재한 서류
㉱ 품질관리체계를 설명하는 자료

해설
항공안전법 시행규칙 제32조(제작증명의 신청) 참조

09. 법이 정하는 비행장의 출입금지 구역으로 맞는 것은?

㉮ 착륙대, 유도로, 계류장, 격납고, 항행안전시설 설치지역
㉯ 급유시설, 활주로, 격납고, 유도로, 항행안전시설 설치지역
㉰ 운항실, 관제실, 활주로, 계류장, 항행안전시설 설치지역
㉱ 급유시설, 유도로, 격납고, 활주로, 항행안전시설 설치지역

해설
공항시설법 제56조(금지행위) 제1항 참조

10. 부품등제작자증명 신청시 필요 없는 것은?

㉮ 품질관리규정
㉯ 적합성 입증 계획서 또는 확인서
㉰ 제작자, 제작번호 및 제작연월일
㉱ 장비품 또는 부품의 식별서

해설
항공안전법 시행규칙 제61조(부품등제작자증명의 신청) 참조

11. 항공기가 격납고 기타 건물의 외측으로부터 몇 미터 이내에 있을 경우 급유 또는 배유를 하여서는 안되는가?

㉮ 10m
㉯ 15m
㉰ 20m
㉱ 25m

해설
공항시설법 시행규칙 제19조제1항 관련, 별표 4(공항시설·비행장시설 관리기준) 참조

12. 충돌방지를 위한 항공기 상호간에 통행의 우선순위에 대한 설명 중 잘못된 것은?

㉮ 비행기, 헬리콥터는 비행선, 기구류 및 활공기에 진로를 양보할 것
㉯ 비행기, 헬리콥터, 비행선은 항공기 또는 물건을 예항하는 다른 항공기에 진로를 양보할 것
㉰ 비행선은 기구류 및 활공기에 진로를 양보할 것
㉱ 기구류는 활공기에 진로를 양보할 것

해설
항공안전법 시행규칙 제166조(통행의 우선순위) 참조

13. 항공기등의 수리·개조승인의 검사범위는?

㉮ 비행성능에 대한 검사
㉯ 작업 완료후의 상태에 대한 검사
㉰ 수리 또는 개조의 과정에 대한 검사
㉱ 수리계획서 또는 개조계획서 검사

해설
항공안전법 시행규칙 제67조(항공기등 또는 부품등의 수리·개조승인) 제1항 참조

정답 07. ㉰ 08. ㉰ 09. ㉮ 10. ㉰ 11. ㉯ 12. ㉱ 13. ㉱

Chapter 03 | 부록 · 과년도기출문제

14. 다음 중 예외적으로 감항증명을 받을 수 있는 항공기가 아닌 것은?

㉮ 국내에서 수리, 개조 또는 제작한 후 수출할 항공기
㉯ 국내에서 수리, 개조 또는 제작한 후 시험비행을 하는 항공기
㉰ 법 제101조 단서의 규정에 의하여 허가를 받은 항공기
㉱ 외국으로부터 수입하는 항공기로서 대한민국의 국적을 취득하기 전에 감항증명을 신청한 항공기

해설
항공안전법 시행규칙 제36조(예외적으로 감항증명을 받을 수 있는 항공기) 참조

15. 외국인 국제항공운송사업을 하려는 자는 운항 개시 예정일 며칠 전까지 허가신청서를 제출하여야 하는가?

㉮ 30일　　㉯ 60일
㉰ 90일　　㉱ 120일

해설
항공사업법 시행규칙 제55조(외국인 국제항공운송사업의 허가 신청) 참조

16. 공항 내 사진촬영 시 허가를 받지 않고 촬영이 가능한 것은?

㉮ 보안지역 외의 지역에서 단순한 기념촬영
㉯ 공항업체가 전시나 업무목적으로 촬영
㉰ 언론의 보도 프로그램 제작
㉱ 공익목적으로 촬영

해설
(구) 공항시설관리규칙 제17조(공항시설물들의 촬영) 공항시설물을 촬영하고자 하는 자는 임시사용신청서를 공항관리·운영기관에 제출하여 그 승인을 얻어야 한다. 다만, 공항의 보안에 지장을 주지 아니하는 지역에서 단순히 기념목적으로 촬영하는 경우에는 그러하지 아니하다.

17. 항공기등에 사용할 장비품 또는 부품을 제작하려는 경우 국토부장관으로부터 받아야 하는 것은?

㉮ 제작증명
㉯ 장비품제작자증명
㉰ 부품등제작자증명
㉱ 형식증명

해설
항공안전법 제28조(부품등제작자증명) 참조

18. 항공기 사고조사에 관하여 규정하고 있는 조약 부속서는?

㉮ Annex 1　　㉯ Annex 8
㉰ Annex 11　　㉱ Annex 13

19. 항공운송사업 및 항공기사용사업용 헬리콥터가 계기비행으로 적당한 교체비행장이 없을 경우, 최초 착륙예정 비행장까지 비행에 필요한 양 이외에 추가로 필요한 연료의 양은?

㉮ 최대항속도로 20분간 더 비행할 수 있는 양
㉯ 최초 착륙예정 비행장에 표준기온으로 450m (1,500ft)의 상공에서 30분간 체공하는데 필요한 양에 그 비행장에 접근하여 착륙하는데 필요한 양을 더한 양
㉰ 30분간 체공하는데 필요한 양에 그 비행장에 접근하여 착륙하는데 필요한 양을 더한 양
㉱ 최초 착륙예정 비행장의 상공에서 체공속도로 2시간 동안 체공하는데 필요한 양

해설
항공안전법 시행규칙 제119조(항공기의 연료와 오일) 관련, 별표 17(항공기에 실어야 할 연료 및 오일의 양) 참조

정답 14. ㉯　15. ㉯　16. ㉮　17. ㉰　18. ㉱　19. ㉱

20. 부품등제작자증명 신청시 필요 없는 것은?

㉮ 품질관리규정
㉯ 제작번호 및 제작연도
㉰ 적합성 입증 계획서
㉱ 장비품 및 부품의 식별서

해설
항공안전법 시행규칙 제61조(부품등제작자증명의 신청) 제2항 참조

21. 다음 중 프로펠러의 형식증명을 위한 검사범위에 해당되지 않는 것은?

㉮ 해당 형식의 설계에 대한 검사
㉯ 제작과정에 대한 검사
㉰ 완성 후의 상태 및 비행성능에 대한 검사
㉱ 제작공정의 설비에 대한 검사

해설
항공안전법 시행규칙 제20조(형식증명 등을 위한 검사범위) 참조

22. 국제민간항공협약 부속서는 몇 개의 부속서로 되어 있는가?

㉮ 13개   ㉯ 16개
㉰ 19개   ㉱ 21개

23. 다음 중 항공기의 급유 또는 배유작업이 가능한 경우는?

㉮ 항공기가 건물의 외측 15미터 이내에 있을 경우
㉯ 항공기가 격납고 기타 폐쇄된 장소 내에 있을 경우
㉰ 위험 예방조치가 강구된 항공기 내에 여객이 있을 경우
㉱ 발동기가 운전 중이거나 가열상태에 있을 경우

해설
공항시설법 시행규칙 제19조 제1항 관련, 별표 4(공항시설·비행장시설 관리기준) 참조

24. 감항증명을 받지 아니하거나 감항증명이 취소된 항공기를 운항한 자의 처벌은?

㉮ 2년 이하의 징역 또는 5,000만원 이하의 벌금에 처한다.
㉯ 2년 이하의 징역 또는 3,000만원 이하의 벌금에 처한다.
㉰ 3년 이하의 징역 또는 5,000만원 이하의 벌금에 처한다.
㉱ 3년 이하의 징역 또는 3,000만원 이하의 벌금에 처한다.

해설
항공안전법 제144조(감항증명을 받지 아니한 항공기 사용 등의 죄) 참조

25. 다음 중 활공기의 소유자가 갖추어야 할 서류는?

㉮ 활공기용 항공일지
㉯ 탑재용 항공일지
㉰ 지상비치용 발동기 항공일지
㉱ 지상비치용 프로펠러 항공일지

해설
항공안전법 시행규칙 제108조(항공일지) 제1항 참조

기출문제 32
2018년 11월 20일 시행 항공정비사

01. 항공기 사고조사에 관하여 규정하고 있는 조약 부속서는?

㉮ Annex 1   ㉯ Annex 8
㉰ Annex 11   ㉱ Annex 13

정답
20. ㉯ 21. ㉱ 22. ㉰ 23. ㉰ 24. ㉰ 25. ㉮
[기출문제 32] 01. ㉱

02. 형식증명을 받은 항공기등을 제작하려는 자는 국토교통부장관으로부터 항공기기술기준에 적합하게 항공기등을 제작할 수 있는 ( ), ( ), ( ) 및 ( ) 등을 갖추고 있음을 인증하는 제작증명을 받을 수 있다. 빈칸에 알맞은 말은?

㉮ 설계, 제작과정, 인력, 제작관리체계
㉯ 설계, 설비, 인력, 제작관리체계
㉰ 기술, 설비, 인력, 품질관리체계
㉱ 기술, 제작과정, 인력, 품질관리체계

해설
항공안전법 제22조(제작증명) 참조

03. 다음 중 항행안전무선시설에 해당되지 않는 것은?

㉮ VDL   ㉯ DME
㉰ SSR   ㉱ MLAT

해설
공항시설법 시행규칙 제7조(항행안전무선시설) 참조

04. 헬리콥터에 장비하여야 할 구급용구가 아닌 것은?

㉮ 불꽃조난신호장비   ㉯ 구명보트
㉰ 구명동의   ㉱ 음성신호발생기

해설
항공안전법 시행규칙 제110조 관련 별표 15(항공기에 장비하여야 할 구급용구 등) 참조

05. 항공기가 활공기를 예항하는 경우 안전상의 기준이 아닌 것은?

㉮ 야간에 예항을 하지 말 것
㉯ 예항줄 길이의 80%에 상당하는 고도 이상의 고도에서 예항줄을 이탈시킬 것
㉰ 예항줄의 길이는 80m 내지 120m로 할 것
㉱ 항공기에는 연락원을 탑승시킬 것

해설
항공안전법 시행규칙 제171조(활공기 등의 예항) 참조

06. 항공안전법의 목적이 아닌 것은?

㉮ 생명과 재산 보호
㉯ 항행안전을 위한 방법을 정함.
㉰ 국내 항공산업의 발전 도모
㉱ 항공기술 발전에 이바지

해설
항공안전법 제1조(목적) 참조

참고
현재 이 조항은 '이 법은 「국제민간항공협약」 및 같은 협약의 부속서에서 채택된 표준과 권고되는 방식에 따라 항공기, 경량항공기 또는 초경량비행장치의 안전하고 효율적인 항행을 위한 방법과 국가, 항공사업자 및 항공종사자 등의 의무 등에 관한 사항을 규정함을 목적으로 한다.'로 변경되었다.

07. 긴급한 수리 개조를 제외하고 수리 개조승인 신청서는 작업을 시작하기 며칠 전까지 제출하여야 하는가?

㉮ 7일   ㉯ 10일
㉰ 15일   ㉱ 20일

해설
항공안전법 시행규칙 제66조(수리·개조승인의 신청) 참조

08. 정비등을 한 항공기등, 장비품 또는 부품을 타인에게 제공하려는 자는 누구에게 감항승인을 받아야 하는가?

㉮ 국토교통부장관
㉯ 항공기 담당 정비주임
㉰ 교통안전공단 과장
㉱ 항공정비사 면허를 가진 사람

해설
항공안전법 제24조(감항승인) 참조

정답 02. ㉰ 03. ㉮ 04. ㉱ 05. ㉰ 06. ㉰ 07. ㉯ 08. ㉮

09. 항공기를 사용하여 농약 살포, 건설자재 등의 운반 또는 사진 촬영등을 하는 사업은?

㉮ 항공기 취급업
㉯ 항공기 사용사업
㉰ 소형항공사업
㉱ 지상조업사업

해설

항공사업법 제2조(정의) 제15호 참조

10. 다음 중 자격증명을 취소하여야 하는 경우는?

㉮ 항공안전법에 위반하여 벌금 이상의 형의 선고를 받을 때
㉯ 부정한 방법으로 자격증명을 받은 때
㉰ 항공종사자로서의 직무를 행함에 있어서 고의 또는 중대한 과실이 있는 때
㉱ 항공안전법 또는 항공안전법에 의한 명령에 위반한 때

해설

항공안전법 제43조(자격증명·항공신체검사증명의 취소 등) 참조

11. 다음 중 예외적으로 감항증명을 받을 수 있는 항공기가 아닌 것은?

㉮ 국내에서 수리, 개소 또는 제작한 후 수출할 항공기
㉯ 국내에서 수리, 개조 또는 제작한 후 시험비행을 하는 항공기
㉰ 법 제101조 단서의 규정에 의하여 허가를 받은 항공기
㉱ 외국으로부터 수입하는 항공기로서 대한민국의 국적을 취득하기 전에 감항증명을 신청한 항공기

해설

항공안전법 시행규칙 제36조(예외적으로 감항증명을 받을 수 있는 항공기) 참조

12. 정비를 한 항공기에 대하여 감항성을 확인받지 아니하고 운항한 자에 대한 처벌은?

㉮ 3년 이하 징역, 5천만원 이하 벌금
㉯ 2년 이하 징역, 5천만원 이하 벌금
㉰ 1년 이하 징역, 1천만원 이하 벌금
㉱ 1년 이하 징역, 2천만원 이하 벌금

해설

항공안전법 제144조(감항증명을 받지 아니한 항공기 사용 등의 죄) 참조

13. 등록부호에 사용하는 각 문자와 숫자의 높이가 틀린 것은?

㉮ 비행기 주날개에 표시하는 경우 50cm 이상
㉯ 활공기 주날개에 표시하는 경우 30cm 이상
㉰ 헬리콥터 동체 옆면에 표시하는 경우 30cm 이상
㉱ 비행선 선체에 표시하는 경우 50cm 이상

해설

항공안전법 시행규칙 제15조(등록부호의 높이) 참조

14. 소형항공운송사업의 정의로 맞는 것은?

㉮ 국내항공운송사업 및 국제항공운송사업 외의 항공운송사업
㉯ 국제항공운송사업 외의 항공운송사업
㉰ 국내 및 국제 정기편 외의 항공운송사업
㉱ 국제 정기편 외의 항공운송사업

해설

항공사업법 제2조(정의) 제13호 참조

15. 항공기를 이용하여 운송하고자 하는 경우, 국토교통부장관의 허가를 받아야 하는 품목이 아닌 것은?

㉮ 산화성 물질류
㉯ 인화성 액체
㉰ 인화성 고체
㉱ 부식성 물질류

해설

항공안전법 시행규칙 제209조(위험물 운송허가등) 참조

정답 09. ㉯ 10. ㉯ 11. ㉯ 12. ㉮ 13. ㉯ 14. ㉮ 15. ㉰

Chapter 03 | 부록 · 과년도 기출문제

16. 다음 중 외국의 국적을 가진 항공기의 사용자가 항행을 하고자 하는 경우 국토교통부장관의 허가를 받아야 하는 사항이 아닌 것은?

㉮ 영공 밖에서 이륙하여 대한민국에 착륙하는 항행
㉯ 대한민국에서 이륙하여 영공 밖에 착륙하는 항행
㉰ 영공 밖에서 이륙하여 대한민국에 영공 밖에 착륙하는 항행
㉱ 영공 밖에서 이륙하여 대한민국에 착륙하지 아니하고 영공을 통과하여 영공 밖에 착륙하는 항행

해설
항공안전법 제100조(외국항공기의 항행) 제1항 참조

17. 항공기사고 발생 시 사고조사를 수행할 책임은 어느 국가에 있는가?

㉮ 사고발생 국가 ㉯ 항공기 운용국가
㉰ 항공기 제작국가 ㉱ 항공기 등록국가

해설
국제민간항공협약 제26조(사고의 조사) 체약국의 항공기가 다른 체약국의 영역에서 사고가 발생하였을 경우 그 사고가 발생한 나라는 자국의 법령이 허가하는 한 국제민간항공기구가 권고하는 수속에 따라 사고의 사정의 조사를 행하는 것으로 한다.

18. 항공기 소유자가 서울에서 부산으로 이사를 갔을 경우 해야 하는 등록은?

㉮ 이전등록 ㉯ 말소등록
㉰ 변경등록 ㉱ 임차등록

해설
항공안전법 제13조(항공기 변경등록) 참조

19. 소음기준적합증명은 언제 받아야 하는가?

㉮ 운용한계를 지정할 때
㉯ 감항증명을 받을 때
㉰ 기술표준품의 형식승인을 받을 때
㉱ 항공기를 등록할 때

해설
항공안전법 제25조(소음기준적합증명) 제1항 참조

20. 소음기준적합증명 대상 항공기는?

㉮ 터빈발동기를 장착한 항공기, 국제선을 운항하는 항공기
㉯ 터빈발동기를 장착한 항공기, 국내선을 운항하는 항공기
㉰ 왕복발동기를 장착한 항공기, 국제선을 운항하는 항공기
㉱ 왕복발동기를 장착한 항공기, 국내선을 운항하는 항공기

해설
항공안전법 시행규칙 제49조(소음기준적합증명 대상 항공기) 참조

21. 국토교통부장관이 권한을 위임할 수 있는 사항이 아닌 것은?

㉮ 감항증명
㉯ 소음기준적합증명에 관한 사항
㉰ 수리, 개조승인에 관한 사항
㉱ 형식증명의 검사범위에 관한 사항

해설
항공안전법 시행령 제26조(권한의 위임 · 위탁) 참조

22. 항공기 항행등의 색깔은?

㉮ 우현등 : 적색, 좌현등 : 녹색, 미등 : 백색
㉯ 우현등 : 녹색, 좌현등 : 적색, 미등 : 백색
㉰ 우현등 : 백색, 좌현등 : 녹색, 미등 : 적색
㉱ 우현등 : 적색, 좌현등 : 백색, 미등 : 녹색

정답 16. ㉰ 17. ㉮ 18. ㉰ 19. ㉯ 20. ㉮ 21. ㉱ 22. ㉯

23. 항공기등의 수리·개조승인의 검사범위는?

㉮ 비행성능에 대한 검사
㉯ 작업 완료후의 상태에 대한 검사
㉰ 항공운용기술표준에 적합한 지 여부 확인
㉱ 수리계획서 또는 개조계획서 검사

해설
항공안전법 시행규칙 제67조(항공기등 또는 부품등의 수리·개조승인) 제1항 참조

24. 다음 중 항공기의 급유 또는 배유를 하지 말아야 하는 경우가 아닌 것은?

㉮ 발동기가 운전중이거나 또는 가열상태에 있을 경우
㉯ 항공기가 격납고 기타 폐쇄된 장소 내에 있을 경우
㉰ 당해 항공기로부터 30m 이내의 장소에 사람이 모여 있을 경우
㉱ 항공기가 격납고 기타의 건물의 외측 15m 이내에 있을 경우

해설
공항시설법 시행규칙 제19조제1항 관련, 별표 4(공항시설·비행장시설 관리기준) 참조

25. 다음 중 항공기의 종류에 해당하는 것은?

㉮ 여객기   ㉯ 수송기
㉰ 활공기   ㉱ 수상항공기

해설
항공안전법 시행규칙 제81조(자격증명의 한정) 참조

기출문제 33
2019년 3월 12일 시행 항공정비사

01. 감항증명은 누구에게 신청하여야 하는가?

㉮ 국토교통부장관   ㉯ 항공안전본부장
㉰ 항공교통관제소장   ㉱ 해당 자치단체장

해설
항공안전법 제23조(감항증명 및 감항성 유지) 제1항 참조

02. 다음 중 운항 중에 전자기기의 사용이 가능한 항공기는?

㉮ 항공운송사업용으로 비행 중인 민항기
㉯ 시계비행방식으로 비행 중인 민항기
㉰ 계기비행방식으로 비행 중인 산림청항공기
㉱ 항공운송사업용으로 비행 중인 헬리콥터

해설
항공안전법 시행규칙 제214조(전자기기의 사용제한) 참조

03. 수리, 개조의 승인 신청시 수리 또는 개조계획서는 언제까지 누구에게 제출하여야 하는가?

㉮ 작업을 시작하기 7일 전까지 국토교통부장관에게 제출
㉯ 작업을 시작하기 7일 전까지 지방항공청장에게 제출
㉰ 작업을 시작하기 10일 전까지 국토교통부장관에게 제출
㉱ 작업을 시작하기 10일 전까지 지방항공청장에게 제출

해설
항공안전법 시행규칙 제66조(수리·개조승인의 신청) 참조

04. 소음기준적합증명은 언제 받아야 하는가?

㉮ 항공기를 등록할 때
㉯ 운용한계를 지정할 때
㉰ 감항증명을 받을 때
㉱ 기술표준품의 형식승인을 받을 때

해설
항공안전법 제25조(소음기준적합증명) 참조

정답 23. ㉱ 24. ㉰ 25. ㉰
[기출문제33] 01. ㉮ 02. ㉯ 03. ㉱ 04. ㉰

05. 다음 중 국토교통부장관이 지방항공청장에게 위임한 권한은?

㉮ 형식증명에 관한 사항
㉯ 국가기관등 항공기의 수리, 개조 승인
㉰ 감항증명에 관한 사항
㉱ 항공신체검사증명에 관한 사항

해설
항공안전법 시행령 제26조(권한의 위임·위탁) 제1항 참조

06. 다음 중 긴급항공기 지정신청서에 기재하여야 할 사항이 아닌 것은?

㉮ 항공기의 형식 및 등록부호
㉯ 긴급한 업무의 종류
㉰ 긴급한 업무수행에 관한 업무규정
㉱ 장비내역 및 정비방식

해설
항공안전법 시행규칙 제207조(긴급항공기의 지정) 참조

07. 다음 중 활공기의 소유자가 갖추어야 할 서류는?

㉮ 활공기용 항공일지
㉯ 탑재용 항공일지
㉰ 지상비치용 발동기 항공일지
㉱ 지상비치용 프로펠러 항공일지

해설
항공안전법 시행규칙 제108조(항공일지) 제1항 참조

08. 항공기취급업이 아닌 것은?

㉮ 항공기하역업
㉯ 항공기급유업
㉰ 항공기정비업
㉱ 지상조업사업

해설
항공사업법 시행규칙 제5조(항공기취급업의 구분) 참조

09. 항공운송사업 및 항공기사용사업용 외의 비행기가 계기비행으로 교체비행장이 요구되지 않을 경우 최초 착륙예정 비행장까지 비행에 필요한 연료량 외에 추가로 실어야 할 연료의 양은?

㉮ 최대항속속도로 20분간 더 비행할 수 있는 양
㉯ 순항고도로 45분간 더 비행할 수 있는 양
㉰ 30분간 체공하는데 필요한 양에 그 비행장에 접근하여 착륙하는데 필요한 양을 더한 양
㉱ 최초 착륙예정 비행장의 상공에서 체공속도로 2시간 동안 체공하는데 필요한 양

해설
항공안전법 시행규칙 제119조(항공기의 연료와 오일)

10. 항공안전법에서 말하는 경미한 정비에 대한 설명 중 맞는 것은?

㉮ 감항성에 영향을 미치는 수리, 개조 작업
㉯ 감항성에 영향을 미치는 내부 부분품의 분해작업
㉰ 간단한 보수작업을 하는 예방작업으로서 리깅 또는 간격의 조정작업
㉱ 복잡한 결합작용 등이 필요한 규격 장비품 또는 부품의 교환작업

해설
항공안전법 시행규칙 제68조(경미한 정비의 범위) 참조

11. 다음 중 운용한계지정서에 포함될 사항이 아닌 것은?

㉮ 항공기의 등급
㉯ 항공기의 국적 및 등록기호
㉰ 항공기의 제작일련번호
㉱ 감항증명 번호

해설
항공안전법 시행규칙 별지 제18호 서식(운용한계 지정서) 참조

정답 05. ㉰ 06. ㉱ 07. ㉮ 08. ㉰ 09. ㉯ 10. ㉰ 11. ㉮

12. 체약국의 항공기에 사고가 발생했을 경우 사고 조사의 책임은?

㉮ 항공기 제작국
㉯ 사고가 발생한 국가
㉰ 국제민간항공기구(ICAO)
㉱ 항공기 등록국

해설

국제민간항공협약 제26조(사고의 조사) 체약국의 항공기가 다른 체약국의 영역에서 사고가 발생하였을 경우 그 사고가 발생한 나라는 자국의 법령이 허가하는 한 국제민간항공기구가 권고하는 수속에 따라 사고의 사정의 조사를 행하는 것으로 한다.

13. 항공안전법 시행령의 목적은?

㉮ 항공안전법에서 규정한 대통령의 권한을 명시한다.
㉯ 항공안전법의 내용 중 표준 등의 세부사항을 규정한다.
㉰ 항공안전법에서 규정한 것 중에서 미비된 사항을 규정한다.
㉱ 항공안전법에서 위임된 사항과 시행에 필요한 사항을 규정한다.

해설

항공안전법 시행령 제1조(목적) 참조

14. 항공기를 이용하여 운송하고자 하는 경우 국토교통부장관의 허가를 받아야 하는 위험물이 아닌 것은?

㉮ 가스류 물질　㉯ 산화성 물질
㉰ 폭발성 물질　㉱ 인화성 고체물질

해설

항공안전법 시행규칙 제209조(위험물 운송허가등) 참조

15. 항공기로 활공기를 예항하는 방법 중 틀린 것은?

㉮ 항공기에 연락원을 탑승시킬 것
㉯ 예항줄의 길이는 40m 이상 80m 이하로 할 것
㉰ 야간에 예항을 하려는 경우에는 지방항공청장의 허가를 받을 것
㉱ 예항줄 길이의 50%에 상당하는 고도 이상의 고도에서 예항줄을 이탈시킬 것

해설

항공안전법 시행규칙 제171조(활공기 등의 예항) 참조

16. 수리·개조승인을 받지 않은 항공기를 운항한 자에 대한 처벌은?

㉮ 3년 이하의 징역 또는 5천만원 이하의 벌금
㉯ 2년 이하의 징역 또는 5천만원 이하의 벌금
㉰ 3년 이하의 징역 또는 3천만원 이하의 벌금
㉱ 2년 이하의 징역 또는 3천만원 이하의 벌금

해설

항공안전법 제144조(감항증명을 받지 아니한 항공기 사용 등의 죄) 참조

17. 공항 내 사진촬영 시 허가를 받지 않고 촬영이 가능한 것은?

㉮ 보안지역 외의 지역에서 단순한 기념촬영
㉯ 공항업체가 전시나 업무목적으로 공항시설만을 촬영
㉰ 언론의 보도 프로그램 제작 목적으로 촬영
㉱ 공익목적으로 촬영

해설

(구) 공항시설관리규칙 제17조(공항시설물들의 촬영) 공항시설물을 촬영하고자 하는 자는 임시사용신청서를 공항관리·운영기관에 제출하여 그 승인을 얻어야 한다. 다만, 공항의 보안에 지장을 주지 아니하는 지역에서 단순히 기념목적으로 촬영하는 경우에는 그러하지 아니하다.

18. 국제민간항공협약 총 부속서의 수는?

㉮ 12　　㉯ 14
㉰ 16　　㉱ 19

정답 12. ㉯　13. ㉱　14. ㉱　15. ㉱　16. ㉮　17. ㉮　18. ㉱

19. 다음 중 항공안전법에서 규정하는 항공업무에 속하지 않는 것은?

㉮ 항공기의 조종연습
㉯ 무인항공기의 운항
㉰ 무선설비의 조작
㉱ 정비 또는 개조한 항공기에 대한 확인

해설
항공안전법 제2조(정의), 제5호 참조

20. 다음 중 자격증명을 취소하여야 하는 경우는?

㉮ 항공안전법에 위반하여 벌금 이상의 형의 선고를 받을 때
㉯ 부정한 방법으로 자격증명을 받은 때
㉰ 항공종사자로서의 직무를 행함에 있어서 고의 또는 중대한 과실이 있는 때
㉱ 항공안전법 또는 항공안전법에 의한 명령에 위반한 때

해설
항공안전법 제43조(자격증명·항공신체검사증명의 취소 등)

21. 항공기가 야간에 항행하는 경우 당해 항공기의 위치를 나타내기 위하여 필요한 등불은?

㉮ 충돌방지등, 기수등, 우현등, 좌현등
㉯ 충돌방지등, 우현등, 좌현등, 미등
㉰ 충돌방지등, 기수등, 착륙등, 미등
㉱ 충돌방지등, 우현등, 좌현등, 착륙등

해설
항공안전법 시행규칙 제120조(항공기의 등불) 참조

22. 말소등록은 사유가 발생한 날로부터 며칠 이내에 해야 하는가?

㉮ 10일   ㉯ 12일
㉰ 15일   ㉱ 20일

해설
항공안전법 제15조(항공기 말소등록) 참조

23. 다음 중 대통령령이 정하는 공항의 기본시설은?

㉮ 항공기 급유 및 유류저장, 관리시설
㉯ 공항이용객 홍보 및 안내시설
㉰ 공항의 운영 및 유지 보수를 위한 공항운영, 관리시설
㉱ 항공기 점검, 정비등을 위한 시설

해설
공항시설법 시행령 제3조(공항시설의 구분) 참조

24. 항공기가 비행장 안의 이동지역에서 이동할 때 따라야 하는 기준이 아닌 것은?

㉮ 추월하는 항공기는 다른 항공기의 통행에 지장을 주지 아니하도록 충분한 간격을 유지한다.
㉯ 기동지역에서 지상 이동하는 항공기는 정지선등이 꺼져 있는 경우에 이동할 것
㉰ 교차하거나 이와 유사하게 접근하는 항공기 상호간에는 좌측에 있는 항공기가 우선이다.
㉱ 기동지역에서 지상 이동하는 항공기는 관제탑의 지시가 없는 경우에는 활주로진입전 대기지점에서 정지 대기할 것

해설
항공안전법 시행규칙 제162조(항공기의 지상이동) 참조

25. 다음 중 운항기술기준에 포함되어야 할 사항이 아닌 것은?

㉮ 항공기의 소음기준   ㉯ 항공종사자의 자격증명
㉰ 항공기 감항성   ㉱ 항공기 계기 및 장비

해설
항공안전법 제77조(항공기의 안전운항을 위한 운항기술기준) 참조

정답 19. ㉮ 20. ㉯ 21. ㉯ 22. ㉰ 23. ㉮ 24. ㉰ 25. ㉮

기출문제 34
2019년 5월 30일 시행 항공정비사

01. 등록기호표에 포함되어야 할 내용은?

㉮ 국적기호, 식별부호와 항공기 기종
㉯ 국적기호, 식별부호와 소유자 명칭
㉰ 국적기호, 등록기호와 항공기 기종
㉱ 국적기호, 등록기호와 소유자 명칭

해설
항공안전법 시행규칙 제12조(등록기호표의 부착) 참조

02. 항행 중인 항공기를 추락 또는 전복시키거나 파괴한 사람에 대한 처벌은?

㉮ 사형, 무기징역 또는 5년 이상의 징역에 처한다.
㉯ 사형, 무기징역 또는 7년 이상의 징역에 처한다.
㉰ 사형 또는 7년 이상의 징역이나 금고에 처한다.
㉱ 사형 또는 5년 이상의 징역이나 금고에 처한다.

해설
항공안전법 제138조(항행 중 항공기 위험 발생의 죄) 제1항 참조

03. 헬리콥터가 수색구조가 특별히 어려운 산악지역, 외딴지역 및 국토교통부장관이 정한 해상 등을 횡단 비행하는 경우 갖추어야 할 구급용구는?

㉮ 구명동의
㉯ 불꽃조난신호장비
㉰ 도끼
㉱ 구급의료용품

해설
항공안전법 시행규칙 제110조(구급용구 등) 관련, 별표 15 항공기에 장비하여야 할 구급용구 등 제1호 참조

04. 항공운송사업에 사용되는 항공기 외의 항공기가 시계비행방식에 의한 비행을 하는 경우 설치하지 않아도 되는 무선설비는?

㉮ 자동방향탐지기(ADF)
㉯ 무선전화 송수신기
㉰ 트랜스폰더
㉱ 비상위치지시용 무선표지설비(ELT)

해설
항공안전법 시행규칙 제107조(무선설비) 제1항 참조

05. 공항시설 중 기본시설이 아닌 것은?

㉮ 여객 및 화물처리 시설
㉯ 항공기 정비시설
㉰ 항공기의 이착륙시설
㉱ 기상관측 시설

해설
공항시설법 시행령 제3조(공항시설의 구분) 참조

06. 수리 승인 신청시 첨부하는 수리계획서에 포함하여야 할 사항이 아닌 것은?

㉮ 인력 및 장비
㉯ 작업지시서
㉰ 품질관리절차
㉱ 인증된 정비조직의 업무범위

해설
항공안전법 시행규칙 제66조(수리·개조승인의 신청) 참조

07. 감항증명의 검사범위가 아닌 것은?

㉮ 항공기 정비과정
㉯ 설계, 제작과정
㉰ 완성후의 상태
㉱ 비행성능

해설
항공안전법 시행규칙 제38조(감항증명을 위한 검사범위) 참조

정답 [기출문제 34] 01. ㉱ 02. ㉮ 03. ㉯ 04. ㉮ 05. ㉯
06. ㉰ 07. ㉮

08. 다음 중 공항에서의 금지행위가 아닌 것은?

㉮ 휘발성 가연물을 사용하여 건물의 바닥을 청소하는 것
㉯ 내화구조와 통풍설비를 갖춘 장소 외의 장소에서 기계칠을 하는 행위
㉰ 정비사가 정차된 항공기 옆으로 지나다니는 것
㉱ 금속성 용기 이외에 기름이 묻은 걸레를 버리는 것

해설
공항시설법 시행령 제50조(금지행위) 참조

09. 정비조직인증을 받은 업무범위를 초과하여 항공기를 수리, 개조한 경우에는?

㉮ 국토교통부장관의 검사를 받아야 한다.
㉯ 국토교통부장관의 승인을 받아야 한다.
㉰ 항공정비사 자격증명을 가진 자에 의하여 확인을 받아야 한다.
㉱ 국토교통부장관에게 신고하여야 한다.

해설
항공안전법 제30조(수리·개조승인), 시행규칙 제65조(항공기등 또는 부품등의 수리·개조승인의 범위) 참조

10. 다음 중 긴급항공기 지정신청서에 기재하여야 할 사항이 아닌 것은?

㉮ 조종사 및 긴급한 업무를 수행하는 사람에 대한 교육훈련 내용
㉯ 긴급한 업무의 종류
㉰ 장비내역 및 정비방식
㉱ 긴급한 업무수행에 관한 업무규정

해설
항공안전법 시행규칙 제207조(긴급항공기의 지정) 참조

11. 다음 중 항공안전법에서 규정하는 항공기사고가 아닌 것은?

㉮ 비행기 안에서의 승객 부상
㉯ 항공기의 파손
㉰ 항공기의 구조적 손상
㉱ 항공기의 위치를 확인할 수 없는 경우

해설
항공안전법 제2조(정의) 제6호 참조

12. 감항증명을 받은 항공기의 소유자등이 해당 항공기를 국토교통부령이 정하는 범위 안에서 수리 또는 개조한 경우에는?

㉮ 국토교통부장관의 승인을 받아야 사용할 수 있다.
㉯ 항공정비사의 확인을 받아야 한다.
㉰ 안전에 이상이 있을 때만 국토교통부장관에게 보고한다.
㉱ 감항증명 범위 안에서 수리 또는 개조하였을 경우 국토교통부장관에게 보고하고, 승인은 받을 필요가 없다.

해설
항공안전법 제30조(수리·개조승인) 제1항 참조

13. 급유 또는 배유작업 시 항공기로부터 몇 m 이내의 장소에서 흡연이 금지되는가?

㉮ 10m   ㉯ 15m
㉰ 30m   ㉱ 50m

해설
공항시설법 시행령 제50조(금지행위) 참조

14. 수리, 개조승인 신청서는 작업을 시작하기 며칠 전까지 제출하여야 하는가?

㉮ 7일   ㉯ 10일
㉰ 15일   ㉱ 30일

해설
항공안전법 시행규칙 제66조(수리·개조승인의 신청) 참조

정답 08. ㉰ 09. ㉯ 10. ㉰ 11. ㉮ 12. ㉮ 13. ㉰ 14. ㉯

15. 항공운송사업용 비행기가 시계비행을 할 경우 최초 착륙예정 비행장까지 비행에 필요한 양에 추가로 필요한 연료량은?

㉮ 순항속도로 15분간 더 비행할 수 있는 양
㉯ 순항속도로 30분간 더 비행할 수 있는 양
㉰ 순항속도로 45분간 더 비행할 수 있는 양
㉱ 순항속도로 60분간 더 비행할 수 있는 양

해설

항공안전법 시행규칙 제119조 관련, 별표 17(항공기에 실어야 할 연료와 오일의 양) 참조

16. 감항증명 등의 항공관련업무를 수행하는 전문검사기관은 누가 지정, 고시하는가?

㉮ 대통령
㉯ 국토교통부장관
㉰ 지방항공청장
㉱ 한국교통안전공단

해설

항공안전법 제135조(권한의 위임·위탁) 제2항 참조

17. 다음 중 외국인 국제항공운송사업의 허가신청서에 첨부할 서류가 아닌 것은?

㉮ 「국제민간항공협약」부속서 6에 따라 해당 정부가 발행한 운항증명 및 운영기준
㉯ 최근의 손익계산서와 대차대조표
㉰ 운송약관 및 그 번역본
㉱ 사업경영 자금의 내역과 조달방법

해설

항공사업법 시행규칙 제55조(외국인 국제항공운송사업의 허가 신청 등) 참조

18. 항공기취급업 또는 항공기정비업 등록신청서의 내용이 명확하지 아니하거나 첨부서류가 미비한 경우 담당부서는 며칠 이내에 그 보완을 요구하여야 하는가?

㉮ 3일
㉯ 5일
㉰ 7일
㉱ 10일

해설

항공사업법 시행규칙 제41조(항공기정비업의 등록), 제43조(항공기취급업의 등록) 참조

19. 격납고 내에 있는 항공기의 무선설비를 조작하고자 하는 경우 누구의 승인을 받아야 하는가?

㉮ 국토교통부장관
㉯ 무선설비 자격증 소지자
㉰ 항공교통관제소장
㉱ 지방항공청장

해설

공항시설법 시행규칙 제19조 제1항 관련, 별표 4(공항시설·비행장시설 관리기준) 참조

20. 다음 중 항공법규에서 규정하는 항공업무가 아닌 것은?

㉮ 항공교통관제 업무
㉯ 객실승무원의 서비스업무
㉰ 항공기의 운항관리 업무
㉱ 정비 또는 개조한 항공기에 대한 감항성 여부 확인 업무

해설

항공안전법 제2조(정의), 제5호 참조

21. 다음 중 말소등록을 신청하여야 하는 경우가 아닌 것은?

㉮ 항공기의 존재여부가 1개월 이상 불분명한 경우
㉯ 정비를 위하여 항공기를 분해하였을 경우
㉰ 대한민국의 국민이 아닌 자에게 항공기를 임대한 경우
㉱ 임차기간의 만료로 항공기를 사용할 수 있는 권리가 상실된 경우

해설

항공안전법 제15조(항공기 말소등록) 참조

정답 15. ㉰ 16. ㉯ 17. ㉱ 18. ㉰ 19. ㉱ 20. ㉯ 21. ㉯

22. 항공정비사 자격증명 취소처분을 받은 자가 다시 자격증명시험에 응시할 수 있는 기간은?

㉮ 1년 후 ㉯ 2년 후
㉰ 3년 후 ㉱ 4년 후

해설

항공안전법 제34조(항공종사자 자격증명등) 참조

23. 다음 중 우리나라 항공기를 등록할 수 있는 자는?

㉮ 외국정부 또는 외국의 공공단체
㉯ 외국의 법인 또는 단체
㉰ 외국인이 주식의 1/2 이상을 소유하는 법인
㉱ 외국인이 법인 등기사항증명서상 임원수의 1/2 미만인 법인

해설

항공안전법 제10조(항공기 등록의 제한) 참조

24. 항공·철도사고조사위원회의 수행 업무가 아닌 것은?

㉮ 사고조사보고서의 작성·의결 및 공표
㉯ 사고조사 관련 연구·교육기관의 지정
㉰ 사고조사결과 교육
㉱ 사고조사에 필요한 조사·연구

해설

항공·철도 사고조사에 관한 법률 제5조(위원회의 업무) 참조

25. 항공종사자 자격증명을 받지 않아도 「군사기지 및 군사시설 보호법」을 적용받는 항공작전기지에서 항공기를 (   )하는 군인은 국방부장관으로부터 자격인정을 받아 업무를 수행할 수 있다. (   )에 맞는 것은?

㉮ 관제 ㉯ 정비
㉰ 조종 ㉱ 급유

해설

항공안전법 제34조(항공종사자 자격증명등) 제3항 참조

2019년 제137차 항공정비사
2019년 12월 10일 시행

01. 다음 중 국토교통부령으로 정하는 의무보고 대상 항공안전장애의 범위에 해당되지 않는 것은?

㉮ 비행 중 엔진 덮개의 풀림이나 이탈
㉯ 비행 중 엔진의 연소정지로 인한 엔진의 정지
㉰ 조종사가 비상선언(Emergency call)을 하여야 하는 연료의 부족 발생
㉱ 비행 중 의도하지 아니한 착륙장치의 내림이나 올림

해설

항공안전법 시행규칙 제134조 관련, 별표 20의2(의무보고 대상 항공안전장애의 범위) 참조

02. 항공기등록원부에 기재해야 할 사항이 아닌 것은?

㉮ 항공기의 형식 ㉯ 제작 연월일
㉰ 항공기의 정치장 ㉱ 등록기호

해설

항공안전법 제11조(항공기 등록사항) 참조

03. 말소등록의 사유로 맞는 것은?

㉮ 항공기를 보관하기 위하여 해체한 경우
㉯ 외국인에게 항공기를 양도한 경우
㉰ 항공기의 소유권을 이전한 경우
㉱ 항공기의 정치장을 변경한 경우

해설

항공안전법 제15조(항공기 말소등록) 참조

정답
22. ㉯ 23. ㉱ 24. ㉰ 25. ㉮
[137차] 01. ㉰ 02. ㉯ 03. ㉯

04. 항공기 정치장이 서울에서 제주로 변경되었을 때 해야 하는 등록은?

㉮ 이전등록
㉯ 말소등록
㉰ 변경등록
㉱ 임차등록

해설

항공안전법 제13조(항공기 변경등록) 참조

05. 국토교통부장관이 항공기등, 장비품 또는 부품의 안전을 확보하기 위하여 고시하는 항공기기술기준에 포함되어야 할 사항이 아닌 것은?

㉮ 감항기준
㉯ 식별표시 방법
㉰ 성능 및 운용한계
㉱ 인증절차

해설

항공안전법 제19조(항공기기술기준) 참조

06. 감항증명을 위한 검사시 국토교통부령이 정하는 바에 따라 검사의 일부를 생략할 수 있는 경우가 아닌 것은?

㉮ 형식증명을 받은 항공기
㉯ 성능 및 품질검사를 받은 항공기
㉰ 형식증명승인을 받은 항공기
㉱ 제작증명을 받은 제작자가 제작한 항공기

해설

항공안전법 제23조(감항증명 및 감항성 유지) 참조

07. 다음 중 소음기준적합증명에 대한 설명으로 틀린 것은?

㉮ 국제선을 운항하는 항공기는 소음기준적합증명을 받아야 한다.
㉯ 소음기준적합증명은 감항증명을 받을 때 받는다.
㉰ 소음기준적합증명을 받으려는 자는 신청서를 국토교통부장관 또는 지방항공청장에게 제출한다.
㉱ 항공기의 감항증명을 반납해야 하는 경우 소음기준적합증명도 반납해야 한다.

해설

항공안전법 제25조(소음기준적합증명), 항공안전법 시행규칙 제49조(소음기준적합증명 대상 항공기), 제54조(소음기준적합증명서의 반납) 참조

08. 감항증명의 유효기간 내에 항공기를 수리 또는 개조하고자 하는 경우의 설명으로 맞는 것은?

㉮ 항공정비사의 확인을 받아야 한다.
㉯ 국토교통부장관의 승인을 받아야 한다.
㉰ 안전에 이상이 있을 경우에만 국토교통부장관에게 보고한다.
㉱ 국토교통부장관에게 보고하여야 한다.

해설

항공안전법 제30조(수리·개조승인) 제1항 참조

09. 수리, 개조의 승인 신청시 수리 또는 개조계획서는 작업을 시작하기 며칠 전까지 제출하여야 하는가?

㉮ 5일 전까지
㉯ 7일 전까지
㉰ 10일 전까지
㉱ 15일 전까지

해설

항공안전법 시행규칙 제66조(수리·개조승인의 신청) 참조

10. 다음 중 국외 정비확인자의 자격 조건으로 맞는 것은?

㉮ 외국정부로부터 자격증명을 받은 사람
㉯ 법 제138조의 규정에 의한 정비조직인증을 받은 외국의 항공기정비업자
㉰ 외국정부가 인정한 항공기의 수리사업자로서 항공정비사 자격증명을 받은 사람과 같은 이상의 능력이 있다고 국토교통부장관이 인정한 사람
㉱ 외국정부가 인정한 항공기 정비사업자에 소속된 사람으로서 항공정비사 자격증명을 받은 사람과 동등하거나 그 이상의 능력이 있다고 국토교통부장관이 인정한 사람

정답 04. ㉰ 05. ㉯ 06. ㉯ 07. ㉱ 08. ㉯ 09. ㉰ 10. ㉱

해설

항공안전법 시행규칙 제71조(국외 정비확인자의 자격인정) 참조

11. 제작증명서에 기재되는 사항이 아닌 것은?

㉮ 신청인의 주소
㉯ 형식 또는 모델
㉰ 제작공장 위치
㉱ 제작자의 성명 또는 주소

해설

항공안전법 시행규칙 제34조 관련 별지 제12호 서식(제작증명서) 참조

12. 계기비행을 하는 항공운송사업용 비행기에 갖추어야 할 항공계기가 아닌 것은?

㉮ 기압고도계   ㉯ 나침반
㉰ 시계   ㉱ 선회 및 경사지시계

해설

항공안전법 시행규칙 제117조 관련, 별표 16(항공계기 등의 기준) 참조

13. 사고예방 및 사고조사를 위하여 항공운송사업에 사용되는 모든 비행기에 갖추어야 할 장치는?

㉮ 비행자료기록장치(FDR)
㉯ 조종실음성기록장치(CVR)
㉰ 공중충돌경고장치(ACAS)
㉱ 지상접근경고장치(GPWS)

해설

항공안전법 시행규칙 제109조(사고예방장치 등) 참조

14. 다음 중 긴급항공기 지정신청서에 기재하여야 할 사항이 아닌 것은?

㉮ 항공기의 형식 및 등록부호
㉯ 긴급한 업무의 종류
㉰ 장비내역 및 정비방식
㉱ 긴급한 업무수행에 관한 업무규정

해설

항공안전법 시행규칙 제207조(긴급항공기의 지정) 참조

15. 다음 중 정비규정에 포함되어야 할 사항이 아닌 것은?

㉮ 항공기의 운용방법 및 한계
㉯ 정비시설에 관한 사항
㉰ 정비에 종사하는 사람의 훈련방법
㉱ 정비를 하려는 범위

해설

항공안전법 시행규칙 제266조 관련, 별표 37(정비규정에 포함되어야 할 사항) 참조

16. 급유 또는 배유작업 중인 항공기로부터 몇 m 이내에서 담배를 피워서는 안되는가?

㉮ 25m   ㉯ 30m
㉰ 35m   ㉱ 40m

해설

공항시설법 시행령 제50조(금지행위) 참조

17. 항공기 등록기호표의 크기는?

㉮ 가로 7센티미터, 세로 5센티미터의 직사각형
㉯ 가로 9센티미터, 세로 7센티미터의 직사각형
㉰ 가로 5센티미터, 세로 7센티미터의 직사각형
㉱ 가로 7센티미터, 세로 9센티미터의 직사각형

해설

항공안전법 시행규칙 제12조(등록기호표의 부착) 참조

정답 11. ㉮   12. ㉮   13. ㉰   14. ㉰   15. ㉮   16. ㉯   17. ㉮

18. 긴급항공기의 지정취소처분을 받은 자는 얼마가 지나야 다시 긴급항공기의 지정을 받을 수 있는가?

㉮ 최소 6개월 후
㉯ 최소 1년 후
㉰ 최소 1년 6개월 후
㉱ 최소 2년 후

해설
항공안전법 제69조(긴급항공기의 지정 등) 제5항 참조

19. 항공기로 활공기를 예항하는 방법 중 맞는 것은?

㉮ 항공기와 활공기 간에 무선통신으로 연락이 가능한 경우에는 항공기에 연락원을 탑승시킬 것
㉯ 예항줄의 길이는 40m 이상 60m 이하로 할 것
㉰ 야간에 예항을 하려는 경우에는 지방항공청장의 허가를 받을 것
㉱ 예항줄 길이의 80%에 상당하는 고도 이하의 고도에서 예항줄을 이탈시킬 것

해설
항공안전법 시행규칙 제171조(활공기 등의 예항) 참조

20. 다음 중 외국인 국제항공운송사업의 허가신청서에 첨부할 서류가 아닌 것은?

㉮ 「국제민간항공협약」부속서 6에 따라 해당 정부가 발행한 운항증명 및 운영기준
㉯ 최근의 손익계산서와 대차대조표
㉰ 운송약관 및 그 번역본
㉱ 사업경영 자금의 내역과 조달방법

해설
항공사업법 시행규칙 제55조(외국인 국제항공운송사업의 허가 신청 등) 참조

21. 부품등제작자증명 신청서에 첨부하여야 할 서류가 아닌 것은?

㉮ 적합성 입증 계획서 또는 확인서
㉯ 제조규격서 및 제품사양서
㉰ 장비품 및 부품의 설계서
㉱ 그 밖에 참고사항 및 해당 부품등의 감항성 유지 및 관리체계를 설명하는 자료

해설
항공안전법 시행규칙 제61조(부품등제작자증명의 신청) 참조

22. 위험물의 운송에 사용되는 포장 및 용기를 제조 수입하여 판매하려는 자는 포장 및 용기의 안전성에 대하여 누구의 검사를 받아야 하는가?

㉮ 국토교통부장관
㉯ 지방항공청장
㉰ 한국교통안전공단 이사장
㉱ 검사주임

해설
항공안전법 제71조(위험물 포장 및 용기의 검사 등) 참조

23. 수상비행기 소유자등이 갖추어야 할 구급용구에 해당되지 않는 것은?

㉮ 음성신호발생기
㉯ 불꽃조난신호장비
㉰ 해상용 닻
㉱ 일상용 닻

해설
항공안전법 시행규칙 제110조(구급용구 등) 관련, 별표 15 항공기에 장비하여야 할 구급용구 등 제1호 참조

24. 특별감항증명의 대상이 아닌 것은?

㉮ 항공기의 생산업체 또는 연구기관이 시험, 조사, 연구를 위하여 시험비행을 하는 경우
㉯ 항공기의 제작, 정비, 수리 또는 개조 후 시험비행을 하는 경우
㉰ 운용한계를 초과하지 않는 시험비행을 하는 경우
㉱ 항공기를 수입하기 위하여 승객이나 화물을 싣지 아니하고 비행을 하는 경우

정답 18. ㉱ 19. ㉰ 20. ㉱ 21. ㉰ 22. ㉮ 23. ㉯ 24. ㉰

해설

항공안전법 시행규칙 제37조(특별감항증명의 대상) 참조

25. 외국 항공기를 국내에서 사용하기 위해서는 어떻게 하여야 하는가?

㉮ 국토교통부장관의 허가를 받아야 한다.
㉯ 국토교통부장관의 승인을 받아야 한다.
㉰ 지방항공청장의 허가를 받아야 한다.
㉱ 지방항공청장의 승인을 받아야 한다.

해설

항공안전법 제101조(외국항공기의 국내사용) 참조

2020년 제123차 항공정비사
2020년 10월 29일 시행

01. 항공기취급업을 경영하려는 자는 어디에 등록하여야 하는가?

㉮ 지방항공청장
㉯ 국토교통부장관
㉰ 공항관리공단 이사장
㉱ 교통안전공단

해설

항공사업법 제44조(항공기취급업의 등록) 참조

02. 국토교통부장관은 운항증명 신청서를 받으면 며칠 이내에 운항증명검사계획을 수립하여 신청인에게 통보하여야 하는가?

㉮ 7일   ㉯ 10일
㉰ 30일 ㉱ 60일

해설

항공안전법 시행규칙 제257조(운항증명의 신청 등) 제2항 참조

03. 다음 중 항공기 등록의 종류가 아닌 것은?

㉮ 임차등록   ㉯ 말소등록
㉰ 변경등록   ㉱ 이전등록해설

해설

항공안전법 제7조(신규등록), 항공안전법 제13조(변경등록), 항공안전법 제14조(이전등록), 항공안전법 제15조(말소등록) 참조

04. 정비 중 긴급한 업무에 의해 수리·개조를 하여야 하는 경우 수리 또는 개조계획서는 며칠 이내에 제출해야 하는가?

㉮ 7일   ㉯ 10일
㉰ 15일   ㉱ 작업 착수전

해설

항공안전법 시행규칙 제66조(수리·개조승인의 신청) 참조

05. 다음 중 수리, 개조 승인을 받아야 하는 경우는?

㉮ 정비조직인증을 받은 업무범위 내에서 수리, 개조를 하였을 경우
㉯ 정비조직인증을 받은 업무범위를 초과하여 수리, 개조를 하였을 경우
㉰ 정비조직인증을 받아 수리, 개조를 하였을 경우
㉱ 정비조직인증을 받은 자에게 위탁하여 수리, 개조를 하였을 경우

해설

항공안전법 시행규칙 제65조(항공기등 또는 부품등의 수리·개조승인의 범위) 참조

06. 항공기가 착륙 후 정지를 못하고 구역을 벗어났을 때 안전을 위해 활주로 주변에 설치하는 안전지대를 무엇이라 하는가?

㉮ 안전대   ㉯ 착륙대
㉰ 안전구역 ㉱ 진입구역

정답 25. ㉮ [123차] 01. ㉯ 02. ㉰ 03. ㉮ 04. ㉱
05. ㉯ 06. ㉯

해설
공항시설법 제2조(정의) 제13호 참조

해설
항공안전법 제77조(항공기의 안전운항을 위한 운항기술기준) 참조

07. 항공안전법에서 규정하고 있는 항공기사고가 아닌 것은?
- ㉮ 항공기의 파손 또는 구조적 손상
- ㉯ 항공기의 위치를 확인할 수 없거나 항공기에 접근이 불가능한 경우
- ㉰ 부상을 입은 날부터 7일 이내에 24시간을 초과하는 입원치료가 필요한 부상
- ㉱ 탑승객 골절

해설
항공안전법 시행규칙 제7조(사망·중상의 범위) 참조

08. 항공기 사고조사에 관하여 규정하고 있는 국제민간항공협약 부속서는?
- ㉮ Annex 1
- ㉯ Annex 8
- ㉰ Annex 11
- ㉱ Annex 13

09. 항공기 내에서 국토교통부장관이 인정한 전자기기의 사용을 제한할 수 있는 사람은?
- ㉮ 운항승무원
- ㉯ 기장
- ㉰ 항공운송사업자
- ㉱ 항공기내 보안요원

해설
항공안전법 시행규칙 제214조(전자기기의 사용제한) 참조

10. 다음 중 안전운항을 위하여 국토교통부장관이 고시하는 운항기술기준에 포함되는 사항이 아닌 것은?
- ㉮ 항공기 운항
- ㉯ 요금인가 기준
- ㉰ 항공운송사업의 운항증명
- ㉱ 항공기 감항성

11. 항공사업법에 따른 항공운송사업의 종류에 포함되지 않는 것은?
- ㉮ 소형항공운송사업
- ㉯ 부정기항공운송사업
- ㉰ 국내항공운송사업
- ㉱ 국제항공운송사업

해설
항공사업법 제2조(정의) 제7호 참조해설

12. 공항 안에서 지상조업에 사용되는 차량 및 장비는 어디에 등록하여야 하는가?
- ㉮ 건설교통부
- ㉯ 지방항공청
- ㉰ 교통안전공단
- ㉱ 공항관리, 운영기관

해설
공항시설법 시행규칙 제19조 제1항 관련, 별표4(공항시설·비행장시설 관리기준) 참조

13. 다음 중 항공안전법에서 정한 항공기의 정의를 바르게 설명한 것은?
- ㉮ 사람이 탑승 조종하여 민간항공에 사용하는 비행기, 비행선, 활공기, 헬리콥터 기타 대통령령이 정하는 기기
- ㉯ 대통령령으로 정하는 것으로서 항공에 사용할 수 있는 기기
- ㉰ 사람이 탑승 조종하여 항공에 사용할 수 있는 기기
- ㉱ 공기의 반작용으로 뜰 수 있는 기기로서 국토교통부령으로 정하는 기준에 해당하는 비행기, 헬리콥터, 비행선, 활공기해설

해설
항공안전법 제2조(정의), 제1호 참조

정답 07. ㉰ 08. ㉱ 09. ㉯ 10. ㉯ 11. ㉯ 12. ㉱ 13. ㉱

14. 항공기로 활공기를 예항하는 방법 중 틀린 것은?

㉮ 항공기에 연락원을 탑승시킬 것
㉯ 예항줄의 길이는 40m 이상 80m 이하로 할 것
㉰ 야간에 예항을 하려는 경우에는 지방항공청장의 허가를 받을 것
㉱ 예항줄 길이의 50%에 상당하는 고도 이상의 고도에서 예항줄을 이탈시킬 것

해설
항공안전법 시행규칙 제171조(항공기 등의 예항) 참조

15. 헬리콥터가 수색구조가 특별히 어려운 산악지역, 외딴지역 및 국토교통부장관이 정한 해상 등을 횡단 비행하는 경우 갖추어야 할 구급용구는?

㉮ 불꽃조난신호장비
㉯ 음성신호발생기
㉰ 헬리콥터 부양장치
㉱ 개인부양 장비

해설
항공안전법 시행규칙 제110조(구급용구 등) 관련, 별표 15 항공기에 장비하여야 할 구급용구 등 제1호 참조

16. 항공사고조사 위원회의 목적이 아닌 것은?

㉮ 사고원인의 규명
㉯ 항공사고의 재발 방지
㉰ 항공기 항행의 안전 확보
㉱ 사고항공기에 대한 고장탐구

해설
항공·철도사고조사에 관한 법률 제1조(목적) 참조

17. 항공안전법에 의한 항공정비시설의 검사 또는 출입을 거부하거나 기피한 자에 대한 처벌은?

㉮ 200만원 이하의 벌금
㉯ 300만원 이하의 벌금
㉰ 400만원 이하의 벌금
㉱ 500만원 이하의 벌금

해설
항공안전법 제163조(검사 거부 등의 죄) 참조

18. 항공기취급업이 아닌 것은?

㉮ 항공기하역업
㉯ 항공기급유업
㉰ 항공기정비업
㉱ 지상조업사업해설

해설
항공사업법 시행규칙 제5조(항공기취급업의 구분) 참조

19. 공항의 보호구역에서 사용하는 차량 등록 신청 시 갖추어야 할 서류가 아닌 것은?

㉮ 차량의 제원과 소유자가 기재된 등록신청서
㉯ 소유권 및 제원을 증명할 수 있는 서류
㉰ 보험가입 등을 증명할 수 있는 서류
㉱ 차량의 앞면 및 옆면 사진

해설
공항시설법 제19조제1항 관련 별표 4(공항시설·비행장시설 관리기준) 참조

20. 수리, 개조승인 신청시 첨부하는 수리계획서 또는 개조계획서에 포함하여야 할 사항이 아닌 것은?

㉮ 인력 및 장비
㉯ 작업지시서
㉰ 품질관리절차
㉱ 인증된 정비조직의 업무범위

해설
항공안전법 시행규칙 제66조(수리·개조승인의 신청) 참조

21. 외국 항공기를 국내에서 사용하기 위해서는 어떻게 하여야 하는가?

정답 14. ㉱ 15. ㉮ 16. ㉱ 17. ㉱ 18. ㉱ 19. ㉰ 20. ㉰ 21. ㉮

㉮ 국토교통부장관의 허가를 받아야 한다.
㉯ 국토교통부장관의 승인을 받아야 한다.
㉰ 지방항공청장의 허가를 받아야 한다.
㉱ 지방항공청장의 승인을 받아야 한다.

해설

항공안전법 제101조(외국항공기의 국내사용) 참조

22. 감항증명 등의 항공관련 업무를 수행하는 전문검사기관은 누가 지정하여 고시하는가?

㉮ 지방항공청장
㉯ 국토교통부장관
㉰ 공항관리공단
㉱ 교통안전공단 이사장

해설

항공안전법 시행령 제26조제3항(권한의 위임·위탁) 참조

23. 정비조직인증을 받고자 하는 경우 정비조직인증 신청서에 정비조직절차교범을 첨부하여 제출하여야 한다. 다음 중 정비조직절차교범에 기재해야 할 사항이 아닌 것은?

㉮ 정비에 종사하는 자의 훈련방법
㉯ 정비방법 및 절차
㉰ 기술관리 및 품질관리 방법 및 절차
㉱ 수행하려는 업무의 범위

해설

항공안전법 시행규칙 제271조(정비조직인증의 신청) 참조

24. 항공기 등록기호표는 언제 부착하는가?

㉮ 항공기 등록시
㉯ 감항증명 신청시
㉰ 항공기 등록후
㉱ 감항증명을 받았을 때

해설

항공안전법 제17조(항공기 등록기호표의 부착) 제1항 참조

25. 항행에 위험을 일으킬 우려가 있는 행위가 아닌 것은?

㉮ 유도로에 금속편, 직물 또는 그 밖의 물건을 방치하는 행위
㉯ 운항중인 항공기에 장애가 되는 방식으로 차량 등을 운행하는 행위
㉰ 지방항공청장의 승인없이 레이저광선을 방사하는 행위
㉱ 격납고에 금속편, 직물 또는 그 밖의 물건을 방치하는 행위

해설

공항시설법 제56조(금지행위) 제3항 참조

2021년 제76차 항공정비사
2021년 6월 29일 시행

01. 항공기 내에서 행하여진 범죄 및 기타 행위에 관한 협약에 관한 개정 의정서는?

㉮ 동경 의정서
㉯ 몬트리올 의정서
㉰ 시카고 의정서
㉱ 북경 의정서

02. 국제항공에 관한 국제협약의 체결년도가 잘못된 것은?

㉮ 1919년 파리협약
㉯ 1928년 하바나협약
㉰ 1933년 로마협약
㉱ 1947년 시카고협약

해설

국제민간항공에 관한 원칙을 정리해서 통합하고 동시에 제2차 세계대전 이후의 국제항공의 건전하고 질서있는 발전을 위하여 필요한 기본원칙과 법적질서를 확립하기 위해, 1944년 12월 7일에 시카고에서 국제민간항공협약(시카고협약)을 체결하게 되었다.

정답 22. ㉯ 23. ㉮ 24. ㉰ 25. ㉱ [76차] 01. ㉯ 02. ㉱

Chapter 03 | 부록 · 과년도기출문제

03. 시카고협약은 4부(Parts)로 구성되어 있다. 다음 중 시카고협약에서 규정하고 있는 4부(Parts)에 대한 주요 내용이 잘못된 것은?

㉮ Part 1 : Air Navigation
㉯ Part 2 : The International Civil Aviation Organization
㉰ Part 3 : International Air Transport
㉱ Part 4 : Aeronautical Agreements and Arrangements

해설
시카고 협약은 4부(Parts), 22장(Chapters), 96조항(Articles)으로 구성되어 있다. 시카고협약에서 규정하고 있는 4부에 대한 주요 내용은 1부 항공(Air Navigation), 2부 국제민간항공기구(The International Civil Aviation Organization), 3부 국제항공운송(International Air Transport), 4부 최종규정(Final Provisions)이다.

04. 다음 중 항공사법에 해당하지 않는 것은?

㉮ 노선개설허가
㉯ 항공운송계약
㉰ 항공기에 의한 제3자의 피해
㉱ 항공보험

해설
항공사법은 항공기 및 항공기 운항과 관련된 법률분야 중 사법상의 법률관계를 정한 법규의 총체를 말하며, 항공 사고가 발생하여 항공기, 여객, 화물 등의 손해에 대해 운항자 또는 소유자의 책임관계 규율 및 항공기의 사법상의 지위, 항공운송계약, 항공기에 의한 제3자의 피해, 항공보험, 항공기 제조업자의 책임 등은 항공사법에 해당한다. 항공공법은 비행허가, 노선개설허가, 항공안전 및 보안을 위한 국가 간 협정, 사고조사, 항공기업의 감독에 관한 각종 법규, 항공범죄 처벌 등 매우 광범위하다.

05. 수요자의 편의성을 위해 항공법이 개정되었는데 다음 중 항공법의 구성항목이 아닌 것은?

㉮ 항공보안법
㉯ 항공안전법
㉰ 항공사업법
㉱ 공항시설법

해설
항공 관련 분야의 국제기준 변화에 신속히 대응하고, 국민이 항공 관련 법규의 체계와 내용을 알기 쉽도록 하기 위하여 체계가 복잡한 「항공법」을 「항공안전법」, 「항공사업법」 및 「공항시설법」의 3개 법으로 분리 제정하였다.

06. 다음 중 항공기의 감항성에 관한 국제민간항공협약 부속서는?

㉮ 부속서 1
㉯ 부속서 8
㉰ 부속서 13
㉱ 부속서 16

07. 정비규정에 포함되어야 할 사항이 아닌 것은?

㉮ 정비종사자의 훈련방법
㉯ 중량 및 평형계측절차
㉰ 항공기등의 품질관리절차
㉱ 직무적성검사

해설
항공안전법 시행규칙 제266조 관련, 별표 37(정비규정에 포함되어야 할 사항) 참조

08. 다음 중 항공법규에서 정하는 항행안전시설이 아닌 것은?

㉮ 항행안전무선시설
㉯ 항공정보통신시설
㉰ 항공등화
㉱ 주간장애표지시설

해설
공항시설법 시행규칙 제5조(항행안전시설) 참조

09. 다음 중 항공기 등록의 종류가 아닌 것은?

㉮ 임차등록
㉯ 말소등록
㉰ 이전등록
㉱ 변경등록

해설
항공안전법 제7조(신규등록), 항공안전법 제13조(변경등록), 항공안전법 제14조(이전등록), 항공안전법 제15조(말소등록) 참조

정답 03. ㉱ 04. ㉮ 05. ㉮ 06. ㉯ 07. ㉱ 08. ㉱ 09. ㉮

10. 다음 중 항공교통의 안전을 위하여 항공기의 비행을 금지 또는 제한할 필요가 있는 공역은?

㉮ 관제공역
㉯ 통제공역
㉰ 주의공역
㉱ 비관제공역

해설
항공안전법 제78조(공역 등의 지정) 참조

11. 항공운송사업 및 항공기사용사업용 비행기가 시계비행을 할 경우 최초 착륙예정 비행장까지 비행에 필요한 연료량 외에 추가로 실어야 하는 연료의 양은?

㉮ 순항고도로 30분간 더 비행할 수 있는 양
㉯ 순항고도로 45분간 더 비행할 수 있는 양
㉰ 순항속도로 30분간 더 비행할 수 있는 양
㉱ 순항속도로 45분간 더 비행할 수 있는 양

해설
항공안전법 시행규칙 제119조 관련, 별표 17(항공기에 실어야 할 연료와 오일의 양) 참조

12. 항공기 안전운항을 위하여 국토교통부장관이 고시하는 운항기술기준에 포함되는 사항이 아닌 것은?

㉮ 항공기 운항
㉯ 항공종사자의 훈련
㉰ 항공기 감항성
㉱ 정비조직인증기준

해설
항공안전법 제77조(항공기의 안전운항을 위한 운항기술기준) 참조

13. 다음 중 항행안전무선시설이 아닌 것은?

㉮ VOR
㉯ DME
㉰ ADF
㉱ ILS

해설
공항시설법 시행규칙 제7조(항행안전무선시설) 참조

14. 교통안전공단직원이 항공기를 검사, 확인하려고 할 때 정비사가 이를 거부하거나 불응한 경우 벌금은?

㉮ 2백만원
㉯ 3백만원
㉰ 4백만원
㉱ 5백만원

해설
항공안전법 제163조(검사 거부 등의 죄) 참조

15. 항공정비사 자격증명 시험에 응시할 수 있는 연령은?

㉮ 17세
㉯ 18세
㉰ 20세
㉱ 21세

해설
항공안전법 제34조(항공종사자 자격증명등) 제2항 참조

16. 항공기등의 수리·개조승인의 검사범위는?

㉮ 작업 완료 후의 상태에 대한 검사
㉯ 수리 또는 개조의 과정에 대한 검사
㉰ 수리계획서 또는 계조계획서 검사
㉱ 비행성능에 대한 검사

해설
항공안전법 시행규칙 제67조(항공기등 또는 부품등의 수리·개조승인) 제1항 참조

17. 부품등제작자증명 신청 시 필요 없는 것은?

㉮ 품질관리규정
㉯ 제작번호 및 제작연도
㉰ 적합성 입증 계획서
㉱ 제조규격서 및 제품사양서

해설
항공안전법 시행규칙 제61조(부품등제작자증명의 신청) 참조

정답
10. ㉯ 11. ㉱ 12. ㉱ 13. ㉰ 14. ㉱ 15. ㉯
16. ㉰ 17. ㉯

Chapter 03 부록 · 과년도기출문제

18. 다음 중 외국의 국적을 가진 항공기의 사용자가 항행을 하고자 하는 경우 국토교통부장관의 허가를 받아야 하는 사항이 아닌 것은?

㉮ 영공 밖에서 이륙하여 대한민국에 착륙하는 항행
㉯ 영공 밖에서 이륙하여 대한민국의 영공 밖에 착륙하는 항행
㉰ 대한민국에서 이륙하여 영공 밖에 착륙하는 항행
㉱ 영공 밖에서 이륙하여 대한민국에 착륙하지 아니하고 영공을 통과하여 영공 밖에 착륙하는 항행

해설
항공안전법 제100조(외국항공기의 항행) 제1항 참조

19. 감항증명은 누구에게 신청해야 하는가?

㉮ 국토교통부장관　㉯ 관할 자치단체장
㉰ 관할 지방항공청장　㉱ 항공안전본부장

해설
항공안전법 제23조(감항증명 및 감항성 유지) 제1항 참조

20. 항공안전법에서 말하는 경미한 정비에 대한 설명 중 맞는 것은?

㉮ 감항성에 영향을 미치는 수리개조작업
㉯ 감항성에 영향을 미치는 내부 부분품의 분해작업
㉰ 복잡한 결합작용이 필요한 규격 장비품 또는 부품의 교환작업
㉱ 간단한 보수작업을 하는 예방작업으로서의 리깅 또는 간격의 조정작업

해설
항공안전법 시행규칙 제68조(경미한 정비의 범위) 참조

21. 공항의 기본시설이 아닌 것은?

㉮ 기상관측시설　㉯ 항공기 급유시설
㉰ 화물처리시설　㉱ 항행안전시설

해설
공항시설법 시행령 제3조(공항시설의 구분) 참조

22. 항공기 급유 또는 배유작업 시 항공기로부터 몇 m 이내의 장소에서 금연을 해야 하는가?

㉮ 15m　㉯ 20m
㉰ 25m　㉱ 30m

해설
공항시설법 시행령 제50조(금지행위) 참조

23. 항공철도사고조사위원회의 업무가 아닌 것은?

㉮ 안전권고
㉯ 사고조사결과 교육
㉰ 사고조사에 필요한 조사, 연구
㉱ 사고조사보고서의 작성, 의결 및 공포

해설
항공·철도 사고조사에 관한 법률 제5조(위원회의 업무) 참조

24 긴급항공기 지정취소처분을 받은 자는 얼마가 지나야 다시 긴급항공기의 지정을 받을 수 있는가?

㉮ 6개월 후　㉯ 1년 후
㉰ 2년 후　㉱ 3년 후

해설
항공안전법 제69조(긴급항공기의 지정 등) 제5항 참조

25. 부품등제작자증명 신청서에 첨부하여야 할 서류가 아닌 것은?

㉮ 항공기기술기준에 대한 적합성 입증 계획서 또는 확인서
㉯ 부품등의 제조규격서 및 제품사양서
㉰ 장비품 및 부품의 설계서
㉱ 부품등의 품질관리규정

해설
항공안전법 시행규칙 제61조(부품등제작자증명의 신청) 참조

정답 18. ㉯ 19. ㉮ 20. ㉱ 21. ㉯ 22. ㉱ 23. ㉰ 24. ㉱ 25. ㉰

2023년 제98차 항공정비사
2023년 8월 29일 시행

01. 다음 중 항공기등 및 장비품의 검사관 자격으로 틀린 것은?

㉮ 항공정비사 자격증명을 받은 사람
㉯ 국가기술자격법에 따른 항공기사 이상의 자격을 취득한 사람
㉰ 국가기관등 항공기의 설계, 제작, 정비 또는 품질보증업무에 3년 이상 종사한 경력이 있는 사람
㉱ 항공기술관련 학사 이상의 학위를 취득한 후 3년 이상 항공기의 설계, 제작, 정비 또는 품질업무에 종사한 경력이 있는 사람

해설
항공안전법 제31조(항공기등의 검사등) 참조

02. 항행안전시설이 아닌 것은?

㉮ NDB ㉯ VOR
㉰ DME ㉱ ADF

해설
공항시설법 시행규칙 제5조(항행안전시설), 제7조(항행안전무선시설) 참조

03. 사고로 인해 항공기가 멸실된 경우, 사유가 있는 날부터 며칠 이내에 말소등록을 해야 하는가?

㉮ 10일 ㉯ 12일
㉰ 15일 ㉱ 20일

해설
항공안전법 제15조(항공기 말소등록) 참조

04. 외국인 국제항공운송사업을 하려는 자는 운항 개시 예정일 며칠 전까지 허가신청서를 국토교통부장관에게 제출하여야 하는가?

㉮ 30일 전까지 ㉯ 60일 전까지
㉰ 90일 전까지 ㉱ 120일 전까지

해설
항공사업법 시행규칙 제55조(외국인 국제항공운송사업의 허가 신청) 참조

05. 소음기준적합증명 신청 시 첨부하여야 할 서류가 아닌 것은?

㉮ 비행교범
㉯ 정비교범
㉰ 소음기준적합 증명 서류
㉱ 수리 또는 개조에 관한 기술사항 기재 서류

해설
항공안전법 시행규칙 제50조(소음기준적합증명 신청) 참조

06. 소음기준적합증명 대상 항공기는?

㉮ 터빈발동기를 장착한 항공기, 국제선을 운항하는 항공기
㉯ 터빈발동기를 장착한 항공기, 국내선을 운항하는 항공기
㉰ 왕복발동기를 장착한 항공기, 국제선을 운항하는 항공기
㉱ 왕복발동기를 장착한 항공기, 국내선을 운항하는 항공기

해설
항공안전법 시행규칙 제49조(소음기준적합증명 대상 항공기) 참조

정답 [98차] 01. ㉰ 02. ㉱ 03. ㉰ 04. ㉯ 05. ㉯ 06. ㉮

Chapter 03 | 부록 · 과년도기출문제

07. 다음 중 항공사법에 해당하지 않는 것은?

㉮ 항공보험
㉯ 노선개설허가
㉰ 항공기에 의한 제3자의 피해
㉱ 항공운송계약

해설

항공공법은 항공기 및 항공기 운항과 관련된 법률분야 중 공법상의 법률관계를 정한 법규의 총체를 말하며, 국가가 주체인 대부분의 항공법은 항공공법에 해당한다. 항공공법은 비행허가, 노선개설허가, 항공안전 및 보안을 위한 국가간 협정, 사고조사, 항공기업의 감독에 관한 각종 법규, 항공범죄 처벌 등 매우 광범위하다. 국내항공법 중 항공안전법, 항공보안법, 항공·철도 사고조사에 관한 법률, 항공사업법, 공항시설법, 항공안전기술원법 등이 항공공법에 해당한다. 국제적으로는 타국의 영공을 통과함에 따라 발생하는 공역주권 및 항행관련 기준 등을 규율한 파리협약(1919), 하바나협약(1928), 시카고 협약(1944) 등과, 항공기 운항상 안전을 위하여 체결된 형사법적 성격의 국제조약인 동경협약(1963), 헤이그협약(1970), 몬트리올협약(1971), 북경협약(2010) 등이 항공공법에 해당한다.
항공사법은 항공운송계약, 항공기에 의한 제3자의 피해, 항공보험, 항공기 제조업자의 책임 등은 항공사법에 해당한다. 국제항공사법에 해당하는 국제조약으로는 바르샤바협약(1929), 로마협약(1933), 헤이그의정서(1955), 과달라하라협약(1961), 몬트리올추가의정서 1/2/3/4(1975), 몬트리올협약(1999), 항공기 유발 제3자 피해 배상에 관한 몬트리올 2개 협약(2009) 등이 있다.

08. 국토교통부령으로 정하는 의무보고 대상 항공안전장애의 범위에 포함되지 않는 것은?

㉮ 운항 중 엔진 덮개가 풀리거나 이탈한 경우
㉯ 항행안전무선시설의 운영이 중단된 경우
㉰ 공중충돌경고장치 회피기동(ACAS RA)이 발생한 경우
㉱ 격납고에 금속편, 직물 또는 그 밖의 위험물이 방치된 경우

해설

항공안전법 시행규칙 제134조 관련, 별표 20의2(의무보고 대상 항공안전장애의 범위) 참조

09. 항공기의 등록원부에 기재해야 할 사항이 아닌 것은?

㉮ 항공기의 형식
㉯ 항공기의 등록기호
㉰ 항공기의 부품일련번호
㉱ 소유자 또는 임차인의 성명, 명칭과 주소

해설

항공안전법 제11조(항공기 등록사항) 참조

10. 항공기 등록시 필요한 서류가 아닌 것은?

㉮ 등록원인 증명 서류
㉯ 감항증명서
㉰ 등록면허세 납부증명서
㉱ 항공기 취득가격 증명서

해설

항공기 등록규칙 제22조(등록신청에 필요한 서류) 참조

11. 다음 중 말소등록을 신청하여야 하는 경우가 아닌 것은?

㉮ 항공기의 존재여부가 1개월 이상 불분명한 경우
㉯ 항공기를 보관하기 위하여 해체한 경우
㉰ 대한민국의 국민이 아닌 자에게 항공기를 임대한 경우
㉱ 임차기간의 만료로 항공기를 사용할 수 있는 권리가 상실된 경우

해설

항공안전법 제15조(항공기 말소등록) 참조

정답 07. ㉱ 08. ㉱ 09. ㉰ 10. ㉯ 11. ㉯

12. 수리개조 승인 신청시 첨부하는 수리계획서 또는 개조계획서에 포함하여야 할 사항이 아닌 것은?

㉮ 인력, 장비, 시설 및 자재 목록
㉯ 수리개조 작업지시서
㉰ 품질관리절차
㉱ 인증된 정비조직의 업무범위

해설

항공안전법 시행규칙 제66조(수리·개조승인의 신청) 참조

13. 다음 중 형식증명을 위한 검사범위에 해당되지 않는 것은?

㉮ 해당 형식의 설계에 대한 검사
㉯ 제작과정에 대한 검사
㉰ 완성 후의 상태 및 비행성능에 대한 검사
㉱ 제작공정의 설비에 대한 검사

해설

항공안전법 시행규칙 제20조(형식증명 등을 위한 검사범위) 참조

14. 격납고 내에 있는 항공기의 무선시설을 조작하고자 하는 경우 누구의 승인을 받아야 하는가?

㉮ 국토교통부장관
㉯ 지방항공청장
㉰ 검사주임
㉱ 무선설비 자격증이 있는 사람

해설

공항시설법 시행규칙 제19조제1항 관련, 별표 4(공항시설·비행장 시설 관리기준) 참조

15. 항공기를 운항하려는 자가 비치해야 할 항공일지의 종류가 아닌 것은? 가

㉮ 지상비치용 기체 항공일지
㉯ 지상비치용 발동기 항공일지
㉰ 지상비치용 프로펠러 항공일지
㉱ 탑재용 항공일지

해설

항공안전법 시행규칙 제108조(항공일지) 제1항 참조

16. 감항증명 신청시 첨부하여야 할 서류가 아닌 것은?

㉮ 비행교범
㉯ 정비교범
㉰ 당해 항공기의 정비방식을 기재한 서류
㉱ 국토교통부장관이 필요하다고 인정하여 고시하는 서류

해설

항공안전법 시행규칙 제35조(감항증명의 신청) 참조

17. 다음 중 긴급항공기 지정신청서에 기재하여야 할 사항이 아닌 것은?

㉮ 항공기의 형식 및 등록부호
㉯ 긴급한 업무의 종류
㉰ 장비내역 및 정비방식
㉱ 긴급한 업무수행에 관한 규정

해설

항공안전법 시행규칙 제207조(긴급항공기의 지정) 제3항 참조

18. 외국 항공기를 국내에서 사용하기 위해서는 어떻게 하여야 하는가?

㉮ 국토교통부장관의 허가를 받아야 한다.
㉯ 국토교통부장관의 승인을 받아야 한다.
㉰ 지방항공청장의 허가를 받아야 한다.
㉱ 지방항공청장의 승인을 받아야 한다.

해설

항공안전법 제101조(외국항공기의 국내사용) 참조

정답 12. ㉰ 13. ㉱ 14. ㉯ 15. ㉮ 16. ㉰ 17. ㉰ 18. ㉮

19. 외국항공기를 국내에서 운항하려는 경우 외국항공기 국내사용허가 신청서를 며칠 전까지 지방항공청장에게 제출하여야 하는가?

㉮ 운항개시 예정일 전까지
㉯ 운항개시 예정일 2일 전까지
㉰ 운항개시 예정일 7일 전까지
㉱ 운항개시 예정일 15일 전까지

해설

항공안전법 시행규칙 제276조(외국항공기의 국내사용허가 신청) 참조

20. 항공기취급업이 아닌 것은?

㉮ 항공기하역업
㉯ 항공기급유업
㉰ 항공기정비업
㉱ 지상조업사업

해설

항공사업법 시행규칙 제5조(항공기취급업의 구분) 참조

21. 다음 중 항공기의 급유 또는 배유작업을 하지 말아야 할 경우가 아닌 것은?

㉮ 항공기가 격납고 기타 건물의 외측 30m 이내에 있을 경우
㉯ 필요한 예방조치가 강구된 경우를 제외하고 여객이 항공기 내에 있을 경우
㉰ 발동기가 운전 중이거나 가열상태에 있을 경우
㉱ 항공기가 격납고 기타 폐쇄된 장소 내에 있을 경우

해설

공항시설법 시행규칙 제19조제1항 관련, 별표 4(공항시설·비행장시설 관리기준) 제14호 참조

22. 다음 중 항행안전무선시설에 해당되지 않는 것은?

㉮ ADS
㉯ ILS
㉰ ADF
㉱ MLAT

해설

공항시설법 시행규칙 제7조(항행안전무선시설) 참조

23. 공항 내 차량 운전 관할은?

㉮ 지방항공청장
㉯ 국토교통부장관
㉰ 한국도로공사
㉱ 공항운영자

해설

공항시설법 시행규칙 제19조제1항 관련, 별표 4(공항시설·비행장시설 관리기준) 제17호 참조

24. 국제민간항공협약 부속서 19에 해당되지 않는 것은?

㉮ 국가안전 프로그램
㉯ 안전관리 시스템
㉰ 항공기 등록국의 권한 및 의무
㉱ 안전 데이터의 수집 및 사용

25. 우리나라의 국적기호는?

㉮ HL
㉯ KOR
㉰ KAL
㉱ HB

정답 19. ㉯ 20. ㉰ 21. ㉮ 22. ㉮ 23. ㉱ 24. ㉰ 25. ㉮

안 내

- 본 세화 출판사 발행 항공법규 서적 관련 내용에 의문사항이 있으시면 아래 주소로 메일 보내 주십시오. 최대한 신속히 관련 내용에 대해 답변해 드리도록 하겠습니다.
- 본 항공법규 편집부에서는 항공종사자 자격증명시험의 과년도 기출문제(항공법규)를 구하고 있습니다. 차수별 25문항 중 20문항 이상의 기출문제(문제와 보기)를 제공해 주신 분들에게는 신규 항공법규 책자를 증정해 드리도록 하겠습니다.
- 지금까지 보내주신 성원에 깊이 감사드리며, 앞으로도 더욱 좋은 항공법규 서적이 되도록 노력하겠습니다.

– 항공법규 편집부 올림 –

 질문이나 기출문제를 보내주실 E-mail 주소는 eduaero@hotmail.com입니다.

항공정비사를 위한
항공법규

1판 10쇄 발행	2006년 6월 10일		10판 1쇄 발행	2017년 7월 10일
2판 7쇄 발행	2009년 2월 20일		10판 2쇄 발행	2017년 9월 10일
3판 3쇄 발행	2010년 10월 20일		11판 1쇄 발행	2018년 3월 10일
4판 2쇄 발행	2012년 2월 20일		12판 1쇄 발행	2018년 7월 20일
5판 1쇄 발행	2013년 1월 1일		13판 1쇄 발행	2019년 3월 10일
6판 1쇄 개정판 발행	2013년 5월 10일		13판 2쇄 발행	2019년 8월 10일
7판 5쇄 발행	2015년 5월 30일		14판 1쇄 발행	2020년 3월 10일
8판 1쇄 발행	2016년 1월 1일		15판 1쇄 발행	2021년 2월 10일
8판 2쇄 발행	2016년 4월 10일		16판 1쇄 발행	2022년 2월 10일
9판 1쇄 발행	2017년 1월 1일		**17판 1쇄 발행**	**2024년 3월 10일**

지은이 편집부
펴낸이 박 용
펴낸곳 도서출판 세화 **주소** 경기도 파주시 회동길 325-22(서패동 469-2)
영업부 (031)955-9331~2 **편집부** (031)955-9333 **FAX** (031)955-9334
등록 1978. 12. 26 (제 1-338호)

인 지

정가 28,000원
ISBN 978-89-317-1265-0 13360
Copyright©Sehwa Publishing Co.,Ltd.

※도서출판 세화의 서면동의 없이 이 책을 무단 복사, 복제, 전재하는 것은 저작권법에 저촉됩니다. 파손된 책은 교환하여 드립니다.